QUARTÄRPALÄONTOLOGIE

Abhandlungen und Berichte des Instituts für Quartärpaläontologie Weimar

Herausgeber: H. D. Kahlke, Weimar

Band 7 · 1988

AKADEMIE-VERLAG BERLIN

Quartärpaläontologie · Berlin 7 (1988) · S. 1—297 · 101 Abbildungen · 41 Tafeln · 4 Tabellen (davon 1 Beilage)

Gedenkmünze auf der Titelseite

Anläßlich des Todes von WILHELM ERNST TENTZEL (1659—1707, königlicher und chursächsischer Rat und Histograph zu Gotha) ausgegebene Silbermedaille. Der Medailleur war CHRISTIAN WERMUTH (1661—1739).

WILHELM ERNST TENTZEL war der Verfasser der später so berühmt gewordenen Schrift: „Epistola de Sceleto elephantino Tonnae nuper effosso ad Virum toto orbe celeberrimum ANTONIUM MAGLIABECHIUM" (Gotha 1696, Jena 1696) als Antwort auf die „Kurtze doch ausführliche Beschreibung des Unicornu fossilis oder gegrabenen Einhorns/ welches in der Herrschaft Tonna gefunden worden/ Verfertigt von dem Collegio Medico in Gotha/ den 14. Febr. 1696".

Mit dieser Schrift von 1696 begründete WILHELM ERNST TENTZEL — obgleich er sich damals nicht gegen die Ansichten des Collegio Medico zu Gotha durchzusetzen vermochte — die moderne Quartärpaläontologie in Thüringen.

Gesamtredaktion: Dipl.-Geol. ERIKA BIELEFELDT, Akademie-Verlag Berlin

ISBN 3-05-500346-2
ISSN 0138-3116

Erschienen im Akademie-Verlag Berlin, DDR-1086 Berlin, Leipziger Straße 3—4

Lizenznummer: 202 · 100/457/88
Printed in the German Democratic Republic
Gesamtherstellung: VEB Druckerei „Thomas Müntzer", 5820 Bad Langensalza
LSV 1475
Bestellnummer: 763 729 5 (2164/7)

11000

Inhalt

Vorwort 5

KRUTZSCH, W. — Kritische Bemerkungen zur Palynologie und zur klimastratigraphischen Gliederung des Pliozäns bis tieferen Altpleistozäns in Süd-, Südwest-, Nordwest- und pro parte Mitteleuropa sowie die Lage der Pliozän/Pleistozän-Grenze in diesem Gebiet 7

MAI, D. H.; WALTHER, H. — Die pliozänen Floren von Thüringen/Deutsche Demokratische Republik . . 55

Vorwort

Der vorliegende Band, der Arbeiten zur Paläobotanik und Biostratigraphie des Pliozäns und des untersten Pleistozäns umfaßt, setzt die seit Jahren im Thüringer Quartär betriebenen biostratigraphischen Forschungen über die N/Q-Grenze hinaus fort und ist in diesem Sinne als weiterer Beitrag zum IGCP-Programm N/Q-Grenze in diesem Raum zu betrachten.

Darüber hinaus stellt der Aufsatz zur Biostratigraphie des mittel- und westeuropäischen Raums auf palynologischer Grundlage eine kritische Betrachtung des gegenwärtigen Forschungsstandes dar und zeigt die Probleme dieses Forschungsgebiets ganz allgemein auf.

Der Band ist dem XII. INQUA-Kongreß 1987 in Canada gewidmet.

Weimar, im April 1986 HANS DIETRICH KAHLKE

Quartärpaläontologie Berlin 7 (1988) S. 7—51

Kritische Bemerkungen zur Palynologie und zur klimastratigraphischen Gliederung des Pliozäns bis tieferen Altpleistozäns in Süd-, Südwest-, Nordwest- und pro parte Mitteleuropa sowie die Lage der Pliozän/Pleistozän-Grenze in diesem Gebiet

WILFRIED KRUTZSCH, Berlin

Mit einer Tabelle im Text und einer Tabelle als Beilage

Abstractum . . . 7
1. Einleitung . . . 7
2. Grundsätzliches zur Pliozän/Pleistozän-Grenze (von London 1948 bis Moskau 1984) . . . 8
3. Kritische methodologische Bemerkungen zum Forschungsstand und zur Palynologie des pliozän-pleistozänen Zeitraums . . . 9
4. Allgemeines zur Frage der Pliozän/Pleistozän-Grenze aus palynologischer Sicht . . . 13
5. Zur Charakteristik der oberpliozänen bis altpleistozänen Floren- und Klimaabfolge in Italien . . . 14
5.1. Vorbemerkungen zu den italienischen palynologischen Arbeiten . . . 14
5.2. Die calabrische Typusregion . . . 14
5.3. Die norditalienischen marinen beziehungsweise paralischen Profile . . . 16
5.4. Die palynologisch wichtigsten kontinentalen Profile des Plio-Pleistozäns in Italien . . . 16
6. Palynologische Charakteristik und Gliederung des marinen Pliozänprofils der Bohrung Autan 1 . . . 20
7. Zur Florenfolge im Pliozän von Frankreich . . . 23
8. Die Palynologie und Stratigraphie niederländischer Pliozän- und Altpleistozänprofile, mit Ausblick auf die niederrheinischen Deckgebirgsprofile (BRD) . . . 25
9. Zur Palynologie der pliozänen und altpleistozänen Abfolge in Schleswig-Holstein (BRD) . . . 33
10. Palynostratigraphie des Pliozäns im nördlichen Teil der DDR (Westmecklenburg) . . . 34
11. Das Pliozän im westlichen und südwestlichen Teil der DDR (und in einem angrenzenden Teil der BRD) . . . 35
12. Bemerkungen zu wichtigen Pliozän-Vorkommen im südlichen Niedersachsen, in Nordhessen, dem Rhein-Main-Gebiet und dem nördlichen Elsaß . . . 37
13. Einige Folgerungen und Bemerkungen, die sich für die Vertebraten-Stratigraphie, besonders des oberen Pliozäns, ergeben . . . 40
14. Ergebnisse der kritischen Revisionen . . . 42
Zusammenfassung . . . 45
Literatur . . . 47

Abstractum

Die Plio/Pleistozän-Grenze wird, ausgehend vom Typusprofil in Italien, vor allem palynologisch in Westeuropa verfolgt, wobei die bisherigen Darstellungen, durch allgemeine und kritische methodologische Bemerkungen ergänzt, zum Teil erhebliche Umdeutungen erfahren. Dies gilt insbesondere für die „palynologische Standardgliederung" der Niederlande. Die Grenze liegt hier nicht zwischen „Reuver" und „Prätiglien", sondern weit höher im Profil am oberen Ende des Tiglien (s. str.) beim Übergang zum Eburon. Großes Augenmerk wird bei den kritischen regionalen Bewertungen den Verknüpfungen der paläobotanischen Klimastratigraphie mit der kontinentalen Vertebraten-Biostratigraphie geschenkt. Die Klimaentwicklung des Pliozäns ist bereits durch zahlreiche Zyklen charakterisiert, wobei allmählich eine Frequenzverschiebung zum Kühleren hin erfolgt. Alle allgemein-stratigraphischen Begriffe werden voll im Sinne der geltenden Konvention über Beginn, Untergliederung und Obergrenze des Pliozäns (bei 1,6—1,7 my) angewendet.

The Plio-Pleistocene boundary is defined by the type section in southern Italy, is traced by palynological data mainly to western Europe. By this the current interpretations are supplemented by critical general and methodological remarks leading to partly considerably new interpretation, in general for the "palynological standard sequence" of The Netherlands. The N/Q boundary here should not be placed between "Reuver" and "Pretiglian", but much higher in the sequence, near the upper part of the Tiglian (s. str.) and the transition to the Eburonian. Special accentuation is given to a critical regional connexion of the palaeobotanical climato-stratigraphy of the terrestrial sequences with the marine sections and the results of vertebrate biostratigraphy.

The climatic development in the Pliocene is already characterized, as it is later within the Pleistocene, by numerous cycles showing a gradual shifting towards a general cooling.

All terms of general stratigraphy are used here in accordance with the convention on the beginning, the subdivisions and the upper boundary of the Pliocene (at 1.6—1.7 m.y.).

Плио-плейстоценовая граница, установленная в стратотипическом разрезе в южной Италии, распознается в Западной Европе главным образом на основании палинологических данных. В свете критических наблюдений методологического характера прежняя интерпретация палинологических данных нуждается в значительных изменениях. Особенно это касается стандартной палинологической шкалы Нидерландов. Здесь граница проходит не между рейверием и претиглием, а значительно выше по разрезу, у кровли тиглия (в узком смысле), у перехода к эбуронию.

Особенное внимание уделяется критической оценке региональных корреляций между климатостратиграфией континентальных отложений, основанной на палеоботанических данных, стратиграфией морских отложений и данными по биостратиграфии позвоночных. Уже в плиоцене, как впоследствии и в плейстоцене, развитие климата характеризуется многочисленными циклами, на фоне которых существует общая тенденция постепенного сдвига в сторону похолодания климата.

Все общие стратиграфические термины используются здесь в соответствии с принятым соглашением о нижней и верхней границах и подразделении плиоцена.

1. Einleitung

Nach jahrelanger Vorbereitung durch verschiedene interdisziplinäre und internationale Gremien, Kolloquien und Kongresse wurde auf der XXVII. Session des Internationalen

Geologischen Kongresses in Moskau 1984 die Plio-Pleistozängrenze neu festgelegt. Damit hat jede weitere Diskussion über diese Grenze nun von dieser Konvention auszugehen, ob dies dem Einzelbearbeiter sympathisch oder nicht sympathisch ist. Bei jeder Grenzkonvention gibt es Gründe dafür und Gründe dagegen. Das zugehörige Typusprofil liegt, wie gefordert und historisch berechtigt, in Süditalien. Es ist die sogenannte Vrica-Sektion, eine 300 m mächtige, gut aufgeschlossene, ungestörte Folge von Tiefseesedimenten, die auch vulkanische Lagen einschließt. Die Typussektion wurde nach verschiedensten Methoden (paläontologischen, geologischen, magnetostratigraphischen und anderen) untersucht und charakterisiert, so daß eine Fülle von Vergleichsdaten im in Rede stehenden Grenzbereich zur Verfügung stehen. Die schrittweise Verknüpfung der Daten der Einzeldisziplinen und die regionale Ausweitung aus dem Typusgebiet heraus stellt das zukünftige Hauptproblem dar, um in anderen Gebieten und faziellen Räumen eine in etwa zeitgleiche Grenzziehung zu erkennen. Im vorliegenden Artikel soll der Versuch gemacht werden, die vorhandenen Daten der Palynologie im Sinne sporen- und klimastratigraphischer Auswertungen kritisch vergleichend zu betrachten. Dabei wird der Verknüpfung der palynologischen Profile mit den Daten der Vertebraten-Stratigraphie besonderes Augenmerk geschenkt; natürlich werden gleichzeitig andere Verknüpfungsvergleiche beachtet. Palynologische Daten liegen gleichermaßen aus marinen und kontinentalen Sedimentationsräumen vor, Vertebratendaten andererseits erfassen die wichtigsten evolutionären Zeitmarken der kontinentalen Gebiete.

Um die Vergleiche durchführen zu können, müssen allerdings vorher etliche methodische Fragen der Palynologie behandelt werden, weil sie die Basis der Deutungen darstellen und weil heute noch in den einzelnen Ländern oder Schulen sehr unterschiedliche Formen von Inventuren und Bestimmungen, Diagrammen, Auswertungen und Deutungen vorliegen bzw. in Gebrauch sind. Der Verfasser ist bestrebt zu zeigen, daß trotz gewisser heute noch vorhandener Lücken, krasser Unterschiede in den palynologischen Auswertungsweisen, der Zeitraum des Endtertiärs bis hin zum ältesten Pleistozän klimastratigraphisch bereits wesentlich feiner und detaillierter erfaßbar ist, als es nach gegenwärtiger Anschauung zahlreicher Autoren den Anschein hat. Die beigefügte bio- und klimastratigraphische Vergleichstabelle soll als ein erster Schritt zur weiteren Synthese in dieser Richtung angesehen werden. Insbesondere müßte sich dann eine entsprechende regionale Auswertung des ost-mitteleuropäischen und des ost- und südosteuropäischen Gebiets bis hin zur Kolchis anschließen. Vorarbeiten liegen vor, sind aber, wegen damit verbundener Probleme, erst in einiger Zeit abschließbar.

Besondere Bedeutung kommt bei den folgenden Darlegungen der Anwendung stratigraphischer Begriffe zu, die in der Vergangenheit oft sehr subjektiv und in unterschiedlichster Weise — nach Inhalt und Namen — gebildet, angewendet, verändert oder ausgeweitet worden sind. Da macht kaum ein Autor eine Ausnahme. Deshalb wird hier stets darauf geachtet, daß z. B. abgeleitete, abstrahierte Bezeichnungen wie „Unter-“ oder „Oberpliozän“, „Ältest-“ oder „Altpleistozän“ usw. nur dann zur Anwendung kommen und kommen können, wenn vorher ihr Bezug zum Typusprofil klargestellt ist. Demgegenüber glaubte bisher oft die Einzelmethode (d. h. ein Spezialbearbeiter) solche Begriffe nach Belieben ihrem Umgang nach definieren und (oder teilweise ohne genaue Definition) anwenden zu können. Andererseits sind Wortbildungen wie „Känozän“ und ähnliche völlig überflüssig oder nur als Lokalnamen zu gebrauchen und dann sollten sie dementsprechend gebildet werden. Dies gilt ebenso für die vielfach unkritisch benutzten Begriffe wie Tegelen (oder Tiglium/Tiglien/Tiglian), Reuver (Reuverium) und besonders für den sogenannten Stufenbegriff des „Prätigliens“ (s. S. 28).

Es ist selbstverständlich, daß nach dem Ausgeführten der paläomagnetischen „Zwei-Daten-Methode“ nur dann eine definitive Aussagefähigkeit zukommt, wenn solche „Daten“ vorher eindeutig paläontologisch eingegrenzt und verknüpft worden sind. Auch hier scheint — und dies betrifft ebenso andere physikalische und geologische Daten, wie absolute Altersdatierungen, Terrassengliederungen, Schwermineralabfolgen usw. — oft die Deutungsfolge ungekehrt gewesen zu sein. Außerdem hat sich gezeigt, daß die absoluten Altersdaten zum Teil nicht widerspruchsfrei in das paläontologische Zeitskelett einzufügen sind, wobei sie teilweise als wesentlich zu hoch erscheinen (vor allem bei vulkanischen Ausgangsgesteinen. Das gilt selbst für den Grenzwert im Typusprofil. Solche Daten sind deshalb für die stratigraphische Abfolge und die Tabelle nur mehr als Akzessorien zu werten, denen in Zweifelsfällen keine primäre Aussage zugestanden werden kann. Das Primat haben unbedingt und immer — so weit natürlich vorhanden und entsprechend auswertbar — die paläontologischen Daten. Besser ist es in Fällen von Nichtentscheidungsmöglichkeiten seitens der Paläontologie die eine oder die andere Teilfrage noch offen zu lassen oder Varianten anzugeben, als sie in das Zwangskorsett einer nichtpaläontologischen (auch zum Teil geologischen) Aussage zu pressen, wie dies wiederholt geschehen ist.

Im übrigen ist es vielleicht noch bemerkenswert zu erwähnen, daß die letzte größere zusammenfassende Arbeit über die pliozänen Floren Mitteleuropas und ihre stratigraphische Gliederung über 45 Jahre zurückliegt. Damals waren von Kirchheimer (1940) bereits hervorragende Ansätze zur Abgrenzung tertiärer und quartärer Floren gemacht worden, die jedoch in den folgenden Jahrzehnten — nicht zuletzt infolge der Londoner Beschlüsse zur Plio/Pleistozän-Grenze und des Ausbaus der niederländischen Gliederungen — wenig berücksichtigt bzw. nicht entsprechend weitergeführt worden sind (z. B. Herausarbeitung von Leitfossilien usw.).

Es ist mir eine angenehme Pflicht, mich zum Abschluß bei all den Kolleginnen und Kollegen zu bedanken, die mich bei der Anfertigung dieser Arbeit unterstützt und mit geholfen haben, sei es bei Materialausleihen oder Problemdiskussionen, bei photographischer Arbeit, bei Beschaffung von beziehungsweise Einsicht in Literatur oder in der Endphase bei Zeichen-, Schreib- und Korrekturarbeiten. Ihnen allen sei auch an dieser Stelle mein besonderer Dank ausgesprochen. Ohne ihre Mithilfe wäre diese Arbeit nicht möglich geworden.

2. Grundsätzliches zur Pliozän/Pleistozän-Grenze
(Von London 1948 bis Moskau 1984)

Mit den Londoner Beschlüssen 1948 zur Pliozän/Pleistozän-Grenzziehung wurde eine Entwicklung eingeleitet, die in ihren Folgen zu vielfältigen Diskussionen, zu ständigen Veränderungen, Verlagerungen, Umstellungen dieser Grenze geführt hat, weil — zumindest in einer Reihe von Ländern, zu denen auch die DDR gehörte — bestimmten (zum Beispiel klimatisch-geologischen) Aspekten dieses Beschlusses erhöhter, anderen Teilen (zum Beispiel paläontologischen Daten, Typusprofilbindung) kein oder weniger Wert beigemessen wurde. Die Auswirkungen der Beschlüsse von 1948 waren also recht heterogener Natur, wie das aus zahlreichen einschlägigen Arbeiten hervorgeht. Je nach Neigung und Interesse eines Autors standen klimatische oder säugetier-paläontologische (villafrankische Aspekte oder die Grenzdeutung nach den ersten nordischen Gästen im Mediterrangebiet im Vordergrund.

Bereits in den sechziger Jahren und folgend in den siebziger Jahren wurde man sich allgemein dieses unbefriedigenden Zustands in bezug auf die sich laufend verändernden Vorstellungen über die Lage der Plio/Pleistozän-Grenze bewußt und erkannte klar die positiven, aber auch die negativen Tendenzen, die sich aus den Londoner Beschlüssen ergaben.

So sollte die Plio/Pleistozän-Grenze nach Meinung maßgeblicher Glazialgeologen allgemein an die Basis der ersten Abkühlung (Vereisung) zu stellen sein, rutschte aber dergestalt, theoretisch wenigstens, stetig tiefer, weil immer wieder ältere Kaltzeiten nachgewiesen werden konnten.

Daher war mit einer notwendigen Einengung der Beschlüsse auf bestimmte Prinzipien die Forderung nach Aufstellung eines eindeutigen Eich- oder Typusprofils verbunden. So enthielt zum Beispiel der Report über die INQUA-Subkommissionssitzung 1979 (in Srinagar) unter anderem folgende fünf Hauptpunkte:

(1) Die Pliozän-Pleistozän-Grenze muß aufgestellt werden in Übereinstimmung mit generellen Prinzipien der Stratigraphie (Rules IUGS, subcommison on stratigraphic classification); damit scheiden spezielle quartärgeologische Vorstellungen über die Grenzziehung von vornherein aus.
(2) Die Grenzfestlegung hat in einem Typusprofil zu erfolgen; dies muß ein hochmarines, vollständiges Profil sein, das unten lückenlos an das obere Tertiär anschließt.
(3) Das Typusgebiet ist (auch aus wissenschaftshistorischen Gründen) auf Süditalien (Calabrien) einzuschränken. Vorher galt allgemein beziehungsweise zum Teil das westliche Mediterran als Typusregion.
(4) Als Indikation einer klimatischen Abkühlung hat das Erscheinen der ersten nordischen Gäste im italienischen Typusraum als gültige Basis für die Grenze zu gelten.
(5) Die Äquivalenz von kontinentalem Villafranchium und Calabrium ist kein Kriterium der Grenzziehung.

Der klimatische Aspekt, in London noch sehr allgemein gefaßt und daher vielschichtig, heterogen und mißverständlich deutbar, wurde durch Profilbindung und vorgegebene, die historischen Aspekte berücksichtigende paläontologische Charakteristik der Grenzlage eingeengt und unmißverständlich konkretisiert. Damit war zugleich der Paläontologie das Primat bei der Grenzziehung zurückgegeben.

In der Folgezeit ging es nur noch darum, das günstigste Profil im Typusgebiet zu finden und im einzelnen paläontologisch zu charakterisieren und zu belegen. Nachdem zunächst die Profile von Santa Maria di Catanzaro und La Castella in Vorschlag gebracht worden waren, aber beide wegen diverser Mängel (Fazieswechsel, Schichtlücken und anderes) verworfen werden mußten, schlugen die italienischen Kollegen — neben zahlreichen internationalen Forschern natürlich die Hauptbearbeiter — das bis dahin kaum bekannte und untersuchte, etwas weiter östlich gelegene Vrica-Profil vor, welches weitgehend alle geforderten Bedingungen eines Standard- und Grenzprofils erfüllt. Es ist in den letzten Jahren umfassend untersucht worden. Der Finalreport über diese Typussektion, die 1981 vorgeschlagen wurde, ist 1984 in Moskau auf der XXVII. Session des Internationalen Geologischen Kongresses (IGK) bestätigt worden, womit die Plio/Pleistozän-Grenze nach langen Jahren der Diskussion konventionell fixiert worden ist. Sie liegt 8,9 m über der Schicht an der Basis des Abschnitts (Unit) y des ungefähr 300 m mächtigen hochmarinen Vrica-Profils beim Einsetzen des ersten nordischen Gastes in Süditalien (der Ostrakode *Cytheropteron testudo*, während *Arctica islandica* und vor allem *Hyalinea baltica* sowie weitere Vertreter dann etwas später folgen). Um diese Grenzziehung herum gruppieren sich zahlreiche Ein- und Aussetzleitdaten (First Advanced Date — FAD; Last Advanced Date — LAD) aus wichtigen paläontologischen Fossilgruppen: Nannoplankton, Ostrakoden, benthonische und planktonische Foraminiferen, Fische (Otolithen), marine Mollusken, Mikrofloren und andere mehr. Ferner liegen Daten nicht-paläontologischer Natur, nämlich paläomagnetische und radiometrische Angaben vor. Alles in allem eine Vielzahl von Vergleichsmöglichkeiten, die nur darauf warten, regional ausgewertet und verknüpft zu werden. Leider existiert bisher kein direkter Bezug von Makrofloren und Vertebraten-Stratigraphie mit dem Typusprofil; aber durch vielfältige Quervergleiche und Zwischenverknüpfungen ist dennoch eine einwandfreie indirekte Einbindung beider Methoden möglich. Diese Plio/Pleistozän-Grenze ist gleichzeitig die neue Typusgrenze zwischen den marinen Stufen des Piacentin (unten) und des Calabrien (oben).

3. Kritische methodologische Bemerkungen zum Forschungsstand und zur Palynologie des pliozän-pleistozänen Zeitraums

In den meisten Arbeiten zur Palynologie pliozäner und pleistozäner Ablagerungen werden zur Dokumentation der Mikrofloren die Einzelformen mehr oder weniger zusammengefaßt und in quantitative Diagrammdarstellungen gebracht. So ist es zunächst mit großem Erfolg gelungen für postglaziale, später auch für interglaziale (und andere pleistozäne) Ablagerungen und Profile erarbeitet worden. Dabei ist es weniger wichtig, ob die Baumpollentypen als Grundsumme von den Nicht-Baumpollenvertretern (Sträucherelemente, Sporen, Wasserpflanzen usw.) getrennt aufgeführt oder als Gesamtdiagramm dargestellt werden. Bedeutender ist vielmehr, daß die meisten Formen (im Quartär oft Gattungen) in einer Gruppenbildung als Prozentwerte, als „Spektrum" erscheinen, zum Beispiel *Betula*, *Pinus*, *Alnus*, *Picea*, *Abies* usw., oder *Persicaria*-Typ, *Artemisia*-Typ, Compositae-Typ usw. Auch auf die Art der Darstellung der Prozentwerte im Diagramm kommt es nicht an (Kurve, Schattenriß, Einzelsäulen-Darstellung und ähnliches; viel wichtiger sind Einwände grundsätzlicher Natur, die nach unten zu beim Übergang zum Tertiär (und tiefer) und nach oben hin bis zu den die Flora insgesamt stark verarmenden großen Inlandvereisungen im Quartär zu beachten sind.

In jeder sonstigen paläontologischen Auswertung wird streng eine Reihenfolge eingehalten, die stets von der qualitativen Bestimmung und Bearbeitung der Einzelfossilien ausgeht und deren Ergebnis die Fossilliste ist. Erst dann kann die Frage eventueller quantitativer Bewertungsmaßstäbe angelegt werden. Dabei wird gewöhnlich eine vier- bis sechsstufige Häufigkeitsskala berücksichtigt und für völlig ausreichend befunden (dominant bzw. sehr häufig oder massig, häufig bis regelmäßig, verstreut, selten und sehr selten). Ob dabei nun Stückzahlen, Prozentwerte oder Schätzwerte zu Grunde gelegt werden, ist weniger von Bedeutung. Für Spezialvergleiche werden darüber hinaus Gruppierungen der vorher jeweils so weit wie möglich im Detail bestimmten Fossilien vorgenommen; zum Beispiel Anteile von Formen bestimmter Herkünfte, Klimate, ökologischer und fazieller Lebensweisen oder auch solche von höhergradigen Sippenstrukturen. All das sind Mittel zur Auswertung, zur Herausarbeitung von Gesetzmäßigkeiten, zur besseren Vergleichbarkeit fossiler Assoziationen. Ohne eine vorherige solide taxonomische Detailbearbeitung hätte so etwas allerdings wenig Sinn.

In der Palynologie sollte dies im Prinzip nicht anders sein — aber es ist nicht so. Hier gelten das quantitative Diagramm sowie seine Deutung und Interpretation als das „Alpha und Omega". Aber im Diagramm sind die meisten Sippen fast stets in Gruppen zusammengefaßt, wobei die häufiger vorkommenden Fossilien (*Pinus* und weitere) als wichtiger erscheinend die weniger häufigen bereits rein optisch erschlagen, erdrücken oder verdrängen. Die selten und sehr selten vorkommenden Formen sind ja „sowieso nicht so wichtig" und sie werden dann sogar noch rasch für umgelagert erklärt, wenn sie sich nicht zwanglos einer gebildeten oder herrschenden Meinung oder einem „Spektrum" einfügen. Es geht dabei leider selten um eine vorherige saubere qualitative Bearbeitung und lagenweise Dokumentation einer Mikroflora als vielmehr um die quantitativen Anteile der Formen, wobei diese in exakter Form einherstolzierenden %-Werte Genauigkeiten vortäuschen, die wohl selten zutreffen, schon deshalb nicht, weil viel zu oft bei den Auszählungen fragliche Objekte doch noch irgendwo untergebracht werden müssen, Objekte, denen man bei rein qualitativen Bearbeitungen gar keine weitere Bewertung und Beachtung schenken würde (Fragmente, verquetschte Formen oder solche, die in Festpräparaten in ungünstigen Schräg-, Pol- oder Seitenlagen vorliegen).

Aber deshalb eine Forderung nach Verwendung von Flüssigpräparaten aufzustellen, in denen die Objekte unter dem Mikroskop gedreht werden, um sie besser erkennen zu können, muß für prä-elstereiszeitliche Ablagerungen strikt abgelehnt werden, weil damit eine Nicht-Reproduzierbarkeit der Beobachtungen verbunden ist. Es ist bekannt, daß Flüssigpräparate von Kollegen, die aus Quartärschulen kommen, häufig verwendet werden. Doch ohne Dokumentation, Erhalt und Nachweis der Untersuchungspräparate ist eine Fossilauswertung nicht möglich. Fotodokumentationen sind eine zusätzliche Hilfe, ersetzen aber das Fossil nicht. Jeder Nachweis einer Einzelform muß möglichst noch nach Jahrzehnten wieder auffindbar und nachuntersuchbar sein. Danach muß sich jede paläontologische Dokumentation richten.

Die langjährigen Erfahrungen des Verfassers gehen außerdem dahin, daß es nahezu unmöglich ist, eine reichere, wie auch immer geartete Mikroflora wirklich sofort voll zu erfassen, ja, daß mit jeder neuen Durchsicht eines Präparats, eine Profils, wieder neues Fossilmaterial, neue Aspekte, neue Einsichten zutage treten. Man sei sich der Tatsache bewußt, daß eigentlich immer nur das im Mikroskop gesehen, das heißt bewußt erkannt wird, was man bereits kennt oder weiß. Wir sehen zwar alles, nehmen jedoch vieles nicht wahr. Diejenigen Bearbeiter, die diese Charakteristik nicht für zutreffend halten, sollten ihre eigenen Präparate von Zeit zu Zeit mit offenem Blick und ohne Altnotizen, quasi zur Eigenkontrolle, neu bemustern. Sie werden dabei erkennen, daß sie manches Neue dort finden, wo sie alles schon kannten und gesehen und bemustert haben. Nicht akzeptieren werden solche Erfahrungen allerdings diejenigen, die ihre Präparate und Proben nicht voll oder gar nicht selbst mikroskopieren, sondern lediglich die Ergebnisse ihrer technischen Mitarbeiter auswerten, darstellen und das Ganze dann deuten. Von technischen Mitarbeitern sind eben nur Routine-Auszählungen, aber keine ins spezielle gehenden Fossilinventuren zu verlangen und zu erwarten!

Wichtig bei jeder paläontologischen Untersuchung ist also (wie bei anderen paläontologischen Methoden) zunächst die qualitative Erfassung des Fossilmaterials, so weit und so detailliert wie dies zum Zeitpunkt der Inventur, von der Erhaltung und dem Umfang des Materials her möglich ist. Sowohl hinsichtlich einer vollen Erfassung unterscheidbarer Einzelformen, als auch hinsichtlich ihrer Beschreibung und Bezeichnung (inklusive ihrer botanischen Deutung) wird dies niemals voll, sondern jeweils — wie bei allen Aufsammlungen paläontologischer Natur — stets nur bis zu einem gewissen Grade möglich sein (der selbstverständlich auch vom Untersuchungsziel abhängt). Jede Form, die morphologisch erfaßbar ist, natürlich im Rahmen der jeweiligen Variationsbreite, muß zunächst als solche getrennt erfaßt und in ihrem regionalen und zeitlichen Wert im Verlauf der Untersuchungen dokumentiert werden. Dies ist unabhängig von ihrer sich oft erst viel später herausstellenden Bedeutung für Ökologie, regionaler oder zeitlicher Begrenzung, also für „Leitwerte". Leitformen sind ja das Langzeitresultat dokumentierter Detail-/Lokalbearbeitungen. Ob und wieweit solche Einzelformen dann geeignet erscheinen, zusätzlich als quantitative Elemente erfaßt zu werden, hängt von viel späteren Entscheidungen im Forschungsprozeß ab.

Dazu einige Bemerkungen zu ausgewählten Formengruppen:

Beispiel a) Pollen vom Habitus der Gattung *Betula*

Wahrscheinlich gattungsspezifische Pollenmorphologie (ebenso wie bei *Alnus*!), aber im einzelnen feinmorphologisch sehr heterogen. Bisher kaum oder nur schwer untereinander abgrenzbare „Typen". Bis heute liegt keine pollenmorphologische Monographie von *Betula* vor! Dennoch wird der Pollen stets zusammengefaßt und als Summe quantitativ dargestellt, obwohl sich nachweislich sehr heterogene (ökologisch, klimatologisch, zeitlich) und differenzierte Artenelemente darunter verbergen. Vom Pleistozän her gilt *Betula* (im Hinblick auf kaltzeitliche Arten, wie zum Beispiel *B. nana*, *B. pendula* usw.) als Kühlelement. Aber wie weit zurück ist eine solche *Betula*-Summenkurve überhaupt berechtigt und wichtig, ja sinnvoll? Im ausgehenden Tertiär kommen auch nach ihren Blättern und Samen diverse Arten in Frage, die im Pleistozän des Untersuchungsraums gar nicht mehr vorhanden sind oder keine Rolle mehr spielen.

Gleiches beziehungsweise ähnliches gilt für andere Gattunwie *Alnus*, *Carpinus*, *Quercus*, *Fagus*, *Picea*, *Abies*, um nur einige der häufigeren Summengattungen der Pollendiagramme zu nennen; sie alle sind mit (auch pollenmorphologisch unterscheidbaren) jeweils mehreren Arten noch bis in das Altquartär hinein in Europa vertreten gewesen.

Beispiel b) Pollen vom Habitus *Pinus*

Früher häufiger, heute schon seltener, wird mit den palynologisch unterlegten zwei Hauptbegriffen „*Pinus-silvestris*-Typ" und „*Pinus-haploxylon*-Typ" mehr Verwirrung als Klarheit geschaffen. Obwohl sich die Bearbeiter eigentlich im klaren darüber sind, daß der „*Pinus-silvestris*-Typ" nicht mit *Pinus silvestris* als Art gleichzusetzen ist, wird doch — ausgehend vom Quartär und Holozän Mitteleuropas — noch vielfach diese *Pinus*-Kurve in den Deutungen mit *Pinus silvestris* gleichgesetzt, vor allem in der Sekundärliteratur. Eine Vielzahl von Arten produziert Pollen dieses Typs. Eindeutig bestimmbare Makroreste, zum Beispiel Nadeln und Zapfen von *P. silvestris*, zählen noch während des Pliozäns in Mittel-, West- und Südeuropa zu den größten Seltenheiten (dazu neuerdings auch MAI, persönliche Mitteilung). Dabei wird von den „Pollenanalytikern" oft noch in unkritischer Weise alles mögliche diesem Typ zugerechnet, selbst Bruchstücke, vor allem, wenn es um Auszählungen geht. Hinzu kommt die enorme Überproduktion beim *Pinus*-Pollen, so daß dieser Pollentyp sowieso stets überrepräsentiert ist.

Erst ab Holstein ist es möglich und vielleicht sinnvoll, den *Pinus-silvestris*-Typ im Sinne von *Pinus silvestris* klimatologisch und ökologisch wie im Postglazial darzustellen und so zu interpretieren. Dagegen stammen wahrscheinlich über 95% aller Vertreter dieses Pollenformenkreises im ausgehenden Tertiär und im älteren Quartär von anderen, abweichende klimatische Indikationen anzeigenden (z. B. Trockenstandorte, zum Teil Warmphasen), aber schwer im einzelnen zu differenzierenden Arten.

Ähnlich verhält es sich mit dem „*Pinus-haploxylon*-Typ", der zwar kein direktes botanisches Artpendant in unserer heutigen heimischen Flora hat, aber in der Herkunft seiner Pollen ebenso heterogen wie der *silvestris*-Formenkreis ist.

Beide Begriffe, von RUDOLPH (1935) eingeführt, haben übrigens ältere (und daher gültige) Pollenformennamen: *P. labdaca* und *P. microlata* (vgl. KRUTZSCH 1970). Für letztgenannten Artenkreis, der im ausgehenden Jungtertiär pollenmorphologisch vertreten, aber nicht uniform ist, wird neuerdings (vor allem in der französischen Literatur und ebenso bei anderen Autoren) als Deutung „*Cathaya*" verwendet. *Cathaya*-Pollen hat, obwohl ähnliche Konturverhältnisse vorliegen, einen recht abweichenden Bau der Saccus-Strukturen; die Typusexemplare von *P. microalata* sind jedenfalls nicht mit *Cathaya* zu vergleichen. Wenn nun in neueren Arbeiten von *P. microalata*, „*Pinus-haploxylon*-Typ" oder nur von *Cathaya* die Rede ist, weiß man nie, ob wirklich diese Gattung vorliegt oder eine Form aus der *P. microalata*-Gruppe gemeint ist, denn Abbildungen oder exakte Hinweise werden nur selten oder nicht gegeben. Es ist daher erforderlich, durch genaue Beschreibung, Darstellung und gegebenenfalls entsprechende Abbildungen eine verwendete Bezeichnung zu belegen und zu untermauern.

Ähnliches gilt für die „*Cedrus*-Bestimmungen" in der (vor allem italienischen) Literatur.

Immer muß bei diesen Gattungen, die im Tertiär ungleich formenreicher als rezent in Europa vertreten waren, damit gerechnet werden, daß noch bis in das Altquartär hinein, wenigstens lokal, nicht alles bereits voll oder bis auf den heutigen Restbestand reduziert war, das heißt auf jeweils mehr oder weniger eine Art pro Gattung.

Beispiel c) Der „TTC"-Komplex

Dieser „Ausdruck" wurde im wesentlichen zuerst und völlig zurecht von polnischen Kollegen benutzt (DOKTOROWICZ-HREBNICKA). Er umfaßt die bei KRUTZSCH (1970, Atlas VI) unter *Cupressacites*, *Inaperturopollenites* und *Sequoiapollenites* behandelten und morphologisch differenzierten Pollengenera.

In Jung- und Mittelquartär-Diagrammen West- und Mitteleuropas kann wohl mit gutem Grund — weil nur diese beiden Typen überlebt haben — ein *Taxus*- und ein *Juniperus*-Typ, im Mediterran vielleicht noch ein *Cupressus*-Typ in Analogie zu *Taxus baccata*, *Juniperus communis* und *Cupressus sempervirens* quantitativ in den Diagrammen ausgehalten und ökologisch-botanisch entsprechend interpretiert werden. Aber wie sieht das (noch oder schon) im ausgehenden Tertiär aus und wie im Mediterrangebiet? Je nach Mode, Kenntnis und Meinung der Autoren erscheinen hier dann *Taxodium*, *Sequoia*, *Glyptostrobus*, *Cupressus*, *Taxus* und andere Gattungen, zum Teil sogar als Pollenkurven, in den Bearbeitungen. Manchmal erfolgt noch der (unkritische) Hinweis, daß *Sequoia* als Gattung pollenmorphologisch eigentlich schwer von den Nachbargattungen abgrenzbar sei, gleiches gilt für *Taxodium* und andere Gattungen aus dem TTC-Komplex. Dann geht man zur Tagesordnung über und diskutiert, wieviel Prozente von *Sequoia* denn nun im Brunssum oder im Reuver vorkämen und charakteristisch seien, wie sich diese Stufen auf Grund dieser Tertiärelemente unterscheiden ließen und daß beiden genannten Gattungen eine wichtige, sogar differenzierende Rolle bei der Festlegung der Plio-Pleistozän-Grenze zukäme (ZAGWIJN, MENKE und viele andere). Sieht man sich die Abbildungsdokumentationen der in Rede stehenden Formen an, so fällt auf, daß das, was der eine Autor als „*Taxodium*" bezeichnet bei einem anderen eine „*Sequoia*" ist usw. Und dies bereits bei ausgesuchten Belegexemplaren. Dabei sollte jeder wissen, der in solchen Ablagerungen intensive Untersuchungen angestellt hat, daß es gar nicht leicht ist, allein auf Grund der zahlreichen möglichen Erhaltungsformen, die entscheidenden morphologischen Kriterien für die Trennung von Taxodiaceen und Cupressaceen plus Taxaceen, geschweige denn für eine sichere Trennung von Gattungen innerhalb dieser Familien zu finden und an jedem Einzelexemplar (bei Zählungen zum Beispiel) nachzuvollziehen. Verfasser würde sich nicht zutrauen, in solcher Art alten Präparaten eine sinnvoll differenzierte Auszählung durchzuführen, die Anspruch auf Objektivität erheben wollte. Das, was einzig möglich ist, ist die Herausschälung gut ausgeprägter Typenexemplare im Sinne der im Atlas VI (KRUTZSCH 1970) gegebenen Diagnosen und Differenzierungen. Und selbst dies ist bei den unterschiedlichen Erhaltungsbedingungen nicht ganz einfach.

Über die Variationsbreite der Pollenarten zu entscheiden ist schon zum Teil kritisch! Daneben sind sogenannte semiquantitative Grobeinschätzungen über die Häufigkeit der einen oder anderen Pollenart mitunter denkbar und sinnvoll. Aber nicht mehr. Man bilde lieber differenzierbare Typen entsprechend ab und vergleiche durch Präparate und Literatur, wo völlig gleiche Ausbildungen noch nachzuweisen sind. Das wäre bereits ein großer Fortschritt.

Beispiel d)

Das unter c) Gesagte gilt in ähnlichem Sinne für die

Gattungen *Tsuga* und *Sciadopitys*. Beide Gattungen sind, im Gegensatz zu anderen Koniferen, pollenmorphologisch sehr differenziert und dabei gut charakterisierbar. Aber während bei *Tsuga* im wesentlichen immer noch nur zwei Haupttypen (*canadensis* und *diversifolia*) und bei *Sciadopitys* nur eine Form (*verticillata* oder *serrata*, je nachdem, von welchem Aspekt man ausgeht) erfaßt werden, ist es seit Jahren möglich, eingehendere Differenzierungen vorzunehmen — nur ist dies nicht immer ganz einfach und setzt gute Kenntnis sowie feinmorphologische Beobachtungen und Studien voraus. Für Routineauszählungen eignet sich so etwas natürlich wenig. Wichtig ist aber, wie viele *Tsuga*- oder *Sciadopitys*-Typen (beziehungsweise Pollenarten) nun tatsächlich in dieser oder jener Lokalflora noch oder wieder auftreten, weil es da große Unterschiede in zeitlicher, klimatischer, ökologischer und regionaler Hinsicht gibt, die stratigraphisch nutzbar sind.

Beispiel e) Sphagnaceen und Lycopodiaceen

Bereits seit Jahren ist bekannt, daß vor allem die Torfmoossporen im ausgehenden Tertiär, das heißt, ab Obermiozän, mit einer ungeheuren Formenfülle vertreten sind, wie sie weder vorher noch nachher, im eigentlichen Pleistozän, zu beobachten ist. Aber bis heute erscheinen in den Diagrammen nur *Sphagnum*-Summenkurven und ganz selten einmal einige Hinweise über speziellere Artenzusammensetzungen dieser Torfmoose. Natürlich ist es auch hier routinemäßig nicht möglich, Einzelarten exakt quantitativ in Einzelkurven zu erfassen. Das wäre vielleicht kaum sinnvoll. Aber, wenn schon, dann sollte doch die qualitative Durcharbeitung der jeweils vorhandenen Formen wenigstens neben der quantitativen Summenkurve erarbeitet und dokumentiert werden. Dies wird jedoch im allgemeinen technischen Kräften kaum möglich sein, denn es setzt langjährige feinmorphologische Mikroskopiererfahrungen voraus.

Ähnliches trifft für die Lycopodiaceen zu.

Hier liegt etwa das Gleiche vor, als würden die Vertebraten-Paläontologen alle Pferdefossilien in eine Gruppe, all die verschiedenen Kleinnagerformen in nur wenigen Gattungen oder Gruppen erfassen wollen, und sich damit letztlich einiger ihrer wesentlichen Zeitcharaktere nicht bedienen.

Was wir unterscheiden müssen, richtet sich allein nach dem Fossilmaterial: nämlich was unterscheidbar ist (Rudolf Richter). Nicht eine an sich nicht falsche heutige botanische Summendeutung muß uns dabei Leitfaden sein, sondern die differenzierte Ausbildung der sich in den verschiedenen Horizonten befindlichen Fossilien. Eigentlich doch eine Binsenweisheit. Aber nur so sind paläontologische Fortschritte zu erreichen und langfristig differenziertere Angaben über den Ablauf und den Wandel der Floren im Plio-Pleistozän-Zeitraum zu erlangen.

Es ließen sich noch zu weiteren Einzelformen kritische Anmerkungen machen; dies wird zum Teil bei der Diskussion über die regionalen Gebiete geschehen. Darüber hinaus muß versucht werden, den gegenwärtig vorliegenden Beobachtungsstand in einer gewissen vereinheitlichten Form und im Sinn obiger Ausführungen interimistisch vergleichbar zu machen. Dazu wäre noch das Folgende auszuführen.

Vergleicht man pliozäne und sogenannte altpleistozäne Profile beziehungsweise Diagramme miteinander, so fällt als erstes der sehr unterschiedliche Bearbeitungsstand auf, besonders in bezug auf die Art der Erfassung und Dokumentation der Einzelformen, aber auch im Hinblick auf die Probendichte innerhalb der Profile. Natürlich ist letztgenannter Faktor oft nicht vom Untersuchenden abhängig; andererseits hätte sicher manches Profil durchaus noch wesentlich detaillierter untersucht werden können.

Wesentlich bei Profiluntersuchungen ist stets, daß die Abfolge der Floren in einer gewissen Übersichtlichkeit vergleichbar wird. Zu diesem Zweck hat sich im Tertiär eine bestimmte „Zusammenfassungsmethodik“ bewährt, die hier den folgenden Vergleichen zugrunde gelegt werden soll. Zumeist können jeweils mehrere Einzelproben, z. B. eines Flözes, eines „Mittels“, eines lithologisch mehr oder weniger einheitlichen Horizonts bei annähernd gleichem Fossilinhalt zu einer summarischen Aussage zusammengefaßt werden. Dabei wird eine semiquantitative Darstellung mit einer vier- bis fünfstufigen Skala benutzt: dominant, häufig, regelmäßig bis verstreut, selten bis sehr selten. Die ersten drei Stufen entsprechen in etwa den prozentbildenden Werten: dominant = meist über 20%; häufig = etwa 10—20%, zum Teil bereits ab 5%; regelmäßig bis verstreut = ca. 1—5%, zum Teil indes bis 10%; selten = unter 1% und sehr selten = Einzelfunde/-exemplare. Bei stärkeren floristischen Unterschieden, vor allem solchen, die nicht lokalfaziell-ökologisch zu deuten sind, kann natürlich eine Florengrenze auch in einem lithologisch einheitlichen Horizont, z. B. in einem Flöz, in einem „Mittel“ oder in einem Schluffhorizont liegen.

Der ermittelte Floreninhalt wird in der Reihenfolge der Häufigkeitsgruppen aufgeführt und ergibt so eine rasche und gut vergleichbare Übersicht über Charakter und Abfolge von Mikrofloren (bei der Darstellung von — allerdings nicht so häufig nachweisbaren — Makrofloren könnte eine ähnliche oder gleiche Darstellung zur Anwendung kommen). Dabei ist es nicht so wesentlich, ob in Grenzfällen einmal die eine oder die andere Form eine Häufigkeitsstufe zu tief oder zu hoch eingepaßt wird. Durch vergleichende Zusatzbewertungen können dabei weitere wichtige Details vermerkt werden, beispielsweise, ob das Verhältnis von *Carya* zu *Pterocarya* größer oder kleiner zueinander ist oder, als Indexangaben, wieviele Spezies bzw. Typen jeweils von einer bestimmten Gattung, wie zum Beispiel bei *Tsuga*, *Picea*, *Abies* feststellbar waren. Um diese Statuscharakteristik, wie Verfasser diese Kurzform nennen möchte, möglichst knapp zu halten, werden für die Hauptelemente Abkürzungen gewählt, wie sie zum Teil in Pollendiagrammen bereits üblich sind (dazu Liste S. 13). Um zu einer Statuscharakteristik einer Flora zu kommen, kann, aber muß nicht, von einer quantitativen Prozentzählung ausgegangen werden. Es genügen auch summierte qualitative Inventuren (vgl. Tabellen bei Krutzsch 1976, Geiseltal IV).

Die Statusdarstellung ermöglicht nicht nur die Hauptbestandteile einer bestimmten Flora rasch zu überblicken, sondern hilft auch, sie in fazieller und soziologischer Hinsicht leichter zu analysieren. Wenn dazu noch ein „Relikt- oder Exotenstatus“ (oft seltener Typen), ein „Wasserpflanzen“- und ein „Kräuterstatus“, das heißt eine Zusammenfassung der jeweils bereits vorhandenen derartigen „quartäroiden“ Elemente hinzukäme, wäre meiner Meinung nach alles getan, was zur Charakteristik und Bewertung einer Flora im Pliozän- und Altpleistozänbereich zunächst heranziehbar ist. Natürlich kann und soll eine solche Statuscharakteristik nicht die volle Fossilliste einer Flora bringen oder ersetzen, jedoch die für vergleichende Auswertungen wichtigen Elemente nach Deutungsthemen gruppiert herausstellen.

Liste der bei den Statusaufzählungen der Mikrofloren (oder sonst im Text) benutzten Abkürzungen von Fossilnamen

Ab	*Abies*	Oen	Oenotheraceen
Ac	*Acer*	*Ol*	*Olea*, Oleaceae
Aec	*Aesculus*	*Osm*	*Osmunda*
Al	*Alnus*	*Ost*	*Ostrya*
Arceu	*Arceuthobium*	*Parr*	*Parrotia*
Art	*Artemisia* (-sien)	Palm	Palmae
Bet	*Betula*	*Pc*	*Picea*
Bux	*Buxus*	*Phell*	*Phellodendron*
Car	*Carya*	*Phill*	*Phillyrea*
Carp	*Carpinus*	*Pin*	*Pinus*
Cast	*Castanea*	*Plat*	*Platycarya*
Cath	*Cathaya*	*Pod*	*Podocarpus*-Habitus
Ced	*Cedrus*	*Pt*	*Pterocarya*
Cel	*Celtis*	*Qu*	*Quercus*
Chen	Chenopodiaceen	Ran	Ranunculaceae
Comp	Compositen, tricolporat, stachlig	*Reev*	*Reevesia*
Cor	*Corylus*	Rest	Restionaceae
Corn	*Cornus*	*Rh*	*Rhus*
Cu	*Cupressus*	*Sa*	*Salix*
Cyp	Cyperaceen	Sap	Sapotaceae
Eng	*Engelhardia*	*Sci*	*Sciadopitys*
Eph	*Ephedra*	*Seq*	*Sequoia*-Habitus
Eri	Ericaceae	*Spar*	*Sparganium*
Eu	*Eucommia*	*Sph*	Sphagnaceae (*Stereisporites*)
Fag	*Fagus*	*Sym*	*Symplocos*
Fen	fenestrate Compositenpollen	*Taxod*	*Taxodium*-Habitus
		Tx	Taxus
Fra	*Fraxinus*	TTC	Sammelgruppe: Taxodiaceae Taxaceae Cupressaceae
Gram	Gramineae		
He	*Hedera*	Til	*Tilia* spp.
Ilx	*Ilex*	*Ts*	*Tsuga*
Jug	*Juglans*	*Ty*	*Typha*
Jp	*Juniperus*	*Ul*	*Ulmus*
Lx	*Larix/Pseudotsuga*	*Val*	*Valeriana*
Liq	*Liquidambar*	*Vib*	*Viburnum*
Lir	*Liriodendron*	*Vit*	*Vitis*
Lor	Loranthaceae/*Loranthus*	*Wei*	*Weigelia*
Lyc	*Lycopodium* spp.	*Zel*	*Zelkova*
Mag	*Magnolia*		
Mor	Moraceae		
Myr	Myricaceae, *Myrica*		
Nys	*Nyssa*		

Auf die pollensystematischen Parallelbezeichnungen wurde auf dieser Abkürzungsliste verzichtet.

Weitere häufig gebrauchte Abkürzungen
DBF — Decidous Broad-leaved Forests; EBF — Evergreen Broad-leaved Forests; EMW — Eichenmischwälder; MMF — Mixed Mesophytic Forests; MNHF — Mixed Northern Hardwood Forests FAD — First Advanced Date; LAD — Late Advanced Date; my — million years

Und auf solcher Basis müßte dann für bestimmte regionale Großräume (zum Beispiel Süditalien, Norditalien, Südfrankreich, nordwestliches Mitteleuropa usw.) je eine vergleichende Fossilverbreitungstabelle der regressiven (Relikt-, Exoten-) Formen und der progressiven (Kräuter, quartäroiden) Formen im einzelnen als Abfolge und für jeden Typ spaltenweise getrennt aufgestellt werden. Wenn die Anzahl der echten Aussetz- und Einsetzformen auch nicht sehr groß, sondern begrenzt zu sein scheint — die meisten Formen kommen in Abhängigkeit von lokalen Verhältnissen und vom Klima zur Zeit der Entstehung eines bestimmten Lagers vor oder fehlen gerade deshalb dort —, so ist dies doch der einzige Weg, um, auf lange Sicht gesehen, neben den klimatisch-soziologisch und ökologisch-faziell bedingten Massenfossilnachweisen die „Leitformen" des Pliozäns und Altpleistozäns, die vorwiegend unter den Akzessorien zu suchen sind, allmählich zu erfassen und in ihren regional durchaus unterschiedlichen Einzeldaten kennenzulernen. Nach gegenwärtiger Übersicht des Verfassers kommen dafür etwa 100 bis 150 Einzelformen in Betracht. Daß es solche Formen gibt, weiß jeder Untersuchende; nur genaue Verbreitungswerte kennt (wohl noch) keiner. Diese Gruppe von Formen hat lediglich den (gesetzmäßigen) Nachteil, daß sehr viele Vertreter nicht häufig, sondern selten oder sehr selten sind, was die Bemerkungen über die Bedeutung qualitativer Inventuren unterstreicht. Aber bis solche Leittabellen für den Pliozän- und Altpleistozänbereich existieren, müssen wir notgedrungen mit dem vorlieb nehmen, was bis heute an Daten vorliegt. Und dies soll in angegebener Weise in vergleichender Auswertung in den Folgekapiteln geschehen, wobei allerdings nur untergeordnet die Statusanalysen mitgebracht werden können. Dabei wird natürlich den Verknüpfungen mit den Daten der anderen paläontologischen, aber auch den Angaben der nicht-paläontologischen Methoden hohe und zugleich kritische Beachtung geschenkt. In taxonomischer Hinsicht ist der gegenwärtige Zustand unbefriedigend. Trotzdem soll eine erste Synthese zum Klimaablauf und der Feinstratigraphie des plio-pleistozänen Übergangszeitraums gewagt werden, obwohl fast ausschließlich auf die Bestimmungen, die in der Literatur vorliegen, zurückgegriffen werden muß, sofern kein eigenes Vergleichsmaterial vorlag.

4. Allgemeines zur Frage der Pliozän/Pleistozän-Grenze aus palynologischer Sicht

Jede Grenzziehung im erdgeschichtlichen Sinne ist eine Frage der Konvention. Diese ist abhängig von der Geschichte der für solche Grenzziehungen in Frage kommenden geeigneten geologischen Ablagerungsräume (z. B. marin) und der in den jeweiligen Sedimenten auftretenden Fossilien und ihres Charakters. Eine Grenzziehung ist damit notwendigerweise niemals eine Totalität, also eine alle Gruppen von Fossilien gleichmäßig umfassende Charakteristik. Aber je mehr Fossilgruppen eine konventionell einmal festgelegte Grenze mitbestimmen helfen, desto besser für einen solchen Schnitt. Und keine Grenze ist — wenn nicht eine Lücke im Ablauf des geologischen und biologischen Geschehens vorliegt, dann wäre die Grenzziehung wenig glücklich — eigentlich ein einfacher Schnitt — sondern immer ein Kontinuum, unterteilt in zahlreiche kleine Abschnitte.

Die von Spezialisten verschiedener Metiers zu stellende Grundfrage ist, wie sich bestimmte Gruppen von Fossilien an einer bestimmten Grenze verhalten, wie festgestellte Veränderungen sich in die damit verbundene Konvention einpassen lassen und inwieweit die erhaltenen Ergebnisse regional gleichsinnig zu verfolgen sind. Die Gegenfrage nach der Bedeutsamkeit der sich aus dieser oder jener Fossilgruppe ergebenden größeren oder kleineren Wandlungen, seien sie evolutionär, restriktiv, klimatisch, ökologisch oder sonstwie bedingt, ist hierbei prinzipiell nur von sekundärem Wert, obwohl in Nicht-Typusgebieten oft entscheidend für die richtige Verknüpfung von Ablagerungen unterschiedlichen geologischen und faziellen Milieus.

Nach diesen allgemeinen Bemerkungen, die im Zusammenhang mit dem oben Aufgeführten gesehen werden sollten, ist die Frage nach dem Wert und der Charakteristik unter anderem der Plio/Pleistozän-Grenze in palynologischer Sicht klar abgesteckt. Nicht die in den Niederlanden (Zagwijn) oder in Schleswig-Holstein (Menke) oder anderenorts festgestellten Gesetzmäßigkeiten oder theoretisch abgeleiteten Behauptungen (Reuver — Prätiglien usw.) sind seit Moskau 1984 die maßgebenden Kriterien, sondern ausschließlich die in Süditalien in Verbindung mit den diversen paläontologischen Daten des Typusprofils erkennbaren palynologischen Abläufe und ihre schrittweise regionale Ausweitung nach Norden (Mitteleuropa), Westen (Spanien, Südfrankreich) und Osten (pannonischer Raum usw.) sowie ihre dabei erfolgende Verknüpfung mit der Vertebraten-Gliederung und weiteren paläontologischen Ergebnissen. Mit anderen Worten: Die Frage der Plio/Pleistozän-Grenze hängt à priori palynologisch gar nicht von der Abfolge „Reuver—Prätiglien—Tiglien ab, selbst wenn diese völlig zu Recht bestünde, sondern kann nur im Resultat schrittweiser (inklusive interdisziplinärer) Verknüpfungen über zahlreiche Profile aus dem Mediterran-Gebiet heraus als Deutungsresultat gefunden werden (erste Schritte dazu bei Suc und Zagwijn 1983). Damit erübrigen sich alle Diskussionen über das „was wäre wenn", wie sie insbesondere wiederholt von Zagwijn und neuerdings ebenso von Menke, aber auch von anderen Autoren aus ihrer, z. B. paläobotanischen Sicht heraus gestellt worden sind.

Daß Gleiches in erhöhtem Maße für die Säugetier-Paläontologen gilt (Kretzoi, Fejfar, Heinrich, Tobien, Guerin und andere) sei noch einmal besonders betont. Nicht eine „E-L-E"-Grenze oder die 1. Einwanderungswelle von gewissen Kleinsäugern ist letztlich maßgebend, sondern ihre über die Einpassung in das marine Typusprofil gewonnene Datierung. Um so größere Bedeutung erlangen dann aber die geeichten Abfolgen oder Einzelniveaus (Lokalfaunen oder -floren) für die Gesamtstratigraphie.

5. Zur Charakteristik der oberpliozänen bis altpleistozänen Floren- und Klimaabfolge in Italien

5.1. Vorbemerkungen zu den italienischen palynologischen Arbeiten

Beginnend mit den Arbeiten von Lona und seinen Mitarbeitern sind bereits vor mehr als 30 Jahren, vor allem aber in den letzten 10 bis 20 Jahren, eine Fülle zumeist kürzerer Publikationen erschienen, die in verschiedener Hinsicht und unabhängig von dem bisher Gesagten einige weitere Vorbemerkungen erforderlich machen. Untereinander sind die italienischen Diagramme, denen vorwiegend quantitative summarische Auswertungen zugrunde liegen, relativ gut miteinander vergleichbar, weniger gut indes mit nicht-italienischen Auswertungen (s. dazu Menke 1975, S. 118). Vor allem die Summenspalten „mediocrate" und „terminocrate" Elemente oder andere zusammenfassende Darstellungen sind nicht recht geeignet, bestimmte Einzelheiten näher ins Auge fassen zu können. Unter „Mediocraten" werden im allgemeinen folgende Genera zusammengefaßt: *Carya*, *Pterocarya*, *Corylus*, *Quercus*, *Ulmus*, *Zelkova*, *Carpinus*, *Tilia*, *Castanea*, *Liriodendron*, *Liquidambar* und andere, wobei die dabei vorhandenen erheblichen Unterschiede zwischen diesen Gattungen mehr verdeckt und vermischt, als klar herausgestellt werden. Daher sind die Mediocrat-Kurven zunächst lediglich für Italien vergleichend bewertbar, weil sie nur hier so zusammengefaßt in den Darstellungen erscheinen. Sinngemäßes gilt für die „Terminocraten".

Was die klimatologischen Aussagen der italienischen Kollegen betrifft, so sind diese einesteils sehr allgemein gehalten (wie mäßig-kühl, kühl-temperat, mäßig-warm usw.), schlagen sich aber andererseits zumeist in einer sehr speziellen Kurve mit zahlreichen kleinen Oszillations-Ausschlägen nieder, ohne daß die beweisenden Bezüge immer deutlich genug herauszulesen sind. Hier wünschte man sich diffizilere Klimaanalysen und Interpretationen unter konkreter Angabe beweisender Fossilien, mehr Aussagen über den jeweiligen jahreszeitlichen Klimagang und nicht zuletzt darüber, bis zu welcher Zeit zurück nun das eigentümliche mediterrane Klima (sommertrocken — winterfeucht) tatsächlich belegbar zurückreicht.

Was heute auf Grund der vorliegenden und zugänglichen Daten vergleichend (zum Teil auch kritisch) gesagt werden kann, sei auf den folgenden Seiten ausgeführt. Dabei geht es stets um die Grundfrage, wie die konventionell festgelegte Plio/Pleistozän-Grenze aus dem Typusgebiet heraus mit den Mitteln der Palynologie (selbstverständlich unter Beachtung der möglichen Verknüpfungen mit anderen Daten) über Mittel- und Norditalien weiter nach Norden und Nordwesten verfolgt werden kann.

5.2. Die calabrische Typusregion

Im Vrica-Profil, untersucht unter anderem von Bertolani-Marchetti, Accorsi und Bandini-Mazzanti (1977) sind nach dem vorliegenden Bearbeitungsstand sieben Mikrofloren in Superposition zu differenzieren, die vorwiegend den Sapropel-Lagen dieser Tieseesedimente entstammen.

	Flora	Bereich der Sapropel-Lagen
Unit z (67 m)	1	q — t ~5 Niveaus (~277—303 m)
	2	p und 10 m höher 2 Niveaus (bei ~243 und 253 m)
Unity y (61 m)	3	g bis o ~4 Niveaus (von 196—235 m)
	4 b	±f 2 Proben (bei 190—192 m)
Unit x (178 m)	4 a	d und e 2 Niveaus (bei 160 und 170 m)
	5	c, oben nur eine Probe (bei 153 m)
	6	a bis c, unten 3 Niveaus (von 125—152 m)
	7	Liegendes von a 5 Niveaus (verteilt von Basis des Profils bis ~100 m)

Nach der Probendichte ist dies vorerst eine Übersichtsbearbeitung; vielleicht sind aber auch nur die aufgeführten sapropelitischen Proben-Niveaus ausreichend fossilführend? Immerhin liegen hier bathyale Tiefseesedimente vor.

Eine floristische Statusanalyse erscheint zur Zeit noch wenig sinnvoll. Die das gesamte untere Drittel des Profils umfassende Basisflora 7 zeigt hohe Koniferen-Anteile (*Pin*, *Pc*, „*Ced*“, *Ts*, *Pod*), niedrige mediocrat-Werte, im unteren Teil jedoch regelmäßig den TTC-Komplex. Im oberen Teil (bei 100 m) dieses Abschnitts scheint *Fagus* eine gewisse Häufigkeit zu erlangen. Kräuterformen treten kaum hervor und sind nicht signifikant. Die Bearbeiter bezeichnen das Klima als gemäßigt-kühl. Auf alle Fälle handelt es sich um eine sogenannte Minimum-Flora.

Die darüber folgende Flora 6 bietet dagegen das Bild einer Maximum-Flora: hohe Mediocrat-Anteile, deutliches Hervortreten des TTC-Komplexes, bedeutend weniger geflügelte Koniferen als vor- und nachher, zugleich aber auch deutlich höhere Anteile an Gramineen, Compositen, Cyperaceen, *Alnus*, *Typha* und anderen, das heißt von Vertretern aus Sumpf-, Ufer- und offenen Gesellschaften. Leider ist eine genauere Analyse vorerst nicht möglich.

Flora 5 (nur eine Probe aus dem oberen Teil des Sapropels c) ist, wenn das Spektrum wie angegeben zu Recht besteht, eine kurzzeitige Klimaoszillation zwischen Flora 6 und 4. Mag sein, daß bei dieser Einzelprobe Beobachtungslücken oder Erhaltungs- beziehungsweise Überlieferungsfragen zusätzlich eine Rolle spielen. Jedenfalls weist das publizierte Spektrum auf deutlich kühlere Verhältnisse hin.

Flora 4 ist besonders wichtig, liegt sie doch im unmittelbaren Grenzbereich. Sie entspricht inhaltlich etwa Flora 6, also in Summa einem Maximum. Allerdings klafft zwischen ihrem oberen und ihrem unteren Anteil eine Lücke von ca. 20 m; diese Lücke ist im Diagramm nicht dargestellt, sondern graphisch überspielt, eine Verfahrensweise, die auch bei anderen Autoren leider hin und wieder zu beobachten ist, aber nicht gerade nachahmens- und empfehlenswert sein kann. Während unten die bei Flora 6 genannten Begleitelemente nur schwach hervortreten, sind sie oben sehr kräftig entwickelt. Damit liegt für den oberen Teil zweifellos ein Hinweis auf mehr offene, sumpf- oder steppenförmige Vegetation trotz der relativen Höhe der Medicrat-Werte auf dem umgebenden Festland vor. Diese obere Phase (Flora 4b) gehört bereits dem Unit y, also dem tiefsten Pleistozän im Sinne der Grenzkonvention im Typusprofil, an.

Flora 3 umfaßt im wesentlichen den Unit y, im tieferen bis mittleren Teil sind nur noch wenige mediocrate Elemente enthalten (*Car*, *Pt*, *Cor*, *Qu*, und andere), die nach oben zu weiter abnehmen. Umgekehrt haben die Terminocrats stark zugenommen. Die Autoren heben den Beginn eines kühleren Klimas mit geringen Schwankungen hervor, welches gleichlaufend mit der Abkühlung des Meerwassers einher geht (das Mittelmeer soll hier kühler als zur Zeit der anderen Intervalle der Vrica-Sektion gewesen sein).

Flora 2 markiert (mit zwei Niveaus) den Beginn und unteren Teil, Flora 1 den oberen Teil des Unit z (= Zone D nach Rugieri u. a. 1976). Hohe Terminocrat-Werte (höchste *Pinus*-Werte des Profils) stehen weiter geringen Anteilen von Mediocraten gegenüber. Der TTC-Komplex ist lediglich nahe der Basis stärker entwickelt. Im gleichen Niveau ist aber auch der Kräuter- und Wasserpflanzenanteil wieder höher. Beide Floren sind dem Formeninhalt nach kaum voneinander zu unterscheiden. Die deutliche Abkühlungstendenz beginnt bereits bei Schicht g/f und nicht erst oberhalb von Schicht m (d. h. der vulkanischen Aschenlage), also nur wenig über der eigentlichen Grenze und setzt sich bis ganz oben hin im Typusprofil fort (Nagakawa 1977a, b; Finalreport 1984). Das Klima wird als kühl bezeichnet, wobei allerdings in Flora 1 gelegentlich *Fagus* auftritt (feucht-kühl-temperat).

Dort, wo sich floristisch die stärkere Abkühlung bemerkbar macht, nämlich im Abschnitt von Schicht m bis Schicht o, liegen weitere markante FAD- und LAD-Werte von planktonischen Foraminiferen, Mollusken, Nannoplanktern und anderen, während sich das erste FAD nordischer Gäste (*Cytheropteron testudo*[1]) und *Arctica islandica*) noch etwas tiefer, zwischen Schicht e und f, einordnet. Das für regionale Parallelisierungen ebenfalls sehr wichtige LAD von *Discoaster brouweri* liegt weit tiefer, noch unter Schicht a, das heißt ca. 75 m unterhalb der Plio/Pleistozän-Grenze des Typusprofils! Letztgenanntes Datum ist seit langem in zahlreichen Tiefseebohrungen der Ozeane mit 1,85 my gut fixiert. Die Zeitdauer der Ablagerung des 61 m mächtigen Unit y wird auf 1,3—1,7 x 10^5 Jahre geschätzt, die Grenze selbst bei 1,7 my eingeengt, obwohl die absoluten physikalischen Alterswerte zum Teil erheblich höher liegen; sie sind aber als zu hoch eingeschätzt worden (Obradovich u. a. 1982).

Paläomagnetisch liegt die nunmehr konventionell definierte Grenze wenige Meter über einem beziehungsweise mehreren deutlichen Normal-Events, deren genaue Bezeichnungen bisher offen sind (Nagakawa 1981, 1982; Tanxe u. a. 1982, alle in Finalreport 1984).

Lediglich im Bereich der Schichten q bis t des Units z soll dann in einem der untersuchten drei Profile ein weiteres Normal-Event (N3) vorkommen, dessen Stellung allerdings bislang völlig offen zu sein scheint.

In den ehemals als Typus-Sektionen vorgeschlagenen Profilen von La Castella und St. Maria di Catanzaro, ca. 18—50 km südwestlich des bei Crotone gelegenen Vrica-Profils, ist kein geschlossenes Grenzprofil entwickelt. Die von La Castella bekannt gewordene (sehr arme) Florenfolge umfaßt daher lediglich jeweils eine der tatsächlichen floristischen Abfolgen dieser Zeit und zwar nur je zwei, durch Lücke voneinander getrennte Floren im Quartär und Tertiär (Bertoldi 1977).

Die oberste Flora 1 umfaßt das Hangende des dortigen „Marker“-Beds; sie ist als kühl-temperierte ozeanische Flora gedeutet, die, verglichen mit dem Vrica-Profil, der dortigen Flora 1 im Unit z entsprechen könnte oder aber noch jünger ist. Das „Marker“-Bed von La Castella folgt bei Colalongo u. a. (1982) direkt darunter, enthält aber eine humid-wärmere Flora (mit unter anderem noch *Sci* und TTC), die nach oben zu etwas kühler wird. Im Vergleich zur Vrica-Sektion kommt eine Parallelisierung mit den Floren aus dem Unit z nicht in Frage, so daß wohl beide Floren erst in einen „Post-Unit-z-Abschnitt“ gehören, das heißt, das gesamte tiefste Pleistozän fehlt im Vergleich zur Vrica-Sektion im La Castella-Profil.

Das Liegende des „Marker“-Beds von La Castella wird von Colalongo u. a. (1982) einem oberen Teil des Unit x

[1]) Während der Drucklegung erschien die Arbeit von Bonaduce und Sprovieri (1985, Boll. Soc. Paleont. Ital., **23**, S. 131—136) in der nachgewiesen wird, daß auf Sizilien (Monte St. Nicola-Profil) *Cytheropteron testudo* bereits früher in das mediterrane Gebiet eingewandert ist (häufig ab *G.-inflata*-Datum) und folglich als „Leitfossil“ im Typusgrenzprofil nicht mehr in Frage kommt.

von Vrica zeitlich zugeordnet, was floristisch durchaus möglich ist. In Frage käme der Abschnitt der Sapropel-Schichten c bis d (Floren 5 und 4) aber ebenso ein liegender Abschnitt der Schicht a bis etwa zu dieser (Floren 7 und 6). Es handelt sich jedenfalls floristisch gesehen um einen Übergang von einer kühleren zu einer wärmeren Phase (mit *Celtis* und weiteren Elementen).

Das palynologisch offenbar nicht untersuchte St. Maria di Catanzaro-Profil weist zwischen dem Piacentin im Liegenden (plastische Tone) und dem Calabrien im Hangenden (inklusive des viel umstrittenen sogenannten sandigen Calabrien an seiner Basis) eine längere Schichtlücke auf, die fast die gesamte Zeit des Vrica-Profils und auf alle Fälle den entscheidenden Profilteil mit umfaßt.

Zusammengefaßt ergibt sich vorläufig für Calabrien, daß vom paläobotanischen (palynologischen) Standpunkt aus die markanteste klimatische Grenze des Profils über dem oberen Maximum etwa 12—15 m über der Konventions-Grenze Plio/Pleistozän zwischen den Schichten f und g liegt, d. h. aber noch unter der vulkanischen Aschenlage m und noch ein ganzes Stück unterhalb des FAD von *H. baltica*, aber über den FAD von *Cytheropteron testudo* und *Arctica islandica*. Die festgelegte Plio-Pleistozän-Grenze fällt, soweit bisher belegbar, dagegen in das obere Drittel eines oberen Maximums in einen fossilfreien (oder noch nicht näher beprobten) Abschnitt von ca. 20 m Umfang. Sie liegt bei geschätzten 1,6 bis 1,7 my einige Meter über einem oder mehreren paläomagnetischen Normal-Events. Damit ist bereits gesagt, daß die Plio-Pleistozän-Grenze in Süditalien nicht voll mit dem „Limit Tiberiano" des mittleren und nördlichen Italien identisch sein kann (S. 18).

5.3. Die norditalienischen marinen beziehungsweise paralischen Profile

Neben Calabrien bietet Norditalien, und zwar der Raum südlich Parma bis Piacenza, eine gute Möglichkeit, die Plio-Pleistozän-Grenze in ihrer Lage weiter zu verfolgen, da hier ebenfalls gewisse Primärverknüpfungen der marinen Daten mit der Palynologie möglich sind. Leider sind auch in Norditalien die plio-pleistozänen Grenzschichten im Profil eigentlich nur von oben, d. h. vom Altpleistozän her, vollständiger erfaßt, worin sich zugleich das methodische Herangehen an das Problem äußert. Die langen, bis 1000 m mächtigen marinen Pliozän-Profile im Gebiet des Piacentin, d. h. im Typus-Raum dieser Stufe, sind palynologisch noch nicht entsprechend bearbeitet — jedenfalls ist mir darüber nichts bekannt. Das gilt im wesentlichen auch für das Typusprofil des Piacentin (= Oberpliozän), die Castell d'Arquato-Sektion, die bisher nur ganz oben palynologisch gerade noch etwas erfaßt bzw. angetippt ist.

Im einzelnen sind zunächst folgende, palynologisch bearbeitete marine Profile (bzw. Profilausschnitte) von Bedeutung:

a) Ein kurzes Teilprofil der Castell d'Arquato-Sektion
b) Das Campile-Profil der gleichen Gegend
c) Das Rio-Ferraio-Profil
d) Die Stirone-Profile.

Das Castell d'Arquato-Profil

Das über 400 m mächtige marine Typusprofil des Piacentin ist palynologisch bis dato kaum untersucht, wohl aber in mikropaläontologischer und in anderer Hinsicht gut charakterisiert und gegliedert. Nur ein wenige Meter umfassender kurzer Abschnitt im obersten Teil ist palynologisch von Lona (1963) bearbeitet und von Lona & Bertoldi (1973, S. 27, Fig. 14) vergleichend betrachtet worden. Er ist für sich allein schwer feinstratigraphisch deutbar. Ganz oben ist gerade noch eine Maximum-Phase mit geringen TTC- und *Sci*-Anteilen + *Ts*, *Car*/*Pt* und mittelhohen Koniferen-Werten (*Pin*, *Pc*, *Ab*, *Ced*) erfaßt, während darunter die wenigen eben genannten Exoten fast völlig fehlen und eine nahezu reine Nadelwald-Phase mit viel *Pc* vorherrscht (also wohl ein klimatisches Minimum). Bei Lona & Bertoldi (1972: Fig. 18) ist dieser Profilabschnitt unter dem Limit Tiberiano im „Arquatiano" gruppiert. Dabei würde gerade dieses und das noch doppelt so mächtige Crostolo-Profil wichtige Verknüpfungen hinsichtlich Palynologie-Paläozoologie (Foraminiferen, Coccolithen, Mollusken), speziell zur Feingliederung des Oberpliozäns erwarten lassen.

Das Campile-Profil (Rio Ricco) bei Castell d'Arquato

Dieses Profil ist schon etwas vollständiger als der Teil, der im vorigen Profil betrachtet worden ist. Autoren sind Lona und Bertoldi (1972, 1973, Fig. 16, Fig. 17). Das ebenfalls marine Profil ist etwa 18 m mächtig und umfaßt drei Florenabschnitte, wovon die beiden unteren unter dem Limit Tiberiano und der ca. 11 m mächtige obere Teil darüber plaziert sind. In den obersten zwei Metern des Profils ist *Arctica islandica* vorhanden. Die obere Flora entspricht einem deutlichen Minimum mit *Pin*, *Pc*, *Ab* und kaum nennenswerten Exotenanteilen (nur ganz unten und selten *Car*, *Sci*, *Pt*, *Ts* und einige wenige sogenannte Mediocrat-Prozentwerte).

Der Wechsel zu den beiden unteren Floren ist sehr kraß (auch in der lithologischen Abfolge, unten Tone, oben Wechsellagerung von Tonen und Sanden), so daß wohl mit einiger Sicherheit hier auf eine Schichtlücke, das heißt auf eine Diskontinuitätsfläche hinsichtlich Zeit und Ausbildung im eigentlichen Grenzbereich Pliozän/Pleistozän geschlossen werden muß. Die *Arctica islandica*-Vorkommen ganz oben im Profil müssen also nicht dem FAD der Form im Gebiet entsprechen. Da an die Diskontinuitätsfläche zugleich der Limit Tiberiano gelegt wird, ist diese Grenze hier für weitere Betrachtungen ziemlich unwichtig, nur daß die beiden unteren Floren demzufolge noch dem Pliozän angehören (wie von den Bearbeitern betont), wobei die obere der beiden einem (aber welchem?) Maximum und die untere einem der oberpliozänen Minima entspricht.

Das Rio Ferraio-Profil

Ähnlich dem Campile-Profil ist das 7—8 m mächtige, ebenfalls marine Rio Ferraio-Profil zu bewerten; es reicht allerdings weiter nach oben und ist unten unvollständiger. Bearbeitet und ausgewertet ist es von Lona (1963b) sowie Lona und Bertoldi (1973, S. 26, Fig. 13). Für die eigentliche Lage der Plio/Pleistozän-Grenze ist es nicht nutzbar, da hier im Grenzbereich ebenfalls eine Diskontinuitätsfläche anzunehmen ist, was durch grobe klastische Sedimentlagen unterstrichen wird (fossilfreie Horizonte beziehungsweise Probelücken). Nur die aus dem untersten Profilmeter stammende Flora unter dem Limit Tiberiano wird in das Oberpliozän gestellt (Lona und Bertoldi 1973, Fig. 18), die drei oberen Floren wohl zurecht im Calabriano untergebracht (Minimum-Maximum-Minimum-Abfolge), eine Zuordnung, die im Grenzbereich der zweiten und dritten Flora durch das mehrfache Auftreten von *A. islandica* bewiesen wird (womit hier allerdings ebensowenig das eigentliche FAD dieser Art dokumentiert zu sein braucht!). Im calabrianischen Maximum-Abschnitt treten als Exoten vereinzelt *Sci*, neben „*Pinus-haploxylon*-Typen" und *Ts*, *Car*, *Pt* und *Eu* + *Cel* auf. In der pliozänen (oberquatianischen) Basisflora (unteres Maximum des Profils), sind hingegen noch der TTC-Komplex und mäßig häufig *Sci*, neben Mediocraten-Anteilen, vorhanden.

Die Stirone-Profile

Für die genauere Einklinkung der palynologischen Klimaprofile in die nunmehrige Konventionsgrenze Plio-Pleistozän sind die 100 m Profile des Stirone-Tals vergleichend zu betrachten, besonders das zuletzt (1979 von Bertolani u. a.) bearbeitete „neue" Stirone-Profil. Die Bearbeitung des „alten" Stirone-Profils war 1972 und 1973 von Lona und Bertoldi vorgelegt worden. Beide Profile werden zunächst getrennt besprochen und dann vergleichend ausgewertet.

Das alte Stirone-Profil (Lona und Bertoldi 1973, Fig. 12) umfaßt 10 unterscheidbare Floren in Superposition (A bis M, von unten nach oben bezeichnet), die sich durchgängig, von einer 20 m Lücke über den beiden untersten Floren abgesehen, bei dichtem Probenabstand über das ca. 100 m mächtige, marine, tonig-mergelige, unten kalkigere, oben zum Teil schwach sandige Profil verteilen.

Zwischen den Floren D und E, bei 35 m des Profils von unten aus gesehen und etwa 4 m über der fossilfreien 20-m-Strecke (fossilfreier Abschnitt C) wird der Limit Tiberiano gelegt, wobei die Floren A und D Maximum-Phasen umfassen und die Flora B ein Minimum darstellt, welches an Exoten noch regelmäßig *Sci*, *Taxod*, *Ts*, *Car* und andere enthält. Die Floren von A bis D werden im Oberpliozän (Piacentin, oberes Arquatiano) untergebracht, die darüber liegenden sieben Floren E bis M im Altquartär (Calabriano usw.). Im mittleren bis oberen Teil des Abschnitts der Flora E sind *A. islandica* und an der Basis des Abschnitts der Flora F auch *H. baltica* — also Altpleistozän — belegt. Die Floren E bis M bilden einen dreieinhalbfachen zyklischen Klimawechsel von jeweils einer kühleren zu einer wärmeren Phase, bis ganz oben im Bereich der Flora M gerade noch eine „letzte" Kühlphase im Profil erfaßt ist (s. unten), wobei *Sci* vereinzelt bis an die Basis von H, *Taxodium* und „*P.-haploxylon*-Typen" bis L hinaufreichen. Auch *Car*, *Ts* und *Pt* sind in Abhängigkeit vom Klimaablauf bis in die hier vertretene oberste Maximum-Phase (L), zum Teil sogar recht häufig, noch vorhanden. Demgegenüber sind *Eu* nur für die Warmphase F und H und *Cel* für F, H und Basis L (mit ?) angeführt. In den calabrischen Minimumphasen (1973 noch als „Interglaziale" bezeichnet, s. S. 38) herrschen neben *Pin* vor allem *Pc* und *Ab* als Dominanten vor. Die Warmfloren H und L sind — neben Eichenmischwald-Vertretern — vor allem durch recht hohe Werte von *Carya* charakterisiert.

Die untersten 15 m des Profils, d. h. der echte Piacentin-Anteil, ist durch seinen mehr kalkig-tonigen Sedimentcharakter vom gesamten höheren Profilteil lithologisch deutlich unterschieden. Über den Abschnitt C (Probenlücke) ist zunächst nichts Näheres aussagbar (auch dem Umfang nach).

Das neue Stirone-Profil (Bertoldi u. a. 1979, S. 151) ist gegenüber dem älteren, palynologisch bearbeiteten Profil zusätzlich ökologisch faziell charakterisiert. Es handelt sich ebenfalls um ein etwa 100 m mächtiges Sedimentpaket. Es zeigte sich, daß dieses Profil nicht durchweg in rein mariner Sedimentation vorliegt, sondern daß die ökologisch-fazielle Amplitude vom unteren Litoral über das mittlere und obere Litoral bis zu einer Brack- und Süßwasserlagune, zum Teil mehrfach hin und her pendelt. Alles in allem sind hier also küstennahe Sedimente erfaßt, wobei floristisch gesehen die Küstenvegetation das Gesamtbild der Abfolge zum Teil stark in ökologisch-fazieller Hinsicht überprägt haben soll, was insbesondere für den in den Grenzbereich vom Pliozän zum Pleistozän fallenden Abschnitt von 26,8—30 m diskutiert wird. Bei 26,8 m des Profils erscheint mit *Arctica islandica* der erste nordische Gast, und das in einem mikrobotanischen Abschnitt (Flora c), der durch hohe *Sci* und TTC-Werte sowie Exoten wie *Nys*, *Cast* und weitere charakterisiert ist, aber von Bertoldi u. a. (1977) als humid-kalt (!) gedeutet und im Klimaablauf an die Grenze von einer temperierten zu einer kühltemperierten (borealen) Vegetation eingeordnet wurde (S. 151).

Der klimatologischen Auswertung dieses Profils in diesem Grenzbereich muß in mehrfacher Hinsicht widersprochen werden. Die klimatischen Deutungen lassen sich so jedenfalls nicht aus dem publizierten Datenmaterial herauslesen. Die Klimakurve ist weder mehr oder weniger nur die Spiegelbildkurve der sogenannten quantitativen Mediocrat-Werte, noch lassen sich der TTC-Komplex, *Sci*, *Nyssa*, *Castanea* und andere als „Kaltelemente" deuten.

Im neuen Stirone-Profil entspricht (von oben nach unten) der Abschnitt g etwa der Flora L bei Lona und Bertoldi (1972), während ein Äquivalent der obersten Minimum-Flora M im neuen Profil nicht erfaßt ist. Im Profil bei Bertoldi u. a. (1979) folgen über dem Abschnitt g mit Diskordanz kontinentale Schichten mit *Dicerorhinus hemitoechus* und 20 m darüber soll die Brunhes-Matuyama-Grenze liegen.

Abschnitt f ist mit der Flora I zu parallelisieren und Abschnitt e mit Flora 11. Alle drei Abschnitte e, f, und g sind zum Teil reicher an Exoten als 1972 ermittelt, eine Tatsache, die noch manche Ergänzung bei Neubearbeitungen auch anderer Profile in bezug auf den Nachweis von Exoten erwarten läßt (oben S. 14). So kommen im Warmhorizont e (wie in Flora H) noch *Sci*, TTC-Vertreter, *Eu* und *Cel* vor, im Minimum-Abschnitt f (im Gegensatz zur Flora I) ebenfalls noch TTC-Vertreter neben *Eu* und *Cel* und im Warmabschnitt g sogar, neben TTC-Vertretern, *Eu* und *Cel*, wieder *Liq*!

Problematisch ist dann der Vergleich des Abschnitts d mit den entsprechenden 1972er Florenbereichen. Wahrscheinlich vertritt der klimatisch-gemäßigt gedeutete Abschnitt d (1979), der einen langen Zeitraum im Profil von Meter 31—57 umfaßt, insgesamt den Abschnitt der Floren E bis G von 1972, ist also weniger stark gegliedert als bei der alten Bearbeitung. Vom Basis-Niveau abgesehen (Profilmeter 31—35) handelt es sich aber ebenfalls um einen Klimaablauf von einem Minimum zu einem schwachen Maximum bis zurück zu einem neuen Minimum (so wie es auch die alte Bearbeitung zeigt). Der Abschnitt d ist insgesamt die Hauptzeit des Vorkommens der nordischen Gäste in Italien: In seiner Mitte liegen die Hauptnachweise von *A. islandica* und im oberen Teil desselben folgt bei 48 m des Profils das FAD von *H. baltica*, während das LAD von *A. islandica* an der Basis des Florenabschnitts f bei Profilmeter 58 eingetragen ist.

Die Basis des Abschnitts d ist jedoch zusammen mit dem Abschnitt c und dem gesamten oberen Teil des Abschnitts b (bis Profilmeter 17) als einheitliches klimatisches Maximum aufzufassen, in dessem oberen Drittel bei 26,8 m das FAD von *Arctica islandica* liegt, während die Abkühlungsflanke zum Minimum erst im unteren Teil des Abschnitts d bei 33—35 m des Profils anzusetzen ist. In dieser Deutung dürfte dieses „vereinigte Maximum" im wesentlichen den Floren D von 1972 entsprechen, wobei nicht auszuschließen ist — nicht zuletzt auf Grund der geringen nachweisbaren Mächtigkeit von Flora D —, daß dieselbe unten von Lücken begrenzt ist beziehungsweise sein könnte, daß also im Profil 1972 gerade im Grenzbereich keine kontinuierliche Sedimentation vorliegt, während das Profil 1979 in dieser Hinsicht günstigere Voraussetzungen bietet.

Der untere Teil des Florenabschnitts b (= 11—15 m des Profils) wäre dann äquivalent der Flora B (1972) und die Basisfloren beider Profile (a und A) würden sich als Basis-Maximum-Phase entsprechen. Allerdings scheint mir der 1979 an der Basis von Abschnitt a eingetragene „cool-forest" kaum begründet beziehungsweise auf falschen Voraussetzungen beruhend zu sein; trotz allem könnte aber an der Basis gerade noch der Beginn der Flanke zum unterlagernden Minimum erfaßt sein.

Das neue Stirone-Profil bietet neben der wichtigen Verknüpfung mit den „nordischen Gästen" auch über die übrigen Mollusken- beziehungsweise Echiniden-Faunen (1979, S. 153 bis 156) Ansatzpunkte für weitere interdisziplinäre Vergleiche.

Vergleicht man nach dem Gesagten das neue mit dem alten Stirone-Profil insgesamt, so ist erstgenanntes zwar bereits intensiver, vor allem unter ökologisch-faziellem Aspekt, untersucht, aber in Hinblick auf die Auswertung in klimatologischer Sicht ist kein wesentlicher Fortschritt festzustellen. Was nun die Lage der Tertiär/Quartär-Grenze betrifft, so war diese im alten Profil mit dem Limit Tiberiano identifiziert worden. In der Tat fällt der palynologische Limit Tiberiano, wie zahlreiche Autoren — allerdings aus ganz anderen Motiven heraus — bereits festgestellt haben (Zagwijn, Meyer, Menke; und andere) nicht ganz genau mit der Plio/Pleistozän-Grenze im Sinne des Typus-Profils zusammen. Dort wie hier liegt diese ein klein wenig tiefer als der Limit Tiberiano (in den Profilen Stirone 1972, Campile und weiteren fällt sie wahrscheinlich in den Bereich einer jungpliozänen bzw. Grenz-Schichtlücke). Der Limit Tiberiano ist als Klimagrenze bei vollständigen Profilen erst über der im oberen Drittel eines Maximum-Komplexes definierten Plio/Pleistozän-Grenze beim Übergang zum folgenden Minimum gelegen. Der Versuch, im neuen Stirone-Profil den Abschnitt c klimatisch „herabzudeuten" und küstenfazielle Sonderbedingungen für das Vorkommen wärmeliebender Formen zu konstruieren, ist weder notwendig noch botanisch möglich. Ob das der Palynologie oder Paläobotanik paßt oder nicht: Nur das Einklinken in das Typus-Profil ist der Maßstab für die Grenzziehung und nicht eine solche Grenze, die vielleicht genau einem bestimmten Klimawechsel (warm-kalt bzw. Maximum-Minimum) eingepaßt ist. Wie bei Jahreszeiten gibt es offenbar auch hier das Phänomen der klimatischen Verschiebung bzw. Verzögerung, das heißt des Hinterher-Hinkens bestimmter Abläufe gegenüber anderen, schneller verlaufenden Vorgängen beim Übergang zum Beispiel von einer Warm- zu einer Kaltphase (etwa bedingt durch Meeresströmungen).

5.4. Die palynologisch wichtigsten kontinentalen Profile des Plio-Pleistozäns in Italien

Hier sind weitere drei Profile beziehungsweise Gebiete zu nennen, die jedoch für die Grenzziehung Plio/Pleistozän keine oder nur sekundäre Bedeutung haben, aber in der italienischen und in der Literatur anderer Länder zum Teil in Verbindung mit den Vertebraten-Gliederungen diskutiert werden. Es sind dies:

Das Leffe-Profil bei Bergamo;
Die Floren von Villafranca d'Asti;
Das Pietrafitta-Profil im Tiberbecken bei Perugio.

Das Leffe-Profil bei Bergamo

Die von Lona und Mitarbeitern seit 1950 in zahlreichen Arbeiten (unter anderem Lona und Bertoldi 1973, S. 7, Schaubild) sukzessive bekanntgemachte, heute bereits klassische, ca. 75 m mächtige, kontinentale Sedimente beinhaltende Abfolge der Leffe-Sektion umfaßt 21 Einzelfloren-Abschnitte in Superposition und soll oben von mindelzeitlichen Ablagerungen (Floren 1 bis 5, von oben ab gerechnet) zurück — und dies offenbar lückenlos — durch das gesamte Altquartär bis (leider nur!) kurz vor dessen Beginn reichen. Es umfaßt dabei eine sehr stark aufgegliederte klimastratigraphische Abfolge, die 10—11 mehr oder weniger volle, zeitlich und in ihrer Intensität aber recht unterschiedlich zu bewertende klimatische Zyklen aufweist. Das Leffe-Profil zeigt, welche Detailgliederungen im Altpleistozän noch möglich sein könnten, wenn erst einmal entsprechend vollständige und fossilführende Profile gefunden wären beziehungsweise umgekehrt wie lückenhaft in anderen (vielen) Teilen Europas die Erfassung des Altpleistozäns in Wirklichkeit bis heute ist!

Die Florenfolge von Leffe selbst ist hervorragend dazu geeignet, das Ausklingen bestimmter tertiärer Exoten im Altpleistozän exakt und repräsentativ für norditalienische Verhältnisse zu ermitteln. Aber nur für die beiden untersten Warmphasen (die 18. und 20. Flora von oben) sind von Lona und Bertoldi (1973, S. 7) mit *Eu* und *Cel* zwei ausgehende Exoten besonders vermerkt, während alle anderen — außer *Ts*, *Taxod*, *Car* und *Pt*, die in quantitativen Einzelkurven dargestellt werden — sich vielleicht in der Mediocrat-Kurve versteckt halten oder bislang gar nicht recht erfaßt sind, und das, obwohl sie zum Teil bis zum tiefen Mindel hinauf reichen könnten.

Was die Einklinkung beziehungsweise Altersdeutung des Leffe-Profils an seiner Basis betrifft, so wird von den italienischen Kollegen eine Parallelisierung der Flora 21 von Leffe (d. h. der dortigen untersten) mit der ersten altquartären Minimum-Phase über dem Limit Tiberiano vorgenommen. Eine solche Parallelisierung ist zwar möglich, aber noch nicht zwingend bewiesen. Es wäre ebenso der Anschluß einen Klimazyklus höher möglich und denkbar, zumal in den Stirone-Profilen die *Eu-Cel*-Exotenkombination mindestens drei altquartäre Maximum-Phasen übereinander umfaßt, in Leffe sind indes nur die beiden untersten Warmphasen genannt.

Die wenigen Großsäugerreste (Elefanten, Nashörner) des Leffe-Profils gestatten noch keine brauchbare biostratigraphische Verknüpfung mit der Klimastratigraphie der Palynologie; hierzu wären weitere Fossilnachweise, unter anderem Kleinsäugerfunde, notwendig.

Für die Grenze Plio/Pleistozän hat Leffe keine Bedeutung, zumal eine direkte Verknüpfungsmöglichkeit mit marinen Ablagerungen nicht vorhanden ist.

Die Floren von Villafranca d'Asti

Nach der Zusammenfassung in LONA und BERTOLDI (1973, S. 32, Fig. 18) läßt sich vorerst zu diesem Profil — die Originalarbeiten von FRANCAVILLA u. a. (1969, 1970) lagen mir bisher nicht vor — nur sagen, daß offenbar hier ebenfalls mehrere (vier) Florenniveaus nachgewiesen sind, von denen die drei oberen im Altquartär untergebracht und die unterste Flora in das Pliozän, direkt unter den Limit Tiberiano, gestellt wird. Dies dürfte zumindestens für die unterste Flora nicht richtig sein, wenn man die Herkunft aus (oder aus der Umgebung) der Zielgeleigrube RDB, wie 1973 angegeben, zugrunde legt (nach den Säugerresten liegt hier nämlich tiefes Villafranchien vor; sofern es sich bei den Pollenproben nicht sogar um das Liegende der Säuger-Fundschichten handelt, ist es auf alle Fälle ein erheblich älterer Sedimentkomplex als höchstes Oberpliozän; AZZAROLI 1977, S. 64). Ebensowenig ist die bei MAI und WALTHER (1988, S. 221) genannte Makroflora Jüngst-Pliozän, sondern steht irgendwo im „mittleren" Oberpliozän.

Zur Frage der Plio/Pleistozän-Grenze liefert also auch das Villafranca d'Asti-Profil bisher keinen Beitrag, vielleicht jedoch später einmal Hinweise zu genaueren Verknüpfungen in der intraoberpliozänen Vertebratenabfolge. Dazu muß natürlich die Forderung nach einer palynologischen Gesamtbearbeitung des Villafranca-Gebiets (inklusive der marinen und brackischen Anteile) erhoben werden, um exaktere Daten der Verknüpfung Klimastratigraphie — Vertebraten-Stratigraphie zu gewinnen, was hier durchaus möglich erscheint.

Das Pietrafitta-Profil im Tiberbecken bei Perugio

Bearbeiter sind wiederum LONA und BERTOLDI [1973, S. 10ff., Fig. 8 (und 18)]. Von diesem kontinentalen Braunkohlenbecken ist die Definition des Limit Tiberiano ausgegangen (gelegen zwischen den Abschnitten B und C, vgl. dort Fig. 8). Sie mag noch so gut oder schlecht sein, eine Bedeutung als Grenze Plio/Pleistozän kommt ihr primär nicht zu, selbst wenn sie zeitlich voll mit jener zusammenfiele. Nur durch Eichung am Typenprofil und anderen marinen Profilen (in Calabrien und in Norditalien, s. zum Beispiel vorige Abschnitte) läßt sich ihr Verhältnis zur Plio/Pleistozän-Grenze sekundär bestimmen und herausarbeiten. Danach ist die klima-stratigraphische Tiberien-Grenze wohl etwas jünger als die Tertiär/Quartär-Grenze, die im Profil Pietrafitta wahrscheinlich in das obere Drittel des Florenabschnitts B fällt (S. 18!), sofern hier (das heißt nach dem Abschnitt C hin) volle Sedimentationskontinuität vorhanden ist. Die Florenabschnitte C bis G gehören danach in das Altquartär und nur die beiden unteren A und p. p. B wären folglich oberpliozänen Alters, wobei zwischen beiden tiefsten Abschnitten noch ein gewisser fossilfreier Abschnitt liegt, über dessen Dauer nichts ausgesagt ist. Während die Basisflora A wahrscheinlich einem Minimum angehört, repräsentiert der Florenabschnitt B eine Maximumzeit (die Phase „Tiberiana") mit hohen TTC-Anteilen, *Sci* und auch noch *Plat*, *Liq*, *Lir*, *Mag*, *Phell*, *Cast*, *Nys*, um nur einige der Exoten zu nennen, die nach den Veröffentlichungen mehr oder weniger sicher bestimmt sind [andere Angaben, wie Myrtaceen, *Laurus*, Elaeagnaceen, Sapotaceen, *Dacrydium*, und Palmen (*Chamaerops*, *Phoenix*!) und weitere sind oder muten Verfasser zunächst recht fraglich an hinsichtlich ihrer Bestimmung].

Für die Florenabschnitte C bis G (vielleicht zweieinhalb Klimazyklen umfassend) ist es nicht einfach, direkte Vergleiche mit den norditalienischen Florenniveaus anzugeben, obwohl eine Parallelisierung bei LONA und BERTOLDI (1973, Fig. 18) erfolgt ist. Nur scheint mir diese nicht so recht begründet zu sein; vielleicht spielt hier der Faziesfaktor eine gewisse oder entscheidende Rolle? Die Gliederung in Minima und Maxima ist im oberen Teil des Pietrafitta-Profils längst nicht so typisch und ausgeprägt, wie zum Beispiel in den beiden küstennahen, marin-brackischen Stirone-Profilen. Andererseits ist eine einfache Faziesabhängigkeit — Kohle gegen tonige Mittelsedimente — ebensowenig erkennbar!

Die qualitative Charakteristik der Florenabschnitte C bis E ergibt insgesamt eine erheblich vielfältigere Exotenvertretung, als in den norditalienischen Profilen (inklusive des gleichfalls kontinentalen Leffe-Profils) bisher ausgewiesen ist. Vor allem *Liquidambar* hat in Flora F nochmals eine überraschend allgemeine Verbreitung (mit sogar relativ hohen Prozentwerten!). Oder hängt dies mit der bereits südlicheren Lage des Tiberbeckens zusammen?

Andererseits kommt es, vor allem im Florenabschnitt C (und dann in E), zu Kräuterdominanzen, das heißt, zu mehr oder minder halboffenen bis offenen Steppenvergesellschaftungen mit solchen Exoten wie *Car*, *Pt*, *Liq*, *Sci* und Vertretern des Eichenmischwalds sowie mediterranen Elementen wie *Pistacia* und *Phillyrea*.

Nach dem Ausgeführten ist es für das Pietrafitta-Profil noch nicht völlig klar, ob der hiesige typische Limit Tiberiano wirklich zeit-identisch mit der gleichfalls Limit Tiberiano genannten TTC-Rückzugsphase in Norditalien und Calabrien ist; es könnte hier durchaus eine ähnliche Abkühlungsflanke älteren Datums vorliegen, die irgendwo Intra-Oberpliozän einzuordnen wäre. Damit wären natürlich alle Diskussionen über den Limit Tiberiano (auch die in den vorigen Kapiteln zugunsten des Pietrafitta-Typus) namentlich, aber nicht inhaltlich hinfällig. Die Verhältnisse der Florenabschnitte C bis G von Pietrafitta erinnern nämlich wirklich zugleich stark an die Verhältnisse im Oberpliozän des nordwestmediterranen Gebiets (z. B. Bohrung Autan 1, vgl. S. 22). Das Pietrafitta-Profil könnte danach insgesamt von pliozänem Alter sein! Es sind also auch hier exaktere und noch eingehendere qualitative Inventuren und Dokumentationen unbedingt notwendig (s. S. 14).

Was für Pietrafitta gilt, gilt ebenso für weitere kontinentale Einzelabschnitte mit Floren, z. B. im Gebiet Val d'Arno, in welchem sicher palynologisch noch viel mehr „herausholbar" ist, als gegenwärtig vorliegend und bekannt. So wären hier wiederum weitere wichtige Verknüpfungen mit Säugerlokalitäten möglich.

Die von LÖHNERT (1961) aber nur grobpalynologisch mitbearbeiteten unteritalienischen Braunkohlenvorkommen aus dem Mercure-Becken zwischen Potenza und Scalea lassen bisher weder genauere stratigraphische noch sonstige Einschätzungen zu; auch hier wären Neubearbeitungen dringend erforderlich. Gleiches trifft auf weitere kleinere Becken in Italien zu.

6. Palynologische Charakteristik und Gliederung des Pliozänprofils der Bohrung Autan 1

Über dieses palynologisch von SUC (in CRAVATTE und SUC 1981) untersuchte und in mehreren Arbeiten interpretierte Profil gibt es trotz oder wegen der publizierten Daten noch einiges, auch vom methodischen Standpunkt aus, zu sagen, insbesondere, weil dieses Profil das zur Zeit wichtigste Schlüsselprofil und Verbindungsglied Typusgebiet — Westmediterran — Westeuropa ist. Als solches ist es von SUC und ZAGWIJN (1983) voll erkannt und herausgestellt worden.

SUC hat das Pliozän bis älteste Pleistozän der Bohrung Autan 1 auf Grund seiner Inventuren in vier Zonen gegliedert und einige derselben noch in Subzonen unterteilt. Wenn man nun versucht, im oben angegebenen Sinne von den vorliegenden Daten dieser Bohrung (39 Proben auf 1500 m Profillänge) eine Statusanalyse zu geben, so zeigt sich, daß weitere Differenzierungen trotz oder wegen der noch relativ großen Probenabstände von bis zu 50 m faßbar und notwendig sind. Sie lassen eine detailliertere Gesamtgliederung des Profils zu, als von SUC bisher vorgenommen.

Die Statusanalyse ergibt 14 Floren in Superposition, die von oben nach unten wie folgt zu umreißen sind; dabei sind nicht alle im Pollendiagramm vermerkten Formen hier auch mit aufgeführt. Andererseits mußten alle Formen so vermerkt werden, wie sie in der Original-Arbeit erscheinen; über die Sicherheit und Richtigkeit einzelner Bestimmungen kann also hier nichts gesagt werden, doch gibt es da und

Tabelle 1.

Flora	Probe	Inventar	Zone
Flora 1 (Minimum)	Probe 36–39	[Pin] + [Qu, Pc] + *Ab, Ul, Ac, Carp, Nys, Ol* (oben), *Phill* (oben) + [*Art*, Gram] + [Chen] + Cyp, Comp, Fen, *Eph* und andere Kräuter	Zone III b
Flora 2 (Minimum)	Probe 35	[*Pin, Qu*] + [*Eri*] + *Pc, Ab, Al, Car, Carp, Cel* + [*Art*, Gram] + [Chen, Comp, Fen und andere Kräuter]	Zone III b
Flora 3 (Maximum)	Proben 33 und 34	[*Qu, Pin*] + [*Car*] + *Ab, Pc, Ts, Ul, Al, Fag, Carp, Nys*, Eri + [*Art*, Gram] + Chen, Cyp, Comp, *Eph* und andere Kräuter	Zone III b
? Diskordanz?			
Flora 4 (Minimum)	Probe 32	[*Pin*] + [*Qu, Al*] + *Ab, Ac, Ul* + [*Art*, Gram] + [Chen] + Fen, *Eph* und andere Kräuter	Zone III a
Flora 5 (Maximum)	Proben 29–31	[*Pin*] + [*Qu, Ts, Al*] + *Ab, Cath, Ul, Car, Jug, Cor*, Eri + [Art (p. p. Mitte)] + [Gram, Chen] + Comp, Fen, *Eph* und andere Kräuter	Zone III a
Flora 6a (Maximum)	Probe 28	[*Pin*] + [*Al*] + *Ced, Ts, Ul, Qu, Cor, Ol* + [*Art*] + Gram, Comp, Fen, *Eph* und andere Kräuter	Zone III a
Flora 6b (Minimum)	Proben 24–27	[*Qu*] + [*Pin* (oberes Maximum), *Ul, Al*, Eri] + *Pc, Ab, Ts, Car, Carp, Eu, Cel, Sap, Sym, Myr, Parr, Phill, Eng* (p. p. U? prüfen!) + [Art, Chen, Gram] + [Comp, Fen] + Cyp, *Eph* und andere Kräuter	Zone III a
Flora 7 (Maximum)	Probe 23	[*Qu*] + [*Pin, Car, Ts, Al*] + *Ab, Cath, Osm, Fag, Ul, Myr, Carp* + [*Art*] + Gram, Chen, Fen, *Eph* und andere Kräuter	Zone III a
Flora 8 (Minimum)	Probe 22	[*Pin*] + [*Qu, Ul, Al*] + *Car, Sym, Eng, Ilx*, Eri + [*Art*] + [Chen, Comp, Fen] + Gram und andere Kräuter	Zone III a
Flora 9 (Maximum)	Probe 21	[*Qu*] + [*Pin, Ul, Al, Car*] + *Pt, Plat, Carp* + [*Art, Chen, Comp*] + Gram und andere Kräuter	Zone II b
Flora 10 (Minimum)	Proben 18–20	[*Pin, Qu*] + [*Ab, Ts, Ul, Al, Car* (oben)] + TTC (unten), *Cath* (unten), *Ac, Jug* (?), *Ilx, Sap, Bux*, Eri, *Phill* + [*Art* (Mitte Minimum), Chen, Gram (oben)] + Comp, Fen und andere Kräuter	Zone II b

Flora 11 (Maximum)	Proben 14—17	*Pin* + *Ts, Cath, Qu* (unten), *Car*, TTC, Eri, *Al* + *Ab, Sci, Ac, Fag, Eng, Ul, Myr, Sap, Bux, Phill* + Chen, *Art* + Gram, Comp, Fen und andere Kräuter	Zone II a
Flora 12 (Minimum)	Proben 12 und 13	*Qu, Pin, Al, Ul*, TTC, Eri + *Ts, Cath, Fag, Til, Eng, Myr, Vit* + Gram, Chen (oben mehr) + Fen und andere Kräuter	Zone II a
Flora 13 (Maximum) Basis	Proben 8—11	*Qu, Ul* + *Al, Cath, Sci, Eng*, TTC + *Ts* (unten mehr), *Car* (dsgl.), *Ced, Pin, Til, Pt, Myr, Sym*[1]), *Liq, Eu, Rh, Sap, Ol, Carp, Vit, Phill*, „*Lor*" + Gram (Basis) + *Art*, Chen, Comp, Fen und andere Kräuter	Zone II a
Ü↓ (Minimum)		Diskordanz und Lücke	
Flora 14a	Probe 7	TTC, *Myr, Eng* + *Car, Qu, Sci, Cast, Sym*[1]), *Ul, Al*, Rest	Zone I
Ü↑			
Flora 14b (Maximum)	Proben 5 und 6	TTC, *Myr, Eng, Car* + *Ul*, Sym[1]) + *Pin, Ts, Cath, Qu, Pt, Cast, Ac, Ol*, Rest, *Parr, Cel, Phill* und andere + Gram, Chen und andere	Zone I
Flora 14c (relatives Minimum)	Proben 1—4	TTC + *Myr, Eng, Car, Cath, Qu, Ul, Sym* + *Pin, Pt, Cast, Ac, Al, Ol*, Rest, *Lor, Cel, Eu, Nys, Phill*, Palm (?), Eri + Gram + *Art*, Chen, Comp und andere	Zone I
		Diskordanz im Liegenden des Pliozäns	

[durchgezogener Rahmen] = Dominanten und häufig; Zahlenindex: Anzahl der nachgewiesenen Arten (beziehungsweise Pollenformen),
[gestrichelter Rahmen] = verstreut bis regelmäßig; Bestimmung mit ? (nicht oder nur im Umfang); ohne Umrandung — selten bis sehr selten

[1]) Der z. B. von SUC (in CRAVATTE und SUC 1981), Taf.-Fig. 4—6 mit *Symplocos* bezeichnete Pollen ist, nach den Abbildungen zu urteilen, nicht als solcher anzusprechen.
Die als „Resedaceae" (l. c. Taf.-Fig. 1—3) bezeichnete und abgebildete Pollenform erscheint mit mehr zu *Platanus* gehörig und der in Taf.-Fig. 10 wiedergegebene Dreieck-Pollen, zu Rhoiptelea gehörend bestimmt, ist möglicherweise ein Umlagerung aus dem Alttertiär oder der höheren Kreide (*Plicapollis* sp.). Auch Objekt zu Taf.-Fig. 11 ist in seiner Bestimmung als „Loranthaceae" nach der veröffentlichten Abbildung nicht unproblematisch.

dort gewisse Vorbehalte (vgl. dazu Tabelle 1, Fußnote 1).

Flora 14 gehört nach SUC zu seiner in das Unterpliozän datierten Zone I, die später unter Hinzufügung von Ergebnissen des Profils der Bohrung Garraf 1 (SUC und CRAVATTE 1982) in drei Subzonen untergliedert wurde. Nach SUC und ZAGWIJN (1983, Abb. 4) umfaßt die Bohrung Autan 1 nur den (einen) oberen Unterabschnitt; dieser zeigt eine gewisse Dreiteilung und die Andeutung eines schwachen klimatischen Zyklus (Minimum-Maximum und zurück zu einem Minimum).

Bereits aus den Mächtigkeitsproportionen des unteren zum oberen Pliozän ergibt sich, daß der tiefere Teil des Pliozäns in der Bohrung Autan 1 nicht vollständig entwickelt sein kann [sowohl an der Basis als auch im Grenzbereich zum höheren (mittleren und jüngeren) Pliozän]. Palynologisch ist oben ein sehr krasser Wechsel der Mikroflora vorhanden, der selbst bei Voraussetzung einer extremen Klimaschwankung zu abrupt für einen lückenlosen Übergang scheint. In der Tat gibt ein Vergleich der bei CRAVATTE u. a. (1974, S. 274, Fig. 13) dargestellten biostratigraphischen (vor allem paläozoologischen) Analysen, aber auch der geophysikalischen Bohrlochmeßkurven der bis dato untersuchten westmediterranen Meeresbohrungen, daß in der Bohrung Autan 1 in der Tat mehrere Sedimentationsunterbrechungen, darunter eine im angegebenen Grenzbereich vom tieferen zum höheren Pliozän, vorliegen. Darauf ist merkwürdigerweise bei der späteren palynologischen Bearbeitung und Zoneneinteilung nicht verwiesen worden! Ob gleiches für die Bohrung Garraf 1 zutrifft, vermag ich nicht zu sagen, da mir die Originalarbeit von SUC und CRAVATTE (1982) bislang nicht zur Verfügung stand.

Ob zwischen Zone I oben und II nach SUC generell noch eine Lücke klafft oder nur in Bohrung Autan 1, bleibt also zunächst dahingestellt. Eine Lücke liegt jedenfalls in Bohrung Autan 1 zwischen Flora 14 und Flora 13 der Auflistung, s. oben. Das untere Pliozän ist hier auch nach unten zu unvollständig entwickelt; unsicher ist allerdings, wie weit das Profil in das Unterpliozän hinabreicht, das heißt, welcher Horizont des Unterpliozäns transgrediert.

Die folgenden Floren 13 bis 9 umfassen die Zone II von SUC, die bei SUC und ZAGWIJN (1983) insgesamt mit „Reuver" gleichgesetzt wurde. Wichtiger als diese Parallelisierung sind zunächst die neueren Aussagen der französischen Kollegen, die die Floren dieses Zeitabschnitts im marinen und küstennahen Westmediterran mit der *Globorotalia-crassaformis*-Zone und magnetostratigraphisch mit dem Bereich der Kaena-Mammoth-Events gleichsetzen (CRAVATTE und SUC 1981, S. 253; SUC und ZAGWIJN 1983, S. 161, Fig. 4). Wenn diese neue Korrelation zutreffend ist — sie weicht jedenfalls erheblich von bisherigen Vorstellungen anderer französischer Forscher ab (z. B. MEON u. a. 1980), so hätte dies weitreichende Konsequenzen, die bei SUC und ZAGWIJN (1983) noch nicht voll dargestellt worden sind. Mit anderen Worten: An dieser Einstufung hängt nicht nur die palynologische Skala, sondern auch Eckdaten der Vertebratengliederung sind davon entscheidend mitbetroffen (s. S. 23). Deshalb sollte diese Basisverknüpfung noch eingehender belegt und untermauert werden, als es bisher der Fall ist. Ich setze die Gleichsetzung von Zone II im Sinne von SUC mit den genannten Abschnitten hier als gegeben und richtig voraus und werde die daraus resultierenden Konsequenzen darzustellen versuchen (s. Tabelle 2). Im Bereich der Subzone II (und III) vollzieht sich, im Gegensatz zum Klimaschaubild bei SUC und ZAGWIJN (1983, Fig. 3) ein vielgestaltiger und rascher, mehrfacher zyklischer Wechsel der Floren, der zweifellos klimatisch gesteuert ist. Dabei können lokalfazielle Überprägungen, wie sie zum Beispiel beim neuen Stirone-Profil vorgestellt worden sind, wegen der Entfernung von der Küste kaum in die Diskussion eingebracht werden. Nach der differenzierteren Statusanalyse, die nun vorliegt, ist es mir eigentlich schwer verständlich, wieso diese Zone II nicht von Anbeginn an stärker aufgegliedert worden ist. Die Statuszusammenstellung gibt davon einen recht guten, wenn sicherlich auch noch provisorischen Eindruck. Sollte einmal eine wesentlich engere Beprobung und damit detailliertere Untersuchung dieses oder eines ähnlichen Profils möglich sein, so käme der heute bereits erfaßbare Wechsel der Floren zweifellos viel deutlicher zum Ausdruck (vergleiche die niederländischen mit den engbeprobten schleswig-holsteinischen Pliozän-Profilen). Vielleicht sind sogar noch weitergehende klimatische Differenzierungen erforderlich.

Jedenfalls zeigt der mittlere Abschnitt (Floren 13 bis 6), daß hier rasche Florenveränderungen abliefen, die sich im nordwestmediterranen Küstengebiet in einem Wechsel von humidgemäßigten bis mäßig-warmen, sommergrünen Laubmischwäldern mit unterschiedlichen Anteilen von Exoten (DFB bis MMF) auf der einen Seite und bis trockeneren, steppenartigen mehr oder weniger stark aufgelichteten Waldformationen auf der anderen Seite zum Ausdruck gebracht haben (Pineto-Querceten bis Querceto-Caryaeten, die, je älter die Maximum-Floren sind, desto vielgestaltiger zusammengesetzt sind). Dabei dürfte das bei SUC und ZAGWIJN (1983, S. 154, Abb. 1) diskutierte N-S-Modell nur teilweise unterlegbar sein. Von borealen Kältesteppen (wegen der *Artemisia*-Anteile und einiger anderer Formen) im Nordwestmediterran dieser Zeit zu sprechen, halte ich für unrealistisch. Dies kommt vielleicht erst später (zur Zeit der Flora 1); aber auch das ist nicht sehr eindeutig beweisbar. Vielleicht sind gerade hier echte Umlagerungsanteile mit vorhanden.

Im Bereich der Zone II bis Zone IIIa lassen sich acht klimatische Phasen unterscheiden, die je vier klimatischen Maximum-Minimum-Abschnitten angehören. Dabei sind die vier Maximum-Floren (Flora 13, 11, 9, 7) durch variierende Exotenanteile (quantitativ, vor allem aber qualitativ) gekennzeichnet. Floren haben verschiedene Wärmeansprüche, unterschiedliche Existenzdauer und unterschiedlichen Gesamtcharakter (s. Statustabelle, S. 20/21). Die zwischengelagerten Minimum-Floren (Flora 12, 10, 8, 6) sind in gleicher Weise unterschiedlich, wobei sie auch hinsichtlich ihrer Humiditäts-Ariditäts-Verhältnisse differenziert zu bewerten sind (z. B. *Tsuga*-Anteile gegen *Artemisia*-, Compositen- usw. Maxima).

Im Westmediterran überwiegen in Maximum-Zeiten Eichenmischwälder mit Koniferen[2]) und mit wechselnden Anteilen von Ulmen, Caryaen und anderen (sowie zusätzliche Exotenakzessorien); in Minimum-Zeiten stehen Kiefern fast immer an erster Stelle, gefolgt von Ulmen und Eichen und zumeist keinen oder nur wenigen Exoten, aber größeren Anteilen von Artemisien, Chenopodiaceen, Compositen und weiteren Kräuterelementen. Letztere fehlen in den Maximum-Zeiten zwar nicht, treten aber dort qualitativ und quantitativ zurück. An den Übergängen kommt es häufiger zur Vermischung verschiedener Elemente. Auffällig ist die geringe Gesamtbeteiligung von *Fagus*, *Picea*, *Abies*, *Tsuga*, ausgesprochen ozeanisch getönten Gattungen, die in Nordwesteuropa im Pliozän eine viel größere Rolle spielen. Dabei zeigen sich deutliche, großregionale Unterschiede, die es im einzelnen bei Parallelisierungen zu beachten und weiter zu erforschen gilt.

Alles in allem bieten die Maximum-Floren jedoch Exotenwerte (und allgemeine qualitative Zusammensetzungen), wie sie gemeinhin für Reuver s. l. in Nordwesteuropa charakteristisch sind. Es deutet sich bereits hier im Westmediterran an — für Italien liegen für diesen Zeitabschnitt leider bislang keine brauchbaren Daten vor —, daß wir mit einem mehrfachen Hintereinander zeitlich nicht gleicher reuver-ähnlicher Floren rechnen müssen, die durch stärker oder schwächer ausgeprägte Minimum-Phasen voneinander getrennt sind. Damit ist bereits aufgezeigt, daß die Florenentwicklung im Pliozän nicht so geradlinig verlaufen ist (Brunssum, sehr warm — Reuver, warm — Prätiglien, kalt — Tiglien, wieder wärmer), wie es bisher dargestellt worden ist. Vielmehr haben bis tief in das Pliozän hinein (und noch weiter zurück!) rhythmisch-zyklische Klimawechsel verschiedener Dauer und Intensität stattgefunden. Zum Quartär hin steigern sie sich nur in ihrer Frequenzlage zum Kühleren hin und laufen möglicherweise auch schneller ab. Die Floren- und Klimaentwicklung im Pliozän ist also nicht Ausdruck eines geradlinig und einmalig ablaufenden Abkühlungsprozesses. Die Floren dieser Zeit können daher auch nicht mehr einfach nach der Gesamtanzahl ihrer Wärmeelemente, je wärmer desto älter, bewertet werden, sondern sind einer stratigraphischen Analyse nur noch zugänglich, wenn ihre Superpositionsfolge, wenn Querverknüpfungen mit anderen Methoden oder (und) ein genauer Statusvergleich dies ermöglichen. Diese Entwicklungen deuteten sich in der Vergangenheit bereits an, wurden aber meines Wissens nirgendwo deutlich ausgesprochen oder gar in die Praxis der Untersuchungen umgesetzt.

Im höheren Teil des pliozänen Autan-Profils gibt es zwei weitere rasche Wechsel zwischen wärmer-humiden und kühleren Phasen (Floren 6a bis 3), wobei die höchste Pliozänflora eine Maximum-Flora darstellt. An der oberen Flanke derselben, Flora 2, beginnt dann das Altquartär, da die im marinen Profil fixierte Grenze bei etwa 902—905 m liegen soll

[2]) wobei hier nicht oder nicht vorherrschend an *Pinus silvestris* zu denken ist, sondern an einen ganzen Schwarm von Arten aus der „*Diploxylon*-Gruppe".

(Nachweis des ersten nordischen Gastes, hier *Hyalinea baltica* sowie *Globorotalia pachyderma*, rechts).

Eine Fortsetzung des Profils nach oben zu zur Klärung der altpleistozänen Klimageschichte liegt hier (noch?) nicht vor. Es sind jedenfalls noch über 740 m mächtige Sedimente in der Bohrung Autan 1 vorhanden (die untermeerische Basis der Bohrung liegt erst bei 155 m unter NN).

7. Zur Florenfolge im Pliozän von Frankreich

In kaum einem anderen Land Europas sind in den letzten 10 bis 20 Jahren so große Fortschritte in der Kenntnis des Pliozäns (und Altpleistozän) gemacht worden wie in Frankreich. Nicht nur, daß sich die Profile zeitlich über das gesamte Pliozän verteilen, es sind auch an zahlreichen Stellen Verknüpfungen mit anderen biostratigraphischen Methoden vorgenommen worden (Paläobotanik, Vertebraten, Mollusken, Diatomeen und andere), was den Wert aller Deutungen zweifellos erhöht. Die letzte Übersicht haben MEON u. a. 1979/1980 gegeben, wobei besonders die zahlreichen neuen palynologischen und klimatischen Daten zusammenfassend zur Darstellung gekommen sind.

Durch die nun von SUC (1984; s. S. 21) besonders betonte neue Verknüpfung seiner Zone II von Autan mit den Languedoc-Profilen, mit marinen Ablagerungen der *crassaformis*-Zone und dem Bereich der paläomagnetischen Events Kaena und Mammoth, also dem Zeitabschnitt von maximal 2,8—3,1 my der hochmarinen Gliederungen, muß die MEIN-Zone 14 höher hinaufreichen als 1980 angegeben, weil die Fundpunkte Millas und Terrats noch zu dieser Zone gehören. Der zeitliche Umfang der MEIN-Zone 14 wird also länger, als er bisher ohnehin schon gewesen ist; er umfaßt nun etwa 2 my! Hat in dieser Zeit keine Entwicklung stattgefunden oder ist eine solche nur bislang nicht bekannt oder analysiert? Ein säugetierpaläontologisch noch nicht untergliederbares „Unterpliozän" steht damit einem bereits in mehrere Vertebraten-Zonen und Subzonen aufgegliederten „Oberpliozän" gegenüber, wenn auch die Grenzen beider Einteilungen nicht genau an der gleichen Stelle liegen (S. 40).

Insofern die genannte Parallelisierung des oberen Teils der MEIN-Zone 14 und der MEIN-Zone 15 (Csarnot) mit dem Bereich der Kaena-Mammoth-Events richtig ist, hat das erhebliche Folgen für etliche der absoluten Altersdaten, wie zum Beispiel für die, die aus dem „älteren Villafranchium" des französischen Zentralmassivs vorliegen. Sie wären dann nahezu alle und generell zu hoch [vor allem Vialette mit 3,0—3,9 (4,2!) my, Etouaires mit 2,8—3,8 my und selbst Rocca Neyra mit 2,5 my]. Nach den herausgearbeiteten paläobotanischen Vergleichen kann das Niveau von Vialette/Ceyssac nicht älter als 2,65 my sein, das von Etouaires liegt etwa bei 2,4 my und das von Rocca Neyra bei 2,25 bis 2,3 my. Radioaktiven Altersbestimmungen aus vulkanischen Gesteinen ist wohl in Zukunft wesentlich kritischer zu begegnen als bisher. (Vielleicht wird hierbei die Entstehungszeit von Mineralen im Magma, aber nicht die Auswurfszeit erfaßt, sofern nicht andere Ursachen zu den zu hohen Werten führen.) Hilfsmittel ja, aber die letzte Entscheidung bei Zweifelsfällen und Differenzen muß bei der Paläontologie liegen!

Soweit möglich wurden einige wichtige französische Profile beziehungsweise Abschnitte, die entsprechend palynologisch untersucht sind, in die allgemeine Tabelle 2 aufgenommen. Dazu sind einige ergänzende Bemerkungen erforderlich.

Das Unterpliozän ist bisher am besten im unteren Rhône-Gebiet belegt und hier in den Profilen eng mit den Säugerfundstellen (-zonen), zum Beispiel von Hauterive und Hautemagne, verknüpft. Zur Konstruktion der auf Tabelle 2 vermerkten Klimadiagramm-Abschnitte wurden im wesentlichen Ergebnisse der Arbeiten von MEON-VILAIN, SUC sowie BALLESIO und MEON ausgewertet. Der Bereich der unterpliozänen marinen Transgression (Schichten mit *Ammonea beccari* und anderen) ist mit diversen Profilstücken an mehreren Stellen und in differenzierter (zumeist geringer) Mächtigkeit (aber in unterschiedlichem zeitlichem Umfang, wie die Pollenauswertungen deutlich zeigen) belegt. Palynologisch noch schwach erfaßt ist das tiefste Pliozän (gelegentlich Infra-Pliozän genannt). Eigentlich nur an einer Stelle ist ein Profilstück erfaßt, das unter das marine Unterpliozän-Niveau hinunterreicht (Profil Canarde/Coriacon). Aus den hangenden kontinentalen Ablagerungen sind bisher nur an wenigen Stellen pollenführende Sedimente gefunden und untersucht worden (und zwar im gleichen Profil wie beim Infra-Pliozän). Dieser Profilabschnitt schließt oben mit dem schwachen Minimum-Niveau von Celleneuve (LABREAU, CALLEN und SUC 1972 in SUC 1974) ab. Das klimatische Hauptmaximum liegt im Canarde-Profil unterhalb des Säugerfund-Niveaus von Hautemagne (1980 bei etwa 3,9 my eingruppiert).

Ergänzt wird die unterpliozäne Abfolge im unteren Rhônetal durch die in der Bresse (nördlich Lyon und östlich von Macon) stehende, palynologisch gut untersuchte Bohrung Sebo 1 (CHENE 1974)[3]). Das Profil reicht mit den vom Autor ausgeschiedenen Pollenzonen II unten bis V a oben (= Floren 6—11) in das Unterpliozän, in die Marnes de Hauterive hinab, obwohl die genauere Einstufung beziehungsweise Parallelisierung mit anderen Floren in diesem Abschnitt bislang auf gewisse Schwierigkeiten stößt [deshalb sind zwei mögliche Einstufungs-Varianten für den Bereich der Zonen II bis IV (Floren 8—11) in der Tabelle 2 angeführt]. Vollständig ist das Profil Sebo 1 im Unterpliozän sicherlich nicht, aber einige wichtige Niveaus sind nach der klimastratigraphischen Indikation doch vertreten. Lediglich im Bereich der Zone III ist dabei der marine Einfluß von Süden aus bis in die Bresse nach Norden reichend kurzzeitig nachweisbar (hier ebenfalls mit *Ammonea beccari*).

Das Hauptmaximum, hier nicht sehr mächtig, wird im tiefen Teil der Zone Va (= Flora 7) erreicht (TTC-Maximum). Nach oben zu folgen — mit Lücke — in der Bohrung Sebo 1 weitere fünf klimatisch unterschiedliche Floren (= $2^1/_2$ klimatische Zyklen), wobei der Bohransatz im Floren-Niveau von Desnes, Bletterans und Vincent, also in der MEIN-Zone 16 (mit *Dicerorhinus jeansvireti*) zu suchen ist[3a]). Lediglich in der Bohrung Argilly 1 (nördlich von Chalon-sur-Saône) soll dann in der nördlichen Bresse noch ein jüngeres (Minimum-)Niveau erfaßt sein (Abschnitt V d, kühl-trocken).

[3]) Zone I = Obermiozän, ebenso wie die früher als Unterpliozän geltenden Mergel von Mollon (MEON-VILAIN 1970); beide Profile mit klimatischen Schwankungen wie im tiefen Unterpliozän! [3a]) SHENG und CRAVATTE (Geobios **19** (1986) 6) haben im Pliozän der Cote d'Azur ganz ähnliche Klimaschwankungen nachweisen können.

Das unterste Maximum des postunterpliozänen Abschnitts der Bohrung Sebo 1, die Florenzone V b nach CHENE (1974 = Flora 5) entspräche unter diesen Voraussetzungen dem Roussillon-Maximum (MEIN-Zone 14, oben, mit dem Säugerfundpunkt Terrats). In diesen Zeitabschnitt müßte dann auch die klassische Makroflora von Mexemien gestellt werden, die als fast immergrüne Flora in einem warmen bis nahezu subtropischen Klima gedieh (SAPORTA und MARION 1876; DEPAPE 1928; und andere) und für die eine Jahresmittel-Temperatur von 17—18 °C errechnet worden ist (s. MAI und WALTHER 1988, S. 218).

Was die von SUC (1976) palynologisch bearbeiteten Profile im Perpignan-Becken betrifft, so ist hier deutlich eine floristische Abfolge im Sinne eines klimatischen Zyklus konstatierbar, der sich nach den angeführten marinen und paläomagnetischen Daten etwa im Bereich von 2,8—3,25 my abgespielt haben dürfte. Er reicht von einem an der Basis gerade noch erfaßten (Übergang von einem) Minimum (Fundpunkt Millas, 1980 bei über 3,5 my eingestuft) über ein deutliches Floren-Maximum (zum Beispiel Fundpunkte Vires, Nefiach, Nidoderes, Terrats und der unteren Flora von Trouilles) zurück zu einem neuen Minimum im Sinne einer gemäßigteren Phase (obere Flora von Trouilles und Espira d'le Agly = Serrat d'Vacquer). Floristisch wirkt sich das in einer Abfolge von einer gemäßigten Flora über eine *Quercus*-Phase, „*Sequoia*"- (besser TTC-)Phase zu einer sicher feuchteren *Tsuga*-Phase, einer „Cupressaceen"-Phase bis zurück zu einer gemäßigten Flora aus. Dieser Zyklus ist nun nicht mehr, wie früher allgemein geschehen, in das Unterpliozän zu stellen oder mit dem Brunssum zu parallelisieren, sondern er bildet den ersten „post-unterpliozänen" Klimazyklus, in welchem oben der Übergang von der MEIN-Zone 14 (Terrats) in die MEIN-Zone 15 (Csarnot = Ruscinium, Serrat d'Vacquer) fällt. Diese wichtige Grenze liegt also bereits im tiefen Oberpliozän (das heißt, nach den vergleichenden Auswertungen und Daten bei etwa 2,95—3,0 my). Sie ist somit nicht identisch mit der Unter/Oberpliozän (= Tabien/Piacentien)-Grenze im marinen Raum[4]). Wichtig sind diese Perpignan-Profile durch ihre Verzahnung mit marinen Schichten der Pichegu-Formation, die nach Foraminiferen und anderen marinen Objekten dem tiefen Oberpliozän (*Globorotalia-crassaformis*-Zone) angehören.

Eine in etwa gleichsinnige Verknüpfung mariner Daten mit der Säuger-Stratigraphie liegt vom Fundpunkt La Juliana/Südostspanien vor [MEIN-Zone 15 mit der *G.-crassaformis*-Zone; obere bunte Mergel; MONTENAT (1977, S. 195—196)].

Ein weiteres klassisches Gebiet des Pliozäns ist das französische Zentralmassiv (im weiteren Sinne), aus welchem in den letzten Jahren wichtige neue palynologische und paläobotanische Daten hinzugekommen sind.

Das älteste bekannte Pliozän-Niveau dieses Gebiets ist die warm-gemäßigte, kräuterreiche Laubwaldflora von Pont-du-Gail/Cantal (unter anderem bereits REID 1923, GRANGEON 1966). Der Fundpunkt umfaßt Makroflora, Vertebraten und Mollusken. Er wurde jedoch von GIBERT u. a. (1977) nach auch hier wohl zu hohen absoluten Altersdaten (von 6,9 my) als Obermiozän bezeichnet, gehört jedoch auf Grund der Säugetierfunde eindeutig in einen tiefen Teil der MEIN-Zone 14 (GUERIN 1980, S. 578). Eine französische Tabelle von 1979 ordnet den Fundpunkt bei ungefähr 5 my ein, was durchaus real ist. Zur Charakteristik der Flora s. MAI und WALTHER (1988, S. 216ff.).

Ebenfalls in das tiefe Unterpliozän könnte die Flora von Joursac gestellt werden; sie enthält Blätter und Diatomeen, vom Klimacharakter gehört sie in eine Minimum-Phase (kühl-gemäßigt), die zudem auch trockener sein soll. Bisher war sie im Obermiozän beziehungsweise bis hinauf zum Tegelen untergebracht (DURAND und REY 1963/1964; und andere).

Dann folgen im zeitlichen Sinne nach langer Überlieferungslücke im Aufschluß die Basisablagerungen des Villafranchien mit dem Niveau von Vialette. Es ist (s. S. 23) zeitlich höchstens bis 2,65 my zurück eingruppierbar (nicht bis 3,0 oder gar bis 3,9 my entsprechend verschiedenen radioaktiven Daten[5])) und enthält eine gemäßigte Mikroflora (temperierte Waldflora mit zahlreichen Kräuterelementen (MEON-VILAIN 1972), die durch die Makroflora von Ceyssac (Le Crozas, GRANGEON 1951) in ähnlicher Weise ergänzt wird. Daneben liegen Diatomeen-Untersuchungen vor (LAUBY), die ebenfalls auf kühlere Verhältnisse hinweisen.

Das nächst jüngere Niveau, etwa bei 2,4 my einzuordnen, s. S. 23, liegt mit der klassischen Flora von Perrier(-Etouaires) vor (BOUT und MARTY 1936), die Flora selbst ist wärmer und weniger gemäßigt als Vialette und Ceyssac und bildet quasi eine Übergangsflora von einem Minimum zu einem Maximum.

An dieser Stelle sei der Hinweis auf die bisher wenig konkret verglichene Florenfolge von Villa Roya/Spanien erlaubt (REMY 1958). Man kann bzw. sollte dieses Florenprofil nämlich nicht in einen einzigen Abschnitt stellen und dazu keinesfalls in das Niveau, welches durch das im Hangenden vorhandene Vertebraten-Lager markiert ist (MEIN-Zone 17 u; nach FEJFAR, persönliche Mitteilung, etwas jünger als Rocca Neyra, aber wesentlich älter als La Roche Lambert, das damit ungefähr bei 2,25 my gruppiert werden kann). Unter dem Vertebraten-Horizont (La Horna) liegt zunächst eine Diskordanz, dann folgen gelbe Sande, die an ihrer Basis beim Übergang zu schwarzen Sanden ein deutliches mikrofloristisches Maximum erkennen lassen, das natürlich nur einen kurzen Ausschnitt aus einem solchen darstellt. In den liegenden weißen Sanden ist die untere Flanke dieses Maximums mit Übergang in eine trockene Endphase eines Minimums erkennbar und nach erneuter kleiner Lücke folgt unten noch die feuchtere Basis-Phase des Minimums selbst. Das Liegende bilden — nach weiterer Schichtlücke — rote Sande. Wie ist nun dieser wichtige floristische Profilausschnitt gruppierbar? Es liegt jedenfalls ein Zyklus von einem Minimum zu einem Maximum vor, es folgen eine Schichtlücke und dann das Vertebraten-Lager. Es kann sich also nur um einen Abschnitt handeln, der wahrscheinlich nicht unmittelbar unter dem La Horna-Niveau liegt, sondern in den nächstälteren Zyklus gehört, der — verglichen mit dem Zentralmassiv — mit dem Vialette-Minimum und mit dem nach oben anschließenden Maximum zu parallelisieren wäre. Das bedeutet die Einstufung

[4]) Und auch unten fällt offenbar die Untergrenze der MEIN-Zone 14 nicht mit der Miozän/Unterpliozän-Grenze zusammen; sie liegt irgendwo im tiefen Unterpliozän (? zwischen 5,1 und 5,3 my). Damit reicht das „Turolium" noch bis in das Unterpliozän hinauf!

[5]) Bei REPENNING (1983, S. 336, Tab. 1) sogar bis 4,2 my zurück datiert!

in den Zeitraum oberes Gauß, 2,45—2,65 my; so ist das Profil auf der Tabelle 2 zunächst auch gedeutet. Dabei entspräche die obere Trockenphase des Minimums von Villa Roya einer ebenfalls trockeneren Schlußphase der Flora 10 im Minimum bei ca. 1600 m der Bohrung Autan 1 (S. 20).

Hier wären zur Präzisierung paläomagnetische Daten weiterführend.

Floren, die der jüngeren Phase der MEIN-Zone 17 (= 17 o) angehören, sind sehr unterschiedlich in den klimatischen Ansprüchen. Der aus anderen Gebieten Europas bekannte rasche Wechsel von wärmeren und kühleren Phasen in diesem Zeitabschnitt ist gleichermaßen für das französische Zentralmassiv gültig:

1. Temperierte Waldflora (Argile de Bannat, Niveau von La Roche Lambert, etwa 2,0 my);
2. Thermophile Waldflora von St. Vidal;
3. Temperierte bis kühle Nadelwälder bis offene boreale Floren von St. Vallier und Chilhac;
   In diese Phase gehört vermutlich die untere Minimum-Phase von Bernasso in Südfrankreich (SUC 1978).

Damit wäre etwa das 1,8 my-Datum erreicht.

Das Seneze-Niveau, der wohl nun unterste Quartärabschnitt, MEIN-Zone 18, ungefähr 1,6 my, nach anderen Angaben (HEINTZ 1968, mit 1,4 my sogar noch jünger) folgt erst nach einer gewissen Lücke, in die wahrscheinlich das Maximum des Bernasso-Profils gehört, welches nach oben zu wieder mit einem Minimum abschließt, wobei die hangenden Basalte den Wert von 1,65 my ergaben. Dieses dürfte aber dem Seneze-Niveau (s. str.) entsprechen.

Wichtig ist im Zentralmassiv nun die Bohrung Seneze. Sie stellt die Sedimentfüllung eines „Vulkanschlots" dar (ELHAI und GRANGEON 1963; ELHAI 1969). Der Ansatzpunkt der Bohrung liegt nur wenige Meter unter dem Säugerfundpunkt-Niveau von Seneze. Das von da nach unten folgende ca. 120 m mächtige, fossilführende, bis zur Basis insgesamt etwa 415 m lange Profil schließt eine sehr wichtige Florenfolge ein, die aus diversen größeren und kleinen Klimazyklen besteht und deshalb bereits wiederholt Gegenstand von Erörterungen gewesen ist[6]). Im Prinzip müßte sich nun die aus den Aufschlüssen erkannte Gliederung — wenn sie vollständig genug ist — in diesem Bohrprofil, wenigstens teilweise, wiederfinden lassen.

Während die oberen ca. 30 m des Profils mehrere, rasch aufeinanderfolgende klimatische Kleinzyklen enthalten, die hier der MEIN-Zone 17 o insgesamt gleichgesetzt werden sollen, folgt ab Meter 31, vielleicht sogar mit einer Profilunterbrechung verbunden, ein mehrfacher, etwas langsamer verlaufender, deutlicher Klimawechsel, bestehend aus mindestens drei vollen Zyklen. Ich halte diesen unteren Teil (von ca. 31—120 m) im Gegensatz zu teilweise geäußerten bisherigen Auffassungen für Äquivalente des Zeitabschnitts von etwa Pardines/Rocca Neyra oben (~2,2 my) bis zu einem liegenden Maximum unter dem Vialette-Niveau, welches im Zentralmassiv oberflächlich bisher nicht durch Floren erfaßt ist. Es wäre dem Bresse-Maximum, p. p. Zone V c/Flora 3, ungefähr 26—38 m der Bohrung Sebo 1 gleichzusetzen, sofern das Seneze-Profil nicht noch einen ganzen Zyklus tiefer steht und reicht.

Beide Profile, das Sebo- und das Seneze-Profil könnten sich offenbar zu einem mehr oder weniger vollständigen Leit-Gesamt-Profil des Pliozäns verknüpfen lassen.

Eine endgültige Entscheidung darüber ist natürlich nur durch weitere eingehendere Statusvergleiche zu erhoffen, die aber für alle Floren des Zentralmassivs und der Bresse erst noch erarbeitet werden müssen.

Das Minimum von Vialette, wahrscheinlich überlagert durch ein schwaches Maximum, ist übrigens auch in der Bresse nachgewiesen (CAMPY, GUERIN u. a. 1973) und eindeutig mit der Säuger-Stratigraphie verknüpft (MEIN-Zone 16 u).

Zu den im Oberrhein-Gebiet (nördliches Elsaß) nachgewiesenen ostfranzösischen Pliozän-Floren wird im Zusammenhang mit dem Rhein-Main-Raum, zum Beispiel der Wetterau, Stellung genommen (s. S. 37ff.).

Insgesamt zeigen die französischen Pliozän-Profile einen ähnlichen beziehungsweise den gleichen Ablaufcharakter in klimastratigraphischer Hinsicht, wie er für das westmediterrane marine Profil abzuleiten versucht worden ist. Nur sind die Floren und Profile auf dem Lande, infolge der unterschiedlichen Fazies- und Lokalverhältnisse, wesentlich differenzierter und das auch vom inhaltlichen Bestand her wegen ihrer topographisch höheren und mehr nördlichen Lage gegenüber den westmediterranen Küstengebieten.

8. Die Palynologie und Stratigraphie niederländischer Pliozän- und Altpleistozänprofile, mit Ausblick auf die niederrheinischen Deckgebirgsprofile (BRD)

Insbesondere durch die Arbeiten von ZAGWIJN (1956 bis 1983), die auf denen von FLORSCHÜTZ, VAN SOMEREN, VAN DEN VLERK und weiteren basieren, ist seit Jahrzehnten ein festgefügtes, scheinbar lückenloses System von Stufen-, Zonen-, Florenfolge-Begriffen in Anwendung, das immer wieder für näher und ferner liegende Gebiete als Maßstab und Vorbild genommen worden ist und wird. Letzte Zusammenfassungen hat ZAGWIJN 1979 und 1983 (in SUC und ZAGWIJN) gegeben. Verbindungen zu sedimentpetrographischen, in zunehmendem Maße auch zu magnetostratigraphischen und umfangreichen lithostratigraphischen Auswertungen liegen an mehreren beziehungsweise vielen Stellen vor. Paläogeographische und ökologisch-fazielle Deutungen veranschaulichen den Sedimentationsraum. Verknüpfungen der Palynostratigraphie sind mit den klassischen makropaläobotanischen Fundpunkten und mit Vertebraten-Faunen vorhanden. Alles in allem scheint hier also eines der bestbekannten Gebiete für den in Rede stehenden Zeitabschnitt Pliozän bis Basis Quartär vorzuliegen.

Allerdings führen verschiedene neuere Literaturdiskussionen und andere Hinweise (MENKE 1975, das Prätiglien betreffend; BOENIGK u. a. 1972, die Stellung des Tegelen A zu den Belfeldtonen abhandelnd; im wesentlichen noch unveröffentlichte Eigenuntersuchungen alter Sammlungsproben aus den Beständen von FLIEGEL, vor allem die sogenannten Kieseloolith-Schichten umfassend; makropaläbotanische

[6]) Die dazu in der Literatur geäußerten Einstufungen von VAN DER HAMMEN u. a. (1971), s. auch MENKE (1975, S. 119), sind unverständlich, weil das Profil unter dem Seneze-Säugerniveau, das heißt im Tegelen-Komplex s. str. erst beginnt und von da nach unten hinab- und nicht nach oben in das Menap und Waal hinaufreicht!

Neu- und Revisionsbearbeitungen und andere Analysen) zu dem Gedanken, daß das stratigraphische Skelett dieses Raumes doch auch noch anders, differenzierter sein könnte, als es seit Jahren zur Darstellung gelangt ist. Daher ist vor weiteren Vergleichen mit den niederländischen Termini eine kritische Betrachtung der hauptsächlichen stratigraphischen Einzelbegriffe notwendig.

Susteren: Typuslokalität ist das Profil der Bohrung Susteren (ZAGWIJN 1960, Tabelle XI). Nach niederländischen Angaben gehören hierzu ca. fünf weitere Profile beziehungsweise Lokalitäten in den Niederlanden. Lange Zeit galt diese Stufe unbestritten als Basis des Pliozäns. Jüngste Daten (z. B. SUC und ZAGWIJN 1983, S. 158) verweisen sie nunmehr, zum Teil partiell, in das obere Miozän, da nach DOPPERT u. a. (1975) Verzahnungen mit marinem Obermiozän vorliegen und die Basis bei 7,1 my liegen soll. In klimatischer Hinsicht umfaßt das Susteren pinusreiche DBF-Floren von weniger warmem Charakter als sie die hangenden Brunssum-Floren aufweisen. Eine volle Inventur des mikrobotanischen Floreninhalts liegt bisher nicht vor. Die veröffentlichten Diagramme, die im wesentlichen aus den sechziger Jahren stammen, erfüllen eine solche Bedingung noch nicht. Wenn gesagt wird, daß sechs typisch miozäne Elemente im Susteren fehlten (*T. henrici*, *T. microhenrici*, *T. villensis*, *T. pseudocingulum*, *Engelhardia* und *Platycarya*), so beweist das gar nichts, denn mindestens drei bis vier von ihnen gehen als Exoten in Mitteleuropa weit höher hinauf als Susteren (zum Teil bis in das Oberpliozän, allerdings nur in gewissen Maximumphasen). *Pinus*-Dominanz sagt hier allein auch nichts aus. *Cathaya* ist keinesfalls gleichzusetzen mit dem „*Pinus-haploxylon*-Typ“, wie es ZAGWIJN und SUC (1983, S. 158) tun (s. S. 11). Auch daß *Fagus* unten ein gewisses Maximum bildet, ist zwar interessant, aber es gibt mehr davon im Obermiozän und Unterpliozän (s. dazu VON DER BRELIE 1981). Regional sind Äquivalente des Susteren wiederholt im östlich und südöstlich anschließenden Rheinland genannt. Welches Schichtglied das Susteren hier jedoch genau umfaßt, bleibt gerade nach den neueren Arbeiten der Rheinischen Schulen mehr als unklar. Auch nach den Studien MENKES in Schleswig-Holstein ist die Frage nach der echten Altersparallelisierung zwischen dem niederländischen Susteren und den wesentlich intensiver untersuchten und weiter aufgegliederten „Prä-Brunssum“-Ablagerungen durchaus offen. Dabei ist in den Niederlanden eigentlich nur selten von Lücken in den Profilabfolgen die Rede gewesen, nicht zwischen Susteren und Brunssum und ebenso selten in jüngeren stratigraphischen Bereichen. Vor allem die Vergleiche mit den wesentlich mächtigeren schleswig-holsteinischen Ablagerungen, wie mit denen des unteren Rhône-Gebiets (s. S. 23), legen den dringenden Verdacht nahe, daß in den Niederlanden entweder große Teile des höheren Miozäns und (oder) wesentliche Teile des tieferen Unterpliozäns nicht vorhanden oder aber bisher nicht in den zumeist deltaartigen bis fluviatilen Ablagerungen erkannt und erfaßt worden sind.

Für die Grenze Miozän/Pliozän im nordwesteuropäischen Raum ist weiterhin zu beachten, daß sich ihre 1975 erfolgte Neufestlegung bei 5,4 my (gegenüber früher bei etwa 12 my) ausgewirkt haben muß (MENKE 1975, Tabelle 2, S. 55).

Also bereits der unterste Abschnitt des niederländischen Profils läßt zahlreiche Fragen und Probleme offen und unbeantwortet.

Brunssum: Typuslokalität ist die Tongrube Bouwberg (ZAGWIJN 1960, Tabelle III; C. und E. M. REID 1915). Die Profile bei ZAGWIJN (1960, Fig. I, Profil 1) geben einen guten Eindruck vom Typusgebiet, der Lage der Pollenprofile und der Makrofloren, von rasch wechselnden lithologischen Ausbildungen sowie von den über- und unterlagernden Schichten (Waubach-Schichten im Liegenden und Shinfeld-Serie im Hangenden). Unzweifelhaft ist das Brunssum nach Aussagen aller Bearbeiter der wärmste oder einer der wärmsten Abschnitte im Pliozän (VAN DER BURGH 1978). Im Maximum ist die Flora von MMF-Charakter, das Klima als CSA-Typ ansprechbar.

Parallelisierungen mit unterpliozänen marinen Schichten liegen inzwischen für die Niederlande vor (unter anderem DOPPERT 1980, FB-Foraminiferenzone Bhrg. Cuych). Die bisherige palynologische Charakteristik reicht dagegen vor allem in qualitativer Hinsicht nicht aus, da zahlreiche wichtige Exotenformen bereits bei Probe- und Kontrolluntersuchungen nachzuweisen waren, die „offiziell“ in den letzten 25 Jahren noch nicht erfaßt oder genannt worden sind. Wahrscheinlich sind bislang nicht mehr als zwei Drittel der Formenfülle der Brunssum-Palynoflora tatsächlich bereits erfaßt beziehungsweise genannt. Diese Einschätzung resultiert aus eigenen Erfahrungen an ähnlich warmen Floren Mitteleuropas.

Welchen Umfang das Brunssum tatsächlich (im engeren Sinne im Typusgebiet oder im weiteren Sinne in einigen Bohrprofilen) hat, ist durchaus noch offen. Sicher beinhaltet es einen oder mehrere Abschnitte im über 2 my umfassenden, recht langen Unterpliozän; aber, ob oben oder unten lückenlose Übergänge vorliegen oder ob der Zeitraum Unterpliozän selbst mit dem niederländischen Brunssum voll gefüllt ist, bleibt durchaus ein offenes Problem. Dies kann nur durch weitere Profil- und systematische Untersuchungen geklärt werden.

Solche Vermutungen auszusprechen ergeben sich zwanglos aus den Resultaten der Profile im unteren Rhônetal, wo zum Teil in Superposition wesentlich differenziertere Verhältnisse (Klimaabläufe) als in den Niederlanden im Unterpliozän vorliegen. Die Ergebnisse MENKES in Schleswig-Holstein zeigen gleichfalls eine größere Differenzierung, obgleich es durchaus auch hier offen ist, wo die Untergrenze des Pliozäns wirklich liegt (s. S. 34).

ZAGWIJN (1983) hält eine Dreiteilung des Brunssum für allgemein erkennbar: A = Maximum, warm; B = Minimum, weniger warm; C = Maximum, warm. 1967 hatte er einen speziellen Verlauf kühltemperat zu feucht-warm bis zurück zum temperierten Klima für den ? tieferen Teil des Brunssum (A) aus dem Swampprofil von Born abgeleitet. Die von diesem Autor angegebenen Charaktere lassen sich jedoch zum Teil auch oder gerade faziell-lokal deuten (unter anderem VON DER BRELIE). So sagt *Pinus*-Dominanz allein im Brunssum gar nichts aus, während andererseits mit den Tertiärelementen vielleicht etwas zu allgemein, zu wenig differenziert verfahren wird. Daß *Nyssa*, *Liquidambar* und die „*liblarensis*-Gruppe unten und oben mehr hervortreten, beweist zunächst klimatisch hier noch nichts (es könnte vielmehr gerade dabei Fazielles im Spiel sein).

Betrachtet man die veröffentlichten Diagramme, so vor allem zum Beispiel der Bohrungen Susteren 2 und Koningsbosch, so fällt auf, daß nach oben hin ein allmähliches Ausklingen des (oberen) Maximums in Form einer längeren Flanke zu erkennen ist; diese Flanke scheint vom qualitativen

Inhalt her „Reuver-Charakter“ zu haben (also weniger reiche TTC-Floren). Die Mikrofloren dieses Zeitabschnitts wurden deshalb gelegentlich mit „Reuver“ identifiziert. Und darüber folgt dann unmittelbar das „Prätiglien“ (gleichfalls in der benachbarten, auf einer nordöstlichen Randscholle des Zentralgrabens liegenden Typusbohrung Meinweg).

Nun zeigen aber andererseits die Reuver-Diagramme aus der Umgebung der Typuslokalität (Peelhorst, Reuverscholle, Iksberg bei Reuver; FLORSCHÜTZ und VAN SOMEREN 1948; ZAGWIJN 1959, 1960; VON DER BRELIE; REIN und andere) wohl ähnliche quantitative Werte, vor allem bei Tertiärelementen, wie sie die die obere Flanke des Brunssum bildenden Floren in den bereits genannten Bohrungen im Zentralgraben aufweisen, aber sie lassen deutliche Minima an ihrer Basis und in der Mitte erkennen, die dort so nicht vorkommen.

Was die Untergliederung des Reuvers anbelangt, so ist am Typusprofil Iksberg, aus der Analyse von FLORSCHÜTZ und VAN SOMEREN (1948) u. a. deutlich erkennbar der sogenannte untere Zyklus im Reuver nach ZAGWIJN (in SUC und ZAGWIJN 1983, S. 158) dokumentiert, während zum Beispiel das Profil der Elpter-Ziegelei Heyen (unterer Ton) den Abschnitt vom unteren bis oberen Maximum umfaßt (Reuver A Mitte bis Reuver B nach ZAGWIJN l. c.). Der gleiche Profilabschnitt ist im Brachterwald erfaßt, um nur noch ein weiteres Beispiel zu nennen. Die klassische Flora von REID entstammt ihrem Niveau nach dem schwachen Minimum „Intra-Reuver“ (= Reuver A oben nach ZAGWIJN l. c.).

Das Reuver im Typusraum (auf dem Peelhorst und der Reuverscholle) umfaßt also im Hinblick auf den Klimagang ein Doppelmaximum, wobei das erfaßbare Profil oben mit dem oberen Maximum abbricht (Erosionsniveau?). Ein „Reuver C“ im Sinne von ZAGWIJN ist hier nach dem Hangenden zu nicht zu belegen. Das Reuver C ist aus dem Meinweg-Profil als eine Möglichkeit hereinprojeziert worden, aber so wohl zu unrecht (s. unten). Trotzdem muß es natürlich nach oben hin eine Flanke zum nächsten Minimum geben beziehungsweise gegeben haben, welches unter anderem in den Bohrungen Zeeusch-Vlaanderen mit mariner Verzahnung (oberes Amstelien bis Icenien) und in de Meern sogar durch Vertebraten-Funde (*Mimomys polonicus*) zeitlich datiert werden kann (S. 28).

Die typischen Reuver-Profile sind offenbar trotz gewisser Ähnlichkeiten hinsichtlich ihrer allgemeinen quantitativen Zusammensetzung (Höhe des Anteils von „Tertiärtypen“) vom Klimagang her nicht zeitgleich mit dem ebenfalls als „Reuver“ gedeuteten oberen Flankenfloren des Brunssum im Zentralgraben. Nach dem hier bereits mehrfach Gesagten und nach den bisher aus den Niederlanden nur vorliegenden „allgemeinen“ Kriterien zum Bestand der Palynofloren ist es geradezu zu erwarten, daß mehrere Phasen im Pliozän diesen allgemeinen „Reuver-Charakter“ besitzen. Wenn dem aber so ist, dann dürfen zunächst nur noch die Reuver-Profile aus der Umgebung des Typusprofils, nämlich die auf dem Peelhorst und der Reuverscholle, als echtes Reuver (s. str.) bezeichnet werden.

Und wie steht es nun um die Superpositionsfolge dieser Typusprofile? Im Liegenden Schichtlücke, vermutlich bis zum mittleren Miozän hinunter, und im Hangenden eine Folge von Tonen und Sanden, die mehrere Erosionsdiskordanzen einschließen und dann letztlich vom Tegelenkomplex überlagert werden. Im Typusgebiet gibt es keine Superposition Reuver-Prätiglien, sondern nur die neuerdings ebenfalls fraglich gewordene Superposition Reuver-Belfeldton-Tegelen (wobei Autoren aus der BRD gerade die Stellung des Belfeldtons stark bezweifelt haben, indem sie ihn für wesentlich jünger halten; man vergleiche dazu die Profile z. B. ZAGWIJN 1975: Abb. 3 und BOENIGK u. a. 1972: Abb. 7, um zu erkennen, wie abweichend die Profilkonstruktionen beider Seiten zur Zeit noch sind). Jedenfalls ist das Profil im Reuvergebiet auch nach oben hin weder kontinuierlich noch vollständig belegt. Jünger ist auf jeden Fall der Tegelen-Komplex (s. str.); aber daran hat nie jemand ernsthaft gezweifelt. Was aber ist nun Reuver s. str.? Da weitergehende paläontologische Vergleiche (außer den makrofloristischen) fehlen, lassen sich zunächst nur paläomagnetische Daten aus der BRD und den Niederlanden heranziehen. Danach zeigt der typische Reuverton bzw. der Ton A in der BRD normale Magnetisierung, nur ganz oben liegt die Grenze zu einer Umpolung (ZAGWIJN 1974a; URBAN 1978). Das Phänomen wird wohl zurecht als oberes Gauß bis Basis Matuyama gedeutet. Wenn nun dies als richtig vorausgesetzt wird, entspräche das Reuver s. str. in etwa dem Bereich der Flora 9 der Bohrung Autan 1, während das typische Brunssum dem langen Abschnitt der Flora 14 gleichgesetzt werden muß. Eine Frage bleibt offen, nämlich ob das Reuver s. str. insgesamt oder nur teilweise, das heißt nur das obere Maximum, der Autan-Flora 9 entspricht. Das hängt davon ab, wie das Minimum „Intra-Reuver“ zu bewerten ist. Und da hat die Makroflora eine wichtige Aussage zu machen. Danach wäre wohl das Reuver insgesamt der Flora-9-Phase zuzuordnen, da die Flora nach REID nicht gut als stärkeres Minimum angesehen werden kann. Sie ist also lediglich eine kurze unbedeutende Oszillation „Intra-Reuver“. Das Reuver s. str. kann trotzdem als gedoppeltes Maximum gelten (ähnlich wie es anderwärts zum Beispiel für die Autan-Flora 7 der Fall zu sein scheint). Die Entscheidung über die vorgeschlagene Eingruppierung — so oder so — kann aber letztlich nur die Statusanalyse, die gegenüber heute notwendigerweise erheblich verfeinert werden muß, entscheiden. Beide angegebenen Möglichkeiten bieten sich an, andere muß man wohl ausschließen.

Daß die qualitative Kenntnis der Reuver-Mikroflora noch zu wünschen übrig läßt, geht beispielsweise aus der von ZAGWIJN (in SUC und ZAGWIJN 1983) nochmals wiederholten Bemerkung hervor, daß *Symplocos* (unter anderem) im Reuver fehlen würde. Nun, die Gattung ist hier „amtlich“ noch nicht belegt oder genannt. Anderenorts kommt sie zu dieser Zeit und sogar höher hinauf regelmäßig, zum Teil sogar noch mit mehreren Arten, vor (vgl. MENKE 1975). Für die übrigen Charakterangaben zur Untergliederung des Reuvers, die bei SUC und ZAGWIJN (1983) wiederum genannt sind, gilt Ähnliches wie für das Brunssum Ausgeführte: Diese reichen nicht aus, sind teilweise sogar unzutreffend; trotzdem besteht die diskutierte Untergliederung beziehungsweise Abfolge im wesentlichen zu Recht (Reuver A unten, Reuver A Mitte, Reuver A oben, Reuver B; Folge-Minimum, aber nicht = „Reuver C“). Typisches Reuver, das heißt Floren, die den Typusprofilen auch zeitlich voll entsprechen, lassen sich nach dem Niederrheingebiet zu verfolgen (Ton I und A_1 und A_2) während alle Angaben von Reuver in den Niederlanden außerhalb des Typusgebiets kritisch überprüft werden müssen, ob da wirklich echtes Reuver oder nur eine reuveroide Warmphase vorliegt, deren es mehrere gibt.

Im Anschluß an die Reuver-Diskussion ergibt sich eine weitere generelle Frage: Was liegt nun in den Niederlanden zwischen der reuveroiden oberen Flanke des Brunssum (und dem Prätiglien) und dem echten Reuver und was folgt über dem echten Reuver? Sind diese Zeitlücken heute schon oder überhaupt auffüllbar und welche Floren gehören hierher? Welcher Klimaablauf ist in Nordwesteuropa für diese Zwischenabschnitte ermittelbar?

Es wurde bereits erwähnt, daß über der oberen Flanke des Brunssum in der Bohrung Meinweg das Typusprofil des Prätiglien liegt. Zum Inhalt dieses Abschnitts hat MENKE (1975, S. 71) alles Erforderliche gesagt; man könnte in der Einzelkritik sogar noch einige Schritte weitergehen. Wenn überhaupt, so liegt hier lediglich eine schwach ausgeprägte, außerdem faziell-lokal beeinflußte und wahrscheinlich auch nur kurzzeitige Klimaoszillation nach der gemäßigten Seite hin vor. Keinesfalls mehr!

Die sogenannte subarktische Phase ZAGWIJNS (1960, Tab. I, 53,9—56,8 m) umschließt immerhin folgenden Status:

[Kräuter, Eri, *Pin*] + [*Al*] + *Qu*, *Ul*, *Pc*, *Sci*, *Fag*, *Taxod*, *Cor*, *Myr*, *Eng*, *Ab*, *Sa*,

wobei von den gängigen Exoten nur *Liq*, *Car*, *Pt*, *Nys*, *Aes* und *Eu* nicht genannt sind (was nichts darüber aussagt, ob sie hier vielleicht nicht doch noch relativ selten vorhanden sind). Vorhandene Umlagerungen, die eindeutig als solche faßbar sind, stammen lediglich aus oberkretazischen bis paläozänen Ablagerungen (zum Teil typische *Normapolles*-Vertreter).

Während nach unten zu ein lückenloser Übergang und Anschluß zu einem Maximumabschnitt erfaßt ist, dessen Status reuverartig ist, ist die Profilfortsetzung nach oben weitgehend offen, obwohl von ZAGWIJN (1960) als Tiglien gedeutet. Kontinuität im Profil liegt oben nicht vor, worauf auch die Kiesschicht an der Basis hinweist. Gleich wie man den ca. 3 m mächtigen, noch fossilführenden Hangendabschnitt gelegentlich Meinweg-Ton genannt (s. MENKE 1975), nun stratigraphisch einstuft, er ist nur über seinen Status stratigraphisch näher einengbar; dieser sieht vorerst so aus:

[*Pin*] + [*Al*, *Ts*, *Cor*, *Sci*, *Pc*, *Qu*, *Car*, *Ul*, *Ab*] + *Bet*, *Fag*, *Eu* und *C* < *Pt* (nicht genannt sind *Liq*, *Nys*, *Aec* und „*P. hapl.*-Typen").

Eine Flora mit einem solchen Charakterstatus kann an zahlreichen Stellen des Zeitprofils von Beginn bis Ende des Oberpliozäns eingruppiert werden und muß nicht unbedingt dort liegen, wo sie MENKE (Maximum zwischen Prätiglien und einem weiteren Minimum unter Belfeld) oder ZAGWIJN (Tegelen) bisher eingestuft haben. Ein Beweis, daß hier zum Beispiel Tegelen vorliegt, ist bislang nicht gegeben, aber möglich wäre dies schon (Erosionsrest am Nordostrand des Roer-oder Zentralgrabens). Tegelen ist allerdings in der weiter im Graben stehenden Bohrung Herkenbosch, in der selbst das Prätiglien fehlt, nicht vorhanden. Hier lagert generell Eburon direkt auf „Reuver" im Sinne der oberen Flanke des Brunssum. Die obere Brunssumflanke (mit reuver-vergleichbarer Flora) läßt sich am besten im Susteren-Graben jenseits des Montforter Sporns, das heißt im Südteil des Zentralgrabens erkennen, aber auch auf dem Sporn selbst. Deshalb ist die Annahme, daß der gerade noch erfaßte Liegendabschnitt in der Bohrung Meinweg echtes Reuver sei, äußerst unwahrscheinlich und damit auch die von dort aus vorgenommene Projizierung zur Reuverscholle (ZAGWIJN 1960, Fig. 3). Die Prätiglien-Abschnitte der beiden Bohrungen Koningsbosch und Susteren 2 sind vom Status her (zum Beispiel noch *Liq*, *Nys*, *Sci*, *Eng*, TTC, *Ts*, *Pt*, *Car* und andere sowie zusätzlich mit brackischen Beeinflussungen in Form von Hystrichosphaeroideen von Nordwesten her) ebenfalls keine boreal-arktische Phase, sondern lediglich ein schwaches Minimum wie in der Bohrung Meinweg. Dazu kommt, daß die Pollenführung nach oben zu in beiden Profilen sehr arm zu werden scheint. Weitere gleichartige Vorkommen sind in der Bohrung Herkenbosch (eine Probe) und mit ? in der Bohrung Lilbosch (drei Proben) vorhanden. Alle diese Profile sind in die typische Hauptkies- oder Kieseloolith-Formation eingebettet.

Daß nach der nach 1975 erfolgten notwendigen und vollinhaltlich richtigen Kritik an der klimatisch-floristischen Interpretation des Prätiglien nach wie vor von ZAGWIJN (z. B. in SUC u. a. 1983) und darüber hinaus international von einer ersten borealarktischen Kaltzeit im Sinne einer Stufe gesprochen wird, ist unverständlich. Das Übergehen sachlicher Kritik läßt die alte beziehungsweise falsche Meinung nicht richtiger werden, kann aber den Fortschritt mitunter leider einige Zeit verzögern.

Zur inhaltlichen Kritik MENKES am Prätiglien kommt der berechtigte Zweifel an der bisherigen Einordnung des Prätiglien in das stratigraphische Schema hinzu. Nach dem Gesagten muß es nämlich mit hoher Wahrscheinlichkeit als kurze und nur schwache Minimum-Phase in den Grenzbereich von Unter- und Oberpliozän gestellt werden und würde damit als älter zu gruppieren sein denn zum Beispiel Reuver s. str., Wetterau und andere Floren beziehungsweise Begriffe (es sei denn, man nehme eine größere Lücke im Liegenden an, wofür keine weiteren Hinweise vorliegen).

Nun wird man erwidern, das Prätiglien sei ja inzwischen durch Verzahnung mit marinen Schichten, durch Vertebraten-Funde und durch Paläomagnetik in seiner Altersstellung bestätigt und sogar datiert (Bohrung Zeeusch-Vlaanderen, Bohrung de Meern, ZAGWIJN 1974b, mit *Mimomys polonicus* nach VAN DER MEULEN). Es ist richtig, daß eine mittelkräftige Minimumphase im obersten Amstelien nahe der Icenien-Basis vorliegt — sie ist auch anderwärts nachweisbar —, dazu Säugerfunde der MEIN-Zone 16b sowie reverse Polarisierung (= unterster Teil Matuyama), das alles paßt gut zusammen. Aber haben diese Nachweise etwas mit dem Typusprofil des Prätiglien in der Bohrung Meinweg und den anderen Nachweisen von Prätiglien im Zentralgraben zu tun? Nur die bisherige nicht korrekte klimatische Ausdeutung der Pollenflora letztgenannter Lokalitäten und ihre theoretisch immer wieder forcierte Stellung an der Basis des Quartärs als erster Kaltphase haben diese falschen Verknüpfungen so allgemein Fuß fassen lassen.

Da das Typusprofil des Prätiglien die Bohrung Meinweg ist, muß die andere, viel jüngere Minimumphase anders bezeichnet werden. Wie, darüber müssen sich die niederländischen Kollegen einigen.

Dieser jüngeren Minimumphase, die an der Stelle des „bisherigen Prätiglien" einzuordnen ist und die auch keine arktisch-boreale Kaltsteppe vertritt, sondern ebenfalls nur einen kurzen kühl-gemäßigten Abschnitt darstellt, entspräche in der Bohrung Autan 1 die Flora 8, während das echte Prätiglien (in natürlich klimatisch noch weniger extrem kaltem Sinne) in die Schichtlücke zwischen Flora 13 und Flora 14 gehört. Zwischen diese beiden Minimumphasen schieben sich dann mindestens noch zwei weitere Minimumphasen ein, die übrigens beide in Belgien (Antwerpen, Hansadock-Profil, HACQUAERT 1961) erfaßt und im Amerikadock-Profil sogar mit Vertebraten als MEIN-Zone 15—16 u (mit unter anderem *Dicerorhinus megarhinus* und *Cervus pardinensis*) datiert sind (GUERIN 1980, S. 561). Die zwischenzeitliche Maximumphase umfaßt den Grenzbereich zwischen dem marinen bis küstennahen belgischen Scaldisien (Kalloo-beds) und dem Merxemien, der damit bei etwa 2,7—2,85 my zu liegen kommt. (Bei ZAGWIJN 1959, Abb. 3, lag diese Konnektierungsgrenze zwischen seinem Reuver B und Reuver C, jedoch tiefer als sein „Prätiglien".) Die Statusanalyse dieser drei Antwerpen-Floren ist (nach den Daten von HACQUAERT 1961) etwa folgende:

Flora 1 (oberes Minimum): [*Pin*, *Pc*, *P.-hapl.*-Typ, Eri] + [*Ts*, *Sci* (unten), *Al*, *Ul*] + *Carp*, *Qu*, *Bet*, *Pt*, *Plat*, *Myr*, *Taxod*, *T. henrici*, *Fag* und andere + [Gram] + Comp

Flora 2 (Maximum): [TTC, *P.-hapl.*-Typ, *Pin*] + [*Sci* (obere und untere Flanke), *Ab*, Eri] + *Jug*, *Fag*, *Myr*, *Nys*, *Car*, *T. henrici* und andere

Flora 3 (unteres Minimum): [*P.-hapl.*-Typ] + [TTC, *Sci*, Eri] + *Ab*, *Car*, *Pt*, *Carp*, *Ul*, *Qu*, *T. henrici* (Basis), *T. edmundi*, *Nys*, *Fag* (Basis), *Cast* und andere.

Auch diese Floren bedürfen der weiteren, vor allem qualitativen Revision und Ergänzung, damit der Statuscharakter dieser wichtigen Florenfolge noch deutlicher faßbar wird. Merkwürdigerweise hat dieses Profil bisher kaum eingehendere und schon gar nicht die entsprechende internationale Beachtung gefunden, die es verdient.

Nach ZAGWIJN (1959, S. 16, Abb. 3) gibt es ungefähr 15 km nordöstlich von Antwerpen in der Bohrung Putte 1 eine weitere Konnektierungsmöglichkeit zwischen marinem und kontinentalem Pliozän. Dort geht es um die Verknüpfung des marinen Coralline Crag (Sables de Kattendijk/Zone à *Isocardia cor*) mit einer Flora des tiefen „Reuver B" nach der Gliederung von ZAGWIJN. Dies aber würde bedeuten, daß hier entweder eine der reuver-artigen Maximumfloren im Bereich des ausgehenden Brunssum (unter dem Minimum an der Grenze Unter-/Oberpliozän) oder ein weiteres floristisch ähnliches reuveroides Maximum über diesem letztgenannten Minimum vorliegt, also ein Zeitabschnitt, der entweder bei etwa 3,0—3,3 my oder noch tiefer bei etwa 3,5—3,7 my eingeordnet werden müßte. Reuver s. str. kommt hierfür nicht in Frage, da dies gerade auch nach ZAGWIJN in den Zeitraum 2,44 bis höchstens 2,8 my (oberes Gauß) zu stellen ist.

Nach MENKE (1975, S. 47) liegt allerdings für alle drei niederländische Stufen (Susteren, Brunssum und Reuver) keine sichere Konnektierung mit den marinen Nordseeprofilen vor.

Der von ZAGWIJN (ab 1960 und später) als Äquivalent des Brunssum angesehene V e n l o t o n - K o m p l e x im Venlo-Graben, der ehemals als Äquivalent der Reuvertone s. str. galt, scheint in stratigraphischer Hinsicht ein durchaus noch offenes Problem zu sein. Geologisch-tektonisch hätte eine Zeitdifferenz von Reuver- und Venlotonen, die jeweils nur südlich bzw. nördlich des Severnum-Sprungs verbreitet sein sollen, weitreichende und schwer zu erklärende Folgen; dabei sind nach den vorliegenden Literaturdaten tatsächlich beträchtliche Unterschiede in der quantitativen Zusammensetzung der Palynofloren beider Tonkomplexe vorhanden. Hier ist zu beachten, daß vom Venloton nur Erosionsrelikte, das heißt seine ursprünglich tieferen Teile erhalten sein dürften (s. unten). Es wäre auch denkbar, daß der Venloton noch in eines der bisher in den Niederlanden nicht belegten Maxima zwischen Brunssum und Reuver s. str. gehörte. So ist es zunächst auf der Tabelle 2 aufgetragen. Aber zur Absicherung bzw. Entscheidung sind, ebenso wie anderenorts, neue eingehende qualitative Bearbeitungen und Statusvergleiche der Flora der Venlotone mit anderen zeitähnlichen Maximumfloren von Nöten.

Nachdem die Mehrzahl der niederländischen Standardbegriffe nunmehr kritisch besprochen ist, verbleibt noch der Tegelen-Komplex im weiteren Sinne. Auch hier gibt es diverse kritische Anmerkungen. Als erstes war es nicht glücklich und günstig den in Rede stehenden Gesamtkomplex, wie es ZAGWIJN ab Ende der fünfziger Jahre getan hat, unter dem Begriff des „Tiglien" zusammenzufassen (s. auch MENKE 1975, S. 132). Geologisch und paläontologisch ist dies ungewöhnlich und irreführend. Gehören doch der tiefere (bzw. ein tiefer) Teil noch zur Kieseloolith- und der höhere Teil einer ganz anderen, bereits seit Jahrzehnten von jener unterschiedenen geologischen Formation an. Wesentlich für die seinerzeitige Zusammenfassung der tiefen Abschnitte (Tiglien A) mit den höheren Teilen, dem Tiglien C (beziehungsweise Tegelen s. str.) war wohl die damals noch zu geringe geologische, tektonische und klimatologische Differenzierung dieses gesamten Zeitabschnitts, der ab der fünfziger bis sechziger Jahre zugleich als Ältest-Quartär eingestuft wurde und dies nach gewissen damals herrschenden Tendenzen der Londoner Empfehlungen von 1948 (s. S. 9), das heißt wegen des klimatischen Minimums (Prätiglien) an seiner Basis, als sogenannter erster Kaltzeit. Das Tegelen s. str. wurde damals aus Oberpliozän (zum Beispiel KIRCHHEIMER 1934, 1940) zu einem „Interglazial im Ältest-Pleistozän" umfunktioniert.

Betrachten wir uns nun die Ausbildung der Profile von Reuver bis Tegelen auf den einzelnen Schollen im deutsch-holländischen Grenzgebiet etwas näher und genauer, so läßt sich Wesentliches zum geologischen Ablauf ablesen. Wenn man von unten nach oben die geologische Geschichte dieses Gebiets zu rekonstruieren versucht, wie dies mittels Entwicklungsprofilen möglich ist, so zeigt sich eine differenzierte Abfolge [wobei hier der Einfachheit halber nur die Schichtdeutungen nach ZAGWIJN verarbeitet worden sind; andere Differenzierungen ergäben sich, wenn man die von BOENIGK u. a. (1972) dargestellten zum Teil ganz anders gedeuteten Verhältnisse, speziell im Raum Belfeld bis Maalbeck zu Grunde legt]:

Phase 1: Ablagerung von Venlotonen nordöstlich des Severnum-Sprungs bis zum Venlograben; hier dann Lücke bis Phase 4

Phase 2: Ablagerung der Reuvertone (erhalten heute nur auf Peelhorst zwischen Severnum- und Swalmen-Sprung; frühere weitere Verbreitung möglich)

Phase 3: Erosionsphase auf gesamtem Peelhorst bis weiter nach NNE (hier eventuell volle Erosion vielleicht vorhanden gewesener Äquivalente der Reuvertone bis hinab zu Venlotonen)

Phase 4: Ablagerung der Belfeldkiese im Raum Belfeld bis Maalbeck (das heißt im NNE und SW des Severnum-Sprungs); im NE spätere Erosionsbegrenzung

Phase 5: Altwasserähnliche Einlagerungen im oder zum Abschluß der Belfeldkiesserie im Form der Belfeldtone (SW des Severnum-Sprungs)

Phase 6: Mindestens eine oder weitere, zum Teil kräftige

Erosionsphasen (gesamter Peelhorst bis Venlo-Graben). Mögliche weitere Verbreitung des Reuvers und Einengung der Verbreitung der Belfeld-Serie

Phase 7: Ablagerung der Tegelenkiese (NE des Severnum-Sprungs auf der Maalbeck-Scholle bis zum Venlo-Graben). Große Mächtigkeitsunterschiede nördlich und südlich des während dieser Zeit aktiven Tegelen-Sprungs (30 m gegen 12 m)

Phase 8: Fragliche kurze Erosionsphase zwischen Tegelenkiesen und -tonen (Mächtigkeitsreduzierung der Tegelenkiese im SW)

Phase 9: Ablagerung des Tegelenton-Komplexes im gleichen Gebiet mit auch primärer (oder durch nachträgliche Erosion bedingter) Mächtigkeitszunahme und lithologischen Differenzierungen vor allem im Venlo-Graben. Erosionsrelikte zwischen der Hauptterrasse im Hangenden und Reuverton im Liegenden im Gebiet der ehemaligen Grube Heyden im südlichen Teil der Reuver-Scholle (sofern kein „Beifeld-Alter" dafür in Frage kommt)

Phase 10: Fragliche kurze Erosionsphase

Phase 11: Ablagerung der (heute als Erosionsreste vorliegenden Basisabschnitte der) Kedichem-Formation (Papp-Sande) auf der Maalbeck-Scholle bis zum Gebiet von Tegelen

Phase 12: Weitere zum Teil kräftige Erosionsphasen im Altquartär (Eburon bis Cromer).

Insgesamt ergibt sich eine Folge von mehreren geologischen Etappen bzw. Sedimentationszyklen, die durch die aus den in diesem Zeitraum erhalten gebliebenen Sedimenten und ihrer Art, Fazies und Verbreitung erfaßbar sind. Dabei wechseln mehrfach Sedimentation, Erosion (Ausräumung), Kondensation und Schichtlücken miteinander ab. Während einige Bewegungen der Verwerfungen, die die Einzelschollen begrenzen, zeitlich gut faßbar erscheinen (Tegelen-Sprung in Phase 7), ist dies bei anderen nur indirekt ableitbar, zum Beispiel durch divergierende Sedimentmächtigkeiten und der Lage gewisser Schichten zu beiden Seiten einer Störung.

Wie man die Meinung vertreten kann, diese vielfältigen, zum Teil total gegensätzlichen, geologischen Vorgänge von Phase 3 bis 9 alle in einer einzigen stratigraphischen Einheit zusammenfassen zu wollen und daraus sogar das Zeitkontinuum „Tiglian-Stufe" ableiten zu können, bleibt denn doch etwas unverständlich; damit werden recht unterschiedliche Vorgänge und Tatbestände vermengt, die es gerade erst einmal auseinander zunehmen gilt. Ziel dieser Ausführungen ist nun keineswegs Aufstellung einer neuen Gliederung, sondern vielmehr die Aufforderung an künftige Bearbeiter, zunächst jedes Schichtglied einmal für sich zu analysieren, in seinem Bestand zu inventarisieren und zu deuten (geologisch, lithologisch, regional, paläontologisch, klimatologisch usw.). Dabei ist zwischen Vorgängen wie Auffüllungen, Eintalungen, Zeiten der Ruhe usw. deutlich zu unterscheiden.

Wie man den Belfeld-Komplex auch deutet — in niederländischem Sinne oder nach Boenigk u. a. (1972) — mit dem Tegelen hat er nichts zu tun. Er ist entweder einen oder mehrere Zyklen älter als Tegelen s. str. oder entsprechend jünger. Palynologisch würde man als Außenstehender nach den vorliegenden Daten mehr zur Deutung nach Zagwijn neigen, aber das letzte Wort ist zweifellos darüber noch nicht gesprochen; die wirklichen Aussetzdaten der Tertiärrelikte sind bisher einfach viel zu ungenau bekannt. Manches Relikt geht als seltene Form teilweise erheblich höher hinauf als bisher allgemein vermutet, wobei man eben nicht ein jüngeres als theoretisch vorgesehenes oder bisher bekanntes Auftreten dann sogleich als Umlagerung bezeichnen darf (Zagwijn; Menke; Erd; und andere); jeder Einzelnachweis ist für sich zu bewerten. Umlagerungen sind zweifellos denkbar, nicht aber in jedem so gedeuteten Falle zutreffend!

Die im Zentralgraben (Raum Eindhoven) über dem Brunssum und unter Tegelenkiesen (mit unter anderem *Mimomys pliocaenicus*, Bohrung Eindhoven II bei 150—160 m) liegenden, mit dem Belfeld-Komplex verglichenen, örtlich bis über 40 m mächtigen Kies- und Tonablagerungen zeigen zwar in der bereits genannten Bohrung bei 185 m auch ein *Fagus*-Maximum, erscheinen aber dem Status nach insgesamt reicher zu sein als die Floren des Belfeldtons (selbst noch als die der Meinwegtone) und könnten theoretisch in eines der vier verschiedenen Maxima gehören, die bisher vom Ende des Unterpliozäns bis zum Tegelenkies ermittelt sind. Dafür steht ein Zeitraum von 1,5 my zur Verfügung. In Anbetracht der fraglichen Stellung des „Belfeld-Komplexes" ist eine Namensübertragung auf die soeben diskutierten Sedimente im Zentralgraben nicht ohne weiteres sinnvoll, im Gegenteil sogar irreführend, zumal eine fazielle Verzahnung mit dem marinen Icenien (unter anderem mit *Arctica islandica*) in der benachbarten Bohrung Rosmalen erst noch zu beweisen wäre. Die unterschiedlichen Sedimente beider Räume könnten ebensogut durch eine bis in diesen Raum verlängerte Störung faziell, lithologisch und zeitlich voneinander getrennt sein; selbst eine Anlagerung des Icenien an eine relativ gegen Nordwesten herausgehobene Scholle mit dem bisher als „Belfeld" gedeuteten Schichtkomplex wäre denkbar. Klar ist nur, daß die Tegelenkiese dann beide Räume als Hangendes überlagern. Also auch hier wäre ein übertragener Belfeld-Begriff nicht mit dem hangenden Tegelen-Komplex in eine geologisch-stratigraphische Einheit zu bringen.

Das Tegelen A, sprich Belfeldton-Komplex, im Grenzgebiet BRD/Niederlande und die möglicherweise zeitgleichen Ablagerungen in der Zentralsenke, haben in der Tat zeitlich und geologisch nichts mit dem Tegelen im engeren Sinne zu tun. Zwischen beiden Ablagerungen und Zeiten liegen Welten und auf das, was bisher als „Tegelen B" palynologisch in die Literatur eingesickert ist, läßt sich ohne weiteres verzichten. Es sagt so gut wie nichts aus. Erhaltungsbedingt arme Floren sollte man niemals beziehungsweise vorschnell als „Kaltfloren" einstufen, nur weil (Fragmente von) *Pinus*-Pollen vorherrschen.

Es ist aber sogar möglich, daß sich — auf Grund der regionalen Vergleiche (s. Tabelle 2) — zwischen das Tegelen s. str. und den bisherigen „Basis-Komplex des Tiglien" die wirklich erste ausgedehntere und längere Kaltzeit einschaltet, was aber nichts mit dem alten Prätiglien zu tun hat (?Intervall zwischen Flora 5 und Flora 6 in der Bohrung Autan 1).

Die Stellung und die Untergliederung des Tegelen s. str. ist dagegen nirgendwo so gut belegt und ausgearbeitet wie in den Niederlanden (Pollenzonen TC 1 bis TC 6). Aber auch hier könnten weitere qualitative Inventuren der Einzelphasen in dem vorliegenden umfangreichen Material nichts schaden (vor allem in Hinblick auf die charakterisierten Einzelformen beziehungsweise Gruppen und auch, um die selten vorkommenden Reliktformen noch besser zu belegen, das heißt ob vorhanden oder nicht). Klimatologisch gesehen ist das Tegelen s. str. insgesamt eine gedoppelte Maximum-Zeit mit einer kleinen negativen Oszillation in der Mitte bis zum oberen Drittel (C 4c). Über und unter dem Tegelen s. str. folgen jeweils deutlichere Minimum-Abschnitte.

Die aus den obersten Teilen des Tegelen-Tons aus dem Pit van Cleef/Maalbeck untersuchte Flora eines etwa 3,5 m mächtigen Profilabschnitts wird von ZAGWIJN (1963, S. 56, Fig. 9) als subarktische Kaltphase eines Glazials (!) angesprochen und demzufolge in das Eburon („EB III“) gestellt. Im unmittelbaren Liegenden des Profilabschnitts befindet sich ein Vertebratenlager unter anderem mit *Anancus arvernensis*. Hier scheint eine ähnliche palynologische Fehlinterpretation wie bei der Darstellung des Prätiglien vorzuliegen. Aus höheren *Artemisia*- und Gramineen- sowie *Pinus*- und Ericaceen-Werten, kann eine solche extreme Deutung allein nicht vorgenommen werden, wenn dazu regelmäßig *Picea*, durchgängig und verstreut *Pterocarya*, vereinzelt noch *Fagus*, *Ilex*, *Abies*, *Caryà*, *Tsuga*, *Eucommia*, *Fraxinus*, *Quercus*, *Myrica* und andere Elemente auftreten, die dann aber p. p., weil nicht ins Konzept passend, als umgelagert gedeutet wurden (s. dazu S. 34 und S. 36). Richtig ist vielmehr, daß hier das ausgehende Tegelen mit seiner oberen Flanke erfaßt ist (gemäßigt bis höchstens boreal, wobei der Wald auflichtet, sofern es sich nicht um Lokaleinflüsse handelt). Eine Minimum-Flora liegt vor. Mehr nicht; keinesfalls aber eine „Glazialflora“.

Aber wo liegt nun die Grenze zum Quartär? Dafür ist die möglichst exakte Einklinkung vom Typusgebiet her zu beachten, und es sind drei Faktorengruppen maßgebend, weil hier auswertbar:

a) palynologische
b) paläomagnetische
c) Vertebraten-paläontologische.

zu a) Nach den palynologischen Daten (s. S. 14/15), die bisher aus dem Typusgebiet Calabrien vorliegen, ist dort die Grenze über einer kleinen Klimaoszillation im oberen Teil des folgenden Maximumabschnitts zu suchen. Wenig darüber folgt der Abfall zur ersten größeren Miniumphase im Quartär. Etwas ähnliches scheint für den Abschnitt TC 5 bis TC 6 in Frage zu kommen. Die klimatische Hauptabkühlung liegt jedenfalls erst etwas über der eigentlichen Plio/Pleistozän-Grenze

zu b) Nach paläomagnetischen Daten liegt die Grenze in der Vrica-Sektion über zwei normalen Events (N1 und N2) im Bereich des reversen Abschnitts R3. Darüber folgt in einem Profil noch ein weiteres normales Event (N3), welches in anderen Profilen nicht nachgewiesen ist. Selbst im Typusprofil war bis Anfang 1984 nicht klar, mit welchem Namen die Events N1 bis N3 zu bezeichnen seien (TANXE u. a. 1982).

Das Autan-1-Profil ist unter anderem über die Bohrung J132 an die Gliederung der mediterranen Tiefseebohrungen angeschlossen, in denen ebenfalls drei normale Events vorhanden sind. Im obersten Teil des oberen normalen Events soll in der Bohrung Autan 1 die paläontologische Grenze (ungefähr bei 902 m) mit Einsetzen der ersten dortigen nordischen Gäste liegen, während sich im nächst tieferen reversen Abschnitt die LAD-Marke von *Discoaster brouweri* befindet (die allgemein bei 1,85 my angesetzt wird und die in der Vrica-Sektion ca. 75 m unter der Plio/Pleistozän-Grenze liegt; s. S. 15). Bezüglich der Mikroflora liegt die Grenze in Autan an der oberen Flanke des Maximums der Flora 3 beim Übergang zur Flora 2. Das obere normale Event müßte nach der Cox-Gliederung (dazu ZAGWIJN und DOPPERT 1978) als Gilsa, nach NAGAKAWA und anderen (Tiefseegliederung) als oberes Oldowai bezeichnet werden. Gilsa muß also nicht gleich Gilsa und Oldowai nicht gleich Oldowai sein. Gleiches gilt für Reunion. Dies vergesse man nicht, zumal darauf sehr selten hingewiesen wird. (Frage: warum sollte eigentlich der Paläomagnetik die Sprachverwirrung erspart bleiben, mit der Paläontologen, aber auch Geologen, sich oft so sinnlos herumschlagen müssen?) Nach dem Finalreport 1984 wird ein Alter von ungefähr 1,7 my für die Grenzlage als das Wahrscheinliche angesehen. Das Alter ist eher noch jünger (~ 1,6 my) als höher anzusetzen!

Im Grenzgebiet BRD/Niederlande bzw. in den Niederlanden scheinen ebenfalls drei Normalevents vorhanden zu sein (VAN MONTFRANS 1971; und andere). Belege für ein oberes Event liegen im TC 5 (bis ?TC 6), für ein mittleres (kurzes ?) im TC 3 und für ein unteres im Tegelenkies (TC 1). Dies würde bedeuten, daß — unabhängig von der Bezeichnung, die diese Events tragen müssen beziehungsweise bis heute tragen — die Plio/Pleistozän-Grenze etwa an die Obergrenze des palynologischen Unterabschnitts TC 5 zu liegen käme. Dies wäre kurz vor der oberen Flanke des oberen Maximums des Tegelen s. str., dort, wo tatsächlich dann eine rasche Abkühlung zum Eburon hin einsetzt (Flora Maalbeck, s. oben).

zu c) Aus dieser Grenzflanke, von der allerdings offen bleibt, ob sie überall lückenlos mit Sedimenten belegt ist (S. 30), liegt oben ein Vertebraten-Datum vor: die Faunula der Bohrung Brielle 37 D/134 (ZAGWIJN und VAN DER MEULEN 1974[7]), die mit *Microtus (Allophaiomys) pliocaenicus* und *Dicrostonyx torquatus* schon die ersten echten biharischen Elemente als Neueinwanderer umfaßt und bereits zur MEIN-Zone 18 (Niveau von Seneze oben) gerechnet werden muß (= Basis Kedichem-Formation, Eburon). Die etwas ältere Tegelen-Fauna, einschließlich der aus dem Pit Maalbeck, mit *Mimomys pliocaenicus*, *Mastodon (Anancus) arvernensis*, *Tapirus arvernensis* (vollständige Fossilliste bei ZAGWIJN 1956 und weiteren Arbeiten; FRENZEL 1968) gehört nach Angaben aller Autoren eindeutig noch zur MEIN-Zone 17 o. In der Vertebraten-Stratigraphie fällt die Grenze Plio/Pleistozän daher in etwa mit der Grenze von Villanyium zum Biharium oder, was das gleiche ist, mit der Grenze von der MEIN-Zone 17 o mit der MEIN-Zone 18 zusammen. Vielleicht liegt diese Grenze, die nach REPENNING (1983)[8]) völlig zeitisochron auf große Entfernung hin sein soll, ebenfalls ein klein wenig über der marinen Grenze des süditalienischen Typusgebiets. Dies sind freilich unbedeutende Relationen.

Die marine Konnektion Tegelen s. str. mit dem Icenien liefert das Profil der Bohrung Rosmalen 45 B-6/7, ebenso das der erwähnten Bohrung Brielle 37 D. Hier lagert der Tegelenton der Subzone TC 5 auf marinem Icenien, das in Brielle bis TC 4c hinab-, in Rosmalen aber nicht ganz soweit nach oben hinauf-, dafür aber nach unten bis TC 3 beziehungsweise TC 2 hinabreicht, wobei Tegelenkies zwischenlagert. Noch tiefer folgt das Lager mit *Arctica islandica*, die hier natürlich viel früher auftritt als im westmediterranen Raum, wo sie erst unmittelbar nach der Plio/Pleistozän-Grenze vertreten ist.

[7]) Aus der Bohrung Brielle ist das Eburon allerdings nicht durch Pollenfloren belegt!

[8]) Daß sie bei REPENNING (1983) mit 1,9 my zu hoch datiert ist, liegt an den dort ganz allgemein zu hohen „Absolut-Werten“!

In gleicher Weise sind die LAD- und FAD-Marken zahlreicher klimaabhängiger Fossilien zu werten, seien es marine, im Süßwasser oder auf dem Lande lebende Tiere (Foraminiferen, Mollusken, Ostrakoden usw.) oder Pflanzen. Ihre LAD und FAD sind in Nordwesteuropa und im Mediterran vielfach andere. Klimastratigraphische Abfolgen sind eben niemals über größere regionale Räume auch inhaltlich völlig gleich und können das auch gar nicht sein. Aber Intensität und Klimagang, das heißt die Art der Klimawechsel, ihre zyklische Folge, das ist das verbindende überregionale Element, mit dessen Hilfe zum Beispiel palynologische Vergleiche über größere Gebiete hinweg — auch bei Land- und Meeresablagerungen — möglich werden. Der Rückgang oder das Aussetzen des TTC-Komplexes zum Beispiel oder das Vorkommen anderer Tertiärformen umfaßt nicht gleiche Zeitmarken, wenn es sich etwa um Daten aus den Niederlanden und aus Italien handelt (S. 11). Während im Norden entsprechende LAD früher liegen als im Süden, ist es bei den FAD-Werten gerade umgekehrt; sie liegen im Norden früher als im Süden. Ein gutes Beispiel für das erstere sind die Tertiär-Relikte, die in Italien weit höher als im Norden, das heißt in Nordwesteuropa, hinaufreichen, nämlich örtlich bis weit in das Altquartär hinein und umgekehrt ist dies etwa bei den nordischen Gästen der Fall: sie kommen im Norden, zum Beispiel im Icenien der Niederlande, bereits viel früher vor als im Mediterran. Und so ist es mit jeder Form oder Gruppe, die in irgendeiner Form klimaabhängig ist. Dies alles sollte selbstverständlich sein, ist es aber leider nicht, wie zahlreiche Diskussionen in der Literatur der vergangenen Jahre gezeigt haben (Zagwijn; Menke; und andere), in denen immer wieder bei klimatisch-zeitlichen Vergleichen gleicher Formeninhalt vorausgesetzt worden ist (so das Aussterben beziehungsweise der Rückgang des TTC-Komplexes und anderer Tertiärelemente, um daraus eine generelle Bedeutung für die Plio/Pleistozän-Grenze abzuleiten).

So wie die heutige europäische Flora im Norden und Süden verschieden ist, wo war es graduell auch früher, mehr oder weniger gestaffelt, je nach den geologischen, paläogeographischen, topographischen und anderen Bedingungen. Waren zum Beispiel im Pliozän die Alpen noch nicht als Hochgebirge wie später zunehmend im Quartär als Schranke vorhanden (Trümpy 1985), so dürfte auch die Pflanzenverteilung weniger starke Unterschiede zwischen Nord und Süd aufgewiesen haben. Deshalb ist es so wichtig, daß für jeden regionalen Raum Daten über die Einzelformen erarbeitet werden, die durch ihr Vorliegen erst vergleichbare inhaltliche Detailerkenntnisse über die wahre Florenverbreitung zu den verschiedenen Zeitabschnitten gestatten (S. 13).

Wesentlich günstigere Voraussetzungen haben hier die Vertebraten-Paläontologen, da ihren Einstufungen vielfach phylogenetische Entwicklungen zugrunde liegen, die dann, infolge der stärkeren Beweglichkeit der Tiere, über große Räume als geologisch gleichzeitig ablaufend aufgefaßt werden können. Wohl ist hier ebenfalls die notwendige Berücksichtigung des Umfelds, des Lebensmilieus, zum Beispiel getrennt für Waldarten, Steppenformen, Sumpf- und Wassertieren, vonnöten; aber entscheidend für Altersdatierungen ist doch zumeist die Entwicklungshöhe der Einzelformen. Aber in Zusammenarbeit mit paläobotanischen und anderen Methoden ist für alle das Maximale an Erkenntnissen zu gewinnen, wenn diese auch sehr verschiedener Natur sind. Diesem Ziel zu dienen ist der Hauptzweck meiner Ausführungen (S. 41—42).

Für Konnektierungen zwischen Palynologie, Paläomagnetik und Vertebraten-Stratigraphie sind gerade die Niederlande ein außerordentlich wichtiges Gebiet. Und es gibt kaum eine Grenze, die nun so gut und so eindeutig auch regional anwendbar wäre wie gerade die solange hart umstrittene Systemgrenze Quartär/Tertiär.

Bei Suc und Zagwijn (1983) ist diese gute Grenzziehung allerdings noch nicht voll akzeptiert, da sie, wie ihre Fig. 7 und ihre Ausführungen in der Zusammenfassung zeigen, der international konventionell festgelegten Grenze eine andere, ihre „climatic-system boundary“ als Tertiär/Quartär-Grenze zur Seite stellen wollen. Sie soll bei etwa 2,3 my liegen, und sie beruht vollinhaltlich auf den alten Vorstellungen vom Prätiglien. Ein solches Vorgehen ist nach dem IGC 1984, und nach vorliegenden, vielfältigen, kritischen, und wie ich hoffe zu weiterer Forschung anregenden Ausführungen, weder notwendig, berechtigt noch fernerhin inhaltlich vertretbar (wenn sie als Systemgrenze ausgegeben wird). Zudem ist bei Suc und Zagwijn (1983, Fig. 7) die Lage der tatsächlichen Plio/Pleistozän-Grenze unkorrekt an die Basis eines Oldowai genannten Events bei 1,8 my am oberen Ende der unteren Hälfte des Tiglien s. l. eingetragen; darunter folgt ohne Lücke das alte Prätiglien und gleichzeitig ist diese „climatic-system boundary“ auf die Piacentin/Calabrien-Grenze bezogen und mit dieser parallelisiert!

Eine paläobotanisch begründete Klimagliederung hat sich begrifflich der generellen Konvention einzupassen! Der Klimaablauf ist, wie in dieser Arbeit umrissen, weit komplizierter und nicht so einfach, wie es Suc und Zagwijn (1983) nochmals dargestellt haben, sondern er zeigt erhebliche Schwankungen bereits das gesamte Pliozän hindurch, wenn dieselben auch nach oben zu sich erheblich verstärken und „altquartäre“ Frequenzlagen erreichen. Deshalb sind sie aber nicht gleich „glazial“ im Sinne quartärer Begriffe. Solche sind für Europa erst ab Mindel/Elster berechtigt (Inlandvereisungen großen Ausmaßes).

Zum Abschluß noch einige Bemerkungen zu Profilen im Niederrheingebiet der BRD. Obwohl über die pliozänen und altpleistozänen Profile im niederrheinischen Gebiet der BRD in den letzten 15 Jahren sehr viele Arbeiten (insbesondere von Boenigk u. a.) veröffentlicht worden sind, so sind noch dazu im Rahmen vorliegender Arbeit noch einige Worte zu verlieren, weil sich die meisten dieser Arbeiten mit geologisch-lithologischen und petrographischen Problemen beschäftigen. Der wichtigste Beitrag aus unserer Sicht ist der von Mohr (1984) über die Palynologie des Deckgebirges der Tagebaue Frechen und Fortuna-Garsdorf, da hier zum ersten Male seit langer Zeit wieder einmal eine Grundinventur von Profilen zusammen mit einer Fossildokumentation vorgelegt wird (und nicht nur „Pollendiagramme“ nach Art und Inhalt der fünfziger Jahre, deren es wahrlich genug gibt). Allerdings muß zur Arbeit Mohr gesagt werden, daß vor allem die klimatologischen Auswertungsaspekte weitergeführt werden können, als dort geschehen. So zeigen die Dokumentationen der Profile eindeutige Feinunterschiede hinsichtlich der Florenabfolge und ihrer Zusammensetzung. Während zum Beispiel in der Schicht B 8 (Hauptkies-Serie) des Frechen-Profils ganz oben ein gewisses Minimum vorhanden ist, fehlt ein solches in äquivalenten Teilen des Fortuna-Garsdorf-Profils, in dem ein Minimum allerdings weiter unten (bei 62—65 m, Proben 164—171) auftritt, welches seinerseits in anderen Profilen nicht erfaßt ist. Das heißt, es sind gewisse Klimaschwankungen für diese Zeit der Kieseloolith-Serie durchaus vorhanden. Aber es bleibt zu bemerken, daß hier bisher kein fortlaufendes, geschweige denn lückenlos erfaßtes Profil vorliegt, sondern immer nur Teilstücke aus der Gesamtzeit. Dies hängt sicher mit der Art der fluviatilen Sedimentation zusammen, für die folgender genereller Satz gilt:

Es gab im Gebiet immer Sedimentation (fluviatile Schüttungen), aber es gibt sicherlich kein vollständiges Einzelprofil! Überall sind Erosionslücken infolge ständiger, für fluviatile Schwemmfächer typischer Seitenverlagerungen vorhanden. Hinzu kommt die aktive Schollentektonik. Die Vorstellung, daß zu gewissen Zeiten einheitlich nur gröbere und zu anderen Zeiten (infolge Verringerung der Transportkraft der Zuflüsse) nur tonig-schluffige Sedimentation herrschte (ZAGWIJN u. a.), ist wohl zu schematisch und vereinfachend, um in derartigen Schwemmfächersedimenten als gültiges Modell akzeptiert werden zu können. Vielmehr sind wahrscheinlich zu jeder Zeit vom Obermiozän bis zum Altquartär — je nach Lage der Absätze und in Abhängigkeit vom paläotopographischen Milieu des Schwemmfächers — die verschiedensten Sedimentfraktionen zum Absatz gekommen. Die Erfassung einer „lückenlos" die Zeit einschließenden Profilfolge und eines steten Veränderungen unterworfenen Sedimentations-Verteilungs-Schemas ist daher schon rein petrographisch-lithologisch eine schwierige Arbeit und noch mehr zum Beispiel in palynologischer Hinsicht. Man ist heute wohl kaum über die Anfänge der Erfassung hinaus. Erst mit dem weiteren Fortgang der Arbeiten werden genauere Parallelisierungen mit dem echten Brunssum-Zeitbegriff möglich werden, ist zur Mio/Pliozän-Grenze exakter Stellung zu nehmen usw. Daß dabei selbstverständlich paläomagnetische, Schwermineralanalysen und andere petrographisch-lithologische Methoden sehr hilfreich sein können, ist unumstritten; aber nur mit ihnen allein sollte man das Problem nicht lösen wollen. Man darf keinesfalls neue Primäraufnahmen paläontologischer Natur vernachlässigen (zum Beispiel im Streit um die Stellung der Belfeldtone). Daß die durch den Braunkohlenbergbau am Niederrhein gut aufgeschlossenen Deckgebirgsprofile noch viele Rätsel — weil vollständigere Profile — bergen, sollte niemand wundern. Schon ist die alte Gesamtfolge weit vollständiger und differenzierter bekannt, als es aus der vereinfachten früheren und der niederländischen Sicht zu erwarten war; nun aber muß in den Einzelniveaus eine entsprechende umfangreiche paläontologisch-klimatologische etc. Inventur erfolgen, wozu gute Ansätze vorliegen (Makrofloren, Mollusken, Mikrofloren). Dabei ist man wohl dabei — wie die Aufstellung einer Fortuna-Warmzeit im Ton B 1 zeigt — die alten Fehler zu vermeiden, sogleich die niederländischen Begriffe (lithologisch und zeitlich) übertragen zu wollen, wie zum Beispiel Tiglium oder Tegelenton, Reuverton usw. Welche Ton-Lagen in den einzelnen Aufschlüssen nun wirklich den klassischen Begriffen zeitgleich sind, wird sich dann herausstellen, wenn genügend Daten (vor allem auch neue aus den alten Aufschlüssen) vergleichend zur Verfügung stehen.

9. Zur Palynologie der pliozänen und altpleistozänen Abfolge in Schleswig-Holstein (BRD)

Die bis 1000 m mächtig werdenden schleswig-holsteinischen, überwiegend kontinentalen Pliozänprofile, erst seit 10 bis 20 Jahren durch die verdienstvollen Arbeiten von MENKE und anderen genauer bekannt geworden, unterscheiden sich generell von den klassischen niederländischen und niederrheinischen Pliozänprofilen unter anderem durch folgende Umstände:

1. Die Superposition der Einzelfloren ist in den mächtigen Profilen von unten nach oben eindeutig (zum Teil auch infolge der Aufschlußart durch Bohrprofile; gerade dies ist in den Niederlanden weit weniger und nur für Einzelabschnitte und Teilprofile der Fall).

2. Die Probendichte ist zumeist sehr eng, die palynologischen Untersuchungen sind intensiv und modern. Das hat zur Folge, daß die Einzelphasen schon gut und bis ins Detail hinein im Fossilbestand charakterisierbar sind (in den Niederlanden müssen zahlreiche Niveaus erst nochmals revidiert werden; Probeverdichtung, taxonomische Inventuren).

3. Leider liegen aber bis heute fast nur palynologische Ergebnisse zur Altersbestimmung vor, die zwar die Aufstellung einer im Vergleich zu den Niederlanden detaillierter gegliederten Klimaablaufkurve gestatten, deren Hauptmangel aber noch darin besteht, daß diese Gliederung nur der Möglichkeit nach mit anderen Räumen parallelisiert worden ist beziehungsweise werden kann! Es fehlen bisher insbesondere andere paläontologische Daten (vor allem Kleinsäugerfunde, marine Fossilien usw.). Die paläomagnetischen Angaben gehen über anfängliche Stichproben bislang nicht hinaus. Von radioaktiven Altersdatierungen — sollten sie möglich sein — ist dagegen, nach Erfahrungen in anderen Gebieten, kaum ein echter Gewinn zu erwarten.

MENKE hat, vielleicht unter dem Einfluß von Quartärgeologen und seiner „Herkunft aus der quartären Pollenanalyse", diesen Tatbeständen hinsichtlich der von ihm verwendeten stratigraphischen Nomenklatur nur teilweise Rechnung getragen beziehungsweise tragen können: Man hätte zwar niederländische Begriffe wie Susteren, Brunssum, Reuver, Prätiglien usw. in ihrem Verhältnis zu bestimmten Abschnitten des schleswig-holsteinischen Profils diskutieren, aber nicht gleich voll-inhaltlich übertragen dürfen! So wenn es zum Beispiel bei MENKE (1975, S. 6) heißt: „die Ablagerungen des Reuver bestehen in der Kernbohrung Oldenswort aus", oder S. 77, „das Prätiglian ist in Oldenswort und Lieth jeweils mit mächtigen Sedimenten vertreten", statt in Anbetracht der starken Aufgliederung eine Lokalstratigraphie aufzubauen, wie es für den höheren Teil des Gesamtprofils auch erfolgt ist (Lieth-Serie). Allerdings hat er diesen (nur er?) sogleich wiederum mit etlichen Axiomen belastet, zum Beispiel der Lage der Plio/Pleistozän-Grenze im Vergleich zu den Niederlanden, dem generellen Alter der Lieth-Serie als Ältestpleistozän und ähnliches. Dabei ist es sogar zu bemerkenswerten Eigendefinitionen gekommen, wie denen auf S. 80 zur Ekholt-Kaltzeit, die keinesfalls als so kalt zu deuten ist, wie MENKE es tut; hier wird unzulässig schwer Deutbares als Umlagerung eingestuft. Auch die Formulierungen zur Klimaentwicklung (auf S. 78 oben) sind wohl vorgefaßte Meinungsäußerungen (Stellung des Prätiglien, wobei es weniger um die Stellung des Profils, als um die Zuordnung geht; MENKE und BEHRE 1973). Solche im Prinzip nicht vorurteilsfreien und ungenauen Formulierungen, die sich keineswegs allein bei MENKE (1975), sondern weit verbreitet in der einschlägigen Literatur finden, führen dann zu „Beweisketten" wie auf S. 69: „große Teile in Europa faunistisch und floristisch eindeutigen Ältest-Quartär" (womit Ablagerungen vom „Prätiglien" bis zum „Tegelen s. str." gmeint sind), können doch wohl nicht, wenn die Grenze bei 1,6—1,7 my zu liegen käme, noch Pliozän sein, denn sie sind ja nun einmal „eindeutig Ältest-Quartär" und deshalb muß mit ZAGWIJN die Grenze viel tiefer liegen! Gleiches gilt für große Teile der Lieth-Serie. Hier wäre erst einmal zu beweisen gewesen, wohin die Ablagerungen gehören, wie alt sie eigentlich sind. Die Lieth-Serie ist nicht à priori und deshalb Ältest-Pleistozän. Stellt man nun noch die hier in Abschnitt 8 (S. 25ff.) diskutierten Ergebnisse über die Stellung zahlreicher niederländischer Pliozänflorenabschnitte in Rechnung, so hat das natürlich zusätzliche Auswirkungen auf die Deutung der schleswig-holsteinischen Profilfolge. Sie muß dementsprechend in ihrem Verhältnis zu den niederländischen Profilen völlig neu durchdacht werden. Die von mir auf der Tabelle 2 angeführte Parallelisierung beider Räume stellt eine der Möglichkeiten dar, muß aber keinesfalls die richtige Lösung des Problems sein. Eine eingehendere Begründung, die einige kritische Diskussionen zu gewissen Klimadeutungen bei MENKE einschließen müßte, kann im Rahmen dieser Ausführungen aus Platzgründen nicht erfolgen; sie wird an anderer Stelle gegeben werden.

Die hauptsächlichste Abweichung gegenüber den Parallelisierungen durch MENKE mit den Niederlanden besteht in der wohlbegründeten Vermutung, daß das Reuver Schleswig-Holsteins dem „Pseudo-Reuver" der Niederlande, das heißt der oberen Flanke des Brunssum entspricht. Damit wäre das (von MENKE hinsichtlich des Kaltcharakters stark überschätzte) Ekholt-Minimum[9]) etwa dem echten Prätiglien äquivalent, aber der Zeitabschnitt darüber wäre das eigentliche, vielfach in Maxima und Minima (Thermomere und Kryomere) gegliederte Oberpliozän, das dann wahrscheinlich bis hinauf zum Tornesch (oder noch höher?) reicht! Mit anderen Worten, ein großer Teil der sogenannten Lieth-Serie müßte danach zeitlich noch als Oberpliozän und nicht als Altpleistozän im Sinne der 1,6—1,7 my Grenze anzusprechen sein. Bisher war das Ellerhop mit dem Tegelen s. str. verglichen worden, während andere Einzelparallelisierungen, wie die mit dem niederländischen Belfeld- und Meinweg-Komplex wegen ihrer unklaren Position in den Niederlanden völlig offen sind.

Kritisch müssen außerdem die „Umlagerungsformen" bei MENKE betrachtet werden. Möglicherweise sind einige von ihnen tatsächlich echte Umlagerungen. Aber nicht alles, was MENKE (1975, z. B. S. 73, 75, 80) — wohl doch zu unkritisch — als Umlagerung deutet, ist tatsächlich so zu interpretieren (s. S. 31). Hier ist zu allererst eine verobjektivierte Exotenanalyse aller Einzelabschnitte notwendig.

Nach dem Liegenden zu scheint der letzte einigermaßen sichere Fixpunkt des schleswig-holsteinischen Profils in bezug auf die Parallelisierungen mit den Niederlanden im „Brunssum" genannten Abschnitt gegeben zu sein. Aber entspricht das schleswig-holsteinische „Brunssum" voll oder nur in einem Teil dem niederländischen Brunssum oder ist vielleicht dieser Abschnitt hier länger als dort?

Betrachtet man das Profil in der Bohrung Oldenswort 9 eingehender, so lassen sich unschwer kleine Florenschwankungen im unteren Teil des schleswig-holsteinischen „Brunssum" feststellen, die wohl mehrere schwache Minima betreffen (so bei 270—285 m, bei 305 m, darunter 15 m Lücke, bei 325—335 m ein weiteres und schließlich noch ein viertes an der Basis bei 385—390 m und 400—410 m, während erst ab 430 m der „Susteren" genannte Abschnitt beginnt). Vielleicht sind gerade hier tief-unterpliozäne Ablagerungen erfaßt (ungefähr 3,8—5,4 my), die bisher eigentlich nur in einer einigermaßen brauchbaren Abfolge aus dem unteren Rhône-Tal und mit ? aus der Bresse (Bohrung Sebo) bekannt sind und die gerade durch mehrere kleine Klimaoszillationen charakterisiert werden (S. 23—24). Solche Klimaoszillationen gibt es aber ebenso im höheren Miozän.

Jedenfalls scheint das Profil nach unten zu in Schleswig-Holstein (und auch in Westmecklenburg/DDR) weit vollständiger und differenzierter zu sein, als es aus dem niederrheinisch-niederländischen Raum bekannt ist, von wo bisher unter dem Brunssum nur Susteren existiert, das (zum Teil) bereits Obermiozän ist, im Gegensatz zu „Susteren", „Garding" und „Bredstedt" in Schleswig-Holstein. Wichtig wäre in diesem Zusammenhang die zeitlich-inhaltlich genaue Erfassung der Miozän/Pliozän-Grenze im Nordseeraum — nicht irgendeiner Grenze, sondern der, die bei ungefähr 5,4 my einzuordnen wäre, aber wie? —, um zu entscheiden, was und wieviel von den Prä-Brunssum-Abschnitten tatsächlich noch Pliozän und was davon bereits in das Obermiozän gehört. Bis heute ist diese Frage nicht eindeutig zu entscheiden. Möglicherweise liegt die Miozän/Pliozän-Grenze im Sinne des 5,4 my Datums tatsächlich schon unter den schwachen Schwankungen des „tiefen Brunssums" von Oldenswort, so daß dort Susteren, Garding und Bredstedt bereits voll als Obermiozän zu plazieren wären.

Die qualitativen Einzeldaten jedoch, die MENKE bei seinen umfangreichen palynologischen Analysen, so speziell aus der Bohrung Oldenswort 9, mitgeteilt hat, bilden bereits heute ein hervorragendes Skelett für zukünftige Statusanalysen der (mio-) pliozänen Einzelabschnitte im südöstlichen Nordseeraum, die eine nahezu gleichartige Fortsetzung nach Südosten zu finden und hier bis zum hohen Miozän zurückreichen (S. 35). Damit ist nicht gesagt, daß nicht auch die Oldensworter Inventuren noch erheblich verfeinert werden könnten. Hier sind jedoch bereits wichtige Schritte — im Gegensatz zu den Niederlanden und am Niederrhein — zur Herausarbeitung von Leitfossilien getan worden (Einsetz-, Aussetz- und Differenzierungsformen).

10. Palynostratigraphie des Pliozäns im nördlichen Teil der DDR (Westmecklenburg)

Nach der Tertiär-Standard-Tabelle (LOTSCH 1981) treten im westmecklenburger Gebiet (von oben nach unten) an pliozänen Ablagerungen die Loosener und Trebser Kiese (GEHL 1958a, b; v. BÜLOW 1964; und andere) sowie die Quasseler und Gößlower Schichten (LOTSCH 1981) auf, die ihrerseits

[9]) Immerhin kommen hier noch folgende Exoten vor: *Car, Pt, Eu, Ts* mit diversen Arten, *Fag*, TTC, *Ilx, Osm, Sym, Myr, R. radiatus, Neogenisporis* bei allerdings hohen Anteilen von Gram, *Cyp*, Eri und Wasserpflanzen! (=Schluffsedimente!).

auf der jung-obermiozänen Lübtheener Folge (Bergton-Diatomeenerde-Komplex) lagern. Alle diese Ablagerungen sind bereits wiederholt Gegenstand stratigraphischer Erörterungen gewesen, zuletzt bei KAHLKE u. a. (1984, S. 44). Leider liegen über die paläobotanisch eingehend untersuchten Lokalitäten bzw. Profile keine neueren Veröffentlichungen vor, aber einige allgemeine Richtigstellungen älterer immer wieder zitierter Auffassungen seien hier doch — um weitere Mißverständnisse zu vermeiden — angeführt. So sind die vielfach im „Atlas" (KRUTZSCH 1962—1970) als Rüterberg und Wendisch-Wehningen genannten Lokalitäten, deren Sedimente zur Lübtheener Folge zu rechnen sind (Bergton-Diatomeenerde-Sildersand-Folge als Scholle in einer Stapelmoräne auf sekundärem Lagerort) mit der Mutterfolge heute (das heißt ab „Bratislava" 1975) als junges Obermiozän (= Pannon) einzustufen (LOTSCH 1981). Die von KAHLKE u. a. (1984, S. 44) wiederum zitierte alte Einstufung (nach KRUTZSCH 1959) in das „Reuver" war schon lange davor nicht mehr gültig. Die Sedimente gehören vielmehr in die Superpositionsfolge der Lübtheenfloren 19 (unten) bis 12 (oben). Den im Hangenden (mit fraglicher Lücke) folgenden, zum Teil brackisch-marinen unterpliozänen unteren Gößlower Schichten (oder Röhren-Glimmersanden) sind dann die Floren Lübtheen 11 bis Lübtheen 6 zuzuordnen (mit kleinen Klimaschwankungen, das heißt schwachen Maxima und Minima und fossilfreien, sandigen Abschnitten, also Florenlücken), während die oberen Gößlower Schichten die sehr wärmeliebenden Floren Lübtheen 5 und Lübtheen 4 einschließen, die durchaus mit dem Brunssum s. str. — also mit einem höheren Teil des Unterpliozäns, im Gegensatz zur Tabelle (in LOTSCH 1981) — vergleichbar sind. Darüber ist dann jedoch wieder eine, sogar längere Lücke in Form fossilfreier sandiger Abschnitte vorhanden, die wohl das höchste Unterpliozän bis tiefe Oberpliozän, das ist die Zeit der „Pseudo-Reuver-Flanke" und Folgeabschnitte betrifft, und damit höher hinauf reicht, als auf der Standard-Tabelle (LOTSCH 1981) vermerkt.

Es folgen die Quasseler Schichten, die nach den generellen regionalen neuen Datierungen (s. oben) in den mittleren Teil des Oberpliozäns gehören und höchstens noch bis 3,0 my hinabreichen, wahrscheinlich aber in das Intervall bei 2,5 bis 2,8 my (bisher ungefähr 3,8—4,2 my) eingruppiert werden müssen (Niveau von Reuver s. str. bis Wetterau); dazu sind die untere und obere Trebser Flora zu stellen, beides Warmfloren mit unterschiedlichem Exotenanteil, unten mit mehr, oben mit weniger Typen. Zum Abschluß folgen die Loosener Kiese, die in Rüterberg die Bergton-Diatomeenerde-Silbersand-Folge diskordant überlagern und einen typischen Tropfenboden enthalten (v. BÜLOW 1964); möglicherweise ist dieser zeitgleich mit dem in Schleswig-Holstein über dem Ellerhop auftretenden. Die unter diesem Tropfenboden an der Basis der Loosener Kiese geborgene (Makro- und) Mikroflora, ist zwar nicht sehr reich, enthält aber noch einige wichtige Exoten, so *Pt*, *Liq*, *Ket*, *Vit*, *Ilex*, *F. crassiformis*, *Neogenisporis* und andere.

Nach quantitativen Massenformen wurde der Polleninhalt zunächst als Quartär angesehen (ERD); es ist eine *Pinus*-Ericaceen-reiche Vergesellschaftung auf saurem Rohhumusboden; solche Floren lassen sich bis weit in das Pliozän zurück nachweisen.

Darüber folgt im dunklen Schluff des Tropfenbodens eine weitere Mikroflora, die ebenfalls noch Tertiärelemente einschließt (*Liq*, *Ts_3*, *Ket*, *T. granifer*, *Lir*, *T. edmundi*, *Cel*, *Eng*, *F. crassiformis*).

Beide Floren der Loosener Kiese sind als schwache Maxima in etwa in die Zeit „Post-Reuver s. str." einzugruppieren. Bei KAHLKE u. a. (1984) werden diese Floren „unvollständig" genannt. Ob sie der Phase von Rippersroda oder der Nordhausen-Phase äquivalent sind, ist natürlich schwer zu sagen (AHRENS u. a. 1968; KAHLKE u. a. 1984, S. 44); andererseits liegt typisches Tegelen (TC 5) nicht vor und auch ein noch jüngeres Alter dürfte auf Grund der vorhandenen Exoten ausscheiden.

Typische Tegelen-Floren sind ansonsten aus dem nördlichen Teil der DDR bisher nicht bekannt.

11. Das Pliozän im westlichen und südwestlichen Teil der DDR (und in einem angrenzenden Teil der BRD)

Pliozän ist aus der Umrandung des Harzes von mehreren Lokalitäten, wie Willershausen/BRD, Nordhausen, Görsbach, Berga, Bad Suderode, Sangerhausen, Voigtstedt vor allem paläobotanisch belegt. Entweder handelt es sich um lokale Senkungsräume oder um Erosionsreste im Verband von fluviatilen Schwemmfächern, die durch günstige Umstände vor späterer Erosion bewahrt worden sind (Salzablaugungssenken usw.). Lediglich im Profil Görsbach liegt eine Superposition von drei Abschnitten vor (Minimum-Maximum-Minimum). Alle anderen Floren lassen sich nur über ihren Charakter und Status vergleichend einordnen. Während einige Lokalitäten, wie Willershausen, bereits sehr häufig in der Literatur genannt sind, ist das bei anderen weit weniger der Fall. Für die Lokalitäten, die — neben mikrobotanischen Resten — karpologische und andere Makroflorenreste lieferten, erfolgt in diesem Band eine vollständige, neue Fossildokumentation durch MAI und WALTHER; für die Mikrofloren ist dies für alle thüringischen Fundpunkte erst in Vorbereitung (Inventur-Untersuchungen liegen zum Teil bereits vor).

Zeitlich geordnet ergibt sich nach gesamtpaläobotanischer Einschätzung dabei von oben nach unten die hier vorgelegte Abfolge, wobei Floren- und Klimacharakterangaben für die makrofloristisch belegten Abschnitte der Arbeit von MAI und WALTHER zu entnehmen sind.

Abschnitt 1: Nordhausen: Junge Maximum-Flora; jüngste tertiäre Flora des Gebiets, nach Status etwa vergleichbar dem unteren Maximum des Tegelen s. str. Eine Gleichstellung mit dem oberen Maximum, das heißt dem eigentlichen Tegelenton (TC 5), kommt nicht in Frage.

— Größere zeitliche Lücke —

Abschnitt 2: Görsbach, obere Flora: Minimum-Flora, kühl-gemäßigt mit nur wenigen, seltenen Exoten, wie *Ts*, *Sci*, *Zel*, *T. exactus*, bei Dominanz von *Pin*, *Pc*, *Al*, *Bet*, Gram und vielen Kräuterelementen.

Abschnitt 3: Görsbach, mittlere Flora: artenreiche, wärmeliebende Laubmischwald-Flora mit noch vielen Exoten: *Pt*, *Ts_{13}*, *Eu*, *Taxod*, *Jug*, *Car*, *Sci*, *Liq_2*, *Seq_4*, *Ket*, *Cast*, *Sym_5*, *Zel*, *Fag*, *Neogenisporis*, *F. trifavus*, *Nys_2*, *Lir*, *Myr_3*, *Eng*, *T. exactus* und *T. granifer*, *T. edmundi*, *V. histiopteroides*, *F. crassiformis*, *Ced*, *Pod*, *Itea*, *Reev*, *T. henrici*.

In Abschnitt 3 gehören von den Harzrand-Floren wahrscheinlich die von Bad Suderode, Sangerhausen und Willershausen (letztere mit *A. arvernensis* und anderen tierischen Resten).

Abschnitt 4: Görsbach, untere Flora: Minimum-Flora mit viel Kräuterelementen und hohen Anteilen an Gramineen, Cyperaceen, Artemisien und geringen Exoten-Anteilen (nur *Taxod*, Ts_5, Car_2, *Sci*, *Liq*, *Zel*, *Neogenisporis*, *Myr* bei Dominanz von *Pin*, *Picea* und *Al*.

Abschnitt 5: Berga: artenreiche pliozäne Maximum-Flora mit vielfältigem und höherem Exoten-Anteil als aus Abschnitt 3 bekannt. Im Liegenden und Hangenden von fossilfreien sandig-kiesigen fluviatilen Sedimenten eingerahmt. Makroflora (bei MAI und WALTHER 1988, S. 211 ff.).

Abschnitt 6: Voigtstedter Muscheltone mit *Melanopsis (Fagotia) acicularis* und weiteren Mollusken („altpleistozäne Artern-Warmzeit" nach ERD 1965): Minimum-Flora des Pliozäns mit vielen Kräuterelementen und reichlich Gramineen, Cyperaceen, Artemisien, Chenopodiaceen und anderen, dabei noch viele alte Exoten, obgleich diese zum Teil nur selten, aber auch aus Torflagen, vorliegen: *Eu*, $Taxod_2$, Car_2, Ts_4, *Sci*, *Liq*, Seq_2, *Cast*, Sym_3, *Zel*, *Mag*, Fag_2, *Neogenisporis*, *Nys*, *V. balticus*, *Lir*, Myr_2, *Eng*, *T. exactus*, *T. granifer*, *T. edmundi*, *V. histiopteroides*, *F. crassiformis*, *Ced*, *Reev*, *Arceu* und letztmalig *T. spinus*.

Insgesamt liegen von Voigtstedt etwa 270 Einzeltypen (Arten) von Pollen und Sporen aus mehreren Profilen und Einzelproben der Muscheltone vor. Sie werden an anderer Stelle dargestellt und beschrieben werden. Nur wenn man die Tertiärelemente summarisch leugnet (das heißt sie generell für umgelagert erklärt, wofür es aber keine objektiven Gründe gibt[10]), läßt sich aus dem palynologischen Status dieser Flora eine altquartäre Cromer-Flora als „Artern-Warmzeit" konstruieren. Leider sind die anderen Fossilien dieses Niveaus bislang nicht modern und regional ausgewertet, zum Beispiel die Molluskenfunde mit *Fagotia*, dem einzigen Nachweis übrigens im nördlichen Mitteleuropa, wenn man die anderen Fundstellen im Unstrut-Gebiet (Zeuchfeld und Borntal) mit den Muscheltonen als etwa gleichaltrig ansieht, wie das seit je geschehen ist. Erst jüngst scheint dies nicht mehr der Fall zu sein: Borntal wird bei WIEGANK (1981, Abb. 4) als Äquivalent des Waalien, bei KAHLKE u. a. (1984, Tab., S. 47) als Äquivalent des Tiglien eingeordnet. Welche Gründe für diese Umdeutungen maßgebend gewesen sind, ist leider nicht genau erkennbar. Die höchstwahrscheinlich auch in den Muscheltonen von Voigtstedt vorhandenen Kleinsäugerreste sind infolge der vordringlicheren Grabungen in den jüngeren Niveaus dieses Profils (1955 bis 1965) und auch der schlechten Aufschlußverhältnisse wegen (kein zu Tage Anstehendes) sowie des fehlenden Anreizes in stratigraphischer Sicht (durch die Deutung der Muscheltone nach ERD 1965) bisher nicht entsprechend untersucht worden, obwohl vereinzelte Hinweise auf Vertebraten-Reste, die sich auch auf Muscheltone beziehen, bereits in der Literatur des vorigen Jahrhunderts zu finden sind.

Was die paläomagnetische Deutung der Muscheltone nach WIEGANK (1983) betrifft, so ging sie ganz von der seinerzeit herrschenden Meinung eines „arternzeitlichen" Alters im Sinne von ERD aus. Diese Deutung hängt für sich gesehen jedoch in der Luft. Es ist paläomagnetisch ebenso ein viel älterer reverser Abschnitt denkbar, wenn, wie nunmehr anzunehmen, zwischen den Muscheltonen im Liegenden und den mittleren Kiesen bzw. der Lehmzone im Hangenden eine längere Schichtlücke anzusetzen ist. Daß die Muscheltone Jahrzehnte hindurch überhaupt als Quartär bezeichnet worden sind, liegt wohl vor allem an der Autorität von E. KAYSER, der diese Folge bereits früh (1884) und dann auch in seinem Lehrbuch (u. a. 1924) als Teil des „Präglazials" zitierte und damit waren auch die Fossilien der Muscheltone, die Fagotien beziehungsweise die Melanopsiden, quartären Alters, obwohl weitere Nachweise im Altpleistozän soweit nördlich und außerhalb des Unstrutgebiets niemals wieder bestätigt worden sind (ZEISSLER 1965). Auch Verfasser ist 1956 und noch lange Zeit später von diesem selbstverständlich erscheinenden Vorurteil ausgegangen, bis ihn eine intensive palynologische Inventur der Muscheltone in den siebziger Jahren zu einem ganz anderen Ergebnis, nämlich zu dem einer Minimumphase im Pliozän, führte.

Es bleibt nur noch die Frage, ob die hier angegebene Einstufung dieses Minimums die Richtige ist, weil ebensogut eine Eingruppierung einen Zyklus jünger oder älter in Erwägung gezogen werden könnte. Andererseits macht eine weitere, ähnlich wichtige Minimum-Flora Thüringens, nämlich die von Kaltensundheim, nach ihrem Exotenstatus einen etwas jüngeren Eindruck. Und Kaltensundheim ist auch anderweitig zu datieren (S. 37).

Das Pliozän von Südthüringen

Das für die florenführenden pliozänen Vorkommen in der Umrandung des Harzes Gesagte gilt sinngemäß für die südthüringischen Pliozän-Vorkommen im Vorland des Thüringer Waldes. Auch hier handelt es sich nicht um Flächenablagerungen, sondern wieder nur um sehr lokal begrenzte Nachweise in Form von Dolinen, kleinen lokalen Becken oder um Erosionsreste fluviatiler Serien. Nur zwei von ihnen, Kranichfeld* bei Weimar und Rippersroda* bei Arnstadt liegen nördlich des Thüringer Waldes, alle anderen südlich davon (Gerstungen*, Oberzella, Kaltensundheim*, wozu noch ein pliozänes und drei altpleistozäne Ergänzungsvorkommen hinzutreten, nämlich Sülzfeld mit Vertebraten-Resten sowie Rosa (Rhön), Horschlitt und Meiningen, wobei letzgenannter Fundpunkt bisher keine auswertbare Flora geliefert hat. Die mit * versehenen Fundpunkte sind bei MAI und WALTHER (1988, S. 208 ff.) hinsichtlich ihrer botanischen Makrofossilien beschrieben, ausgewertet und charakterisiert.

[10]) Es liegen in der Tat kaum „ältere" Tertiär-Umlagerungen vor, obwohl im Liegenden marines Oberoligozän vorhanden ist. Die oligozänen Massenformen müßten dann als erstes als Umlagerungen erscheinen, vor allem die resistenten und leicht kenntlichen Dinoflagellaten und Hystrichosphaerideen-Reste. Dies ist aber nicht der Fall beziehungsweise solche eindeutig aus dem Oligozän stammenden Fossilien sind größte Seltenheiten in den Muscheltonen!

Die Südthüringer Fundpunkte ergänzen die im vorigen Abschnitt (S. 35—36) zusammengestellte Auflistung wie folgt:

In die Lücke zwischen Abschnitt 1 und 2 gehört die Flora Rippersroda, die der auf das Reuver s. str. folgenden nächstjüngeren Maximum-Phase zugerechnet werden muß, welche damit ungefähr im Zeitraum 2,3—2,4 my liegt. Im Hangenden folgt dann, durch die Vertebraten-Funde zu datieren, in den Walkerden ein Abschnitt, der mit dem Steppenabschnitt der MEIN-Zone 17 u (Rocca Neyra, La Horna, Villány-3-Niveau) zu parallelisieren ist; er umfaßt etwa den Zeitraum 2,15—2,3 my, wobei die Zeit nach oben zu offen zu sein scheint.

Die nächst ältere Flora Südthüringens gehört in den Abschnitt 3: Das ist die Flora Oberzella (KRUTZSCH und MAJEWSKI 1965). Es ist dies das Reuver-s.-str.-Niveau.

Im nächst älteren Niveau beziehungsweise an den Übergang zu diesem sind in Südthüringen das Vorkommen von Sülzfeld mit einer Fauna, die beide *Mastodon*-Arten enthält, und dann die Dolinen-Sedimente von Kaltensundheim zu stellen, von wo neben Makro- und Mikrofloren einige wenige Vertebraten-Daten vorliegen. Es ist eine kühl-gemäßigte Minimum-Flora von DBF-Charakter mit vielen sogenannten quartären Kräuterelementen. Am häufigsten unter den Vertebraten-Resten (unter anderem ein ganzes Skelett) ist *Zygolophodon borsoni*. Da in Italien im Minimum über dem „Reuver-s.-str.-Niveau", das heißt also im Niveau von Montipoli, das überhaupt letzte und schon seltene Vorkommen von *Z. borsoni* liegt — nur in Ungarn und Rumänien kommen vielleicht noch einige jüngere Nachweise vor! —, ist nicht zu erwarten, daß zu jener Zeit diese *Mastodon*-Art im Norden wesentlich häufiger gewesen sein soll. Eher ist das Gegenteil der Fall, nämlich, daß im Süden (und im Südosten) diese Großsäuger noch etwas länger überlebt haben, als im nördlichen Mitteleuropa. Das jüngste mögliche, aber im Norden bereits sehr unwahrscheinliche Vorkommen von *Z. borsoni* ist zwar die Phase von Montipoli/Etouaires; viel wahrscheinlicher liegt aber das letzte Vorkommen im Norden schon einen Zyklus tiefer, das heißt im Minimum unter dem Reuver s. str. = Zeit von Vialette/Arondelli/Haynačka = Basis Villafranchium. Diese allgemeine Einschätzung muß man im Auge behalten, wenn man die Stellung von Kaltensundheim in stratigraphischer Hinsicht diskutiert (leider sind die Kleinsäuger-Reste von hier noch nicht weiter bekannt). Nach dem Mikrofloren-Status, der als Dominanten *Pinus*, *Picea* und Gramineen aufweist, sind an Exoten noch Pi_2, *Eu*, $Taxod_2$, Car_2, Ts_6, *Jug*, *Sci*, *Ket*, *Sym*, *Zel*, *Mag*, *Fag*, *Myr*, *Eng*, *Ced*, *Reev*, *T. henrici*, *T. exactus*, *R. radiatus*, *F. crassiformis* sowie *Polypodiaceoisporites* und *Erdmanipollis* vorhanden.

Damit ist Kaltensundheim jünger als die Muscheltone von Voigtstedt einzuordnen, die zum Beispiel noch *T. spinus* enthalten (in Schleswig-Holstein ist dieser Exot im „Brunssum" der Bohrung Oldenswort 9 nachgewiesen; er ist Verfasser auch aus der Kohle von Dettingen/Main bekannt).

Die Makroflora weist für Kaltensundheim, zeitlich vergleichbar Ceyssac und Le Crozas, ein CfB-Klima aus, ein Charakter, der natürlich in jedem jüngeren Minimum des Pliozäns erreicht beziehungsweise sogar unterschritten werden kann.

Paläomagnetisch gehört das Kaltensundheimer Sediment einem normal magnetisierten Zeitabschnitt an, während die Muscheltone von Voigtstedt revers magnetisiert sind (WIEGANK); beide Minimumfloren sind offenbar auch danach nicht zeitgleich.

Kaltensundheim wird nach allem vorher Gesagten in den Abschnitt 4, das heißt das Minimum zwischen Reuver s. str, und Berga, gleich unteres Görsbach-Minimum, gleich Vialette/Arondelli/Haynačka-Zeit = ca. 2,6—2,7 my (s. S. 23), mithin in den mittleren Teil des oberen Gauß gestellt.

Den zum Teil geäußerten Anschauungen über ein Prätiglien-Alter von Kaltensundheim kann also nicht gefolgt werden, unabhängig, ob man den Begriff im alten oder in einem neuen Sinn verwendet (dazu WIEGANK u. a. 1984, S. 47 mit Hinweis auf Manuskript UKRAINCEVA 1984), auch nicht mit irgendwie gearteten Formulierungen, daß hier eine Übergangsflora vom Pliozän zum Pleistozän vorliege. Mit einer Grenzlage in diesem Bereich hat die Doline von Kaltensundheim nichts zu tun. Sie ist wesentlich älter.

In den Abschnitt 5, das Berga-Maximum, ist in Südthüringen die Flora von Kranichfeld zu stellen. Sie fällt mikrobotanisch nicht zuletzt durch einen großen Formenreichtum an *Tsuga*-Arten auf. Der Abschnitt ist regional mit dem Wetterauer Hauptflöz-Maximum zu parallelisieren (s. S. 38).

Der Abschnitt 6 ist in Südthüringen bisher nicht belegt. Er ist aber vielleicht im südlichen Niedersachsen, zum Beispiel in Wallensen vorhanden, S. 38. Diese Minimumphase, in die die Muscheltone von Voigtstedt nach dem Gesagten gehören, fällt danach in die Zeit des Kaena-Events von 2,85 bis 2,95 my und ist somit der „ersten" größeren Steppenphase Südwesteuropas zu parallelisieren.

Älter ist in Südwestthüringen nach makrofloristischen Daten (S. 211) dann nur noch die Flora von Gerstungen (palynologisch ist diese Flora bisher zu arm, um eine spezielle zeitliche Einschätzung vornehmen zu können). Sie dürfte einem Maximum im tiefsten Oberpliozän (= Mittelpliozän mancher Autoren) oder bereits dem Brunssum beziehungsweise seiner oberen Flanke, das heißt einem höheren Teil des Unterpliozäns angehören.

Typisch unterpliozäne Ablagerungen sind ansonsten aus dem südthüringer Gebiet bisher nicht bekannt.

12. Bemerkungen zu wichtigen Pliozän-Vorkommen im südlichen Niedersachsen, in Nordhessen, dem Rhein-Main-Gebiet und dem nördlichen Elsaß

Die in Süd- und Westthüringen vorliegenden Verhältnisse finden ihre Fortsetzung im nördlichen Hessen und im südlichen Niedersachsen (zum Beispiel im miterwähnten Vorkommen von Willershausen/südwestliches Harzvorland). Zahlreiche weitere Fundpunkte — zum Teil noch ohne palynologische Bearbeitung, siehe BENDA und LÜTTIG (1968) — mit pliozänen Teilprofilen sind bekannt, so zum Beispiel von Allershausen/Solling (BENDA und LÜTTIG 1968) und Wallensen im Hils (THOMSON 1949; ALTEHENGER 1958, 1959), um nur zwei herauszugreifen. Von Wallensen liegt sogar ein recht umfangreiches Pliozän-Profil mit einem größeren Ausschnitt aus dem jungpliozänen Klimaverlauf vor, während das Profil Allershausen weit weniger gut, das heißt eigentlich noch gar nicht, untergliederbar ist. Allershausen läßt sich nach den hier vorliegenden Exoten und den Dominanten ([*Pc*] + [*Qu*, *Ts*] + TTC, *Ul* und *Liq*, *Sci*, *Eu*, *Ket* als Akzessorien) am besten mit dem Willershausen-Niveau — wie 1968 geschehen —

vergleichen. Ein jüngeres Maximum, wie das Rippersroda-Niveau, wäre sehr unwahrscheinlich.

In Wallensen sind sechs klimatisch unterscheidbare Floren in Superposition nachgewiesen, die sich auf zweieinhalb oder drei Zyklen verteilen. Zwischen den beiden oberen Zyklen liegt ein fossilfreies Tonniveau. Mittelflöz und Oberflöz sind jeweils unten „kühler" und oben „wärmer" getönt, dies ergibt sich unter anderem aus dem besonders in miozänen Floren wichtigen Verhältnis von *Carya* zu *Pterocarya* (letztere überwiegt unten, oben in beiden Flözen *Carya*). Darauf hat ALTEHENGER (1959) als erster hingewiesen. An der Basis des Mittelflözes befindet sich eine Hochmoorphase mit viel Sphagnen, desgleichen an der Oberkante des Unterflözes. Das mächtigere untere Tonmittel wird von ALTEHENGER (1959) als Warmzeit interpretiert; dies bleibt aber durchaus offen, weil das Mittel fossilfrei beziehungsweise nicht untersucht ist. Das Unterflöz umfaßt im unteren Teil eine Warmphase und im oberen Teil einen gemäßigteren Abschnitt (dazu unten *Carya-* und oben *Pterocarya*-Vorherrschaft mit Hochmoorabschluß). ALTEHENGER sprach in diesem Zusammenhang noch summarisch von „Reuver-", „Tegelen-" und „Quartärelementen".

Wenn man nun danach fragt, in welche Zyklen man das Wallensen-Profil einpassen könnte, so ist zu bedenken, daß nach dem von ALTEHENGER untersuchten Fossilinhalt auch das Oberflöz noch vollen „Pliozän-Charakter" zeigt, ja, lagenweise sogar relativ hohe TTC-Werte aufweist (bisher ist das Wallensen-Profil allgemein mit Willershausen, Weilerswist und der Wetterau verglichen worden, das heißt also mit Lokalitäten von durchaus unterschiedlichem Alter). Es hat auch hier als unwahrscheinlich zu gelten, daß das obere Maximum als jünger denn das Willershausen-Niveau (= Görsbach-Maximum, Reuver s. str. und andere ähnlich alte Floren) anzusprechen ist, das heißt, daß das Rippersroda-Niveau nicht in Frage kommt. Das mittlere Maximum wäre dann mit dem Berga-Maximum (= Wetterauer Hauptflöz-Maximum, s. unten), zu identifizieren und das Basismaximum in ein noch älteres Maximum zu stellen; welches dieses ist, sei weiter unten, S. 40, diskutiert. (In Frage kommen das Brunssum-Maximum des höheren Unterpliozäns oder das erste Oberpliozän-Maximum, je nachdem, wie man das untere Tonmittel bewertet, als zwischenzeitliches Maximum im Sinne von ALTEHENGER oder als fossilfreies Mittel in einem unten und oben anschließenden einheitlichen Minimum.)

Weiter südlich im Raum Bad Hersfeld liegt dann das Pliozänvorkommen von Buchenau, das von LESCHIK (1952a, b) erstmalig systematischer untersucht worden ist. An Hand eines langen Profils (Unter- und Oberflöz umfassend) gelang es ihm bereits 1952, hier erste Klimaschwankungen palynologisch nachzuweisen, die er nach seinerzeitigem Kenntnisstand in das oberste Pliozän bis Präglazial stellte, wobei er bereits damals sehr richtig darauf hinwies, „daß die erste deutliche Abkühlung bei weitem nicht den Stellenwert einer richtigen Eiszeit erreicht hat" (1953, S. 99). Dies wird in Mitteleuropa erst in der Mindel-/Elstervereisung bei 0,5 my erreicht, weshalb man eigentlich erst ab Holstein von echten „Interglazialen" sprechen kann; vorher handelte es sich nur um Maximum- oder Minimumphasen, wärmere oder kühlere Abschnitte, Thermomere oder Kryomere (nach MENKE).

Obgleich sich das Profil von Buchenau zur Zeit noch nicht eindeutig in die Klimakurve einklinken läßt, dazu müßte der Exotenstandard besser bekannt sein, umfaßt es jedoch mehr als einen Zyklus im „Oberpliozän", wobei oben der Übergangsbereich zum Altquartär sicher nicht erreicht wird.

Im Verhältnis zu Buchenau scheint das Pliozän von Hünfeld (LESCHKE 1954) etwas jünger zu sein. Jedenfalls sollen *Liquidambar* und *Nyssa* schon nicht mehr und andere Exoten nur noch sehr selten vorkommen. Wahrscheinlich gehört dieses Vorkommen in das Rippersroda-Maximum. Es müßte ebenfalls neu qualitativ bearbeitet werden.

Die wichtigsten palynologischen Profile Hessens liegen aber im Rhein-Main-Gebiet. Es sind dies zweifellos die der Wetterau, das heißt, die im sogenannten Horloff-Graben (vgl. BOENIGK u. a. 1977 und vorher LESCHIK 1952b, 1956; KIRCHHEIMER unter anderem 1934 und 1936 und LUDWIG, bereits 1857!).

Hier ist eine weitere wesentliche Verknüpfung der Palynologie mit der Vertebraten-Stratigraphie durch die Römerstraßen-Fauna von Wölfersheim möglich, die sich im Liegenden des Hauptflözes befindet (TOBIEN 1952, 1970, 1977 [in BOENIGK u. a., wo auf S. 66 die lange erwartete, neue, vollständige Fossilliste abgedruckt ist]). Die stratigraphische Stellung der Fauna ist MEIN-Zone 15 (Csarnót = Ruscinium = Serrat d'Vacquer-Niveau), ein Abschnitt, der nach dem bereits mehrfach Ausgeführten (S. 22 und 23), nunmehr in das Zeitintervall von ca. 2,85—2,95 my, also in das untere Oberpliozän gehört und einen Zyklus älter als Basis Villafranchium (= Niveau von Vialette/Arondelli/Triversa) ist.

Das über dem Vertebratenlager folgende Hauptflöz läßt bei aller Faziesdifferenziertheit eine deutliche klimatische Dreiteilung erkennen: Unten Übergangsphase von einem liegenden Minimum, in der Mitte eigentliches Maximum, oben obere Flanke des Maximums zu einem erneuten Minimum (Tab. bei KRUTZSCH und PACLTOVÁ in Vorb.) zu. Diese Dreiteilung ist auch VON DER BRELIE (in BOENIGK u. a. 1977) aufgefallen. Im Hauptflözmaximum treten mehrfach noch *T. edmundi*, *Gothanipollis*, *Intratriporopollenites* ex *insculptus/polonicus*-Gruppe, *Liquidambar*, *Keteleeria*, *Symplocos*, *T. henrici*-Formen und andere alte Typen auf (Eigeninventuren). Bisher galten ein Teil dieser Exoten als Be- oder besser Hinweis auf Brunssum-Alter. Nachdem sich jedoch herausgestellt hat, daß das Brunssum viel tiefer als das Wetterauer Hauptflöz einzustufen ist, muß SUC und ZAGWIJN (1983) unbedingt recht gegeben werden, daß zwischen Brunssum und Wetterau keine Altersgleichheit vorliege. (Dabei ist die Begriffsvariante, die in BOENIGK u. a., 1973, auf der Tabelle 5, S. 74 dargestellt ist, nämlich daß Brunssum jünger als Csarnót sei, total indiskutabel. Eine solche irrige Abfolgenbezeichnung konnte wohl nur deshalb geschehen, weil das Hauptflöz, zeitlich als „Brunssum" gedeutet und gleich mit dem niederländischen Zeitbegriff voll vermerkt ist; daß dabei das Ruscinium [im Sinne der MEIN-Zone 14] mit dem Susteren parallelisiert ist, wurde offensichtlich übersehen.) Ruscinium ist vom Begriff her ein Synonym des Csarnót, da der Typus Serrat d'Vacquer ist. Die liegende MEIN-Zone 14 ist dagegen noch praktisch ohne „Lokalnamen", obwohl vom allgemeinen Inhalt her zunächst als „Ruscinium" gedacht!

Das untere Minimum des Wetterauer Hauptflözes setzt sich nach unten zu in die das Vertebratenlager enthaltenden Liegendsedimente fort, wie die Palynofloren der Bohrungen Wekkesheim 427 und 429 gezeigt haben (VON DER BRELIE in BOENIGK u. a. 1977, S. 61), die hier einen deutlichen Rückgang des Anteils der „pliozänen Elemente" aufweisen, der „selbstverständlich zum Teil faziell" bedingt ist, obwohl dann im folgenden ein klimatischer Anteil bei diesem Rückgang mit einkalkuliert wird.

LESCHIK sprach bereits 1956 in bezug auf das Wetterauer Hauptflöz von einem „älteren Reuver" im Gegensatz zu einem „jüngeren Reuver" (= Reuver s. str.). Heute können wir vollauf bestätigen, daß das Wetterauer Maximum älter als das „jüngere Reuver" (s. str.) ist, und zwar um einen vollen Zyklus. Dazwischen liegt ein Minimum, das der Basis des Villafranchiums (das heißt dem Vialette-/Arondelli-/Triversa-Niveau) entspricht.

Nun ist das Wetterauer Profil mit der Oberfläche des Hauptflözes noch nicht zu Ende, aber zunächst einmal abgerissen (Schichtlücke; s. auch JANOSCHEK 1970). Im hangenden Sideritton folgt im Profil Berstadt (belegt durch ca. 40 mehr oder weniger fossilreiche Proben auf 8 m Sedimentmächtigkeit, Profil 2 in JANOSCHEK 1970) an der Basis 1. eine geringmächtige Übergangsphase zu 2. einem neuen Maximum-Abschnitt, der etwa 2,5 m umfaßt, 3. ein weiteres schwaches Minimum, etwa 3 m des Profils, 4. wieder ein Maximum etwa 2 m mächtig und 5., ganz oben, noch gerade mit 0,5 m erfaßt, ein erneutes Minimum beziehungsweise der Übergang zu einem solchen (Detail-Daten s. KRUTZSCH und PACLTOVÁ in Vorb.). Im Sideritton von Berstadt liegt eine klimatische Fünfteilung vor. Im unteren Maximum beziehungsweise im Basis-Abschnitt finden sich noch *Sci*, *Nys*, *Poll. exactus*, *Neogenisporis*, *Jug*, *Pt*, sehr selten *Car*, *Ts*, *Myr*, *Zel*, *Eu*, *Intratriporopollenites* ex *insculptus/polonicus*-Gruppe, *Reticulosporis* und noch manch andere interessante Form neben diversen NAP (Kräuter, Gräser usw.) und den gängigen Baumpollen-Typen. Das mittlere, schwache Minimum zeigt durchgehend *Ts* und *Pt*, vereinzelt *Carp*, *Ulm*, *Qu* usw. Das obere Maximum enthält als Seltenheit unter anderem wiederum *Sci*, *Mag*, *Til* (mit mehreren Formen), *Diervilla*, *Eu*; es ist aber insgesamt nicht mehr so reich wie das untere Maximum des Siderittons. Im obersten Abschnitt schließlich treten dann regelmäßig *Fagus*, noch *Osmunda* und, wenngleich selten, erneut *Myrica* und *Eucommia* auf. Dies, um nur einige in der Literatur bisher nicht genannte Charakteristika dieser Tone zu geben.

JANOSCHEK (1970) bezeichnete den Sideritton noch als möglicherweise eine Kaltzeit repräsentierend. Da er über der als reuverzeitlich eingestuften Kohle liegt, wurde Prätiglien für ihn postuliert, obwohl über der Kohle eine Lücke liegen soll (Bleichhorizont) und auch liegt. Der gesamte darüberfolgende Abschnitt der Hangendsedimente wird dann auf Grund des Vorkommens von *Fagus* (!) in das Tegelen gestellt. Ab 1973/1974 ist das „Post-Sideritton"-Hangende weiter klimastratigraphisch differenziert worden (Exkursionsberichte DEUQUA in Eiszeitalter und Gegenwart 1973/74). Den Sideritton stellt VON DER BRELIE (in BOENIGK u. a. 1977, S. 74) noch p.p. in das Prätegelen (helle Tone an der Basis) beziehungsweise mit ? in das Tegelen (Profile B und C) und einen oberen Teil (Torflage, Profil 7, Taf. 7) in das Waal (?). Allerdings scheint das alles noch keine definitive Einstufung zu sein, zumal bis dahin nur wenige fossilführende Proben vorlagen.

Was nun die Prätiglien-Deutung überhaupt betrifft (s. dazu BOENIGK u. a. 1977, S. 74—76; SCHAARSCHMIDT† und STURM; MENKE 1975, S. 120), so ist gerade bei dieser Einstufung doppelte Vorsicht geboten: Erstens wegen der Eigenprofiluntersuchung im Sideritton von Berstadt mit fünf verschiedenen Klima-Abschnitten und zweitens wegen des mehr als problematischen Inhalts gerade dieses stratigraphischen Begriffs selbst (s. S. 30ff.). Prätiglien im Sinne des Meinweg-Typusprofils liegt keinesfalls hier vor, denn dies ist eine Phase, die nunmehr unter dem Wetterauer Gesamtprofil an der Grenze von Unter- zu Oberpliozän zu gruppieren ist.

Es scheint also bisher wenig Klarheit über die zeitliche Stellung der Siderittone als dem untersten Schichtglied der tonig-sandigen Hangendablagerungen im Wetterauer Profil zu herrschen, was nicht bedeutet, daß damit zugleich auch das unterste Schichtglied des Pleistozäns vorliege. Vielmehr zeigen die aus dem Sideritton neubestimmten Fossilien, daß es sich wohl kaum um einen der echten altpleistozänen Abschnitte im Sinne von Post-Tegelen handelt. Dafür sind doch noch zu viele Exoten, zumindest im unteren der beiden Maxima des Siderittons, vorhanden. Andererseits ist der Verdacht, daß hier zwar eine verarmte, aber vom Status her mögliche Florenfolge vorliege, die vielleicht das gesamte Tegelen (s. str.) umfaßt, das heißt von TC 2 bis zur Subzone TC 6 reicht, nicht ganz abwegig. (Nur die warmzeitliche, den oberen Abschluß des Siderittons bilden sollende Torflage, paßte dann nicht in dieses Bild [Probe J Taf. 7, VON DER BRELIE in BOENIGK u. a. 1977]; es könnte sich ja hier auch um einen Torf „Intra-Sideritton" handeln, da die Oberfläche des Siderittons selbst durch nachträgliche Erosion nicht mit gleichem Niveau ausstreicht.) Wenn der Sideritton aber wirklich den verschiedenen Subzonen des Tegelen s. str. entspricht, wäre er damit noch Oberpliozän und die Grenze zum Quartär läge noch über dem Sideritton beziehungsweise in seinem obersten, fünften Abschnitt. Trotzdem bliebe unten eine lange zeitliche Lücke zwischen der Oberfläche des Hauptflözes und der durch VON DER BRELIE aus dem örtlich auftretenden „hellen Tonen" nachgewiesenen Minimumphase, die vielleicht nach oben zu direkt an die Basisphase des Siderittons anschließt (aber auch eine weitere Lücke wäre hier möglich). Das Minimum der „hellen Tone" wäre dann etwa dem „Tegelen B" im Sinne von ZAGWIJN beziehungsweise einer der nach unten möglichen zwei bis drei Minimaphasen bis hin zu dem zwischen Wetterau und Reuver s. str. liegenden Minimum zuzuordnen.

Wenig Klarheit scheint auch noch über die über dem Sideritton folgenden Schichtglieder[11]) der tonig-sandigen Hangendserie zu herrschen, die „Schotterlehm-Tuff-Folge" (als Kaltzeit mit Löß gedeutet), den grünen Schluff, die Rinnenfüllung und den Muddeton (als Endphase einer Warmzeit angesprochen) und dem Vivianit-Schluff (als neue Kaltzeit interpretiert), auf den dann im vollständigen Profil erst das bereits erwähnte (kaltzeitliche) Elefanten-Lager mit Periglazialerscheinungen und mit der abschließenden Berstadt-Warmzeit folgt.

Lediglich ganz oben in der Berstadt-Warmzeit ist wiederum ein gewisser stratigraphischer Fixpunkt gegeben, der nach regionalen Vergleichen (BOENIGK u. a. 1977, S. 77) etwa in den Bereich der Brunhes-Matuyama-Grenze (also in den Cromer-Komplex) gehören könnte (Cromer-II-?-Warmphase [non Interglazial!]).

Wahrscheinlich in die gleiche Maximum-Zeit wie das Wetterauer Hauptflöz oder einen Zyklus tiefer gehört das im Raum Hanau—Aschaffenburg auftretende Braunkohlenflöz, welches zuerst von WOLFF (1943) palynologisch bearbeitet worden ist. Zu diesem konnte Verfasser bereits diverse taxonomische Revisionsbeiträge bringen und neue Formen nachwei-

[11]) Hierzu vergleiche die Profilergänzungen bei HERTER (Palaeontographica B, 195 (1985). Die dortigen stratigraphischen Deutungen sind dabei vielfach offen bzw. problematisch. Die neuentdeckte „Horloff-Warmzeit" dürfte nicht in den Cromer-, sondern in den Bavel-Komplex gehören!

sen (unter anderem KRUTZSCH 1962—1970, Atlas I—VII). Eine Gesamtrevision des Altmaterials von WOLFF steht allerdings noch aus. Eine neuere Bearbeitung aus dem Gebiet, und zwar aus dem Feld Wilmudsheim bei Alzenau liegt von KILPPER (1967) vor. Demgegenüber sind die Arbeit von WOLFF ebenso wie die Teilrevision in BOENIGK u. a. (1977) völlig unbeachtet geblieben.

Gleiches gilt für die umfangreichen klassischen Makrofloren der Wetterau, die bereits seit LUDWIG (1857) bekannt sind; weder die älteren noch die neueren Revisionen sind in BOENIGK u. a. (1977) erwähnt oder berücksichtigt, noch hat man die klimatologisch-floristischen und regionalen Vergleichsmöglichkeiten, die mit dieser bedeutenden Makroflora auch dem Stratigraphen in die Hand gegeben sind, ausgewertet. Daraus ist zu erkennen, welcher Rang paläontologischen Daten bisweilen in geologischen Kreisen beigemessen wird. Durch MAI und WALTHER (1988, S. 220ff.) — aber vorher bereits wiederholt auch durch andere Autoren, z. B. GREGOR a. v. O. — ist diese wichtige datierte Flora vergleichend diskutiert, ausgewertet und in das Gesamtgefüge pliozäner Makrofloren als markanter Baustein eingefügt worden. Sie ist sogar mit-namengebend für den Florenkomplex „Wetterau-Wölfersheim" geworden.

Die Stellung der Wetterauer Hauptflöz-Flora zu der fast schon klassisch anzusprechenden „Klärbecken"-Flora von Frankfurt (Main) (MÄDLER 1939) erscheint dagegen noch nicht völlig gesichert; vielleicht ist sie auf Grund ihrer Zusammensetzung sogar noch ein wenig älter als Wetterau.

In diesem Zusammenhang ist das Vorkommen von Schwanheim (Main) (BAAS 1932) zu nennen, das als „Altquartär" gilt. Durch die recht hohen *Tsuga*- und *Pterocarya*-Werte ist es allerdings heute doch als „hochoberpliozän" zu gruppieren (? Tegelen), obwohl eine Neuuntersuchung dringend erforderlich wäre[12]).

Älter als Wetterau dürften auf alle Fälle die durch laufende neue Aufsammlungen immer reicher an Exoten werdenden nordelsässer „Saugbagger-Floren" aus der Umgebung von Sessenheim sein (GEISSERT, diverse Arbeiten ab 1958; GEISSERT und GREGOR 1981; und andere)[13]).

Nach GEISSERT und GREGOR (1981) sind im nördlichen Elsaß sogar vier paläobotanisch aufeinanderfolgende Florenniveaus zu unterscheiden, wovon das unterste (so in der französischen geologischen Karte) als „Brunssum" eingestuft wird und die reichsten und wärmsten Floren des Pliozäns enthält. Die Einstufung der nach oben zu folgenden Florenniveaus erscheint jedoch noch etwas problematisch. Nach dem zum Fundpunkt Kaltensundheim (S. 37) Gesagten ist dies das für das Gebiet nördlich der Alpen wahrscheinlich jüngste Vorkommens-Niveau mit *Zygolophon borsoni* (nur in Süd- bzw. Südosteuropa gibt es vielleicht „als noch selten" etwas jüngere Funde!). Diese Art kommt im Elsaß nach GEISSERT und GREGOR (1981, S. 62) in den „Endpliozän" genannten unteren Lagen des obersten (4.) Florenniveaus noch vor. Da die zugehörige Pollenflora keine typische Pliozänflora repräsentiert, handelt es sich wohl, wie bei Kaltensundheim, um eine Minimumphase, die aber unter dem Reuver s. str. (= jüngerem Reuver nach GEISSERT und GREGOR 1981) liegt. Daher müßten das 2. und das 3. Florenniveau des nördlichen Elsaß jeweils einen Zyklus tiefer eingestuft werden, als 1981 geschehen. Das „jüngere Reuver" des nördlichen Elsaß wäre dann mit dem echten „Wetteravicum" identisch und das „ältere Reuver" gehörte in das erste Maximum des jüngeren Pliozäns, das bisher vornehmlich in Südfrankreich belegt ist (Phase von Terrat's = unterer Teil der Zone II von Autan, Flora 12 usw. = oberster Teil der MEIN-Zone 14 = mögliches Zeitintervall von ca. 3,1—3,3 my = theoretisch unterer Teil der normal polarisierten Gauß-Epoche).

Vielleicht gehören hierher auch der tiefste Abschnitt von Wallensen (s. 38). Teile des Rotton-Profils am Niederrhein (Schicht 9, Grube Fortuna), die Makroflora von Gerstungen sowie gewisse Abschnitte des mecklenburger und schleswig-holsteinischen Pliozänprofils (s. Tabelle 2). Aber alle diese Einstufungen und damit die Namensgebung dieses Maximums für Mitteleuropa bedürfen noch weiterer Aufklärung.

Dieses Maximum ist in seiner zeitlichen Selbständigkeit mit eine Folge der neuen südfranzösischen Konnektierungen: SUC — Zone II mit Roussillon-Profil, mit der Pichegu-Formation, mit der *crassaformis*-Zone, mit der MEIN-Zone 14 und mit dem Intervall Kaena-Mammouth als einem tiefen Teil des Oberpliozäns. Vorher hätte man ohne Bedenken eine Altersgleichheit mit dem Brunssum-Maximum herstellen und damit eine Einstufung ins höhere Unterpliozän ableiten können.

13. Einige Folgerungen und Bemerkungen, die sich für die Vertebraten-Stratigraphie, besonders des oberen Pliozäns, ergeben

In den Einleitungs- und regionalen Kapiteln ist bereits in verschiedener Hinsicht auf die säugetierpaläontologischen Verknüpfungen und Gliederungen hingewiesen worden. Gleichsam zusammenfassend sei nun noch das folgende vermerkt:

Weder die Pliozänuntergrenze (im Sinne von 5,4 my), noch die Obergrenze des Pliozäns (im Sinne von 1,6—1,7 my) ist nach allgemein stratigraphischen Prinzipien primär durch die Vertebraten-Entwicklung bestimmt oder gar durch sie definiert. Und weder in dem einen, noch dem anderen Grenzbereich ist auch eine direkte Verknüpfung der Vertebraten-Gliederung mit der „Orthostratigraphie" des marinen Hochseebereichs gegeben. Daher muß in beiden Grenzbereichen erst der Anschluß der für die kontinentalen Räume so wichtigen stratigraphischen Methode an die hoch- und küstennahe marine Gliederung als „indirekte Verknüpfung" ermittelt werden. Solange für die Vertebraten-Gliederungen terminologisch rein parastratigraphische Begriffe, wie Turolium, Ruscinium/Csarnótium, Villafranchium, Villányium, Biharium usw., benutzt werden, ist alles korrekt. Differenzen in den Reichweiten dieser Zeitbegriffe und ihr Definitionsinhalt sind eine rein interne Angelegenheit der Vertebraten-Paläontologie. Sobald aber zum Beispiel diese Begriffe mit Unter-, Mittel-, Oberpliozän oder Altpleistozän umschrieben oder gar durch diese allgemeinen stratigraphischen Termini ersetzt werden (beides geschieht auch heute noch sehr häufig!) treten stets Komplikationen und Mißverständnisse auf, wobei es nahezu gleichgültig ist, in welcher Umschreibung oder in welchem unterschiedlichen Umfang die Anwendung irgendwelcher Termini jeweils geschieht, weil kaum einmal volle

---

[12]) Nach ZAGWIJN und DE JONG (1984) ist eine Einstufung in den „Bavel-Komplex" sehr wahrscheinlich!

[13]) Auf Tabelle 2 ist versehentlich statt Sessenheim „Soufflenheim" eingetragen.

Identität der para- und orthostratigraphischen Begriffe in zeitlichem Umfang vorliegt. Das Turolium etwa, im wesentlichen hoch-obermiozänen Alters, reicht bis ins tiefere Unterpliozän hinauf (zum Beispiel Fundpunkt Alcoy, MEIN-Zone 13 = ? Baltasande), die MEIN-Zone 14 umfaßt zwar in der Hauptsache das Unterpliozän, aber ihre Obergrenze liegt erst im tiefen Oberpliozän (beziehungsweise im Mittelpliozän anderer Autoren, vgl. Fundpunkte Millas und Terrats im Roussillon, S. 23). Das Ruscinium/Csarnótium = MEIN-Zone 15 ist ungefähr als mittlerer Teil des tieferen Oberpliozäns mit der *Globorotalia-crassaformis*-Zone verbunden (Languedoc in Südfrankreich, Fundpunkt Serrat d'Vacquer; Fundpunkt La Juliana in Spanien). Das Villafranchium ist im Sinne von AZZAROLI (1977) mit seinen maximal fünf verschiedenen Niveaus eine sehr lange und sehr heterogene stratigraphische „Einheit" (besser: „Vielheit") und daher wesentlich sinnvoller in begrenzterem Umfange wie bei FEJFAR und HEINRICH (1983) und anderen als „Post-Csarnót/Prä-Villányium-Zeitabschnitt" beziehungsweise als „*Borsodia-Dolomys*-Stufe" anzuwenden. Allgemeinstratigraphisch ist dieser Zeitabschnitt nur in etwa mit „mittlerem Oberpliozän" zu umschreiben; exakt müßte jedesmal gesagt werden „ein höherer Teil des tieferen bis zum mittleren Oberpliozän". Beim Villányium ist es einfacher; hier entspricht der allgemeine stratigraphische Terminus „höheres Oberpliozän" faßt genau dem Begriff Villányium, da die Obergrenzen beider Zeitbegriffe nur wenig differieren (S. 31). Für Biharium „Altpleistozän" zu sagen, ist ebenfalls durchaus möglich und sinnvoll, wenn man sich über die Obergrenzen beider Termini klar ist.

Dagegen ist der Begriff „Ältestpleistozän", der zeitweise regelrecht Mode geworden war, denkbar unglücklich, auch seiner sprachlichen Form nach. Er sollte nunmehr wieder ganz aus dem Sprachgebrauch verschwinden.

Daß nach den in marinen Sedimenten konventionell festgelegten Begrenzungen des Pliozäns (5,4—1,6/1,7 my) frühere diverse Begriffsfassungen dieser Abteilung (wie zum Beispiel die von etwa 12,5—2,5/2,3 my, wie sie bis in die neueste Literatur noch vereinzelt zu finden ist) keinerlei Bedeutung mehr haben, sei trotz des bisher Gesagten ausdrücklich betont (so Pannon im Sinne von Unterpliozän; Ruscinium in diesem Sinne als „Oberpliozän", Villafranchium und Villányium im Sinne von Ältest-/Altpleistozän, um drei markante Beispiele zu nennen).

Aus der vorangegangenen Auflistung der Vertebraten-Stufen ergibt sich ferner, daß die noch bei HEINRICH (1982b, Tab., S. 924) aufgeführten stratigraphischen Gleichstellungen von zum Beispiel Csarnót mit Reuver, von Prätiglien (im Sinne von ZAGWIJN) mit Villafranchium (im Sinne von FEJFAR und HEINRICH 1983) und von Tegelen s. l. mit Villányium so allgemein nicht zutreffend sind. Das Tegelen s. str. umfaßt zwar einen wesentlichen Teil (des oberen) Villányiums, aber bereits beim Prätiglien wird die Sache komplizierter (S. 28). In das Villafranchium sensu FEJFAR und HEINRICH (1983) gehören zwei Vertebratenniveaus, aber mindestens zwei volle Klimazyklen mit vier palynologischen (klimastratigraphischen) Abschnitten (zwei Maxima, zwei Minima), von denen das Doppelmaximum Reuver s. str. nur einem der beiden Maximumabschnitte entspricht, während das Csarnót dann erst darunter folgt und das echte Prätiglien sensu Typus-Bohrung Meinweg nach tiefer steht. Daher ist auch der Zeitpunkt des Erscheinens von *Elephas*, *Leptobos* und *Equus* in Europa, ein Datum, das seit HAUG lange Zeit als Vorschlag für eine T/Q-Grenze seitens der Vertebraten-Paläontologen zur Diskussion stand, meist fälschlich eingruppiert (zum Beispiel HEINRICH 1982b, Tab., S. 924). Nach den nunmehr vorliegenden interdisziplinären Querverknüpfungen und Datierungen müßte dieses E-L-E-Datum nach der geltenden Konvention im „tieferen Oberpliozän", das heißt unter dem La Juliana- und Serrat d'Vacquer-Niveau, mithin über der marinen Unter/Oberpliozän-Grenze (= LAD von *Globorotalia margaritata evoluta*) eingeklinkt werden.

Durch die an zahlreichen Stellen vorliegenden Verknüpfungen der Vertebraten-Gliederungen mit der Paläobotanik (inklusive Palynologie) ergeben sich für beide Methoden Vorteile. Die Klimastratigraphie, und die Paläobotanik überhaupt, erhalten durch die aus den phylogenetischen Entwicklungslinien vieler Tiergruppen abgeleiteten Daten wichtige paläontologische Zeitmarken zur richtigen Einklinkung ihrer Kurven und Klimawerte. Umgekehrt läßt jedes reichere makro- und mikrobotanische Fossillager zum Teil sehr differenzierte Umweltaussagen zu und beim Vorliegen geeigneter Profile kann mit Hilfe der Palynologie sogar der zeitliche Ablauf ergänzend als Zeitkontinuum erfaßt werden. Dabei kommt es immer darauf an, bestimmte Zeitabschnitte — und als Ziel die gesamte Zeit des Pliozäns einmal — lückenlos hinsichtlich der Vegetations- und Klimaveränderungen auch flächig-regional zu ermitteln. Und da zeigt sich bereits heute, daß von einer durchgehenden Versteppung, zum Beispiel zur Zeit der Hauptausbreitung beziehungsweise Entwicklung der Wühlmäuse, das heißt ab in etwa Csarnót/Villafranchium bis hin zum Altpleistozän, in Europa nicht die Rede sein kann. Aber ab Basis Oberpliozän bis wenig darüber, treten in zunehmendem Maße und wiederholt hintereinander, zyklisch und zeitlich begrenzt, klimatische und Vegetationsbedingungen in großen Teilen Europas auf, die der Entwicklung und Verbreitung der Wühler und anderer Steppenformen günstig waren (entspricht etwa Minimumphasen der Palynologie). Dazwischen breiteten sich jedoch in den zumeist mehr humideren und wärmeren Maximumzeiten immer wieder mehr oder weniger exotenreiche Laub- und Laubmischwaldvergesellschaftungen aus, wie sie in Vor-Oberpliozäner Zeit in West- und Mitteleuropa bereits vielfach bestanden. Die erstmalig von KRETZOI herausgearbeitete Abfolge Monsunwälder im Ruscin — artenreiche Laubwälder im Csarnót — zunehmende Steppenvegetation im Villafranchium und Villányium bis hin zu den arktischen Kaltsteppen im Pleistozän usw. ist wohl nur noch in großen Zügen so zu sehen, quasi als „Gesamttrend", mehr aber nicht! Wenn man den Einzelablauf der Profile zugrunde legt, dann ist dieses Modell doch zu schematisch! Es erhebt sich nun die Frage, inwieweit mit der zweifellos in sich richtigen Abfolge der einzelnen bis jetzt festgestellten Etappen, zum Beispiel der Nagerentwicklung (Ruscin/Csarnót/Węze — Vialette/Triversa/Hajnačka — Etouaires/Montipoli/Rębielice — Villány 3/Rocca Neyra — St. Vallier/Olivola/Plesivec/Tegelen p. p. — Villány 5/Seneze/Osztramos 8 — usw.) die „Zeit" auch tatsächlich bereits voll gefüllt ist. Es scheint vielmehr, daß hier bisher nur bestimmte Fundniveaus, deren zeitliche Abfolge in sich absolut richtig ist, zu einem Zeitkontinuum unter Weglassung — weil bisher nicht erfaßter — andersartiger Zwischenzeiten zusammengestellt sind. So ist es auf den meisten der bisher erschienenen Tabellen zur Darstellung gekommen (vgl. demgegenüber hier Tabelle 2). Sind aber, so muß man von paläobotanischer Seite aus fragen, die zwischenzeitlichen Waldmaxima tatsächlich auch vertebratenseitig voll zeitlich und inhaltlich mit erfaßt? Lebten die jeweils vor einer floristischen Maximumzeit im „steppenartigen Minimum" entstandenen beziehungsweise neu zugewanderten Arten in der Waldfolgezeit weiter? Überlebten sie also die klimatisch-ökologischen Veränderungen, um erst in der nächsten Steppenzeit, wenigstens teilweise, wie bei den progressivsten Sippen, durch neuentstehende oder in östlichen/nördlichen Regionen inzwischen entstandenen und dann neu einwandernden, moderneren Arten ersetzt, reduziert, verdrängt oder ausgemerzt zu werden? Oder verschwanden sie nicht schon p. p. vor oder während der jeweiligen Zwischenmaxima, das heißt, infolge der sich verändernden ökologisch-klimatischen Umweltbedingungen? Zahlreiche offene Fragen also.

Mit diesen aufgezeigten Wechselbeziehungen sind sicherlich auch frühe, kurzzeitige Einwanderungen nordischer Formen, wie der Lemminge, zu erklären, die dann ebenfalls in unseren Breiten zunächst nicht überdauerten, sondern mit Beginn folgender Waldmaximumphasen sich entweder wieder aus Mitteleuropa zurückzogen oder aber hier rasch ausstarben, um erst wieder im nächsten Zyklus, wenn er für sie ähnlich günstige Verhältnisse bot, mit gleichen oder neuen Arten neu einzuwandern oder zurückzukehren.

Es läßt sich also feststellen, daß bereits im Pliozän und nicht erst in den hochpleistozänen Zeiten, vielfältige, mehrfache, zyklisch ablaufende, großregionale tiergeographische Verschiebungen für Europa einkalkuliert werden müssen, die Hand in Hand mit der phylogenetischen Weiterdifferenzierung der Formen selbst gehen und vielleicht geradezu mit einen Hauptfaktor, einen Motor, vieler der jüngsten Entwicklungen der Tierwelt darstellen.

Daß neben der insgesamt wohl klimatisch gesteuerten und zyklisch verlaufenden sowie großregional in sich differenzierten Vegetationsentwicklung in lokalerem Rahmen ein gewisses mosaikartiges Nebeneinander von mehr offenen oder mehr geschlossenen Vegetationsformationen vorhanden gewesen sein konnte, ist selbstverständlich. Dieses Vegetationsmosaik ist Ausdruck edaphischer und anderer Faktoren und in klimatischer Hinsicht vielleicht von der jeweiligen Niederschlagsmenge und ihrer Verteilung im Jahreslauf, aber weniger von den gesamtklimatischen Verhältnissen abhängig. Allerdings muß man die Akkumulationsräume mit beachten, da die vor allem auf trockeneren Standorten, auf Hochflächen oder an anderen exponierten, aber erosionsbevorzugten Stellen gedeihenden Pflanzenformationen nur viel seltener (oder gar nicht) in die geologischen Akkumulationsräume gelangen und hier Aussicht auf Überlieferung haben. Bei fossil überlieferten Resten lassen sich zwar auch unterschiedlich zusammengesetzte, so doch im allgemeinen nur in sich vergleichbare Vegetationsverhältnisse erkennen (Seeablagerungen, paralische Bildungen, Flußauensedimente, Moorgebiete, Altwasserbildungen und ähnliches mehr).

14. Ergebnisse der kritischen Revisionen

Der Versuch, das Pliozän des westlichen bis südwestlichen Europas klimastratigraphisch unter einheitlichen Gesichtspunkten vergleichend zu betrachten, setzt die Anwendung inhaltlich-einheitlicher Zeitbegriffe und eine bestimmte Konzeption über diese Abteilung selbst voraus. Die Untergrenze des Pliozäns wird in Übereinstimmung mit allen neueren Arbeiten zwischen die Stufen Messin im Liegenden und Tabian im Hangenden, also bei etwa 5,4 my gelegt. Die Untergliederung des Pliozäns in Unter- und Oberpliozän folgt ebenfalls der marinen mediterranen Gliederung, wobei die Grenze bei etwa 3,32 my fixiert wird. Durch den XXVII. Internationalen Geologischen Kongreß, Moskau 1984, ist nun auch die Obergrenze des Pliozäns konventionell im Vrica-Profil mit dortigem Erscheinen der ersten nordischen Gäste bei etwa 1,6 bis 1,7 my festgelegt worden, was zugleich der Grenze zwischen den Stufen Piacentinien (Oberpliozän) und Calabrien (tiefes Unterpleistozän) entspricht.

In der Zeit zwischen 1948 und 1984 ist die Plio/Pleistozän-Grenze in vielfältiger Weise Gegenstand unterschiedlichster Erörterungen gewesen. Daran waren Vertreter aus zahlreichen Wissenschaftszweigen beteiligt (Stratigraphen, Paläontologen diverser Disziplinen, allgemeine und vor allem Glazial- beziehungsweise Quartärgeologen, Sedimentpetrographen, Klimatologen, Geophysiker und andere mehr). Die Konzepte, die der Grenzziehung im Verlauf der letzten 35 Jahre zugrundegelegt worden sind, waren sehr unterschiedlich. Daher differierten die Vorschläge zur zeitlichen Lage dieser Grenze sehr stark. Seit Jahren haben sich nun vor allem INQUA-Kommissionen mit der Lösung dieses Problems beschäftigt. Im Zuge ihrer Arbeit wurden folgende Prinzipien herausgearbeitet, die der Problemlösung zugrunde gelegt worden sind:

1. Die Grenzziehung Plio/Pleistozän hat in Übereinstimmung mit den allgemeinen Prinzipien der Stratigraphie zu erfolgen (Rules IUGS, Subcommission of stratigraphical classification). Für das Quartär mit seinen glazialgeologischen Phänomenen gibt es also keine Sonderregelung.
2. Die Grenzfestlegung muß in einem hochmarinen, geschlossenen Typusprofil vorgenommen werden, das nach unten hin lückenlos an das obere Tertiär anschließt und möglichst vielseitig paläontologisch (und nach anderen Methoden) charakterisierbar sein muß.
3. Das Typusgebiet ist (auch aus wissenschaftshistorischen Gründen) auf Süditalien, Calabrien, einzuschränken.
4. Als Indikation einer klimatischen Abkühlung hat als gültige Basis für die Grenze das erste Erscheinen nordischer Gäste im Typusraum zu gelten (= Konzeption nach GIGNOUX).
5. Die Äquivalenz von kontinentalem Villafranchium und Calabrium, letztlich und mithin die Konzeption von HAUG einer „‚E-L-E'-Grenze", ist kein Primärkriterium der Grenzziehung.

Die letzten zehn Jahre waren mit der Suche nach einem geeigneten Typusprofil, seiner Bearbeitung und der Diskussion der Ergebnisse ausgefüllt. Im Jahre 1982 lag das für die Zwecke einer Grenzfestlegung wohl am besten geeignete Vrica-Profil bei Crotone bearbeitet vor, nachdem vorher andere calabrische Profile verworfen werden mußten (La Castella und St. Maria di Catanzaro). Nach der Bestätigung des Vrica-Profils als gültiger Eichbasis für die Grenze Plio/Pleistozän durch die internationalen Gremien, haben alle stratigraphischen Begriffsfassungen, die damit in Verbindung stehen, nunmehr von dieser Grenzkonvention auszugehen. Dies wird in vorliegender Arbeit bei allen Begriffsanwendungen strikt beachtet.

Der Hauptteil der Arbeit besteht in der kritischen Betrachtung und Wertung der palynologischen Profile der Literatur unter Verwendung eigener einschlägiger Materialien, Ergebnisse und Erfahrungen des Verfassers zu diesem Themenkreis. Da die palynologischen Fossilinhalte in den einzelnen Schulen (beziehungsweise von den Autoren), den verschiedenen Ländern und in den diversen Untersuchungsetappen sehr unterschiedlich untersucht und die Ergebnisse entsprechend individuell dargestellt, interpretiert und in der Literatur verarbeitet worden sind, war es erforderlich, ein spezielles Kapitel über einige wichtig erscheinende methodische Fragen der Palynologie des Pliozäns, das heißt des „Präquartärs", voranzustellen. Die Hauptforderung geht dabei in Richtung auf verstärkte qualitative Untersuchungen des Fossilmaterials, um über die Einzelelemente die Florenentwicklung im ausgehenden Tertiär in Zukunft besser als bisher erfassen und auswerten zu können. Erst in zweiter Linie lassen sich dann quantitative Ergebnisse entsprechend vorsichtig und differenziert zu Aussagen verwenden. Auf jeden Fall geht „Qualität vor Quantität".

Bei der Besprechung der einzelnen Gebiete muß bis heute jedoch notgedrungen im wesentlichen von den in der Literatur vorhandenen, vornehmlich quantitativen Daten ausgegangen werden, weshalb manche Detailfrage noch offen bleiben mußte oder zum Teil nur Variantendeutungen gebracht werden konnten. Aus diesem Grunde werden hier keine neuen palynostratigraphischen Begriffe gebildet; dies ist Aufgabe künftiger Untersuchungsetappen.

Bei den regionalen Auswertungen ist versucht worden, auf vorhandene und mögliche Quervergleiche und Verknüpfungen mit anderen Methoden einzugehen und diese komplex und kritisch zu diskutieren. Das gilt insbesondere für die Daten der Vertebraten-Stratigraphie; magnetostratigraphische und absolute Daten werden entsprechend beachtet und bewertet. Letztere erwiesen sich in einer Mehrzahl von Fällen als generell zu hoch. Bei vulkanischen Gesteinen wird vielleicht dabei mehr die Entstehungszeit der entsprechenden Minerale im Magma, die Auskristallisationsphase, als weniger das Auswurfsdatum, erfaßt. Vielleicht liegen aber auch noch nicht erkannte, methodische Auswertungs- oder Berechnungsfehler den zum Teil generell zu hohen Werten zugrunde.

Ausgehend von den bisher bekannt gewordenen paläontologischen Ergebnissen im Typusgebiet Süditaliens, wo gute Verknüpfungsmöglichkeiten der palynologischen Klimastratigraphie im marinen Profil vorliegen, werden für Norditalien (im Piazentingebiet) die klimastratigraphischen Verhältnisse im Plio/Pleistozän besprochen, ein Grenzbereich, der ebenfalls gut marin datiert ist. Die marine Plio/Pleistozän-Grenze liegt dabei etwas tiefer als ein markanter klimastratigraphischer Abfall von einer wärmeren zu einer kühleren Phase, der in der italienischen Literatur als „Limit Tiberiano" bezeichnet worden ist. Der Typus dieses „Limit Tiberiano" liegt allerdings im limnisch-palustrischen Tiberbecken von Pietrafitta bei Perugio in Mittelitalien. Es ist nun auf Grund unterschiedlicher Exotenbeteiligungen noch nicht völlig sicher, ob beide Klimaabfälle miteinander wirklich zeitlich identisch sind (im Pietrafitta-Becken könnte durchaus ein älterer Klimazyklus vorliegen!). Nach oben zu sind die norditalienischen Grenzprofile mit einiger Sicherheit an das schon klassische Leffe-Profil (10 bis 11 Klimazyklen im Altpleistozän in Superposition) anschließbar, während nach unten zu das Oberpliozän nur quasi angekratzt ist. In Italien ist noch kein durchgängiges Pliozänprofil systematisch palynologisch untersucht worden, obwohl von den Profilen her, die zum Teil bis zu mehreren 100 m mächtig sind, palynologische Untersuchungen durchaus erfolgversprechend wären.

Im nordwestlichen Mittelmeerraum wird das Pliozänprofil der Tiefseebohrung Autan 1 (im Golf von Lyon) klimastratigraphisch auf Grund der Arbeitsdaten von SUC näher erörtert. Dabei ist festzustellen, daß dieses Profil wesentlich eingehender gliederbar ist, als bisher an- und vorgenommen. Den drei bis vier Palynozonen wird eine Klimagliederung gegenübergestellt, die etwa 14 klimafloristische Abschnitte in Superposition umfaßt, womit zugleich Wesentliches zum oberpliozänen Klimagang im Nordwestmediterran ausgesagt werden kann. Und dabei muß noch auf wichtige Schichtlücken in diesem gut in die marine Stratigraphie eingeklinkten Profil hingewiesen werden.

Bei der Verknüpfung der palynostratigraphischen Ergebnisse im Perpignan-Becken (Roussillon) mit küstennahen Ablagerungen der Pichegu-Formation und dem Vergleich mit dem hochmarinen Profil der Bohrung Autan 1 wird voll den von SUC sowie SUC und ZAGWIJN vorgelegten Ergebnissen und Argumentationen gefolgt, die diesen Komplex in einen tiefen Teil des Oberpliozäns stellen (*Globorotalia-crassaformis*-Zone). Damit liegen zugleich sehr wichtige neue Daten für die Verknüpfung mit der Vertebraten-Stratigraphie vor. Die MEIN-Zone 14 (non Ruscinium!) reicht danach bis in das tiefe Oberpliozän hinauf und die MEIN-Zone 15 (Typuslokalität Serrat d'Vacquer = namengebende Lokalität für Ruscinium = Csarnótien) umfaßt einen nur kurzen Abschnitt intra-tieferes Oberpliozän (im Bereich der Events Kaena bis Mammoth).

Eine Klimagliederung des Unterpliozäns ist nach französischen Literaturnotizen derzeit, wenn auch bisher unvollständig und insbesondere inhaltlich noch sehr verbesserungsbedürftig, vor allem im unteren und mittleren Rhônetal und seiner Nebentäler faßbar. Aus den zahlreichen, meist kurzen Aufschlußstücken und einiger Bohrprofile läßt sich bereits eine gewisse Grobgliederung des unteren Pliozäns erkennen, die mehrere kleine Klimaschwankungen im tieferen Abschnitt und ein größeres Maximum (Warmphase) im höheren Teil umfaßt. Vertebratenstratigraphisch gehört der tiefste Teil, das sogenannte Infrapliozän, sicher noch dem oberen Turolien (MEIN-Zone 13) an, der längste Abschnitt des Unterpliozäns ist jedoch der MEIN-Zone 14 zugehörig (vor allem die Faunen der Fundpunkte Hauterive, Hautemagne und Celluneuve).

Ergänzt wird die Klimagliederung des Unterpliozäns und tiefen Oberpliozäns durch die aus der Bresse vorliegenden palynologischen Aufschluß- und Bohrprobenbearbeitungen (hauptsächlich des Profils der Bohrung Sebo 1). Dabei ist zu beachten, daß die bis vor kurzer Zeit als Pliozän angesehenen Mergel von Mollon und anderer stratigraphischer Einheiten nach den in ihnen bzw. in ihrem Verband gefundenen Vertebratenresten bereits obermiozänen Alters sind [= untere und (?) mittlere Paludinenschichten der älteren Literatur]. Die jüngsten, schon untervillafrankischen Ablagerungen der Bresse umschließen mindestens zwei kurze Klimaphasen, die im Bereich der Vertebratenzone 16 stehen. Von diesem Niveau aus reicht die genannte Bohrung Sebo 1, obwohl mit Schichtlücken, nach unten bis in das Unterpliozän und korrespondiert klimastratigraphisch zum Teil mit Aufschlußprofilstükken im unteren Rhônetal.

Der Anschluß von der Bresse zu den Fundpunkten und Ergebnissen im französischen Zentralmassiv wird vor allem durch die Bohrung Seneze hergestellt, obwohl gerade hier nach unten zu die exakte Verknüpfung der Klimazyklen noch etwas unsicher ist.

Mit dem Florenniveau von Ceyssac/Vialette ist ein relatives Minimum erfaßt (MEIN-Zone 16u). Im Niveau Perrier/Etouaires liegt dann ein wieder wärmerer, jüngerer Abschnitt einer der folgenden Klimazyklen vor. Vergleichend dazu wird das Villa-Roya-Profil in Spanien kritisch besprochen und klimastratigraphisch eingeklinkt.

Für das „jüngere Villafranchium" des Zentralmassivs (Niveau von Roche Lambert bis Seneze, MEIN-Zone 17u bis o, 18u; 2,0— ~1,6 my) wird die unterschiedliche, klimatisch-zyklische Entwicklung dieses Zeitabschnitts herausgestellt, die mehr oder weniger synchron mit der Klimaentwicklung in vielen anderen Gebieten abläuft. Im Seneze-Vertebraten-Niveau ist dann der Übergangsbereich zum tiefsten Quartär, das heißt das Altbiharium (MEIN-Zone 18), erreicht.

Bei den floristischen und klimatischen Analysen wird wiederholt darauf hingewiesen, daß in den verschiedenen regionalen Gebieten ein annähernd gleicher, das heißt zeitlich vergleichbarer, klimatischer Ablauf vorliegt, wobei aber der floristische Inhalt, abhängig von der lokalen Ausbildung und der regionalen Lage der Fundpunkte, im Formenbestand in gleichen Zeiten recht unterschiedlich sein kann. Nicht gleichartig zusammengesetzte Floren, sondern gleichartige Klimatrends liegen bei regionalen Vergleichen also letztlich der palynologisch (und auch der paläobotanisch) begründeten Klimastratigraphie zugrunde. So wie die „kühleren Elemente" nach Süden zu jeweils relativ später einsetzen, beziehungsweise dann dort erst später größere Bedeutung gewinnen (gleiches gilt für die tierischen marinen „nordischen Gäste" im mediterranen Raum, im Vergleich zum Beispiel zur Nordsee), reichen im Süden bestimmte Exotengruppen viel weiter höher in den Profilen hinauf, als im Norden. Eine durch den Rückgang des „TTC-Komplexes" bestimmte Grenze im Mittelmeerraum ist beziehungsweise muß nicht zeitidentisch mit ähnlichen Rückgangsphänomenen der gleichen Formengruppe im nordwesteuropäischen Raum sein. Hier können die wärmeliebenden Formen durchweg früher zurückgehen. Das alles vollzieht sich auch in zeitlicher Sicht nicht ein-, sondern mehrphasig. Der floristische Übergang vom Pliozän zum Pleistozän ist kein kontinuierlicher, einfacher Abkühlungsablauf von warmem über gemäßigtes zu kühlerem Klima, sondern ein vielphasiger, rhythmisch/zyklisch verlaufender, langer Prozeß, der durch das gesamte Pliozän hindurch vorbereitet wird und allmählich und regional unterschiedlich gewisse klimatische Schwellenwerte überschreitet beziehungsweise unterschreitet, die zum sukzessiven Aussterben von immer mehr Exotenformen und zur allmählich immer stärkeren floristisch-soziologischen Verarmung der Floren führt. Solche verarmten Floren sind dann für die reinen Quartärverhältnisse typisch. Umgekehrt nehmen die „boreal-quartären Kühlelemente" in gleicher rhythmischer Vielfalt von Minimumphase zu Minimumphase allmählich zu, natürlich in Abhängigkeit von Dauer und Intensität derselben.

Diese vielfältig wechselnden Verhältnisse sind insbesondere für die „klassische palynologische Gliederung" in den Niederlanden zu beachten. Sie ist nach der vorliegenden kritischen Analyse in der alten „einfachen Form" so nicht mehr aufrecht zu halten. Sie war weder die Zeit voll erfassend und belegend (zum Beispiel Brunssum für Unterpliozän), noch genügend inhaltlich differenziert, sondern umfaßte nur gewisse Durchschnittswerte (nicht zuletzt, weil sie vorwiegend nur auf der „quantitativen Analyse der Massenformen" beruhte). Sie ist vor allem mit den Namen „Brunssum", „Reuver", „Prätiglien" und „Tiglien" umschrieben worden. Insbesondere auf die mit dem Prätiglienbegriff verbundene Problematik, worauf vor 10 Jahren MENKE bereits kritisch hingewiesen hat, muß dabei geachtet werden, zumal sich die Stellung des Prätiglien im Profil als sehr problematisch herausgestellt hat. Ähnliches gilt für den Begriff der Reuverflora: Reuverartige Floren gibt es mehrfach im Verlauf des Pliozän, desgleichen weniger warme Minimumfloren (die mit „Prätiglien" vergleichbar sind). Auch das Tiglien s. l., das heißt im Sinne von „Tiglien A bis C", ist eine sehr heterogene Angelegenheit und in diesem weiten Umfange nicht mehr anwendbar. Tiglien ist wieder voll auf das Tegelen s. str. zu beschränken, wenn es weiter als vergleichbarer Florenhorizont benutzt werden soll und auch dann ist es noch in sich heterogen. Das „Tiglium A" im Sinne von Meinweg- und (oder) Belfeldtonen hat weder zeitlich noch inhaltlich etwas mit dem Tegelen s. str. zu tun. Wahrscheinlich ist sogar gerade zwischen beiden Komplexen eine längere Kaltphase anzusetzen. Überhaupt muß den einzelnen Niveaus und ihren floristischen Inhalten wieder mehr Gewicht beigelegt werden. Auch hier gilt der Grundsatz: erst auf der Basis einer sorgfältig erarbeiteten qualitativen Auswertung läßt sich später eine teil- oder vollquantitative Analyse aufbauen. Letztere ersetzt die Erstere nicht!

Für die im Vergleich mit den Niederlanden wesentlich detaillierter untersuchten und viel mächtigeren schleswig-holsteinischen Pliozänprofile gilt es, die Frage des Alters der Lieth-Serie neu zu überdenken, weil die vorliegende Profildeutung, vor allem im sogenannten pliozänen Anteil (zum Beispiel Bohrung Oldenswort 9) zu stark von den bisherigen niederländischen Vorstellungen ausgegangen ist, die selbst stark revisionsbedürftig sind. Wahrscheinlich liegt die Plio/Pleistozän-Grenze noch höher im Profil als der bisher mit der Tegelen/Eburon-Grenze der Niederlande verglichene Ellerhop/Lieth-Sand-Übergangsbereich. Auf alle Fälle liegt sie höher als bei MENKE (1975) angesetzt. Ebenso scheint die Untergrenze des Pliozäns (im Sinne von 5,4 my) gegenwärtig in Schleswig-Holstein noch völlig offen zu sein. Sie könnte sogar schon unter dem im unteren Teil mehrere kleine Klimaschwankungen aufweisenden „Oldensworter Brunssum" zu liegen kommen und ist sicher nicht erst unter dem Bredstedt zu suchen. Wo sie im Nordseebecken tatsächlich liegt, ist jedenfalls bisher wenig exakt bekannt (und wohl auf Mollusken- und Foraminiferen-Basis schwer zu ermitteln beziehungsweise zu entscheiden).

Eine ähnliche, wenn auch nicht in so vollständigen Profilen wie in Schleswig-Holstein vorliegende Entwicklung des Pliozäns ist palynologisch in Nordwestmecklenburg untersucht und erfaßt. Hier liegt die Untergrenze des Pliozäns zwischen den Lübtheener Schichten (Bergton-Diatomeenerde-Serie) im Liegenden und den unteren Gößlower Schichten im Hangenden, während in den höheren Teil des Pliozäns die Floren aus den Trebser und den Loosener Kiesen zu stellen sind. Echte altquartäre Ablagerungen sind allerdings dann, im Gegensatz zu Schleswig-Holstein, darüber bisher nicht bekannt beziehungsweise palynologisch zu belegen.

In der Umrandung des Harzes sind mehrere, zum Teil sehr artenreiche, bisweilen schon klassische, pliozäne Mikro- und

Makrofloren vorhanden. Sie sind untereinander nicht gleichartig zusammengesetzt und gehören zu sechs verschiedenen oberpliozänen Abschnitten; zum Teil sind sie durch Säugetierreste als „Oberpliozän“ datiert (Willershausen). In Görsbach ist die dortige pliozäne Warmphase (Maximumflora) unten und oben von zwei gemäßigten pliozänen Minimumfloren eingerahmt und aus den Muscheltonen von Artern/Voigtstedt liegt inzwischen eine sehr artenreiche, tiefoberpliozäne Minimumflora vor [= bisherige Artern-Warmzeit nach ERD). Die Muschelton-Ablagerungen folgen diskordant unter den cromerzeitlichen Schichten, die u. a. die bekannte Fauna von Voigtstedt enthalten. Die wesentlich älteren Muscheltone führen mit *Fagotia (Melanopsis) acicularis* die letzten derartigen Fossilien nördlich der Alpen (weitere Fundpunkte mit *Fagotia (M.) acicularis*, ebenfalls im Unstrutraum gelegen, sind bisher nach geologisch-lithologischen Kriterien unterschiedlich alt als „Cromer“, „Waal“ oder „Tegelen“ eingestuft worden; diese Fossilien könnten sich teilweise als aufgearbeitete Formen auf sekundärer Lagerstätte befinden, zum Beispiel Hoppberg bei Roßleben).

Ergänzt werden die Pliozänfloren aus der Umrandung des Harzes von nördlich und südlich des Thüringer Waldes auftretenden, ebenfalls lokalen Pliozänvorkommen, von denen einige auch durch Säugetierreste mit der Vertebratenskala verknüpft werden können (siehe Rippersroda, Kaltensundheim, Sülzfeld). Wie vorige gehören die südthüringer Pliozänfloren verschiedenen, vor allem oberpliozänen Niveaus an. Ihrem klimatischen Charakter und ihrer Zusammensetzung nach sind sie recht unterschiedlich. Die wohl „kühlste“ Flora ist die von Kaltensundheim, die in das Basis-Villafranchium-Minimum (Vialette/Ceyssac-Niveau = MEIN-Zone 16u) gestellt werden muß. In diesem Niveau ist noch ein häufiges Vorkommen von *Zygolophodon borsoni* in Mitteleuropa anzunehmen, während die Form in Südeuropa dann im Etouaires/Montipoli-Niveau, das heißt in der MEIN-Zone 16o, selten wird und wahrscheinlich in Mitteleuropa, wenn überhaupt noch vorkommend, bereits nicht mehr häufig sein dürfte (lediglich in Südosteuropa reicht sie vereinzelt noch höher hinauf). Warm-(Maximum-)floren sind dagegen die von Gerstungen, Kranichfeld und Oberzella, wobei als jüngste dieser Gruppe die von Rippersroda zu nennen ist, die sicherlich „Post-Reuver s. str.“ eingeordnet werden muß, während die drei anderen dem Reuver (s. str.)-Maximum beziehungsweise tieferen Maxima des Oberpliozäns angehören und Gerstungen nach den Makroresten vielleicht sogar schon im Unterpliozän steht (MAI und WALTHER).

Es folgen kritische Betrachtungen zu einigen wichtigen Pliozänvorkommen im südlichen Niedersachsen (Vorkommen Wallensen/Hils, Allershausen), in Nordhessen (Buchenau, Hünfeld), der Wetterau und dem Rhein-Main-Gebiet sowie dem nördlichen Elsaß (Sessenheim). Die klimastratigraphische Stellung dieser Ablagerungen und ihre mögliche Einstufung in die nunmehrige differenziertere Abfolge wird diskutiert, wobei sich zahlreiche Veränderungen gegenüber bisherigen Auffassungen abzeichnen. Allerdings muß hier wiederum vermerkt werden, daß etliche der Einzelfloren noch nicht genügend qualitativ durchgearbeitet sind, das heißt, daß speziell über ihren Exotenstatus bisher keine exakteren Angaben vorliegen. Von Bedeutung ist aber, daß mehrere der Pliozänvorkommen der hessisch-oberrheinischen Senkungszone nicht nur jeweils ein Florenniveau umfassen, sondern zum Teil mehrere, ja bis zu sechs klimatisch differenzierte Floren in Superposition zeigen und dadurch auch in diesem Raum den Wechsel von kühleren und wärmeren Abschnitten (Minima und Maxima) im Pliozän deutlich erkennen lassen. Dies ist allerdings bereits seit über 30 Jahren bekannt, doch diese pliozänen klimatischen Wechsel waren in der Literatur nie recht ernst genommen worden. Aus diesem Raum liegen wiederum wichtige säugetierpaläontologische Verknüpfungspunkte vor (Wetterau, nördliches Elsaß).

Abschließend werden noch einige Hinweise und Ergebnisse zusammenfassend hervorgehoben, die sich aus den im wesentlichen palynologischen und klimastratigraphischen Analysen für die Vertebratenpaläontologie und ihre Gliederung im allgemeinen und den zyklischen Ablauf des Klimas vor allem im Oberpliozän im besonderen ergeben. Dabei geht es um die Frage der paläontologischen Erfassung der Zeit als eines mit entsprechenden Daten gefüllten „Kontinuums“, in welches Einzelhorizonte entsprechend hineinprojiziert werden können, ohne daß sie damit die Zeit selbst voll ausfüllen. Und dieses sollte stets in der Methodik der Darstellung zum Beispiel auf Tabellen zum Ausdruck kommen.

Das Bild, welches das Pliozän nunmehr bietet, ist gekennzeichnet durch ständige klimatische Wechsel mit größerer oder kleinerer (klimatischer) und mit kürzerer oder etwas längerer (Zeit-)Amplitude, so daß nicht erst mit dem Quartär ständige Verschiebungen in der Verbreitung von Floren und Faunen vor sich gegangen sind, sondern bereits Millionen Jahre vorher. Nur sind die präquartären Schwankungen in Mittel-, West- und Südeuropa klimatisch nicht zwischen gemäßigt und arktisch (nichtvereist und vereist), wie dann im Quartär verlaufen, sondern haben sich zwischen subtropisch-warmgemäßigt und kühlgemäßigt bis ?boreal abgespielt, wobei sich durch zeitlich und regional unterschiedliche Niederschlagshöhen und Jahresverteilungswerte derselben das Bild stark differenziert, was in floristischem Sinne eine große Vielfalt hervorgerufen hat. Von einer „Pliozän-Flora“ im allgemeinen zu sprechen, ist daher kaum noch möglich. Man muß immer die konkrete, zeitlich und räumlich begrenzte, lokale Pliozänflora im Auge behalten, wenn es um floristische Vergleiche oder stratigraphische Auswertungen geht.

Zusammenfassung

Nach grundsätzlichen Bemerkungen zur Plio/Pleistozän-Grenze werden sämtliche stratigraphischen Begriffe konsequent im Sinne der nunmehr gültigen Konvention über Anfang (5,4 my), Ende (1,6—1,7 my) und Untergliederung des Pliozäns angewendet. Alle Konnektierungen werden in dem im Titel genannten Gebiet von der Typusregion (Calabrien, Vrica-Sektion) ausgehend schrittweise vorgenommen. Dabei wird besonderer Wert auf die palynologisch-floristischen Klimagliederung gelegt und wo irgend möglich die Verbindung zu den marinen Gliederungen und zur Vertebraten-Stratigraphie herausgestellt. Da jedoch die palynologischen Untersuchungen einen sehr unterschiedlichen Stand der Bearbeitung besitzen, mußten zu zahlreichen Grundfragen der präquartären Auswertung methodologische und kritische Bemerkungen vorangestellt werden. Sie gipfeln in der Forderung, daß in Zukunft vor allem qualitative Bearbeitungen zur genaueren Erfassung des Formenbestandes erforderlich sind, ehe detaillierte quantitative Pollendiagramme, die mit großem Zeitaufwand erstellt werden müssen,

In einzelnen Kapiteln werden die wichtigsten palynologisch bearbeiteten marinen und kontinentalen italienischen, nordwestmediterranen sowie französischen Profile und Vorkommen kritisch abgehandelt, bevor zur „niederländischen Standardgliederung“ Stellung genommen wird. Letztere kann nicht mehr als Leitgliederung benutzt werden: Ihre Teilabschnitte sind unter sich nicht genügend abgegrenzt (Umfang, Inhalt), ihre Lage zueinander ist zum Teil sehr problematisch (Teilprofile in einzelnen Schollen) und sie bildet auch nicht die Bewertungsbasis für Grenze Pliozän/Pleistozän (als die sie einige Jahrzehnte galt), denn sie ist nicht das Typusgebiet! Anschließend folgen noch kritische Anmerkungen und Hinweise zu wichtigen Pliozän/Altpleistozän-Profilen und Vorkommen in Schleswig-Holstein/BRD, Westmecklenburg/DDR, dem Harzgebiet, Südthüringens/DDR und der hessisch-oberrheinischen Senke (südliches Niedersachsen/BRD bis nördliches Elsaß/Frankreich). Die sich für den allgemeinen und speziellen Klimaablauf sowie die Vertebraten-Stratigraphie ergebenden Folgerungen werden zum Abschluß zusammenfassend dargestellt.

Summary

After principle remarks on the Plio-Pleistocene boundary, all stratigraphical units are used according to the new convention on the beginning (5.4 m.y.), end (1.6—1.7 m.y.) and the subdivisions of the Pliocene. All correlations within each area are made step by step, beginning always in the type region (Calabria, Vrica section). Particular emphasis is drawn on the palynological-floristical climate system, and, if there is any possibility, these sequences are correlated with the marine deposits as well as with the vertebrate stratigraphy.

Because of a highly different state of palynological research, methodological and critical remarks on numerous problems of Pre-Quaternary interpretations have been necessary to discuss ahead. This discussion leads to the conclusion that in future a detailed qualitative research is to demand prior to the disposition and interpretation of quantitative pollen diagrams which are always connected with a high expense of time.

In seperate chapters the most important palynological worked marine and terrestrial sites and sequences of Italy, of the northwest Mediterranean, and of France are critical reviewed, prior to the critical discussion on the "Dutch Standard Series" which is not possible to be recognized any more as a key sequence: The different parts of the sequence are not sufficiently demarcated between each other (extent, contents), their position to each other is p.p. very problematical (isolated parts of the sequence in individual clods), and the area is not the type region of the Plio-Pleistocene boundary as it was suggested for several decades.

Finally critical remarks and references on important Pliocene/Lower Pleistocene sites of Schleswig-Holstein, Westmecklenburg, the area of the Harz mountains, southern Thuringia, and the Hessian-Upper Rhine depression (southern Lower Saxonia as far as to the northern Elsass) are given. The conclusions on the general and on the detailled climatical sequence as well as on the vertebrate stratigraphy have been summarized at the end of the paper.

Резюме

После дискуссии о положении плио-плейстоценовой границы различные стратиграфические концепции применяются в соответствии с принятым соглашением о начале (5,4 млн. л.), конце (1,6—1,7 млн. л.) и подразделении плиоцена. Корреляции для регионов, описанных в каждой главе, всегда прослеживаются шаг за шагом от типового региона (Италия, Калабрия, разрез Врика). Особенное значение придается последовательности климатических событий, восстановленной на основе палинолого-флористического анализа. Везде, где это возможно, корреляция распространяется на разрезы морских отложений и согласована со стратиграфией по остаткам позвоночных.

Однако, поскольку палинологические исследования составляют весьма важный этап в этой работе, необходима постановка многих фундаментальных вопросов, касающихся оценки дочетвертичной палинологии. Вытекающие из этого выводы показывают, что для обеспечения более точной и соответствующей истине картины в будущем следует отдавать предпочтение скорее качественным палинологическим исследованиям, нежели количественным пыльцевым диаграммам, построение которых требует весьма большого времени.

Отдельные главы посвящены критическому обсуждению наиболее важных морских и континентальных разрезов и местонахождений, которые были изучены палинологически в Италии, северо-западном Средиземноморье и Франции до оценки „стандартной шкалы" Нидерландов. Эта шкала больше не может рассматриваться как опорная последовательность. Отдельные составляющие части этой последовательности недостаточно разграничены друг от друга, их обьем и содержание недостаточно точно определены. В какой-то мере взаимоотношения этих частей между собой весьма проблематичны — отдельные фрагменты последовательности представлены в разных стратиграфических подразделениях. Эта шкала не дает оснований для оценки положения плио-плейстоценовой границы (хотя это и принималось на протяжении нескольких десятилетий). В самом деле, она и не может давать такую основу, поскольку не находится в стратотипической области!

Далее следует критическое обсуждение и обзоры, касающиеся важных плиоцен-раннеплейстоценовых разрезов и местонахождений в Шлезвиг-Гольштейне, Западном Мекленбурге, области Гарца, Южной Тюрингии и Гессе-Верхнерейнского бассейна (от юга Нижней Саксонии до северного Эльзаса). В заключение представлена краткая сводка выводов, касающихся как общей картины развития климата, так и ее деталей, а также стратиграфии по данным фауны позвоночных.

Literatur

AHRENS, H.; BÜLOW, W. v.; CEPEK, A. G.; ERD, K.; JÄHNICHEN, H.; KRUTZSCH, W.; LOTSCH, D.; MAI, D. H.; STEINMÜLLER, A., 1968: Zur Plio-/Pleistozängrenze in der Deutschen Demokratischen Republik. — In: Internat. Geol. Congr., Rep. 23rd. Sess., Proc. Sect. 10. — Prague, 1968. — S. 65—77

ALTEHENGER, A., 1958: Klimaschwankungen im Pliozän von Wallensen (Hils). — In: Eiszeitalter u. Gegenwart. — Öhringen **9** (1958). — S. 104—109

—, 1959: Floristisch belegte Klimaschwankungen im mitteleuropäischen Pliozän der Reuver-Stufe. — In: Palaeontographica, B. — Stuttgart **106** (1959) 1—3. — S. 11—70: 5 Taf., 5 Fig.

AZZAROLI, A., 1967: Villafranchian correlations based on large Mammals. — In: Comm. Mediterr. Neog. Stratigr., Proc. 4. Sess. Bologna. — In: G. Geol. — Bologna **35** (1967). — S. 1—21

—, 1977: The Villafranchian Stages in Italy and the Plio-Pleistcene Boundary. — In: Neogene/Quatern. Boundary, Proc. 2nd Symp., Bologna 1975. — In: G. Geol. (2). — Bologna **41** (1977). — S. 61—79

BAAS, J., 1932: Eine frühdiluviale Flora im Mainzer Becken. — In: Z. Bot. — Jena **25** (1932) 6/7. — S. 289—371

BALLESIO, R.; MEON-VILAIN, H., 1965: Quelques observations sur le Pliocène de la Region de Roussillon (Isére). — In: Not. Mem., Doc. Géol. Fac. Sci. Lyon. — Lyon **9** (1965). — S. 13—17: 1 Fig.

BALLESIO, R.; MEON, H., 1978: Le Néogène superior du bassin de Valréas: Étude stratigraphique et palynologique des formations de la basse Vallée de l'Eygues (Drôme, Vaucluse). — In: Doc. Lab. Géol. Fac. Sci. Lyon. — Lyon 72 (1978). — S. 49—69: 7 Fig., 5 Tab.

BALLESIO, R.; MEON, H.; SAMUEL, E., 1979: Un gisement a plantes des formations pliocénes des environs de Rasteau prés Vaison-la Romaine (Vaucluse): Stratigraphie, Faune, étude des macrorester végétaux, Palynologie. — In: Geobios. — Lyon **12** (1979). — S. 235—265: 24 Fig., 3 Tab., 2 Taf.

BENDA, L.; LÜTTIG, G., 1968: Das Pliozän von Allershausen (Solling, Niedersachsen). — In: Palaeontographica, B. — Stuttgart **123** (1968). — S. 221—236: 2 Taf., 3 Abb.

BERGGREN, W. A.; VAN COUVERING, A. I., 1974: The Late Neogene: Biostratigraphy, geochronology and palaeoclimatology of the last 15 million years in marine and continental Sequences. — In: Palaeogeogr., Palaeoclimatol. & Palaeoecol. — Amsterdam **16** (1974). — S. 1—216

BERTOLANI-MARCHETTI, D., 1975: Preliminary palynological data on the proposed Plio-Pleistocene boundary type-section of the Castella. — In: L'Ateneo Parmense, Acta nat. — Parma **11** (1975) 3. — S. 467—485

BERTOLANI-MARCHETTI, D.; ACCORSI, C. A.; BANDINI-MAZZANTI, M., 1977: Primi dati palinologici Sulla Serie marine plio-pleistocenica di Vrica presso Crotone (Calabria). — In: Inform. Bot. Ital. — Firenze **9** (1977) 3

BERTOLANI-MARCHETTI, D.; ACCORSI, C. A.; PELOSIO, G.; RAFFI, S., 1979: Palynology and Stratigraphy of the Plio-Pleistocene Sequence of the Stirone River (Northern Italy). — In: Pollen et Spores. — Paris **21** (1979) 1—2. — S. 149—167

BERTOLDI, R., 1977: Studio palinologico della Serie di Le Castella (Calabria). — Atti Accad. Naz. Lincei, VIII. — Roma **62** (1977). — S. 547—555

BOENIGK, W., 1981: Die Gliederung der tertiären Braunkohlendeckschichten in der Ville (Niederrheinische Bucht). — In: Fortschr. Geol. Rheinld. u. Westf. — Krefeld **29** (1981). — S. 193—263: 10 Abb., 8 Tab., 3 Taf.

BOENIGK, W.; KOČI, A.; BRUNNACKER, K., 1979: Magnetostratigraphie im Pliozän der Niederrheinischen Bucht. — In: N. Jahrb. Geol. u. Paläont. Monatsh. — Stuttgart (1979) 9. — S. 513—528: 2 Abb.

BOENIGK, W.; KOWALCZYK, G.; BRUNNACKER, K., 1972: Zur Geologie des Ältestpleistozäns der niederrheinischen Bucht. — In: Z. dt. geol. Gesellsch. — Hannover **123** (1972). — S. 119—161: 12 Abb., 4 Tab.

BOENIGK, W.; VON DER BRELIE, G.; BRUNNACKER, K.; KOČI, A.; SCHLIKUM, W.; STRAUCH, F., 1974: Zur Pliozän-Pleistozän-Grenze im Bereich der Ville (Niederrheinische Bucht). — In: Newsletters Stratigr. — Leiden **3** (1979) 4. — S. 219—241: 7 Abb.

BOENICK, W.; VON DER BRELIE, G.; BRUNNACKER, K.; KEMPF, E. K.; KOČI, A.; SCHIRMER, W.; STADLER, G.; STREIT, R.; TOBIEN, H., 1977: Jungtertiär und Quartär im Horloff-Graben Vogelsberg. — In: Geol. Abh. Hessen. — Wiesbaden 75 (1977). — 80 S.: 17 Abb., 6 Tab., 8 Taf.

BOUT, P., 1968: La Limite Pliocene-Quarternaire en Europe occidentale. — In: Bull. Assoc. Franç. Łt. Quat. — Paris **1** (1968). — S. 75—88

BOUT, P.; MARTY, 1936: Flore astienne de Perrier (Puy-de-Dôme). — In: Ann. Mus. Hist. natur. Marseille. — Marseille **28** (1936) (Mem. I). — S. 5—39: 4 Fig., 3 Taf.

BRUNNACKER, K.; BOENIGK, W., 1976: Über den Stand der paläomagnetischen Untersuchungen im Pliozän der Bundesrepublik Deutschland. — In: Eiszeitalter u. Gegenwart. — Öhringen **28** (1976). — S. 1—17

BUCHA, V.; HORAČEK, J.; KOČI, A.; ŠIBRAVA, V.; LOŽEK, V., 1975: Paleomagnetic correlations of Pleistocene Sediments of Central Europe. — In: IUGS — UNESCO, Internat. Geol. Corr. Progr., Proj. 73/1/24, Quaternary Glaciations in the Northern Hemisphere, Rep. No. 2. — Salzburg, 1974. — S. 9—36

BÜLOW, W. v., 1963: Präpleistozäne Kiese im Kreis Ludwigslust (SW-Mecklenburg). — Beitr. zur Quartärgeologie Mecklenburgs. — Berlin, 1963

—, 1964: Der Tropfenboden von Rüterberg (SW-Mecklenburg). — In: Geologie. — Berlin **13** (1964) 3. — S. 361—363: 2 Abb.

CAMPY, M.; GUERIN, C.; MEON-VILAIN, H.; TRUC, G., 1973: Présence d'une association de grand mamifères, de mollusques continent aux et d'une microflore d'âge villafranchien inférieur la region de Desnes, Vincent, Bletterans (bordure orientale de la Bresse, départment du Jura, France). — In: Ann. Sci. Univ. Besançon, Geol., 3. Sér. — Besançon **18** (1973). — S. 73—85: 2 Textf., 2 Taf., 7 Tab.

CARATINI, C.; VAN CAMPO, M.; SIWAK, J., 1972: Pollen de *Cathaya* (Abietaceae) au Tertiaire en France. — In: Pollen et Spores. — Paris **14** (1972) 2. — S. 169—172: 1 Taf.

CHANDA, S., 1962: Untersuchungen zur pliozänen und pleistozänen Floren- und Vegetationsgeschichte im Leinetal und im südlichen Harzvorland. — In: Geol. Jahrb. — Hannover **79** (1962). — S. 783—844: 5 Abb., 4 Tab., 5 Taf.

CHENE, R. J. DU, 1974: Étude palynologique de Néogène et du Pléistocène inférieur de Bresse (France). — Geneve Univ., Fac. Sci., Dep. Géol. et Paléont. — These Nr. 1644

CITA, M. B., 1973: Pliocene Biostratigraphy and Chrono-Stratigraphy. — In: Initial Rep. Deep Sea Drilling Proj., Governm. Print. Off. — Washington **13** (1973) 2. — S. 1343—1379

COLALONGO, M. L.; PASINI, G.; PELESIO, G.; RAFFI, S.; RIO, D.; SARTONI, S.; SELLI, R.; SPROVIERI, R., 1982: The Néogène-Quaternary boundary definition: A review and proposal. — Geogr. Fis. Dinam. Quatern. — Turino **5** (1982). — S. 59—63: 3 Fig.

CRAVATTE, J.; DUFAURE, P.; PRIM, M.; ROUIX, S., 1974: Les forages du golfe du Lion. — Stratigraphie sedimentologique. — In: Notes et Mem. Comp. franç. Pètroles. — Paris **11**. — S. 209 to 274: 13 Fig., 2 Abb., 19 Taf.

CRAVATTE, J.; SUC, J. P., 1981: Climatic evolution of northwestern mediterranean area during the Pliocene and early Pleistocene by Pollen-analysis and forams of drill Autan 1. Chronostratigraphic correlations. — In: Pollen et Spores. — Paris **23** (1981) 2. — S. 247—258: 4 Fig., 2 Taf., 1 Tab.

DEPAPE, G., 1928: Le monde des plantes à l'apparition de l'homme en Europe occidentale. — In: Ann. Soc. Sci., sér. B. — Bruxelles **48** (1928). — S. 45—102

DIETRICH, W. O., 1953: Neue Funde des etruskischen Nashorns in Deutschland und die Frage der Villafranchium-Faunen. — In: Geologie. — Berlin **2** (1953) 6. — S. 417—430

DOPPERT, J. W. C., 1980: Lithostratigraphy and biostratigraphy of marine Neogene deposits in the Netherlands. — In: Medded. Rijks geol. Dienst. — Haarlem **32** (1980) 16. — S. 255—311

DUBOIS, E., 1905: Over en equivalent von het Cromer Forest Bed in Nederland. — In: Versl. kon. Akad. Wet., natuurkd. Afd. — Amsterdam **13** (1905). — S. 243—251; 453—454

DÜCKER, A.; MENKE, B., 1968: Das Altpleistozän von Lieth bei Elmshorn. — In: Geol. Jahrb. — Hannover **86** (1968). — S. 791 bis 796: 1 Tab.

DURAND, S.; REY, R., 1964: Le dépôt de la diatomite de Sainte-Reine (Cantal) députe an Pliocéne superieur et permet de déceler les traces du refroidissiment prétiglian. — In: C. R. Acad. Sci. — Paris **259** (1964) (Gr. 9). — S. 1978—1980

ELHAI, H., 1969: La flore sporo-pollinique du Gisement Villafranchien de Senéze (Massif Central, France). — In: Pollen et Spores. — Paris **11** (1969). — S. 127—139: 1 Fig., 1 Taf.

ELHAI, H.; GRANGEON, P., 1963: Nouvelles recherches sur le gisement Villafranchien de Senéze (Haute-Loire, France). — In: Bull. Soc. géol. France, 7. Ser. — Paris **5** (1963). — S. 483—488: 2 Taf., 2 Diagr.

ERD, K., 1965: Pollenanalytische Untersuchungen im Altpleistozän von Voigtstedt in Thüringen. — In: Paläont. Abh., A. — Berlin **2** (1965) 2/3. — S. 259—272: 2 Abb.

FEJFAR, O.; HEINRICH, W.-D., 1983: Arvicoliden-Sukzession und Biostratigraphie des Oberpliozäns und Quartärs in Europa. — In: Wirbeltierevolution und Faunenwandel im Känozoikum/ hrsg. von W.-D. HEINRICH. — Berlin, 1983. — S. 61—109: 2 Abb. — (Schriftenr. geol. Wiss.; 19/20)

FEJFAR, O.; HORAČEK, I., 1983: Zur Entwicklung der Kleinsäugerfaunen im Villanyium und Alt-Biharium auf dem Gebiet der ČSSR. — In: Wirbeltierevolution und Faunenwandel im Känozoikum/hrsg. von W.-D. HEINRICH. — Berlin, 1983. — S. 111 bis 207: 22 Abb., 5 Tab., 14 Taf. — (Schriftenr. geol. Wiss.; 19/20)

FLORSCHÜTZ, F.; VAN SOMEREN, A. M. H., 1948: Microbotanische verschillen tussen de Klei van Reuver en de Klei van Tegelen. — In: Geol. en Mijnbouw, N.S. — Den Haag **10** (1948). — S. 68

FLORSCHÜTZ, F.; VAN SOMEREN, A. M. H., 1950: The palaeobotanical Boundary Plio-Pleistocene in the Netherlands. — In: Internat. geol. Congr., Rep. 18th Sess. — London 9 (1950). — S. 40—46: 7 Fig.

FRANTZ, U., 1961: Untersuchungen zur Sporen- und Pollenflora des Pliozäns von Willershausen. — In: Monatsber. dt. Akad. Wiss. — Berlin **3** (1961) 7—8. — S. 426—236: 7 Taf., 1 Tab.

FRENZEL, B., 1968: Grundzüge der pleistozänen Vegetationsgeschichte Nord-Eurasiens. — Wiesbaden: Verl. F. Steiner, 1968. — XII, 326 S.: 67 Abb., 17 Taf. — (Erdwiss. Forsch.; I)

GEHL, O., 1958a: Stratigraphie und Lagerungsverhältnisse von Tertiär und Pleistozän in Aufschlüssen SW-Mecklenburgs (Mallіß, Rüterberg). — In: Exkusionsf. Frühjahrstagung Geol. Gesellsch. DDR. — Berlin, 1958

—, 1958b: Das Profil von Rüterberg, ein Beitrag zur Plio-Pleistozän-Grenze in Mecklenburg. — In: Ber. geol. Gesellsch. DDR. — Berlin **3** (1958) 2/3. — S. 156—157

GEISSERT, F., 1958: Les gisements de plantes fossiles des environments de Haguenau. — In: Bull. Soc. Bot. France. — Paris **105** (1958). — S. 185—195

—, 1979: Caractéristiques paléobotaniques du Pliocéne et du Quaternaire en Basse — Alsace. — In: Bull. Assoc. Franç. Ét. Quat. — Paris **11** (1979) 4. — S. 159—162: 2 Taf.

Geissert, F.; Gregor, J., 1981: Eine neue elsässische Pliozän-Flora, die „Saugbagger-Flora" der Kiesgrube von Sessenheim (Bas-Rhin). — In: Cour. Forsch.-Inst. Senckenberg. — Frankfurt (Main) **50** (1981). — S. 59—71: 3 Abb., 1 Tab.

Gibert, J.-P.; Prive-Gill, C.; Brousse, R., 1977: Données geochronologiques K — Ar sur quelques gisements à plantes du Massi volcanique Néogène du Cantal (Massif Central, France). — In: Rev. Palaeobot. et Palynol. — Amsterdam **14** (1977). — S. 101—118

Grangeon, P., 1951: Étude d'an nouveau gisement de plantes fossiles tertiaires et de quelques nouvelles espèces découvertes à Ceyssac. — In: Bull. Soc. géol. France, 6. Ser. — Paris **1** (1951). — T 1—3. — S. 75—86

Grebe, H., 1955: Die Mikro- und Megafloren der pliozänen Ton- und Tongyttjalinse in den Kieseloolithschichten vom Swistersberg/Weilerswist (Bl. Sechtem) und die Altersstellung der Ablagerungen im Tertiär der Niederrheinischen Bucht. — In: Geol. Jahrb. — Hannover **70** (1955). — S. 535—573: 3 Taf., 8 Abb., 4 Tab.

Guerin, C., 1980: Les *Rhinoceros* (Mammalia, Perissodactyla) du Miocène terminal au Pléistocène supérieur en Europe occidentale. Comparisation avec les especes actuelles. — In: Doc. Lab. Geol. Fac. Sci. Lyon. — Lyon 79 (1980). — T 1—3, S. 1—1185

Guth, Ch., 1982: Chillac in der Auvergne — eine wichtige Wirbeltierfundstätte des Villafranchiums in Mittelfrankreich. — In: Z. geol. Wiss. — Berlin **10** (1982) 7. — S. 913—921: 7 Abb.

Hacquaert, N., 1961: Palynologisch onderzoek van de cenozoische mariene zanden (Scaldisien en Merxemien) van het Hansadok te Antwerpen. — In: Natuurwit. Tijdschr. — Gent **42** (1960). — S. 65—112: 2 Fig., 9 Taf.

Haq, B.; Berggren, W. A.; van Couvering, J. A., 1977: Corrected age of the Pliocene/Pleistocene Boundary: end of a controversy? — In: INQUA-Congr. (X, 1977, Birmingham): Reprints. S. 1—26. — Birmingham, 1977

Heinrich, W.-D., 1982a: Zur Evolution and Biostratigraphie von Arvicola (Rodentia, Mammalia) im Pleistozän Europas. — In: Z. geol. Wiss. — Berlin **10** (1982) 6. — S. 683—735

—, 1982b: Eine altbiharische Kleinsäugerfauna aus Südthüringen. — In: Z. geol. Wiss. — Berlin **10** (1982) 7. — S. 923—928: 1 Abb., 2 Tab.

Heintz, E., 1968: Les cervidés villafranchiens de France et d'Espagne. — In: Mém Mus. Nat. Hist. Natur., N. S. — Paris **22** (1968). — 303 S.: 40 Taf., div. Fig.; Tab.-Bd.: 319 S.

Heintz, E.; Guerin, C.; Martin, R.; Prat, F., 1974: Principaux gisements villafranchiens de France: listes fauniques et Biostratigraphie. — In: Bur. Rech. Géol. et Miner., Mem. — Paris **78** (1974) 1. — S. 169—182: 1 Tab.

Janoschek, A., 1970: Jung-Pliozän und Alt-Pleistozän im Horloff-Graben (Wetterau). — Gießen, Univ. — Diss. — 58 S.: 12 Abb., 9 Tab.

Kahlke, H. D., 1977: The N/Q-Boundary. Territories: Federal Republic of Germany, German Democratic Republic, Peoples Republic of Poland (terrestrical sequences). — In: Neogene/Quartern. Boundary, Proc. 2nd Symp., Bologna 1975. — In: G. Geol. (2). — Bologna **41** (1977). — S. 165—177

Kahlke, H. D.; Eissmann, L.; Wiegank, F., 1984: Die Neogen/Quartär-Grenze. Territorium der Deutschen Demokratischen Republik. Beitrag zum IGCP-Proj. 41: N/Q-Grenze. — In: Z. angew. Geol. — Berlin **30** (1984) 1. — S. 44—48: 2 Abb., 1 Tab.

Kayser, E., 1884: Bl. Artern. — Erl. geol. Spezialkt. Preußen und benachb. thür. Staaten. — Berlin: Preuß. geol. Landesanst. — 25 S.

—, 1924: Lehrbuch der Geologie, Bd. 4, 6./7. Aufl. — Stuttgart: F. Enke-Verl. — S. 464

Kilpper, K., 1967: Pollenanalyse der oberpliozänen Braunkohlen. — In: Erl. geol. Kt. Bayern, Bl. Alzenau in Ufr./hrsg. von M. Okrusch; R. Streit; W. Weinelt. — München: Bayer. geol. Landesamt. — S. 164—167: 1 Abb.

Kirchheimer, 1933: Über das Wetterauer Hauptbraunkohlenlager. — In: Braunkohle. — Halle (Saale) **32** (1933) 46. — S. 845—846

—, 1934: Das Hauptbraunkohlenlager der Wetterau. — In: Ber. Wetterau. Gesellsch. ges. Naturkd. — Hanau **33** (1934). — S. 1—74: 6 Abb., 10 Taf.

—, 1935: Bau und botanische Zugehörigkeit von Pflanzenresten aus deutschen Braunkohlen. — In: Engler's bot. Jahrb. System. etc. — Leipzig **67** (1935). — S. 37—122

—, 1936: Über das Alter der Braunkohlen in der nördlichen Wetterau. — In: Braunkohle. — Halle (Saale) **35** (1936). — S. 861 bis 865

—, 1940: Flora und Gliederung des Pliozäns in Mitteleuropa. — In: Zbl. Mineral. etc., B. — Stuttgart (1940). — S. 141—167

Keigwin, L. D., jr.; Thunell, R. C., 1979: Middle Pliocene climatic change in the western Mediterranean from faunal and oxygene isotopic trends. — In: Nature. — London **282** (1979). — S. 294—296

Kremp, G., 1950: Pollenanalytische Braunkohlenuntersuchungen im südlichen Teil Niedersachsens, insbesondere im Solling. — In: Geol. Jahrb. — Hannover **64** (1950). — S. 489—517: 4 Abb.

Kretzoi, M., 1962: Faunen und Faunenhorizont von Csarnóta. — In: Magyar Áll. Földtani Intézet Évi Jel. — Budapest 1959 (1962). — S. 297—395

—, 1982: Säugetierpaläontologie und terrestrische Stratigraphie/Chronologie im Karpatenbecken. — In: Z. geol. Wiss. — Berlin **10** (1982) 7. — S. 971—978: 1 Abb.

Kretzoi, M.; Fejfar, O., 1982: Viverriden (Carnivora, Mammalia) im europäischen Altpleistozän. — In: Z. geol. Wiss. — Berlin **10** (1982) 7. — S. 979—995: 6 Abb., 2 Taf.

Kretzoi, M.; Pecsi, M., 1982: Zur Gliederung des Pliozäns und Quartärs im Pannonischen Becken. — In: IUGS-UNESCO, Internat. Geol. Corr. Progr., Proj. 73/1/24, Quaternary Glaciations in the Northern Hemisphere. Rep. 7, Continued. — Prague

Krutzsch, W., 1959: Sporen vom „*Schizaea-pusilla*-Charakter" im Pliozän von Rüterberg (= Wendisch-Wehningen). — In: Arch. Naturfr. Mecklenburg. — Rostock **5** (1959). — S. 36—55: 2 Abb., 3 Taf.

— 1962—1970: Atlas der mittel- und jungtertiären dispersen Sporen- und Pollen- sowie der Mikroplanktonformen des nördlichen Mitteleuropas, Lfg. I—VII. — Berlin und Jena

—, 1965: Das geologische Profil von Voigtstedt. — In: Paläont. Abh., A. — Berlin **2** (1965) 2/3. — S. 235—248: 10 Abb.

—, 1976: Die Mikroflora der Braunkohle des Geiseltales, Teil IV. Die stratigraphische Stellung des Geiseltalprofils im Eozän und die sporenstratigraphische Untergliederung des mittleren Eozäns. — In: Abh. zentr. geol. Inst. — Berlin 26 (1976). — S. 47—92: 4 Abb., 8 Tab.

Krutzsch, W.; Majewski, J., 1965: Die mikrobotanische Datierung des Tertiär-Vorkommens von Oberzella (Bl. Vacha/Südthür.). — In: Mitt. zentr. geol. Inst. — Berlin 1 (1965). — S. 65—70: 1 Tab.

Krutzsch, W.; Pacltová, B., in Vorb.: Die pliozäne Mikroflora des Cheb-Beckens (ČSSR) und ihr Vergleich mit den pliozänen Ablagerungen der Wetterau. — Manuskript

Krutzsch, W.; Reichstein, M., 1956: Das Pleistozänprofil von Voigtstedt-Edersleben (Bez. Halle). — In: Geologie. — Berlin **5** (1956) 4—5. — S. 327—249: 5 Abb., 2 Tab., 3 Taf.

Kurtén, B., 1960: Chronology and faunal evolution of the earlier European glaciations. — In: Bot. Sci. Fenn., Comm. Biol. — Helsinki **21** (1960) 5. — 62 S.: 10 Fig.

Leschik, G., 1952a: Zur Frage der Pliozän-Pleistozän-Grenze. — In: Z. dt. geol. Gesellsch. — Hannover **103** (1952). — S. 68 bis 74

—, 1952b: Mikrobotanisch-stratigraphische Untersuchungen der jungpliozänen Braunkohle von Buchenau (Kr. Hünfeld). — In: Palaeontographica, B. — Stuttgart **92** (1951). — S. 1—51: 5 Taf., 13 Fig.

—, 1953: Pollen- und Sporenflora des Wetterauer Hauptbraunkohlenlagers. — In: Jahresber. u. Mitt. oberrhein. geol. Ver., N. F. — Darmstadt **33** (1953). — S. 96—100

—, 1954: Die oberpliozäne Flora von Hünfeld (Hessen). — In: Senckenb. lethaea. — Frankfurt (Main) **35** (1954) 3/4. — S. 247 bis 262: 3 Taf., 2 Abb.

—, 1956: Die Entstehung der Braunkohle der Wetterau und ihre Mikro- und Makroflora. — In: Palaeontographica, B. — Stuttgart **100** (1956). — S. 26—64: 5 Taf., 4 Fig.

LINDSAY, E. H.; OPDYKE, N. D.; JOHNSON, N. H., 1980: Pliocene dispersal of the horse *Equus* and late Cenozoic mammalian dispersal events. — In: Nature. — London **287** (1980). — S. 135—138

LÖHNERT, E., 1961: Zur Fazies und Genese pliopleistozäner Braunkohlen Süditaliens. — In: Geol. Rdsch. — Stuttgart **51** (1961). — S. 631—643

LONA, F., 1950: Contributio alla storia della Vegetazione e del clima nella Val Padana. Analisi pollinica del Giacimento Villafranchiano di Leffe (Bergamo). — In: Atti Soc. Ital. Sci. Nat. — Milano **89** (1950). — S. 120—178

—, 1963a: Prime analisi pollinologiche sui depositi Terziari-Quaternari di Castell'Arquato: Reperti di Vegetazione da clima freddo sotto le formazione calcaree ad Amphistegina. — In: Boll. Soc. Geol. Ital. — Roma **81** (1963) 1. — S. 3—5

—, 1963b: Comperative diagrams of some Pliocene-Pleistocene marine sediments in the Po-Valley and the continental deposits of Leffe (Bergamo). — In: Eidgenöss. Techn. Hochsch., Ber. geobot. Inst. Rübel. — Zürich **34** (1963)

—, 1971: Correlazioni tra Alcune sequenze micropaleobotaniche Plio-Pleistoceniche continentali e marine dell'Italia centrosettentrionale ed Europa centro-occidentale con riferimento al limite Tiberiano. — In: L'Ateneo Parmense, Act. nat. — Parma **7** (1971) 2. — S. 145—157: 1 Fig.

LONA, F.; BERTOLDI, R., 1972: Rinvenimento di *Arctica (Cyprina) islandica* in une Serie continua Plio-Pleistocenica presso Castell-Arquato (Piacenza) in connessione consequenze pollinologiche. — In: L'Ateneo Parmense, Act. nat. — Parma **8** (1972) 1. — S. 35—44: 6 Fig.

LONA, F.; BERTOLDI, R., 1973: La Storia des Plio-pleistocene Italiano in Alcune Sequence vegetatizionale lacustri e marine. — In: Atte delle Accad. Naz. Lincei 1972, Fisiche, matematiche e naturali, Ser. VIII. — Roma **11** (1973), Sez. III (1). — 45 S.: 13 Taf.

LONA, F.; BERTOLDI, R.; RICCIARDI, E., 1969: Plio-Pleistocenic boundary in the Italy based on the Leffian and Tiberian vegetational and climatological sequences. — In: Ét. Quart. Mond. (VIII, INQUA Paris). — Paris. — S. 573—574

LONA, F.; BERTOLDI, R.; RICCIARDI, E., 1971: Synchronization of outstanding stages of some Italian upper Pliocene and Lower Pleistocene sequences, especially by means of palynological researches. — In: Congr. Neog. Medit., Sect. Paleobot., Inst. Bot. Univ. Parma (V, 1971, Parma). — Lyon. — S. 1—9

LONA, F.; RICCIARDI, E., 1961: Studio pollinologiche stratigrafico su una serie lacustre pleistocenica dell'Italia Centrale (Basino di Gubbio, Perugia). — In: Pollen et Spores. — Paris **3** (1961) 1. — S. 93—100: 2 Abb., 2 Taf.

LOTSCH, D., 1981: TGL Standard Tertiärstratigraphie DDR. Nr. 25 234/08. — Berlin

LUDWIG, R., 1857: Fossile Pflanzen aus der jüngsten Wetterauer Braunkohle. — In: Palaeontographica. — Cassel **5** (1857). — S. 81—109

LÜTTIG, G., 1966: Die nichtmarinen „Neogen-Becken" im Mittelmeerraum und ihre Bedeutung für die Stratigraphie. — In: Proc. Sess. Comm. Mediterr. Neog. Stratigr. (3, 1964, Berne). — Leiden. — S. 148—157: 2 Abb.

MÄDLER, K., 1939: Die pliozäne Flora von Frankfurt am Main. — In: Abh. senckenb. naturforsch. Gesellsch. — Frankfurt (Main) **446** (1939). — 202 S.: 13 Taf., 34 Abb.

MAI, D. H., 1965: Eine pliozäne Flora von Kranichfeld in Thüringen. — In: Mitt. zentr. geol. Inst. — Berlin 1 (1965). — S. 37—64: 3 Taf.

—, 1973: Die Revision der Originale von R. LUDWIG 1857 — Ein Beitrag zur Flora des Unteren Villafranchien. — In: Acta Palaeobot. — Kraków **14** (1973). — S. 89—117: 4 Fig. 7 Taf., 2 Tab.

MAI, D. H.; MAJEWSKI, J.; UNGER, K. P., 1963: Pliozän und Altpleistozän von Rippersroda in Thüringen. — In: Geologie. — Berlin **12** (1963) 6. — S. 765—804: 7 Abb., 6 Taf., 1 Tab.

MAI, D. H.; WALTHER, H., 1988: Die pliozänen Floren von Thüringen. — In: Quartärpaläontologie. — Berlin 7. — S. 55—297: 101 Abb., 41 Taf., 2 Tab.

MARTY, P., 1903: Flore mioène de Joursae. — Paris: Bailliere. — 91 S.: 13 Taf.

MEIN, F., 1975: Biozonation du Néogène mediterranien à partir des Mammiféres. — In: Rep. Comm. Mediterr. Neog. Stratigr. Work Group. — Bratislava, 1975. — S. 78—81

MENKE, B., 1969: Vegetationsgeschichtliche Untersuchungen an altpleistozänen Ablagerungen aus Lieth bei Elmshorn. — In: Eiszeitalter u. Gegenwart. — Öhringen **20** (1969). — S. 76—83: 1 Abb., 4 Taf.

—, 1970: Ergebnisse der Pollenanalyse zur Pleistozän-Stratigraphie und zur Pliozän-Pleistozän-Grenze in Schleswig-Holstein. — In: Eiszeitalter u. Gegenwart. — Öhringen **21** (1970). — S. 5—21

—, 1975: Vegetationsgeschichte und Florenstratigraphie Nordwestdeutschlands im Pliozän und Frühquartär. Mit einem Beitrag zur Biostratigraphie des Weichsel-Frühglazials. — In: Geol. Jahrb. — Hannover **A26** (1975). — S. 3—150: 3 Taf. (Diagr.)

—, 1976: Pliozäne und Ältestquartäre Sporen- und Pollenfloren von Schleswig-Holstein. — In: Geol. Jahrb. — Hannover **A32** (1976). — S. 3—197: 52 Taf., 4 Fig., 1 Tab.

MENKE, B.; BEHRE, K. E., 1973: State of Research of the Quaternary of the Federal Republic of Germany. 2. History of Vegetation and Biostratigraphy. — In: Eiszeitalter u. Gegenwart. — Öhringen **23/24** (1973). — S. 251—267: 1 Fig., 1 Taf.

MEON-VILAIN, H., 1965: Analyses pollinique dans quelques gisements pliocènes de la Côtiere de Dombes (Ain). — 89. Congr. Soc. Savantes, 1965. — S. 55—62: 3 Taf.

—, 1970: Palynologie des formations miocènes supérieures et pliocènes du bassin du Rhône. — In: Doc. Lab. Géol. Fac. Sci. Lyon. — Lyon 38 (1970). — 167 S.: 51 Fig., 17 Taf.

—, 1971: Evolution de la flore de l'Helvetien au Pliocène d'apres des Analyses pollinique effectuées aux environs de Berne (Suisse) et dans le bassin du Rhône. — In: Doc. Lab. Géol. Fac. Sci. Lyon. — Lyon (1971). — S. 61—78: 1 Fig., 2 Tab.

—, 1972: Analyse palynologique de la flore du gisement villafranchien de Vialette (Haute-Loire). — In: Doc. Lab. Géol. Fac. Sci. Lyon. — Lyon 49 (1972). — S. 151—156: 1 Tab.

MEON, H.; BALLESIO, R.; GUERIN, C.; MEIN, P., 1980: Approche climatologique du Néogène supérieur (Tortonien a Pléistocène moyen ancien) d'apres les faunes et les flores d'Europe occidentale. — In: Mém. Mus. Nat. Hist. Natur., Ser. B, Bot. — Paris 27 (1980). — S. 182—195: 1 Tab.

MEYER, K., 1979: Pliozän im südlichen Niedersachsen. — In: IUGS-Proj. No. 124. — Hannover **5** (1979). — S. 97

MICHAUX, I.; SUC, J. P.; VERNET, J. L., 1979: Climatic interference from the history of Taxodiaceae during the pliocene and the Early Pleistocene in Western Europe. — In: Rev. Palaeobot. & Palynol. — Amsterdam **27** (1979). — S. 185—191

MOHR, B., 1984: Die Mikroflora der obermiozänen bis unterpliozänen Deckschichten der Rheinischen Braunkohle. — In: Palaeontographica, B. — Stuttgart **132** (1984) 1—4. — S. 29 bis 133: 19 Taf., 4 Abb., 6 Diagr., 4 Tab.

MONTENAT, C., 1977: Les Bassins Néogènes du Levant d'Alicante et de Murcia (Cordilléres bétiques orientale — Espagne). — In: Doc. Lab. Géol. Fac. Sci. Lyon. — Lyon **69** (1977). — 345 S.: 7 Taf., 75 Fig.

MONTENAT, C.; DE BRUIJN, H., 1976: The ruscinian rodent faunule from the La Juliana (Murcid); its implication for the correlation of continental and marine biozones. — In: Kon. nederl. Akad. Wet., Proc., B. — Amsterdam **49** (1976) 4. — S. 245—255

NAGAKAWA, H., 1977: Magnetostratigraphy of the Pliocene-Pleistocene Boundary. — In: Neogene/Quatern. Boundary, Proc. 2nd Symp., Bologna 1975. — In: G. Geol. (2). — Bologna **41** (1977). — S. 315—329: 3 Abb.

—, 1977: Prelimanary report on the magneto- and biostratigraphy of the Vrica-section Calabria, Southern Italy. — Reprint

NOLTE, H. J.; WOLFRAM, H. J.; WÖLLNER, H., 1965: Zur Entdekkungsgeschichte des Altpleistozänvorkommens von Voigtstedt in Thüringen. — In: Paläont. Abh., A. — Berlin **2** (1965) 2/3. — S. 229—234: 6 Abb.

OBRADOVICH, J. D.; NAESER, CH. W.; JZETT, C. A.; PASINI, G.; BIGAZZI, G., 1982: Age contraints on the proposed Plio-Pleistocene boundary stratotype at Vrica, Italy. — In: Nature. — London **298** (1982). — S. 55—59

PAPANI, G.; PELOSIO, G., 1963: La serie Plio-Pleistocenica del

T. Stirone (Parmese occidentale). — In: Boll. Soc. Geol. Ital. — Roma **81** (1963) 4. — S. 293—335

PASINI, G.; COLALONGO, M. L., 1982: Status of research on the Vrica-Section (Calabria, Italy), the proposed Neogene/Quaternary Boundary-Stratotype section, in 1982. — Rep. INQUA-Congr. (XI, 1982, Moscou). — Represented from Inst. Geol. Marina del C.N.R. — Bologna. — S. 1—75

PASINI, G.; SELLI, R.; COLALONGO, M. L., 1977: The S. Maria di Catanzaro Section. — In: Neogene/Quatern. Boundary, Proc. 2nd Symp., Bologna 1975. — In: G. Geol. (2). — Bologna **41** (1977). — S. 423—430: 3 Fig.

PASINI, G.; SELLI, R., 1977: The Section of Le Castella. — In: Neogene/Quatern. Boundary, Proc. 2nd. Symp., Bologna 1975. — In: G. Geol. (2). — Bologna **41** (1977). — S. 436—440: 3 Fig.

PONS, A. H., 1962: Recherches palynologiques sur le Pliocène de sud de la France. — In: Pollen et Spores. — Paris **4** (1962) 2. — S. 372. — Abstract

—, 1964: Contribution palynologique è l'étude de la flore et de la vegetation Pliocènes de la region Rhodanienne. — In: Ann. Sci. Nat. Bot., Sér. 5. — Paris **12** (1964). — S. 499—722: 3 Taf., 23 Fig., 7 Tab.

REID, C.; REID, E. M., 1907: The flora of Tegelen-sur-Meuse, near Venloo, in the Province of Limburg. — In: Versl. kon. Akad. Wet., Sect. 2. — Amsterdam **13** (1907) 6. — S. 1—26

REID, C.; REID, E. M., 1910: A further investigation of the Pliocene Flora of Tegelen. — In: Versl. kon. Akad. Wet., natuurkd. Afd. — Amsterdam 19 (1910). — S. 192

REID, C.; REID, E. M., 1915: The pliocene Floras of the Dutch-Prussian Border. — In: Meded. Rijkskopsp. Delftstoffen. — Den Haag **6** (1915). — S. 1—178: 20 Taf.

REID, E. M., 1920: Recherches sur quelques graines pliocènes du Pont-de-Gail (Cantal). — In: Bull. Soc. géol. France, Sér. IV. — Paris **20** (1920). — S. 48—87: 2 Taf.

—, 1923: Nouvelles recherches sur les graines du Pliocène inférieur du Pont-du-Gail (Cantal). — In: Bull. Soc. géol. France, Sér. IV. — Paris **23** (1923). — S. 308—355

REMY, H., 1958: Zur Flora und Fauna der Villafrancaschichten von Villaroya, Prov. Logrono, Spanien. — In: Eiszeitalter u. Gegenwart. — Öhringen **9** (1958). — S. 83—103

REPENNING, CH. A., 1983: Faunal Exchanges between Siberia and North America. — In: Wirbeltierevolution und Faunenwandel im Känozoikum/hrsg. von W.-D. HEINRICH. — Berlin, 1983. — S. 333—346: 1 Tab. — (Schriftenr. geol. Wiss.; 19/20)

RICCIARDI, E., 1961: Analisi pollinologica dei sedimenti lacustri di Pietrafitti (Perugia, Italia). — In: Pollen et Spores. — Paris **3** (1961) 2. — S. 325—328: 1 Taf., 1 Abb.

RUDOLPH, K., 1935: Mikrofloristische Untersuchung tertiärer Ablagerungen im nördlichen Böhmen. — In: Bot. Zbl., Beih., B. — Dresden **54** (1935). — S. 244—328: 5 Taf., 20, Abb., 7 Diagr.

RYAN, W. B. F., 1973: Paleomagnetic Stratigraphy. — In: Initial Rep. Deep Sea Drill. Project., Governm. Print. Off. — Washington **13** (1973) 2. — S. 1380—1387

SAPORTA, G. DE; MARION, A. F., 1876: Recherches sur les végétaux fossiles de Meximeux. — In: Arch. Mus. Hist. Natur. — Lyon **1** (1876)

SELLI, R., 1977: The Neogene/Quaternary boundary in the Italian marine formations. — In: Neogene/Quartern. Boundary, Proc. 2nd Symp., Bologna 1975. — In: G. Geol. (2). — Bologna **41** (1977). — S. 1—2; 81—105: 4 Fig.

SELLI, R.; ACCORSI, C. A.; BANDINI-MAZZANTI, M.; BERTOLANI-MARCHETTI, D.; BIGAZZI, G.; BONADONNA, P.; BORSETTI, A. M.; CATI, F.; COLALONGO, M. L.; D'ONOFRIO, S.; LANDINI, W.; MENESINI, E.; MEZZETTI, R.; PASINI, G.; SAVELLI, C.; TAMPIERI, R., 1977: The Vrica Section (Calabria, Italy). A potential Neogene/Quaternary Boundary Stratotype. — In: G. Geol. (2). — Bologna **41** (1977). — S. 181—204: 9 Fig. (Tab.)

STRAUS, A., 1976: Das Pliozän von Willershausen, eine Zusammenstellung der Pflanzen- und Tierreste. — Zit. in: Cour. Forsch. Inst. Senckenb. — Frankfurt (Main) 17 (1976). — S. 25

SUC, J. P., 1970: Premiers résultats, de l'analyse pollinique effectuée sur le gisement à micromammiféres de Celleneuve (Hérault). — In: D. E. A. Paléontologie, Fac. Sci. Montpellier. — 27 S.

—, 1971: Orésence d'un faciés fluvio-marin dans les marnes à micromammiféres de Celleneuve (Hérault). — In: Bull. Assoc. Franç. Ét. Quat. — Paris **29** (1971). — S. 251—258: 2 Taf.

—, 1976: Apports de la palynologie è la connaissance du pliocène du Roussillon (Sud de la France). — In: Geobios. — Lyon **9** (1976) 6. — S. 741—771: 9 Fig., 1 Taf.

—, 1978: Analyse pollinique de dépôts plio-pleistocène du sud du Massif Basaltique de l'escaudorgue (Série de Bernasso-Lunas, Herault-France. — In: Pollen et Spores. — Paris **20** (1978) 4. — S. 497—512

—, 1981: Le végétaux et le climate du Languedoc (Sud de la France) au Pliocène moyen d'apres la Palynologie. — In: Paléobiol. continent. — Montpellier **12** (1981) 1. — S. 7—26

—, 1982: Palynostratigraphie et paléoclimatologie du Pliocène et du Pleistocène inferieur en méditerranée nord-occidentale. — In: C. R. Acad. Sci., Sér. 2. — Paris **294** (1982). — S. 1003—1008

—, 1984: Pliocene and lower Pleistocene climatic Evolution in the North-Western Mediterranean Region according to palynological data. Chronostratigraphic implications. — In: Internat. Palynol. Conf. (7, 1984, Calgary) Abstract. — S. 83. — Calgary 9, pt. 2

SUC, J. P.; CRAVATTE, J., 1982: Étude palynologique du Pliocène de Catalogne (nord-est de la l'Espagne). Apporte à la connassaince de l'historie climatique de la Méditerranée occidentale et implications chronostratigraphique. — In: Paléobiol. continent. — Montpellier **12** (1982) 1. — S. 1—31

SUC, J. P.; ZAGWIJN, W., 1983: Plio-Pleistocene correlations between the northwestern Mediterranean region and northwestern Europe according to recent biostratigraphic and palaeoclimatic data. — In: Boreas. — Oslo **12** (1983) — S. 153—166: 7 Fig.

THOMSON, P. W., 1949: Beitrag zur Mikropaläontologie und Waldgeschichte des Neogens (Jungtertiär) von Niedersachsen und Schleswig-Holstein. — In: N. Jahrb. Mineral. etc., Monatsh., B. — Stuttgart (1945—1948). — S. 364—371: 1 Diagr.

TOBIEN, H., 1952: Die oberpliozäne Säugetierfauna von Wölfersheim (Wetterau). — In: Z. dt. geol. Gesellsch. — Hannover **104** (1952). — S. 191

—, 1970: Biostratigraphy of the mammalian Faunas of the Plio-Pleistocene boundary in the middle and western Europe. — In: Palaeogeogr., Palaeoclimat. & Palaeoecol. — Amsterdam **8** (1970). — S. 77—93: 2 Tab.

TRALAU, H., 1962: *Najas tenuissima* (A. BR.) MAGNUS during the late Cainozoic period in Europe. — In: Bot. Notiser. — Lund **115** (1962) 4. — S. 421—428: 3 Fig.

TRÜMPY, R., 1985: Die Plattentektonik und die Entstehung der Alpen. — In: Neujahrsbl. naturforsch. Gesellsch., 187. Stück. — Zürich **129** (1985) 5. — 47 S.

URBAN, B., 1978: Vegetationsgeschichtliche Untersuchungen zur Gliederung des Altquartärs der Niederrheinischen Bucht. — Univ. Köln, Sonderveröff. Geol. Inst. — Köln 34 (1978). — 165 S.

VAN DEN BURGH, J., 1978: The Pliocene Flora of Fortuna-Garsdorf. I. Fruits and Seeds of Angiosperms. — In: Rev. Palaeobot. & Palynol. — Amsterdam **26** (1978). — S. 173—211

VAN DER HAMMEN, TH.; WIJMSTRA, T. A.; ZAGWIJN, W. H., 1971: The floral record of the Late Cainozoic of Europe. — In: The Late Cainozoic Glacial ages/ed. by K. TUREKIAN. 15. Chap. — New Haven; London: Yale Univ. Press. — S. 391 bis 424

VAN MONTFRANS, H. M., 1971: Palaeomagnetic dating in the North Sea Basin. — In: Earth & planet. Sci. Letters. — Amsterdam **11** (1971) 3. — S. 226—235: 8 Textf., 2 Taf.

VENZO, S., 1975: Remarks on the stratigraphic and paleontological sequence of the proposed Plio-Pleistocene boundary type-section of Le Castella. — In: L'Ateneo Parmese. Act. nat. — Parma **11** (1975) 3. — S. 423—447: 2 Fig.

WIEGANK, F., 1975: Erste Ergebnisse paläomagnetischer Untersuchungen quartärer Lockersedimente in der DDR. — In: Z. geol. Wiss. — Berlin **3** (1975) 8. — S. 1103—1109

—, 1981: Paläomagnetische Untersuchungen zur Klärung der stratigraphischen Position und des absoluten Alters pliopleistozäner Ablagerungen im Südwesten der DDR. — In: Quartärpaläontologie. — Berlin 4 (1981). — S. 179—187: 4 Abb.

—, 1982: Ergebnisse magnetostratigraphischer Untersuchungen im höheren Känozoikum der DDR. — In: Z. geol. Wiss. — Berlin **10** (1982) 6. — S. 737—744

—, 1983: Beitrag zur Chronostratigraphie und Entwicklung der Großsäugerfaunen im jüngeren Känozoikum von Europa auf geochronologischer und magnetostratigraphischer Grundlage: — In: Wirbeltierevolution und Faunenwandel im Känozoikum/ hrsg. von W.-D. HEINRICH. — Berlin, 1983. — S. 355—380: 2 Tab. — (Schriftenr. geol. Wiss.; 19/20)

WOLFF, H., 1934: Mikrofossilien des pliozänen Humodils der Grube Freigericht bei Dettingen a. M. und Vergleich mit älteren Schichten des Tertiärs sowie posttertiären Ablagerungen. — In: Arb. Inst. Paläobot. u. Petrogr. Brenngesteine. — Berlin **5** (1934). — S. 55—86: 1 Taf., 3 Abb.

ZAGWIJN, W. H., 1956: In: Geological History of the Netherlands. Abschnitte: Miocene, Pliocene and oldest Pleistocene. — The Hague, 1956. — S. 66—71; S. 74—78

—, 1957: Vegetation, Climate and Time correlation in the Early Pleistocene of Europe. — In: Geol. en Mijnbouw, N. S. — Den Haag **19** (1957). — 233 S.

—, 1959: Zur stratigraphischen und pollenanalytischen Gliederung der pliozänen Ablagerungen im Roertal-Graben und Venloer Graben der Niederlande. — In: Fortschr. Geol. Rheinld. u. Westf. — Krefeld **4** (1959). — S. 5—26: 3 Taf., 4 Abb., 3 Tab.

—, 1960: Aspects of the Pliocene and Early Pleistocene Vegetation in the Netherlands. — In: Meded. geol. Sticht., Ser. C-III-1. — Maastricht **5** (1960). — 78 S.: 3 Taf., 8 Textabb.

—, 1963a: Pollen-analytic investigations in the Tiglian of the Netherlands. — In: Meded. geol. Sticht., N. S. — Utrecht **16** (1963). — S. 49—72: 16 Textfig., 2 Taf., 3 Pollendiagr.

—, 1963b: Pleistocene Stratigraphy in the Netherlands, based on Changes in vegetation and climate. — In: Verh. nederl. Geol. en Mijnb. Genoot., Geol. Ser. — Den Haag **22** (1963) 1. — S. 173—196: 16 Fig., 3 Tab.

—, 1967: Ecologic interpretation of a Pollendiagram from Neogene beds in the Netherlands. — In: Rev. Palaeobot. & Palynol. — Amsterdam **2** (1967). — S. 173—181: 4 Fig.

—, 1974a: The Pliocene-Pleistocene Boundary in Western and Southern Europe. — In: Boreas. — Oslo **3** (1974). — S. 75—97: div. Tab.

—, 1974b: Bemerkungen zur stratigraphischen Gliederung der plio-pleistozänen Schichten des niederländisch-deutschen Grenzgebietes zwischen Brüggen und Venlo. — In: Z. dt. geol. Gesellsch. Hannover **125** (1974). — S. 11—16: 3 Abb.

—, 1975: Variations in climate as shown by pollen analysis, especially in the lower Pleistocene of Europe. — In: Ice Ages, Ancient and Modern ed by A. E. WRIGHT & F. MOSELY. — Liverpool, 1975. — S. 137—152

—, 1979: Early and Middle Pleistocene coastlines in the Southern North Sea Basin. — In: Acta Univ. Upsal., Symp. Univ. Upsal. Quing. Cel. — Upsala 2 (1979). — S. 31—42: 8 Fig.

ZAGWIJN, W. H.; DE JONG, J., 1984: Die Interglaziale von Bavel und Leerdam und ihre stratigraphische Stellung im niederländischen Früh-Pleistozän. — In: Meded. Rijks. Geol. Dienst. — Haarlem **37** (1983/1984) 3. — S. 155—169: 12 Fig., 6 Taf.

ZAGWIJN, W. H.; DOPPERT, J. W. CH., 1978: Upper Cenozoic of the Southern North Sea Basin: Palaeoclimatic and Palaeogeographic evolution. — In: Geol. en Mijnbouw. — Den Haag **57** (1978) 4. S. 577—588: 8 Textfig.

ZAGWIJN, W. H.; VAN VOORTHYSSEN, J. H.; TOERING, K., 1972: The Plio-Pleistocene Boundary in the North Sea Basin. Revision of its Position in the Marine Beds. — In: Geol. en Mijnbouw. — Den Haag **51** (1972) 6. — S. 627—636: 8 Textfig.

ZEISSLER, H., 1965: Konchylien aus dem Pleistozän von Voigtstedt in Thüringen. — In: Paläont. Abh., A. — Berlin **2** (1965) 2/3. — S. 273—290: 1 Abb., 5 Tab., 2 Taf.

Anschrift des Autors
Dr. rer. nat. WILFRIED KRUTZSCH, Museum für Naturkunde der Humboldt-Universität zu Berlin, Paläontologisches Museum, Invalidenstraße 43, DDR-1040 Berlin

Quartärpaläontologie

Abhandlungen und Berichte des Instituts für Quartärpaläontologie Weimar
Herausgegeben von H. D. KAHLKE

Band 1

1975. 255 Seiten — 84 Abb. — 18 Taf. — 37 Tab. — 21 cm × 29,5 cm — Halbleinen 96,— M
Bestell-Nr. 761 943 3 (2164/1)

Der Band enthält eine Auswahl der anläßlich des IV. Internationalen Paläontologischen Kolloquiums 1972 in Weimar zum Thema „Das Pleistozän von Taubach-Burgtonna und zur biostratischen Grenze zwischen Glazial und Interglazial im europäisch-asiatischen Raum" gehaltenen Vorträge.

Band 2

1977. 509 Seiten — 167 Abb. — 48 Taf. — 96 Tab. — 21 cm × 29,5 cm — Halbleinen 190,— M
Bestell-Nr. 762 274 7 (2164/2)

Der Band bringt eine vollständige Vorlage der Daten und Materialien zur Forschungsgeschichte, Geologie und Paläontologie der Fundstelle Taubach. Die Veröffentlichung stellt gleichzeitig einen Beitrag zur Biostratigraphie des europäischen Pleistozäns dar.

Band 3

1978. 400 Seiten — 124 Abb. — 56 Taf. — 4 Falttaf. — 46 Tab. — 21 cm × 29,5 cm — Halbleinen 150,— M
Bestell-Nr. 762 530 7 (2164/3)

In diesem Band ist das vollständige Material des IV. Internationalen Paläontologischen Kolloquiums enthalten, das 1972 in Weimar zur Forschungsgeschichte, allgemeinen Geologie, Paläobotanik und Paläozoologie des Travertinlagers von Burgtonna stattfand.

Band 4

1981. 195 Seiten — 98 Abb. — 4 Taf. — 43 Tab. — 4 Karten — 21 cm × 29,5 cm — Halbleinen 75,— M
Bestell-Nr. 762 839 9 (2164/4)

Der Band vereinigt wichtige Vorträge zur Quartärpaläontologie der Sektion Paläontologie des Theriologischen Kongresses (Brno/ČSSR 1978) sowie neue Ergebnisse zur Quartärpaläontologie aus der UdSSR, der DDR, der BRD, aus England, Frankreich und Japan.

Band 5

1984. 432 Seiten — 101 Abb. — 75 Taf. — 37 Tab. — 21 cm × 29,5 cm — Halbleinen 165,— M
Bestell-Nr. 763 193 4 (2164/5)

Der Band umfaßt eine vollständige Vorlage der Daten und Materialien zur Forschungsgeschichte, Geologie und Paläontologie der Travertinlager von Weimar, Belvederer Allee. Die Autoren geben einen Überblick über den derzeitigen Forschungsstand einzelner systematischer Gruppen. Erstmalig bearbeitet wurde die Sammlung Weimarer Travertin-Fossilien aus dem Besitz von Goethe.

Band 6

1987. 242 Seiten — 66 Abb. — 21 Taf. — 47 Tab. — 21 cm × 29,5 cm — Halbleinen 95,— M
Bestell-Nr. 763 559 9 (2164/6)

Der Band ist dem Andenken des sowjetischen Paläontologen C. C. Flerov gewidmet. Der inhaltliche Schwerpunkt der internationalen Beiträge liegt bei einer weiträumigen, umfassenden und zusammenfassenden Darstellung der Probleme tertiärer und quartärer Faunenentwicklung und ihrer faziellen Differenzierung.

Bitte richten Sie Ihre Bestellung an eine Buchhandlung.

AKADEMIE-VERLAG BERLIN
Deutsche Demokratische Republik
DDR-1086 Berlin, Leipziger Strasse 3-4 Postfach 1233

Quartärpaläontologie Berlin 7 (1988) S. 55—297

Die pliozänen Floren von Thüringen, Deutsche Demokratische Republik

DIETER HANS MAI, Berlin; und HARALD WALTHER, Dresden

Mit 101 Abbildungen, 2 Tabellen und Tafel I bis XLI

Inhalt

Abstractum 56
1. Einleitung 56
2. Beschreibung der Gattungen und Arten 57
Familie Salviniaceae 57
Azollaceae 58
Selaginellaceae 59
Osmundaceae 59
Pinaceae 60
Taxodiaceae 67
Cupressaceae 71
Cephalotaxaceae 71
Alismataceae 72
Hydrocharitaceae 74
Scheuchzeriaceae 75
Potamogetonaceae 75
Zannichelliaceae 79
Najadaceae 80
Pontederiaceae 81
Zingiberaceae 81
Cyperaceae 81
Poaceae 93
Araceae 93
Lemnaceae 94
Sparganiaceae 94
Typhaceae 95
Magnoliaceae 97
Saururaceae 98
Cabombaceae 99
Nymphaeaceae 99
Ceratophyllaceae 99
Ranunculaceae 100
Lauraceae 105
Berberidaceae 105
Cercidiphyllaceae 106
Hamamelidaceae 108
Altingiaceae 109
Platanaceae 110
Ulmaceae 110
Moraceae 114
Cannabaceae 116
Urticaceae 116
Fagaceae 118
Betulaceae 131
Juglandaceae 137
Caryophyllaceae 140
Chenopodiaceae 142
Polygonaceae 143
Theaceae 145
Hypericaceae 146
Elatinaceae 147
Flacourtiaceae 147
Stachyuraceae 148
Violaceae 148
Cucurbitaceae 149
Salicaceae 150
Actinidiaceae 151
Ericaceae 153
Styracaceae 155
Primulaceae 156
Tiliaceae 157
Euphorbiaceae 157
Spiraeaceae 159
Rosaceae 160
Malaceae 163
Amygdalaceae 164
Lythraceae 165
Onagraceae 167
Trapaceae 168
Haloragaceae 168
Hippuridaceae 170
Rutaceae 170
Staphyleaceae 171
Aceraceae 172
Hippocastanaceae 179
Sabiaceae 181
Oxalidaceae 182
Cornaceae 182
Nyssaceae 184
Araliaceae 184
Apiaceae 187
Aquifoliaceae 190
Rhamnaceae 191
Vitaceae 192
Santalaceae 193
Gentianaceae 194
Menyanthaceae 194
Caprifoliaceae 195
Sambucaceae 196
Valerianaceae 198
Boraginaceae 198
Solanaceae 198
Scrophulariaceae 200
Lamiaceae 200
Asteraceae 206
Incertae sedis (*Carpolithus* L.) 208
3. Die pliozänen Lokalfloren Thüringens und ihre Altersbeziehungen 209
3.1. Berga bei Sangerhausen (Bezirk Halle) 209
3.2. Gerstungen bei Eisenach (Bezirk Erfurt) 211
3.3. Kaltensundheim bei Meiningen (Bezirk Suhl) 212
3.4. Kranichfeld bei Weimar (Bezirk Erfurt) 213
3.5. Nordhausen, Döhringsche Ziegelei (Bezirk Erfurt) 214
3.6. Oberzella bei Bad Salzungen (Bezirk Suhl) 215
3.7. Rippersroda bei Arnstadt (Bezirk Erfurt) 215
4. Florenfolgen und Klimawechsel im Pliozän 216
Zusammenfassung 223
Literatur 224
Tafelerläuterungen und Tafeln 243

Abstractum

Die pliozänen Lokalfloren Thüringens: Berga, Gerstungen, Kaltensundheim, Kranichfeld, Nordhausen, Oberzella, Rippersroda werden monographisch bearbeitet. Samen, Blätter und Früchte von fossilen Pflanzen aus 91 Familien gelangen zur Darstellung. Die Thüringer Floren belegen fünf Florenkomplexe, die stratigraphisch vom höheren Unterpliozän bis zum höheren Oberpliozän reichen. Es wird erstmalig eine geschlossene Darstellung von Florenabfolgen und Klimawechseln im Pliozän Mitteleuropas nach dem Zeugnis der Makrofloren gegeben.

The Pliocene local floras of Thuringia: Berga, Gerstungen, Kaltensundheim, Kranichfeld, Nordhausen, Oberzella, and Rippersroda are reviewed in this monograph. By seeds, fruits, and leaves 91 plant families are determined.

Five successive complexes of Thuringian fossil floras are recorded, dating from the higher part of the Lower Pliocene up to the highest part of the Upper Pliocene.

For the first time a complete record of the flora sequence and of the corresponding climate fluctuations within the Pliocene of Central Europe is analysed by means of macrofossils.

В данной монографии приводится обзор плиоценовых флор из местонахождений Берга, Герстунген, Кальтензундхайм, Кранихфельд, Нордхаузен, Оберцелла и Рипперсрода. По ископаемым остаткам семян, плодов и листьев определены растения, относящиеся к 91 семейству.

В Тюрингии зафиксировано пять последовательных комплексов ископаемых флор, датируемых от нижней части верхнего плиоцена до конца верхнего плиоцена.

Впервые для плиоцена Центральной Европы изучена последовательность ископаемых флор и соответствующих климатических колебаний, основанная на макроостатках растений.

1. Einleitung

Im Rahmen der Erforschung der Geschichte der Vegetation im Tertiär Mitteleuropas konnten für das Gebiet der DDR umfangreiche Monographien und Übersichten besonders über alttertiäre Florenkomplexe (Mai und Walther 1978, 1983, 1985) vorgelegt werden. Damit sind zahlreiche Einzelfloren größerer Gebiete systematisch, paläosoziologisch, paläoökologisch und paläoklimatologisch bearbeitet und ausgewertet worden. Im Endergebnis sind diese Arbeiten Rekonstruktionen der Vegetation im Tertiär von überregionaler Bedeutung.

Aus dem jüngsten Tertiär, dem Pliozän, lagen bisher nur lückenhafte Ergebnisse vor, die sich auf wenige sichere Belege und auf Einzelfundstellen beschränkten. Solche Floren pliozänen Alters sind aus der Umrandung des Thüringer Beckens und südwestlich des Thüringer Waldes bekannt. Sie stammen aus isolierten, geschlossenen Depressionen, die mit limnischen und fluviatilen Beckensedimenten gefüllt sind. Die Vorkommen finden sich am Nordrand der Goldenen Aue bei Nordhausen, bei Görsbach und Berga im Tal der Helme, im Geratal bei Rippersroda und Neusiß, im Ilmtal bei Dienstedt und Kranichfeld, im Werratal bei Oberzella und Gerstungen sowie im Feldatal bei Kaltensundheim. Schon im vorigen Jahrhundert wurden wenige Pflanzenreste aus Thüringer Pliozänfloren beschrieben: Kranichfeld (Herbst 1844), Rippersroda (Giebel 1860; Fritsch 1885). Vor Beginn unserer eigenen Arbeiten wurde Gerstungen (Hofmann 1941) erwähnt. Die florenführenden Beckensedimente wurden früher teilweise verschiedenen Stufen des Tertiärs zugeordnet, zum Beispiel das Vorkommen von Kranichfeld dem Oligozän (Schmid 1885), das von Oberzella dem Oberoligozän (Hirsch 1937), später dem Pliozän (Weber 1955). Nur Rippersroda galt seit der Bearbeitung durch Fritsch (1885) immer als Pliozän. Im Zusammenhang mit der mikrobotanischen Einstufung von Oberzella wurde von Krutzsch und Majewski (1965) auf ähnlich alte, oberpliozäne Mikrofloren von Gerstungen, Görsbach und Berga verwiesen.

Bei diesem Stande der Erkenntnisse begannen unsere eigenen, umfangreichen Aufsammlungen, die sich mit Unterbrechungen von 1959 bis in die Gegenwart hinzogen. In alten und neuen Fundstellen konnte ausreichendes Material an pflanzlichen Makrofossilien gewonnen werden, das eine komplexe Auswertung erlaubt. Das karpologische Material wurde nach den üblichen Schlämmverfahren (Kräusel 1950, S. 30) gewonnen und von D. H. Mai bearbeitet. Die Blattreste, nur in Berga zu gewinnen, entbehrten der organischen Substanz weitgehend, zeigten aber morphologische Details, so daß die von H. Walther vorgenommene Bearbeitung lediglich nach der klassischen, morphologischen Methode erfolgen konnte. Der überwiegende Teil der Blattfossilien ist aus einer sandig-tonigen (schluffigen) Fazies als hauchdünne, durch Eisenhydroxid imprägnierte Abdrücke überliefert. Verfaltungen und Zerreißungen der Blätter weisen auf eine unruhige Sedimentation hin. Postpliozäne Tektonik hinterließ Spuren in Form gebrochener Ebenen der Blätter. Dadurch ist eine Fotodokumentation nur in Ausnahmefällen möglich. Die Dokumentation erfolgt in der Hauptsache durch detaillierte Zeichnungen, die direkt vom Blattfossil unter dem Stereomikroskop SM XX auf durchsichtiges Cellit übertragen wurden. Der Nachweis der Epidermisstruktur (Kutikularanalyse) gelang nur zum Teil bei Pflanzenresten aus einer tonig-kohligen Fazies von Berga, Kranichfeld und Rippersroda. Die Gewinnung der Kutikulen war erst nach vorheriger Behandlung mit Flußsäure möglich. In der Mehrzahl der Fälle war in Berga die inkohlte Substanz bereits so zerstört, daß nur Fragmente der Kutikulen vorhanden waren (Kilpper 1959).

Die bewährte Methode der gemeinsamen Bearbeitung und Interpretation von Früchten, Samen und Blättern hat auch in vorliegender Arbeit zu guten Ergebnissen geführt, die hier zusammengefaßt zur Darstellung gelangen. Einer solchen geschlossenen Darstellung, die einige bisher publizierte Einzelergebnisse (Rippersroda: Mai u. a. 1963; Kranichfeld: Mai 1965) einschließt, geben wir den Vorzug vor weiteren Einzelpublikationen. Wir hoffen damit, das reiche Thüringer Material als bedeutsamen Beitrag zur pliozänen Vegetationsentwicklung Europas und zur noch immer problematischen paläobotanischen Einschätzung der Grenze von Pliozän/Pleistozän vorzustellen. Wichtig erscheint uns in jedem Falle eine enge Verknüpfung von zwei Thüringer Florenfundpunkten (Kaltensundheim, Rippersroda) mit der Vertebratenstratigraphie des Pliozäns (Fritsch 1885; Wüst 1900; Dietrich 1953; Kahlke 1968). Eine erste Zusammenfassung der neueren Ergebnisse wird von Ahrens u. a. (1968) versucht, die in einigen Punkten vom Fortgang eigener und internationaler Forschungen überholt wurde. Die geologische Übersicht aller Vorkommen außer Kaltensundheim findet sich ausführlich bei Steinmüller (1974).

Die Sammlungen folgender Institute, Museen und sonstiger Einrichtungen wurden benutzt, beziehungsweise wurden dort unsere Collectionen deponiert:

Akademija Nauk SSSR, Botaničeskij Institut, Leningrad (BIN);
Humboldt-Universität zu Berlin, Museum für Naturkunde (MfN, Berlin);
Friedrich-Schiller-Universität Jena, Sektion Biologie, Wissenschaftsbereich Spezielle Botanik und Botanischer Garten (Bot. Inst., Jena);
Goethe-Archiv, Weimar;
Karl-Marx-Universität Leipzig, Sektion Physik, Wissenschaftsbereich Geophysik (Geol. Inst. Leipzig)
Martin-Luther-Universität Halle-Wittenberg, Sektion Geographie, Wissenschaftsbereich Geologie und Geiseltalmuseum (Geiseltalmus. Halle);
Staatliches Museum für Mineralogie und Geologie, Dresden (MMG, Dresden);
Staatliche Museen, Meiningen
VEB Geologische Forschung und Erkundung, Freiberg
Zentrales Geologisches Institut, Berlin

Hinweis

Für die Fundorte in der Volksrepublik China wurde die Schreibweise nach Haacks Großer Weltatlas, Gotha und Leipzig 1963ff., vorgenommen. Um den Vergleich mit der älteren Literatur zu erleichtern, wird hier eine Liste der genannten Lokalitäten in beiderlei Schreibweise beigefügt:

Anhui	Anhwei
Changjiang	Jangtze kiang
Gansu	Kansu

Guangxi	Kwangsi
Guizhou	Kweichow
Hunan	Hunnan
Jiangsu	Kiangsu
Jianxi	Kiangsi
Nordostchina/Provinzen Heilongjiang, Liaoning, Jili	Mandschurei
Shandong	Shantung
Shenxi	Shensi
Sichuan	Szetschuan
Xijang	Sikang
Xijiang	Sikiang (Fluß)
Yunnan	Jünan, Jünnan
Zhejiang	Tschekiang

Mannigfache Unterstützung erhielten wir bei unseren Bemühungen durch geologische und paläontologische Spezialbearbeiter der einzelnen Vorkommen. Für die Unterstützung bei der Feldarbeit oder der Lösung wissenschaftlicher Probleme danken wir herzlich Dr. G. BÖHME (Berlin), Dr. J. ELLENBERG (Jena), Dr. W. KRUTZSCH, Dr. E. PIETRZENIUK (Berlin), Dr. R. RUSKE (Halle), Dr. A. STEINMÜLLER und Dr. K.-P. UNGER (Jena). Diese Arbeit wurde durch Bereitstellung von rezentem Vergleichsmaterial und Spezialliteratur von folgenden Damen und Herren unterstützt: Dr. J. HEDGE (Edinburgh), Dr. Z. KVAČEK (Prag), Dr. H. MANITZ (Jena), Prof. Dr. H. MEUSEL (Halle), Prof. Dr. W. VENT (Berlin) und Dr. E. ZASTAWNIAK (Kraków), für die ihnen an dieser Stelle gedankt sei. Ohne unsere technischen Mitarbeiterinnen und Mitarbeiter wäre diese Arbeit nicht zu Stande gekommen. Wir danken B. BASTIAN, M. ROTHE, C. SCHULENBERG, M. TREBERT, I. WOSSLICK, R. SCHMIDT (Staatliches Museum für Mineralogie und Geologie Dresden) sowie R. BERKNER, H. GRAČNER, U. MÜLLER, E. NAPP und S. PFISSTER (Bereich Botanik und Arboretum des Museums für Naturkunde der Humboldt-Universität zu Berlin). Besonderer Dank gebührt Herrn Dr. Dr. H. D. KAHLKE (Weimar) für die großzügige Unterstützung bei der Drucklegung dieser umfangreichen Publikation.

2. Beschreibung der Gattungen und Arten

Salviniaceae

Salvinia SÈGUIER

Gegenwärtig zehn Arten, Gesamtareal ozeanisch, besonders in den Tropen und warmtemperierten Zonen verbreiteter Wasserfarn mit deutlicher Arealschwäche in Afrika. Nordgrenze bereits in Mitteleuropa und am Amur. Wichtige Kennarten in Schwimmpflanzengesellschaften, stets Anzeiger für Eutrophie der Gewässer.

Megasporen gedrungen eiförmig, am Scheitel (Area) mit einer trileten Marke, die bei der Keimung in drei getrennte Lappen aufbricht. Die Megasporenwand (Perispor) besteht aus drei Schichten: Intine, Exine und Perine. Letztere ist die skulpturtragende Schicht der Oberfläche; sie ist zumeist wabenartig und cavernös, mitunter auch warzig bis furchig. Der Sorus ist als einfächriges Sporokarp ausgebildet. Im weiblichen Sorus reifen mehrere kurzgestielte Makrosporangien mit je einer Megaspore. Bei rezenten Arten werden nur männliche oder weibliche Sori mit Mikro- oder Makrosporangien, nie gemischte Sori wie bei fossilen Arten gebildet. Fossil artenreicher als heute (über 20 Arten), ab Paläozän nachweisbar. Nach DOROFEEV (1963a) zwei streng geschiedene Sektionen (*Cerebrata* DOROFEEV, *Eusalvinia* DOROFEEV).

Artenbeschreibungen: FRITEL 1908; KIRCHHEIMER 1930; FLORSCHÜTZ und JONKER 1942; NIKITIN 1948, 1957, 1965; DOROFEEV 1955, 1963a, b, 1966a, b, 1968a, c; CHANDLER 1957; KEMPF 1971; WELICZKIEWICZ 1973; MARTIN 1976b; NEGRU 1978, 1982.

Salvinia cerebrata NIKITIN
Abb. 1a; Taf. I, Fig. 8—10

1948 *Salvinia cerebrata* NIKITIN, Dokl. Akad. Nauk SSSR **61**: 1103 (nomen nudum).
1955b *Salvinia cerebrata* DOROFEEV, Sarmat. rast. Tiligula: 147; t. I, f. 1.

Megasporen annähernd kugelförmig bis kugelig-tetraedrisch, mit vorspringender, dreieckig pyramidenartiger Spitze, auf welcher die dreistrahlige Dehiszenzmarke sich befindet; 0,37—0,5 mm im Durchmesser. Oberfläche mit langen und gewundenen Wülsten, glänzend.

Bemerkungen: Neben den durch ihre Struktur charakterisierten Megasporen und bisweilen sogar im gleichen Sporokarp-Rest gemischt kommen auch die Mikrosporangien vor. Diese sind zu beschreiben: Mikrosporangien oft in zusammenhängenden Klumpen, kleiner, mit runzeliger Oberfläche, ohne Sporangienwand, von schwammiger Beschaffenheit. Möglicherweise haben derartige Mikrosporangien-Klumpen CHANDLER (1957) in Bovey Tracey (Mitteloligozän) vorgelegen, die als *S. boveyana* CHANDLER beschrieben wurden. Wahrscheinlich ist die Art mit der von KIRCHHEIMER (1930) untersuchten *S. hassiaca* KIRCHH. ident, von der aber nur mikroskopische Bilder vorliegen, die charakteristische Einzelheiten der äußeren Skulptur nicht erkennen lassen. Verwandt ist auch *S. mucronata* NEGRU (1978).

Vorkommen: In tertiären Ablagerungen der Sowjetunion weit verbreitet; im übrigen Europa bisher Miozän des Rheinlands und des Maingebiets (KEMPF 1969, 1971), von Mähren/ČSSR (KNOBLOCH 1978), Mittelpolen (ŚRODONIOWA 1958), DDR (MAI 1967) und Westbulgarien (PALAMAREV 1971); Pliozän in der DDR (AHRENS u. a. 1968); noch im Waal-Interglazial von Nordbrabant (Coll. MAI, Nr. 6750).
Nordhausen (4857, 4940).

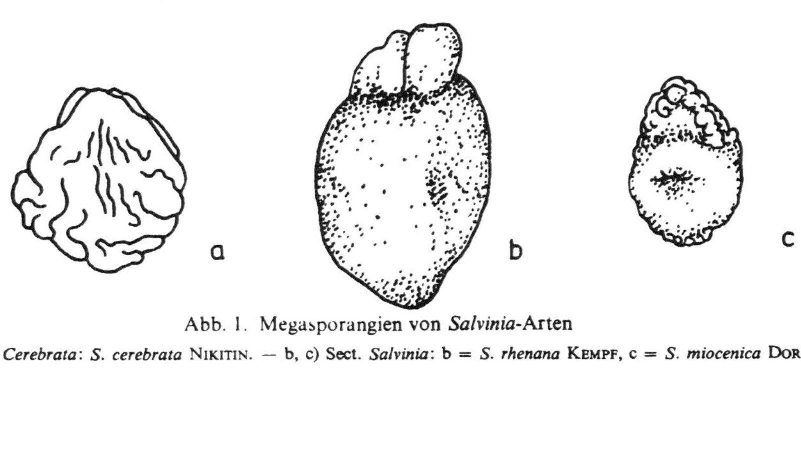

Abb. 1. Megasporangien von *Salvinia*-Arten
a) Sect. *Cerebrata*: *S. cerebrata* NIKITIN. — b, c) Sect. *Salvinia*: b = *S. rhenana* KEMPF, c = *S. miocenica* DOROF.

Salvinia miocenica DOROFEEV
Abb. 1c; Taf. I, Fig. 1—3

1968a *Salvina miocenica* DOROFEEV, Ukrain. bot. Ž., **6**: 67—68; Abb. 1, f. 22—25; Abb. 3, f. 19—23.

Megasporen oval, verkehrt-eiförmig, 0,5—0,6 mm im Längsdurchmesser, 0,38—0,5 mm breit. Oberfläche der Spitze und Basis grobbuckelig-runzelig, Mitte des Sporenkörpers fast glatt.

Bemerkungen: Am ähnlichsten sind die Megasporen von *S. tanaitica* DOROFEEV, deren Spitze und Basis aber weniger grob skulpturiert ist, während die Sporenmitte meist noch kleine, körnige Wärzchen trägt. Ähnlich ist auch *S. intermedia* NIKITIN. Für synonym hält Verfasser *S. crispa* (DOROFEEV) NEGRU (1978).

Vorkommen: (?) Sarmat von Lochviza (DOROFEEV 1968a); miopliozäne Grenzschichten in der Belorussischen SSR (JAKUBOVSKAJA 1977); und Unterpliozän der Moldauischen SSR (NEGRU 1978).

Tonberg bei Oberzella (339); Gerstungen (6693).

Salvinia rhenana KEMPF
Abb. 1b; Taf. I, Fig. 4

1971 *Salvinia rhenana* KEMPF, Palaeontographica, B, **136**: 52—55; t. 21—24, f. 25—39.

Megasporen spindelförmig, 0,55—0,69 mm im Längsdurchmesser, Spitze deutlich vom Sporenkörper abgesetzt, Äquatorzone dünnwandig und aufgebläht, mit glatter, sekundär unregelmäßig eingedellter Oberfläche, Pole runzelig-faltig und zugespitzt.

Bemerkungen: Eine Art, die nach den Megasporen *S. intermedia* NIKITIN (1948) sehr nahe steht. Sie unterscheidet sich durch etwas geringere Abmessungen der Sporen und eine kleinwarzigere Oberfläche. Weitere Arten, z. B. *S. tanaitica* DOROFEEV (1966), gehören offensichtlich ebenfalls zu diesem. Formenkreis. Wahrscheinlich synonym ist *S. aphtosa* WELICZKIEWICZ (1973) aus dem Oberpliozän und Altpleistozän der Litauischen SSR.

Vorkommen: Oberpliozän des Rheinlands (KEMPF 1971), Oberpliozän und Altpleistozän in der Litauischen SSR (WELICZKIEWICZ 1973, 1977).

Rippersroda (651b; „*Salvinia intermedia*" bei MAI u. a. 1963, t. I, f. 9).

Salvinia tuberculata NIKITIN
Taf. I, Fig. 5—7

1948 *Salvinia tuberculata* NIKITIN, Dokl. Akad. Nauk SSSR, **61**: 1104 (nomen nudum).
1957 *Salvinia tuberculata* NIKITIN, Plioc. i četvert. fl. Voronež. obl.: 88; t. 1, f. 7, 8.

Megasporen eiförmig oder breit-spindelförmig, Basis und Spitze zugespitzt, 0,6—0,8 mm im Längsdurchmesser, 0,4 bis 0,5 mm breit. Oberfläche tuberculat, oft sehr grobwarzig, glänzend.

Bemerkungen: Die *Salvinia natans* L. und *S. glabra* NIKITIN (1957) nahestehende Art unterscheidet sich von den Megasporen dieser Arten durch die warzige Oberfläche. Es werden auch Mikrosporangien gefunden, die nicht mehr mit Megasporen gemischt auftreten.

Vorkommen: Miozän von Westsibirien, aber selten (NIKITIN 1948), Miozän von Gomel, Rostov, Novočerkassk (DOROFEEV 1959, 1960b); im Pliozän der Baškirischen ASSR (DOROFEEV 1956a) bis Elsaß (NÖTZOLD 1963; GEISSERT 1967); Altpleistozän der Belorussischen SSR (DOROFEEV und WELICZKIEWICZ 1971); oberes Kinel des Kamagebiets (GORETZKIJ 1979); im Waal-Interglazial von Nordbrabant (6749).

Rippersroda (651; Original MAI u. a. 1963, t. I, f. 6—8).

Azollaceae

Azolla LAMARCK

Sechs Arten, vorwiegend tropisch-subtropisch verbreitete Schwimmfarne mit Arealausläufern bis Nordjapan und New Jersey (atlantisches Nordamerika). Im atlantischen Europa heute nur mit einer Art eingebürgert. Dominanten in Schwimmpflanzengesellschaften, Anzeiger für eutrophe Gewässer.

Reife Makrospore im unteren Teil eines kompliziert gebauten Episporiums. Dieses Episporium bildet eine der Sporenwand (Sporoderm) anliegende, feiner bis gröber granulierte, bisweilen gefelderte, mit Haaren, Warzen oder unregelmäßigen Höckern besetzte Hülle; im oberen Teile aber einen eigentümlichen, aus 3 oder 3 × 3 oder mehr birnförmigen Körpern aufgebauten, mit Luft gefüllten Schwimmapparat. Diese Schwimmkörper sind eine sekundäre Komponente an einer aus haarähnlichen Fäden über der proximalen Oberfläche der Megaspore hervorgehenden Columella. Sie können bei archaischen Formen fehlen, so daß eine als „columellater Schwimmkörper" bezeichnete Struktur entsteht. Andererseits kann die Columella sehr kompliziert als peltates und triseptates Gebilde entwickelt sein (Sect. *Rhizosperma*, *Euazolla*). Sie wird oft durch einen schirmartigen Restteil der Sporangienwand abgedeckt.

Die Mikrosporen sind zu vier bis acht in sogenannten Massulae vereinigt. Sie enthalten oft besondere, anker- bis hakenförmige Haftorgane, die Glochidien. Diese können septiert oder unseptiert sein.

Wichtige Merkmale für artliche und infragenerische Unterteilungen sind Anzahl der Schwimmkörper, Fehlen und Vorhandensein von Glochidien und deren Septierung.

Fossil seit der Kreide auf der Nordhemisphäre; bisher etwa 66 Arten beschrieben, die in mehrere Untergattungen und Sektionen provisorisch eingeteilt wurden (KEMPF 1968; FOWLER 1975).

Artenbeschreibungen und Artenschlüssel: REID und CHANDLER 1926; FLORSCHÜTZ 1938, 1945; NIKITIN 1938, 1948, 1965; DOROFEEV 1955a, 1959a, c, 1962b, c, 1968a, c, 1969a, b, 1979b, 1980; FLORSCHÜTZ und AMOR 1960; DIJKSTRA 1961; BERTELSEN 1972, 1974; MARTIN 1976a, b; NEGRU 1979; COLLINSON 1980a.

Azolla filiculoides LAMARCK **fossilis**
Taf. I, Fig. 11—13

1905 *Azolla filiculoides* LAM. — LORIE, Verh. kon. Akad. Wet., sect. 2: 12 (ohne Abb. und Beschr.)
1938 *Azolla filiculoides* LAM. — FLORSCHÜTZ, Rec. trav. bot. Néerlandais, **35**: 934, t. 19, f. 1, 2.
1938 *Azolla interglacialica* NIKITIN, Tr. biol. Inst. Tomsk. gos. Univ., **5**: 151—152, f. 1—6.

Megasporangien eiförmig oder elliptisch, 0,4—0,5 mm im Längsdurchmesser, mit drei Schwimmkörpern, an der Spitze mit Rest des Indusiums; Perispor warzig-tuberculat oder fast glatt. Massulae mit septierten oder unseptierten Glochidien.

Bemerkungen: Die Megasporangien der *Azolla filiculoides* LAM. wurden zunächst nur aus pleistozänen Sedimenten fossil beschrieben. NIKITIN (1938, 1957) betrachtete die fossilen Funde als eigene Art *A. interglacialica* NIKITIN, die sich durch geringfügige Details im Schwimmapparat und besonders durch die 1—2 Septen der Glochidien unterscheiden sollte. Dieses Merkmal beschrieb aber bereits FLORSCHÜTZ (1938) für die var. *rubra* R. BR. der heutigen *Azolla filiculoides*. Wir können daher die Meinung einiger sowjetischer Autoren nicht teilen, die im Pleistozän das Vorkommen einer eigenen Art anführen.

Vorkommen: Pliozän von Grodno, Gomel, Litauische SSR, Novogrudok und Vorkarpatengebiet (DOROFEEV 1966a, 1967b; DOROFEEV und WELICZKIEWICZ 1971; WELICZKIEWICZ 1973; JAKUBOVSKAJA 1977); in altpleistozänen Interglazialen der Belorussischen SSR, bis Großbritannien; Holstein- und Dömnitz-Warmzeiten von Westsibirien bis Irland (NIKITIN 1938, 1940; FLORSCHÜTZ 1941; MIELECKE 1958; NÖTZOLD 1959; WATTS 1959; MANIA und MAI 1969).
Nordhausen (4872).

Azolla tegeliensis FLORSCHÜTZ
Taf. I, Fig. 14, 15

1938 *Azolla tegeliensis* FLORSCHÜTZ, Rec. trav. bot. Néerlandais **35**: 935, t. 20, f. 3—5.
1948 *Azolla pseudopinnata* NIKITIN, Dokl. Akad. Nauk SSSR, **61**: 1104 (nomen nudum).
1955a *Azolla pseudopinnata* DOROFEEV, Méot. fl. okres. Odessy: 118; t. I, f. 2, 3.

Megasporangien eiförmig, 0,5—0,65 mm im Längsdurchmesser, mit neun Schwimmkörpern, Spitze mit Indusium; Perisporium weiß, aus zwei ungefähr gleich dicken Schichten, Oberfläche glatt, basal rauh, mit zarten Höckern und sehr feinem Netzwerk; ohne Gürtel.

Bemerkungen: Innerhalb der Section *Rhizosperma* MEYEN gibt es im fossilen Zustand einige Arten, die nach ihren Megasporangien sehr nahe beieinander stehen und sich nur durch geringfügige Unterschiede abgrenzen lassen. *Azolla parapinnata* DOROFEEV (1962) aus Westsibirien wurde vom Autor durch die geringere Größe, das etwas andere Verhältnis der Größen von Schwimmapparat zu Sporenkörper und geringfügige Ornamentationsunterschiede des Perispors von *A. pseudopinnata* NIKITIN (1948) abgegrenzt. Auf Unterschiede zu der von FLORSCHÜTZ (1938) aufgestellten Art *A. tegeliensis* ging DOROFEEV an keiner Stelle bisher ein. Vergleiche mit Originalmaterial im BIN Leningrad zeigten zumindest die Artgleichheit mit einigen Exemplaren von *A. pseudopinnata* NIKITIN. Die Arten werden allgemein mit *A. pinnata* R. BR. verglichen.

Vorkommen: Miozän von Westsibirien (NIKITIN 1948; DOROFEEV 1959—1963); Obermiozän von Odessa, Gomel, Minsk (DOROFEEV 1955, 1960b); Polen (ŁAŃCUCKA-ŚRODOŃIOWA 1958); Pliozän in der Baškirischen ASSR, im Dongebiet, der Belorussischen (Gomel) und Litauischen SSR (DOROFEEV 1956, 1965; NIKITIN 1957; DOROFEEV und WELICZKIEWICZ 1971; RISCHKENE 1971; JAKUBOVSKAJA 1977); Tegelen/Niederlande (FLORSCHÜTZ 1938); Oberes Kinel des Kamagebiets (GORETZKIJ 1979); Altpleistozän von Daumantai und Gomel (WELICZKIEWICZ 1971); Roslavl-Interglazial (WELICZKIEWICZ 1979); Niederlande (FLORSCHÜTZ und JONKER 1942).
Kranichfeld (MfN, Berlin, 6738).

Selaginellaceae

Selaginella SPRING

Mit 700 Arten hauptsächlich subtropisch-tropisch verbreitete Gattung, daneben einzelne boreal-montane Arten. Nördlichste Vorkommen heute Grönland, Nordeuropa, Sibirien, Tschuktschen-Halbinsel. Afrika gegenüber Südostasien und Äquatorialamerika mit sehr wenigen Arten.

Überwiegend ombrophile Pflanzen an schattigen, feuchten Plätzen, besonders in den montanen Regenwäldern der tropischen Gebirge. Sowohl wichtige Arten der Krautschicht als auch der Epiphytenvegetation. Häufig endemisch.

Trilete Megasporen mit oder ohne Kontaktarea, abgeflacht bis kugelig, reticulat bis warzig. Fossil bisher nur sehr wenig Material (zehn Arten) nach Megasporen beschrieben. Morphologisch sehr mannigfaltige Gattung mit schwer abgrenzbaren Arten.

Über Mikrosporen vgl. W. KRUTZSCH (1963, S. 28—29). Ab Oberkreide in Europa.

Artenbeschreibungen: CHANDLER 1921; NIKITIN 1933; NIKITIN und DOROFEEV 1953; DOROFEEV 1957c, 1960b, 1962a; DOROFEEV und WELICZKIEWICZ 1971; WELICZKIEWICZ 1973; MAI und WALTHER 1978; KNOBLOCH 1986; NEGRU 1986.

Selaginella pliocenica DOROFEEV
Taf. I, Fig. 16—18

1957c *Selaginella pliocenica* DOROFEEV, Dokl. Akad. Nauk SSSR, **117**: 489, Abb. 1/1.

Trilete Megasporen, kugelig, 0,4—0,8 mm im Durchmesser; Skulptur reticulat, Maschen 4- bis 6eckig, nicht immer gerade, Muri meist gekrümmt, dünn, niedrig, ungleichmäßig in der Höhe, stückenweise verdickt. Oberfläche schwefelgelb bis grünlich-bläulich schillernd, aber nicht kräftig iridisierend.

Bemerkungen: DOROFEEV (1957) vergleicht die Art mit den heutigen nordamerikanischen Arten *Selaginella apoda* (L.) FERN. und *S. densa* RYDB. Es haben aber noch eine Vielzahl anderer Arten reticulate Megasporen, so daß dieser Vergleich nicht eindeutig ist.

Vorkommen: Bisher Miozän und Pliozän von Ost- und Südosteuropa bis Südpolen (DOROFEEV 1957c, 1960b; ŁAŃCUCKA-ŚRODOŃIOWA 1963; PALAMAREV 1970). Auch im Miozän der Niederlausitz (MAI 1967).
Berga (5526).

Osmundaceae

Osmunda LINNÉ

Mit 14 Arten weltweit, aber zerstreut verbreitet. Teilareale: Westliches Europa, atlantisches Nordamerika (Neufundland bis Florida und Antillen), atlantisches und mittleres Südamerika, Südwestindien und Ostasien. Typischer Sumpffarn auf staunassen, kalkarmen, zumeist sauren Torfböden. Untergattung *Plemasium* PRESL. mit drei Arten in Ost- und Südostasien vorkommend.

Osmunda heeri GAUDIN
Taf. VII, Fig. 1

Aus den schwach kohligen Tonen von Berga liegt ein inkohlter, steriler Fiederrest vor. Es handelt sich um den Basalteil eines breit-linealen Fiederchens, 3,25 cm lang, 1,7 cm breit. Die Basis ist breit subcordat und schwach asymmetrisch. Der Rand weist eine sehr feine kerbige Zähnung auf, die bis in den unmittelbaren Basalbereich nachweisbar ist. Mittelader kräftig, gerade, 1 mm breit. Seitennerven parallel verlaufend, dicht, ca. 18—20 je cm. Sie gabeln sich unmittelbar an ihrer Basis. Eine weitere Gabelung erfolgt im ersten Drittel, vereinzelt auch in der Mitte der Lamina und im äußersten Drittel. Nach der zweiten Gabelung biegen sich die Seitennerven nach vorn und führen geradlinig zum Rande, dort in den Kerbzähnchen oder deren spitzen Buchten endend. Im Basalbereich zweigen die Seitennerven fast waagerecht ab. Gehäuft treten hier mehrfache Gabelungen auf.

Struktur der Epidermis nicht nachweisbar.

Bemerkungen: Eine sichere Bestimmung allein nach den sterilen Fiedern bleibt immer problematisch (BARTHEL 1976). Morphologische Ähnlichkeiten bestehen zu den sterilen Fiedern von *Blechnum dendatum* (GOEPPERT) A. BRAUN, aus zahlreichen Tertiärfloren (Untereozän bis Miozän) Europas bekannt. Die weniger dichte Nervatur, die größere Fiederbreite sowie die feine Kerbzähnung lassen eine morphologische Abgrenzung von *Osmunda heeri* zu. FATALIEV (1961), ILJINSKAJA (1968) und BARTHEL (1976) haben sich eingehend mit der Synonymik und Beschreibung dieser jungtertiären Farnart beschäftigt. Als rezente Vergleichsart wird übereinstimmend *Osmunda regalis* L. angegeben.

Vorkommen: Vom Paläozän (Grönland) bis Oberpliozän in Europa und im asiatischen Teil der Sowjetunion.
Berga: MMG, Dresden, Bg. 300.

Pinaceae

Abies LINNÉ

Heute etwa 40 Arten in der nördlichen gemäßigten Zone, nach Süden bis in die Hochgebirge Guatemalas, Honduras und El Salvadors (*A. guatemalensis* REHD.) in 3300—3800 m, im Himalaja bei 2800—3600 m (*A. densa* GRIFF.), in Nordburma bei 3000—4000 m (*A. fargesii* FRANCH.), auf Taiwan bei 3000—3600 m (*A. kawakamii* ITO). In den nördlichen Arealteilen Artenanzahl geringer, die Bedeutung der Tannen als Waldbäume aber erheblich größer; in den südlichen Regionen viele Arten, zumeist als Endemiten oder Relikte vorhanden. Eine besondere Rolle spielen Tannen in den montanen Nadelwäldern, der Dunkel-Nadelwald-Taiga und in einigen Laubmischwäldern, z. B. den chinesischen Mixed Mesophytic Forests oder den europäischen Buchen-Tannen-Wäldern. Mit immergrünen Laubhölzern sind *Abies*-Arten nur in sehr seltenen Fällen vergesellschaftet, z. B. mit *Rhododendron*-Arten im Himalaja, Nordburma und Südchina (*Abies-Rhododendron*-Stufe), mit *Cyclobalanopsis stenophylla* und *Illicium anisatum* in den Gebirgen von Südjapan, mit *Castanopsis sempervirens* (und *Sequoia sempervirens*) im meridionalen Westamerika. Sicher ist jedoch nach allen zur Verfügung stehenden pflanzengeographischen Angaben, daß *Abies* stets nur die Grenzregionen zum Lorbeerwaldgürtel besiedelt und dies lediglich bei entsprechend hoher Humidität (OK-Stufen I—II nach JÄGER 1968). In kontinentaleren Bereichen ist die Gattung anderen Gehölzen unterlegen. Sie hat im Gegensatz zu *Picea* eine deutliche Verbreitungslücke im Inneren der Kontinente und geht hier nie über die OK-Stufe V nach JÄGER (1968) hinaus.

Nur Langtriebe, Nadelblätter einzeln, mit scheibenförmig verbreitertem Grund, darüber meist stielartig verschmälert, flach oder gewölbt, nur unterseits gekielt, zumeist bifid, seltener einspitzig, mit hervortretenden, weißen Spaltöffnungslinien, mit zwei lateralen Harzkanälen; Stomata vollständig amphizyklisch, Radialwände der Epidermiszellen unduliert oder bei einem Teil der Arten auch eben; Schließzellen oft tiefer eingesenkt.

Samenzapfen mit flachen, lederartigen, bogig gerundeten Samenschuppen, aufrecht, bei der Reife zerfallend; Deckschuppen häutig, oft über die Samenschuppen ragend. Samenflügel umgreifend, mit dem Samen fest verwachsen; Samen mit Harzbläschen.

Fossil im europäischen Tertiär ab Obereozän, im höheren Miozän und Pliozän gehäuft, nun auch die heutigen europäischen Reliktarten fossil nachgewiesen, über zehn Arten.

Artenbeschreibungen: SAPORTA 1881, 1882; GÖPPERT und MENGE 1883; RÉROLLE 1884; MÜLLER-STOLL 1938; MÄDLER 1939; GRANGEON 1958; FRIEDRICH 1966; MAI 1987.

Abies resinosa MAI
Taf. I, Fig. 19, 20

1987 *Abies resinosa* MAI, Feddes Repert. **98**: 105, t. III, f. 1, 2.
Synonymie:
1964 *Carpolithus* sp. 2 MAI, Paläont. Abh., **2**: 54; t. IV, f. 15—17

Samen eiförmig bis länglich, groß, 6—10 mm lang, 3 bis 4,5 mm breit, ohne erhaltenen Flügel; Oberfläche der Testa mit großen Narben, die von Harzblasen herrühren und an deren Rändern noch gelbliche Harzreste haften, Testa dünn, aus rundlichen Sklereïden aufgebaut; im Innern immer ein hautdünner Embryoschlauch vorhanden, dieser aus stark verdickten, rechteckigen Epidermiszellen, deren Zellgrenzen oft verlöschen; Dehiszenz der Samen zweiklappig, unregelmäßig, an der Mikropyle beginnend.

Bemerkungen: Die botanische Herkunft dieser bereits aus Wiesa als *Carpolithus* sp. 2 (MAI 1964) beschriebenen Fossilien konnte von MAI (1986) an Hand reichlichen und gut erhaltenen Materials aus dem Miozän von Dauban/Oberlausitz geklärt werden.

Abies-Samen sind bisher wiederholt in der Literatur beschrieben worden. Sie wurden jedoch zumeist nur zur Gattung gestellt, wenn sie den charakteristischen, breit-eiförmigen, fast gerade abgestutzten und zangenartig den Samen umfassenden Flügel zeigten. Vernachlässigt wurde jedoch bei allen Arten (z. B. LUDWIG 1860; ENGELHARDT und KINKELIN 1908; GRANGEON 1958; FRIEDRICH 1966) die Beschreibung der Samentesta. Damit sind alle bisher genannten Arten unseren Fossilien nicht vergleichbar. Von den heutigen europäischen Arten kommen in der Oberflächenbeschaffenheit und schmalen Gestalt der Samen besonders *Abies alba* MILL., *A. nordmanniana* SPACH und *A. cephalonica* LOUD. in Frage. Ostastiatische und nordamerikanische Arten haben oft viel kleinere Samen (*A. homolepis* SIEB. et ZUCC., *A. balsamea* MILL.).

Vorkommen: Miozän in der Ober- und Niederlausitz (MAI 1964, 1986).
Berga (5622).

Abies spec. indet. fol.
Abb. 2; Taf. I, Fig. 21—28

Abies-Nadeln liegen von zwei Fundorten in Bruchstücken vor. Sie besitzen niemals Stomata auf der Oberseite. Sie zeigen den scheibenförmig verbreiterten Grund. Es treten nie an der Basis lang verschmälerte Exemplare auf. Die Spitzen der Nadeln variieren von gerundet über gekerbt bis zweispitzig, die Anzahl der Stomatalinien pro Streifen von sechs bis fünfzehn. Die Nadelbreite reicht von 1,2—2,5 mm, die Länge ist unbekannt. Die Stomata sind amphizyklisch, nie

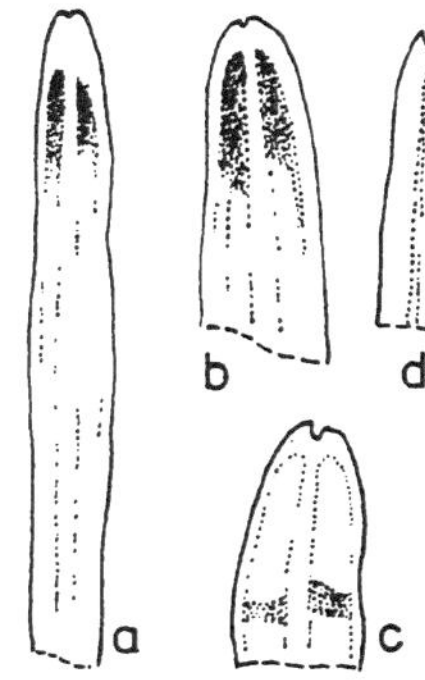

Abb. 2. Reste von *Abies*-Nadeln aus Berga (Unterseiten)

a—c = Typ der *A. alba* s. l.; d = Typ ostasiatischer Verwandtschaft (cf. *homolepis, nephrolepis, firma* etc.)

unmittelbar aufeinander folgend; die Radialwände der Epidermiszellen undulieren.

Bemerkungen: Von bisher beschriebenen Arten besitzen *A. alba* MILL. *fossilis*, *A. albula* (LUDW.) MÜLLER-STOLL (1938), *A. nordmanniana* (STEV.) SPACH *fossilis* und *A. sclereïdea* MÄDLER (1939) vergleichbare Nadeln. Da keine Sklereïden im Mesophyll beobachtet wurden und die Stomata nie unmittelbar aufeinander folgen, ist *A. sclereïdea* MÄDLER in unserem Material nicht vorhanden. Zwischen *A. alba fossilis*, *A. albula* (LUDW.) MÜLLER-STOLL (die vielleicht zu voriger nur Synonym ist) und *A. nordmanniana fossilis* zu wählen, erscheint unsinnig, da mindestens 12 weitere rezente *Abies*-Arten ebenfalls über sechs Stomatalinien besitzen und im Bau der Blattspitzen unserem fossilen Material viel näher stehen. Eine mit aff. oder cf. durchgeführte Zuordnung des fossilen Materials zu irgendwelchen rezenten Arten, wie sie SZAFER (1961) z. B. vom Fundort Stare Gliwice (Miozän) vornimmt, hält der Verfasser für unexakt, da hierbei variables Material künstlich zerrissen wird und pflanzengeographisch völlig unzureichende Angaben erzielt werden.

Vorkommen: Miozän und Pliozän von Polen bis zum Westerwald (MÜLLER-STOLL 1938; MÄDLER 1939; SZAFER 1961; Coll. MAI).
Berga (5497); Gerstungen (6706).

Cathaya CHUN et KUANG

Tertiärrelikt der chinesischen Flora mit zwei Arten. Areal meridional, aber eingeengt.

Typusart *Cathaya argyrophylla* CHUN et KUANG aus Bergwäldern der Lorbeerwaldregion in Guangxi/China bekannt, in regenwaldartigen Wäldern mit anderen Koniferen (*Cunnighamia*) vorkommend (WANG 1961, S. 160). *Cathaya nanchuanensis* CHUN et KUANG nur vom Berge Quinfuin/Südwestsichuan bekannt, in der Evergreen Broad-leaved Forest-Region. Nach ihrem heutigen Verbreitungsbild muß man die Gattung als Lorbeerwaldkonifere ansprechen.

Langtriebe mit einzeln stehenden Nadeln, Kurztriebe mit quirlartig genäherten Nadeln; Samenzapfen mit gewölbten, lederartigen, bogig gerundeten Samenschuppen; Blätter auf verlängerten, aber kaum angeschwollenen Blattpolstern; Blätter mit kurzem, geradem Nadelstielchen, flach, linealisch, Oberseite mit Mittelfurche, jung randlich bewimpert, mit stumpfer Spitze, mit zwei submarginalen Harzkanälen. Samenzapfen aufrecht ansitzend, Samenschuppen ungestielt, mit 1/2 bis 2/3 so langer, schwanzförmig zugespitzter Deckschuppe; Samen mit ansitzendem Flügel, nicht von diesem umgriffen, mit (?)Harzflecken.

Wiederholte fossile Funde im europäischen Tertiär bereits lange vor der Entdeckung der rezenten Arten gemacht, aber systematisch stets *Abies* oder *Keteleeria* zugewiesen. Bisher im zentraleuropäischen Gebiet vier tertiäre Arten unterscheidbar.

Artenbeschreibungen: FLORIN 1963; SVESHNIKOVA 1964; SCHNEIDER 1981.

Cathaya abchasica SVESHNIKOVA
Taf. I, Fig. 30—33; Taf. IV, Fig. 1

1964 *Cathaya abchasica* SVESHNIKOVA, Paleont. Ž. (2): 125—131; t. 11, f. 1—5.

Blätter flach, bis 1,8 mm breit, mit gerundeter Spitze und keilförmiger Basis, die sich in einen kurzen Blattstiel fortsetzt, hypostomatisch; Stomata in acht bis dreizehn Reihen pro Zone, Stomata monozyklisch; Nebenzellen vier bis sechs, Radialwände der Epidermiszellen überall eben, ohne Zähne.

Bemerkungen: Nadeln, die nach Morphologie und Epidermisbau eindeutig zu *Cathaya* gehören. Die Hauptunterschiede zu rezenten Arten sind die geringe Anzahl (sechs bis 13) der Stomata-Streifen pro Zone (bei *C. argyrophylla* 11—17, bei *C. nanchuanensis* neun bis dreizehn). Mit welcher fossilen Zapfenart die Nadeln in Verbindung stehen, war bisher ungeklärt, kann nunmehr aber durch die Bergaer Funde mit *C. loehrii* FLORIN (1963) vermutet werden.

Vorkommen: Pliozän von Abchasien (SVESHNIKOVA 1964).
Berga (5499).

Cathaya loehrii (GEYLER et KINKELIN) FLORIN
Taf. I, Fig. 29

1887 *Abies löhri* GEYLER und KINKELIN, Abh. senckenb. naturforsch. Gesellsch., **15**: 6; t. 1, f. 13, 15.
1911 *Keteleeria loehrii* ENGELHARDT und KINKELIN, Abh. senckenb. naturforsch. Gesellsch., **29**: 216—217; t. 26, f. 7, 12.
1963 *Cathaya loehrii* FLORIN, Acta Horti Berg., **20**: 242.

Basales Bruchstück eines Zapfens, 28 mm breit, vielschuppig; Samenschuppen ungestielt, flach, mit kreisförmigem Rand, mit 1/2mal so langer, schwanzförmig zugespitzter Deckschuppe.

Bemerkungen: Nach SVESHNIKOVA (1964, S. 127) unterscheiden sich die Zapfen von allen *Cathaya*-Arten durch die schmalzylindrische Form und die viel größere Anzahl von Zapfenschuppen. Man sollte nach ihr die Art daher besser bei *Keteleeria* CARR. belassen. Nach der Beschaffenheit des

Frucht-Deckschuppenkomplexes und der Flügelsamen erscheint aber die Deutung von FLORIN (1963) einleuchtender. Keine heutige Art ist dieser fossilen Art nahe verwandt.

Vorkommen: Pliozän des Untermaintals (GEYLER und KINKELIN 1887; FLORIN 1963).
Berga (5496).

Picea LINK

Mit 40 heutigen Arten charakteristischer Waldbildner der kalten Zone und der höheren Gebirge in der gemäßigten und subtropischen Zone der Nordhemisphäre; nur zwei Arten reichen in Hochgebirgen bis an den nördlichen Wendekreis: *Picea morrisonicola* HAYATA auf Taiwan (3000—3600 m), *P. chihuahuana* MARTINEZ in der Sierra Madre Occidental Mexikos (2600—2800 m). Während alle südlichen Arten stark humide Klimabedingungen verlangen, werden für die borealen Arten [z. B. *P. glauca* (MOENCH) VOSS, *P. mariana* BRITT. in Nordamerika, *P. obovata* LEDEB. in Eurosibirien, *P. schrenkiana* FISCH. et MEY. in Mittelasien] sehr hohe Kontinentalitätsstufen genannt (JÄGER 1968). Die Fichten umschließen damit ein Areal, daß von den Küsten- oder Gebirgsnebelwäldern bis zu kontinentalen Taiga- oder Parkwäldern (*P. schrenkiana*) reicht. Eine ganze Anzahl von Arten besiedeln heute sehr eng begrenzte Areale, die zumeist als tertiäre Reliktareale angesprochen werden. Nur Langtriebe; Nadeln einzeln; Samenzapfen mit flachen, lederartigen, bogig gerundeten Samenschuppen. Samenzapfen hängend, groß, vielschuppig, im Ganzen abfallend; Samenschuppen nur mit sehr kleinen Deckschuppen. Blätter auf polsterförmig angeschwollenen Blattkissen, die nach dem Blattabfall zurückbleiben; Nadelbasis meist verschmälert, Nadelquerschnitt oft rhombisch bis viereckig; Samen ohne Harzbläschen, Flügel leicht abfallend. Stomata vollständig amphizyklisch, Radialwände der Epidermiszellen immer unduliert und gerippt.

In Zentraleuropa erste fossile Nachweise durch Nadeln oder Flügelsamen im Unteroligozän des Elsaß (LAKOWITZ 1895) und Zagorje in Slowenien (ETTINGSHAUSEN 1872). Sichere Zapfenfunde dann im Oberoligozän (BECK 1886). Häufiger im Obermiozän und Pliozän mit mehreren, oft nicht sicher voneinander abgegrenzten Arten (mindestens acht).

Bei tertiären Funden von *Picea*-Arten läßt sich klimatisch immer auf gemäßigte, kühlere Klimabedingungen schließen, da unter wärmerem Klima die Fichten niemals zu größerer Verbreitung und Waldbildung gelangen. Über den Humiditätsgrad des Klimas sind jedoch keine Rückschlüsse möglich.

Artenbeschreibungen und Artenschlüssel: GÖPPERT 1840; ETTINGSHAUSEN 1872; SAPORTA 1881; FRITSCH 1885; BECK 1886; GEYLER und KINKELIN 1887; SORDELLI 1896; WEBER 1898; MÜLLER-STOLL 1938; SZAFER 1947; VAN DER HAMMEN 1951; FRIEDRICH 1966; MAI 1983, 1987.

Picea abies KARSTEN **fossilis**
Abb. 3a—d; Taf. II, Fig. 1—5

1892 *Picea abies* KARST. *fossilis* NEHRING, Naturwiss. Wochenschr., 7: 451.

Zapfen 100—160 mm lang, walzlich, Schuppen rhombisch, nach oben verschmälert, mit ausgerandeter oder stumpfer Spitze; Samen (5—6 mm) mit länglichen Flügeln, 16 mm lang; Nadeln 10—25 mm lang, 1 mm breit, spitz, stechend, vierkantig, je Seite mit ein bis vier Stomatastreifen.

Bemerkungen: Besonders sicher bestimmbar sind Zapfenreste, während die Nadeln, scharf vierkantig und zugespitzt, im Mittel 10—20 mm lang und jederseits mit ein bis vier Stomatastreifen versehen, auch bei anderen Fichten vorkommen. Am wenigsten sicher sind die sich auf flügellose Samen beziehenden Bestimmungen.

Vorkommen: Keine miozänen Nachweise (GELLHORN 1893); im Pliozän in West-, Mittel- und Südeuropa, besonders verbreitet in den Interglazialen und hier Leitform der Vegetationsabfolge. Fossilfunde in der DDR vgl. NEHRING 1892; WEBER 1893; VENT 1955, 1974; MANIA und MAI 1969; MAI 1974, 1983.
Rippersroda (1147; MAI u. a. 1963); Kranichfeld (NfM, Berlin, MAI 1965); Gerstungen (6679); Kaltensundheim (9719, 9747, 9923).

Picea omoricoides C. A. WEBER
Abb. 3e—g; Taf. II, Fig. 6—11; Taf. IV, Fig. 2

1898 *Picea omoricoides* C. A. WEBER, Engler's bot. Jahrb., **24**: 5—10; t. 11—13.

Nadeln zweiflächig, fast immer nur einseitig mit Stomatastreifen; Zapfen klein, höchstens 80 mm lang (Sect. *Omorica* WILK.); Nadeln 1—12 mm lang, 0,8—1,8 mm breit, Spitze breit abgerundet, seltener stumpf zugespitzt, mit fünf bis neun Stomatastreifen; Zapfen 30—52 mm lang, mit breiten, gestreiften Schuppen, deren Rand entweder ganz glatt oder ausgefranst gezähnelt ist; Samen mit breit-ovalen Flügeln 7—9 mm lang.

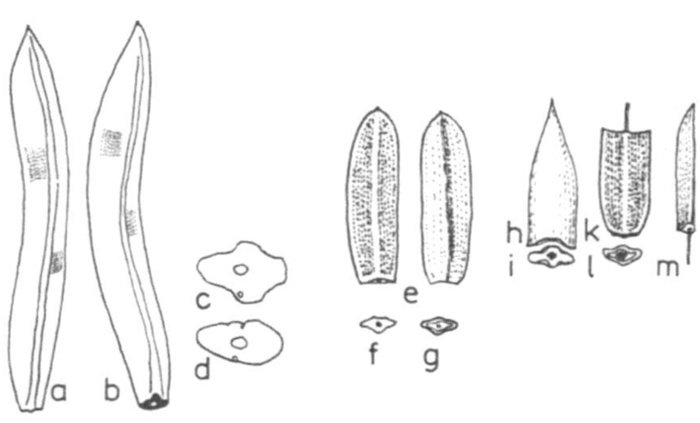

Abb. 3. *Picea*-Nadeln in verschiedenen Ansichten und in Querschnitten

a—d) *Picea abies* (L.) KARST.: a, b = Nadeln in Seitenansicht. — c, d = Nadelquerschnitte in verschiedenen Höhen. — e—g) *Picea omoricoides* C. A. WEBER: e = Nadel von abaxial und adaxial, f = Aufsicht auf die Nadelbasis, g = Querschnitt einer Nadel (nach C. A. WEBER 1898). — h—m) *Picea rotunde-squamosa* (LUDW.) comb. nov.: h = Nadelspitze von adaxial, i = Querschnitt einer Nadel, k = Nadelbasis von abaxial, l = Aufsicht auf die Nadelbasis, m = Nadelspitze von der Seite mit heraushängendem Leitbündelzylinder (nach LUDWIG 1861)

Bemerkungen: Die schon von C. A. WEBER (1898) sehr gut mit allen Organen charakterisierte Art weicht durch kleinere Zapfen und Nadeln von der jetzt lebenden *Picea omorica* (PANČIČ) WILLK. (Jugoslawien zwischen Save und Drave, 630—1300 m ü. NN, besonders in Schluchten) ab.

Möglicherweise ist der Namen des Fossils durch *P. heisseana* FRITSCH (1885) zu ersetzen (zur Problematik der Nomenklatur vergleiche MAI u. a. 1963, S. 775).

Vorkommen: Pliozän und Interglaziale in Europa (WEBER 1898; FUHRMANN u. a. 1977).

Kranichfeld (MAI 1965); Gerstungen (6680, 6694); Rippersroda (MAI u. a. 1963).

Picea rotunde-squamosa (LUDWIG) nov. comb.
Abb. 3h—m; Taf. II, Fig. 12—20

Basionym: *Pinus Abies rotunde-squamosa* LUDWIG 1860, Palaeontographica, **8** (6): 169—170; t. LXV, f. 1—9.

Synonymie:

1938 *Picea echinata* MÜLLER-STOLL, Bot. Zbl., Beih., B **58**: 396—398; t. IX, f. 8, 9; t. XL, f. 2—4; textf. 4c.

1947 *Picea polita* CARR. *fossilis* SZAFER, Fl. plioc. Krościenka: 38—42; t. II, f. 23—28; t. III, f. 1—16.

Emendierte Diagnose: Zapfen 60—90 mm lang, walzenförmig, Schuppen klein, mit glattem, ungezähneltem Rand, bogig gerundet, ohne Spitze; Samen mit ovalen Flügeln bis 18 mm lang; Nadeln vierflächig, 12—27 mm lang, 0,7—2 mm breit, beiderseits gekielt, lang-stachelspitzig, je Seite mit 3—7 Stomatareihen, etwas gebogen.

Bemerkungen: Zapfenfunde und stachelspitzige Nadeln deuten zweifelsfrei auf die Verwandtschaft zur japanischen *P. polita* CARR. hin, sind demnach unter einem Namen zu führen. MÜLLER-STOLL (1938) hat den alten LUDWIGschen Namen für Zapfen und Nadeln nicht beachtet, als er im Dernbacher Pliozän die Nadeln neu benannte.

Vorkommen: Bisher nur Pliozän (LUDWIG 1860; MÜLLER-STOLL 1938; SZAFER 1947; BŮŽEK u. a. 1985.

Berga (5498); Kaltensundheim (9734).

Pinus LINNÉ

Heute etwa 100 Arten auf der Nordhemisphäre, davon 39 Arten in Mittelamerika, neun im tropischen Asien zwischen Wendekreisen, mit absoluter Südgrenze auf Sumatera. Wichtig als Waldbaum von der borealen Zone bis in die Tropen, in allen Gebieten vom Meeresspiegel bis zur Waldgrenze der Gebirge aufsteigend, aber stets in lichten, parkartigen Beständen auf stark durchlässigen Böden, auf betont nährstoffarmen Böden (Moore), in der Knieholzzone der Gebirge oder in regenarmen Gebieten. Ausgesprochene Lichthölzer, die in allen Gesellschaften zur Monodominanz tendieren. Sehr oft sekundäre Wälder bildend, heute durch anthropogene Einflüsse Kiefernwälder sehr weit verbreitet. Ökologisch an sehr enge Lebensbereiche angepaßt. Bei nur generischer Bestimmung als Klimaindikator nicht benutzbar, da weder thermisch noch hygrisch im Gesamtareal differenziert.

Langtriebe nur mit häutigen Schuppenblättern und gebüschelten Nadeln in Kurztrieben, letztere mit einer Scheide aus einigen Schuppenblättern. Samenschuppen am Ende mit verdickter Apophyse; Deckschuppen verkümmert; Flügel den Samen meist nur locker umfassend, abfällig. Stomata lediglich in einzelnen, isolierten Längsreihen; Nebenzellen häufig viele; Radialwände der Epidermiszellen unduliert; starke Tendenz zur Ausbildung von Zähnen.

1. Nadeln zu fünf im Kurztrieb, sehr selten weniger, mit einfachem Gefäßbündel im Zentralstrang; Samenschuppen mit abgeflachter Apophyse und terminalem Umbo . . *Pinus* L. subgen. *Haploxylon*
2. Nadeln zu drei oder zwei, selten fünf oder mehr im Kurzbetrieb, mit doppeltem Gefäßbündel im Zentralstrang. Samenschuppen mit schildförmiger Apophyse und zentralem Umbo . . . . *Pinus* L. subgen. *Diploxylon*.

Mit Nachdruck wird eine gesonderte nomenklatorische Behandlung von Zapfen, Nadeln (-basen), Samen und Blütenkätzchen gefordert, da sich ganz verschiedene Gruppierungen nach den Merkmalen dieser Organe auch für rezentes Material ergeben. Wichtigste Organe zur Beurteilung verwandtschaftlicher Beziehungen und zur Ausgliederung von natürlichen Arten, die den heutigen Arten entsprechen, sind die Zapfen.

Fossil in Europa seit der Unterkreide nachgewiesen, ab der Oberkreide bereits ganz sicher mit den Sect. *Stroboides*, und *Taedoponderosoides* (incl. *Pinaster*) vorhanden. Im Tertiär dann in zahlreiche Arten bzw. Artengruppen aufgespalten (mindestens 40). Infolge der Unkenntnis des Original- und Vergleichsmaterials bei zahlreichen Autoren in sehr viele Synonyma zersplittert.

Eine Revision an Hand der Typen und Originale ist für das tertiäre Material unerläßlich und dringlich. Die neuere Übersicht von GAUSSEN (1960) und MAI (1986) kann lediglich als eine Einleitung zu dieser Revision betrachtet werden.

Artenbeschreibungen und Artenschlüssel (nur gültige Arten nach Zapfen): BRONGNIART 1822, 1828; STERNBERG 1825; ROSSMÄSSLER 1840; GÖPPERT 1842, 1845, 1850; HERBST 1844; ENDLICHER 1847; UNGER 1847, 1850a, 1852, 1867; HEER 1855, 1869; GLOCKER 1857; LUDWIG 1857, 1859, 1860; GAUDIN und STROZZI 1858, MASSALONGO 1858; SISMONDA 1858; SAPORTA 1862, 1865, 1872, 1888; STUR 1867, 1873; BAILY 1869, 1880; SCHIMPER 1872; GARDNER 1884; GEYLER und KINKELIN 1887; SORDELLI 1896; MENZEL 1900; ENGELHARDT und KINKELIN 1908; TUZSON 1914; REICHENBACH 1919; HICKEL 1932; PALIBIN 1932; KIRCHHEIMER 1936a; STOCKMANS 1936; KRÄUSEL 1940; TEIXEIRA 1945, 1947, 1973; VASSKOVSKIJ 1954; KOCH 1959; GAUSSEN 1960; ZABŁOCKI 1960; CZIFFERY-SZILAGYI 1961; GIVULESCU 1961; KOLAKOVSKIJ 1962, 1964, 1965, 1970; RANIECKA-BOBROWSKA 1962; FUCHS 1964; KILPPER 1968; DOROFEEV 1969b, 1972; GREGOR 1982b; MAI 1986.

Pinus peuce GRISEBACH **fossilis** SORDELLI
Abb. 4, Taf. III, Fig. 1, 2

Basionym: *Pinus peuce* GRISEBACH *fossilis* SORDELLI 1896, Fl. foss. Insubrica: t. 35, f. 7.

Zapfen unter 13 cm lang, gekrümmt; Apophysen unter der Spitze am stärksten gewölbt; Umbo terminal, kurz, schwach gewölbt, aber nicht gekrümmt oder eingesenkt; Samen geflügelt.

Bemerkungen: Zapfen stehen der heutigen *Pinus peuce* GRISEB., die als tertiäres Relikt in den balkanischen Gebirgen lebt, sehr nahe. Unterschiede bestehen allerdings in der Größe der Samenschuppen, die bei fossilem Material oft nur bis zu 2/3 der Größe rezenter Schuppen erreichen. Einige Autoren vereinigen solche Zapfen direkt mit der heutigen Art, andere bevorzugen eigene Artnamen. Als solcher könnte *P. geanthracis* (GÖPPERT) REICHENBACH (1919) gelten. Das ist aber vom Typus her eine etwas unklare Art, die von GÖPPERT (1850, S. 209) nicht abgebildet wurde und zu der erst von REICHENBACH (1919) ein Lectotypus gewählt wurde, der aber die typische Schwellung der Apophysen im vorderen Teil und die Beschaffenheit des Umbo nicht zeigt. Außerdem dehnt REICHENBACH diesen Artnamen auf schlecht erhaltene und abgeriebene Reste anderer *Pinus*-Arten (z. B. *P. spinosa* HERBST von Weigersdorf: 1848, t. 11, f. 3) aus. Brauchbar

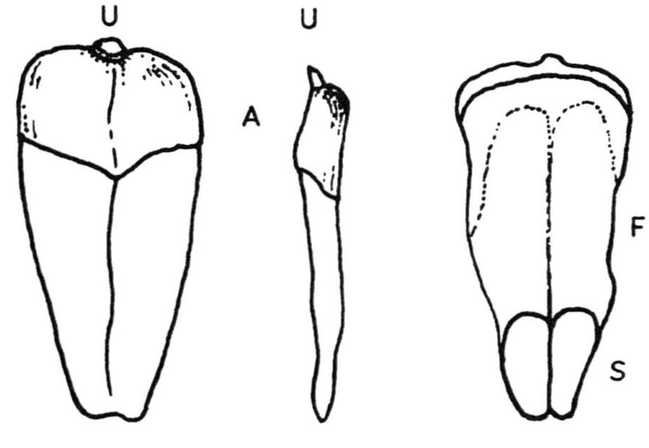

Abb. 4. *Pinus peuce* GRISEB. *fossilis* — Zapfenschuppe

a = Ansicht von oben, b = Ansicht von der Seite, c = Ansicht von unten. A — Apophyse, F — Flügelabdruck des Samens, S — Sameneindruck, U — Umbo;

erscheint die Art erst seit KOLAKOVSKIJ (1965), S. 990, t. 1, f. 23). Gleiche Reste bezeichnet KILPPER (1968) als *P. parastroboides* KILPPER.

Vorkommen: *Pinus peuce*-artige Fossilreste sind in Europa bisher nur aus dem höchsten Miozän (Zielona Góra, Stare Gliwice); häufiger aus dem Pliozän (zahlreiche Fundorte) bekannt; im Altpleistozän von Pianico/Lombardei (SORDELLI 1896).

Gerstungen (6700).

Pinus spinosa HERBST

Abb. 5; Taf. III, Fig. 3—6

Basionym: *Pinus spinosa* HERBST 1844, N. Jahrb. Mineral. etc: 567—568 (ohne Abb.). — MAI 1965, Mitt. zentr. geol. Inst., **1**: 40—43; t. 3, f. 3—6.

Geprüfte Synonyme: *Pinus kranichfeldensis* HERBST 1844; *P. lignitum* UNGER 1847; *P. herbstianus* GOEPPERT in BRONN 1848; *P. platylepis* GLOCKER 1857; *P. resinosa* LUDWIG 1857; *P. schnittspahni* LUDWIG 1857; *P. tumida* LUDWIG 1857 p. p.; *P. nodosa* LUDWIG 1859; *P. russeggeri* STUR 1873; *P. noelli* HICKEL 1932.

Große, bis 14 cm lange, meist gekrümmte, lang eiförmige Zapfen; Apophysen pyramidal gewölbt, mit stark gewölbtem Umbo, der in einen bis 3 mm langen Mucro übergeht.

Bemerkungen: Diese Art ist ein charakteristisches Fossil der miozänen und pliozänen Braunkohlen Europas. Über ihre nomenklatorische Abgrenzung hat sich MAI (1965) ausführlich geäußert. Verwechselbare fossile Arten gibt es keine. Alle unter *P. spinosa* HERBST oben aufgeführten Namen sind wirkliche Synonyme zu dieser Art, was an Hand der Originale geprüft werden konnte.

Rezente Analoga findet man sowohl bei der *Pinus taeda-teocote-rigida*-Gruppe als auch bei *P. pinaster* AIT. Abweichungen in mehreren morphologischen Details der fossilen Zapfen kennzeichnen die Art allerdings als Vertreter einer selbständigen Gruppe innerhalb der Sektion *Taedoponderosoides* GAUSSEN. Diese Gruppe ist vermutlich sibirischer Herkunft, da sich dort Zapfen bereits im Oligozän finden (DOROFEEV 1963a).

Vorkommen: In Europa erscheint *P. spinosa* HERBST im mittleren Miozän.

Kranichfeld (HERBST 1844; UNGER 1847; GÖPPERT 1848; MAI 1965) MfN, Berlin; Joanneum Graz (Österreich); Slg. Geol. Inst. Leipzig; Geiseltal-Mus., Halle; Slg. Bot. Inst. Jena; MMG, Dresden; Goethe-Archiv, Weimar.

Pinus pseudostrobus BRONGNIART

Taf. III, Fig. 7, 8

Basionym: *Pinus pseudostrobus* BRONGNIART 1828, Ann. Sci. nat., **15**: 46—47; t. 3, f. 1, 2 (non f. 3).

Blütenkätzchen meist nur in basalen Teilen erhalten, Bruchstücke bis zu 15 mm Länge, basal mit zahlreichen glänzenden, spiralig gestellten Deckschuppen, darüber Konnektive mit rundlichen Endlappen, die die länglich-keilförmigen Antheren bedecken.

Bemerkungen: Gleichartige Kätzchen wurden sowohl

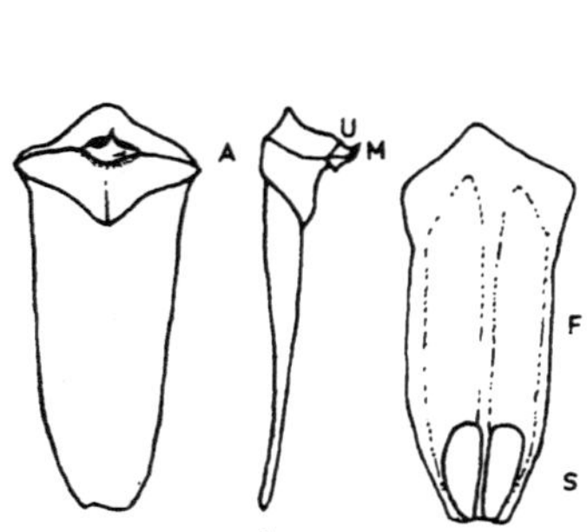

Abb. 5. *Pinus spinosa* HERBST — Zapfenschuppe

a = Ansicht von oben; b = Ansicht von der Seite, c = Ansicht von unten. A — Apophyse, F — Flügelabdruck des Samens, S — Sameneindruck, U — Umbo, M — Mucro

aus *Pinus spinosa* HERBST — als auch aus *P. hampeana* (UNG.) HEER-Fundstellen gewonnen. In beiden Fällen wurde außerdem gleichartiger Pollen aus der *P. labdacus*-Gruppe aus den Antheren isoliert (vgl. MAI 1965).

Vorkommen: Oberoligozän bis Pliozän.
Kranichfeld (MfN, Berlin, „*Pinus spinosa* HERBST" bei MAI 1965, t. III, f. 9); Gerstungen (6678b).

Pinus spec.
(ex *P. brevis* LUDWIG, *P. dixoni* (BOWERBY) GARDNER, *P. hampeana* (UNGER) HEER, *P. spinosa* HERBST, *P. thomasiana* (GOEPPERT) REICHENBACH

Samen eiförmig, klein, 3—8 mm lang, ohne Reste einer Samenzange; Oberfläche der Testa rauh bis feinwarzig, längsstreifig.

Bemerkungen: Derartige Samen wurden aus Zapfen von fünf verschiedenen Arten isoliert. Sie zeigen jedoch keinerlei Merkmale, die ihre artliche Trennung erlauben würden. In Gestalt und Größe sind sie aus jedem Zapfen sehr variabel und stellen vermutlich verschiedenste Reifestadien dar.

Vorkommen: Mitteloligozän bis Pliozän.
Kranichfeld (MfN, Berlin, „*Pinus spinosa* HERBST" bei MAI 1965, t. III, f. 8); Gerstungen (6682).

Pinus cf. palaeostrobus ETTINGSHAUSEN
Abb. 6d, e; Taf. II, Fig. 25, 26; Taf. IV, Fig. 3

1853 *Pinus palaeostrobus* ETTINGSHAUSEN, Abh. geol. Reichsanst. **2** (2): 35; t. 6, f. 22, 23.

Nadelscheiden abfallend, Kurzbetriebbasis mit Narben derselben; Nadelbüschel mit fünf Nadeln; unter 10 cm lange, dünne Nadeln mit Andeutungen einer Randbezahnung; Harzgang nur einer, peripherisch; Stomatastreifen auf der Oberseite fehlend, auf der Unterseite je drei bis fünf.

Bemerkungen: Diese Nadeln unterscheiden sich durch nur angedeutete Randbezahnung, im Mittel etwas breitere (0,3—0,6 mm) Nadeln und das Vorhandensein von nur einem (oft keinem) Harzgang von anderen beschriebenen Arten. Solche Nadeln finden sich bei rezenten Kiefern bei *P. peuce* GRISEB., *P. pumila* (PALL.) RGL., *P. parviflora* SIEB. et ZUCC., *P. wangii* HU et CHENG und *P. strobus* L. ETTINGSHAUSEN (1853) folgend, hat man sich angewöhnt, fünfnadelige Kiefernkurztriebe als *P. palaeostrobus* ETT. zu bezeichnen. Diese Art ist ganz sicher eine noch zu unterteilende Sammelart, die zahlreiche fossile Kiefern der Sektionen *Strobus* und *Cembra* umfaßt. Als weitere Artbezeichnung (eventuell Synonyme) gelten *P. fallax* SAPORTA (1865), *P. strobus* L. *fossilis* GEYLER et KINKELIN (1887), *P. brachylepis* SAPORTA (1888), *P. peuce* GRISEB. *fossilis* STEFANOFF et JORDANOFF (1935).

Vorkommen: Vom Eozän bis Pliozän in Europa, teilweise häufig.
Rippersroda (1148; „*Pinus peuce*" bei MAI u. a. 1963); Gerstungen (6681); Kranichfeld (MAI 1965).

Pinus cf. saturni UNGER
Abb. 6f, g; Taf. II, Fig. 27—30; Taf. IV, Fig. 4—6

1847 *Pinites saturni* UNGER, Chloris protogaea, (8—10): 16—17; t. IV, f. 3 (non f. 1, 2) (Lectotypus).

Nadelscheiden nicht abfallend; Nadelbüschel mit drei Nadeln („Ternae"), die im Querschnitt halbmondförmig sind, diploxyl, über 10 cm lang, dünn, bis 1,8 mm breit (im Mittel nur 1 mm), Rand gezähnt; Harzgänge drei bis acht, parenchymatisch; Stomatastreifen auf der Oberseite sechs bis zehn, auf der Unterseite je vier bis sechs, bisweilen mit Epidermiszähnen zwischen den Stomatareihen; Nadelscheide aus glänzenden, zerschlitzten Schuppen, die das Nadelbüschel bis zu 10 mm Länge umhüllen.

Bemerkungen: Nach den Merkmalen der Kurztriebe kommen für einen Vergleich nur Kiefern aus den Sektionen *Euponderosae* und *Eutaedae* in Frage, deren dreinadelige Arten heute ausschließlich auf Amerika beschränkt sind. Eine bestimmte rezente Art für den Vergleich läßt sich nicht nennen.

Im Tertiär tritt der Nadeltyp immer dann gehäuft auf, wenn *P. spinosa* HERBST (1844) durch Zapfenfunde vorliegt. Am Locus typicus dieser Art konnte sogar der Nachweis der artlichen Zugehörigkeit erbracht werden (MAI 1965). Allerdings deuten hier bereits geringfügige Größenunterschiede der Scheiden und Nadeln, Unterschiede in der mittleren Zahl der Stomatalinien gegenüber miozänen Nadeln auf artliche Selbständigkeit der pliozänen Reste hin. Sie sind aber diagnostisch zu wenig faßbar. *Pinus saturni* UNGER (1847) wird wie zahlreiche andere „Nadel"-Arten als Sammelart von großer

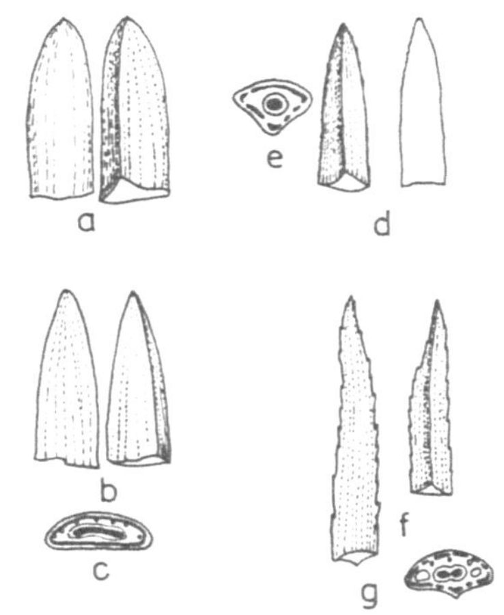

Abb. 6. Nadeln verschiedener *Pinus*-Arten

a—c) *Pinus* spec. (Subgen. *Diploxylon*) aus Rippersroda (1149): a, b = Nadeln jeweils von adaxial und abaxial (mit Stomatastreifen), c = Nadelquerschnitt. — d, e) *Pinus* cf. *palaeostrobus* ETTINGSHAUSEN aus Rippersroda (1148): d = Nadel von adaxial (ohne Stomatastreifen) und abaxial (mit Stomatastreifen), e = Nadelquerschnitt. — f, g) *Pinus* cf. *saturni* UNGER aus Kranichfeld: f = Nadel von abaxial und adaxial (jeweils mit Stomatastreifen), g = Nadelquerschnitt

stratigraphischer und regionaler Reichweite aufgefaßt. Der Typus (Lectotypus) stammt aus dem Miozän von Radoboj und soll nur noch die Nadelreste, nicht die Zapfen umfassen (MENZEL 1900). Zu dieser Art ist eine ganze Gruppe von Synonymen zu rechnen, deren Typen man zu diesem Zweck neu untersuchen müßte. Festgestellt ist Synonymie bereits für *P. taedaeformis* UNGER 1852 (MENZEL 1900), *P. divaricata* SAPORTA 1865 (ETTINGSHAUSEN 1872). Ob man *Pinus rigios* (UNG.) ETTINGSHAUSEN (1866) mit im Mittel breiteren Nadeln mit in die Art einbeziehen soll, bedarf der Untersuchung an westböhmischem Material.

Vorkommen: Bisher vom Mitteloligozän bis Obermiozän. Kranichfeld (NfM, Berlin, „*Pinus spinosa*" bei MAI 1965); Gerstungen (6678).

Pinus spec. subgen. Diploxylon KOEHNE
Abb. 6a—c; Taf. V, Fig. 2

Nadelbruchstücke, die nach Querschnitten zu zweit und dritt in Büscheln standen; Nadelscheiden unbekannt, desgleichen Nadellängen; Breite 0,7—1,2 mm, im Querschnitt halbkreisförmig bis gerundet-dreieckig, mit diploxylem Gefäßbündel und fünf bis acht vermutlich parenchymatischen Harzkanälen; Randzähne sehr undeutlich bis fehlend; Stomatareihen der Oberseite fünf bis sieben, tief eingesenkt und daher undeutlich, Unterseite sieben bis zehn deutlichere Stomatareihen, die in unregelmäßigen Abständen beiderseits der Medianlinie oder -kante angeordnet sind; Stomata der Oberseite mit abnorm papillösen lateralen Nebenzellen, die die Schließzellen überdecken.

Bemerkungen: Von MAI u. a. (1963, S. 777) wurde eine Bestimmung bereits vorgenommen, die bis zum Subgen. *Diploxylon* reicht. Mehr ist auch jetzt über die Art nicht zu sagen. Ähnlich abnorme Stomata-Bautypen sind bei *Pinus luchuensis* MAYR und *P. thunbergii* PARL. (Ostasien) festgestellt worden.

Vorkommen: Rippersroda (1149, MAI u. a. 1963).

Pseudolarix GORDON

Heute monotypische Gattung in der südostchinesischen Florenprovinz, von sehr lückenhafter, reliktärer Verbreitung. Aus einigen Waldresten und Klösterhainen in der Zone der Mixed Mesophytic Forests in Höhen von 500 m (Jiangsu, Zhejiang) bis 1700 m (Jiangxi, Anhui) bekannt (WANG 1961).

Im heutigen natürlichen Verbreitungsgebiet mittlere Januartemperaturen bis —2,6 °C und extreme Minima bis —14 °C (Tienmushan/Zhejiang) ertragend. Jahresmitteltemperaturen bei 11—13 °C, Jahresniederschlagssumme generell über 1000 mm.

In Mitteleuropa unter Kulturbedingungen in milder und sonniger Lage wesentlich tiefere Werte (Temperatur und Niederschlag) ohne Schaden überdauernd. Hier ebenfalls baumförmig und zum Teil noch fruchtend, allerdings nur in Gebieten mit hohen Sommerniederschlägen.

Lang- und Kurztriebe mit 15—60 gebüschelten Nadeln. Blätter einjährig, dünn ohne Stielchen; Kurztriebe lang, mit pfriemlichen Schuppen in ringförmigen Jahreszonen; Samenzapfen bei der Reife zerfallend, mit flachen, lederartigen Samenschuppen. Samenschuppen eilanzettlich, zugespitzt, groß, wenig zahlreich; Deckschuppen länglich, halb so lang wie Fruchtschuppen; Samen mit langem, stumpfem Flügel, Samenflügel den Samen nicht umgreifend, nicht abfällig.

Fossil bereits im Mesophyticum auf der Nordhemisphäre bekannt, im Tertiär noch zirkumarktisch verbreitet. In Europa mit vielleicht zwei unterscheidbaren Arten einmal im Paläozän (Spitzbergen) und zum anderen im Miozän/Pliozän Zentraleuropas von zahlreichen Fundorten genannt, bisweilen sogar häufig.

Artenbeschreibungen: FLORSCHÜTZ 1925; KRÄUSEL 1938; SCHLOEMER-JÄGER 1958.

Pseudolarix schmidtgenii KRÄUSEL
Taf. II, Fig. 21—24

1925 *Pseudolarix kaempferi* GORDON *fossilis* FLORSCHÜTZ, Rec. trav. bot. Néerlandais, **22**: 269.
1938 *Pseudolarix schmidtgeni* KRÄUSEL, Paläont. Z., **20**: 26; t. 3, f. 7; textf. 4m—p.

Samenschuppen groß, aber nicht über 18 mm lang und über 12 mm breit, Samen mit Flügel 14—32 mm lang und 4—10 mm, meist 9 mm breit; Kurztriebe bis 20 mm lang, mit meist über acht deutlichen Jahreszuwachsringen; Nadeln linealisch, unterseits mit gekielter Mittelrippe und zwei etwas vertieft liegenden Spaltöffnungsbändern, basal allmählich verschmälert, apikal zugespitzt, bis 1,5 mm breit und wohl unter 30 mm lang.

Bemerkungen: Von dieser Art sind verschiedene Organe bekannt, für die es sich empfiehlt, einen einheitlichen Namen zu benutzen. Für Kurztriebe und Zapfenschuppen benutzte FLORSCHÜTZ (1925) den Namen der heutigen Art, von deren entsprechenden Organen die fossilen Reste nicht unterschieden werden. Für Flügelsamen prägte KRÄUSEL (1938) den Begriff *P. schmidtgenii* KR. Gleich aussehende Flügelsamen vereinigte MÄDLER (1939) dann wieder mit *P. kaempferi* GORD. *fossilis* FLORSCHÜTZ. Auch alle weiteren Autoren benutzen diesen Namen oder das ältere, gültige Synonym *P. amabilis* (NELS.) REHD. für europäische Miozän- und Pliozänfossilien. Der Name der rezenten Pflanze empfiehlt sich nicht zur Übertragung auf fossile Reste, solange nicht sämtliche Organe Übereinstimmung zeigen. Schon bei den Nadeln, die in unserem Material sehr häufig mit Kurztrieben und Samenschuppen zusammen vorkommen, scheint das nicht mehr der Fall zu sein. Sie sind mit maximal 1,5 mm Breite und (vielleicht) nur maximal 30 mm Länge schmäler und kürzer als die Nadeln der heutigen Art (2 mm breit, 30—70 mm lang). Trotz vieler enger Beziehungen stimmt die europäische jungtertiäre *Pseudolarix*-Art doch nicht völlig mit dem rezenten chinesischen Relikt überein. Wir benutzen daher den KRÄUSELschen Fossilnamen.

Vorkommen: Untermiozän von Mainz-Kastel (KRÄUSEL 1938); Miozän der Lausitz (MAI 1967); Pliozän am Niederrhein (FLORSCHÜTZ 1925).
Gerstungen (6688).

Tsuga CARRIÈRE

Nach neueren Vorstellungen 13 Arten, nur in Nordamerika und Ostasien, Bergbewohner und mit Optimum in wärmeren, feuchten Tälern, dicht an Gebirgsbächen, in der Zone, die dem Laubwald klimatisch zugehört. *Tsuga* ist weder boreal noch kontinental verbreitet. Ihre klimatische Amplitude ist im Gegensatz zu *Picea* sehr eng; Nordgrenze der Gattung in Alaska in den perhumiden Küstengebieten um die Chugach-

Mountains (*T. heterophylla* SARG.); Südgrenze wird von ostasiatischen Arten gebildet (*T. dumosa* EICHL. in den Moist Hardwood High Mountain Forests in 2000—3000 m Höhe in Oberburma und NW-Yunnan, *T. yunnanensis* bei 2500 m in Zentralyunnan in den Evergreen Oak Forests und *T. chinensis* in Evergreen Broad leaved Forests von Südhunan bei ca. 1200 m (Klimastation Guiyang/Guizhou bei 1075 m) und über dem Nebelgürtel der Hochgebirge von Taiwan (SUZUKI 1953; DAVIS 1964; WANG 1961). Die Gattung erreicht also im Süden im Gegensatz zu *Picea* gerade noch den transitionalen Lorbeerwald.

Die Ansprüche an die Humidität engen im Gegensatz zur Fichte das Areal der Gattung erheblich ein.

Blätter mit Nadelstielchen, das dem Zweige anliegt, knieförmig abgebogen, flach, relativ breit und kurz, mit einem zentralen Harzkanal. Samenzapfen klein, wenigschuppig; Samen mit Harzbläschen, Flügel weniger leicht abfällig.

Fossile Nachweise in Europa bereits im Paläozän von Schottland (GARDNER 1886), im ganzen Eozän fehlend, sicher dann erst im Jungtertiär mit einigen fossilen Arten, deren letzte Vertreter noch in Interglazialen in Südeuropa nachweisbar.

Artbeschreibungen: GARDNER 1886; MENZEL 1913; KIRCHHEIMER 1935b; TONGIORGI 1936; SZAFER 1949; MAI 1960; MAI und WALTHER 1978.

Tsuga moenana KIRCHHEIMER
Taf. II, Fig. 31—33

1935b *Tsuga moenana* KIRCHHEIMER, Bot. Zbl., Beih., B **53**: 432; t. 5, f. 1.

Zapfen 16—30 × 12—17 mm, stumpf-eiförmig; Samenschuppen breiter (maximal 12 mm) als lang (maximal 10 mm), mit flach gerundetem Rand, Oberfläche längsstreifig; Samen bis 4 mm lang, mit Harzbläschen, mit doppelt so langem Flügel; Nadeln unbekannt.

Bemerkungen: Die Art läßt sich sowohl mit *Tsuga diversifolia* MAXIM., als auch *T. sieboldii* CARR. (beide Japan) vergleichen. Nach MAI (1964) ergänzt das miozäne Material die Beschreibung des Typus aus dem Pliozän. Die von SCHLOEMER-JÄGER (1960, S. 237) vorgenommene Vereinigung mit *T. europaea* MENZEL (1913) ist nicht möglich. Ein großer Teil des unter diesem Namen vereinigten Materials (z. B. bei SZAFER 1949) scheint sogar zu *T. moenana* zu gehören.

Vorkommen: Miozän der Lausitz (MAI 1964); Pliozän im Maintal (KIRCHHEIMER 1935b) und von Südpolen (SZAFER 1949). Gerstungen (6724, 6697).

Tsuga Section **Tsuga** ENGELMANN **fossilis**
Taf. II, Fig. 34, 35; Taf. V, Fig. 1

Nadeln bis 2 mm breit, über 8 mm lang, mit längerem, abgebogenem Stielchen, Spitze gerundet bis schwach eingezogen, mit flachem Querschnitt, seltener oberseits etwas rinnig, ohne Serratur des Randes; Stomatareihen nur auf der Unterseite, pro Streifen sieben bis zwölf Reihen, sehr eng stehend, Stomata dunkel, sich wenig abhebend, amphi- oder gelegentlich monozyklisch, ohne polare Kranzzellen, laterale Nebenzellen einfach gestaltet, Kutinstreifung fehlend.

Bemerkungen: Mit mehreren heutigen Arten vergleichbar, denen Randzähne fehlen, z. B. *Tsuga caroliniana* ENGELM., *T. chinensis* PRITZEL, *T. longibracteata* CHENG, *T. diversifolia* MAST., *T. sieboldii* CARR., mit denen auch fossile Zapfen zu vergleichen waren (vgl. oben). Fossile Nadeln möglicherweise von verschiedensten Arten stammend.

Vorkommen: Miozän und Pliozän.
Berga (5499 b): Gerstungen (6698).

Taxodiaceae

Cryptomeria D. DON

Monotypische Gattung in der sino-japonischen Florenregion, im Westen bis Sichuan, im Norden bis Akita/Hondo. Baum der Gebirgswälder und der Hügelregion, sowohl in echten Lorbeerwäldern als auch den Mixed Mesophytic Forests und den warmtemperaten Koniferenwäldern (WANG 1961), liebt besonders nährstoffreiche, feuchte, meist vulkanische Böden. Als Forstbaum in Japan viel kultiviert, in den tropischen Gebirgswäldern probeweise angebaut. In Europa noch bis Mitteleuropa baumförmig und gelegentlich mit keimfähigen Samen, mit kälteunempfindlichen Rassen bis Leningrad versuchsweise verbreitet und winterhart. Bei schlechtem Gedeihen ist meist zu geringe Luftfeuchtigkeit der Hauptgrund (BEISSNER 1891).

Zapfenschuppen flach, dick, am Ende der Deckschuppe mit langer, dreikantiger Spitze, Samenschuppe zahnartig ausgerandet, dickwulstig; Samen mit gebogenem Embryo, zweiseitig ungleich geflügelt; Blätter lineal-pfriemlich, sichelförmig, spitz, mit kantigem Mittelnerv, fünfreihig angeordnet. Stomata nur amphizyklisch, in den Streifen sehr dicht liegend; naheliegende Stomata mit gemeinsamen Nebenzellen häufig; ohne Kristall-Lücken.

Fossil im europäischen Tertiär bisher drei bis vier Arten, davon die des jüngsten Tertiärs artgleich mit der heutigen *Cryptomeria japonica* DON.

Artbeschreibungen: BAILY 1869; JOHNSON 1937; SVESHNIKOVA 1953; KILPPER 1968.

Cryptomeria rhenana KILPPER
Taf. V, Fig. 4—7

1968 *Cryptomeria rhenana* KILPPER, Palaeontographica, B, **124**: 104—106; t. 34, f. 23—50; t. 35, f. 1—8; t. 38, f. 3, 4; textf. 1—4.

Von dieser Art, die auf Zapfen gegründet wurde, hat KILPPER (1968) auch das Laub beschrieben. Da uns bisher nur Laubreste und einige wenige, sehr spitze untere Zapfenschuppen (Taf. V, Fig. 6, 7) vorliegen, stößt die Zuordnung des Materials auf einige Schwierigkeiten.

Bemerkungen: Kutikularanalysen ergaben die bei KILPPER (1968) aber auch bei SVESHNIKOVA (1953) beschriebenen Befunde und können nicht weiterhelfen. Sie erlauben noch nicht einmal eine völlige Sicherheit in der Abtrennung von anderen Taxodiaceengattungen, z. B. *Taiwania*. Allerdings kommen nach den Befunden dieser Analysen Vertreter der Cupressaceae für die Zuordnung des Materials nicht in Frage. So ist die durch MAI (1965, S. 45—46, t. IV, f. 17—20) getroffene Zuordnung der Kranichfelder Fundstücke zu *Juniperus* sp. (? Sect. *Sabina*) fehlerhaft. Harzlücken zeigten sich bei der Mazeration keine.

Vorkommen: Miozän des Rheinlands (KILPPER 1968).
Kranichfeld (MfN, Berlin, MAI, 1965).

Cunninghamia R. BROWN

Mit zwei Arten im sinischen Florengebiet; von Laos, Südchina und Taiwan bis in den Tapashan (Shenxi) und nach

Westhubei reichend. Im Süden in immergrünen Berglorbeerwald oder in den montanen Koniferenwäldern (*C. konishii* HAYATA, Taiwan), nach Norden in der ganzen Region der Mixed Mesophytic Forests, z. B. als Dominante im *Metasequoia*-Wald von Westhubei (CHU und COOPER 1950), am Tapashan bis 1400 m im temperierten Sommerlaubwald (VASILIEV 1961). An der Nordgrenze mit folgenden Klimalimits: Jahresmitteltemperatur um 14 °C, Januarmittel nicht unter —2 °C, absolute Minima bis —9,5 °C, mittlere jährliche relative Luftfeuchtigkeit nicht unter 70%, Jahresniederschläge von 1000—1350 mm, kaum ein Monat unter 10 mm (WANG 1961).

In Kultur in Mitteleuropa nur an wenigen geschützten Stellen mit Winterdecke, in strengen Wintern stets stark unter Frosteinwirkung leidend; in Südeuropa zumeist ebenfalls krüppelige Pflanzen bei oft beträchtlicher Stammdicke (Sommertrockenheit).

Zapfenschuppen lederig, Samenschuppe sehr reduziert, nur als Samenwulst mit schmalem dreilappigem Rand bemerkbar; Samen zweiseitig geflügelt, ungleichseitig, Embryo gerade.

Blätter breit linealisch, terminal zugespitzt, oft mit Randzähnen, basal herablaufend, spiralig gestellt, abstehend. Stomata an der Basis amphizyklisch, monozyklische Stomata selten; Stomata auf der Ober- und Unterseite in zwei Streifen gelegen oder auf der Oberseite fehlend; Epidermiszellen 4- bis vieleckig, mit kleinwelligen bis geraden Längs- und Querwänden.

Fossil im Tertiär Europas mit vier Arten (PALAMAREV u. a. 1978), vom Paläozän bis Pliozän.

Artbeschreibungen: ETTINGSHAUSEN 1872; JOHNSON 1936; SZAFER 1958; SVESHNIKOVA und BUDANCEV 1959, GIVULESCU 1968; KILPPER 1968; PALAMAREV u. a. 1978.

Cunninghamia minisperma nov. spec.
Taf. V, Fig. 10—12

Holotypus: Taf. V, Fig. 10 — Gerstungen (Kohlenton; Pliozän) — MMG, Dresden, Coll. MAI, Nr. 9717.

Diagnose: Samen schmal-eiförmig, im Querschnitt dreikantig, mit Ansätzen von beiderseitigen schwachen Flügelsäumen, basal abgestutzt, mit einem schmalen, hell mattierten Hilumstreifen, der an der Basis beginnt und einseitig nahe am Rande bis in die Hälfte oder das zweite Drittel des Samens zieht, Mikropyle terminal auf einem schräg abstehenden Spitzchen, Testaoberfläche matt glänzend, etwas längsstreifig bis schwach runzelig, dick. Länge 3—4,5 mm, Breite 1,5 bis 2,5 mm.

Bemerkungen: Eine sehr kleinsamige Art, deren Samen nur etwa halb so groß wie die aus miozänen Zapfenteilen isolierten Samen von *C. europaea* SZAFER (1958) sind. Auch in der Breite des Hilumstreifens und im Glanz der Testaoberfläche weichen sie ab. Nach dem Samen stehen beide fossilen Arten der heutigen *C. lanceolata* (LAMB.) HOOK. nicht besonders nahe.

Vorkommen: Nur am Locus typicus.
Gerstungen (9717).

Cunninghamia cf. miocenica ETTINGSHAUSEN
Taf. V, Fig. 8, 9

1872 *Cunninghamia miocenica* ETTINGSHAUSEN, Denkschr. Akad. Wiss., 1: 11; t. 1, f. 30a, b.

Blätter steif lederig, lanceolat bis linear, gerade bis wenig gekrümmt, zugespitzt, basal herablaufend, mit verbreitert ausschweifendem Mittelnerv, am Rande mit vielen bis vereinzelten Sägezähnen, 1,5—3 mm breit, (bis 20 mm lang); amphistomatisch, Spaltöffnungsapparate unterseitig dicht stehend, mono- und amphizyklisch, Schließzellen meist deutlich, Nebenzellen vier bis acht Zellen, die spaltöffnungsfreie Zone mit langgestreckten bis rechteckigen Zellen.

Bemerkungen: Aus dem thüringischen Pliozän liegen nur zwei Bruchstücke aus der Spitzenregion von *Cunninghamia*-Nadeln vor, die mit einer gewissen Berechtigung zu *C. miocenica* ETTINGSHAUSEN (1872) gestellt werden. Den Umfang dieser Art haben PALAMAREV u. a. (1978) dergestalt festgelegt, daß die Taxa *C. europaea* SZAFER (1958), *C. rhenana* KILPPER (1968) und *C. borzeana* GIVULESCU (1968a) im Formenkreis der Art eingeschlossen sind. Auch SCHNEIDER (1974) läßt nur zwei Formenkreise im europäischen Tertiär gelten.

Die Art ist *C. lanceolata* (LAMB.) HOOK. vergleichbar, die in Gebirgen von Zentral- und Südchina zwischen 1000—3500 m NN in der Zone des subtropischen bis warmgemäßigten Regenwaldes wächst.

Vorkommen: Mitteloligozän bis Mittelmiozän (Sarmat) in Bulgarien, Jugoslawien, Rumänien, Ungarn, des Rheinlands (PALAMAREV u. a. 1978); in der DDR Miozän der Lausitz (LITKE 1965) und von Bitterfeld (SCHNEIDER 1974).
Gerstungen (9711).

Glyptostrobus ENDLICHER

Eine Art als Relikt im südlichen Teil von Mittelchina und im südöstlichen Teil von Ostchina verbreitet. Mit zwei ökologischen Formen, deren eine auf sumpfigem Boden, die andere auf trockenem Substrat wächst. Meist Bewohner von Flußauen und Niederungen, im wesentlichen subtropischer Typ.

Zapfenschuppen ziemlich flach, mit der Spitze der Deckschuppen im vorderen Teil, Schuppenschilder länglich rhomboidal, Samenschuppen zahnartig ausgerandet, ohne Stachelspitzen; Samen mit gebogenem Embryo, einseitig geflügelt; Blätter schuppenförmig, apikal gerundet, spiralig angeheftet. Stomata nur amphizyklisch, hauptsächlich schief und parallel zum Blattrand, selten waagerecht orientiert, gemeinsame Nebenzellen bei benachbarten Stomata vorhanden. Epidermiszellen gewöhnlich mit Längen, die die Breite nur drei- bis viermal übertreffen.

Fossil in Europa seit der Kreide, im Tertiär besonders nach Samen mit 10—13 Arten, nach Zapfen nur ein oder zwei Arten. Im Tertiär wichtige Sumpfpflanzen; Braunkohlenbildner in ganz bestimmten Gesellschaften.

Artbeschreibungen: UNGER 1850b, 1852; HEER 1859; ETTINGSHAUSEN 1867, 1890; DOROFEEV 1974a; NEGRU 1976.

Glyptostrobus brevisiliquata (LUDWIG) nov. comb.
Taf. VI, Fig. 4—9

1822 *Carpolithus secalis* v. SCHLOTHEIM, Nachtr. Petrefaktenkunde: 99; t. 21, f. 10a, b.

1857 *Genista brevisiliquata* LUDWIG, Palaeontographica, 5: 101; t. 20, f. 18.

1974 *Glyptostrobus pannonica* DOROFEEV, Bot. Ž., 59: 8; t. 1, f. 15—21.

Lectotypus: Taf. VI, Fig. 9 — Dornheim/Wetterau (Pliozän) — MfN, Berlin, Nr. 964.

Samen von 3—7 mm Länge und 1,6—2,5 mm Breite, länglich-oval, aber sehr veränderlich in Form und Größe; Hilum klein, in der Hauptsache seitlich verschoben; Randsaum primär breit, aber nicht extrem; Flügel breit ansitzend, an der Basis rinnig, nach der Seite gekrümmt oder fast gerade; Spermoderm dünn, obere Schicht aus engen, ovalen, meist eckig zusammengedrückten Zellen mit stark verdickten Wänden und kleinem Lumen, untere Schicht fünfmal dünner als die obere.

Bemerkungen: Dieser Typ von Samen ist im europäischen Mittel- und Jungtertiär außergewöhnlich häufig vertreten. Es wird sich wahrscheinlich um die Samen der ebenso häufigen *Gl. europaeus* (BRONGN.) UNGER (Sammelart!) handeln. Mit *Carpolithus secalis* SCHLOTHEIM (1822) haben wir vermutlich den ältesten Namen für die fossile Art. Da von dem SCHLOTHEIMschen Material aus Amberg (Obermiozän) nicht mehr das Typusexemplar, sondern nur ähnlich gestaltete Exemplare aus dem gleichen Sammlungsmaterial (Mus. Naturk. Berlin) vorliegen, die infolge kalkiger Erhaltung die wichtigsten Merkmale des Spermoderms nicht erkennen lassen, soll auf den Gebrauch des Namens zugunsten von *Gl. brevisiliquata* (LUDWIG 1857) verzichtet werden. Dieser Name ist eindeutig älteres Synonym zu *Gl. pannonica* DOROFEEV (1974a). Unklar sind bisher die Beziehungen zu der an Hand von Abdrücken aus den obermiozänen Kalken von Oeningen beschriebenen *Gl. vagans* (HEER) ETTINGSHAUSEN (1890) (= *Pterospermites vagans* HEER, *Pt. lunulatus* HEER 1859). Ähnlich ist im Samenbau auch *Gl. pontica* NEGRU (1976). Da sich die Samen im Gegensatz zu den Zapfen erheblich voneinander und von der heutigen *Gl. pensilis* (STAUNT.) C. KOCH unterscheiden, stellten DOROFEEV (1974a) und NEGRU (1976) folgerichtig eine Reihe von fossilen Arten auf, berücksichtigten aber zu wenig nomenklatorische Konsequenzen, die sich aus der älteren europäischen Literatur ergeben.

Vorkommen: Miozän und Pliozän von Osteuropa (Ukraine) bis an den Atlantik, mitunter sehr häufig.
Berga (5495); Gerstungen (6675—6676).

Glyptostrobus europaeus (BRONGNIART) UNGER
Taf. VI, Fig. 10, 11; Taf. VII, Fig. 8—11

1833 *Taxodium europaeum* BRONGNIART, Ann. Sci. nat., **30**: 168.
1850b *Glyptostrobus europaeus* (BRONGNIART) UNGER, Sitz.-Ber. Akad. Wiss., math.-naturwiss. Cl.: 434
1974 *Enormicutis medicavata* SCHNEIDER, Abh. staatl. Mus. Mineral. u. Geol., **21**: 126; t. 4, f. 1—5.

Synonyma und Artbeschreibung: HANTKE (1954); RÜFFLE (1963); SVESHNIKOVA (1963); KNOBLOCH (1969); BŮŽEK (1971), SCHNEIDER (1974).

Aus Berga liegt nur ein steriler beblätterter verzweigter Sproßrest vor. Blätter schuppenförmig fest anliegend, deltoidische Form, länglich lanzettlich, dachziegelförmig angeordnet bzw. sich überdeckend.

Epidermisstruktur stimmt völlig in den von SVESHNIKOVA (1963) und SCHNEIDER (1974) gegebenen Merkmalen überein. Es konnten nur Reste der Stomatastreifen der Blattoberseite in der Blattspitzenregion gewonnen werden. Stomata sehr dicht stehend, schräg oder parallel angeordnet, amphizyklisch, vier bis sechs Nebenzellen. Länge der äußeren Atemhöhle 21—48 µm, Länge der Spaltöffnungsapparate 60—70 µm.

Bemerkungen: *Glyptostrobus europaeus* (BRONGN.) UNG. ist als Sammelart anzusehen. In Berga tritt sie nur als Akzessorium in der tonig-kohligen Fazies auf. Sie wird als Begleiter von Kohlebildung (besonders im tieferen Neogen) und Indikator des sumpfigen Milieus angesehen (KNOBLOCH 1969). In trockneren Waldgesellschaften gehört sie zu den seltenen Arten. Im Pliozän Europas werden Makroreste von *Glyptostrobus* bei DEPAPE (1922), LAURENT und MARTY (1923), STOJANOFF und STEFANOFF (1929) sowie POP (1936) in unterschiedlicher Häufigkeit nachgewiesen, während sie in den pliozänen Floren von Dernbach (MÜLLER-STOLL 1938), Frimmersdorf (KILPPER 1959); Domański Wierch (ZASTAWNIAK 1972) und Ruszów (HUMMEL 1983) fehlt.

Vorkommen: Über gesamte Nordhemisphäre vom Obereozän bis in das Pliozän verbreitet (KNOBLOCH 1969), in Mitteleuropa Makroreste bis in das Oberpliozän reichend.
Berga: MMG, Dresden: Bg 513:1, 513:2; Kranichfeld („*Juniperus* sp." bei MAI 1965).
Präparate: MMG, Dresden: Bg 169/84 — Bg 174/84.

Sequoia ENDLICHER

Eine Art; Reliktkonifere im Coast Range von Südwestoregon und Nordwestkalifornien. Waldbildend in Küstennebelregion (Redwood-Belt). Lorbeerwald-Konifere. Subtropischer Typ, sehr guter Indikator für ausgeglichene warmhumide Klimabedingungen. In Europa nur im atlantischen und lusitanischen Bereich in Freilandkultur, aber sehr frostempfindlich.

Häufige Koniferen im europäischen Tertiär, vom Paläozän bis Pliozän; im Villafranchien südlich der Alpen [Val d'Arno: GAUDIN und STROZZI 1860; Santa Barbara/Val d'Arno (7027), Rio-Maior in Portugal, TEIXEIRA 1944]. Wahrscheinlich nicht nur eine Art.

Zapfen klein, Zapfenschuppen und Blätter spiralig angeordnet, Schuppen wenig zahlreich; Samen mit geradem Embryo, zweiflügelig, gleichseitig. Blätter linealisch, flach, mit Stachelspitze und gedrehter, herablaufender Basis, zweizeilig abstehend. Stomata nur amphizyklisch; Spaltöffnungen hauptsächlich schief und parallel zum Blattrand, selten waagerecht orientiert; Stomata in den Streifen vereinzelt; Kranzzellen oft gemeinsam für benachbarte Stomata; Epidermiszellen 4- bis vieleckig, oft stark in die Länge gestreckt; Länge die Breite sieben- bis zwölf- und mehrmals übertreffend.

Artenbeschreibungen: HEER 1855; KNOBLOCH 1964; DOROFEEV 1975.

Sequoia abietina (BRONGNIART) KNOBLOCH
Taf. V., Fig. 3, 13—19; Taf. VI, Fig. 1—3

1822 *Phyllites abietina* BRONGNIART (in CUVIER), Descript. géol. environs Paris: 360; t. 11, f. 14
1964 *Sequoia abietina* KNOBLOCH, N. Jahrb. Geol. u. Paläont., Monatsh. (10): 601.

Beblätterte Zweige, Zapfenschuppen und einzelne Samen wurden bereits von MAI (1965, S. 45) eingehend aus Kranichfeld beschrieben.

Bemerkungen: Die Flügelsamen ähneln auffällig der kleinsamigen *S. rossica* DOROFEEV (1975, t. XII, f. 8—11). Vergleichbar ist in jedem Falle die monotypische *S. sempervirens* (D. DON) ENDL.

Holz wurde als *Taxodioxylon gypsaceum* (GOEPP.) KR. von HOFMANN (1941) aus Gerstungen, „Braunkohlen im Bühlegraben", beschrieben.

Vorkommen: Vom Obereozän bis Pliozän, Typus aus dem Miozän des Habichtwaldes (KNOBLOCH 1964; KVAČEK 1976):
Gerstungen (6734); Kranichfeld (MAI 1965); Berga (5493).

Taxodium Richard

Drei Arten mit Reliktareal im atlantischen Nordamerika und subtropischen Mittelamerika. Moorwälder, Sumpfwälder, Auenwälder und Flußuferwälder, zumeist als dominierender Baum, laubwerfend. Jungpflanzen frostempfindlich. In Sümpfen nur keimfähig nach 10- bis 20jährigem Trockenfallen des Substrats. Von sauren bis basischen Böden. Klimatisch starke Temperaturunterschiede vertragend, aber immer an Feuchtigkeit der Luft und des Bodens gebunden. In Kultur in Europa verbreitet und bei mittleren Januartemperaturen von —1,5 °C sich zu großen Bäumen entwickelnd.

Fossil in Europa mit mehreren schwer abgrenzbaren Arten, am häufigsten in Sedimenten der Flußauen, selten in Braunkohlen, vom Eozän bis in das oberste Pliozän.

Zapfenschuppen ziemlich flach, mit Spitze der Deckschuppe im vorderen Teil, Schuppenschilder mehr oder weniger polygonal, Samenschuppen bogig ausgerandet bis kantig, stachelspitzig bis höckerig; Samen kantig, ungeflügelt; Blätter linealisch, flach, allmählich zugespitzt, mit gedrehter herablaufender Basis, zweiseitig abstehend oder spiralig deckend. Stomata nur amphizyklisch.

Spaltöffnungen hauptsächlich waagerecht zum Blattrand, selten schief orientiert, in einigen Ausnahmen auch parallel.

Artenbeschreibungen: Heer 1855, 1869; Ettingshausen 1867; Sveshnikova und Budancev 1960; Dorofeev 1963c, 1976a; Bůžek und Holý 1964; Nikitin 1965; Gregor 1982a.

Taxodium dubium (Sternberg) Heer
Taf. VI, Fig. 17—20; Taf. VII, Fig. 2—7

1823 *Phyllites dubius* Sternberg, Versuch geognost. bot. Darstell. Fl. Vorwelt, I (3): 37, 39; t. 36, f. 3.
1838 *Taxodites dubius* Presl (in Sternberg), Versuch geognost. bot. Darstell. Fl. Vorwelt, II: 204.
1855 *Taxodium dubium* Heer, Fl. tert. Helv., **1**: 49—50; t. 17, f. 5—15.

Samen dreikantig, im Umriß unregelmäßig dreieckig bis oval; Samenfach länglich und gekrümmt, sich nach außen durchprägend, dorsal am Samen ein Flügelrand ausgebildet. Das längste Bruchstück erreicht eine Länge von 4 mm.

Kurztriebe mit spiralig gestellten Nadeln; Nadeln in eine lange Spitze ausgezogen, am Stengel herablaufend; an den Basen der Kurztriebe und an den Blattknospen kleinere, schuppenförmig ausgebildete Nadeln sitzend, deren Ränder mit einem unregelmäßig gezackten, scharfkantigen Hautsaum versehen sind.

Bemerkungen: Derartige Zweige und Samen sind von zahlreichen Fundstellen vom Oberoligozän bis Pliozän aus Europa, Westasien und der Arktis abgebildet worden. Über die Zugehörigkeit der verschiedenen Organe bestehen dabei keine Zweifel mehr. Nomenklatorisch gilt *Phyllites dubius* Sternberg (1823) als Basionym, obgleich es die artunspezifischen Nadelreste benannte. Bereits von Unger (1852) und Göppert (1855) werden hierzu auch Zapfen und Zapfenschuppen gestellt. Die Zugehörigkeit der Samen blieb bis in neuere Zeit mehreren Autoren unklar (*Halesia dubia* Ludwig 1857 [Taf. VI, Fig. 17], *Araliaecarpum tertiarium* Menzel 1913, *Hakea angulata* C. et E. M. Reid 1915), so daß hier die meisten Synonyme existieren. Erstmalig erkannte fossile Taxodien-Samen Heer (1869). Sie gehören allerdings zu *T. balticum* Sveshnikova et Budancev (1960), die Heer damals unter *Taxodium distichum-miocenum* Hr. mit *Taxodium dubium* vereinigte. *Taxodium distichum-miocenum* Hr. ist streng genommen kein Synonym zu *Taxodium dubium* (Stbg.) Hr., obgleich in der Literatur häufig als solches angegeben, sondern zu *T. balticum* Sveshnikova et Budancev. Diese alttertiäre Art unterscheidet sich mehr oder weniger deutlich durch die stachelspitzigen Loben des Samenschuppenrandes. Zapfenschuppen und Samen aus dem Stratum typicum im westböhmischen Miozän bilden Bůžek und Holý (1964, t. 2, f. 1—3, 6, 7) ab, die zur Ansprache unserer Reste als Vergleichsmuster gedient haben.

Vergleichbar sind solche Zapfenschuppen mit *Taxodium ascendens* Brongn. und *Taxodium distichum* (L.) Rich., wovon die erstere nur wärmere Arealteile im südöstlichen Nordamerika besiedelt, gleichzeitig aber auch ökologische Differenzierung zeigt (Moorböden).

Es kommen fast ausschließlich Kurztriebe vor, bei denen durch ungleichsinnige Drehung der schraubig angeordneten Blätter eine zweizeilige Blattstellung vorgetäuscht wird („gescheitelte Blattstellung", Florin 1931). Die Nadeln sind lineal mit deutlichem Mittelnerv, 0,4—2,2 cm lang und durchschnittlich 1,2 mm breit. Die Blattfortsätze laufen zu der Zweigachse parallel bis zum nächsttieferen Blatt der Orthostiche. Diese Blätter entsprechen nach der Terminologie von Florin (1931) Jugendblättern.

Die Epidermistruktur läßt sich lediglich mittels Kollodiumfilmabzügen an den tonig-kohligen Resten mit recht mangelhaften Ergebnissen nachweisen. Die rectangulären Zellen (geradwandig) der spaltöffnungsfreien Zonen beiderseits der Stomatastreifen sind nur schwach zu erkennen. Die amphizyklischen Stomata zeigen eine fragmentarische Überlieferung. Zumeist sind die Nebenzellen nur undeutlich sichtbar. Die Stomata sind 27—42 µm lang und 14—28 µm breit. Die Poren sind quer bis schräg zur Blattfläche orientiert.

Die relativ geringe Zahl an Belegen aus Berga läßt die Annahme zu, daß *Taxodium dubium* nicht mehr als dominante Komponente der Waldvegetation zu betrachten ist. Zum Beispiel treten in der tonig-kohligen Fazies, die sich durch einen hohen Anteil an Blättern von *Alnus gaudinii* (Heer) Knobl. et Kvaček auszeichnet, *Taxodium*-Kurztriebe nur vereinzelt auf. Die Nadeln sind etwas größer als bei dem alttertiären *Taxodium balticum* Sveshn. et Budanc., lassen aber eine sichere Abgrenzung nicht zu, die auch nicht durch die epidermalen Merkmale erfolgen kann (Kvaček 1976; Mai und Walther 1978). Eine sichere Abgrenzung kann nur mit Hilfe karpologischer Merkmale erfolgen.

Vorkommen: Oberoligozän bis Pliozän in ganz Europa, im datierten unteren Villafranchien [Santa Barbara/Val'd'Asti (7040)], und Weckesheim/Wetterau (*Halesia dubia* Ludwig 1857).

Kranichfeld (MfN, Berlin, Mai 1965); Berga: MMC, Dresden, Bg 3, Bg 12a, Bg 47:1:2:2b, Bg 51:1,2, Bg 113, Bg 121, Bg 122:1:2:3, Bg 125, Bg 137:1:2, Bg 145:1:2, Bg 155b, Bg 221, Bg 236, Bg 246:1, Bg 253:1:2, Bg 273:1a, Bg 317, Bg 354a, Bg 358, Bg 372:1:2, Bg 381, Bg 393, Bg 397b, Bg 407b, Bg 415:1:2, Bg 425, Bg 438, Bg 460, Bg 483, Bg 493b.

Präparate: MMG, Dresden: Bg 148/84 — Bg 150/84.

Taxodium rossicum Dorofeev
Taf. VI, Fig. 12—16

1976a *Taxodium rossicum* Dorofeev, Bot. Ž., **61**: 1372, t. 3, f. 1—15; t. 4, f. 1—8.

Zapfenschuppen oval bis rhombisch, oberer Rand der Samenschuppen keilförmig, ganzrandig oder nur wenig und unregelmäßig eingeschnitten, Oberfläche glatt, mit wenigen, niedrigen Buckelchen, die randlich in kleine Zähnchen übergehen können, 7—9,5 mm im Durchmesser. Deckschuppenspitze kurz, schwach entwickelt, gebogen. Samen keilförmig, öfters gekrümmt, von unregelmäßigem Umriß, eckig, bisweilen oval, mit geraden Kanten, relativ schmal und klein, ohne ausgebildete Kantenflügel, 3—9,5 mm lang.

Bemerkungen: Unsere pliozänen Bergaer Reste entsprechen dem *T. rossicum* DOROFEEV (1976a) durch ihre glatten, ganzrandigen Schuppen und die schmalen, relativ kleinen Samen, nicht jedoch dem typischen *T. dubium* (STBG.) HEER (1855), der rhombische Schuppen mit ausgezacktem Rand und deutlichen Buckelchen (acht bis neun) sowie große, breite, flügelkantige Samen besitzt. Mit *T. rossicum* ist nach DOROFEEV (1976a) nur *T. mucronatum* TEN. der Flußauenwälder in Bergländern von Mexiko und Guatemala zu vergleichen, der heute die am stärksten wärmeliebende Art darstellt.

Vorkommen: Miozän von Tambov (DOROFEEV 1976a).
Berga (5492); Kaltensundheim (9733).

Cupressaceae

Chamaecyparis SPACH

Mit acht Arten gegenwärtig nur Ostasien (fünf), atlantisches Nordamerika (eine) und pazifisches Nordamerika (zwei) beheimatet. Dort hohe Bäume, die besonders in Gebirgstälern mit hoher Luftfeuchtigkeit oder auf feuchten Talböden in Misch- oder Reinbeständen wachsen. Als Unterholz meist sehr schattenfest. Nur *Chamaecyparis thyoides* (L.) BRITT. ist als einzige Art Sumpfwaldpflanze und bildet im atlantischen Nordamerika in Küstennähe Moorwälder (= White-Cedar Forests). Nordgrenzen der Teilareale auf Nordhondo/Japan, Maine/USA und Elias-Ranges (Alaska/USA). In den nordamerikanischen Arealteilen reichen die Arten weiter nach Norden als im japanischen Arealteil. Diese Arten sind dementsprechend auch in Kultur frosthärter. In Kultur in Europa leiden einige der eingeführten Arten in strengen Wintern weniger unter Kälte als unter Frosttrockenheit.

Zapfen klein, mit drei bis vier Paaren von fertilen Schuppen, jede Schuppe nur mit zwei bis vier Samenanlagen; Samen ellipsoidal bis fast rund, geflügelt, mit schwach gekrümmtem Embryo; Zweige abgeflacht, mit dekussiert gegenständigen, kleinen und meist kurzen, schuppenförmigen Blättern (im Gegensatz zu *Thuja* seltener mit deutlichen Öldrüsen auf den Fazialblättern).

Fossil in Europa erstmals im Paläozän (Gelinden in Belgien), später im Obereozän (Bernstein des Samlandes), letztmalig im Pliozän (Mizerna, SZAFER 1954). Im Oligozän, Miozän und Pliozän mit mehreren Arten. Diese aber bisher ungenügend differenziert.

Artenbeschreibungen: SAPORTA und MARION 1873; SAPORTA 1889; ZABŁOCKI 1930; DOROFEEV 1970; GIVULESCU 1971.

Chaemocyparis obtusa SIEBOLD et ZUCCARINI **fossilis**
Taf. VI, Fig. 21, 22

1975 *Chamaecyparis obtusa* SIEB. et ZUCC. *fossilis* CHOCHIEVA, Chvarbetskii iskop. chvojnyi les: 58; t. 12, f. 1a, b, 3

Zweige zusammengedrückt-abgeflacht, Marginalblätter mit stumpflicher Spitze, oben zusammenneigend, basal lang miteinander verwachsen, die Fazialblätter zum großen Teil bedeckend, Fazialblätter abgestumpft, fast ohne Mittelkante.

Bemerkungen: Diese Art ist auch im fossilen Zustand durch die Zweigstücke mit eng anliegender Beblätterung charakterisiert, wobei die Marginalblätter sichelförmig gekrümmt, oben zusammenneigend und von der Basis aus lang miteinander verwachsen sind. Solche Organe sind typisch für *Chamaecyparis obtusa* SIEB. et ZUCC. und wurden von CHOCHIEVA (1975) auch mit dieser Art identifiziert. Die von SZAFER (1961 und 1947) abgebildeten Zweigstücke aus Stare Gliwice (Mittelmiozän) und Krościenko (Pliozän) können ebenfalls hierher gestellt werden. Zu *Chamaecyparis pisifera* SIEB. et ZUCC. gehören sie nach der Benadelungsform nicht. Dasselbe gilt für *Ch.* cf. *lawsoniana* PARL. bei STRAUS (1952) aus Willershausen (Pliozän). Die japanische Art tritt in der Sommerlaubwaldzone von Hondo auf und reicht in einer Nadelwaldstufe der Gebirge bis etwa 2300 m NN in kalttemperierte Regionen (z. B. Fujijama). Sie liebt in Kultur in Europa Halbschatten und feuchten Standort. Trockene, dürre Sommermonate werden ihr gefährlich.

Vorkommen: Miozän von Stare Gliwice/Polen (SZAFER 1961) und der Niederlausitz (MAI mskr.); Pliozän von Südpolen (SZAFER 1947) und des Harzvorlands (STRAUS 1952); Altpleistozän von Gurien (CHOCHIEVA 1975).
Berga (5504).

Cephalotaxaceae

Cephalotaxus SIEBOLD et ZUCCARINI

Heute mit sechs (oder acht) Arten vom Osthimalaja bis Ostasien verbreitet. Arten von Sumatera und Sulawesi sehr unsicher in der Zugehörigkeit zur Gattung. Alle Arten typische Elemente der Lorbeerwälder oder der lorbeerwaldähnlichen Gebirgskoniferen-Mischwälder, von den Ebenen bis in Gebirgshöhen von 3300 m, aber nur in regenreichen Lagen. Am nördlichsten Punkt ihres natürlichen Areals (Sapporo/Japan) erträgt *C. harringtonia* (KNIGHT) K. KOCH absolute Minimumtemperaturen von —28,5 °C und durchschnittliche Wintertemperaturen von —11 °C, allerdings bei gutem Winterschutz durch viel Schnee.

Nadeln lang, gerade oder etwas gekrümmt, bis 85 mm, oberseits mit deutlicher Mittelrippe, unterseits mit zwei weißlichen Spaltöffnungsstreifen und zwei schmalen, grünen Randstreifen versehen, mit apikaler Stachelspitze und verschmälerter Basis, am Zweig herablaufend.

Samen groß, aufrecht, oval, zugespitzt, mit dünner holziger Steinschale und vergänglicher Sarcotesta (Arillus).

Fossil im europäischen Tertiär mindestens seit dem unteren Eozän (London Clay) bis Pliozän sowohl durch Samen als auch Nadelzweige nachgewiesen. Besonders charakteristisch sind Kutikularstrukturen, die eine Trennung in mindestens fünf tertiäre Arten gestatten (MAI und WALTHER 1978).

Artenbeschreibungen und Artenschlüssel: ENGELHARDT und KINKELIN 1908; REID und CHANDLER 1933; MÄDLER 1939; GREGOR 1978, 1979a; MAI und WALTHER 1978; MAI 1987.

Cephalotaxus multiserialis (WEYLAND) **nov. comb.**
Abb. 7; Taf. VI, Fig. 23

Basionym: *Palmophyllum multiseriale* WEYLAND 1957, Palaeontographica, B, **103**: 47—48; t. 5, f. 1—4; textf. 4.

Synonyme:

Glumophyllum multiseriale WEYLAND, KILPPER et BEHRENDT 1967, Palaeontographica, B, **120**: 155; t. 26, f. 1—7; t. 27, f. 8, 9; textf. 1—6.

[?) *Podocarpus kinkelinii* MÄDLER, 1939, Abh. senckenb. naturforsch. Gesellsch., **446**: 14—17; t. 1, f. 2—5; t. 2, f. 4,5; textf. 2, 6. *Podocarpus kinkelinii* LITKE, 1965, Abh. zentr. geol. Inst., **10**: 72—73; t. VI, f. 5—7.

Emendierte Diagnose: Nadeln schmal lanzettlich, 1 bis 4 mm breit; Länge über 50 mm (vermutlich bis 120 mm), meist schwach sichelförmig gebogen, teils mit kurzer, abgesetzter Spitze, teils einfach zulaufend, zur Basis allmählich verschmälert, mit verbreitertem Stielansatz ansitzend, meist etwas gedreht, derblederig, dick, hypostomatisch; Stomata zu beiden Seiten der plastisch hervortretenden Mittelrippe in je einem Streifen mit acht bis elf Längsreihen, dicht stehend, amphizyklisch; Atemporen lang-oval, Schließzellen tief eingesenkt, laterale Nebenzellen breit halbmondförmig, parallelstreifig, Kranzzellen ebenso gebogen und die Nebenzellen umfassend, polare Nebenzellen quadratisch, zumeist gemeinsam bei benachbarten Stomata; spaltöffnungsfreie Streifen der Unterseite aus langgestreckten, stark verdickten, getüpfelten Zellen, mit quer überlagernden, papillösen Streifen(!) aus rundlichen, perlschnurartig aufgereihten Zellen; Epidermiszellen der Oberseite aus quadratischen bis rechteckigen Zellen, deren vertikale Wände stark getüpfelt sind; ohne Trichome und Drüsen, aber mit Wachskörnchen.

Bemerkungen: Die Zugehörigkeit dieser Art zu *Cephalotaxus*, die WEYLAND (1957) zunächst kutikularanalytisch als *Palmophyllum* gedeutet hatte, und die später von WEYLAND u. a. (1967), obgleich KILPPER inzwischen die „schmallinealen Blätter von 4 mm Breite und schätzungsweise 5 und mehr cm Länge ... mit kurzer abgesetzter Spitze ..." gefunden hatte, unter „*Glumophyllum multiseriale* (WLD.) WLD., KILP. und BER." weiterhin unter den Monokotylen eingereiht wurden, konnte im Verlauf der vorliegenden Bearbeitung ebenfalls gesichert werden. Die Art zeichnet sich durch besonders lange, derbe Nadeln aus und besitzt bei guter Erhaltung die sehr charakteristischen, quergestellten, papillösen, stark lichtbrechenden Zellfäden, die vielleicht dem Mesophyll entstammen. WEYLAND u. a. (1967, S. 155) sind überzeugt, daß bei LITKE (1965, 1966; vielleicht auch bei MÄDLER 1939), unter *Podocarpus kinkelinii* ebenfalls diese Form vorliegt. Sie ist besonders häufig im 2. Niederlausitzer Flözhorizont als Kohlebildner. Von MAI (1965) wurde sie im Pliozän Thüringens fälschlich als *Taxus* sp. bestimmt.

Vorkommen: Miozän des Rheinlands (WEYLAND 1957) und der Lausitz (LITKE 1965, 1966; MMG, Dresden: Coll. MAI); Pliozän des Untermaintals (MÄDLER 1939).

Kranichfeld: MfN, Berlin: „*Taxus* sp." bei MAI 1965.

Alismataceae

Alisma LINNÉ

Ausdauernde, krautige Sumpfpflanzen, fünf Arten über die gesamte extratropische Nordhemisphäre südlich bis Florida, Ägypten, Südiran, südjapanische Inseln. In den Röhrichtgesellschaften der Stillwasser.

Früchte einsamige Nüßchen mit nach ventral verschobenem Griffelrest, bauchig, den Griffelrest überwölbend, mit pergamentartigem Perikarp, dünn, von der Seite her zusammengedrückt. Samen stets hufeisenförmig gekrümmt, Tegmen und Testa getrennt. Fossil mit mehr als vier Arten, seit dem tiefen Miozän, häufig im Obermiozän bis Pliozän.

Artenbeschreibungen: NIKITIN 1957; DOROFEEV 1976b.

Alisma ovatum DOROFEEV
Taf. VIII, Fig. 1, 2

1976a *Alisma ovatum* DOROFEEV, Novye vidy iskop. život. rasten. Belorussii: 192; t. 1, f. 1—4.

Nüßchen 1,2—1,4 mm lang, 0,8—1 mm breit, oval bis verkehrt-eiförmig, mit nur kleinem Griffelrest am oberen Ende der Ventralseite, Kante der Dorsalseite mit Furche, Seiten abgeflacht, nahe der Dorsalseite und im oberen Teil etwas verdickt. Samen kurz, mit feingrubiger Testaoberfläche.

Bemerkungen: Nach Form und Gestalt der charakteristischen Kantenbildung an den Seiten sind die Nüßchen ähnlich zu *A. orientale* (SAM.) JUZ., die aus dem Fernen Osten, Japan und China bekannt ist.

Vorkommen: Bisher nur Pliozän des Gomel-Gebiets (DOROFEEV 1976b); neuerdings auch im Pliozän von Öbel und Tegelen gesammelt.

Berga (5542).

Alisma ex gr. plantago LINNÉ fossilis
Abb. 8c—e

Gleichschenklige Samen von 1,1—1,4 mm Länge, mit glatter bis streifiger Testaoberfläche, oft bis auf das Tegmen korrodiert. Keine unversehrte Frucht bisher gefunden.

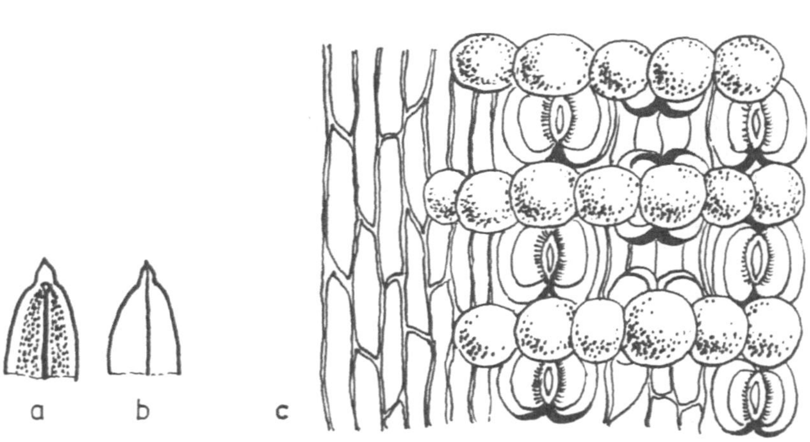

Abb. 7. *Cephalotaxus multiserialis* (WEYLAND) nov. comb.
a = Nadelspitze von abaxial mit Stomatastreifen, b = Nadelspitze von adaxial ohne Stomata, c = Kutikula der Blattunterseite mit Mesophyllbelag über den Stomatareihen (nach WEYLAND u. a. 1966)

Bemerkungen: Nur nach den Samen ist eine sichere Artbestimmung bei *Alisma* nicht möglich. Infolge des Fehlens sehr kleiner Exemplare unter 1 mm Länge scheidet die *A. plantago-minima* NIKITIN (1957) des osteuropäischen Pliozäns für die Bestimmung aus. Unsere Samen gehören wahrscheinlich zu einigen „Arten" der *plantago*-Gruppe. Rezent ist diese Gruppe über die gesamte temperierte Nordhalbkugel verbreitet und wichtiger Bestandteil der Phragmitetalia.

Vorkommen: Bisher vom Obermiozän bis in das Altpleistozän in ganz Europa, aber nicht häufig. In sehr vielen Interglazialen (STOLLER 1926; FIRBAS und GRAHMANN 1928; NÖTZOLD 1959; MANIA und MAI 1969).

Rippersroda (664); Oberzella (338); Nordhausen (4853b).

Baldellia PARLATORE

Etwa 18 Arten amerikanisch, in der Alten Welt nur *B. ranunculoides* (L.) PARL. (atlantisches Europa, Nordafrika) und *B. humilis* (KUNTH.) PARL. (tropisches Afrika). Krautige Wasser- und Sumpfpflanzen, vorwiegend in Ufergesellschaften der Tropen und der feuchten temperaten Zone. Ozeanisches Element.

Früchte einsamige Nüßchen, auf der Dorsalseite stärker gewölbt, rippig-kantig, Griffelrest fast zentral.

Fossil bisher nur im Pliozän West- und Mitteleuropas, zwei Arten.

Artenbeschreibungen: E. M. REID 1923.

Baldellia ranunculoides (LINNÉ) PARLATORE fossilis
Abb. 8a, b; Taf. VIII, Fig. 3

Früchtchen mehrrippig, apikal zugespitzt, aber alle etwas korrodiert, 1,8—2 mm lang, im Querschnitt keilförmig, mit 1—1,3 mm langen, gleichschenkligen Samen, deren schwarze Testa über 20 Längsreihen deutlicher Grübchen zeigt.

Bemerkungen: Mit der heutigen westeuropäischen Art gut vergleichbar, diese aber nicht mit Sicherheit karpologisch von einigen amerikanischen Arten zu trennen. Unterschiede zu der aus Pont-de-Gail (Pliozän) beschriebenen Art *Baldellia gailensis* (E. M. REID) nov. comb. (Basionym: *Alisma gailensis* E. M. REID 1923, Nouv. rech. Graines du Pont-du-Gail: 313—314; t. X, f. 3) sind: die erheblichere Größe der Früchtchen, die Gestalt des Griffels oder dessen Ansatzes und die Größe der Samen von 1,3 mm. Die Art des französischen Pliozäns ist allgemein recht unbekannt und müßte neu untersucht werden. E. M. REID (1923) vergleicht sie mit *Baldellia tenella* (MART.) PARL. (Süd-, Mittel- und östliches Nordamerika) und *B. ranunculoides* (L.) PARL.

Die europäische Art hat ihre Ostgrenze im humiden Gebiet Europas mit der OK-Stufe II (JÄGER 1968, S. 177) und die Nordgrenze an der Januarisotherme von —2 °C.

Vorkommen: Pliozän von Reuver, Belfeld und Mizerna II; Interglazial von Klinge bei Cottbus (C. A. WEBER 1893).

Rippersroda (666b); Kaltensundheim (9730, 9746, 9747).

Caldesia PARLATORE

Gattung mit drei Arten, die sehr zerstreut in Sümpfen, Mooren und Wasserlachen vorkommen, holarktisch, aber mit Ausstrahlungen bis Indien, Australien, Afrika und Madagaskar. Nur in wärmeren Gebieten noch Samen reifend. Tertiäres Relikt.

Früchte sehr gut kenntlich, mit anderen Gattungen nicht zu verwechseln. Nüßchen einsamig, bauchig, Griffelansatz von der Dorsalseite überwölbt, nach ventral verschoben; Endo-

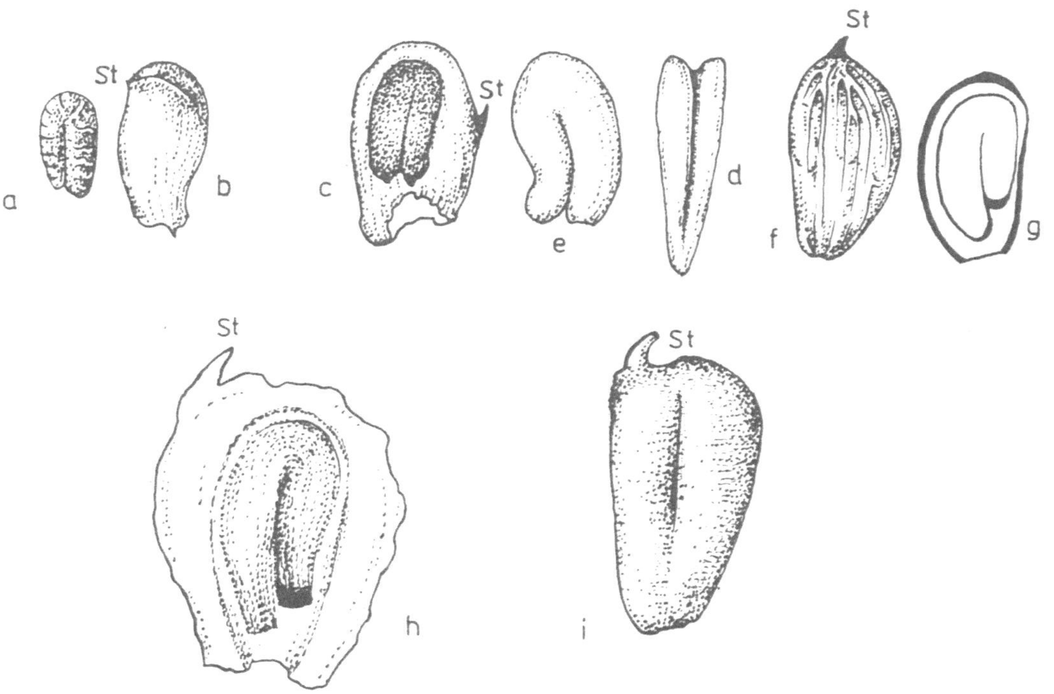

Abb. 8. Nüßchen und Samen der Alismataceae

a, b) *Baldellia ranunculoides* (L.) PARL.: a = Samen, b = Nüßchen. — c—e) *Alisma plantago-aquatica* L.: c = Nüßchen mit durchscheinendem Samen, d = Nüßchen von der Ventralseite mit tiefer Furche, e = Samen. — f, g) *Luronium natans* (L.) RAF.: f = Nüßchen mit Leitbündelnetz, g = Nüßchen mit durchscheinendem Samen. — h) *Sagittaria sagittifolia* L.: Nüßchen mit durchscheinendem Samen. — i) *Caldesia cylindrica* (REID) DOROF.: Nüßchen von der Seite. St — Stylusrest

karp sehr dick und hart. Samen mit sehr ungleich langen Schenkeln und deshalb ebenfalls charakteristisch.

Fossil bereits ab Oligozän. Mehrere Arten.

Artenbeschreibungen: Stark u. a. 1932; Nikitin 1948; Dorofeev 1962c, 1963a, 1972a; Negru 1973; Mai 1987.

Caldesia cylindrica (E. M. Reid) Dorofeev
Abb. 8i; Taf. VIII, Fig. 4, 5

1920a *Myriophyllum cylindricum* Reid, Graines du Pont-de-Gail: 71—72; t. 4, f. 2, 4.
1962c *Caldesia cylindrica* Dorofeev, Dokl. Akad. Nauk SSSR, **144**: 651.

Steinkerne 2—2,9 mm lang, relativ schmal; mit gewölbter Dorsalseite und kräftigem, langem Griffel auf der Ventralseite; Oberflächenzellen wenig tief. Samen über 2 mm lang, gestreift.

Bemerkungen: Die Art mit den größten Steinkernen innerhalb der Gattung, sehr nahe mit heutiger *Caldesia parnassifolia* (Bassi) Parl. verwandt. Synonym ist *Caldesia tertiaria* Dorofeev (1960c).

Vorkommen: Miozän von Sibirien bis Ukraine (Dorofeev 1969a), Lausitz (Mai 1967); im Pliozän von Westeuropa bis zum Ural (Dorofeev 1956a).

Rippersroda (667, „*C. parnassifolia* (Bassi) Parl." bei Mai u. a. 1963); Berga (5542b).

Luronium Rafinisque

Nur eine Art, *L. natans* (L.) Raf., im atlantischen Europa, sehr vereinzelt bis Polen, Bulgarien, Norditalien. Bemerkenswerte Disjunktion nach Jawa (nur Mt. Ding, 2000 m s. m.). Charakterart der Strandlingsgesellschaften in klaren, sauren, oligotrophen Gewässern, besonders in Moorgebieten, auch terrestrische Formen bildend. Submerse Pflanzen bis 120 cm Wassertiefe.

Früchte einsamige Nüßchen, auf der Ventralseite stärker gewölbt, mit fast zentralem Griffelrest. Adernetz der Balgfrüchte und zylindrische Endokarpien in fossilem Zustand nicht von dem der heutigen Art zu unterscheiden. Samen nach innen gerundet (epitrop), Mikropyle daher am inneren Grunde liegend.

Fossil die heutige Art ab Pliozän von Westeuropa bis zum Don.

Artenbeschreibungen: Firbas und Grahmann 1928.

Luronium natans (Linné) Rafinisque **fossilis**
Abb. 8f, g; Taf. VIII, Fig. 6—8

1928 *Elisma natans* (L.) Buchenau — Firbas und Grahmann, Sächs. Akad. Wiss., Abh. math.-phys. Kl., **40** (9): 33; Abb. 12/2.

Längliche Endokarpien von zylindrischer Gestalt mit fünf bis sieben stumpfen Kanten und basalem, dreieckigem Keimloch, 1,2—1,5 mm lang. Reste des Epikarps als reticulate Faserstränge vorhanden, die den Steinkern lose umhüllen.

Bemerkungen: Nikitin (1957, t. II, f. 45) bildete ein Endokarp der Art als Gramineen-Karyopse ab.

Vorkommen: Pliozän von Westeuropa bis zum Don; auch Altpleistozän in Westeuropa (Zagwijn 1963); selten im Pleistozän (Firbas und Grahmann 1928).

Rippersroda (666, Mai u. a. 1963); Berga (5630).

Sagittaria Linné

33 Arten in Eurasien und Amerika, mit einem Drittel der Arten allein im atlantischen Nordamerika, im Süden bis in die Tropen Mittelamerikas, Indiens, Südchinas und Taiwans, vorwiegend aber in den temperierten Zonen. Ausdauernde Sumpfpflanzen mit Landformen (Foliacea) und submersen Formen (Rosulata) bis fast 2 m Wassertiefe. Charakterarten der Röhrichte.

Früchte einsamige Nüßchen, abgeflacht, apikal zugespitzt, mit etwas nach ventral verschobenem Griffelrest. Samen hufeisenförmig gekrümmt, mit ungleich großen Schenkeln. Testa glatt, streifig oder feingrubig.

Fossil bisher sicher ab Miozän, in Europa ein bis drei Arten.

Artenbeschreibungen: Firbas und Grahmann 1928; Kac u. a. 1965; Dorofeev und Weliczkiewicz 1971.

Sagittaria sagittifolia Linné **fossilis**
Abb. 8h; Taf. VIII, Fig. 9, 10

Samen über 2,0 mm lang, mit ungleich großen Schenkeln, wobei ein Schenkel ca. 1/4 kürzer als der andere ist; Oberflächenzellen polygonal oder fast quadratisch, mit fast geraden Wänden. Früchte nur als Bruchstücke.

Bemerkungen: Ohne Schwierigkeiten mit der heutigen europäischen Art vergleichbar. Diese ist über ganz Europa und Westasien verbreitet, besonders häufig in Flachländern, selten in der Bergregion. Charakterart des Phragmition an Ufern, in Gräben, Teichen und Seen, submers bis 180 cm Wassertiefe.

Vorkommen: Aus zahlreichen Pliozän-Fundstellen Europas. Im Pleistozän Europas verbreitet. Im Obermiozän Polens (Raniecka-Bobrowska 1959) noch etwas fraglich.

Rippersroda (665); Nordhausen (4868).

Hydrocharitaceae

Hydrocharis Linné

Heute mit drei Arten über ganz Eurasien, südlich bis Nordafrika, Jawa und Australien. Ausdauernde Wasserpflanzen mit Schwimmblättern (Hydrochariden), nur in eutrophen Gewässern, zumeist Stillwässern. Schwimmblattgesellschaften oder Potametalia. In Europa selten oder nicht fruchtend (Glück 1936).

Samen eiförmig mit länglicher oder kappenförmiger Mikropylarspitze. Testa dünn, mehrschichtig, bei gutem Erhaltungszustand mit großen, vieleckigen, offenen Zellen belegt, die sich leicht abreiben.

Fossil seit dem Eozän, mit mehreren Arten nach Samen.

Artenbeschreibungen: Stark u. a. 1932; Weyland 1943; Mai und Walther 1978.

Hydrocharis morsus-ranae Linné **fossilis**
Abb. 9; Taf. VIII, Fig. 11—13

1932 *Hydrocharis morsus-ranae* L. — Stark, Firbas und Overbeck, Abh. naturwiss. Ver. Bremen, **28**: 117; t. 9, f. 18.

Samen von 1,4—0,8 mm Länge und 0,5—0,7 mm Breite, eiförmig; mit quadratischer bis polygonaler, großzelliger Oberflächenskulptur, die sich sehr leicht abreibt.

Bemerkungen: Die heutige Art ist im subozeanischen Europa verbreitet, im Süden seltener, aber hier fruchtend, auch in Ostasien.

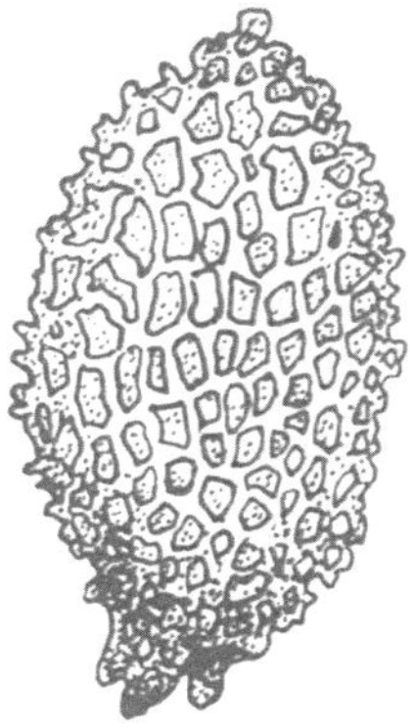

Abb. 9. *Hydrocharis morsus-ranae* L.
Samen mit Zellbelag auf der Testa (nach KAC u. a. 1964)

Vorkommen: Oberpliozän am Dnepr (WELICZKIEWICZ 1975); Cromer-Interglazial von England (WILSON 1973); Holstein-Interglazial von Westpolen (STARK u. a. 1932); Eem-Interglazial Niedersachsen (GRIPP und BEYLE 1937); Mikulino-Interglazial am Neman und bei Grodno (DOROFEEV 1963d). Zum Nachweis bei SCHRÖDER und STOLLER (1908) vgl. *Aldrovanda vesiculosa*.
Nordhausen (6830).

Stratiotes LINNÉ

Gegenwärtig monotypische Gattung, nur Europa und Westsibirien. Wasserpflanze mit rosettigen, halbuntergetauchten Blättern (Stratiotidae), in eutrophen Stillwässern, besonders Schwimmpflanzengesellschaften der Uferzone und Potametalia, stets Verlandungsförderer. Zweihäusig und insektogam, Geschlechter häufig an weit getrennten Standorten und daher nur an sehr wenig Fundstellen fruchtend. Relikt.

Samen groß, anatrop, meist über 3 mm lang, an beiden Enden stumpf zugerundet, mit deutlich ausgebildeter Raphe, die durch einen stumpfen Kiel angezeigt wird. Testa dick, knochig; Oberfläche kleinpunktiert und durch längliche Buckelzüge ornamentiert.

Fossil mit 15 Arten ab Mitteleozän in Europa und Westasien.

Artenbeschreibungen: KEILHACK 1896; ZINNDORF 1901; E. M. REID 1920a; CHANDLER 1923, 1960a; KIRCHHEIMER 1936d; DOROFEEV 1963a; PALAMAREV 1979; WELICZKIEWICZ 1979, 1982; MAI 1987.

Stratiotes intermedius (HARTZ) CHANDLER

1909 *Stratiotes aloides* forma *intermedia* HARTZ, Damm. geol. Unters., 2, **20**: 126—127; t. IV, f. 3, 4, 9.
1923 *Stratiotes intermedius* CHANDLER, Quart. J. geol. Soc., **79**: 132; t. V, f. 18, 19; t. VI, f. 17, 19.

Schlanke, 9—10 mm lange Samen mit rechtwinklig abgeknicktem Mikropylarknoten, zähnigem Raphekiel und apikal warziger, sonst fast glatter Testa. Nur Bruchstücke.

Bemerkungen: Die Art ist morphologisch eindeutiger Vorläufer von *Str. aloides* L.

Vorkommen: Pliozän; Altpleistozän ganz Europa; im Mittelpleistozän sehr selten und nur Westeuropa (KRÄUSEL 1937; FLORSCHÜTZ und JONKER 1942; KEMPF 1966).
Rippersroda (668, MAI u. a. 1963); Nordhausen (2835).

Scheuchzeriaceae

Scheuchzeria LINNÉ

Rezent eine Art. Staude auf Hochmooren, in tiefen Sümpfen, besonders auf Zwischenmooren. Gemäßigte Zone von Europa, Sibirien, Ostasien, im Süden bis in die Gebirge Chinas und des Mittelmeergebiets, im Norden bis in die arktische Zone. Zumeist Anzeiger für Oligotrophie.

Frucht kapselartig, durch Abort einer zweiten Samenanlage fast immer einfächrig, nüßchenartig. Samen groß, breit oval, an den Enden breit gerundet, umgewendet, basal mit Mikropylenspitzchen und subbasalem Hilum, apikal mit Chalaza. Raphe als stumpfer Kiel zwischen Hilum und Chalaza, sich vor dem apikalen Pol verlierend. Testa dick, mehrschichtig, glänzend. Oberfläche durch schmale, längliche, wandverdickte Zellen ornamentiert. Tiefere Zellenschichten aus dünnwandigen Zellen.

Fossil bisher nur selten im Quartär und Pliozän (BŮŽEK u. a. 1985).

Artbeschreibungen: FIRBAS und GRAHMANN 1928; KAC u. a. 1965.

Scheuchzeria palaeopalustris nov. spec.
Tafel VIII, Fig. 15

Holotypus: Taf. VIII, Fig. 15 — Gerstungen (Kohlenton, Pliozän) — MMG, Dresden: Coll. MAI, Nr. 6731.

Diagnose: Samen oval, mit den Hauptmerkmalen von *Scheuchzeria palustris* L. (Abb. 10), aber nur etwa 1/2 mal so groß (2,3 mm × 1,2 mm), mit scharfkantigem Raphekiel; Testa dünner, bei der Fossilisation zusammengedrückt.

Vorkommen: Gerstungen (6731).

Potamogetonaceae

Potamogeton LINNÉ

Über 90 Arten, die über alle Erdteile verbreitet sind; besonders artenreich auf der Nordhalbkugel zwischen 24 bis 67° N. Wasserpflanzen mit flutendem Stengel und untergetauchten Blättern (Hyphydates), selten mit Blättern an der Wasseroberfläche (Ephydates), im Süßwasser, selten in Brackwässern. Wichtige Arten der Submersen-Gesellschaften (Potametalia) und einiger Seerosen- und Schwimmblatt-Gesellschaften.

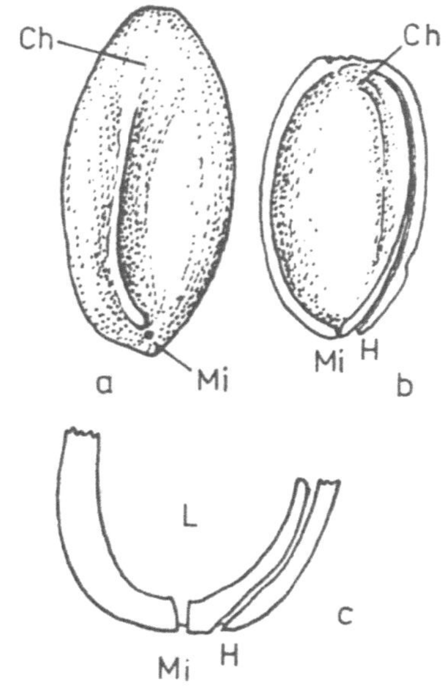

Abb. 10. *Scheuchzeria palustris* L. — Samen

a = Samen von der Rapheseite, b = Samen nach der Dehiszenz von innen, c = Schema der Hilum- und Mikropylarregion. Ch — Chalaza, H — Hilum, Mi — Mikropyle, L — Loculum des Samens (nach DOROFEEV 1963d)

Einige Arten wichtige Indikatoren für thermische Bedingungen in den Gewässern (SZAFER 1954) und für die Trophieverhältnisse. Fossil nicht älter als Eozän, aber im Tertiär und Quartär Eurasiens mindestens 120 Arten.

Früchte steinfruchtartig. Endokarpien (Steinkerne) einsamig, mit großem, subzirkularem, medianem Kondylus, der den Samen in zwei etwa gleich große Schenkel teilt; mediane Keimklappe sehr lang, meist länger als die den Kondylus tragende Ventralseite. Samen eingerollt bis stark gebogen, mit häutiger Testa.

Artennachweise und Artenschlüssel: C. und E. M. REID 1910; CHANDLER 1957, 1965; MADĄLSKI 1949; JESSEN 1955; DOROFEEV 1955c, 1959a, c, 1 1960a, b, 1962a, b, 1963a, c, 1966a, b, 1967a, b, 1971, 1977a, b, 1978a; KAC u. a. 1965; NEGRU 1968, 1979; WELICZKIEWICZ 1975, 1977, 1979, 1982; KNOBLOCH, 1977, 1978; JAKUBOVSKAJA 1984; DOROFEEV 1986; MAI 1987.

Potamogeton borysthenicus DOROFEEV
Abb. 12b; Taf. IX, Fig. 3

1971 *Potamogeton borysthenicus* DOROFEEV, Dokl. Akad. Nauk SSSR, **200**: 918; t. 1, f. 22, 23.

Steinkerne aus der *Pot. trichoides* — *Pot. acutifolius*-Verwandtschaft, sehr veränderlich in Form und Größe, aber immer mit großem Ventraldorn und dornig-fransiger Keimklappe.

Bemerkungen: Von früheren Autoren (BAAS 1932, NIKITIN 1957, MAI u. a. 1963) zumeist mit *Pot. trichoides* CHAM. et SCHLECHTEND. oder *Pot. acutifolius* LINK (NÖTZOLD 1963) vereinigt, aber in Form und Größe doch artlich abweichend. Systematisch sehr schwierig zu behandelnde Formengruppe (DOROFEEV 1971, S. 918; 1986, S. 76—79).

Vorkommen: Pliozän von der Atlantikküste bis an Dnepr und Don.

Rippersroda (655) („*P. trichoides*" bei MAI u. a. 1963, t. II, f. 3).

Potamogeton bashkiricus DOROFEEV
Abb. 11b; Taf. IX, Fig. 4

1960a *Potamogeton bashkiricus* DOROFEEV, Vopr. geol. Russk. plattformy i južn. Urala: 21; t. 2, f. 8—11.

Steinkerne dünnwandig, mehr oder weniger eingerollt, s-förmig, Foramen fehlend; Schulter zwischen Stylusansatz und Keimklappen-Spitze breit; Stylusrest dünn, bisweilen lang. Durchmesser der Steinkerne 2,1—2,7 mm.

Bemerkungen: Eine Art, die mit den heutigen ozeanisch-thermophilen *Pot. coloratus* HORNEM., *Pot. densus* L. und *Pot. polygoniifolius* FOURR. gemeinsame Merkmale besitzt. Entfernt ähnlich ist auch *Pot. gonczarovii* DOROFEEV (1972) aus dem sibirischen Miozän.

Vorkommen: Pliozän der Baškirischen ASSR (DOROFEEV 1960a).

Gerstungen: (6733).

Potamogeton cholmechensis DOROFEEV
Abb. 13c; Taf. IX, Fig. 5—7

1971 *Potamogeton cholmechensis* DOROFEEV, Dokl. Akad. Nauk SSSR, **200**: 919; t. 1, f. 9—11.

Sehr charakteristische, schmale Endokarpien mit langem, gekrümmtem Griffel auf der Ventralseite, glatter Keimklappe und bogenförmiger Vertiefung der Seitenflächen.

Bemerkungen: Vergleichbar mit *Pot. javanicus* HASSK. und *Pot. asiaticus* A. BENN., nicht mit heutigen europäischen Arten.

Vorkommen: Bisher nur Pliozän vom Dnepr (DOROFEEV 1971).

Berga (5535).

Potamogeton elegans NEGRU
Abb. 13a; Taf. IX, Fig. 8—10

1979 *Potamogeton elegans* NEGRU, Rannepont. fl.: 46; t. 4, f. 1—4.

Steinkerne schief verkehrt-eiförmig, leicht gekrümmt, dickwandig. Ventralseite geschwungen, selten fast gerade, Dorsalseite halbkreisförmig. Keimklappe breit, an der Spitze stark verschmälert, nahezu abgeplattet, glatt. Schulter breit. Stylusrest klein, dünn, auf die Ventralseite verschoben. Seitenflächen gewölbt, ohne Foramen, aber mit kommaförmiger Vertiefung, die zur Ventralseite ausläuft. Stielchen fehlend. Durchmesser 1,8—2,2 mm.

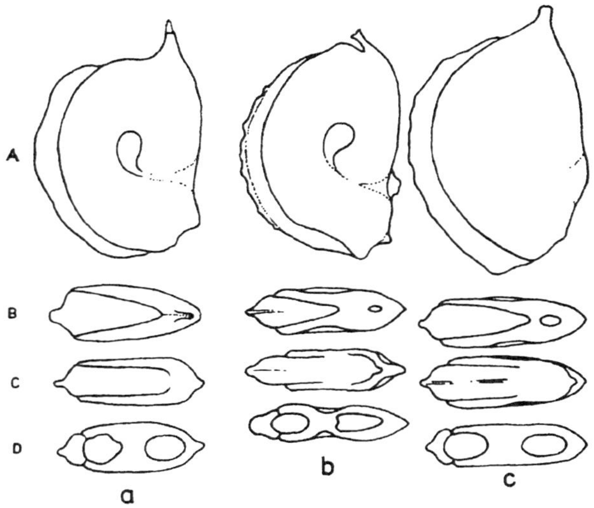

11

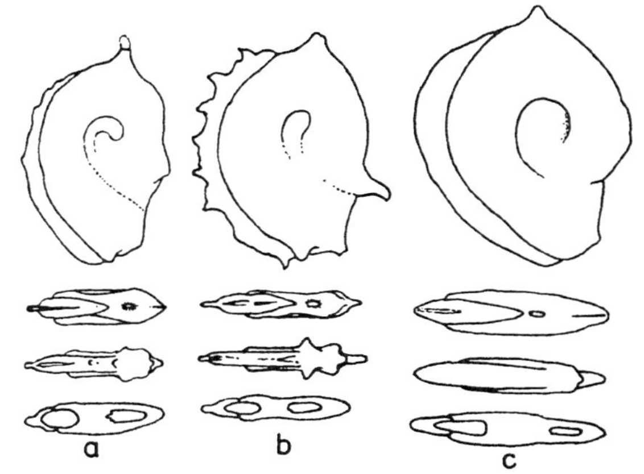

12

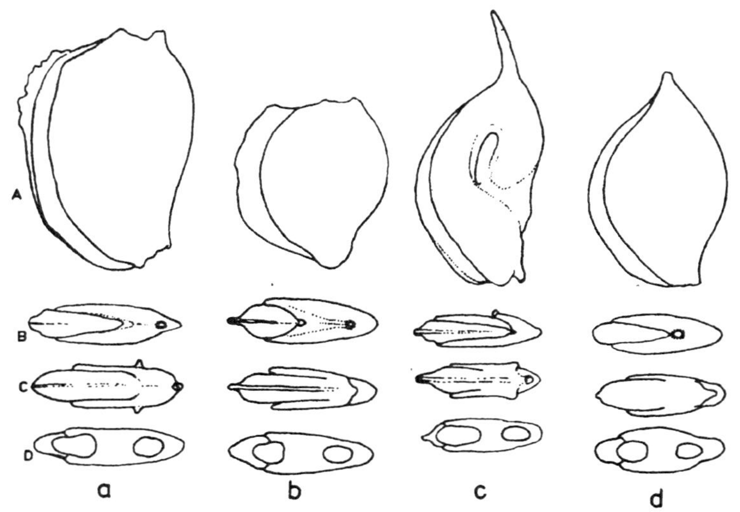

13

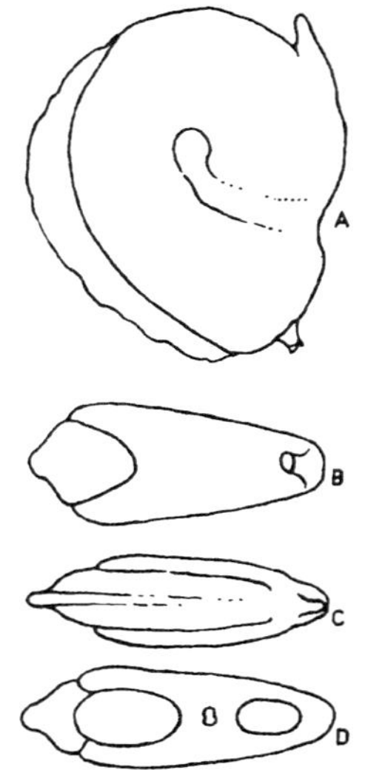

14

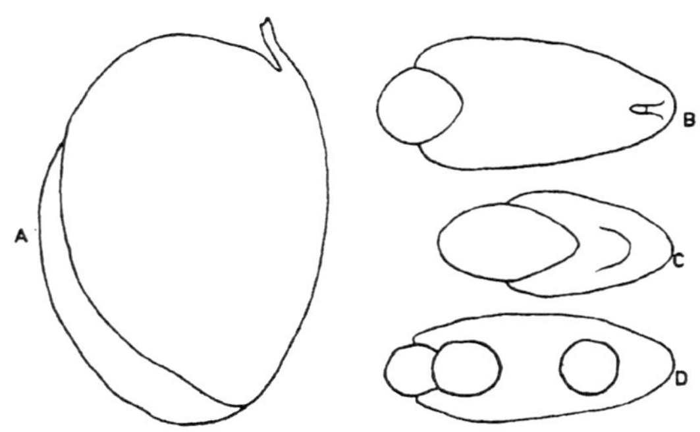

15

Abb. 11—15. *Potamogeton*-Arten des Thüringer Pliozäns

A — Seitenansicht, B — Apikalansicht mit Griffelrest und „Schulter", C — Basalansicht, D — Querschnitt in Höhe des Foramens

Abb. 11. a) *Pot. natans* L. *fossilis* aus Berga (5533). — b) *Pot. bashkiricus* DOROF., aus Gerstungen (6733). — c) *Pot. acutifolius* LINK *fossilis* aus Nordhausen (2833)

Abb. 12. a) *Pot. polymorphus* DOROF. aus Berga (5531). — b) *Pot. borysthenicus* DOROF. aus Rippersroda (635). — c) *Pot. perforatus* WELICZK. aus Berga (5534)

Abb. 13. a) *Pot. elegans* NEGRU aus Berga (5532). — b) *Pot. filiformoides* nov. spec. aus Rippersroda (803). — c) *Pot. cholmechensis* DOROF. aus Berga (5535). — d) *Pot. pusillus* L. *fossilis* aus Nordhausen (4875)

Abb. 14. *Pot. neptunii* nov. spec. aus Rippersroda (660)

Abb. 15. *Pot. pectinatus* L. *fossilis* aus Nordhausen (4855). Vergr. etwa 15fach

Bemerkungen: Nach NEGRU (1979) *Potamogeton natans* L. vergleichbar, aber augenscheinlich auch mit der obermiozänen *Pot. dubnanensis* KNOBLOCH (1977) morphologisch verwandt, die sich im wesentlichen durch die andersartige Wölbung der Ventralseite und die gekielte Keimklappe unterscheidet.

Vorkommen: Pont (Obermiozän) von Tabaki/Schwarzmeergebiet (NEGRU 1979).
Berga (5532); Rippersroda (656).

Potamogeton filiformoides nov. spec.
Abb. 13b; Taf. IX, Fig. 11—14

Holotypus: Taf. IX, Fig. 11 — Rippersroda (Oberpliozän) — MMG, Dresden: Coll. MAI, Nr. 803.

Diagnose: Steinkerne dickwandig, oben abgerundet, nahezu ohne Griffelrest. Keimklappe nicht bis zum Top des Steinkerns reichend. Schulter höchstens doppelt so breit wie die einfache Keimklappenbreite. Seiten gewölbt, ohne angedeutete Vertiefung. Ventralseite gewölbt. Keimklappe abgerundet endend, scharf gekielt. Basis gerundet, ohne Stiel. Diameter der Steinkerne 1,4—2,0 mm.

Bemerkungen: Die Art wurde von MAI u. a. (1963) sowie PALAMAREV (1965, t. 1, f. 2; t. 3, f. 6) bei *Pot. pectinatus* L. fälschlicherweise untergebracht. Von dieser Art unterscheidet sie sich deutlich durch geringere Größe, längere, gekielte Keimklappe und fehlenden Griffelrest. Nahe kommt *Pot. filiformis* PERS., die aber eine kiellose Keimklappe besitzt. Auch *Pot. praepectinatus* NEGRU (1968) weicht durch die Merkmale der Schulter, des Kiels und der schwach vertieften Seitenflächen ab. Ähnlichkeiten besitzen auch *Pot. omoloicus* DOROFEEV (1972) und *Pot. sakmarensis* DOROFEEV (1986).

Vorkommen: Pliozän von Europa (MAI u. a. 1963; PALAMAREV 1965).
Rippersroda (803); Kaltensundheim (9927, 9747).

Potamogeton medicagoides MÄDLER

1939 *Potamogeton medicagoides* MÄDLER, Abh. senckenb. naturforsch. Gesellsch., **446**: 49; t. 5, f. 8.

Steinkerne über 2 mm im Durchmesser, mit spiralig eingerollter Kondylusfurche, ohne Foramen; Stielchen in der Mitte der Bogenhälfte der Ventralseite. Ein schlecht erhaltener Steinkern von 2 mm Durchmesser.

Bemerkungen: Art aus der Verwandtschaft von *Pot. spirillus* TUCKERM., *Pot. diversifolius* RAF. (beide Nordamerika) und entfernter *Pot. densus* L. (Eurasien).

Vorkommen: Bisher nur Pliozän im Maingebiet (MÄDLER 1939).
Berga (5331).

Potamogeton acutifolius LINK **fossilis**
Abb. 11c; Taf. IX, Fig. 1, 2

1907a *Potamogeton acutifolius* LINK — C. und E. M. REID, Fl. of Tegelen: 22; t. 3, f. 96.

Steinkerne wenig von denen der rezenten Art unterschieden; mit Knoten auf der Ventralseite unterhalb der Mitte; Griffelrest ventral verschoben; warzige, zugespitzte Keimklappe ohne basalen Stachel. Steinkerne bis 2,5 mm lang.

Bemerkungen: In der Gegenwart subozeanisch verbreitete Art.

Vorkommen: Nach Abbildung wirklich sicher nur aus dem Tegelen (C. und E. M. REID 1907a), oft ohne Abbildung aus dem europäischen Pliozän genannt. In Interglazialen z. B. Phöben (STOLLER 1926), Ockrilla (NÖTZOLD 1961).
Nordhausen (2833); nicht in Rippersroda (MAI u. a. 1963, vgl. bei *Pot. polymorphus* DOROFEEV).

Potamogeton perfoliatus LINNÉ **fossilis**
Taf. X, Fig. 8

1907b *Potamogeton perfoliatus* L. — C. und E. M. REID, J. Linn. Soc., **38**: 220; t. 15, f. 156.

Steinkerne 2,2—3,3 mm im Durchmesser, mit konvexer oder nur schwach S-förmiger Ventralseite; basal mit drei Buckelchen; Keimklappe dachförmig gewölbt, mit niedrigem Kiel; Griffelrest nach ventral verschoben, ohne oder mit kurzer Schulter; seitlich vertieft, aber ohne Foramen.

Bemerkungen: Eine formvariable Art. In der Gegenwart nahezu kosmopolitisch verbreitet, mit Schwerpunkt aber in der borealen Zone. Sie ist eine der Charakterarten der eutrophen Potamogetonieten.

Vorkommen: Fossil in Europa selten im Pliozän; auch in den Interglazialen, z. B. Fürstenberg (HUCKE 1941), Mahlis (FUHRMANN u. a. 1977), Motzen (STOLLER 1909).
Kaltensundheim (9925).

Potamogeton natans LINNÉ **fossilis**
Abb. 11a; Taf. IX, Fig. 15

1892 *Potamogeton natans* L. — C. REID, Quart. J. geol. Soc. **48**: 358

Steinkerne groß, 2,5—3,4 mm im Durchmesser, mit deutlichem Griffelrest und gut ausgeprägter zentraler Depression (Foramen). Abstand (Schulter) zwischen Griffelansatz und Keimklappenspitze ist gleich oder etwas weniger als eine Keimklappenbreite. Sehr formvariabel und in Berga mit 2 mm sehr klein.

Bemerkungen: Die Art ist gegenwärtig fast Kosmopolit und lebt in den verschiedensten Wasserpflanzengesellschaften (Schwimmblattgesellschaften) in Seen, Teichen, Gräben.

Vorkommen: Im Oberpliozän in Osteuropa (NIKITIN 1957; DOROFEEV und WELICZKIEWICZ 1971); häufiger in Interglazialen in ganz Europa, oft falsch bestimmt (NÖTZOLD 1961).
Berga (5533).

Potamogeton neptunii nov. spec.
Abb. 14; Taf. X, Fig. 1—5

Holotypus: Taf. X, Fig. 1 — Rippersroda (Oberpliozän) — MMG, Dresden: Coll. MAI, Nr. 660.

Diagnose: Steinkerne dickwandig, oben abgerundet, mit sehr kräftigem, ventral verschobenem, gebogenem Griffelrest. Keimklappe nicht bis zum Top des Steinkerns reichend. Schulter breiter als die einfache Breite der Keimklappe, über 1/3 der Länge der Keimklappe. Seitliche Depression wenig ausgeprägt, aber deutlich, ohne Foramen. Ventralseite mehr oder weniger gerade. Keimklappe gerundet endend, stumpf gekielt. Basis mit spitzem Stielchen. Diameter der Steinkerne 2—3 mm, oft Breite fast wie Länge.

Bemerkungen: Eine sehr isoliert stehende Art, die ursprünglich mit *Pot. pulcher* TUCKERM. verglichen wurde (BAAS 1932; MAI u. a. 1963) oder zu *Pot. pectinatus* L. gezogen wurde (NÖTZOLD 1963, t. 4, f. 1, 2). Mit beiden Arten hat sie weniger gemeinsame Merkmale als mit der *Pot. natans*-Gruppe.

Vorkommen: Nur westeuropäisches Pliozän (Schwanheim, Soufflenheim).
Rippersroda (660); Kaltensundheim (9723, 9726, 9924).

Potamogeton pectinatus LINNÉ **fossilis**
Abb. 15; Taf. X, Fig. 6, 7

1907a *Potamogeton pectinatus* L. — C. und E. M. REID, Fl. of Tegelen: 22, t. III, f. 95.

Große Steinkerne von 2,5—4 mm Durchmesser mit glatten Seitenflächen und sehr kurzer Keimklappe, die am Ende abgerundet ist. Schulter breiter als bei anderen Arten, meist über dreimal so breit wie die Keimklappe.

Bemerkungen: Die rezente Art ist nahezu kosmopolitisch verbreitet und lebt in stehenden und fließenden Gewässern, sowohl im Süßwasser als auch in Brack- und Salzwasser. Sie ist Charakterart der eutrophen Eupotamnien.

Ihre fossilen Reste sind gut kenntlich, versehentlich wurden aber zahlreiche andere fossile Arten damit vereinigt.

Vorkommen: Obermiozän bereits in Westsibirien und Osteuropa (DOROFEEV 1963a, 1964b), im Pliozän bereits ganz Europa vom Ural, Kaukasus bis Atlantik. Holstein- und Eem-Interglaziale Westeuropas.

Nordhausen (4855); nicht in Rippersroda (MAI u. a. 1963; vgl. bei *Pot. filiformoides* nov. spec.).

Potamogeton pusillus LINNÉ **fossilis**
Abb. 13d; Taf. X, Fig. 11—13

1907a *Potamogeton pusillus* L. — C. und E. M. REID, Fl. of Tegelen: 22; t. III, f. 97.

Steinkerne in Gestalt und Größe denen der heutigen Art gleich, ohne seitliche Depression, mit spitzem, zentralem Griffelrest und s-förmig geschwungener Ventralseite.

Bemerkungen: Heute zirkumpolar verbreitete Art, in Afrika südhemisphärisch; in nährstoffreichen, stehenden Gewässern, seltener Flüssen. Entfernt ähnlich ist *Pot. ruthenicus* DOROFEEV (1966).

Vorkommen: Oberpliozän und Altpleistozän von den Niederlanden bis Balkan und Dongebiet; häufiger in Interglazialen (MANIA und MAI 1969; NÖTZOLD 1961; SCHMIERER 1922; STOLLER 1909, 1926).

Rippersroda (659); Nordhausen (4875).

Potamogeton perforatus WELICZKIEWICZ
Abb. 12c; Taf. X, Fig. 9, 10

1957 *Potamogeton perforatus* WELICZKIEWICZ, Stratigr. i paleogeogr. Antropogena: 121; t. 3, f. 4, 5.

Steinkerne mit dicker, harter Wand; Seiten etwas erhaben, mit Foramen in Form eines großen Komma; Ventralseite s-förmig gebogen, Dorsalseite gleichmäßig halbkreisförmig; Keimklappe gekielt, zugespitzt, fast bis zur Griffelbasis reichend, Schulter nur mehr oder weniger kurz; Griffelrest dünn, wenig lang, gewöhnlich nach dorsal gebogen, selten gerade, aber zumeist abgebrochen. Durchmesser der Steinkerne 1,9 bis 2,5 mm.

Bemerkungen: Eine Art aus der Verwandtschaft der heute zirkumpolar verbreiteten *Pot. perfoliatus* L., die nährstoffreiche Gewässer bevorzugt. Sehr nahe steht *Pot. sivkovense* DOROFEEV (1967), auch *Pot. pliocenicus* DOROFEEV (1966a), *Pot. tanaiticus* DOROFEEV (1966a) und *Pot. taushkense* DOROFEEV (1962b). Alles sind pliozäne Reste des gleichen Verwandtschaftskreises.

Vorkommen: Oberes Pliozän der Belorussischen und Litauischen SSR.

Berga (5534).

Potamogeton polymorphus DOROFEEV
Abb. 12a; Taf. IX, Fig. 16—20

1959a *Potamogeton polymorphus* DOROFEEV, Paleont. Ž., (2): 127—128; t. 9; f. 19—21.

Steinkerne mittlerer Größe, mitunter ohne ventralen Knoten, fransig-zähniger, gekielter Keimklappe, kurzem Griffelrest. Sehr verschiedengestaltig.

Bemerkungen: Art aus der *Pot. trichoides-Pot. acutifolius*-Verwandtschaft; in der allgemeinen Form auch auf *Pot. gramineus* L. weisend.

Vorkommen: Miozän von West- und Ostsibirien (DOROFEEV 1963a, c, 1969b); in Europa ab Obermiozän (Konin, RANIECKA-BOBROWSKA 1959, t. XXIV, f. 15—19).

Berga (5531, 5532); Rippersroda (657, „*Pot. acutifolius*" und „*Pot. compressus*" bei MAI u. a. 1963, t. II, f. 7, 8); Kaltensundheim (9728).

Potamogeton tanaiticus DOROFEEV
Taf. X, Fig. 14, 15

1966a *Potamogeton tanaiticus* DOROFEEV, Plioc. fl. Matanova sada: 47; t. 1, f. 32—36.

Steinkerne dick, halbkreisförmig. Griffelrest kurz, dünn. Keimklappe fast glatt, bis zur Griffelbasis reichend oder mit kurzer Schulter. Ventralseite wenig gebogen, bisweilen gekielt. Seitenflächen eben, mit kommaförmiger Vertiefung, aber ohne Foramen. Durchmesser der Steinkerne 2,1—2,5 mm.

Bemerkungen: Eine mit *Pot. perfoliatus* L. vergleichbare pliozäne Art. Entfernt ähnlich ist auch *Pot. taushkense* DOROFEEV (1962b) des baschkirischen Pliozäns.

Vorkommen: Im Pliozän der Baškirischen ASSR (DOROFEEV 1965) und im Dongebiet (DOROFEEV 1966a).

Kaltensundheim (9730, 9734, 9920).

Zannichelliaceae

Zannichellia LINNÉ

Gattung mit einer bis vier Arten oder nur einer Art, die mehrere Unterarten abspaltet. Untergetauchte Wasserpflanzen (Parvopotamiden) im Süßwasser oder Brackwasser bei schwächeren Salzgehalten bis 5‰. Verbreitung fast über die gesamte Erde.

Steinkerne mit wenig gekrümmten oder fast geraden Samen, ohne inneren Kondylus und äußere Vertiefungen. Keimklappe sehr groß und breit, Steinkerne daher fast zweiklappige Nüßchen, abgeflacht, dünnwandig.

Fossil in Osteuropa ab Miozän, zwei fossile und drei heutige Arten genannt.

Artenbeschreibungen: STOLLER 1926; NIKITIN 1957; DOROFEEV 1960a, 1966a; SZAFER 1961; KAC u. a. 1965.

Zannichella pedicellata (WAHLENBERG et ROSEN) FRIES **fossilis**
Taf. X, Fig. 16, 17

1957 *Zannichellia palustris* L. forma *pedicellata* WAHLBG. et ROSEN — NIKITIN, Plioc. i četvert. fl. Voronež. obl.: 105.

Steinkerne kleiner und dorniger als bei *Z. palustris* L., mit langem Stielchen und Griffel, Dimensionen ohne Griffel und Stielchen 1,5—2,2 × 0,6—1,0 mm.

Bemerkungen: Entsprechen völlig den rezenten Steinkernen von *Z. pedicellata* (WAHLBG. et ROSEN) FRIES (= *Z. pedunculata* RCHB.) und unterscheiden sich deutlich von fossilen Arten wie *Z. praepedicellata* SZAFER (1961) und *Z.*

pliocenica DOROFEEV (1960a). Anzeiger für salziges oder brakkisches Wasser, selten Süßwasser. In Potametalien und Ruppietalien.

Vorkommen: Bisher nur Pleistozän Europas (NIKITIN 1957; KAC u. a. 1965).
Nordhausen (4880, 4936).

Najadaceae

Najas LINNÉ

Etwa 35 Arten, mitunter in zwei Gattungen getrennt (*Najas* L. und *Caulinia* WILLD.), nahezu kosmopolitisch verbreitet, zumeist im Süßwasser, hier bis in 15 m Wassertiefe, aber ab 5 m Tiefe nicht mehr fruchtend. Einige Arten oder deren Varietäten an extreme Gewässer angepaßt, z. B. in Alkali-Wässern, in heißen Quellen bis 60 °C (*N. tenuifolia*, *N. graminea)* oder in Brackwässern und Salzwasser bis 30‰ (*N. marina*, *N. browniana*, *N. indica*, *N. guadalupensis)*. Andere Arten in Submersen-Süßwassergesellschaften (Potametalia) von den Tropen bis in das boreale Gebiet und in Gebirgsgewässern.

Von einer eigentlichen Frucht läßt sich bei *Najas* nicht sprechen, da die Blütenhülle der weiblichen Blüten nur aus zwei Zellschichten besteht, die um den heranreifenden Samen keine besondere Ausbildung erfahren, sondern vergehen. Die Samen besitzen eine harte Testa aus mehreren (*Najas* s. str.) oder einer bis zwei Lagen (*Caulinia)* stark verdickter Zellen, die für die einzelnen Arten sehr charakteristische Strukturen der Oberfläche ergeben.

Fossil in Eurasien ab Unteroligozän, zahlreiche Arten (25) nachgewiesen.

Artenbeschreibungen und Artenschlüssel: HEER 1855; C. und E. M. REID 1907a, 1915; REID und CHANDLER 1926; VAN DER HAMMEN 1951; SUKAČEV 1958; DOROFEEV 1963a, 1965, 1966a, 1969a, 1973, 1978b; WELICZKIEWICZ 1973a, 1982; RISCHKENE 1974; KRUTOUS 1976.

Najas flexilis (WILLDENOW) ROSTKOFF et SCHMIDT
Abb. 16c; Taf. VIII, Fig. 16

Blättchen, dessen oberer Teil erhalten geblieben ist. Blattrandbezahnung fein stachelspitzig; jeder Zahn aus einer Stachelzelle bestehend. Mittelrippe unbezahnt.

Bemerkungen: Blättchen mit typischen Merkmalen der *N. flexilis* (WILLD.) ROSTK. et SCHMIDT (vgl. MAI u. a. 1963, S. 779). Die Art lebt heute in Nordeuropa an weit voneinander getrennten Standorten. Ihr Hauptverbreitungsgebiet liegt in Nordamerika. Sie ist in Europa als tertiäres Relikt anzusehen.

Vorkommen: Pliozän von Buchenau (LESCHIK 1952) und Starodworcy (DOROFEEV 1967); Alt- und Mittelpleistozän (STOLLER 1908, 1926; BAAS 1932).
Rippersroda (816).

Najas cf. foveolata A. BRAUN fossilis
Abb. 16b; Taf. VIII, Fig. 17

1957 *Najas foveolata* A. BR. — NIKITIN, Plioc. i. četvert. fl. Voronež. obl.: 106; t. 2, f. 21

Samen spindelförmig, um 3 mm lang, mit 20 Reihen quadratischer Oberflächenzellen.

Bemerkungen: Die pliozänen Funde aus dem Dongebiet wurden von DOROFEEV (1966a) wegen ihrer geringen Größe bei *N. pliocenica* DOROFEEV genannt. Auch alle weiteren pliozänen Funde der UdSSR sind hierherzustellen (DOROFEEV 1978b). Aus Rippersroda (MAI u. a. 1963) liegt lediglich das Bruchstück eines Samens vor, dessen ursprüngliche Länge nicht zu ermitteln ist. Es kann nur mit Vorbehalt artlich bestimmt werden.

Die heutige Art ist in Japan und Südasien verbreitet.

Vorkommen: Pliozän an der Kama (DOROFEEV 1956a); Pleistozän Westsibiriens (KIPIANI).
Rippersroda (662).

Najas lanceolata C. et E. M. REID
Abb. 16a; Taf. VIII, Fig. 18—22

1915 *Najas lanceolata* C. und E. M. REID, Plioc. Fl. Dutch-Prussian Border: 62; t. 2, f. 18, 19.

Samen länglich-elliptisch, 2,3—3,5 mm lang. Testa dünn mit ca. 25—30 Reihen langer, vieleckiger Zellen, die 1,5- bis 2mal so lang als breit sind und zumeist schräge Querwände besitzen. Oberfläche der Samen grubig. Testa eine Zellschicht dick.

Bemerkungen: Die Samen repräsentieren eine Art, die weder *N. marina* (KIRCHHEIMER 1957) noch *N. tenuissima* (TRALAU 1962) ist, obwohl sie letzterer sehr nahe steht.

Vorkommen: Pliozän von Westeuropa bis in die Baškirische ASSR (DOROFEEV 1978b).
Berga (5527); Gerstungen (6685a); Rippersroda (663, 688, „*Berberis vulgaris*" bei MAI u. a. 1963, t. III, f. 14).

Najas marina LINNÉ fossilis
Abb. 16d; Taf. VIII, Fig. 23—25

1907a *Najas marina* L. — C. und E. M. REID, Fl. of Tegelen: 22; t. III, f. 99, 100.

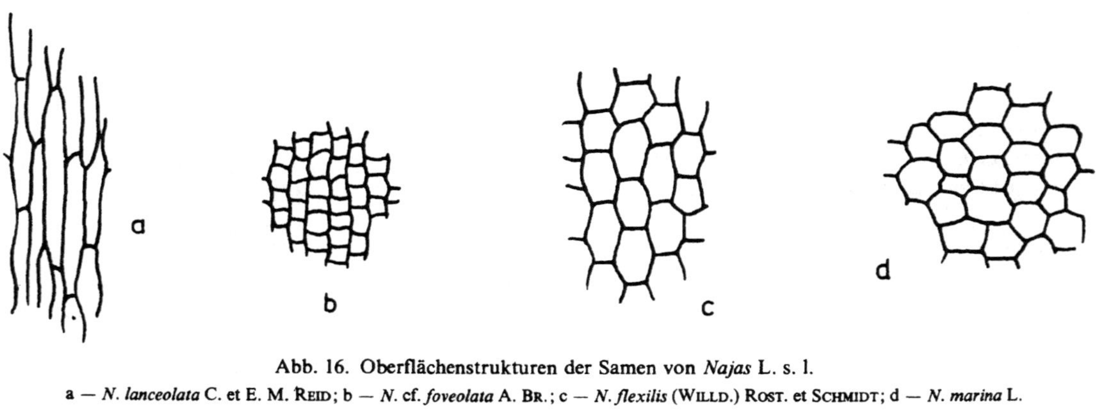

Abb. 16. Oberflächenstrukturen der Samen von *Najas* L. s. l.
a — *N. lanceolata* C. et E. M. REID; b — *N.* cf. *foveolata* A. BR.; c — *N. flexilis* (WILLD.) ROST. et SCHMIDT; d — *N. marina* L.

Samen länglich-eiförmig, groß, 2,5—5 mm lang. Testa dick, aus mehreren Zellschichten; Oberflächenzellen vieleckig bis hexagonal-prismatisch, nicht in deutlichen Reihen angeordnet.

Bemerkungen: KIRCHHEIMER (1957, S. 355—356) vereinigte fast alle *Najas*-Samen des holländischen Plio/Pleistozäns unter *N. marina* L. Das ist völlig unzutreffend. Nur *N. fusiforme* C. et E. M. REID (1915) kann eine Form der polymorphen *N. marina* L. sein. Diese Art ist gegenwärtig fast ubiquist in den Gewässern der Erde verbreitet.

Vorkommen: Früheste Funde im Obermiozän von Sibirien und dem Don-Gebiet (DOROFEEV 1959b, 1963a). Im Pliozän über ganz Eurosibirien, stellenweise häufig. Verbreitet im Quartär (z. B. WEBER 1893; KEILHACK 1906; STOLLER 1908, 1926; NÖTZOLD 1961; MANIA und MAI 1969).

Rippersroda („? *Populus*" FRITSCH 1885, t. XXVI, f. 35a—c); Berga (5528); Gerstungen (6701); Nordhausen (4842).

Pontederiaceae

Monochoria PRESL

Fünf Arten allweltlich, vor allem östliches Asien, aber mit einer Art bis in das Nilgebiet und eine weitere Art nur in Australien. Sumpfpflanzen mit kriechenden Rhizomen (Foliacea). Bei austrocknenden Gewässern völlig absterbend und nur aus Samen wieder austreibend. An immerfeuchten Orten von sehr großen Dimensionen und meist sehr häufig. Nordgrenze mit *M. korsakovii* RGL. et MAACK in Hokkaido, auf der Halbinsel Korea und am Fluß Ussuri; *M. vaginalis* (BURM. f.) PRESL reicht bis Honshu und zur Halbinsel Korea (OHWI 1965).

Fossil nur eine Art vom Eozän bis Pliozän.

Monochoria striatella MAI
Taf. VIII, Fig. 26

1985 *Monochoria striatella* MAI in MAI und WALTHER, Abh. staatl. Mus. Mineral. Geol. Dresden, **33**: 124; t. 31, f. 25, 26.

Samen elliptisch bis eiförmig, ein Ende truncat, das andere etwas zugespitzt, longitudinal gerippt, mit 10—16 wenig hohen, nicht geflügelten Rippen, zwischen den Rippen fein und gleichmäßig transversal striat. Testa dünn, darunter hyalines Tegmen aus großen, longitudinal orientierten, polygonalen Zellen. Länge 0,5—0,8 mm, Breite 0,2—0,4 mm. Operculum mit kleiner Mikropylenspitze am truncaten Ende.

Bemerkungen: Verglichen mit den heutigen Arten *Monochoria plantaginea* KUNTH. (Indien, Yunnan) und *Heteranthera limosa* VAHL. (tropisches Amerika), wobei der Vergleich zugunsten der ersteren ausfiel.

Vorkommen: Obereozän bis Mittelmiozän in Mitteleuropa (MAI und WALTHER 1985).

Kranichfeld (6739).

Zingiberaceae

Spirematospermum CHANDLER

Ausgestorbene Gattung, verwandt mit *Cenolophon* BL., eine Art Thailands. Bodenbewohnende Stauden in humiden Tropen und Subtropen, oft in Sümpfen.

Fossil in Europa zwei Arten von der Oberkreide bis in das Pliozän.

Spirematospermum wetzleri (HEER) CHANDLER
Abb. 17; Taf. VIII, Fig. 27

1859 *Gardenia wetzleri* HEER, Fl. tert. Helv., **3**: 192; t. 141, f. 81—103.

1925 *Spirematospermum wetzleri* CHANDLER, Upper Eocene Fl. Hordle, 19—20; t. 1, f. 8.

Samen groß, 5—10 mm lang, elongat, fast zylindrisch; basal truncat, Hilumgrube oft mit Resten des fädig gebauten Arillus; apikales Ende zugespitzt bis abgerundet; Chalaza tief im Gewebe verborgen, als großer Hohlraum ausgebildet. Samenoberfläche mit nadelrissiger Spiralstreifung.

Bemerkungen: Vgl. MAI und WALTHER (1978, S. 139). Typische Art für Sumpfpflanzengesellschaften mit *Glyptostrobus* und *Osmunda*.

Vorkommen: Obereozän bis Pliozän in Europa, im Oberoligozän/Miozän fast ganz Eurosibirien. Im Pliozän nur Uryv am Don und Čertovickoe am Voronež (NIKITIN 1957).

Nordhausen (4937).

Cyperaceae

Acorellus PALLA

Sieben Arten von Südeuropa bis Indien, Nordafrika. Junciforme Kräuter, nahe verwandt mit *Cyperus* L. und oft mit die-

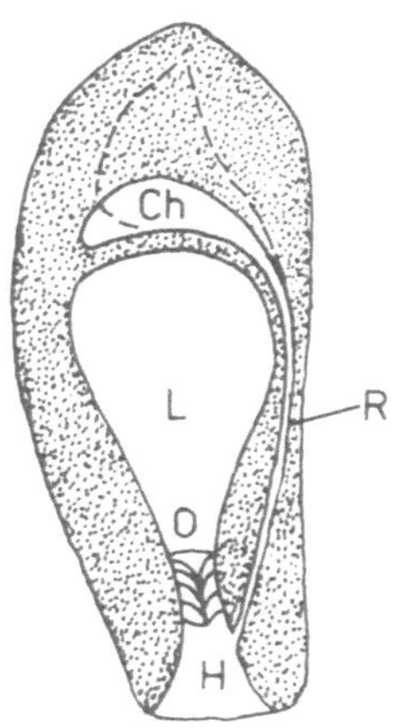

Abb. 17. *Spirematospermum wetzleri* (HEER) CHANDLER — Längsschnitt durch einen Samen (schematisiert nach NIKITIN 1957): Ch — Chalaza, H — Hilum, L — Loculum des Samens, O — Operculum mit Mikropyle, R = Raphe

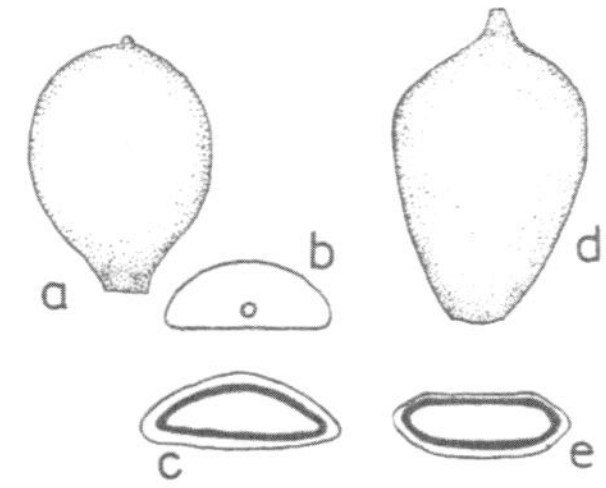

Abb. 18. *Acorellus* PALLA und *Juncellus* C. B. CLARKE
a—c) *Acorellus pannonicus* (JACQ.) PALLA: a = Nüßchen von der Ventralseite, b = Aufsicht aus den apikalen Bezirk, c = Querschnitt. — d, e) *Juncellus serotinus* (ROTTB.) C. B. CLARKE: d = Nüßchen von der Ventralseite, b = Querschnitt (nach SOJÁK 1958, KOWAL 1958)

ser Gattung vereinigt. Nasse Salzwiesen, Ufer von salzigen Seen, Flußbänke, Marschen.

Früchte nackt, verkehrt-eiförmig, mit breit abgestumpfter Basis, sanft gerundeter Spitze und aufgesetztem, spitzem Griffelrest. Oberfläche punktat, aus Reihen dünnwandiger, 4- bis 6seitiger, längsgestreckter Zellen (KOWAL 1958) (Abb. 18a bis c).

Fossil bisher nur im Miozän Südpolens.

Acorellus distachyoformis ŁAŃCUCKA-ŚRODOŃIOWA
Taf. XIII, Fig. 1

1977 *Acorellus distachyoformis* ŁAŃCUCKA-ŚRODOŃIOWA, Acta Palaeobot., **18**: 40; t. 5, f. 1—9

Früchte 1,2—1,5 mm lang und 0,7—1 mm breit, zweiseitig abgeflacht, elliptisch-rhomboidal, größte Breite unterhalb der Mitte der Früchte, Griffelrest grannenspitzig, auf die sanft gerundete Spitze aufgesetzt. Oberfläche punktat, glänzend.

Bemerkungen: Die verwandte *A. distachys* (ALL.) PALLA kommt im Mittelmeergebiet bis Iran, in Indien und Nordafrika vor.

Vorkommen: Mittelmiozän im Nowy Sącz- und Orawa-Becken/Südpolen (ŁAŃCUCKA-ŚRODOŃIOWA 1977).
Kaltensundheim (9747).

Carex LINNÉ

Mit 2000 lebenden Arten die arten- und formenreichste Gattung der Erde, weltweit verbreitet, mit der größten Artenanzahl in den temperaten Zonen, in den tropischen Tiefländern zurückweichend.

Krautige, ausdauernde Pflanzen in Mooren, Sümpfen, Rieden, Röhrichten, Sumpfwäldern, Laub- und Nadelwäldern, Wiesen, Waldsteppen, Steppen und Salzsteppen, auf alpinen Matten sowie den Tundren und Gletschermoränen der Arktis. Wichtige Charakterarten von zahlreichen Pflanzengesellschaften mit junciformen Wuchsformen. In Mitteleuropa heute die Vertreter der drei Untergattungen *Primocarex* (8), *Vignea* (35) und *Carex* (80) mit über 120 Arten.

Wichtigstes Merkmal, das die Gattung mit *Schoenoxiphium* NEES, *Uncinia* PERS. und anderem teilt und das sie von allen anderen Gattungen trennt, ist der Besitz eines bis zur Spitze geschlossenen Fruchtschlauches (Utriculus). Der Utriculus hat im allgemeinen kugelig-rundliche, ellipsoidisch-eiförmige oder lanzettliche Gestalt, ist aufgeblasen oder zusammengedrückt und dient als Schwimmorgan, Haftorgan oder Flugorgan bei der Verbreitung. Die Utriculi werden von erhabenen oder eingesenkten Längsnerven durchzogen, die prominent oder so zart sein können, daß sie kaum oder gar nicht zu diagnostizieren sind. An der Spitze läuft der Utriculus in einen Fortsatz von variabler Länge aus, der zumeist schnabelartig ausgebildet ist. Die Früchte (Nüßchen) werden vom Utriculus lose oder so fest umhüllt, daß sie mit demselben verwachsen erscheinen. Die Früchte variieren von dreieckig bis linsenförmig im Querschnitt und von sehr klein bis groß. Die Früchte können basal in ein stielartiges Gebilde verschmälert sein oder zeigen diskusartige Verbreiterung. Sie können aber auch abgestumpft oder abgerundet enden. An der Spitze besitzen sie stets einen Griffelrest, der als „kurz" bezeichnet wird, wenn auf dem Nüßchen nur ein kurzer, kegelförmiger Höcker steht. Ein Griffelrest „mittlerer" Länge entspricht etwa der halben Breite der Frucht, ein „langer" Griffelrest übersteigt die Breite der Frucht. Die Oberfläche der Früchte ist durch ein regelmäßiges zelluläres Muster ausgezeichnet, das bis zu sehr geringen Zellgrößen verkleinert werden kann, so daß derartige Früchte glatt erscheinen. Dieses wabig-zelluläre Muster ist sehr typisch für *Carex* und eines der wichtigsten differenzierenden Merkmale gegenüber anderen Gattungen (z. B. *Cyperus* L., *Scirpus* L.). Die Färbung der Oberfläche reicht von weiß bis dunkelbraun und schwarz. Bei der Angabe von Maßen der rezenten und fossilen Früchte ist unbedingt die Schrumpfung bei der Fossilisation zu beachten. Im fossilen Zustand sind zumeist nur die Nüßchen gefunden worden, deren diagnostische Merkmale gut die Trennung von Artengruppen, bei genauerem Vergleich auch entgegen vielen Behauptungen in der Literatur die Unterscheidung von Arten gestatten.

Früheste (unsichere) Funde von *Carex* (Utriculi) aus dem Paläozän der Arktis (HEER 1870); in Europa aus dem Unteroligozän (REID und CHANDLER 1925); ab Obermiozän/Pliozän treten bereits heutige Arten auf. In den Interglazialen dann sehr viele der heutigen europäischen Arten genannt. Fossil in Europa mindestens 85 Arten beschrieben. Soweit fossile Reste lediglich auf Grund der vorhandenen Blattabdrücke bestimmt werden, ist ihre Zugehörigkeit nicht sicher erwiesen.

Artenbeschreibungen und Artenschlüssel: HEER 1870; C. REID 1892; C. und E. M. REID 1907a, b; 1915; REID und CHANDLER 1925; GODWIN 1956; NIKITIN 1957; DOROFEEV 1962b, 1970a, 1972a, 1977a; NÖTZOLD 1962; KAC u. a. 1965; NILSON und HJELMQUIST 1967; WELICZKIEWICZ 1975; NIKITIN 1976; ŁAŃCUCKA-ŚRODOŃIOWA 1979; JAKUBOVSKAJA 1982, 1984; NEGRU 1986.

Carex acutiformis EHRHARDT **fossilis**
Taf. XI, Fig. 1

1899 *Carex acutiformis* EHRH. — C. REID, Origin brit. Fl.

Früchte mehr oder weniger scharf dreikantig, im Umriß rhombisch, seltener elliptisch, Griffelrest mittellang, häufig auch kurz, Basis zugerundet, nur ausnahmsweise mit Diskus,

Perikarp derb, Oberfläche kleinzellig, streifig. Länge (ohne Griffel) 1,3—1,8 mm, Breite 0,8—1,4 mm. Größte Breite etwa in der Mitte. Schläuche eiförmig, aufgeblasen, nervig, beiderseits mit sieben bis neun (?) Nerven.

Bemerkungen: Die Früchte dieser Art sind mit denen von *C. vesicaria* L. und *C. limosa* L. zu verwechseln. Von beiden unterscheiden sie sich durch die ausgeprägte Dreikantigkeit und die mehr rhombische Gestalt mit größter Breite in der Mitte. *Carex vesicaria* L. hat im Mittel auch größere Früchte.

Die Segge ist häufig in ganz Europa (mit Ausnahme des Nordens), zerstreut in Nordafrika und dem gemäßigten Asien. An Ufern und auf nassen Wiesen bildet sie häufig nahezu reine Bestände, oft in der Assoziation mit *Filipendula ulmaria* und *Geranium palustre*. In Auen mit Hochwasserstand im Frühjahr ist sie Bestandteil des Schlankseggenrieds (*Caricetum gracilis*, ELLENBERG 1963).

Vorkommen: Bisher im Altpleistozän Bulgariens (PALAMAREV 1965); Interglaziale und Interstadiale von Westeuropa bis Westsibirien.
Kaltensundheim (9731, 9732, 9926); nicht in Kranichfeld (MAI 1965: t. IV, f. 26—28 vgl. *C. strigosoides* ŁAŃ.-ŚROD.).

Carex binervis SMITH **fossilis**
Taf. XI, Fig. 2—6

Früchte weniger aufgeblasen, aber deutlich kantengerundet, verkehrt-eiförmig, mit stielartig verschmälerter Basis, ohne Diskusbildung, Griffelrest dicklich, abgebogen, kurz, (oder fast fehlend), gerade abgestutzt, Oberfläche deutlich zellig-wabig. Länge 1,9—1,7 mm, Breite 1,1 mm, größte Breite im oberen Drittel. Schläuche unbekannt.

Bemerkungen: Ähnliche Früchte besitzt von den europäischen Arten nur *C. globularis* L., die aber weniger deutliche Oberflächenstruktur, einen geraden Griffelrest, eine stiellose Basis und kleinere Dimensionen zeigt. Die Art ist heute ein typisch atlantisches Element der europäischen Flora. Ihre Verbreitung reicht vom Rif-Atlas, Portugal, Nordspanien bis Norwegen und Färöer, im Osten dagegen nur bis Westfalen und zum Hunsrück-Gebirge. Es ist eine Art der atlantischen Heiden, zumeist trockener Standorte.

Vorkommen: Berga (5601c); Gerstungen (6708).

Carex carpophora nov. spec.
Taf. XI, Fig. 7—9

Holotypus: Taf. XI, Fig. 7 — Berga (Pliozän). — MMG, Dresden, Coll. MAI, Nr. 5598a.

Synonymie:

1947 *Carex* sp. sect. *Frigidae* FRIES-SZAFER, Fl. plioc. Krościenka: 184—185; t. XV, f. 28.

1955a *Carex* sp. 1 — DOROFEEV, Mėot. fl. okres. Odessy; t. 63, f. 1.

? 1963a *Carex* sect. *Frigidae* — DOROFEEV, Tretič. fl. Zap. Sibiri: 129; t. XV, f. 10.

Diagnose: Früchtchen dreikantig, im Umriß breit spindelförmig bis lanzettlich, mit ausgeprägter stielartiger Basis (Podocarp), Griffelrest mittellang, (selten) lang, dicklich, plötzlich abgestutzt, Oberfläche kleinzellig-grubig. Länge (ohne Griffel) 1,8—2,5 mm, Breite 1,2—1,6 mm. Größte Breite in der Mitte. Schläuche fossil unbekannt.

Bemerkungen: Eine Art mit sehr gut kenntlichen, „gestielten" Früchten. Sie wurde von SZAFER (1947) zuerst im Pliozän der Karpaten als Vertreter der Sect. *Frigidae* FRIES angesehen und mit den mittelasiatischen Gebirgsarten *Carex hirtella* DREYER und *Carex macrogyna* TURCZ. verglichen. DOROFEEV (1963a) folgt für die westsibirischen Funde, deren Übereinstimmung mit den europäischen Fossilien nicht völlig sicher ist, dieser offenen Nomenklatur. Für einen Vergleich kommen nach unserer Überzeugung viel eher *Carex baccans* NEES (Ostasien: Mooswälder der Gebirge, subtropische und montane Regenwälder, Pineten, auch noch Indonesien) und *C. hispida* WILLD. (Mittelmeergebiet, Waldschluchten) in Frage.

Vorkommen: Miozän Westsibiriens; Obermiozän und Pliozän Osteuropas (DOROFEEV 1963); Tegelen der Niederlande (6792).
Berga (5598).

Carex caespitosa LINNÉ (non GOODENOUGH) **fossilis**
Taf. XII, Fig. 1—6

1928 *Carex caespitosa* L. — JESSEN und MILTHERS, Danm. geol. Unders., 2, **48**

Früchte oval-abgeflacht, rundlich-eiförmig bis ellipsoid-eiförmig im Umriß, Basis schmal und ausgezogen, mit Diskus, Griffelrest kurz bis mittellang, Oberfläche zellig-punktat; Früchte klein, Länge 1,5—1,1 mm, Breite 1,3—1,0 mm. Schläuche sehr eng ansitzend, schwach nervig bis fast nervenlos, ca. 2 mm lang.

Bemerkungen: Die Früchte der Art sind leicht mit denen der nahe verwandten *C. nigra* (L.) REICHARD zu verwechseln, unterscheiden sich in erster Linie durch eine enge und ausgezogene Basis. NIKITIN (1957) nennt eine fossile „forma *pliocenica*". Die Art ist heute zerstreut in Europa (außer dem Mittelmeergebiet), Nordasien vom Ural über Sibirien bis Japan verbreitet. Sie gedeiht in Großseggen-Sümpfen, Erlenbrüchen, auf Riedwiesen und in feuchten (asiatischen) Nadelwäldern.

Vorkommen: Pliozän des Dongebiets (NIKITIN 1957); Pleistozän von Dänemark, Polen, europäischer Teil der UdSSR, Westsibirien; in der DDR präelsterkaltzeitliche Ablagerungen bei Mahlis (FUHRMANN u. a. 1977).
Kranichfeld („*C. canescens*" bei MAI 1965, t. IV f. 24, 25); Kaltensundheim (9747); Rippersroda (805, „*C. vulpina*" bei MAI u. a. 1963, t. II, f. 17).

Carex elongatoides ŁAŃCUCKA-ŚRODOŃIOWA
Taf. XII, Fig. 7—10

1979 *Carex elongatoides* ŁAŃCUCKA-ŚRODOŃIOWA, Acta Palaeobot., **20**: 84; t. 14, f. 4—6

Früchte oval abgeflacht, im Umriß schmal-ellipsoidal (bis länglich-verkehrt-eiförmig), terminal zugerundet, mit mittelstarkem Griffelrest oder nur dessen Ansatzstelle, basal allmählich verschmälert, eng. Wände dünn, Oberfläche punktat, glänzend. Länge 1,8—1,5 mm, Breite 0,9—0,7 mm. Schläuche eiförmig, mit beiderseits acht bis zehn Nerven, nur in Fetzen, bis 2,1 mm lang, zugespitzt.

Bemerkungen: Ähnlich den Früchten von *Carex elongata* L., aber von schmälerer Form und mit dünnerem, längerem Griffelrest. Vielfach wurde die Art wahrscheinlich mit *C. elongata* L. verwechselt (z. B. MAI 1965: t. V, f. 2—4 aus Kranichfeld). Diese Art ist heute über Mittel- und Nordeuropa (außer der Arktis), den Balkan, die UdSSR bis Westsibirien ziemlich gleichmäßig verbreitet. Sie wächst in Erlenbrüchen, Weiden- und Großseggen-Sümpfen als Kennart. Nach ŁAŃCUCKA-ŚRODOŃIOWA (1979) sind auch nordamerikanische Arten vergleichbar, z. B. *C. stachycarpa* FERN., *C. proposita* MACKEN., *C. tracyi* MACKEN., *C. scoparia* SCHKUHR und *C. straminea* WILLD.

Vorkommen: Miozän des Nowy Sącz-Beckens (ŁAŃCUCKA-ŚRODOŃIOWA 1979).

Kranichfeld („*Carex* cf. *elongata* L." bei MAI 1965: t. V, f. 2—4; t. IV, f. 23); Gerstungen (6720).

Carex flagellata C. et E. M. REID
Taf. XI, Fig. 10, 11

1915 *Carex flagellata* C. und E. M. REID pro parte, Plioc. Fl. Dutch-Prussian Border: 69; t. III, nur f. 22.

Eiförmige, dreikantig-abgerundete, große Früchtchen mit eiförmigen, aufgeblasenen, vielnervigen Schläuchen. Schläuche terminal verschmälert, (?) in längere Spitze ausgezogen, beiderseits mit 10—12 Nerven, bis 5 mm lang und 3 mm breit. Früchtchen basal mit wulstförmigem, sehr betontem Diskus, terminal allmählich verschmälert, mit kurzem bis mittellangem, dickem, geradem Griffelrest. Oberflächenstruktur wabig-großgrubig, deutlich, Wände relativ dick und fest. Früchte (ohne Griffelrest) 2,5—3,3 mm lang, 1,3—1,7 mm breit.

Bemerkungen: Im Reuverian des Niederrheins haben C. und E. M. REID (1915) unter *Carex flagellata* C. et E. M. REID eindeutig zwei Arten vereinigt. In der Folgezeit wurden zumeist die größeren, dickeren, aber kurzgriffeligen Früchte (nach REID 1915: t. 3, f. 22) als Repräsentanten der Art angesehen (vgl. DOROFEEV 1977a, S. 54). Die Art ist der rezenten *Carex grayii* CAREY (Nordamerika; Dismal swamps) ähnlich, unterscheidet sich aber durch etwas geringere Größe und kürzere Griffelreste. Die oft zum Vergleich zitierte *Carex dickensii* FRANCH. (Ostasien) ist dem Autor unbekannt geblieben.

Vorkommen: Obermiozän Osteuropa bis Ostsibirien; Pliozän in ganz Europa (C. und E. M. REID 1915; SZAFER 1947, 1954, 1961; ŁAŃCUCKA-ŚRODOŃIOWA 1957; RANIECKA-BOBROWSKA 1959; DOROFEEV 1963a, 1969b).
Rippersroda (675); Berga (5597); Kranichfeld (MfN, Berlin).

Carex flavaeformis ŁAŃCUCKA-ŚRODOŃIOWA
Taf. XI, Fig. 12, 13

1979 *Carex flavaeformis* ŁAŃCUCKA-ŚRODOŃIOWA, Acta Palaeobot. **20**: 89—90; t. 14, f. 18—19.

Früchte scharf dreikantig, mit gleichen Seiten, verkehrt-eiförmig, größte Breite deutlich im oberen Drittel, Basis allmählich verschmälert, gestielt, mit Diskus (bisweilen auch ohne), Griffelrest kurz, dicklich, gerade abgestutzt, Oberfläche zellig mit feinen spitzen Papillen, Länge unter 1,7 mm, meist um 1,3 mm, Breite 0,9 mm. Schläuche fossil unbekannt.

Bemerkungen: Diese kleinfrüchtige Art ist von zahlreichen Autoren verkannt worden, indem man ihre sehr charakteristische Form nicht bemerkt hat. (z. B. NÖTZOLD 1959; MAI 1965; PALAMAREV 1965). Die sehr oft als Unterarten der *Carex flava* L. geführten *C. lepidocarpa* TAUSCH und *C. oederi* RETZ. lassen sich karpologisch nicht abtrennen.

Im weitesten Sinne aufgefaßt ist *C. flava* L. in ganz Europa und über Teile Westasiens und Nordamerikas verbreitet. Im Norden und Süden wird sie selten. Es ist eine verbreitete Flachmoorpflanze. Selten werden auch saure Hoch- und Waldmoore besiedelt.

Vorkommen: Miozän des Nowy Sącz-Becken (ŁAŃCUCKA-ŚRODOŃIOWA 1979).
Rippersroda („*Carex flava*" bei MAI u. a. 1963); Kaltensundheim (9733, 9734); nicht in Kranichfeld (MAI 1965, vgl. *Carex gothanii* nov. spec.).

Carex gothanii nov. spec.
Taf. XI, Fig. 14

Holotypus: Taf. XI, Fig. 14 — Kranichfeld (Pliozän) — MfN, Berlin.

Synonymie:
1965 *Carex* cf. *flava* L. — MAI, Abh. zentr. geol. Inst., **10**: t. 5, f. 5.

Diagnose: Früchte aufgeblasen, im Umriß rundlich-walzlich, mit abrupt verschmälerter Basis und abgesetztem Stielchen, Griffelrest kurz, dünn, spitzig, drei Kanten, alle stark abgerundet, Oberfläche zellig-wabig, Länge 1,5 bis 1,3 mm, Breite 0,8—0,7 mm, größte Breite etwa in der Mitte.

Bemerkungen: Die fossilen Früchte zeichnen sich durch ihre rundlich-walzliche Form, die gerundete Basis mit abgesetztem Stielchen, die deutlich wabige Oberflächenstruktur und ihre relativ geringe Größe aus. Keine einzige heutige europäische Art hat vergleichbare Früchte. Die von MAI (1965) herangezogene *C. flava* L. hat zwar kleine, stark struktuierte, kurzgrifflige und basal gestielte Früchte, sie unterscheidet sich aber deutlich durch die verkehrt-eiförmige Form, die langsam verschmälerte Basis und die ausgeprägte Dreikantigkeit. Von exotischen Arten wurde bisher keine mit vergleichbaren Früchten gefunden. Am ähnlichsten sind Früchte der Arten aus der Sect. *Maximae* ASCHERSON.

Vorkommen: Obermiozän der Florenzone XIII (Klettwitz, Fundpunkt 10; 4147e).
Kranichfeld (MfN, Berlin, „*Carex* cf. *flava*" bei MAI 1965, t. V, f. 5).

Carex helmensis nov. spec.
Taf. XII, Fig. 11, 12

Holotypus: Taf. XII, Fig. 11 — Berga (Pliozän) — MMG, Dresden, Coll. MAI, Nr. 5602.

Diagnose: Früchte oval-abgeflacht, im Umriß verkehrt-eiförmig, terminal abgerundet, mit dünnem, kurzem, fast fehlendem Griffelrest, basal allmählich verschmälert, Basis eng. Oberfläche zellig-wabig. Länge 1,7—1,4 mm, Breite 1—0,8 mm. Schläuche fossil unbekannt.

Bemerkungen: Durch Form und zellig-wabige Oberfläche auffällige Früchtchen, die keiner heutigen mitteleuropäischen Art vergleichbar sind. Größere Früchte mit derartigen Merkmalen besitzt *Carex broteriana* SAMP. (Iberische Halbinsel).

Vorkommen: Berga (5602).

Carex laevigata SMITH **fossilis**
Taf. XI, Fig. 15, 16

1907b *Carex laevigata* SM. — C. und E. M. REID, J. Linn. Soc., **38**: 206.

Früchte scharf dreikantig, mit annähernd gleichen Seiten, elliptisch bis verkehrt-eiförmig, Basis verschmälert, ohne Diskus, Griffelrest kurz, nicht sehr dick, Oberfläche wabig-zellig, Länge 1,7 mm, Breite 1 mm, größte Breite in der Mitte. Schläuche fossil unbekannt.

Bemerkungen: Eine atlantisch verbreitete Art, die von Korsika und der Iberischen Halbinsel bis Schottland reicht, im Osten den Rhein nur geringfügig überschreitet. Sie ist eine Art der feuchten, schattigen Waldwiesen, Gräben und quelligen Standorte, vor allem der Erlenbrücher und Weidensümpfe.

Vorkommen: Bisher nur im Cromer-Interglazial (REID 1907b) und sehr fraglich im Spätglazial Englands (GODWIN 1956).
Berga (5600b).

Carex nigra (LINNÉ) REICHARD s. l. **fossilis** (= **Carex fusca, Carex goodenoughii** GAY, **Carex stolonifera** HOPPE)
Taf. XII, Fig. 13, 14

1893 *Carex fusca* ALL. — C. A. WEBER, Engler's bot. Jahrb., **17**.

Früchte oval abgeflacht, im Umriß ellipsoid-eiförmig, Basis breit, mit Diskus, Griffelrest kurz bis mittellang, Oberfläche zellig-punktat, Früchte klein, Länge 1,5—1 mm, Breite 1,2—0,9 mm. Schläuche fossil nicht bekannt.

Bemerkungen: Die Art ist fossil bereits lange Zeit bekannt, zumeist allerdings unter ihren Synonymen *Carex fusca* ALL., *C. goodenoughii* GAY oder *C. stolonifera* HOPPE.

Es ist heute eine Charakterart der bodensauren Braunseggen-Riede (Caricetalia fuscae) auf Zwischen- und Hochmooren, in Quellsümpfen, Alluvialsümpfen und Dünenmooren. Sie ist von der Arktis bis in die Gebirge Südeuropas verbreitet, hat ein Teilareal im nordöstlichsten Nordamerika und klingt in Asien jenseits des Urals mit Vorposten am Ob, Irtyš und Baikalsee aus. Sie erträgt alle Bodenreaktionen von pH 3,5—7,9.

Vorkommen: Pliozän vom Niederrhein (VAN DER BURGH 1978); Altpleistozän der Niederlande (ZAGWIJN 1963) und Voronež (NIKITIN 1957); Pleistozän von Großbritannien bis europäischen Teil der UdSSR verschiedentlich (z. B. FUHRMANN u. a. 1977; MANIA und MAI 1969; C. A. WEBER 1893).
Kaltensundheim (9747, 9725—9734); Nordhausen (6837).

Carex paucifloroides WELICZKIEWICZ
Taf. XII, Fig. 15—17

1975 *Carex paucifloroides* WELICZKIEWICZ: Stratigr. i paleogeogr. Antropogena: 125; t. 1, f. 24, 25.

Oval-abgeflachte Früchte, im Umriß elliptisch-lineal, schmal, mehr als zweimal so lang wie breit, terminal und basal verschmälert, Basis sehr wenig abgesetzt, Griffelrest dicklich, mittelgroß, zugespitzt, Oberfläche zellig-wabig, Früchte sehr zartwandig, Länge (ohne Griffel) 2,5—1,6 mm, Breite 1,0 bis 0,4 mm. Schläuche unbekannt.

Bemerkungen: Eine sehr schmalfrüchtige Art mit mittellangem Griffelrest, die jenen Exemplaren entspricht, die NIKITIN (1957) und DOROFEEV (1962b, 1966a) aus dem obersten Pliozän Osteuropas als *Carex* cf. *pauciflora* LIGHTF. abbilden und die WELICZKIEWICZ (1975) als neue Art beschreibt. Nach Vergleichen ist unsere Art von allen europäischen Carices in erster Linie durch die Fruchtgestalt und Struktur deren Oberfläche unterschieden. Wesentlich enger ist die Verwandtschaft der Art zur nordamerikanischen *Carex muskingumensis* SCHWEINF., die jedoch größere Früchte mit längerem Griffel besitzt. Wahrscheinlich ist *C. paucifloraeformis* NIKITIN (1976) des sibirischen Miozäns ein jüngeres Synonym.

Vorkommen: Oberpliozän bis Mittelpleistozän Osteuropas (WELICZKIEWICZ 1975, 1979); sicher auch im Oberpliozän Polens (Mizerna II, 1124); im Miozän fraglich (V. NIKITIN 1976; RANIECKA-BOBROWSKA 1959: t. 26, f. 8).
Berga (5606), Nordhausen (2831).

Carex pendula HUDSON s. l. **fossilis**

1917 *Carex maxima* SCOP. — C. A. WEBER, Engler's bot. Jahrb.: **54** (5): 16.

Früchte dreikantig, im Umriß elliptisch, größte Breite etwa in der Mitte, Basis allmählich verschmälert, mit oder ohne kleinem Diskus, Griffelrest klein, dünn, spitzlich oder gerade abgestutzt, Oberfläche deutlich großzellig-wabig, Länge 1,7—1,2 mm, meist um 1,5 mm, Breite 1,1—0,8 mm. Schläuche eiförmig, deutlich nervig, sechs Nerven auf einer, bis neun Nerven auf der anderen Seite.

Bemerkungen: Durch Form, Größe und großzellig-wabige Oberfläche ausgezeichnete Früchte, die sich nur mit denen von *Carex pallescens* L. verwechseln lassen, die aber einen dicklichen Griffelrest besitzen. In der Größe treten Variationen auf, die vielleicht dazu führen können, das kleine miozäne Fossilmaterial von dem größeren plio-pleistozänen Material statistisch abzutrennen. Dazu reicht das vorhandene Material noch nicht aus, so daß die Art *Carex pendula* HUDS. sensu lato aufgefaßt wird.

Die Art ist heute von den Azoren und Westeuropa bis in das Südkaspi-Gebiet verbreitet, fehlt aber Nord- und Nordosteuropa völlig. Im zentralen Mittelmeergebiet kommt als nahe Verwandte *C. microcarpa* BERTOL. dazu. Es ist eine subozeanische (Buchen-)Waldpflanze der Ebene und Bergstufe. Sie bevorzugt lehmig-tonige, kalkarme Böden mit gutem Wasserzug.

Vorkommen: Sehr häufig im Miozän der Lausitz und Pliozän, aber bisher nicht beschrieben; Holstein-Interglazial von Großbritannien (GODWIN 1956); Eem-Interglazial von Rabutz (C. A. WEBER 1917).
Berga (5601 c).

Carex pilulifera LINNÉ **fossilis**
Taf. XI, Fig. 17—19

1953 *Carex pilulifera* L. — MITCHELL, Proc. roy. Irish Acad., B, **55** (12): 225.

Früchte stark aufgeblasen, keulig-kugelig, zumeist stark verdrückt, Basis verschmälert, relativ eng, Griffelrest dicklich, gerade abgestutzt, sehr kurz bis fast fehlend, Kanten der Frucht als helle Streifen erhalten, Oberfläche punktat, nahezu glatt, dunkel. Länge 1,7—1,5 mm, Breite 1,2 mm. Größte Breite dicht unterhalb des Griffelansatzes. Schläuche fossil unbekannt.

Bemerkungen: Sehr charakteristisch durch stark aufgeblasene Fruchtformen und dicklichen, kurzen Griffel. Heute zerstreut durch das ozeanische Europa mit Ausnahme der Arktis und dem Süden, auch im nördlichen Asien. Sie ist besonders gern auf sandigem, ziemlich saurem Waldboden, oft in Gesellschaft mit *Calluna*, *Vaccinium vitis-idaea*, *Nardus*, *Luzula pilosa* in Heiden und lichten Kiefernwäldern, auch bodensauren Buchen- und Eichenwäldern.

Vorkommen: Pliozän von Polen (Mizerna II, 7681); Spätglazial in Irland (MITCHELL 1953).
Berga (5600 c); Kranichfeld (6741).

Carex praehirta nov. spec.
Taf. XII, Fig. 20

Holotypus: Taf. XII, Fig. 20 — Rippersroda (Oberpliozän) — MMG, Dresden, Coll. MAI, Nr. 1145.
Synonymie:
1963 *Carex riparia* CURT. *foss.* MAI u. a.: 781; t. II, f. 23.

Diagnose: Früchtchen dreikantig, im Umriß lanzettlich, mit stielartig verschmälerter Basis, Griffelrest dicklich, mittellang, abgerundet; Oberfläche kleinzellig-wabig. Länge (ohne Griffelrest) 2,3 mm, Breite 1,2 mm. Größte Breite oberhalb der Mitte. Schläuche fossil unbekannt.

Bemerkungen: Die Früchte unterscheiden sich von *Carex carpophora* nov. spec. durch ihre Kleinheit und die weniger ausgeprägt stielartige Basis, von *C. hirta* L. durch die Kleinheit und den längeren Griffelrest. Im allgemeinen stehen sie dieser letzten Art am nächsten. Mit *C. riparia* CURT., als die sie ursprünglich von MAI u. a. (1963) bestimmt wurden, haben sie sehr viel weniger Gemeinsamkeiten.

Vorkommen: Nur oberstes Pliozän Mittel- bis Osteuropa (z. B. Mizerna II; 7677 b).
Rippersroda (1145).

Carex pseudocyperus LINNÉ **fossilis**
Taf. XI, Fig. 20—25

1928 *Carex pseudocyperus* L. *foss.* FIRBAS und GRAHMANN, Sächs. Akad. Wiss., Abh. math.-phys. Kl. **40** (4): t. 12, f. 10

Früchte scharf dreikantig, im Umriß lanzettlich bis rhombisch, mit mittellangem bis kurzem, sehr dünnem, stets gebogenem Griffelrest, Basis mit oder ohne Diskus, meist aber mit „Öhrchen", Perikarp auffällig zartwandig, Oberfläche zellig-grubig. Länge (ohne Griffelrest) 1,4—1,7 mm, Breite 0,8—0,9 mm. Größte Breite in der Mitte. Schläuche elliptisch, eng, lang zugespitzt und tief gabelspaltig, stark nervig, mit fünf bis acht Nerven beiderseits.

Bemerkungen: Sehr charakteristische Art, die sich sowohl durch die dünngriffligen, zartwandigen Früchtchen als auch die starknervigen, tief gegabelten Schläuche gut bestimmen läßt. Heute zerstreut in fast ganz Europa, Westsibirien, Kashmir, Japan und im atlantischen Nordamerika, jedoch nicht nördlicher als bis zum 62. Breitengrad. Allgemein als wärmeliebende Art bezeichnet. In Sümpfen, Flachmooren, Ufergehölzen in der eutrophen Verlandungsfolge. Eine Kennart des Schierlings-Riedes (Cicuto-Caricetum pseudocyperae, ELLENBERG 1963), der Großseggen-Sümpfe und der Schilfröhrichte.

Vorkommen: Pliozän (SZAFER 1947; NIKITIN 1957; DOROFEEV 1977). Eopleistozän in West- und Mitteleuropa (BAAS 1932); Pleistozän bis Westsibirien (KEILHACK 1906; SCHRÖDER und STOLLER 1908; H. WEBER 1919; STOLLER 1926; FIRBAS und GRAHMANN 1928; NÖTZOLD 1959; MANIA und MAI 1969; FUHRMANN u. a. 1977).
Rippersroda (676, MAI u. a. 1963); Gerstungen (6721); Nordhausen (4852, 4928).

Carex riparia CURTIS **fossilis**
Taf. XI, Fig. 26

1892 *Carex riparia* CURT. — C. REID, Quart. J. geol. Soc., **48**: 358.

Früchte rundlich-dreikantig, ohne betonte Kanten, im Umriß ellipsoid-eiförmig, mit kurzem, dicklichem, gebogenem Griffelrest, der abrupt abgestutzt ist, Basis schmal, Wände derb, Oberfläche wabig-zellig, Länge (ohne Griffel) bis 2,7 mm, Breite bis 1,6 mm, größte Breite in der Mitte. Schläuche länglich-eiförmig, zugespitzt, groß, mit beiderseits 10 deutlichen Nerven.

Bemerkungen: Eine großfrüchtige Art der europäischen Flora, auch vegetativ die größte der einheimischen Sumpfseggen. Fast in ganz Europa (mit Ausnahme des Nordens und stellenweise im Süden), Nord- und Vorderasien, Nordamerika, aber nur im Tiefland, nirgends häufig. Verlandungspflanze in Großseggen-Rieden, Röhrichten, Erlenbrüchen.

Vorkommen: Pliozän, Eopleistozän bis Transkaukasien; nicht selten in Interglazialen Europas (MANIA und MAI 1969; FUHRMANN u. a. 1977).
Kranichfeld (MfN, Berlin: MAI 1965); Nordhausen (4848), Kaltensundheim (9719, 9732—9735); nicht Rippersroda (MAI u. a. 1963, vgl. *C. praehirta* nov. spec.).

Carex rostrata STOKES **fossilis**
Taf. XI, Fig. 27—30

1896 *Carex rostrata* STOKES — C. REID, Rep. brit. Assoc.: 400.

Früchte dreikantig, mit abgerundeter Mittelrippe, verkehrteiförmig bis elliptisch im Umriß, mit langem, gebogenem, kräftigem Griffelrest, basal abgerundet, mit Diskusring oder „Öhrchen"; Oberfläche deutlich zellig-grubig. Länge (ohne Griffel) 1,3—2 mm, Breite 1,0—1,2 mm. Schläuche groß, eiförmig, aufgeblasen, schwach nervig, beiderseits mit fünf bis sieben wenig sichtbaren Nerven.

Bemerkungen: Die Früchte der Art sind gut kenntlich durch den langen, peitschenförmigen Griffelrest und den Basaldiskus. Dadurch und durch ihre geringe Größe unterscheiden sie sich von der ähnlichen und oft gleichzeitig vorkommenden *C. vesicaria* L. Verwechslungen sind außerdem mit der wesentlich größeren, breiteren und dickwandigeren *C. rostrato-pliocenica* NIKITIN (1957) sowie der größeren und durch andere Griffel- und Diskusbildung auffallenden *C. flagellata* C. et E. M. REID vorgekommen.

Die Art ist heute sehr weit zirkumpolar zwischen 30. Breitengrad und dem nördlichen Polarkreis verbreitet. Sie ist eine der wenigen „Allerweltsverlander", die in den Verlandungszonen von Flachmoorgewässern und Hochmoor-Tümpeln von der Ebene bis in die alpine Stufe gleichermaßen gefunden wird. Sie bildet oft zonenartig angeordnete, nahezu reine Bestände an mesotrophen Seen und Teichen. Typisch ist auch das Schnabelseggenried (Caricetum rostrate-vesicariae) auf anmoorigen Standorten an kalkarmen, oligotrophen Seen (ELLENBERG 1963).

Vorkommen: Pliozän von Westeuropa bis in die Baškirische ASSR; ab Pleistozän in ganz Europa häufig (vgl. u. a. KEILHACK 1906; STOLLER 1909; 1926; SCHRÖDER und STOLLER 1908; C. A. WEBER 1914; H. WEBER 1919; FIRBAS und GRAHMANN 1928; NÖTZOLD 1961; MANIA und MAI 1969; FUHRMANN u. a. 1977).
Berga (5600); Gerstungen (6684).

Carex strigosoides ŁAŃCUCKA-ŚRODOŃIOWA
Taf. XII, Fig. 25—27

1979 *Carex strigosoides* ŁAŃCUCKA-ŚRODOŃIOWA, Acta Palaeobot., **20**: 88; t. 14, f. 26—28

Früchte schwach aufgeblasen, gerundet-dreikantig, verkehrt-eiförmig bis elliptisch, mit stielartig verschmälerter Basis, mit Diskus (sehr selten ohne Diskus, aber dann mit abgesetztem Stielchen), Griffelrest dünn, spitzig, klein; Oberfläche zellulär, Länge 1,8—1,3 mm, Breite 1—0,8 mm, größte Breite wenig oberhalb der Mitte. Schläuche dicht nervig, dünn, weit, nur in Fetzen, bis 2,8 mm lang.

Bemerkungen: Die ursprüngliche Bestimmung bei MAI (1965) als *Carex acutiformis* EHRH. beruhte auf falsch bestimmtem Vergleichsmaterial. Mit *C. acutiformis* EHRH. haben die Früchte wenig gemeinsam. Vergleichbar ist vielmehr die *C. strigosa* HUDS. des mediterran-atlantischen Europa. Sie kommt in feuchten Erlen-Eschen-Wäldern, schattigen Quellfluren und Bachsäumen vor. Ähnliche Nüßchen treten bei *C. collinsii* NUTT. und *C. squarrosa* L. aus Nordamerika auf.

Vorkommen: Miozän im Nowy Sącz-Becken (ŁAŃCUCKA-ŚRODOŃIOWA 1979).
Kranichfeld (MfN, Berlin 6741 b, „*Carex acutiformis*" bei MAI 1965: t. IV, f. 26—28).

Carex szaferi DOROFEEV
Taf. XII, Fig. 21—24

1977a *Carex szaferi* DOROFEEV, Fauna i flora Simbugino: 54; t. 4, f. 25—29.

Synonymie:
1915 *Carex flagellata* C. und E. M. REID, Plioc. Fl. Dutch-Prussian Border: 69; t. III, nur Fig. 23—26.
1963a *Carex* cf. *rostrata*, DOROFEEV, Tretič. fl. Zap. Sibiri: 128; t. 15, f. 19—24.

Lanzettliche bis länglich-eiförmige, dreikantige Früchte mit länglich-eiförmigen, aufgeblasenen, vielnervigen Schläuchen. Utriculi mit mindestens 13 dünnen Nerven auf beiden Seiten, wahrscheinlich sehr lang zugespitzt, bis 5 mm lang und 2,5 mm breit. Früchtchen basal mit wenig betontem Diskus, breit verschmälert, terminal zugespitzt, mit langem, U-förmig gebogenem oder schräg abstehendem, peitschenartigem Griffelrest. Oberflächenstruktur deutlich wabig-grobzellig. Früchte (ohne Griffel) 2,8—2,2 mm lang, aber nur 0,9—1,3 mm breit.

Bemerkungen: Charakteristisch für die Art ist der lange, gebogene Griffel (C. und E. M. REID 1915, S. 69), so daß als Typus der Art ein derartig gebautes Früchtchen gewählt wurde (DOROFEEV 1977). Diese Früchtchen sind etwas kleiner und viel schmäler als die am gleichen Fundort vorkommenden Früchte von *Carex flagellata* C. et E. M. REID (1915). Ein Diskus ist vorhanden, aber weniger ausgeprägt. Solche Früchte wurden bisher oft in Verkennung ihrer wahren Zugehörigkeit als *Carex* „cf." oder „aff." *rostrata* STOKES abgebildet:

Kroscienko (SZAFER 1947, t. XV, f. 19, 20)
Konin (RANIECKA-BOBROWSKA 1959, t. XXVI, f. 3, 4)
Kireevskoe am Ob (DOROFEEV 1963a, t. XV, f. 19—24)
Mamontovaja Gora (DOROFEEV 1969b, t. VII, f. 1—5).

Als vergleichbare Art wird von C. und E. M. REID *Carex dickensii* FRANCH. (Japan) angegeben. Sehr ähnliche Früchtchen sind nur bei den amerikanischen Arten *Carex lupulina* MÜHLENB. und *C. lurida* WAHL. aufgefallen. In der Flora europaea gibt es keine derartig gebauten Arten.

Vorkommen: Obermiozän Eurosibirien (RANIECKA-BOBROWSKA 1959; DOROFEEV 1963a, 1963); Pliozän in Europa (C. u. E. M. REID 1915; SZAFER 1947, 1954; DOROFEEV 1977; BŮŽEK u. a. 1985. Berga (5599); Gerstungen (6710).

Carex ungeri nov. spec.
Taf. XII, Fig. 18, 19

Holotypus: Taf. XII, Fig. 18 — Rippersroda (Pliozän) — MMG, Dresden, Coll. MAI, Nr. 1135.
Synonymie:
1963 *Carex elongata* L. — MAI u. a., Geologie, **12**: t. II, f. 18.

Diagnose: Früchte im Querschnitt oval-abgeflacht, im Umriß ellipsoidal, fast parallelrandig, basal und terminal plötzlich abgerundet; Basis eng oder fast ohne Stiel, Griffelrest kurz, dicklich, Oberfläche punktat, nahezu glatt, Wände dünn. Länge 1,4—1,2 mm, Breite 0,7 mm. Schläuche fossil unbekannt.

Bemerkungen: Von MAI u. a. (1963) fälschlich als *Carex elongata* L. bestimmt, die viel größere Früchte besitzt. Dem Fossil am ähnlichsten sind die Früchte der *Carex hudsonii* A. BENN. (Nordamerika), die aber ebenfalls größere Ausmaße besitzen. Von fossilen Arten kommt *Carex reidii* nov. spec. (Mskr.) nahe, deren Früchte größer und stärker struktuiert sind.

Möglicherweise ist *Carex* sp. 3 bei ŁAŃCUCKA-ŚRODOŃIOWA (1966, Abb. 4) aus dem Mittelmiozän von Siedlec/Polen zu der Art oder in deren nähere Verwandtschaft gehörig.

Caricoidea CHANDLER

Formgattung für Früchte oder Endokarpien aus der Unterfamilie Mapanioideae, deren botanische Zugehörigkeit bisher nicht sicher zu ermitteln war. Von verschiedenen Autoren wurden *Cladium* R. BR., *Chorisandra* R. BR., *Diplasia* RICH. und *Mapania* AUBL. für eine Zuordnung genannt.

Über Fruchtbau vgl. MAI und WALTHER (1978, S. 139).

Fossil mit acht Arten vom Paläozän bis in das Holstein-Interglazial.

Artenbeschreibungen und Artenschlüssel: C. und E. M. REID 1915; DOROFEEV 1958, 1960b, 1962d; CHANDLER 1957, 1960a, b, 1962, 1963; MAI und WALTHER 1978; MAI 1987.

Caricoidea globosa (C. et E. M. REID) MAI
Abb. 19; Taf. XIII, Fig. 2—4

1915 *Hippuris globosa* C. und E. M. REID, Plioc. Fl. Dutch-Prussian Border: 123—124; t. 14, f. 24.
1957b *Aracites johnstrupii* DOROFEEV, Tretič. fl. Zap. Sibiri: 134; t. 17, f. 14—20.
1978 *Caricoidea globosa* MAI in MAI und WALTHER, Abh. staatl. Mus. Mineral. Geol. Dresden, **28**: 140.

Früchte rundlich-eiförmig oder herzförmig, primär nicht kantig, sekundär meist abgeflacht, 1,2—2 mm lang, mit schwammig-parenchymatischem Exokarp, stets nur mit zwei Leitbündeln, Endokarp dünn, aber hart, basale Hilargrube nicht sehr breit, terminal mit Mikropylarspitzchen, auf dem Exokarp zuweilen mit erhaltenem Griffelrest (Griffelpolster).

Bemerkungen: Von C. und E. M. REID (1915) fälschlich *Hippuris* zugeordnet, später von NIKITIN (1957) als *Aracites johnstrupii* mit Diagnose und Typus neu beschrieben, allerdings auf *Carpolithus johnstrupii* HARTZ (1909: t. 3, f. 11—13) bezogen, mit dem sie nichts gemein hat (vgl. *Myrica suppanii*, KIRCHHEIMER 1957, S. 107, 234).

Ähnliche und nur sehr schwer abtrennbare Formen sind *Caricoidea ovalis* (DOROF.) MAI (Basionym: *Aracispermum*

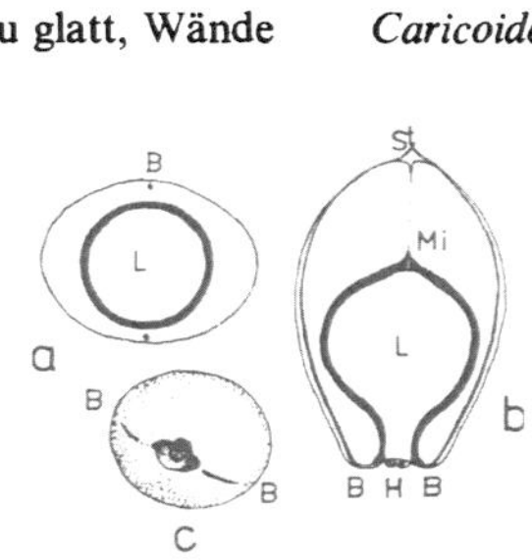

Abb. 19. *Caricoidea globosa* (C. et E. M. REID) comb. nov. — Nüßchen (3907)
a = Querschnitt, b = Längsschnitt entlang der seitlichen Leitbündel (B), c = Ansicht der Basis mit der Hilar-Grube. B — Leitbündelstränge, H — Hilum, Mi — Mikropyle, L — Loculum im Samen, St — Stylus mit Griffelpolster

ovale DOROFEEV 1960, S. 1430: t. 3, f. 1—4) und *Caricoidea compressa* (DOROF.) MAI (Basionym: *Aracispermum compressum* DOROFEEV 1962d, S. 382: Abb. 1/30—32).

Vorkommen: Miozän Westsibiriens (DOROFEEV 1963a); Obermiozän und Pliozän in Ost- und Mitteleuropa; bis Mittelpleistozän Osteuropa (DOROFEEV 1963d; JAKUBOVSKAJA 1976; VODIČKOVA-KNEBLOVÁ 1961; WELICZKIEWICZ 1982.
Gerstungen (6714).

Cladium P. BROWN

Heute etwa 50 Arten von den Tropen bis in die gemäßigten Zonen, Hauptverbreitung in den subtropischen Monsungebieten. Absolute Nordgrenze in Südskandinavien (*Cladium mariscus* L.) und Große Seen in Kanada [*Cl. mariscoides* (MÜHL.) TORR]. Ausdauernde Seggen (Junciformia) der Sümpfe, Riede und Moore, oft auf oligotrophem Substrat, zumeist in ozeanischen Klimaten.

Früchte mit dünnem, glänzendem Exokarp, das sich allmählich in einen fleischigen Griffel verschmälert, basal gerade abgestutzt, ohne Borsten und Basalschuppen. Endokarpien steinhart, dickwandig, in der Form oval bis urceolat, mit drei bis fünf deutlichen Leitbündelfurchen über die Oberfläche, die das charakteristische Merkmal der Gattung darstellen. Basis mit Verengung in einen Hals, der sich oft in große Loben oder in leicht zerbrechliche Bögen erweitert. Die Oberfläche der Endokarpien besitzt keine besonderen Ornamentierungen.

Fossil ab Oligozän mit mehreren Arten; ab Pleistozän in Europa nur noch mit dem heutigen Tertiärrelikt *Cl. mariscus* L.

Artenbeschreibungen und Artenschlüssel: NIKITIN 1948; KOWAL 1958; DOROFEEV 1960b, 1969a; NEGRU 1972; MAI in KNOBLOCH 1978; FRIIS 1985; MAI 1987.

Cladium mapanioides nov. spec.
Taf. XIII, Fig. 9—11

Holotypus: Taf. XIII, Fig. 9 — Berga (Pliozän) — MMG, Dresden, Coll. MAI, Nr. 5608.

Diagnose: Endokarpien eiförmig, basal abgestutzt, terminal allmählich zugespitzt, Mittelteil schmal, nicht aufgebläht, Halsteil auffallend kurz, relativ breit, Fußteil wenig verbreitert, mit undeutlich entwickelten Fortsätzen. Meridionale Leitbündelspuren nur in Andeutungen vorhanden, Äquatorschnitt daher kreisförmig. Länge 1—1,3 mm, Breite 0,7—1 mm.

Bemerkungen: Lediglich in drei Exemplaren vorhanden und deshalb ohne Variationsbreite bekannt. Unterscheidet sich von allen anderen Arten durch den breiten, sehr kurzen Halsteil und das Fehlen deutlicher meridionaler Leitbündelspuren. Im Aufbau des Endokarps deshalb *Mapania* AUBL. sehr nahe stehend, die aber keinen eingeschnürten Halsteil zeigt.

Vorkommen: Berga (5608).

Cladium palaeogiganteum nov. spec.
Taf. XIII, Fig. 5—8

Holotypus: Taf. XIII, Fig. 5 — Gerstungen (Pliozän) — MMG, Dresden, Coll. MAI, Nr. 6687.

Diagnose: Früchte eiförmig, basal abgestutzt, terminal in einen dünnen Griffelrest verschmälert, Exokarp dünn, Endokarp eiförmig, Mittelteil wenig aufgebläht, Halsteil lang, relativ eng, Fußteil verbreitert, mit drei deutlichen Fortsätzen, Spitze allmählich zulaufend, nicht aufgesetzt, Leitbündelfurchen drei, tief. Länge der Endokarpien 0,9—1,4 mm, Breite 0,7—0,9 mm.

Bemerkungen: Neue Art, die kleiner als *Cladium palaeomariscus* DOROFEEV (1969a) ist. Sehr ähnlich, aber ebenfalls großfrüchtiger ist die südwesteuropäische *Cl. giganteum* WILLK. (Katalonien).

Vorkommen: Gerstungen (6687).

Cyperus LINNÉ

Heute mit 600—1000 Arten tropisch bis warmtemperiert, nur einzelne Arten in der Holarktis, aber stets als Vorposten subtropisch-tropischer Flora aufzufassen (MEUSEL u. a. 1965). In Europa 20 Arten heimisch, nur vier davon erreichen mit Teilarealen oder unbeständigen Vorkommen die mitteleuropäische Florenregion. Krautige, zum Teil meterhohe, ausdauernde bis einjährige grasartige Pflanzen (Junciformia) wasserreicher Niederungen, Ufer, Teiche und Seen. Die Gattung *Cyperus* LINNÉ ist jetzt in mehrere Gattungen aufgeteilt, die sich karpologisch mit einiger Sicherheit voneinander trennen lassen. Bei *Cyperus* L. s. str. verbleiben nur die Arten der Sect. *Eucyperus* BENTHAM.

Früchte in der Mehrzahl dreikantig oder länglich-dreikantig, mit drei annähernd gleich großen Seiten, mit scharfen oder abgerundeten Kanten; basal immer verschmälert, oft stielartig, mit kleinem Basaldiskus oder ohne einen solchen, stets ohne Perianthborsten. Griffelrest dünn, häufig kurz. Oberfläche zumeist mit reihig angeordneten, kleinen, zellulösen Mustern ornamentiert. Größe sehr verschieden. Nur wenige Arten haben Früchte, die über 3 mm lang sind. Bei der Mehrzahl der Arten liegt die größte Länge bei 1 mm.

Fossil bisher nur mit den heute noch lebenden Arten in Europa ab Obermiozän gesichert. Frühere Funde oder die bei der Gattung *Cyperacites* SCHIMPER (1872) untergebrachten Früchte allesamt keine Belege für den sicheren Nachweis der Gattung.

Artenbeschreibungen: NIKITIN 1957; DOROFEEV 1957a, 1966a; KOWAL 1958; KAC u. a. 1965.

Cyperus fuscus LINNÉ **fossilis**
Abb. 20e, f; Taf. XIII, Fig. 12, 13

1957 *Cyperus fuscus* L. *fossilis* — NIKITIN, Plioc. i četvert. fl. Voronež. obl.: 113.

Frucht eiförmig, scharf dreikantig, mit zwei gleichen und einer ungleichen Seite, allmählich zugespitzt, basal stielartig verschmälert, mit kleinem Diskus. Perikarp braun, matt, punktat bis feinzellig. Länge 0,6—0,8 mm, Breite 0,3 bis 0,5 mm.

Bemerkungen: Aus Kranichfeld fossil nur ein einzelnes Exemplar, das nicht zu *C. borealis* nov. spec. paßt, sondern wahrscheinlich besser der heutigen Art *C. fuscus* L. zuzurechnen ist. Die Früchte aus Kaltensundheim stimmen mit denen der heutigen Art völlig überein. Die wärmeliebende, subozeanische Art besiedelt von Nordafrika bis Südschweden kahle Schlammböden, feuchten Sand an Ufern und Sumpfrändern. Sie ist in der temperaten Zone die am weitesten verbreitete *Cyperus*-Art.

Vorkommen: Pliozän, Alt- und Mittelpleistozän in Osteuropa (DOROFEEV 1966a; KAC u. a. 1965) und Böhmen (BŮŽEK u. a. 1985).
Kranichfeld (MAI 1965); Kaltensundheim (9720).

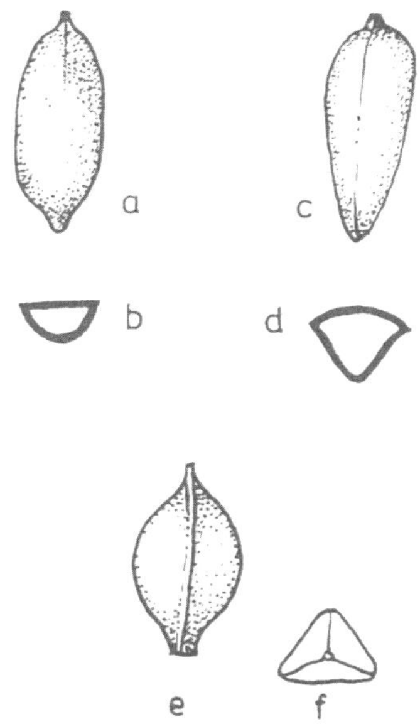

Abb. 20. Vergleich der Nüßchen von *Dichostylis* P. BEAUV. und *Cyperus* L.

a, b) *Dichostylis micheliana* (L.) NEES: a = Nüßchen von der Ventralseite, b = Querschnitt. — c, d) *Dichostylis hamulosa* (M. B.) NEES: c = Nüßchen von der Ventralseite, d = Querschnitt. — e, f) *Cyperus fuscus* L.: e = Nüßchen von der Ventralseite, f = Aufsicht auf den apikalen Bezirk (nach KOWAL 1958, SOJÁK 1958)

Dichostylis P. BEAUVOIS

Artenreiche Gattung, früher oft bei *Cyperus* L. oder *Scirpus* L. untergebracht. In der europäischen Flora nur drei Arten, davon eine sporadisch bis Mitteleuropa. Allermeist in subtropischen bis warmtemperierten Gebieten. Rasenbildende, oft einjährige Seggen an schlammigen Ufern, auf feuchtem Sand, Kiesbänken der Gewässer, auch in Röhrichten, nicht selten in Assoziationen mit *Cyperus*- und *Eleocharis*-Arten.

Früchte im Gegensatz zu *Cyperus* L. stets ungleichseitig dreikantig im Querschnitt, mit stark abgerundeter Mittelkante, in der Form lanzettlich bis elliptisch, 2,5- bis 3,5mal länger als breit. Der Basis fehlt jegliche Andeutung eines Diskus; terminal meist allmählich in einen kurzen bis langen Griffelrest übergehend. Perikarp häufig durchscheinend dünn. Oberflächenstruktur aus wabig-zelligen, vorwiegend punktaten Mustern. Von *Scirpus* L. unterscheiden sich die Früchte durch ihre allgemeine Form, die Beschaffenheit von Basis und Spitze und das Fehlen jeglicher Perianthborsten. Am ehesten Verwechslungen mit den Früchten von *Eriophorum* L. möglich, deren Gestalt aber fast immer anders, sich durch schärfere Mittelkante und einen sehr kurzen Griffelrest am abgestumpften terminalen Ende unterscheidend.

Fossil bisher nur mit heutigen Arten im Pliozän/Altpleistozän Osteuropas.

Artenbeschreibungen: NIKITIN 1957; KOWAL 1958; KAC u. a. 1965; MAI 1987.

Dichostylis pliocenica nov. spec.
Taf. XIII, Fig. 14, 15

Holotypus: Taf. XIII, Fig. 14 — Kranichfeld, Tone (Pliozän) — MfN, Berlin: Slg. A. BRAUN.

Diagnose: Früchtchen elliptisch, abgeflacht, mit ungleich großen Seiten, dreikantig, Mittelkante gerundet, zum Griffelrest spitzbogig verschmälert, Basis bogig gerundet, größte Breite etwa in der Mitte, Oberfläche zellig-wabig, mit in Längsreihen angeordneten, polygonalen Zellen. Länge 2,8 mm, Breite 0,9 mm.

Bemerkungen: Von MAI (1965: t. V, f. 1) ursprünglich als *Eriophorum latifolium* HOPPE beschrieben, aber nach dem Querschnitt und dem Übergang zum Griffelrest keine *Eriophorum*-, sondern *Dichostylis*-Frucht. Von *D. macrocarpa* nov. spec. (MAI 1987) durch die geringere Größe und das weniger spitz ausgezogene terminale Ende, auch durch deutlichere Strukturen der Oberfläche unterscheidbar. Keine heutige Art zum Vergleich gesehen.

Vorkommen: Kranichfeld (MfN, Berlin); Berga (5607).

Dichostylis protohamulosa nov. spec.
Taf. XIII, Fig. 16, 17

Holotypus: Taf. XIII, Fig. 16 — Rippersroda (Pliozän) — MMG, Dresden, Coll. MAI, Nr. 1136.

Diagnose: Früchte lanzettlich bis länglich, verkehrteiförmig, dreikantig, mit abgestumpfter Mediankante, ungleichseitig, terminal abgerundet, Griffelspitze aufgesetzt, Basis keilförmig zulaufend, Oberfläche fein punktat. Länge 1,5—1,3 mm, Breite 0,6—0,5 mm. Größte Breite dicht unter dem Griffelansatz.

Bemerkungen: Etwas größer als *Dichostylis hamulosa* (M. B.) NEES; (Abb. 20c, d) (KOWAL 1958), auch mit stärkster Verbreiterung dicht unter dem Griffelansatz. Die heutige Art besiedelt feuchte Ufersande von Südosteuropa bis Mittelasien und Westsibirien. Fossil im Pliozän des Dongebiets (NIKITIN 1957). Bei MAI u. a. (1963: t. II, f. 15, 16) wurde die Art mit *Eriophorum angustifolium* HONCK. verwechselt.

Rippersroda (1136), zwei Exemplare.

Dulichium RICHARD

Monotypische Gattung in Nordamerika, mit getrenntem Areal im atlantischen Teil und an der Küste von British-Columbia bis Kalifornien. Ausdauernde Segge (Junciformia) in Sümpfen, an Ufern und auf zeitweise überfluteten Böden. Ozeanische Art.

Früchtchen nußartig, plankonvex, linear-länglich, mit acht Perianthborsten an der stielartigen Basis, Griffelrest mehr oder weniger lang, unverdickt. Perikarp dünn, aber hart. Oberfläche kleinwabig.

Fossil vier Arten, vom Oligozän bis Pliozän ganz Eurosibirien; eine Art noch bis in das letzte Interglazial in Europa.

Artenbeschreibungen und Artenschlüssel: HARTZ 1904; C. und E. M. REID 1908, 1915; DOROFEEV 1963a; MAI und WALTHER 1978.

Dulichium arundinaceum (LINNÉ) BRITTON **fossilis**
Taf. XIII, Fig. 28—32

1904 *Dulichium spathaceum* RICH. *fossilis* HARTZ, Medd. Dansk. geol. Føren., **10**: 13.
1908 *Typha moenana* ENGELHARDT und KINKELIN, Abh. senckenb. naturforsch. Gesellsch., **29**: 224; t. 27, fig. 11.

Früchtchen linear-oblong, mit fast parallelen Rändern, Stielchen meist lang, allmählich in den Fruchtkörper übergehend, Griffelbasis gerundet, nicht flügelkantig, erhaltener Griffelrest oder die ihn andeutende Verschmälerung muß auf einen Griffel von mindestens 1/3 der Länge des Fruchtkörpers deuten. Länge 3—4 mm, Breite 0,8—1 mm. Länge zu Breite = 4—4,7:1.

Bemerkungen: Die fossilen Früchte aus dem Pliozän und Pleistozän Europas zeigen alle für *D. arundinaceum* (L.) BRITT. typischen Merkmale, erreichen nur nicht die Größe der rezenten amerikanischen Art und deren zumeist längeren oder dem Fruchtkörper gleich langen Griffelrest. Sie wurden in Europa auch als *Typha moenana* ENGELHARDT et KINKELIN (1908) oder *D. spathaceum* RICH. *fossilis* (HARTZ 1904; C. und E. M. REID 1915) bestimmt.

Vorkommen: Pliozän vom Atlanik bis zum Ural; im Pleistozän bis in das Eem-Interglazial (STOLLER 1926; TRALAU 1959).
Gerstungen (6689).

Eleocharis R. BROWN

Heute mit 90 Arten nahezu kosmopolitisch, nur wenige Arten tropisch-subtropisch oder boreal-arktisch, in der Mehrzahl in gemäßigten Zonen, Entfaltungs-Zentrum im südlichen Nordamerika. Ausdauernde bis einjährige Binsengewächse (Junciformia) in Sümpfen, Flußauen, Röhrichten, in kurzlebigen Gesellschaften auf Teich-, Fluß- oder Meeresschlick oft dominierende Arten.

Früchtchen in der Form von dreikantig bis eiförmig oder ei-linsenförmig, mittelgroß bis klein. Wichtiges Merkmal ist die Verdickung der Griffelbasis („Griffelkappe", „Stylokarp"). Die Oberfläche kann glatt-glänzend, längs- oder quergestreift durch Zellmuster, nicht auffällig ornamentiert sein. Der Querschnitt ist immer, auch bei dreikantig angelegten Nüßchen, bikonvex oder konkavo-konvex.

Fossil gesichert ab höherem Pliozän vom Atlantik bis zum Ural. Unsichere Reste im mittleren Miozän (ŁAŃCUCKA-ŚRODOŃIOWA 1966).

Artenbeschreibungen und Artenschlüssel: C. REID 1892, 1899; FIRBAS und GRAHMANN 1928; MITCHELL 1953; KOWAL 1958; SOJÁK 1958; WATTS 1959; MAI u. a. 1963; KAC u. a. 1965; WEST und WILSON 1968; WELICZKIEWICZ 1973a.

Eleocharis microstylosa MAI
Taf. XIII, Fig. 18—21

1963 *Eleocharis microstylosa* MAI u. a. Geologie, **12**: 780—781; t. II, f. 24—26.

Früchtchen zusammengedrückt ei- oder keulenförmig, bikonvex, selten fast dreikantig, Spitze mit kleinem Stylokarp, das auf einer halsförmig zusammengezogenen Griffelbasis aufsitzt. 0,5—0,9 mm Länge, 0,3—0,5 mm Breite. Oberfläche braun, glänzend, mit länglichen Grübchen verziert.

Bemerkungen: Von allen europäischen Arten (15) sind nur drei südeuropäische Arten entfernt vergleichbar: *Eleocharis atropurpurea* (RETZ.) KUNTH hat um 1/3 kleinere Früchtchen, die im oberen Teil stärker verbreitert sind. *Eleocharis carniolica* KOCH ist ebenfalls stärker verbreitert, aber auch im ganzen größer und stets scharf zweikantig. *Eleocharis caduca* DEL. kommt in Gestalt und Oberflächenstruktur am nächsten, besitzt aber größere Abmessungen. Alle Arten zeigen auffälligere, breitere Griffelreste. In Gestalt und Struktur ist den Früchtchen am ähnlichsten *E. albida* TORR. (atlantisches Nordamerika). Abweichend sind auch hier die Größe und der stärker betonte Griffelrest. Unsere fossile Art zeigt demnach eher nordamerikanische als europäische Verwandschaftsbeziehungen und kann somit als exotisches Element in spättertiären und altpleistozänen Floren gelten (verglichen wurden 43 rezente Arten).

Vorkommen: Oberpliozän (Krościenko, 7771; Tegelen, Öbel (6817, 6847) und Altpleistozän (Mizerna II/III, 1119).
Rippersroda (673); Nordhausen (2839); Kaltensundheim (9720, 9728, 9730, 9747).

Eleocharis ovata (ROTH) ROSTKOFF et SCHMIDT **fossilis**
Abb. 21c, d; Taf. XIII, Fig. 22—25

1928 *Eleocharis ovata* (ROTH) R. BR. — FIRBAS und GRAHMANN, Sächs. Akad. Wiss., Abh. math.-naturwiss. Kl., **40**: 34; Abb. 12/6.

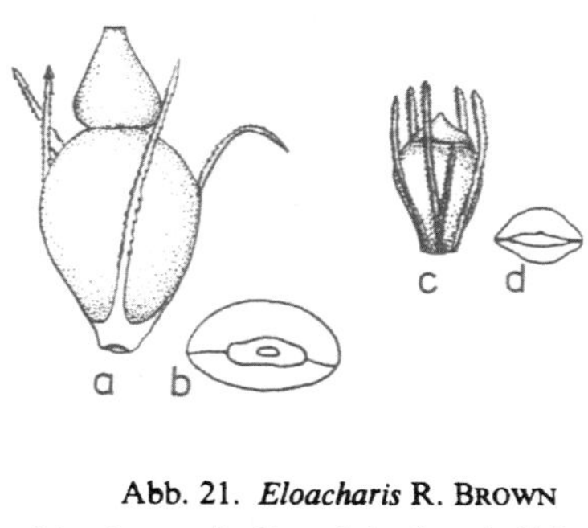

Abb. 21. *Eloacharis* R. BROWN

a, b) *E. palustris* (L.) R. BR.: a = Nüßchen mit Perianthborsten von der Ventralseite, b = Aufsicht auf den apikalen Bezirk mit Griffelpolster. — c, d) *E. ovata* (ROTH) R. et SCH.: c = Nüßchen mit Perianthborsten von der Ventralseite, d = Aufsicht auf den apikalen Bezirk mit Griffelpolster (nach SOJÁK 1958)

Um 1 mm große, zusammengedrückte, birnenförmige Früchtchen mit breit ansitzenden, kurz-dreieckigem Stylokarp und gezähnelten Borsten, die die Früchte überragen.

Bemerkungen: Die Art lebt heute gesellig mit *Carex cyperoides*, *Cyperus fuscus*, *C. michelianus* und *Limosella aquatica* auf dem Schlamm periodisch schwankender Seen, Teiche, Sümpfe. Diese Nanocyperetalia sind sehr unbeständig und verschwinden bei Steigen des Wasserspiegels oder bei Grasbewuchs schnell wieder.

Vorkommen: Oberpliozän und Altpleistozän von Osteuropa; Pleistozänes Warthe-Interstadial von Senftenberg (FIRBAS und GRAHMANN 1928).
Rippersroda (674, MAI u. a. 1963).

Eleocharis palustris (LINNÉ) ROSTKOFF et SCHMIDT **fossilis**
Abb. 21a, b

1892 *Eleocharis palustris* (L.) R. BR. — C. REID, Quart. J. geol. Soc., **48**.

Größere, zwischen 1,5—2 mm lange, verkehrt-eiförmige Früchtchen mit bikonvexem Querschnitt, oval-konischem oder warzenförmigem Stylokarp und einer glänzenden, glatten Epidermis. Perianthborsten fossil nur sehr selten zu beobachten.

Bemerkungen: Heute in zahlreiche Kleinarten aufgeteilte Sammelart, die sich fossil nicht voneinander trennen lassen, da die hierfür wichtigen Perianthborsten fehlen. Pflanze der Ufersümpfe, der Flußauen, Flachmoore, Riede.

Vorkommen: Oberpliozän bis Pleistozän in ganz Europa (SZAFER 1954; KEILHACK 1906; FIRBAS und GRAHMANN 1928; MANIA und MAI 1969).
Nordhausen (4884).

Juncellus C. B. CLARKE

Gegenwärtig etwa 10 Arten in den wärmeren Gebieten der Erde, nach Südeuropa (Mittelmeergebiet, pontisch-pannonisches Gebiet) zwei Arten vordringend, die auf das subozeanische, sommerwarme Gebiet beschränkt bleiben. Ausdauernde Sumpfseggen.

Früchte bikonvex, länglich-elliptisch bis verkehrt-eiförmig, mit einem Verhältnis von Länge zu Breite über 1,3, einem unverdickten, kurzen Griffelrest, einer keilförmigen, breit-abgestumpften Basis ohne Perianthborsten. Oberfläche durch feine Grübchen punktat.

Fossil bisher nur im Quartär mit einer Art nachgewiesen: KAC und KAC 1956.

Juncellus serotinus (ROTTBØLL) C. B. CLARKE **fossilis**
Abb. 18d, e; Taf. XIII, Fig. 26, 27

1956 *Juncellus serotinus* (ROTTB.) C. B. CLARKE — KAC et KAC, Izv. Akad. Nauk SSSR, ser. geograf., (2): 75.

Früchte wie beschrieben, 1—1,4 mm lang, 0,7—0,9 mm breit.

Bemerkungen: Früchte der heutigen *Juncellus serotinus* (ROTTB.) C. B. CLARKE vergleichbar, nur ein wenig kleiner. Diese Pflanze der Sumpf- und Gräbenränder in zeitweilig überschwemmten Buchten und Flußniederungen ist heute über ein weites Gebiet von Nordindien, Mittelasien, das Mittelmeergebiet und Südosteuropa verbreitet. Fehlen der mitteleuropäischen Florenregion bereits völlig.

Vorkommen: Interglaziale von Smolensk und Moskau (KAC u. a. 1865).
Nordhausen (4930).

Scirpus LINNÉ s. l.

Heute mit über 200 Arten nahezu weltweit verbreitet. Wichtige ausdauernde oder einjährige Kräuter in Sümpfen, Mooren, Feuchtwiesen, an Ufern, in Röhrichten und Rieden, auf alpinen Matten oder in der Krautschicht feuchter Wälder, an extremen Standorten an Salzseen oder im Brackwasser der Küsten. Gegenwärtig meist in mehrere Gattungen aufgespalten, die sich karpologisch nur zum Teil unterscheiden lassen.

Früchte eiförmig in der Gestalt, im Querschnitt von scharf dreikantig bis zu bikonvex, niemals jedoch kreisrund, basal allmählich, selten stielartig verschmälert, ohne beachtliche Diskusbildungen, mit *(Euscirpus)* oder ohne Perianthborsten *(Isolepis)*. Stets ohne Stylokarp (Unterschied zu *Eleocharis* oder *Rhynchospora*), stets über 1,2 mm lang, oft querrunzelig oder querstreifig (*Schoenoplectus* PALLA) oder nur bis 1 mm lang, mit Borsten, die länger als die Frucht sind (*Scirpus* L. s. str. = *Phylloscirpus* DÖLL).

Fossil ab Obereozän in Europa, zahlreiche Arten.

Artenbeschreibungen und Artenschlüssel: HEER 1855, 1865, 1869; C. REID 1896, 1899; C. und E. M. REID 1907b; STARK u. a. 1932; SZAFER 1947; NIKITIN 1948, 1957; DOROFEEV 1957, 1962a, 1963a, 1963d, 1970, 1977a; KOWAL 1958; SOJÁK 1958; KAC und KAC 1960; KAC u. a. 1965; NIKITIN 1976; WELICZKIEWICZ 1979; MAI und WALTHER 1978, 1984; NEGRU 1986; MAI 1987.

Scirpus isolepioides nov. spec.
= **Schoenoplectus isolepioides** nov. spec.
Taf. XIII, Fig. 33

Holotypus: Taf. XIII, Fig. 33 — Rippersroda (Pliozän) — MMG, Dresden, Coll. MAI, Nr. 671

Synonymie:
1954a *Scirpus holoschoenus* SZAFER, Prace Inst. Geol., **11**; t. XIX, f. 12, 13.
1963 *Isolepis fluitans* MAI u. a., Geologie **12**: 781; t. II, f. 27, 28.

Diagnose: Früchtchen verkehrt-eiförmig, klein, 1,8 bis 1,4 mm lang, 1,4—0,9 mm breit; Verhältnis von Länge zu Breite 1,1—1,3. Griffelrest sehr klein bis nahezu fehlend. Basal mit vier Borsten, die sehr leicht abfällig sind. Oberfläche glatt, glänzend, mit kleiner, undeutlicher Zellstruktur.

Bemerkungen: Bei SZAFER (1954) als „*Scirpus holoschoenus* L." abgebildet, die aber kleinere und dreikantige Früchte besitzt; bei MAI u. a. (1963) mit „*Isolepis fluitans* (L.) BR." verglichen, deren stärker ovale Früchte jedoch einen längeren Griffelrest besitzen. Wahrscheinlich ist zu unserer Art auch „*Scirpus* cf. *validus* VAHL." bei NEGRU (1972, Abb. 15) zu stellen, der ein für die verglichene Art auffälliger Griffelrest fehlt. Vergleichbar ist keine heutige europäische Art, hingegen die nordamerikanischen *Scirpus (Schoenoplectus) smithii* GRAY und die etwas großfrüchtigeren *Sc. robustus* PURSH und *Sc. paludosus* A. NELSON.

Vorkommen: Obermiozän (NEGRU 1972) bis Oberpliozän (SZAFER 1954). Pleistozän Osteuropa (WELICZKIEWICZ 1982).
Berga (5604); Rippersroda (671; „*Isolepis fluitans*" bei MAI u. a. 1963).

Scirpus lacustris LINNÉ **fossilis**
= **Schoenoplectus lacustris** (LINNÉ) PALLA **fossilis**
Abb. 22a, b; Taf. XIII, Fig. 38

1865 *Scirpus lacustris* L. — HEER, Urwelt der Schweiz: 496; Abb. 346.

Früchte plankonvex, mit Neigung zu einem abgerundet-dreieckigen Querschnitt, verkehrt-eiförmig, groß. 2,75 bis 2,0 mm lang, 1,3—2 mm breit; Verhältnis von Länge zu Breite 1,8—1,4. Griffelrest mittelgroß, konisch. Borsten länger als die Frucht, derb, aber häufig abfällig. Oberfläche nahezu glatt, da Epidermiszellen klein und unscheinbar.

Bemerkungen: Entspricht mit vielen Fossilien der rezenten, formvariablen Art. Heute in Ufersümpfen bis 5 m Wassertiefe wichtige Art des Röhrichts, sehr weit von der tropischen bis in die temperate Zone verbreitet.

Vorkommen: Bisher in ganz Europa vom oberen Pliozän durch die Interglaziale und Interstadiale weit verbreitet und häufig (z. B. C. A. WEBER 1893, 1917; KEILHACK 1906; STOLLER 1909, 1926; SCHMIERER 1922; NÖTZOLD 1959, 1961; MANIA und MAI 1969).

Rippersroda (670, 809, MAI u. a. 1963); Kaltensundheim (9732).

Scirpus mucronatus LINNÉ **fossilis**
= **Schoenoplectus mucronatus** (LINNÉ) PALLA **fossilis**
Abb. 22c, d; Taf. XIII, Fig. 34—37

Früchte verkehrt-eiförmig, dreieckig, aber eine Kante sehr stark abgerundet, fast plankonvex im Querschnitt, mittelgroß, mit gerundetem Ende und wenig verschmälerter Basis, Griffelrest klein, konisch, Perianthborsten derb, so lang wie der Fruchtkörper. Oberfläche querrunzelig, glänzend, aber Runzeln weniger deutlich. Länge 2,2—2,0 mm, Breite 1,4 bis 1,2 mm, Verhältnis von Länge zu Breite 1,6—1,1.

Bemerkungen: Die Art gilt heute in Europa als wärmeliebendes Tertiärrelikt. Sie ist in Mitteleuropa nur von wenigen Fundpunkten als unbeständige Pflanze bekannt. Geschlossene Verbreitung hat sie in Südeuropa.

Vorkommen: Obermiozän in Osteuropa, Pliozän in ganz Europa, vom Altpleistozän bis in das Holstein-Interglazial seltener (STARK u. a. 1932). Nicht im Holstein-Interglazial der DDR, da in Wietstock (NÖTZOLD 1959) und Ockrilla (NÖTZOLD 1961) Fehlbestimmungen von *Sc. lacustris* L.

Rippersroda (669, MAI u. a. 1963); Berga (5605).

Scirpus pliocenicus SZAFER

1947 *Scirpus pliocenicus* SZAFER, Fl. plioc. Krościenka: 186—187; t. XV, f. 30—33.

Abgerundet-dreikantige Früchte mit konkaven Seiten, gerundetem bis gewölbtem terminalem Ende und kurzem, konischem, stets vorhandenem Griffelrest. Basis weniger stark verschmälert, gewölbt, mit steifen Borsten, die den Fruchtkörper überragen. Oberfläche mit länglichen, irregular-hexagonalen Zellen deutlich skulpturiert. Länge 2,6—2,1 mm, Breite 1,5—1,1 mm; Verhältnis von Länge zu Breite 1,8—1,5.

Bemerkungen: Früchte dieser Art wurden von C. und E. M. REID (1915) als „*Scirpus* cf. *carinatus* GRAY" bezeichnet, aber als „probably it is an extinct form" angesprochen. Von SZAFER (1947) wird der Vergleich mit der nordamerikanischen *Sc. carinatus* GRAY beibehalten. Größere Ähnlichkeit zeigen allerdings die Früchte der nordamerikanischen *Scirpus fluviatilis* (TORR.) GRAY

Vorkommen: Pliozän vom Atlantik bis in die Baškirische ASSR, oft häufig, auch Tegelen (6864).

Rippersroda (672, MAI u. a. 1963).

Scirpus radicans SCHKUHR **fossilis**
Taf. XIII, Fig. 43—47

1960 *Scirpus radicans* SCHKUHR — KAC und KAC, Bjull. kom. izuč. četvert. per, **25**.

Früchte dreikantig, schmal verkehrt-eiförmig im Umriß, eine Seite größer als die beiden anderen, terminal mehr oder weniger bogig zugespitzt, größte Breite kurz oberhalb der Mitte, mit zylindrischem Griffelrest, Basis verengt, manchmal keilförmig. Oberfläche nur bei starker Vergrößerung sehr kleine, kaum bemerkbare, längliche Zellen zeigend, die in Längsreihen liegen. Länge 0,75—1 mm, Breite 0,4—0,5 mm, Verhältnis Länge zu Breite 2,2—1,5.

Bemerkungen: Sehr ähnlich und fossil kaum zu unterscheiden ist *Scirpus nagorscyi* DOROFEEV (1962a), die nur ein klein wenig größere Oberflächenzellen und das ein wenig mehr verbreiterte, terminale Ende zeigt. Sie ist lediglich aus dem westsibirischen Oligozän-Miozän sicher bekannt (DOROFEEV 1963a).

Eine Pflanze nasser, nährstoffreicher Ufergesellschaften.

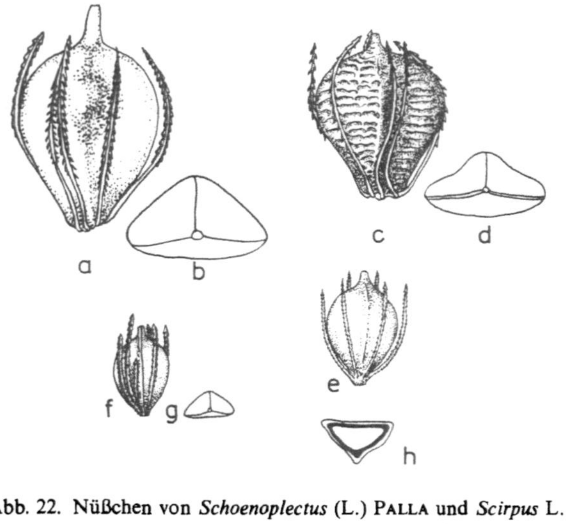

Abb. 22. Nüßchen von *Schoenoplectus* (L.) PALLA und *Scirpus* L.

a, b) *Schoenoplectus lacustris* (L.) PALLA: a = Nüßchen mit Kelchborsten, b = Aufsicht auf apikalen Bezirk mit Griffel. — c, d) *Schoenoplectus mucronatus* (L.) PALLA: c = Nüßchen mit Kelchborsten; d = Aufsicht auf den apikalen Bezirk. — e—h) *Scirpus sylvaticus* L.: e, f = Nüßchen mit Kelchborsten, g = Aufsicht auf den apikalen Bezirk mit Griffelrest, h = Querschnitt (nach SOJÁK 1958 und KOWAL 1958)

Vorkommen: Bisher nur Pleistozän der Belorussischen SSR und Westsibirien (KAC u. a. 1965).
Berga (5603b); Rippersroda (677); Nordhausen (4883).

Scirpus sylvaticus LINNÉ **fossilis**
Abb. 22e—h; Taf. XIII, Fig. 39—42

1908 *Scirpus silvaticus* L. *fossilis* SCHRÖDER und STOLLER, Jahrb. preuß. geol. Landesanst., **26**.

Früchte dreikantig, 0,9—1,2 mm lang und 0,5—0,8 mm breit, Griffel kurz, selten fehlend, sonst voriger Art sehr ähnlich.

Bemerkungen: Die heutige Art besiedelt die subozeanischen Gebiete Eurasiens als Pflanze der feuchten, nährstoffreichen Waldböden oder Feuchtwiesen im Verband der Alneten oder Caltheten.

Vorkommen: Mittelmiozän von Polen (ŁAŃCUCKA-ŚRODOŃIOWA 1966); Pliozän der Belorussischen SSR und Kamagebiet; Interglaziale von Mitteleuropa bis Westsibirien (SCHRÖDER und STOLLER 1908).
Berga (5603); Kaltensundheim (9720, 9747).

Poaceae

Glyceria R. BROWN

Etwa 40 Arten Wassergräser, besonders in Nordamerika artenreich, aber annähernd kosmopolitisch verbreitet. An Ufern, in Gräben, Bächen, Pfützen und Quellgebieten. In Mitteleuropa vier bis sechs Arten.

Deckspelze und Vorspelze nicht an der Umhüllung der Karyopse beteiligt, leicht abfällig. Karyopse nicht gefurcht, Embryoarea klein, basal-ventral, Hilum lineal, Perikarp lederig, runzelig, oft glänzend. Karyopsen immer unter 2,5 mm lang.

Fossil nur zwei heutige europäische Arten im Quartär.

Artenbeschreibungen: FIRBAS und GRAHMANN 1928; NIKITIN 1933; KAC u. a. 1965.

Glyceria maxima (HARTMANN) HOLMBOE **fossilis**
Taf. XIV, Fig. 1, 2

Karyopsen 1,5—1,8 mm lang, 0,8—1,2 mm breit, oval, abgeflacht, basal stark zusammengezogen, mit kurzem, dünnem Stielchen (Rachilla), Scutellum (als Abdruck) ventral-basal, nur bis zu 1/3 der Länge der Karyopsen bedeckend, fächerstreifig. Hilum dorsal als deutliches Band in einer flachen Furche, fast bis zum gerundeten terminalen Ende reichend. Perikarp lederig, schwarz glänzend, etwas runzelig, bisweilen abgerieben. Schicht der Testa dann durchsichtig, dünnhäutig, gelblich gefärbt.

Bemerkungen: Von den ca. 40 heutigen Arten wurden mit dem fossilen Material 11 Arten verglichen. Nur einige europäische Arten zeigten vergleichbare Beschaffenheit. Von diesen fiel besonders *Gl. maxima* (HARTM.) HOLMBG. [=*Gl. aquatica* (L.) WAHLB. durch gleich große Karyopsen mit schwarzem, glänzendem Perikarp auf, so daß unser Vergleich mit dieser Art sehr wahrscheinlich berechtigt ist.

Die heutige Art ist eine wichtige Pflanze in den Röhrichten (Phragmitetalia) der Ufer von Teichen und Flüssen. Sie bildet in den Donauländern oft monotone „Graswälder".

Vorkommen: Pleistozän von Osteuropa und Westsibirien (NIKITIN 1957, 1933).
Nordhausen (4927).

Phragmites ADANSON

Monotypische Gattung, zirkumpolar von der australen bis in die boreale Vegetationszone. Hauptverlandungspflanze und Kennzeichen der Röhrichte (Phragmitetalia), auch in Mooren und nassen Wäldern, salzverträglich. Keimungsoptimum bei 27° bis 36 °C — Sommertemperaturen, frostempfindlich unterhalb —8,7 °C.

Fossil von der Oberkreide bis in das Pleistozän nach Rhizomen und Blättern; vielleicht einige Arten.

Phragmites australis (CAVANILLES) TRINIUS **fossilis**

1884 *Phragmites* cf. *oeningensis* A. BR. — v. FRITZSCH, Jb. preuß. geol. Landesanst.: 427; t. XXVI, f. 15.

Bereits v. FRITSCH beschrieb Teile von Schilfrhizomen und die 20—40 mm breiten Blätter. In den untersuchten Proben aus Rippersroda wurden zahlreiche Diaphragmen der Nodien gefunden.

Vorkommen: Rippersroda (MAI u. a. 1963).

Araceae

Epipremnum SCHOTT

Systematik der verwandten Gattungen *Epipremnum* SCHOTT, *Rhaphidophora* HASSK. und *Monstera* ADANS. unklar, nach HOOKER (1893) *Epipremnum* und *Rhaphidophora* kongenerisch, nach BAKHUIZEN (1958) *Epipremnum* jedoch jüngeres Synonym. Etwa 50 Arten in den Tropen und Subtropen, nördlich bis Südchina, Himalaya und Westmexiko. Lianen oder Epiphyten in Tiefland- und Bergregenwäldern.

Samen campylotrop bis anatrop, nierenförmig bis hufeisenförmig, zumeist ornamentiert, selten glatt. Testa vielschichtig, dick.

Fossil im eurasiatischen Tertiär mit über zehn Arten, im Pliozän erlöschend, aber Bestimmung nicht ganz zweifelsfrei, da Anatomie der Testa stark abweichend (KIRCHHEIMER 1957; MAI 1964; NIKITIN 1965).

Artenbeschreibungen: C. und E. M. REID 1915; REID und CHANDLER 1926; KIRCHHEIMER 1935a; DOROFEEV 1952, 1966c, 1970; MAI und GREGOR 1982.

Epipremnum ornatum REID et CHANDLER
Taf. XIV, Fig. 4

1926 *Epipremnum ornatum* REID und CHANDLER, Bembridge Flora: 83; t. 4, f. 24, 25.
1967 *Carpolithus ornatus* MAI, Abh. zentr. geol. Inst., **10**: Tab. 1.

Samen gekrümmt-zylindrisch, anatrop, chalazaler Teil gestreckt. Rücken kantig, mit Zacken. Oberfläche der Seiten mit Furchen und konzentrischen Reihen tiefer Grübchen, besonders auf der konvexen Seite der asymmetrischen Samen. Testa dünner als bei *E. reniculus* und *E. cristatus*, aber immer stärker glänzend, Rückenkamm mit enger Radialstreifung. Samen 3,5 mm lang, 1,9 mm breit.

Bemerkungen: Für die genaue Kenntnis dieser Art müßte eine größere Population von Samen vom Locus typicus Bembridge untersucht werden. Da Verfasser aus dem Obereozän bis Miozän zahlreiche dem Typus-Exemplar ähnliche Samen ohne Zackenkamm zur Verfügung stehen, glauben sie, die Art ansprechen zu können. In den reichen Populationen aus dem Oberoligozän und Miozän treten immer wieder solche einfachen Formen neben stark kammzackig ornamentierten Formen auf. Eine Trennung dieser Populationen ist nicht durchführbar, so daß sie als Variationen von *E. ornatum* angesehen werden. Die botanische Zuordnung ist nach DOROFEEV (1963a) bei *Epipremnum* oder *Rhaphidophora* möglich. Nach MADISON und TIFFNEY (1976) steht die Art der heutigen südostasiatischen *Epipremnum pinnatum* SCHOTT morphologisch sehr nahe.

Vorkommen: Vom Obermiozän bis in das Mittelmiozän in West- und Mitteleuropa, auch Westsibirien (DOROFEEV 1963a; MAI 1967; MAI und WALTHER 1984).
Nordhausen (4935).

Epipremnum reniculum (LUDWIG) KIRCHHEIMER
Taf. XIV, Fig. 3

1857 *Cytisus renicuhus* LUDWIG, Palaeontographica, **5**: 101; t. 20, f. 21.
1884 *Carpolithus reniformis* v. FRITSCH, Jb. preuß. geol. Landesanst., 437; t. 26, f. 26.
1913 *Carpolithus reniculus* MENZEL, Jb. preuß. geol. Landesanst.: 19; t. 1, f. 37.
1915 *Epipremnum crassum* C. und E. M. REID, Plioc. Fl. Dutch-Prussian Border: 71; t. IV, f. 1—9.
1935a *Epipremum*? *reniculum* KIRCHHEIMER, Engler's bot. Jahrb., **67**: 79—80; t. XI, f. 31a—i.

Samen stark gekrümmt, chalazaler Teil sehr selten gestreckt. Rücken immer gerundet. Oberfläche ohne hervortretende Ornamentation. Seiten meist glatt, seltener mit feinen Furchen, noch seltener mit wenigen runden Grübchen. Testa sehr dick. Samen im Mittel über 3 mm lang und damit sehr groß im Verhältnis zu anderen Arten.

Bemerkungen: Die Art ist infolge zahlreicher charakteristischer Merkmale gut von anderen verwandten Arten zu unterscheiden. Bei allen von uns vorgenommenen Bestimmungen wurde mit dem Typus-Material aus Dorheim (MAI 1973, S. 110) verglichen. KIRCHHEIMER (1957) stellt noch einmal die Synonymie zu *Epipremnum crassum* C. et E. M. REID heraus, betont jedoch die Unmöglichkeit der Zuordnung zu *Epipremnum* SCHOTT. Nach DOROFEEV (1963a) ist die Herkunft von Araceen-Monsteroideen sicher, unklar jedoch die Gattungszugehörigkeit (*Epipremnum*, *Rhaphidophora* oder eine andere Gattung dieser Unterfamilie). Ein ähnlicher anatomischer Bau der Testa konnte bei der Marantaceen-Gattung *Thalia* L. beobachtet werden (MAI 1973).

Vorkommen: Miozän bis Pliozän; in Westsibirien selten bereits im Oberoligozän (DOROFEEV 1963a); in der Baškirischen ASSR noch im Altpleistozän (Vened; GORETZKIJ 1979).
Rippersroda (807, 1137, MAI u. a. 1963); Berga (5543).

Lemnaceae

Lemna LINNÉ

Mit acht Arten fast kosmopolitisch verbreitet, wichtigste Arten der Schwimmpflanzengesellschaften (Lemnetea) von der gemäßigten Zone bis in die Tropen, stets Eutrophie-Anzeiger, meiden das Brackwasser. Natante Wuchsformen mit stark reduzierten Sproß- und Blütenorganen.

Samen truncat, oval bis quadratisch, mit dicker, fleischiger äußerer Samenhülle und zarter innerer Hülle (Tegmen). Mikropylenteil sich in einen dicken bräunlichen Deckel (Operculum) umwandelnd. Am basalen Ende des Samens das durch viele Zellteilungen vermehrte Gewebe der Chalaza mit anfangs rotem, später braunem Zellsaft erfüllt und dadurch dieselbe schärfer abgrenzend.

Fossil ab Oligozän in Mitteleuropa und Westsibirien, besonders Pleistozän (vier Arten).

Artenbeschreibungen: NIKITIN 1933, 1957; DOROFEEV 1962b, 1963a; KAC u. a. 1965.

Lemna gibba LINNÉ **fossilis**
Taf. XIV, Fig. 19, 20

1957 *Lemna gibba* L. — NIKITIN, Plioc. i četvert. fl. Voronež. obl.: 124; t. III, f. 45.

Sehr kleine, zartwandige Samen, die sich durch die undeutliche Berippung und den halbkreisförmigen Umriß, bedingt durch die Anatropie der Samenanlage, gut von den anderen Arten unterscheiden.

Bemerkungen: Die heutige Art ist Leitart der Buckellinsen-Gesellschaft (Lemnetum gibbae), oft mit *Azolla* und *Salvinia* zusammen, die als wärmeliebende Assoziation ihre Hauptverbreitung im eisfreien Südwesten und Südosten Europas hat (ELLENBERG 1963).

Vorkommen: Nur Pliozän und Pleistozän Südosteuropas (NIKITIN 1957).
Rippersroda (680; MAI u. a. 1963).

Lemna trisulca LINNÉ **fossilis**
Taf. XIV, Fig. 11—18

1957 *Lemna trisulca* L. — NIKITIN, Plioc. i četvert. fl. Voronež obl.: 124; t. III, f. 40—44.

Samen größer als bei anderen Arten, in der Form breit bis fast quadratisch, mit 12—16 breiten, flachen Rippen. Chalaza oft, Operculum immer eingesenkt.

Bemerkungen: NIKITIN (1957) will aus pleistozänen und pliozänen Ablagerungen verschiedene Varietäten unterscheiden. Rezent kommt die Art in nahezu allen Lemnetea vor, besonders häufig aber in der *Stratiotes-Hydrocharis*-Gesellschaft (ELLENBERG 1963).

Vorkommen: Bisher nur Pliozän und Altpleistozän, östliches Europa bis Westsibirien (NIKITIN 1940).
Rippersroda (679, MAI u. a. 1963); Kranichfeld (MfN, Berlin, MAI 1965); Nordhausen (4841); Kaltensundheim (9928).

Sparganiaceae

Sparganium LINNÉ

Zirkumnordhemisphärisch verbreitete Gattung mit etwa 20 Arten, Arealausläufer südlich des Äquators in Indonesien und Ostaustralien bis Neuseeland, nach Norden selten bis in die Tundrenzone. Aufrechte oder flutende Wasserpflanzen mit langen Ausläufern (junciform oder rosulat). Typische Verlandungspflanzen in flachen Gewässern, an Ufern und im Röhricht der Seen. Eutrophie- oder Oligotrophieanzeiger.

Früchte steinfruchtartig, außen kantig-parenchymatisch, innen holzig, hart und dickwandig. Steinkerne in der Form spindel-, pyramiden-, ei- bis urnenförmig, mit oder ohne Stielansatz, mit oder ohne Griffelröhre und Griffelfortsatz, ein- bis mehrfächrig, stets mit oberflächlichen Leitbündelspuren und durch Samendeckel verschlossenem Mikropylarende. Samen pro Fach nur einer, mit häutigem, durchsichtigem Tegmen. Sehr polymorph.

Fossil mit Stengel-, Blattresten und Fruchtständen, aber

besonders typischen Pollen und Steinkernen. In Europa bereits im Cenoman, artenreicher als gegenwärtig ab Obereozän in Europa und Westsibirien; mindestens 40 fossile Arten beschrieben.

Artenbeschreibungen und Artenschlüssel: C. und E. M. REID 1915; REID und CHANDLER 1926; KIRCHHEIMER 1941; NIKITIN 1957, 1965; DOROFEEV 1958, 1963a, 1963c, 1966a, 1969a, 1977, 1979; KAC u. a. 1965; KNOBLOCH und MAI 1965; NIKITIN 1976; MAI und WALTHER 1978, 1985; NEGRU 1979, 1982.

Sparganium emersum REHMANN **fossilis**
Taf. XIV, Fig. 6

1957 *Sparganium simplex* HUDS. *fossilis* NIKITIN, Tret. i četvert. fl. Voronež. obl.: 96—97; t. I, f. 44.

Steinkerne morphologisch denen der heutigen *Sparganium emersum* REHM. (= *Sp. simplex* HUDS.) gleichend, nur nicht deren Größenmaxima erreichend. Länge bis 3,4 mm, Breite 1,9—1,7 mm. Form birnenförmig, länglich-elliptisch bis bipyramidal, mit wenigen Leitbündeln an der zugespitzten Basis, ohne Stiel.

Bemerkungen: Steinkerne von verschiedenartigen Fundorten sind sehr variabel in der Größe. Heute ist die Art über das gesamte Areal der Gattung verbreitet. Entfernt ähnlich ist die miozäne *Sp. tanaiticum* DOROFEEV (1979).

Vorkommen: Bisher Miozän von Westsibirien (DOROFEEV 1963a) und oberes Pliozän in Europa (NIKITIN 1957); viele Interglaziale [z. B. Berlin-Hohenschönhausen (SCHMIERER 1922); Neumark-Süd (MANIA und MAI 1969); Lühnsdorf (KEILHACK 1906); Klinge (SCHRÖDER und STOLLER 1908); Motzen (STOLLER 1909); Phöben (STOLLER 1926)].
Rippersroda (654, MAI u. a. 1963); Berga (5530).

Sparganium nanum DOROFEEV
Taf. XIV, Fig. 7, 8

1958 *Sparganium nanum* DOROFEEV in KOLAKOVSKIJ, Tr. Suchum. bot. sada, 11: 324—325; t. XVII, f. 2—5.

Steinkerne nur 1/2- bis 1/3mal so groß wie *Sp. camenzianum* KIRCHHEIMER (1941) und gerade dessen kleinste Größen erreichend, meist urnenförmig, Basis fast immer gerundet, Keimlochbezirk glatt, Leitbündelspuren wenig deutlich, Wände dünn. Länge 2,0—0,9 mm; Breite 1,3—0,7 mm.

Bemerkungen: Art von *Xanthosparganium* HOLMB. mit sehr kleinen Steinkernen, leicht verwechselbar mit *Sparganium minimum* FRIES (vgl. MAI 1965), diese aber mit deutlichen Stielchen an der Basis der Steinkerne. Sehr ähnlich auch *Sp. coboideum* NEGRU (1982) aus dem Mittelsarmat der Südukraine.

Vorkommen: Bisher nur Pliozän der Kolchis (DOROFEEV 1958) und Obermiozän der Südukraine (NEGRU 1982), im Miozän der DDR relativ häufig (MAI mskr.).
Kranichfeld (MfN, Berlin: „*Sp. minimum* ssp. *minutissimum*" bei MAI 1965).

Sparganium neglectum BEEBY **fossilis**
Taf. XIV, Fig. 9, 10

1909 *Sparganum ramosum* HUDS. *fossilis*. — HARTZ, Danm. geol. Unders., 2, **20**: 191; t. 9, f. 15.

Steinkerne mit wenig scharfkantigen Rippen, die sich an der Basis verlieren, spindelförmig bis elliptisch, ein- bis zweifächrig, dünnwandig. Spitze selten röhrig, zumeist abgestutzt. 4,2—2,5 mm lang, 2,3—1,5 mm breit.

Bemerkungen: Art aus der Reihe *Neglecta* JUZ., aber fossil kleiner als rezente *Sp. neglectum* BEEBY. Von dem westsibirischen *Sp. juzepczukianum* DOROFEEV (1963a) durch weniger scharfkantige Rippen, Gestaltung der Basis und geringere mittlere Größe unterschieden. Noch ähnlicher zu dem pontischen *Sp. bessarabicum* NEGRU (1979). In der fossilen Flora von Rippersroda vormals von MAI u. a. (1963) zu *Sparganium erectum* L. gezählt, aber von dieser durch Fehlen von basal überstehenden Rippen unterscheidbar. In jetzigem Umfang (vgl. KNOBLOCH und MAI 1965) wahrscheinlich eine Sammelart, die neuerdings teilweise aufgespalten wurde (DOROFEEV 1979a; NEGRU 1979, 1982). In der Literatur sehr häufig als *Sp. ramosum* HUDS. *fossilis*.

Vorkommen: In Mitteleuropa ab mittlerem Miozän (KNOBLOCH und MAI 1965), auch in Interglazialen (KEILHACK 1906; WEBER 1917; STOLLER 1926; NÖTZOLD 1959).
Rippersroda (653, „*Sp. erectum*" bei MAI u. a. 1963); Berga (5529); Kaltensundheim (9732).

Sparganium pulchellum DOROFEEV
Taf. XIV, Fig. 5

1979a *Sparganium pulchellum* DOROFEEV, Sov. Paleokarpologija: 71; t. 8, f. 1—7; Abb. 15/1—12.

Steinkerne im meridionalen Bereich angeschwollen, durch kräftige Leitbündelspuren zerteilt, spindelförmig bis eiförmig, sehr ähnlich *Sp. noduliferum* C. et E. M. REID (1915), aber mit 2,0 mm Länge und 1,5 mm Breite viel kleiner.

Bemerkungen: Mit Beziehungen zum rezenten *Sparganium stenophyllum* MAXIM. (Ost- und Südasien). In diese Artengruppe des Subgen. *Xanthosparganium* HOLMB. gehört auch *Sp. tanaiticum* DOROFEEV (1979) des ukrainischen und belorussischen Miozäns, das aber spindelförmige Steinkerne von etwas größerer Länge und Breite mit vielen Leitbündelspuren zeigt. Die Originale der Arten wurden im BIN Leningrad verglichen.

Vorkommen: Bisher nur Miozän des Tambov-Gebiets (DOROFEEV 1979a).
Nordhausen (4933).

Typhaceae

Typha LINNÉ

Gegenwärtig mit 15 Arten von den gemäßigten bis in die tropischen Regionen über die gesamte Erde verbreitet. Ansehnliche Sumpf- und Uferpflanzen mit kriechenden Rhizomen (Junciformia), in den Röhricht-Gesellschaften aller eutrophen Gewässer, vom Süßwasser bis zum Brackwasser, oft dominante Arten der Röhrichte.

Früchte sehr klein, einsamige Nüßchen mit stark verlängertem Gynophor und Griffel, die mit den Perianthhaaren als Schwebeeinrichtungen bei der Windverbreitung dienen. Samen spindel- bis flaschenförmig, mit Deckel am Mikropylen-Ende, der bei der Keimung abgestoßen wird, und mehr oder weniger deutlichem Funikulus-Stiel. Der Bau der Samenschale (vgl. ROHRBACH 1869) ist für die einzelnen Arten sehr charakteristisch, aus zwei unterschiedlichen Schichten: [„Maschenschicht" und Innenschicht (äußeres Integument), mit hyalinem Tegmen (inneres Integument)].

Fossil bisher mit Rhizomresten, Stengeln, Blättern und sehr verschiedenartigen Samen (bisher meist unter *Typha latissima* A. BR. in der Literatur), bekannt aber Oberkreide in Europa, etwa 32 Arten bis in die Interglaziale.

Artenbeschreibungen: DOROFEEV 1960a, 1963b, 1966b, 1969c, 1971a, 1982a; NEGRU 1969; KNOBLOCH und MAI 1986; MAI 1987.

Typha hercynica nov. spec.
Abb. 23d—f; Taf. XIV, Fig. 21, 22, 30, 31

Holotypus: Taf. XIV, Fig. 21 — Nordhausen (Döringsche Ziegelei, Pliozän) — MMG, Dresden, Coll. MAI, Nr. 4864.

Diagnose: Samen oval, größte Breite in der Mitte, mehr als dreimal so lang wie breit, 0,7—1,0 × 0,2—0,3 mm. Ohne Hals, Spitze des Samens mindestens zweimal schmäler als die allergrößte Breite des Samens. Keimdeckelchen nicht eingesenkt. Griffelreste kurz. Basis spitz. Maschenschicht der Testa aus großen, quergestellten, rhombischen bis hexagonalen Zellen mit dünnen, wenig hohen Wänden, die flache Skulptur bedingen.

Bemerkungen: Durch kleine Keimdeckelchen, Zellstruktur und allgemein ovale Form deutlich von rezenten europäischen Arten unterschieden. Nach der quergestellten Maschenstruktur in die Gruppe um *T. tambovica* DOROFEEV (1982a) oder *T. fusisperma* NEGRU (1969) gehörig. Von den rezenten Arten ist *T. capensis* ROHRB. (Madagaskar) ähnlich.

Vorkommen: Pliozän von Thüringen und Trebs/Westmecklenburg (4823b).
Nordhausen (4864); Kaltensundheim (9720, 9732).

Typha latifolia LINNÉ **fossilis**
Abb. 23g, h; Taf. XIV, Fig. 32

Samen zigarrenförmig bis zylindrisch, mehr als dreimal so lang wie breit, größte Breite in der Mitte, 1,0—1,3 × 0,3—0,4 mm. Spitze breit, über die halbe Breite des Samens. Keimdeckelchen wenig eingesenkt, mit kurzem Griffelrest. Basis zugespitzt, mit dünnem Stielrest. Maschenschicht der Testa aus langen spindelförmigen bis rechteckigen Zellen, deren zahlreiche quergestellte Zwischenwände eine kleinzellige Innenstruktur bedingen.

Bemerkungen: Bestimmung durch Vergleich mit der rezenten Art gesichert, allerdings *T. latifolia* L. und *T. angustifolia* L. voneinander schwer zu unterscheiden und nur bei Querschnitten der Testa klar abgrenzbar:

a) *T. latifolia* L.: Maschenschicht mit größerem radialem als tangentialem Durchmesser der Zellen. Innenseite der Zellen mit starker Wandverdickung.
b) *T. angustifolia* L.: Maschenschicht mit gleich großem radialem und tangentialem Durchmesser. Innenseite der Zellen ohne Wandverdickung (aus ROHRBACH 1869).

Vorkommen: Vom obersten Pliozän (Kinel) durch das Pleistozän bis heute.
Rippersroda (189); Nordhausen (4864b); Gerstungen (6712).

Typha ovalis DOROFEEV
Abb. 23a—c; Taf. XIV, Fig. 23—26

1982a *Typha ovalis* DOROFEEV, Paleokarp. issled. Kajnozoja; 20: t. 3, f. 1—10.

Samen länglich oval, gerade, mehr als dreimal so lang wie breit, größte Breite in der Mitte oder im unteren Teil, 0,7 bis 0,9 mm × 0,3—0,4 mm. Ohne oder mit kurzem Hals, Spitze breit, mit großem Keimdeckelchen, das nur einen kleinen Griffelrest trägt, nicht eingesenkt. Basis mehr oder weniger gerundet, mit kleinem, warzenförmigem Stielchen oder ohne ein solches. Samen wenig auffällig skulpturiert. Maschenschicht aus kleinen, rechteckigen Zellen mit etwas verdickten, flachen Wänden.

Bemerkungen: Eine Art der miozänen Verwandtschafts-

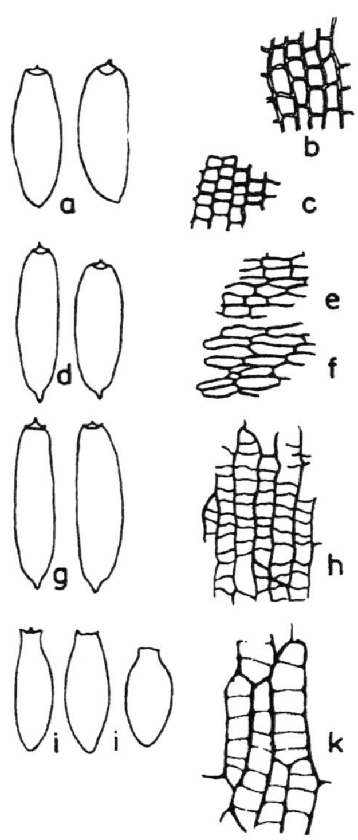

Abb. 23. Samen pliozäner *Typha*-Arten

a—c) *Typha ovalis* DOROF.: a = Samen, b, c = Zellmuster der Maschenschicht der Testa (6737). — d—f) *T. hercynica* nov. spec.: d = Samen, e, f = Zellmuster der Maschenschicht (e = 4864, f = 727). — g, h) *T. latifolia* L. *fossilis*: g = Samen, h = Zellmuster der Maschenschicht (4823). — i, k) *T. pliocenica* DOROF.: i = Samen, Keimdeckel teilweise abgeworfen, k = Zellmuster der Maschenschicht (798); Vergr. der Zellmuster der Maschenschicht etwa 300fach

gruppe um *T. tertiaria* DOROFEEV (1969c) und *T. pulchella* DOROFEEV (1982), für die DOROFEEV (1982) keine heutigen Verwandten ermittelte.

Vorkommen: Miozän des Tambov-Gebiets (DOROFEEV 1982). Kranichfeld (6737).

Typha pliocenica DOROFEEV
Abb. 23i, k; Taf. XIV, Fig. 27—29

1960a *Typha pliocenica* DOROFEEV, Plioc. fl. Baškirii Predural'. obl.: 20; t. 1, f. 8—14.

Samen in der Mitte und an der Basis geschwollen, etwas gekrümmt, nicht dreimal länger als breit, 0,6—0,9 × 0,2 bis 0,4 mm. Hals kurz und breit, Deckelchen tief eingesenkt. Maschenschicht aus ovalen bis hexagonalen Zellen, großzellig, durch dünne Zwischenwände mit Innenskulptur versehen; drei Zellschichten.

Bemerkungen: Eine gut kenntliche Art aus der neogenen Gruppe mit *T. besczeulica* DOROFEEV, *T. lipetskiana* DOROFEEV, *T. pliocenica* DOROFEEV, *T. sibirica* DOROFEEV und *T. tanaitica* DOROFEEV (1982a), deren Verwandtschaftsbeziehungen auf *T. caucasica* POBED., *T. minima* FUNK (Südeuropa, Mediterrangebiet) und *T. orientalis* PRESL (Ostasien) weisen. Bisher als „*Gentiana pneumonanthe* L. *foss.*" falsch interpretiert (MAI u. a. 1963).

Vorkommen: Pliozän der Baškirischen ASSR, Russische Plattform, Gebiet von Voronež.
Rippersroda (798, MAI u. a. 1963); Berga (5563); Nordhausen (ohne Nr.).

Magnoliaceae

Liriodendron LINNÉ

Heute nur zwei Arten mit eingeschränkten Arealen im atlantischen Nordamerika (*Liriodendron tulipifera* L.) und in Mittelchina [*L. chinensis* (HEMSL.) SARG.]. Hohe sommergrüne Bäume mit Bedeutung als Waldbildner: *L. tulipifera* L. in den Eichen-Tulpenbaum-Mischwäldern (Mixed Mesophytic Forests), besonders üppig in geschützten Tälern der südlichen Alleghanies (KNAPP 1965), oder auf mächtigen Lößböden, selten auf torfigen Böden. *Liriodendron chinensis* (HEMSL.) SARG. Relikt in der zentralchinesischen Florenprovinz in den dort reich entwickelten Mixed Mesophytic Forests (WANG 1961).

Seit langem in Europa in Kultur, die bis zu einer Nordgrenze, die von Nordirland, Edinburgh, Süddänemark, Szczecin, Gdansk reicht, aber nach Osten sehr rasch südlich abnimmt. Früchte reift der Baum nur in Südengland, Frankreich, Süddeutschland/BRD. Nach HEER (1859, S. 330) liegt die Polargrenze der Verbreitung danach bei 8 °C Jahresdurchschnittstemperatur, die der Samenreife bei 9 °C. Nach DEPAPE (1954) verträgt *L. tulipifera* L. Fröste bis —30 °C.

Früchte zu einem zapfenähnlichen Multifolliculus vereinigt, sich bei der Reife einzeln von der Spindel lösend; Flügelfrüchte mit gestreckter, zungenförmiger Verlängerung des Karpells, basaler Teil mit flachem oder gekieltem Rücken und zusammengedrückter Bauchseite mit schmaler Ansatzstelle, einfächrig. Das enge Fach enthält im allgemeinen zwei flache Samen, die zumeist verbunden bleiben. Samen von annähernd halbmondförmiger Gestalt, mit einer durch ihre Lage bedingten Kante; an der Basis als grubige Öffnung das Hilum ausgebildet, das oft nach dorsal etwas verschoben ist. Apikal liegt die Mikropyle auf einem gekrümmten Fortsatz; die Raphe erscheint als breite Furche und wird immer von einer vergröberten Skulptur der Oberfläche begleitet. Bei der Keimung zerfällt die Testa am größeren Umfang in zwei Klappen. Auch die Klappen der Paarlinge bleiben häufig verbunden. Die feine gekörnte und gestreifte Sklerotesta besteht aus radial gestreckten Skleroiden, die in pilzförmigen Fortsätzen auslaufen. Das netzförmig eingeengte Lumen enthält häufig einen Kristall. An dieser Schale haftet das Parenchym der dünnen Weichschicht (Sarcotesta).

Fossil seit langem durch Blätter, Früchte und Samen bekannt, mit arktotertiärem Entstehungszentrum, in Europa bereits im Mitteleozän; häufig erst ab Oberoligozän.

Artenbeschreibungen: C. und E. M. REID 1915; KIRCHHEIMER 1957; DOROFEEV 1970b, 1974b, 1983; NEGRU 1986; MAI 1987.

Liriodendron geminata KIRCHHEIMER
Abb. 24; Taf. XV, Fig. 1—7

1915 *Liriodendron tulipifera* L. *fossilis*. — C. und E. M. REID, Plioc. Fl. Dutch-Prussian Border: 93; t. VIII, f. 1—5.
1957 *Liriodendron geminata* KIRCHHEIMER, Laubgewächse Braunkohlenzeit: 532—533; Abb. 147c = Lectotypus.

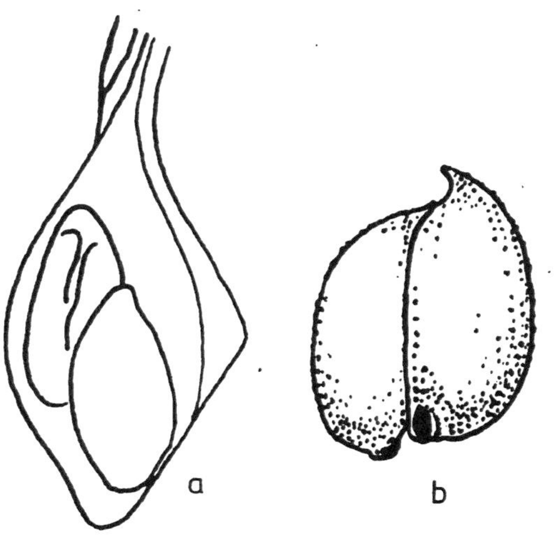

Abb. 24. *Liriodendron geminata* KIRCHH.
a = Teil der Balgfrucht mit Samen im inneren (aus BŮŽEK u. a. 1976); b = Paarling der Samen (nach DOROFEEV 1952)

Samen groß, 4,0—5,5 mm lang, oval bis eiförmig, sehr häufig in Paarlingen, mit schiefem, spitzem Mikropylarfortsatz und deutlich abgesetztem Heteropylarhöcker, ventrale Struktur bedeutend gröber als die dorsale; Testa mittelstark, aus zwei übereinanderliegenden Zellreihen, mit großen, pilzförmigen Warzen und kurzen Längsstreifen. Früchte bekannt: Flügelteil lang, mit Stachelspitze (Griffelrest) am Ende des Flügels, Längsnerven deutlich, Früchte meist über 30 mm lang.

Bemerkungen: Im Bau der Karpelle nähert sich die Art sehr *L. tulipifera* L., hat allerdings nach KIRCHHEIMER (1957) wesentlich kleinere Karpelle als die Mehrzahl der Karpelle bei der heutigen Art messen. Im Bau der Samen steht die Art allerdings *L. chinensis* (HEMSL.) SARG. viel näher (DOROFEEV 1963a). Es ist daher falsch, die im Jungtertiär Mitteleuropas sehr verbreitete Art einfach als *L. tulipifera* L. *fossilis* (C. und E. M. REID 1915; MÄDLER 1939; SZAFER 1947) zu bezeichnen. Für die von KIRCHHEIMER (1957) diagnostizierte Art *L. geminata* wird als Lectotypus das Exemplar Abb. 147c aus Reuver bestimmt, da eine solche Typisierung bisher fehlte (DOROFEEV 1974b).

Vorkommen: Mittleres Miozän (MAI 1964; SZAFER 1961) bis Oberpliozän in ganz Europa, nicht jedoch im Ural und in Westsibirien (DOROFEEV 1970a, 1974b).

Berga (5484); Gerstungen (6683).

Magnolia LINNÉ

Gattung mit 75—80 Arten, die sich zu zwei Dritteln auf Südost- und Ostasien, zu einem Drittel auf Nord- und Mittelamerika verteilen. Ungefähr 4/5 aller Arten immergrün in Gebirgsregen- und Nebelwäldern und bis in tropische Gebiete hinein verbreitet; von den 17 laubwerfenden Arten mehrere in temperaten Gebieten. Arealnordgrenze in temperaten submontanen Nadel-Fallaub-Mischwäldern von Hokkaido/Japan und Laubmischwälder am Ontario-See/Nordamerika. Absolute Nordgrenze der Verbreitung laubwerfender Arten heute sowohl in Nordamerika als auch in Ostasien ungefähr durch die —8 °C Januarisotherme bestimmt; bei den immergrünen Arten dagegen durch die +4 °C Januarisotherme, die deren Verbreitung nach Norden beschränkt.

Strobilusartige Fruchtstände mit einsamigen Balgfrüchten. Samen von herz- bis bohnenförmiger Grundform, aber sehr vielgestaltig. Als wichtige Kriterien für die Systematik mittels Samen wurden folgende Merkmalskombinationen erkannt: Figura (breiter als lang, so breit wie lang, länger als breit), Größe der Samen im Mittel, Beschaffenheit und Größe der chalazalen Grube (rund, dreieckig; weit, eng; mit oder ohne Kondylus), Oberflächenstruktur der Sklerotesta (glatt, runzelig, furchig), Dicke der Sklerotesta (MAI 1975).

Fossil nach Blättern, Fruchtständen, aber besonders Samen im Tertiär Westeurasiens über 35 Arten.

Artenbeschreibungen und Artenschlüssel: LUDWIG 1857; SAPORTA 1881; REID und CHANDLER 1933; KIRCHHEIMER 1935a, 1936b, c, 1949, 1957; STANISLAVSKIJ 1955; CHANDLER 1957, 1960b; DOROFEEV 1959c, 1960c, 1963c, 1970a, 1974b; RÁZSKY 1959; SZAFER 1961; MAI 1975, 1987.

Magnolia cor LUDWIG

1857 *Magnolia cor* LUDWIG, Palaeontographica, **5**: 97; t. 21, f. 1a—e.

Samen herzförmig, so breit wie lang, 9—5 mm lang, 10—5 mm breit; Chalazaregion konvex bis gerade abgeflacht, mit deutlicher großer Heteropyle und prominentem Kondylus; nach der Mikropyle zugespitzt, mit flachem Raphesinus; Testa glatt, 0,7 mm dick, aus fünf bis acht Zellschichten.

Bemerkungen: Über Abgrenzung und Beziehungen der Art zu fossilen Arten vgl. MAI (1973, 1975).

Die Art hat als nächste heutige Verwandte *M. stellata* (SIEB. et ZUCC.) MAXIM. und *M. salicifolia* MAXIM. (Sect. *Buergeria*). Auch ein Vergleich mit *M. liliflora* DESR. (Sect. *Tulipastrum*) ist möglich. Alle genannten Arten sind typische Glieder der Mixed Mesophytic Forests von Zentralchina oder Hondo/Japan mit zum Teil sehr eng begrenzten Arealen.

Vorkommen: Pliozän von Westeuropa bis Südpolen (vgl. MAI 1975).

Rippersroda (GIEBEL 1860, S. 58, ohne Belege).

Saururaceae

Saururus LINNÉ

Heute mit zwei Arten nach der ASA-GRAY-Disjunktion verbreitet. Ausdauernde Kräuter in Sümpfen, Röhrichten, auf Schlammbänken, an Flüssen. *Saururus chinensis* (LOUR.) BAILL. von Hondo, Kyushu, Shikoku über die Halbinsel Korea, Zentralchina, Hainan, Tonkin und über die Riukiu-Inseln, Taiwan bis auf die nördlichen Philippinen reichend: *S. cernuus* L. über das ganze atlantische Nordamerika von den Neuengland-Staaten und den Großen Seen bis Florida und Texas verbreitet.

Früchte von zusammengedrückt-kugeliger Form, mit Resten der nach außen gebogenen oder gerollten Griffel, (drei) bis vier Karpelle frei, mit stark runzelig-warzigem, halbfleischigem Perikarp, das einen einzelnen Samen im Fach umschließt und mit diesem als oval-dreieckige Kokke abfällt. Samen kugelig-eiförmig, orthotrop, mit Mikropylenspitzchen und großem, kreisrundem Chalazapfropf am entgegengesetzten Ende. Testa zweischichtig, mit innerer Hartschicht (Tegmen).

Fossil bisher eine Art: MAI und WALTHER 1978.

Saururus bilobatus (NIKITIN) MAI

Taf. XV, Fig. 8a, b

1965 *Carpolithus bilobatus* NIKITIN, Akvitan. fl. Lagernovo sada: 92—93; t. XVIII, f. 12, 13; t. XIX, f. 1, 2.

1978 *Saururus bilobatus* MAI und WALTHER, Abh. Mus. Mineral. u. Geol. Dresden, **28**: 45—46; t. 25, f. 1, 2.

Rundliche, flachgedrückte Samen von 0,9 mm Durchmesser, orthotrop, mit abgerundeter Mikropylarspitze, die bei der Keimung ausreißt, basal mit großer, kreisförmiger Chalaza, innere Schicht der Testa als festes hyalines Tegmen, äußere Schicht aus lockeren, rundlichen Zellen, die eine warzig-reticulate Oberfläche ergeben, sich aber leicht abreiben lassen, so daß die Außenseite des Tegmen stark glänzend erscheint.

Vorkommen: Obereozän bis Pliozän, in Europa und Westsibirien, im Miozän der DDR teilweise sehr häufig (MAI 1967).

Kranichfeld (MfN, Berlin, MAI 1965).

Cabombaceae

Brasenia SCHREBER

„Brasenia tuberculata C. et E. M. REID"

Bemerkungen: Die von MAI u. a. (1963, S. 783; t. III, f. 8) genannten und abgebildeten Bruchstücke gehören nicht zu einer *Brasenia*-Art, da die in Reihen angeordneten Oberflächenzellen rechteckig ohne Ausbuchtungen gestaltet sind. An den Resten eines als „Keimdeckel" angesprochenen Gebildes sind keine Andeutungen von Hilum oder Mikropylarhöcker wahrnehmbar. Die neu untersuchten Reste sind als unbestimmbar zu bezeichnen. Damit entfällt der Nachweis der Gattung im Thüringer Pliozän (Rippersroda 684).

Nymphaeaceae

Nuphar SIBTHORP et SMITH

Gegenwärtig 10—25 Arten von Wasserpflanzen mit kriechenden Rhizomen und großen Schwimmblättern. Verbreitet in der gemäßigten und wärmeren Zone der Nordhalbkugel, selten in der arktischen Zone, im Hochgebirge (Alpen) bis 1500 m Höhe. Wichtige Arten der Verlandungszone der Stillwässer, flachen Seen und Teiche, zumeist in einem Gürtel außerhalb der Röhrichte mit anderen Schwimmpflanzen und Wasserwurzlern (Nymphoidea). In Europa heute nur zwei Arten. Die Samen reifen zu vielen in jedem Fruchtfach, das durch Fäulnis zerstört wird. Sie sind groß, urnen- bis eiförmig, ohne Arillus, mit einer deutlichen, gerundeten Raphekante versehen, die vom Hilum ausgeht. Das Hilum selbst ist groß und sitzt randlich am Deckelchen, das dadurch eine ovale Form erhält. Das Spermoderm zeigt eine sehr dicke Parenchymschicht, auf der die Epidermis aus U-förmigen, geradwandigen Zellen lagert, die an der Oberfläche gerade abschneiden. Gewisse Beziehungen im Bau der Samen zu *Pseudoeuryale* DOROFEEV (1972b) oder *Irtyshenia* DOROFEEV (1972b), nicht jedoch zu anderen lebenden Gattungen.

Fossil kennt man die gut bestimmbaren Samen seit dem Obermiozän in Europa, dem Oligozän in Westsibirien, dem Eozän in Ostsibirien. Bisher 10 Arten fossil beschrieben, in zwei Sektionen geteilt (DOROFEEV 1974b).

Artenbeschreibungen: C. REID 1892; C. und E. M. REID 1907b; SZAFER 1954; DOROFEEV 1963a, 1974b.

Nuphar lutea (LINNÉ) SIBTHORP et SMITH **fossilis**
Taf. XV, Fig. 9—11

1907b *Nymphaea lutea* L. *fossilis* C. und E. M. REID, J. Linn. Soc., **38**: 212; t. 11, f. 13.

Samen von eiförmigem, keulen- oder birnenförmigem Umriß, 4,5—6,5 mm lang, 3—4 mm breit, mit relativ dünnwandigen, geradwandigen, 4- bis 6eckigen Epidermiszellen von 33—47 µm im Durchmesser.

Bemerkungen: Die Samen dieser Art unterscheiden sich von anderen heutigen Arten deutlich durch ihre Größe und die Form sowie den Durchmesser der Oberflächenzellen. DOROFEEV (1974b) trennt pliozänes Material aus Voronež als *N. tanaitica* DOROFEEV ab. Diesem Verfahren möchten wir nicht folgen.

Nuphar lutea (L.) SIBTH. et SM. ist heute eine Charakterart der Schwimmblattgesellschaften im Verlandungsgürtel stehender Gewässer in Eurosibirien. Bei einer Wassertiefe von 2,5—5,0 m ist sie *Nymphaea alba* L. überlegen. Besonders zwei Assoziationen werden durch die Art aufgebaut: Myriophyllo-Nupharetum und Potameto-Nupharetum. Die Art bevorzugt eutrophe Verhältnisse, kommt aber auch in oligotrophen Seen vor (ELLENBERG 1978). Es werden bei besonderen Landformen abweichende Blätter, bei submersen Formen Unterwasserblätter („Salatblätter") ausgebildet. Für eine normale vegetative Entwicklung sind kühle Wintertemperaturen erforderlich (JÄGER).

Vorkommen: Bereits im Obermiozän Polens (RANIECKA-BOBROWSKA 1959; SZAFER 1961); mitunter im Pliozän; häufig in den Interglazialen und einigen Interstadialen (WEBER 1893, 1917; KEILHACK 1906; STOLLER 1908, 1926; SCHMIERER 1922; FIRBAS und GRAHMANN 1928; NÖTZOLD 1961, 1965; MANIA und MAI 1969).

Nordhausen (4938); Berga (5514, 5515).

Nymphaea LINNÉ

„Nymphaea alba LINNÉ **fossilis"**

Bemerkungen: Der Nachweis aus Rippersroda (MAI u. a. 1963, S. 784) erlischt, da sich das Fundstück bei der Nachuntersuchung als Teil einer Knospenschuppe (aff. *Salix*) herausstellte.

Ceratophyllaceae

Ceratophyllum LINNÉ

Gattung mit etwa 10 Arten, fast weltweit außer in den arktischen und antarktischen Gebieten verbreitet. Submerse, am Grunde wurzelnde oder frei schwimmende Wasserpflanzen mit gegliedertem Sproß (Mesopleustophyt). Sich reichlich vegetativ durch Abgliederung der Sprosse vermehrend, oft in Massenentwicklung in eutrophen Seen, Teichen, Altwässern, langsam fließenden Flüssen, Gräben. Ornithochorie durch Wasservögel: Nüßchen, Jungpflanzen und unechte Winterknospen.

Früchte ovale, einsamige Nüßchen, die von einem bleibenden Griffel gekrönt sind. Das Perikarp besteht aus einem dünnwandigen Exokarp, das frühzeitig zerstört wird, und einem verholzenden, nach außen meist höckrigen Endokarp, das sich auch in vorhandene Stacheln hinein fortsetzt. Im Innern des Fachs prägen sich deutlich die gegabelten Leitbündel durch. Die Samen besitzen eine sehr dünne, nur am Scheitel etwas verdickte Testa. Das Vorhandensein oder Fehlen grundständiger Stacheln, deren Ausbildung und die Beschaffenheit der Kanten, an der die Dehiszenz erfolgt, sind für die Unterscheidung der Arten von erstrangiger Bedeutung.

Fossil in Europa und Westasien seit Oligozän, mindestens 12 Arten.

Artenbeschreibungen: C. und E. M. REID 1907a; HARTZ 1909; DOROFEEV 1955c, 1963a, 1965, 1969b, 1974b; NIKITIN 1957; KIRCHHEIMER 1957; AVAKOV 1962; MAI und WALTHER 1978; PALAMAREV 1982.

Ceratophyllum demersum LINNÉ var. **typicum**
Taf. XV, Fig. 12, 13

1907a *Ceratophyllum demersum* L. — C. und E. M. REID, Fl. of Tegelen: 21; t. II, f. 83.

1957 *Ceratophyllum demersum* L. var. *apiculatum* (CHAM. et SCHLECHT.) ASCHERS. — NIKITIN, Plioc. i četvert. fl. Voronež. obl.: 148—149; t. V, f. 8, 9.

Früchte mit langem, bleibendem Griffelrest, mit zwei langen Stacheln am Grunde (var. *typicum*, var. *oxyacanthum* SCHUM.) oder mit etwas kürzerem, nur bis 1/2 der Fruchtlänge messendem Griffelrest und höckerartigen Stacheln am Grunde (var. *apiculatum* ASCHERS.), zwischen den Varietäten jedoch stets Übergänge. Frucht mit glatter Oberfläche, dickem Perikarp, ohne Hautsaum am Rande, 3—5 mm lang.

Bemerkungen: Heute sehr weit in eutrophen, ruhigen Gewässern verbreitet, in Europa am weitesten nach Norden reichend (Irland, Faröer-Inseln, Bottnischer Meerbusen). Die var. *apiculatum* ASCHERS. ist heute in Europa sehr selten. Sie wird durch STOLLER (1908) fossil bereits im Eem-Interglazial erwähnt.

Vorkommen: Pliozän und Pleistozän in ganz Europa, in Westsibirien bereits im Miozän (DOROFEEV 1968a).
var. *typicum*: Nordhausen (4851).

Ceratophyllum submersum LINNÉ **fossilis**
Taf. XV, Fig. 14—16

1857 *Peucedanum dubium* LUDWIG, Palaeontographica, 5: 103; t. XX, f. 13.
1884 *Geocarpus miocenicus* KINKELIN, Ber. senckenb. naturforsch. Gesellsch.: 256; t. 3, f. 4—15.
1908 *Brasenia miocenica* ENGELHARDT und KINKELIN, Abh. senkkenb. naturforsch. Gesellsch., 29: 251; t. 32, f. 15.
1934 *Ceratophyllum submersum* L. — KIRCHHEIMER, Ber. Wett. Gesellsch. ges. Naturkd.: 30—32; t. 8, f. 4—8.

Früchte mit sehr kurzem oder fehlendem Griffelrest, am Grunde ohne Stacheln, ohne Hautsaum und Stacheln am Rande, glatt oder entfernt warzig; Perikarp dick, äußeres Palisadensklerenchym nur etwa 1/3 der Wanddicke einnehmend. Länge 3—4,5 mm.

Bemerkungen: Vor Erkennung der botanischen Zugehörigkeit mit verschiedenen Namen belegt, aber seit HARTZ (Etikett vom 26. 10. 1897) als *Ceratophyllum submersum* L. *fossilis* ansprechbar. Auch für die pliozänen Exemplare ist kein eigener Artname gerechtfertigt (MAI 1973). Zusammengedrückte Exemplare mit Randkante werden von MÄDLER (1939) als forma *alatum* MÄDLER beschrieben. Heute ist die Art seltener und wärmebedürftiger als *C. demersum* L., findet sich aber zumeist in den gleichen Submersen-Assoziationen wie jene.

Vorkommen: Fossil in Europa ab Obermiozän (DOROFEEV 1955b); häufig im Pliozän und pleistozänen Warmzeiten (WEBER 1893, 1917; KEILHACK 1906; MANIA und MAI 1969).
Nordhausen (4851b).

Ceratophyllum protanaiticum (NIKITIN) DOROFEEV
Taf. XV, Fig. 17

1957 *Ceratophyllum submersum* L. var. *protanaiticum* NIKITIN, Plioc. i četvert. fl. Voronež. obl.: 150; t. 5, f. 19, 20.
1969b *Ceratophyllum protanaiticum* DOROFEEV, Mioc. fl. Mamontovoj gory: 89.

Früchte ohne langen Griffelrest, ohne seitliche oder basale Stacheln, am Rande bisweilen etwas besäumt; Oberfläche glatt bis warzig-runzelig; Perikarp dünn, äußeres Palisadensklerenchym etwa die Hälfte der Wanddicke einnehmend. Frucht klein, zumeist um 3 mm (2,8—4 mm) lang.

Bemerkungen: Durch die dünne Wand und die geringere Größe klar von *Ceratophyllum submersum* L. zu unterscheiden. Ähnlich *C. tanaiticum* SAPJEG., aber ohne gezähnten Randsaum, und ähnlich *C. lusaticum* (MAI (1978), aber niemals stachelig oder grobwarzig. Von DOROFEEV (1969b) unter Bezugnahme auf eine Varietät *protanaiticum* NIKITIN (1957) aus dem Don-Pliozän zur Art erhoben.

Vorkommen: Bisher nur Obermiozän und Pliozän von Osteuropa (NEGRU 1979; NIKITIN 1957).
Gerstungen (6728); Rippersroda (1139; MAI u. a. 1963).

Ranunculaceae

Ranunculus LINNÉ

Artenreiche Gattung von über 400 Arten in allen extratropischen Gebieten der Erde, selten in den Tropen (nur Hochgebirge). Ausdauernde bis einjährige Kräuter und Stauden, Land- und mehr oder weniger vollständig untergetauchte Wasserpflanzen, ausgesprochen xerophytische Arten sehr selten. In nahezu allen Biotopen mit Blütenpflanzen, jedoch nicht im tropischen Regenwald, hingegen in Monsunwäldern (*Ranunculus diffusus* DC.) und immergrünen Lorbeerwäldern (*R. cortusaefolius* WILLD.), zahlreiche Arten auch in der Wasservegetation der Reisfelder der Subtropen. Im Subgen. *Batrachium* DC. findet sich die primitivste Wuchsform der Familie Ranunculaceae: Der ständig wachsende Sproß kriecht auf feuchtem Boden oder am Grunde der Gewässer und verzweigt sich stets in gleicher Weise, nur vom Winter unterbrochen.

Früchte einsamige Nüßchen, die in einem polykarpen, köpfchenartigen Fruchtstand zusammengefaßt sind. Sie umschließen den dünnschaligen Samen fest und fallen mit ihm ab. Samen aufrecht, am Grund des Karpells befestigt. Während die Samen bei nahezu allen Arten nur durch Größenunterschiede abweichen, sind die Früchtchen mit ihrer dauerhaften Hartschicht durch sehr viele Merkmale gut zu unterscheiden. Neben der allgemeinen Form und Größe sind die Beschaffenheit der Seitenflächen (Querrunzeln, Adern, Warzen, Dornen, Grübchen), der Kanten, des Rückennervs und des Griffelrests wichtige diagnostische Merkmale.

Fossil in Europa mit Sicherheit seit dem untersten Oligozän; häufig besonders im Pliozän und Pleistozän mit zahlreichen Arten.

Artenbeschreibungen und Artenschlüsel: C. REID 1892; C. und E. M. REID 1907a, b, 1915; WEBER 1914; E. M. REID 1920a, 1920b; CHANDLER 1921; NIKITIN 1933, 1957; SZAFER 1947, 1954; DOROFEEV 1951, 1955a, 1956b, 1962b, 1964b, 1974b, 1977a; KAC u. a. 1965; ŚRODOŃ 1968, 1974; WELICZKIEWICZ, 1973a; NEGRU 1979, 1986.

Ranunculus aquatilis LINNÉ s. str.
[= **Batrachium aquatile** (LINNÉ) DUMORTIER]
Abb. 25d; Taf. XVI, Fig. 1—3

1892 *Ranunculus aquatilis* L. — C. REID, Quart. J. geol. Soc., 48: 358.
1907a *Ranunculus aquatilis* L. — C. und E. M. REID, Fl. of Tegelen: 15; t. 1, f. 2—4.

Früchte mehr oder weniger aufgeblasen, schief-eiförmig bis halbkugelig, terminal meist unregelmäßig gewölbt, basal oft verschmälert oder schief zugerundet, Dorsalkante gewölbt, Querrunzeln sechs bis sieben (acht), häufig unterbrochen und stellenweise undeutlich. Länge 1,5—2 mm.

Bemerkungen: Fossil als Sammelart sehr häufig genannt.

Gegenwärtig fast kosmopolitisch verbreitet und häufige Art der Potametalia in aller Welt, in stehenden und fließenden Gewässern. In tropisch-subtropischen Gebieten sehr häufig als Unkraut in Reiskulturen.

Vorkommen: Oberpliozän Osteuropas verbreitet (DOROFEEV 1974b), auch Polen und BRD (LESCHIK 1952); ab Altpleistozän in ganz Europa von zahlreichen Fundorten (zum Beispiel C. A. WEBER 1917; H. WEBER 1919; FIRBAS und GRAHMANN 1928; STOLLER 1926; NÖTZOLD 1965).
Kaltensundheim (9918).

Ranunculus fluitans LAMK.
[= **Batrachium fluitans** (LAMK.) WIMMER]
Abb. 25b

Früchte groß, verkehrt-eiförmig bis halbkugelig, terminal und basal zugerundet, mehr oder weniger symmetrisch, Oberfläche mit immer deutlichen, durchgängigen Querrunzeln, mehr als sieben, meist acht bis zehn. Länge von (1,2) 1,4—1,8 mm.

Bemerkungen: Eine gut kenntliche Art mit großen Früchten, die sich von den ähnlich großen Früchten des *R. aquatilis* L. s. str. durch die dichte und durchgehende Querrunzelung gut unterscheiden lassen. Fossil zumeist unter *Batrachium aquatile* (L.) DUM. oder *Batrachium* sp. beschrieben, bei KAC u. a. (1965) vgl. *Batrachium eradicatum* (LAEST.) FRIES.

Die Art ist gegenwärtig in Süd- und Mitteleuropa, Nordafrika, aber auch in Nordamerika verbreitet und eine wichtige Wasserpflanze in der Fluthahnenfluß-Fließwasser-Gesellschaft der Flüsse und den größeren Bächen der Ebenen, aber auch in Potametalien fließender oder bewegter Gewässer.

Vorkommen: Pleistozän der Belorussischen SSR, aber sicher auch in Mittel- und Westeuropa.
Nordhausen (4858).

Ranunculus hederaceus LINNÉ
[= **Batrachium hederaceum** (LINNÉ) S. F. GRAY]
Abb. 25a; Taf. XVI, Fig. 4, 5

1920a *Ranuculus gailensis* E. M. REID, Graines du Pont-de-Gail: 65—66; t. 3, f. 2.
1921 *Ranunculus hederaceus* L. *fossilis* CHANDLER, Quart. J. geol. Soc., **77**: 8.
1963 *Ranunculus hederaceus* L. — MAI u. a., Geologie; **12**: 784; t. III, f. 10, 11.

Früchte aufgeblasen-oval, 0,8—1,4 mm im Durchmesser, ohne Griffelrest, mit sehr regelmäßig zugerundetem terminalem Ende und wenig verschmälerter, gerundeter Basis, Oberfläche mit engstehenden, mehr als sieben, meist acht bis zehn deutlichen, durchgehenden Querrunzeln.

Bemerkungen: Früchte dieser Art lassen sich gut durch ihre geringe Größe, die sehr symmetrische Form und die Vielzahl der deutlichen Querrunzeln von anderen *Batrachium*-Arten unterscheiden. Ähnliche, etwa gleich große, aber zumeist schief-eiförmige und basal verschmälerte Früchte zeigen *R. ololeucos* LLOYD, *R. baudotii* GODR. und *R. tripartitus* DC. Stets über 1,5 (1,3) mm lang sind die vielrunzeligen Früchte des *R. fluitans* LAMK. Nur wenn man *R. lenormandi* SCHULTZ (= *R. hederaceus* var. *lenormandi*) als eigene Art auffaßt, gibt es noch eine zweite Art mit gleich aussehenden Früchten.

Aller Wahrscheinlichkeit nach gehört auch *Ranunculus gailensis* E. M. REID (1920) zu *R. hederaceus* L. und bezeichnet kleine Früchte von nur 0,9 mm Länge. Die Anzahl der Querrunzeln ist aus der Abbildung nicht zu ersehen und wurde als Merkmal nicht beschrieben. *Ranunculus hederaceus* L. ist eine ozeanisch gebundene Art im submeridionalen und temperierten Europa und Ostnordamerika. Sie besiedelt Stillwässer, besonders Heidetümpel (Litorellion).

Vorkommen: Pliozän Westeuropa (REID 1920a), Südeuropas (Villafranca d'Asti, 7063); Altpleistozän Vorkarpaten (Mizerna II/III, 1125).
Rippersroda (687, MAI u. a. 1963); Kaltensundheim (9732, 9747).

Ranunculus marginalis nov. spec.
Taf. XVI, Fig. 10, 11

Holotypus: Taf. XVI, Fig. 10 — Gerstungen (Pliozän) — (MMG, Dresden, Coll. MAI, Nr. 6717).

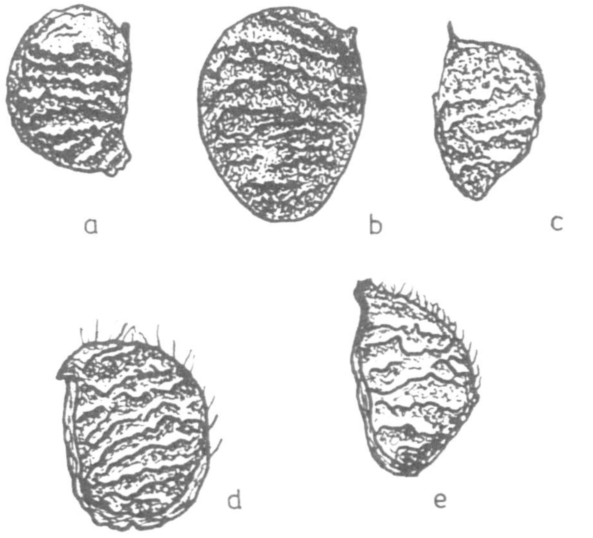

Abb. 25. Nüßchen von *Ranunculus* L. Subgen. *Batrachium* DC.

a) *Ranunculus hederaceus* L. (= *B. hederaceum* S. F. GRAY). — b) *Ranunculus fluitans* LAMK. (= *B. fluitans* FR.). — c) *Ranunculus circinatus* SIBTH. (= *B. circinatum*). — d) *Ranunculus aquatilis* L. (= *B. aquatile* DUM.). — e) *Ranunculus trichophyllus* CHAIX (= *B. trichophyllum* CHAIX) (nach BEIJERINCK 1947)

Diagnose: Einsamige Nüßchen, fast kreisförmig im Umriß, selten oval, schief, abgeflacht, mit breitem Saum um den größten Umfang, Seiten in der Mitte etwas konkav, ohne Querrunzeln, aber mit großzelligen Grübchen, 0,7—1,4 mm im Durchmesser, fast so lang wie breit, Griffelrest selten im Ansatz angedeutet; Dehiszenz in zwei gleich große Klappen. Art aus der Gruppe um *R. sceleratus* L.

Bemerkungen: Eine mio-pliozäne *Ranunculus*-Art, die nach den morphologischen Merkmalen der Früchte zwischen *R. sceleratoides* Nikitin (in Form, Größe und Saumbreite) und *R. sceleratus* L. (in der fehlenden Querrunzelung und dem Vorhandensein grubiger Zellstrukturen) vermittelt. Ähnlich ist auch *R. bessarabicus* Negru (1979), aber querrunzelig. Nach der Vergesellschaftung mit zahlreichen Sumpfpflanzen wohl mit ökologischen Ansprüchen wie *R. sceleratus* L.

Vorkommen: Miozän der Lausitz (Florenzonen VI, VII, XIII).
Gerstungen (6717).

Ranunculus sceleratus Linné **fossilis**
Abb. 26b; Taf. XVI, Fig. 9

1892 *Ranunculus sceleratus* L. — C. Reid, Quart. J. geol. Soc., **48**: 358.
1907a *Ranunculus sceleratus* L. — C. und E. M. Reid, Fl. of Tegelen: 15, t. 1, f. 5.

Früchte oval bis eiförmig im Umriß, schief, etwas zusammengedrückt, mit schmalem, wulstigem Saum um den größten Umfang, Seitenflächen mit sehr schwacher Querrunzelung, aber großen, zelligen Grübchen. Durchmesser 0,7—1,0 mm.

Bemerkungen: Eine Art mit gut kenntlichen Früchten. Gegenwärtig zirkumpolar auf der nördlichen Halbkugel verbreitet und bis in die Subtropen reichend (Reisfelder von Yunnan). Mit Land-, Seichtwasser- und Schwimmblattformen unbeständig an sumpfigen, schlammigen Ufern, Gräben und Teichrändern in einer Annuellen-Flur zusammen mit *Juncus*-, *Cyperus*-, *Rumex*-, *Polygonum*- und *Chenopodium*-Arten, oft auch mit *Ranunculus flammula* L. und *R. lingua* L.

Vorkommen: Miozän der Lausitz (Mai 1967); Pliozän vom Ural bis Westeuropa; Altpleistozän und europäische Interglaziale häufig (z. B. Weber 1917; Mania und Mai 1969).
Rippersroda (686, 801; Mai u. a. 1963); Kranichfeld (MfN, Berlin, Mai 1965, t. V, f. 20); Berga (5595); Nordhausen (4850).

Ranunculus sceleratoides Nikitin
Abb. 26a; Taf. XVI, Fig. 6

1948 *Ranunculus sceleratoides* Nikitin, Dokl. Akad. Nauk SSSR, **61**: 1104 (nomen nudum).
1951 *Ranunculus sceleratoides* Nikitin in Dorofeev, Bot. Ž. Akad. Nauk Ukrain. SSR, **8**: 35, t. 19.

Früchte fast kreisförmig im Umriß, schief, stark zusammengedrückt, mit breitem, abgeflachtem Saum um den größten Umfang, Seitenflächen mit sechs bis acht Querrunzeln. Durchmesser 0,9—1,4 mm.

Bemerkungen: Art, die *Ranunculus sceleratus* L. nahesteht, sich jedoch durch größere Früchte mit breitem Saum und eine stärker betonte Querrunzelung auszeichnet.

Vorkommen: Oligozän und Miozän Sibiriens und Miozän Osteuropas; Pliozän vom Ural bis in die Ukraine (Dorofeev 1974b); Vened (= Baku) der Unteren Kama (Goretzkij 1979). Lichvin-Interglaziale der Belorussischen und Litauischen SSR (Weliczkiewicz 1979; Rischkene 1979).
Kranichfeld (MfN, Berlin, Mai 1965); Kaltensundheim (9747).

Ranunculus acer Linné **fossilis**
Abb. 27

Früchte schief eiförmig, abgeflacht, aber mit konkaven Seiten, Saum schmal und oft abgerieben, Griffelrest kurz oder fehlend, terminal fast zentral stehend. Perikarp relativ dünn, Oberfläche grubig-punktat bis schräg faserstreifig; Größe von 2—2,5 mm.

Bemerkungen: Die Abgrenzung der Arten *R. acer* L. und *R. bulbosus* L. nach Früchten gestaltet sich sehr schwierig. *Ranunculus acer* L. hat etwas kleinere Früchte (stets unter 2,5 mm ohne Griffel) und feinere Oberflächenpunktation.

Die Art ist heute panholarktisch verbreitet und erreicht im Süden Südasien, Abessinien und das Kapland. Sie tritt häufig auf nassen Wiesen, an Gräben und in Gebüschen auf.

Vorkommen: Pliozän Osteuropas (Dorofeev); Pleistozän von Polen bis Westsibirien (Kac u. a. 1965).
Nordhausen (4877).

Ranunculus edenensis E. M. Reid
Taf. XVI, Fig. 7, 8

1920b *Ranunculus edenensis* Reid, Preglac. Fl. Castle Eden: 123; t. VIII, f. 16.

Früchte eiförmig, abgeflacht, ohne Saum oder Wulst am Rande, Spitze breit zugerundet, mit kurzem Rest des Griffels im subapikalen Bereich, dünnwandig, außen grubig struktuiert, mit innerer Schicht transversal angeordneter Fasern. Klein, zwischen 0,7 und 1 mm lang.

Bemerkungen: Von dieser kleinfrüchtigen Art lagen reiche Populationen aus dem Pliozän von Krościenko und Mizerna in Polen vor, die eine klare Trennung von *Ranunculus flammula* L. rechtfertigen.

Hauptunterschiede zu dieser Art sind die Kleinfrüchtigkeit und das wesentlich dünnere Perikarp bei der als ausgestorben anzusprechenden *Ranunculus edenensis* Reid.

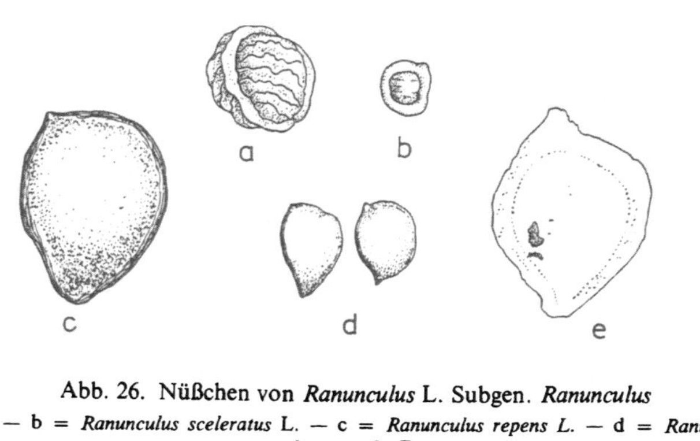

Abb. 26. Nüßchen von *Ranunculus* L. Subgen. *Ranunculus*
a = *Ranunculus sceleratoides* Nikit. — b = *Ranunculus sceleratus* L. — c = *Ranunculus repens* L. — d = *Ranunculus flammula* L. — e = *Ranunculus trachycarpoides* Dorof.

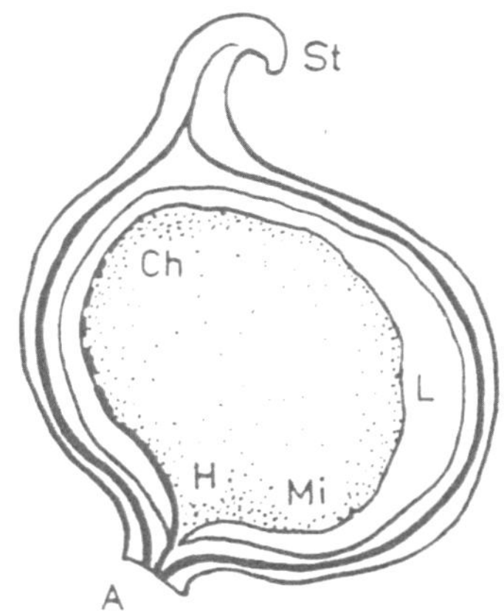

Abb. 27. Schema des Nüßchens von *Ranunculus* L. am Beispiel von *R. acer* L.
A — Anheftungsstelle an der Achse; Ch — Chalaza; H — Hilum; Mi — Mikropyle; St — Stylusrest; L — Loculum; dicke schwarze Linie — Verlauf der Leitbündel

Vorkommen: Miozän der Lausitz („*R. flammula* L." bei MAI 1967); Oberpliozän von Polen (7659; 7742); Altpleistozän von Großbritannien (REID 1920b).
Berga (5591).

Ranunculus flammula LINNÉ **fossilis**
Abb. 26d; Taf. XVI, Fig. 12, 13

1907b *Ranunculus flammula* L. — C. und E. M. REID, J. Linn. Soc., **38**: 211; t. 11, f. 5.

Früchte schief-verkehrt-eiförmig, mit breit zugerundeter Spitze, die etwa in der Mitte oder nach dorsal verschoben einen kurzen, stumpflichen Griffelrest zeigt, der aber auch völlig fehlen kann. Rand der Frucht ohne Saum oder Wulst, Oberfläche des relativ dickwandigen Perikarps in der äußersten Schicht mit großlumigen, derbwandigen Zellen, darunter eine dicke Faserschicht, die nach dem Abrieb der grubigen Struktur zutage tritt. Früchte stets über 1 mm lang, aber selten mehr als 1,5 mm [ssp. *reptans* (L.) SCHINZ. et THELL.].

Bemerkungen: Eine gut kenntliche Art nach Früchten. Heute mit Landformen, Schwimmblatt- und submersen Formen an Ufern, in Sümpfen und Mooren in ganz Eurasien verbreitet. Sehr ähnlich und wenig unterscheidbar sind die Früchte von *R. polyphyllus* WALDST. et KIT. (DOROFEEV 1964b).

Vorkommen: Oberpliozän (DOROFEEV 1974b) bis Jungpleistozän in Europa (STOLLER 1926; FIRBAS und GRAHMANN 1928).
Rippersroda (795, 797, „*Ranunculus lingua* L.", „*Pilea* cf. *pumila* A. GRAY" bei MAI u. a. 1963).

„Ranunculus lingua LINNÉ **fossilis"**

Nicht in Rippersroda (MAI u. a. 1963, t. III, f. 12, 13); vgl. *Ranunculus flammula* L. *fossilis.*

Ranunculus reidli SZAFER
Taf. XVI, Fig. 14—16

1947 *Ranunculus reidii* SZAFER, Fl. plioc. Krościenka: 98—99; t. IX, f. 1—5.

Früchtchen länglich bis rundlich-verkehrt-eiförmig, abgeflacht, mit Randsaum, ohne Stylus-Rest, 1,2—1,9 (2,1) mm lang, unregelmäßig mit wenigen bis vielen Warzen überstreut, Oberfläche punktat-grubig, Warzen selten abgerieben.

Bemerkungen: Früchte größer als bei der nahe verwandten Art *Ranunculus lateriflorus* DC. (Südeuropa, Kaukasien, Ostsibirien, Nordwestafrika). Von *R. nodiflorus* L. durch die zumeist reichlichere Tuberkulation leicht zu unterscheiden. Ähnlich auch mit *R. chius* DC. und *R. trachycarpus* FISCH. et C. A. MEY. (DOROFEEV 1974b).

Vorkommen: Obermiozän-Pliozän West- und Mitteleuropa; Pliozän der Grusinischen SSR (KOLAKOVSKIJ 1958).
Berga (5592).

Ranunculus repens LINNÉ **fossilis**
Abb. 26c; Taf. XVI, Fig. 20

1892 *Ranunculus repens* L. — C. REID, Quart. J. geol. Soc., **48**: 358.
1907b *Ranunculus repens* L. — C. und E. M. REID, J. Linn. Soc., **38**: 212; t. 11, f. 7.

Früchte breit-eiförmig, stark abgeflacht, mit gekieltem, dickwulstigem Saum, auf einer Seite der Frucht mit Furche, Griffel fast immer abgerieben, Oberfläche mit rundlich-vieleckigen Gruben bis 70 µm im Durchmesser, Perikarp dick und widerstandsfähig. Länge von 2—3,2 mm.

Bemerkungen: Durch ihre Form, den Charakter der Punktierung und die derbe Wand deutlich von den Früchten der *R. acer* L. und *R. bulbosus* L. zu trennen, allerdings oft schwer von den etwas größeren Früchten des *R. nemorosus* DC. (= *R. polyanthemos* L. s. l.) zu unterscheiden.

Heute ist die Art durch ganz Nordeurasien, von den Ebenen bis in die alpinen Regionen verbreitet. Sie besiedelt feuchte, periodisch überschwemmte Stellen auf Wiesen, an Ufern, in Sümpfen und Wäldern. Vermehrt sich reichlich durch wurzelnde Ausläufer.

Vorkommen: Pliozän Osteuropas (DOROFEEV 1974b); ab Altpleistozän vom Atlantik bis zum Ural, fossil oft genannt (z. B. WEBER 1919; SCHMIERER 1922; STOLLER 1926).
Berga (5594).

Ranunculus tanaiticus DOROFEEV
Taf. XVI, Fig. 17—19

1974c *Ranunculus tanaiticus* DOROFEEV in: Iskop. cvetkov. rasten. I: 105, t. 120, f. 2—5.

Früchte verkehrt-eiförmig, meist schmal, in der Hauptsache dicklich, zugespitzt oder zugerundet, mit dicklicher Griffelbasis, basal keilförmig abgestutzt, Randsaum dick, mit dünner Skulptur aus länglichen Strichelierungen oder Fasern, etwas auf die Seitenflächen übergreifend, Seitenflächen grubig-punktiert, mit großen, sechseckigen Grübchen, die fast gleichmäßig über die gesamten Seitenflächen verteilt sind, selten etwas großwarzig, 2,2—3,1 mm Länge, 1,3 bis 1,8 mm Breite.

Bemerkungen: Ähnliche Früchte besitzen die nordamerikanischen Arten *R. bloomeri* WATS. und *R. arcuatus* STELL., während die kaukasische *R. caucasicus* BIEB. nur noch geringere Ähnlichkeit zeigt (DOROFEEV 1974b). Auch *R. nemorosus* DC. und *R. languinosus* L. gehören entfernt in diese Artengruppe. Fossil wurde die Art bisher nur als *Ranunculus* sp. (DOROFEEV 1956a; NIKITIN 1957) abgebildet.

Vorkommen: Pliozän in der mittleren UdSSR, Kamagebiet, Dongebiet (DOROFEEV 1974b).
Berga (5594b); Kaltensundheim (9747).

Ranunculus trachycarpoides DOROFEEV
Abb. 26e; Taf. XVI, Fig. 21, 22

1977a *Ranunculus trachycarpoides* DOROFEEV, Fauna i flora Simbugino: 62; t. VII, f. 4—12.

Früchte schief-verkehrt-eiförmig, dicklich, basal keilförmig, schräg, apikal gerundet bis zugespitzt, mit hohem, dickem, stielartigem Griffelrest, der zur Ventralseite gerundet ist, Randsaum breit, am Rande zusammengedrückt bis gekielt, mit ovalen oder rechteckigen Zellen, die in Längsrichtung orientiert sind, Seitenflächen mit großen, netzförmigen Zellen, zerstreut auf der Oberfläche größere oder kleinere Warzen. 2—3 mm Länge, 1,5—2,5 mm Breite.

Bemerkungen: Eine durch einen bleibenden, dicken Griffel und breiten, gekielten Randsaum ausgezeichnete Art. Sie ist mit dem noch größerfrüchtigen *R. trachycarpus* FISCH. et C. A. MEY. (3,5—4 mm Länge, 2,9—3,3 mm Breite) vergleichbar. Diese Art kommt in Südosteuropa, Kleinasien und Kaukasien an feuchten, sumpfigen Stellen vor. In die Artengruppe gehören ferner *R. chius* DC. und *R. lomatocarpus* FISCH. et C. A. MEY. (DOROFEEV 1977a).

Vorkommen: Pliozän der Baškirischen ASSR (DOROFEEV 1977a).
Berga (5593).

Thalictrum LINNÉ

Gattung mit 150 Arten in den kälteren Regionen der Nordhemisphäre, wenige Arten in Südamerika und Südafrika, sehr viele Gebirgspflanzen. Mit *Thalictrum javanicum* BL. in Yunnan (1270 m), auf Sumatera, Jawa und Bali (1800 bis 3300 m) noch den tropischen Regenwald erreichend (KABANOV 1971; VAN STEENIS 1933—1937). Weitere Arten in den immergrünen Bergwäldern von Neuguinea (*Th. papuanum* RIDL.), Luzon (*Th. philippinensis* C. B. ROR.), Sikkim, Kumaon/Nepal, Kashmir (*Th. saniculaeforme* DC., *Th. javanicum* BL.) (VAN STEENIS 1933—1937; MEUSEL und SCHUBERT 1971). Andererseits bis in die Zwergbirken-Weiden-Gebüsche der Arktis (*Thalictrum alpinum* L.), die hochalpinen oder arktischen Moore (*Th. alpinum* L., *Th. polygamum* MÜHL.) oder die Waldsteppen der innerasiatischen Hochplateaus (*Th. petaloideum* L.) (GLEASON 1963; WANG 1961). Hohe Kräuter oder Stauden in Wäldern, Sümpfen, an Ufern, auf Wiesen oder Felsen.

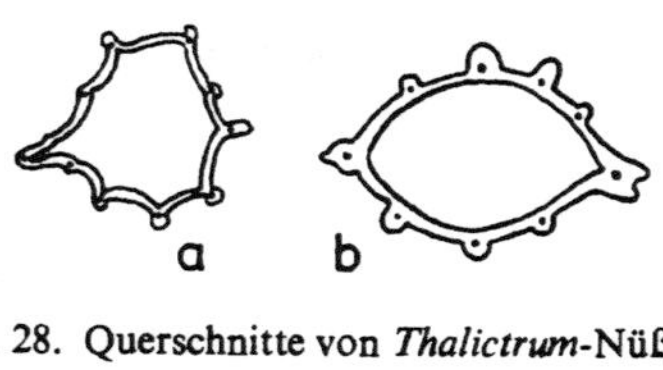

Abb. 28. Querschnitte von *Thalictrum*-Nüßchen
a) *Thalictrum simplex* L. — b) *Thalictrum minus* L. (nach KAC u. a. 1965)

Früchte einsamige, ovale, nicht oder wenig zusammengedrückte Nüßchen, die mit acht bis zwölf Längsrippen oder Adern versehen sind. Die Früchte der meisten Arten zeigen keine besonderen Verbreitungsmittel. Bei wenigen Arten sind die Früchte geflügelt und anemochor (z. B. *Th. aquilegifolium* L., *Th. contortum* L., *Th. jacquinianum* KOCH). Auf Grund der Vielgestaltigkeit der Früchte läßt sich die Gattung im fossilen Zustande artlich bestimmen.

Das Vorkommen der Gattung in Europa ist seit dem höheren Miozän durch die Früchte gesichert (DOROFEEV 1959b; SZAFER 1961, ŁANCUCKA-ŚRODONIOWA 1963, 1966). Pollenfunde belegen die Gattung bereits im unteren Miozän (KRUTZSCH persönliche Mitt.).

Artenbeschreibungen: C. REID 1892; C. und E. M. REID 1907a, b, 1915; CHANDLER 1921; NIKITIN 1957; DOROFEEV 1959b, 1963a, 1977a; KAC u. a. 1965.

Thalictrum minus LINNÉ **fossilis**
Abb. 28b; Taf. XVI, Fig. 25, 26

1921 *Thalictrum minus* L. — CHANDLER, Quart. J. geol. Soc. 77: 8.

Früchte oval, etwas gekrümmt, in fossilem Zustand zusammengedrückt, mit acht bis zwölf dünnen, wenig oder ungeflügelten Rippen, die nicht anastomosieren. Länge der Früchte 2,4—4,8 mm. Perikarp dünnwandig.

Bemerkungen: Die Früchte dieser Art sind leicht mit den dickwandigen Früchten von *Th. angustifolium* JACQ. (= *Th. lucidum* L.) und den scharfrippigen, im Mittel kleineren Früchten von *Th. simplex* L. zu verwechseln. Keine Unterscheidungsmerkmale ließen sich zu einigen nordamerikanischen und ostasiatischen *Thalictrum*-Arten finden. Was BAAS (1932, t. II, f. 31, 32) als *Thalictrum flavum* L. abbildet, scheint zu *Thalictrum minus* L. *foss.* zu gehören. Die Art ist heute auf Waldwiesen, Waldsäumen, in Trockengebüschen, auf steinigen Abhängen und in den Waldsteppen in Europa, Nordasien und Nordamerika verbreitet. Sie fehlt dem hohen Norden, reicht im Süden bis in den Himalaja und in das iranische Hochland. Sie ist äußerst vielgestaltig (210 Synonyme!).

Vorkommen: Fossil in Osteuropa im Obermiozän (DOROFEEV 1959b); Ost- und Mitteleuropa ab Pliozän (SZAFER 1947; DOROFEEV 1967). Im Altpleistozän auch Westeuropa (BAAS 1932); Glazialflora von Großbritannien (CHANDLER 1921).
Nordhausen (4932).

Thalictrum simplex LINNÉ **fossilis**
Abb. 28a; Taf. XVI, Fig. 23, 24

1907a *Thalictum bauhinii* CRANTZ. — C. und E. M. REID, Fl. of Tegelen: 15; t. I, f. 1.
1915 *Thalictrum simplex* var. *galioides* NEST. — C. und E. M. REID, Plioc. Fl. Dutch-Prussian Border: 92; t. VII, f. 38.

Früchte eiförmig eckig bis elliptisch, meist gerade in der Achse, mit acht bis elf scharfen Rippen, zwischen denen sich breite Zwischenräume befinden. Länge der Früchte bis 2 mm (selten 2,5 mm). Perikarp dünnwandig.

Bemerkungen: Eine scharfgerippte, kleinfrüchtige Art. Heute in Europa (nördlich bis Südskandinavien), Kaukasus, Sibirien (ohne Arktis), Mittelasien, Ostasien bis Nordostchina und Japan (Honshu und Kyushu). Einerseits auf nassen, zeitweise überschwemmten Sumpfwiesen, Auen, *Larix gmelini*-Swamp-Forests, Moorwiesen, andererseits auf trockenen Heiden, Magerrasen, steinigen Stellen oder in lichten Laubwäldern (WANG 1961).

Vorkommen: Pliozän in West- und Osteuropa (C. und E. M. REID 1915, DOROFEEV 1967); Tegelen (C. und E. M. REID 1907a); Pleistozän Osteuropas von der Belorussischen SSR bis zum Ural, Westsibirien (KAC u. a. 1965).

Berga (5596), Rippersroda [811, „cf. *Apium inundatum* (L.) RCHB." bei MAI u. a. 1963, S. 787]; Kaltensundheim (9728, 9735).

Lauraceae

Sassafras TREW

Je nach Auffassung der Autoren werden zwei bis vier Arten angegeben, die nach der ostasiatisch-nordamerikanischen Disjunktion verbreitet sind. Alle Arten sind laubwerfend und in der Blattform stark variabel (oval bis dreilappig).

Die einzige Art des nordamerikanischen Areals kommt von der Mississippi-Mündung bis in das Gebiet der kanadischen Seen vor (östliches Drittel von Texas, Michigan, Iowa, Missouri, Kansas, Arkansas). *Sassafras albidum* (NUTT.) NEES besiedelt als Baum oder Strauch die immergrünen Küsten-Eichenwälder im südöstlichen Nordamerika, weiter im Norden dann vorwiegend die Kiefern-Eichen-Wälder der Küste (BUELL und CANTLON 1950). Sie zeigt eine deutliche Neigung zur Besiedlung von Sekundärstandorten. In Texas häufig auf verlassenen Feldern, an Straßenrändern und Hecken (CORELL und JOHNSTON 1970). Wo die Art noch bestandbildend auftritt, sind als durchschnittliche Klimawerte mindestens plus 1,5 °C Januarmitteltemperatur, 12,9 °C Jahresmitteltemperatur und etwa 1000 mm Jahresniederschlag anzunehmen (nach ANDREÁNSZKY 1955a und LITTLE 1971). In China hat *Sassafras tzumu* HEMSLEY ein begrenztes Areal im nördlichen Teil des Lorbeerwaldgürtels (Evergreen Broadleaved Forests in Guangxi, Südhunan und Südwest-Guizhow) und in den Mixed Mesophytic Forests in Ost-Guizhow, Nord-Zhejiang und Nord-Jiangxi). Nicht selten wird diese Art in Sekundärgesellschaften genannt (WANG 1961). Aus dem Zentralgebirge von Taiwan wird *S. randaiense* (HAYATA) REHD. angegeben. Die Arten des ostasiatischen Teilareals sind thermophiler als die nordamerikanische Verwandte, die häufig (besonders Texas) als var. *molle* (RAF.) FERN. auftritt.

Aus dem europäischen Tertiär sind die charakteristischen dreilappigen Blätter der Gattung seit langer Zeit als *Sassafras ferretianum* MASSALONGO bekannt. Im oberen Miozän Europas nicht selten (vorwiegend Einzelfunde), reicht diese Art auf dem Balkan und im atlantisch beeinflußten Mitteleuropa (Willershausen am Harz/BRD; Berga) bis in das Pliozän. Im Alttertiär soll nach ANDREÁNSZKY (1955b) noch eine stärker makrotherme Artengruppe vorhanden sein, die später erlischt. Sie soll nicht den heutigen Arten *S. albidum* und *S. tzumu* angehören. Die ältesten Funde in Europa stammen aus dem Paläozän (JOHNSTON 1936). Im Obereozän kommt ein weiterer Formenkreis, *S. germanicum* HEER, *S. primigenia* SAPORTA vor, die anatomisch und morphologisch eine bestimmte Analogie zu der nordamerikanischen *S. albidum* zeigen, ohne daß von einer Übereinstimmung gesprochen werden kann (MAI und WALTHER 1985). Vermutlich handelt es sich dabei um einen gesonderten Formenkreis mit immergrünem Charakter (Textur der Laminae, Epidermisstruktur).

Aus dem Neogen Japans werden von TANAI (1961) *Sassafras subtriloba*, (KONNO) TANAI et ONOE sowie *Sassafras yabei* ENDO et OKUTSU angeführt, die teils Analogien zu *S. albidum*, teils zu *S. tzumu* zeigen sollen. Diese vom mittleren bis oberen Miozän nachgewiesenen Arten haben nur zum Teil Ähnlichkeiten mit den jungtertiären Formen Mitteleuropas.

Sassafras ferretianum MASSALONGO
Abb. 29; Taf. XXXIV, Fig. 12

1859 *Sassafras ferretianum* MASSALONGO und SCARABELLI, Stud. fl. foss. geol. strat. Senigal: 262, t. XII, f. 1—3.
1912 *Sassafras ferretianum* MASSAL. et SCARAB. — LAURENT, Fl. foss. schistes Menat: 44, 131, 133; f. 17.
1922 *Sassafras ferretianum* MASSAL. et SCARAB. — DEPAPE, Fl. plioc. Rhône: 174, t. IX, f. 12—16.
1933 *Sassafras ferretianum* MASSAL, et SCARAB. — MENZEL u. a., N. Pliozänfl. Niederlausitz: 21; t. 4, f. 12.
Synonymie:
1930 *Sassafras variifolium* NIL. — STRAUS, Jahrb. preuß. geol. Landesanst., **51**: 318, t. 41, f. 7—9; t. 45, f. 4.

Rest eines trinerven, dreilappigen Blatts. Basis fragmentarisch erhalten, desgleichen Mittellappen. Seitenlappen 6,4 cm lang, 1,5 cm breit. Spitze gerundet. Basalteil des Mittellappens schwach eingezogen, ganzrandig. Buchten zum Mittellappen gerundet, asymmetrisch. Primärnerven der Seitenlappen schließen mit dem des Mittellappens Winkel von 26—28° ein. Von Primärnerven führen mehr oder weniger dicht stehende Sekundärnerven leicht bogig bis fast rechtwinklig zum Blattrand, dort sich durch Schlingen verbindend (camptodrom). Tertiärnerven bilden ein unregelmäßiges grobes Maschennetz.

Bemerkungen: Nach der Häufigkeit der Belege muß *Sassafras ferretianum* MASSALONGO als Akzessorium in den meisten neogenen Floren gesehen werden (z. B. STRAUS 1930; MENZEL u. a. 1933). Morphologisch besteht Ähnlichkeit zu *S. albidum* (NUTT.) NEES, wie es auch von den meisten Autoren (s. o.) angeführt wird. Allerdings könnten sichere Merkmale der Epidermisstruktur, die bisher nur spärlich vorliegen (STRAUS 1930), die Annahme präzisieren. Deshalb sollte dem Artnamen MASSALONGOS der Vorrang gegeben werden.

Vorkommen: Europa bis westliche Sowjetunion Mittelmiozän bis jüngeres Pliozän. In der Kasachischen SSR (TAKHTAJAN u. a. 1974) vom Untereozän bis Mitteloligozän angegeben, desgleichen aus dem Oligozän Westsibiriens.

Berga: MMG, Dresden, Bg 398a, Bg 477 (Gegendruck).

Berberidaceae

Mahonia NUTTALL

110 Arten vom Himalaya über China, Japan bis Indonesien und Südindien; pazifisches Nordamerika und Mittelamerika, vor allem Mexiko. Immergrüne, niedrige bis hohe Sträucher in schattigen Laubwäldern, Koniferenwäldern, aber auch im Chaparral und auf Felsen. In Europa etwa 20 Arten in Gartenkultur.

Frucht eine Beere mit einem bis wenigen Samen, die in einem saftigen Mesokarp stehen. Samen anatop, an einer basalen Plazenta, eiförmig bis elliptisch, etwas gekrümmt, am unteren Ende schief abgestutzt und mit rundlichem Hilum, das

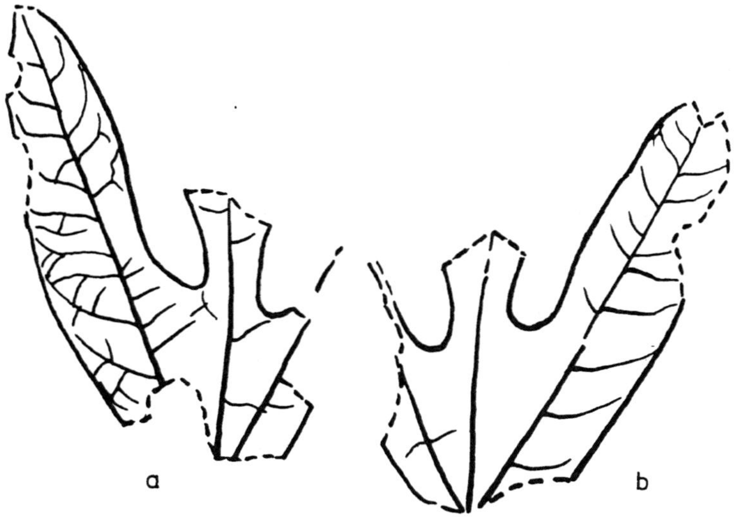

Abb. 29. *Sassafras ferretianum* MASSALONGO, Berga
a, b = Blattrest, Druck und Gegendruck (Bg 498a, 477)

von einem kragenartigen Wulst umgeben ist. Testa zumeist zellig-punktat und glänzend, zweischichtig. Raphe oft als gerade Kante.

Fossil in Europa nach Blattresten im Oligozän Frankreichs (SAPORTA 1865) und im Obermiozän des Schwarzmeergebiets (STEPHYRTZA 1971; KOLAKOVSKIJ 1960, 1964).

Mahonia staphyleaeforme nov. spec.
Taf. XVII, Fig. 13

Holotypus: Taf. XVII, Fig. 13 — Berga (Pliozän) — MMG, Dresden; Coll. MAI, Nr. 5549.

Diagnose: Samen schief-verkehrt-eiförmig, anatrop, basal eingekrümmt, mit großer, runder Hilumgrube, die von einem kragenartigen Wulst umgeben ist, Mikropyle als Wärzchen am oberen Rand der Hilumgrube, Raphe als stumpfe Kante, sich im zweiten Drittel des Samens verlierend; Testa dünn, zweischichtig, oberseits glänzend, zellig-punktat, längsstreifig, innen querstreifig, nicht glänzend. Länge 4,0—4,8 mm, Breite 2,3—2,7 mm, Dicke 2,0—2,1 mm.

Bemerkungen: Die Samen zeigen sehr klar Berberidaceen-Merkmale. Auffallend ist das kragenartig umwallte Hilum, das nur bei Vertretern der Gattungen *Mahonia* NUTT. und *Jeffersonia* BARTON in dieser Form auftritt. Die von SZAFER (1954) sowie KAC u. a. (1965) beschriebenen Samen von *Berberis* L. zeigen bei schlankerer Gestalt ein rundes, nicht umwalltes Hilum. Von allen verglichenen heutigen Arten (10) zeigten die Samen von *M. fremontii* (TORR.) FEDDE (Südnevada bis Niederkalifornien) die größte Ähnlichkeit mit den Fossilien. Ähnlich in der Größe und im Glanz der Oberfläche sind Samen von *M. aquifolium* (PURSH) NUTT. (pazifisches Nordamerika); einzelne Exemplare besitzen einen größeren Kragenwulst. Mit dieser Art verglich KOLAKOVSKIJ (1964) die Blattreste aus dem Pont Abchasiens.

Vorkommen: Pliozän im Elsaß (Coll. GEISSERT).
Berga (5549).

Berberis LINNÉ

„*Berberis vulgaris* L. *fossilis*"

Bei MAI u. a. 1963, S. 784, t. III, f. 14 keine Berberidaceae, sondern vgl. *Najas lanceolata* C. et E. M. REID.

Cercidiphyllaceae

Cercidiphyllum SIEBOLD et ZUCCARINI

Zwei Arten in einem kleinen Reliktareal in China und Japan. Bäume mit sommergrünen, gegenständigen, drüsig gezähnten Blättern. Waldbildende Bedeutung besonders in den Mixed Mesophytic Forests am oberen Changjiang, den *Castanea*-Zone-Forests von Zentralhonshu (WANG 1961; TANAI 1970), den Deciduous Broad-leaved Forests von Gansu und Shenxi oder den *Fagus crenata*-Forests von Honshu und Hokkaido, noch in den Montane-boreal Coniferous Forests von Xijang oder den borealen Wäldern von Hokkaido (WANG 1961; OHWI 1965). In Europa oft als schöner Zierbaum (Katsura-Baum) in Kultur, winterhart, aber empfindlich gegen starke Sommertrockenheit. Sehr lichtbedürftige Holzart.

Fruchtstand ein Polykarpium aus zwei bis sechs gestielten, gekrümmten Balgfrüchten, die nach außen (ventral) aufspringen. Samen sehr zahlreich, in zwei Reihen angeordnet, einseitswendig oder zweiseitig geflügelt, mit kleinem Samenkern, mit horniger, spiralstreifiger Testa.

Blätter grob- und feinmorphologisch sowie anatomisch gut bestimmbar (Areolen- und Randanalysen TANAI 1981, Epidermisstruktur JÄHNICHEN u. a. 1979). Fossil besonders durch gut kenntliche Blattreste in Europa und Japan belegt, trotzdem Fehlbestimmungen zu *Populus*, *Paliurus*, *Cocculus* und *Tetracentron* möglich (JÄHNICHEN u. a. 1979; TANAI 1981). Zunächst zwei Arten im Paläozän/Eozän der arktischen Gebiete und Japans, ab Oligozän mit einer anderen Art in Mittel- und Osteuropa.

Artenbeschreibungen: BROWN 1939; JÄHNICHEN u. a. 1979.

Cercidiphyllum crenatum (UNGER) BROWN
Abb. 30; Taf. XVIII, Fig. 1—4

1935 *Cercidiphyllum crenatum* (UNGER 1850) BROWN, J. Palaeont., **9**: 575.

Basionym: „*Dombeyopsis crenata*" UNGER 1850, Genera et spec. plant. foss.: 448.

Synonyma: siehe JÄHNICHEN, MAI und WALTHER 1979.

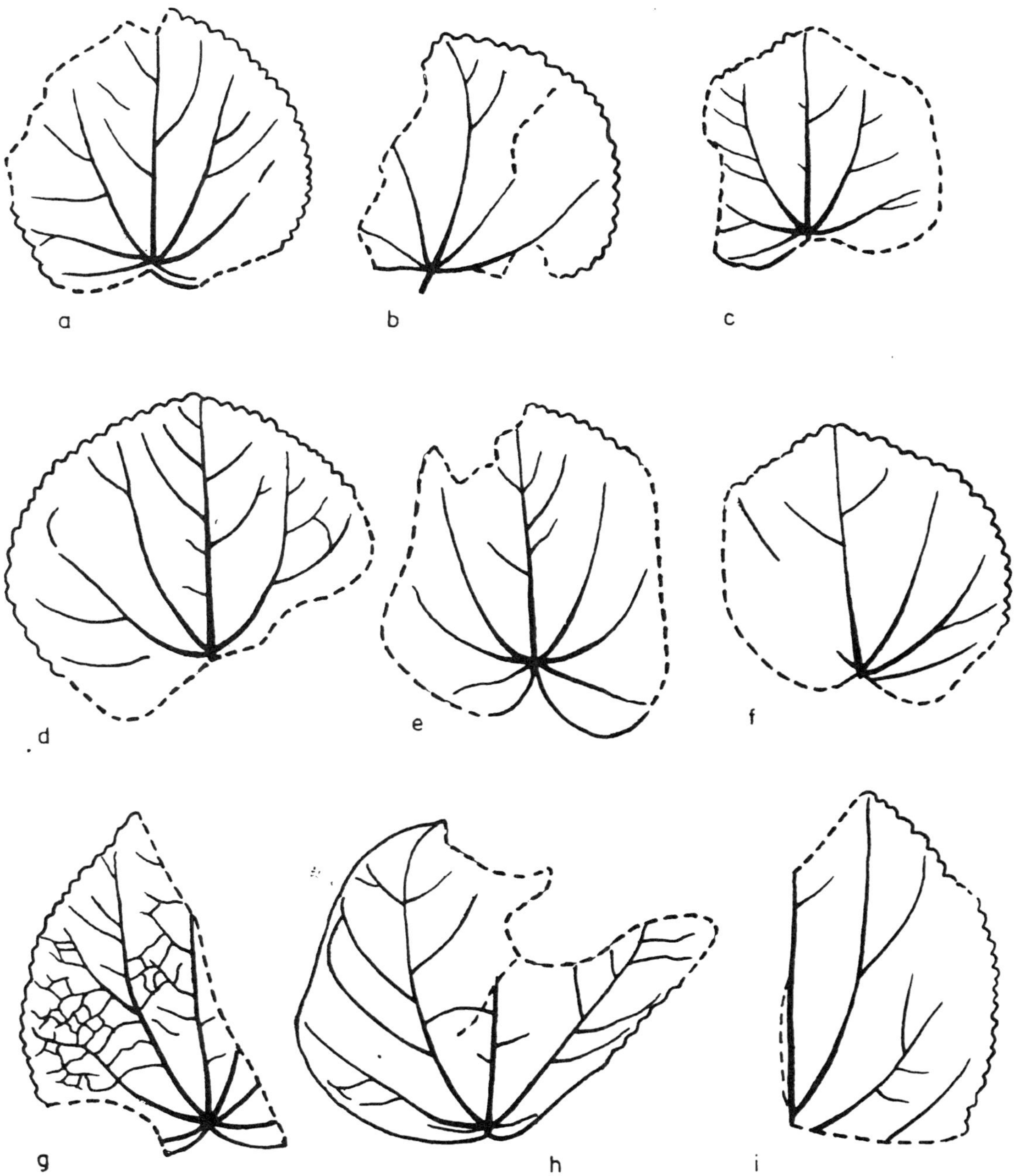

Abb. 30. *Cercidiphyllum crenatum* (UNG.) BROWN, Blätter aus Berga
a = Bg 431 a; b = Bg 101 a; c = Bg 180 b; d = Bg 138:1; e = Bg 175; f = Bg 46 a; g = Bg 499 a; h = Bg 87; i = Bg 26 a

Relativ häufig kommen Reste der charakteristischen Blätter besonders in der sandig-tonigen Fazies von Berga vor. Teilweise treten starke Verfaltungen derselben auf. Die Blätter sind überwiegend rundlich, 5,7 (4,1)—3 cm lang und 3,3 (4,2)—5,7 cm breit. Basis cordat bis tief cordat. Rand crenulat gezähnt, drüsig. Aktinodrom mit drei (fünf) sieben palmaten Primärnerven, Winkel zu mittlerem Primärnerv bis 120° (unterstes, verkürztes Paar), 40—88° (unteres Paar), 17 bis (25)—47° (medianes Paar) einschließend. Mittlerer Primärnerv wenig kräftiger als seitliche. Medianes Paar leicht bogig, dann mehr oder weniger parallel zu Mittelnerv verlaufend, untere Paare weit ausladend, den Basalteil des Blattes innervierend. Vom mittleren Primärnerv zweigen ab Laminamitte alternierend Sekundärnerven in Winkeln von 32—70° ab. Untere Paare bilden randseitig grobe Schlingen, in Randregion feinere (camptodrom). Von letzteren zarte, fast rechtwinklig abzweigende Ästchen in crenulate Blattzähne (weitere Details vgl. JÄHNICHEN u. a. 1979), beziehungsweise in die zum Teil erkennbaren kleinen rundlichen Drüsen, die leicht unterhalb der Blattspitze auftreten. Bei einzelnen Belegen ist das polygonale Netz der Tertiärnervatur nachweisbar. Areolen ca. 0,7—1,5 mm groß, in ihnen enden ein- bis zweimal verzweigende Nervillen (s. TANAI 1981). Blattlamina dünn, nur Fragmente der Epidermisstruktur der Blattunterseite nachweisbar. Zellen papillös, Stomata rundlich, 25 µm im Durchmesser, anomozytisch.

Bemerkungen: Auffallend ist die Häufigkeit der Belege in Berga. In den oligozän-miozänen Fundstellen (z. B.

TAKHTAJAN u. a. 1974; HUMMEL 1975: JÄHNICHEN u. a. 1979) tritt diese Art nur selten in den Floren auf. Trotz der mangelhaften Ergebnisse der blattanatomischen Untersuchungen vorliegender Belege stimmen diese völlig mit denen von JÄHNICHEN u. a. (1979) überein.

In Berga scheint *Cercidiphyllum crenatum* (UNG.) BROWN auf Grund seiner Häufigkeit eine wichtige Komponente der warm-temperierten Sommerlaubwälder vom Typ der Querceto-Fagetea zu sein.

Vorkommen: In Mittel- und Osteuropa (bis Nordkaukasien) vom höheren Mitteloligozän bis oberes Pliozän.

Berga MMG, Dresden: Bg 26a, Bg 39, Bg 46a, Bg 57a, Bg 59b, Bg 77a, Bg 79b, Bg 87, Bg 88, Bg 90:2b, Bg 101a, Bg 112, Bg 138:1:2, Bg 158, Bg 162, Bg 166b, Bg 175, Bg 176, Bg 178, Bg 180b, Bg 186b, Bg 240, Bg 290, Bg 322a, Bg 361a, b, Bg 362, Bg 365a, Bg 370, Bg 402b, Bg 404a, Bg 431a, Bg 468d, Bg 472a, Bg 480b, Bg 491a, Bg 497a, Bg 499a, c.

Präparate: MMG, Dresden: Bg 110/84 — Bg 112/84.

Cercidiphyllum helveticum (HEER) JÄHNICHEN, MAI et WALTHER
Taf. XVII, Fig. 8—12

1855 *Widdrngtonia helvetica* HEER pro parte, Fl. tert. Helv., **1**: 48; t. 16, f. 4, 5a; 6, 9, 11, 12.
1979 *Cercidiphyllum helveticum* JÄHNICHEN u. a., Blätter und Früchte europ. Tertiär: 371—372; t. VII, f. 1—15.

Balgfrüchte 10—18 mm lang, 3,0—5,5 mm breit, mit kurzem, dickem Stiel, Griffelrest als krummes Spitzchen, auf der etwas aufgeblähten Bauchseite entlang dem Leitbündelstrang aufspringend; Rückenseite mit starkem Nerv. Exokarp parenchymatisch, Endokrap derb, quergestreift, aus ungewöhnlich stark verdickten, spindelförmigen Zellen.

Bemerkungen: Die gut kenntlichen Balgfrüchte von *Cercidiphyllum* beschrieben als erste BROWN (1935) (Oeningen) und MÄDLER (1939) (Frankfurt/Main). Da sie mit *C. crenatum*-Blättern häufig in einer Schicht lagen, wurden sie mit diesen unter dem gleichen Namen vereinigt. Korrekte Nomenklatur und Synonymie stellten JÄHNICHEN u. a. (1979) zusammen.

Vergleichbar ist in allen Fällen *Cercidiphyllum japonicum* SIEB. et ZUCC. (Japan, Mittelchina).

Vorkommen: Oligozän und Untermiozän Nordböhmens, Obermiozän von Schwaben, Österreich, Polen, Pliozän Frankfurt (Main) (MÄDLER 1939), Ilnica/Transkarpaten (ILJINSKAJA 1968).
Berga (MfN, Berlin, 5503, JÄHNICHEN u. a. 1979, t. VII, f. 1—15).

Hamamelidaceae

Corylopsis SIEBOLD et ZUCCARINI

Gegenwärtig mit 25 Arten ausschließlich in Ostasien: China, Japan, randlicher Osthimalaja, Taiwan. Sträucher oder kleine Bäume, vorwiegend in Gebirgswäldern über 1000 m: Evergreen Broad-leaved Forests, Mixed Mesophytic Forests, seltener in Deciduous Broad-leaved Forests. Drei Arten in Mitteleuropa in Kultur, zum Teil nicht selten fruchtend, winterhart. In wärmeren Gebieten (Weinbauklima) auch anspruchsvolle Arten kultiviert.

Samen anatrop, länglich-zylindrisch; Hilum an der stumpflichen Basis, zweischenklig, deutlich asymmetrisch; mit verschieden langen und breiten Schenkeln auf beiden Seiten, nur ein Schenkel tief eingegraben, der andere als Hilarfazette ausgebildet; Testa schwarz glänzend oder weiß.

Fossil in Europa artenreich vertreten, vom Untereozän bis Oberpliozän sechs Arten.

Artenbeschreibungen: MÄDLER 1939; CHANDLER 1960b; DOROFEEV 1970; MAI und WALTHER 1985.

Corylopsis urselensis MÄDLER
Taf. XVII, Fig. 1—7

1939 *Corylopsis urselensis* MÄDLER, Abh. senckenb. naturforsch. Gesellsch., **446**: 103; t. 8, f. 26—28.

Samen klein, 2,8—4,3 mm lang, subovoid, im oberen Drittel um 2 mm breit, basal nahezu horizontal abgeschnitten, apikal stumpflich zugespitzt, mit breiter Hilarfazette und fast gleich breiter Hilumgrube auf der anderen Seite, 1/3 bis 1/2 der Länge des Samens, Testa dick, glänzend schwarz.

Bemerkungen: Die Samen dieser jungtertiären Art werden mit *Corylopsis willmottiae* REHD. et WILS. (Westsichuan/China) oder *C. himalayana* GRIFF. (Ostbengalen, Khasia, Bhutan, Manipur/Nordwestburma) verglichen.

Vorkommen: Miozän der Lausitz (MAI 1967). Pliozän des Maingebiets (MÄDLER 1939); Oberrheintal (GEISSERT 1972); Karpatenvorland (SZAFER 1947, 1954a).
Berga (5623); Gerstungen (6686).

Parrotia C. A. MEYER

Monotypisch (unter Einschluß von *Parrotiopsis* SCHNEIDER allerdings zwei Arten). Hartholzbaum von langsamem Wuchs, bis 30 m hoch werdend, vorwiegend aber als strauchiges Unterholz; Charakterart der Mixed Mesophytic Forests im Südkaspi-Gebiet, besonders im Talysch; im feuchtwarmen Tiefland häufig mit *Ficus hyrcana*, *Diospyros lotus*, *Albizzia julibrissin*, im Gebirge bis 500 m in Reinbeständen von schlankstämmigen, 8—10 m hohen Bäumen, oft von Epiphyten bewachsen. Wuchs und Belaubung ähnlich der Buche, aber Blattwechsel erst nach dem Winter im April.

Fossil nach Blattresten, Kapselfrüchten und Samen vom Mittelmiozän bis in das älteste Pleistozän in Mitteleuropa bekannt.

Parrotia pristina (ETTINGSHAUSEN) STUR
Abb. 31

Basionym: 1851 *Styrax pristinum* ETTINGSHAUSEN, Abh. geol. Reichsanst., **2**: 19; t. 3, f. 9.
1867 *Parrotia pristina* (ETTINGSHAUSEN) STUR, Jahrb. geol. Reichsanst., **17**: 192; t. 5, f. 2, 3

Artbeschreibungen und Synonyma: TRALAU (1963) KRYSHTOFOVICH und BAJKOVSKAJA (1965), ILJINSKAJA (1969), BŮŽEK (1971), KNOBLOCH und KVAČEK (1976).

Blätter ovat bis obovat, 4 cm lang und 3,2 cm breit. Spreite keilförmig bis gerundet, Spitze stumpf dreieckig bis leicht gerundet. Blattrand bis etwa Spreitenmitte glatt, dann unregelmäßig sinuat bis grob-buchtig gezähnt. Palminerv, die drei Primärnerven entspringen etwas unterhalb des Spreitengrundes am Blattstiel. Schließen mit mittlerem Primärnerv Winkel von 21°—34° ein. Meist steil nach dem apikalen Teil des Blattes führend. Weitere bis drei Sekundärnervenpaare in spitzen Winkeln leicht bogig zum Rande verlaufend, schlingenbildend (camptodrom?). Bei lateralen Primärnerven abaxiale Schlingenbildung angedeutet. Tertiärnerven fragmentarisch überliefert, bilden rechtwinklige bis leicht schräge Anastomosen.

Bemerkungen: Vorliegende Reste aus der sandig-toni-

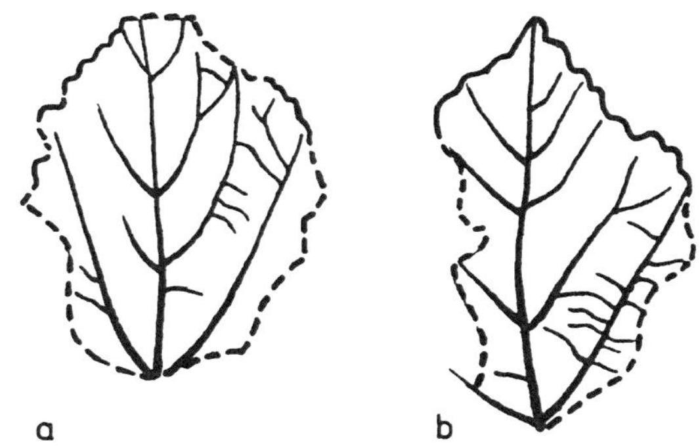

Abb. 31. *Parrotia pristina* (ETT.) STUR, Blattreste, Berga
a = Bg 440; b = Bg 502

gen Fazies von Berga lassen eine Zuordnung zu der blattmorphologisch variierenden, aus dem Unter- und Obermiozän häufig angeführten *Parrotia pristina* (ETT.) STUR zu. Ein rezenter Vergleich vorliegender Stücke von Gattungen mit analogen Blattformen wie *Hamamelis* L., *Parrotia* C. A. MEY. und *Fothergilla* MURR. führt zu keinem eindeutigen Ergebnis. Die Trennung der Gattungen *Parrotia* und *Fothergilla* allein nach blattmorphologischen Merkmalen scheint nicht lösbar (BŮŽEK 1971; KVAČEK 1964), wobei als eventuelles Merkmal besonders auf die unterschiedliche Blattstiellänge verwiesen wird (POP 1936). Die Trennung nach der Nervatur, wie MÄDLER (1939) und ILJINSKAJA (1959) es versuchen, ist wenig erfolgversprechend. Die Lösung von TRALAU (1963) muß als formal angesehen werden, indem er die rezente *P. persica* (DC.) C. A. MEY. als Vergleichsform auswählt, einem Beispiel, dem viele Autoren folgen. Diese Fragen können erst gelöst werden, wenn, wie BŮŽEK (1971) richtig vermerkt, Klarheit über die Typusart herrscht. KVAŽEK in KNOBLOCH und KVAČEK (1976) gelang der Nachweis der epidermalen Struktur von *Parrotia pristina* (ETT.) STUR. Eine Artabgrenzung ist danach nur mit den marsupiformen Domatien an der Verzweigungsstelle der Sekundärnerven der Blattunterseite möglich, die besonders für die Gattung *Parrotia* C. A. MEY. typisch sind. Die fossilen Blätter mit diesen Domatien werden von obengenannten Autoren als kleinblättrige Formen der Gattung *Parrotia* C. A. MEY. angesehen.

Vorkommen: Europa von Untermiozän bis Oberpliozän.
Berga, MMG, Dresden: Bg 70, Bg 440, Bg 502.

Altingiaceae

Liquidambar LINNÉ

Mit sechs Arten in Ostasien, Kleinasien und Mittel- bis Nordamerika. Im wesentlichen subtropische Verbreitung. Wichtige dominierende Bäume in Auenwäldern und Sekundärwäldern, daneben in Regen- und Sumpfwäldern vorkommend.

Klimatisch auf die subtropischen und warm-temperaten, humiden Gebiete beschränkt. Temperaturextreme in Nordamerika an der Arealgrenze von *L. styraciflua* L.: Januar −6 °C, Juli +20 °C, Jahresmittel plus 11 °C (HANTKE 1954). In Kultur in Europa verbreitet, baumförmig noch in Mitteleuropa, aber mit tauben Früchten (Halle, Wörlitz, Bremen), in Rom sehr reichlich fruchtend, aber auch dort Samen nicht keimfähig (HEER 1859). *Liquidambar orientalis* MILL. in Frankreich seit langem in Kultur und auch in einigen Gebieten Mitteleuropas akklimatisiert, aber empfindlicher als vorige Art.

Fossil in Europa bereits im Paläozän, dann bis zum Oligozän fehlend, von da an mit anderen Arten häufig bis in das
Artenbeschreibung (fol.): LAURENT und MARTY (1923); HANTKE (1954, 1966); MAKAROVA (1957); KNOBLOCH (1969);
ausgehende Pliozän. Über fossile Verbreitung und Geschichte vgl. DEPAPE (1921) und HARMS (1930).
WALTHER (1970); FERGUSON (1971); CHRISTENSEN (1976); KNOBLOCH und KVAČEK (1976); MAI und WALTHER (1978); HUMMEL (1983).

Liquidambar europaea A. BRAUN
Abb. 32

1836 *Liquidambar europaea* A. BRAUN in BUCKLAND, Geol. and Mineral.: 513.
Synonymie: (folia) s. KNOBLOCH 1969; MAI und WALTHER 1978.

Nur Fragmente von fünflappigen Blättern aus der tonigkohligen Fazies. Lappen in eine spitz dreieckige bis leicht abgesetzte Spitze auslaufend. Rand fein gesägt. Zähne spitz, in längliche bis rundliche Drüsen endend. Primärnerven der Blattlappen bis in deren Spitze führend. Sekundärnerven semicraspedodrom, leicht alternierend bis opponierend in spitzen Winkeln abzweigend, leicht bogig zum Rande führend. Durch Schlingen miteinander verbunden, an diesen schließen sich kleinere Bögen an, von denen feine Äste in die Zähne führen. Tertiär- und Quartärnervatur bildet ein unregelmäßig dichtes, polygonales Netzwerk mit nicht scharf begrenzten Feldern. Mehrfache Verzweigungen typisch. Blattlamina kräftig, besonders Randregion (relativ starke Abdrücke der Randregion im Sediment).

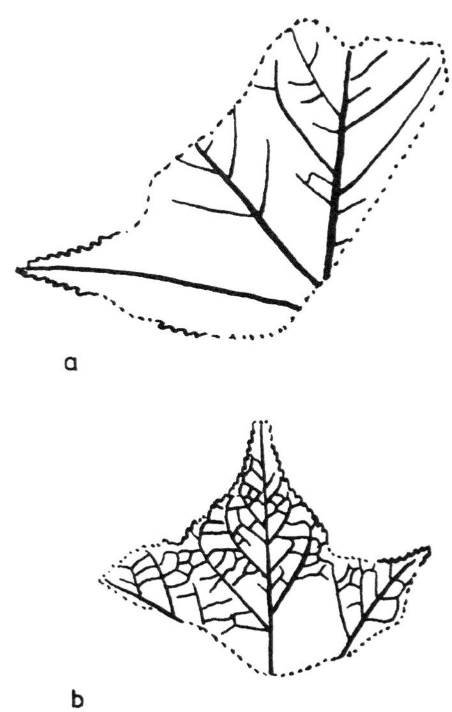

Abb. 32. *Liquidambar europaea* A. BRAUN, Blattreste, Berga
a = Bg 267; b = Bg 299c

Bemerkungen: *Liquidambar europaea* A. BR. kommt in Berga nur sehr selten vor. Meist liegen nur Reste mittlerer und kleinerer Blätter vor. Nach der Morphologie und Feinnervatur bestehen gewisse Übereinstimmungen zu den rezenten *L. styraciflua* L. und *L. orientalis* MILL. (s. LAURENT und MARTY 1923; HUMMEL 1983). Eindeutigere Ergebnisse können nur mit Hilfe der Struktur der Unterepidermis erreicht werden (WALTHER 1970; FERGUSON 1971; CHRISTENSEN 1976; KNOBLOCH und KVAČEK 1976; MAI und WALTHER 1978). In den Pliozänfloren werden von DEPAPE (1922), LAURENT und MARTY (1923), STEFFANOV und JORDANOFF (1935), POP (1936), KILPPER (1959), ZASTAWNIAK (1972), HUMMEL (1983) unterschiedliche Häufigkeiten an Blattfunden angegeben. Es hat den Anschein, daß diese vom Oberoligozän bis Unterpliozän in den Floren häufiger vorkommende Art im höheren Pliozän (z. B. HUMMEL 1983) nur noch als Akzessorium auftritt.

Vorkommen: In Europa tiefes Mitteloligozän bis ausgehendes Pliozän. Bisher ältester Nachweis aus Mitteloligozän (MAI und WALTHER 1978), größte Häufigkeit im Oberoligozän bis Unterpliozän.
Berga MMG, Dresden: Bg 11 b, Bg 205, Bg 267, Bg 289a, Bg 299c.

Platanaceae

Platanus LINNÉ

Gegenwärtig mit zehn Arten in wärmeren Teilen der Nordhemisphäre: sieben Arten in Mexiko, eine Art atlantisches Nordamerika, ein (bis zwei) Arten östliches Südeuropa bis Kashmir, eine Art Laos und Vietnam. Südlich bis in tropisch-subtropische Gebiete von Guatemala (*Pl. chiapensis* STANDL.) oder Laos (*Pl. kerrii* GAGNEP.), nördlich bis in das Gebiet der Großen Seen/Kanada (*Pl. occidentalis* L.). Hohe Bäume, besonders in Auen- und Galeriewäldern, in Flußauen, auf Alluvionen, Schotterterrassen und wasserzügigen Böden.

Fossil in Europa nach Resten der Sammelfrüchte und Blätter von der Oberkreide (Cenoman) bis in das Pliozän, auch nach Hölzern (*Platanoxylon*); mindestens vier Arten nach Früchten. Heute eine Art in Südosteuropa (*Pl. orientalis* L.) als tertiäres Relikt.

Artenbeschreibung (fol.) (Auswahl): HEER (1856, 1859); HANTKE (1954); KNOBLOCH (1964, 1969); DEPAPE (1922); ILJINSKAJA (1968); BŮŽEK u. a. (1967)

Platanus cf. **platanifolia** (ETTINGSHAUSEN) KNOBLOCH
Abb. 33

Basionym: 1851 *Cissus platanifolia* ETTINGSHAUSEN, Abh. geol. Reichsanst., 2: 20; t. 4, f. 1.

1964 *Platanus platanifolia* (ETT.) KNOBLOCH, N. Jahrb. Geol. u. Paläont., Monatsber., (10): 601.

1969 *Platanus platanifolia* (ETT.) KNOBLOCH, Tert. Fl. Mähren: 97; Abb. 219—236; t. 46, f. 2; t. 47, f. 1—8; t. 48, f. 1—5; t. 49, f. 1—5; t. 72, f. 6; 5. 74, f. 2; t. 75, f. 7.

Es liegen nur Blattfragmente vor (sandig-tonige Fazies). Basalteil eines gelappten (drei- bis fünflappigen) Blattes, laterale Lappennerven pedat verzweigt. Unvollständiger Blattrest (Lappen nicht erkennbar), Rand mit großen, dreieckigen, hakenförmigen Zähnen mit leicht apikal gerichteten Spitzen. Tertiärnerven bilden schief oder senkrecht sich verbindende Anastomosen.

Bemerkungen: Die wenigen Merkmale erlauben eine

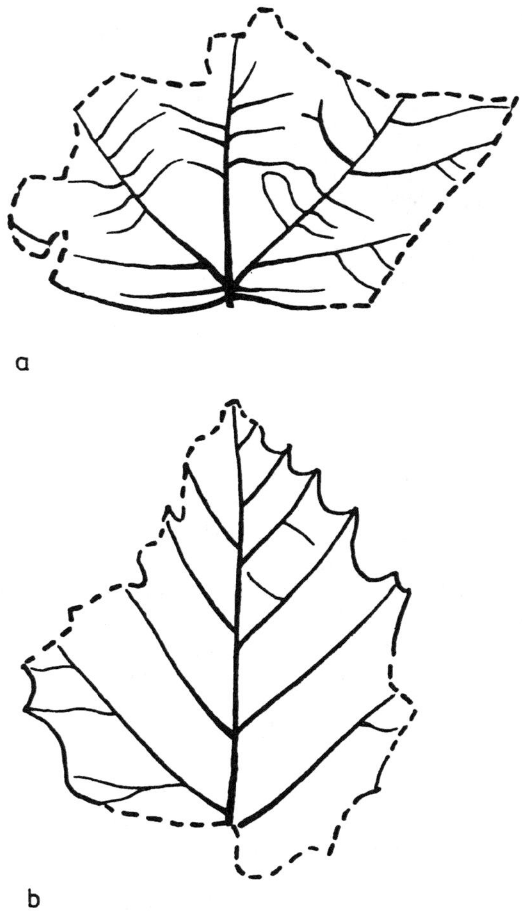

Abb. 33. Blattreste von *Platanus* cf. *platanifolia* (ETT.) KNOBLOCH, Berga
a = Bg 74; b = Bg 156

Zuordnung zu *Platanus* L. Größte Ähnlichkeit besteht mit den stark variierenden Blättern von *Platanus platanifolia* (ETT.) KNOBL., wie sie KNOBLOCH (1969) aus dem Obermiozän Mährens beschreibt und abbildet. Eine sichere artliche Einstufung ist nicht möglich.

Vorkommen: In Europa vom Mittelmiozän bis Oberpliozän. KNOBLOCH (1969) vermutet eine Verbreitung über die gesamte Nordhalbkugel.
Berga: MMG, Dresden, Bg 74, Bg 156, Bg 160a, Bg 448a (?).

Ulmaceae

Celtis LINNÉ

Mit 80 Arten nordhemisphärisch in den gemäßigten, aber auch subtropischen bis tropischen Gebieten verbreitet. Splitterareal in Südafrika. Sommergrüne Bäume oder Sträucher von unterschiedlicher Wuchshöhe. In den Tropen dazu noch sehr viele immergrüne Arten. Blätter charakteristisch, am Grunde dreinervig, ganzrandig oder gesägt. In Südeuropa *Celtis australis* L. mit Areal südlich bis Nordafrika, Mediterrangebiet bis Westasien mit Ausläufern bis Kashmir. Charakteristischer Bestandteil von Vorwaldgesellschaften. In Mitteleuropa selten angepflanzt, häufig unter Spätfrösten leidend.

Artenkonzentration im südlichen bis südöstlichen Teil der

USA. Weiteres Artenzentrum in Zentralchina mit Ausläufern bis zur Halbinsel Korea und bis Japan.

Fossil mit mehreren Arten, die von den meisten Autoren unterschiedlich weit gefaßt werden, in Europa ab Oligozän (fol.) sicher nachgewiesen.

Artenbeschreibung: (Auswahl) (fol.): GOEPPERT (1855); KNOBLOCH (1961); RÜFFLE (1963); KRYSHTOFOVICH und BAJKOVSKAJA (1965); BŮŽEK (1972); ZHILIN (1974), TAKHTAJAN u. a. (1982); HUMMEL (1983).

Celtis spec.
Abb. 34

Blattrest oval, gestielt, Stiel kräftig, 0,75 mm lang, Basis gerundet, wie Blattspreite stark asymmetrisch, spitz in den Stiel übergehend. Blatt 4,2 cm (5 cm) lang und 3,7 cm breit, größte Breite in Basalregion. Rand scharf gesägt (uniserrat). Zähne mit apikalwärts gerichteten Spitzen. Primärnerv und die unmittelbar mit ihm aus dem Blattstiel entspringenden lateralen Nerven gleich stark. Letztere Winkel mit Primärnerv von 24° einschließend, steil zum Apex führend. Nachfolgendes Sekundärnervenpaar leicht alternierend in Winkel von 22° abzweigend, semicraspedodrom. Von Basalnerven (je nach Blattspreiten-Seite) Sekundärnerven in spitzen bis fast rechten Winkeln abzweigend, mit diesen große randnahe Schlingen bildend. Von diesen zweigen kurze Äste in die Zahnspitzen und zum Teil auch in die Buchten. Tertiärnerven bilden ein lockeres Maschennetz sich häufig gabelnder Anastomosen.

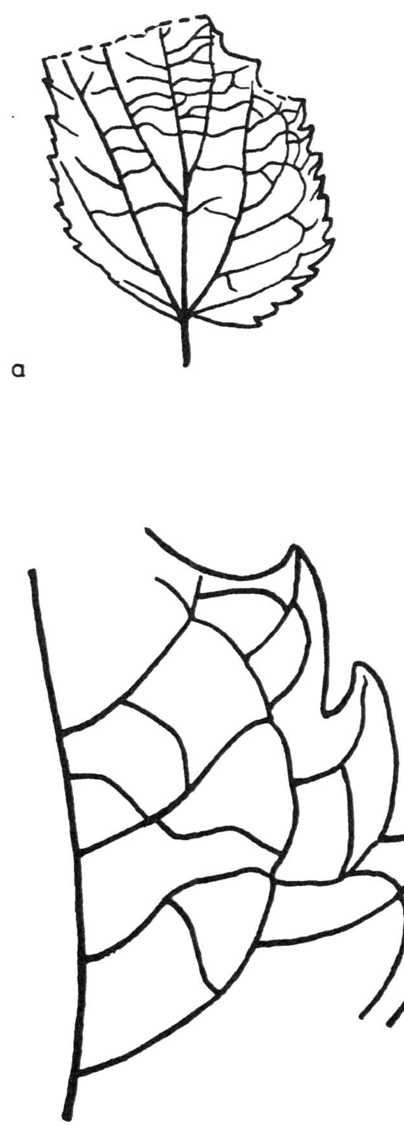

Abb. 34. *Celtis* sp., Berga Bg 157:1
a = Blattrest; b = Randstruktur. Vergr. 8fach

Bemerkungen: Vorliegender Blattrest gehört nach Morphologie, Nervatur und Randzähnung zu *Celtis* L. Zu der ab oberem Miozän häufigeren *Celtis begonoides* GOEPPERT bestehen Abweichungen hinsichtlich der gröberen Randzähnung und der stärkeren Asymmetrie der Spreite. Bei RÜFFLE (1964) treten gleichfalls grobzähnige Formen auf, die zu *C. begonoides* gestellt werden. ZHILIN (1974) weist Blätter mit starker Asymmetrie als *Celtis japetii* UNGER nach, die aber in der kleineren Randzähnung von unserer Form abweichen. Grobzähnige *Celtis*-Blätter werden auch von STOJANOFF und STEFANOFF (1929) angeführt und mit den rezenten *C. caucasica* WILLD. und *C. occidentalis* L. verglichen. Vorliegender Einzelfund läßt eine Arteinordnung nicht zu. Die etwas am Stiel herablaufende Basis, die starke Asymmetrie und die grobe Randzähnung zeigen größte Analogie zu der in Kleinasien, Kaukasus und Afghanistan vorkommenden *Celtis caucasica* WILLD.

Vorkommen: In Europa sichere Blattreste vom Oligozän bis Oberpliozän.
Berga: MMG, Dresden, Bg 157:1, 2.

Ulmus LINNÉ

18 Arten, davon 12 Arten in China, sieben Arten in Mexiko, sechs Arten in Südostasien und Vorderindien, isoliert auf Sumatera bei 1000—2000 m ü. NN (BADER 1960); Südgrenze in Panama bei 2700 m ü. NN durch *U. mexicana* PLANCH. Nordgrenze in Amerika in Manitoba und Neufundland/ Kanada (*U. americana* L.), in Europa in Mittelnorwegen (*U. glabra* HUDS.) und am Onegasee (*U. laevis* PALL.), in Ostasien in Ostsibirien, Sachalin und Südkurilen (*U. propinqua* KOIDZ.). Laubwerfende oder halbimmergrüne Bäume und Sträucher. Von den Nadel-Laub-Mischwäldern der borealen Zone bis in lorbeerwaldartige Gebirgsregenwälder in den Tropen Mittelamerikas und Südostasiens, besonders wichtig aber in Auen-, Galerie- und Sekundärwäldern, hier weit in kontinentale Gebiete vordringend, vorausgesetzt, daß die benötigte Bodenfeuchtigkeit vorhanden ist. Klimageographisch sehr indifferent.

Fossil nach Blättern bereits im Paläozän in Europa. Sichere Ulmenfrüchte kennt man in Europa seit dem Unteroligozän (*U. primaeva* SAPORTA). Fossil bisher nur die Flügelfrüchte, nie jedoch einzelne Endokarpien gefunden. Auch Pollen sind für den Nachweis der Gattung geeignet.

Artenbeschreibungen (Auswahl): UNGER 1847; GÖPPERT 1855; HEER 1856; GAUDIN 1858; SAPORTA 1863, 1872, 1881, 1888; STANDFEST 1891; GRUBOV in KRYSHTOFOVICH u. a. 1956; TAKHTAJAN u. a. 1982; HUMMEL 1983.

Ulmus cf. **carpinoides** GOEPPERT
Abb. 35a—f; Taf. XVIII, Fig. 9

Lectotypus: 1855 *Ulmus carpinoides* GOEPPERT, Tert. Fl. Schossnitz: 28; t. 13, f. 6.

Synonyma und Beschreibung: REIMANN in KRÄUSEL (1919), ILJINSKAJA (1968), TAKHTAJAN u. a. (1982).

Blätter oblong-ovat, schmal ovat bis obovat. Basis breitkeilförmig bis gerundet, Basis und Lamina schwach asymmetrisch. Spitze breit dreieckig, zum Teil abgesetzt erscheinend. Rand gezähnt, biserrat, kleinere Blätter uniserrat. Zähne allgemein stumpf, Spitzen schwach apikalwärts gebogen, Nebenzähne klein, mehr oder weniger spitz. Buchten spitz bis gerundet. Primärnerv kräftig, Sekundärnerven straff, bis etwa 13 Paar, unterschiedlich stark alternierend bis opponierend, craspedodrom. Mit Primärnerv Winkel von 26°—60° einschließend, gerade zum Rande führend. Gabelungen der Sekundärnerven selten, teilweise bei schwach subcordaten Blättern in Basisregion häufiger. Sekundärnerven bzw. deren Äste innervieren Haupt- und Nebenzähne, teilweise die Zahnbuchten. Blattlamina kräftig.

Bemerkungen: Aus der sandig-tonigen Fazies von Berga liegen nur Fragmente von Blättern vor. Nach der Randzähnung und Sekundärnervatur besteht größte Analogie zu *U. carpinoides* GOEPPERT. KNOBLOCH und KVAČEK (1976) weisen mit Recht auf die noch nicht gesicherte Abgrenzung dieser Fossilart hin. Einerseits ist die Form zu weit gefaßt (MENZEL 1906) — unter seinen Niederlausitzer Blättern befinden sich auch typische von *Ulmus ruszovensis* HUMMEL (1983) — andererseits sind schwer einordenbare „Zwischenformen“ zu *Ulmus pyramidalis* GOEPPERT bei den meisten Autoren unberücksichtigt geblieben (TAKHTAJAN u. a. 1982). Auch kutikularanalytische Untersuchungen (z. B. HUMMEL 1983) haben bisher wenig brauchbare Merkmalskomplexe ergeben. Meist fehlen eingehende Blattrand- und Areolen-Analysen. Ursachen dafür sind in dem fast immer sehr mangelhaften Überlieferungszustand derartiger Blattfossilien zu suchen. Auch über den Umfang und die Synonymik dieser Art sind unterschiedliche Auffassungen vorhanden (KNOBLOCH 1969; TAKHTAJAN u. a. 1982). So gehört ein von DEPAPE (1922) als *Ulmus braunii* HEER beschriebenes kleines Blatt zum Formenkreis von *U. carpinoides*. Wie es sich mit den unter gleichem Namen beschriebenen Blättern aus dem höheren Mitteloligozän von Seifhennersdorf (MAI 1963) verhält, steht noch offen. LAURENT und MARTY (1923), STOJANOFF und STEFANOFF (1929), STEFANOFF und JORDANOFF (1935) sowie KILPPER (1959) beschreiben ähnliche Blätter als *Ulmus campestris* WILLD. KILPPER fügt noch in Klammern *Ulmus carpinoides* GOEPPERT hinzu. Bei diesem Beleg besteht auf Grund der Randausbildung und starken Asymmetrie der Basis tatsächlich Übereinstimmung zur rezenten Art (KILPPER 1959, Taf. 1, Fig. 11). *Ulmus carpinoides* GOEPP. wird teils mit der rezenten *U. carpinifolia* GLEDITSCH (*U. campestre* L.) — MENZEL (1906) ex parte, DEPAPE (1922), ILJINSKAJA (1965) verglichen, wobei auf die große Variabilität der Blätter dieser Sippe, abhängig von der Stellung an den Zweigen, verwiesen wird — andererseits bestehen Analogien zu Vertretern der Section *Blepharocarpus* DUMORT., wie *U. laevis* PALL. und *Ulmus americana* L. Eingehende Studien an rezentem Herbarmaterial weisen hinsichtlich der Randzähnung und Blattnervatur bestimmte Ähnlichkeiten auf. Von Übereinstimmung zu einer der vorgenannten Arten kann nicht gesprochen werden. Eine eingehende Studie dieser wichtigen fossilen Sippe wird von WALTHER und ZASTAWNIAK im Rahmen der Revision der Flora von Sośnica (Schoßnitz) vorbereitet.

Vorkommen: In Europa sicher ab unterem Miozän bis Oberpliozän. Eventuell Vorläufer schon in den Diatomiten des höheren Mitteloligozäns von Seifhennersdorf (MAI 1963), wenn *Ulmus braunii* HEER in den Formenkreis von *U. carpinifolia* GOEPP. mit einbezogen wird. Aus der UdSSR bereits aus dem Oligozän Westsibiriens und der Kasachischen SSR nachgewiesen.

Berga: MMG, Dresden, Bg 45; Bg 83:1:2, Bg 92, Bg 93, Bg 106, Bg 110a, Bg 165b, Bg 177, Bg 348, Bg 350, Bg 397b.

Ulmus pyramidalis GOEPPERT

Abb. 35g—k; Taf. XVIII, Fig. 10, 11

Lectotypus: 1855 *Ulmus pyramidalis* GOEPPERT, Tert. Fl. Schossnitz: 29; t. 13, f. 10.

Synonyma und Beschreibung: REIMANN in KRÄUSEL (1919); HANTKE (1954); KRYSHTOFOVICH und BAJKOVSKAJA (1965); KNOBLOCH (1949); BŮŽEK (1971); TAKHTAJAN u. a. (1982).

Blätter ovat bis schmal-ovat. Spitze lang zugespitzt. Basis gerundet-keilförmig, in seltenen Fällen schwach subcordat, leicht asymmetrisch. Blätter bis 12 cm lang und 4 cm breit. Rand gezähnt, biserrat, Apikalteil häufig uniserrat, teilweise auch zwei Nebenzähne je Hauptzahn. Zähne spitzer, etwas dichter als bei *U. carpinoides* GOEPP. stehend, leicht apikalwärts gebogen. Primärnerv kräftig, Sekundärnerven zahlreich (bis 22 Paare), engstehend, dabei teilweise in ungleichen Abständen, straff, craspedodrom. Gabelungen selten, zumeist in Randnähe. Sekundärnerven bilden mit Primärnerv Winkel von 67°—32°. Sekundärnerven oder deren Gabeläste führen in die Blattzähne. Weitere Einzelheiten der Rand- und Nervaturstruktur nicht erkennbar. Blattlamina erscheint etwas zarter als bei *U. carpinoides* GOEPP.

Bemerkungen: Trotz des schlechten Erhaltungszustands der Blattreste entsprechen diese den wesentlichen Merkmalen von *Ulmus pyramidalis* GOEPPERT. Als diese müssen die hohe Anzahl Sekundärnerven und die langzugespitzte Blattspitze gewertet werden (s. auch TAKHTAJAN u. a. 1982). Auffallend für die Blätter aus Berga ist ihre Größe, die eine gesonderte taxionomische Unterteilung nicht rechtfertigt. Derart große Blätter werden auch von der obermiozänen Flora der Schrotzburg (HANTKE 1954) angegeben. Diese Art wird besonders häufig aus obermiozänen und zum Teil aus unterpliozänen Floren genannt (z. B. MÄDLER 1939; ILJINSKAJA 1968; HANTKE 1954), während sie in oberpliozänen Floren seltener zu sein scheint. Der Rezentvergleich ist ähnlich wie bei *U. carpinifolia* GOEPP. problematisch. REIMANN in KRÄUSEL (1919) führt als analoge Arten *Ulmus americana* L. und *U. alata* MICHX., MÄDLER dazu noch die chinesischen Arten *U. lancifolia* ROXB. und *U. castaneifolia* HEMSL. an. BŮŽEK (1972) sieht in den amerikanischen *U. americana* und *U. alata* MICHX. bestimmte Analogien zu den rezenten Blättern. Auch der Vergleich mit *U. carpinifolia* GLED. (*U. campestre* L.) fehlt nicht — HANTKE (1954), JUNG (1963). BERGER (1958), SZAFER (1961) und KORNILOVA (1960) sehen dagegen eher Beziehungen zur nordamerikanischen *U. alata* MICHX. sowie zu den Ostasiaten wie *U. lancifolia* ROXB. und *U. parvifolia* JACQ. Umfangreiche Rezentstudien führen leider zu keinem eindeutigen Ergebnis.

Vorkommen: In Europa ab Untermiozän bis Oberpliozän.

Berga: MMG, Dresden, Bg 18, Bg 99b, Bg 116a, Bg 405a, Bg 419a, Bg 481a, Bg 484b, Bg 488b, Bg 493c, Bg 504c.

Zelkova SPACH

Sechs Arten in Ostasien, Transkaukasien und auf Kreta, davon vier als typische Elemente der südostchinesischen Florenprovinz; in Europa nur Relikt (*Z. cretica* SPACH =

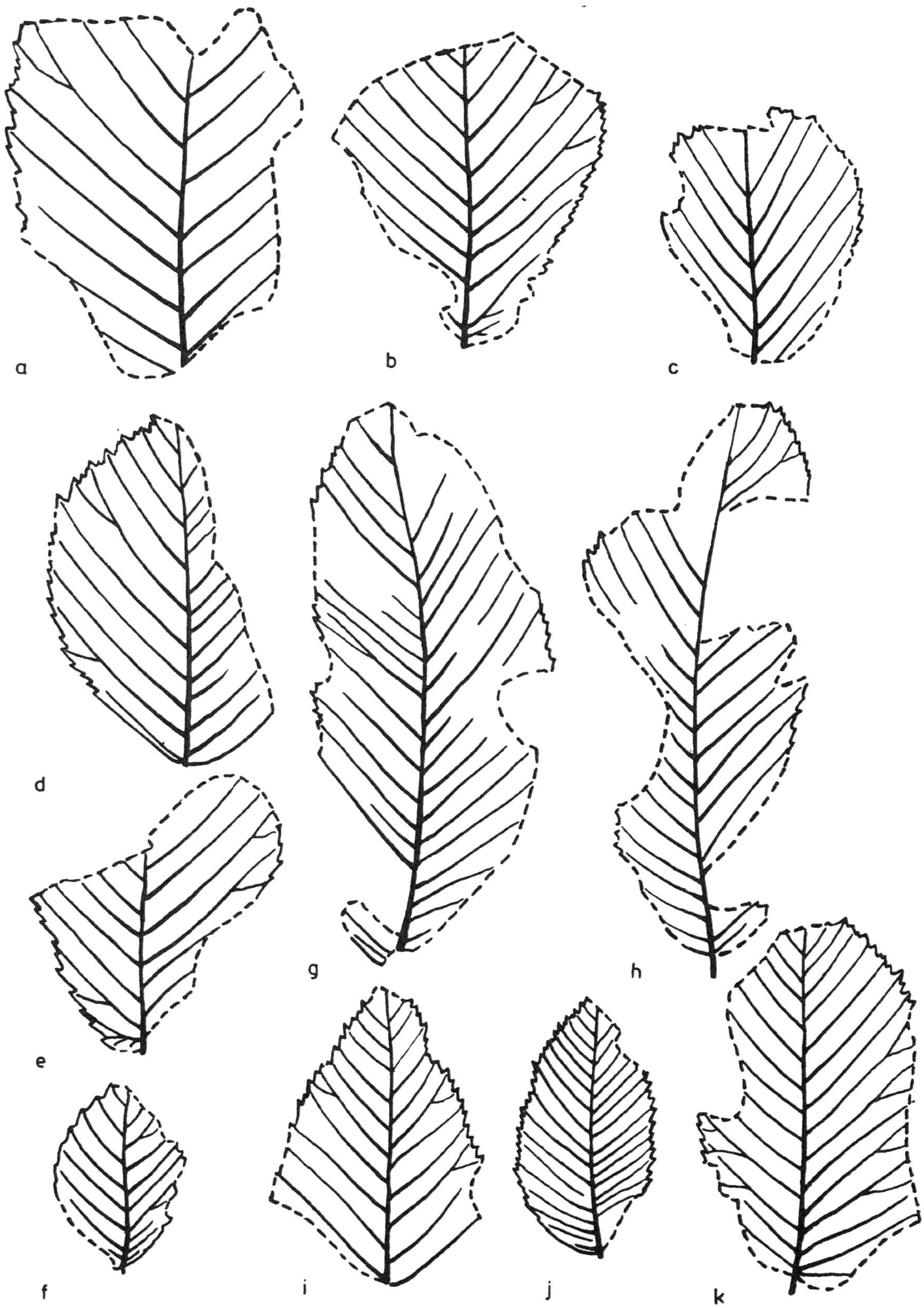

Abb. 35. *Ulmus carpinoides* GOEPPERT, Blattreste, Berga
a = Bg 110a; b = Bg 106; c = Bg 165b; d = Bg 45; e = Bg 92; f = Bg 83:1
Ulmus pyramidalis GOEPPERT, Blattreste, Berga
g = Bg 18; h = Bg 116g; i = Bg 419a; j = Bg 99b; k = Bg 488b

Z. abelicea Boiss.). Sommergrüne Bäume und Sträucher, vorwiegend in Mixed Mesophytic Forests oder in Sommerlaubwäldern, auf Kreta in subxerophilen Gebüschen. In Mitteleuropa zwei Arten in Kultur, aber Früchte meistens ohne keimfähige Samen; Gehölze teilweise unter Forst leidend und oft strauchig wachsend.

Früchte schief-eiförmig, steinfruchtartig, an ihrer flachen Basis mit dem Rest des Kelches. Oberer Teil der Frucht schräg eingedrückt und mit einem Längskiel versehen; an den Flanken des Kiels Perikarp mehr oder weniger vertieft. Endokarp bildet Form des Perikarps nach, ist nur etwas dünner und zerbrechlich. Auf seiner Unterseite haben Leitbündel seichte, radial ausgehende Furchen hinterlassen. In der Nachbarschaft des Kiels oberseits der seitlichen Gruben schwach knotig. Unterhalb des Griffels befindet sich die dem breiten Teil des einzigen Fachs genäherte Plazenta. Das zu ihr führende Leitbündel durchbohrt die Wand in einem geraden Kanal. Bei der Keimung spaltet das Endokarp längs des größten Umfangs in zwei gleich große Klappen.

Fossil in Europa vom Oligozän bis Pliozän, in Westasien schon in der Oberkreide.

Artenbeschreibungen: Kovats 1856; C. und E. M. Reid 1915; Chandler 1957; Dorofeev 1982b.

Zelkova ungeri Kovats
Taf. XVII, Fig. 14—18

1851 *Zelkova ungeri* Kovats, Jahrb. geol. Reichsanst.: 178.
1856 *Zelkova ungeri* Kovats, Foss. Fl. Erdöbenye: 27—29; t. VI, f. 1—6.
1915 *Zelkova keaki* Dipp. *fossilis* C. und E. M. Reid, Plioc. Fl. Dutch-Prussian Border: 79; t. 12, f. 1—4.

Endokarpien groß, bisymmetrisch, 2—3,5 mm im Durchmesser, zweiklappig dehiszierend. Basale Ansatzteile etwa quadratisch, mit Resten des Perianths, etwas erhaben, von ihm ausstrahlend deutliche Leitbündelfurchen, mit hervorgehobener, scharfer Kante, die zu dem schräg abstehenden, subterminalen Griffelansatz führt. Oberfläche runzelig bis fast glatt.

Bemerkungen: Die (?)zugehörigen Blattreste haben als ältestes Synonym *Ulmus zelkovaefolia* Unger (1843, S. 94: t. 24, f. 9—13). Unter Hinweis auf die Bedeutung der Fruchtfunde für die Determination der Fossilien als *Zelkova* nach Kovats (1851, 1856) verzichtet Unger (1852, S. 97) auf die Priorität des Namens. Bůžek und Kotlaba (1963) führen *Zelkova zelkovaefolia* (Ung.) Bůžek et Kotlaba ein, der mitunter auch auf Fruchtfunde angewandt wird. *Zelkova ungeri* Kovats ist für Fruchtfunde aber eindeutig der älteste Name (vgl. Kovats 1856, t. VI, f. 1). Die Art wird im allgemeinen mit *Zelkova carpinifolia* (Pall.) Koch (kolchisch-hyrkanische Laubwälder) verglichen, bei C. und E. M. Reid (1915) sowie Dorofeev (1982b) mit *Z. serrata* Makino [= *Z. keaki* (K. Koch) Dipp.] (Japan, Halbinsel Korea, Ostchina). Die fossilen Früchte sind kleiner als die beider heutigen Arten.

Vorkommen: Vielleicht bereits im Oberoligozän (Heer 1856; Menzel 1896), aber nicht abgebildet; häufig ab Obermiozän bis Pliozän.
Berga (5488).

Zelkova zelkovaefolia (Unger) Bůžek et Kotlaba
Abb. 36; Taf. XXXIV, Fig. 8—11

1843 *Ulmus zelkovaefolia* Unger, Chloris protogaea, (4—5): 94; t. 24, f. 9—13, non f. 7 (fructus).
1845 *Ulmus zelkovaefolia* Unger, Chloris protogaea, (6—7): 94, t. 26, f. 7, non f. 8 (fructus)
1963 *Zelkova zelkovaefolia* (Unger) Bůžek et Kotlaba, Sb. narod. Muz. Prace, R. B,: **19**: 59; t. 3, f. 7, 8.

Artbeschreibung und Synonyma: Mädler (1939); Rüffle (1963); Kryshtofovich und Bajkovskaja (1965), Bůžek (1971) Zastawniak (1972).

Blätter gestielt, klein (2,2:1,2 cm, 3,4:1,4 cm) oval; oder mittelgroß (4,9:2,2 cm, 5,85:2,15 cm, 7,0:3,1 cm) oblongovat; zwischen beiden Gruppen Übergänge. Spitze dreieckig bis lang zugespitzt, Basis keilförmig, gerundet, selten subcordat. Rand einfach grobgesägt. Zähne groß bis mittelgroß, stumpf bis asymmetrisch zugespitzt, apikalwärts gerichtet. Primärnerv kräftig. Sekundärnerven craspedodrom, bei den kleinen Blättern fünf bis sieben, bei den größeren acht bis 12, alternierend, vereinzelt auch opponierend, schließen mit Primärnerv Winkel von 45—30° ein. Bei den kleinen Blattformen basale Nerven fast rechte Winkel bildend. Verschiedentlich Gabelung der Sekundärnerven direkt an Ausmündung vom Primärnerv bzw. in Randnähe. Immer in Zahnspitzen ausmündend.

Bemerkungen: Es handelt sich um die typischen Blattformen von *Zelkova zelkovaefolia*, die besonders häufig in dieser Variationsbreite in den pliozänen Floren auftreten (Straus 1930; Mädler 1939; Zastawniak 1972). Mädler (1939) weist auf den intermediären Charakter von *Z. zelkovaefolia (Z. ungeri)* hin, die als Vorläufer der ostkaukasischen *Z. carpinifolia* (Pall.) Koch und der japanischen *Z. serrata* (Thunb.) Makino angesehen werden. Dagegen führt Tralau (1963) eine Klassifizierung der fossilen *Zelkova*-Blätter in Gruppen nach ihrer morphologischen Ähnlichkeit zu den rezenten Vertretern durch. Diese Lösung ist nicht zufriedenstellend (s. auch Bůžek 1971), da von einer Lokalität Europas die fossilen *Zelkova*-Blätter verschiedenen Gruppen zugeordnet werden. Die Variabilität der Blätter sowohl bei *Z. serrata* als auch bei *Z. carpinifolia* ist größer, als in der Literatur angegeben wird. Ein sicherer Vergleich mit einer rezenten *Zelkova*-Art bleibt offen. Von einigen Autoren, z. B. Kryshtofovich und Bajkovskaja (1965), Bůžek (1971), Zastawniak (1972), wird *Z. carpinifolia* (Pall.) Koch als rezente Vergleichsform angeführt. Rüffle (1963) sieht in den breitlanzettlichen Blättern Analogien zu *Zelkova carpinifolia* (Pall.) Koch, während er Blätter vom gleichen Fundort mit länger ausgezogener Spitze, keiliger Basis und dichterer Zahn- und Sekundärnervenfolge der von Berger (1950) aufgestellten *Z. praelonga* Berger zuordnet und sie mit *Z. serrata* (Thunb.) Makino vergleicht. Straus (1930) konnte bei kutikularanalytischen Untersuchungen ebenfalls keine eindeutigen Verwandtschaftsbeziehungen zu oben genannten Vergleichsarten feststellen.

Vorkommen: Blätter ab Untermiozän bis Oberpliozän in Europa.
Berga: MMG, Dresden, Bg 4:2a, Bg 10a, Bg 35b, Bg 75, Bg 90:2a, Bg 104a, Bg 108c, Bg 111, Bg 119:1:2, Bg 132, Bg 143, Bg 155a, Bg 169, Bg 181a, Bg 186a, Bg 187a, Bg 202a, Bg 209a, Bg 316:2, Bg 380, Bg 403, Bg 468c, Bg 4761d, Bg 480c, Bg 495b, Bg 508c.

Moraceae

Morus Linné

10 Arten auf der Nordhemisphäre, südlich bis Assam, Taiwan und Mexiko. Nordgrenze auf den Südkurilen, in

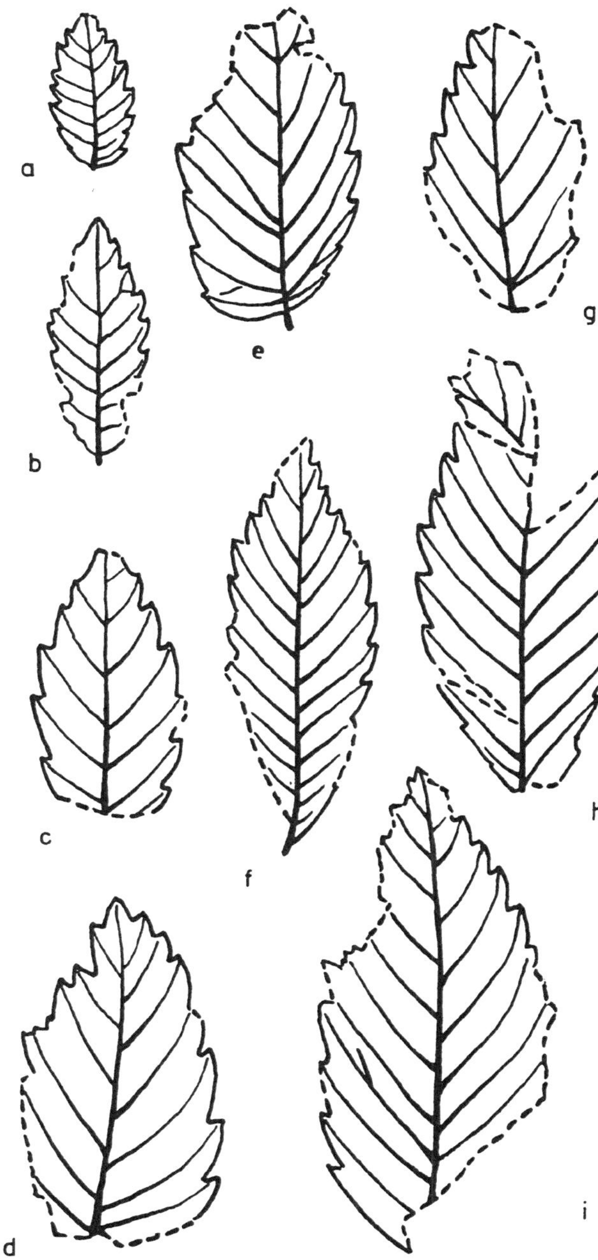

Abb. 36. *Zelkova zelkovaefolia* (UNGER) BŮŽEK et KOTLABA, Variationsbreite der Blätter, Berga
a = Bg 186a; b = Bg 104a; c = Bg 90:2a; d = Bg 187a; e = Bg 109a; f = Bg 181a; g = Bg 108c; h = Bg 155a; i = Bg 495b

Nordostchina und in Ontario bis Michigan. In Europa wild nur eine Art: *M. alba* L., deren eurasiatisches Areal an der unteren Wolga endet. Laubwerfende Bäume und Sträucher in sehr verschiedenartigen Wäldern vom paratropischen Regenwald (*M. laevigata* WALL.) bis in die nördlichen Sommerlaubwälder, auch in Trockenwäldern oder Savannenwäldern. Die größte Anzahl der Arten aber in den Mixed Mesophytic Forests Ostasiens und Amerikas. In Mitteleuropa drei Arten in Kultur, mit reifenden Früchten.

Früchte in einem Scheinköpfchen vereinigt. Das rundliche bis eiförmige, etwas schiefe Endokarp von einem fleischigen Exokarp umgeben. Dicht unter der apikalen, etwas abgestutzten Griffelbasis ein mehr oder weniger langer und dünner Fortsatz, der das Funikulusbündel umhüllt. Er geht vom Rande der kleinen Plazentagrube aus und erreicht bei guter Entwicklung die gerundete Basis. Oberfläche der derbwandigen Steinkerne glatt, rauh und uneben, aber stets nur schwach skulpturiert.

Fossil bisher in Europa ab Untereozän genannt, besonders häufen sich die Funde in Osteuropa im Obermiozän und Pliozän, bisher 14 fossile Arten nach Früchten.

Artenschlüssel und Artenbeschreibungen: DOROFEEV 1960c, 1962a, 1969b, 1982b; CHANDLER 1962; NEGRU 1972; MAI und GREGOR 1982.

Morus ucrainica DOROFEEV
Taf. XVII, Fig. 19—22

1982b *Morus ucrainicus* DOROFEEV, Iskop. cvetkov. rasten. SSSR, 2: 31; t. 116, f. 7—14; t. 120, f. 6.

Endokarpien 1,4—2 mm im Durchmesser, schief-eiförmig bis elliptisch, meist dickwandig; Oberfläche matt, fast glatt, bei wenigen Exemplaren an einigen Stellen etwas skulpturiert, Grübchen alle sehr klein, rundlich-vieleckig, Funikulusfortsatz dünn, lang, gebogen, direkt auf der Spitze oder unterhalb der Spitze gelegen, in einer wenig großen Vertiefung der ventralen Seite.

Bemerkungen: Die Zuordnung unserer pliozänen Exemplare wurde durch unmittelbaren Vergleich mit dem ukrainischen Originalmaterial getroffen. Von *Morus germanica* MAI (1982) trennen die in der Größe etwa gleich großen Endokarpien sehr viele Merkmale, besonders die Skulpturierung und Ausbildung der Wand. *Morus tertiaria* DOROFEEV (1960c) hat größere, glattere Endokarpien. Einzelne große Exemplare sind *M. aldanensis* DOROFEEV (1969) vergleichbar. Von den rezenten Arten ist *M. cathayana* HEMSL. aus dem Gebiet der chinesischen Mixed Mesophytic Forests vergleichbar, wenigstens was die äußere Form betrifft.

Vorkommen: Nur oberstes Miozän (Meot) bei Odessa (DOROFEEV 1982b); NEGRU 1986).
Berga (5551).

Cannabaceae

Humulus LINNÉ

Vier Arten in der nördlichen gemäßigten Zone. Krautige, mehrjährige Schlinggewächse mit von Klimmhaaren rauhen Stengeln, Blätter herzförmig, drei- bis siebenlappig. In feuchten Gebüschen, besonders an Flußufern weit verbreitet, raschwüchsig.

Schließfrüchte breit-eiförmig bis rundlich, zusammengedrückt, aber beiderseitig gewölbt, mit apikalem Polster unter einem leicht abradierbaren Griffelfortsatz. Exokarp mit Leitbündeln, sehr dünn und leicht abradierbar. Endokarp hart, dauerhaft, außen mit punktater Zellstruktur. Am apikalen Ende trägt das Endokarp einen polsterartigen Plazentapfropf mit einem kleinen Fortsatz des Funikulusleitbündels, der sich gut von der Umgebung abhebt. Samen einzeln, mit dünner Testa, ins Fach herabhängend. Fossil nach Steinfrüchten ab Oligozän in Sibirien (DOROFEEV 1982b) und Miozän der Balkanhalbinsel (PALAMAREV 1971).

Artenbeschreibungen: DOROFEEV 1963a, d, 1982b.

Humulus scabrellus DOROFEEV
Taf. XIX, Fig. 1

1982b *Humulus scabrellus* DOROFEEV, Iskop. cvetkov. rasten. SSSR, 2: 45; t. 112, f. 14—17; Abb. 30/1—4.

Endokarpien unregelmäßig rundlich bis oval, 2—2,6 mm im Durchmesser. Rücken zusammengedrückt, Bauchseite abgestumpft, nahe der Spitze mit schiefer Grube. Funikulusfortsatz groß, oval, ungleich gewölbt, mit exzentrisch gelegenem, konischem Griffelrest. Epikarp lederig, glänzend, dem Endokarp fest anliegend, nur stellenweise abradiert. Oberfläche des Endokarps rauh, aus rechteckigen Zellen mit sehr stark verdickten oberen Wänden, die ein zelluläres Muster auf der Oberfläche ergeben.

Bemerkungen: Die Endokarpien dieser Art sind denen des heutigen *H. japonicus* SIEB. ez ZUCC. sehr ähnlich, aber etwas kleiner, weniger symmetrisch, mit geringer verdickten oberen Zellwänden. Hierin sind sie *H. rotundatus* DOROFEEV (1963a) und *H. irtyshensis* DOROFEEV (1982b) mehr ähnlich. Die heutige Art wächst in Japan, auf den Riukiu-Inseln, auf Taiwan und in China in feuchten Auenwäldern.

Vorkommen: Pliozän der Belorussischen und Litauischen SSR (DOROFEEV 1982b).
Berga (5550).

Urticaceae

Boehmeria JACQUIN

100 Arten, vorwiegend tropisch, in einem Breitgürtelareal, Ausstrahlungen von wenigen Arten bis in nördliche gemäßigte Zonen: Quebec und Ontario/Kanada, Hokkaido/Japan; in Nordostburma im Gebirge bis 2200 m, im Sikkim-Himalaja bis 2100 m in temperate Stufen.

Kräuter, Sträucher oder kleine Bäumchen im Unterwuchs von Regenwäldern, Lorbeerwäldern, Mixed Mesophytic Forests; ferner Quellengebüsche, regengrüne Wälder und Karstwälder.

Früchtchen eiförmig oder herz-eiförmig, abgeflacht bis rundlich, insgesamt sehr mannigfaltig in den Formen. Griffelrest und Funikuluseintrittsstelle liegen fast gegenüber. Griffel zumeist etwas schief. Arten, bei denen ein langer, kräftiger Griffelrest persistent bleibt, andere hingegen verlieren den Griffel völlig. An der Basis oft ein Höckerchen oder eine kleine Grube ausgebildet, die den Eintritt des Funikulusleitbündels markiert. Teile der Blütenhülle nehmen an der Fruchtbildung teil. Hülle bei der Fruchtreife häutig und trokken. Durch parenchymatische Verstärkung des Perikarps werden die freien Partien zwischen Blütenhülle und Nüßchen ausgefüllt, so daß zwischen Nuß und Hülle schwammige, lockere Säume oder Wülste entstehen, die nach Abrasion der Hülle mit dem Nüßchen verbunden bleiben oder sich auch von der Nuß trennen können. Perikarp dick oder dünn, krustig, runzelig oder warzig.

Fossil in Europa von der Oberkreide (KNOBLOCH 1971) bis in das Pliozän (NIKITIN 1957). Im Paläozän ebenfalls durch sehr charakteristische Blattreste belegt (FRIEDRICH 1883).

Artenbeschreibungen: NIKITIN 1957; DOROFEEV 1959a, 1982b; KNOBLOCH 1971; KNOBLOCH und MAI 1985; MAI 1987.

Boehmeria colchica DOROFEEV
Abb. 37d; Taf. XIX, Fig. 2—4

1982b *Boehmeria colchica* DOROFEEV, Iskop. cvetkov. rasten. SSSR, 2: 56; t. 131, f. 1—9.

Endokarpien schief-eiförmig, in der Hauptachse breit, bisweilen fast kreisrund, randlich ohne Saum, keilförmig, mit kurzem dünnem Griffel auf der abgestutzten Spitze, basal schief abgeschnitten, selten nahezu abgerundet, Ansatzstelle seitlich versetzt, oft in Form einer kleinen keilförmigen Öffnung, selten auf einem kurzen Höckerchen. Oberfläche matt, rauh, mit zellig-grubigem Muster. Epikarp in kleinen Fetzen über dem Endokarp, besonders an dessen oberen Rand. Länge 0,7—1 mm, Breite 0,5—0,8 mm.

Bemerkungen: Am ehesten mit *B. spicata* THUNB. oder *B. tricuspis* MAKINO aus Japan vergleichbar, deren Nüßchen nach Verlust der Blütenhülle ein solches Aussehen annehmen. Bei MAI (1965, S. 50, t. V, f. 15, 16) fälschlich als *Urtica* cf. *dioica* L. bezeichnet.

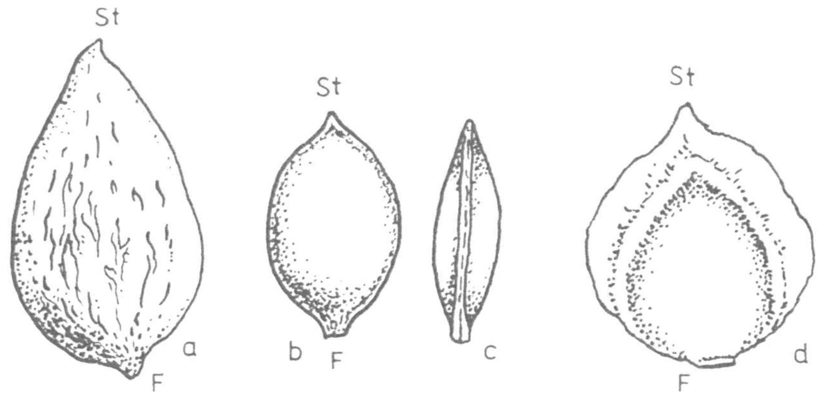

Abb. 37. Nüßchen verschiedener Urticaceae
a) *Pilea* L. — b, c) *Urtica* L.: b = Ansicht von ventral, c = Ansicht von marginal. — d) *Boehmeria* JACQ.: F — Funiculus-Grübchen, St — Stylusrest

Vorkommen: Pliozän von Abchasien (Duab).
Kranichfeld (MfN, Berlin, MAI 1965).

Boehmeria lithuanica DOROFEEV
Abb. 37d; Taf. XIX, Fig. 5—10

1957 *Boehmeria cylindrica* WILLD. *fossilis* NIKITIN, Plioc. i četvert. fl. Voronež. obl.: 131; t. 4, f. 12.
1982b *Boehmeria lithuanica* DOROFEEV, Iskop. cvetkov. rasten. SSSR, 2: 56; t. 132, f. 11—17; Abb. 44/1—4.

Nüßchen im Umriß breit-eiförmig, mit deutlichem, breitem Saum, der selten abradiert ist, mit kleinem, warzigem, etwas schiefem Griffelrest und basalem Funikulushöcker, über den Mittelteil beider Seiten gewölbt. Oberfläche punktat im Mittelteil, bisweilen etwas furchig; Perikarp dünn, aus einer Schicht großlumiger äußerer, fast quadratischer Sklereïden mit gebogenen Wänden und einer inneren Schicht stark gespreizter tangentialer Zellen. Länge 1,0—1,2 mm; Breite 0,9—1,0 mm.

Bemerkungen: Eine Art, die mit *Boehmeria cylindrica* WILLD. (südliche Vereinigte Staaten von Amerika, Antillen, Mexiko auf feuchten und nassen Böden, Torfinseln der Everglades) sehr nahe verwandt ist. Unterschiede sind in der Größe, der Gestalt, des Randsaums und der Anatomie des Perikarps vorhanden. Nach DOROFEEV (1959a) stehen die pliozänen Exemplare der rezenten Art besonders nahe und weichen von denen der miozänen westsibirischen *B. sibirica* DOROFEEV (1959a) durch Unterschiede in der Größe und der Perikarpdicke ab. Als *B. sibirica* DOROFEEV wurde die Art von MAI (1965, S. 50) aus dem Kranichfelder Pliozän bestimmt.

Vorkommen: Nur Pliozän der Litauischen SSR (DOROFEEV 1982b) und im Dongebiet (NIKITIN 1957).
Kranichfeld (MfN, Berlin, „*B. sibirica*" bei MAI 1965); Berga (5579); Rippersroda (1140); Kaltensundheim (9725, 9728, 9730, 9747).

Pilea LINDLEY

Über 500 rezente Arten, hauptsächlich tropisch, mit Breitgürtelareal, besonders in hohen Gebirgen verbreitet. Nordgrenzen im atlantischen Nordamerika in Quebec/Kanada und in den Gebirgen von Hokkaido/Japan. Einjährige oder ausdauernde Kräuter im Unterwuchs von schattigen, feuchten Laubwäldern, an Quellen, auf nassen Felsen, auf torfigen Plätzen. Im tropischen Regenwald, im Gebirgsregen- und Nebelwald, in Lorbeerwäldern, Laubmischwäldern, in Erlensümpfen.

Nüßchen eiförmig, zugespitzt, abgeflacht, etwas schief. Basale Ansatzstelle selten in der Ebene der Symmetrie, sondern seitlich verschoben, bisweilen ein stielartiger Funikulusfortsatz entwickelt. Höckeriger Stylusrest zumeist ebenfalls etwas seitlich verschoben, seltener direkt in der Symmetrieachse inseriert. Oberfläche des dünnwandigen Endokarps mit punktat-zellulärer Grundstruktur, der mitunter mehr oder weniger zahlreich dunklere, längliche Flecken aufgeprägt sind.

Fossil mit wenigen Arten vom Miozän bis Altpleistozän in Europa und Westsibirien, unsicher im Obereozän der Balkanhalbinsel (PALAMAREV 1973).

Artenbeschreibungen: E. M. REID 1920b, 1923; DOROFEEV 1963a, 1982b; RISCHKENE 1982 in DOROFEEV 1982b.

Pilea bashkirica DOROFEEV
Abb. 37a; Taf. XIX, Fig. 11—14

1982b *Pilea bashkirica* DOROFEEV, Iskop. cvetkov. rasten. SSSR, 2: 52; t. 129, f. 9—13.

Nüßchen wenig bikonvex, abgeflacht, spindelförmig, leicht schief, Griffelrest als Spitzchen auf der ausgezogenen Apikalregion, öfter zur Seite geneigt, subbasal oder zentralbasal mit keilförmigem oder röhrenförmigem Funikularstielchen; Wände dünn, Oberfläche fein grubig-punktat, buckelig und feinwarzig. Länge 1,4—2 mm, Breite 0,7—1 mm.

Bemerkungen: Nüßchen dieser Art sind am meisten denen der nordamerikanischen *P. pumila* (L.) GRAY ähnlich, die nach Herbarmaterial vielleicht zwei heutige Arten bezeichnet (DOROFEEV 1982b).

Vorkommen: Pliozän im europäischen Teil der RSFSR.
Berga (5580).

Pilea cantalensis (E. M. REID) DOROFEEV
Abb. 37a; Taf. XIX, Fig. 15

1920b *Pilea pumila* GRAY *fossilis* E. M. REID, Preglac. Fl. Castle Eden: 119; t. 8, fig. 4.
1923 *Pilea pumila* GRAY var. *cantalensis* E. M. REID, Nouv. rech. graines du Pont-de-Gail: 317; t. 10, f. 6.
1959 *Pilea* cf. *mongolica* WEDD.-RANIECKA-BOBROWSKA, Biul. Inst. Geol. **130**: 165—167; t. 16, f. 1, 2.
1963a *Pilea cantalensis* DOROFEEV, Tretič. fl. Zap. Sibiri: 164—165; t. 25, f. 21—27.

Nüßchen abgeflacht, eiförmig-zugespitzt, etwas asymmetrisch, Griffelrest apikal bis etwas seitlich verschoben, oft schräg, subbasal mit kleinem Funikularstielchen oder -höckerchen; Wände dünn, Oberfläche fein und gleichmäßig grubig-punktat; fast immer mit länglichen dunklen Flecken, die mitunter zusammenfließen können, oder auch völlig ohne solche Flecken; Länge 1—1,7 mm, Breite 0,5—0,9 mm.

Bemerkungen: Die Nüßchen sind sehr gut mit einigen von *Pilea pumila* (L.) GRAY zu vergleichen. Nach der Größenstatistik und der Morphologie sind auch sehr enge Beziehungen zu den Früchten von *P. mongolica* WEDD. vorhanden (RANIECKA-BOBROWSKA 1959). *Pilea pumila* kommt koloniebildend auf feuchten, nährstoffreichen, beschatteten Böden in der Laubwaldzone des atlantischen Nordamerika und in der Krautschicht der *Larix gmelinii*-Wälder der chinesischen Nordostprovinzen vor (GLEASON 1963; WANG 1961). *Pilea mongolica* WEDD. besiedelt schattige Stellen im Tiefland und im Gebirge von Hokkaido, Honshu, Kyushiu, Shikoku, der Halbinsel Korea, Nordostchina und Ostsibiriens (OHWI 1965).

Vorkommen: Im Miozän von Westsibirien bis zum Atlantik, Pliozän und Altpleistozän in Europa (E. M. REID 1920b).

Kranichfeld (MAI 1965); nicht Rippersroda (MAI u. a. 1963, vgl. *Ranunculus flammula*).

Urtica LINNÉ

Etwa 50 Arten in den temperaten Zonen beider Hemisphären der Erde; ausdauernde oder einjährige Kräuter. Oft in feuchten Wäldern, Auenwäldern, auf Flußbänken oder Gebirgswäldern mit Laub- oder Nadelhölzern, seltener in immergrünen Lorbeerwäldern oder deren Äquivalenten. Einige Arten bevorzugen lichte, nährstoffreiche Plätze wie Vogel- oder Viehlager, Brandstätten, Felsen, Teichufer und stellen daher bevorzugte Ruderalpflanzen dar. *Urtica hyperborea* JACQ. erreicht bei 5000 m in Sitsang/Tibet die extremsten Bedingungen in der dortigen Kältewüste. Einige Arten sind Kosmopoliten (*U. dioica L.*, *U. urens L.*).

Nüßchen klein, abgeflacht, eiförmig bis elliptisch, orthotrop, bisymmetrisch. Von der Blütenhülle, die bei der Verbreitung als Flugorgan eine gewisse Rolle spielt, bleibt nichts erhalten, da das Nüßchen bald aus ihr herausfällt. Oberflächenstruktur glatt, glänzend, zellgrubig oder warzig. Griffelkanal und Funikuluskanal stets deutlich wahrnehmbar.

Älteste Funde aus dem Miozän Osteuropas und Westsibiriens bekannt (DOROFEEV 1960b, 1963a; ŁAŃCUCKA-ŚRODOŃIOWA 1963).

Artenbeschreibungen und Artenschlüssel: C. und E. M. REID 1907a; KAC u. a. 1965; DOROFEEV 1982b.

Urtica dioica LINNÉ fossilis

Abb. 37b, c; Taf. XIX, Fig. 16

1907a *Urtica dioica* L. *fossilis* C. und E. M. REID, Fl. of Tegelen: 20; t. 2, f. 75.

Früchtchen klein, unter 1,5 mm lang, fast elliptisch, kräftig zusammengedrückt, aber dennoch oft zweiseitig gewölbt, nach oben kurz zugespitzt, ohne Griffelrest, nach unten in einen kurzen, dicken Stiel abgeschrägt. Oberfläche vorwiegend klein-punktat bis glatt, gelegentlich auch mit einigen feinen Wärzchen. Wand dünn, mit großen, wenig verdickten Sklereïden mit sich kreuzenden Wänden und einer inneren tangentialen Zellschicht.

Bemerkungen: Die Art besitzt heute ein extratropisches, zirkumpolares Breitgürtelareal. Sie reicht von den subtropischen Wäldern des montanen Westhimalaja bis in die Tundren von Lappland, Ostsibirien und Alaska. Sie ist ein wichtiges Element der Uferflora oder der Krautschicht von Auenwäldern, Erlenbrüchen oder steinigen Bergwäldern.

Vorkommen: Ab Obermiozän in Osteuropa (DOROFEEV 1960b; RANIECKA-BOBROWSKA 1959); Pliozän in ganz Europa verbreitet; besonders häufig in Interglazialen und Interstadialen (WEBER 1914, 1917; FIRBAS und GRAHMANN 1928; MANIA und MAI 1969; FUHRMANN u. a. 1977).

Rippersroda (1794, MAI u. a. 1963); Nordhausen (4856); Berga (5581, 5609); Kaltensundheim (9728); nicht Kranichfeld (MAI 1965, vgl. *Boehmeria colchica* DOROFEEV).

Urtica urens LINNÉ fossilis

Abb. 37b, c; Taf. XIX, Fig. 17—19

1907a *Urtica urens* L. *fossilis* C. und E. M. REID, Fl. of Tegelen: 21, t. 2, f. 76.

Nüßchen groß, zwischen 1,5 und 2 mm lang, eiförmig, höchstens doppelt so lang wie breit. Griffelspitze wenig hervortretend, Basis gerundet, ohne Stielchen, aber mit Vertiefung, die die Eintrittsstelle des Funikulus markiert. Oberfläche punktat, matt, bisweilen mit Tupfen; Wand dünn, sehr ähnlich voriger Art.

Bemerkungen: Die Art ist heute nahezu kosmopolitisch verbreitet, fehlt aber der Arktis, dem indischen Subkontinent und Südafrika. Es ist eine häufige Ruderalpflanze im Gefolge menschlicher Einwirkung auf die Natur. Ursprünglich besiedelt sie wohl nur Teichschlick, Brandstätten, Viehlager, Vogelfelsen und Felsschutt.

Vorkommen: Pliozän der Niederlande (C. und E. M. REID 1915); verschiedene Interglaziale bis in das Eem von Jütland (JESSEN und MILTHERS 1928).

Nordhausen (4856b).

Fagaceae

Fagus LINNÉ

Gegenwärtig 10 (bis 13) Arten in einem fast rein extratropischen Areal auf der Nordhalbkugel. Südgrenze in Ostmexiko (Hidalgo, Tamaulipas 1700—1900 m), in Südchina (Yunnan, Guizhou, Guangxi 1200—2600 m) und Taiwan (nordöstliche Gebirge über 1000 m), fehlt dem Himalaja völlig.

Stets zonaler Waldbaum und Indikator für gemäßigtes, humides Klima. Alle Arten meiden Gebiete mit trockenem Sommer und Klimate mit stärkerem Sättigungsdefizit an Luftfeuchtigkeit oder Niederschlägen. Die Kontinentalitätsgrenze liegt bei den ostasiatischen Arten bereits bei der OK-Stufe II, bei den europäischen Arten bei OK III, nur bei der amerikanischen Buche auf den Prärie-Inseln bei OK IV alle anderen Baumarten ganz oder fast ganz verdrängen. Es kommt zur Bildung von Fageten (Buchenwäldern); auch in polydominanten Laubwaldgesellschaften vorhanden (Mixed Mesophytic Forests, Buchen-Koniferen-Wälder, Buchen-Magnolien-Wälder, Buchen-Kastanien-Wälder).

Kupulen stets vierklappig aufgebaut, immer mit zwei Früchten, die ganz eingehüllt werden. Nach Form und Größe, Länge des Pedicellus, Schuppen, Borsten, Lappen artlich unterscheidbar. Nüsse eiförmig bis pyramidal, dreikantig, mit flügeligen oder runden Kanten. Basis mit dreieckiger Ansatznarbe, Spitze mit Griffelrest. Perikarp hornig, fest, elastisch. Testa häufig, leicht zerstörbar.

Mit den Fruchtbechern von *Fagus* verglichene Fossilien erstmalig im Oligozän in Europa. Häufig ab dieser Zeit auch Blattreste, deren Morphologie zu heftigen Diskussionen über die phylogenetische Ableitung dieser heute bedeutsamen Waldbäume geführt hat. Nach beiden Organen mindestens sechs fossile Arten in Europa.

Artenbeschreibungen: (Früchte): UNGER 1847; LUDWIG 1858; GEYLER und KINKELIN 1887; C. und E. M. REID 1915; SZAFER 1947; DOROFEEV 1982b.

Fagus attenuata GOEPPERT sensu HUMMEL 1983
Abb. 38—41; Taf. XXI, Fig. 1—13

Holotypus: *Fagus attenuata* GOEPPERT 1855, Tert. Fl. Schossnitz: 18; t. 5, f. 9.

1983 *Fagus attenuata* GOEPPERT — HUMMEL, Prace Muz. Ziemi, **36**: 22—28; t. 8, f. 1—7a; t. 9, f. 1—5a; t. 10, f. 1—6a; t. 11, f. 1—5; t. 12, f. 1—5; textfs. 9/1—25, 10/1—3, 11/1—5.

Blätter elliptisch, oval-elliptisch bis ovat. Spreite leicht asymmetrisch. Spitze breit- bis schmaldreieckig, vereinzelt auch zugespitzt. Basis spitz bis breit keilförmig, selten gerundet. Größte Breite in Spreitenmitte, seltener im unteren Spreitendrittel. 4,55—9,9 cm lang und 2,9—4,5 cm breit. Blattstiel bis auf 0,5 cm erhalten. Rand fein gezähnt (uniserrat), ungleichmäßig. Basalregion ganzrandig bis schwach undulat oder undulat mit deutlichen Zähnen. Vereinzelt Zwischenzähne (je Blatt nur ein Zwischenzahn). Zähne klein bis nur angedeutet oder auch in sehr weiten Abständen voneinander stehend. Apikalwärts gebogen, breit- bis spitz-dreieckig. Zahnspitzen abgestumpft, selten spitz. Zahnbuchten gerundet. Mittelnerv kräftig, sich allmählich zur Spitze verdünnend, im oberen Spreitendrittel oder ab Blattmitte, seltener tiefer, leicht geschlängelt. Sekundärnerven sieben (acht) bis (neun) bis elf, unterschiedlich stark alternierend, vereinzelt besonders in Basalregion opponierend. Bei günstiger Erhaltung zartes, verkürztes Basalnervenpaar vorhanden. Winkel mit Primärnerv stark divergierend, 27°—76°, Mittelwerte zwischen 30° bis 55° liegend. Leicht bogig, schwach undulat bis straff zum Blattrand führend. Abstand untereinander fast gleichmäßig, Craspedromie vortäuschend. Art der Endung der Nerven vom Blattcharakter und von der Position zum Spreitenrand abhängig (s. HUMMEL 1983). Zumeist semi- bis pseudocraspedodrom, selten craspedodrom. Tertiärnerven auf Grund des Erhaltungszustands nur vereinzelt überliefert, etwa 12—14 je cm, fast senkrechte Anastomosen zwischen den Sekundärnerven bildend.

Bemerkungen: Diese Blätter gehören zu den häufigsten Fossilresten aus Berga. Leider sind sie nur aus der sandigtonigen Fazies bekannt, so daß taxionomisch wichtige Feinstrukturen nicht zur Verfügung stehen.

Die spättertiären *Fagus*-Blätter haben in jüngster Zeit zu intensiven Studien angeregt, z. B. TRALAU (1962), KNOBLOCH (1969), ČELEBAEVA (1980), HUMMEL (1983), TAKHTAJAN u. a. (1982). Dabei bedienen sich die Autoren unterschiedlicher Merkmalskomplexe, um eine Abgrenzung dieser problematischen Blattformen zu erreichen. Biometrisch ausgewertet, scheint dies auch Erfolg zu versprechen (KNOBLOCH 1969). ČELEBAEVA (1980) weist mit Recht auf die Wichtigkeit von Struktur, Dichte und Gabelung der Tertiärnerven hin, die, von uns am rezenten Material nachgeprüft, als geeignetes Merkmal zur Abgrenzung von Arten brauchbar sind. Als wichtige morphologische Merkmale sind der Nervenverlauf in Blattrandnähe und die Innervationsart der Blattzähne (ČELEBAEVA 1980; TANAI 1976; HUMMEL 1983; TAKHTAJAN u. a. 1982) anzusehen. Die Anzahl der Sekundärnerven kann nur bedingt als trennendes Merkmal verwendet werden, da sie für keine *Fagus*-Art konstant ist und dadurch Übergänge vortäuschen und verwischen kann. Die Analyse der Areolen könnte noch brauchbare taxionomische Merkmale liefern, steht aber bisher aus. Durch den Nachweis der Epidermisstruktur kommen weitere Merkmale hinzu, wobei Stomata-Typ, Stomata-Größe und Behaarung wesentlich sind.

Diese Problematik zeigt, daß es notwendig ist, typische Merkmalskomplexe zur Abgrenzung von *Fagus*-Arten zu finden. Im Rahmen der monographischen Bearbeitung fossiler Fagaceae (KVAČEK und WALTHER in Vorber.) soll dies berücksichtigt werden. Voraussetzung für derartige Untersuchungen ist eine ausreichende Anzahl an Belegen, die die Variationsbreite einer Sippe repräsentieren (TRALAU 1962; KNOBLOCH 1969; TANAI 1960, 1974; HUMMEL 1983).

Vorliegende *Fagus*-Blätter — es wurden ca. 200 Proben untersucht — weisen morphologisch Merkmale auf, die bei *F. grandifolia* EHRH., *F. crenata* BL., *F. longipetiolata* SEEM., zum Teil auch *F. lucida* REHD. et WILS. sowie *Fagus sylvatica* L. auftreten.

TRALAU (1962) erkennt das gleiche Problem an Blättern aus dem Oberpliozän von Willershausen und versucht es zu lösen, indem er fast alle pliozänen *Fagus*-Arten (ausführliche Synonymik) zu der „*Fagus sylvatica*-Gruppe" zuordnet, die obermiozänen (zum Teil auch pliozänen) Formen zur „*Fagus grandifolia*-Gruppe" stellt. Diese Lösung stößt bei KNOBLOCH (1969) auf berechtigte Kritik, da die als Synonyma genannten Arten der biometrischen Auswertung nicht standhalten. Außerdem sind wirkliche *Fagus grandifolia*-ähnliche Blätter nicht nur aus dem Oligozän Nordamerikas bekannt, sondern in Mitteleuropa (Weißelsterbecken, Oberoligozän — s. MAI und WALTHER 1983) in jüngster Zeit gehäuft nachgewiesen worden.

Fagus attenuata GOEPPERT ist für Europa als „gute" Art zu betrachten. HUMMEL (1983) und WALTHER (Mskrpt.) konnten dies am topotypischen Material aus Sośnica nachweisen (Morphologie und Blattanatomie). KNOBLOCH (1969) führt für mehr ovate *Fagus*-Blätter den Terminus *Fagus haidingeri* KOV. sensu novo. Ob es sich bei diesen obermiozänen Blättern tatsächlich um einen gesonderten Formenkreis handelt, steht offen. ZASTAWNIAK (1972) benutzt den gleichen Namen für die Blätter aus dem Pliozän, die ebensogut zu *Fagus attenuata* GOEPP. gestellt werden könnten. Vor den gleichen Problemen stehen MÜLLER-STOLL (1938), WEYLAND (1934) und KILPPER (1959), die neben *Fagus attenuata* GOEPP. „Übergangsformen" zu *F. sylvatica* L. aufstellen. STOJANOFF und STEFANOFF (1929) weisen ähnliche Blätter als *F. attenuata* GOEPPERT nach, während STEFANOFF und JORDANOFF (1935) gleiche Blätter als *Fagus orientalis* LIPSKY bestimmen. Abweichend von den Blättern aus Berga scheinen die unter *Fagus orientalis* LIPSKY var. *palibinii* ILJINSKAJA in TAKHTAJAN u. a. (1982) beschriebenen Blätter zu sein. Zu *Fagus stuxbergii* (NATHORST) TANAI (1976) bestehen hingegen große Ähnlichkeiten (Randausbildung). Bei Nichtbeachtung der Variationsbreite könnten bei den *Fagus*-Blättern von Berga sowohl *F. haidingeri* KOV. sensu KNOBLOCH, als auch *F. stuxbergii* (NATHORST) TANAI ausgegliedert werden, das wohl die Arten-

Abb. 38. *Fagus attenuata* GOEPPERT sensu HUMMEL 1983, Variationsbreite der Blätter, Berga

a = Bg 151; b = Bg 141:1; c = Bg 141:2; (*F. haidingeri*-Typ); d = Bg 131b; e = Bg 291a; f = Bg 163a; g = Bg 476 Ia; h = Bg 90a:2; i = Bg 69; j = Bg 280; k = Bg 495d (*F. crenata*-Typ); l = Bg 379b; m = Bg 135; n = Bg 85a (*F. grandifolia*-Typ); o = Bg 188c; p = Bg 19; q = Bg 34b; r = Bg 23

Abb. 39. *Fagus attenuata* GOEPPERT sensu HUMMEL 1983, Variationsbreite der Blätter, Berga
a = Bg 423; b = Bg 489 a; c = Bg 130; d = Bg 500 a; e = Bg 479 a; f = Bg 509 b; g = Bg 154; h = Bg 1, I; i = Bg 180 a; j = Bg 476 Ib; k = Bg 470; l = Bg 505 b

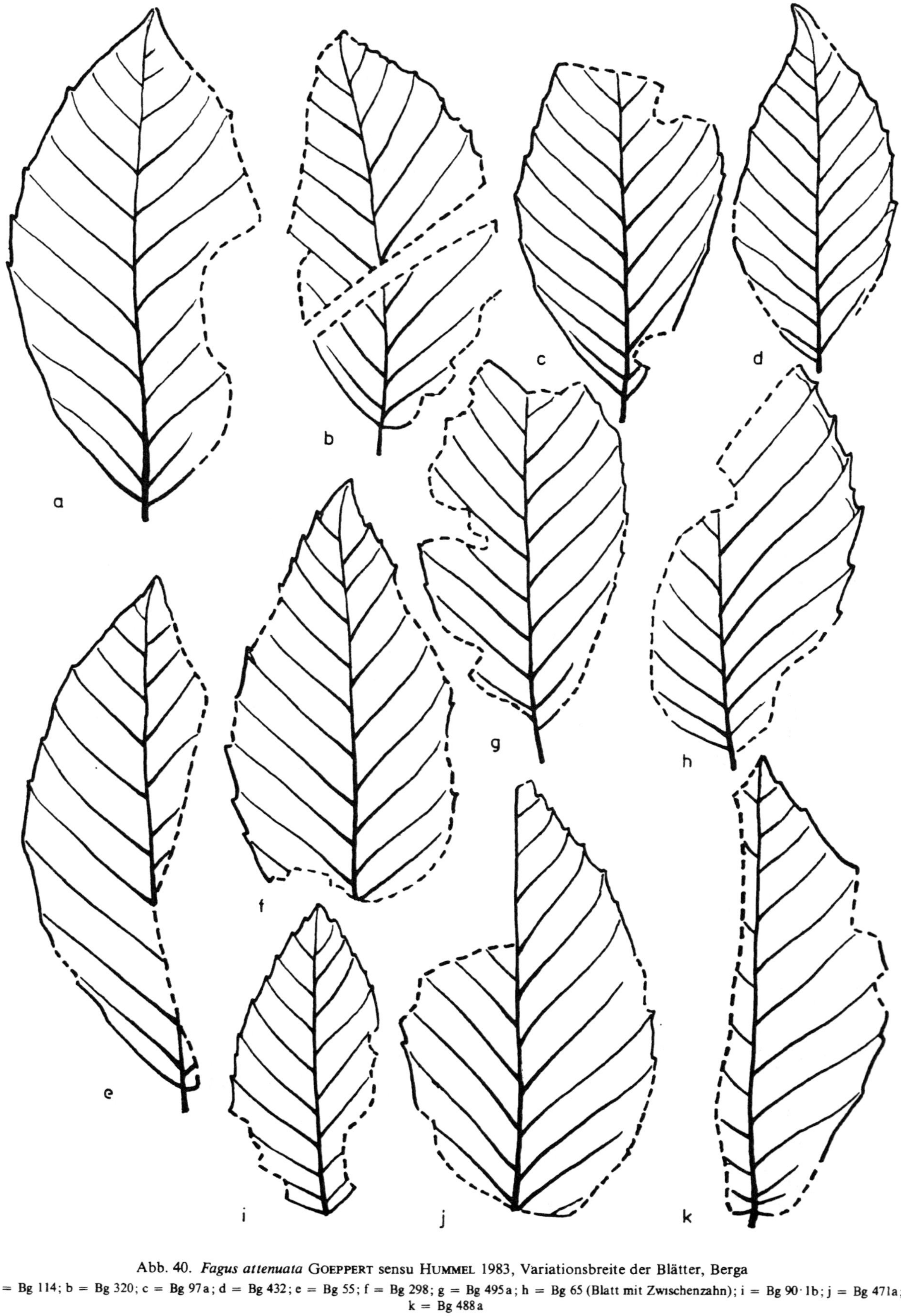

Abb. 40. *Fagus attenuata* GOEPPERT sensu HUMMEL 1983, Variationsbreite der Blätter, Berga

a = Bg 114; b = Bg 320; c = Bg 97a; d = Bg 432; e = Bg 55; f = Bg 298; g = Bg 495a; h = Bg 65 (Blatt mit Zwischenzahn); i = Bg 90·1b; j = Bg 471a; k = Bg 488a

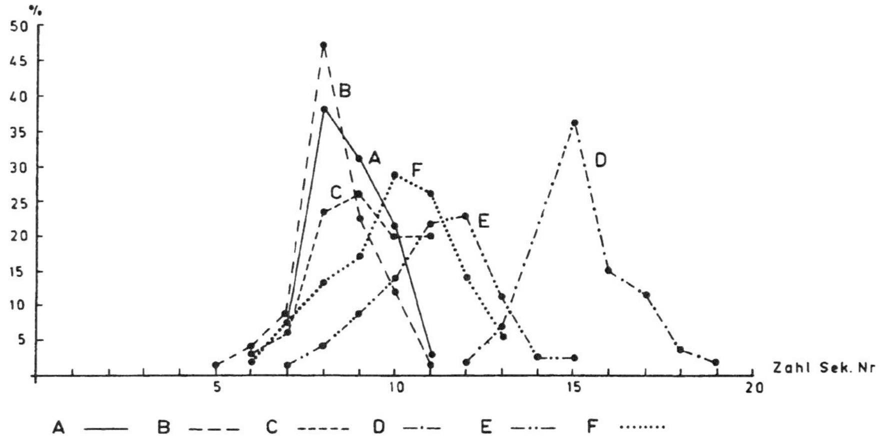

Abb. 41. Vergleich der Sekundärnervenzahl von *Fagus attenuata* GOEPPERT sensu HUMMEL 1983 zu rezenten *Fagus*-Arten
A — *Fagus attenuata* GOEPPERT sensu Hummel; B — *Fagus sylvatica* L.; C — *Fagus orientalis* LIPSKY; D — *Fagus grandifolia* ERHART; E — *Fagus longipetiolata* SEEMEN; F — *Fagus crenata* BLUME

zahl der Flora erhöhen würde, aber nicht der Bedeutung von *F. attenuata* GOEPP. als eine mögliche Stammform der neogenen eurasiatischen Buchen dienen würde. Versuche, die Evolution der *Fagus*-Arten der Nordhemisphäre darzustellen, sind in jüngster Zeit von TRALAU (1962) und TANAI (1974) publiziert worden, wobei übereinstimmend *Fagus grandifolia*-ähnliche Blätter als tertiäre Stammform angenommen werden.

Vorkommen: In Europa seit dem Oberoligozän nach Morphologie und Epidermisstruktur nachgewiesen, bis in das Oberpliozän reichend.

Berga: MMG, Dresden, Bg 11a, b, Bg 2, Bg 6a, Bg 13, Bg 14, Bg 15a, Bg 17, Bg 19a, Bg 20, Bg 23, Bg 25:1 u. 25:2, Bg 26b, Bg 27, Bg 28, Bg 30b, Bg 32, Bg 34b, Bg 35a, Bg 42a, Bg 44, Bg 53, Bg 55, Bg 56b, c, d, Bg 57b, Bg 58a, Bg 59c, Bg 65, Bg 66, Bg 68, Bg 69, Bg 72, Bg 73a, Bg 80b, Bg 85a, Bg 86a, Bg 90:1b u. 90:2a, c, Bg 97a, Bg 98a, Bg 102a, Bg 104b, Bg 105, Bg 108, Bg 110b, Bg 114:1 u. 114:2, Bg 116a, Bg 118a, Bg 123, Bg 128:1 u. 128:2, Bg 130, Bg 131b, c, Bg 133, Bg 135, Bg 136b, Bg 141:1 u. 141:2, Bg 142b, Bg 146:2, Bg 147c, Bg 149, Bg 151:1 u. 151:2, Bg 154, Bg 160c, Bg 163a, Bg 172a, Bg 173a, b, Bg 174, Bg 179, Bg 180a, Bg 184, Bg 188a, c, Bg 189, Bg 208, Bg 210, Bg 211b, Bg 216, Bg 243, Bg 244, Bg 272, Bg 274a, Bg 275a, Bg 276, Bg 280, Bg 291a, b, Bg 293:1 u. 293:2a, Bg 294b, Bg 298, Bg 310, Bg 312, Bg 313, Bg 320, Bg 322b, Bg 324, Bg 330, Bg 333, Bg 334, Bg 336:1 u. 336:2, Bg 341, Bg 344, Bg 349, Bg 352, Bg 353, Bg 356, Bg 363, Bg 370, Bg 375b, Bg 376:2, Bg 377, Bg 378a, Bg 379b, Bg 382, Bg 385, Bg 388a, b, Bg 391a, Bg 396, Bg 398, Bg 401, Bg 406:1 u. :2, Bg 417, Bg 423, Bg 424, Bg 426, Bg 427, Bg 432, Bg 433:2, Bg 439, Bg 452, Bg 453, Bg 455, Bg 456, Bg 457, Bg 461, Bg 464b, Bg 465a, Bg 468b, Bg 470, Bg 471a, Bg 473a, Bg 475b, Bg 476Ia, b, Bg 479a, Bg 481b, d, e, Bg 482, Bg 488a, Bg 489a, Bg 495a, d, Bg 500, Bg 501c, Bg 504b, Bg 505b, Bg 506a, b, Bg 507b, Bg 509b, c.

Fagus decurrens C. et E. M. REID
Taf. XX, Fig. 1—6

1915 *Fagus decurrens* C. und E. M. REID, Plioc. Fl. Dutch-Prussian Border: 78; t. 5, f. 19, 20, 22—28.

Kupulen von 14—18 mm Länge, mit keilförmig-rundlicher Basis, die einen dicken, kurzen Stiel trägt; Klappen gewöhnlich schmäler als bei *F. sylvatica* L., zugespitzt, mit weniger engstehenden Appendices auf der gesamten Fläche, diese Appendices zugespitzt, nach vorn gerichtet, pfriemlich, dicker als bei anderen Arten, bisweilen gabelig, an der Basis stets scharf herablaufend und daher die gesamte Oberfläche rippig erscheinend.

Früchte eiförmig-dreieckig, flügelkantig, 11—13 mm lang, 6 mm breit.

Bemerkungen: Diese durch ihre geringere, aber desto kräftigere Bestachelung abweichenden Kupulen finden ihren besten Vergleich mit der japanischen *F. sieboldii* ENDL. (= *F. crenata* BL.). *Fagus grandifolia* EHRH. oder *F. sylvatica* L., mit der sie von C. und E. M. REID (1915) verglichen wurden, stehen schon ferner. *Fagus longipetiolata* SEEM. unterscheidet sich durch kräftige, zurückgebogene Appendices und einen langen Fruchtstiel. Bei der rezenten *F. sieboldii* ENDL. kommen am Grunde bisweilen einzelne spatelförmig erweiterte Appendices vor. An fossilem Material wurde das bisher nicht beobachtet, da die Appendices nie in ihrer vollen Länge fossil erhalten waren.

MENZEL u. a. (1933) sowie KIRCHHEIMER (1957) rechnen auch Fossilien aus den Raunoer Schichten der Niederlausitz hierher, die aber nach unserer Auffassung zu *F. deucalionis* UNGER (1847) zu stellen sind. In einzelnen Fällen ist die Entscheidung einer Zuordnung sehr schwer. *Fagus sieboldii* ENDL. ist wichtigster Waldbaum der *Fagus*-Zone-Forests der japanischen Inseln (300—700 m auf Südwesthokkaido; 500—2200 m auf Honshu, maximal 1600 m auf Shikoku). Es werden nach SUZUKI (1953) zwei Assoziationen unterschieden: Eine nördliche mit *Sasa kurilensis* (RUPR.) MAKINO et SHIBATA und eine pazifisch-montane mit *Sasamorpha purpurascens* (HACK.) NAKAI.

Vorkommen: Ab Obermiozän in Osteuropa (SZAFER 1961; ŁAŃCUCKA-ŚRODOŃIOWA 1963; ANDREÁNSZKY 1959), im Pliozän verbreitetste *Fagus*-Art.

Berga (5483).

Fagus spec.
Taf. XX, Fig. 7

Lang zugespitzte, lanzettliche Knospen mit glänzenden, spiralig gestellten Schuppen. Die Länge erreicht 10 mm, die Breite 2 mm.

Bemerkungen: Nach den Angaben von SZAFER (1947), der Buchen-Knospen aus Krościenko untersuchte, kommt für den Vergleich mit den Kranichfelder Resten am ehesten *Fagus sylvatica* L. in Frage. GIEBEL (1860) teilte das Auftreten fossiler Reste von *Fagus* in Rippersroda mit. Nähere Angaben über die Beschaffenheit der Fossilien, die eine Bestimmung ermöglichen könnten, fehlen jedoch.

Vorkommen: Kranichfeld (MfN, Berlin); Rippersroda (Original verschollen).

Quercus Linné

Wichtige Gehölzgattung mit heute über 450 Arten in der gemäßigten und subtropischen Zone der Nordhalbkugel, Südgrenze in Amerika im andinen Ekuador, in Südostasien in den Hochgebirgen von Jawa. Nordgrenze in Europa nördlich Bergen (Norwegen), in Amerika und Asien dagegen weiter südlich. Häufungszentrum der Arten im asiatischen subtropisch-meridionalen Monsungebiet (Meusel und Schubert 1971), Mannigfaltigkeitszentrum dagegen in Europa, das nach Schwarz (1936) ein Reliktengebiet von merkmalsreichen und streng geschiedenen Sippen darstellt. Einer der wichtigsten Waldbildner; sommergrüne, hartlaubige und laurophylle Bäume in sehr verschiedenartigen Laubwaldgesellschaften. Wichtigste Waldtypen sind: Kiefern-Eichen-Wälder, Eichen-Auenwälder, Bergregen- und Nebelwälder mit Eichen, Eichen-Lorbeer-Wälder, Eichen-Hartlaubwälder, Sommerlaubwälder mit Eichen, Mixed Mesophytic Forests. Zum Teil gute Klimaindikatoren, zumindest für die Bereiche der drei Hauptvegetationstypen Sommerlaubwald, Lorbeerwald und Hartlaubwald.

Systematisch in drei Untergattungen und elf Sektionen geteilt.

Frucht eine rundliche bis eiförmige Nuß mit dünnem, glattem oder gestreiftem Perikarp, basal mit großer rundlicher Ansatzstelle und apikal mit Spitze, die von Resten des Griffelpolsters stammt. Kupula eine becherförmige Verbreiterung der Achse, die die Frucht mehr oder weniger umgibt, basal mit kurzem, dicklichem bis langem, dünnem, glattem oder beschupptem Stiel, äußerlich von dachziegelförmig deckenden Schuppen oder Lappen (Protuberanzen) dicht bedeckt, die eng anliegen, abspreizen oder zurückgerollt sein können.

Fossile Reste der Gattung in Europa mindestens seit dem frühen Paläozän bekannt. Die Formenentwicklung ist beträchtlich. Nach Blattresten (ca. 45 Arten) lassen sich Belege der Untergattungen *Cyclobalanopsis* Oerst., *Erythrobalanus* Spach (Sect. *Rubrae* Loud., Sect. *Phellos* Loud.) und *Lepidobalanus* Endl. (Sect. *Cerris* Oerst., Sect. *Suber* Prantl, Sect. *Ilex* Oerst., Sect. *Gallifera* Spach, Sect. *Robur* Rchb. und Sect. *Prinus* Loud.) nachweisen.

Camus (1934—39), Rehder (1940), Schwarz (1936—1939, 1940) haben nach unterschiedlichen Gesichtspunkten eine Gliederung der Gattung *Quercus* L. durchgeführt. Dabei sind noch immer zahlreiche morphologische und auch physiologische Fakten nur mangelhaft bekannt. Scheller (1978) versucht, diese Tatsache in seinem Bestimmungsschlüssel für die in Zentraleuropa kultivierten Eichenarten zu berücksichtigen, der auf blattmorphologischen und karpologischen Merkmalen basiert. Jardin (1967), Thomson und Mohlenbroock (1979) führen als wichtige Indizien für die Klassifizierung der Gattung *Quercus* L. die verschiedenen Trichome an. Es werden nur die amerikanischen Arten berücksichtigt. Für die Eichen des Balkans haben in jüngster Zeit Palamarev und Usunova (1981), Usunova und Palamarev (1983) sowie Usunova (1983, 1984) detaillierte blattanatomische Untersuchungen durchgeführt und danach eine Gliederung vorgelegt.

Einzelfunde fossiler Eichenblätter bleiben immer problematisch, da es sich um Einzelblätter polymorpher oder heterophyller Typen handeln kann (Schwarz 1936; Müller-Stoll 1938). Hinzu kommt der Überlieferungszustand des betreffenden fossilen Materials. Wichtig erscheint, bei den jungtertiären roburoiden Eichen die morphologischen und anatomischen Merkmalskomplexe auf ihre Wertigkeit im Vergleich zu den rezenten Formen zu prüfen, um damit zu sicheren Ergebnissen zu gelangen (Kvaček und Walther in Vorber.). Das plötzliche Auftreten sehr variabler roburoider Eichentypen im obersten Miozän bis Oberpliozän (Schwarz 1936) in Europa wird einerseits auf klimatisch bedingte Migrationen dieser im Tertiär der Arktis (Heer 1869; Hollick 1936), nachgewiesenen Formen von Maleyev (1941) angenommen, während Menitsky (1969) „the hypothesis of the autochthonous development of the temperate flora from its subtropical precursor" vertritt. Schwarz (1936) nimmt zumindestens für das Pliozän eine Bastardierung bei roburoiden Formen an.

Artenbeschreibungen: (Früchte): Heer 1865; Saporta 1881; Weber 1893; Szafer 1954; Grangeon 1958; Dorofeev 1962a; Kolakovskij 1964; Mai 1967; Gregor 1977; van der Burgh 1978; Hummel 1983.

Quercus pubescens Willdenow fossilis
Taf. XX, Fig. 8a, b

1954a *Quercus pubescens* Willd. *fossilis* Szafer, Prace Inst. Geol., **11**: 24—25; t. 5, f. 12—14.

Kupula becherförmig, bis 12 mm breit, mit eilänglichen bis lanzettlichen, fest angedrückten, in der Mehrzahl sich deckenden Schuppen, die basal etwas verdickt, apikal zugespitzt sind; Früchte mittelgroß, elliptisch, mit scheibenförmiger Ansatzstelle.

Bemerkungen: Durch die eilänglichen oder lanzettlichen Schuppen von zahlreichen anderen Arten der Sect. *Robur* Rchb. zu unterscheidende Kupulen. Sehr ähnliche Beschuppung zeigen noch *Q. virgiliana* Ten. und *Q. frainetto* Ten., die man nach Kupulen nicht immer von *Q. pubescens* Willd. trennen kann. Konvergenzen sind auch zu Arten anderer Sektionen (Sect. *Gallifera* Spach, Sect. *Prinus* Loud.) vorhanden. *Quercus pubescens* Willd. ist eine Art des submediterranen sommergrünen Flaumeichengürtels (Quercetalia pubescentis) besonders in der Ozeanitätsstufe III (Jäger 1968), oft zusammen mit *Q. cerris* L., *Ostrya carpinifolia* Scop., *Fraxinus ornus* L., *Castanea sativa* Mill.

Vorkommen: Oberpliozän am Karpatenrand (Szafer 1954) und Holstein-Interglazial von Neumark-Süd/Geiseltal, (8592; Mania und Mai 1969).
Berga (5502).

Section Cerris Oersted

Quercus pseudocastanea Goeppert
Abb. 42; Taf. XXII, Fig. 1—12; Taf. XXXIII, Fig. 1—5

Typusmaterial: Goeppert 1852, Palaeontographica, **2**: 274; t. 25, f. 1, 2.

Synonyma: Menzel (1906); Kryshtofovich und Bajkovskaja (1965); Knobloch (1969); Takhtajan u. a. (1982).

Blätter schmal-oblong bis schmal-ovat oder leicht obovat. Spitze dreieckig, mehr oder weniger lang zugespitzt. Basis cuneat, leicht gerundet, teilweise schwach eingezogen. Blätter bis 11,9 cm lang und 4,3 cm breit, größte Breite im oberen Drittel, gestielt, Blattstiel kräftig bis auf 0,7 cm Länge erhalten. Rand buchtig gezähnt. Zähne ungleich groß, beiderseits konvex, vereinzelt aber auch Apikalteil leicht konkav. Spitze gerundet oder eine asymmetrisch, leicht apikalwärts gerichtete, knorpelige Spitze (breit dreieckig) bildend. Primärnerv kräftig, sich allmählich zur Spitze verdünnend. Sekundärnerven maximal 19 Paar, schwach alternierend, sehr vereinzelt auch opponierend, Zwischennerven nicht auftretend, craspedodrom. Mit Primärnerven Winkel von 60° (57, 47) bis 55° einschließend. Basal- und apikalwärts Winkel zum Teil etwas größer als im Medianteil der Blattlamina. Sekundärnerven verlaufen straff in die gerundeten oder punktförmigen Zahnspitzen, im Basalteil sehr vereinzelt leicht nach unten gebogen. Verschiedentlich basales, zartes Sekundärnervenpaar vorhanden, verbindet sich camptodrom mit nachfolgendem Sekundärnervenpaar. Tertiärnerven dicht stehend, elf bis vierzehn je cm, bilden senkrechte Anastomosen zwischen den Sekundärnerven, häufig sich gabelnd. Randnervatur weist einen von den in Zahnspitze abzweigenden Ast auf, der leicht bogig zum nachfolgenden Sekundärnerv führt und sich dabei allmählich in die feinen Schlingen der randnahen Tertiärnervatur auflöst (s. auch HUMMEL 1983, S. 32, Fig. 13/2). Zwischen den Tertiärnerven ist ein undeutlich erkennbares dichtes Maschennetz höherer Nervatur erkennbar.

Blattlamina kräftig. Kutikula der oberen Epidermis nur fragmentarisch erhalten, Zellen rectangulär (auf Nervillen) bis polyedrisch, geradwandig, 8—25 µm groß. Untere Epidermis: Zellen in Form und Größe kaum von denen der oberen abweichend. Stomata dicht, regellos verteilt, breit-oval bis rundlich, 16 µm (13—21 µm) lang und 13 µm (9—17 µm) breit. Porus klein, schmal elliptisch, stärker kutinisierte Schließzellen von einem stark kutinisierten Wall umgeben, der recht undeutlich aus drei bis vier sehr schmalen Nebenzellen zu bestehen scheint, dadurch Stomata-Typ nicht eindeutig feststellbar — anomozytisch bis ?cyclozytisch. Einzellige, acht- bis 12- (?) armige Büschelhaarbasen verstreut, stark kutinisiert, unregelmäßig rundlich, 15—20 µm im Durchmesser. Vereinzelt 10—35 µm lange, durchscheinende Trichome mit abgerundeten Spitzen erhalten. Daneben vierarmige Büschelhaarbasen, schwächer kutinisiert, 9—12 µm im Durchmesser, Trichome 12—45 µm lang, durchscheinend mit abgerundeten Spitzen. Vereinzelt mehrzellige Drüsenhaare mit kleinen 8—10 µm im Durchmesser rundlichen Basen, meist nur sich verbreiternde Basalzelle von 11—20 µm Länge erhalten, seltener ca. 25 µm lange Drüsenhaare (Basalzelle 15 µm, nachfolgende Zelle 11 µm) überliefert. Epidermisoberfläche uneben.

Bemerkungen: Die Blattreste wurden in der Hauptsache in der kohlig-tonigen Fazies von Berga gefunden. Die Epidermisstruktur stimmt völlig mit der aus den Proben der topotypischen Lokalität Sośnica (KVAČEK und WALTHER in Vorber.) überein. Die gleiche Struktur konnte KVAČEK aus den Vonšov-Tonnen (BŮŽEK u. a. 1985) feststellen. Dieser *Quercus*-Typ gehört zu den Vorläufern oder primitiven Sippen der roburoiden Eichen, die durch eine relativ enge buchtige Randzähnung und dem Fehlen von Zwischennerven gekennzeichnet sind (SCHWARZ 1936—1939). Vorliegende Blätter weichen etwas vom Typusmaterial ab (teilweise sehr hohe Anzahl Sekundärnerven), dürften aber innerhalb der Variationsbreite einer „Art" liegen. Teilweise sind derartige Blätter morphologisch nicht sicher gegen *Castanea* MILL. (s. auch KILPPER 1959) abgrenzbar. Dieser Formenkreis ist nach der Blattmorphologie von den einzelnen Autoren zum Teil sehr weit gefaßt worden (s. KNOBLOCH 1969). Eine sichere Abgrenzung allein nach den morphologischen Merkmalen zu den als *Quercus roburoides* BÉRANGER von LAURENT und MARTY (1923) revidierten Formen kann oft sehr schwierig werden, zumal vorgenannte Autoren *Q. pseudocastanea* in diesen Formenkreis mit einbeziehen. Die von STRAUS (1956, t. 7, f. 4, 5) als *Quercus* cf. *libani* OLIV. beschriebenen Blätter aus Willershausen stimmen morphologisch mit unseren Blattresten überein.

Derart buchtig gezähnte Blätter, die zu *Q. pseudocastanea* große Analogien besitzen, sind z. B. *Quercus furuhjelmii* HEER (1869), WOLFE und TANAI (1980), *Quercus miovariabilis* HU et CHANEY (1940), ABLAEV (1975) und *Quercus micrispula* HUZIOKA (1954), TANAI (1961).

Rezente Vergleiche (Auswahl): MENZEL 1906 = *Q. prinus* L., *Q. castaneifolia* C. A. MEY.; KRÄUSEL 1919 = *Quercus* Sect. *Cerris*; LAURENT et MARTY (1923) = *Quercus mongolica* FISCH.; MENZEL, GOTHAN et SAPPER (1933) = Sect. *Robur* RCHB.; MÜLLER-STOLL (1938) = Vorläufer der roburoiden Eichen, Sect. *Cerris*; KNOBLOCH (1969) = *Q. prinus* L.; KRYSHTOFOVICH und BAJKOVSKAJA (1965) = *Q. acuminata* SARG., *Q. prinus* L., *Q. castaneifolia* C. A. MEY.; ZASTAWNIAK (1972) = Sect. *Robur* RCHB.: *Q. canariensis* WILLD., *Q. macranthera* FISCH. et MEY., *Q. petraea* (MATT.) LIEBL., *Q. hartwissiana* STEV.; Sect. *Prinus* LOUD.: *Q. prinus* L., *Q. mongolica* FISCH., *Q. dentata* THUNB. Wir sehen nach den bisher möglichen Rezent-Vergleichen große Affinität zu Vertretern der Section *Cerris* OERST., ohne eine artliche Festlegung treffen zu können. Dazu gehört eine monographische Bearbeitung dieser Sippe (KVAČEK und WALTHER in Vorber.)

Vorkommen: In Europa vom Obermiozän bis Oberpliozän mit unterschiedlicher Häufigkeit.

Berga: MMG, Dresden, Bg 25, Bg 103:1:2, Bg 200, Bg 204, Bg 208a, b, Bg 224, Bg 227, Bg 243, Bg 244, Bg 248, Bg 257, Bg 259, Bg 261, Bg 289b, Bg 302, Bg 310:1:2, Bg 319b, Bg 433:1:2, Bg 482, Bg 496, Bg 499b.

Präparate: MMG, Dresden, Bg 71—80/84, Bg 122—144/84, Bg 146—147/84.

Section Robur REICHENBACH

Die Bestimmung jungtertiärer roburoider Eichen nach der Blattmorphologie stellt immer noch eines der schwierigsten Probleme in der Tertiär-Paläobotanik dar. GIVULESCU (1979) weist auf die unterschiedlichen Merkmale hin, die die einzelnen Autoren zur Abgrenzung dieser Formen anwenden. Im Prinzip sind dadurch die in obermiozänen oder pliozänen Floren angeführten Artbeschreibungen von roburoiden Eichen für einen Bearbeiter nur bedingt erfolgversprechend. Diese Schwierigkeiten treten bereits bei MASSALONGO und SCARABELLI (1853) auf. LAURENT und MARTY (1923) versuchen, durch die Revision von *Quercus roburoides* BÉRANGER eine Abgrenzung dieser Formart zu erreichen. Dieses Verfahren hat zu keiner eindeutigen Lösung geführt, da die von vorgenannten Autoren angegebenen rezenten Vergleichsarten zu eng gefaßt werden, was von SCHWARZ (1936) einer berechtigten Kritik unterworfen wird. Ohne eine ausreichende Anzahl fossiler Belege und dem entsprechenden Vergleich mit der gesamten Formenbreite der rezenten Arten müssen die Aussagen subjektiv bleiben. In diesem Zusammenhang ist die Auffassung von MÜLLER-STOLL (1938) hervorzuheben, daß es sich bei diesen umstrittenen „Arten" um morphologische Blatt-Typen handelt, wie es wohl auch LAURENT und MARTY (1923) auffassen, keinesfalls aber um Arten. Es sind

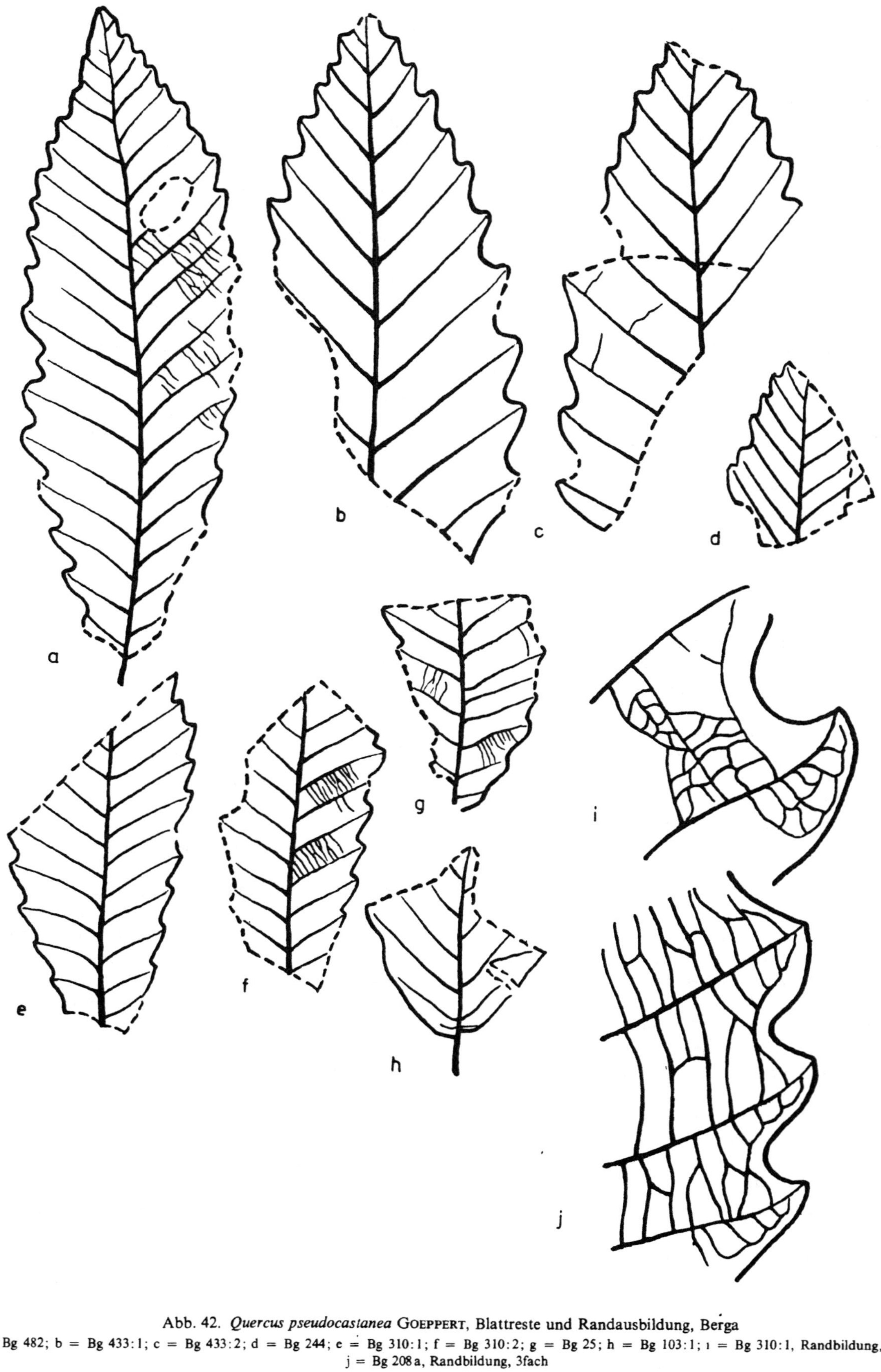

Abb. 42. *Quercus pseudocastanea* GOEPPERT, Blattreste und Randausbildung, Berga
a = Bg 482; b = Bg 433:1; c = Bg 433:2; d = Bg 244; e = Bg 310:1; f = Bg 310:2; g = Bg 25; h = Bg 103:1; i = Bg 310:1, Randbildung, 5fach; j = Bg 208a, Randbildung, 3fach

morphologische Formenkreise, wie sie im Tertiär bei Blättern nicht selten sind — z. B. *Carpinus grandis* (UNG.) emend. HEER (MAI und WALTHER 1978). Von POP (1936) wird konsequent LAURENT und MARTY (1923) gefolgt, indem er „*Quercus roburoides* BÉR." als „kollektive Einheit" auffaßt, welche mindestens zwei, wenn nicht drei Typen umfaßte „und heute mehrere entsprechende Arten besitzt". In der Bestimmung seiner Blatt-Typen steht er aber im Widerspruch zu LAURENT und MARTY (1923) und hauptsächlich zu STEFANOFF (1928), besonders in der Frage des gemeinsamen Ursprungs der Arten der Section *Robur* RCHB. und der Section *Prinus* LOUD. (SCHWARZ 1936—1939). Die Klärung dieser durchaus interessanten Frage muß gesonderten Studien vorbehalten bleiben [KVAČEK und WALTHER in Vorber. = blattanatomisch-morphologische Untersuchungen; TANAI (persönliche Mitt.) = Areolenanalyse]. Über das plötzliche Auftreten der unterschiedlichsten Formen von Eichen der Section *Robur* RCHB. im jüngsten Tertiär wurde bereits an anderer Stelle hingewiesen. Einerseits wird der Methode von SCHWARZ (1936—1939) gefolgt, wie es z. B. STRAUS (1956) bei den Eichen der oberpliozänen Flora von Willershausen versucht. Durch das Aufstellen neuer Arten und Unterarten wird aber die Bestimmung nicht erleichtert. Andererseits wird auf mehr oder weniger sicher beschriebene Fossil-Arten verwiesen, stellen die Autoren neue Arten auf oder benennen die fossilen Formen nach conferen rezenten Arten bzw. Artengruppen, z. B. POP (1936), STEFANOFF und JORDANOFF (1935), MÄDLER (1939), ANDREÁNSZKY (1959), KOLAKOVSKIJ (1954) KRYSHTOFOVICH und BAJKOVSKAJA (1965), GIVULESCU (1979). Aus nomenklatorischen Gründen wird von TAKHTAJAN u. a. (1982) *Querbus roburoides* BÉRANGER als Synonym zu *Quercus pseudorobur* KOV. gestellt. Der Holotypus ist ein apikaler Blattrest mit einfacher Randbuchtung aus Erdöbénye, der „größte Ähnlichkeit zu *Quercus sessiliflora*" zeigen soll, also nur allgemeine Merkmale besitzt. Unter dieser Formart werden in der Folgezeit zahlreiche rezente Vertreter roburoider Eichen geführt.

Für die obermiozänen Floren kann *Quercus pseudorobur* KOV. als eine Stammform der Eichen der Section *Robur* RCHB. angesehen werden. Nach SCHWARZ (1936—1939) handelt es sich um primitive Vertreter, die eine gleichmäßige Randbuchtung und keine Sinualnerven aufweisen. Ähnlich kann das auch bei *Quercus pseudocastanea* GOEPPERT für die unter der Section *Cerris* zusammengefaßten Arten der Fall sein. Daß diese einfachen Formen noch im Oberpliozän weiter bestehen, zeigen vorliegende Untersuchungen. Gleichzeitig, und das trifft besonders für das Oberpliozän von Berga zu, treten Formen mit starker Differenzierung in der Randausbildung (Buchtung) und Nervatur (Sinualnerven) auf, bei denen eine Anwendung des Namens *Quercus pseudorobur* KOV. nicht mehr gerechtfertigt erscheint.

Überlieferungszustand, Quantität und fehlende anatomische Struktur erlauben nur der von SCHWARZ (1936—1939) durchgeführten Methode (Randausbildung, Sinualnerven) in bestimmtem Maße zu folgen.

Die Abgrenzung erfolgt nach den Kriterien:

1. Blätter ohne oder nur mit vereinzelten Sinualnerven.
2. Blätter mit Sinualnerven und unregelmäßiger Lappenbildung.
3. Blätter mit stark ausgeprägten Sinualnerven und extrem grober Lappenbildung.

Dabei können zwischen den unter 1. und 2. angeführten Typen durchaus gleitende Übergänge vorhanden sein. Vorliegendes Material reicht für die Erfassung der Variationsbreite nicht aus, so daß die Abgrenzungen als unsicher betrachtet werden müssen. Die zu den einzelnen Typen genannten analogen *Quercus*-Arten sind Ergebnisse umfangreicher Untersuchungen an rezenten Belegen, erheben aber nicht den Anspruch auf Vollständigkeit.

Quercus spec. Typ I
(cf. *Quercus pseudorobur* KOVATS sensu TAKHTAJAN u. a. 1982)
Abb. 43a—g; 44f; Taf. XXIII, Fig. 1—3

Merkmale:

1. Blätter mit regelmäßig buchtig-gekerbtem oder dreieckig gelapptem Rand.
2. Größte Breite in der Mitte der Blattspreite oder im basalen Teil des oberen Blattdrittels.
3. Interkalare Nerven (Sinualnerven) fehlen oder kommen nur im Basalbereich vor.

Blätter ovat, ovat-oblong bis obovat, gestielt. Stiel bis 1,65 cm lang, (3,9) 5—10 (15) cm lang, maximale Breite 8 cm. Spitze stumpf bis breit dreieckig. Basis keilförmig bis gerundet. Rand gebuchtet bis buchtig-fiederlappig mit fünf bis acht abgerundeten bis dreieckig-stumpfen Loben. Primärnerv kräftig. Sekundärnerven craspedodrom, fünf bis acht Paar, alternierend bis opponierend. In unterschiedlich großen Winkeln 80° (50°) 24° vom Primärnerv abzweigend. Straffer, teilweise leicht bogiger Verlauf in die Loben bzw. buchtigen Zähne. Interkalare Nerven nur vereinzelt im Basalbereich. Sekundärnerven fast parallel zueinander, immer in annähernd gleichen Abständen. Tertiärnerven nur fragmentarisch erhalten, parallelläufig, zum Teil mit Gabelungen.

Bemerkungen: Diese Formen entsprechen völlig der Diagnose von LAURENT und MARTY (1923) für *Quercus roburoides* BÉRANGER (= *Q. pseudorobur* KOV.), werden aber aus obengenannten Gründen als *Quercus* spec. Typ I bezeichnet. In Berga kommen drei Formengruppen vor, die mehr oder weniger deutlich durch gleitende Übergänge verbunden sind. Vereinzelt treten kleine ovate Blätter mit fünf Loben auf, die als juvenile Blätter angesehen werden können. Den Hauptanteil bilden bis zu 15 cm lange Blätter mit buchtig-fiederlappigem Rand, zumeist mit acht Loben und keilförmiger bis gerundeter Basis und bis zu 1,65 cm langem Stiel. Derartige *Quercus*-Blätter weisen Ähnlichkeiten zu *Quercus petraea* (MATT.) LIEBL. (*Q. sessiliflora* SALISB.) auf. Als Merkmale werden Form, Lobenbildung, Basis und Blattstiel (SCHWARZ 1936—1939, 1964) benutzt. Unter dem Formenkreis von *Q. roburoides* BÉR. weisen DEPAPE (1922), POP (1936) aus Borsec, MÜLLER-STOLL (1938) aus Dernbach und MÄDLER (1939) aus der Klärbeckenflora von Frankfurt (Main) die schlankeren Blätter als mit *Quercus petraea* (MATT) LIEBL. vergleichbar nach. MÄDLER (1939) führt sogar für seine zahlreichen Belege den Namen *Quercus sessiliflora* SALISB. *fossilis*. Zu den von STRAUS (1956) als *Q.* cf. *polycarpa* SCHUR, cf. *Q. cedrorum* KOTSCHY und *Q. praeerucifolia* STRAUS nachgewiesenen roburoiden Eichenblättern aus dem Oberpliozän von Willershausen bestehen Unterschiede. Hier scheint ein anderer Formenkreis vorzuliegen. An unsere Form erinnert auch das als *Q.* aff. *hartwissiana* STEV. abgebildete Blatt von STOJANOFF und JORDANOFF (1929, Abb. 14, Fig. 4).

Neben den *Quercus petraea*-ähnlichen, schlankeren Blättern kommt in Berga ein obovater Blattrest mit seichter Randbuchtung und interkalaren Nerven im Basalbereich vor.

Derartige Blattformen sind aus fast allen Pliozänfloren

Abb. 43. *Quercus* spec., Typ I (cf. *Quercus pseudorobur* Kov.),
a = Bg 56:2a; b = Bg 107a; c = Bg 464a; d = Bg 191; e = Bg 509a; f = Bg 463; g = Bg 152
Quercus spec., Berga
h = Bg 263

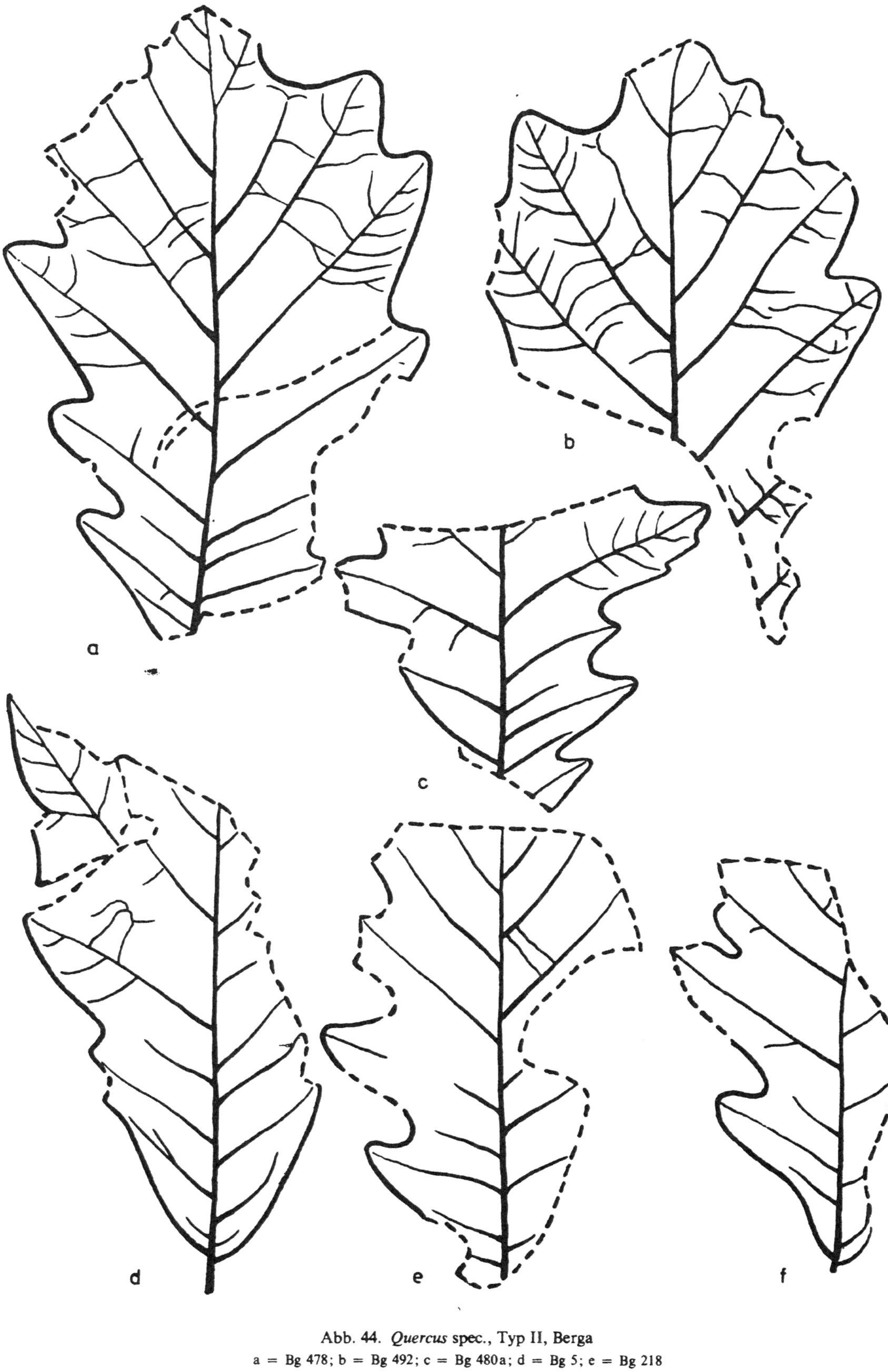

Abb. 44. *Quercus* spec., Typ II, Berga
a = Bg 478; b = Bg 492; c = Bg 480a; d = Bg 5; e = Bg 218

Quercus spec., Typ I (cf. *Quercus pseudorobur* Kov.), Berga
f = Bg 9a

Europas bekannt. DEPAPE (1922), LAURENT und MARTY (1923), STEFANOFF und JORDANOFF (1935), POP (1936), MÜLLER-STOLL (1938), STRAUS (1956) weisen ähnliche Blätter nach, die teils mit *Q. canariensis* WILLD., *Q. armeniaca* KOTSCHY (= *Q. hartwissiana* STEV.), von STEFANOFF und JORDANOFF (1935) aber auch mit *Q. prinus* L. verglichen werden. *Quercus praeprinus* GIVULESCU (1979) aus dem Pannon von Chiuzbaia weicht von unserer Form ab. Der Nachweis eines Einzelblattes aus Berga läßt keine Schlußfolgerungen und sinnvolle rezente Vergleiche zu. Vermutlich stellen alle Blattreste dieses Typs einen systematisch einheitlichen Formenkreis dar (s. MÜLLER-STOLL 1938; SCHWARZ 1936).

Vorkommen: Vereinzelt im Mittelmiozän (Sarmat) als *Q. pseudorobur* KOV. bekannt; im Pliozän, besonders Oberpliozän in Europa unter *Q. roburoides* BÉR. verbreitet.

Berga: MMG, Dresden, Bg 9a, Bg 92:1:2, Bg 52:1:2, Bg 56:2a, Bg 62, Bg 64, Bg 80c, Bg 104c, Bg 107a, Bg (?) 129:1:2, Bg 152, Bg 165a, Bg 188b, Bg 191, Bg 212, Bg 273:1b, Bg 283, Bg 302, Bg 311, Bg 331, Bg 332, Bg 337:1:2, Bg 339:1:2, Bg 347, Bg 376I, Bg 416, Bg 463, Bg 464a, Bg 497c, Bg 469, Bg 499b, Bg 509a.

Quercus spec. Typ II
Abb. 44a—e; Taf. XXIII, Fig. 4—6

Merkmale:
1. Blätter groß, unregelmäßig buchtig-gelappt bis buchtig-fiederlappig, weniger als sechs Loben.
2. Größte Breite im oberen Drittel der Blattspreite.
3. Interkalare Nerven (Sinualnerven) vorhanden.

Blätter obovat, länglich, gestielt, Stiel bis 1,65 cm lang. Spitze stumpf gerundet. Basis keilförmig gerundet, gerundet bis abgesetzt, leicht asymmetrisch. Bis 12 cm lang und 6,5 cm breit. Rand unregelmäßig buchtig-gelappt bis buchtig-fiederlappig. Loben in Form und Größe stark variierend, abgerundet bis stumpf-dreieckig, fünf (sechs), verschiedentlich mit ein bis zwei kleinen stumpfdreieckigen Zähnen. Nervatur semicraspedodrom. Lobenläufige Sekundärnerven straff bis leicht bogig, stark alternierend, in Lappenspitzen endend. Besonders im Apikalteil und Basalteil interkalare Nerven häufig. Führen in Lappenbuchten, dort sich randläufig gabelnd. Im Basalbereich Schlingen bildend. Verlauf der Sinualnerven leicht bogig bis schwach geschlängelt. Lobenläufige Sekundärnerven schließen mit dem sich apikalwärts allmählich verdünnenden Primärnerv Winkel von 65—23° ein. Tertiärnerven nur selten überliefert, bilden senkrechte Anastomosen zwischen den Sekundärnerven bzw. randläufige Schlingen in den Loben.

Bemerkungen: Diese Blätter scheinen einen eigenen Formenkreis zu verkörpern, wobei gleitende Übergänge zu den als *Quercus* spec. Typ I beschriebenen Resten durchaus vorhanden sein können. Trennend sind die asymmetrische Folge der ungleichgroßen Loben, deren geringe Anzahl und das Auftreten typischer interkalarer Nerven. Aus der Literatur sind diese Formen nicht bekannt. Unter den rezenten Eichen der Section *Robur* RCHB., sind die Blätter nach SCHWARZ (1936—1939) als abgeleitete Formen anzusprechen. In ihrer Form nähern sie sich *Quercus robur* L., zeigen in der Lobenbildung aber eine gewisse Ähnlichkeit zu *Quercus pubescens* WILLD., die in der Blattform außerordentlich stark variiert und in zahlreichen Formen und verschiedenen Varietäten von Süd- und Mittelfrankreich, Südeuropa bis zur Balkanhalbinsel, Rumänien und Krim verbreitet ist (SCHWARZ 1936—1939). Trotzdem ist eine echte Zuordnung zu einer rezenten Art nicht möglich.

Vorkommen: Erstmals im Oberpliozän von Berga nachgewiesen.

Berga: MMG, Dresden, Bg 5, Bg 36, Bg 76, Bg 165a, Bg 218, Bg 286, Bg 375a, Bg 379a, Bg 388c, Bg 422, Bg 478, Bg 480a, Bg 487a, Bg 492.

Quercus spec. Typ III
(aff. *Quercus haas* KOTSCHY)
Abb. 45

Merkmale:
1. Blätter mit großbuchtigen bis fiederspaltigen Loben.
2. Ausgeprägtes System interkalarer Nerven (Sinualnerven), häufig in Loben gabelnd, parallel mit lobalen Sekundärnerven verlaufend.

Es liegen nur Fragmente ausgesprochen großer *Quercus*-Blätter vor, von denen lediglich Spreitenreste mit Randausbildung überliefert sind. Loben groß, stumpf-rundlich bis fiederspaltig, teilweise weitere ausgerandete Lappung vorhanden. Abstand vom Primärnerv 3—5 cm. Nervatur semicraspedodrom. Lobenläufige Sekundärnerven in fast rechten Winkeln vom Primärnerv abzweigend. Interkalare Nerven

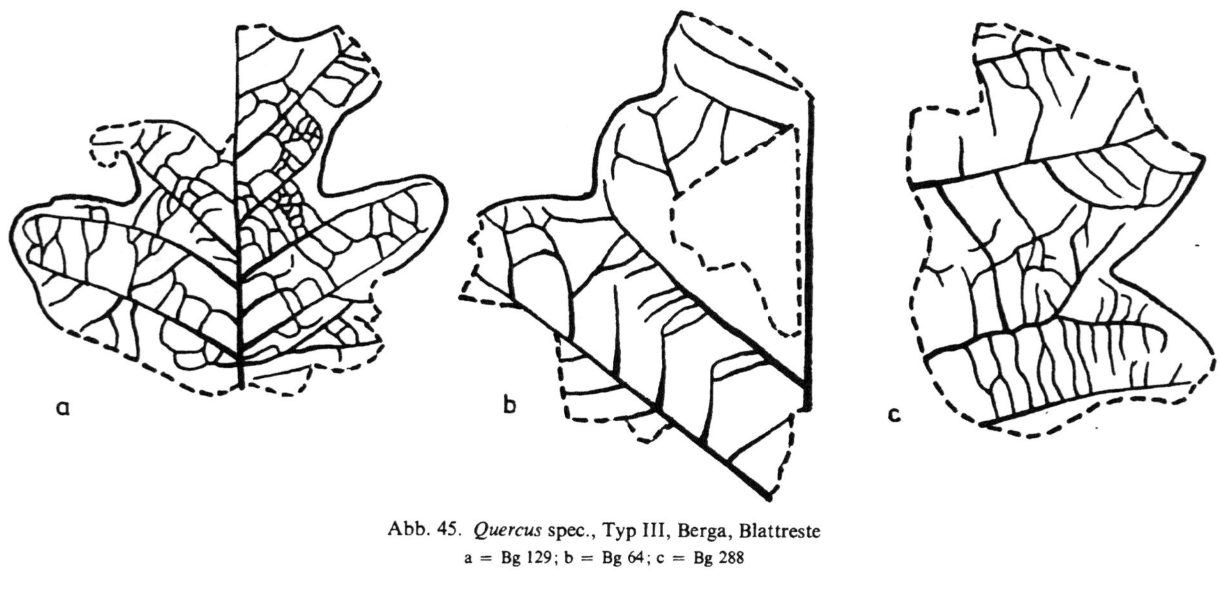

Abb. 45. *Quercus* spec., Typ III, Berga, Blattreste
a = Bg 129; b = Bg 64; c = Bg 288

gehäuft, leicht bogiger bis schwach geschlängelter Verlauf. Vor Lobenbuchten gabelnd, Äste in Loben weiterführend, teilweise auch fast parallel mit den lobenläufigen Sekundärnerven. Tertiärnerven bilden zwischen lobenläufigen und interkalaren Sekundärnerven ein mehr oder weniger dichtes Netz sich zum Teil häufig gabelnder Anastomosen. In den Loben bilden Tertiärnerven randnahe, bisweilen häufig sich gabelnde Anastomosen.

Bemerkungen: Von allen bisher fossil bekannten *Quercus*-Arten fallen diese Reste durch ihre typische Lobenausbildung auf und weisen in der Blattform die größte Abweichung auf. Zu *Quercus praeerucifolia* STRAUS (1956: t. 3, f. 6) besteht Ähnlichkeit im Verlauf der Sinualnerven im Lobenbereich. Allerdings sind diese Blätter wesentlich kleiner. Ein ähnlicher Verlauf der interkalaren Nerven im Lobenbereich konnte bei folgenden rezenten Arten beobachtet werden: *Q. erucifolia* STEV., besonders bei der ssp. *longipes* (STEV.) SCHWZ., *Q. pedunculiflora* C. KOCH, *Q. haas* KOTSCHY und manchmal auch bei *Q. robur* L. Größte Ähnlichkeit, die bis zur Übereinstimmung reicht, besteht zu der in Kleinasien vorkommenden *Quercus haas* KOTSCHY. Sie besitzt tief gelappte, bis 20 cm lange, obovate Blätter mit breiten, abgerundeten Lappen, wobei die größten wiederum ausgerandet-gelappt bis spitz und dann deutlich gelappt-gezähnt sein können. Lobenläufige Sekundärnerven gehen in Winkeln von 67—88° vom Primärnerv ab, reichliche interkalare Nerven (Sinualnerven) auch in Loben führend, dazu grobmaschiges Flächenadernetz (vgl. SCHWARZ 1936—1939; KRÜSSMANN 1978). Diese Art wird als selten betrachtet. Das berechtigt zu der Annahme, daß das heutige Verbreitungsgebiet nur ein Restareal darstellen kann.

Vorkommen: Bisher nur aus dem Oberpliozän von Berga (eventuell auch von Willershausen) bekannt.
Berga: MMG, Dresden, Bg 64, Bg 94, Bg 129: 1:2, Bg 288.

Quercus spec.
Abb. 43h; Taf. XXIII, Fig. 7

Ein Blattrest, obovat, 6,3 cm lang, mit verschmälerter, langer, lobenfreier, gerundeter Basis. Rand unregelmäßig buchtig-gezähnt bis -gelappt. Loben ungleich groß, gerundet. Nervatur semicraspedodrom. Sekundärnerven (neun), schwach alternierend bis opponierend, in nicht zu spitzen Winkeln straff in den Loben endend. Abstand gleichmäßig, paralleler Verlauf. Interkalare Nerven im untersten Viertel der Blattspreite randnahe Schlingen bildend. Lamina kräftig, kohlig erhalten. Blattepidermale Untersuchungen nicht möglich.

Bemerkungen: Dieser Blattrest läßt sich in keine der vorgenannten *Quercus*-Typen sicher einordnen. Rezentvergleiche zeigen gewisse Ähnlichkeit zu *Quercus mongolica* FISCH. ex LEDED., bei der Blätter mit einer langen, lobenfreien, verschmälerten Basis vorkommen können. Damit wird nicht ausgeschlossen, daß noch weitere rezente *Quercus*-Arten mit stark variierenden Blättern in Betracht kommen können.

Vorkommen: Bisher nur aus dem Oberpliozän von Berga bekannt.
Berga: MMG, Dresden, Bg 263.

Betulaceae

Alnus GAERTNER

Gegenwärtig etwa 35 Arten auf der Nordhemisphäre, mit subtropischen Arealausläufen bis Kolumbien, Peru und Bolivien in Amerika, bis Assam und Burma in Asien. In der Arktis und in den Hochgebirgen bis zur Waldgrenze. Mit der Mehrzahl der Arten im ozeanischen und subozeanischen Klimabereich; im kontinentalen Klima bis zur Grenze der sommergrünen Breitlaubgehölze (*A. glutinosa* GAERTN.), aber meist an hohen Grundwasserstand, Flußauen, Sümpfe, Ufer gebunden. Bildet sehr oft besondere Gesellschaften mit wenigen anderen Baumarten auf anmoorigen oder moorigen Standorten: Erlenbruchwälder, Flußauenwälder, Sumpfwälder. Daneben in Lorbeerwäldern, Mixed Mesophytic Forests, Fageten, selten in Koniferenwäldern.

Gestielte, einzeln oder in kleinen Trauben stehende Fruchtzäpfchen aus einer verholzten Achse und zahlreichen, spiralig gestellten, verholzten, dicklichen Fruchtschuppen. Diese bleiben nach Ausstreuen der Früchte meist starr an der Achse erhalten und fallen mit dieser ab, oder sie zerfallen lange Zeit nach Ausstreuen der Früchte. Die vorn stets fünflappigen Fruchtschuppen entstehen aus der Verwachsung eines Tragblatts mit vier Vorblättern. Sie bedecken jeweils zwei Früchte. Früchte (Nüßchen) von eiförmiger bis elliptischer Gestalt mit zwei bleibenden Griffelresten. Nüsse am Rande meist kantig verdrückt und undeutlich schmal-dicklich oder häutig geflügelt. Perikarp dünn, doch sehr fest, oberseitig stets zellig gefeldert. Testa des Samens höchstens als dünner Fetzen. Blattmorphologisch schwer bestimmbar. Merkmalskomplexe der Kutikula sind Drüsen und Kutikularstreifung.

Erste fossile Funde ab Mitteleozän in Europa (ca. 30 Arten). Im Pleistozän des Gebiets nur die heute noch in Europa lebenden Arten *A. glutinosa* GAERTN., *A. incana* MOENCH, *A. viridis* CHAIX.

Artenbeschreibungen: UNGER 1847, 1867; SAPORTA 1862, 1881; C. und E. M. REID 1907a; SZAFER 1947; DOROFEEV 1959c, 1962b, 1963a, c, 1965, 1970, 1982b; CHANDLER 1963; BUDANCEV und SVESHNIKOVA 1964; KOLAKOVSKIJ 1964; MAI und GREGOR 1982; BALUEVA in DOROFEEV 1982b; MAI 1987.

Alnus glutinosa GAERTNER **fossilis**
Abb. 47a, b; Taf. XXV, Fig. 1—3

1881 *Alnus glutinosa foss.* SAPORTA, Pfl. vor Erscheinen Menschen: 333; Abb. 109, f. 6, 7.

Fruchtzäpfchen (Strobili), Schuppen und Früchte (Nüsse), letztere besonders durch ihre herzförmige bis rundliche Form, die fehlende Zuspitzung zu den Griffeln und den fast nicht entwickelten Flügel kenntlich. 2—2,5 mm lang, 2—2,3 mm breit.

Bemerkungen: Die heutige Art ist in ganz Europa bis in warmgemäßigte Gebiete des Mittelmeergebiets und Kleinasiens verbreitet. Im subtropischen Transkaukasien wird sie von *A. barbata* C. A. MEYER ersetzt, die sich nach Früchten und Strobili nicht abtrennen läßt (vgl. dagegen DOROFEEV in KOLAKOVSKIJ 1958). Sie bevorzugt die feuchten Niederungen, Seeufer, Flußtäler und bildet hier Erlenbruchwälder von großer Ausdehnung. Diese Wälder können bis zu 20 cm Bruchwaldtorf anhäufen, falls der Grundwasserstand entsprechende Steigungen aufweist. In den europäischen Hochgebirgen wird 1200 m Höhe nicht überschritten. Stets Anzeiger eutropher Bedingungen und hohen Grundwasserstandes.

Vorkommen: Erste seltene Funde im Mittelmiozän (SZAFER 1961), auch noch nicht sehr verbreitet im Pliozän (Krościenko, Kama, Mizerna, Krivobore, Uryv, Weilerswist, Ceyssac, Icksberg), aber häufig in allen Interglazialzeiten, damals bis Westsibirien und Baschkirien (KOLESNIKOVA 1957; KEILHACK 1906; SCHRÖDER

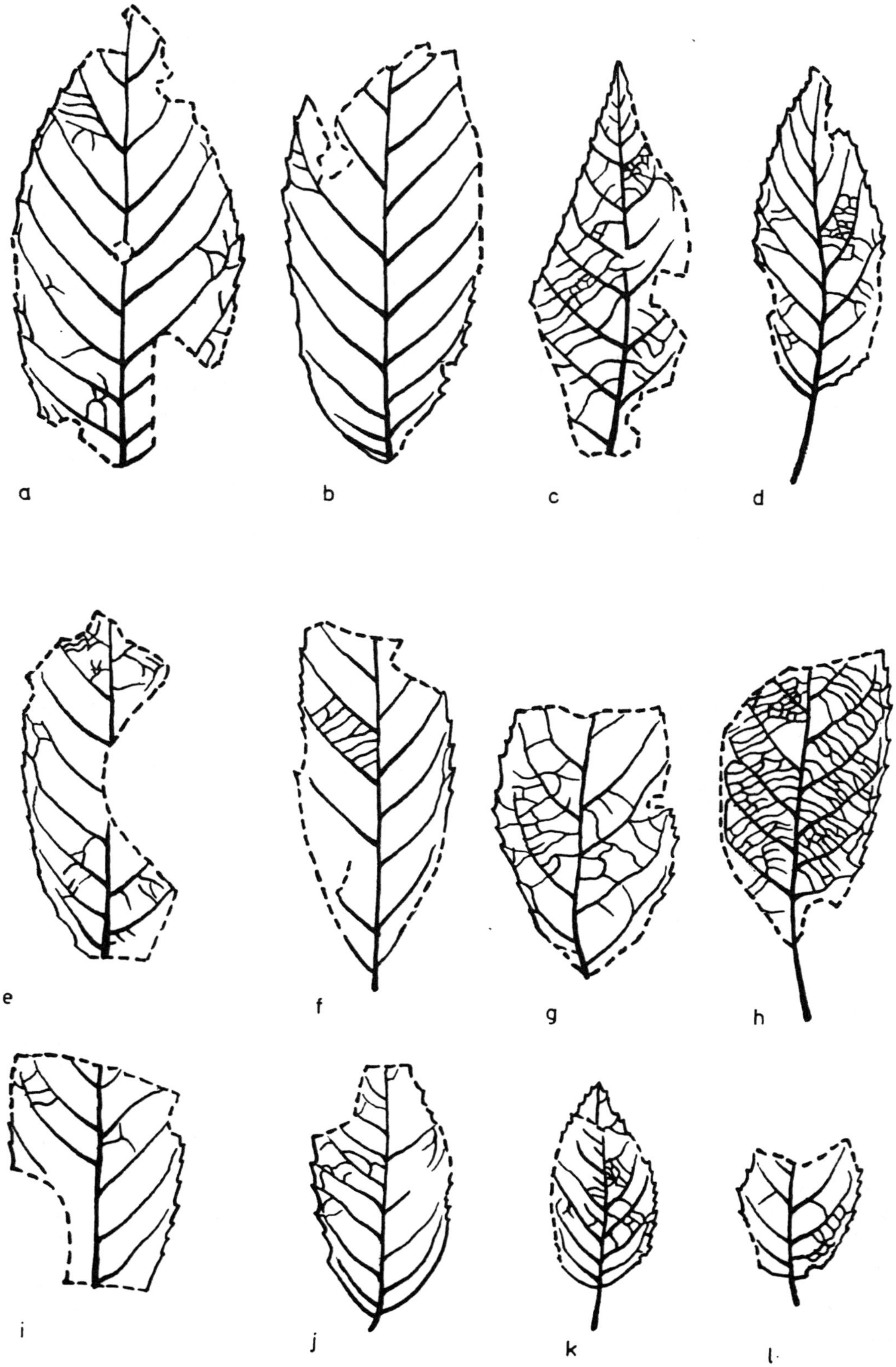

Abb. 46. Blätter von *Alnus gaudinii* (HEER) KNOBLOCH et KVAČEK, Berga
a = Bg 309; b = Bg 197; c = Bg 201; d = Bg 318; e = Bg 299 a; f = Bg 203; g = Bg 260; h = Bg 270; i = Bg 307; j = Bg 512; k = Bg 249; l = Bg 299 b; 1:1

und STOLLER 1908; STOLLER 1908; SCHMIERER 1922; KAUNHOEVEN und STOLLER 1926).

Nordhausen (4843b); Rippersroda (810).

Alnus gaudinii (HEER) KNOBLOCH et KVAČEK

Abb. 46, 48; Taf. XXIV, Fig. 1—15; Taf. XXXIII, Fig. 6—12

1976 *Alnus gaudinii* (HEER) KNOBLOCH und KVAČEK, Vestn. Ústř. úst. geol., **42**: 33.

Synonyma:

1859 *Rhamnus gaudinii* HEER, Fl. tert. Helv., **3**: 79; t. 124, f. 4—15; t. 125, f. 1, 7, 13.

1934 *Rhamnus gaudinii* HEER — WEYLAND, Abh. preuß. geol. Landesanst., **161**: 99, f. 7, 8.

?1982 *Alnus duensis* (BAJK.) ILJINSKAJA in TAKHTAJAN, Magnoliophyta Foss. SSSR, **2**: 179; t. 76, f. 1—5; Abb. 87/1—3.

Weitere Synonyma s. KNOBLOCH und KVAČEK (1976, S. 33).

Besonders in den feinsandig-kohligen Tonen von Berga konnten zahlreiche Blattreste nachgewiesen werden. Die Blätter sind oval-lanzettlich bis oblong-ovat, 3,5—8,5 cm lang und 1,7—3,75 cm breit, zum Teil leicht asymmetrisch. Spitze lang zugespitzt bis breit dreieckig. Basis spitz bis breit keilförmig, schwach bis stark asymmetrisch. Rand mehr oder weniger entfernt feingezähnt, Zähnung unregelmäßig. Größere Zähne (Hauptzähne?) hakenförmig mit abgerundeter Spitze, teilweise drüsenartig verdickt, kleinere Zähne (Nebenzähne?) mehr oder weniger senkrecht zum Blattrand orientiert, spitz- bis breit-dreieckig. Fünf bis zehn Zähne je cm. Primärnerv kräftig (1 mm), gerade bis leicht gebogen in Blattspitze ausmündend. Sekundärnerven sechs bis acht bis zehn, schwach bis stark alternierend, verschiedentlich basales Paar oder 3. bis 4. Paar (von Basis) opponierend, semicraspedodrom. Schließen mit Primärnerv Winkel von 58° (44°) bis 26° ein. Größe der Winkel der Sekundärnerven von Basis zur Spitze unregelmäßig. Verlauf bogig, im letzten Drittel leicht geschlängelt. Vereinzelt Aufgabelung der Sekundärnerven nach dem ersten Drittel ihres Verlaufs. In unmittelbarer Randnähe Schlingen bildend, von diesen innervieren Nervenäste die Zahnspitzen bzw. -buchten. Vereinzelt können die Sekundärnerven direkt in den Zahnspitzen bzw. -buchten besonders der größeren hakenförmigen Zähne enden. Sehr selten konnte ein sehr zartes Basalnervenpaar erkannt werden. Verschiedentlich treten ein bis drei Zwischennerven auf. Abstand der Sekundärnerven innerhalb eines Blatts meist sehr unregelmäßig (0,3 bis 0,6 cm). Tertiärnerven bilden fast rechtwinklige bis leicht schräge, sich gabelnde Anastomosen (acht bis 12 je cm). Zwischen ihnen ist ein polygonales Netz höherer Nervatur erkennbar. Nervillen letzter Ordnung enden, sich dichotom gabelnd, in den Areolen.

Epidermisstruktur: Lamina kräftig, trotzdem sind die Reste der Kutikula oft nur fragmentarisch erhalten.

Zellen der Oberepidermis polyedrisch, 10(20)—41 µm groß, Antiklinen gerade bis schwach bogig, schwach gestreift, gekörnelt oder auch glatt. Zellen der Unterepidermis polyedrisch, um Drüsenbasen mehr rectangulär, 10—(18)—30 µm lang, Antiklinen gerade, bogig, häufig auch leicht unduliert. Stomata anomozytisch, oval bis breit-oval (vereinzelt rundlich), 23,3 (16—35) µm lang und 21,2 (14—34) µm breit, ungleich groß, sehr große Stomata (vereinzelt) 35 µm lang und 34 µm breit. Porus schmal oval, von stark kutinisierten, an den Polen in kurze Spitzen auslaufenden äußeren Schließleisten begrenzt, Schließleisten bis 20 µm lang und 3—4 µm breit. Verstreut vierzellige Drüsenbasen, rundlich bis unregelmäßig rundlich, 18—30 µm im Durchmesser, in Intercostalfeldern oder auch auf Nervillen letzter Ordnung. Schilddrüsen nur selten erhalten, rundlich, 70—80 µm im Durchmesser. Häufig um Stomata und Drüsenbasen feine parallele Kutikularstreifung erkennbar. Auf den Nerven vereinzelt einzellige, rundliche Haarbasen.

Bemerkungen: KVAČEK in KNOBLOCH und KVAČEK (1976) hat auf die Schwierigkeiten der anatomischen Unterscheidung von Vertretern der Gattung *Alnus* GAERTN. aus der Serie *Virides* SCHNEIDER von Vertretern der Gattung *Betula* Sect. *Costatae*, aufmerksam gemacht und sieht in dem regelmäßigen Vorkommen der vierzelligen Drüsenbasen und der regelmäßigen, gestreiften oberen Epidermis Indizien, die eine Zuordnung der Blätter aus dem Tagebau Oder 1 bei Schwandorf usw. zur Gattung *Alnus* erlauben. Vorliegende Blattreste weisen völlige Übereinstimmung mit der von KNOBLOCH und KVAČEK neukombinierten Art auf. Die Kombination der bemerkenswerten Blattmorphologie (Ausbildung und Verlauf der Sekundärnerven, Randzähnung, Ausbildung der Spreitenbasis) weisen zusammen mit den epidermalen Merkmalskomplexen auf *Alnus* GAERTNER hin. Umfangreiche Untersuchungen an rezentem Material ergeben engste Beziehungen zu *Alnus nitida* (SPACH) ENDL. aus der Section *Chlethropis* (SPACH) REGEL. Neben den von KNOBLOCH und KVAČEK (1976) angeführten Formen zeigt *Alnus duensis* (BAJK.) ILJINSKAJA in TAKHTAJAN u. a. (1982, S. 176) große Ähnlichkeit mit vorliegender Art. Das gehäufte Vorkommen besonders in der kohlig-tonigen Fazies von Berga weist auf ein Auenwaldelement hin.

Vorkommen: Bisher sicher nach epidermaler Struktur vom unteren Miozän bis oberes Pliozän in Europa nachgewiesen.

Berga: MMG, Dresden, Bg 161, Bg 171, Bg 194, Bg 196, Bg 197, Bg 198, Bg 201, Bg 203a, Bg 206, Bg 207, Bg 219, Bg 223, Bg 225, Bg 228, Bg 229, Bg 230, Bg 231, Bg 232, Bg 233, Bg 237, Bg 238, Bg 241, Bg 242, Bg 245, Bg 247, Bg 249, Bg 250, Bg 252, Bg 255, Bg 258, Bg 260, Bg 264, Bg 265, Bg 268, Bg 269, Bg 270, Bg 271, Bg 277, Bg 295I, Bg 296, Bg 297, Bg 299a, b, Bg 301, Bg 303, Bg 305, Bg 306, Bg 307, Bg 308, Bg 309, Bg 318, Bg 319a, Bg 320, Bg 340, Bg 467a, Bg 511, Bg 512, Bg 517.

Präparate: MMG, Dresden, Bg 15/84—26/84, Bg 36/84—38/84, Bg 49/84—56/84, Bg 62/84—70/84, Bg 81/84—96/84, Bg 113/84 bis 121/84, Bg 169/84—174/84.

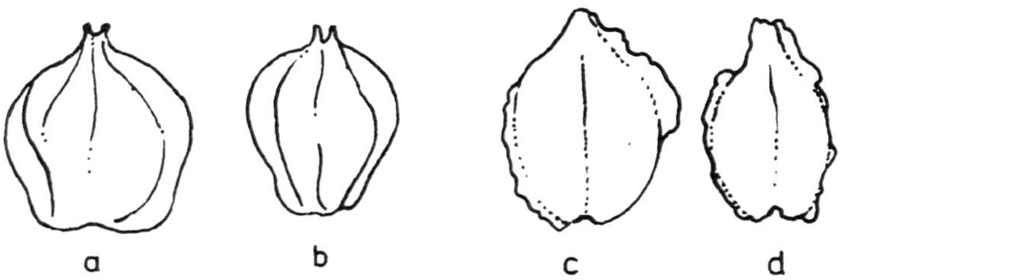

Abb. 47. Nüßchen pliozäner *Alnus*-Arten aus Nordhausen

a, b = *Alnus glutinosa* (L.) GAERTN. *fossilis* (4843b). — c, d = *Alnus tanaitica* DOROF. (4843)

Alnus tambovica DOROFEEV
Taf. XXV, Fig. 4

1982b *Alnus tambovica* DOROFEEV, Iskop. cvetkov. rasten. SSSR, 2: 131; t. 137, f. 8—20; Abb. 96.

Nüßchen breit-eiförmig bis breit-trapezförmig, seitlich scharfkantig, mit breitem Flügel, dünn. Spitze lang keilförmig bis zugerundet, mit aufsitzenden Griffeln. Basis grubig, mit großem, rundem Hilum, das auf die Seite übertritt. Oberfläche des Perikarps glänzend bis matt, Zellen rechteckig bis quadratisch, in Längsreihen. Länge 1,6—2,5 mm, Breite 1,2 bis 2,0 mm.

Bemerkungen: Nach den Früchten steht diese Art *A. subcordata* C. A. MEY. und *A. nitida* (SPACH) ENDL. am nächsten. Die Oberflächenzellen ähneln auch *A. cordata* (LOISEL.) DESF. Richtig ist die bereits bei MAI (1965, S. 49) in das Subgen. *Gymnothyrsus* SPACH vorgenommene Zuordnung. Aus dieser Untergattung sind neuerdings eine Anzahl fossiler Arten bekannt geworden (DOROFEEV 1982b). Zum Vergleich mit unseren pliozänen Resten eignet sich *A. tambovica* DOROFEEV am besten, daneben haben aber auch *A. czeganica* BALUEVA, *A. ruthenica* DOROFEEV, *A. uralensis* DOROFEEV, *A. tertiaria* DOROFEEV und *A. bilobata* DOROFEEV enge Beziehungen zu diesen Formen.

Vorkommen: Obermiozän des europäischen Teils der RSFSR (DOROFEEV 1982b).
Kranichfeld (MfN, Berlin, MAI 1965, t. V, f. 10); Berga (5619); Gerstungen (6677)

Alnus tanaitica DOROFEEV
Abb. 47c, d; Taf. XXV, Fig. 7—11

1982b *Alnus tanaitica* DOROFEEV, Iskop. cvetkov. rasten. SSSR, 2: 135; t. 149, f. 1—12.

Fruchtzapfen (Strobili) klein, bis 12 mm lang, Fruchtschuppen mit mehr oder weniger geradem Rand, Vorblätter und Deckblätter extrem miteinander verwachsen, wulstig. Flügelfrüchte eiförmig, zum Griffelrest allmählich zugespitzt, Griffelreste zart und abfällig. Basis oft eingekerbt, gerundet, mit sehr kleinem Hilum, halbkreisförmig. Flügel dünn, häutig, gewöhnlich breit, sehr leicht abfällig, scharf vom Rand sich abhebend. Länge der Früchte 1,7—2,3 mm, Breite (ohne Flügel) 1,5—1,9 mm.

Bemerkungen: In zahlreichen Merkmalen der Schuppen und der Früchtchen ist diese Art *A. incana* (L.) MOENCH verwandt, aber die Früchte sind kleiner und schmäler als die gegenwärtigen und abweichend in einer dickeren Konsistenz des Flügels.

Zur gleichen Gruppe gehört *A. bashkirica* DOROFEEV (1962b) mit noch kleineren und breiteren Früchtchen.

Alnus incana (L.) MOENCH hat heute ein eurasiatisches Areal vom subozeanischen Europa bis Kaukasien und Westsibirien. Sie ist Charakterart des Alnion glutinosae-incanae in Fluß- und Bachauen.

Vorkommen: Pliozän des europäischen Teils der RSFSR (DOROFEEV 1982b); vielleicht auch Tegelen (REID 1907a, t. 2, f. 80 = „*A. viridis* CHAIX").
Nordhausen (4843).

Betula LINNÉ

Wichtige Gehölzgattung der Nordhemisphäre mit gegenwärtig über 60 Arten, mit eindeutigem Schwerpunkt in den borealen Gebieten, aber Arealausläufer bis in die Subtropen von

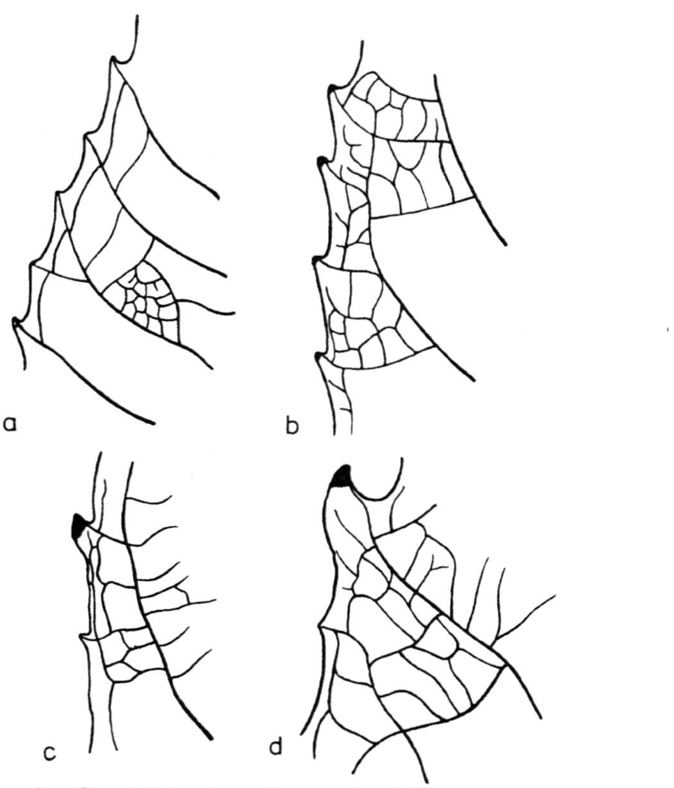

Abb. 48. *Alnus gaudinii* (HEER) KNOBLOCH et KVAČEK, Randzähnung und -nervatur, Berga
a = Rand im Apikalteil, Bg 201, 10fach; b = Rand im Medianbereich, Bg 309, 10fach; c, d = Rand im basalen Teil des Medianbereichs, Bg 319a, ca. 15fach

Hinterindien und Südwestchina. Hygrisch von breiter Amplitude: Zahlreiche ozeanische Arten, aber auch einige Arten in den kontinentalen Waldsteppen. Hohe Bäume bis kleine Bäumchen in sehr verschiedenartigen Waldtypen, vorwiegend Lichthölzer und daher betont in rasch vergänglichen Pionier-Gesellschaften oder Degradationsstadien natürlicher Wälder. Im Laub- oder Laubnadelmischwald, seltener in Kiefernwäldern oder in monodominanten Birkenwäldern. Oft auf bodensauren Naßböden oder auf mageren Böden trockener Standorte. Gegenwärtig in Europa sieben Arten aus zwei Sektionen.

In Kätzchen (Strobili) angeordnete, dreilappige, fast immer dünne Fruchtschuppen, die mit den Früchten zugleich abfallen. Sie zeigen sehr verschiedene und zumeist artspezifische Form und Länge der Lappen. Kleine, eiförmige bis ovale, einsamige Nußfrüchte stets flachgedrückt und über die Ränder deutlich paarig geflügelt.

Fossil von der Gattung Schuppen, Früchte, Blätter, Pollen und Hölzer bekannt, die das Vorkommen der Gattung mindestens mit Beginn des Paläozäns (Pollen) in Europa belegen. Etwa 20 Arten unterscheidbar.

Artenbeschreibungen (Karpologie): BRONGNIART 1828; ANDRAE 1855; SAPORTA 1865, 1867, 1881, 1889; HEER 1868; ETTINGSHAUSEN 1872, 1893; RÉROLLE 1884; C. und E. M. REID 1915; KOZŁOWSKA 1923; JESSEN und MILTHERS 1928; MÄDLER 1939; P. NIKITIN 1948; ŚRODOŃ 1952; BIAŁOBRZESKA und TRUCHANOWICZÓWNA 1960; DOROFEEV 1962b, 1963a, 1967c, 1969b, 1970, 1972a, 1982b; NEGRU 1969; V. NIKITIN 1976.

Betula cholmechensis DOROFEEV
Taf. XXV, Fig. 12—14

1982b *Betula cholmechensis* DOROFEEV, Iskop. cvetkov. rasten. SSSR, 2: 145; t. 143, f. 24—32.

Nüßchen verkehrt-eiförmig oder elliptisch, länglich bis kurz, dicklich, eine Seite abgeflacht, die andere gewölbt, apikal gerundet, mit sitzenden, getrennten Griffelresten, basal keilförmig, manchmal zugespitzt. Flügel nur in Fetzen, dünn, nicht sehr breit, den unteren Bezirk der Nuß freilassend. Länge 1,5—2,2 mm, Breite 1,2—1,8 mm.

Bemerkungen: In unserem Material Schuppen bisher unbekannt, in Osteuropa aber gefunden: diese dünn, mit etwas ausgestrecktem Mittellappen und auseinandergehenden, fast parallelrandigen bis rundlich-rhombischen, etwas gekrümmten Seitenlappen. Nach DOROFEEV (1982b) sind von heutigen Arten *B. raddeana* TRAUTV. (Kaukasien), *B. costata* TRAUTV. (Nordostasien) und *B. dahurica* PALL. (Ferner Osten, Nordostchina, Halbinsel Korea und Japan) vergleichbar. Flügellose Nüßchen lassen sich leicht mit *P. pubescens* (EHRH.) verwechseln.

Vorkommen: Pliozän der Belorussischen SSR.
Nordhausen (4860); Berga (5617); Kaltensundheim (9732).

Betula digitata C. et E. M. REID
Abb. 49; Taf. XXV, Fig. 16,17

1915 *Betula digitata* C. und E. M. REID, Plioc. Fl. Dutch-Prussian Border: 75; t. 4, f. 37, 38.
1965 *Betula* cf. *longisquamosa* MÄDLER — MAI, Mitt. zentr. geol. Inst., **1**: 49; t. V, f. 7, 8.

Nüßchen oval bis fast rhombisch, flach, apikal lang zugespitzt, mit zwei Griffelresten, basal verschmälert und breit abgestutzt, mit dreieckiger Ansatzstelle. Rand scharfkantig, schmal geflügelt. Länge 2,6—2,8 mm, Breite 1,6—1,9 mm.

Bemerkungen: Die Kranichfelder Nüßchen, von MAI (1965) mit Vorbehalt zu *B. longisquamosa* MÄDLER (1939) gestellt, entsprechen den noch recht ungenau beschriebenen Nüßchen der *B. digitata* C. et E. M. REID (1915: t. 4, f. 38) aus dem Pliozän von Swalmen. Ihre besondere Stellung auf Grund der alnoiden Gestalt betonte auch DOROFEEV (1982b; S. 143). Die niederrheinische Birke wurde mit *B. grossa* SIEB. et ZUCC. (= *B. ulmifolia* SIEB. et ZUCC.) verglichen, sie paßt aber nach den Nüßchen besser zu *B. medwedewii* REGEL aus dem Kaukasusgebiet.

Ähnlich in der Gestalt sind die fossilen *B. rhomboidea* DOROFEEV (1963a) und *B. tambovica* DOROFEEV (1982b).

Vorkommen: Pliozän am Niederrhein (C. und E. M. REID 1915).
Kranichfeld (MfN, Berlin; „*Betula* cf. *longisquamosa*" bei MAI 1965, t. V, f. 7, 8).

Betula longisquamosa MÄDLER
Abb. 50; Taf. XXV, Fig. 18

1896 *Betula sp. I* SCHLECHTENDAL, Z. Naturwiss., **69**: 207—210; t. 5, f. 26—33; t. 6, f. 18—25.
1939 *Betula longisquamosa* MÄDLER, Abh. senckenb. naturforsch. Gesellsch., **446**: 73—75; t. 6, f. 21, 22; t. 7, f. 13, 14.

Fruchtschuppen keilförmig, mit gestrecktem, langem Mittellappen, der den Seitenlappen sehr ähnlich ist, Seitenlappen stärker divergierend, spatelförmig. Nüßchen mehr oder weniger spindelförmig bis länglich-eiförmig, groß, 2—4 mm lang, zum Griffelende hin gerundet. Griffel leicht abfällig, dünn fadenförmig, am Grunde mit Haaren oder Spuren ehemaliger Behaarung, primär geflügelt, Flügel halb so breit bis breiter als das Nüßchen, nicht über den Griffelansatz vorgezogen, leicht abradierbar.

Bemerkungen: Nach SZAFER (1961) und DOROFEEV (1982b, S. 142) ist für Früchte und Fruchtschuppen des vorliegenden Bautyps der durch MÄDLER (1939) gut definierte Artnamen *B. longisquamosa* zu benutzen. Ob diese Art in *B. digitata* C. et E. M. REID (1915) ein älteres Synonym oder eine nahe verwandte Art besitzt, ist bisher nicht zu entscheiden. SCHLECHTENDAL (1896) unterscheidet aus Schipkau/Niederlausitz zwei Formenkreise von Birkenfrüchten, die

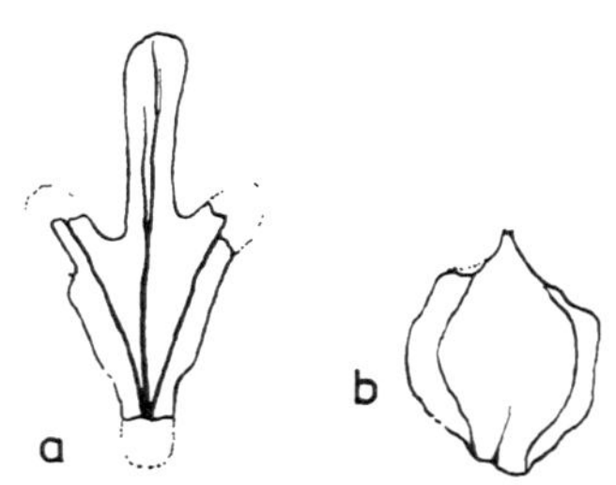

Abb. 49. *Betula digitata* C. et E. M. REID aus Swalmen/Niederlande
a = Braktee; b = Nüßchen mit Flügeln (nach C. und E. M. REID 1915)

Abb. 50. *Betula longisquamosa* MÄDLER aus Schipkau/Niederlausitz (Miozän)
a = Braktee; b = Nüßchen mit Resten der Flügel (Orig. Geiseltal-Mus., Halle)

jedoch nur einen Typ von Fruchtschuppen (Abb. 50a = *B. longisquamosa* MÄDLER) besitzen. Die behaarten und geflügelten Früchte der „*Betula* sp. I" (Abb. 50b) liegen uns zu Hunderten als flügellose Nüßchen aus den gleichen Schichten vor. Als vergleichbare Arten kommen *Betula grossa* SIEB. et ZUCC. (Japan), *B. ermannii* CHAM. (Nordostasien, Japan), *B. utilis* D. DON (Himalaja) und *B. delavayi* FRANCH. (Westchina) in Frage, nicht jedoch *B. chinensis* MAXIM., wie MÄDLER (1939) angibt. DOROFEEV (1982b) weist besonders auf die Ähnlichkeit der Nüßchen und Schuppen mit der nordamerikanischen *B. nigra* L. hin und nennt als weitere asiatische Äquivalente *B. tarunica* V. BARAN. und *B. derbetica* V. BARAN. aus der Mongolei.

Vorkommen: Miozän und Pliozän von Island (HEER 1868) bis Belorußland und Ukraine (DOROFEEV 1982b); im Miozän der Niederlausitz häufigste Birke (MAI 1967).
Berga (5618); Gerstungen (6690).

Carpinus LINNÉ

Verbreitete Gehölzgattung von heute 26 bis 35 Arten, mit Mannigfaltigkeitszentrum im sino-japonischen Gebiet (24 Arten). Typisches Element der ozeanischen, sommergrünen Laubwälder der Holarktis, im tropischen Südostasien bis Burma, Vietnam und Laos in der höheren Gebirgsstufe, im tropischen Amerika mit Südgrenze im Hochland von Honduras. Wichtiger waldbildender Baum in Sommerlaubwäldern an bodentrockenen, frischen Standorten, seltener an Ufern und Sumpfrändern oder in subxerothermen Trockenwäldern (nur *C. orientalis* MILL.). Auch als Fall-Laubbäume in den immergrünen Lorbeer- und Regenwäldern Ostasiens und Mittelamerikas.

Fruchthülle (Involucrum) flächig und offen, vielzähnig bis dreilappig, mitunter ein Lappen an der Umhüllung der Frucht beteiligt. Nüßchen oval oder elliptisch, im Mittel 1,3 mal so lang wie breit, mit apikalem Winkel von 80—125°.

Im europäischen Tertiär mit mindestens 18 Arten, vom Paläozän an.

Artenbeschreibungen (Karpologie): ANDRAE 1852; KOVATS 1856; C. A. WEBER 1893; ZABŁOCKI 1928; BERGER 1952, 1953; JENTYS-SZAFEROWA 1958, 1960, 1961; CHANDLER 1957, 1960b; DOROFEEV 1960c, 1982b; GIVULESCU 1961b, 1963, 1964b; ILJINSKAJA 1962; MAI 1963, NEGRU 1969; KOLAKOVSKIJ 1972; MAI und WALTHER 1978; ZHILIN 1982; WELICZKIEWICZ 1982; KNOBLOCH 1986b.

Carpinus betulus LINNÉ *fossilis*
Taf. XXV, Fig. 19—21

1908 *Carpinus betulus* L. *fossilis* ENGELHARDT und KINKELIN, Abh. senckenb. naturforsch. Gesellsch., **29**: 232; t. 8, f. 10.

1900 *Peucedanites lommelii* KINKELIN, Ber. senckenb. naturforsch. Gesellsch.: 134—135; Abb. 1.

Involucren dreilappig und dreinervig (nur in abnormen Fällen mit Zwischenzahn und weiteren Basalnerven), Mittellappen doppelt bis anderthalbmal länger als die Seitenlappen, zahnlos oder wenig-zähnig, stumpflich endend, 18—45 mm lang. Nüßchen frei, eiförmig, um 5 mm, meist über 4,5 mm lang, oft fast so breit wie lang, unterschiedlich kantig beripppt, drei bis sieben Rippen auf jeder Seite, griffellos, aber mit Griffelpolster, Basiswinkel über 145°. Perikarp sehr dick, in der Mitte Zellen mit großen Lumina.

Bemerkungen: Die Begriffe *C. grandis* UNGER (1852) und *C. pyramidalis* (GOEPP.) HEER (1856) sind auf Blätter gegründet und nach Ansicht mehrerer Autoren für Involucren nicht anwendbar. Sie bezeichnen besonders bezahnte oder glattrandige Involucren (JENTYS-SZAFEROWA 1958). Biometrische Untersuchungen an Nüßchen (JENTYS-SZAFEROWA 1958, 1960, 1964) ergaben keine Differenzen in der Gestalt, der Variabilität und der anatomischen Struktur bei rezenten, pleistozänen und jungtertiären Exemplaren. Nur Differenzen in der Größe treten auf. Ab Oberpliozän sind die Nüßchen kleiner und entsprechen einem mio-pliozänen Typ (vgl. dazu *C. miocenica* NEGRU 1969). Neuerdings teilt DOROFEEV (1982b) diesen Formenkreis in einige Arten auf (z. B. *C. moldavica* NEGRU, *C. pannonica* DOROF., *C. bresciana* DOROF.).

Vorkommen: Obermiozän bis Gegenwart, oft sehr häufig.
Berga (5620); Nordhausen (6836); Kaltensundheim (9747).

Corylus LINNÉ

Gegenwärtig mit 15 Arten auf der Nordhemisphäre und dort auf die gemäßigten Zonen beschränkt. Südlichste Vorkommen in Ostasien im Gebirge von Taiwan und in Plateau-Kiefernwäldern in Nordthailand bei 1500 m. Bäume und hohe Sträucher, vorwiegend als Unterholz in lockeren Wäldern oder in monodominanten Dickichten, lichtliebend. Aus allen trockeneren Typen der Sommerwälder und Mixed Mesophytic Forests genannt, häufig in Pineten, Waldsteppen und Waldsaumgesellschaften, selten in Hochgebirgs-Koniferenwäldern, nirgends in immergrünen subtropischen Lorbeer- und Regenwäldern. Nordgrenze in Westskandinavien am Polarkreis. Fruchthülle schlauchförmig, mit großer oberer Öffnung zur Frucht, mehrfach geschlitzt und grobzähnig. Nuß sehr groß, ovoid, über 10 mm lang und fast ebenso breit, dickschalig.

Fossil mit Nüssen, Fruchthüllen und Pollen gesichert ab

Oberoligozän (DOROFEEV 1982b); häufiger im Pliozän. Ältere Funde in Europa vorhanden, aber zweifelhaft (vor allem Blätterfunde).

Artenbeschreibungen: UNGER 1852; LUDWIG 1857; GEYLER und KINKELIN 1887; SZAFER 1947; DOROFEEV 1982b.

Corylus avellana LINNÉ **fossilis**
Taf. XXV, Fig. 22

1852 *Corylus wickenburgii* UNGER, Denkschr. Akad. Wiss., **4**: 111; t. XLI, f. 26.
1857 *Corylus inflata* LUDWIG, Palaeontographica, **5**: 103; t. XXI, f. 5.
1887 *Corylus avellana* L. *fossilis* GEYLER und KINKELIN, Abh. senckenb. naturforsch. Gesellsch., **15**: 24; t. 2, f. 14—16.
1947 *Corylus* cf. *rostrata* AIT. *fossilis* SZAFER, Fl. plioc. Krościenka: 70; t. V, f. 33.

Nüsse von Form und Größe rezenter Haselnüsse, sehr variabel, im Mittel 10—17 mm lang und fast ebenso breit, stumpf oder zugespitzt am Apex, basale Ansatznarbe sehr variabel in der Größe. Fruchthülle zweiteilig, Lappen unregelmäßig, kúrz zerschlitzt oder zerfranst.

Bemerkungen: Die fehlenden Unterschiede zur rezenten *Corylus avellana* L. (Europa, Vorderasien) stellten schon die Autoren der ersten „Fossilnamen" fest. Bisweilen gelangte Rezentmaterial in die Gruben und erhielt einen eigenen Namen (z. B. *Corylus avellanoides* ENGELHARDT 1870, *C. goeppertii* UNGER 1850a).

Vorkommen: Seltene Funde im Mittelmiozän (FRENTZEN 1826; SZAFER 1961; ŁAŃCUCKA-ŚRODOŃIOWA 1963); häufig im Pliozän und Pleistozän (C. A. WEBER 1893, 1917; HECK 1930; VENT 1955, 1974; MANIA und MAI 1969; MAI 1983).
Rippersroda (v. FRITSCH 1884); Berga (5487); Kaltensundheim (9735, 9747).

Ostrya SCOPOLI

Zehn Arten sommergrüne Laubgehölze mit Verbreitung in Ostasien-Südeuropa-(Nord-) bis Mittelamerika bis in die temperaten Gebirgswälder in der Tropenzone von Guatemala und Honduras. Wichtiger Waldbaum in den nördlichen Sommerlaubwäldern von Ostasien und Nordamerika, besonders aber in den Mixed Mesophytic Forests und den Gebirgswäldern der Subtropen. In Südeuropa in den appenninischen Eichen-Kastanien-Wäldern und den ostmediterranen Hopfen-Buchen-Wäldern die vollhumiden Klimabereiche verlassend (OK-Stufe IV, JÄGER 1968).

Fruchthülle sackförmig, die Frucht völlig einschließend, nur an der Spitze mit sehr enger Öffnung. Nüßchen oval, etwas verlängert, im Mittel 1,6mal so lang wie breit, mit apikalem Winkel von 60—70°. Fossil in Europa erst ab Unteroligozän gesichert (SAPORTA 1863).

Artenbeschreibungen: UNGER 1850a, 1852; SAPORTA 1862, 1863; HEER 1856, 1868; ETTINGSHAUSEN 1868; SZAFER 1947; ŁAŃCUCKA-ŚRODOŃIOWA 1957; DOROFEEV 1963a.

Ostrya szaferi nov. spec.
Taf. XXV, Fig. 23, 24

Holotypus: Taf. XXV, Fig. 23 — Berga (sandiger Ton, Pliozän) — MMG, Dresden, Coll. MAI, Nr. 5621.

Diagnose: Nüßchen länglich-eiförmig, allmählich in die Spitze verschmälert, mit Griffelansatz, auf jeder Seite drei bis sieben kräftige, durchgehende Längsrippen. Perikarp nur aus kleinlumigen Zellen. Länge 3,5—5,3 mm, Breite 2—3,4 mm. Involucrum unbekannt.

Bemerkungen: Es liegen zahlreiche Populationen von Nüßchen aus verschiedenen Fundstellen vor, die stets ohne Involucren aufgefunden wurden. Sie gehören in die Verwandtschaft von *Ostrya virginiana* C. KOCH (Nordamerika) und *O. japonica* SARG. (Japan), in die auch *O. atlantidis* UNGER (1850a) und *O. tenerrima* SAPORTA (1863) zu stellen sind. Beide Epitheta bezeichnen aber fossile Involucren, deren Nüßchen bisher nicht bekannt sind. Für isolierte Nüßchen wird daher ein neuer Name erforderlich. SZAFER (1947) bezeichnet gleiche Nüßchen fälschlicherweise als *Ostrya carpinifolia* SCOP. *foss.*, während ŁAŃCUCKA-ŚRODOŃIOWA (1957) gleiche Formen zu *O. japonica* SARG. *foss.*, PALAMAREV (1979) zu *Ostrya* spec. stellt. Eine andere Art ist sicher *O.* cf. *japonica* SARG. bei DOROFEEV (1963a) aus Westsibirien. Sie zeichnet sich durch fünf bis sieben sehr zarte Rippen und lang-ovale Form aus.

Vorkommen: Obermiozän bis Pliozän in Polen, Pliozän von Bulgarien, auch im Mittelmiozän der Niederlausitz (MAI unveröff.).
Berga (5621).

Juglandaceae

Carya NUTTALL

Gegenwärtig 25 Arten, meist in Nord- und Mittelamerika (bis Oaxaca/Mexiko), nur fünf Arten in Ostasien (Südchina, Vietnam). Hohe Bäume mit großen, gefiederten Blättern. Sehr wichtig in Flußauen in artenreichen Eichen-Eschen-Hickory- oder Eichen-Hickory-Wäldern, in Mittelamerika in Bergregenwäldern mit Eichen, in Ostasien in Mixed Mesophytic Forests, in Eichen-*Liquidambar*-Wäldern oder in immergrünen Bergregenwäldern.

Früchte groß, stets über 1 cm im Durchmesser, mit fleischigem Pseudoexokarp („Kupula"), das sich in vier Klappen ablöst. Nuß mit Dorsalleitbündel interior. Sekundäre Scheidewände nicht vorhanden oder zu einem Paar schmaler Flügel reduziert, Nüsse basal zwei oder unvollkommen vierfächrig, Fruchtwand mit Lakunen (= Sect. *Pacania* (RAFIN.) REHD.) oder sekundäre Scheidewände vorhanden, daneben Fach durch tertiäre Innenrücken oft etwas eingeengt, Nüsse basal vierfächrig, Fruchtwand im allgemeinen ohne Lakunen (= Sect. *Carya*). Äußere Oberfläche der Nüsse oft mit vier Kanten, die besonders unterhalb der Spitze hervortreten, im allgemeinen schwach runzelig-grubig oder ganz glatt, selten schwach rippig, niemals jedoch flügelig berippt.

Fossil in Europa seit dem Eozän nach Nüssen, bis in das posttiglianische Pleistozän von West- und Mitteleuropa, mit europäischem Entwicklungszentrum, mindestens 16 Arten (MAI 1981). Pollen schon ab mittlerem Paläozän.

Artenbeschreibungen und Artenschlüssel: UNGER 1861; SCHIMPER 1872; BRABENEC 1904, KINKELIN in ENGELHARDT und KINKELIN 1908; C. und E. M. REID 1915; ZABŁOCKI 1930; MÄDLER 1939; KIRCHHEIMER 1942, 1957; LEROY 1955; CZECZOTT u. a. 1961; GREGOR 1978; MAI 1981ff.

Carya globosa (LUDWIG) MÄDLER
Abb. 51; Taf. XIX, Fig. 20

1857 *Juglans globosa* LUDWIG, Palaeontographica, **5**: 103, t. 21, f. 12.
1857 *Juglans quadrangula* LUDWIG, Palaeontographica, **5**: 103; t. 21, f. 11.
1860 *Juglans corrugata* LUDWIG, Palaeontographica, **8**: 178—180; t. 70, f. 1—12.

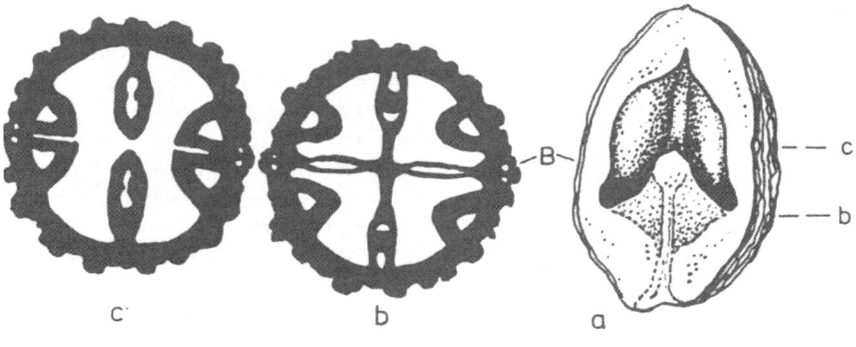

Abb. 51. *Carya globosa* (LUDW.) MÄDLER — Nuß

a = dehiszierte Nuß; b = Querschnitt der Nuß in Höhe des Ansatzes der sekundären Septen; c = Querschnitt in Höhe der Plazenta. B — Leitbündel im Inneren der Nußschale; (nach LUDWIG 1857, MÜLLER-STOLL 1938)

1887 *Juglans cinerea* L. *fossilis* forma *parva* GEYLER und KINKELIN, Abh. senckenb. naturforsch. Gesellsch., **15**: t. 3, f. 14.
1939 *Carya globosa* MÄDLER, Abh. senckenb. naturforsch. Gesellsch., **446**: 66; t. 6, f. 6—8.

Nüsse fast kugelig bis eiförmig, klein, 15—25 mm lang, 16—21 mm breit, mit vierteilig aufspringendem Pseudoexokarp. Oberfläche des Endokarps in längsgerichtete, anastomosierende, scharfkantige, dünne Leisten aufgelöst, zwischen denen vier dünne, etwas gliederartige Leisten von der Spitze bis zum Grunde gehen; Schale mäßig dick, mit zwei größeren Lakunen im submedianen Bereich (falsche Scheidewände) und einer Lakune im primären Septum; sekundäre Septen breit angewachsen.

Bemerkungen: Eine Art der Sect. *Pacania* (RAFIN.) REHD., am ehesten vielleicht mit *C. aquatica* (MICHX.) LOUD. (atlantisches Nordamerika, Texas bis Carolina) zu vergleichen.

Vorkommen: Mittelmiozän (CZECZOTT & SKIRGIEŁŁO 1961); häufiger im Obermiozän (SZAFER 1961) und Pliozän (zahlreiche Fundorte).
Berga (5486).

Cyclocarya ILJINSKAJA

Heute monotypisch und mit einer Art ausschließlich in Mittel- und Südwestchina (früher als Sect. *Cycloptera* FRANCH. von *Pterocarya*).

Hoher Baum in der gesamten Region der Mixed Mesophytic Forests am Jangtsekiang, in Guangxi und Hunan in den Evergreen Broad-leaved Forests (WANG 1961), in Höhen von 500 bis 2150 m, auch in Bergregenwäldern (ILJINSKAJA 1953). Durch die stark ledrige Beschaffenheit der Blätter das Gepräge tropischen Nebelwaldes an sich tragend (NAGEL 1914, S. 521).

Früchte ähnlich denen von *Pterocarya* KUNTH, aber äquatorial mit breitem, kreisrundem Flügelsaum. Die gedrücktei-förmigen, dickwandigen Nüsse sind außen mit meriodinal verlaufenden, scharfkantigen oder rundlich-verdickten Rippen verziert, die im äquatorialen Bereich stets diesen Flügelsaum durch Protuberanzen andeuten. Im Inneren nur die dicken primären Septen entwickelt, sekundäre Scheidewände lediglich als kurze Rudimente vorhanden. Im dicken Endokarp sind Lakunen vorhanden oder fehlen.

Fossil sehr verbreitet, in Sibirien und Europa ab Oligozän mit mehreren, gut voneinander unterscheidbaren Arten.

Artenbeschreibungen: ILJINSKAJA 1953; MAI 1964, 1973; BUDANCEV und SVESHNIKOVA 1964; STRAUS 1969; DOROFEEV 1970b; HOLÝ 1975.

Cyclocarya nucifera (LUDWIG) MAI
Abb. 52d—f; Taf. XIX, Fig. 21—23

1857 *Zizyphus nuciferus* LUDWIG, Palaeontographica, **5**: 102; t. 20, f. 23.
1939 *Engelhardia nucifera* MÄDLER, Abh. senckenb. naturforsch. Gesellsch., **446**: 56—57; t. 5, f. 22, 23; Abb. 15.
1973 *Cyclorarya nucifera* MAI, Acta Palaeobot., **14** (2): 98, t. III, f. 8, 9.
1970b *Sphaerocarya nucifera* DOROFEEV, Bot. Ž., **55**: 1600.

Nüsse abgeflacht bis breit-eiförmig, mit aufgesetzter Spitze, 3,4—5,5 mm im Durchmesser, mit fünf bis sieben abgerundeten, abgeflachten Wülsten pro Klappe, die im Mittelteil bisweilen alternieren, aber nicht knotig oder dornig verdickt sind; im primären Septum oft mit großer zentripetaler Lakune.

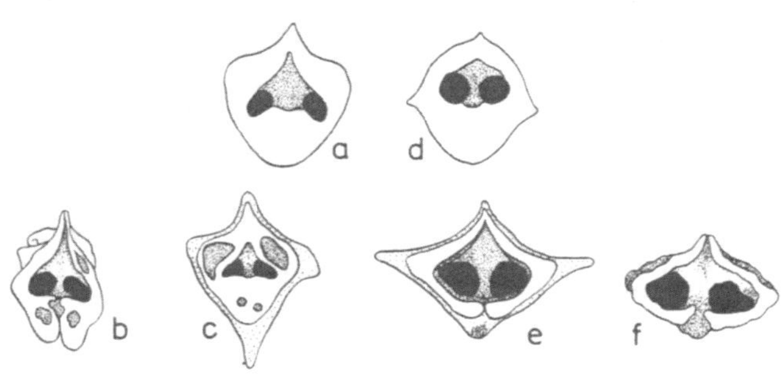

Abb. 52. Nüsse der Pterocaryoideae im Pliozän

a—c) Sect. *Pterocarya* (REHD. et WILS.): *Pt. pterocarpa* (MICHX.) KUNTH a = Schema der Nuß in der Dehiszenzebene; b = dehiszierte Nuß; c = dgl. mit Exokarp. d—f) *Cyclocarya* ILJINSKAJA: *C. paliurus* (BATAL.) ILJINSKAJA d = Schema der Nuß in der Dehiszenzebene; e = dehiszierte Nuß mit Exokarp; f = dgl.; (nach ILJINSKAJA 1953, LEROY 1955, DOROFEEV 1970b, GREGOR 1978)

Bemerkungen: Die Zuordnung dieser Art zu *Cyclocarya* wurde von MAI (1964) und dann erneut am Typenmaterial (MAI 1973) vorgenommen und gegenüber anderslaufenden Bestimmungen verteidigt. MÄDLER (1939) ordnet die Nüsse *Engelhardia* LESCHEN. zu, betont aber, daß die primären Scheidewände nur am Grunde verwachsen und dadurch von *Engelhardia* wesentlich verschieden sind. Nach DOROFEEV (1970b) soll man die neue Kombination nicht anwenden, da der Typus ein außen vollkommen glattes Endokarp hat. Er kombiniert zu *Sphaerocarya nucifera* (LUDWIG) DOROFEEV. Diese Beobachtung DOROFEEVS ist aber ungenau. Völlig glatte Exemplare gibt es nicht. Stets sind flache Rippen oder zumindest einzelne dazwischenliegende Leitbündelspuren sichtbar. Von *C. cyclocarpa* (SCHLECHTEND.) ILJINSKAJA (1953) ist die Art im Gegensatz zur ursprünglichen Ansicht von MAI (1964) sehr gut zu unterscheiden. Von den sibirischen Arten kommt die sehr großfrüchtige *C. tomskiana* DOROFEEV (1970b) nahe, deren Oberfläche aber noch stärker runzelig ist.

Vorkommen: Mittleres Miozän (MAI 1964; KOCH und FRIEDRICH 1970); Pliozän.
Berga (5491).

Engelhardia LESCHENAULT

Heute 8 Arten subtropisch und tropisch-montaner Verbreitung. Disjunktion Südostasien — Mittelamerika. Nordgrenzen in Mexiko (Vera Cruz) und Zentralchina (Omeishan). Wichtige Baumarten der Bergregenwälder mit Eichen und Lauraceen, bestandsbildend, aber auch häufig in Sekundärwäldern zusammen mit *Liquidambar*, *Pinus* oder *Keteleeria*.

Früchte rundlich bis eiförmig, klein; Endokarp dünn, in der Ebene der sekundären Septen (Spaltebene) mit hörnchenartigen Auswüchsen vor dem Fach. Äußerlich von dreilappiger Tragblatthülle eingeschlossen, deren Mittellappen bedeutende Dimensionen erreichen kann. Griffelreste von krönchenartiger Vorblatthülle umgeben.

Fossil in Europa drei Arten, vom Mitteleozän bis in das Pliozän.

Artenbeschreibungen und Artenschlüssel: SAPORTA 1865; UNGER 1866; ZABŁOCKI 1930; JÄHNICHEN u. a. 1977.

Engelhardia macroptera (BRONGNIART) UNGER
Taf. XIX, Fig. 24

1828 *Carpinus macroptera* BRONGNIART, Ann Sci. nat., **15**: 48; t. 3, f. 6.
1866 *Engelhardia macroptera* UNGER, Denkschr. Akad. Wiss., **25**: 52; t. 16, f. 9—11.

Früchte von rundlicher bis herzförmiger Gestalt (ohne flügelartige Tragblatthülle), mit etwas ausgezogenem Stylushöcker und deutlicher, rundlicher, basaler Ansatzstelle. Dehiszenz in zwei gleiche Klappen. Mit gut ausgebildeter Scheidewand senkrecht zur Dehiszenzfläche und unvollständigen, gekrümmten Septen in der Mitte der Nuß; Endokarp dünn, glatt bis streifig. Durchmesser 4 mm (verdrückt!).

Bemerkungen: JÄHNICHEN u. a. (1977) begründen die systematische Stellung derartiger fossiler Reste in einer Untergattung *Palaeocarya* (SAPORTA) KNOBL. et KVAČEK und weisen auf eine enge Verwandtschaft mit *E. roxburghiana* LINDL. (Südchina bis Sumatera, Nordkalimantan/Malaysia; Regenwälder mit Eichen-Pineten) hin.

Vorkommen: Mitteleozän bis Pliozän vom Atlantik bis zum Kaukasus.
Berga (MfN, Berlin, Nr. 5634; JÄHNICHEN u. a. 1977: t. 56, f. 17).

Pterocarya KUNTH

Heute 10 Arten altweltlich, nördlich-temperiert, nur Kleinasien, Transkaukasien und Ostasien, fehlt dem Himalaja.

Hohe Bäume in Wäldern, mit großen Fiederblättern. Stets von soziologischer Bedeutung. Die meisten Arten in Mixed Mesophytic Forests oder deren Abwandlungen in Ostasien (Regenwälder, Bergmischwälder, Flußuferwälder), seltener in nördlichen Sommerlaubwäldern, im Tiefland von Shenxi und in den mitteljapanischen *Fagus crenata*-Wäldern. In Kultur in Mitteleuropa nur drei Arten winterhart. Hohe Luft- oder Bodenfeuchtigkeit ist Grundvoraussetzung für das Vorkommen aller Arten.

Früchte klein, nur 6—10 mm im Durchmesser, trocken; Nüsse mit dickem, holzigem Endokarp und häutig-lederigem Exokarp, mit sekundären Septen, die das Fach unvollkommen vierteilen. Vorblätter in zwei paarige, breite und lange Flügel auswachsend, die schief oder fast in Richtung der Fruchtachse ansitzen. Anemochore Verbreitung.

Fossil mit zahlreichen Arten in Eurasien belegt (Früchte, Blätter, Pollen), ab Unteroligozän. Erst nach dem Holstein-Interglazial aus Mitteleuropa verschwindend.

Artenbeschreibungen: ETTINGSHAUSEN 1888; C. und E. M. REID 1907a, 1915; ZABŁOCKI 1928; BAAS 1932; KIRCHHEIMER 1957; DOROFEEV in KOLAKOVSKIJ 1958; DOROFEEV 1960c; CZECZOTT und SKIRGIELLO 1961; SVESHNIKOVA und BUDANCEV 1964; NEGRU 1986.

Pterocarya paradisiaca (UNGER) ILJINSKAJA
Abb. 53; Taf. VII, Fig. 12

Basionym: *Prunus paradisiaca* UNGER 1849, Naturwiss. Abh.: 7; t. 14, f. 22.
1962 *Pterocarya paradisiaca* (UNG.) ILJINSKAJA, Paleont. Ž., **3**: 104.
1964 *Pterocarya paradisiaca* (UNG.) ILJINSKAJA Paleobotanika, **5**: 130; t. 2, f. 1—4; t. 6, f. 9.
Synonymie: ILJINSKAJA (1964, 1968), KNOBLOCH und KVAČEK (1976).

Nur wenige, zum Teil fragmentarische Reste von Fiederblättern unterschiedlicher Größe, bei denen die Randregion zumeist zerstört vorliegt. Lediglich ein Blatt läßt eine brauchbare Beschreibung zu. Blatt oblong-ovat, 5,6 cm lang, 2,2 cm breit, Lamina asymmetrisch. Spitze mehr oder weniger lang zugespitzt. Rand fein gesägt. Zähne klein mit spitzen Buchten, apikalwärts gerichtet. Primärnerv kräftig. Sekundärnerven alternierend bis vereinzelt opponierend, Winkel von durchschnittlich 55° (45—70°) einschließend, auf Blattseiten unterschiedlich. Abstand der Sekundärnerven voneinander ungleichmäßig, semicraspedodrom. Verschiedentlich kommen ein bis zwei Zwischennerven vor (s. auch ZHILIN 1974). Sekundärnerven am Rande Schlingen bildend, von denen feine Äste in die Zähne führen. Je Sekundärnerv ca. drei Zähne (s. KNOBLOCH und KVAČEK 1976). Tertiärnerven Anastomosen oder lose Maschen bildend.

Bemerkungen: Die vorliegenden Fiederblätter aus der sandig-tonigen Fazies von Berga lassen eine Bestimmung als *Pterocarya paradisiaca* (UNG.) ILJINSK. zu. Sie werden mit der rezenten *P. pterocarpa* (MICHX.) KUNTH, einer in Kleinasien und Transkaukasien verbreiteten Art, verglichen. Gleiche

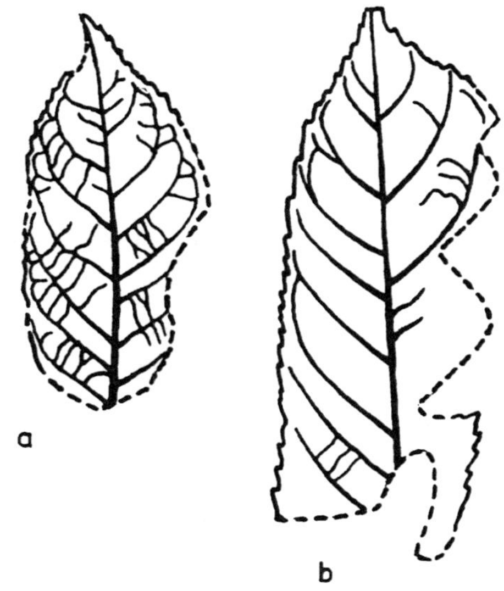

Abb. 53. *Pterocarya paradisiaca* (UNG.) ILJINSKAJA, Fiederblattreste, Berga
a = Bg 95a; b = Bg 467a

Blätter beschreiben aus europäischen Pliozänfloren z. B. DEPAPE (1922), STOJANOFF und STEFANOFF (1929), STEFANOFF und JORDANOFF (1935) als *Pterocarya caucasica* C. A. MEY. bzw. *Pterocarya pterocarpa* (MICHX.) KUNTH. POP (1936) stellt gleiche Blätter zu *Pterocarya denticulata* (O. WEB.) HEER (aff. *P. caucasica* C. A. MEY.). Dabei handelt es sich ebenfalls um *P. paradisiaca*. Der Gebrauch rezenter Artnamen im Oberpliozän erscheint unter bestimmten Bedingungen gerechtfertigt. Bei vorliegender Art wird davon abgesehen, da weder die epidermale Struktur noch die notwendige Variationsbreite der Blätter vorliegen. KNOBLOCH und KVAČEK (1976) betonen die außerordentlich große Variationsbreite dieser fossilen Art. Trotz Nachweis der Struktur der Epidermen und dem Vorhandensein von ausreichenden fossilen Belegen weisen sie nur auf enge Verbindung zu *P. pterocarpa* (MICHX.) KUNTH hin, lassen dabei aber Beziehungen zu heutigen ostasiatischen *Pterocarya*-Arten offen. BERGER (1952a) sieht in der Nervatur Ähnlichkeiten zu der südchinesischen *P. stenoptera* DC.

Vorkommen: In Europa vom Oberoligozän bis in das Oberpliozän in unterschiedlicher Häufigkeit auftretend.

Berga: MMG, Dresden, Bg 381a, Bg 89, Bg 95a, Bg 142a, Bg 147a, Bg 467a.

Pterocacya pterocarpa (MICHAUX) KUNTH **fossilis**
Abb. 52a—c; Taf. XIX, Fig. 25—27

1907a *Pterocarya caucasica* C. A. MEYER *fossilis*. — C. und E. M. REID, Fl. of. Tegelen: 21; t. 2, f. 78, 79.

1932 *Pterocarya fraxinifolia* SPACH *fossilis* BAAS, Z. Bot., **25**: 315—317; t. 2, f. 17—28; Abb. 33—35.

1939 *Pterocarya denticulata* (WEBER) HEER — MÄDLER, Abh. senckenb. naturforsch. Gesellsch., **446**: 57—59; t. 6, f. 3 (non f. 16—19).

1958 *Pterocarya pterocarya* (MICHX.) KUNTH *fossilis* DOROFEEV in KOLAKOVSKIJ Tr. Suchum. bot. sada. **11**: 335; t. XVII, f. 9—13.

Endokarpien (Nüsse) verkehrt-eiförmig bis breit-rhombisch, nach oben in einen langen und starken Griffelrest zugespitzt, basal abgerundet, größte Breite etwa in oder unterhalb der Mitte, ausnahmsweise im oberen Drittel, Rippen anastomosierend, wenig scharf, oft auch kurz, sekundäres Septum niedrig, fast gerade, apikale Lakunen deutlich entwickelt, zumeist groß; Durchmesser der Nüsse 3,5—6 mm.

Bemerkungen: Der für Blätter geprägte Name *Pt. denticulata* (WEBER) HEER (1859) ist für Früchte nicht brauchbar, obwohl beide Organe an vielen Fundstellen wahrscheinlich von einer Art stammen. Die Früchte entsprechen völlig denen der heutigen *Pt. pterocarpa* (MICHX.) KUNTH. Diese Art ist rezent ein Tertiärrelikt in Transkaukasien, Armenien, Westiran, Lazistan und Kurdistan. Sie besiedelt die Fluß- und Bachufer und bildet hier Niederungswälder mit *Alnus barbata* C. A. MEYER und *Diospyros lotus* L., aber auch Wälder auf trockenen Böden (Buchenwälder, Hainbuchen-Eichen-Wälder) werden besiedelt. Selten wird eine Meereshöhe über 300 m überschritten, nur vereinzelt tritt die Art bis 750 m s. m. auf. Sie erreicht die OK-Stufe IV (JÄGER 1968).

Vorkommen: Obermiozän von Rypin (ŁAŃCUCKA-ŚRODOŃIOWA 1957) und Apšeron (DOROFEEV 1964a); Pliozän von Westeuropa bis in die Grusinische SSR; Altpleistozän, selten auch im Mittelpleistozän Mitteleuropas (KRÄUSEL 1937; VON DER BRELIE u. a. 1959).

Berga (5490).

Caryophyllaceae

Gypsophila LINNÉ

Mit 125 Arten europäisch, hauptsächlich aber im östlichen Mittelmeergebiet verbreitet. Einjährige oder ausdauernde Kräuter oder Halbsträucher von meist xerophilem Habitus. Verbreitet auf Sand, Kies, Geröll und Felsen, auf Triften, Bachfelsen, alpinen Matten, daneben auf Steppen und in Heiden, selten in lichten Gebüschen und Kiefernwäldern, keine eigentlichen Waldpflanzen.

Samen in der Regel rundlich-nierenförmig, zumeist abgeflachte bis eingezogene Seiten, aber einen gerundeten Rücken. Oberflächenskulptur aus rundlichen bis spitzen Warzen, die als Aufwölbungen von sternförmig gewellten Zellen besonders auf dem Rücken der Samen hervortreten.

Fossil bisher wenige Funde, nur im Pleistozän Osteuropas.

Artenbeschreibungen: KUŁCZYNSKI 1932; NIKITIN 1957; NIKITIN und DOROFEEV 1953; KAC u. a. 1965.

Gypsophila semisphaerica nov. spec.
Taf. XXVI, Fig. 1

Holotypus: Taf. XXVI, Fig. 1 — Berga (Pliozän) MMG Dresden, Coll. MAI, Nr. 5626.

Diagnose: Samen rundlich-nierenförmig, 1,3 × 0,9 mm, mit abgeflachten, etwas vertieften Seiten, Rücken gerundet, Hilum in vertiefter, wenig umrandeter Grube; Skulptur der Oberfläche aus halbkugeligen, glänzenden Warzen, die in konzentrischen Reihen (mindestens 14) angeordnet sind und vom Hilum zum Rand stark an Größe zunehmen, bis 0,09 mm im Durchmesser; über den Rücken sechs Warzenreihen. Zellen mit enggezähnten Wänden.

Bemerkungen: Eine großsamige *Gypsophila*-Art, die nach den Samen nähere Beziehungen zu der himalayischen Art *G. cerastioides* D. DON zeigt. Die Samen dieser Art besitzen bei gleicher Form und Größe flachere, matte Warzen mit welligeren Zellgrenzen.

Gypsophila paniculata L. aus dem südöstlichen Europa hat größere Samen mit flachen, großen Warzen, die am Rücken etwas spitzer werden.

Vorkommen: Nur am Locus typicus.
Berga (5626).

Lychnis LINNÉ

Gattung ausdauernder, rauhhaariger oder filziger Kräuter. 12 Arten, besonders in Sibirien, in Mitteleuropa nur drei, in Japan acht Arten. Einige Arten in Nadelwäldern, Bergwäldern, Erlengebüschen, Kiefernwäldern, Waldsteppen, ferner auf Wiesenmooren, Sumpfwiesen, warmen, sonnigen Abhängen und steinigen, kräuterreichen Wiesen der Hochgebirgstäler.

Samen nierenförmig und bei allen Arten dicht mit spitzen Stacheln besetzt. Hilum wie bei zahlreichen anderen Silenoideen hervorgehoben und dick umrandet.

Fossil mit wenigen Funden im Pliozän (GEISSERT 1972); häufiger in Interglazialen und Interstadialen von Großbritannien bis an die obere Wolga.

Artenbeschreibungen: C. REID 1892; E. M. REID 1949.

Lychnis flos-cuculi LINNÉ **fossilis**
Taf. XXVI, Fig. 2—4

1892 *Lychnis flos-cuculi* L. *fossilis* C. REID, Quart. J. geol. Soc., **48**: 344.

Samen halbkugelig oder nierenförmig, wenig zusammengedrückt, mit Hilum in seitlicher Grube, erhaben, umwallt, von dort ausgehend sehr kleine, isodiametrische, sternförmige Zellen, in hohe Wärzchen ausgehend, zum Rand hin stark igelstachelig, Papillen in konzentrischen Reihen (bis sieben) parallel zum Rand angeordnet. Diameter 0,5—0,8 mm.

Bemerkungen: Gut kenntliche und leicht bestimmbare Caryophyllaceen-Samen, die man nur mit den ähnlichen Samen von *Viscaria*-Arten verwechseln kann. Die *Viscaria*-Arten haben jedoch Samen mit etwas gefurchtem, zumindest aber plattem Rücken, kleineren, spitzeren Stacheln und sind meist unter 0,6 mm im Durchmesser.

Lychnis flos-cuculi L. ist heute über Eurosibirien, Kaukasien und das Mittelmeergebiet verbreitet. Sie besiedelt saure Wiesen, Wiesenmoore, Sumpfränder, Auen, Ufer und feuchte Gebüsche. Mit Vorliebe gedeiht sie in Molinieten.

Vorkommen: Pliozän von Villafranca d'Asti (7075) und des Elsaß/Alsace (*L.* sp. — GEISSERT 1972), Tegelen (C. und E. M. REID 1907); Mittelpleistozän und jungpleistozäne Interglaziale und Interstadiale von Großbritannien bis in das Karpatengebiet (WEBER 1914; MANIA und MAI 1969).
Berga (5624).

Minuartia LINNÉ

(= **Alsine** WAHLENBERG)

Etwa 120 Arten auf der Nordhemisphäre in den gemäßigten und kalten Zonen, südlich bis Chile, Nordafrika, Syrien. Viele arktisch-alpine Arten. Ein- oder mehrjährige, kleine, niederliegende rasige Kräuter, seltener Halbsträucher, zumeist im Schutt und auf Felsen der Gebirge, außerdem auf Mooren, in Torfsümpfen, Flach- und Zwischenmooren, auf Heidewiesen, Magerrasen.

Samen vielgestaltig und unterschiedlich in Form und Größe. Typisch sind nierenförmige Form sowie die meist deutlich verlängerte und gebogene Spitze des Radikulabereichs. Oberfläche mit flachen Buckelchen mit grob gewellten Zellwänden oder noppenartigen Papillen. Rücken gefurcht, oder mit Stachelreihen, oder kammartiger Anordnung der Papillen.

Fossil bisher nur in kalten Interstadialablagerungen von England bis in die Karpaten mit vier heutigen Arten.

Artenbeschreibungen: WEBER 1914; CHANDLER 1921; ŚRODOŃ 1968.

Minuartia pliocenica nov. spec.
Taf. XXVI, Fig. 7, 8

Holotypus: Taf. XXVI, Fig. 7 — Berga (Pliozän) — Coll. MAI, Nr. 5627.

Diagnose: Samen nierenförmig, mit abgeflachten Seiten, Rücken kammartig, Hilum tief eingesenkt, von einer deutlichen Radikulaspitze überragt, bis 1,4 mm lang und 1,2 mm breit; Oberfläche auf dem Rücken mit spitzen Warzen, die sich zu einem Kamm vereinigen, darunter noch zwei bis vier konzentrisch angeordnete Reihen kleiner Warzen; Zellen länglich gestreckt, mit gesägten Wänden, zum Hilum radial angeordnet, Oberfläche etwas buckelig erhaben, glänzend.

Bemerkungen: Nach allen Merkmalen eine großsamige *Minuartia*-Art, die morphologische Beziehungen zu *M. setacea* HAYEK zeigt. Deren Samen fehlen allerdings die deutlich ausgebildeten konzentrischen Warzenreihen unterhalb des Rückenkamms. Solche sehr deutlich ausgebildeten Warzenreihen und ein hoher Rückenkamm finden sich bei *M. imbricata* (M. BIEB.) MATTF. und *M. austriaca* (JACQ.) HAYEK. Weiterhin ähnlich sind die Samen der *Heliosperma*-Arten, die die östlichen Alpen und die Gebirge der Balkanhalbinsel besiedeln. Eine unmittelbar vergleichbare Art ließ sich im bisher vorliegenden Caryophyllaceen-Material nicht ermitteln, deshalb wurden die fossilen Samen in einer neuen Art zusammengefaßt.

Vorkommen: Nur am Locus typicus.
Berga (5627).

Myosoton MOENCH

(= **Malachium** FRIES)

Heute monotypische Gattung in Europa und dem gemäßigtem Asien (östlich bis zur Halbinsel Korea, Japan, Taiwan).

Alpen bis 2250 m ü. NN. Mehrjährige Kräuter, die ziemlich häufig und verbreitet an feuchten Orten, in Gräben, Auen, feuchten Gebüschen, Erlenbrüchen, an Flußufern und auf feuchten Stellen der Äcker auftreten.

Rundliche Samen gut kenntlich durch die hohen, schirmartigen, sternförmig gelappten Warzen, die sie von ähnlichen Samen der Gattungen *Stellaria* L. und *Cerastium* L. unterscheiden.

Fossil häufig in den europäischen Interglazialen und Interstadialen sowie in glazialen Dryasfloren. Älteste Funde bisher im höheren Pliozän, eine Art.

Myosoton aquaticum (LINNÉ) MOENCH **fossilis**
Taf. XXVI, Fig. 5, 6

1907b *Stellaria aquatica* (L.) SCOP. — C. und E. M. REID, J. Linn. Soc., **38**: 213; t. 11, f. 22.
1928 *Myosoton aquaticum* (L.) MOENCH — JESSEN und MILTHERS, Danm. geol. Unders., 2, **48**: 146; t. 32, f. 15.

Samen fast rund, wenig zusammengedrückt, mit großen, besonders am Rande hervortretenden, stumpfen, schirmartigen Warzen bedeckt, am Rande über 30 Warzen sichtbar; Warzen sind gewölbte sternförmige Zellen, in der Mehrzahl isodiametrisch, seltener etwas gestreckt. Samen 0,7—0,9 mm im Durchmesser.

Bemerkungen: Eine charakteristische Pflanze an feuchten Orten, besonders an Quellbachbeständen, Waldbachtälern und in Waldmooren. Nördlich nur bis Großbritannien, Lappland/Skandinavien, in Hochgebirgen bereits bei 2250 m ü. NN begrenzt.

Vorkommen: Erste Funde bisher im höheren Pliozän (Tegelen, REID 1910; Uryv am Don, NIKITIN 1957); in den Interglazialen häufig von Großbritannien bis Westsibirien.
Berga (5626).

Silene LINNÉ

(incl. Melandrium ROEHLING)

Artenreiche Gattung von über 400 Arten, deren Hauptverbreitung im Mittelmeergebiet und in Südosteuropa liegt, von hier Einstrahlungen nach Mitteleuropa, andererseits eine Anzahl zirkumpolar-arktischer und hochalpiner Arten.

Ein-, zweijährige und ausdauernde Kräuter auf sehr unterschiedlichen Standorten: Wiesen, Matten, Berglehnen, Triften, Schotterfluren, Felsen, Erosionsflächen.

Samen rundlich oder nierenförmig. Fach nahezu ringförmige Gestalt. Seiten bei fast allen Arten abgeflacht, selten gerundet und gewölbt (= *Melandrium* RÖHL.), Rücken meist bandförmig abgeflacht oder sogar eingeschnitten und dann beinahe doppelt geflügelt. Oberfläche mit flachen Buckeln, Warzen, selten Spitzchen, die aus zumeist geradwandigen oder zahnrandigen Zellen hervorgehen. Es herrscht im Samenbau große Mannigfaltigkeit. Überschneidungen mit anderen Gattungen, z. B. *Lychnis* L. sind möglich.

Fossil bereits im Untersarmat Bulgariens (PALAMAREV 1968); im Pliozän der Karpaten (SZAFER 1954); mit verschiedenen Arten in den Interglazialen und Interstadialen (besonders häufig in glazialen Dryasfloren) von Irland bis in den baschkirischen Vorural.

Artenbeschreibungen: C. REID 1892, 1899; WEBER 1914; E. M. REID 1949; ŚRODOŃ 1954, 1973; WATTS 1959; KAC u. a. 1965; NEGRU 1986.

Silene cf. **conica** LINNÉ **fossilis**
Taf. XXVI, Fig. 9

Samen mit abgeflachten Seiten, am Rücken abgeflacht, etwas rinnig, breit, von der Grundform nierenförmig, bis 1,3 mm im Durchmesser, Oberfläche mit zahnrandigen Zellen, die sich zu stumpfen, länglichen Papillen erheben, die radial gestreckt sind.

Bemerkungen: Bisher liegt lediglich ein Bruchstück vor, das den Vergleich mit Samen der *S. conica* L. zuläßt. Die Zuordnung zu der mit ähnlichen stumpfen Papillen versehenen *S. alba* (MILL.) E. R. L. KRAUSE ist wegen des abgeflachten Rückens der Samen nicht angängig (vgl. ŚRODOŃ 1953). Andere bisher verglichene *Silene*-Arten (60 Arten) weichen noch stärker ab.

Silene conica L. ist eine mediterrane Art, die auf sandigen Erosionsflächen (Äckern, Triften) nördlich bis Schottland, die Niederlande, das Mainzer Becken und Brandenburg/DDR vordringt; ihre östliche Grenze liegt in Westsibirien.

Vorkommen: Fossil bisher nicht bekannt.
Kaltensundheim (9930).

Stellaria LINNÉ

Etwa 120 Arten in den temperaten und kalten Regionen der Erde, Zentrum in Ost- und Zentralasien, einige Arten fast kosmopolitisch.

Ein- bis mehrjährige Kräuter in Wäldern, Gebüschen, Auen, auf Wiesen, Hochgebirgsmatten, aber auch Dünen und Steppen. Einige Arten soziologisch sehr eng an bestimmte Waldgesellschaften gebunden.

Samen rundlich-nierenförmig. Oberfläche mit sehr typischen Skulpturen aus den Wölbungen der sternförmig oder wellenförmig berandeten Zellen.

Fossil bisher ab Obermiozän (Meot, DOROFEEV 1955a) genannt. Über sechs Arten.

Artenbeschreibungen: C. REID 1892; NATHORST 1894; C. und E. M. REID 1907b; WARREN 1916; REID und CHANDLER 1923.

Stellaria holostea LINNÉ **fossilis**
Taf. XXVI, Fig. 10

1907b *Stellaria holostea* L. *fossilis* C. und E. M. REID, J. Linn. Soc., **38**: 213; t. 11, f. 24.

Samen rundlich, 1,5—2 mm im Durchmesser, mit großen, warzigen Papillen besetzt, die basal sternförmig enden, in konzentrischen Reihen angeordnet.

Bemerkungen: Die großen Samen mit den großen, warzigen Höckern sind gut bestimmbar.

Die Art ist heute eine Laubwaldpflanze, speziell der Buchenwälder von Europa. In Osteuropa (Moskauer Gebiet) geht sie in trockene Laubmischwälder und Fichtenwälder über. Ihre Ostgrenze liegt in Westsibirien und dem Iran.

Vorkommen: Fossil bisher an wenigen Fundpunkten in Europa, beginnend mit dem Pliozän (Krościenko; 7738), in Interglazialen von Großbritannien bis in die Karpaten (MANIA und MAI 1969).
Kaltensundheim (9747).

Chenopodiaceae

Chenopodium LINNÉ

Gattung mit etwa 150 Arten in den gemäßigten und warmen Zonen der ganzen Welt, worunter sich verschiedene Kosmopoliten befinden; eine geringe Anzahl in den Gebirgen der Tropen heute naturalisiert. Kräuter (seltener Sträucher), oft mit unangenehmen Geruch. Typische Bewohner von Salzstellen, Nitratanreicherungen, humusreichen Plätzen, Dungplätzen, Viehlagern, anthropogen sehr weit verbreitet und an allen menschlichen Siedlungsstellen teilweise in Massen auftretend, ursprünglich wohl weniger verbreitet an Ufern, Salzstellen, Dünentälern, ausgetrockneten Lachen, am Meeresstrand. Teilweise sehr unbeständig im Auftreten.

Frucht eine einzige Samenanlage umschließend, oft von zweierlei Gestalt, teils flach, linsenförmig, mit horizontalem Samen oder teils von der Seite zusammengedrückt, mit aufrechtem Samen. Samen vom häutigen Perikarp verhüllt, das sich mehr oder weniger leicht abradiert, flach linsenförmig bis rundlich, eingerollt, bisweilen über die Mitte mit Buckel oder kreisförmiger Vertiefung, nur 0,5 bis maximal 2 mm im Durchmesser. Radikula ragt als Warze oder Fortsatz über den Rand nur wenig hinaus. Nach der Form, Größe und besonders der Beschaffenheit der Testaoberfläche lassen sich die Arten gut voneinander unterscheiden.

Fossil sehr jung, erstmalig im oberen Mittelmiozän auftretend (GREGOR 1984a); artenreich aber dann im Pliozän und Pleistozän. 10—12 Arten.

Artenbeschreibungen und Artenschlüssel: C. und E. M. REID 1907a, b; WEBER 1917; REID und CHANDLER 1923; ŚRODON 1954; NIKITIN 1957; ZAGWIJN 1963; KAC u. a. 1965; GREGOR 1984a.

Chenopodium album LINNÉ **fossilis**
Abb. 54a; Taf. XXVI, Fig. 11, 12

1907b *Chenopodium album* L. — C. und E. M. REID, J. Linn. Soc., **38**: 219; t. 14, f. 118.

Samen von linsenförmiger Gestalt, nicht größer als 1,5 mm, schwarz glänzend, glatt, dünnpunktiert oder mit etwas radial orientierter, netziger Zeichnung, mit dick gerundetem Rand.

Bemerkungen: Diese fossil am häufigsten festgestellte Art ist heute unter dem Einfluß des Menschen fast kosmopolitisch verbreitet. Sie fehlt nur den Polargegenden und ist in der Tundrenzone selten. In den Tropen hat sie sich in einigen Gebirgsregionen eingebürgert. Sie gedeiht auf wüsten Plätzen, Düngerstätten, Brachäckern, Schutt und Müll.

Vorkommen: Ab Obermiozän/Pliozän Bulgariens (PALAMAREV 1970); besonders im Pliozän und in den Interglazialen und Interstadialen vom Atlantik bis Westsibirien (unter anderem HUCKE 1941, MANIA und MAI 1969).
Berga (5629); Nordhausen (6840).

Chenopodium polyspermum LINNÉ **fossilis**
Abb. 54b; Taf. XXVI, Fig. 13, 14

1917 *Chenopodium polyspermum* L. — C. A. WEBER, Engler's bot. Jahrb., **54** (5): 3—50.

Samen rundlich, an beiden Seiten etwas gewölbt, wobei eine Seite stets kräftiger als die andere hervortritt, 0,6—0,8 mm im Durchmesser. Oberfläche glänzend, mit schwacher radialer Streifung, die sich an den oft anhaftenden Perikarpresten besonders deutlich abzeichnet.

Bemerkungen: Heute eurosibirisch verbreitet, nördlich nach Südskandinavien reichend, etwas wärmeliebend. Ursprünglich an sandigen Ufern, Flußsand, Dünentälern mit höherem Nährstoffangebot aus Spülsäumen, durch menschliche Siedlungen an Müllplätzen und Abfallstellen verbreitet.

Vorkommen: Pliozän und Altpleistozän von Osteuropa (NIKITIN 1957; DOROFEEV 1966a) bis Westeuropa (ZAGWIJN 1963), auch in verschiedenen Interglazialen von der unteren Wolga bis England (WEBER 1917).
Berga (5628).

Polygonaceae

Polygonum LINNÉ

Gattung weltweit verbreitet, doch vorwiegend in den gemäßigten Zonen, etwa 300 Arten, einige mit kosmopolitischem Charakter. Kräuter oder Halbsträucher von sehr verschiedenem Habitus, mit kriechenden Rhizomen. In Sümpfen, Röhrichten, offenem Wasser, Uferwäldern, Galeriewäldern, Regenwäldern, Nebelwäldern, Koniferenwäldern, Hochgebirgsmatten, Wiesen, Steppen, Wüsten, Salzstränden.

Frucht linsenförmig, seltener dreikantig, vom Perianth eingeschlossen oder wenig länger als dasselbe, selten auf dem Rücken geflügelt (asiatische Arten). Perikarp sehr derb, glatt, meist schwarz und glänzend.

Fossil mit Sect. *Persicaria* (= *Persicaria* L. als Gattung) ab Paläozän (KRUTZSCH 1966). Makroreste ab Paläozän (HEER 1870), häufiger ab Oligozän. Über 20 Arten fossil.

Artenbeschreibungen und Artenschlüssel: HEER 1859, 1865, 1870; C. und E. M. REID 1907a, b; CHANDLER 1921; LILPOP 1930; NIKITIN 1933, 1935; SUKAČEV 1936; MÄDLER 1939; KIRCHHEIMER 1942; LÜDI 1953; DOROFEEV 1963a, 1965: KAC u. a. 1965; NEGRU 1979; 1986.

Polygonum persicaria LINNÉ **fossilis**
Abb. 55; Taf. XXVI, Fig. 15

1907b *Polygonum persicaria* L. *fossilis* C. und E. M. REID, J. Linn. Soc., **38**: 219; t. 14, f. 123.

Früchte von schmal- bis breit-eiförmig, ein- oder zweiseitig gewölbt, mit ausgeprägtem Fruchtstiel, an dem meist Reste des Perigons anhaften, Griffelrest deutlich; 2—2,5 mm lang, 1,75 mm breit; Oberfläche schwarz glänzend.

Bemerkungen: Die nahezu kosmopolitisch verbreitete Art tritt heute fast nur als Ruderalpflanze oder Ackerunkraut

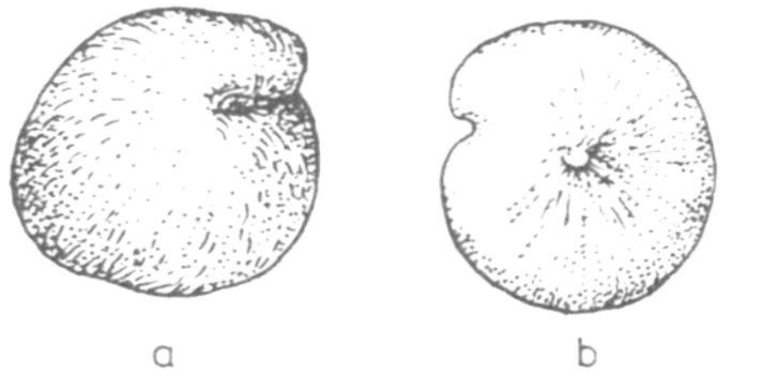

Abb. 54. Samen von *Chenopodium* L.
a = *Ch. album* L.; b = *Ch. polyspermum* L.

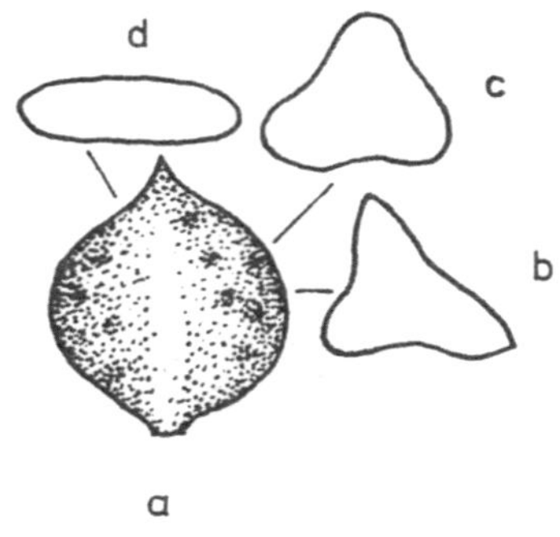

Abb. 55. Nüßchen von *Polygonum persicaria* L.
a = Seitenansicht; b—d = Querschnitt in verschiedenen Schnittebenen bei verschiedenen Nüßchen; (nach Kac u. a. 1965)

auf. Sie entstammt ursprünglich wahrscheinlich der nährstoffreichen Schlick- und Uferzone der Flüsse und Seen und anderer offener, feuchter Orte.

Vorkommen: Erstmalig im höchsten Pliozän (Mizerna, Szafer 1954; Belfeld, Zagwijn 1963); in den Interglazialen von Irland bis an den Fluß Ural (Kac u. a. 1965).
Berga (5567); Rippersroda (683b); Nordhausen (6839).

Polygonum pliocenicum Dorofeev
Taf. XXVI, Fig. 16

1965 *Polygonum pliocenicum* Dorofeev, Nov. dannye plioc. fl. Baškirii: 204; t. 2, f. 43—47; Abb. 3/12.

Früchte eiförmig oder breit eiförmig, Dorsalseite flach oder wenig konkav, Ventralseite primär immer aufgebläht, bisweilen fast zweikantig, Spitze verschmälert, in den Griffelrest verlängert, Basis gerundet, bisweilen mit sehr kurzem Stiel oder auch ein wenig eingetieft, mit Resten des Perigons an der Basis. Oberfläche schwarz, glatt, glänzend. Länge 2 bis 1,8 mm, Breite 1,7—1,1 mm.

Bemerkungen: Die fossile Art ist nach Dorofeev (1965) eine Sippe aus der Sect. *Persicaria*, Reihe *Persicariaeformis* Kom. Sie steht *P. persicaria* L. sehr nahe, besitzt aber kleinere Nüßchen mit wenig entwickeltem Fruchtstiel.

Vorkommen: Pliozän der Baškirischen ASSR und der Belorussischen SSR (Dorofeev 1965, 1971), Villafranca d'Asti (7046).
Kaltensundheim (9732, 9733, 9747).

Polygonum wolfi (Kinkelin) Mädler

1908 *Myrica wolfi* Kinkelin in Engelhardt und Kinkelin, Abh. senckenb. naturforsch. Gesellsch., **29**: 226; t. 27, f. 13a, b (non c).
1910 *Polygonum tomentosum* Schrank *fossilis* Fliegel und Stoller, Jb. preuß. geol. Landesanst., **31** (I/2): 256.
1939 *Polygonum wolfi* Mädler, Abh. senckenb. naturforsch. Gesellsch., **446**: 92—93; t. 7, f. 34.

Früchte breit elliptisch, bikonvex, beiderseits eingetieft, plattgedrückt, etwas dünnwandig. Länge größer als die Breite, 2,8—2,3 mm mal 1,9—1,4 mm; mit kurzem Stielchen, das von borstenartigen Leitbündelresten des Perigons umgeben ist.

Bemerkungen: Da es sich bei der vergleichbaren *P. lapathifolium* L. um eine polymorphe Sammelart handelt, deren einzelne Untergruppen zum Teil recht verschiedene ökologische Ansprüche stellen, erscheint es berechtigt, die durch fossile Früchte belegte, breitelliptische, dünnwandigere Form als eigene Art zu führen.

Sie ist am ehesten *P. tomentosum* Schrank vergleichbar (Fliegel und Stoller 1910). Diese oft als Varietät von *P. lapathifolium* L. geführte Sippe findet sich auf austrocknenden Böden periodisch wasserführender Stellen. Sie wird noch bis in die *Cyperus*-Röhrichte von Laos genannt (Vidal 1958).

Vorkommen: Bisher nur im Pliozän und in Interglazialen von Westeuropa (Mädler 1939, Fliegel und Stoller 1910, Jessen und Milthers 1928).
Rippersroda (683; Mai u. a. 1963).

Rumex Linné

170 Arten nordhemisphärisch, mit wenigen Arten in Australien, Indomalesien, Südamerika, Südafrika. Im Norden bis in die Arktis, in den Gebirgen bis in die alpine Stufe.

Meist ausdauernde, seltener einjährige Kräuter, Halbsträucher, bisweilen auch hohe Sträucher bildend. In sehr verschiedenartigen Pflanzengesellschaften, unter anderem in Wasser- und Sumpfpflanzengesellschaften, die südlichen Arten meist in savannenartigen Pineten oder anderen Nadelwäldern des Westhimalaja (Meusel und Schubert 1971), von Yunnan (Handel-Mazzetti 1921), der Ostmediterraneis und der Kanaren (Meusel und Schubert 1971).

Nußartige Früchte mehr oder weniger scharf dreikantig, ungeflügelt, zumeist schwarzbraun glänzend, stets mit sehr kurzem oder fehlendem Griffelrest. Fast immer mit dem inneren Perianth zusammen abfallend. Dieses umschließt die Frucht locker, sehr verschiedenartig gestaltet und der Verbreitung durch Wind, Wasser oder Tiere angepaßt.

Fossil ab Mittelmiozän in Europa (Łańcucka-Środoniowa 1966). Zahlreiche Arten.

Artenbeschreibungen und Artenschlüssel: C. Reid 1892; C. und E. M. Reid 1907a, b; Weber 1917; Kozłowska 1923; Szafer 1954; Dorofeev 1956b, 1957; Kolesnikova 1957; Kac u. a. 1965; Weliczkiewicz 1973a; Negru 1979.

Rumex acetosella Linné **fossilis**
Taf. XXVI, Fig. 17—22

1907a *Rumex acetosella* L. *fossilis* C. und E. M. Reid, Fl. of Tegelen: 20; t. 2., f. 74.

Frucht klein, nur 0,8—1,5 mm lang, dreikantig, aber mit gerundeten Kanten, ohne Griffelrest und Stielchen; alle Perigonblätter schwielenlos, etwa 1,5 mm lang und damit so lang wie die Frucht, elliptisch bis eirund, fast spitz, ganzrandig, häutig, erhaben nervig, leicht abradierbar.

Bemerkungen: Heute fast kosmopolitisch verbreitete Art,

die ursprünglich nur auf offenen Erdstellen, Schotter, Brandstellen, Sandflächen und auf Torfmooren wuchs.

Vorkommen: Fossil im Pliozän Osteuropas (NIKITIN 1957; DOROFEEV und WELICZKIEWICZ 1971; WELICZKIEWICZ 1977), auch in Westeuropa (C. und E. M. REID 1907a); meist häufig in Interglazialen, Interstadialen, teilweise auch in Dryasfloren (vgl. FIRBAS und GRAHMANN 1928; HUCKE 1941; NÖTZOLD 1961).

Nordhausen (4885); Berga; Kaltensundheim (9747).

Rumex hydrolapathum HUDSON **fossilis**
Abb. 56; Taf. XXVI, Fig. 23

1907b *Rumex hydrolapathum* HUDS. *fossilis* C. und E. M. REID, J. Linn. Soc., **38**: 219; t. 14, f. 128.

Früchte scharf dreikantig, beiderseits zugespitzt, mit vertikaler und horizontaler Symmetrieachse, Stielchen etwa 0,4 mm breit, Seitenflächen der Frucht glatt, Kanten spitz und eingefaßt. Frucht 2—3 mm lang.

Perigonblättchen rautenförmig, ganzrandig, groß, 5—7 mm lang, fast doppelt so lang wie breit, stumpf, erhaben netzrandig, alle mit großer, länglicher Schwiele.

Bemerkungen: Die in Süd- und Mitteleuropa verbreitete Art kommt stellenweise in stehenden Gewässern, an Ufern, Gräben, Teichen, in Sümpfen, an Fluß- und Bachufern oder auf überschwemmten Stellen vor. Sie reicht nicht in die nördlichen borealen Regionen oder in die subalpine Stufe der Gebirge.

Vorkommen: Ab Oberpliozän am Dnepr (WELICZKIEWICZ 1975) und Altpleistozän am Main (BAAS 1932); in Interglazialen von Großbritanien, Dänemark, Westdeutschland/BRD, Polen und Ukraine (Voronež); (NIKITIN 1957).

Kaltensundheim (9746).

Theaceae

Stewartia LINNÉ

Mit zehn Arten in Ostasien (acht Arten) und im atlantischen Nordamerika (zwei Arten) verbreitet. Laubwerfende Holzgewächse mit Maximum der Verbreitung in den Mixed Mesophytic Forests, Ausstrahlungen in nördliche Sommerlaubwälder. An warmtemperiertes, humides Klima, OK-Stufen I und II (JÄGER 1968) angepaßt. In Mitteleuropa drei Arten in Kultur.

Loculicide Kapselfrucht, der eine Kolumella fehlt. Sepalen abfällig. Pro Fach meist zwei, seltener ein Samen entwickelt. Samen flach und umlaufend geflügelt oder ungeflügelt, relativ groß, anatrop, verkehrt eiförmig. Oberflächenzeichnung aus Grübchen oder dünnen Runzeln, die sich schneiden und so ein Netzwerk aus groben Gruben ergeben. Testa dick und widerstandsfähig. Dehiszenz in zwei gleich große Teile längs des größten Umfangs. Von der abgestutzten oder eingegrubten Basis führt ein gerader Funikuluskanal zur subapikalen Chalaza. Mikropyle in unmittelbarer Nähe des Hilums in der Basalgrube. Samenfach elliptisch, sehr groß.

Fossil in Europa und Sibirien vom Obereozän bis ins Pliozän mit sechs Arten.

Artenbeschreibungen: C. und E. M. REID 1915; MÄDLER 1939; KIRCHHEIMER 1957; CHOCHIEVA 1969; DOROFEEV 1970a; NIKITIN 1976; MAI und WALTHER 1978.

Stewartia beckerana (LUDWIG) KIRCHHEIMER
Taf. XXVIII, Fig. 3—5

1858 *Cistus beckeranus* LUDWIG Palaeontographica, **6**: 147; t. XXIX, nur f. 14.

1860 *Frenela europaea* LUDWIG, Palaeontographica, **8**: 68; t. XXIV, f. 4 (non LUDWIG 1858).

1861 *Cistus rostratus* LUDWIG, Palaeontographica, **8**: 176—177; t. LXVI, f. 7—21.

1908 *Aristolochia pliocaenica* KINKELIN in ENGELHARDT und KINKELIN, Abh. senckenb. naturforsch. Gesellsch., **29**: 226; t. 27,

1925 *Stewartia pseudocamellia* MAXIM. — C. und E. M. REID, Plioc. Fl. Dutch-Prussian Border: 18; t. XII, f. 7—16.

1938 *Carpolithus cistoideus* MÜLLER-STOLL, Bot. Zbl., Beih., B **48**; 426—428; t. XV.; textf. 9.

1939 *Stuartia europaea* MÄDLER, Abh. senckenb. naturforsch. Gesellsch., **446**: 127—129; t. 10, f. 9—11.

1957 *Stewartia beckerana* KIRCHHEIMER, Laubgewächse Braunkohlenzeit: 315; 582—585.

Große, geschnäbelte, deutlich fünfeckige Kapseln mit fünf engen Fächern, 7,5—20 mm lang und 5,5—15 mm breit, basal mit breiter Diskusscheibe, bisweilen mit fünf ansitzenden großen Kelchlappen, ohne Kolumella, bei der Dehiszenz meist in die einzelnen Klappen zerfallend. Samen pro Fach zwei, von breit-ovaler Form, flach, mit relativ großem Flügelsaum, so daß das Samenfach nur auf den mittleren Teil beschränkt bleibt. Oberfläche der Testa fein gekörnt bis schwach runzelig, Runzeln aber nur auf der mehr oder weniger gewölbten Seite, die abgeflachte Dorsalseite stets nur feingrubig. Samen 4,5—6 mm lang und 2—4 mm breit.

Bemerkungen: Die Früchte der Art werden von KIRCHHEIMER (1957) in ihrer ganzen Variationsbreite beschrieben. Die geflügelten Samen wurden aus Kapseln isoliert, die aus pliozänen Schichten von Dernbach/Westerwald (LUDWIG

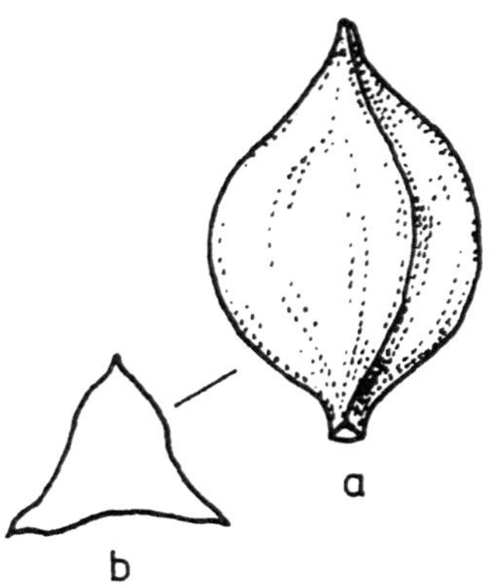

Abb. 56. Nüßchen von *Rumex hydrolapathum* HUDS.
a = Seitenansicht; b = Querschnitt; (nach KAC u. a. 1965)

1861, t. 66, f. 20; MÜLLER-STOLL. 1938, t. 15, f. 4, 5) und Reuver/Holland (C. und E. M. REID 1915, t. 13, f. 14, 15) stammen. Nur auf diese Reste bezieht sich, strenggenommen, unsere Beschreibung. Die Dernbacher Originale kommen vergleichshalber noch einmal zur Abbildung (Taf. XXVIII, Fig. 4, 5).

Die fossilen Kapselfrüchte werden von den verschiedenen Autoren übereinstimmend mit *Stewartia monadelpha* SIEB. et ZUCC. (Syn. *St. pseudocamellia* MAXIM.) verglichen, die in Japan beheimatet ist. Nach dem Bau der Samen mit umlaufendem Flügel ist allerdings *St. serrata* MAXIM. (Japan) besser vergleichbar.

Vorkommen: Besonders Pliozän, seltener Obermiozän oder Mittelmiozän (MAI 1971).
Gerstungen (6713).

Hypericaceae

Hypericum LINNÉ

Mit etwa 400 Arten über die gesamte Nordhalbkugel verbreitet, auf der Südhemisphäre nur auf Sumatera, Java und Neuguinea, im afrikanischen Seengraben, auf Madagaskar, Maskarenen und in Südamerika mit wenigen Arten. Nordgrenze jenseits des Polarkreises. Sehr verbreitet heute im Mediterrangebiet und Orient, in Mitteleuropa nur 14 Arten. Kräuter, seltener Sträucher, teilweise immergrün oder wintergrün. In fast allen Vegetationsformen der Nordhalbkugel. Bemerkenswert einige Arten in Lorbeer- und Bergregenwäldern, andere Arten Sumpf- oder Moorpflanzen. Samen klein, zylindrisch bis oval, anatrop, mit zellulärreticulater Oberfläche, ungeflügelt, stets mit deutlicher Längslinie auf einer Seite (Funikuluskanal).

Fossil in Europa ab Mitteloligozän, heutige Arten ab Obermiozän.

Artenbeschreibungen und Artenschlüssel: C. und E. M. REID 1907a, b; NIKITIN 1948, 1957; DOROFEEV 1957b, 1967b; WATTS 1959; KAC u. a. 1965; NEGRU 1972; MAI und WALTHER 1978; WELICZKIEWICZ 1982; FRIIS 1985.

Hypericum androsaemum LINNÉ fossilis
Taf. XXVI, Fig. 25

1907a *Hypericum androsaemum* L. — C. und E. M. REID, Fl. of Tegelen: 16; t. 1, f. 25.

Samen elliptisch, in der Achse gerade, 0,6—1 mm lang, an beiden Polen zugespitzt, Grübchen viel breiter als lang, polygonal, wenig tief, zartwandig, in 20 Reihen angeordnet, Testa dick.

Bemerkungen: Die heutige Art kommt in feuchten Gebüschen, Auen und Sümpfen in Süd- und Osteuropa bis zum Kaukasus und im Nordiran vor. Sie dringt nördlich der europäischen Hochgebirge bis in die Steiermark und nach Großbritannien vor. Es ist ein halbimmergrüner Zwergstrauch.

Vorkommen: In Moldavien im Mittelmiozän (NEGRU 1972); in Westeuropa nur im obersten Pliozän (Tegelen, C. und E. M. REID 1907a) und Mittelpleistozän (Gort in Irland, JESSEN u. a. 1959).
Rippersroda (784, „*H. elodes*" bei MAI u. a. 1963, t. 3, f. 23).

Hypericum calycinoides nov. spec.
Taf. XXVI, Fig. 26, 27

Holotypus: Taf. XXVI, Fig. 26 — Berga (Pliozän) — MMG, Dresden, Coll. MAI, Nr. 5547.

Diagnose: Samen walzlich, groß, 1,2—1,3 mm lang, 0,4—0,6 mm breit, mit großen, tiefen Grübchen, die fast regelmäßig sechseckig oder rundlich sind, in neun Längsreihen angeordnet, Zellwände hoch und scharfkantig; Testa dick.

Bemerkungen: Die Samen der rezenten Art *H. calycinum* L. (Charakterpflanze schattiger Wälder in Südosteuropa und Nordwest-Kleinasien) sind bis 1,8 mm groß und zeigen über 12 Längsreihen von Grübchen. Gewisse Ähnlichkeiten besitzen auch die von PALAMAREV (1968) aus dem Obermiozän Bulgariens gezeichneten Samen von *H.* cf. *ponticum* LIPSKI.

Vorkommen: Berga (5547).

Hypericum elodes LINNÉ fossilis

1963 *Hypericum elodes* L. *fossilis* MAI u. a., Geologie, **12**: 785; t. 3, f. 23.

Die aus Rippersroda genannten Fosilien vgl. unter *H. androsaemum* L. *fossilis*.

Hypericum hirsutum LINNÉ fossilis
Abb. 57a; Taf. XXVI, Fig. 29

1907b *Hypericum hirsutum* L. — C. und E. M. REID, J. Linn. Soc., **38**: 214; t. 11, f. 28.

Samen walzlich, an beiden Polen gerundet, 0,7 mm lang. Oberfläche filzig-warzig, Grübchen in 10—14 Längsreihen angeordnet.

Bemerkungen: Die fossilen Samen sind um einiges kleiner als die Samen des heutigen *H. hirsutum* L. Diese Art gedeiht in Laubwäldern, besonders auf kalkigem Untergrund. Sie ist im Süden Europas verbreitet, im Gebirge und Nordwesten zerstreut.

Vorkommen: Präglazial von England (C. und E. M. REID 1907b).
Kranichfeld (MfN, Berlin, MAI 1965).

Hypericum miocenicum DOROFEEV
Abb. 57d

1967b *Hypericum miocenicum* DOROFEEV, Dokl. Akad. Nauk Beloruss. SSR, **11**: 1109; Abb. 25—27 (ohne Diagnose).

Samen oblong walzlich, gestreckt, an beiden Polen abgerundet, 0,6—1,2 mm lang, Oberfläche nur schwach grubig, mit quadratischen bis rechteckigen Grübchen in 12—16 Längsreihen, Testa mittelmäßig dick bis dünn.

Bemerkungen: Zu der von DOROFEEV (1967b) bisher ungenügend beschriebenen Art gehört auch das Material aus Konin/Warta, welches RANIECKA-BOBROWSKA (1959, t. 20, f. 11, 15) abbildet (DOROFEEV persönliche Mitt.). Unser Material wurde mit Originalmaterial verglichen (Leningrad 1971). Morphologische Vergleichsmöglichkeiten bestehen besonders mit *H. tetrapterum* FRIES (s. S. 147) und *H. elatum* AIT. (Kanarische Inseln).

Vorkommen: Miozän des europäischen Teils der UdSSR (Gebiet Brest, Dnepr, Vorkarpaten); DOROFEEV 1967b), Ton von Poznań (RANIECKA-BOBROWSKA 1959).
Gerstungen (6692).

Hypericum perforatum LINNÉ fossilis
Abb. 57c; Taf. XXVI, Fig. 28

1907a *Hypericum perforatum* L. — C. und E. M. REID, Fl. of Tegelen: 16; t. 1, f. 26.

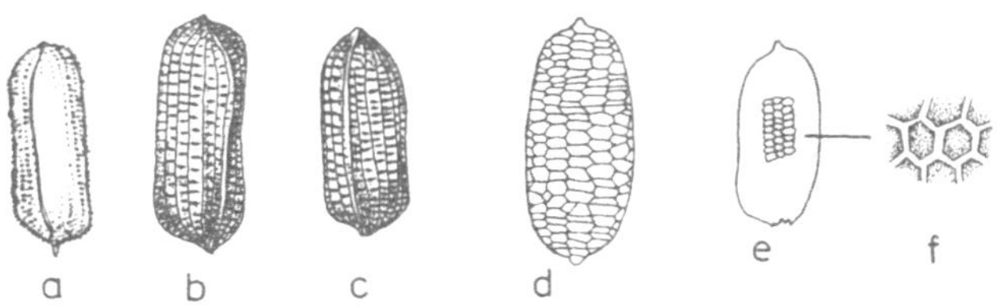

Abb. 57. Samen von *Hypericum* L.

a) *H. hirsutum* L. — b) *H. maculatum* CRANTZ. — c) *H. perforatum* L. — d) *H. miocenicum* DOROF. — e, f) *H. tertiaerum* NIKITIN (f = Oberflächenzellen der Testa, vergr.) (nach BEIJERINCK 1947, NIKITIN 1965)

Samen zylindrisch, gerade oder leicht gekrümmt, an beiden Enden abgerundet, mit in der Mehrzahl quadratischen, fünf oder sechseckigen Grübchen in acht bis zehn Längsreihen; Länge 1,2 mm, Breite 0,5 mm. Testa derb.

Bemerkungen: Die Grübchen und der gesamte Samen sind größer als bei der oligo-miozänen *H. septestum* NIKITIN (1948). Die heutige Art wächst in trockenen Wäldern, Gebüschen sowie auf Wiesen und Rainen von Europa bis zum Westhimalaja. Nach Form und Struktur der Samen sind auch *H. elegans* STEPH. und *H. maculatum* CRANTZ ähnlich.

Vorkommen: Pleistozän in ganz Europa, Pliozän von Voronež (NIKITIN 1957) und Gomel-Gebiet (DOROFEEV und WELICZKIEWICZ 1971).
Kranichfeld (MfN, Berlin, MAI 1965); Kaltensundheim (9732).

Hypericum tetrapterum FRIES **fossilis**
Taf. XXVI, Fig. 30

1959 *Hypericum tetrapterum* FRIES—WATTS, Proc. roy. Irish Acad., B, **60**: 94, Abb. 2/1.

Samen oblong bis walzenförmig, unter 1 mm lang, mit schwach ausgeprägten polygonalen bis ovalen Grübchen in 14—20 Längsreihen, Zellwände dünn.

Bemerkungen: Mit sehr geringen Unterschieden zu *H. miocenicum* DOROFEEV (1967b), aber Grübchen etwas abweichend. Die heutige Art kommt in den Molinieten auf feuchten Wiesen und in Gebüschen in fast ganz Europa vor.

Vorkommen: Pliozän von Belfeld/Niederlande (7818), Mizerna/Polen (7711) und Tegelen (6852b); Pleistozän von Großbritannien (WATTS 1959; WEST und WILSON 1968).
Rippersroda (783, MAI u. a. 1963); Kranichfeld (MAI 1965); Berga (5548).

Hypericum tertiaerum NIKITIN
Abb. 57e, f

1957 *Hypericum tertiaerum* NIKITIN, Plioc i četvert. fl. Voronež. obl.: 169—170; t. 6, fig. 50, 51; textf. 25/2, 3.

Samen elliptisch, etwa doppelt so lang wie breit, stumpflich bis zugespitzt an einem Pol. Grübchen der Oberfläche elongat-polygonal, breiter als lang, undeutlich ineinander übergehend, in 18 und mehr Längsreihen angeordnet, oft mit glänzender Epidermis. Testa dick. Länge 0,7—1,2 mm, Breite 0,4—0,7 mm.

Bemerkungen: Eine sehr häufig auftretende Art aus der Gruppe um *H. elodes* L. (atlantisches Europa: Sümpfe und Moore, Verbandscharakterart im Littorellion).

Die Fossilien lassen sich in zwei Gruppen trennen, von denen eine durch dünne Testa und Hochglanz der Oberfläche, die andere durch dickere Wände und geringe Krümmung der Samen auffällt. Ob eine dieser Gruppen der heutigen *H. elodes* L. entspricht, ist zur Zeit nicht zu entscheiden.

Vorkommen: Pliozän von Osteuropa häufig (DOROFEEV a. v. O) Reuver und Tegelen der Niederlande (NIKITIN 1957; Coll. MAI 6911), Mizerna in den Vorkarpaten (7711)
Gerstungen (6692b).

Elatinaceae

Elatine LINNÉ

Mit 20 Arten extra-tropisch, hauptsächlich auf der Nordhemisphäre verbreitet. Kräuter der sumpfigen und schlammigen Gewässer, oft sehr klein, annuell oder ausdauernd, meistens kalkfliehend und in sauren Gewässern, vermögen auch auf ausgetrockneten Böden zu gedeihen und bilden dann gedrungene, winzige Landformen aus. Aus Europa 11 Arten genannt. Davon sind *E. hexandra* DC. und *E. hydropiper* L. wichtige Arten der Litorellieten in klaren, sauren Stillwässern.

Samen gerade oder komma-, hufeisen- bis posthornförmig und nach der Rapheseite gekrümmt. Testa krustig oder häutig, glatt oder mehr oder weniger felderrippig. Neben der Samenform sind die Felderung und die Zahl der Längsreihen von Feldern oder Grübchen auf der Oberfläche der Testa entscheidende Artkriterien.

Fossil kennt man die Samen in Europa seit dem höchsten Miozän (DOROFEEV 1959b). Es sind mehrere Arten nachzuweisen.

Artenbeschreibungen: C. und E. M. REID 1907b; NIKITIN 1957; WATTS 1959; DOROFEEV und WELICZKIEWICZ 1971.

Elatine pseudoalsinastrum DOROFEEV et WELICZKIEWICZ
Taf. XXVI, Fig. 24

1971 *Elatine pseudoalsinastrum* DOROFEEV und WELICZKIEWICZ, Dokl. Akad. Nauk SSSR, **200**: 1175; t. 1, f. 35—41.

Samen nur schwach gebogen, mit 8—12 Längsreihen feiner, rhomboidaler bis hexagonaler Felder; 0,8 mm lang.

Bemerkungen: Vergleichbar sind die Samen von *E. orthosperma* DÜBEN und besonders *E. alsinastrum* L. Letztere gedeiht heute an Seeufern, in Altwässern und Sümpfen auf lehmiger, kalkarmer Unterlage, zuweilen auch auf Salzböden. Ihr Vorkommen ist von Algerien, Mittel- und Südeuropa, in der UdSSR bis fast in die Arktis, Westsibirien, Mittelasien, China und Japan bekannt. Sie bildet auf lehmig-kalkarmem Untergrund die *Elatine alsinastrum-Juncus tenageia*-Assoziation

Vorkommen: Im Pliozän von Osteuropa (NIKITIN 1957; DOROFEEV und WELICZKIEWICZ 1971; WELICZKIEWICZ 1975).
Kranichfeld (MfN, Berlin: „*E.* cf. *alsinastrum* L." bei MAI 1965: t. 5, f. 31); Kaltensundheim (9720).

Flacourtiaceae

Poliothyrsis OLIVER

Monotypische Gattung mit einer Art in China; Endemit des Changjiang-Gebiets von Westhubei, Sichuan, Jiangsu,

Ostguizhou und Nordzhejiang. Bäume bis 13 m Höhe und 1 m Stammdurchmesser, mit sommergrünen, breit-ovalen, fünfnervigen Blättern. Typisches Element der Mixed Mesophytic Forests (WANG 1961) auf den Ishing-Hügeln (Süd-Jiangsu) und im Tsingyi-Kiang Tale (Westsichuan).

In Kultur in Westeuropa und Westasien winterhart und fruchtend. Frucht eine drei (bis vier-)klappig aufspringende Kapsel, die nicht über 10 mm lang wird, einfächrig, mit drei (bis vier) wandständigen Plazenten. Klappen aus zwei sich voneinander mehr oder weniger trennenden Lagen bestehend.

Samen von einem großen, abradierbaren Flügel eingerahmt, eiförmig bis oval. Testa großzellig punktat, sehr dünn, in schmale, meridionale Bändchen zerspaltend. Mikropylenspitze etwas nach außen abgebogen. Chalaza kreisrund, am anderen Pol.

Fossil nach Samen drei bis fünf Arten in Mitteleuropa und Westsibirien, Oberoligozän bis Pliozän (MAI 1980).

Artbeschreibung und Artenschlüssel: MAI 1980.

Poliothyrsis hercynica MAI
Taf. XXVII, Fig. 5, 6

1980 *Poliothyrsis hercynica* MAI, 100 Jahre Arboretum Berlin: 292; Abb. 112, f. 14, 15.

Samen länglich-eiförmig bis eiförmig, etwas schief, 2 bis 2,6 mm lang, 1—1,5 mm breit, am abgestutzten chalazalen Pol mit sehr großer, kreisrunder Chalaza, die über den Rand herausgehoben ist, Spitze ausgezogen, etwas schief abgebogen, Mikropyle am Ende der Verschmälerung der Spitze, mitunter als abgebogene Warze. Testa dünn, fein punktat bis fast glatt, mit meridionalen Rissen dehiszierend; aus einigen ineinander verschachtelten Schichten radialer Sklereïden, dicker als bei *P. eurorimosa* MAI (1980).

Bemerkungen: In der Größe stimmen die fossilen Samen mit ausgereiften Samen von *P. sinensis* OLIV. überein. Ein Flügel ist stets abradiert, aber in einzelnen Fällen ist Restgewebe besonders am mikrophylaren oder chalazalen Pol vorhanden, das auf eine Umhüllung der Samen hindeutet. C. und E. M. REID (1915, t. 13, f. 27) beschrieben gleichartiges Material aus dem Pliozän von Reuver als *Viola sp. 3*. Zur Gattung *Viola* L. gehört dieser eigenartig geformte Samen nicht, weil ihm der äußerliche Besitz eines Raphebandes abgeht, die Chalaza zu groß und erhaben und die eigentümliche auffasernde Dehiszenz an der Spitze vorhanden ist.

Eine weitere Art ist *P. lutetianoides* (SZAFER) MAI (1980). Die Nachuntersuchung des Materials aus Krościenko im Instytut Botaniki Kraków zeigte die eigenartige, erhabene Chalaza an der Basis, das Fehlen einer Rapheleiste und einen abgebogenen Mikropylenschnabel. Gerade dieses letzte Merkmal veranlaßt, an eine eigene Art zu denken, da es in unserem Material niemals auftrat. Sicher ist die artliche Abgrenzung des Krościenko-Materials jedoch nicht.

Vorkommen: Nur Pliozän [Reuver, C. und E. M. REID 1915; Villafranca d'Asti (7085)].
Berga (5570).

Stachyuraceae

Stachyurus SIEBOLD et ZUCCARINI

Heute zehn Arten von Japan bis zum Himalaja, im Süden bis Südyunnan und Taiwan. Sträucher und Bäume mit sommergrünen oder immergrünen Blättern. In Bergwäldern vom Typ der Sommerlaubwälder in Honan und Shenxi/China, am Tapashan/Shenxi, Mixed Mesophytic Forests (alle Arten) oder der immergrünen Oak-Forests in Sikkim, Yunnan, Guizhou, Taiwan und Südjapan.

In Kultur in Mitteleuropa nur zwei Arten bedingt winterhart.

Kleine, keilförmig abgeflachte Samen mit dicker und sehr harter Testa, durch die das Rapheleitbündel bogenförmig durchbricht. Es tritt im unteren Drittel des Rückens ein, durchläuft die Mitte des dickeren Rückens der Testa und endet an der subapikalen Chalaza. Fach wenig ausgehöhlt, da die Samen durch seitlichen Druck abgeflacht. Eine kleine ovale Grube mit einem Fortsatz zur basalen Mikropyle formt den Embryo nach. Testa schwach glänzend und nach außen durch geöffnete Sklereïden punktiert.

Fossil bisher nur mit einer Art im Miozän Europas nachgewiesen und an Braunkohlenmoore gebunden.

Stachyurus merkaensis MAI
Taf. XXVIII, Fig. 1, 2

1964 *Stachyurus merkaensis* MAI, Paläont. Abh., B. **2**: 79—80; t. 9, f. 26—32.

Samen keilförmig abgeflacht, Basis mehr oder weniger dreieckig, Spitze gerundet, Hilum dorsal in Basisnähe, Raphe an der Dorsalseite zur subapikalen Chalaza laufend, Mikropylarkanal gerade, am Ende eines flachen, ovalen Fachs. Testa dick, außen kleinhöckerig, innen quergestreift, aus verdickten, ovalen Sklereïden. Länge 1,2—2 mm, Breite 1,0 bis 1,6 mm.

Bemerkungen: Von verglichenen Arten kommen *St. himalaicus* HOOK. f. et THOMS. und *St. praecox* SIEB. et ZUCC. im Samenbau und Samengröße nahe.

Vorkommen: Mittelmiozäne Braunkohlen (MAI 1964, 1967). Gerstungen (9712).

Violaceae

Viola LINNÉ

Über 500 beschriebene Arten, die zum Teil in Unterarten zerfallen. Verbreitung hauptsächlich nordhemisphärisch und Gebirge Südamerikas, wenige Arten tropisch und südhemisphärisch, zahlreiche Endemiten. Ursprüngliche Arten strauchig oder halbstrauchig, die Mehrzahl jedoch krautig (mehr- oder einjährig). Fast alle Lebensbereiche besiedelnd, jedoch nie submers. Optimale Verbreitung im atlantischen Nordamerika (51 Arten), Japan (48 Arten) und Europa (über 45 Arten).

Samen rundlich, eiförmig bis länglich-eiförmig, deutlich anatrop, im Querschnitt fast kreisrund, selten unter 1 mm, ebenso selten über 3 mm lang. Auffallendes und wichtiges Merkmal ist die als Längslinie, -furche oder -band ausgebildete Raphe, am spitzen, mikropylaren Ende inmitten schwammigen Funikulus-Gewebes (Karunkula, fossil nicht überlieferbar) beginnend und am abgeflachten Pol des Samens in einer mehr oder weniger großen und tiefen, kreisrunden Chalazagrube endend. Testa mäßig dick, aber sehr widerstandsfähig, aus einer großzelligen, abradierbaren Epidermis, einer regelmäßig angeordneten und kristallführenden Sklerenchymzellschicht, einer Schicht radialer Sklereiden mit großem, viereckigem Lumen und zusammengedrückten, parenchymatisch-sklerenchymatischen Zellen zum Samenfach. Dehiszenz durch einfaches oder mehrfaches Aufreißen der Testa in Längsrichtung, zwei oder mehr gleiche oder ungleiche Klappen entstehend.

Fossil mit sicheren Nachweisen in Europa bisher ab Mittelmiozän, in Westsibirien vielleicht schon Oberoligozän, etwa 10 Arten.

Artenbeschreibungen und Artenschlüssel: C. und E. M. REID 1907b; E. M. REID 1920b; REID und CHANDLER 1923; KAC u. a. 1965.

Viola bergaensis nov. spec.
Taf. XXVII, Fig. 7—11

Holotypus: Taf. XXVII, Fig. 7 — Berga (Pliozän) — MMG, Dresden, Coll. MAI, Nr. 5570b.

Diagnose: Samen eiförmig, klein, 1—1,3 mm (selten 1,5 mm) lang, 0,7—0,9 mm breit. Chalaza klein. Mikropyle spitz. Raphe bis zur Spitze reichend, breit und deutlich. Oberfläche matt, grau.

Bemerkungen: Derartige Samen mit bis zur Spitze reichender Raphe, also fast ohne Karunkula, wurden bei keiner heutigen europäischen Art festgestellt. Es handelt sich um eine exotische Veilchen-Art des Jungtertiärs. Vergleichbare, allerdings etwas größere Samen konnten bei den nordamerikanischen Arten *V. hallii* A. GRAY und *V. sagittata* AIT. beobachtet werden.

Vorkommen: Berga (5570b); Kaltensundheim (9921).

Viola neogenica nov. spec.
Taf. XXVII, Fig. 12—15

Holotypus: Taf. XXVII, Fig. 12 — Berga (Pliozän). — MMG, Dresden, Coll. MAI, Nr. 5570a.

Diagnose: Samen länglich-schief-eiförmig, groß, 1,8 bis 2,4 mm lang, 1,2—1,5 mm breit. Chalazagrube klein. Mikropyle auf einer schief abstehenden Spitze. Raphe bis fast zur Mikropylenspitze reichend. Oberfläche schwach glänzend, dunkelbraun.

Bemerkungen: Die großen Samen mit schiefer Spitze sind keiner heutigen europäischen Art vergleichbar. Die Länge der Raphe deutet auf eine fast fehlende Karunkula hin. Vergleichbare Samen wurden bei den heutigen nordamerikanischen Arten *Viola rugulosa* GREENE und *V. canadensis* L. gesehen.

Vorkommen: Mittelmiozän der Niederlausitz (MAI unveröff.). Berga (5570a).

Viola palustris LINNÉ **fossilis**
Abb. 58; Taf. XXVII, Fig. 16

1907b *Viola palustris* L. *foss.* — C. und E. M. REID, J. Linn. Soc., **38**: 213; t. 11, f. 18.

Samen kugelig-eiförmig bis eiförmig, 1,3—2 mm lang, 0,8—1 mm breit. Chalazagrube klein. Mikropyle schräg, schnabelartig. Raphe bis fast zur Spitze reichend, breit, aber wenig hervortretend. Oberfläche glänzend, schwarz, dünn längsstreifig.

Bemerkungen: Die Samen des Sumpfveilchens sind fossil oft genannt worden. Sie zeigen in der Ausgestaltung der Mikropylenregion, der allgemeinen Form und der schwarzen Oberflächenfärbung charakteristische Merkmale, die der ganzen Sektion *Cordatae* zukommen. Ob sie sich immer klar von den etwas kleineren Samen der europäischen Arten *V. uliginosa* BESS. und *V. epipsila* LEDEB. unterscheiden, muß an Hand großer Populationen geprüft werden. *Viola palustris* L. hat heute ein zirkumpolares Areal, das trotz borealer Tönung bis in das gebirgige Mediterrangebiet (z. B. Spanien in der Sierra Nevada bis 3000 m), in Nordamerika in die alpine Region von Colorado und Oregon (GLEASON 1963) reicht. Es ist in Europa eine Art der Moorwälder und Erlenbrüche. Soziologisch ist sie zumeist an die Caricetalia fuscae gebunden. Sie ist ausgesprochen kalkmeidend.

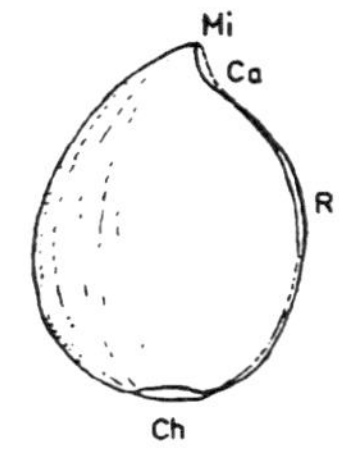

Abb. 58. Schema des Samens von *Viola palustris* L.
Ca — Karunkula; Ch — Chalazaknoten; Mi — Mikropyle; R — Raphe

Vorkommen: Bisher Oberpliozän in Ost- und Mitteleuropa (NIKITIN 1957, MAI 1965), Pleistozän von der Ukraine bis Dänemark, Niederlande, Britische Inseln, oft häufig (unter anderem FIRBAS und GRAHMANN 1928; MANIA und MAI 1969).

Rippersroda (796); Kranichfeld (MfN, Berlin, MAI 1965); Berga (5570c); Kaltensundheim (9747).

Cucurbitaceae

Trichosanthes LINNÉ

50 Arten in Süd- und Ostasien, auch Nordaustralien. Einjährige und mehrjährige Lianen mit verdickten Wurzeln. Besonders in den subtropischen Regenwäldern bis in die Evergreen Broad-leaved Forests und Mixed Mesophytic Forests in Japan, z. B. Hondo (OHWI 1965). Nach allgemeinem Verbreitungsmuster an humide Bedingungen angepaßt.

Abgeflachte Samen von im allgemeinen verkehrt-eiförmiger, ovaler oder leierförmiger Gestalt, Außenkontur durch Randverdickungen bisweilen wellig. Apikaler Pol gerundet, basaler Teil etwas verjüngt und meist schief abgestutzt. Mittelflächen als seicht muldige Area durch eine oder mehrere umlaufende Furchen abgeteilt, die eine deutliche Ornamentation hervorrufen. Rand wulstig oder radialstreifig oder befranst. Dehiszenz in zwei gleich große Klappen längs des größten Umfangs.

Fossil im Oligozän von Westsibirien mit zwei Arten (DOROFEEV 1963a); in Mittel- und Westeuropa ab Miozän mit einer weiteren Art.

Artenbeschreibungen: E. M. REID 1920a; DOROFEEV 1963a.

Trichosanthes fragilis E. M. REID
Taf. XXVII, Fig. 3, 4

1920a *Trichosanthes fragilis* E. M. REID, Graines du Pont-de-Gail: 80, t. 4, f. 22a, b.

Samen verkehrt-eiförmig bis oval, abgeflacht, auf beiden Seiten mit seichter Mulde im Mittelfeld, das gegen den breiten Rand durch eine umlaufende Furche abgegrenzt wird; im Mittelfeld oft eine zweite, dünnere, umlaufende Furche, Randwulst breit, aber wenig verdickt, etwas dünn radialstreifig. Samen 8,0—10 mm lang und 5—6 mm breit.

Bemerkungen: Diese fossile Art Europas wurde mit *Tr.*

palmata ROXB. (malayisch-südostasiatisch-indisch-prähimalajische Art, subtropische Regenwälder) und *Tr. kirilowii* MAXIM. (= *Tr. japonica* RGL.) (ostasiatisch-japanische Art) verglichen (REID 1920a; KIRCHHEIMER 1957). Nordgrenze der Gattung mit *Tr. kirilowii* MAXIM. auf der westlich Hokkaido/Japan liegenden Okushiri-Insel im Sommerlaubwaldgebiet (OHWI 1965).

Vorkommen: An zahlreichen Pliozänfundstellen von Westeuropa bis ins Don-Voronež-Gebiet, in Osteuropa bereits im Obermiozän (Meot von Odessa, DOROFEEV 1955a), in Westsibirien ab Miozän (DOROFEEV 1963a), auch Miozän der Niederlausitz (MAI 1967).
Berga (5513).

Salicaceae

Populus LINNÉ

Mit etwa 35 Arten in der nördlichen temperierten Zone, fehlt im arktischen Gebiet. Als flußbegleitende Baumarten dringen *Populus* weit in die subtropische Zone (Niltal, Punjab, Burma, Guatemala) vor. Durch großen Artenreichtum sind Ostasien und das atlantische Nordamerika ausgezeichnet (19 bzw. 9 Arten). Einzige Art auf der Südhemisphäre in Kenia (*P. ilicifolia* ROULEAU). In ihren Ansprüchen an Temperatur und Niederschläge nur sehr locker gebunden und nicht charakteristisch. An edaphisch feuchten Orten nicht vom Großklima abhängig (BADER 1960).

Fossil in Europa ab Unteroligozän.

Artenbeschreibungen: DEPAPE (1922); LAURENT und MARTY (1923); STOJANOFF und STEFANOFF (1929); STRAUS (1930); STEFANOFF und JORDANOFF (1935); HANTKE (1954); KNOBLOCH und KVAČEK (1976); MAI und WALTHER (1978); HUMMEL (1983).

Populus cf. tremula LINNÉ
Abb. 59; Taf. XVIII, Fig. 7, 8

Reste fast kreisrunder, stumpfer Blätter. Rand grob und ausgeschweift stumpf-breit-kerbzähnig. Nervatur palminerv, von den fünf Hauptnerven nur drei bis vier erkennbar, entspringen gemeinsam an der Spreitenbasis. Seitliche Hauptnerven in spitzen Winkeln vom mittleren abzweigend, stark apikalwärts gebogen, bogenläufig camptodrom bis semicraspedodrom. In Blattzähne münden zarte Tertiärnerven. Sekundärnerven bilden mit Nerven höherer Ordnung polygonale Felder. Reste ca. 2,5 cm × 2,5 cm groß.

Bemerkungen: Blattform in Verbindung mit der sinuatkerbig-groben Randzähnung sowie die Verzweigung der Blattnerven an der Basis sprechen für *Populus tremula* L. SPITZELBERGER (1982) hat sich eingehend mit den unterschiedlichen Typen der Blätter bei *Populus tremula* L. und deren Heterophyllie beschäftigt. So stimmen vorliegende Blattreste völlig mit dem Normaltyp 2 (SPITZELBERGER 1982) = kreisrunde Blätter mit nur angedeuteter Spitze, ausgeschweift, stumpf breitkerbiger Blattrand, überein.

Die als *Populus tremula foss.*, *Populus tremula* L., *P.* cf. *tremula* L. beschriebenen fossilen Blattreste sind aus vielen Pliozänfloren Europas bekannt: DEPAPE (1922), LAURENT und MARTY (1923), STOJANOFF und STEFANOFF (1929), STEFANOFF und JORDANOFF (1935), KILPPER (1959), NĚMEJC (1961), GEISSERT (1972), ZASTAWNIAK (1972). Sie kommen als seltene Formen, d. h. mit nur wenigen Individuen in diesen Floren vor und spielen nicht den dominierenden Charakter wie andere *Populus*-Arten der oligo-miozänen Auenwälder. MAI (1984) sieht sie als seltene Arten in typischen Mixed Mesophytic Forests des Pliozäns. Vorpliozäne Funde sind unsicher, dazu gehört die noch nicht exakt abgegrenzte *Populus crenata* UNGER, die MEYER in KRÄUSEL (1919) und KRÄUSEL (1920) aus dem Jungtertiär von Śląsk (Schlesien; z. B. Sośnica) beschreiben. Zumindestens zeigt das von KRÄUSER (1920: t. 9, f. 7) abgebildete Blatt Merkmale, die auf *Populus tremula* L. hinweisen.

Vorkommen: Pliozän West- und Südosteuropas.
Berga: MMG, Dresden, Bg 195, Bg 226, Bg 239, Bg 262.

Populus spec.

Dunkelbraune, glänzende Blattknospen mit zwei Knospenschuppen, die sich übergreifend decken, spitz, bis 8 mm lang. Gerstungen.

Salix LINNÉ

Mit 500 Arten fast kosmopolitisch verbreitet. Wichtige Gehölzgattung besonders der Uferbereiche, mit einzelnen Arten auch in den Tropen, häufig in gemäßigten und arkti-

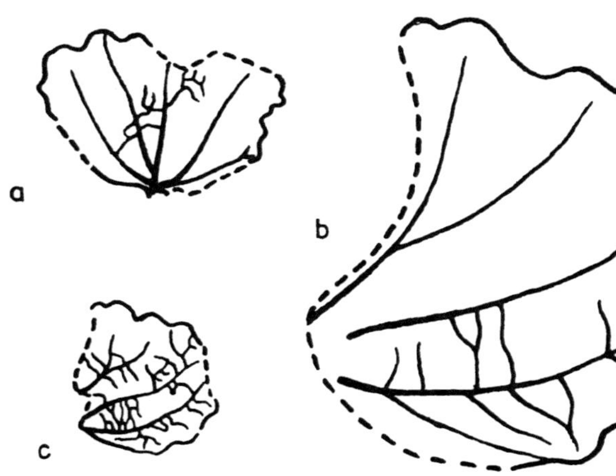

Abb. 59. *Populus* cf. *tremula* L., Blattreste, Berga
a = Bg 262; b = Bg 239, 3fach; c = Bg 239

schen Zonen. Meist nicht an bestimmtes Klima gebunden und von sehr unbestimmter Ökologie (extrazonales Element).

Fossil bereits im Paläozän Westeuropas.

Artenbeschreibungen: MENZEL (1906); MEYER in KRÄUSEL (1919); KRÄUSEL und WEYLAND (1954); KOLAKOVSKIJ (1964); BŮŽEK (1971); ZASTAWNIAK (1971); FERGUSON (1971); KNOBLOCH und KVAČEK (1976); MAI und WALTHER (1978).

Salix spec.
Taf. XXVII, Fig. 1, 2

Bräunliche, glänzende Knospenschuppen von tütenartiger Gestalt, bis 4,5 mm lang. Stomatalose Epidermis aus polygonalen Zellen.

Bemerkungen: Artliche Zugehörigkeit nach der Knospenschuppenanalyse (RABIEN 1953) nicht zu ermitteln.

Vorkommen: Rippersroda (799:a, MAI u. a. 1963, S. 782, t. III, f. 5, 6): Kranichfeld (MAI 1965, S. 48); Kaltensundheim (9734).

Salix cf. **integra** GOEPPERT

1855 *Salix integra* GOEPPERT, Tert. Fl. Schossnitz: 25; t. 19, f. 1—16.
1885 *Salix zoberbieri* v. FRITSCH, Jb. preuß. geol. Landesanst. f. 1884: 428—429; t. 26, f. 18—22.

Die ganzrandigen Weidenblätter, die v. FRITSCH (1885) abbildet, gehören zum Formenkreis der sehr variablen *S. integra* GÖPP. Diese Art wird allgemein mit der verbreiteten *S. repens* L. verglichen, jedoch kommen für den Vergleich nach Ansicht der Bearbeiter noch zahlreiche andere Weiden in Betracht. Blattreste, die v. FRITSCH (1885) als *Salix schorri* FRITSCH und *S. rubra* HUDS. aufzählte, sind ohne genaue Kenntnis der Originale nicht näher bestimmbar.

Vorkommen: Rippersroda (v. FRITSCH 1885).

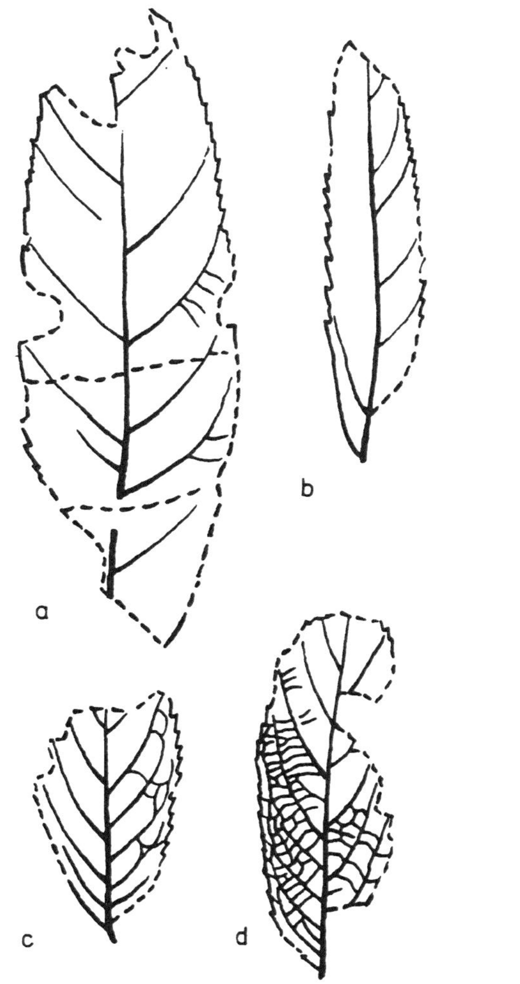

Abb. 60. *Salix varians* GOEPPERT, Berga; lanzettliche Blattreste
a = Bg 148; b = Bg 144:1; c = Bg 82:2; d = Bg 82:1

Salix varians GOEPPERT
Abb. 60; Taf. XVIII, Fig. 5, 6

1855 *Salix varians* GOEPPERT, Tert. Fl. Schossnitz: 26, t. 19, f. 17, 18; t. 20, f. 1, 2. — Paratypen.
1855 *Salix wimmeriana* GOEPPERT, Tert. Fl. Schossnitz: 26; 5. 21, f. 1—3.
1856 *Salix macrophylla* HEER, Fl. tert. Helv., **2**: 26; t. 67, f. 1, 3; non f. 2, 4.

Blätter in Größe und Form stark variierend, kurz gestielt. Ovallanzettlich bis lineal-lanzettlich. Spitze lang zugespitzt. Basis cuneat bis keilförmig gerundet, zum Teil leicht asymmetrisch. 6—9,1 cm (12 cm) lang und 1,3—3,1 cm breit. Rand fein gesägt (uniserrat). Zähne in Abstand und Größe etwas ungleich. Je cm sechs bis sieben Zähne. Primärnerv kräftig. Sekundärnerven unterschiedlich stark alternierend, selten opponierend. Anzahl auf Grund des Erhaltungszustands nicht exakt ermittelbar (mehr als 10), schließen Winkel von 52—28° ein, semicraspedodrom (eucamptodrom), bogig zum Rande führend, dort Schlingen bildend, von denen Äste in die zum Teil drüsigen Zahnspitzen führen. Verschiedentlich treten Zwischennerven auf. Tertiärnerven fast senkrecht, sich häufig gabelnde Anastomosen bildend. Lamina kräftig.

Bemerkungen: Die im Tertiär weit verbreitete *S. varians* GOEPP. ist auch in den obermiozänen und pliozänen Floren ein wichtiges Element: KILPPER (1952); SZAFER (1961); STRAUS (1930 = *S.* cf. *grandifolia*); STOJANOFF und STEFANOFF (1929 ex parte); KOLAKOVSKIJ (1964); ILJINSKAJA (1968); ZASTAWNIAK (1971). Daß sich darunter ein Formenkreis verbirgt (STOJANOFF & STEFANOFF 1929) ist anzunehmen. Fast alle Versuche, gezähnte Blattreste von *Salix* aus dem Pliozän mit rezenten Arten, sogar mit solchen, die heute im Bereich der fossilen Fundstellen vorkommen (STEFANOFF und JORDANOFF 1935) zu bestimmen, sind problematisch und kaum der Wirklichkeit entsprechend. Auf die Schwierigkeiten, analoge Sippen der durch starke Hybridisierung charakterisierten *Salix* L. zu finden, wurde durch MAI und WALTHER (1978) hingewiesen. Nach den Ergebnissen blattmorphologischer und blattepidermaler Analysen bestehen nach wie vor größte Vergleichsmöglichkeiten zu den pleiandrischen Weiden, von denen *Salix bonplandiana* KUNTH, ein Auenwaldelement Mittelamerikas, *Salix varians* GOEPPERT am nächsten steht. *Salix varians* GOEPPERT muß als langlebige Sammelart für das Tertiär Europas angesehen werden.

Vorkommen: Vom tiefen Mitteloligozän (Florenkomplex Haselbach, MAI und WALTHER 1978, 1983) bis Oberpliozän Europas. Berga: MMG, Dresden, Bg 82:1:2, Bg 144:1:2, Bg 148, Bg 342.

Actinidiaceae

Actinidia LINNÉ

Gegenwärtig etwa 40 Arten von sommergrünen Lianen, hauptsächlich in Japan, China und dem Himalaja, nach Süden bis Mitteljawa, Sumatera und Nordkalimantan. Hier in den subtropischen Hill-Forests und Mountain-Forests von 900—2000 m. In China und dem Sikkim-Himalaja in die temperaten Regionen bis 2500 m reichend. Die meisten Arten in Wäldern vom Typ der Mixed Mesophytic Forests; in nördliche Sommerlaubwälder gehen nur wenige Arten, in Südostgansu bei 1500 m (WANG 1961), Shenxi bei 1000 bis 1550 m (VASILIEV 1961) und Südkurilen, Hokkaido, Südsachalin, Nord- und Nordostchina (OHWI 1965; WANG 1961). In Europa vier Arten in Kultur, aber sehr spätfrostempfindlich.

Samen abgeflacht-eiförmig und mit einer gerundeten Chalazaregion versehen. Basis verjüngt, durch das breite, elliptische Hilum abgestutzt und häufig schief. Neben dem Hilum feine, lochartige Spur der Mikropyle. Dünne, aber elastische Testa mit fazettenartiger Skulptur aus großen, vorwiegend regelmäßig sechseckigen Gruben, deren genäherte Lage der Oberfläche ein wabiges Aussehen verleiht. Waben in regelmäßigen, unregelmäßigen oder nur angedeuteten Längsreihen in sehr verschiedener Anzahl angeordnet. Dehiszenz in zwei gleich große Klappen, beginnend am Rücken.

Fossil in Europa vom Eozän bis ins Oberpliozän.

Artenbeschreibungen: C. und E. M. REID 1915; SZAFER 1954; DOROFEEV 1963a; CHANDLER 1963; NEGRU 1986.

Actinidia faveolata C. et E. M. REID
Taf. XXVIII, Fig. 6—15

(?)1859 *Carpolithus rubiformis* HEER, Fl. tert. Helv., 3: 142; t. 151, f. 59.
1915 *Actinidia faveolata* C. und E. M. REID, Plioc. Fl. Dutch-Prussian Border: 117; t. 13, f. 1—4.
1947 *Actinidia polygama* MAXIM. *fossilis* SZAFER, Fl. plioc. Krościenka: 106—107; t. 9, f. 15—17.

Samen von 1,5—4,0 mm Länge, die alle Übergänge zwischen der nahezu rundlichen bis zur gestreckt-ovalen Form zeigen. Oberfläche mit regelmäßig sechseckigen, grubig vertieften Waben von 80—140 µm im Durchmesser, deren Lage in Längsreihen nur angedeutet ist; auf das Maximum der Breite kommen etwa 20—25 Grübchen; Testa dünn und brüchig.

Bemerkungen: Die Samen dieser häufigen Art des europäischen Jungtertiärs werden von mehreren Autoren mit *Actinidia kolomikta* MAXIM. (Japan, Sachalin, Nordostchina, Nordchina) verglichen. *Actinidia kolomikta* (RUPR.) MAXIM.: Koniferenwälder, Bergmisch- und Sommerlaubwälder der Südkurilen, Hokkaido, Südsachalin, Nordostchina (Amurgebiet) und Nordchina (OHWI 1965; WANG 1961). Andererseits treten bei einigen Exemplaren auch Beziehungen zu *A. arguta* (SIEB. et ZUCC.) PLANCH. auf. Nach TRALAU (1963a, S. 58) sind die Samen mehr oder weniger „different from seeds of all living species". Die von SZAFER (1947) auf *Actinidia polygama* MAXIM. bezogenen Samenreste aus dem polnischen Pliozän müssen nach KIRCHHEIMER (1957) mit *A. faveolata* C. et E. M. REID vereinigt werden. Ältestes Basionym für diese Art könnte *Carpolithus rubiformis* HEER (1859) sein, deren Stellung bei *Actinidia* KIRCHHEIMER (1957), TRALAU (1963a) sowie BŮŽEK und HOLÝ (1964) erwägen.

Vorkommen: Ab Oberoligozän in Westsibirien (DOROFEEV 1963a), ab Untermiozän in Mitteleuropa (BŮŽEK und HOLÝ 1964), Obermiozän und Pliozän nahezu ganz Europa (REID 1907a, GEISSERT 1972).

Berga (5616); Gerstungen (6715); Kranichfeld (6740); Kaltensundheim (9732, 9747); Rippersroda (691c, MAI u. a. 1963).

cf. **Actinidia** spec.
Abb. 61

Rundlicher Blattrest, Spitze und Basis nicht erhalten, ca. 7 cm lang und 6 cm breit. Rand entfernt ciliat-serrat, „Zähnchen" 0,5 mm lang. Primärnerv leicht geschlängelt apikalwärts führend. Fünf (sechs) Sekundärnerven, basale drei Paare opponierend, obere alternierend. Winkel mit Primärnerv von 34—21° einschließend. Semicraspedodrom. Bogig zum Rande führend und sich untereinander durch Bögen verbindend. Besonders auffällig ist die dichte Schlingenbildung der basalen Sekundärnerven. Von den Schlingenbögen treten Nervenäste als feine Zähne aus, oder der Sekundärnerv endet als Blattzahn. Tertiärnerven bilden schräge bis gerade Anastomosen, die ein lockeres Maschennetz ergeben.

Bemerkungen: Randausbildung und die dichte Schlingen bildenden Sekundärnerven weisen auf Blätter der Gattung *Actinidia* LINDLEY hin. Nach LI (1952) besteht in der Blattform eine sehr große Variationsbreite, sowohl zwischen männ-

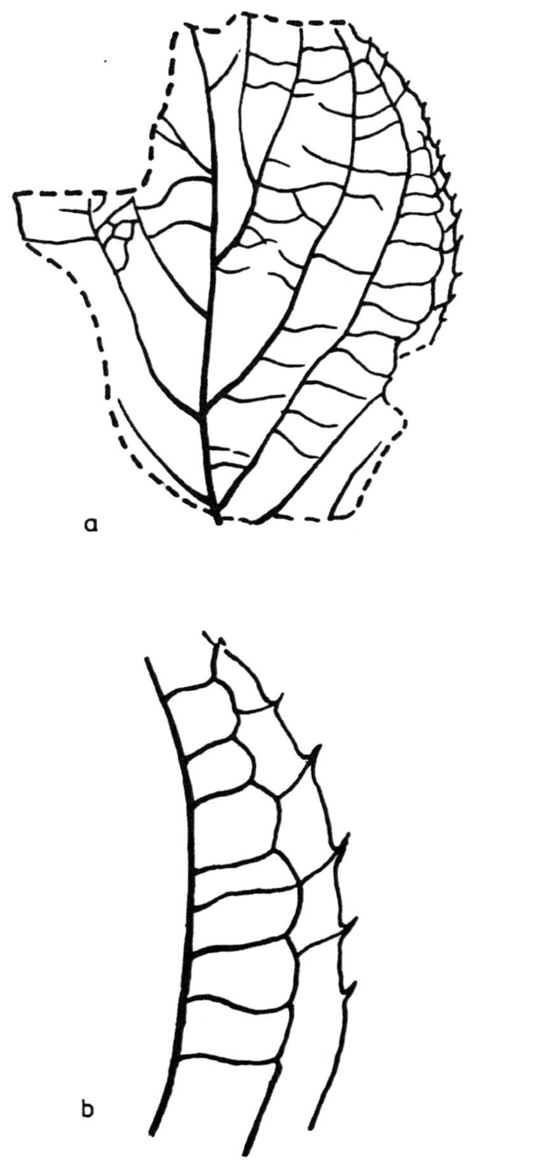

Abb. 61. cf. *Actinidia* spec., Berga
a = Bg 74, Blattrest; b = Bg 505, Bg 156, Randausbildung; 7fach

lichen und weiblichen Pflanzen als auch an Trieben der gleichen Pflanze. In der Dicke der Lamina bestehen ebenfalls Unterschiede. Daß die Zähne aus Nervenendungen bestehen, läßt sich am fossilen Beleg einwandfrei nachweisen. Unter den etwa 40 Arten (LI 1952; KRÜSSMANN 1976) zeigt *Actinidia chinensis* PLANCHON aus der Sect. *Stellatae* LI in Form, Nervatur und der oben angeführten Randzähnung die größte Analogie zu dem Blattrest aus Berga. Besonders zu den Blättern der fertilen Zweige dieser Art besteht bestimmte Ähnlichkeit. Das Fehlen von entsprechendem rezentem Material läßt einen eingehenderen Vergleich nicht zu. Ohne weitere morphologische Details, abgesehen von dem fehlenden Nachweis der systematisch wichtigen Trichome, kann vorliegender Blattrest nur mit Vorbehalt zur Gattung *Actinidia* LINDLEY gestellt werden. TANAI (1970) beschreibt aus dem Oligozän von Kushiro ein Blatt als *Actinidia harutoriensis* TANAI. In der Morphologie und Nervatur weist es mit dem Rest aus Berga Ähnlichkeiten auf. In der zum Teil unregelmäßigen Randzähnung weicht es aber völlig ab. TANAI (1970) vergleicht das fossile Blatt mit *Actinidia chinensis* PLANCH.

Vorkommen: Bisher nur aus dem Oberpliozän von Berga bekannt.

Berga: MMG, Dresden, Bg 505a.

Ericaceae

Chamaedaphne MOENCH

Heute eine einzige Art nördlich temperiert; boreale Form mit Südgrenze Nordeuropa, Nordpolen, Belorußland, Saratov, Tula, in Ostasien auf Hokkaido, in Nordamerika New Jersey, Ohio, North-Indiana, Illinois, im Gebirge bis North Carolina.

Niedriger wintergrüner Strauch auf ombrotrophen Mooren, Torfbrüchen oder Sümpfen, sehr oft mit *Ledum palustre* L. Meist dichte Dickichte bildend. Sowohl in der nördlichen Waldzone als auch der Tundrenzone.

Kapselfrüchte von abgeflacht-globoser Form, mit apikaler Zentralplazenta und langem, persistentem Griffel. Kelch freizipfelig, länger als die Klappen, ohne Articulation an einem Stiel, der zwei Bracteolen trägt. Klappen relativ dünnwandig, aber sehr widerstandsfähig.

Samen flach keilförmig, mittelgroß, mit einer vorspringenden Raphe. Sie ähneln den Samen von *Leucothoë* D. DON, noch mehr aber *Zenobia* D. DON und *Lyonia* NUTT.

Fossil ist die Gattung mit Kapseln und Samen ab osteuropäischem Pliozän bekannt.

Artenbeschreibungen: SUKAČEV 1936; DOROFEEV 1960b, 1963d; NIKITIN 1976.

Chamaedaphne calyculata (LINNÉ) MOENCH **fossilis**
Abb. 62; Taf. XXVIII, Fig. 16

1963d *Chamaedaphne calyculata fossilis* DOROFEEV, Mat. istorii flory i rastitel. SSSR, **4**: 165, t. 10, f. 4—6.

Synonym:

(?): *Gaultheria europaea* DOROFEEV 1960b, Bot. Ž., **45**: 1433; t. 4, f. 11—15.

Kapselfrüchte abgeflacht-kugelförmig, bis 4 mm im Durchmesser, fünfklappig, loculizid, leicht in fünf einzelne Klappen zerfallend, deren Wände relativ dünn, aber hart sind; auf kurzem Pedicellus, ohne Articulation, mit Resten eines fünfteiligen Kelchs und von zwei Bracteolen; apikal mit Grube, die von der Verlängerung des abgebrochenen Griffels herrührt. Zentralplazenta apikal, fünfstrahlig. Jedes Fach mit vielen Samen. Samen ungleichmäßig keilförmig, kantig, reticulat, mit deutlicher Rapheleiste und grubigem Hilum, um 1 mm lang, 0,6—1 mm breit.

Bemerkungen: Von anderen Andromedaeae gut abtrennbare Gattung, deren Kapselfrüchte und Samen im fossilen

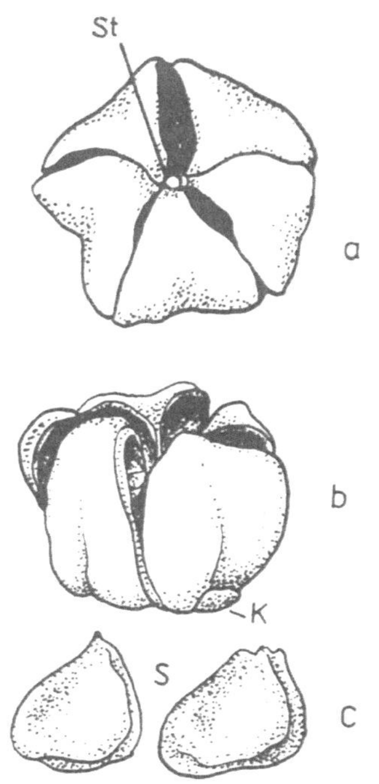

Abb. 62. *Chamaedaphne calyculata* (L.) MOENCH
a = Kapselfrucht von apikal (St = Stylusrest); b = Kapselfrucht von der Seite (K = Kelchlappen); c = Samen von der Seite (S) (nach DOROFEEV 1960b, 1963d)

Zustand nicht von denen der rezenten Art zu unterscheiden sind. Auch die vielleicht mit 5 mm Durchmesser nur wenig größeren Kapseln, die DOROFEEV (1960b) zu *Gaultheria europaea* DOROF. rechnet, vermag ich nicht abzutrennen. Zu *Gaultheria* L. gehören sie sicher nicht. Damit ist die Beobachtung verbunden, daß eine heute boreal verbreitete Pflanze ombrotropher Torfmoore bereits artgleich in den Braunkohlenmooren des Pliozäns vorkam. Große Ähnlichkeit zu unserem vorliegenden Samen haben auch die als *Ch. minuta* NIKITIN (1976) beschriebenen Samen aus dem Miozän an der Aldana. Sie zeigen aber kleinere Abmessungen.

Vorkommen: Nur Braunkohlen des Mio-Pliozäns und Pliozäns der Belorussischen SSR, dort auch im Eem-Interglazial (SUKAČEV 1936; DOROFEEV 1960b, 1963d).
Kranichfeld (MfN, Berlin, *Vaccinium* sp." bei MAI 1965).

Kalmia LINNÉ

Acht Arten von immergrünen Sträuchern in Nordamerika und Kuba, im Norden bis in die Torfmoore von Labrador und Hudson Bay. Wichtige Kennarten in feuchten Kiefern-Eichen-Wäldern, in Moor-Koniferen-Wäldern oder in Eichen-*Liriodendron*-Wäldern und Buchen-Kastanien-*Tsuga*-Wäldern bis in die untere Bergstufe (1400 m) der Alleghanies. Stets auf sauren, oligotrophen Böden (Torfe, Rohhumus, Sande, Quarzfels).

Frucht eine ovale oder mehr oder weniger kugelige Kapsel, in den Scheidewänden (septizid) aufspringend, fünfklappig, vom Griffel her dehiszierend, mit langen, bleibenden Kelchzipfeln. Samen klein, länglich-oval, elliptisch oder spindelförmig. Äußere Samenschale locker den Samenkern umgebend, sackartig. Oberfläche grob reticulat.

Fossil bisher kutikularanalytisch in zahlreichen oligo-miozänen Braunkohlenflözen Mitteleuropas (*Kalmiophyllum* KR. et WLD.). Nun auch mit Kapselfrüchten und Samen belegt:

Kalmia minutula nov. spec.
Taf. XXVIII, Fig. 17

Holotypus: Taf. XXVIII, Fig. 17 — Berga (Pliozän) — MMG, Dresden, Coll. MAI, Nr. 5613.

Diagnose: Kleine, länglich-ovale Samen, mit lockerer (sackartiger) äußerer Testa, die sich von der inneren Testaschicht gut abhebt und eine grobe, langreticulate Skulptur trägt. Hilum und Mikropyle stehen einander fast gegenüber. Die Raphe ist wenig deutlich auf der etwas kürzeren Dorsalseite. Länge 0,7—0,8 mm, Breite 0,4 mm.

Bemerkungen: Ein einziges Exemplar eines Samens, der in allen Merkmalen *Kalmia latifolia* L. sehr nahe steht. Vielleicht gehören diese Samen zu der auf Kapselfrüchte gegründeten *Kalmia parvula* (MENZEL) MAI (mskr.), die ebenfalls der gleichen rezenten Art nahesteht.

Vorkommen: Nur Locus typicus.
Berga (5613).

Rhododendron LINNÉ

Artenreiche Gattung mit mehr als 800 Arten, davon 200 in Süd- und Südwestchina und fast ebensoviele in der subalpinen Stufe des Osthimalaja, über die gesamte Nordhemisphäre verbreitet, sehr artenarm jedoch in Europa (sechs Arten). Im Norden bis in die Arktis (Nordkap von Skandinavien), in den Gebirgen bis in die alpine Stufe. Immergrüne oder laubwerfende Sträucher, seltener Bäume, mit großer Bedeutung als Unterholz verschiedenster mesotropher Wälder (Lorbeerwälder, Mixed Mesophytic Forests, Sommerlaubwälder, Boreal-montane Coniferous Forests, Nebelwälder, Mooswälder), als eigene Hochmoor- oder alpine Gebüschformationen. Meist in humiden Klimaten (OK-Stufen I—III), nur mit wenigen Ausnahmen im kontinentalen Klima (*R. dauricum* L. in *Pinus*-Steppenwäldern Ost- und Südostsibiriens; *R. mucronulatum* TURCZ. in kontinentalen Nadelwäldern am Osthang des großen Chingan; JÄGER 1968). In tropisch-subtropischen Regenwäldern Südostasiens bisweilen als Epiphyten auf hohen Bäumen.

Kapselfrüchte meist groß, länglich-tütenförmig und fast immer gekrümmt, fünf-, selten vierfächrig, von der Spitze her septizid aufspringend. Basal eine markante diskusartige Bildung aus dem postfloral sich verbreitendem Kelch entstanden. Mittelsäule mit fünf Plazentaleisten setzt sich in einen persistenten Griffelrest fort. Charakteristisch sind die lang spanförmigen, randlich meist geflügelten Samen, die an Hilum und Mikropyle oft stark bebüschelt sind.

Fossil in Europa wenig zahlreich, seit Paläozän. Blätterfunde meist sehr unsicher. Noch in Interglazialen (TRALAU 1963b).

Artenbeschreibungen: SZAFER 1954; JESSEN u. a. 1959; COLLINSON und CRANE 1978.

Rhododendron germanicum nov. spec.
Abb. 63; Taf. XXVIII, Fig. 18—21

Holotypus: Taf. XXVIII, Fig. 18 — Gerstungen (Braunkohlenton, Pliozän) — MMG, Dresden, Coll. MAI, Nr. 6705.

Diagnose: Kapselfrüchte eiförmig bis kegelig, fünfklappig, septizid, wenig gekrümmt, mit Mittelsäule, die subterminal fünf Plazentaleisten trägt. Unter den Klappen mit diskusartiger, fünfeckiger Anschwellung des Kelchs, ohne Kelchlappen; terminal nur mit einem kurzen Griffelhöcker. Nähte der Klappen sehr deutlich, als tiefe Rinnen. Dehiszenz von der Spitze beginnend. Kapsel 3,5—4 mm lang, 2,5—3,5 mm breit. Samen klein, flach spanförmig-elliptisch, mit wenig starker Büschelung an den Enden um Hilum und Mikropyle, Rand nahezu ungeflügelt. Äußere Testaschicht mit länglicher, scharfer Retikulation, sich von der inneren Schicht abhebend. Samen 1,2 mm lang, 0,4 mm breit.

Bemerkungen: Diese pliozäne Art ist von den bisher beschriebenen fossilen *Rhododendron*-Arten durch kleinere Kapseln und die wenig bebüschelten Samen deutlich verschieden. Mit den heutigen europäischen Arten ist sie nicht vergleichbar. Von dem gesehenen Vergleichsmaterial kommt *R. fimbriatum* HUTCH. sehr nahe (Westchina).

Vorkommen: Nur am Locus typicus.
Gerstungen (6705, 6726).

Zenobia D. DON

Rezent nur mit zwei Arten von immergrünen bis wintergrünen Sträuchern aus dem atlantischen Nordamerika angegeben. Unterholz in sandigen Kiefernwäldern von North-Carolina bis Florida [*Z. pulverulenta* (VENT.) POLL.].

Kapselfrucht holzig, in der Mitte der Klappen (loculizid) aufspringend, fünfspaltig, am Grunde von einem glockigen, tief geteilten, anliegenden Kelch umhüllt. Nähte der Kapseln

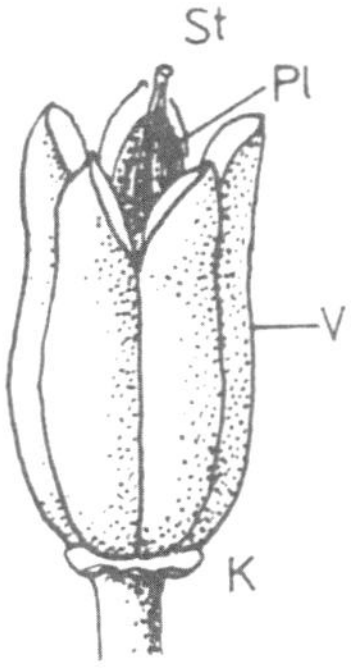

Abb. 63. *Rhododendron germanicum* nov. spec. — Rekonstruktion der Kapselfrucht, Gerstungen
St — Stylusrest, Pl — Plazentaleisten, K — Kelchdiskus, V — Valvae in Fünfzahl

band- oder linienförmig. Griffel meist bleibend. Pedicellus ohne Articulation. Fächer der Kapsel vielsamig. Samen klein, breit-keilförmig, längsreticulat, mit eng anliegender äußerer Testaschicht.

Fossil in Europa bisher im Obereozän und Mittelmiozän.

Artenbeschreibungen: MAI und WALTHER 1984; FRIIS 1985.

Zenobia europaea nov. spec.
Taf. XXVIII, Fig.22

Holotypus: Taf. XXVIII, Fig. 22 — Tongrube Belfeld (Reuverton, Pliozän) — MMG, Dresden, Coll. MAI, Nr. 7793.

Diagnose: Kapselfrüchte subglobos, loculizid, fünfklappig. Nähte der Klappen linienförmig. Klappen stark querrunzelig, besonders apikal an der Mittellinie eingezogen. Kelch glockig, stark verwachsen, mit freien Zipfeln, anliegend, stark runzelig. Pedicellus ohne Articulation; ohne Bracteolen (nur teilweise erhalten). Griffelrest?; Plazenta apikal, fünfstrahlig. Kapseln bis 4 mm im Durchmesser. (Samen bisher nicht gefunden.)

Bemerkungen: Von der eozänen *Z. eocaenica* MAI et WALTHER (1984) besonders durch die linienförmigen Nähte und die stärker querrunzeligen Klappen gut unterscheidbar. Bis auf die geringe Größe sehr gut mit den Kapseln der heutigen *Z. speciosa* D. DON. (atlantisches Nordamerika) übereinstimmend.

Vorkommen: Pliozän vom Niederrhein (Typus, 7793b). Gerstungen (6729).

Styracaceae

Styrax LINNÉ

Gegenwärtig etwa 120 Arten, Amerika, Süd- und Ostasien, nur eine Art (*St. officinalis* L.) als Tertiärrelikt im Mittelmeergebiet. Vorwiegend tropisch-subtropisch, im Norden bis Hokkaido/Japan und Nordwest-Indiana/USA. Laubwerfende und immergrüne Bäume und Sträucher. In Tieflandregenwäldern der Tropen, auch noch in Wet Season Forests, Bergregenwäldern, Evergreen Broad-leaved Forests, Mixed Mesophytic Forests, aber auch in Sekundärwäldern, Moorgehölzen, feuchten Kiefernwäldern und Macchien mit Steineichen (*St. officinalis* L.), sehr oft an Waldbächen, Ufern, in Schluchten, Sumpfrändern. In Mitteleuropa einige Arten in Kultur, aber nicht sehr winterhart.

Scheidewände der Frucht werden von dem großen, eiförmigen bis fast kugeligen Samen zurückgedrängt und prägen auf der Testa gut sichtbare Längsfurchen. Furchen zeigen häufig nahezu gleiche Abstände und können im Bereich der Spitze mit schwachen Kanten wechseln. Raphe als eine besonders breite, nach oben verstreichende Rinne. Großes, häufig etwas schiefes Hilum an der abgeflachten Basis als rundliche Narbe, nahezu glatt, rissig oder rauh bis fast hökkerig. Am höheren Rand des Hilums die Eintrittsstelle des Rapheleitbündels, das sich auf der Innenseite der Testa verzweigt. Äußerer Teil der dicken Testa zeigt große, radial gestreckte Zellen mit häufig zugespitzten Enden. Nach innen ziemlich unvermittelt mehrere Schichten ungefähr isodiametrischer, fast rundlicher Parenchymzellen. Oberfläche der Samen zeigt bei stärkerer Vergrößerung ein vieleckiges Netzwerk (KIRCHHEIMER 1957, S. 585—587).

Fossil sind die charakteristischen Samen in Europa mit einigen Arten seit dem Eozän nachweisbar.

Artenbeschreibungen: C. und E. M. REID 1915; CHANDLER 1926; MÄDLER 1939; KIRCHHEIMER 1949; DOROFEEV 1962a.

Styrax maxima (WEBER) KIRCHHEIMER
Taf. XXIX, Fig. 1

1852 *Nyssa maxima* WEBER, Palaeontographica, **2**: 185, t. 20, f. 12.
1852 *Nyssa obovata* WEBER, Palaeontographica, **2**: 184—185; t. 20, f. 11.
1857 *Taxus tricatricosa* LUDWIG, Palaeontographica, **5**: 90—91; t. 20, f. 1a—f.
1866 *Bumelia plejadum* UNGER, Syll. plant. foss., **3**: 24; t. 8, f. 6.
1900 *Pseudonyssa palmiformis* KINKELIN, Ber. senckenb. naturforsch. Gesellsch.: 130; (Abb. in ENGELHARDT und KINKELIN 1908; t. 27, f. 15a—c).
1939 *Styrax obovatus* MÄDLER, Abh. senckenb. naturforsch. Gesellsch., **446**: 135—136.
1949 *Styrax maximus* KIRCHHEIMER, Ber. oberrhein. Gesellsch. Natur- und Heilkd., **24**: 221—222.

Samen kugelig bis gestreckt-eiförmig, 5,5—19 mm lang und 5—11 mm breit, apikal gerundet, selten mit einem kleinen Wärzchen, basal mit großem, geradem oder häufiger schief abgeflachtem, rundlichem, etwas vertieftem Hilum. Testa dick, glatt, häufig glänzend, mit zwei oder drei von den Scheidewänden des Perikarps geprägten Längsfurchen. Raphe als breite Rinne einer dieser Längsfurchen folgend, vom oberen Rand des schiefen Hilums ausgehend. Oberfläche bei stärkerer Vergrößerung durch die zugespitzten Enden der Radialsklereïden vieleckig-netzig.

Bemerkungen: Von den heutigen Arten besitzt *St. japonica* SIEB. et ZUCC. besonders ähnliche Samen, andererseits sind manche Samen denen von *St. obassia* SIEB. et ZUCC. oder *St. shiraiana* MAKINO nicht weniger ähnlich. Auch *St. mollis* DUNN wurde zum Vergleich herangezogen (CZECZOTT und SKIRGIELLO 1967). Alle diese Arten gehören zur Sektion *Imbricatae* GÜRKE, die die Arten mit extratropischem Areal umfaßt.

Die Zuordnung derartiger Fossilreste zur Gattung *Styrax* L. ist ohne Zweifel bereits A. BRAUN bekannt gewesen, der die Bestimmung Salzhäuser Fossilreste aber leider nur auf einem handgeschriebenen Etikett („*Styrax fertiles* var."; MfN, Berlin, 1850) mitgeteilt hat. Diese Reste wurden später zu den Sapotaceae (UNGER 1866), Nyssaceae (WEBER 1852, KINKELIN 1900) oder Taxaceae (LUDWIG 1857) gestellt. Die durch MÄDLER (1939) eingeführte Bezeichnung *Styrax obovata* (WEB.) MÄDLER ist mit Rücksicht auf das ältere Homonym *St. obovata* RIDLEY zu verwerfen. Der Feinbau wurde zuerst von KIRCHHEIMER (1936b) geklärt, der später die korrekte nomenklatorische Bezeichnung *St. maxima* (WEB.) KIRCHHEIMER (1949) einführte. Verwandte Arten sind nach TRALAU (1963a) *St. mucronata* C. et E. M. REID (1915) (niederländisches Pliozän) und nach CHANDLER (1962) *St. elegans* CHANDLER (1926) (britisches Obereozän), die ebenfalls mit *St. japonica* SIEB. et ZUCC. verglichen wurden.

Vorkommen: Oberoligozän bis Pliozän, besonders im Mittelmiozän und höherem Pliozän West- und Mitteleuropas, vielleicht auch Schwarzmeergebiet und Kolchis (DOROFEEV 1964).
Berga (5512).

Primulaceae

Lysimachia LINNÉ

Etwa 200 Arten in temperaten und warm-temperaten Gebieten, davon ca. 110 Arten in Ostasien, nur eine Art in Chile, eine in Madagaskar. Einige Sektionen erreichen tropische Tieflandsgebiete und sind eurytherm.

Aufrechte oder niederliegende Stauden, seltener Sträucher, mit ganzrandigen Blättern. In sehr unterschiedlichen Pflanzengesellschaften, oft in Sümpfen, an Ufern, quelligen oder feuchten Stellen, aber auch in Gebirgswäldern, Nadelwäldern, Lorbeer- und Regenwäldern, an schattigen oder sonnigen Felsen, sonnigen Hügeln, in offenen Trockenwäldern und Gebüschen, auf Korallenkalken usw.

Samen vorwiegend dreikantig-peltat, selten linsenförmig oder fast kugelig. Apikale Fläche ist unregelmäßig vier- bis sechseckig begrenzt, an der Kante zumeist etwas eingefaßt, nach außen gewölbt. Erhöhte Bauchseite auf der Mitte der Kante mit länglichem bis linealem Hilum. Durchmesser zwischen 1 und 3 mm; meist Länge und Breite einheitlich. Testa dünn, aber stets deutlich zweischichtig. Äußere Schicht aus strukturbildenden Zellen zusammengesetzt, die in Form von lockeren engen Säulchen, von größeren ringförmigen Zellen mit knotigen Wänden, von kleinen Waben oder flachen Warzen und Zotten auftreten. Innere Schicht dünn, stets braunschwarz und glänzend, sehr fest und elastisch.

Fossil nach Samen in Westeurasien schon ab Oligozän.

Artenbeschreibung und Artenschlüssel: BAAS 1932; CHANDLER 1957; JESSEN u. a. 1959; DOROFEEV 1963a; KAC u. a. 1965.

Lysimachia punctata LINNÉ fossilis
Taf. XXVII, Fig. 18

1959 *Lysimachia punctata* L. *fossilis* JESSEN u. a., Proc. roy. Irish Acad., **60**, B: 33; t. 4 f. 7.

Samen dreikantig-peltat, etwas zusammengedrückt, 1 bis 1,6 mm lang, 0,4—0,6 mm breit, mit langem, linearem Hilum auf der ventralen Kante. Oberfläche der Testa mit flachen Warzen, die mit ihrem längsten Durchmesser in Richtung der ventralen Kante zeigen, schwärzlich-braun.

Bemerkungen: Eine pontische Art, die vom Kaukasus bis Österreich, Böhmen und Mähren/ČSSR, Vorkarpaten, im Süden bis Dalmatien und die Toskana/Italien verbreitet ist. Sie tritt an Bächen, Ufern, quelligen Stellen, in Sümpfen, Gebüschen und Hochstaudenfluren auf. Bevorzugt wird die montane Stufe.

Vorkommen: Holstein-Interglazial von Irland (JESSEN u. a. 1959).
Berga (5544b).

Naumburgia MOENCH

Monotypische Gattung in der nördlichen gemäßigten Zone, in Europa von Nordskandinavien bis in das mittlere Frankreich, an den Alpenrand, Karpatenbogen, russisches Steppengebiet. Ausdauernde Stauden mit unterirdischen Ausläufern. Sumpfpflanze, selten auch submerse Formen. Besonders in Zwischenmooren und in der Verlandungszone nährstoffarmer Gewässer.

Samen stark abgeflacht, rundlich bis etwas abgerundet eckig. Ventralkante wenig erhaben, zweikantig, mit langem, linealem Nabel auf der zentralen Erhebung. Stäbchenschicht auf der Oberfläche der bleichen, weißlichen Testa sehr ausgeprägt. Im Gegensatz zu *Lysimachia* Sect. *Lysimastrum*

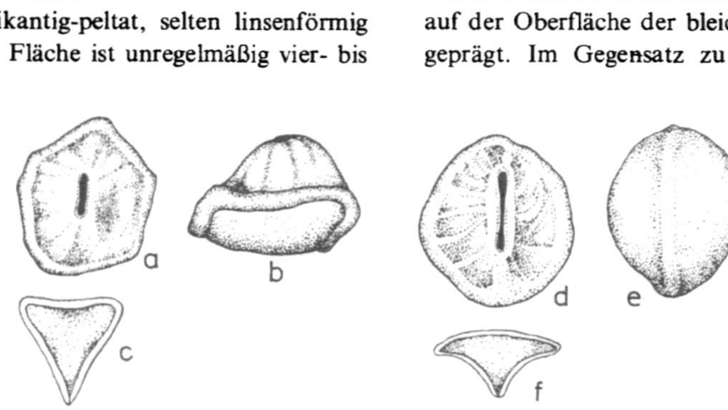

Abb. 64. Samen von *Lysimachia* L. und *Naumburgia* MOENCH

a—c) *Lysimachia vulgaris* L.: Samen von ventral mit Hilum (a), von der Seite (b) und im Querschnitt (c). — d—f) *Naumburgia thyrsiflora* (L.) RCHB.: Samen von ventral mit Hilum (d), von dorsal mit gewölbter Oberfläche (e) und im Querschnitt (f) (nach KAC u. a. 1965)

ENDL. sind die Epithelzellen dichter gelagert (FIRBAS und GRAHMANN 1928). Unterschiede im Samenbau zu einigen Arten von *Steironema* RAFIN. [z. B. *Steironema terrestris* (L.) RAFIN.] sind nicht feststellbar.

Fossil bereits im Oligozän und Miozän Sibiriens, in Europa ab Obermiozän.

Artenbeschreibungen: FIRBAS und GRAHMANN 1928; NIKITIN 1957; NEGRU 1979.

Naumburgia subthyrsiflora (NIKITIN) NIKITIN
Taf. XXVII, Fig. 17

1935 *Lysimachia subthrysiflora* NIKITIN, Dokl. Akad. Nauk SSSR, 3: 134: (nomen nudum).
1957 *Naumburgia subthrysiflora* NIKITIN, Plioc. i četvert. fl. Voronež. obl.: 179—180; t. 7, f. 31, 32.

Samen stark abgeflacht, fast linsenförmig, 1,2—2,1 mm lang und 1,1—1,7 mm breit. Ventralseite schwach erhaben, mit langem, linealem Nabel, meist deutlich radial runzelig. Dorsalseite etwas gewölbt, fast glatt; Oberfläche der Testa dicht durch epithelartige Säulchen besetzt, hell, matt.

Bemerkungen: Eine *N. thyrsiflora* (L.) RCHB. (Abb. 64d bis f) nahe verwandte Art, die sich nur durch etwas größere Samen auszeichnet. Bemerkenswert ist die Radialrunzelung auf der Ventralseite, die sich nahezu gleichartig auch bei *Steironema terrestris* (L.) RAFIN. findet.

Vorkommen: Miozän von Westsibirien (NIKITIN 1935; DOROFEEV 1963a); im höheren Miozän auch in Osteuropa (DOROFEEV 1959a); im Pliozän der Baškirischen ASSR (DOROFEEV 1960a, 1977a) bis in die Wetterau (MAI 1973).
Nordhausen (4931); Gerstungen (6713).

Tiliaceae

Tilia LINNÉ

Etwa 50 zum Teil sehr formenreiche und schwer gegeneinander abzugrenzende Arten in den nördlichen gemäßigten und subtropischen Zonen, in Mexiko südlich des Wendekreises mit vier Arten (BADER 1960), nördlich nicht in die kalte Zone, sondern mit Nordgrenze bei 62° N an der Dvina. Am artenärmsten in Europa und Westasien. Bäume, seltener Sträucher mit erheblicher soziologischer Bedeutung in Wäldern, besonders in Mixed Mesophytic Forests, aber auch in Evergreen Broad-leaved Forests und Bergregenwäldern (Cloud Forests), andererseits bis in boreale oder hochmontane Nadel-Laubmisch-Wälder oder in Waldsteppen. Mitunter in feuchten Flußauen (*T. americana* L.).

Nußartige Früchte (drei-)fünffächrig. Zu dritt (bis dreißig) an einem pleiochasialen Fruchtstand über einem größeren, flügelartigen Hochblatt, bis zu dessen Hälfte die Fruchtstandachse angewachsen ist. Verbreitung als „Drehflieger". Früchte dehiszieren in Klappen längs der Karpellnähte (loculizid) von der Basis aus. Gestalt kugelig bis birnenförmig, Perikarp lederig oder holzig, oft reichlich behaart oder warzig, entweder gerundet oder scharf gerippt. Frucht einfächrig und ein- bis wenigsamig. Samen kugelförmig bis verkehrteiförmig, mit dünner, rauher Testa, an der ein großes Hilum und eine ventrale Raphe gut erkennbar sind.

Fossil haben sich nur Hochblätter und Früchte, nicht jedoch die nährgewebereichen Samen erhalten. Erste Fruchtfunde in Europa im Untermiozän (ETTINGSHAUSEN 1869), nach Blattresten allerdings schon im Oligozän (WALTHER 1964).

Artenbeschreibungen (Früchte): ANDRAE 1861; MASSALONGO und SCARABELLI 1859; STUR 1867; ETTINGSHAUSEN 1869, 1888; SAPORTA 1872; PILAR 1883; RÉROLLE 1884; WEBER 1893; KOZŁOWSKA 1928; SZAFER 1954, 1961; GRUBOV in KRYSHTOFOVICH 1956; KAC und KAC 1960, GIVULESCU und OLOS 1973; DOROFEEV 1977a.

Tilia tuberculata SZAFER
Taf. XXIX, Fig. 2, 3

1932 *Tilia* cf. *tomentosa* MOENCH—BAAS, Z. Bot., **25**: 322—323; t. 2, f. 37, 38; t. 4, f. 61, 62; Abb. 39.
1954a *Tilia tuberculata* SZAFER, Prace Inst. Geol., **11**: 43—44; t. 10, f. 9—11.

Früchte rundlich-elliptisch bis kugelig, 7,5—9 mm im Durchmesser, ohne Rippen, apikal stumpf oder nur kurz gespitzt, dickwandig, Oberfläche mit robusten Warzen.

Bemerkungen: Die Früchte dieser Art wurden ursprünglich mit denen der südosteuropäischen *T. tomentosa* MOENCH verwechselt. Diese Art besitzt aber mehr eiförmige oder längliche, zumeist deutlich geschnäbelte Nüßchen mit kleinwarziger Oberfläche. SZAFER (1954) vergleicht die Früchte mit denen der chinesischen *T. olivieri* SZYSZ. und *T. tuan* SZYSZ. Wohl besser für einen Vergleich ist der Formenkreis der *T. americana* L. geeignet. Die Flügelblätter (Hochblätter) sind bisher nicht bekannt, könnten sich aber hinter den als *T. longebracteata* ANDRAE (1861) benannten, großen *T. americana*-ähnlichen Flügelblättern mit herzförmiger oder rundlicher Basis und spitz divergierenden Sekundärnerven verbergen. Dieser Formenkreis ist vom Untermiozän (ETTINGSHAUSEN 1869) bis in das Oberpliozän (*Tilia sp.* STRAUS 1969, t. 32, f. 7, 8) bekannt und bisweilen häufig (KNOBLOCH 1969). Die amerikanische Linde ist vom Gebiet der Großen Seen bis Georgia und Alabama verbreitet. Sie tritt besonders auf tiefgründigen, feuchten Böden in Flußauen auf und bildet im Norden ihres Areals Wälder.

Vorkommen: Oberpliozän von Westeuropa (BAAS 1932) bis in die Baškirische ASSR (DOROFEEV 1965).
Berga (5507).

Euphorbiaceae

Euphorbia LINNÉ

Rezent gegen 2000 Arten vorzugsweise in wärmeren Gebieten, in den Tropen besonders Afrika, fehlen im arktischen und antarktischen Gebiet und spielen in den kälteren Teilen der gemäßigten Zone eine untergeordnete Rolle. Besonders in Steppengebieten und kontinentalen Klimaregionen häufig. Die meisten Arten bewohnen begrenzte Areale; weit verbreitet sind solche Arten, die als Unkräuter und Ruderalpflanzen auftreten. Hinsichtlich der Lebensformen von außerordentlichem Formenreichtum, neben unscheinbaren, annuellen Therophyten gibt es stattliche Stauden, Sträucher sowie baumartige Formen mit reichen Verzweigungen, besonders auch Stammsukkulenten mit zahlreichen kaktusartigen Formen. In nahezu allen Gesellschaften höherer Pflanzen.

Samen sehr unterschiedlich, aber in der Hauptsache ovoid, quadrangular-ovoid oder einseitig abgeflacht-oval. Mit Ausnahme des Subgen. *Chamaesyce*, bei dem nur 1 mm oder weniger lange Samen vorkommen, liegt die Länge der Samen zwischen 2—5 mm. Raphe über die gesamte Länge des Samens ziehend, fadenförmig, vom apikalen Ende des Samens gelegenen Hilum bis zur am abgerundeten Pol befindlichen Chalaza führend. Am Hilum zumeist eine weiche, vergängliche, mehr oder weniger große Karunkula ausgebildet, bisweilen etwas in einer Vertiefung gelegen. Testa sehr verschieden, vorwiegend glatt, aber stets zellig-punktat oder großgrubig oder warzig-rauh, braun, schwarz, grau oder gelb gefärbt, fast immer von einem weißen Häutchen (Sarcotesta) überzogen. Bisher bei weitem nicht alle Arten samenmorphologisch untersucht oder bekannt.

Fossil in Europa nach Samenresten seit dem Sarmat (DOROFEEV 1959b), in Mitteleuropa wohl erst ab Pliozän.

Artenbeschreibungen und Artenschlüssel: C. REID 1899; C. und E. M. REID 1915; REID und CHANDLER 1923; P. NIKITIN 1933, 1957; SZAFER 1954; DOROFEEV 1960a; KAC u. a. 1965; V. NIKITIN 1976; NEGRU 1979.

Euphorbia platyphyllos LINNÉ **fossilis**
Abb. 65; Taf. XXIX, Fig. 4—6

Samen eiförmig, 1,8—3 mm lang, 1,4—2,3 mm breit, glatt, glänzend. Mit etwas abgehobener, kleiner runder Chalazanarbe und rundlicher Vertiefung unter der Karunkula. Raphe sehr schwach ausgebildet. Mikropyle als kleines Spitzchen am spitzeren Pol.

Bemerkungen: Diese Art der Subsect. *Galarhaei* BOISS. unterscheidet sich von der sehr nahe verwandten *E. stricta* L. durch die fast doppelt so großen Samen. Die Arten *E. villosa* W. et K., *E. palustris* L., *E. hyberna* L., *E. dulcis* JACQ. (vgl. REID und CHANDLER 1923; NIKITIN 1933, 1957), die fossil von einzelnen Fundstellen vorliegen, zeigen im einzelnen Ähnlichkeit, weichen aber durch das eine oder andere Merkmal ab. Möglich ist, daß das von SZAFER (1954, f. 6, f. 4) als *E.* cf. *amygdaloides* L. abgebildete Fossil aus Mizerna zu unserer Art gehört. *Euphorbia platyphyllos* L. ist in Mitteleuropa zumeist Ackerunkraut und Ruderalpflanze in den Ebenen, geht aber auch an Gräben und in feuchte Laubgebüsche mit nährstoffreichen, lehmig-tonigen Böden. In Polygono-Chenopodalien und im Arction-Verband.

Vorkommen: Pliozän von Öbel (6914), Mizerna (7676), Krościenko (7777).
Berga (5586).

Euphorbia stricta LINNÉ **fossilis**
Taf. XXIX, Fig. 7

1923 *Euphorbia stricta* L. *fossilis* REID und CHANDLER, Quart. J. geol. Soc., **79**: 621.

Samen klein, eirund, abgeflacht, 1,2—1,5 mm lang, in der Flächenansicht bis 1 mm breit, allmählich zum apikalen Pol zugespitzt. Bezirk der Karunkula eingesenkt. Basale Chalaza kreisförmig, etwas erhoben abgestutzt. Raphe fadenförmig, deutlich über die gesamte Länge der Ventralseite. Testa glatt, glänzend, sehr fein zellig-punktat, dünnwandig.

Bemerkungen: Eine Art, die heute vom mittleren und südlichen Europa (mit Ausnahme von Iberien, Süditalien, Dalmatien, Griechenland) über den europäischen Teil der UdSSR bis in die Kaukasusländer und Nordiran reicht. Es ist eine Stromtalpflanze, die sich in Weidengebüsch, Auenwäldern, auf feuchten Waldstellen, Sumpfwiesen, feuchten Äckern, an Ufern und Gräben in den Stromtälern von der Ebene bis in das Bergland findet.

Vorkommen: Bisher nur Clactonian-Interglazial von England (REID und CHANDLER 1923).
Kaltensundheim (9747).

Sapium P. BROWNE

Gattung mit über 100 Arten in tropischen bis warm-temperaten Gebieten beider Hemisphären. Nordgrenze in Hondo/ Japan und Shandong/China. Laubwerfende kahle Bäume und Sträucher in Regenwäldern, Bergwäldern, Galerie- und Sumpfwäldern, sehr selten in Savannen in Yunnan und Äthiopien; im Norden des Areals auch in subtropischen Lorbeerwäldern oder sogar in Mixed Mesophytic Forests in China und Japan. Einige Arten sind wichtige Naturkautschuklieferanten.

Samen groß, zwischen 3—8 mm im Durchmesser, etwa kugelig gestaltet oder häufiger dick-linsenförmig, meist länger als breit. Basale Chalaza besitzt die Gestalt eines rautenförmigen Wärzchens. Hilum ventral unter einer mit einem kleinen Höcker versehenen Spitze. Raphe nur bei Arten deutlich, die keine fleischige Außenschicht besitzen (Sect. *Parasapium*). Sklerotesta etwa 0,5 mm dick. Oberfläche vorwiegend glatt, selten etwas höckerig, schwach glänzend. Dickwandige Sklereïdzellen erscheinen in der Aufsicht als fünf- bis siebeneckige Grübchen. Im Querschnitt dicht gedrängte, lange, radial gestreckte Palisadenskereïden. Sarcotesta parenchymatisch (KIRCHHEIMER 1957, S. 580—581).

Fossil sind Samen im Miozän Mitteleuropas und im Meot Abchasiens (Kaukasus) bekannt.

Artenbeschreibungen: KIRCHHEIMER 1941; GREGOR 1985.

Sapium mädleri GREGOR
Taf. XXIX, Fig. 8, 9

1985 *Sapium mädleri* GREGOR

Samen subglobular bis linsenförmig, groß, 8—9 mm im Durchmesser. Basale Chalaza als kleine, rhombische oder

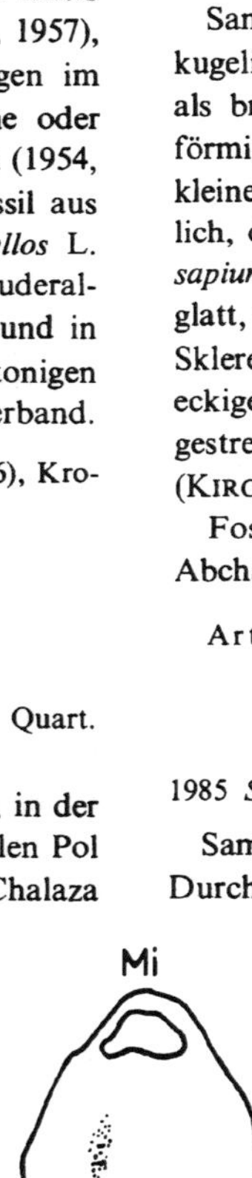

Abb. 65. *Euphorbia platyphyllos* L. — Samen
Ch — Chalaza; Mi — Mikropyle (nach DOROFEEV 1965)

elliptische Fläche wenig bemerkbar, bisweilen auf einer schwachen Kante hervorgehoben. Hilum als rundliche, matte Stelle an der gerundeten, selten etwas höckrigen Apikalseite. Raphe nicht erkennbar. Sklerotesta beachtlich dick, bis 0,7 mm, Oberfläche glatt, zellig punktat, schwach glänzend, aus dichtgedrängten, radial gestreckten Palisadensklereïden mit stark verdickten, getüpfelten Wänden.

Bemerkungen: Die nur im Pliozän gefundenen Samen lassen sich nach ihrer Form und Größe am besten mit denen von *S. sebiferum* (L.) ROXB. vergleichen. Dieser Baum ist besonders in der Mixed Mesophytic Forests-Region von Zentralchina (WANG 1961), wild aber auch auf Taiwan verbreitet. Durch Kultur ist die Art in zahlreiche subtropische Gebiete der Erde gebracht worden, da die Samen den „chinesischen Talg", ein wichtiges Pflanzenfett, liefern. Von den aus dem Miozän in Mitteleuropa bekannten Samen des *S. germanicum* KIRCHHEIMER (1941) unterscheiden sich die Samen deutlich durch ihre fast doppelte Größe und die weniger kugelige Form.

Vorkommen: Pliozän des Elsaß (GREGOR 1985).
Berga (5540).

Spiraeaceae

Physocarpus MAXIMOWICZ

Gattung mit 14 Arten, davon eine in Ostasien, die anderen im pazifischen und atlantischen Nordamerika. Sommergrüne Sträucher. In feuchten Gebüschen und an Flußufern, seltener auf trockenen Berglehnen und Felsen.

Hartschalige, glatte und glänzende Samen, schief-epitrop (nach der Spitze des Follikels zeigend) an zwei Plazentaleisten beiderseits der Bauchnaht angeordnet. Form länglich-eiförmig, mit deutlich nach ventral verschobenem, länglichem, schiefem Hilum. Raphekante kürzer als bei nahe verwandten Gattungen. Einfach gebaute Testa aus rundlichen, vieleckigen Sklereïden, die nach außen ein schwach polygonales, grubiges Muster ergeben.

Fossil bisher nach Blattresten im Oligozän Westasiens, in Europa im Pliozän von Willershausen/Harz (STRAUS 1930). Jetzt auch nach Samen im europäischen Pliozän nachgewiesen.

Physocarpus europaeus nov. spec.
Taf. XXIX, Fig. 11—13

Holotypus: Taf. XXIX, Fig. 11 — Berga (Pliozän) — MMG, Dresden, Coll. MAI, Nr. 5582.

Diagnose: Samen anatrop, länglich-eiförmig, schief, am mikropylaren Pol zugespitzt, am chalazalen Pol gerundet aufgeblasen, mit subapikalem, nach ventral verschobenem, langem, schiefem Hilum und kurzer Raphekante, die sich noch vor dem chalazalen Pol verliert. Dehiszenz entlang der Raphe zunächst schlitzartig, später zweiklappig. Testa hart, aber dünn, aus rundlich-polygonalen Sklereïden, innen im Samenfach mit längsmaschiger Struktur, außen stark glänzend, kleinzellig-grubig bis glatt. Samen 1,3—1,8 mm lang, 0,7—1,0 mm breit.

Bemerkungen: Durch die längliche Form und das lange, schiefe, ventral verschobene Hilum ziemlich gut von den bisher beschriebenen Arten von *Neillia* D. DON und *Stephanandra* SIEB. et ZUCC. unterschieden. Von der Samengröße her am meisten Ähnlichkeit mit *Ph. amurensis* MAXIM. feststellbar, die 1,6—2 mm lange und 1—1,2 mm breite Samen entwickelt. Die Samen der bisher verglichenen amerikanischen Arten [*Ph. capitatus* PURSH., *Ph. malvaceus* (GREENE) KUNTZE und *Ph. opulifolius* (L.) MAXIM.] besitzen im Mittel längere (um 2,5 mm) Samen bei etwa gleicher Breite. Die heutige Vergleichsart ist aus Gebüschen im Amurgebiet bekannt.

Vorkommen: Nur am Locus typicus.
Berga (5582).

Stephanandra SIEBOLD et ZUCCARINI

Gattung mit vier Arten in Ostasien (Japan, Halbinsel Korea, China). Sommergrüne Sträucher in Dickichten und Wäldern. In Japan in der unteren Gebirgsstufe von Hokkaido bis Kyushu als häufige Art *St. incisa* (THUNB.) ZABEL.

Samen schief-breit-rundlich-eiförmige Gestalt und eine Größe von über 2 mm. Testa dick, glatt, etwas faltig zerknittert, glänzend. Sehr ähnliche und leicht verwechselbare Samen entwickelt *Neillia* D. DON, die aber wohl selten ein so kurzes, nahezu terminal angeordnetes, ovales Hilum besitzen. Auch ist der Raphewulst unterschiedlich lang, bei *Neillia* fast immer kürzer als bei *Stephanandra* (DOROFEEV 1970a).

Fossil wurde die Gattung in Europa zuerst durch Blattreste bekannt (WEYLAND 1934, Miozän des Rheinlands). Nach fossilen Samen oligozäne bis pliozäne Funde.

Artenbeschreibungen: DOROFEEV 1957c, 1970a.

Stephanandra minima (DOROFEEV) DOROFEEV
Taf. XXX, Fig. 1, 2

1954a *Aquilegia vulgaris* L. *fossilis* SZAFER, Plioc. fl. Czorsztyna: 32, t. 7, f. 1—3.
1955d *Staphylea minima* DOROFEEV, Dokl. Akad. Nauk SSSR, **109** (5): 1028, f. 1/12.
1957c *Stephanandra minima* DOROFEEV 1957, Dokl. Akad. Nauk SSSR, **117** (3): 489—490, f. 1/6.

Samen anatrop, breit-eiförmig, an der Basis gerundet, terminal auf einer Seite zusammengedrückt, schief abgeschnitten, mit ovaler Narbe, die oben die Mikropyle, unten das Hilum trägt, darunter mit kurzem, schiefem Wulst, der auch äußerlich eine kurze Raphefurche zeigt. Testa dicklich, hart, oft etwas gefaltet, außen glatt, mit dünner Zeichnung durch kleine, rundlich-vieleckige Zellen, außen glänzend, schwarz oder braun. Dehiszenz oft in zwei gleiche Klappen. 2—3 mm Länge, 1,2—2,7 mm Breite.

Bemerkungen: Zu dieser im Oligozän und tiefen Miozän in Westasien und im Uralgebiet weit verbreitenden Art rechnet DOROFEEV (1963a) auch die von SZAFER (1954) als „*Aquilegia vulgaris* L." verkannten Exemplare aus dem Karpatenvorland. Diese Exemplare und westsibirisches Material wurden direkt mit dem Kranichfelder Material verglichen, ohne daß morphologisch nennenswerte Unterschiede auftraten. Lediglich in der Größe erreichen die Kranichfelder Exemplare nur die Größe der kleinsten Exemplare der dortigen Populationen. Sie sind mit *St. tanakae* FRANCH. et SAV. durchaus vergleichbar, während die von DOROFEEV (1970a) ebenfalls fossil genannte, kleinsamige *St. incisa* (THUNB.) ZABEL leicht runzelige Samen besitzt. Beide Arten stammen aus

Japan, wobei *St. tanakae* nach OHWI (1965) nur in den Gebirgen von Hondo als Seltenheit vorkommt.

Vorkommen: Oligozän Westasiens; Pliozän an der Kama und im Karpatenvorland.

Kranichfeld (MfN, Berlin, MAI 1965), t. V, f. 22, 23).

Rosaceae

Comarum LINNÉ

Gattung mit zwei Arten, oft als Untergattung von *Potentilla* L. geführt. Zirkumpolar und nördlich-temperiert verbreitet. Ausdauernde Stauden mit verholzendem Wurzelstock, fast halbstrauchig. In Flach- und Zwischenmooren der Uferzone stehender und langsam fließender Gewässer, Torflöchern, versumpften Wäldern, schlammigen Moorwaldböden und nassen Wiesen. In den Alpen bis 2100 m ü. NN, im Himalaja bis 4500 m ü. NN.

Basistyle Nüßchen bikonvex, von halbkugelig bis nicht voll kugelig gestaltet, mit hakig zur Seite gekrümmter Spitze, kahl und weitgehend glatt. Durchmesser übersteigt kaum 1,5 mm.

Fossil kennt man die Nüßchen der heutigen Arten ab Obermiozän.

Comarum palustre LINNÉ **fossilis**
Abb. 66; Taf. XXIX, Fig. 10

1895 *Comarum palustre* L. *fossilis* NEHRING, N. Jahrb. Mineral. etc. 1895 (1): 205.

Nüßchen rundlich, etwas zusammengedrückt, bikonvex. Rückenseite über halbkreisrund, Bauchseite fast gerade, nur leicht geschweift. Spitze hakig zur Seite gekrümmt. Griffelansatz basistyl. Oberfläche fast glatt, leicht streifig, Streifen parallel zum Rücken. Dimensionen 1—1,4 × 0,8—1,2 × 0,7 bis 0,9 mm.

Bemerkungen: Eine fossil leicht zu bestimmende Art, die nur bei oberflächlicher Betrachtung mit Nüßchen von *Sibbaldia* L. oder *Fragaria* L. verwechselt werden kann. Die Art ist gegenwärtig zircumpolar-temperat verbreitet. Sie reicht in den Hochgebirgen bis in die alpine Stufe, auf Novaja Semlja in die subarktische Zone. Sie ist sehr typisch und häufig in Flach- und Zwischenmooren, in Hochmooren dagegen auf Schlenken und schlammige Moorwaldblößen beschränkt.

Vorkommen: In Sibirien am Omoloi-Fluß im Obermiozän (DOROFEEV 1972a); im Pliozän von Abchasien, dem Dongebiet, der Belorussischen und Litauischen SSR (NIKITIN 1957; DOROFEEV und WELICZKIEWICZ 1971; WELICZKIEWICZ 1977). In Mittel- und Westeuropa bisher nur in interglazialen und interstadialen Ablagerungen. Teilweise sehr häufig (unter anderen: NEHRING 1895; WEBER 1914; FIRBAS und GRAHMANN 1928; MANIA und MAI 1969, FUHRMANN u. a. 1977).

Nordhausen (4849); Kaltensundheim (9732).

Potentilla LINNÉ

Über 500 Arten, zumeist auf der Nordhemisphäre, in den Tropen lediglich in den Hochgebirgen (bis Neuguinea), vorwiegend temperat, eine Art arktisch. Im wesentlichen mehrjährige Kräuter, Stauden, Halbsträucher mit in der Mehrzahl sommergrünen Blättern. In sehr verschiedenen Pflanzengesellschaften und Klimaregionen.

Fruchtstand ein Polycarpidium mit fruchtartigen Nüßchen. Nüßchen eiförmig, schief-eiförmig oder nierenförmig, Rücken bis halbkreisrund, häufiger sichelförmig, Oberfläche oft geadert, gerippt oder punktiert, seltener glatt, Griffelansatz fast acrostyl, seltener basistyl. Neben allgemeiner Form, Größe und Berippung durch Leitbündel spielen Formen der Behaarung des Griffelansatzes eine nennenswerte Rolle bei der Bestimmung der Artengruppen und Arten. Die sehr charakteristisch gestalteten Griffel sind gewöhnlich nicht persistent, wohl aber die Ansatznarbe der Griffelbasis. Leider sind die Skulpturelemente teilweise leicht abradierbar, so daß sie im fossilen Zustande bisweilen fehlen.

Fossil sind die ersten sicheren Arten nach Früchtchen im Oligozän Westsibiriens (NIKITIN 1965), in Europa ab Mittelmiozän (ŁAŃCUCKA-ŚRODOŃIOWA 1963; DOROFEEV 1967a) bekannt.

Artenbeschreibungen und Artenschlüssel: HICKS 1892; C. und E. M. REID 1907a, b; HARTZ 1909; C. A. WEBER 1914; E. M. REID 1920b, 1949; CHANDLER 1921; REID und CHANDLER 1923; NIKITIN 1933, 1957; TOLPA 1952; LÜDI 1953; NIKITIN und DOROFEEV 1953; ŚRODOŃ 1954, 1968; SZAFER 1954; KAC u. a. 1965.

Potentilla erecta (LINNÉ) RÄUSCHEL **fossilis**
Taf. XXIX, Fig. 14, 15

1892 *Potentilla tormentilla* NECK. *fossilis* HICKS, Quart. J. geol. Soc., **48**: 458.

1907b *Potentilla silvestris* NECK. *fossilis* C. und E. M. REID, J. Linn. Soc., **38**: 214; t. 12, f. 36, 37.

1923 *Potentilla erecta* HAMPE *fossilis* REID und CHANDLER, Quart. J. geol. Soc., **79**: 622.

Nüßchen eiförmig, rundlich-eiförmig oder länglich-eiförmig, am Rücken abgerundet, mit auffällig gerader Bauchseite. Griffelansatz fast endständig. Oberfläche mit zarten, mehr oder weniger engstehenden, etwas schraubig gerundeten Rippen und einzelnen Warzen, selten fast glatt, Wand dick. Länge 1,4—2,0 mm, Breite bis 1,2 mm.

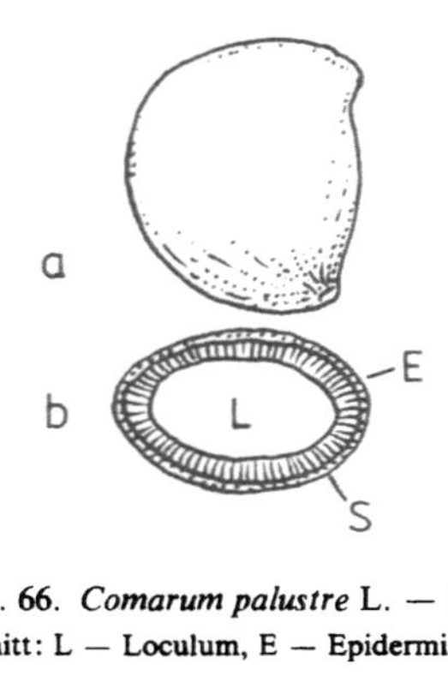

Abb. 66. *Comarum palustre* L. — Nüßchen
a = Seitenansicht; b = Querschnitt: L — Loculum, E — Epidermis, S — Steinkern (nach BERTSCH 1941)

Bemerkungen: Nach der geraden Bauchseite, der dicken Perikarpwand und der schraubigen Rippenskulptur eine typische Frucht der *Tormentillae*. Deren wichtigste Arten, *P. erecta* (L.) RÄUSCHEL und *P. anglica* LAICHARDING (= *P. procumbens* SIBTH.), unterscheiden sich fruchtmorphologisch nicht. Letztere gilt neuerdings als Bastard von *P. erecta* × *reptans*. In fossilem Zustand wahrscheinlich nicht vorkommend. *Potentilla erecta* ist eine Art, die sich auf nassen bis trockenen, torfigen Wiesen, auf Heiden, in Mooren, Gehölzen und feuchten Wäldern von der Ebene bis in die alpine Stufe in Eurasien findet. Ihre Ostgrenze liegt in Westsibirien und im Altai, die Südgrenze auf den Azoren, Gibraltar, Korsika, Italien.

Vorkommen: Bisher nur in pleistozänen Interglazialen und Interstadialen von Irland bis Polen.
Berga (5584); Gerstungen (6716); Kaltensundheim (9922).

Potentilla reptans LINNÉ **fossilis**
Abb. 67a, b

1923 *Potentilla reptans* L. *fossilis* REID und CHANDLER, Quart. J. geol. Soc., **79**: 622.

Nüßchen länglich-eiförmig, runzelig, mit Punkten, die als Reste des Leitbündelnetzes stehen blieben. Wand dick. Rükken abgerundet, Bauchseite mehr oder weniger gerade, mit subapikaler Griffelansatzstelle. 1—1,3 mm lang, 0,5—0,7 mm breit.

Bemerkungen: Die heutige Art ist vom Atlantik bis in das nördliche Westsibirien, von den südlichen Atlasländern bis in den östlichen Kashmir verbreitet. Sie findet sich vom Tiefland bis in die subalpine Stufe auf Sumpfwiesen, an Ufern, Gräben und in feuchten Gebüschen.

Vorkommen: In Interglazialen von Großbritannien (REID und CHANDLER 1923) und Polen (BORÓWKO-DŁUŻAKOWA 1975)
Kranichfeld (MfN, Berlin).

Potentilla pliocenica E. M. REID
Taf. XXIX, Fig. 16, 17

1920b *Potentilla pliocenica* E. M. REID, Preglac. Fl. Castle Eden: 127; t. 8, f. 31—34.

Nüßchen schief-eiförmig, klein, mit nahezu gerader ventraler Kante und dorsaler Rundung, gekielt. Griffelansatz fast acrostyl. Oberfläche zellig-punktat, im wesentlichen glatt, sehr selten mit feinen, länglichen, rippigen Strukturen. Länge 0,5—1,1 mm, Breite bis 0,7 mm.

Bemerkungen: Von den bekannten fossilen Fingerkräutern mit den kleinsten Nüßchen und daher gut bestimmbar. Vielleicht aber bei genaueren Untersuchungen in miozäne und pliozäne Populationen (Arten) aufzuspalten. E. M. REID (1920b) beschrieb die Art ohne Abgrenzung zu lebenden Arten. Neuerdings nannte DOROFEEV (1963a) vergleichbare Arten unter den asiatischen Fingerkräutern (*P. nudicaulis* WILLD., *P. sericea* L., *P. dealbata* BUNGE, *P. multifida* L. und *P. verticillaris* STEPH.). Erdgeschichtlich älteste bekannte *Potentilla*-Art.

Vorkommen: Im Miozän bisher nur Westsibirien (DOROFEEV 1963a); Pliozän von England, Frankreich (REID 1920a), Belorussische SSR (DOROFEEV 1971; DOROFEEV und WELICZKIEWICZ 1971), Bulgarien (PALAMAREV 1970); vielleicht auch Altpleistozän bei Gomel (DOROFEEV und WELICZKIEWICZ 1971).
Kranichfeld (MfN, Berlin, MAI 1965, t. V, f. 26, 27); Berga (5583); Kaltensundheim (9728, 9731, 9747).

Potentilla supina LINNÉ **fossilis**
Abb. 67c, d; Taf. XXIX, Fig. 18—20

1953 *Potentilla supina* L. — NIKITIN und DOROFEEV, Bjull. kom. izuč. četvert. per., **17**: 25; t. III, f. 9.

Nüßchen klein, rundlich. Rücken über halbkreisförmig gewölbt. Bauchseite mit höckrigem, konusartigem Auswuchs, selten ohne diesen. Oberfläche längsrunzelig bis nahezu glatt. Griffelansatz fast endständig. Griffel im unteren Drittel papillös verdickt, bisweilen in Resten erhalten. Nüßchen bis 0,7 mm lang und 0,6 mm breit.

Bemerkungen: Die kleinfrüchtige Art ist auf Grund der stark rundlichen Nüßchen gut kenntlich. Sie ähnelt in einigen Merkmalen *Fragaria*-Nüßchen, unterscheidet sich von diesen aber deutlich durch den fast acrostylen Griffelansatz.

Die über das wärmere und gemäßigte Eurasien, südlich bis Nordafrika und Indien verbreitete Art findet sich zerstreut auf feuchtem Schlamm, Sand, Kies und Lehm, auf zeitweise überschwemmten Plätzen an Fluß-, See- und Teichufern, auf sumpfigen Wiesen fast nur im Tiefland, kaum über 600 m ü. NN. Sie meidet kalkige Böden.

Vorkommen: Bisher nur Altpleistozän bis Jungpleistozän (Frühweichsel-Interstadial) in Europa und Westsibirien (DOROFEEV 1956b; KORČAGINA 1958; WELICZKIEWICZ 1973a).
Berga (5583a); Nordhausen (4870).

Rosa LINNÉ

100—250 Arten, bei enger Fassung des Artbegriffs wesentlich mehr, nördlich-temperate und subtropische Zone, einige in tropischen Gebirgen, südlich bis Luzon (Philippinen) oder Chile. Aufrechte oder rankende Sträucher, zumeist mit Stacheln, immer- und sommergrün, sehr lichtliebend. In sehr unterschiedlichen Wald- und Gebüschgesellschaften von den Ebenen bis in die Hochgebirge (bis etwa 3600 m ü. NN im Sikkim-Himalaja und auf Taiwan) von den Meeresküsten bis

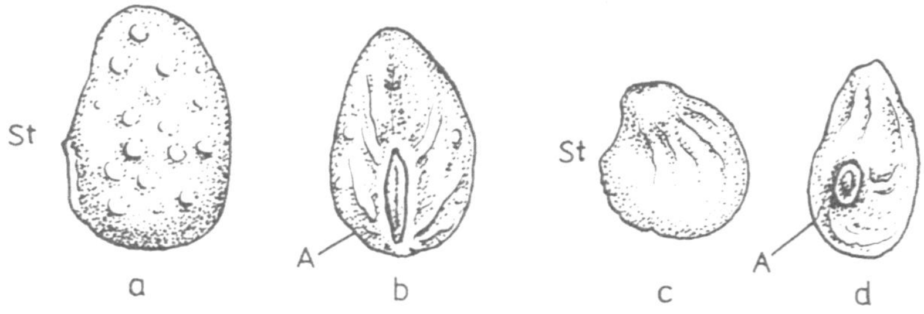

Abb. 67. Nüßchen von *Potentilla*-Arten
a, b) *P. reptans* L., Seitenansicht und Dorsalansicht mit Anheftungsstelle (A). — c, d) *P. supina* L., Seitenansicht und Dorsalansicht: A — Anheftungsstelle; St — Stylushöcker (nach BEIJERINCK 1947)

in das Innere der Kontinente bei Kontinentalitätsstufen von VI bis VII (Inneranatolien, Brahmaputra-Tal). Wenige Arten auch in Sümpfen.

Blütenbecher (Hypanthium) krug- bis flaschenförmig, oben verengt, zur Fruchtreife fleischig werdend, lebhaft gefärbt und teilweise wohlschmeckend, so daß endozoochore Verbreitung (Säugetiere, Vögel) erfolgt. Nüßchen in Vielzahl (eins bis sechsundzwanzig) vom Hypanthium umschlossen. Steinharte, einsamige Schließfrüchte von ovaler bis eiförmiger, unregelmäßig kantiger Form. Äußere Oberfläche glatt, oft auch längsgestreift oder furchig. Bauch- und Rückennaht deutlich als mehr oder weniger tiefe und breite Rinnen oder Rinne und Kante ausgebildet. Dehiszenz in zwei gleiche Klappen. Basis durch eine meist schiefe, rhombische bis dreieckige Grube, die Spitze durch eine stumpfe bis geschnäbelte Griffelbasis gekennzeichnet.

Fossil in Europa zunächst vorwiegend Blattreste oder Stacheln, nur in Ausnahmefällen sind Hagebutten (Hypanthien) oder Schließfrüchte genannt worden. Älteste Funde stammen aus dem Unter- bis Mitteloligozän (MAI und WALTHER 1978).

Artenbeschreibungen: C. REID 1892; REID und CHANDLER 1923. (Stacheln als *R. nausicaes* WESSEL und WEBER 1856; *R. palaeacantha* SAPORTA 1862; *R. penelopes* UNGER 1852, hier ohne Erwähnung.)

Rosa bergaensis nov. spec.
Taf. XXX, Fig. 15—18

Holotypus: Taf. XXX, Fig. 15 — Berga (Pliozän) — MMG, Dresden, Coll. MAI, Nr. 5614.

Diagnose: Schließfrüchte rundlich-dreieckig bis eiförmig, sehr klein, Furche auf einer Seite, auf der anderen Seite schwacher Kiel. Griffelbasis stumpf-konisch, etwas schräg, Basis mit dreieckiger Ansatzstelle, von der aus die Dehiszenz beginnt, Oberfläche stricheliert, fast glatt; Länge 2,0—2,5 mm, Breite 1—1,2 mm.

Bemerkungen: Eine sehr kleinfrüchtige Rosenart, wie sie bisher bei rezenten Arten nicht beobachtet werden konnte.

Vorkommen: Nur am Locus typicus.
Berga (5614).

Rubus LINNÉ

Gattung mit stark schwankender Artenanzahl, nach FOCKE mindestens 300 Arten, bei enger Fassung des Artbegriffs mit über 3000 Arten. Auf 12 Untergattungen zu verteilen, davon heute lediglich vier in Europa (*Chamaemorus*, *Cylactis* RAF., *Ideobatus* FOCKE und *Rubus-Eubatus*). Mit Ausnahme der trockensten und heißesten Gebiete ist die Gattung nahezu über die gesamte Erde verbreitet, am reichsten in den Waldgebieten der nördlichen gemäßigten Zone und in den Hochgebirgen Mittel- und Südamerikas entwickelt.

Sträucher, Kleinsträucher und Stauden (Hemikryptophyten) mit einfachen oder zusammengesetzten Blättern, zumeist bestachelt und oft kriechend oder klimmend, laubwerfend, winter- oder immergrün. In nahezu allen Landpflanzengesellschaften. Südlichste Arten fast ausschließlich als Lianen in Bergregen- und Lorbeerwäldern.

Einsamige Steinfrüchte mit schief-ovalem bis schief-verkehrteiförmigem oder halbkreisförmigem Steinkern, der in der Regel mehr oder weniger stark seitlich zusammengedrückt ist. Unter der geraden oder etwas gekrümmten Ventralkante verläuft ein starkes Leitbündel zur subapikalen Plazenta. Dehiszenz in zwei gleich große Klappen, die zugleich die scharfkantige oder zumindest mit einer fadenförmigen Rippe versehene, stark gewölbte Dorsalseite spaltet. Auf der Oberfläche des Endokarps Leisten, die von der Bauchnaht in schräger Richtung ausstrahlen, durch mannigfache Verzweigungen und Endungen als unregelmäßiges Netzwerk. Gestalt, Skulptur, Größe, Grad der Abflachung, Größe, Form und Tiefe der Retikula, Konturen der Ventralseite der Steinkerne liefern Merkmale für die systematische Einordnung der Formen zumindest in Artengruppen.

In Europa, dem man gegenwärtig 1500 Kleinarten zubilligt, treten sichere Steinkerne ab Mitteleozän (CHANDLER 1963) auf. Im Pleistozän die starke Ausdehnung der Areale heute subarktisch-(alpiner) Arten der Untergattungen *Chamaemorus* HILL und *Cylactis* RAF.

Rubus fruticosus LINNÉ s. l. **fossilis**
Taf. XXX, Fig. 8, 9

1892 *Rubus fruticosus* L. — C. REID, Quart. J. geol. Soc., **48**: 338.

Steinkerne eiförmig bis rundlich-eiförmig, flach. Apex spitz. Ventralseite gerade oder nach außen gewölbt. Dorsalseite gerundet. Oberfläche netzig-grubig, mit engen, tiefen Gruben. Länge 2—2,8 mm, Breite bis 1,5 mm.

Bemerkungen: Eine sehr formvariable Sammelart für die meisten europäischen Arten der Sect. *Moriferi* FOCKE des Subgen. *Rubus* (echte Brombeeren).

Vorkommen: Im Pliozän von Mizerna/Karpaten (SZAFER 1954); Interglaziale und Interstadiale von Irland, England, Dänemark, Nordwestdeutschland/BRD, Polen (FIRBAS und GRAHMANN 1928).
Berga (5585); Kranichfeld (MfN, Berlin).

Rubus idaeus LINNÉ **fossilis**
Taf. XXX, Fig. 3—5

1893 *Rubus idaeus* L. *fossilis* C. A. WEBER, Engler's bot. Jahrb., **10**, Beilbl. 40: 1—20.

Steinkerne schmal, fast halbmondförmig, schief-verkehrteiförmig oder halbkreisförmig, abgeflacht, basal und apikal abgerundet, (1,7) 2—2,7 mm lang. Oberfläche grubig-netzig, mit engen, tiefen Gruben, eckig bis rundlich, wenig gestreckt, basal etwas längsgerichtet, apikal quergerichtet. Netzrippen breit, stumpf, über den Rücken mit stumpfem, über die gerade Bauchseite mit breitem, niedrigem Kiel.

Bemerkungen: Die Steinkerne der typischen Art der *Ideobati* FOCKE sind kürzer und mehr abgerundet als die echten Brombeeren. Wegen dieser Form gehören die von MAI u. a. (1963, t. III, f. 15, 16) zu *R. caesius* L. gestellten Steinkerne nicht zu dieser Art, sondern zu *R. idaeus* L. Die Art ist heute nahezu zirkumpolar verbreitet und teilweise sehr häufig. Sie ist vollständig bodenvag und bildet dichtes Gestrüpp im Unterholz. Sie findet sich in Wäldern, Gebüschen, Hochstaudenfluren, Schlagflächen, Blockfluren, Flußufern und Schluchten. In Ostasien und Nordamerika ist die formvariable Art durch besondere Rassen vertreten. Fossile Vorläufer existieren mit *R. praeidaeus* NIKITIN (1976) im Miozän Sibiriens.

Vorkommen: Fossil sehr häufig in Interglazialen und Interstadialen (vgl. WEBER 1893; NÖTZOLD 1961, 1965) in ganz Europa; auch im Pliozän bereits weit verbreitet, besonders in Osteuropa;

älteste Funde etwas unsicher im Miozän Polens (RANIECKA-BOBROWSKA 1959; SZAFER 1961).

Rippersroda (689); Nordhausen (4861); Berga (5585c); Kaltensundheim (9730, 9735); nicht in Kranichfeld (MAI 1965, t. V, f. 24; vgl. *R. polevskoyanus*).

Rubus microspermus C. et E. M. REID
Taf. XXX, Fig. 6, 7

1910a *Rubus microspermus* C. und E. M. REID, Philos. Trans. roy. Soc., **201**: 169; t. 15, f. 13—17.

Steinkerne mittelgroß, 1,6—2,5 mm lang, 1,5—1,8 mm breit, stark zusammengedrückt, halbmondförmig bis schief eiförmig. Ventralseite gerade, apikal etwas eingekrümmt. Basis gerundet, Spitze stumpf, über den Rücken mit stumpfem Kiel. Oberfläche netzig-grubig, Gruben uneinheitlich, unten und ventral stets länger als oben. Rippen dünn und scharf. Endokarp dünn.

Bemerkungen: Von C. und E. M. REID (1910) wurden die Steinkerne nur mit *R. fruticosus* L. s. l. (Subgenus *Rubus*) verglichen. Sie gehören aber nach Form und Skulptur sicherlich in das Subgen. *Ideobatus* FOCKE und sind mit ostasiatischen Arten mehr oder weniger gut vergleichbar (z. B. *R. phoenicolasius* MAXIM.). Von den ähnlichen Steinkernen der fossilen *R. pseudo-occidentalis* DOROFEEV (1977a) sind sie im wesentlichen durch die dünnere Wand, die feinere Skulptur, etwas anderen Umriß; von *R. laticostatus* KIRCHHEIMER (1942) in erster Linie durch die Stärke der Muri des Retikulums unterscheidbar.

Vorkommen: Mitteloligozän in West- und Mitteleuropa bis Miozän Osteuropa; auch Pliozän Bulgariens (PALAMAREV 1970) und Vorkarpaten (Krościenko, 7746).

Gerstungen (6702).

Rubus polevskoyanus DOROFEEV
Taf. XXX, Fig. 10—14

1970a *Rubus polevskoyanus* DOROFEEV, Tretič. fl. Urala: 53—54; t. XIV, f. 3—10.

Steinkerne rundlich-eiförmig bis schief-eiförmig, breit, auffällig dick. Ventralseite fast gerade, seltener leicht gebogen oder etwas eckig. Dorsalseite halbkreisförmig, mit Kamm. Bauchseite ebenfalls scharfkantig, an der Spitze schief abgeschnitten, stumpf, merklich breit. Oberfläche netzig-grubig; Netz auf den Seitenflächen weniger großmaschig, mit einigen sich verlierenden Zwischenrippen. Rippen stumpf oder schwach kantig, ohne Flügelkanten. Steinkerne im Mittel 1,9—2,3 mm lang und 0,6—1,1 m breit.

Bemerkungen: Eine Art von *Rubus*, die DOROFEEV (1970a) mit den süd- und mitteleuropäischen Arten *R. corylifolius* SM., *R. ulmifolius* SCHOTT und *R. vestitus* WEIHE vergleicht. Typisch sind für die Art neben der auffälligen Form die scharfen Kanten über Rücken- und Bauchseite. Jedoch werden die Rippen nie flügelkantig wie bei *R. semirotundatus* ŁAŃCUCKA-ŚRODOŃIOWA (1979), auch sind die Maschen auf den Seitenflächen meist kleiner, kaum mit Zwischenrippen. Die größten Exemplare erlangen nur etwa 2,5 mm Länge und 1,1 mm Breite.

Vorkommen: Bisher lediglich aus dem Miozän des Urals (DOROFEEV 1970a) genannt, aber auch im Miozän der Tone von Poznań (Koronowo, Slg. MfN, Berlin); und im Pliozän des Karpatenvorlands (Mizerna = 7649b, Krościenko = 7746b).

Kranichfeld (MfN, Berlin, „*Rubus* cf. *idaeus*" bei MAI 1965, t. V, f. 24); Berga (5585b).

Malaceae

Cotoneaster MEDIKUS

Gegenwärtig etwa 95 Arten im temperaten Asien, vorwiegend im Gebirge, Himalaja und China, einzeln in Europa und Nordafrika. Sträucher, selten kleine Bäume mit sommergrünen bis wintergrünen, einfachen, stets ganzrandigen Blättern. In verschiedenartigen Wald- und Gebüschgesellschaften, licht- und kalkliebend, daher vorwiegend in Eichen-Kiefern-Wäldern, in Felsgebüschen, in Waldrandgesellschaften, auch altomontane Nadelwälder, Krummholz, Bergsteppen.

Früchte Steinäpfel mit zwei bis fünf Steinen, die mit der Rückenseite bis zu 2/3 am Rezeptakulum angewachsen sind. Zuweilen Steinkerne auch unter sich an den Bauchkanten mehr oder weniger vereinigt. Hypostylregion stets groß und deutlich abgesetzt. Im Gegensatz zu *Pyracantha* ROEM. sind die Griffelansätze etwas tiefer gelegen. Die beiden Samen wenden einander die Raphe zu.

Fossil nach dem Zeugnis der Blattreste und Steinäpfel in Europa nicht ganz zweifelsfrei im Oligozän; sicher seit dem Untermiozän (GREGOR 1978) vertreten, aber doch sehr selten in den Floren.

Artenbeschreibungen: SAPORTA 1873; E. M. REID 1923; DYAKOWSKA 1952; GREGOR 1978.

Cotoneaster gailensis (E. M. REID) nov. comb.
Abb. 68; Taf. XXX, Fig. 21, 22

Basionym: *Crataegus gailensis* E. M. REID 1923, Nouv. rech. Graines du Pont-de-Gail: 323—324; t. X, f. 13, 14; Locus typicus: Pont-de-Gail/Cantal (Pliozän).

Emendierte Diagnose: Steine zu fünft, apfelsinenscheibenförmig bis halb-verkehrt-eiförmig, in der Mitte am breitesten. Gipfel vom Hypostyl bedeckt, das dorsal bis in das erste Viertel reicht, in der Mitte zumeist eingedellt. Ventralseite gerade. Ansatznarbe nahezu basal. Griffelansatz

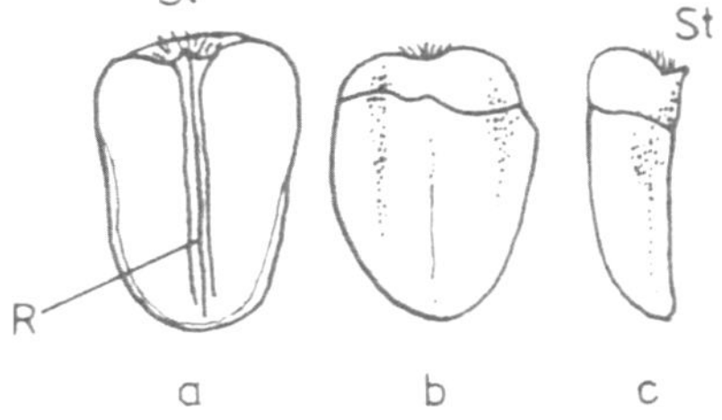

Abb. 68. *Cotoneaster gailensis* E. M. REID — Steinkerne
a = Dorsalansicht mit Stylusrest (St); b = Ventralansicht; c = Seitenansicht; R — Raphe

nur wenig unterhalb des Gipfels, Griffelrest kurz, abstehend. Steine zweifächrig, von außen durch Längsfurche angezeigt, im allgemeinen klein, nur 2,5—3,3 mm lang, 1,3—2 mm breit.

Bemerkungen: Die von E. M. REID (1923) zu *Crataegus* gestellten Steine sollten besser als *Cotoneaster gailensis* (E. M. REID) nov. comb. bezeichnet werden, da ihre Ansatznarbe nahezu basal steht und das Hypostyl („Vorhemd", „freie Zone") den gesamten Gipfel überzieht. Der Griffelansatz zeigt auch *Pyracantha*-Merkmale, da er fast in Gipfelhöhe steht. Sehr ähnliche Steine mit nahezu gipfelgleichem Griffelansatz besitzt *Cotoneaster microphylla* WALL., eine Art des Osthimalaja und von Yunnan, die nach KABANOV (1971) von 1850—3200 m ü. NN in Yunnansi-Pineten vorkommt.

Vorkommen: Bisher nur Pliozän des Cantal (E. M. REID 1923). Berga (5590).

Crataegus LINNÉ

Gegenwärtig zwischen 200—300 Arten (beschrieben 1100 „Arten"), nördlich-temperat, nach Süden bis in die Bergregenwälder von Mexiko, Guatemala und Ekuador sowie in den Lorbeerwald Yunnans. Sträucher und Bäume mit sommer-, selten wintergrünen Blättern. In den verschiedenartigsten Wald- und Gebüschformen von den Sumpf- und Auenwäldern bis in Trockengebüsche und Waldsteppen.

Frucht ein kleiner, meist lebhaft rot, gelb oder schwarz gefärbter Steinapfel mit ein bis fünf Nüßchen, die ein steinhartes, knochiges Endokarp besitzen. Rezeptakulum umhüllt die Steine in den meisten Fällen bis dicht unter den Gipfel, so daß lediglich ein sehr kurzes, oft nur in unmittelbarer Griffelnähe sichtbares oder ein den Griffel halb bedeckendes Hypostyl („Vorhemd") bleibt. Nur bei wenigen Arten (Sect. *Sanguineae*, Sect. *Cordatae*) ist ein breites, den gesamten Gipfel überziehendes Hypostyl vorhanden, so daß diese Steine schwer oder nicht von denen der Gattung *Cotoneaster* MED. unterscheidbar sind. Steinkerne oft auf den Bauchseiten oder lateral deutlich grubig gefurcht. Steine einsamige Nüßchen. Hilum, als Narbe auch am Steinkern sichtbar, liegt immer ventral oder basiventral.

Fossil in Europa nach Steinkernen mit Sicherheit erst ab mittlerem Miozän nachzuweisen (ŁAŃCUCKA-ŚRODOŃIOWA 1963; GREGOR 1978); ab Obermiozän mit heutigen europäischen Arten. Gegenwärtig in Europa etwa 10—12 Arten, vorwiegend Südosteuropa.

Artenbeschreibungen und Artenschlüssel: C. und E. M. REID 1907b, 1915; HARTZ 1909; E. M. REID 1920a, b, 1923; REID und CHANDLER 1923; SZAFER 1947, 1961; MAI in FUHRMANN u. a. 1977; VAN DER BURGH 1978; NEGRU 1986

Crataegus oxyacantha LINNÉ fossilis
Abb. 69; Taf. XXX, Fig. 23

1907b *Crataegus oxyacantha* L. *fossilis* C. und E. M. REID, J. Linn. Soc., **38**: 214; t. 12, f. 40—44.

Steinkerne verkehrt-eiförmig, meist zwei (seltener drei) in einer Frucht, etwas abgeflacht. Am Gipfel stumpf, innen mit zwei tiefen, schrägen, zackenrandigen Furchen, dorsal längsfurchig. Hypostyl nur unbedeutend, selten sichtbar. Fach kreisförmig. Wände sehr dick. Länge 3,8—5 mm, Breite 2,7—4 mm.

Bemerkungen: Eine zweisteinige Art der Sect. *Oxyacantha* LOUD., die durch die schrägen, zackenrandigen Furchen auf der Innenfläche gekennzeichnet ist. Die Art ist heute in Europa bis Südschweden und Kurzeme/UdSSR allgemein verbreitet. Im Gebirge reicht sie maximal bis 1700 m ü. NN (Walliser Alpen). Besiedelt werden lichte Laubwälder, Gebüsche, Kiefernwälder, Dünentäler und Alluvionen.

Vorkommen: Im Mittelmiozän von Stare Gliwice (SZAFER 1961); Cromer-Interglazial von Großbritannien (C. und E. M. REID 1907b); nach Blättern auch im Pliozän.
Berga 5590.

Amygdalaceae

Prunus LINNÉ sensu lato

Neuerdings meist in fünf Gattungen geteilt, die auch als Untergattungen von *Prunus* s. l. gelten können: *Prunus* L. (= *Prunophora* NECK.), *Amygdalus* L., *Cerasus* ADANS., *Padus* MOENCH und *Laurocerasus* TOURN.

Etwa 200—430 Arten in der nördlichen temperaten Zone, größte Artenanzahl in Ostasien, einige Arten bis südlich des Äquators in Mittel- und Südamerika sowie in Südasien. Laubwerfende und immergrüne Arten, von niederliegenden Sträuchern bis zu Bäumen von 40 m Höhe. In immergrünen Berg- und Lorbeerwäldern, Mixed Mesophytic Forests, Sommerlaubwäldern, bis in altomontane Nadelwälder, ferner feuchttropische Galeriewälder, Auenwälder oder Waldsteppen. Keine Art die Waldgrenze beträchtlich überschreitend. Als Steinobstbäume häufig in Kultur.

Steinfrüchte mit harten Steinen und dickem, fleischigem, seltener ledrigem (nur *Amygdalus*) Mesokarp. Endokarp steinig. Griffel endständig, Stein deshalb zugespitzt. Stein-

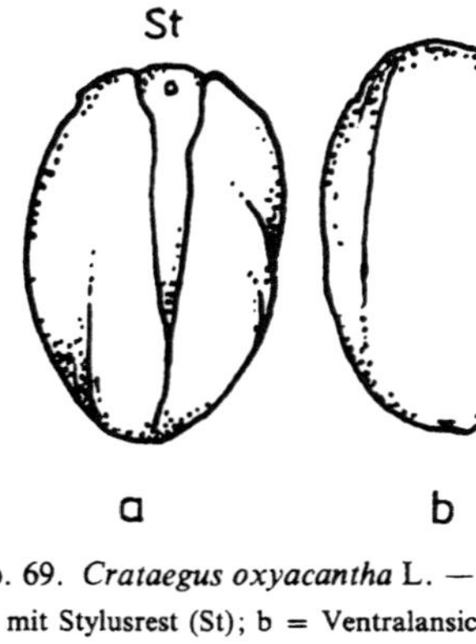

Abb. 69. *Crataegus oxyacantha* L. — Steinkern
a = Dorsalansicht mit Stylusrest (St); b = Ventralansicht (nach SCHNEIDER 1906)

kerne der meisten Arten zwischen 5—25 mm im Durchmesser, in zwei gleiche Klappen längs der Naht spaltend, mit langem, deutlichem Leitbündelkanal auf der Ventralseite, der von der basalen, grubigen Ansatzstelle bis zur fast apikalen Plazenta reicht. Samen stets einzeln, hängend, abgeflacht, mit dünner, häutiger Testa. Verbreitung hauptsächlich durch Vögel und Säugetiere endozoochor.

Fossil in Europa nach Steinkernen und Blättern sicher ab Eozän; besonders artenreich im Miozän und Pliozän.

Artenbeschreibungen und Artenschlüssel: LUDWIG 1857; UNGER 1869; C. REID 1882, 1899; MENZEL 1897; C. und E. M. REID 1915; KIRCHHEIMER 1936b, 1949, 1957; MÄDLER 1939; SZAFER 1947, 1954, 1961; KAC u. a. 1965; STRAUS 1969; DOROFEEV 1970a, 1977a; V. P. NIKITIN 1976; GREGOR 1978; MAI 1984ff.; NEGRU 1986.

Prunus fruticosa PALLA **fossilis**
Taf. XXX, Fig. 24, 25

1977a *Prunus* cf. *fruticosa* PALL. — DOROFEEV, Fauna i flora Simbugino: 65; t. 9, f. 11.

Steine ellipsoidal, zur Spitze gerundet bis unmerklich zugespitzt, glatt, Basis mit großer Ansatznarbe. Ventrale Naht hervortretend, gekielt bis wulstig, aber schmal, von dünnen, tiefen Furchen begrenzt. Endokarp dick, fest. Länge 5—9 mm, Breite 4—5,5 mm.

Bemerkungen: Das von DOROFEEV (1977a) der Artbestimmung zu Grunde gelegte Exemplar ist wegen der etwas zu stumpfen Spitze nicht sehr repräsentativ für die Art. Rezentes Vergleichsmaterial zeigt wie auch unser pliozänes Material bei nahezu völlig glatten Steinkernen mit schmalem Raphewulst eine allmähliche Zuspitzung bis zu einer oft schräg abstehenden, stumpfen Spitze. Auch die Größen stimmen annähernd überein.

Prunus fruticosa PALL. ist heute eine ausgeprägt pontische Art, die ihre Westgrenze am Oberrhein erreicht. Nach Osten dehnt sich das Areal bis Westsibirien und in die Kaukasusländer aus. Im allgemeinen bevorzugt die Art wärmeliebende Trockenwälder der Quercetalia pubescentis, sie reicht aber bis in Wälder mit Waldsteppenelementen.

Vorkommen: Pliozän der Baškirischen ASSR (DOROFEEV 1977a) und des Elsaß (MAI 1984).
Berga (5588).

Prunus spinosa LINNÉ **fossilis**
Taf. XXX, Fig. 26

1882 *Prunus spinosa* L. *fossilis* C. REID, Mem. geol. Surv., Sheet Memoirs, **68** E.

Steine breit-eiförmig bis rundlich verkehrt-eiförmig, etwas abgeflacht, 7—10 mm lang, 7—8 mm breit, durch seichte Gruben gerunzelt, entlang der ventralen Naht mit zwei gut bemerkbaren Rippen. Wanddicke bis 1,5 mm. Oberfläche grubig rauh, Unebenheiten bilden nicht selten gratige Leisten.

Bemerkungen: Die heutige Art ist durch das gesamte temperate Europa bis in die kontinentalen Gebiete mit Waldsteppen verbreitet. Sie ist eine charakteristische Pflanze auf Waldblößen, an Waldrändern, Abhängen und Rändern von Schluchten, seltener in geschlossenen, nicht zu dichten Laub- und Nadelwäldern. In Südosteuropa reicht sie in mediterrane Hartlaubgebüsche mit *Ceratonia* und *Quercus coccifera* L.

Fossile Steinkerne der Art aus dem Pliozän hat man seit KIRCHHEIMER (1936b) bisweilen als *Prunus rugosa* LUDWIG (1857) bezeichnet. Das LUDWIGsche Epitheton bezieht sich aber eindeutig auf ein rezentes Objekt, das in die Wetterau-Sammlungen des Autors geraten ist (Original MfN, Berlin, Nr. 951).

Vorkommen: Mittelmiozän (Sarmat) von Apšeron (DOROFEEV 1964a); Pliozän vom Niederrhein (C. und E. M. REID 1915), Maingebiet (MÄDLER 1939), Karpatenvorland (SZAFER 1947, 1954a), Elsaß (MAI 1984); Interglaziale von Großbritannien bis Vitebsk, Smolensk, Voronež.
Kaltensundheim (9747).

Lythraceae

Decodon GMELIN

Monotypische Gattung, eine Art im atlantischen Nordamerika vom Hudson-River bis Minnesota, südlich bis Florida und Louisiana, besonders an der Küste und im Mississippi-Tal. Ausdauerndes Kraut, das bisweilen an der Basis verholzt (Halbstrauch). In Sümpfen, oft über das Wasser hängend oder teilweise untergetaucht. In der sommergrünen Gesellschaft der Moorgebüsche mit *Alnus*, *Cornus* und *Ilex* (KNAPP 1965).

Samen prismatisch-keilförmig oder pyramidal, mit zwei, drei oder mehr ebenen Seiten, sich vom breiten, leicht gerundeten terminalen Pol (Chalaza-Pol) zu einer spitzen Basis verengend. Rücken fast stets dreikantig mit einer der Raphe entsprechenden langen Mittelleiste. Auf der Bauchseite eine gewöhnlich dreieckige, nur selten eiförmige, zum Grunde spitzig verjüngte Keimklappe, dunkel und rauh, häufig etwas erhaben. Testa braun und matt glänzend. Hauptmasse der dicken Testa von einem schwammigen Aerenchym aus dünnwandigen, rundlichen Zellen gebildet. In diesem Gewebe verläuft dorsal der dem Leitbündel der Raphe entsprechende Kanal vom basalen, lochartigen Hilum zur subapikalen Chalaza. Parenchymatisches Gewebe (Aerenchym) am chalazalen Pol sehr unterschiedlich entwickelt.

Fossil in Eurasien mit einigen Arten vom Eozän bis in das Mittelpleistozän (Needian der Niederlande). In zwei streng getrennte Formenkreise einzuordnen, innerhalb der die beschriebenen Arten (DOROFEEV 1977c) besser als „Formen" zu charakterisieren sind.

Artenbeschreibungen: NIKITIN 1929; RANIECKA-BOBROWSKA 1956; DOROFEEV 1963a, 1977c; CHANDLER 1963b.

Decodon bashkiricus DOROFEEV
Abb. 70; Taf. XXXI, Fig. 7

1977c *Decodon bashkiricus* DOROFEEV, Bot. Ž., **62**: 671, t. 1, f. 23 bis 30; Abb. 2/17—20.

Samen trapezoidal bis breit-keilförmig, eckig, an der Spitze mit Öhrchen. Spitze von wenig stark gewölbt bis horizontal abgestutzt. Ventralseite breit, platt oder eingedrückt, mit breiter, dünner, rauher oder deutlich gezeichneter Keimklappe, deren Zeichnung sich bis auf den frontalen Teil der Spitze fortsetzt. Rücken gleichmäßig erhaben oder zweikantig, oft mit stumpfem Längswulst. Testa relativ dünn. Durchmesser 1,1—1,6 mm.

Bemerkungen: Die Samen der Art sind denen von *D. sibiricus* DOROFEEV (1963a) und *D. europaeus* DOROFEEV (1977c) ähnlich. Von den ersten unterscheiden sie sich durch breitere, eckige Samen mit gerade gebogener Spitze und spitzen Ecken an ihrem Rand. Die Samen der zweiten Art sind etwas größer, merklich schmäler und dicker, in der Kontur stärker gerundet, stets mit eingedrückter Keimklappe (DOROFEEV 1977c).

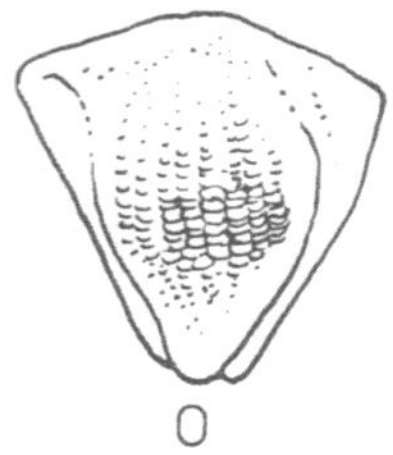

Abb. 70. *Decodon bashkiricus* DOROF. — Samen

O — Operculum (Keimdeckelchen) (nach DOROFEEV 1977c)

Vorkommen: Pliozän der Baškirischen ASSR und der Belorussischen SSR.

Nordhausen (4949).

Decodon globosus (E. M. REID) NIKITIN
Taf. XXXI, Fig. 1—6

1920a *Diclidocarya globosa* E. M. REID, Graines du Pont-de-Gail: 81; t. 4, f. 24.
1929 *Decodon globosus* NIKITIN, J. Bot., **67**: 33—36; t. 589, f. 1, 3, 5, 7.

Samen subglobular bis verkehrt-eiförmig, ventral konkav mit zungenförmiger bis dreieckiger Keimklappe, die fast die gesamte Ventralseite einnimmt. Oberfläche der Keimklappe glatt bis kleinwabig strukturiert, Waben in meridionalen Reihen. Oberfläche der übrigen Testa glatt, meist hellbraun, glänzend. Hilum ein kleines basales Loch. Raphe dorsal, als Kante nicht stark hervortretend. Durchmesser der Samen von 0,9—1,4 mm.

Bemerkungen: Das reichlich vorhandene Material verschieden alter Fundorte zeigt eine so große morphologische Variabilität der Art, daß es uns schwierig wird, Formen oder Arten abzutrennen. Nach DOROFEEV (1977c) gehören in die Artengruppe, die sich um *D. globosus* vereinigt, die von ihm beschriebenen *D. sibiricus* DOROF., *D. aldanensis* DOROF., *D. europaeus* DOROF., *D. bashkiricus* DOROF., *D. nikitinii* DOROF., *D. maeoticus* DOROF. und *D. tanaiticus* DOROF. In den gleichen polymorphen Formenkreis gehört auch *D. tetraedriformis* RANIECKA-BOBROWSKA (1956). Wir fassen *D. globosus* als Sammelart auf. Nächst verwandt mit der heutigen nordamerikanischen Art *D. verticillatus* (L.) GMELIN.

Vorkommen: In der Hauptsache Miozän und Pliozän im westlichen Europa. Selten im Altpleistozän (REID 1920b; GEISSERT 1967) und Mittelpleistozän (Needian, FLORSCHÜTZ und JONKER 1942).

Rippersroda (786, MAI u. a. 1963); Berga (5590); Gerstungen (6695).

Microdiptera CHANDLER

Ausgestorbene Gattung mit Merkmalen, die in der Unterfamilie der Nesaeae vorkommen. Nach Vorkommen und Vergesellschaftung Wasser- oder Sumpfpflanzen.

Früchte vielsamig, mit zentraler Plazenta. Samen dachziegelartig angeordnet. Samen anatrop, dorsiventral zusammengedrückt. Keimklappe ein ovales Operculum, das frei abfällt und nur über die untere Hälfte der gewölbten Bauchseite reicht. Dorsale Seite mit gerader, kantiger Rapheleiste, die von paarigen Vertiefungen oder Furchen flankiert wird. Der Samenkörper wird von zwei lateralen Flügeln oder randlichen Wülsten begleitet, die aus schwammigem Gewebe aufgebaut sind. Oberfläche der mehr oder weniger dicken Testa gestreift. Operculum stets mit rundlichen, polygonalen Zellen, die ein Reticulum bilden.

In zwei Untergattungen zu gliedern, die früher als selbständige Gattungen *Microdiptera* CHANDLER und *Mneme* EYDE geführt wurden (vgl. MAI und WALTHER 1978, S. 104).

Fossil mit mindestens sieben Arten ab Mitteleozän in Westeuropa; im Oligozän eurosibirisch; im Pliozän in Europa selten.

Artenbeschreibungen: E. M. REID 1927a; CHANDLER 1957, 1960a, 1963a; NIKITIN 1948, 1965; DOROFEEV 1962a, 1968b, 1970a; HOLÝ 1975; MAI 1987.

Microdiptera sibirica (NIKITIN) nov. comb.
Abb. 71; Taf. XXXI, Fig. 8—11

Basionym:
1948 *Diclidocarya sibirica* NIKITIN, Dokl. Akad. Nauk SSSR, **61** (6): 1104 (nomen nudum).
1962a *Diclidocarya sibirica* NIKITIN in DOROFEEV, Biostratigr. mezoz. i tretič. otlož. Zap. Sibiri: 407—408; Abb. 104.
1965 *Diclidocarya sibirica* NIKITIN, Akvitan. fl. Lagernii sada: 81—82; t. 14, f. 1—4.
1972 *Mneme sibirica* EYDE, Brittonia, **24**: 114.

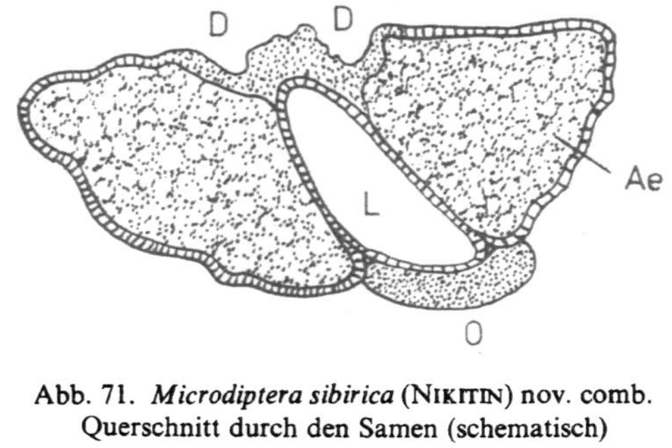

Abb. 71. *Microdiptera sibirica* (NIKITIN) nov. comb.
Querschnitt durch den Samen (schematisch)

L — Loculum, Ae — Aerenchym (Schwimmgewebe), O — Operculum, D — dorsales Furchenpaar (nach NIKITIN 1965)

Emendierte Diagnose: Samen trapezoidal bis breiteiförmig, flachgewölbt, mit einem länglichen Deckelchen in der unteren Hälfte der Ventralseite und mit zwei tiefen, klaffenden Furchen beiderseits der Raphe auf der Dorsalseite. Testa gestreift, dick, aber etwas dünner als bei *D. menzelii* E. M. REID. Samen 1,2—1,7 mm lang und 1,2—2,0 mm breit.

Bemerkungen: Diese Art unterscheidet sich von der länger bekannten *Diclidocarya menzelii* E. M. REID (1927a) besonders durch die beiden tiefen Rinnen längs der Raphe, die zumeist trapezoidale Form mit größter Breite oberhalb der Keimklappe. Subapikal sind oft beiderseitig der Mittellinie Ausbeulungen vorhanden. Vor dem Studium des Originalmaterials in Leningrad wurden von MAI (1967) andersartige Formen aus dem Oligozän und tieferen Miozän zu der Art gezogen, die ein falsches Bild über die stratigraphische Reichweite der Art in Europa vermitteln.

Vorkommen: Oligozän und Miozän von Westsibirien und dem Ural (DOROFEEV 1962a).

Berga (5508); Gerstungen (6691).

Onagraceae

Hartziella SZAFER

Nach SZAFER (1963) Gattung einer neuen Subfamilie Parajussieueae SZAFER; für HARTZ (1906) Zuordnung der typischen Reste „a mystery"; Synonym *Hartzia* P. A. NIKITIN (1965), bereits bei V. P. NIKITIN (1961) verwendet, aber erst durch Diagnose von 1965 gültig. Homonym zu *Hartzia* HARRIS [1935 Meddel. Grønland **112** (1), S. 42; Gattung der Ginkgophyta]. Vier (selten) zwei- bis fünffächrige Steinfrüchte, mit Klappen loculizid öffnend, mit zentralem Vaskularkanal, mit Samenkammern und sterilen Luftkammern, erstere mit Papillen, letztere kaum ausgekleidet oder glatt, marginale Plazenta nahe dem Apex oder im oberen Drittel des Loculums; Samen unbekannt. Nach Vorkommen und Vergesellschaftung Wasser- oder Sumpfpflanzen.

Fossil in Eurasien vom Oligozän bis Oberpliozän, drei Arten.

Hartziella rosenkjaeri (HARTZ) SZAFER
Taf. XXXI, Fig. 31—33

1909 *Carpolithes rosenkjaeri* HARTZ, Danm. geol. Unders., **20**: 113; t. 4, f. 1—5.
1963 *Hartziella rosenkjaeri* SZAFER, Acta Palaeobot., **4**: 27.

Steinfrüchte dreifächrig (auch vierfächrig), mit nur einem fertilen Fach. Zwei Fächer sind durch eine dunkle, glatte Innenfläche ausgezeichnet; das Fach mit der Keimklappe hat eine warzige Struktur der Innenfläche. Aerenchym auf der Oberfläche (Epikarp) relativ dünn. Sklerenchym des Perikarps etwa 12 Zellschichten dick. Plazenta variabel von subapikal bis zu 1/3 vom Apex entfernt, marginal. Länge 3,1 mm, Breite 2,2—2,7 mm.

Bemerkungen: Nach Größe, Form und Anzahl der fertilen Fächer ziemlich sicher die typische Art und nicht zu *H. miocenica* SZAFER oder *H. vindobonensis* SZAFER gehörig, die im Paratethys-Gebiet verbreitet sind.

Vorkommen: Oligozän bis Unterpliozän (SZAFER 1963); Untermiozän von Südmähren/ČSSR (KNOBLOCH 1978); Oberpliozän am Ob (NIKITIN 1961).

Rippersroda (MAI u. a. 1963; t. IV, f. 19—21; Original in Kraków verschollen).

Ludwigia LINNÉ

Nach RAVEN (1963) mit *Jussiaea* L. zu vereinigen und in diesem Umfang 52 neuweltliche, 13 altweltliche und 10 beidhemisphärische Arten. Vorwiegend ausdauernde, krautige oder halbstrauchige Sumpf- und Wasserpflanzen von den Tropen bis in warm-temperate Gebiete.

Nordgrenze in Europa in Großbritannien, Niederlande, Nordwestdeutschland/BRD, in Nordamerika in Nova Scotia, New York, Indiana, Illinois, in Ostasien in Hokkaido. Wichtige Glieder verschiedener Sumpf- und Wasserpflanzengesellschaften, besonders der Inundationsfloren auf Schlamm bei wechselnden Wasserständen. Ausbildung von Land- und Wasserformen. Genannt sind Ried-Sümpfe, Erlenbrüche, Schwingrasen, Everglade-Gesellschaften, Schwimmpflanzengesellschaften.

Früchte kapselig, vierkantig, kurz kreiselförmig, selten länglich. Dehiszenz längsklappig oder durch Schlitze an der Spitze. Sehr zahlreiche kleine Samen. Samen stets weniger als 1 mm lang, ellipsoidal oder gewölbt-ellipsoidal, mit verschmälerten oder abgestumpften Enden. Meist mit korkigen Anhängseln oder Kappe auf der kantigen Raphseite, bisweilen Aerenchym den Samen völlig einschließend. Oberfläche fein reticulat oder punktat.

Fossil mit mehreren Arten ab Oligozän in Europa und (?) Westsibirien („*Hypericum*" *coriaceum* NIKITIN 1948).

Artenbeschreibungen: MAI u. a. 1963; MAI und WALTHER 1978; GREGOR 1984b; FRIIS 1985; MAI 1987.

Ludwigia palustris (LINNÉ) ELLIOT **fossilis**
Taf. XXXI, Fig. 27, 28

1963 *Ludwigia palustris* (L.) ELLIOT *foss.* — MAI u. a., Geologie, **12**: 786; t. IV, f. 14, 15

Samen länglich-schief-eiförmig, 0,4—0,7 mm lang, 0,3 bis 0,4 mm breit, ohne subapikales Anhängsel, mit schiefem, spitzem oder stumpfem chalazalem Pol. Raphe als erhabene Leiste über die gesamte Länge des Samens verlaufend. Testa lederartig, deutlich strukturiert, mit quer-punktater Zellstruktur. Zellen in Längsrichtung geordnet.

Bemerkungen: Diese heute einzige Art Europas mit submediterran-atlantischem Areal und Teilarealen in Westasien, Nord- und Südafrika sowie Nordamerika (Vogelverbreitung) besitzt sehr charakteristische Samen, die sich im fossilen Zustand gut erkennen lassen. Bemerkenswert ist das Fehlen oder die starke Verkümmerung eines chalazalen, korkigen Gewebes und die deutliche, längsreihige Anordnung der Oberflächenstruktur. Zu diesem hier unter dem Namen der rezenten Art beschriebenen Formenkreis gehört auch ein Teil des Materials, den sowjetische Autoren (DOROFEEV, WELICZKIEWICZ) unter „*Hypericum*" *coriaceum* NIKITIN (1948, nomen nudum) abbilden, wie der Materialvergleich in Leningrad lehrte. Indessen umfaßt der Begriff eine große Formengruppe, die vom Oligozän bis in das Pleistozän reicht. Da ein Typus bisher nicht fixiert ist, muß der Gebrauch des Epithetons bei *Ludwigia* L. unterbleiben.

Vorkommen: Höheres Miozän und Pliozän, in Westeuropa auch Tegelen (6799, 6887); in Osteuropa bis in das Eem-Interglazial (WELICZKIEWICZ 1973).

Berga (5510); Rippersroda (1141, MAI u. a. 1963).

Trapaceae

Trapa LINNÉ

Mehrere Arten in Eurasien, mit Splitterarealen in Afrika (Nilgebiet, Seengraben). Verbreitung durch Vögel. Nordgrenze am Amur, Oberlauf des Jenissej, Ob, Wolga-Kama-Gebiet, Dvina (nicht über 50° N), Südgrenze Hinterindien, Sri Lanka; Malawisee (Njassasee) in Afrika. In Europa nur subozeanisch, in Ostasien ozeanisch bis subozeanisch verbreitet, sommerwärmeliebend. Einjährige Wasserpflanzen mit quirlständigen Schwimmblattrosetten. In kalkarmen, aber nährstoffreichen Humus-Schlammseen, Altwässern, Flußarmen und Teichen, in Schwimmblattgesellschaften. *Trapa*-Arten und -Formen sind bis heute über 100 beschrieben worden, die aber größtenteils von sehr umstrittenem Wert sind. Zwei unterschiedliche Richtungen lassen sich in der gegenwärtigen Systematik klar erkennen: Eine davon schreibt dem sehr wechselhaften morphologischen Charakter der Nüsse keinen hervorragenden Wert zu (GAMS, GLÜCK, RICZYN); die andere dagegen baut auf diesem Charakteristikum die Beschreibung der Arten auf (FLEROV, VASILIEV, MIKI).

Einsamige, steinfruchtartige Nuß, die von der vergrößerten Blütenachse und dem erhärtenden Kelch mit seinen meist zwei oder vier Dornen umschlossen wird. Dieses nervige, Hypanthium, Rezeptakulum oder Kelchtubus genannte Gebilde hat für die Systematik größere Bedeutung (vgl. SENJANINA-KORČAGINA 1961). Am Rande des Hypanthiums bis zu acht Warzen auftretend, ideal in zwei Kreisen angeordnet. Charakteristisch weiter zwei oder vier hornartige Ausstülpungen, basal oft gewaltig verdickt und am Ende harpunenartige Widerhaken tragend. Sie werden als obere und untere Hörner bezeichnet. Borstenkranz eine apikale Krone im ovarialen Teil bildend. Runde Keimöffnung am Scheitel. An der Basis der Frucht deutliche Grube nach dem Ablösen vom Pedunculus [ein bleibender Pedunculus bei fossilen Arten (= *Stipitrapa* MIKI 1952) ist ein sehr ursprüngliches Merkmal].

Fossil in Europa sicher erst ab mittlerem Miozän; in Westasien bereits im Oligozän, zahlreiche Arten.

Artenbeschreibungen und Artenschlüssel: GÖPPERT 1855; FRITSCH 1885; RÉROLLE 1885; C. und E. M. REID 1907b; TEIXEIRA 1944b; MIKI 1952; VASILIEV 1952, in TAKHTAJAN u. a. 1963, in ILJINSKAJA 1968; PANTIČ und JANKOVIČ 1953; SZAFER 1954b; DOROFEEV 1959a, 1960d, 1963a, 1963d; SENJANINOVA-KORČAGINA 1961; KAC u. a. 1965; CHOCHIEVA 1967; OPRAVIL und KNOBLOCH 1967; NEGRU 1979; KOVAR und GREGOR 1984.

Trapa heerii FRITSCH
Taf. XXXI, Fig. 12—14

1885 *Trapa heerii* v. FRITSCH, Jb. preuß. geol. Landesanst. (1884): 429—436; t. 26, f. 29—41.

Früchte dreieckig-rhombisch bis breit-verkehrt-eiförmig, klein, basal abgerundet, mit runder Stielgrube. Kelchtubus über die Mitte auf den ovarialen Teil rückend, aber diesen nicht einschließend (Typ A bei MIKI 1952). Mit vier Hörnern, die alle etwas oberhalb der Mitte des Körpers abgehen, kurz kegelförmig, an der Basis allmählich in den Körper übergehend, seltener etwas verdickt, mit starker Entwicklung der Widerhaken an der Spitze. Am unteren Rande des breit kuppelförmigen ovarialen Teils nur vier stumpfe Warzen, die zwischen den Dornen stehen. Um das apikale Keimloch ein wenig hoher Hals mit Krönchen. Länge der Früchte 7 bis 11 mm, Breite (mit Hörnern) 15—18 mm; mittlere Breite ohne Hörner 8,5 mm.

Bemerkungen: Durch v. FRITSCH (1885) wurde die artliche Sonderstellung der Früchte gut begründet. Gegen eine Zuordnung zu *T. natans* L. hat sich auch KIRCHHEIMER (1957, S. 438) ausgesprochen. Über Lectotypus vgl. MAI u. a. (1963). Nicht ganz klar sind die Beziehungen der Art zu *T. bituberculata* (HEER) TEIXEIRA (1944b) aus dem Pleistozän, die VASILIEV (1949, S. 662) in die Nähe der heutigen *T. carinthiaca* (BECK) VASILIEV stellt. Von SENJANINOVA-KORČAGINA (1961: 51) wird *T. heerii* als Typus ihrer Sect. *Heeriensis* von *Trapa* L. benutzt. Die nächsten Verwandtschaftsbeziehungen bestehen zu *T. tranzschelii* VASILIEV (= *T. manshurica* FLEROV) (Ussuri und Sungari/Nordostchina), nicht zu den europäischen Formenkreisen der *T. natans* L. s.l.

Vorkommen: Pliozän von Brunssum und Krościenko (KIRCHHEIMER 1957); Altpleistozän der Niederlande, von Friesland, Maingebiet, Elsaß, Bergamo (SORDELLI 1896; KIRCHHEIMER 1957; GEISSERT 1972); Tegelen (4919, 6876).

Rippersroda (Geiseltal-Mus., Halle; v. FRITZSCH 1885; MAI u. a. 1963; 1142).

Haloragaceae

Myriophyllum LINNÉ

45 Arten, nahezu über die gesamte Erde verbreitet, hauptsächlich tropisch-subtropisch, weniger Arten in warmtemperierten Klimagebieten Ostasiens und Nordamerikas, nur drei Arten in Europa, im Norden bis Grönland.

Ausdauernde Wasser- oder Sumpfpflanzen, einzelne Arten vermögen Landformen auszubilden. Wichtige Kennarten der Submersen-Gesellschaften, bisweilen Anzeiger für besondere Nährstoffe (Kalk) oder pH-Werte.

Frucht ursprünglich vierfächrig und vierkantig, zumeist in vier (oder zwei) Kokken (Steinfrüchte) zerfallend. Steinfrüchte innen mit verholzenden, harten Wänden aus Steinzellgewebe, in der Form oblong-gerundet-triangulär, mit Spuren des axillären Leitbündels über die ventrale Kante. Rücken mehr oder weniger gewölbt, glatt oder mit Warzen, Dornen, zerteilten oder ganzrandigen Kämmen. Dehiszenz durch einen großen, runden, apikalen Keimporus, der von der Wand des Perikarps überragt wird.

Fossil in Eurasien mit zahlreichen Arten seit dem Oligozän.

Artenbeschreibungen und Artenschlüssel: C. REID 1892; C. und E. M. REID 1907a; H. WEBER 1919; P. NIKITIN 1957; DOROFEEV 1959b, 1960b, 1962a, 1963a, 1963d, 1966a, 1968c, 1972a, 1973; WELICZIEWICZ 1973b; NIKITIN 1976; JAKUBOVSKAJA 1984.

Myriophyllum praespicatum NIKITIN
Abb. 72a; Taf. XXXI, Fig. 15—18

1957 *Myriophyllum praespicatum* NIKITIN, Plioc. i četvert. fl. Voronež. obl.: 174—175; t. 7, f. 11, 12.

1966a *Myriophyllum nagavicum* DOROFEEV, Plioc. fl. Matanova sada: 75; t. 4, f. 23; Abb. 28.

Steinfrüchte klein, dickwandig, gekrümmt, dreikantig oder schief-eiförmig. Dorsalseite gerundet, mit abgeflacht-konischen Warzen, die meist unregelmäßig verteilt sind, gelegentlich auch eine primäre Anordnung in vier Reihen erkennen lassen. Länge 1,1—1,8 mm, Breite 0,8—1 mm.

Bemerkungen: Die Steinfrüchte dieser pliozänen Art sind kleiner als die von *M. spicatum* L., merklich breiter, die

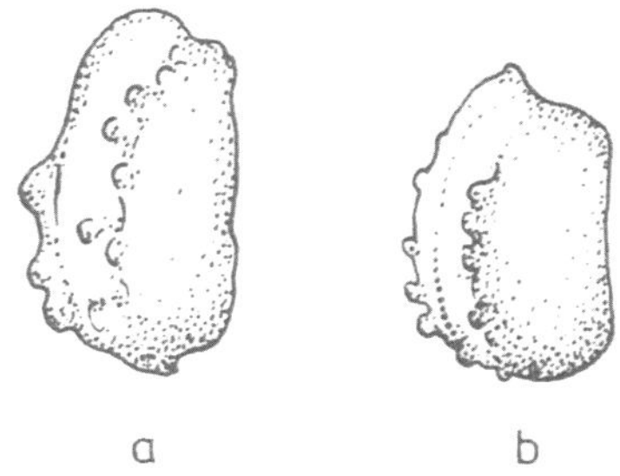

Abb. 72. Teilfrüchte (Nüßchen) von *Myriophyllum* L.
a = *Myriophyllum praespicatum* NIKITIN. — b = *Myriophyllum spicatum* L.

Warzen auf dem Rücken etwas kräftiger, primär in vier Reihen (nicht in zwei) angeordnet, die Wände etwas dünner. Gelegentlich wurden ihre Reste mit *M. spicatum* L. *fossilis* verwechselt (MAI u. a. 1963), da sie zweifellos einer sehr nahe verwandten Species angehören. Größere Steinfrüchte mit großen Warzen besitzt die pleistozäne *M. subspicatum* WELICZKIEWICZ (1973b).

Vorkommen: Miozän Westsibiriens (NIKITIN 1965); oberstes Miozän von Odessa (DOROFEEV 1951); Pliozän des Don- und Dneprgebiets (NIKITIN 1957; DOROFEEV 1966a, 1971); Altpleistozän von Gomel (DOROFEEV und WELICZKIEWICZ 1971), auch Mizerna II/III (1126).

Rippersroda (812, MAI u. a. 1963, t. 4, f. 4); Kaltensundheim (9717, 9728, 9730, 9731, 9732, 9735, 9746, 9747).

Myriophyllum spicatum LINNÉ **fossilis**
Abb. 72b; Taf. XXXI, Fig. 19—22

Steinfrüchte dickwandig, eiförmig-dreikantig, an der Basis abgerundet. Rücken gewölbt. Apex mit rundlich-dreieckiger Öffnung, etwas schief abgestutzt, mitunter mit kleinem Öhrchen. Fach im Längsschnitt eiförmig. Rücken mit Warzen, die mitunter eine Anordnung in zwei Reihen erkennen lassen. Länge 1,9—2 mm, Breite 1—1,5 mm.

Bemerkungen: Die Früchte dieser weitverbreiteten Art haben im Unterschied zu *M. verticillatum* L. einen warzigen Rücken, eine rundlich-dreieckige Apikalöffnung und eine im Schnitt eiförmige Höhlung des Fachs. Die ähnliche *M. subspicatum* WELICZKIEWICZ (1973b) besitzt große, aber kurze Warzen, die ohne besondere Anordnung ziemlich dicht den Rücken überziehen und bisweilen auf die Seiten übergreifen. Apikal treten keine Öhrchen auf.

Die heutige Verbreitung reicht fast über die gesamte Nordhalbkugel (nördlich bis Grönland, Lappland), auf der Südhalbkugel bis nach Südafrika. Bevorzugt werden stehende und langsam fließende Gewässer (Süß- und Brackwasser), deren Temperaturen nur ausnahmsweise über 20 °C steigen. Ein Schwergewicht in bestimmten Wasserpflanzen-Gesellschaften ist nicht feststellbar. Es werden auch Landformen ausgebildet. Normalerweise werden schlammige und sandige Standorte in Wassertiefen von 1—4 m bevorzugt, jedoch sind Funde aus 6 m Tiefe bekannt. Die Art ist ein wichtiger Kalkanzeiger. Ihre Vegetationsorgane sind zuweilen bis auf die Vegetationsspitzen vollständig mit Kalk inkrustiert. Im lufttrockenen Zustand enthält die Pflanze bis 70% Calciumkarbonat.

Vorkommen: Älteste Funde im Pliozän der Niederlande (ZAGWIJN 1963) und der Belorussischen SSR (DOROFEEV und WELICZKIEWICZ 1971). In vielen Interglazialen und Interstadialen in ganz Europa, auch in subarktischen „Dryasfloren" (unter anderen H. WEBER 1910; STOLLER 1926; FIRBAS und GRAHMANN 1928; HUCKE 1941, MANIA und MAI 1969; FUHRMANN u. a. 1977).

Nordhausen (6829); Kaltensundheim (9917).

Proserpinaca LINNÉ

Vier Arten im atlantischen Nord- und Mittelamerika, nördlich bis Quebec, mit südlichen Vorposten am Magdalena-Fluß/Kolumbien und Lagos dos Patos/Brasilien (Südamerika). Ausdauernde Kräuter im Wasser und in Sümpfen. In verschiedenen Gesellschaften, vor allem in den überfluteten Moor-*Taxodium-Nyssa*-Wäldern, den *Rhynchospora*-Flats auf stehendem Grundwasser in Florida und in tropischen Submersen-Gesellschaften in Mittelamerika. Früchte in der Mehrzahl dreifächrig, mit gewöhnlich drei, etwas flügelartig ausgebildeten Kanten. Selten vorkommende vierfächrige Früchte äußerlich durch vier Kanten gekennzeichnet. Scheidewände der Fächer stehen ungefähr senkrecht zur Mitte der Flächen des Perikarps. Flächen des Perikarps von der Nervatur des „Rezeptakulums" bedeckt, entweder schwach gewölbt oder

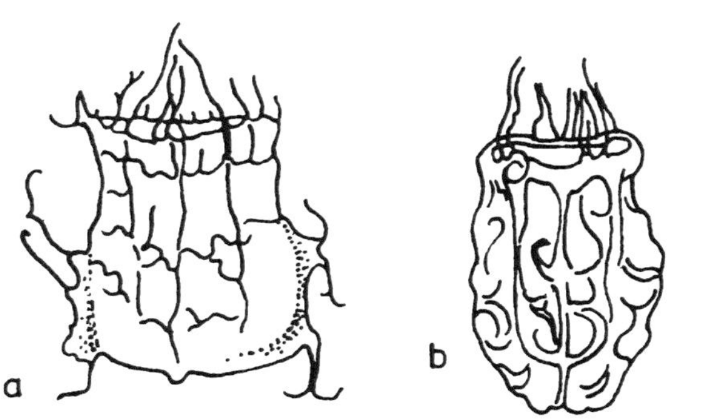

Abb. 73. Früchte von *Proserpinaca* L.
a = *Proserpinaca europaea* DOROF. — b = *Proserpinaca reticulata* C. et E. M. REID (nach DOROFEEV 1976c)

etwas eingemuldet. Basis breit, Saum aus Leitbündeln oder Resten der Kelchzipfel überragt eine breite, apikale Grube. Dehiszenz der gewöhnlich gleichmäßig entwickelten, einsamigen Fächer mit großen, rundlichen Poren. Perikarp durch ein axial aufsteigendes Leitbündel innerviert. Testa der Samen hyalin, gekrümmt, schlauchförmig, mit apikalem Dehiszenzschlitz.

Fossil in Eurasien mit mehreren Arten ab Oligozän, mit dem Beginn des Pleistozäns erlöschend.

Artenbeschreibungen: C. und E. M. Reid 1915; Dorofeev 1958b, 1976c.

Proserspinaca europaea Dorofeev
Abb. 73a; Taf. XXXI, Fig. 29

1976c *Proserspinaca europaea* Dorofeev, Dokl. Akad. Nauk Beloruss. SSR, **20**: 1038; Abb. 1/11—14.

Früchte eiförmig-länglich, 2,2—2,9 mm lang und nur 1,8 bis 2,2 mm breit, mit stumpflich-keilförmiger Basis und relativ schmaler Apikalgrube. Kanten zusammengepreßt, etwas flügelig, stellenweise nur leicht kantig, über die Kämme und die Apikalgrube mit dicken Fasern, die sich teilweise gabeln und die Borsten über den Flügeln bilden. Seitenflächen sind relativ eben, mit dünneren Fasern versehen, die sich nicht sehr scharf abheben.

Bemerkungen: Eine Art aus der flügelkantigen Gruppe um *P. pterocarpa*, *P. brevicarpa* (Dorofeev 1976c), aber von diesen Arten vor allem durch die länglichere Form, die erheblichere Größe und die Skulptur der Oberfläche zu trennen. Noch sehr nahe verwandt mit *Proserpinaca palustris* L.

Das Material, das Szafer (1954) aus Mizerna in Polen, Nikitin (1957) vom Don sowie Mai u. a. (1963) aus Rippersroda in Thüringen unter *Proserpinaca reticulata* Reid beschrieben haben, gehört zu dieser Art.

Vorkommen: Pliozän von Ost- und Mitteleuropa.
Rippersroda (787); Berga (5615).

Proserpinaca reticulata C. et E. M. Reid
Abb. 73b; Taf. XXXI, Fig. 30

1915 *Proserpinaca reticulata* C. und E. M. Reid, Plioc. Fl. Dutch-Prussian Border: 123; t. 14, f. 14—19.

Früchte trilocular, selten tetralocular, urnenförmig, drei-, selten vierkantig, gerundet, ohne deutlichen Flügelsaum und verzweigte Faserfortsätze. Oberfläche der Früchte durch Leitbündelreste deutlich netzig. Fasern dick, bisweilen über die apikale Grube verlängert. Grube mit drei (bzw. vier) Aperturen. Basis gerundet, nur selten etwas spitzig. Länge 1,5 bis 3,0 mm; Breite 1,1—1,7 mm.

Bemerkungen: Diese im europäischen Jungtertiär verbreitete Wasserpflanze zeichnet sich durch relativ große, abgerundete, stiellose, merkbar reticulate Früchte ohne rundliche Flügelkanten vor den anderen fossilen Arten aus.

Heute vergleichbare Art ist *Proserpinaca pectinata* Lam., die im atlantischen Küstengebiet von Nordamerika Moore auf sandigem Untergrund besiedelt (Gleason 1963).

Vorkommen: Im Oligo-Miozän aus Westsibirien genannt; ab mittlerem Miozän auch in Europa, hier bis an die Grenze von Pliozän/Pleistozän (Zagwijn 1963; Geissert 1967; Szafer 1954).
Nordhausen (4934); nicht in Rippersroda, (Mai u. a. 1963, vgl. *P. europaea* Dorof.).

Hippuridaceae

Hippuris Linné

Eine sehr vielgestaltige und weit verbreitete Gattung, von der einzelne Formen auch als Arten angesehen werden. Boreal-boreo-meridional-amphiarktisches Areal mit südlichsten Vorkommen in Gebirgsseen des Transhimalaja, Xijang und Ala-Shan; Balkanhalbinsel, Norditalien; New Mexico.

Ausdauernde Wasser-, Sumpf- oder Strandpflanzen mit verzweigtem, kriechendem Rhizom und unverzweigten, aufrechten Sprossen, amphibisch, mit Unterwasser- und Landformen. Eurytherme Art, die in kalten Grundwasserbächen und warmen Altwässern gleichermaßen vorkommt. Selten in reinen Beständen (Hippuretum), häufiger in Phragmiteten, Scirpeten, Nymphaeeten. Bevorzugt kalkhaltige Gewässer, fehlt in reinem Moorwasser. Ornithochor.

Früchte steinfruchtartig, einsamig, oblong-zylindrisch, mit kurzer Zuspitzung an der Basis und rundem Keimloch am Apex. Zwischen Basis und Spitze auf beiden Seiten der Frucht eine meridionale Linie. Steinschale dick, schwammig-holzig, außen mit dünnem, fleischig werdendem Rezeptakulum. Samen ana- bis apotrop, mit dünner, hyaliner Testa, das Fach gänzlich ausfüllend. Apikal Fach durch einen Pfropf abgeschlossen.

Fossil in Europa seit Pliozän, häufig in Interglazialen; in Sibirien bereits ab Oligozän. Bisher vier Arten.

Artenbeschreibungen: Nehring 1895; P. Nikitin 1965; Dorofeev 1969b, 1972a; v. Nikitin 1976.

Hippuris vulgaris Linné **fossilis**
Abb. 74; Taf. XXXI, Fig. 23—26

1895 *Hippuris vulgaris* L. *fossilis* Nehring, N. Jahrb. Mineral. etc., (1): 204.
1953 *Hippuris vulgaris* L. — Nikitin und Dorofeev, Bjull. kom. izuč, četvert. per., **17**: 26; t. 3, f. 16

Steinfrüchte oval-länglich, ellipsoidal, fast zylindrisch, mit gerundeten Enden, an der Spitze mit Vertiefungen und Keimloch, nicht selten mit dunklem, meridionalem Streifen auf einer Seite oder über die gesamte Frucht. Steinschale dick (0,2 mm), aus vieleckigen, verdickten Zellen (ungefähr acht Schichten). Länge 1,3—1,9 mm, Breite 0,7—1 mm.

Bemerkungen: Eine etwas formvariable Art. Die Unterschiede zu *H. miocenica* Dorofeev (1969b) aus dem Miozän Ostsibiriens sind sehr gering. Miozäne Funde aus Europa sind bisher nicht nachweisbar. Die von Szafer (1961) abgebildeten Reste aus Stare Gliwice sind eindeutig Koprolithen von holzzerstörenden Insekten.

Vorkommen: Älteste Funde (cf.) im mittleren Pliozän von Soufflenheim (Geissert 1972); regelmäßig ab oberem Pliozän; häufig in Interglazialen und Interstadialen (Nehring 1895; Keilhack 1906; Stoller 1909, 1926; Firbas und Grahmann 1928; Hucke 1941; Nötzold 1965; Mania und Mai 1969, Fuhrmann u. a. 1977).
Rippersroda (800; Mai u. a. 1963); Kaltensundheim (9747).

Rutaceae

Phellodendron Ruprecht

Heute neun bis elf Arten im temperaten Ostasien, davon fünf in China. Nordgrenze in der ostmandschurischen/Nordostchina-Florenprovinz und Hokkaido, Südsachalin. Laubwerfende Bäume in Mixed Mesophytic Forests von China,

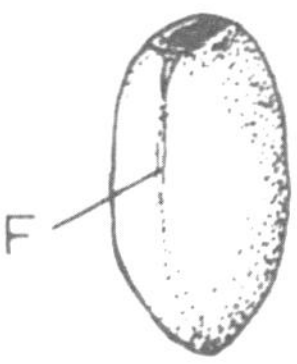

Abb. 74. Frucht von *Hippuris vulgaris* L.
F — Funikulus-Leitbündel

Taiwan, Halbinsel Korea und Japan, in Mixed Northern Hardwood Forests, Gebirgswäldern, *Picea-Abies*-Forests und Auenwäldern in den chinesischen Nordostprovinzen, im Amurgebiet, auf Sachalin und Hokkaido. Höhengrenzen etwa bei 1700 m.

In Kultur in Europa teilweise winterharte Zierbäume.

Samen halbmondförmig bis apfelsinenscheibenförmig, mit gewölbtem Rücken und gerader, gekielter Bauchseite, unterhalb der etwas verjüngten, runden Spitze häufig mit einer schwachen Konkavität versehen. Hilum als wenig vertiefte, matte Narbe über nahezu die gesamte Länge der Ventralseite. Eintritt des Rapheleitbündels über dem Grund am unteren Ende des Hilums, als feines Loch kenntlich. Leitbündelkanal endet an der basalen Chalaza. Mikrophyle als kleines Loch ventral-subterminal. Testa holzig, krustig, brüchig, mit flachen, vieleckigen Gruben, die gegen die Chalaza hin in deutlichen, gebogenen Längsreihen angeordnet sind. Dehiszenz längs des größten Umfangs in zwei gleich große Klappen.

Fossil in Europa mit drei Arten vom Mittelmiozän bis in das Altpleistozän.

Artenbeschreibungen: C. und E. M. REID 1915; E. M. REID 1923; KIRCHHEIMER 1941a.

Phellodendron elegans (REID) C. et E. M. REID
Taf. XXXII, Fig. 1

1907a *Stratiotes elegans* C. und E. M. REID, Fl. of Tegelen: 21; t. 3, f. 87—89.
1915 *Phellodendron elegans* C. und E. M. REID, Plioc. Fl. Dutch-Prussian Border: 105—106; t. 10, f. 10—12.
1915 *Phellodendron tesselatum* C. und E. M. REID, Plioc. Fl. Dutch-Prussian Border: 106; t. 10, f. 15.

Samen groß, halbeiförmig bis halbmondförmig, zusammengedrückt. Ventralseite fast gerade oder mit schwacher subapikaler Konkavität. Spitze etwas gekrümmt. Mikropyle subterminal-ventral. Dorsalseiten und Apex gerundet. Testa dünn, brüchig, mit flachen, mehr oder weniger viereckigen Grübchen, die mehr oder weniger regelmäßig in über 12 longitudinalen Furchen angeordnet sind. Länge 3,5—7 mm, Breite 2,3—4 mm, Dicke bis 2,2 mm.

Bemerkungen: Nach KIRCHHEIMER (1957) ist *Ph. tesselatum* C. et E. M. REID mit *Ph. elegans* C. et E. M. REID zu vereinigen, da seine geringen Unterschiede die Herkunft von einer besonderen Art nicht begründen. Auch wird es durch Übergänge mit dem Typus von *Ph. elegans* verbunden. SZAFER (1947) und DOROFEEV (in KOLAKOVSKIJ 1958) vertreten die Ansicht, die fossile europäische Art sei von *Ph. amurense* RUPR. nicht zu unterscheiden. SZAFER (1938) vereinigt europäisches Fossilmaterial mit *Ph. japonicum* MAXIM., zu der aber bereits C. et E. M. REID (1915) Unterschiede herausgearbeitet hatten. Der europäische Formenkreis von *Phellodendron* zeigt nach KIRCHHEIMER (1957) eigene Merkmale, die ihn von *Ph. amurense* RUPR., *Ph. japonicum* MAXIM., *Ph. sachalinense* (FR. SCHMIDT) SARG., *Ph. chinense* SCHNEID. und *Ph. lavallei* DODE unterscheiden, wobei die letzte Art (*Castanea*-Forests von Hondo/Japan) noch die ähnlichsten Samen besitzt.

Vorkommen: Obermiozän des Schwarzmeergebiets (DOROFEEV 1964a); Pliozän von Westeuropa bis zur Kolchis; Altpleistozän der Niederlande (NELSON und VAN DER HAMMEN 1950); Elsaß GEISSERT 1972).

Rippersroda (690; MAI u. a. 1963); Kaltensundheim (9747).

Staphyleaceae

Staphylea LINNÉ

Gattung mit 11 Arten nördlich-temperat, südlich bis Peru (eine Art) und Mexiko (zwei Arten), nördlich bis Hokkaido/Japan und Nordostchina, Mitteleuropa (Südpolen, Elsaß) und Quebec, Ontario/Kanada. Laubwerfende Sträucher und Bäume in Sommerlaubwäldern und Mixed Mesophytic Forests, oft an Felsen, auf steinigen Hängen, an Ufern.

Samen von eiförmiger bis kugeliger Form, groß und durch den großen, gestutzten Nabel sehr auffällig. Samenschale glatt, steinhart. Vom Hilum erfolgt Innervation durch fünf bis sieben kleine Perforationen, von denen drei Spuren stets deutlich sichtbar, die anderen zumeist unterentwickelt und wenig auffällig. Mittleres Leitbündel ventrale Raphe, ungeteilt in der Spaltebene über den inneren Rand der Testa bis zur Chalaza, wo es sich netzig verästelt. Laterale Perforationen dienen dem Eintritt schwächerer Leitbündel, aus zwei oder drei genäherten Spuren bestehend. Mikropyle dorsal auf einem kleinen Näschen über dem Nabelfleck. Dehiszenz in zwei Klappen längs des größten Umfangs.

Testa aus drei unterschiedlichen Zellschichten: Elemente der Epidermis mit kräftigen Außenwänden, darunter Schicht aus rundlichen bis polygonalen Sklereïden, innen kollabierte Zellen eines lakunösen Parenchyms.

Fossil nach Samen mit Sicherheit seit Oligozän in Eurasien nachweisbar, etwa zehn Arten. Die auf die Gattung bezogenen Blattabdrücke sind zweifelhaft.

Artenbeschreibungen: DUBOIS 1905; ENGELHARDT und KINKELIN 1908; KIRCHHEIMER 1943; SZAFER 1947; DOROFEEV 1962a, 1963a; NEGRU 1972.

Staphylea pinnata LINNÉ fossilis

1905 *Staphylea pinnata* L. *fossilis* DUBOIS, Versl. kon. Akad. Wet., natuurkd. Afd., **13**: 243.

Samen kugelig oder feigenförmig-verkehrt-eiförmig, glänzend, mit kreisrundem, fast horizontal abgestutztem, scharf umrandetem Nabel. Testa bis 0,7 mm dick. Durchmesser der Samen 8—10 mal 8—7 mm.

Bemerkungen: Die heutige *St. pinnata* L. besitzt die größten Samen der Gattung und ist ferner durch die rundliche

Form, das große Hilum und die dicke Testa sehr gut auch im fossilen Zustand bestimmbar. Die Art gedeiht heute in lichten Wäldern, Laubmischwäldern, Gebüschen, an Felsen, steinigen Hängen und Ufern vom westlichen Transkaukasien über die Balkanhalbinsel, Süd- und Ostitalien bis Frankreich. Sie erreicht ihre Nordgrenze in Śląsk (Schlesien), in Baden und im Elsaß. Im Gebirge (Alpen) werden 600 m NN nicht überschritten. Sie gilt im allgemeinen als ostmediterran-pontisches Element der europäischen Flora.

Vorkommen: Oberpliozän in Mitteleuropa (SZAFER 1954); häufig in Tegelen (DUBOIS 1905); bis in das Holstein-Interglazial am Niederrhein (KRÄUSEL 1937; VON DER BRELIE u. a. 1959).
Rippersroda (691; MAI u. a. 1963; t. III, f. 18).

Aceraceae

Acer LINNÉ

Gattung mit über 150 Arten, in 28 infragenerische Gruppen zu teilen. Über die wärmeren Zonen der Nordhemisphäre verbreitet, vom humiden bis semiariden Klimabereich, Polargrenze in Europa in Südskandinavien, Südgrenze auf Sumatera im Hochgebirge bei 1000—2900 m s. m. Am artenreichsten im Gebiet von Zentralchina bis in den Osthimalaja, hier Höhengrenze bei 3300 m s. m. Meist sommergrüne, seltener immergrüne Laubgehölze in subtropischen Bergregenwäldern, Lorbeerwäldern, besonders aber in Mixed Mesophytic Forests und Sommerlaubwäldern, auch in Flußauenwäldern, selten in hochmontanen Koniferenwäldern, in Pineten und Eichen-Hartlaubwäldern.

Frucht aus zwei einseitswendig geflügelten Teilfrüchten (Samarae) zusammengesetzt. Mit halbkreisförmigem, eiförmigem bis elliptischem Endokarp, einfächrig, meist nur mit einem Samen, dessen Testa dünnhäutig. Teilfrüchte als zu *Acer* L. gehörig gut erkennbar, aber artlich sehr schwer voneinander zu trennen. Äußerlich gleich gestaltete Früchte kommen bei Arten ganz verschiedener Sektionen vor.

Nach Endokarpien jedoch fast immer gut bestimmbar, da hier zahlreiche Sektions- und Artcharakter-Merkmale:

Gesamtform des Endokarps, Dicke, Berippung oder Retikulation, Lage des Chalazaknotens, Ausbildung des Griffelfortsatzes, Entwicklung des dorsalen Kiels, Mächtigkeit und Aufbau der Faserzell- und Sklerenchymschicht (vgl. MAI 1983a, 1984a).

Fossil in Europa bereits ab Paläozän; seit dem Oligozän häufige Reste der Sect. *Rubra*, *Spicata*, *Campestria*, *Palmata*, *Platanoidea*, (?)*Saccharina*. Im Pleistozän zahlreiche Sektionen erlöschend.

Artenbeschreibungen und Artenschlüssel: UNGER 1847; O. WEBER 1852; ANDRAE 1855; GAUDIN und STROZZI 1859; HEER 1859; STUR 1867; ETTINGSHAUSEN 1869; SAPORTA 1881; C. A. WEBER 1893; C. und E. M. REID 1907a, 1915; ENGELHARDT und KINKELIN 1908; KOZŁOWSKA 1923; KRÄUSEL 1938; MÄDLER 1939; CZECZOTT u. a. 1961; STRAUS 1969; WALTHER 1972; FRIEDRICH und SIMONARSON 1976; DOROFEEV 1977a; NECRU 1986; MAI 1987.

Acer berganum nov. spec.
Taf. XXXII, Fig. 2, 3

Holotypus: Taf. XXXII, Fig. 2 — Berga (Pliozän) — MMG, Dresden, Coll. MAI, Nr. 5489b.

Diagnose: Endokarpien schief-eiförmig, etwas aufgeblasen, 6—7 mm hoch, 3—4 mm lang, mit nahezu gerader Ventralseite, nur an der Dorsalspitze gekielt, über die Oberfläche im oberen Drittel ein bis zwei dünne, sich gabelnde Rippen laufend, Griffelansatz kurz, Ventralpore groß. Wände mäßig dick, hornig-faserig, flachgedrückt (Fruchtflügel noch unbekannt).

Bemerkungen: Eine Art der Sect. *Acer*. Die Endokarpien sind denen von *A. heldreichii* ORPH. (Balkanhalbinsel) sehr ähnlich. Von einer Vereinigung mit dieser Art wurde jedoch Abstand genommen, da die Fossilien nur ungefähr 1/3 der Größe der rezenten Endokarpien besitzen (Höhe 8—10 mm, Länge 5—5,5 mm).

Vorkommen: Nur am Locus typicus.
Berga (5489b).

Acer campestrianum DOROFEEV
Taf. XXXII, Fig. 4—6

Endokarpien eiförmig-rundlich, halbkreisförmig bis rundlich-quadratisch, nur wenig unsymmetrisch, 4,8—6 mm hoch, 5—6,3 mm lang, abgeflacht, mit mehr oder weniger großen Buckelchen in der Mitte der Seitenflächen, die von der Ventralpore ausgehen. Ventralseite fast gerade bis schwach s-förmig. Ventralpore rundlich bis oval, von verdicktem Wall umgeben. Griffelansatz als deutliches Näschen. Oberfläche schwach reticulat. Wände dick, steinig-hart.

Bemerkungen: Endokarpien aus der Series *Campestria* (PAX) POJARKOVA, die *A. campestre* L. schon sehr nahe stehen. Sie wurden von DOROFEEV (1977a) wegen ihrer geringeren Größe, der schwächeren Oberflächenretikulation und der stärker geschwungenen Ventralseite (Naht) als fossile Art abgetrennt. Die heutige Art ist Waldbaum in Europa, Nordafrika, Kaukasien, Kleinasien, Iran.

Vorkommen: Pliozän von Simbugino/Baškirische ASSR und Mizerna/Vorkarpaten (DOROFEEV 1977a).
Berga (5489a).

Acer integerrimum (VIVIANI) MASSALONGO
Abb. 75; Taf. XXXIV, Fig. 5

Basionym und Lectotypus: VIVIANI 1833, Mém. Soc. geol. France, **1**: t. 11, f. 6.
1858 *Acer integerrimum* (VIVIANI) MASSALONGO, Synop. fl. foss. senogalliensis: 84.
1859 *Acer integerrimum* (VIVIANI) MASSALONGO—MASSALONGO und SCARABELLI, Stud. fl. foss. geol. strat. Senigal., 341: t. 18, f. 3.

Weitere Nachweise und Synonyma: ILJINSKAJA 1968; KNOBLOCH 1969; WALTHER 1972; PROCHÁZKA und BŮŽEK 1975; GIVULESCU 1979.

Blätter zum Teil nur fragmentarisch erhalten, Lamina häufig verfaltet. Etwa 4,5—8,5 cm lang und maximal 7,5 cm breit, fünflappig, teilweise Basallappen nur angedeutet, vereinzelt auch dreilappig. Mittellappen etwas länger und breiter als die Seitenlappen. Mittel- und Seitenlappen verjüngen sich in eine mehr oder weniger ausgezogene Spitze, Basallappen enden in dreieckiger Spitze. Basis breit oder tief cordat. Blätter ganzrandig. Buchten zwischen Mittel- und Seitenlappen weit und flach gerundet. Blattstiele nicht erhalten. Primärnerven (einschließlich die der Basallappen) kräftig, verlaufen straff bis leicht bogig in die Lappenspitzen. Verschiedentlich ist ein schwaches basales Nervenpaar ausgebildet. Verläuft parallel mit der Spreitenbasis. Primärnerven der Seitenlappen bilden mit dem des Mittellappens Winkel von 37—52°, Primärnerven der Basallappen solche von 76—90°. Sekundärnerven camptodrom, entspringen in Winkeln von 22—52°, Verlauf leicht bogig, in Randnähe Schlingen bildend. Blattlamina dünn.

Bemerkungen: Diese charakteristischen *Acer*-Blätter sind in Berga nicht selten. Die Anzahl der Blattlappen erreicht maximal fünf, die Lappenspitzen sind nicht so lang ausgezogen. Siebenlappige Blätter scheinen sehr selten aufzutreten (ILJINSKAJA 1968; GIVULESCU 1979). Die Formen von Berga entsprechen durchaus der Variationsbreite dieser Art. Die Problematik der sicheren Abgrenzung der dreilappigen Blätter von *Acer integerrimum* zu *Acer integrilobum* WEBER sensu WALTHER bleibt nach wie vor offen und kann ohne gesicherte Merkmalskomplexe der Epidermisstruktur keine exakte Lösung finden (s. ILJINSKAJA 1968; KNOBLOCH 1969; WALTHER 1972).

Als rezente Vergleichsformen werden Arten der Section *Platanoidea* PAX, Series *Platanoidea* (DE JONG 1976) angeführt: *A. turkestanicum* PAX, *A. cappadocicum* GLEDITSCH, *A. mono* MAXIM., von einigen Autoren auch *A. lobelii* TEN.

Vorliegende Blattreste entsprechen mehr der Morphologie von *A. cappadocicum* GLED., die von der östlichen Küste des Schwarzen Meeres bis in das holarktische Asien, südlich bis zum Himalaya und östlich bis Yunnan verbreitet ist.

Vorkommen: Sichere Nachweise ab Untermiozän in Europa, häufigeres Auftreten im Obermiozän bis Oberpliozän (Verbreitung s. ILJINSKAJA 1968, S. 70, Fig. 10).

Berga: MMG, Dresden, Bg 31:1:2, Bg 37:1:2, Bg 47:1a:2a, Bg 67a, Bg 95b, c, Bg 96b, Bg 100, Bg 117, Bg 124, Bg 147b, Bg 164, Bg 182, Bg 185a, Bg 294a, Bg 314, Bg 355, Bg 384, Bg 387:1:2, Bg 389, Bg 413a, Bg 414, Bg 421, Bg 428a, Bg 435, Bg 422:1:2, Bg 444:1:2, Bg 449:1:2, Bg 454a, Bg 458, Bg 462, Bg 466a, Bg 474, Bg 4761c, Bg 486a, Bg 497b, Bg 499d, Bg 503a, Bg 505c, Bg 508b.

Acer praecreticum nov. spec.

Taf. XXXII, Fig. 8, 9

Holotypus: Taf. XXXII, Fig. 8 — Gerstungen (Pliozän) — MMG, Dresden, Coll. MAI, Nr. 6718.

Wahrscheinliche Synonyme:

1881 *Acer creticum* L. *pliocenicum* SAPORTA, Pfl. vor Ersch. Menschen: 333; Abb. 109/16 (fruct.).

1969 *Acer orientale* L. *fossilis* STRAUS, Argumenta Palaeobot., 3: 185; Abb. 8/8, 9.

Diagnose: Endokarpien oval bis schief-oval, konvex, etwas aufgeblasen, schiefkantig, 5—5,2 mm hoch, 2,1—2,8 mm lang. Ventralseite etwas bogenförmig eingekrümmt bis fast gerade. Dorsalseite mit umlaufendem Kiel. Seitenflächen mit Mittelfalte, die zum Apex hochzieht. Griffelansatz sehr gering entwickelt bis fehlend. Ventralpore rundlich, fast in der Mitte der Ventralseite (Naht). Endokarp steinig-hart, aber dünnwandig.

Bemerkungen: Endokarpien (und Flügelfrüchte) aus der Sect. *Goniocarpa* POJARKOVA. Sie entsprechen drei lebenden Arten: *A. creticum* L., *A. sempervirens* L. und *A. reginae-amaliae* ORPH. (Kreta, Griechenland, Cypern, Westkleinasien). Die Endokarpien weichen in der Größe, die Fruchtflügel in der Form deutlich von dem älteren *A. hercynicum* MAI et WALTHER (1978) ab, die ebenfalls mit *A. creticum* L. verglichen wurden.

Vorkommen: Nur Pliozän von Ceyssac/Frankreich (SAPORTA 1881) und Willershausen am Harz (STRAUS 1969).

Gerstungen (6718).

Acer striatum C. et E. M. REID

Taf. XXXII, Fig. 7

1915 *Acer striatum* C. und E. M. REID, Plioc. Fl. Dutch-Prussian Border: 110; t. 11, f. 5.

1932 *Acer rubrum* L. *fossilis* BAAS, Z. Bot. **25**: 323—326; Abb. 40 bis 42.

Endokarpien konvex, symmetrisch-elliptisch bis fast kugelig, etwas höher als lang, 3,8 mm hoch, 3,2 mm lang, ohne Griffelnase. Dorsalseite fast nicht gekielt. Ventralseite schwach eingekrümmt, mit großer, ovaler Ventralpore, die über die Hälfte der Ventralseite einnimmt. Seitenflächen kaum mit Skulpturelementen, Endokarp relativ dünn, mit dicker Faserzellschicht, aber nur semisklerotischer Schicht. In Resten des Perikarps Leitbündelrippen.

Bemerkungen: Endokarpien der Sect. *Palmata* PAX, die sich am besten mit denen des *A. circumlobatum* MAXIM. und *A. japonicum* THUNB. (Bergwälder in Japan) vergleichen lassen. Das aus Swalmen/Niederlande (Pliozän) stammende Typusexemplar soll den Teilfrüchten der heutigen Arten unähnlich sein. Wahrscheinlich zu Unrecht mit *A. rubrum* L. vereinigt. *A. cyclospermum* GÖPPERT (in WEBER 1852, S. 224) ist ein eindeutiger Name für Flügelfrüchte, die man sehr oft zu *A. tricuspidatum* BRONN in Beziehung gesetzt hat. Sie zeigen große, ovale, bis 8 mm hohe Endokarpien, die *A. rubrum* L. vergleichbar sind. Von unseren pliozänen Resten sind sie unterscheidbar.

Vorkommen: Pliozän der Niederlande (C. und E. M. REID 1915) und des Maingebiets (BAAS 1932).

Kaltensundheim (9735).

Acer tricuspidatum BRONN subspecies **lusaticum** WALTHER nov. subsp.

Abb. 76—79; Taf. XXXIV, Fig. 1—4

Basionym: *Acer tricuspidatum* BRONN—WALTHER 1972, Abh. staatl. Mus. Mineral. u. Geol., **19**: 83; t. 18, f. 1—4; t. 50. f. 1—6.

Diagnose: Blätter drei- bis schwach fünflappig, 6,7 cm (3—11 cm) lang und 2,4—8,7 cm breit. Rand unregelmäßig gezähnt, Zähne spitz- bis breitdreieckig, allgemein klein. Hauptzähne breitdreieckig, häufig nicht besonders hervortretend. Basalzähne können lappenartigen Charakter annehmen. Blattspreite kesselförmig. Blattlappen breit dreieckig, enden in breit bis spitzdreieckigen Spitzen. Mittellappen breiter, zum Teil gestutzt. Basis gerundet bis subcordat. Blätter gestielt, Mittellappen bildet mit Seitenlappen Winkel von 51° (37—62° bzw. 37—60°) — Art der Messung s. WALTHER (1972, S. 19, Abb. 1). Nervatur craspedodrom. Sekundärnerven leicht bogig in spitzen Winkeln von Primärnerven entspringend, direkt in Blattzähne oder nach vorheriger Gabelung in diese mündend. Tertiärnerven bilden ein dichtes Netz von einfachen bis sich gabelnden Anastomosen. Blätter hypostomatisch. Zellen der oberen Epidermis polygonal, geradwandig, 16—30 µm groß, Kutikularstreifung teilweise hervortretend. Zellen der unteren Epidermis kleiner (15—20 µm), mit deutlicher Kutikularstreifung. Stomata anomozytisch, regellos verteilt, oval, breitoval bis rundlich, 20 µm (14 bis 27 µm) lang und 19 µm (15—23 µm) breit. Innere Schließleisten stärker kutinisiert. Verstreut einzellige, 70—125 µm lange, etwas weitlumige Trichome, an Basis stärker kutinisiert.

Holotypus: WALTHER 1972; t. 50, f. 1, Hl 7 (Coll. Freiberg).

Isotypen: Präparate Hl 5/68,9/68 (Coll. MMG, Dresden).

Paratypen: Hl 1, 2, 5 (WALTHER 1972, t. 18, f. 2—4).

Stratum typicum: Sandige Tone im Hangenden des 1. Lausitzer Flözhorizonts, Mittelmiozän (Florenzone XIII sensu MAI 1967).

Locus typicus: Ehemalige Grube in Hohenleipisch, Lausitz, DDR.

Synonyma:

1972 *Acer tricuspidatum* BRONN—WALTHER, Abh. staatl. Mus. Mineral. u. Geol., **19**: 83; t. 18, f. 1—4; t. 50, f. 1—5 — Hohenleipisch (Mittelmiozän, Florenzone XIII).

1983 *Acer tricuspidatum* BRONN sensu PROCHAZAKA et BŮŽEK—HUMMEL, Prace Muz. Ziemi, **36**: 70; t. 43, f. 1—6; t. 44, f. 1—3a; t. 45, f. 1—4; t. 46, fig. 1—4; t. 47, f. 1—6; t. 48, f. 1—10; t. 49, f. 1, 2; textf. 28/1—22; textf. 29/30 — Ruszów, Dolny Śląsk, SW der VR Polen (Unter- bis Mittelpliozän, Godznica-Serie).

1986 *Acer* cf. *tricuspidatum* BRONN—BŮŽEK u. a. t. 14, f. 1—4 — Bohrung HV 9 b, Cheb-Becken, Doubrava (Reuver C, Vonšov-Schichten).

1959 *Acer* cf. *rubrum* L. *foss.* [*Ac.* cf. *trilobatum* (STERNBERG) A. BR.] — KILPPER, Fortschr. Geol. Rheinld. u. Westf., **4**: 66; textf. 45, 53 — Tagebau Frimmersdorf-Süd, Tonlinse im Hangenden der Neurather Sande (Reuver).

Derartige Blätter wurden von WALTHER (1972) als großspreitige Ahornblätter zu *Acer tricuspidatum* BRONN gestellt, wobei besonders auf die kesselförmige Blattspreite, die auffallend kurzen Blattlappen und die allgemein feine Randzähnung hingewiesen wurde. WALTHER (1972) stellt diese Formen zu den jüngsten, seit dem Oberoligozän nachgewiesenen Ausbildungen der Blätter von *Acer tricuspidatum* (ders. 1972, S. 89, Tab. 6a). KILPPER (1959), HUMMEL (1983), KVAČEK in BŮŽEK u. a. (1985) weisen aus pliozänen Ablagerungen die gleichen Blattformen einschließlich der Epidermisstruktur (Ausnahme KILPPER 1959) nach. MAI (1974) sieht in diesen von WALTHER (1972) angegebenen Formen Vertreter einer vermutlich neuen Art in Mitteleuropa. Aus der sandig-tonigen Fazies von Berga konnten zahlreiche *Acer*-Blätter geborgen werden, die ein breites Spektrum der Variabilität zeigen, das bei den wenigen Resten aus dem Mittelmiozän von Hohenleipisch nicht der Fall sein konnte. Nach der charakteristischen Blattmorphologie (kurze, breite Blattlappen, kesselförmige Spreite, relativ feine Zähnung), muß eine Unterscheidung zu den typischen *Acer tricuspidatum*-Formen getroffen werden. Andererseits stimmen die Merkmalskomplexe der Epidermisstruktur völlig mit der von *Acer tricuspidatum* überein (HUMMEL 1983; BŮŽEK u. a. 1985). Die für *Acer tricuspidatum* ungewöhnlich zarte Konsistenz der Kutikula, wie sie WALTHER (1972), HUMMEL (1983) und BŮŽEK u. a. (1985) feststellen, kann auf klimatische Ursachen zurückzuführen sein (s. KVAČEK in BŮŽEK u. a. 1985).

Die Blätter aus Berga lassen auf Grund ihres Erhaltungszustands (Eisenhydroxid-Imprägnation) keine kutikularanalytischen Untersuchungen zu. Die Größe der Blätter ist sehr unterschiedlich (9,7 cm × 8,7 cm bis 3,0 cm × 3,6 cm). Die mittelgroßen Formen (6—7 cm lang) dominieren. Verschiedentlich ist der Blattstiel in einer Länge von 9 mm erhalten. Der Rand ist unregelmäßig mehr oder weniger fein gezähnt. Unterschiede zwischen Haupt- und Nebenzähnen sind oft nur undeutlich zu erkennen, wobei aber auch vereinzelt Blätter vorkommen, die die typischen markanten größeren Hauptzähne am Mittellappen aufweisen und damit einen fließenden Übergang zu dem Blatt-Typ III von *Acer tricuspidatum* BRONN (WALTHER 1972) darstellen können. Die Blattreste aus dem unteren bis mittleren Pliozän von Ruszów (HUMMEL 1983) sind teilweise etwas kleiner und weisen häufiger Formen mit stark verkürzten Seitenlappen auf, die in Berga selten sind. Eine Unterteilung in „formae", wie sie HUMMEL (1983) nach dem Beispiel von PROCHÁZKA und BŮŽEK (1975) durchführt, erscheint überflüssig und kann die Variationsbreite dieser jungtertiären *Acer*-Art nur verwischen (s. Idealblatt von Berga, Abb. 79). Nach BŮŽEK u. a. (1985) soll das von LAURENT und MARTY (1923, t. 3, f. 10) als *Betula alba* L. *fossilis* abgebildete Blatt zu vorgenannter Unterart Ähnlichkeit zeigen. Gegen diese Vermutung sprechen die unterschiedlichen Abzweigungen der Nerven der verkürzten Seitenlappen oberhalb der Spreitenbasis, Merkmale, die für *Acer*-Blätter nicht typisch sind.

Rezente Vergleiche lassen gewisse Ähnlichkeiten zu formae von *Acer rubrum* L. zu, ohne daß von einer Übereinstimmung gesprochen werden kann. Die *Acer*-Unterart scheint nach den Blättern einer der letzten Vertreter der Section *Rubra* PAX in Mitteleuropa zu sein. Karpologisch werden aus dem Tiglian von Schwanheim durch BAAS (1932) Reste von *Acer* cf. *rubrum* L. und von MAI (1976) — Tegelen — von *Acer* sect. *Rubra* PAX nachgewiesen.

Vorkommen: Bisherige Nachweise vom Miozän bis jüngeres Pliozän Mitteleuropas.

Berga: MMG, Dresden, Bg 1, Bg 4:2b, Bg 8a, Bg 22, Bg 34c, Bg 41a, Bg 43a, Bg 48a, Bg 54a, Bg 67b, Bg 81a, Bg 84a, Bg 99a, Bg 100, Bg 101b, Bg 109, Bg 131a, d, Bg 134, Bg 137, Bg 139, Bg 166a, Bg 167, Bg 213a, b, Bg 214, Bg 281a, Bg 285, Bg 323a, Bg 343, Bg 345, Bg 351, Bg 367a, Bg 374a, Bg 383:1:2, Bg 390, Bg 395, Bg 402, Bg 404a, Bg 412, Bg 428b, Bg 433, Bg 447b, Bg 451a, Bg 475a, Bg 484a, Bg 493a, Bg 494:1c, :2, Bg 501a, Bg 504a, Bg 504a, Bg 508a, Bg 519.

Acer spec. (aff. Acer campestre LINNÉ, Acer hyrcanum FISCHER et MEYER)

Abb. 80; Taf. XXXIV, Fig. 6

Es liegen nur zwei Blattreste vor. Handförmig gelappt, fünflappig, Basallappen schwach ausgebildet. Lappen zum Teil stumpf. Mittellappen länger als Seitenlappen. Blatt 5,55 (5,2) cm lang und 5,45 (5,5) cm breit. Basis cordat. Blattlappen mit Ausnahme des Mittellappens mit ein bis zwei stumpfen, oft lappenartigen Zähnen. Blatt palminerv. Primärnerven kräftig. Seitliche bilden mit mittleren Winkel von 45° (46°) bis 55° (53°). Nerven der Blattlappen in Blattspitzen endend. Sekundärnerven in mehr oder weniger spitzen Winkeln abzweigend, teilweise in die lappenartigen Zähne mündend, teilweise Schlingen bildend (semicraspedodrom). Höhere Nervatur nicht erhalten. Blattlamina von kräftiger Textur.

Bemerkungen: Eine artliche Einordnung dieser Blattreste ist nicht möglich, typische Merkmale fehlen. Dieses Blatt kann als Extremform innerhalb der Variationsbreite einer fossilen *Acer*-Art aus der Section *Acer*, Series *Monspessulana* PORJARK. bzw. der Section *Platanoidea* PAX, Series *Platanoidea* liegen (WALTHER 1972). Basallappen, cordate Basis und die stumpfen lappenartigen Zähne zeigen Ähnlichkeiten mit *Acer campestre* L. — dagegen sprechen die nur schwach stumpfen Spitzen der Blattlappen und das Fehlen von buchtigen Zähnen am Mittellappen. Mit *Acer subcampestre* GOEPPERT (1855), bekannt aus obermiozänen und pliozänen Floren Europas, hat dieser Rest nichts zu tun. Vorgenannte Art erscheint problematisch (WALTHER 1972) und wird zur Zeit von WALTHER und ZASTAWNIAK monographisch bearbeitet. Auch zu der als *Acer campestre* L. (*Acer subcampestre* GOEPP.) von KILPPER (1959) bestimmten Art sind keine Beziehungen vorhanden. Entfernte Analogien bestehen zu *Acer hyrcanum* FISCH. et MEY. STOJANOFF und STEFANOFF (1929) weisen auf einen „weitgehenden Polymorphismus" bei *A. hyranum* hin. Die von ihnen als „*A. hyrcanum* F. M." bestimmten Blattreste zeigen mit denen aus Berga bestimmte Ähnlichkeiten, beson-

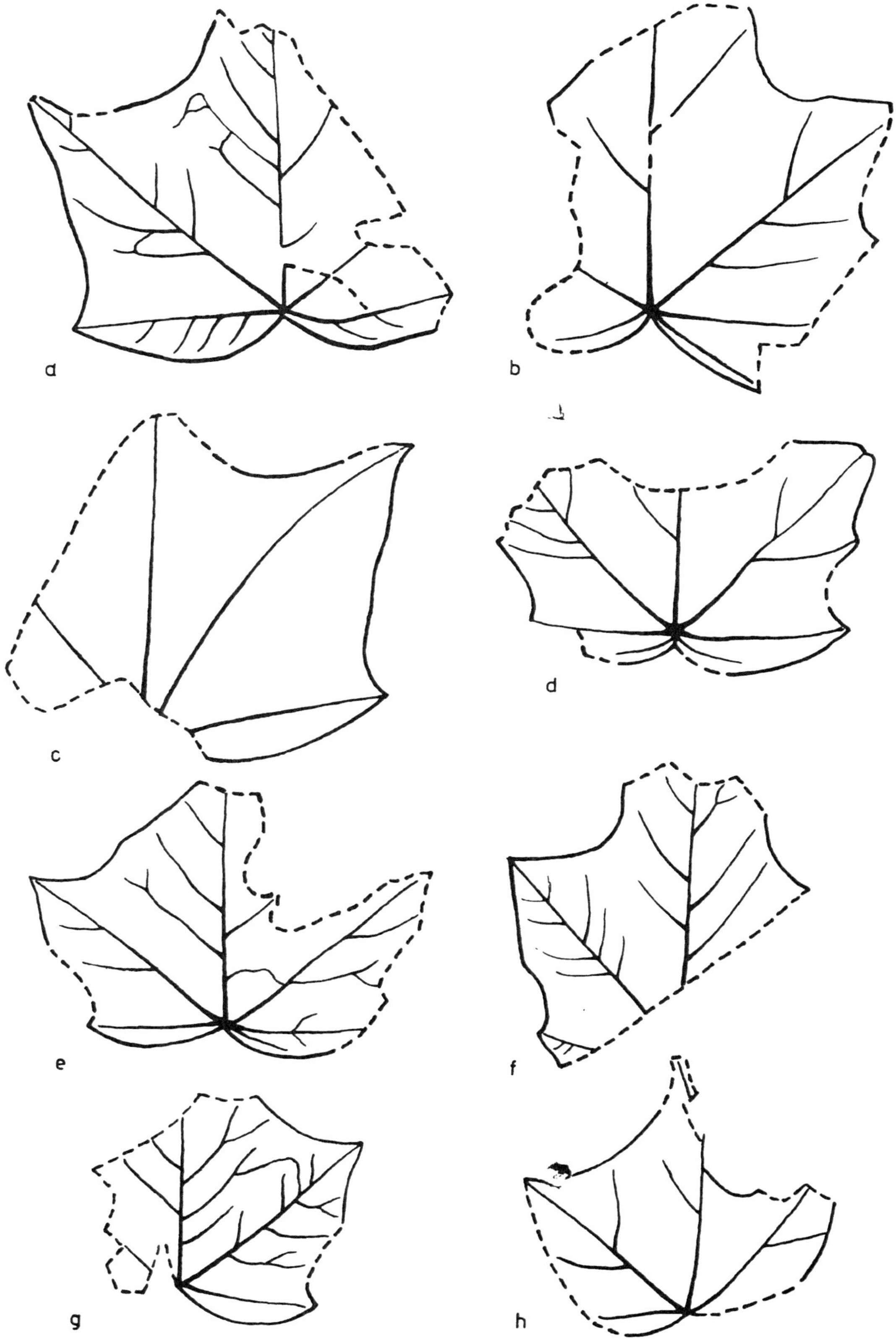

Abb. 75. *Acer integerrimum* (VIVIANI) MASSALONGO, Blattreste von Berga
a = Bg 486a; b = Bg 466a; c = Bg 505c; d = Bg 117; e = Bg 100; f = Bg 67a; g = Bg 95b; h = Bg 503a

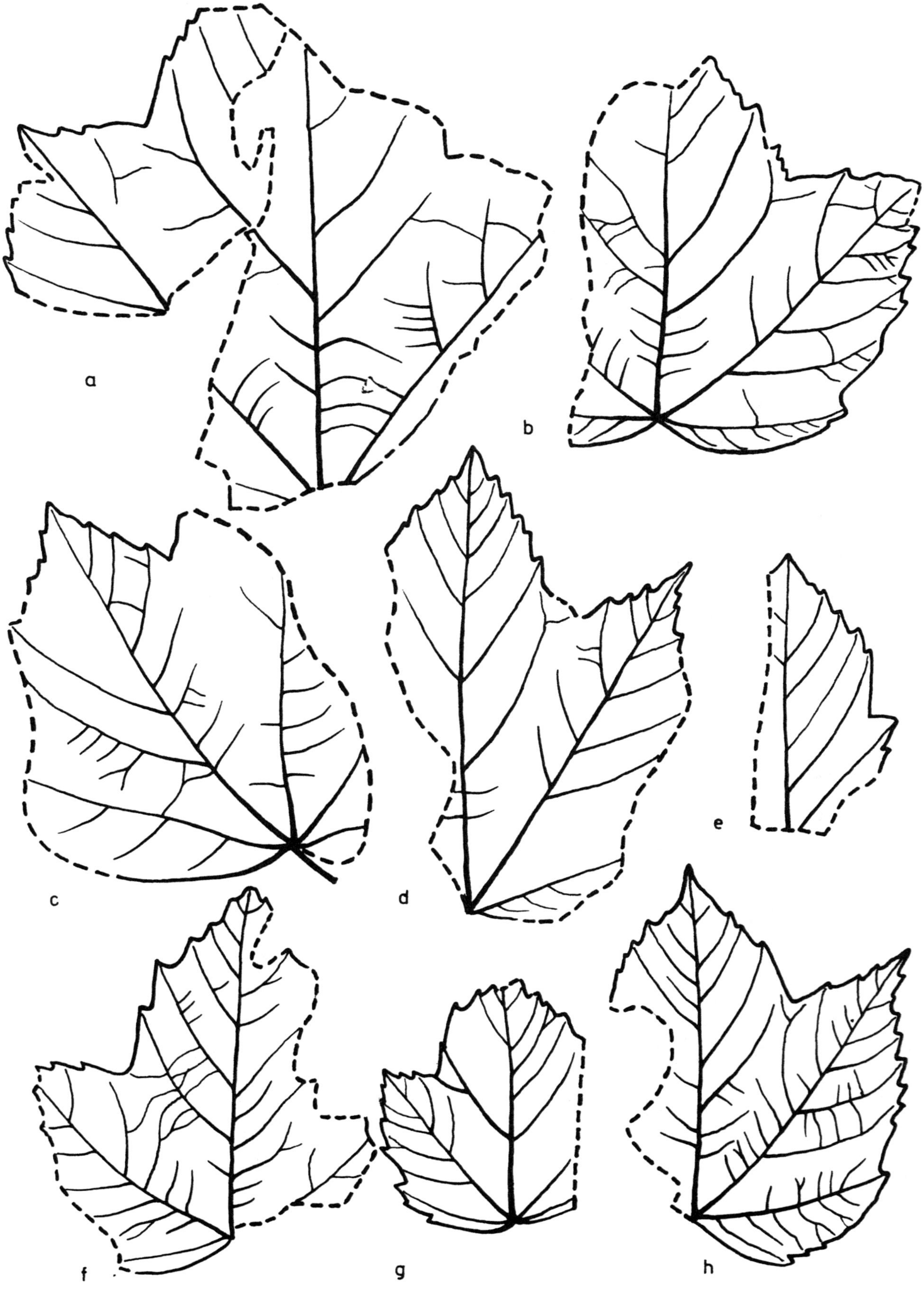

Abb. 76. *Acer tricuspidatum* BRONN subspec. *lusaticum* WALTHER, Variationsbreite der Blätter, Berga
a = Bg 493 a; b = Bg 22; c = Bg 484 a; d = Bg 501 a; e = Bg 34 c; f = Bg 214; g = Bg 281 a; h = Bg 81 a

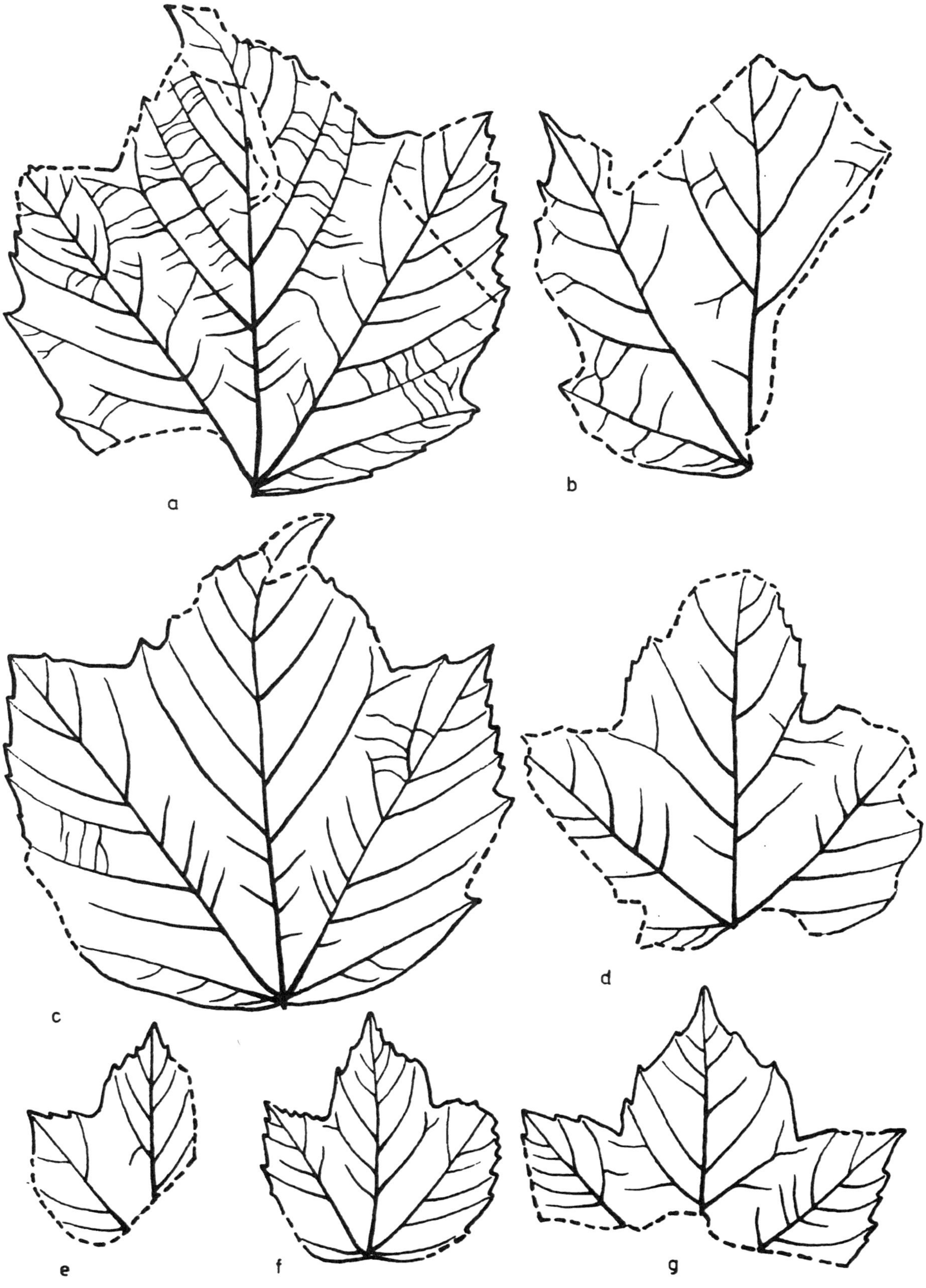

Abb. 77. *Acer tricuspidatum* BRONN subspec. *lusaticum* WALTHER, Variationsbreite der Blätter, Berga
a = Bg 519; b = Bg 166a; c = Bg 412; d = Bg 343; e = Bg 131a; f = Bg 213a; g = Bg 475a

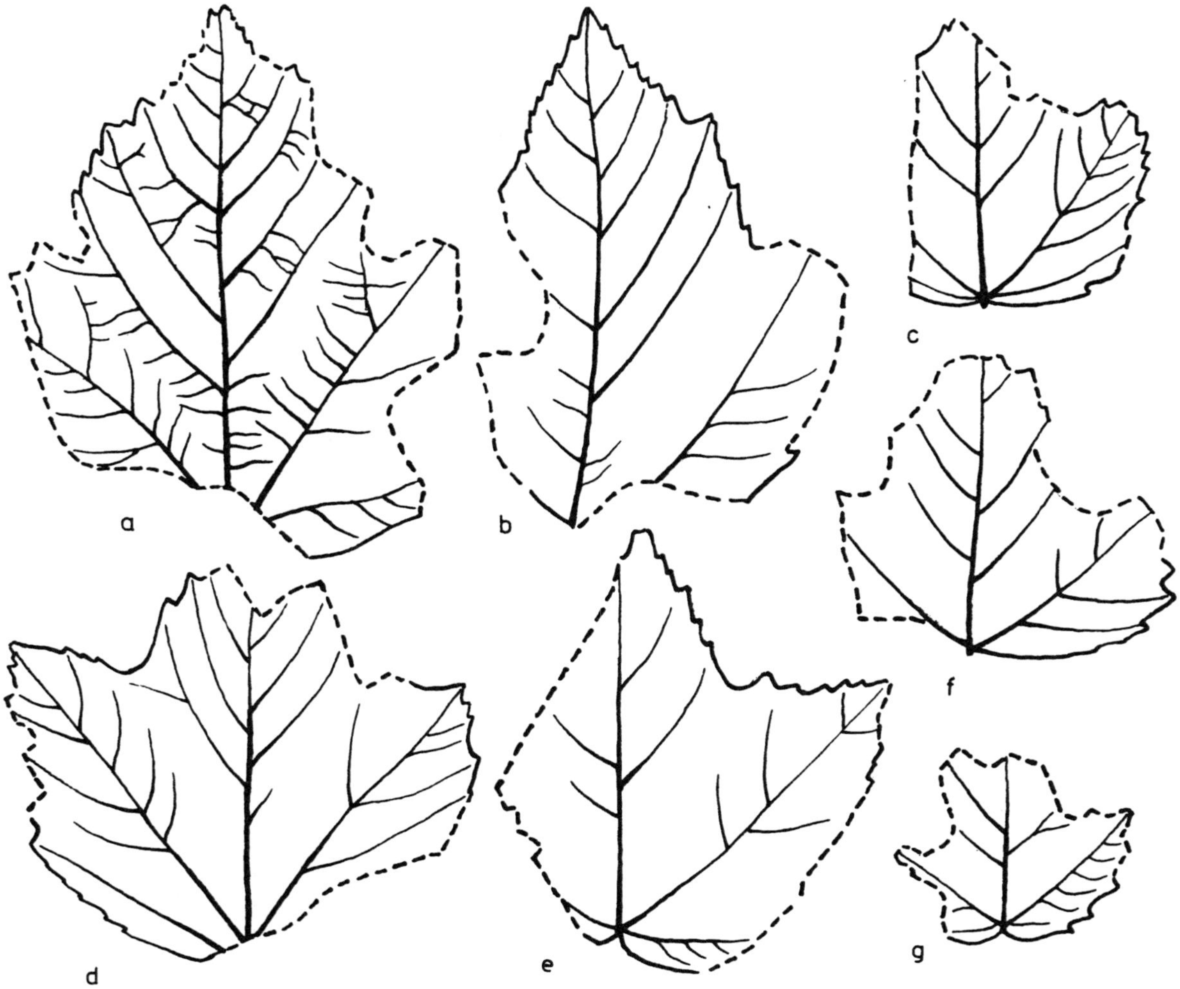

Abb. 78. Blattreste von *Acer tricuspidatum* BRONN subspec. *lusaticum* WALTHER, Berga
a = Bg 504a; b = Bg 99a; c = Bg 8a; d = Bg 395; e = Bg 48a; f = Bg 109; g = Bg 508a

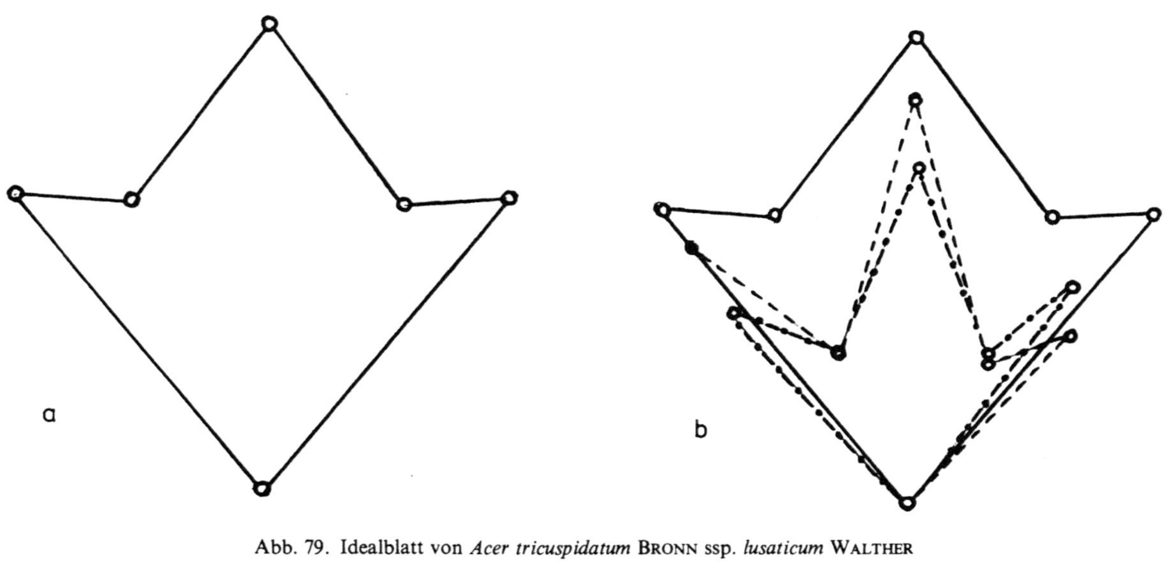

Abb. 79. Idealblatt von *Acer tricuspidatum* BRONN ssp. *lusaticum* WALTHER
a = Einzeldarstellung; b = Vergleich mit Blättern von *Acer tricuspidatum* BRONN aus Břešťány (—.—.—) (Untermiozän) und Oehningen (— — —) (Obermiozän)

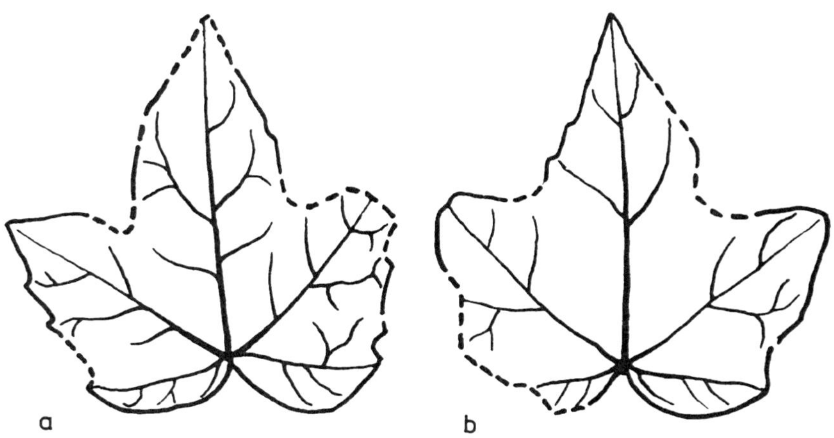

Abb. 80. Blätter von *Acer* spec. (aff. *Acer campestre* L., *Acer hyrcanum* FISCHER et MEYER), Berga
a = Bg 429a; b = Bg 24; 1:1

ders das bei STOJANOFF und STEFANOFF (1929, S. 87, Fig. 7) abgebildete Blatt. DEPAPE (1922) beschreibt als *Acer pyrenaicum* RÉR. (t. 12, f. 3—5) Blattfossilien, die zu unserer Form ebenfalls bestimmte Analogie zulassen, ohne daß von einer Übereinstimmung gesprochen werden kann.

Vorkommen: Bisher nur aus dem Oberpliozän von Berga.
Berga: Bg 24, Bg 429a.

Hippocastanaceae

Aesculus LINNÉ

Etwa 25 Arten mit disjunktem Areal von Ostasien, Südeuropa, Nordamerika, südlich bis Südamerika (Gebirge von Kolumbien und Venezuela), Laos, Burma. Nordgrenze in den Sommerlaubwaldgebieten von Hokkaido/Japan (Fageten), in Bulgarien (Prjeslav-Planina von 380—500 m), in Schluchtwäldern mit *Fagus silvatica*, in den Eichen-*Liriodendron*-Wäldern der Alleghanies und in Flußauenwäldern bis Südmichigan, Südwisconsin und Iowa/USA. Sommergrüne Bäume und Sträucher, im Sommerlaubwald, meist jedoch in den Mixed Mesophytic Forests, seltener in immergrünen subtropischen Bergwäldern von Burma, Assam, im Westhimalaja oder in den *Sequoia*-Küstenwäldern von Kalifornien. In Europa mehrere Arten in Kultur und sich subspontan verbreitend.

Frucht eine große, lederartige, bald glatte, bald mit Stacheln versehene Kapsel, die fachspaltig dreiklappig aufspringt. Meist ein-, seltener zweifächrig, enthält einen einzigen Samen. Samen sehr groß, rundlich, mit glänzender, lederartiger, derber Testa, von der sich ein großer, matter Hilumfleck abhebt. Bei allen Arten befindet sich die Radikula in einer taschenähnlichen, spitz gegen den Rand gerichteten Duplikation der Schale.

Fossil in Europa im Miozän und Pliozän nach Blättern, Früchten und Samen, drei bis vier Arten.

Artenbeschreibungen: LUDWIG 1857; GEYLER und KINKELIN 1887; C. und E. M. REID 1915; ZABŁOCKI 1928.

Aesculus hippocastanum LINNÉ fossilis

Abb. 81, 82; Taf. XXXII, Fig. 10—14; Taf. XXXIV, Fig. 7; Taf. XLI, Fig. 2

1857 *Aesculus europaea* LUDWIG, Palaeontographica, **5**: 100; t. 20, f. 26.
1887 *Aesculus hippocastanum* L. *fossilis* GEYLER und KINKELIN, Abh. senckenb. naturforsch. Gesellsch., **15**: 31.
1915 *Aesculus spinosissima* C. und E. M. REID, Plioc. Fl. Dutch-Prussian Border: 11; t. 11, f. 1—13, 16.

Frucht dreiklappig, jung sehr dicht mit Stacheln besetzt, im Alter weniger dicht bestachelt, mit freien Flächen zwischen den robusten, kegelartigen, furchigen Stachelbasen. Samen groß, rundlich, meist unter 30 mm im Durchmesser (nur selten 35 mm), äußerlich glatt bis fein gewebeartig-streifig, meist glänzend, mit großem, rundlichem, mattem Hilum von 12—18 mm Durchmesser, das etwa 1/6 der Oberfläche einnimmt. Radikula in einer schief liegenden Tasche der Testa. Testa 0,8—1 mm dick, an der Radikula-Tasche verdoppelt, bis 1,6 mm dick.

Bemerkungen: Die von den verschiedenen Autoren unterschiedlich benannten Fossilien zeigen zu geringe Unterschiede unter sich oder zu den Früchten und Samen der rezenten Art, als daß man darauf eigene Arten gründen kann. Bereits KIRCHHEIMER (1957, S. 471) lehnt eine Trennung der *A. spinosissima* C. et E. M. REID (1915) von der heutigen Art auf Grund seiner umfangreicheren Vergleiche am Originalmaterial ab. Das gleiche ist für das wiedergefundene Original von *A. europaea* LUDWIG (1857) (Naturk. Mus. Berlin, Nr. 1169) zu fordern. Die runde, plattgedrückte Frucht von 26 mm Durchmesser zeigt ein ovales Hilum von etwa 18 mm Durchmesser. Die Dicke der Testa schwankt zwischen 0,4—1,1 mm. Das Äußere der glänzenden Testa zeigt dieselbe Skulptur, wie sie C. und E. M. REID (1915) von *A. spinosissima* abbilden.

Nur vereinzelt kommen die Fiederblätter in Berga vor (sandig-tonige Fazies). Fiederblätter obovat mit lang spitzkeilförmiger Basis, sehr kurz gestielt (3 mm) erscheinend, eventuell handelt es sich um die knotige Verdickung des Primärnervs an der Blattansatzstelle. Spitze breit dreieckig, nicht abgesetzt. Blätter 10,3, 9,4, 8,7 cm lang und 5,3, 4,6, 4,2 cm breit. Größte Breite im obersten Drittel. Rand unregelmäßig doppelt gezähnt. Basalteil ganzrandig. Primärnerv kräftig, zur Spitze allmählich dünner werdend. Sekundärnerven 14—18, alternierend, im Basalteil auch opponierend, craspedodrom. Mit Primärnerv Winkel von 68—45° (60°) einschließend. Verlauf leicht bogig, fast parallel. Abstand der Sekundärnerven 0,4—0,6 cm, im Basalteil enger. Münden in

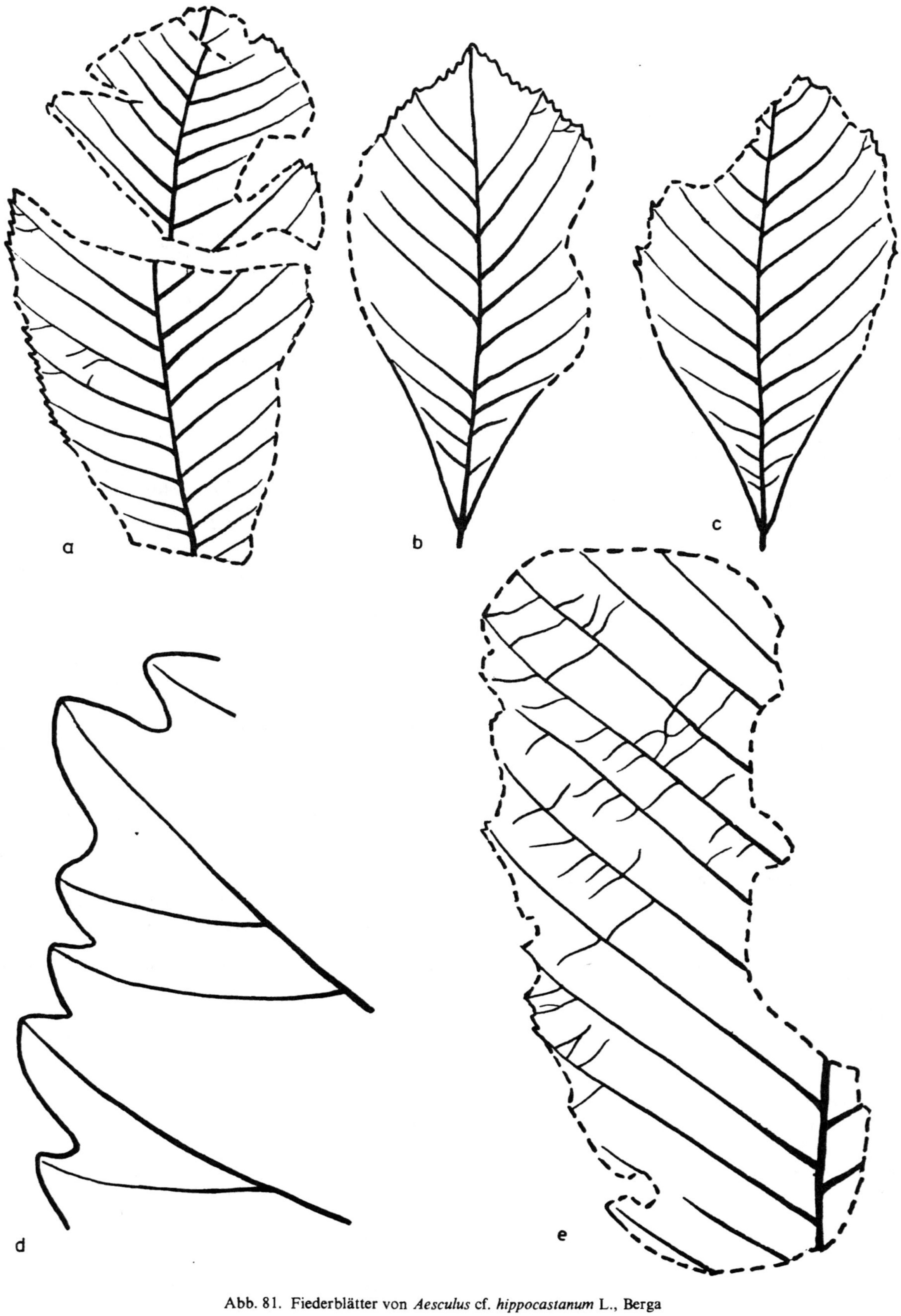

Abb. 81. Fiederblätter von *Aesculus* cf. *hippocastanum* L., Berga

a = Bg 211a; b = 215a; c = Bg 16; d = Randausbildung von *A.* cf. *hippocastanum* L., Bg 211; e = *Aesculus* sp., Bg 63

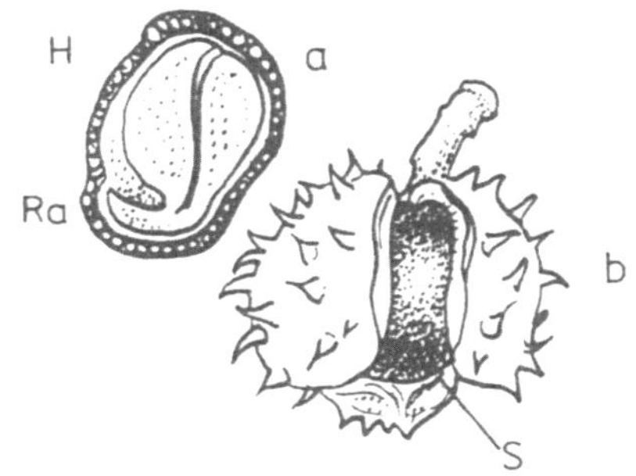

Abb. 82. *Aesculus hippocastanum* L.
a = Samen im Querschnitt: H — Hilum, Ra — Radikula; b = Frucht, klappig dehiszierend (S — Samen)

Zähne. In unmittelbarer Randnähe ein bis drei Äste abzweigend, die ebenfalls die Zähne innervieren. Zähne klein, unterschiedlich groß, stumpf bis breit dreieckig, Spitze zum Teil schwach apikalwärts gerichtet. Buchten weit gerundet, seltener spitz. Tertiärnervatur nur fragmentarisch erhalten, bildet senkrechte Anastomosen.

Bemerkungen: Vorliegende Fiederblätter weisen auf *Aesculus* L. hin. Eingehende Vergleiche mit umfangreichem rezentem Vergleichsmaterial zeigen folgendes Ergebnis: Blattmorphologie, Sekundärnervatur und Randzähnung deuten auf die südosteuropäisch verbreitete *Aesculus hippocastanum* L. hin. Problematisch sind die stielartigen Bildungen des Primärnervs, die nicht sicher als die typischen knotigen Verdickungen der Ansatzstelle des Fiederblatts erkannt werden. Tertiärnervatur bietet auf Grund der Erhaltung zu wenig Vergleichsmöglichkeiten.

Aesculus flava SOLAND. (*A. octandra* MARSH.) zeigt in der Blattmorphologie und auch in der Randzähnung (zum Teil) Ähnlichkeiten mit unseren fossilen Blättern, Blattstiele sind aber wesentlich länger. *Aesculus glabra* WILLD. besitzt schmale Fiederblätter mit ausgezogenen Spitzen, Blattstiele der Fiederblätter sind sehr kurz. *Aesculus sylvatica* BARTR. (*A. georgiana* SARG.) scheidet für einen Vergleich auf Grund seiner schmal ovaten Blätter aus. Zu *A. pavia* L. bestehen hinsichtlich der Blattmorphologie, Sekundärnervatur und Randzähnung ebenfalls Analogien, allerdings sind die Blattstiele der obersten drei Fiederblätter zu lang, während die basalen eine deutliche Asymmetrie aufweisen.

Nach diesen Vergleichen, die auf Grund des Fehlens der Feinstrukturen der Nervatur sowie der epidermalen Merkmale bei den fossilen Belegen nur grob durchführbar sind, ergibt sich die größte Analogie zu *Aesculus hippocastanum* L., der Nachweis einer völligen Übereinstimmung kann nicht erbracht werden.

Der Name *Aesculus hippocastanoides* ILJINSKAJA (1963, 1968) kann nicht benutzt werden, da bei dieser Art deutlich gestielte Fiederblätter mit spitzwinkliger Sekundärnervatur dominieren, wie es bei den Arten der Section *Pavia* auftritt. Blattanatomische Untersuchungen könnten die Bestimmungen besser absichern und Fragen der Übereinstimmung zu der von STRAUS (1950) blattmorphologisch und teilweise blattanatomisch bestimmten *Aesculus hippocastanum* L. klären.

Auf die fernöstlichen und japanischen fossilen *Aesculus*-Arten, z. B. HU und CHANEY (1940), TANAI (1961, 1972), BAJKOVSKAJA (1974), sowie auf die nordamerikanischen Formen, z. B. BERRY (1929) wird nicht eingegangen, da sie im Neogen bereits eigene Formenkreise darstellen. Ein Verzeichnis fast aller tertiären *Aesculus*-Funde erfolgte durch VELITZELOS u. a. (1983). Die mittel- und osteuropäischen (bis Kasachstan, vgl. ZHILIN 1976) nachgewiesenen Blattreste (CHOCHIEVA 1965a; CZECZOTT 1951; GIVULESCU 1979) werden vorrangig mit *Aesculus hippocastanum* L. verglichen. Die in der älteren Literatur als zu *Aesculus* gestellten Blattreste bedürfen einer grundlegenden Überprüfung, da es sich zumeist um Fehldeutungen handelt (s. STRAUS 1930, ILJINSKAJA 1968). Eine monographische Bearbeitung dieser wichtigen Gattung im Tertiär der Nordhemisphäre wäre estrebenswert.

Aesculus hippocastanum L. hat heute eine stark zerstückelte Verbreitung in Bulgarien, Jugoslawien, Nordgriechenland, nach einigen Autoren auch Imeretien (Kaukasus). In der natürlichen Vergesellschaftung kommt sie entweder in der unteren Tannenstufe in 1000—1200 m oder im Norden in Schluchtwäldern vom Typ der Fageten in nur 380—500 m Höhe vor.

Vorkommen: Im Pliozän von Westeuropa bis in die Vorkarpaten nachgewiesen, im Altpleistozän auch in Norditalien (SORDELLI 1896) und in Gurien (CHOCHIEVA 1965a).

Gerstungen (6703); Berga (5485); MMG, Dresden, Bg 16, Bg 211a, Bg 215a.

Aesculus spec.
Abb. 81e

Der Medianteil (12,5 cm lang) eines großen Blatts mit dichten, parallelverlaufenden Sekundärnerven (craspedodrom), 0,7—1 cm Abstand voneinander, läßt eine Zuordnung zur Gattung *Aesculus* L. zu. Die Sekundärnerven schließen Winkel von 62° (50)—47° mit Primärnerv ein. Unregelmäßige feine Randzähnung nur fragmentarisch erhalten. Tertiärnerven bilden fast rechtwinklige, teilweise sich gabelnde Anastomosen, meist nur fragmentarisch erhalten.

Bemerkungen: Derartige große Blattreste von *Aesculus* sind bisher lediglich von ZHILIN (1976, Abb. 36/1) nachgewiesen. Eine Artbestimmung ist auf Grund des fragmentarischen Rests nicht möglich.

Vorkommen: Bisher nur als *Aesculus* spec. bestimmte Reste aus dem Untermiozän Kasachstans.

Berga: MMG, Dresden, Bg 63.

Sabiaceae

Meliosma BLUME

Das Areal der gegenwärtig etwa 25 Arten (nach VAN BEUSEKOM 1971) umfassenden Gattung ist disjunkt südostasiatisch-mittel (süd) amerikanisch. Mannigfaltigkeitszentren liegen eindeutig in Westmalesien und Zentralchina. Immergrüne oder seltener laubwerfende Bäume und Sträucher mit einfachen oder fiedrigen Blättern. In primären und sekundären Wäldern, besonders in der Hügel- und Bergregion, hier bis 3600 m, aber auch im Flachland. Alle Arten bevorzugen immerfeuchte bis nasse, tropische bis subtropische Bedingungen. Einige sind winterhart in milden temperaten Klimaten und treten hier als laubwerfende Gehölze auf. Nordgrenze in Deciduous Broad-leaved Forests von Honshu/Japan über Shenxi/China bis in den Westhimalaja. Dazu kommen die mittelchinesischen Arten der Mixed Mesophytic Forests. Besonders *M. dillenifolia* WALP. ist mit einer Unterart ssp. *cuneifolia* (FRANCH.) BEUS. unempfindlich gegen strenge Winterkälte. Zusammen mit *M. veitchorum* HEMSL. wird sie als Strauch in Mitteleuropa noch mit einigem Erfolg in Kultur gehalten. Als dominante oder abundante Arten in Waldgesellschaften sind die Spezies von *Meliosma* nirgends bekannt.

Steinkern (Drupa) globos, pyriform oder semiglobos, steinhart oder hornartig, stets einfächrig. Basale Funikulusgrube ventral, oft mit Funikuluspropf. Von der ventralen Grube über die gerundete Spitze verlaufender Kiel zeigt auf der dorsalen Seite wesentlich schwächere Entwicklung, in der Nähe des Stylaransatzes häufig besonders betont und artspezifisch modifiziert. Kiel markiert die Ebene der Dehiszenz in zwei gleiche Klappen. Bei vielen Arten längsverlaufende, verzweigte Leisten, so daß Oberfläche etwas genetzt oder grubig erscheint, nur selten völlig glatt.

Fossil mit Sicherheit in Europa von der Oberkreide bis in das Pliozän durch charakteristische Endokarpien nachgewiesen. Über Genese und Arealentwicklung vgl. VAN BEUSEKOM (1971, S. 408—424).

Artenbeschreibungen und Artenschlüssel: C. und E. M. REID 1915; REID und CHANDLER 1933; CHANDLER 1957; DOROFEEV 1964a; MAI 1964, 1973; GREGOR 1978; KNOBLOCH und MAI 1985.

Meliosma wetteraviensis (LUDWIG) MAI
Taf. XXXII, Fig. 15, 16

1857 *Hamamelis wetteraviensis* LUDWIG, Palaeontographica, **5**: 105; t. 20, f. 27a, b.
1915 *Meliosma europaea* C. und E. M. REID, Plioc. Fl. Dutch-Prussian Border: 113; t. 11, f. 19—21, 24, 25.
1973 *Meliosma wetteraviensis* MAI, Acta Palaeobot., **14**: 105—106; t. V, f. 7—9.

Endokarpien abgeflacht subglobos, primär senkrecht zur Achse zusammengedrückt, breit oval in Ventralansicht, 5 bis 9 mm im Durchmesser, mit großer, ventraler Pore, die im Innern des Endokarps dick umwallt ist, außen zumeist Reste eines rundlichen Gewebepfropfes die Grube ausfüllend. Oberfläche glatt, nur ventral die Grube runzelig, medianer Kiel bis auf eine Hervorhebung an einem Ende der ventralen Grube fehlend. Wand 0,3 mm dick, hart.

Bemerkungen: Von den heutigen Arten nur mit solchen des Subgen. *Kingsboroughia* BEUS. vergleichbar, am besten mit *M. veitchorum* HEMSL. In der Größenpopulation mit Mittelwerten um 6 mm Länge und Breite liegt die fossile Art allerdings gerade an der Grenze der Population von *M. veitchorum* und *M. alba* (SCHLECHTEND.) WALP. Beide Arten sind wichtige Glieder des Mixed Mesophytic Forests in China, die letztere auch im Hochland von Mexiko (Mixed Oak-Forests) vorkommend. In Mitteleuropa ist *M. veitchorum* in Kultur winterhart, aber sehr selten anzutreffen.

Vorkommen: Im Oligozän von Westsibirien; vom Untermiozän bis Oberpliozän in ganz Europa an zahlreichen Fundorten (vgl. VAN BEUSEKOM 1971).
Rippersroda (691, MAI u. a. 1963).

Oxalidaceae

Oxalis LINNÉ

Einjährige bis ausdauernde Kräuter und Stauden. Um 800 Arten, besonders in Südafrika, Südamerika und Mexiko, nördlich bis Hokkaido/Japan, Nordostchina, Sibirien, Skandinavien, Kanada.

Samen elliptisch, flach, zumeist mit einem sich loslösenden und den Samen fortschleudernden Samenhäutchen (den gespannten, äußeren, sich ablösenden Schichten der Samenwand). Samenschale hart, mit breiten und tiefen Furchen.

Fossil in Europa vom Pliozän an, zwei Arten.

Artenbeschreibungen: E. M. REID 1920b; JESSEN und MILTHERS 1928.

Oxalis corniculata LINNÉ **fossilis** E. M. REID
Taf. XXXII, Fig. 17, 18

1920b *Oxalis corniculata* L. — E. M. REID, Preglac. Fl. Castle Eden: 129; t. 9, f. 9.

Samen eiförmig bis breitelliptisch, mit neun bis zehn scharfen, quergestellten Rippen, Oberfläche mit regulär hexagonalen Zellen mit zentraler Erhebung. Samen 1—1,2 mm lang.

Bemerkungen: Das Areal der heute über den größten Teil der Erde durch den Menschen verbreiteten Art wird als austral-tropisch-meridional(temperat)-ozeanisch betrachtet. Natürliche Vorkommen liegen in Europa in Südwesteuropa (ab Südfrankreich) und auf den Kanaren, zumeist in Pineten auf sandigen Böden. Aus dem Westhimalaja wird die Art aus den *Pinus roxburghii*-Wäldern, den *Cedrus deodara-Pinus griffithii*-Wäldern und den *Olea-Quercus*-Hartlaubwäldern (MEUSEL und SCHUBERT 1971), aus Yunnan aus subtropischen Savannen-Wäldern (HANDEL-MAZZETTI 1921) genannt.

Vorkommen: Bisher nur Präglazial von Durham/Großbritannien (E. M. REID 1920b), neuerdings auch Tegelen von Rusell Tiglia (MMG, Dresden, Coll. MAI, Nr. 6801).
Berga (5572).

Cornaceae

Dendrobenthamia HUTCHINSON

Ostasiatische Gattung mit drei Arten, im Süden bis Hongkong, im Norden bis Nordhonshu/Japan, im Westen bis Kashmir. Sommergrüne und immergrüne Bäume mit Schwerpunktvorkommen in Mixed Mesophytic Forests, seltener in Sommerlaubwäldern oder in immergrünen Lorbeerwäldern, semihumiden Kiefernwäldern und Zedern-Kiefern-Wäldern. Thermophiles Element der humiden und wintertrocknen-sommerfeuchten Klimate. In Mitteleuropa nur *D. japonica* (SIEB. et ZUCC.) HUTCH. in Freilandkultur.

Steinkerne mit Abflachungen durch gegenseitigen Kontakt, elliptisch bis herzeiförmig, schief und unsymmetrisch. Mit zwei bis vier Furchen entlang dem größten Umfang, vom Apex ausgehend und die Linien der Dehiszenz markierend.

Apikal mit Narben der Funikulusleitbündel. Dehiszenz in zwei lange, ungleich große Klappen über die gesamte Länge des Steinkerns. Endokarp mäßig dick bis sehr dick, ohne Sekretlücken. Oberfläche rauh und faserstreifig. Fächer zwei, gleichmäßig gestaltet oder sehr ungleich entwickelt, nicht selten ein Fach abortiert.

Fossil mit charakteristischen Steinkernen im Tegelen.

Artenbeschreibungen: MAI 1976.

Dendrobenthamia tegeliensis MAI
Taf. XXXV, Fig. 1, 2

1976 *Dendrobenthamia tegeliensis* MAI, Abh. staatl. Mus. Mineral. u. Geol., **25**: 114—115; t. 1, f. 1—6.

Steinkerne eiförmig bis elliptisch, an einer oder zwei Seiten durch gegenseitige Kontaktflächen abgeflacht. Fächer zwei, zumeist nahezu gleich entwickelt. Endokarp mäßig dick. Länge der Steinkerne 5—7 mm; Breite 3,5—5 mm.

Bemerkungen: *Dendrobenthamia capitata* (WALL.) HUTCH. mit Steinkernen von eiförmiger, unregelmäßig kantiger Gestalt mit zwei fast gleichmäßig entwickelten Fächern steht der europäischen fossilen Art am nächsten.

Vorkommen: Tiglian der Niederlande; Pliozän im Elsaß (GREGOR mskr.)
Berga (5518).

Swida OPIZ (= **Thelycrania** ENDLICHER)

Etwa 40 Arten auf der Nordhemisphäre zwischen Südchina, Nordafrika, Mittelamerika im Süden, der Obmündung und der Čukčen-Halbinsel im Norden. Früher als Untergattung mit der größten Artenzahl bei *Cornus* L. Laubwerfende Sträucher und Bäume in Wäldern, Auen, Sümpfen, Mooren, auf Felsen, trockenen Berglehnen, in Trockenwäldern und Pineten. Mit sehr breiter ökologischer Amplitude selbst bei einzelnen Arten. Für klimatische Indikation kaum brauchbar.

Steinkerne klein, mehr oder weniger kugelig bis herzförmig, bisweilen seitlich etwas abgeflacht. Über seinen großen Umfang eine deutliche, bisweilen tiefe Furche von der Basis zur Spitze. Weitere Leitbündelfurchen, zum Teil mit Verzweigungen, über die Oberfläche verteilt. Meist zwei Fächer vorhanden, selten durch Abort Einfächrigkeit. Endokarp ist bei einigen Artengruppen merklich dick, außen oft grubig oder rippig, bei anderen wieder dünn, aber fest und nahezu glatt. Wichtiges Unterscheidungsmerkmal für zwei Untergattungen ist der Besitz (*Bothrocaryum* KOEHNE) oder das Fehlen (*Amblycaryum* KOEHNE) einer Apikalgrube.

Fossil sind beide Untergattungen mit ihren Steinkernen in Europa etwa seit Oligozän/Miozän nachzuweisen. Auch verschiedene cornoide fossile Blattreste sind bekannt.

Artenbeschreibungen: HARTZ 1909; ZABŁOCKI 1930; DOROFEEV 1955a, 1962a, 1965, 1969b, 1977a; CHANDLER 1961; SZAFER 1961; NEGRU 1972; WELICZKIEWICZ 1973; MAI und GREGOR 1982.

Swida gorbunovii (DOROFEEV) NEGRU
Taf. XXXV, Fig. 3

1955a *Cornus gorbunovii* DOROFEEV, Mėot. fl. okres. Odessy: 137; t. 6, f. 13—16.

1958a *Thelycrania gorbunovii* DOROFEEV, Dokl. Akad. Nauk SSSR, **123**: 173.

1961 *Cornus alba* L. *fossilis* SZAFER, Prace Inst. Geol., **33**: 76; t. 20, f. 1—3.

1972 *Swida gorhunovii* NEGRU, Rannesarmat. fl.: 149—150.

Steinkerne breit-eiförmig bis verkehrt-eiförmig oder rundlich, seitlich zusammengepreßt, asymmetrisch. Ohne Apikalgrube, mehr oder weniger zugespitzt; dünnwandig, mit deutlicher äquatorialer Furche, die die Fächertrennung markiert, zweifächrig, mit dünnen Leitbündelfurchen über die glatte Oberfläche; sehr variabel in der Form und Größe (2,5—4 mm lang, 2,9—4,5 mm breit).

Bemerkungen: Eine variable Art der Artengruppe *Albidae* KOEHNE der Sect. *Amblycaryum* KOEHNE, vielleicht sogar Sammelart. Von allen Autoren wird mit den rezenten Arten *Sw. alba* (L.) OPIZ (Fluß- und Bachufer vom europäischen Teil der UdSSR bis nach Ostsibirien und der Halbinsel Korea) und *Sw. stolonifera* (MICHX.) OPIZ (feuchte Niederungen, Moorgebüsche in Nordamerika bis Neufundland und Alaska) verglichen. Bisweilen wurden die Fossilien auch unter den rezenten Namen publiziert (SZAFER 1961). *Swida salinarum* (ZABŁOCKI 1930) bezeichnet einen einzelnen ähnlichen, aber wohl größeren (4,5 mm × 6 mm) Steinkern. *Swida bugloviana* NEGRU (1972) zeigt kleinere, rundliche, nur wenig zugespitzte Steinkerne. Zu den mit *Sw. alba* und *Sw. stolonifera* verglichenen ostsibirischen Arten *Sw. aldanensis* (DOROFEEV 1969b) und *Sw. jacutica* (DOROFEEV 1969b) sind die Unterschiede nicht klar.

Vorkommen: Vom Oligozän bis zum oberen Pliozän (Kinel), vorwiegend jedoch in Osteuropa und Westsibirien; Mitteleuropa bisher mittleres Miozän von Polen (RANIECKA-BOBROWSKA 1959; SZAFER 1961) und Mähren/ČSSR (KNOBLOCH 1976).
Berga (5516).

Swida kineliana (DOROFEEV) DOROFEEV
Taf. XXXV, Fig. 4

1965 *Cornus kineliana* DOROFEEV, Nov. dannye plioc. fl. Baškirii: 206; t. 3, f. 24—29.

1977a *Swida kineliana* DOROFEEV, Fauna i flora Simbugino: 77; t. 16, f. 1—8.

Steinkerne klein, nur 2,2—2,8 × 2,7—3 mm in den Dimensionen, oval, fast symmetrisch, wenig zusammengedrückt. Basis gerundet. Spitze gerundet oder etwas zugespitzt. Zweifächrig; Grenze der Fächer auf der Oberfläche durch äquatoriale Furche angedeutet, Scheidewand der Fächer dünn. Acht bis zehn Leitbündelspuren als Furchen von der Basis bis zur Spitze. Wände dick, holzig. Äußere Oberfläche matt, rauh.

Bemerkungen: Die Steinkerne wurden mit denen von *Sw. sericea* (L.) OPIZ f. *baileyi* FOSB. (Seeufer und Niederungen von Pennsylvania bis Wyoming/USA) und *Sw. occidentalis* (TORR. et GRAY) OPIZ (Südkalifornien bis British Columbia) verglichen (DOROFEEV 1965). Mir scheint allerdings ein Vergleich mit *Sw. racemosa* (LAM.) OPIZ (Flußufer, feuchte Wälder des südöstlichen Nordamerika von Florida bis Maine) oder *Sw. rugosa* (LAM.) OPIZ (feuchte oder trokkene, steinige Böden von Pennsylvania bis Iowa/USA und Südkanada) (Artengruppe *Paniculatae* KOEHNE) besser zu sein.

Vorkommen: Bisher pliozäne Vorkommen von Baschkirien und Tatarien (DOROFEEV 1965); fraglich im Miozän Ostsibiriens (DOROFEEV 1969b).
Berga (5517).

Swida sanguinea (LINNÉ) OPIZ **fossilis**

1906 *Cornus sanguinea* L. *fossilis* KEILHACK, Erl. geol. Spezialkt., Lfg. 137 (Bl. Belzig).

1973 *Swida sanguinea* (L.) OPIZ *fossilis* WELICZKIEWICZ, Antropogėna. fl. Belorussii: 209; t. 51, f. 11.

Steinkerne kugelförmig oder ein wenig breiter als lang, etwas schief. Basis und Spitze gerundet; zweifächrig. Trennlinie oberflächlich wenig sichtbar; mit flachen, schwachkantigen Rippen, acht fadenförmigen Leitbündeln in Einsenkungen der Oberfläche. Wände dick, hart. Durchmesser 3,8 bis 6 mm.

Bemerkungen: Die heute in Europa (nördlich bis Irland, Südschweden, Baltische Sowjetrepubliken, Gebiet Moskau), Kleinasien und Kaukasien verbreitete Art hat charakteristische Steinkerne, die ihre artliche Bestimmung im fossilen Zustand erlauben. Lediglich *Sw. australis* (C. A. Mey.) Opiz (Kaukasus, Kaspi, Kleinasien, Syrien) ist nach Steinkernen nicht abtrennbar. Dorofeev (1964a) nennt diese Art aus dem Obermiozän von Apšeron. Ökologisch ist die heutige europäische Art sehr indifferent. Sie tritt zumeist häufig und gesellig in Laub- und Laubnadelmischwäldern, seltener in reinen Nadelwäldern, in Gebüschen, Auen, an Ufern, auf Trockenhängen, Felsen, aber auch in Mooren auf.

Vorkommen: Ab Oberpliozän [Tegelen (6790); Fort Louis, Geissert 1972] in vielen Interglazialen und einigen Interstadialen (Brörup, Hartz 1909; St. Jakob, Lüdi 1953) von Irland bis in die Belorussische SSR nachgewiesen.
Berga (5516b); Nordhausen (6840).

Nyssaceae

Nyssa Gronovius

Zehn Arten disjunkt südostasiatisch-amerikanisch verbreitet. Südgrenze Chiapas-Guatemala und Jawa. Nordgrenze Maine-Michigan/USA und Jangtsekiang-Gebiet/China.

Laubwerfende Bäume in Berg- und Lorbeerwäldern, in Mixed Mesophytic Forests, selten in Sommerlaubwäldern oder als dominierende Arten in Sumpf-, Moor- und Auenwäldern in Nordamerika, meist mit *Taxodium* zusammen. In Kultur in Mitteleuropa ist nur die am wenigsten frostempfindliche *N. sylvatica* Marsh.

Steinkerne bis 40 mm lang, ein- oder zweifächrig, selten mehrfächrig (*N. sinensis* Oliv.), in der Mehrzahl mit flachem Rücken und gewölbter Bauchseite, stumpf oder mehr oder weniger zugespitzt. Basis gerundet oder etwas verjüngt, häufig mit kleinem Schildchen. Acht bis 12 Längsrippen, flach, flügelartig entwickelt oder gekerbt und durch schwächere Leisten verbunden. In Furchen oder Rinnen nicht selten Leitbündel. Endokarp sämtlicher Arten am Rücken mit einer deutlich begrenzten Keimklappe dehiszierend. Keimklappe unterhalb der Spitze, aus breitem Grunde dreieckig gestaltet, über ein Drittel oder die obere Hälfte des Steinkerns. Wand aus verflochtenen, faserartigen Elementen, deren Verbände ungefähr radial verlaufend oder das Fach umgebend, stets Nester von Steinzellen einschließend.

Fossil im europäischen Tertiär mit Steinkernen, Pollen, Blättern; mindestens ab Paläozän, bis Oberpliozän; von sehr verschiedener Ökologie, in Altwassertonen oder Braunkohlen bisweilen sehr häufig.

Artenbeschreibungen: Unger 1861; C. und E. M. Reid 1915; E. M. Reid 1927b; Kirchheimer 1937; Chandler 1957, 1960b; Dorofeev 1963a.

Nyssa disseminata (Ludwig) Kirchheimer
Taf. XXXV, Fig. 5

1857 *Pinus disseminata* Ludwig, Palaeontographica, 5: 89; t. 20, f. 2a—g.
1859 *Carpolithes pruniformis* Heer, Fl. tert. Helv., 3: 139; t. 141, f. 18—30.
1908 *Nyssites ornithobromus* Kinkelin, Abh. senckenb. naturforsch. Gesellsch., 29: 32; f. 20.
1915 *Nyssa sylvatica* Marsh. *fossilis* C. und E. M. Reid, Plioc. Fl. Dutch-Prussian Border: 121; t. 13, f. 31—33.
1937 *Nyssa disseminata* Kirchheimer, Braunkohle, 36: 916.
1963a *Nyssa irtyshensis* Dorofeev, Tretič. fl. Zap. Sibiri: 238 bis 239; t. 41, f. 5—8.

Endokarpien oval bis etwas eiförmig, in der Mitte am breitesten, mit wulstigen, breiten, nicht besonders hervortretenden Längsrippen, stets einfächrig (nur ausnahmsweise zweifächrig), mit einer breit-dreieckigen Keimklappe. Wände dünn. Länge 8—14 mm, Breite 4—7 mm.

Bemerkungen: Von Mai (1965, 1973) an Hand des Typusmaterials von *N. ornithobroma* Unger (1861) klar abgegrenzt und auf den Verwandtschaftskreis um die rezente *N. sylvatica* Marsh. bezogen. Sehr nahestehend ist die etwas kleinfrüchtigere *N. sibirica* Dorofeev (1963a), die auch breitere Steinkerne besitzt. Als artengleich hat sich *N. irtyshensis* Dorofeev (1963a) mit unseren mio-pliozänen Material erwiesen, wie das Studium der Originale in Leningrad (1971) lehrte.

Nyssa sylvatica Marsh. ist in den Mixed Mesophytic Forests von Mexiko unterhalb 3000 m, den Eichen-Hickory- und Buchen-Magnolien-Wäldern des atlantischen Nordamerika verbreitet. Sie reicht bis Maine, Ontario und Michigan in die temperierten Sommerlaubwälder. Sie ist in Kultur in Mitteleuropa winterfest und bringt gelegentlich keimfähige Samen zur Reife (Heidelberg).

Vorkommen: Vom Oligozän bis Pliozän in ganz Europa und Westsibirien, oft in Braunkohlen.
Gerstungen (6711).

Nyssa ornithobroma Unger
Taf. XXXV, Fig. 6

1861 *Nyssa ornithobroma* Unger, Syll. plant. foss. I: 16, t. 8, f. 15—18.

Steinkerne verkehrt-eiförmig bis langoval, 7—22 mm lang, 4—12 mm breit, mit der größten Breite über der Mitte, einfächrig bis vierfächrig, dünnwandig und stark zusammengedrückt. Oberfläche mit 10—15 longitudinalen Furchen, in denen sich Faserbündel-Reste finden. Dazwischenliegende Rippen von der Basis breit beginnend und im apikalen Bezirk scharfgratig hervortretend. Keimklappen von eiförmiger bis dreieckiger Gestalt, mehr oder weniger schmal, nach oben spitzbogig zugespitzt. Endokarp aus verflochtenen Sklerenchymfasersträngen, zwischen die Steinzellnester eingestreut sind.

Bemerkungen: Ausführliche Diskussion dieser Art vgl. Mai und Gregor (1982, S. 415—416).

Vorkommen: Mitteloligozän bis Pliozän in Europa, auch Westsibirien.
Kranichfeld (Geiseltal-Mus., Halle, Mai 1965).

Araliaceae

Acanthopanax Miquel

(incl. Eleutherococcus Maximowicz)

Heute mit über 45 Arten vom Himalaja, China (19 Arten), Japan (neun Arten) bis Nordluzon und die Halbinsel Malakka.

Im Norden bis in die nordostchinesische Florenprovinz und Sachalin oder Hokkaido/Japan. Hier in schattigen, feuchten Sommerlaubwäldern, Birken-Espen-Wäldern und auch Fichten-Tannen-Wäldern als strauchiges Unterholz. In den tropischen Gebieten nur in den höheren Gebirgen, Halbinsel Malakka bis 1500 m, Nordluzon zwischen 1100—1400 m, Yunnan bei 3200 m, Sikkim bei 1600—2000 m, hier in Bergregenwäldern oder Yunnanensi-Pineten. Von der Lebensform her laubwerfende, selten immergrüne Bäumchen oder Sträucher.

Pyrenen stets dickwandig, groß, meist über 4 mm lang, der Lage in der Beere entsprechend abgeflacht-apfelsinenscheibenförmig. Dorsalseite kantig überwallt oder randverdickt (Sect. *Eleutherococcus* HARMS, *Euacanthopanax* HARMS). Ornamentationsformen der Seitenflächen besonders ausgeprägt und unterschiedlich. Neben warzigen, buckeligen und runzeligen Formen (Sect. *Eleutherococcus*) gibt es auch netz- und längsrippige Formen (Sect. *Cephalopanax* BAILL.) sowie grubige Formen mit Resten von Leitbündelspuren auf den Steinkernen (Sect. *Sciadophylloides* HARMS).

Fossile Reste von Steinkernen in Europa sind verschiedentlich genannt worden (SZAFER 1954a; GREGOR 1975), ohne das Arten ausgeschieden wurden. Besonders viele Reste nannte DOROFEEV (1963a, 1969b) aus Sibirien.

Artenbeschreibungen und Artenschlüssel: SZAFER 1954a, 1961; DOROFEEV 1963a, 1969b, 1977a; GREGOR 1977; KNOBLOCH und MAI 1985; NEGRU 1986.

Eleutherococcus uralensis DOROFEEV
Taf. XXXVI, Fig. 1—3

1977a *Eleutherococcus uralensis* DOROFEEV, Fauna i flora Simbugino: 75; t. 15, f. 17—20.
1954a *Acanthopanax* aff. *sessiliflorus* (RUPR. et MAXIM.) SEEM.— SZAFER, Prace Inst. Geol. **11**: 50; t. 13, f. 2.

Steinkerne apfelsinenscheibenförmig bis halbkreisförmig. Innenseite gerade, verbreitert, mit Furche. Dorsalseite kantig überwallt, mit breiter, seichter Mittelfurche. Seitenflächen unregelmäßig buckelig-warzig. Endokarp relativ dünn, auf der Ventralseite deutlich quergestreift. Hilum klein, Mikropyle auf apikalem Spitzchen. Länge 5,5—3,3 mm, Breite 3—2,0 mm.

Bemerkungen: Eine gut abgrenzbare *Acanthopanax*-Art, die deutliche Beziehungen zu den ostasiatischen Arten *A. setchuensis* HARMS und *A. senticosus* (MAXIM.) HARMS (Sect. *Eleutherococcus* HARMS) zeigt. Wichtiges Merkmal ist die kantige dorsale Wandverdickung, durch die sich die Steinkerne besonders auszeichnen. Es handelt sich um Arten der Mixed Mesophytics Forests und der nördlich anschließenden Somlaubwälder bis Hokkaido, Sachalin und dem Ussuri-Amur-Gebiet (WANG 1961; OHWI 1965). Der von SZAFER (1954a) ohne Berechtigung zu *A. sessiliflorus* SEEM. gestellte Steinkern aus dem Oberpliozän von Mizerna II gehört ebenfalls in diesen Formenkreis. Gewisse Ähnlichkeit mit unserer Art hat ferner der Steinkern von *Acanthopanax* sp. 1 aus dem westsibirischen Miozän (DOROFEEV 1963a). Früchte aus Niederrad (ENGELHARDT und KINKELIN 1908; MÄDLER 1939) zeigen „auf dem Rücken der Teilfrüchte eine flache Längsrinne" (MÄDLER 1939, S. 134), was ihre artliche Gleichstellung mit unserer Art vermuten läßt.

Vorkommen: Pliozän von Südpolen (SZAFER 1954a) und vielleicht im Maingebiet (MÄDLER 1939); Pliozän der Baškirischen ASSR (DOROFEEV 1977a).

Berga (5574); Kaltensundheim (9747).

Aralia LINNÉ

Rezent etwa 35 Arten in Mittel- und Nordamerika sowie Ostasien bis Nordaustralien, mit Nordgrenze in Neufundland, Quebec, Ontario und Nordostchina, Sachalin, Hokkaido und Südkurilen. Sommergrüne Sträucher und Bäume oder vieljährige Kräuter mit einfach bis dreifach gefiederten Blättern. In sehr verschiedenen Waldgesellschaften als Unterholz, z. B. boreale *Picea-Abies*-Wälder, feuchte oder trockene Sommerlaubwälder (*A. nudicaulis* L.), Mixed Mesophytic Forests, in immergrünen Küsten-Eichen-Wäldern, subtropical Mountain Forests, im tropischen immergrünen Regenwald auf Taiwan und im Assam-Regenwald, aber auch in Sekundärwäldern, Khasyi-Pineten und Akazien-Savannen in Yunnan. Klimatisch und edaphisch weitgehend indifferent. In Mitteleuropa mit mindestens zehn Arten in Freilandkultur.

Steinfrucht mit zwei bis fünf zusammengedrückten Steinkernen, die 4,5 mm Länge nicht überschreiten. Steinkerne (Pyrenen) breit-elliptisch, halbkreis- oder nierenförmig bis schmal-oblong, apfelsinenscheibenartig. Endokarp dick- oder dünnwandig, mit mannigfachen Oberflächenornamentationen von glatt bis buckelig oder grubig. Unterschiedliche Ausbildungen der Dorsalseite. Auf das fossile Vorkommen von Aralien im Tertiär Europas wies zuerst SAPORTA (1865, 1873) an Hand von Früchten hin, deren Zuordnung aber im einzelnen überprüft werden muß. Erste sichere fossile Steinkerne beschrieben E. M. REID (1920a, 1923) und SZAFER (1954a, 1961) unter den Namen rezenter nordamerikanischer oder ostasiatischer Arten. Dieses Verfahren ist nomenklatorisch unzulässig. DOROFEEV (1963a) systematisierte die westsibirischen fossilen Arten, so daß Aralien in Westeurasien vom Oligozän bis Pliozän artenreich belegt sind.

Artenbeschreibungen: E. M. REID 1920a, 1923; SZAFER 1954a, 1961; DOROFEEV 1955a, c, 1958a, 1959a, 1962a, 1963a, 1969b, 1972a, 1977a; V. NIKITIN 1976; MAI und WALTHER 1978, KNOBLOCH und MAI 1985; NEGRU 1986; MAI 1987.

Aralia szaferi nov. spec.
Taf. XXXVI, Fig. 4—7

Holotypus: Taf. XXXVI, Fig. 4 — Berga (Pliozän) — MMG, Dresden, Coll. MAI, Nr. 5575.

Diagnose: Endokarpien länglich-oval, schmal, dickwandig, glatt, quergestreift, seidenglänzend. Apikales Ende stumpflich. Mikropyle nicht oder nur wenig hervorgehoben, Hilum als kleines Loch. Länge 1,7—3 mm, Breite 0,7—1,8 mm, im Mittel über 2 mm lang.

Bemerkungen: Eine auf Grund der Größe, der Wanddicke und der glatten, quergestreiften Oberfläche der Endokarpien auffällige Art, die sich gegenüber der glattschaligen, dünnwandigen und kleinfrüchtigen Gruppe der Aralien gut abgrenzen läßt. Sie zeigt deutliche Beziehungen zur rezenten *A. californica* WATS. (westliches Nordamerika). Von den fossilen Arten steht der Größe und Form nach *A. intermedia* DOROFEEV (1963a) nahe, die sich aber durch die zwar quergestreifte, aber knotig-rauhe Oberfläche unterscheidet. Im Vergleichsmaterial aus Mizerna II in Polen (7706) ist die Art vorhanden, so daß möglicherweise die von SZAFER (1954a) als *Aralia cordata* THUNB. (l.c., t. 13, f. 7—12) bestimmten Fossilien zu unserer Art gehören. Ähnliche Aussagen lassen sich über die unter gleichem Namen laufenden Steinkerne aus dem Pliozän von Duab/Abchasien (DOROFEEV in KOLAKOVSKIJ 1958) machen. Zu der Art gehören auch einzelne Exemplare aus Gozdnica/Śląk (STACHURSKA u. a. 1971).

Vorkommen: Pliozän, vermutlich von Mitteleuropa bis in die Kaukasusländer.

Berga (5575); Gerstungen (6730).

Hedera LINNÉ

Immergrüne Lianen, Wurzelkletterer, mit extratropisch-altweltlichem Areal, etwa 6—15 Arten von den Azoren bis Japan in ozeanisch- bis subozeanischen, niederschlagsbegünstigten Gebieten. In Lorbeerwäldern, Mixed Mesophytic Forests (z. B. Meghalaja, Westhimalaja; WALTHER und STUCHLIK 1982), Sommerlaubwälder vom Typ der Carpino-Fagetea, sehr selten in feuchten Nadelwäldern oder westmediterranen Hartlaubwäldern. Subtropisches Relikt.

Ausgesprochen starke Dimorphie der Laubblätter, an juvenilen und kletternden Zweigen gelappt, an adulten, blütentragenden Zweigen rautenförmig, ungelappt. In Europa fossil seit dem Miozän nach Blattresten (WALTHER 1970). Arten aus älteren Tertiärschichten fast immer Fehlbestimmungen.

Artbeschreibungen: STRAUS (1930); WALTHER (1970).

Hedera helix LINNÉ

Abb. 83; Taf. XVIII, Fig. 12

Blätter lederig, sehr variabel in der Form. Aus herzförmiger Basis fünf- bis dreieckig gelappt, sublobat oder subcordat bis ovat, oder aus keilförmigem Grunde eirautenförmig, zugespitzt, palminervis. Seitennerven camptodrom, am Ende, wie auch die folgenden Nervillen dichtom gegabelt, in fast gleich starke Nerven höherer Ordnung aufgelöst, ganzrandig. Blätter zwischen 3,3 und 5,7 cm im Durchmesser, stark heterophyll. Vorrangig kommen in Berga gelappte Blattreste vor. Basis cordat, teilweise mehr oder weniger stark asymmetrisch.

Bemerkungen: Besonders bei den gelappten Blattresten der als *Hedera* L. bestimmten tertiären Blätter (WALTHER 1970) treten immer wieder Fehlbestimmungen auf, die eigentlich nur durch den Nachweis der charakteristischen Struktur der unteren Epidermis vermieden werden können (STRAUS 1930; WALTHER 1970). Bei vorliegenden Resten ist ein anatomischer Nachweis auf Grund des Erhaltungszustands der Blattlaminae nicht möglich. Eingehende Vergleichsuntersuchungen lassen vorliegende Blattreste eindeutig als *Hedera helix* L. bestimmen. Bemerkenswert ist, daß in den Pliozänfloren Europas (STOJANOFF und STEFANOFF 1929; STRAUS 1930) meist nur die ei-rautenförmigen adulten Blätter der blütentragenden Zweige nachgewiesen werden.

Das von POP (1936, S. 165, t. 19, f. 17) als *Acer anomalum* POP aus dem Pliozän von Borsec beschriebene Blatt ist mit größter Wahrscheinlichkeit ein gelapptes Blatt von *Hedera helix* L.

Vorkommen: In Europa ab Miozän mit einer *Hedera helix* L. nahestehenden Art (WALTHER 1970); Hauptvorkommen besonders im Oberpliozän und in Interglazialen (MAI 1983b).

Berga: MMG, Dresden, Bg 60a, Bg 61, Bg 96a, Bg 217, Bg 315, Bg 366, Bg 409a, Bg 504a, Bg 508b.

Pentapanax SEEMANN

Immergrüne Gehölze, 15 Arten in Indonesien bis China, Himalaja, zwei Arten disjunkt in Südamerika. Besonders in immergrünen Bergregenwäldern der subtropischen oder temperaten Stufe von 1000—3000 m ü. NN; im östlichen Hima-

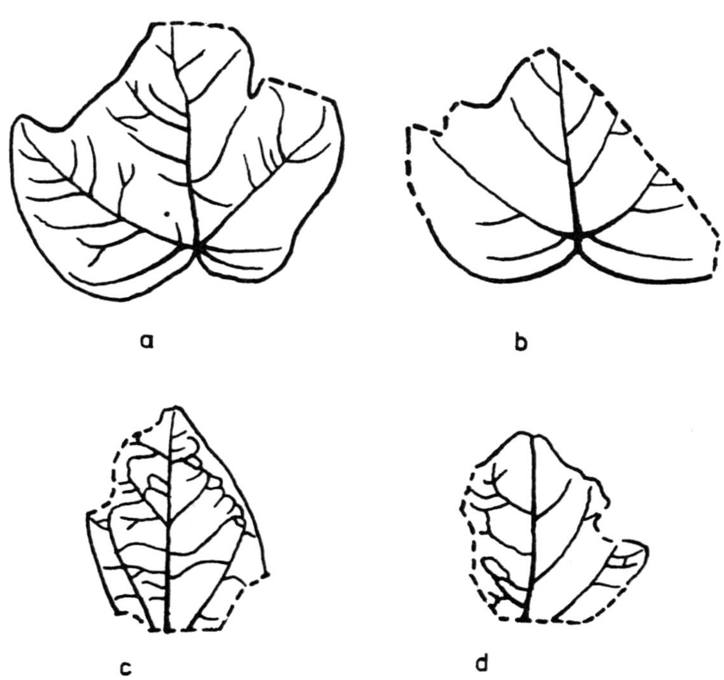

Abb. 83. Blattreste von *Hedera helix* L., Berga

a = Bg 217; b = Bg 61 (gelappte Form); c = Bg 96a (rhomboide Form); d = Bg 366 (Übergangsform?); 1:1

laja auch aus den kontinentaleren Innentälern bei 2700 bis 3500 m ü. NN im Koniferenwald (SCHWEINFURTH 1957). Klimaindikator für warm-humide Bedingungen.

Abgeflacht-obovate bis halbkreisförmige, über 3 mm lange Steinkerne mit charakteristischem, pergamentartigem, derbem, querstreifigem Endokarp. Verwechslungen dieser Endokarpien mit denen der Gattungen *Fatsia* DECNE et PLANCH., *Heteropanax* SEEM. und *Schefflera* J. R. et G. FORST. sind möglich. Wichtige Unterschiede zu *Heteropanax* und *Schefflera* dürften die stets gerade Ventralkante und die etwas dikkere Wand der Steinkerne sein. Die bisher vorliegenden *Fatsia*-Steinkerne sind sehr ähnlich. Sie zeigen lediglich eine etwas stärker gerunzelte Oberfläche. *Fatsia* stellt eine im Prinzip ökologisch und soziologisch ähnlich gebundene, monotypische Gattung aus Japan dar.

Fossil ist *Pentapanax* in Europa aus dem Pliozän beschrieben.

Artenbeschreibung: MAI 1973.

Pentapanax tertiarius MAI
Taf. XXXVI, Fig. 8

1973 *Pentapanax tertiaria* MAI, Acta Palaeobot., **14**: 107—108; Taf. 4, Fig. 1—3.

Steinkerne fast halbkreisförmig, breit flachgedrückt, innen glatt, ohne Einfaltungen der Wand, am Rücken ohne Einfassung oder Kante, abgerundet. Bauchseite nahezu gerade. Mikropyle auf einem apikalen bis subapikalen Höckerchen, oft nicht besonders hervorgehoben, sondern abgerundet. Hilum klein. Oberfläche seidig glänzend, quergestreift, ohne Knötchen oder Runzeln. Wand dünn. Länge 3,8—6,5 (4 bis 4,5) mm; Breite 2,2—3,5 mm; Dicke 0,4—0,7 mm.

Bemerkungen: Vergleichbar ist die heutige *P. yunnanensis* FRANCH. (Bergwälder in Yunnan, etwa 1200—3000 m ü. NN).

Vorkommen: Obereozän bis Pliozän (MAI 1973; MAI und WALTHER 1985), auch im Cantal/Frankreich (E. M. REID 1923).
Berga (5573); Kranichfeld (MMG, Dresden, Coll. MAI, ohne Nr.).

Apiaceae

Apium LINNÉ

Über 20 Arten mit mehreren Unterarten, von der Südhemisphäre über die Gebirge der Tropen bis zum nördlichen Florengebiet. Einjährige oder ausdauernde Kräuter, Sumpf- und Wasserpflanzen, zuweilen an salzhaltigen Stellen oder kalkreichen Quellen (*A. graveolens* L.). In allen Fällen existieren Wasser- und Landformen mit unterschiedlicher Beblätterung.

Frucht eiförmig-rundlich, am Grunde oft herzförmig, von der Seite her schwach abgeflacht, von der Fläche gesehen oft breiter als hoch, durch Zusammenziehung an der Fuge etwas zweiköpfig. Teilfrüchte klein, mit fünf dicken, im Querschnitt stumpfdreikantigen, von einem fädlichen Bündel durchzogenen Hauptrippen, deren randständige paarweise aneinander stoßen. Ölstriemen groß, einzeln (vielleicht auch zwei) unter den Tälchen, zwei an der Fugenfläche. Fugenfläche flach.

Fossil erstmalig nachgewiesen.

Apium nodiflorum (LINNÉ) LAGASCA **fossilis**
Abb. 84; Taf. XXXVI, Fig. 9, 10

Teilfrüchte breit-elliptisch, im Querschnitt halbkreisförmig, mit fünf abgerundeten Rippen. Tälchen mit grober Querfelderung, über den dicklichen Ölstriemen oft gleichfalls rippenartig aufgeworfen. Fugenfläche breiter als der Durchmesser der Teilfrüchte. Die die Fugenfläche begrenzenden Rippen oft etwas größer als die anderen. Sehr klein, 0,9 bis 1,5 mm lang, 0,7—1 mm breit.

Bemerkungen: Die in Europa subatlantisch (bis Polen, Steiermark) verbreitete Art reicht nur im meridionalen Gebiet bis Südwestasien, Nordafrika und Abessinien. Sie kommt nur in Tieflandgebieten in Gräben, langsam fließenden Bächen, Teichen, Sümpfen, Moorbrüchen und auf sumpfigen Weiden vor. Die Pflanzen bilden Rosetten und lang hinkriechende Ausläufer. Auch untergetauchte Wasserformen und Seichtwasserformen kommen vor.

Vorkommen: Berga (5536).
Auszuscheidende Art: „cf. *Apium inundatum* (L.) RCHB. f." MAI u. a. 1963, Geologie, **12**: 787 — vgl. unter *Thalictrum simplex* L. *fossilis*

Cicuta LINNÉ

Gattung mit 20 Arten (oder drei Hauptarten und mehreren Unterarten nach anderer Auffassung) in gemäßigten Gebieten der Nordhemisphäre, besonders formenreich in Nordamerika. In Europa und Asien nur eine Art (*C. virosa* L., syn. *C. nipponica* FRANCH. et SAV.).

Ausdauernde Sumpf- und Wasserpflanzen, an Teichen, Fluß- und Seeufern, Gezeitenflächen, in Sümpfen, Mooren, Erlenbrüchen, Torflöchern, auf Sumpfwiesen und überschwemmten Plätzen. Verlandungspflanze im Röhricht und im anschließenden Ufergebüsch.

Früchte breit-herzförmig bis fast kugelförmig, in zwei halbkugelige, abgeflachte Teilfrüchte sich zerteilend, die sich schwer voneinander und vom Fruchthalter trennen, etwas zweiköpfig, von dem schmal zusammengezogenen Kelchsaum mit bleibenden Zähnchen gekrönt. Oberfläche sehr dünn gerunzelt, von fünf dicken Hauptrippen überzogen, die im Innern mit lockerem, schwammigem Schwimmgewebe erfüllt sind, das bei der Fossilisation meist restlos abradiert wird. Gegliederte Ölstriemen in den Tälchen sehr deutlich hervortretend.

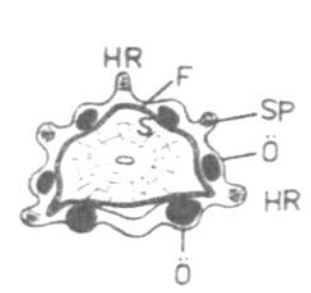

Abb. 84. *Apium nodiflorum* (L.) LAG. — Querschnitt durch das Merikarpium (Erläuterungen s. Abb. 87)

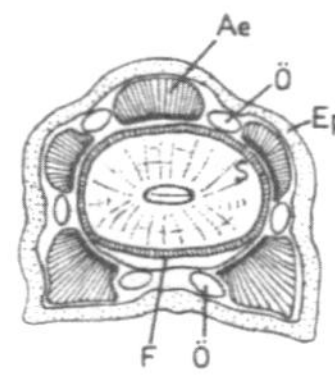

Abb. 85. *Cicuta virosa* L. — Querschnitt durch das Merikarpium (Erläuterungen s. Abb. 87)

Fossil bereits im Miozän am Irtysch (DOROFEEV 1963a), in Europa vom Pliozän bis in die Interglaziale von der Atlantikküste bis zum Ural verbreitet. Nur die heutige Art:

Cicuta virosa LINNÉ **fossilis**
Abb. 85; Taf. XXXVI, Fig. 11, 12

1907a *Cicuta virosa* L. — C. und E. M. REID, Fl. of Tegelen: 18, t. II, f. 41.

Teilfrüchte halbkreisförmig, meist lateral, zuweilen auch dorsal abgeflacht, 1,5—2 mm lang, 1,3—1,7 mm breit. Gegliederte Ölstriemen gut erkennbar. Hauptrippen abradiert.

Bemerkungen: Mit der heutigen eurasischen Art vergleichbar, wie zahlreiche Autoren feststellen. Diese Art kommt zerstreut in schlammigen Gräben, an Teichen, Fluß- und Seeufern, in Sümpfen, Mooren, Erlenbrüchen, seltener auf Sumpfwiesen und überschwemmten Plätzen von der Atlantikküste bis Japan und China vor. Sie ist charakteristisch für das *Typha-Phragmites*-Röhricht oder die anschließenden Ufergebüsche der Verlandungszone. Im borealen Europa weicht sie von den Küsten zurück und ist an die sommerwarmen Klimate kontinentaler Prägung gebunden, fehlt auch den höheren Gebirgslagen über 1000 m.

Vorkommen: Im Pliozän von Westeuropa bis in die Baškirische ASSR; in vielen Interglazialen, aber hier in Osteuropa häufiger als in Westeuropa (FUHRMANN u. a. 1977).
Nordhausen (6828).

Hydrocotyle LINNÉ

Mit über 100 Arten tropisch bis warmtemperat, hauptsächlich aber auf der Südhemisphäre. Ein- bis mehrjährige Kräuter, die mit Rhizomen kriechen, zuweilen auch im Wasser fluten. In Europa heute nur zwei Arten. Vorwiegend an feuchten Plätzen, auf nassen Wiesen, in Sümpfen, Mooren, Bruchwäldern, an schattigen, feuchten Stellen in der Krautschicht des Regenwaldes oder Nebelwaldes, ferner in Wasserpflanzengesellschaften der Everglades und in Seerosengesellschaften, mitunter an recht sonnigen Standorten mit vegetativ stärker reduzierten Formen.

Frucht aus zwei abgeflachten Teilfrüchten, die durch die Verholzung der inneren Wandschicht besonders hart und dauerhaft sind. Schmale Fugenfläche gerade, eckig an der basalen Anheftungsstelle und unter dem Griffelansatz. Äußere Umrißlinie bogig gerundet, so daß eine fast nierenförmige Form entsteht. Über den Rücken mit stumpfgekielter Rippe. Ein oder zwei Seitenrippen wenig bemerkbar. Ölschläuche fehlend. Auf der Oberfläche einige sekrethaltige rötliche Wärzchen. Rippen und Wärzchen werden mitsamt dem umgebenden parenchymatischen Gewebe bei der Fossilisation abradiert, so daß nur die eigentlichen glatten Steinfrüchte übrig bleiben.

Fossil bisher mit einer heute in Europa lebenden Art vom Altpleistozän an nachgewiesen.

Hydrocotyle vulgaris LINNÉ **fossilis**
Abb. 86; Taf. XXXVI, Fig. 13—15

1932 *Hydrocotyle vulgaris* L. — BAAS, Z. Bot., **25**: 338; Abb. 54.

Holzige Teilfrüchte von nierenförmiger bis schief-elliptischer Gestalt, schmaler, gerader Fugenfläche, kantigem Übergang zur bogigen Rückenfläche. Äußerlich durch Abrasion glatt, rippen- und ölstriemenlos. Länge 1,5—2,1 mm, Breite 1,3—1,8 mm.

Bemerkungen: Die holzigen Teilfrüchtchen haben noch stark aralioide Merkmale in Gestalt, Größe und Oberfläche. Hauptsächlichster Unterschied ist der kantige Übergang von Bauch- und Rückenlinie, die bei den Araliaceae so kraß in keiner Gattung zu bemerken war.

Die Art ist heute eine etwas wärmeliebende, hauptsächlich subatlantisch verbreitete Sumpfpflanze in Europa, die nach Osten bis in die baltischen Sowjetrepubliken, im Süden bis Westtranskaukasien und nach Nordafrika (Algerien, Marokko) reicht. Sie bildet auch schwimmende und submerse Formen aus.

Vorkommen: Im Altpleistozän des Maingebiets (BAAS 1932), in Holstein- und Eem-Interglazialen von Irland, Jütland bis in die Belorussische SSR (JESSEN und MILTHERS 1928; WATTS 1959, 1964; VOZNJAČUK 1961)
Nordhausen (4878).

Oenanthe LINNÉ

Etwa 40 Arten auf der gesamten Erde, vorwiegend jedoch nordhemisphärisch, fehlen Südamerika und Zentralafrika. In Europa vor allem im Westen und Süden, etwa 10 Arten.

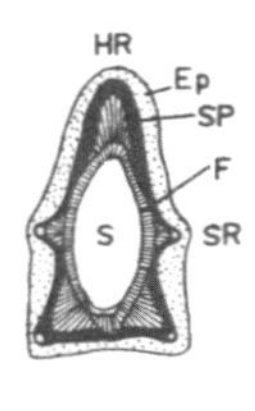

Abb. 86. *Hydrocotyle vulgaris* L. — Querschnitt durch das Merikarpium (Erläuterungen s. Abb. 87)

Zweijährige bis ausdauernde Stauden an feuchten Plätzen, im seichten Wasser bisweilen große Bestände bildend, oft besonders licht- und wärmeliebend.

Früchte eiförmig-länglich, ellipsoidisch, walzlich, verkehrt-eiförmig oder kreiselförmig. Ihre äußere Gestalt hängt mit den Raumverhältnissen im Fruchtstand zusammen, die wegen der kurzen Fruchtstiele mehr oder weniger eng sind. Im Querschnitt Teilfrüchte halbkreisförmig oder vom Rücken oder von der Seite leicht zusammengedrückt. Fruchtwand zumeist dick, korkig-schwammig, streckenweise (in den Hauptrippen) als Luftgewebe (= Aerenchym) ausgebildet. Hauptrippen breit, niedrig, stumpf, zuweilen seitlich fast zusammenfließend; randständige stets, bisweilen sogar sehr stark verbreitert. Leitbündel ziemlich tief im Innern der Fruchtwand, innen von Platten sklerenchymatischen Festigungsgewebes (Stereomplatten) begleitet oder am Außenrand einer zusammenhängenden Stereomhülle, die auch die Tälchen überzieht. Tälchen bei einigen Arten (Subgen. *Oenanthe*) in Form von Nebenrippen vorgewölbt. Ölstriemen einzeln unter den Tälchen (bzw. Nebenrippen), zwei an der Fugenfläche. Zwischen den beiden fugenständigen Ölstriemen eine dicke, flache Stereomplatte ausgebildet, die den Fruchthalter ersetzt und eine flache Fugenfläche ergibt. Im fossilen Zustande sind besonders die Stereomschichten erhalten und geben wichtige Hinweise für die Einordnung in die gut unterscheidbaren Untergattungen *Oenanthe* (L.) RCHB. und *Phellandrium* (L.) RCHB. Korkiges Schwimmgewebe oder Aerenchym, das den Früchten eine weite Verbreitung im Wasser sichert, fossil fast immer zersetzt oder nur in Resten erhalten.

Fossil bisher mit zwei heutigen Arten ab Pliozän in Europa nachgewiesen.

Artenbeschreibungen: C. und E. M. REID 1907b; KAČ u. a. 1965.

Oenanthe aquatica (LINNÉ) POIRET **fossilis**
Abb. 87b; Taf. XXXVI, Fig. 16, 17

1907b *Oenanthe phellandrium* LAM. *fossilis* C. und E. M. REID, J. Linn. Soc., **38**: 215; t. 13, f. 66, 67.
1928 *Oenanthe aquatica* (L.) POIR. *fossilis*. — FIRBAS und GRAHMANN, Sächs. Akad. Wiss., Abh. math.-phys. Kl., **40**: Abb. 12/13.

Teilfrüchte halbiert-eiförmig, 3—4 mm lang, 1—2 mm breit, nach der Spitze mehr verschmälert als nach dem Grunde, vor der Spitze etwas zusammengedrückt. Fruchtrippen sehr breit, stumpf, von Resten des schwammigen Luftgewebes erfüllt, wenig vorspringend, breiter als die dunkel gefärbten Tälchen; die beiden randständigen Rippen etwas größer als die anderen. Ölstriemen elliptisch, einzeln unter den Tälchen, zwei an der Fugenfläche.

Stereom unter den Hauptrippen als dicke, bogenförmige Platten ausgebildet, unter den Tälchen nur eine Zellschicht mächtig und in deren Mitte über den Ölstriemen unterbrochen.

Bemerkungen: Die heutige Art wächst in Teichen, Tümpeln, kleinen Seen, Sümpfen, in Flußniederungen in verschiedenen Helophyten-Gesellschaften. Sehr bezeichnend ist sie für das Rorippo-Oenanthetum. Mit Ausnahme des Hohen Nordens reicht die Art über das gesamte Europa bis Westasien und Sibirien.

Vorkommen: Pliozän und Interglaziale vom Atlantik über ganz Europa bis Baschkirien und an die Achtuba, teilweise häufig (H. WEBER 1917; KAUNHOEVEN und STOLLER 1922; SCHMIERER 1922; STOLLER 1926; FIRBAS und GRAHMANN 1928).

Rippersroda (788; MAI u. a. 1963); Berga (5522); Nordhausen (4847).

Oenanthe lachenalii GMELIN **fossilis**
Abb. 87a; Taf. XXXVI, Fig. 18—20

1907b *Oenanthe lachenalii* GMEL. *fossilis*. — C. und E. M. REID, J. Linn. Soc., **38**: 215; t. 13, f. 65.

Teilfrüchte halbiert-länglich bis verkehrt-eiförmig, etwa 2—3 mm lang, und meist mehr als die Hälfte so dick, über der Mitte am breitesten, nach dem Grunde zu verjüngt, nach der Spitze plötzlich zusammengezogen und fast halbkugelig abgerundet. Bisweilen (selten) mit Resten spitzer Kelchzähne und des fädlichen Griffels. Hauptrippen stumpf-wulstförmig, bei guter Erhaltung breiter als die Tälchen, meist aber durch Abrasion schmäler, mit Schwimmgewebe, die randlichen viel breiter als die rückenständigen. Ölstriemen ansehnlich, einzeln unter den Tälchen, an der Fugenfläche zwei. Stereom unter den Rippen als Platten, über den Ölstriemen als zumeist zwei oder drei dünne, getrennte Bündel ausgebildet. Oberfläche daher sehr unruhig furchig und rippig.

Bemerkungen: *Oenanthe lachenalii* GMEL. ist heute eine subatlantische Art, die in Nordeuropa bis Dänemark und Norddeutschland/BRD, in Südosteuropa bis zur Balkanhalbinsel und dann inselartig bis Kaukasien und zum Kaspi reicht. Sie ist eine Art der Riede, Verlandungsbestände, Sumpfwiesen und Brackwasserweiden.

Vorkommen: Pliozän in Westeuropa (E. M. REID 1920a) und im Dongebiet (NIKITIN 1957), Cromer-Interglazial von Groß-

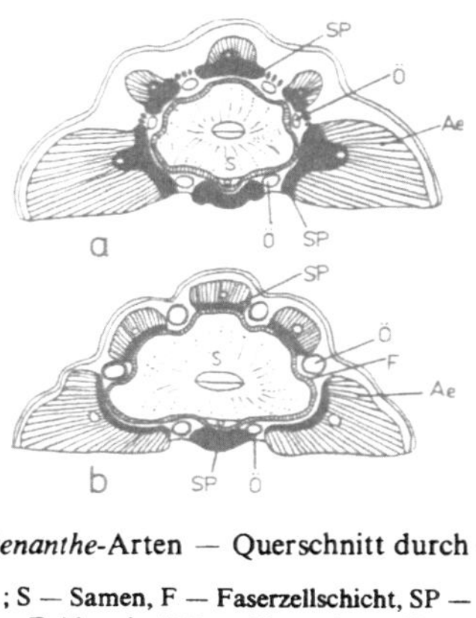

Abb. 87. *Oenanthe*-Arten — Querschnitt durch das Merikarpium

a = *Oe. lachenalii* GMEL. — b = *Oe. aquatica* (L.) POIR.; S — Samen, F — Faserzellschicht, SP — Stereom-Platten, Ö — Ölschläuche (Vittae), Ae — Aerenchym, Ep — Epidermis, HR — Hauptrippe, SR — Seitenrippe

britannien (C. und E. M. REID 1907b), auch Reuverton von Öbel (6920).

Kranichfeld (MfN, Berlin, MAI 1965); Gerstungen (6699).

Peucedanum LINNÉ

Nach neuen systematischen Auffassungen 110—115 Arten (früher 180), von denen 50 im mediterranen, orientalischen und mitteleuropäischen Gebiet vorkommen, die zum Teil bis Nordeuropa ausstrahlen. Weitere Arten in Asien, Afrika und Mittelamerika, teilweise in tropischen Gebieten.

Ansehnliche ausdauernde Stauden auf sehr mannigfaltigen Standorten, nur wenige Arten Sumpfpflanzen [*P. palustre* (L.) MOENCH].

Früchte stark zusammengedrückt, abgeflacht, schmäler bis breiter elliptisch, selten fast kreisrund, oft am Grunde ausgerandet, rings um den samentragenden Innenteil von einem hellen, breiteren oder schmäleren, dünnen oder etwas verdickten Flügelrand umzogen. Teilfrüchte mit je drei genäherten, deutlich kantig vorspringenden Rückenrippen und zwei davon entfernten, in den Flügel übergehenden Randrippen, die am Rande oft etwas gegen die Fugen eingebogen sind und paarweise fest zusammenschließen. Ölstriemen zu einem (bis drei) unter den Tälchen, an der Fugenfläche zwei bis sechs, nicht selten auch in den Rippen an der Außenseite der Bündel deutlich ausgebildet. Innere Schichten der Fruchtwand aus waagerecht verlaufenden, dickwandigen Faserzellen. Schneide der Randrippen öfter durch dickwandiges Stützgewebe (Stereom) verstärkt. Wichtige Merkmale für die artliche Trennung sind hauptsächlich die äußere Form der Frucht, besonders Breite und Dicke des Randflügels, und die anatomische Beschaffenheit der Fruchtwand (Ausbildung der Stereomschichten).

Fossil bisher nur mit einer Art des Subgen. *Thysselinum* (HOFFM.) RCHB. ab Pliozän.

Peucedanum moebii (KINKELIN) MÄDLER
Taf. XXXVI, Fig. 21

1908 *Heracleites moebiusi* ENGELHARDT und KINKELIN, Abh. senkkenb. naturforsch. Gesellsch., **29**: 248—249; t. 32, f. 14.

1939 *Peucedanum moebii* MÄDLER, Abh. senckenb. naturforsch. Gesellsch., **446**: 134—135; t. 9, f. 25.

Länglich-elliptische Früchtchen, ringsum vom zerfetzten Flügelsaum umfaßt. Über den Rücken mit drei dünnen, kantigen Rippen und vier dunklen Ölstriemen mit Querteilung. Apikal kurzer Griffelansatz zwischen Flügel eingeschlossen. Länge 3—4,5 mm, Breite ohne Flügelsaum 2 bis 2,5 mm, Flügelsaum etwa 1 mm breit.

Bemerkungen: Eine sehr gut mit *Peucedanum palustre* (L.) MOENCH (Abb. 88) vergleichbare Art, die nur etwas kleinere Teilfrüchte als die heutige Art besitzt. *Peucedanum palustre* ist über den größten Teil Europas (mit Ausnahme) des äußersten Südwestens und des Nordens) bis in das uralische und altaische Sibirien verbreitet. Sie ist eine wichtige Pflanze in Flach- und Zwischenmooren, Moorwäldern, Erlenbrüchen sowie in der Verladungszone der Gewässer (Phragmiteten). Ihre Früchte werden wie bei anderen Sumpf- und Wasser-Umbelliferen mittels Schwimmgewebe verbreitet.

Vorkommen: Pliozän des Maingebiets, der Niederlande (MÄDLER 1939), des Oberrheintals (GEISSERT 1972) und Karpatenvorlands (SZAFER 1947, 1954a).

Berga (5520).

Aquifoliaceae

Ilex LINNÉ

Heute über 400 Arten, hauptsächlich immergrüne Bäume und Sträucher, nur 16 Arten der Untergattung *Prinus* MAXIM. laubwerfend. Im amerikanischen Teilareal über 200 Arten, in Südost- und Ostasien etwa 150 Arten, im europäischen Florengebiet noch acht Arten, in Afrika nur eine Art. Absolute Nordgrenze in Asien auf Sachalin und den Südkurilen, in Nordamerika in Michigan, Ontario, Quebec, Neufundland, in Europa in Südnorwegen, hier jeweils in der borealen Nadelwaldzone als Unterholz; Mehrzahl der Arten an die temperierten, immergrünen Lorbeerwälder und die subtropischen immergrünen Regenwälder gebunden; wenige Arten in Tieflandregenwäldern, Hartlaubwäldern der Savannenbereiche oder Dornstrauchgehölze. Häufung der Arten auf moorigen Böden, in Wäldern mit Rohhumushäufung oder auf oligotrophem Substrat.

Beere mit vier bis acht Steinkernen (Pyrenen) um ein zentrales Leitbündel. Steinkerne orangensegmentförmig. Basiventral mit dreieckigem, grubigem Hilum, über die Ventralkante deutliche Funikulusspur bis fast zur terminalen Mikropyle laufend. Ventralseite gerade, kantig. Seitenflächen etwas eingezogen, glatt oder rippig ornamentiert. Dorsalseite gewölbt und mit kreuzweise verbundenen, mehr oder weniger starken und bisweilen unterbrochenen Längsrippen versehen, zwischen denen tiefe Gruben oder Furchen ausgebildet sein können. Endokarp bei allen Arten aus tangential gerichteten Fasersklereiden ohne deutliche Wandgrenzen, bisweilen mit eingelagerten Sklerenchymverbänden. Entlang der Funikulusleitbündelspur Dehiszenz, die aber auch an den seitlichen dorsalen Kanten entlang laufen kann. Campylotroper Samen hängend im Fach, nur mit einschichtiger Testa versehen, aus großen hufeisenförmigen Sklereiden aufgebaut. Samen liegt dem Endokarp zumeist sehr eng an.

Fossil ist die Gattung im Tertiär Europas mit sehr vielen Arten seit dem Paläozän bekannt.

Artenbeschreibungen und Artenschlüssel: C. A. WEBER 1893; E. M. REID 1920a, 1923, 1927b; MAI 1964, 1970; GREGOR 1978; VAN DER BURGH 1978; MAI und WALTHER 1985.

Ilex aquifolium LINNÉ fossilis
Taf. XXXV, Fig. 7—9

1893 *Ilex aquifolium* L. *fossilis* C. A. WEBER, Engler's bot. Jahrb., **17**, Beibl. 40: 10.

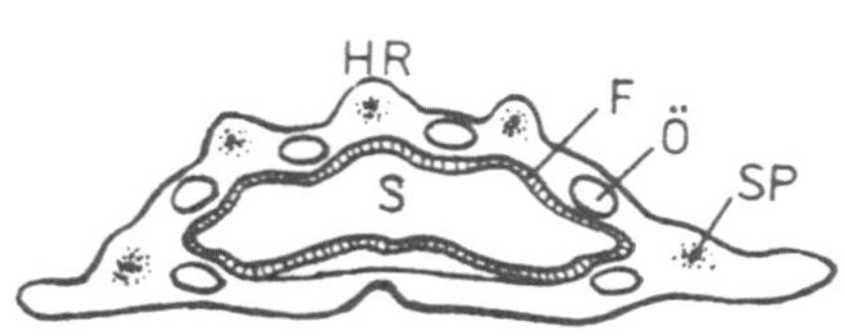

Abb. 88. *Peucedanum palustre* (L.) MOENCH — Querschnitt durch das Merikarpium (Erläuterungen s. Abb. 87)

Steinkerne 6—7 mm lang, 2,5—3 mm breit. Dorsalseite mit drei bis fünf lang durchlaufenden Rippen, zwischen die sich besonders randlich schräg angeordnete oder netzig verzweigte Anastomosen einschieben. Seitenflächen mit ein bis vier netzig verzweigten, selten lang durchlaufenden Rippen.

Bemerkungen: Mit den Steinkernen der heutigen Art identisch, durch Fossilisation meist etwas kleiner in den Dimensionen. Baumförmiges Unterholz in Wäldern im atlantisch beeinflußten Teil Europas, im Süden über das Mediterrangebiet nach Asien verbreitet. Wichtiger Indikator für humides Klima.

Vorkommen: Ab Mittelmiozän in Europa (SZAFER 1961), bisweilen im Pliozän, im Klimaoptimum aller Interglaziale bis Mitteleuropa und damit weiter östlich als die heutige Verbreitungsgrenze (C. A. WEBER 1893; KEILHACK 1906; STOLLER 1909).
Nordhausen (4847b); Kaltensundheim (9747).

Ilex protogea MAI
Taf. XXXV, Fig. 10—12

1970 *Ilex protogea* MAI, Paläont. Abh., B, 3: 459; t. 62, f. 9—15.

Steinkerne klein, 3,0—4,5 mm lang. Mit spitzwinkliger Divergenz, 1—1,5 mm breit, Dorsalseite mit zwei divergierenden, sich verzweigenden und zur Spitze bisweilen verlierenden Rippen, Seitenflächen mit ein oder zwei dünnen, verzweigten Rippen.

Bemerkungen: Von der ähnlichen *I. cantalensis* E. M. REID (1920a) durch die sehr geringe Anzahl der dorsalen Rippen und die etwas schmälere Dorsalseite unterscheidbar. Rezent kommt ihnen *Ilex cassine* L. (atlantisches Nordamerika, feuchte Gebüsche) nahe.

Vorkommen: Miozän der Lausitz (MAI 1970).
Gerstungen (6718).

Ilex thuringiaca MAI
Taf. XXXV, Fig. 13, 14

1970 *Ilex thuringiaca* MAI, Paläont. Abh., B, 3: 457; t. 62, f. 6.
1965 *Acanthopanax* spec. MAI, Mitt. zentr. geol. Inst., 1: 56; t. V, f. 34.

Steinkerne mit spitzwinkliger Divergenz der Seitenflächen, Wand des Endokarps dick, glatt, etwas buckelig-grubig ornamentiert. Länge 3,6—3,8 mm; Breite 1,7 mm.

Bemerkungen: Ähnlich *I. tenuiputamenta* MAI (1970), aber mit dickerem, grubig-buckligem Endokarp und breiter Dorsalseite. Verwandt sind die heutigen Arten *I. coriacea* CHAPM. und *I. glabra* A. GRAY (atlantisches Nordamerika; immergrüne Moorgebüsche).

Vorkommen: Pliozän (MAI 1970).
Gerstungen (6723); Kranichfeld (MfN, Berlin, „*Acanthopanax* spec." bei MAI 1965).

Rhamnaceae

Frangula MILLER

Oft als Untergattung von *Rhamnus* L., etwa 50 Arten, nach GRUBOV (1949) bereits 52 Arten; Teilareale in Ostasien (südlich bis Kampuchea, Vietnam), in Europa, im atlantischen und pazifischen Nordamerika, hier die Mehrzahl der Arten. Bäume und Sträucher, sommergrün, halbimmergrün oder immergrün (sechs Arten). In Lorbeerwäldern, Bergregenwäldern, Mixed Mesophytic Forests, Sommerlaubwäldern und Nadelwäldern, vorwiegend an bodenfeuchten Stellen, in Sümpfen, an Bächen und Flüssen. Einige Arten auf trockenen Berghängen, auf Kalkfelsen oder in Bergwüsten.

Steinfruchtartige, fleischige Beeren mit zwei bis vier geschlossen bleibenden „Kernen" von lederartiger bis dünnholziger Wandung. Pyrenen, die keine Dehiszenz aufweisen und den Samen dauernd fest umschließen, nach VENT (1962) im Unterschied zu anderen *Rhamnus*-Früchten Frangulokarpien, rundlich bis breit-eiförmig im Umriß, plano-konvex im Querschnitt. Mit einer knochigen Ansatzstelle an der Basis, die wie dicker Wall erscheint, oft tief gespalten, Mikropyle und Hilum benachbart. Über die flache Seite deutliche Längslinie (mediane Raphe). Testa des fest eingeschlossenen Samens zart und dünn.

Fossil in Europa durch sichere Fruchtreste seit dem Mitteleozän bekannt, aber doch verhältnismäßig selten. Häufiger werden die Funde (vor allem Blattreste) in interglazialen Kalktuff-Ablagerungen.

Artenbeschreibungen: C. und E. M. REID 1907b; CHANDLER 1961; GREGOR 1977.

Frangula alnus MILLER **fossilis**
Abb. 89; Taf. XXXV, Fig. 15

1907b *Rhamnus frangula* L. — C. und E. M. REID, J. Linn. Soc., 38: 214; t. 11, f. 29.

Pyrenen breit-eiförmig bis rundlich im Umriß, planokonvex im Querschnitt. Ventral mit medianer Suturkante (Raphe), terminal gerundet. Basal mit zangenartigen Enden, zwischen denen das Hilum liegt, stark zusammenneigend oder nahezu eingezogen. Ohne Dehiszenz. Länge 5—6 mm; Breite 4 bis 5 mm.

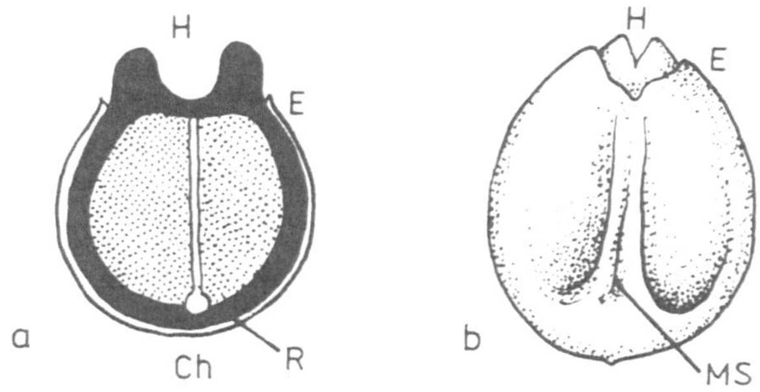

Abb. 89. *Frangula alnus* MILL. — Schließfrucht

a = Schematischer Längsschnitt (nach GREGOR 1977); b = Schließfrucht in Dorsalansicht (nach BERTSCH 1941); E — Endokarp; MS — Mediansutur; H — Hilum (und Mikropyle); Ch — Chalaza; R — Raphe

Bemerkungen: Von der im Miozän vorkommenden Art (Gregor 1977) im wesentlichen durch die Stellung der basalen, zangenförmigen Enden zu unterscheiden.

Die heutige, sommergrüne Art ist über ganz Europa von 66° nördlicher Breite in Skandinavien bis Italien, Thessalien, Kleinasien und Transkaukasien im Süden verbreitet. Sie wächst als Unterholz in Nadelwäldern, in Flußufer- und Auenwäldern, in Erlenbrüchen, in Transkaukasien auch auf den subtropischen *Sphagnum*-Hochmooren am Kobuleti-Fluß und in den *Alnus barbata*-Sümpfen.

Vorkommen: In Interglazialen vom Atlantik bis in den Vorural (vgl. Mai 1983b).

Nordhausen (4939); Gerstungen (6722).

Vitaceae

Ampelopsis Michaux

Heute mit 24 Arten im temperaten und subtropischen Amerika und Asien verbreitet. Nordgrenze im Amur- und Ussurigebiet, den Südkurilen, Ohio, Illinois, in Westasien bis Kilikien/Südosttürkei und Armenien. Lianen, die sich hauptsächlich auf die Mixed Mesophytic Forests beschränken, aber auch aus nördlichen Sommerlaubwäldern in Ostasien oder Nordamerika genannt. In immergrünen Eichenwäldern und Lorbeerwäldern nur wenige Arten vorhanden (Yunnan, Südjapan, Taiwan, Florida).

Samen verkehrt-eiförmig oder subglobos. Samenquerschnitt plano-konvex, mit ventralem Raphewulst. Dorsale Chalaza elongat und in einen relativ breiten (und oft langen) Fortsatz auslaufend. Oberfläche um die Chalazagrube glatt oder radialfurchig. Mikropylarhöcker läuft fast immer spitz zu. Testa relativ dickwandig.

Fossil in Europa und Westasien durch eine ganze Anzahl Arten vertreten, von der Paläozän/Eozän-Wende bis in das oberste Pliozän (Tegelen).

Artenbeschreibungen: Chandler 1926, 1960b; Reid und Chandler 1933; Kirchheimer 1938; Dorofeev 1957d, 1959a, 1963a; Negru 1979, 1986; Mai und Gregor 1982.

Ampelopsis macrosperma Dorofeev
Taf. XXXVII, Fig. 1, 2

1959a *Ampelopsis macrosperma* Dorofeev, Paleont. Ž., (2): 130 bis 131; t. 9, f. 9—12.
1963a *Ampelopsis* cf. *aegirophylla* (Bge.) Planch. *fossilis* Dorofeev, Tretič. fl. Zap. Sibiri: 219; t. 37, f. 1, 2.

Samen birnenförmig, sehr groß, gekrümmt, ohne radiale, rippige Streifung um die Chalaza. Chalaza sehr groß, mit Fortsatz, der oft die Ventralseite erreicht und mitunter an der Raphe herunterläuft. Mikropylenspitze ausgezogen, aber nicht schnabelartig. Länge 5—6 mm, Breite 4—5,2 mm.

Bemerkungen: Eine Art, deren Samen von anderen fossilen Arten durch die Größe und den sehr großen Chalazaknoten zu unterscheiden sind. Es handelt sich um einen eurosibirischen Einwanderer, der im Obermiozän-Pliozän Mitteleuropa erreicht, in Westsibirien bereits seit dem Oligozän vorkommt. Die mitteleuropäischen Exemplare (Berga; Matanov sad, Dorofeev 1966a, Abb. 25) scheinen geringfügig kleiner in ihren Abmessungen zu sein. Sie deshalb als eigene Art zu führen oder mit der rezenten *A. aegirophylla* (Bunge) Planch. zu vereinigen, ist wohl nicht gerechtfertigt. Ähnliche, aber etwas kleinere und dickschalige Samen besitzt *A. dorofeevii* Negru (1979).

Die vergleichbare heutige Art ist eine sommergrüne Liane in den Bergmischwäldern des Altai, des Karatau und in Westsibirien.

Vorkommen: Oligozän und Miozän in Westsibirien (Dorofeev 1963a); Pliozän der Ukraine (Dorofeev 1966a).

Berga (5524).

Ampelopsis malvaeformis (Schlotheim) Mai
Taf. XXXVII, Fig. 3—6

1822 *Carpolithus malvaeformis* Schlotheim, Nachtr. Petrefaktenkunde: 98—99; t. 21, f. 9a—c.
1957d *Ampelopsis ludwigii* (A. Br.) Dorofeev, Bot. Ž., **42**: 644 bis 645; t. 1, f. 1, 2.
1982 *Ampelopsis malvaeformis* Mai in Mai und Gregor, Feddes Repert., **93**: 418—419; t. 21, f. 1—3.

Samen herzeiförmig bis birnenförmig oder länglich-verkehrt-eiförmig, mit fünf bis zehn radial von der Chalaza ausstrahlenden Furchen, die über den scharfkantigen Rand der Dorsalseite nach den Seitenflächen herüberziehen und sich in den rinnenartigen Einfaltungen beiderseits der Raphe verlieren. Chalaza klein, eiförmig bis lanceolat, mit oder ohne Fortsatz über den apikalen Einschnitt. Raphekante am Hilum scharf, nach apikal etwas verbreitert, paarige Einfaltungen tief, schmal, mitunter kurz. Mikropylarhöcker schnabelartig zugespitzt. Länge 2,7—5,5 mm, Breite 1,8—4 mm.

Bemerkungen: Die nomenklatorisch einwandfreie Bezeichnung dieser oft als *A. ludwigii* (A. Braun) Dorofeev (1957d) geführten Art wurde von Mai und Gregor (1982 S. 419) ausführlich begründet. Zum Vergleich der fossilen Samen können zwei heutige Arten herangezogen werden: *A. orientalis* (Boiss.) Planch. aus den Bergwäldern der kleinasiatischen Gebirge bis 1500 m und *A. leeoides* Planch. aus Südjapan bis Westhondo (Chugoku), die in den Mixed Mesophytic Forests der Gebirge vorkommt.

Vorkommen: Mittelmiozän in Mitteleuropa; Obermiozän und Pliozän von Frankreich bis Abchasien/Kaukasus; noch im Spätpliozän von Tegelen und Fort Louis/Alsace.

Rippersroda (691b; Mai u. a. 1963); Kranichfeld (MfN, Berlin, Mai 1965); Berga (5523).

Vitis Linné

70 Arten von laubwerfenden, selten immergrünen Lianen mit großen Blättern. Nach Norden bis in die temperaten Florenprovinzen reichend, z. B. in die nordostchinesische Region mit Nadel-Breitlaub-Mischwäldern und in die Südostkanadischen Nadel-Laub-Mischwaldgebiete von Ontario, Quebec, New Brunswick, während die europäischen Wildreben (*Vitis sylvestris* Gmel.) ursprünglich ihre Nordgrenze in den Auenwäldern der Donau, March, im oberen Rheintal und an der Loire haben. Im Süden des Areals in den paratropischen Regenwäldern am Salwin/Yunnan oder den subtropischen Bergwäldern bei 1000 m im Sikkim-Himalaja. Ihre Hauptentfaltung haben die Arten in feuchten Auenwäldern, Sumpfwäldern, Regenwäldern oder Gebirgswäldern. Seltener werden trockene Böden, Felsschutt oder Felsen besiedelt, z. B. macchien-artige Pistacieten in Yunnan oder Sandkiefern-Buschwälder von Florida.

Samen im Umriß gerundet-dreieckig bis birnenförmig (seltener elongat), plano-konvex oder eiförmig. Ventralseite neben der zentralen Rapheleiste an beiden Seiten breite, seichte Einfaltungen. Dorsalseite mit einer zentralen bis marginalen, rundlichen, ovalen oder nahezu dreieckigen Chalaza, mit einer Furche in Verbindung stehend, welche das apikale Ende des Samens tief einschneidet. Mikropyle auf einer Spitze oder einem stielartigen Schnabel an der Basis und meist von rauhen Warzen und Auswüchsen begleitet.

Fossil in Europa bereits im Paläozän nachweisbar, artenreich besonders im Eozän (28) entwickelt, im Pliozän noch drei oder vier Arten, ab Altpleistozän nur noch die heutige *Vitis sylvestris* GMELIN nachweisbar.

Artenbeschreibungen: A. BRAUN 1854; HEER 1862, 1868; C. und E. M. REID 1907a; CHANDLER 1926, 1957, 1960b, 1962; REID und CHANDLER 1933; KIRCHHEIMER 1936b, 1940, 1941b; KRÄUSEL 1937; MÜLLER-STOLL 1941; CZECZOTT u. a. 1959; DOROFEEV 1962a; MAI 1964; NEGRU 1986.

Vitis sylvestris GMELIN **fossilis**
Taf. XXXVII, Fig. 7

1907a *Vitis vinifera* L. *fossilis* C. und E. M. REID, Fl. of Tegelen: 17; t. 1, f. 30, 31.

1908 *Vitis sphaerocarpa* KINKELIN, in ENGELHARDT und KINKELIN, Oberplioc. Fauna u. Flora Untermaintal: 225; t. 34, f. 1a—c.

1937 *Vitis sylvestris* GMELIN *fossilis* KRÄUSEL, Decheniana, A, **62**: 218; t. 2, f. 21.

Samen breit-eiförmig bis halbkugelig, dorsal stark gewölbt. Chalazaknoten groß, rundlich oder eiförmig, im oberen Drittel des Samens, bisweilen mit Leitbündelfortsatz. Apex etwas eingekerbt. Basis mit kurzer, zylindrischer Prolongation, die abgestutzt und stark warzig endet. Ventrale Seite mit tiefen, breiten oder schmalen Einstülpungen, die bis in das obere Viertel des Samens reichen, bisweilen etwas furchig. Länge von 3,5—6 mm.

Bemerkungen: *Vitis sylvestris* GMELIN *fossilis* unterscheidet sich sehr deutlich von *V. parasylvestris* KIRCHHEIMER (1940, 1941b), mit dessen Samen sie der letzte Autor fast immer vereinigt hatte. In erster Linie sind die Chalaza und die dorsale Seite stark abweichend, aber auch die Prolongation der Basis und die ventralen Einstülpungen sind anders. *Vitis sylvestris* GMELIN [oder *Vitis vinifera* L. ssp. *sylvestris* (GMEL.) BERGER] ist die einzige europäische Wildrebe. Sie ist von Transkaukasien bis Spanien über das gesamte Mediterrangebiet verbreitet und reicht im Norden in den Auen der großen Ströme Donau, March, Rhein, Rhone und Loire bis in den gemäßigten Laubwaldgürtel. Hier sind ihre Standorte im Bereich der feuchten Auenböden in Alneto-Carpineten, Querceto-Ulmeten und den Pappel-Weiden-Weichholzwäldern. Auf der Kolchis und im Mediterrangebiet reicht die Art bis in mesoxerophytische Hartlaubwälder mit *Arbutus*, *Buxus*, *Rhododendron* und *Quercus ilex*.

Vorkommen: Im Obermiozän in Osteuropa (DOROFEEV 1959b, 1964a); im Pliozän und Altpleistozän in ganz Europa sehr verbreitet; im Holstein- und Eem-Interglazial noch nördlich der heutigen Arealgrenze, z. B. am Niederrhein (KRÄUSEL 1937, KEMPF 1966), in den Niederlanden (FLORSCHÜTZ 1928) und Friesland (ZAGWIJN 1978), an der Salzach (JUNG u. a. 1972) und am Wieprz/Ostpolen (SOBOLEWSKA 1954).

Berga (5525).

Santalaceae

Thesium LINNÉ

Heute etwa 245 Arten, temperiert bis tropisch. Hauptartenanzahl in Afrika (Kapland) und Mediterrangebiet, wenige Arten bis Mitteleuropa (8 Arten) und Asien (30 Arten), eine Art in Australien und Tasmanien, zwei Arten in Brasilien. Im Norden (Sibirien) den 60° n. Br. kaum überschreitend. Kleine Sträucher und Kräuter, die oft an der Basis verholzen. Grüne Halbschmarotzer, deren Wurzeln vermittels Haustorien auf den Wurzeln anderer Pflanzen parasitieren.

In Regenwäldern von Südyunnan, lichten Kiefernwäldern, *Castanea*-Wäldern südlich der Alpen, lichten Laubwäldern, Fichtenwäldern, aber noch häufiger auf Heiden, in Steppen, auf trockenen Wiesen, Trockenrasen, Grasplätzen, Flußschotter, Berg- und Alpenwiesen. In den europäischen Alpen bis 2600 m, Kaukasus bis 2500 m. Im wesentlichen temperiertes Element.

Frucht unterständig, nußartig, seltener saftig, einfächrig, klein, elliptisch, eiförmig oder kugelig, außen erhaben netzig- oder längsgeadert. Zwischen den Adern mehr oder weniger viele und deutliche Anastomosen. Basis gestielt oder ungestielt. Apex von der verwelkenden, eingerollten, später abfallenden Blütenhülle gekrönt (fossil niemals erhalten). Länge und Form dieses Perigonsaums liefert einige Merkmale für die Bestimmung rezenter Arten. Endokarp krustig. Samen von kugeliger oder eiförmiger Gestalt, fest mit dem Endokarp verwachsend, ohne Testa (Abb. 90).

Fossil in Europa seit dem Pliozän, in Westsibirien bereits im Miozän (DOROFEEV 1963a); ferner in Interglazialen und Interstadialen.

Artenbeschreibungen: ŚRODOŃ 1952; NIKITIN 1957; KAC u. a. 1965.

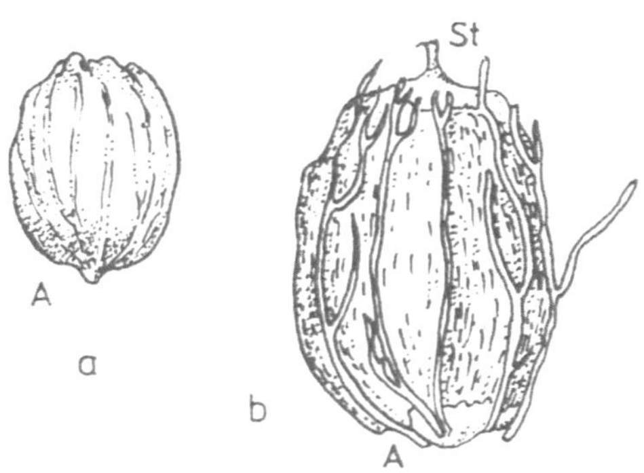

Abb. 90. Nüßchen von *Thesium* L.
a) *Th. alpinum* L. (nach ŚRODOŃ 1952). — b) *Th. ramosum* HAYNE (nach DOROFEEV 1963d)

Thesium nikitinii nov. spec.
Taf. XXXVIII, Fig. 5—11

Holotypus: Taf. XXXVIII, Fig. 5 — Berga (Pliozän) — MMG, Dresden, Coll. MAI, Nr. 5521.

Diagnose: Früchte elliptisch oder länglich-eiförmig, sitzend oder kurzgestielt, mit erhabenen Längsnerven, die selten und dann besonders basal anastomosieren. Anzahl der Leitbündel abaxial sechs bis acht, adaxial nur vier bis sechs, apikal über den in eine Griffelspitze verschmälerten Fruchtkörper hinauslaufend, von dem innervierten Perigonsaum keine größeren Reste erhalten. Endokarp dünn, lederig, ein einziges Fach umschließend (Samen nicht erhalten). Länge 2,6—4,8 mm (Mittel 3,9 mm); Breite 1,2—2,8 mm.

Bemerkungen: Nach den Merkmalen eine großfrüchtige *Thesium*-Art aus der Verwandtschaft mediterraner Arten. Nach der Berippung und Stiellosigkeit steht *T. humifusus* DC. (Westliches Mediterrangebiet, Westeuropa nördlich bis England, Flandern, Lothringen) sehr nahe. Andererseits hat auch das gestielte *T. linophyllon* L. eine sehr ähnliche Fruchtform und Berippung. Es wächst südlich der Alpen in Kastanienwäldern, in Südosteuropa in pontischen Steppenheiden. Seine Westgrenze liegt in der Dauphine und den Vogesen, die Nordgrenze an der unteren Elbe.

Zu dieser im Pliozän anscheinend verbreiteten Art muß man einige von anderen Autoren unter anderen Namen abgebildeten Früchte hinzuzählen, z. B.:

Carpolithus sp. 25 bei C. und E. M. REID 1915 (S. 144; t. 19, f. 4, 5) — Brunssum (Pliozän);
Siler cf. *trilobum* CRANTZ bei SZAFER 1954a (S. 53; t. 14, f. 1—4) — Mizerna II (Pliozän); MMG, Dresden, Coll. MAI, Nr. 7685;
Thesium sp. 1 bei NIKITIN 1957 (S. 132; t. 4, f. 14, 15) — Krivobore (Pliozän).

Vorkommen: Pliozän vom Niederrhein, Karpatenvorland und Don-Voronež-Gebiet.
Berga (5521).

Gentianaceae

Gentiana LINNÉ

Gattung sensu lato mit etwa 450 Arten über die gesamte Erde außer Afrika, hautpsächlich in der kühl-temperierten Zone und den Hochgebirgen. Gehören zu den am höchsten steigenden Phanerogamen der Erde (z. B. *G. amoena* CLARKE bei 5490 m NN am Mt. Everest). Ausdauernde oder zweibis einjährige Pflanzen, ein- bis mehrstengelig, aufrecht oder rasenbildend. In sehr verschiedenen Pflanzengesellschaften von den montan-borealen Nadelwäldern bis in die Waldsteppen, den Sümpfen der arktischen Niederungen bis in die Schuttfluren der Hochgebirge. Lichtfrostkeimer.

Früchte sitzende oder gestielte, einfächrige Kapseln, die zweiklappig aufspringen. Samen eiförmig bis länglich, klein oder bis 3,5 mm groß, sehr verschieden ornamentiert. Neben Flügelsamen treten ungeflügelte, neben glatten stark netzige, runzelige, grubige oder mit Blättchen oder Schüppchen verzierte Samen auf.

Fossil ab Pliozän (MAI 1965), in wenigen Interstadialen Westeuropas.

Artenbeschreibungen und Artenschlüssel: BERTSCH 1941; ANDERSEN 1961.
Auszuschließende Art:
„*Gentiana pneumonanthe* L." — MAI u. a. 1963, Geologie **12**, t. IV, f. 6, 7 — vgl. *Typha pliocenica* DOROF.

Gentiana praeaptera nov. spec.
Taf. XXXVIII, Fig. 12

Holotypus: Taf. XXXVII, Fig. 12 — Kranichfeld (Pliozän) — MfN, Berlin.
Synonymie:
1965 *Gentiana cruciata* L. *fossilis* MAI, Mitt. zentr. geol. Inst., **1**: 58; t. V, f. 39.

Diagnose: Samen eiförmig, abgeflacht, 1,1—1,4 mm lang, 0,5—0,7 mm breit, anatrop, basal mit breitem Hilum, in dessen unmittelbarer Nähe die Mikropyle mit einer stumpfen Nase endet. Basis schief, Apex zugerundet. Testa dünn, ledorig, mit äußerst feiner, longitudinaler Striation, die von sehr langgestreckten Zellen mit getüpfelten Zellwänden herrührt.

Bemerkungen: Von MAI (1965) wurde der Samen als „*G. cruciata* L. *fossilis*" beschrieben, von deren Samen das Fossil allerdings durch eine mehr eiförmige Form und sehr feine Längsstriation abweicht. Noch ähnlicher mit den Fossilien sind die Samen der karpatischen *G. phlogifolia* SCHOTT et KOTSCHY, die zumeist als Unterart von *G. cruciata* L. geführt wird. Beide sind die einzigen europäischen Vertreter der hauptsächlich in Zentralasien und Sibirien verbreiteten Sect. *Aptera* KUSNECOW. Die ungeflügelten, eiförmigen, striaten Samen der Sektion sind sehr typisch und gleichen unseren Fossilien, die damit tertiäre Vorläufer dieser Artengruppierung darstellen. Einen fossilen Samen der Sec. *Aptera* beschrieb auch E. M. REID (1920b) als „*Gentiana (Aptera)* spec." aus dem Präglazial von Durham/Großbritannien, der aber viel kleiner als unsere Fossilien ist.

Vorkommen: Miozän der Lausitz (Schlabendorf-Süd, 6585); und Pliozän.
Kranichfeld (MfN, Berlin, MAI 1965).

Menyanthaceae

Menyanthes LINNÉ

Gegenwärtig monotypische Gattung mit einer borealboreomeridional-amphiarktisch verbreiteten Art. Ausdauerndes Kraut mit langen Rhizomen, in fast reinen Kolonien Bestandteil der verschiedenen Moortypen, besonders der Flachmoore. Im Norden bis Island, Hokkaido.

Fruchtkapsel rundlich bis eiförmig, 7—13 mm lang, einfächrig, mit zwei wandständigen Plazenten. Dehiszenz unregelmäßig mit zwei Klappen oder gar nicht. Samen zahlreich, flach scheibenförmig, ellipsoidisch bis linsenförmig, mit seitlicher flacher Hilumgrube und glänzend hellbrauner, glatter Oberfläche. Testa merklich dick, mehrschichtig, mit hohen Epidermiszellen und mehreren Lagen rundlicher Parenchymzellen. Nach TRUCHANOWICZÓWNA (1964, S. 49) sind diagnostische Merkmale zur Artabgrenzung folgende: Längen: Breiten-Index der Samen, Höhen: Breiten-Index der Epidermiszellen, Dicke der Testa und Anzahl der Zellschichten, Gestalt der Testa-Zellen.

Fossil mit mehreren Arten seit Oligozän.

Artenbeschreibungen: HEER 1865; KIRCHHEIMER 1936b; JENTYS-SZAFEROWA und TRUCHANOWICZÓWNA 1953; DOROFEEV 1963a; TRUCHANOWICZÓWNA 1964; NIKITIN 1965.

Menyanthes carpatica JENTYS-SZAFEROWA et TRUCHANOWICZÓWNA
Taf. XXXVIII, Fig. 13

1953 *Menyanthes carpatica* JENTYS-SZAFEROWA und TRUCHANOWICZÓWNA, Prace Inst. Geol., **10**: 45—48; t. 5, f. 5.

Samen flach linsenförmig, klein, nur 1,3—2,1 mm lang und 1,2—1,8 mm breit, mit seitlichem, punktförmigem Hilum. Testa zweischichtig. Epidermiszellen etwa zweimal so hoch wie breit; parenchymatische Schicht aus rundlichen Zellen, über zehn Zellreihen dick.

Bemerkungen: Eine Art mit wesentlich kleineren Samen als *M. trifoliata* L., der nur zwei fossile Arten, *M. minima* DOROFEEV (1963a) und *M. parvula* NIKITIN (1965) nahestehen.

Vorkommen: Bisher Pliozän von Südpolen, Maingebiet, Voronež (JENTYS-SZAFEROWA und TRUCHANOWICZÓWNA 1953); Holstein-Interglazial am Neman (KAC und KAC 1959).
Kranichfeld (MfN, Berlin, MAI 1965).

Caprifoliaceae

Viburnum LINNÉ

Mindestens 200 Arten auf der nördlichen Hemisphäre, in Amerika südlich über den Äquator reichend; Entfaltungszentrum heute China. Bäume oder Sträucher mit sommer- oder immergrünen, einfachen, ungeteilten oder gelappten Blättern, besonders in Mixed Mesophytic Forests, aber auch Lorbeer- und Gebirgsregenwäldern, Sommerlaubwäldern, Auen-, Sumpf- und Uferwäldern, in Gebüschen und Waldsaumgesellschaften.

Frucht eine Steinfrucht mit einem Stein, der kugelige oder ellipsoidische, zumeist aber flachgedrückte Form besitzt, einsamig. Samen fest dem Endokarp anliegend. Steinkerne mit Bauch- und Rückenfurchen oder ungefurcht oder nur mit tiefer Bauchfurche. Oberfläche runzelig, knotig, warzig, grubig oder faserstreifig. Hilum als Loch am etwas zugespitzten Ende subapikal und ventral. Nach Steinkernen Sektionen und Artengruppen gut unterscheidbar.

In Europa fossil mit mehreren Arten, unsicher in der oberen Kreide; nach Blattresten bereits in Paläozänfloren, nach Steinkernen aber erst ab Miozän gesichert.

Artenbeschreibungen: C. REID 1892, 1899; SZAFER 1961; PALAMAREV 1971; DOROFEEV 1977a.

Viburnum hercynicum nov. spec.

Taf. XXXVII, Fig. 8—10

Holotypus: Taf. XXXVII, Fig. 8 — Gerstungen (tonige Schichten, Pliozän) — MMG, Dresden, Coll. MAI, Nr. 6696.

Diagnose: Steinkerne eiförmig bis breit-eiförmig, mehr oder weniger abgeflacht, mit drei ventralen und zwei dorsalen Furchen, die meist sehr abgeflacht sind bis auf die stets deutliche ventrale Mittelfurche (Raphe), oft aber basal Reste von Leitbündeln enthalten, einfächrig, Hilum wenig groß. Äußere Oberfläche knotig-querrunzelig, innere Oberfläche fein wellig, querstricheliert, glänzend. Länge 4—5 mm; Breite 2,5—3,8 mm.

Bemerkungen: Nach den Merkmalen Steinkerne einer Art der Sect. *Odontotinus* REHD., aus der bisher durch PALAMAREV (1971) die miozäne Art *V. cukurovense* PALAM. beschrieben wurde, die durch größere Steinkerne mit mehr längsrunzeliger Skulptur und anderen Umrissen abgetrennt wurde. Von den heutigen Arten kommen die Steinkerne einiger ostasiatischer Arten (*V. wrightii* MIQ., *V. dilatatum* THUNB., *V. hupehense* REHD.) zum näheren Vergleich in Frage, sommergrüne Arten der Strauchschicht in den Mixed Mesophytic Forests und dessen Degradationsstadien (WANG 1961).

Von den bisher unbeschriebenen, aber abgebildeten Steinkernen scheint „*V.* sp. *dilatatum* THUNB." bei SZAFER (1954a, t. 15, f. 21) zu unserer Art zu gehören.

Vorkommen: Pliozän von Thüringen.
Gerstungen (6696); Berga (5569).

Weigela THUNBERG

Zwölf Arten in Ostasien, von Südkurilen bis Gebirge von Jawa. Vorwiegend Gebirgspflanzen auf steinigen, armen Böden. Sommergrüne Sträucher im Unterholz von Nadelwäldern, Sommerlaubwäldern, Birkenwäldern, Talwäldern, aber auch der Gebüschgesellschaften auf felsigen Hängen und der Dickichte in der alpinen Stufe.

Frucht eine reichsamige, zweiklappige, trockene Kapsel. Samen flach, in der Kontur elliptisch, meist an einem Ende gerundet, am anderen abgestutzt, sehr veränderlich, geflügelt oder ungeflügelt. Oberfläche sehr typisch durchweg von drei- bis sechseckigen, großen oder kleinen Grübchen bedeckt, fast immer unregelmäßig angeordnet, seltener sich zu Reihen anordnend.

Fossil seit Oligozän in Sibirien; in Europa vom Miozän bis Pliozän.

Artenbeschreibungen und Artenschlüssel: DOROFEEV 1957b, 1977a; KAC u. a. 1965; ŁAŃCUCKA-ŚRODOŃIOWA 1967; NIKITIN 1976; FRIIS 1985.

Weigela szaferi ŁAŃCUCKA-ŚRODOŃIOWA

Abb. 91c; Taf. XXXVIII, Fig. 1

1967 *Weigela szaferi* ŁAŃCUCKA-ŚRODOŃIOWA, Acta Palaeobot., **8**: 15—17; t. 2, f. 3—7.

Samen oval, mehr oder weniger länglich, meist an einem Ende gerundet und etwas verschmälert am anderen, immer abgeflacht, an drei Seiten geflügelt. Flügel an den Polen besonders groß, manchmal so groß wie die Samenlänge, aus schmalen und sehr langen Zellen. Testa dünn, aus sehr kleinen, vorwiegend sechseckigen Zellen aufgebaut, die in länglichen Reihen angeordnet sind. Samen 1—1,9 mm lang, 0,7—0,9 mm breit.

Bemerkungen: Nach ŁAŃCUCKA-ŚRODOŃIOWA (1967) eine kleinsamige Art der Sect. *Weigelastrum* REHD., die sich am besten mit *Weigela maximowiczii* (MOORE) REHD. (Gebirge im Zentral- und Norddistrict von Honshu/Japan; OHWI 1965) vergleichen läßt.

Vorkommen: Pliozän des Vorkarpaten-Gebiets.
Berga (5576).

Weigela thuringiaca nov. spec.

Abb. 91a, b; Taf. XXXVIII, Fig. 2—4

Holotypus: Taf. XXXVIII, Fig. 4 — Berga (toniger Sand, Pliozän) — MMG, Dresden, Coll. MAI, Nr. 5577.

Diagnose: Samen elliptisch, etwas unregelmäßig kantig, abgeflacht apikal gerundet, basal abgesetzt, ohne Flügel. Testa dünn, aus vier- bis sechseckigen, etwas gestreckten, oft gebogenen Zellen, die in unregelmäßigen Längsreihen angeordnet sind, über 40 Zellen pro Längsreihe. Länge 1,3 bis 1,7 mm, Breite 0,6—0,9 mm.

Bemerkungen: Eine Art ohne flügelige Samen, die sich nur mit jenen von *W. florida* (BUNGE) A. DC. (südöstliches Nordostchina, Halbinsel Korea, Tschili und Shandong in China, Kyushu/Japan; auf steinigen Hängen) und *W. praecox* (LEMOINE) BAILEY (Ferner Osten, Nordkorea, Chikuzen-

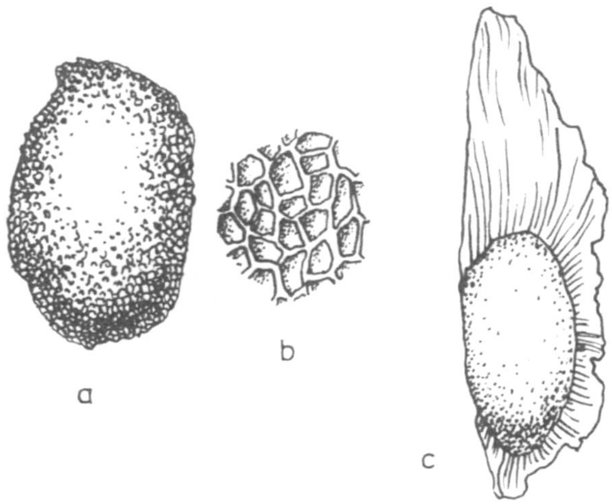

Abb. 91. Samen von *Weigela*-Arten des Pliozäns
a, b = *W. thuringiaca* nov. spec. (b = Zellstruktur der Testa von a). — c = *W. szaferi* ŁAŃ.-ŚRODOŃIOWA (Typus-Exemplar nach ŁAŃCUCKA-ŚRODOŃIOWA 1967)

Provinz auf Kyushu; steinige und felsige Hänge, Talwälder; OHWI 1965) vergleichen lassen. Äußerlich ähnliche Samen, die jedoch wesentlich kleiner sind und zumeist isodiametrische Oberflächenzellen zeigen, beschrieben KAC u. a. (1965) aus dem Pliozän an der Kama als *W.* cf. *suavis* (KOM.) BAILEY und V. NIKITIN (1976) als *W. pulchella* V. NIKIT. aus dem Miozän Sibiriens.

Vorkommen: Nur am Locus typicus.
Berga (5577).

Sambucaceae

Sambucus LINNÉ

40 Arten Nordhemisphäre, Südamerika, Ostafrika, Ostaustralien, Neuguinea. Sommergrüne Sträucher oder hohe Stauden mit fiederschnittigen Blättern, in allen humiden Waldtypen von den borealen Koniferenwäldern bis zu den immergrünen Regenwäldern, besonders hervortretend auf sekundären Standorten (Flußufer, Waldbrandflächen).

Steinfrüchte beerenartig, mit drei bis fünf Samen von eiförmiger bis nahezu lanzettlicher Form, abgeflacht, mit gerundeter Basis und kurz zugespitzter Spitze, am Rücken etwas gewölbt und auf der flachen Bauchseite mit dem subapikalen Hilum versehen. Dehiszenz durch Zerfall in zwei, der Bauch- und Rückenseite entsprechende Klappen. Charakteristische Oberflächenskulptur aus quergestellten, stellenweise verschmolzenen Runzeln, Buckeln, Warzen oder groben Granulae. Mit Größen zwischen 1 bis 4,8 mm.

Fossil in Europa bisher neun Arten, die heutigen europäischen Arten ab Obermiozän.

Artenbeschreibungen und Artenschlüssel: C. REID 1982; C. und E. M. REID 1915; KOZŁOWSKA 1923; CHANDLER 1926, 1963a, b; DOROFEEV 1963a, 1977a; NIKITIN 1976; NEGRU 1986.

Sambucus bashkirica DOROFEEV
Taf. XXXVII, Fig. 15—17

1977a *Sambucus bashkirica* DOROFEEV, Fauna i flora Simbugino: 82—83; t. 20, f. 7—11.

Samen eiförmig oder elliptisch, dicklich, 2,1—2,6 mm lang, 1,1—1,8 mm breit, apikal kurz zugespitzt, basal gerundet, Seiten konvex, seltener fast gerade, ventral eingekrümmt; Oberfläche mit rundlichen oder ovalen, großen Warzen, basal übergehend in quergestellte und schiefe Runzeln, die sich vor allem in der Mitte befinden.

Bemerkungen: Eine Art, deren Samen sich sehr deutlich von denen der heutigen europäischen Arten und der gleichaltrigen *S. pulchella* C. et E. M. REID (1915) unterscheiden. Eine Abgrenzung zur fossilen *S. lucida* DOROFEEV (1963a) ist bisher unterblieben.

Nach DOROFEEV (1977a) sind die Samen sehr ähnlich denen der heutigen ostasiatischen *S. sieboldiana* (MIQ.) SCHWER., die parallelrandigen aber denen der *S. latipinna* NAKAI (Halbinsel Korea, China), die nahezu ovalen, kurzen Samen aber denen der *S. sibirica* NAKAI (Ferner Osten, Sibirien).

Vorkommen: Pliozän der Baschkirischen ASSR (DOROFEEV 1977a); Karpatenvorland (7685, 7755).
Berga (5571c).

Sambucus nigra LINNÉ **fossilis**
Abb. 92a, b; Taf. XXXVII, Fig. 18—21

1892 *Sambucus nigra* L. *fossilis* C. REID, Quart. J. geol. Soc. **48**: 358.

Samen länglich, seltener eiförmig, mehr als zweimal so lang wie breit, 3—4,7 mm lang, 1,7—2,2 mm breit, außen gewölbt, grob gerunzelt.

Bemerkungen: Durch längere Gestalt und vor allem gröbere Runzelung von der ähnlichen *S. racemosa* L. unterscheidbar. Die heutige Verbreitung der Art erstreckt sich über ganz Europa, im Norden bis 63° n. Br., Südschweden, Litauische SSR, im Osten bis zur Donaumündung, von Kleinasien bis Armenien, Transkaukasien und Westsibirien, im Hochgebirge bis 1260 m ü. NN. Der hohe Strauch findet sich vor allem in feuchten Gebüschen, an Ufern, in Laub- und Nadelwäldern mit Vorliebe auf einem fruchtbaren, humosen, frischen bis feuchten Boden.

Vorkommen: Im Miozän von Odessa (DOROFEEV 1955a); Pliozän des Karpatenvorlands (SZAFER 1954a), am Neman (JAKUBOVSKAJA 1977) und in der Baškirischen ASSR (DOROFEEV 1977a); in Interglazialen ziemlich allgemein von Irland bis zur Belorussischen SSR, auch in Dryasfloren (KUŁCZYNSKI 1932; REID 1949).

Rippersroda (792b, „*Sambucus pulchella*" bei MAI u. a. 1963, t. 4, f. 17); Berga (5571b).

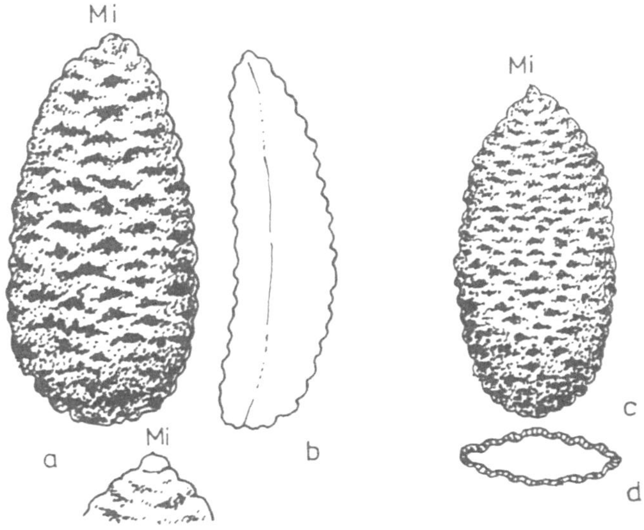

Abb. 92. Samen von *Sambucus* L.
a, b) *S. nigra* L.: a = Ventralansicht mit Detail von der Mikropylarregion, b = Seitenansicht. — c, d) *S. racemosa* L.: c = Ventralansicht, d = Querschnitt (nach BERTSCH 1941)

Sambucus pulchella C. et E. M. REID
Taf. XXXVII, Fig. 12—14

1915 *Sambucus pulchella* C. und E. M. REID, Plioc. Fl. Dutch-Prussian Border: 135—136; t. 17, f. 7—10.

Samen elliptisch-eiförmig, zugespitzt, abgeflacht zu rundlich-triangulärem Querschnitt, generell etwas nach innen gebogen, 1,8—2,5 mm lang und 1,3—1,6 mm breit, Oberfläche schwarz, mit zahlreichen, gebogenen, transversalen Wülsten, die sehr eng stehen.

Bemerkungen: Von mehreren bisher fossil beschriebenen Arten unterscheiden sich die Samen der *S. pulchella* C. et E. M. REID (1915) durch ihre Schlankheit und die Grazilität der Oberflächenornamentation. SZAFER (1947, S. 173) bezieht in diese Art nur Samen vom Längen-Breiten-Index 3/1 ein. Alle anderen Exemplare stellt er zu den rezenten Arten *S. ebulus* L. oder *S. racemosa* L. Vergleiche mit dem fossilen Material der *S. pulchella* REID sind indessen viel wahrscheinlicher mit den schmalsamigen Arten *S. williamsii* HANCE (Ostchina) und *S. caerulea* RAF., *S. glauca* NUTT. (Nordamerika) zu ziehen. Diese Arten zeigen auch die große Anzahl der transversalen Wülste.

In der älteren Literatur ist die fossile Art sehr oft fehlgedeutet worden (z. B. KRÄUSEL 1937; KIRCHHEIMER 1942; DOROFEEV 1958a, 1960c; MAI 1967).

Vorkommen: Pliozän der Niederlande bis in das Dongebiet (C. und E. M. REID 1915; NIKITIN 1957); im Miozän der Ukrainischen SSR, Weichselgebiet, Mähren/ČSSR, vielleicht auch Westsibirien (DOROFEEV 1955c; ŁAŃCUCKA-ŚRODOŃIOWA 1957; KNOBLOCH 1976).

Rippersroda (792 „*Sambucus ebulus*" bei MAI u. a. 1963; t. IV, f. 16); Berga (5571).

Sambucus racemosa LINNÉ **fossilis**
Abb. 92c, d; Taf. XXXVII, Fig. 11

1923 *Sambucus racemosa* L. *fossilis* KOZŁOWSKA, Acta Soc. Bot. Polon., **1**: 213.

Samen schmal verkehrt-eiförmig, außen gewölbt, mehr als zweimal so lang wie breit, 3—3,7 mm lang, 1,2—2 mm breit. Oberfläche feiner gerunzelt.

Bemerkungen: Die Arbeit ist heute in Mittel- und Südeuropa, in Nordasien bis Sachalin und Japan verbreitet. Sie findet sich in schattigen Wäldern, an felsigen Berghängen, an Waldrändern von der Ebene bis in die Krummholzregion der Alpen (bis 2050 m ü. NN) oder die *Larix gmelinii*-Wälder des Hsingan-Gebirges (WANG 1961). Sie bevorzugt lockere, lehmig-sandige Böden. Besonders gern werden zusammen mit *Rubus idaeus* L. auf weite Strecken hin Sekundärgesellschaften gebildet.

Vorkommen: Im Pliozän der Niederlande, des Karpatenvorlands, am Don, an der Wolga und in der Baškirischen ASSR (SZAFER 1947, 1954a; DOROFEEV 1956a, 1965, 1966a, 1977a); in Interglazialen vor allem in Polen und in der Belorussischen SSR, auch in Interstadialen (BIRKENMAJER und ŚRODOŃ 1960; BOROWKA-DŁUŻAKOWA 1967) und Dryasfloran (KULCZYŃSKI 1932).

Rippersroda (793, MAI u. a. 1963); Nordhausen (4881).

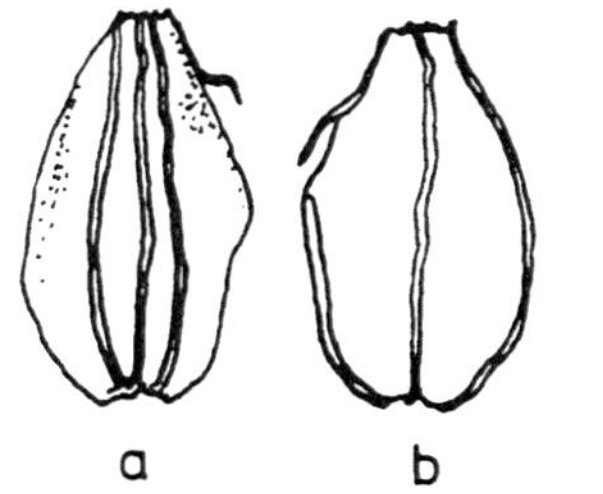

Abb. 93. *Valeriana pliocenica* DOROFEEV
a, b = Nüßchen von ventral und dorsal (Typus-Exemplar nach DOROFEEV 1965a)

Auszuschließende Art:
„*Sambucus ebulus* L. *fossilis*" bei MAI u. a. 1963, Geologie **12**: 788; t. IV, f. 16 — vgl. *Sambucus pulchella* C. et E. M. REID.

Valerianaceae

Valeriana LINNÉ

250 Arten Nordhemisphäre und Südamerika, krautige Pflanzen, Sträucher und Lianen. Im Unterwuchs feuchter Wälder von der borealen und subalpinen Zone bis in immergrüne Lorbeer- und Gebirgsregenwälder, auch in Hochstaudenfluren, an Bächen, auf Mooren.

Frucht eine vom Kelch gekrönte, einsamige Schließfrucht, flach, zwei- bis viermal länger als breit, auf der Rückenseite außer den beiden Randnerven noch drei Nerven, an der Bauchseite nur mit einem Nerv, Nerven dünn, fadenförmig, nicht rippig. Abortierte Fächer verschwinden an der reifen, einfächrigen und einsamigen Frucht völlig.

Fossil vom Pliozän an in Europa.

Artenbeschreibungen: E. M. REID 1920b; BIRKENMAJER und ŚRODOŃ 1960; DOROFEEV 1962b; KAC u. a. 1965.

Valeriana pliocenica DOROFEEV
Abb. 93; Taf. XXXVIII, Fig. 14

1962b *Valeriana pliocenica* DOROFEEV, Bot. Ž., **47**: 799; t. 4, f. 43—48.

Schließfrucht klein, verlängert-eiförmig, etwa zweimal so lang wie breit, an der Basis mehr gerundet, seltener abgestutzt, mit drei dorsalen und einem ventralen Leitbündel, dünn, kahl; 1,7—2,8 mm lang, 0,9—1,1 mm breit.

Bemerkungen: Eine sehr kleinfrüchtige Art, die nach DOROFEEV (1962b) *V. officinalis* L. nahesteht.

Vorkommen: Méot von Odessa, Pliozän der Baškirischen ASSR, am Don und Dnepr (DOROFEEV 1962b, 1966a, 1971, 1977a). Berga (5538).

Boraginaceae

Argusia BOEHMER

(*Messerschmidia* L. p. p.), drei Arten Japan—Sibirien—Schwarzmeerküste, Madagaskar bis Australien, pazifische Inseln, Westindische Inseln. Holzgewächse auf Sanden an Meeresufern und in Seengebieten in der Steppenzone, Sträucher oder kleine Bäume, bisweilen auch in immergrünen Regenwäldern, z. B. in Westjapan.

Fossil im Oligozän-Miozän Westsibiriens; Pliozän und Pleistozän der osteuropäischen Steppenzone zwischen Don und Wolga (DOROFEEV 1958—1966); im Mittelmiozän von Brückelholz/Oberpfalz sicher nicht richtig bestimmt (GREGOR 1978).

cf. **Argusia sibirica** (LINNÉ) DANDY **fossilis**
Abb. 94; Taf. XXXVIII, Fig. 24

1960d *Gorbunovia complicata* NIKITIN in DOROFEEV, Bjull. kom. izuč. četvert. per., **24**: Tab. 1; t. III, f. 12, 13.
1965 *Tournefortia sibirica* L. *fossilis* KIPIANI in KAC u. a., Atlas i opred. plodov semjan: 228—229; t. 75, f. 5—11.

Teilfrucht birnenförmig, rippig, nach oben zusammengezogen, 4,6 mm lang, 3,9 mm breit, zweifächrig, mit rippiger, steinharter Samenkammer, oben mit paarigen Öffnungen. Basis leicht grubig. Dorsalseite gewölbt, schwach gerippt, Ventralseite abgeflacht, mit Keimklappe. Wände der Teilfrüchte fest, dick.

Bemerkungen: Die Nomenklatur dieser in Osteuropa fossil mehrfach gefundenen Art wurde von KAC u. a. (1964) sowie GREGOR (1978) ausführlich abgehandelt. Da wir nur ein einziges, schlecht erhaltenes Exemplar fanden, möchten wir die sichere Zuordnung offen lassen.

Die heutige Art wird von Salzstellen an Meeres- und Seeufern von Osteuropa bis Japan genannt, aber auch in Grasländern, Steppen, Sanddünen und sogar in immergrünen Wäldern in Westjapan (HARA 1959).

Vorkommen: Pleistozän und Pliozän in Osteuropa; in Westsibirien bereits im Miozän und Oligozän (DOROFEEV 1963a). Kaltensundheim (9747).

Solanaceae

Physalis LINNÉ

Über 100 Arten, hauptsächlich tropisches und subtropisches Amerika, wenige Arten Europa und Ostasien, mit nördlicher Grenze etwa Belgien—Westfalen—Harz und Hokkaido/Japan. Einjährige und ausdauernde, kahle oder behaarte Kräuter auf trockenen oder sandigen, teilweise auch feuchten Böden, zerstreut und oft herdenweise in Gebüschen, in Wäldern, auf buschigen, steinigen Halden, auf Schutt.

Frucht eine kugelige Beere mit zahlreichen Samen. Sehr flache Samen rundlich-nierenförmig, 1—2,5 mm im Durchmesser, mit netzartiger Struktur aus sehr stark wellig gefalteten Oberflächenzellen.

Fossil in Europa im Miozän; Pliozän und in wenigen Interglazialen.

Artenbeschreibungen: C. und E. M. REID 1915; SZAFER 1947.

Physalis alkekengis LINNÉ **fossilis**
Abb. 95d—f; Taf. XXXVIII, Fig. 16, 17

1915 *Physalis alkekengis* L. *fossilis* C. und E. M. REID, Plioc. Fl. Dutch-Prussian Border: 43.

Samen ungerade-nierenförmig bis eiförmig-rundlich, kräftig abgeflacht, mit seitlicher Grube, in der ein schmal-gestrecktes Hilum liegt, Oberflächenzellen wenig grubig, netzartig. Wände

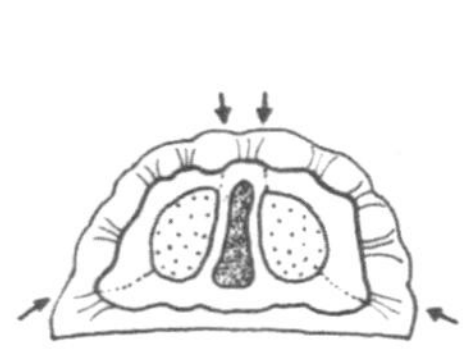

Abb. 94. Querschnitt der Teilfrucht von *Argusia sibirica* (L.) DANDY (nach KAC u. a. 1965); Pfeile = Dehiszenzstellen

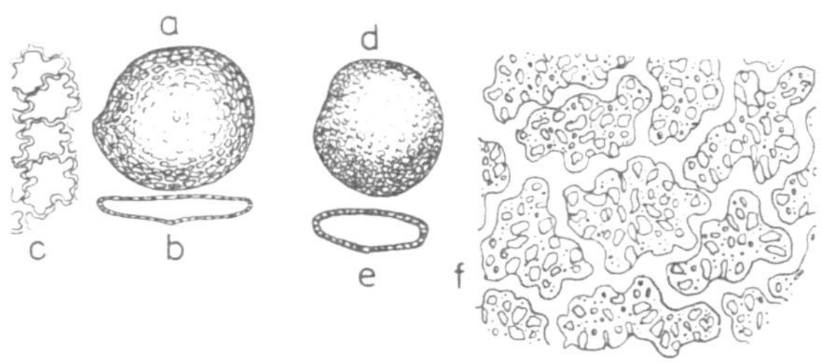

Abb. 95. Samen von Solanaceae

a—c) *Solanum dulcamara* L.: a = Samen in Aufsicht, b = Querschnitt, c = Zellmuster der Testa (nach BERTSCH 1941). — d—f) *Physalis alkekengi* L.: d = Samen in Aufsicht, e = Querschnitt, f = Zellmuster der Testaoberfläche (nach KAC u. a. 1965)

sehr dick, stark wellig, reich an kleinen, rundlichen oder gestreckten Poren. Durchmesser der Samen 1,75—2,5 mm.

Bemerkungen: Die heutige Art findet sich von Mitteleuropa (Belgien, Westfalen, Hannover, Harz, Sachsen) bis Ost- und Mittelspanien, Italien, Griechenland, im Osten bis Mittelasien und das uralische Sibirien. Sie bevorzugt kalkhaltigen Boden und steigt im Gebirge bis etwa 900 m (Graubünden) auf Schutt und buschigen Steinhalden auf. Sie tritt zerstreut und oft herdenweise in Gebüschen, Wäldern, Hekken und auf Holzschlägen auf. In Osteuropa, aber auch in Niederösterreich und der Steiermark erscheint sie häufiger in Auenwäldern.

Vorkommen: Pliozän von Westeuropa (C. und E. M. REID 1915) bis in die Baškirische ASSR (DOROFEEV 1960a) und Bulgarien (PALAMAREV 1970); Interglaziale (KEMPF 1966; FUHRMANN u. a. 1977).
Nordhausen (2832b); Berga (5546); Kaltensundheim (9730, 9732, 9747).

Scopolia JACQUIN

Sechs Arten im temperaten Eurasien: Japan, Westchina, Himalaja und Osteuropa. Kräuter mit ungeteilten Laubblättern. In der Krautschicht von Laubwäldern, in Osteuropa besonders Buchenwälder der montanen Stufe bis 1000 m NN. Tertiärrelikt nach ADAMOVIČ.

Frucht eine mit einem Deckel aufspringende Kapsel, in deren zwei Fächern zahlreiche Samen reifen. Samen nierenförmig, 3—4 mm lang, mäßig abgeflacht, etwa zweimal so breit wie dick. Hilum seitenständig, klein und grubig. Charakteristisch ist tiefgrubiges Netz der Testaoberfläche. Epidermiszellen groß, mit zapfenartig nach außen vorspringenden Seitenwänden, die auf einer stark verdickten inneren Membran fußen. Deutlich geschichtete Struktur und eingelagerte Kieselsäurestäbchen in der Innenmembran.

Fossil im Pliozän Mittel- und Osteuropas die heutige Art:

Scopolica carniolica JACQUIN **fossilis**
Taf. XXXVIII, Fig. 15

Samen nierenförmig, mäßig abgeflacht, 2,4—2,8 mm lang, 1,8—2,1 mm breit. Oberfläche grob und tiefgrubig netzig. Zellränder mehr oder weniger gerade, aber zapfenartig vorspringend.

Bemerkungen: Die fossilen Samen stimmen mit *Sc. carniolica* JACQ. weitgehend überein, sind allerdings durch die Fossilisation kleiner als die rezenten Samen und stärker zusammengedrückt. SZAFER (1947, t. 13, f. 27, 28) bestimmte derartige Samen fälschlicherweise als *Hyoscyamus* sp. Mit den stärker rundlich-trapezoidalen Samen dieser Gattung, die durch ein netzig-grubiges, aber etwas wellenrandiges Oberflächenmuster auffallen, haben die Fossilien jedoch nur entfernte Ähnlichkeit.

Scopolia carniolica JACQ. ist heute nach ADAMOVIČ (1909) ein Tertiärrelikt in den osteuropäischen Buchenwäldern, das in zwei getrennten Teilarealen, einmal in den Ostkarpaten, zum anderen im oberen Savegebiet, anzutreffen ist. Die Nordostgrenze der Art liegt bei Kamenec/Smolensk (UdSSR), die Südwestgrenze bildet die Donau.

Vorkommen: Pliozän von Krościenko (7754, vgl. auch SZAFER 1947).
Berga (5545).

Solanum LINNÉ

Mit über 1700 Arten pantropisch bis temperat, besonders in Südamerika, im Norden bis British Columbia und North Dakota/USA, Norwegen und Finnland. Einjährige oder ausdauernde Kräuter, wenig verholzende Arten, diese zum Teil strauchig, oft lianenartig mit kletternden Zweigen, in den Tropen einige Bäume. Sehr formenreich und in den unterschiedlichsten Pflanzengesellschaften. Zahlreiche Kulturpflanzen.

Frucht kugelige oder längliche Beere, in deren zwei Fächern zahlreiche Samen. Samen rundlich-nierenförmig bis schiefeiförmig, stark abgeflacht, mit seitlich gelegenem Hilum. Im Gegensatz zu den ähnlichen Samen von *Physalis* L. Zellwände der Epidermiszellen mäßig wellig-buchtig oder nahezu glatt.

In Europa vom Mitteleozän an; im Pliozän bis in die Baškirische ASSR.

Artenbeschreibungen: C. REID 1899; E. M. REID 1920b; CHANDLER 1962; NEGRU 1986.

Solanum dulcamara LINNÉ **fossilis**
Abb. 95a—c; Taf. XXXVIII, Fig. 18, 19

1899 *Solanum dulcamara* L. *fossilis* C. REID, Origin brit. Fl.

Samen nahezu rund mit leichter seitlicher Einbuchtung, stark abgeflacht, 2—2,7 mm im Durchmesser, mit glattem Rand; Oberfläche netzig, aber nicht grubig, mit 35—40 Epidermiszellen über den Durchmesser; Zellen quadratisch, mit dicken, hohen, gewellten Seitenwänden.

Bemerkungen: Halbstrauch mit kriechenden oder windenden Stengeln, in feuchten Gebüschen, an Ufern, in Auenwäldern, auch auf Geröllhalden und Dünen, in den Alpen bis 1700 m ü. NN. Wichtige Begleitpflanze der Erlenwälder in Europa, Nordafrika, Westasien, Zentral- und Nordostasien, in Japan und China mit besonderen Varietäten. Nordgrenze in Norwegen bei 66° Nord, in Südfinnland; Verbreitungsschwerpunkt in Südosteuropa und Westasien. Nach Nordamerika nur verschleppt.

Vorkommen: Fossil seit Obermiozän (Odessa, DOROFEEV 1955a); im Pliozän über ganz Europa verbreitet; in Interglazialen und Interstadialen von Großbritannien bis in die Baškirische ASSR häufig (FIRBAS und GRAHMANN 1928; HUCKE 1941; NÖTZOLD 1965).

Rippersroda (791; MAI u. a. 1963); Berga (5544); Nordhausen (6832).

Scrophulariaceae

Asarina MILLER

15—20 Arten von Mexiko bis südwestliche USA, vorwiegend Halbwüstenpflanzen, eine Art (*A. procumbens* MILL.) in Südfrankreich, Nordostspanien, Nordafrika, früher als *Antirrhinum asarina* L. Stauden mit kriechenden oder windenden Stengeln und langgestielten, nierenförmigen Blättern. Schattige Felsen in Gebirgen, Rohböden, gern auf Kalk. Ab und zu in Mitteleuropa als Zwergpflanzen kultiviert.

Frucht eine schief-eiförmige bis kugelige, zweifächrige Kapsel, die sich an der Spitze durch Löcher öffnet. Samen stumpfkegelige bis unregelmäßig zylindrische Form und sehr typische, kantig-wulstige Oberfläche, die aus schwammig-feinmaschigen Zellen besteht. Zellen setzen longitudinale, korkig verdickte Flügelrippen oder Warzenkämme zusammen. Basis schräg abgestutzt, mit deutlicher Vertiefung durch das Hilum.

Fossil bisher nur folgende Art im Miozän und Pliozän.

Asarina ruboidea nov. spec.
Taf. XXXVIII, Fig. 20, 21

Holotypus: Taf. XXXVIII, Fig. 20 — Berga (tonige Schichten, Pliozän) — MMG, Dresden, Coll. MAI, Nr. 5612.

Diagnose: Samen anatrop, stumpf-kegelig, gestreckt, asymmetrisch, an beiden Enden schief abgestutzt oder zugerundet, basal mit trichterförmiger Vertiefung durch das Hilum. Oberfläche längskantig-wulstig, mit unregelmäßigen, längeren oder kürzeren Zwischenrippen. Rippen und Tälchen aus schwammig-feinmaschigen Zellschichten, dick, kantig bis stumpf. Länge 1,0—1,8 mm, Breite 0,8—1,2 mm.

Bemerkungen: Nach der Gestalt, der kantig-wulstigen Berippung und der schwammigen Zellstruktur lassen sich die fossilen Samen nur innerhalb der Antirrhineae zuordnen. Hier konnten lediglich bei der Gattung *Asarina* MILL. vergleichbare Samen gefunden werden, wobei *A. procumbens* MILL. allerdings etwas längere Samen mit stumpferen Rippen besitzt. Korkig-warzige Flügelrippen von größerer Dicke zeigt die nordamerikanische *A. barclayana* (LINDL.) PENNELL. Etwas ähnlich sind auch die Samen von *Antirrhinum maius* L., *Cymbalaria muralis* G. M. SCH. und *Chaenorrhinum minus* (L.) LANGE, die als Vertreter von Gattungen, die zwischen 10 und 42 Arten umfassen, vielleicht nicht absolut die Norm der Samenmorphologie dieser Gattungen verkörpern. Deshalb sollte innerhalb dieser im wesentlichen mediterran verbreiteten Gattungen gleichfalls nach vergleichbaren Arten gesucht werden.

Asarina procumbens MILL. ist eine Staude mit kriechenden, fast lianenartigen Sprossen, die in Südfrankreich, auf der Pyrenäenhalbinsel und in Nordafrika in der Gebirgsregion an schattigen Felsen vorkommt. Die nordwestamerikanischen Arten treten auf rohen Böden (Sand-, Lehm-, Felsböden) im Gebiet der Halbwüsten (Sonora-Zone) auf.

Vorkommen: Miozän der Lausitz (MAI unveröff.) und Pliozän. Berga (5612).

Gratiola LINNÉ

20 bis 25 Arten in temperaten und wärmeren Regionen von Europa, Asien und Nordamerika, tropische Gebirge. Ausdauernde Kräuter mit kriechendem Wurzelstock. Gesellig und ziemlich verbreitet an schlammigen und sandigen Ufern, auf sauren, feuchten Stellen, in Sümpfen und auf Sumpfwiesen, feuchten Wäldern, außerdem auf trockenen Pine-barrens. Auch mit flutenden Wasserformen.

Frucht eine vierklappige, fach- und wandspaltige Kapsel. Samen eilanzettlich, sehr klein, nur 0,5—0,8 mm lang. Oberfläche mit weitmaschigem, grubigem Netzwerk. Mikropylare Spitze zumeist verschmälert oder sogar ausgezogen.

Fossil bereits im Miozän der Vorkarpaten-Becken (ŁAŃCUCKA-ŚRODOŃIOWA 1977); ab Pliozän mit der heutigen zirkumholarktischen Art.

Artenbeschreibungen: KAC u. a. 1965; ŁAŃCUCKA-ŚRODOŃIOWA 1977.

Gratiola officinalis LINNÉ **fossilis**
Taf. XXXVIII, Fig. 22, 23

1965 *Gratiola officinalis* L. *fossilis* KAC u. a., Atlas i opred. plodov semjan: 236, t. 93, f. 11.

Samen verlängert, fast dreieckig, gerade oder bisweilen mehr oder weniger gekrümmt, 0,5—0,8 mm lang, 0,2—0,3 mm breit, mit schief abgestutzter Basis und ausgezogener Mikropylenspitze. Oberfläche mit langgestreckten, tetragonalen Zellen, die sich zu Reihen anordnen, netzig-runzelig. Testa sehr dünn und brüchig.

Bemerkungen: Die Samen unterscheiden sich nur geringfügig von den als *G. tertiaria* ŁAŃCUCKA-ŚRODOŃIOWA (1977) beschriebenen. Sie sind mit den Samen von *G. officinalis* L. vergleichbar. Diese Art ist heute zirkumholarktisch in Niederungen und niedrigen Gebirgshöhen an nassen Stellen, auf Uferbänken, in Tümpeln, Gräben und auf Sumpfwiesen verbreitet und stellenweise ziemlich häufig.

Vorkommen: Pleistozän am Ural-Fluß (KAC u. a. 1965). Berga (5611).

Lamiaceae

Ajuga LINNÉ

Mit 45 Arten fast kosmopolitisch, in den Tropen nur in Hochgebirgen, besonders artenreich im orientalischen Gebiet. Vorwiegend ausdauernde Kräuter, selten Halbsträucher, oft Ausläufer bildend. In sehr verschiedenen Wäldern (Nadelwälder, Laubmischwälder, auch Nebel-, Auen- oder Steppenwälder) und in offenen Wiesen-, Acker- und Schlagflächengesellschaften.

Nüßchen verkehrt-eiförmig, netzig-runzelig. Große innenständige Kontaktfläche, die von 1/3 bis 2/3 der Länge des Nüßchens reicht. Im Gegensatz zu ähnlich gestalteten *Teu-*

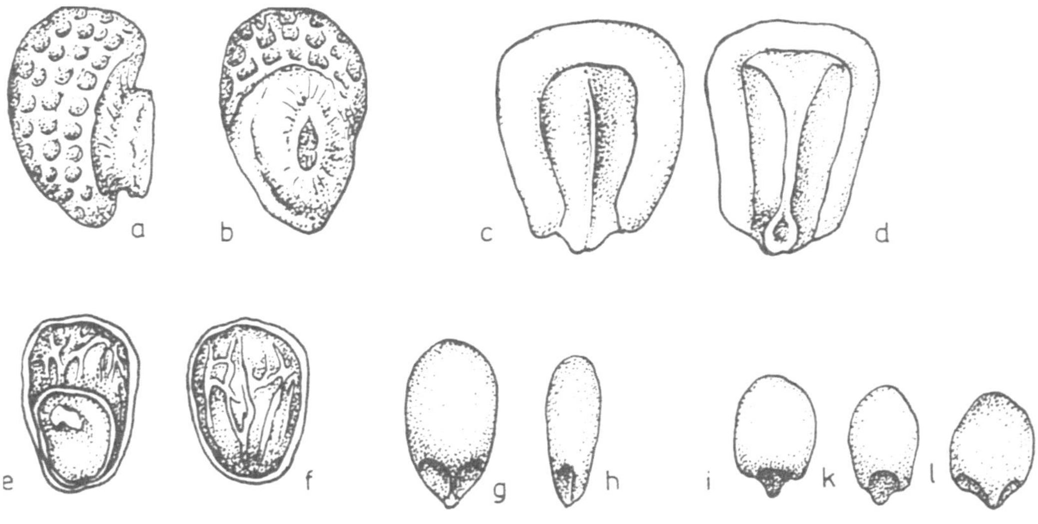

Abb. 96. Nüßchen von Lamiaceae

a, b) *Ajuga reptans* L.: a = Nüßchen von der Seite, b = Nüßchen von ventral (nach BEIJERINCK 1947). — c, d) *Lycopus europaeus* L.: c = Nüßchen von dorsal, d = Nüßchen von ventral (nach BERTSCH 1941). — e, f) *Teucrium tatjanae* NIKITIN: e = Nüßchen von ventral, f = Nüßchen von dorsal (nach NIKITIN 1965). — g, h) *Satureja acinos* SCHEELE: g = Nüßchen von ventral, h = Nüßchen von der Seite (nach BEIJERINCK 1947). — i—l) *Mentha aquatica* L.: i = Nüßchen von dorsal, k = Nüßchen von der Seite, l = Nüßchen von ventral (nach BEIJERINCK 1947)

crium-Nüßchen ist die Nabelfläche zumeist eingetieft. Fruchtwand stets merklich dick. Myrmekochorie. Aus einem abfallenden Sektor der Blütenachse wird Elaisom gebildet, das den zentralen Teil der Kontaktfläche bedeckt. Mit dieser Verbreitungsart hängt das gelegentliche Vorkommen an Felsen und auf Bäumen zusammen.

Fossil mit mehreren Arten bereits seit dem Mittelmiozän in Osteuropa (DOROFEEV 1959b; ŁAŃCUCKA-ŚRODOŃIOWA 1963).

Artenbeschreibungen: C. REID 1892; C. und E. M. REID 1915; E. M. REID 1920b; TOLPA 1961; DOROFEEV 1967a; NEGRU 1986.

Ajuga reptans LINNÉ **fossilis**
Abb. 96a, b; Taf. XXXIX, Fig. 1—3

1892 *Ajuga reptans* L. *fossilis* C. REID, Quart. J. geol. Soc., **48**: 358.
1915 *Ajuga antiqua* C. und E. M. REID, Plioc. Fl. Dutch-Prussian Border: 132; t. 16, f. 13, 14.

Nüßchen elliptisch bis schmal-eiförmig, groß, netzig-grubig, 1,8—2,4 mm lang und 1—1,5 mm breit. Ventralseite fast gerade, mit Kontaktstelle, die über die Hälfte der Länge einnimmt.

Bemerkungen: Nach SZAFER (1947, S. 169) und eigenen Beobachtungen ist eine sichere Trennung von *Ajuga antiqua* C. et E. M. REID (1915) und der heutigen *A. reptans* L. nicht durchführbar. Fossile Exemplare sind stets etwas kleiner als rezente Früchte. Eine dichtere Retikulation kommt den fossilen Früchten nicht immer zu. Dieses Merkmal trifft vielmehr für die verwandte *A. genevensis* L. zu. *Ajuga reptans* L. ist heute sehr weit auf der Nordhemisphäre verbreitet. Sie reicht auf feuchten, nährstoffreichen Böden von der Nadelwaldzone des Nordens bis in die mediterranen Gebirgspflanzengesellschaften Tunesiens, die Steppenwälder Kurdistans und die subalpinen Wiesen bei 1700 m ü. NN in den Alpen.

Vorkommen: Miozän der Lausitz (MAI 1967); Obersarmat (DOROFEEV 1959b) bis in die Interglaziale von Irland bis Westsibirien (C. A. WEBER 1917); häufig auch im Pliozän.
Berga (5559/5560).

Betonica LINNÉ

15 Arten, sehr oft als Sect. *Betonica* (L.) BENTH. mit *Stachys* L. vereinigt. Temperates Eurasien, in Europa fünf Arten, zumeist Gebirge von Süd- und Südosteuropa, nördlich bis Schottland, Südschweden. Ausdauernde Stauden mit grundständigen Blattrosetten.

Wechselfeuchte Moorwiesen, frische subalpine bis alpine Matten, Magerrasen, Gebüsche und lichte Wälder.

Nüßchen verkehrt-eiförmig, kantig, mit runder, basiventraler Ansatzstelle, abgestutzter, kantiger, stark warziger oder flügelartig erweiterter Endfläche. Innenflächen flach.

Oberfläche überwiegend warzig, selten glatt. Nüßchen groß, meist über 1,5 mm lang (vgl. WOJCIECHOWSKA 1961b).

Fossil nur folgende Art im Pliozän:

Betonica monieri GOUAN **fossilis**
Taf. XXXIX, Fig. 11

Nüßchen verkehrt-eiförmig-länglich, mit abgestutzter Endfläche und flachen Innenflächen, ohne scharfe Kanten, basiventral mit kleiner, rundlicher Ansatzstelle. Endflächen mit feinen Warzen und Runzeln, die sich nach dem Hilum zu allmählich und völlig verlieren. Länge 1,5 mm, Breite 0,75 mm.

Bemerkungen: Von MAI (1965, S. 58) wurde mit den Nüßchen von *Lamium* L., insbesondere *L. amplexicaule* L. und *L. purpureum* L. verglichen, aber dabei keine klare Zuordnung erzielt. Reichlicher vorliegendes Vergleichsmaterial veranlaßt eine Zuordnung zu *Betonica hirsuta* L., mit der die Nüßchen übereinstimmen. Die Art stammt aus den Alpen und Pyrenäen. Sie wächst auf trockenem Weideland, Magerrasen.

Vorkommen: Kranichfeld (MfN, Berlin, MAI 1965); Berga (5554c).

Lamium LINNÉ

Auszuschließende Arten:
„*Lamium purpureum* L. *fossilis*“ — bei MAI u. a. 1963, Geologie

12, t. IV, f. 10 abgebildete Rest aus dem Pliozän vgl. *Lycopus europaeus* L. *fossilis*.

„*Lamium* spec." — Funde bei MAI, 1965, Mitt. zentr. geol. Inst. **1**, t. V, f. 40 aus Kranichfeld — vgl. *Betonica hirsuta* L. *fossilis*.

Lycopus LINNÉ

10 bis 14 Arten nordhemisphärisch, eine Art in Australien; nördlich bis Labrador, Skandinavien und Karelien, Kurilen, vorwiegend aber Arten meridionaler Verbreitung. Langsproßstauden mit Ausläufern am Boden, ausschließlich Sumpfpflanzen in der Verlandungszone von stehenden und fließenden Gewässern, feuchten Ufern, Schlammbänken, nassen Wiesen, niedrigen Wäldern und Gebüschen.

Nüßchen abgeflacht verkehrt-eiförmig bis tetraedrisch, apikal gestutzt, basal verschmälert, mit charakteristischer hufeisenförmiger, nach ventral verschobener Kontaktstelle, die sich ähnlich nur noch bei *Melissa* L. findet. Sehr typisch schwammiges Gewebe (Aerenchym) eines mehr oder weniger breiten Randwulstes, das im fossilen Zustand häufig abradiert sein kann, so daß die im allgemeinen glatte, schwach glänzende Oberfläche zutage tritt. Auf Grund der typischen Form, der hufeisenförmigen Kontaktstelle und des Randwulstes ist die Gattung kaum mit anderen Lamiaceae-Gattungen verwechselbar. Hydrochore Arten, auch epizoochore Verbreitung (WOJCIECHOWSKA 1961 b).

Fossil in Europa bereits im Pliozän und den pleistozänen Warmzeiten.

Artenbeschreibungen: C. REID 1892; E. M. REID 1920a; NIKITIN und DOROFEEV 1953, DOROFEEV 1963d.

Lycopus antiquus E. M. REID
Taf. XXXIX, Fig. 4—6

1920a *Lycopus antiquus* REID, Graines du Pont-de-Gail: 76—77; t. IV, f. 12a, b.

Nüßchen im Umriß rundlich-verkehrt-eiförmig, klein, nur bis 1,3 mm lang, abgeflacht. Ventralseite rundlich-eckig. Dorsalseite im Zentrum eingezogen, breit umrandet. Randsaum dick, schwammig, breit, basal fast zusammenneigend, apikal an der Ventralkante weit nach unten reichend.

Bemerkungen: Die kleinen Nüßchen mit dem auffallend breiten Randsaum unterscheiden sich deutlich von *L. europaeus* L. und *L. exaltatus* L., auch wenn sie den Randsaum durch Abrasion verloren haben. Zu dieser Art gehören die als *Melissa* angesprochenen Reste bei MAI (1965, t. 5, f. 41 bis 43).

Vorkommen: Bereits im Oligozän Westsibiriens, typisch für das Miozän (DOROFEEV 1963a; MAI 1967); in Europa auch Pliozän (REID 1920a; DOROFEEV 1967a; RISCHKENE 1971).

Kranichfeld (MfN, Berlin, Orig. „*Melissa elegans*" bei MAI 1965, t. V, f. 41—43); Kaltensundheim (9728, 9729, 9747).

Lycopus europaeus LINNÉ fossilis
Abb. 96c, d; Taf. XXXIX, Fig. 7—9

1892 *Lycopus europaeus* L. *fossilis* C. REID, Quart. J. geol. Soc. London, **48**: 358.

Nüßchen trapezoidal bis abgeflacht-tetraedrisch, mit etwas gerundeten Ecken. Dorsalseite flach. Ventralseite gerundet zweikantig, mit hufeisenförmiger Kontaktstelle. Länge 1,5 bis 2 mm. Über den Rand mit breitem, geschwollenem Saum aus schwammigem Gewebe, dessen Breite dorsal und ventral apikal ungefähr gleich ist, selten mit Auswuchs des Aerenchyms auf der ventralen Kante.

Bemerkungen: Eine morphologisch variable Art, von der WELICZKIEWICZ (1973, S. 214—215) zwei Varietäten abtrennt, die aber nur bei vollständiger Ausbildung des schwammigen Gewebes anzusprechen sind. Bei häufiger vorkommenden Abrasionen ist die Trennung von der nahe verwandten *L. exaltatus* L. sehr erschwert.

Die eurasiatisch verbreitete Art ist eine häufige Staude der Röhrichtgesellschaften an stehenden und fließenden Gewässern, in Sümpfen und an sauren Orten. Sie bildet Unterwasser- und Landformen aus.

Vorkommen: Fossil ab Miozän in Osteuropa und Westsibirien (NIKITIN 1948; DOROFEEV 1960c); in den meisten pliozänen und interglazialen Floren Europas; auch in einigen Interstadialen, jedoch nicht kaltzeitlich (STOLLER 1908; WEBER 1917; FIRBAS und GRAHMANN 1928; MANIA und MAI 1969).

Rippersroda (789, 1143 = „*Lamium* sp." bei MAI u. a 1963, t. IV, f. 10); Nordhausen (4846); Berga (5555); Gerstungen (6707); Kaltensundheim (9723, 9731, 9747).

Melissa LINNÉ

Gattung mit drei oder vier Arten, eine im östlichen Mittelmeergebiet, zwei im Himalaja bis Ostasien, im Süden bis Jawa (1500—2600 m). Kräuter bis kleine Bäumchen, z. B. *M. parviflora* BENTH. in der unteren Baumschicht des subtropischen Castanopsietum in Yunnan (KABANOV 1971, S. 54). Alle Arten wärmeliebend. Die als Arzneipflanze kultivierte *M. officinalis* L. aus dem Mediterrangebiet in Mitteleuropa subspontan.

Nüßchen mit charakteristischer hufeisenförmiger Kontaktstelle, die sich sonst nur noch bei *Lycopus*-Nüßchen findet. Länglich-eiförmige, 1,5—2 mm lange, abgeflachte, nicht scharfkantige Früchtchen, jedoch ohne schwammigen Randwulst. Oberfläche kastanienbraun, besonders apikal mit großen zelligen Grübchen versehen. Struktur und Kontaktstelle sind sehr typische Gattungsmerkmale (vgl. WOJCIECHOWSKA 1961 b).

Fossil mit einigen Arten, bereits ab Unteroligozän in Europa.

Artenbeschreibungen: C. und E. M. REID 1907a; E. M. REID 1920b; REID und CHANDLER 1926.

Melissa officinalis LINNÉ fossilis
Taf. XXXIX, Fig. 12—14

1907a *Melissa officinalis* L. *fossilis* C. und E. M. REID, Fl. of Tegelen: 19; t. II, f. 55.

Nüßchen länglich-verkehrt-eiförmig, 1,5—2 mm lang, kastanienbraun, mit regelmäßiger punktat-grubiger Oberflächenstruktur, basiventral mit hufeisenförmiger Kontaktstelle.

Bemerkungen: Nüßchen, die sich von denen der heutigen *M. officinalis* L. nicht trennen lassen.

Die rezente Art ist vom östlichen Mittelmeergebiet bis nach Kaukasien und Südsibirien verbreitet, westlich von Italien und nördlich der Alpen verwildert anzutreffen. In Mitteleuropa tritt die Art gelegentlich, aber nicht dauerhaft an warmen Stellen auf Schutt zusammen mit *Parietaria officinalis* L. und *Urtica urens* L. auf.

Vorkommen: Bisher fossil nur im Oberpliozän von Tegelen (C. und E. M. REID 1907a).

Berga (5554).

Auszuschließende Art:
„*Melissa elegans* E. M. REID" bei MAI 1965, Mitt. zentr. geol. Inst. 1: 58; t. V, f. 41—43 — vgl. *Lycopus antiquus* E. M. REID.

Mentha LINNÉ

25 Arten, davon sieben Arten Eurasien, sieben Arten Australien—Neuseeland, eine Art zirkumpolar (*M. arvensis* L.).

Ausdauernde Kräuter mit Ausläufern, vegetative Teile stark aromatisch. Auf Ödland, Wiesen, feuchten Böden, in Röhrichten, Sümpfen, Sumpfwäldern, Auengehölzen, an Flußufern, Bächen, Seen, Ufern, seltener an trockenen Mauern, Hangschutt.

Sehr kleine Nüßchen von 0,5—1 mm Länge, eiförmig, zumeist ohne Kante, basal sehr deutlich pyramidal zugespitzt, mit rundlicher Kontaktstelle, die an der Pyramidenspitze liegt. Oberfläche glatt oder schwach warzig, bisweilen zart retikulat. Äußere strukturbietende Schicht der Nüßchen nicht abradierbar, so daß fossil meist nur die glatte Innenschicht des Perikarps erhalten ist. Verwechslungen der kleinen Nüßchen sind lediglich mit ähnlich gestalteten Nüßchen von *Origanum* L. und *Satureja* L. (incl. *Calamintha* LAM. und *Clinopodium* L.) möglich.

Fossil nach dem Zeugnis der Früchtchen bereits im Miozän Westsibiriens (DOROFEEV 1963a), ab Pliozän in Europa mit mehreren heutigen Arten.

Artenbeschreibungen und Artenschlüssel: C. REID 1896; NIKITIN 1933; KAC u. a. 1965.

Mentha aquatica LINNÉ fossilis
Abb. 96i—l; Taf. XL, Fig. 3, 4

1896 *Mentha aquatica* L *fossilis* C. REID, Rep. brit. Assoc: 400.

Nüßchen rundlich-elliptisch, relativ groß, nahezu 1 mm lang, wenig zusammengedrückt, oben rundlich. Basale Ansatzstelle auf einer Pyramide mit drei ungleichen Seiten. Zellen der äußeren Schicht des Perikarps vieleckig oder etwas gestreckt, von 33—50 µm im Durchmesser.

Bemerkungen: Die Art ist heute von Nordafrika (mit Splitterareal im südlichen Afrika) bis in den Iran, nach Norden bis zu den Orkney- und Färöer-Inseln verbreitet. In den Alpen steigt sie nur bis 1700 m ü. NN. Sie ist eine wichtige Pflanze im Röhricht stehender und fließender Gewässer, an sumpfigen Fluß- und Bachufern, in Sumpfwiesen und Auengehölzen, vorherrschend in der Waldzone.

Vorkommen: Pliozän von Westeuropa (C. und E. M. REID 1907a; ZAGWIJN 1963); Interglaziale von Irland bis an den Ob (z. B. MANIA und MAI 1969); selten in Interstadialen (BOROWKA-DŁUŻAKOWA 1967).
Rippersroda (790; MAI u. a. 1963).

Mentha longifolia (LINNÉ) HUDSON fossilis
Taf. XL, Fig. 1, 2

Nüßchen eiförmig, 0,7—0,8 mm lang, 0,6—0,7 mm breit, apikal gerundet. Basal mit pyramidal gedrückter Ansatzstelle. Oberfläche mit wabiger Skulptur, Farbe dunkelbraun.

Bemerkungen: Nüßchen dieser Form mit deutlicher Oberflächenretikulation finden sich unter den europäischen *Mentha*-Arten nur bei *M. longifolia* (L.) HUDS. und *M. spicata* L. Beide Arten lassen sich nach karpologischen Merkmalen nicht trennen. Von einigen Autoren wird *M. spicata* L. als hybridogener Abkömmling von *M. longifolia* (L.) HUDS. betrachtet.

Mentha longifolia ist eine von Äthiopien, Nordafrika, den Kanaren bis nach Südskandinavien, die Baltischen Sowjetrepubliken und Mittelasien verbreitete Staude der Quellfluren, Riedgräben, Auengehölze, im Gebirge der Hochstaudenfluren (bis 1900 m).

Vorkommen: Berga (5556).

Mentha pulegium LINNÉ fossilis
Taf. XL, Fig. 7, 8

Kleine eiförmige, etwas abgeflachte Nüßchen von 0,5 bis 0,7 mm Länge und 0,3—0,4 mm Breite mit basal deutlich werdender, abgerundeter Mittelkante auf der Ventralseite. Pyramidenspitzchen schief nach ventral verschoben. Oberfläche feingrubig-punktiert, hellbraun.

Bemerkungen: Eine kleinfrüchtige *Mentha*-Art, die gut mit den Nüßchen von *M. pulegium* L. zusammenpaßt. Diese Art ist heute eine eurasiatische Stromtalpflanze mit Verbreitungsschwerpunkt im Mittelmeergebiet. Nach Norden reicht sie auf sehr nassen Standorten im Überschwemmungsbereich der großen Flüsse bis England, Südschweden, das Weichsel-, Wolga- und Uralgebiet. In den Gebirgen wird 500 m nicht überschritten. Kalkarme Böden mit hohem Nährstoffgehalt werden bevorzugt. Die Art tritt hier sehr gesellig auf.

Vorkommen: Im Pliozän auch Nova Ves/Nero (39) und Mizerna II (7700).
Berga (5557).

Mentha rotundifolia (LINNÉ) HUDSON fossilis
Taf. XL, Fig. 5, 6

Nüßchen rundlich-elliptisch, abgeflacht, 0,5—0,8 mm lang, von dunkler, nahezu schwarzer Färbung. Oberfläche rauh, grubig-punktat, matt. Pyramidenspitze deutlich, aber stets dehisziert.

Bemerkungen: Die heute als sehr wärmeliebend bekannte Art ist im westlichen Mittelmeergebiet verbreitet. Sie erreicht die Kanaren, im Osten Italien, im Norden in den Flußtälern Südengland, das Rheingebiet bis in die Niederlande und Dänemark. Bevorzugt werden kalkarme Böden. Von allen europäischen *Mentha*-Arten am weitesten auf trockene Standorte ausstrahlend.

Vorkommen: Nordhausen (4863).

Origanum LINNÉ

Gattung von etwa 40 Arten in Eurasien, besonders Mittelmeergebiet, bis Indien. Mittelgroße Stauden mit sehr aromatischem Geruch. In lichten Gehölzen, Baumheidegebüschen, Kiefernwäldern, Zedernwäldern, auf Trockenhängen und Magerrasen.

Nüßchen verkehrt-eiförmig. Dorsalseite gewölbt. Ventralseite unten undeutlich zweikantig, mit kleiner Kontaktstelle. Oberfläche kleinpunktat, matt. Dimensionen unter 1 mm. Ähnliche Nüßchen bei *Coleus* LOUR. und *Pogostemon* DESF., aber mit einfach gestalteter, rundlicher Kontaktstelle, glänzender Oberfläche und Dimensionen über 1 mm.

Fossil bisher im Oberpliozän und in einigen Interglazialen, nur mit der heute verbreiteten Art.

Artenbeschreibungen: C. und E. M. REID 1907a.

Origanum vulgare LINNÉ fossilis
Taf. XXXIX, Fig. 10

1907a *Origanum vulgare* L. *fossilis* C. und E. M. REID, Fl. of Tegelen: 19; t. II, f. 52.

Nüßchen verkehrt-eiförmig. Dorsalseite stark gewölbt. Ventralseite unten undeutlich zweikantig. Länger als breit, nur 0,5—0,9 mm lang und 0,4—0,5 mm breit. Apikal rundlich gewölbt; basal mit zweikantig abgeflachter Ansatzstelle, diese klein. Oberfläche kleinpunktat bis nahezu glatt.

Bemerkungen: Eine eurasiatische Art, die aus lichten Gehölzen, von Magerwiesen, Trockenhängen, aus den kanarischen Baumheidegebüschen, dem Pinetum canariensis, den *Pinus griffithii*-Wäldern des Himalaja, den Yunnanensi-Pineten von Yunnan, den Zedernwäldern des Libanon und Atlas (OBERDORFER 1965; MEUSEL und SCHUBERT 1971; KABANOV 1971) genannt wird. Sie findet sich auf Kalk ebenso wie auf kalkarmen Böden.

Vorkommen: Oberpliozän der Niederlande (C. und E. M. REID 1907a); Interglaziale von Irland bis westliche Sowjetunion.

Rippersroda (1151, „*Salvia verticillata*" bei MAI u. a. 1963, t. IV, f. 11).

Prunella LINNÉ

Gattung mit fünf bis sieben Arten im temperierten Eurasien, Nordafrika, Iran. *Prunella vulgaris* L. im Gefolge des Menschen nahezu kosmopolitisch verbreitet, auch tropische Gebirge. Ausdauernde Kräuter mit kurzlebiger Primärachse und aufsteigenden Stengeln. Im Unterwuchs lichter Laub- und Nadelwälder, besonders Kiefern-, Zedern- und Eichenwälder, auf Schutthängen, Magerrasen, sehr oft auf Kalk- oder Lehmböden, einige Arten im Hochgebirge über die Waldgrenze steigend [*P. vulgaris* L., *P. grandiflora* (L.) SCHOLLER], andere sehr wärmeliebend und an den Grenzen des Weinbaus endend [*P. laciniata* (L.) L., *P. hyssopifolia* L.].

Nüßchen verkehrt-eiförmig, im Umriß gerundet-viereckig. Basis zugespitzt, mit hervorstehender, dreieckiger Kontaktstelle. Charakteristisch für die Gattung sind die vier länglichen Streifen (drei dorsal, einer ventral), die über die glänzende Oberfläche ziehen und an denen Schleim ausgeschieden wird, dessen Klebrigkeit epizoochore Verbreitung begünstigt (vgl. WOJCIECHOWSKA 1961a).

Fossil vom Oberpliozän an, aber nur die folgende Art:

Prunella vulgaris LINNÉ **fossilis**
Abb. 97c, d; Taf. XXXIX, Fig. 17—19

1907b *Prunella vulgaris* L. *fossilis* C. und E. M. REID, J. Linn. Soc., **38**: 218; t. 14, f. 110.

Nüßchen von 1—1,7 mm Länge und 0,5—1,5 mm Breite, braun, glänzend mit hervorstehender, dreieckiger Kontaktstelle. Vier Längsstreifen deutlich, am apikalen Ende der Frucht zusammenfließend.

Bemerkungen: Die Nüßchen entsprechen denen der heute häufigen *P. vulgaris* L. Wenig Unterschiede im Bau der Nüßchen zeigen auch *P. bicolor* BECK, *P. grandiflora* (L.) SCHOLLER und *P. laciniata* (L.) L. Die Art ist heute durch den Menschen fast kosmopolitisch verbreitet. Sie ist Kennart der Feuchtwiesen (Molinio-Arrhenatheretea), findet sich aber ebenso in lichten Eichen- und Kiefernwäldern, auf Gebirgswiesen bis 2400 m bereits über der Waldgrenze, ferner in altomontanen *Picea-Abies*-Wäldern des Westhimalaja und in den Zedernwäldern von Kashmir (MEUSEL und SCHUBERT 1971).

Vorkommen: Oberpliozän von Tegelen (C. und E. M. REID 1910b); Interglaziale von Großbritannien (C. und E. M. REID 1907b; REID und CHANDLER 1923); Jungpleistozän am Fluß Polomet (Valdaj-Höhen (KAC u. a. 1965).

Berga (5559); Kaltensundheim (9728, 9747).

Salvia LINNÉ

Mit etwa 700 Arten umfangreichste Labiaten-Gattung, besonders in tropischen und subtropischen Zonen der Erde, in kühltemperierte Gebiete nur wenige Arten ausstrahlend. Sträucher, Halbsträucher und Kräuter in sehr verschiedenen Pflanzengesellschaften, unter anderem Lorbeerwälder, Yunnanensi-Pineten, *Cedrus deodara*-Wälder; die Mehrzahl der europäisch-mediterranen Arten in offenen Gesellschaften: Steppen, Tormillares, Waldsäume, Wiesen.

Nüßchen groß, rundlich bis eiförmig-tetraedrisch, mit glatter Oberfläche und großer, kreisrunder, grubiger Kontaktstelle. Oft zarte Leitbündel über die Oberfläche gezogen. Form, Oberflächenbeschaffenheit, Kontaktstelle und Anatomie des Perikarps sehr typisch und charakteristisch für die genannte Gattung; sie ermöglichen artliche Unterscheidungen (vgl. WOJCIECHOWSKA 1958).

Fossil nach Pollen ab Obermiozän (EMBODEN 1964); nach Nüßchen nur wenige Funde im Pleistozän.

Artenbeschreibungen: NIKITIN 1933; DYAKOWSKA 1947.

Salvia cf. **officinalis** LINNÉ **fossilis**
Taf. XXXIX, Fig. 20

Nüßchen fast kugelförmig, schwach abgeflacht, zur Basis in ein stumpfes Schnäbelchen ausgezogen. Kontaktstelle rund, aber nicht sehr groß. Oberfläche punktat-zellig, schwarz, mit zarten, längsgerichteten Leitbündelfasern. 2,8 mm lang, 2 mm breit.

Bemerkungen: Das aus Berga in gutem Erhaltungszustand vorliegende große Lamiaceen-Nüßchen paßt nach seinen Merkmalen in die Gattung *Salvia* L. Hier wiederum haben nur die Arten der Sect. *Eusphace* BENTH. vergleichbare Nüßchen. Am wahrscheinlichsten für eine Zuordnung ist *Salvia officinalis* L. Dieser im wesentlichen mediterran verbreitete Halbstrauch strahlt heute bis Südfrankreich und Oberitalien, im Osten bis Istrien, Serbien und auf die Krim aus. Er kommt wild an Kalkhängen bis ca. 800 m in *Salvia*-Tormillares und der *Salvia*-Felsentrift vor. Durch Kultur ist er heute nahezu über ganz Europa verbreitet.

Vorkommen: Berga (5558).

Auszuschließende Art:

„*Salvia verticillata* LINNÉ *fossilis*.

Das von MAI u. a. 1963, Geologie **12**: t. IV, f. 11 abgebildete Nüßchen aus Rippersroda (1151) ist für diese Art zu klein. Es gehört zu *Origanum vulgare* L. *foss.*

Satureja LINNÉ

(incl. Calamintha MOENCH, **Clinopodium** LINNÉ)

In der weitesten Umgrenzung etwa 200 Arten zählende Gattung in wärmeren Teilen beider Hemisphären, mit Schwerpunkten im Mittelmeergebiet und in den Anden.

Einjährige Kräuter bis Halbsträucher und Sträucher, zumeist mit sehr aromatischen Sprossen und Blättern. Im Unterwuchs verschiedenartiger Wälder (z. B. *Pinus roxburghii*-Wälder des Westhimalaja, Yunnanensi-Pineten des Yunnan-Hochlands, Alnetum duschenosum in Yunnan, Mixed Northern Hardwood Forests von China, aber auch montane Buchen- und Buchen-Tannen-Wälder der europäischen Alpen, Eichenmischwälder Mitteleuropas). Sehr oft auf Schutt, Felsen, Alluvionen, Karst, in Mager- und Trockenrasen. Licht- und wärmeliebende Pflanzen.

Nüßchen kugelig oder eiförmig bis länglich-elliptisch, fast immer klein, nur bis etwa 1,5 mm lang, oberflächlich glatt. Kleine Kontaktstelle, auf der Ventralseite beiderseits einer basalen Mittelkante pfeilförmig auslaufend. Ähnliche Nüßchen treten bei *Origanum* L., *Hedeoma* PERS. und *Hyssopus* L. auf, die nicht in allen Fällen von denen der *Satureja*-Arten unterscheidbar sind.

Fossil im Präglazial und in Interglazial von England und Irland.

Artenbeschreibungen: C. und E. M. REID 1920a. Als *Clinopodium* und *Calamintha* bei REID 1907b; REID und CHANDLER 1923; JESSEN u. a. 1959; WILSON 1973.

Satureja acinos (LINNÉ) SCHEELE **fossilis**
Abb. 96g, h; Taf. XXXIX, Fig. 15, 16

1907b *Calamintha arvensis* L. *fossilis* C. und E. M. REID, J. Linn. Soc., **38**: 218; t. 14, f. 105.
1923 *Calamintha acinos* CLAIRV. *fossilis* REID und CHANDLER, Quart. J. geol. Soc., **79**: 622.

Nüßchen ellipsoidisch, 1,3—1,5 mm lang. An der Basis mit tiefen Depressionen beiderseits der Ansatzstelle. Oberfläche glatt, punktiert, schwarz, seltener braun.

Bemerkungen: In der Hauptsache südeuropäische Felsen- und Steppenpflanze, in Mittel- und Nordeuropa auf Magerwiesen und Xerothermrasen (Festuco-Brometea) stellenweise häufig.

Vorkommen: Cromer- und Clacton-Interglazial von England (REID 1907b; REID und CHANDLER 1923); auch Oberpliozän von Tegelen (6882).
Berga (5553); Rippersroda (1145, „*Stachys palustris*" bei MAI u. a. 1963, t. IV, f. 9).

Stachys LINNÉ

200—300 Arten, über die gesamte Erde verbreitet, besonders im Mediterrangebiet, fehlend in Australien und Neuseeland, selten in den Tropen. Kleine Sträucher, ausdauernde, zwei- und einjährige Kräuter. Von den Bergwäldern der Tropen (Westjawa bei 1600—1750 m) bis in Wald- und Wiesengebiete der nördlichen Tiefländer, bisweilen auf feuchten Böden in Flußauen, Stränden, Ufern und auf Sandbänken.

Glatte, oft etwas glänzende Nüßchen, verkehrt-eiförmig mit abgerundeten, gewölbten Flächen. Kontaktstelle als große, rundliche, basiventral verschobene Grube. Mit stumpfer Kante über die Ventralseite. Nüßchen nicht kleiner als 1,5 mm.

Fossil in Europa bisher im Pliozän und den verschiedenen Interglazialen. Aus Westsibirien Funde bereits im Miozän (DOROFEEV 1963a).

Artenbeschreibungen und Artenschlüssel: C. REID 1899; C. und E. M. REID 1907a; BERTSCH 1941; KAC u. a. 1965; NEGRU 1986.

Stachys palustris LINNÉ **fossilis**
Abb. 97a, b

1899 *Stachys palustris* L. *fossilis* C. REID, Origin brit. Flora

Nüßchen verkehrt-eiförmig, wenig zusammengedrückt. Rücken stärker gewölbt. Bauchseite nach der Basis in stumpfe Rippe übergehend. Ansatzstelle basiventral, als große, ovale Narbe. Länge 1,7—2,4 mm, Breite 1—1,7 mm.

Bemerkungen: Eine häufige Art der Flußauen, Riede, nassen Wiesen und Ufer von Europa bis Japan, im Süden bis zum Mittelmeer und bis zum Himalaja.

Vorkommen: Pliozän in Osteuropa (NIKITIN 1957; DOROFEEV 1966a, 1977a). Pleistozän von England bis Westsibirien (KAC u. a. 1965).
Gerstungen (6728); Rippersroda (1145b).

Stachys sylvatica LINNÉ **fossilis**
Taf. XXXIX, Fig. 25—17

1907a *Stachys sylvatica* L. *fossilis* C. und E. M. REID, Fl. of Tegelen; 19; t. II, f. 56.

Nüßchen breit-verkehrt-eiförmig, rundlich-dreieckig, nahezu flach. Rippe auf der Bauchseite nur basal entwickelt. Oberfläche glatt, schwarz. Länge 1,5—2 mm, Breite 1—1,7 mm.

Bemerkungen: Eine Art, die auf feuchten Böden sehr gesellig gedeiht und sich in krautreichen Laub- und Mischwäldern, Gebüschen, Auenwäldern und Hochgraswiesen findet. Sie ist über Europa bis Westsibirien und die Dsungarei verbreitet; im Norden erreicht sie Nordskandinavien, im Süden Sizilien, Nordkleinasien, Kashmir.

Vorkommen: Bisher nur vereinzelt in Interglazialen von Irland bis Smolensk (WATTS 1959; KAC und SALOV 1957).
Berga (5552).

Teucrium LINNÉ

Gattung mit etwa 300 Arten über beide gemäßigten Zonen der Erde, insbesondere aber im Mittelmeergebiet und Vorderasien verbreitet; in Mitteleuropa nur fünf Arten, nach Norden bis Großbritannien und Südskandinavien. Ausdauernde

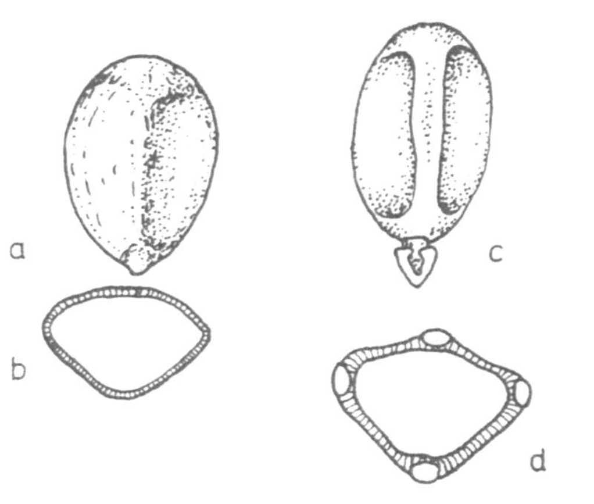

Abb. 97. Nüßchen von *Stachys* L. und *Prunella* L.
a, b) *Stachys palustris* L.: a = Nüßchen von ventral, b = Querschnitt (nach FIRBAS und GRAHMANN 1928). — c, d) *Prunella vulgaris* L.: c = Nüßchen von ventral, d = Querschnitt (nach KAC u. a. 1965)

(wenige einjährige) Kräuter, Halbsträucher und Kleinsträucher. Sehr oft an trockenen, steinigen Orten, auf Felsen und Schutt große Flächen überziehend, seltener in Wäldern, besonders auf Karst. Einige Arten an feuchten Stellen.

Nüßchen verkehrt-eiförmig, mit oft die halbe Länge einnehmenden Kontaktflächen auf der Ventralseite. Dorsalseite gewölbt, vorwiegend aderig-runzelig, seltener nahezu glatt. Zu *Ajuga*-Nüßchen besteht nahe Verwandtschaft. Lediglich geringere Größe, meist dünnere Wand und die oft vorspringende Kontaktfläche sind Kriterien zur Unterscheidung. Bei fast allen Arten Nüßchen durch den Wind ausgestreut.

Fossil einige Arten seit Oligo-Miozän, besonders Sibirien und Osteuropa.

Artenbeschreibungen und Artenschlüssel: C. und E. M. Reid 1907a; P. A. Nikitin 1948, 1957; Dorofeev 1955a, 1962a, 1963a; Jessen u. a. 1959; Kac u. a. 1965; V. P. Nikitin 1976; Negru 1986.

Teucrium chamaedrys Linné **fossilis**
Taf. XXXIX, Fig. 21, 22

Nüßchen rundlich-eiförmig, 1,5—2 mm lang. Anheftungsfläche fast kreisrund, 3/4 der Ventralseite bedeckend. Oberfläche sehr feinnetzig, hell- bis dunkelbraun, matt.

Bemerkungen: Heute eine Art des Mittelmeergebiets und des mittleren Europas bis Nordfrankreich, Südbelgien, DDR, Ostpolen, östlich bis zum Südural. Die Pflanze findet sich vor allem auf trockenen, sonnigen Kalkfelsen, auch im Unterwuchs lichter Trauben-Eichen- und Kiefern-Wälder oder Haselgebüsche, auf Hangschutt (Verband des Quercion petreae).

Vorkommen: Fossil bisher nicht genannt.
Berga (5562).

Teucrium tatjanae Nikitin
Abb. 96e, f; Taf. XXXIX, Fig. 23, 24

1948 *Teucrium tatjanae* Nikitin, Dokl. Akad. Nauk USSR, **61** (6): 104 (nomen nudum).
1955a *Teucrium tatjanae* Nikitin in Dorofeev, Méot. fl. okres. Odessy: 138—139; t. 6, f. 19, 20.

Nüßchen elliptisch, etwas gekrümmt, pantoffelförmig, 0,65 bis 1,2 mm lang und 0,4—0,9 mm breit. Mit großer, elliptischer Ansatzfläche, die etwa 1/3 der Ventralseite bedeckt. Oberfläche granulat, Leitbündel dünn, im oberen Teil ein enges Netz bildend, basal längslaufend. Wände dünn.

Bemerkungen: Von Nikitin (1965) und Dorofeev (1955a) mit *T. polium* L. und *T. orientale* L. verglichene Art, die nach unseren Vergleichen aber besser mit *T. hyrcanicum* L. übereinstimmt.

Vorkommen: Oligozän und Miozän von Westsibirien (Dorofeev 1955a; Nikitin 1965; Kolesnikova 1961); in Osteuropa vom mittleren Miozän (Dorofeev 1959b) bis in das obere Pliozän (Dorofeev 1967a, 1971).
Berga (5561).

Asteraceae

Cirsium Scopoli

250 Arten nördlich-temperiert, südlich bis Luzon, Äthiopien, Mexiko. Hohe mehrjährige bis zweijährige Stauden, häufig mit stacheligen Blättern und Sprossen. Von den Nebelwäldern der Tropen bis in die borealen oder hochmontanen Nadelwälder, oft an feuchten Stellen, Ufern, Auen, Sümpfrändern, gelegentlich auch auf Steppen und Trockenhängen.

Achänen lanzettlich bis eiförmig, im Querschnitt abgeflacht bis kreisrund, an der Spitze schräg abgestutzt, mit zumeist deutlichem Kragenrand und einem bleibenden Griffelrest, an der Basis oft zweigespalten. Typisch ist glatte bis feinstreifige, fast immer glänzende, rippenlose Oberfläche. Sehr selten kleine zarte Querrunzeln oder Wärzchen ausgebildet. Größe der Achänen zwischen 2,5 und 6 mm. Artliche Unterscheidungen nach Nüßchen sind schwierig und ungenau, wenn man die gesamte Artenanzahl berücksichtigt, für heutige europäische Arten möglich.

Fossil in Europa im Mittelmiozän (Łańcucka-Środoniowa 1966; Palamarev 1971); häufiger im Pliozän und Pleistozän.

Artenbeschreibungen und Artenschlüssel: C. und E. M. Reid 1907b; E. M. Reid 1920b; Reid und Chandler 1923; Jessen und Milthers 1928; Sukačev 1936; Klimaczewski u. a. 1950; Szafer 1954a; Kac u. a. 1965; Negru 1986.

Cirsium arvense (Linné) Scopoli **fossilis**
Abb. 98b; Taf. XL, Fig. 9

1920b *Cirsium arvense* var. *setosum* M. Bieb. *fossilis* E. M. Reid, Quart. J. geol. Soc., **76**: 104 (ohne Abb.).

Achänen eiförmig-lanzettlich, fast gerade oder etwas gekrümmt, klein, nur 1,7—2,3 mm lang, um 1 mm breit, abgeflacht, apikal schief abgeschnitten, mit Kragen und kurzem Schnabel im Zentrum, mit acht bis zehn schwachen Längsstreifen, schwach querrunzelig, besonders an der zweispaltigen Basis.

Bemerkungen: Eine kleinfrüchtige Art, die am besten mit *C. arvense* (L.) Scop. bzw. *C. setosum* M. Bieb. übereinstimmt. Diese heute als Ackerkraut vorkommende Pflanze stammt ursprünglich von offenen, nährstoffreichen, feuchten Ufer-, Schotter- und Schlickflächen. Sie ist im gesamten Europa, in Asien und Nordamerika in einem zirkumpolaren, extratropischen Breitgürtelareal häufig. Im Himalaja erreicht sie bei über 2500 m Höhe die altomontanen *Picea smithiana-Abies spectabilis*-Wälder (Meusel und Schubert 1971).

Vorkommen: Fossil bisher in Interglazialen von Großbritannien (Reid 1920b; Sparks und West 1968); Polen (Środoń 1954); europäische UdSSR (Nikitin 1933; Gorlova u. a. 1962).
Berga (5564b).

Cirsium palustre (Linné) Scopoli **fossilis**
Abb. 98a; Taf. XL, Fig. 10

1907b *Carduus palustris* L. *fossilis* C. und E. M. Reid, J. Linn. Soc., **38**: 217; t. 13, f. 91.

Achänen länglich-oval, gewöhnlich leicht gekrümmt, abgeflacht, 2,3—3,5 mm lang und 1,1—1,3 mm breit, zur Basis verschmälert und zweigespalten. Apex rundlich, mit ganzrandigem, etwas wulstigem Kragen. Griffelreste vorhanden oder fehlend. Oberfläche glatt oder längs dünnstricheliert, oder mit teilweise zarten, quergewundenen, niedrigen Runzeln.

Bemerkungen: Die Art ist teilweise häufig in feuchten Wäldern, Gebüschen, auf sauren Wiesen und in Sümpfen von Westeuropa bis Westsibirien.

Vorkommen: Im Miozän etwas unsicher in Westbulgarien (Palamarev 1971); im Pliozän der Niederlande (C. und E. M. Reid 1910b); im Karpatenvorland (Szafer 1954a); am Don und Voronež (Nikitin 1957); am Neman (Jakubovskaja 1977) und an der Kama

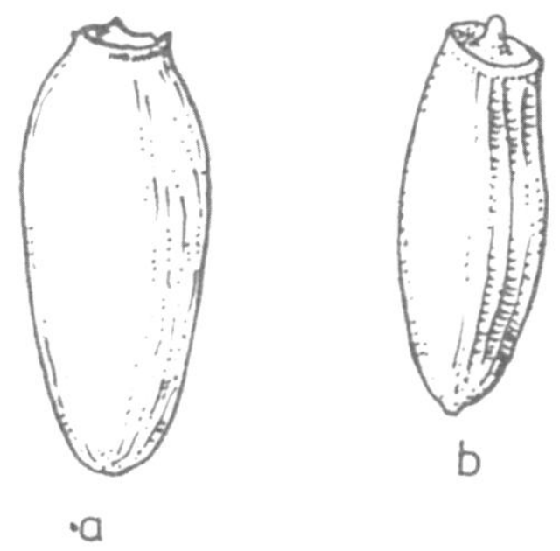

Abb. 98. Achänen von *Cirsium* MILL.
a = *C. palustre* (L.) SCOP. — b = *C. arvense* (L.) SCOP. (nach BERTSCH 1941)

(DOROFEEV 1956a, 1965); häufiger in pleistozänen Interglazialen von Großbritannien bis in den Ural (z. B. SCHRÖDER und STOLLER 1908; MANIA und MAI 1969); auch in Glazial- und Interglazialfloren (WEBER 1908; FIRBAS und GRAHMANN 1928).

Berga (5564); Kaltensundheim (9730, 9735, 9747).

Eupatorium LINNÉ

600 Arten, vorwiegend in Amerika, wenige in Europa, Asien und tropisches Afrika (nach KING und ROBINSON 1970: Nur 37 Arten arktotertiärer Verbreitung, alle anderen zu anderen Gattungen). Ausdauernde Kräuter oder Halbsträucher in der Krautschicht montaner Regenwälder, Lorbeerwälder, sommergrüner Auen- und Schluchtwälder, feuchttropischer Talwälder, aber auch oft an Ufern, auf Schotterbänken der Flüsse, an sauren und schattigen Stellen, in Grassavannen und Bambusdickichten, Everglades, mitunter sogar semiaquatisch.

Achaenen länglich, gerade, schlank, mit fünf scharf vorspringenden Rippen und ebenen Flächen zwischen diesen. Metallisch glänzende Flächen dünn querstricheliert. Die rezenten Arten unterscheiden sich nach Fruchtmerkmalen kaum, im Höchstfalle durch die Größenunterschiede.

Fossil in Europa seit Pliozän, wahrscheinlich nur eine Art.

Artenbeschreibungen: C. REID 1892; C. und E. M. REID 1915.

Eupatorium cannabinum LINNÉ **fossilis**
Abb. 99

1892 *Eupatorium cannabinum* L. *fossilis* C. REID, Quart. J. geol. Soc., **48**: 358.

Achänen linealisch, fünfeckig, mit scharfen Rippen, nach oben abgeschnitten, mit Haarschopf, nahezu schwarz, mit mattem metallischem Glanz, sehr dünn punktiert, querstricheliert. Länge 2,3—2,6 mm; Breite 0,5 mm.

Bemerkungen: Aus oberpliozänen Ablagerungen wird die Art mitunter als „cf." oder „*Eupatorium* sp." mitgeteilt; aus dem niederländischen Pliozän sogar mit etwas größeren und dickeren Früchten als „*Eupatorium japonicum* THUNB. var." (C. und E. M. REID 1915), die aber vermutlich ebenfalls nur Reste von *E. cannabinum* L. darstellen, da die Merkmale zu einer Ausscheidung weiterer Arten bisher nicht ausreichten. *Eupatorium cannabinum* L. ist in Europa und Westasien ein nemorales Florenelement, das im Norden bis Südostnorwegen und Nordkarelien, im Süden bis Nordafrika und Syrien reicht. Sie tritt in den Hochgebirgen bis 1550 m auf. Besiedelt werden feuchte Waldstellen, Schluchten, Auenwälder, Buschwerk, saure und schattige Stellen, Ufer, Gräben, Schotterbänke der Flüsse. Die Art gehört in die Verbände der Alnions und des Filipendulions.

Vorkommen: Pliozän der Niederlande (C. und E. M. REID 1915), Südpolen (SZAFER 1954a), Belorussische SSR, Don-, Voro-

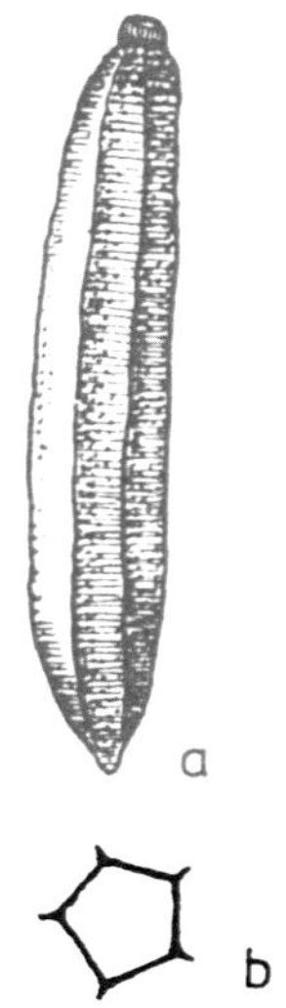

Abb. 99. *Eupatorium cannabinum* L. *fossilis*
Achaene aus Nordhausen (6834): a = Seitenansicht (rekonstruiert), b = Querschnitt

než-, Volga- und Kamagebiet (DOROFEEV 1956a, 1957a, 1966a; DOROFEEV und WELICZKIEWICZ 1971; NIKITIN 1957); Altpleistozän von Gurien (CHOCHIEVA 1965b); Mittel- und Jungpleistozän von Großbritannien bis in die Irtyš-Niederungen; nicht in Interstadialen oder Glazialfloren (unter anderem SCHRÖDER und STOLLER 1908; STOLLER 1909).

Nordhausen (6824).

Lactuca LINNÉ

(incl. Mycelis CASSINI)

Um 100 Arten, überwiegend nordhemisphärisch, hauptsächlich temperate Zone, mit wenigen Arten subtropisch oder boreal. Ausdauernde, krautige Pflanzen in feuchten bis trokkenen Wäldern, an Wald- und Gebüschrändern, auf Trockenhängen, Felsgesimsen, Felsschutt, Flußschotter, an Sandstränden, Strandheiden oder auch in Steppen.

Achänen spindelförmig, rasch in einen mehr oder weniger langen Schnabel zusammengezogen, vom Rücken her stark zusammengedrückt, beiderseits ein- bis mehrrippig, flügelig berandet oder unberandet, schwach querrunzelig oder glatt. Nach dem Pappus in *Lactuca* L. s. str. und *Mycelis* CASS. zu trennen.

Fossil bisher nur im Pliozän Polens.

Artenbeschreibung: SZAFER 1954a.

Lactuca protomuralis nov. spec.

Taf. XL, Fig. 11—13

Holotypus: Taf. XL, Fig. 11 — Berga (sandige Tone, Pliozän) — MMG, Dresden, Coll. MAI, Nr. 5565.

Diagnose: Achänen spindelförmig, abgeflacht, nicht flügelig berandet, beiderseits mit fünf bis sieben Längsrippen, rasch in den Schnabel zusammengezogen. Schnabel sehr kurz, unter 0,3 mm lang. Basis abgestutzt. Oberfläche deutlich quergerunzelt. Länge 2—2,6 mm, Breite 0,6—0,9 mm.

Bemerkungen: Die Achänen der neuen Art ähneln denen der *L. muralis* (L.) FRESEN. sehr, sind aber eindeutig kleiner, kurzschnäbeliger und deutlicher quergerunzelt. Es könnte sein, daß auch die von SZAFER (1954a) mit Vorbehalt zu *L. muralis* gestellten Achänen aus dem Pliozän von Mizerna/Polen zu unserer Art gehören. Der Mauerlattich ist gegenwärtig über ganz Europa (nördlich bis Mittelschweden, Ladoga-Karelien), Kleinasien, Kaukasien und Nordwestafrika verbreitet. Er erreicht in den Hochgebirgen Höhen von + 1800 m (Alpen) oder + 1900 m (Kleinasien). Vorwiegend ist er Waldpflanze auf humosen, feuchten Waldböden, doch tritt er auch auf Felsschutt, in Hochstaudenfluren, auf Flußkies und an offenen Bach- und Grabenufern auf. Klassencharakterart der Fago-Carpinetea.

Vorkommen: Nur am Locus typicus und eventuell im Pliozän des Vorkarpatengebiets (SZAFER 1954a).

Berga (5565).

Incertae sedis

Carpolithus LINNÉ

Carpolithus bergaensis nov. spec.

Abb. 100; Taf. XL, Fig. 18—21

Holotypus: Taf. XL, Fig. 18 — Berga (sandiger Ton, Pliozän) — MMG, Dresden, Coll. MAI, Nr. 5511.

Diagnose: Teil- oder Spaltfrüchte, etwa halbkreisförmig bis oval im Umriß, Dorsalseite gewölbt, Ventralseite fast eben, apikal und basal verschmälert bis zugespitzt. Einfächrig, mit Dehiszenzlinie über die Mitte des glatten, schwarzen, in der Mitte gewölbten Ventralbezirks, der von zwei umlaufenden, scharfen Kanten begrenzt wird. Von der Ventralseite ein Kanal zur Spitze laufend (Funikulus- oder Raphekanal?). Ab und zu an seinem Beginn ein Loch sichtbar (? Hilum). Dorsalseite kantig, mit einer zentralen Flügelrippe und zwei seitlichen Rippen nahe den Ventralkanten. Wand deutlich zweischichtig, außen parenchymatisch, seitlich stärker verdickt, innen und ventral sklerenchymatisch, sehr fest. Länge 2,6—4,4 mm; Breite 0,8—1,7 mm; Höhe von der Ventralseite bis zur Dorsalkante 1,5—2,5 mm.

Bemerkungen: Diese häufigen Carpolithen stellen Teil- oder Spaltfrüchte dar. Ihre botanische Zuordnung blieb völlig offen.

Vorkommen: Nur am Locus typicus.

Berga (5511).

Carpolithus lloydiaeformis nov. spec.

Taf. XL, Fig. 22

Holotypus: Taf. XL, Fig. 22 — Kaltensundheim (Tone, Pliozän) — MfN, Berlin, Coll. PIETRZENIUK, Nr. 9730.

Diagnose: Samen abgeflacht, fast rhomboidal im Umriß, mit besonders am Rande runzeliger Testa, ohne Flügel an den Kanten. Basis abgestutzt, mit lochförmigem Hilum. Mikropyle am stumpfen Apex. Oberfläche punktat, glänzend. Testa dünn. Länge 1,6 mm; Breite 1,4 mm.

Bemerkungen: Ein einzelner Samen, der Merkmale der Samen von Liliaceae-Lilioideae zeigt. Am ähnlichsten waren die Samen von *Lloydia serotina* (L.) RCHB. der Alpen.

Vorkommen: Kaltensundheim (9730).

Carpolithus mercurialoides nov. spec.

Taf. XL, Fig. 23

Holotypus: Taf. XL, Fig. 23 — Berga (Pliozän) — MMG, Dresden, Coll. MAI, Nr. 5587.

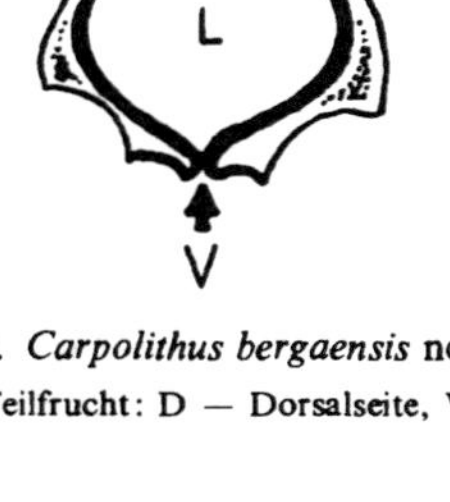

Abb. 100. *Carpolithus bergaensis* nov. spec.
Schematischer Querschnitt einer Teilfrucht: D — Dorsalseite, V — Ventralseite, L — Loculum

Diagnose: Samen rundlich bis oval, anatrop, 2,2—2,5 mm im Durchmesser. Oberfläche zellig-punktat, durch flache Gruben überprägt. Hilum durch abweichende Skulptur am Apex angezeigt. Innere Oberfläche zum Fach glänzend, fein retikulat. Chalaza als rundlicher Fleck im Sameninneren, dem Hilum gegenüber. Testa aus einer Schicht Radialsklereïden. Dehiszenz in zwei gleich große Hälften.

Bemerkungen: Vielleicht Samen einer Gattung der Euphorbiaceae oder der Spiraeaceae.

Vorkommen: Berga (5540, 5587).

Carpolithus minimus (SZAFER) nov. comb.
Taf. XL, Fig. 14—17

1947 *Carpinus minima* SZAFER, Plioc. fl. Krościenka: 66—68; t. 5, f. 20—24.
1954a *Carpinus minima* SZAFER, Prace Inst. Geol., **11**: 22; t. 4, f. 2—4.

Emendierte Diagnose: Nüßchen oval bis eiförmig, einfächrig, zweiklappig dehisziert. Basis gerundet, bisweilen mit Resten eines Stiels, apikal verschmälert, abgestutzt, mit polsterartiger Griffelbasis. Über die Oberfläche drei flache Rippen auf jeder Seite, die von der Basis ausgehend divergieren und sich apikal unterhalb des Griffelpolster abrupt verlieren (? Kelchzipfelbasen). Oberfläche groß punktat, bisweilen mit häutigen Fetzen eines Epikarps (oder einer Hülle). Wände relativ dünn, deutlich zweischichtig. Fach groß, innen glatt, ohne deutliche Reste eines Samens, aber von einem einzelnen Samen wohl völlig ausgefüllt. Länge 1,7—2,7 mm, Breite 1,2—2,0 mm.

Bemerkungen: Der Vergleich, den SZAFER (1947) mit *Carpinus polyneura* FRANCH. durchführte, ist völlig unzutreffend und führte zu einer falschen Zuordnung. Diese Carpolithen haben keine Betulaceen-Merkmale. DOROFEEV, dem das Material vorgelegt wurde, vermutete eine Herkunft von Santalaceae. Bisher ist aber auch in dieser Familie keine vergleichbare Gattung gefunden worden. Sicher keine europäische Gattung.

Vorkommen: Mittelmiozän der Niederlausitz (Florenzonen III und XIII, MAI 1967); Pliozän von Krościenko, Mizerna und Huba in den Vorkarpaten (SZAFER 1947, 1954a).
Berga (5578).

3. Die pliozänen Lokalfloren Thüringens und ihre Altersbeziehungen

Alle Lokalfloren des Pliozäns in Thüringen sind an geringmächtige und nur sehr kleinräumig verbreitete Ablagerungen gebunden, die ihre Entstehungs- und Erhaltungsbedingungen den besonders am Rande des Thüringer Beckens herrschenden Subrosionsvorgängen verdanken. Diese Vorgänge sind naturgemäß nicht genau zu datieren, da sie dauernd ablaufen können. Bemerkenswert ist aber eine enge Bindung der Dolinenablagerungen an Kies- oder Schotterkörper, die auf Grund der Geröllführung junge (pliozäne) tektonische Prozesse vermuten lassen. In zwei Fällen (Rippersroda II, Kaltensundheim) ist eine gewisse Datierung durch Säugetierreste möglich, so daß diese beiden Lokalitäten wichtige Profile für das Thüringer Pliozän darstellen, von denen über Ähnlichkeit und Verschiedenheit der Floren auf alle anderen Thüringer Lokalitäten Rückschlüsse möglich sind.

Wir bezeichnen ungeachtet ihres wahrscheinlich unterschiedlichen stratigraphischen Niveaus die florenführenden Serien von Gerstungen, Kranichfeld, Berga, Kaltensundheim und Oberzella als „Oberpliozän". Die florenführenden Schichten von Rippersroda I und Nordhausen müssen dagegen als Serien aus dem „höheren Oberpliozän" benannt werden (vgl. im Gegensatz dazu AHRENS u. a. 1968, S. 76 „höheres Pliozän" respektive „höchstes Pliozän oder ältestes Pleistozän"). Eine detaillierte Einstufung ist nur aus Vergleichen von palynologisch untersuchten Profilen und deren Verknüpfung mit den Standardprofilen des Pliozäns in Westeuropa möglich (vgl. KRUTZSCH in diesem Band).

Die einzelnen Thüringer Florenvorkommen sind nach ihren Makroresten wie folgt zu charakterisieren:

3.1. Berga bei Sangerhausen (Bezirk Halle)

In einer Zielgeleigrube nördlich der Straße nach Nordhausen wurden von 1964 bis heute fossile Pflanzenreste gefunden. Sie stammen aus grauen bis graubraunen Tonen oder aus dunklen Schluffen, die rinnenartig in den Tonkörper eingelagert sind. Der Buntsandstein des Untergrunds wird hier von einer etwa 10 m mächtigen, vorwiegend aus bunten und bräunlichgrauen Tonen und Schluffen bestehenden Serie überlagert, die an der Basis mit einem ca. 1 m mächtigen Kies- und Schotterhorizont beginnt. Im Hangenden folgt eine stratigraphisch nicht näher einstufbare Fließerde.

Umfangreichere Aufsammlungen von pflanzlichem Fossilmaterial wurden nach anfänglichen Hinweisen von R. RUSKE (Halle) 1964 von KRUTZSCH und MAI, 1965 von MAI und RÜFFLE, 1978 von MAI und WALTHER durchgeführt. Das Material befindet sich in der Hauptsache im MMG, Dresden, und im MfN, Berlin. Erste schriftliche Aufzeichnungen über das Vorkommen finden sich bei RÜFFLE (1964, S. 31 — nur *Sequoia langsdorfii*) und besonders bei AHRENS u. a. (1968, S. 73, 76).

Mit etwas über 160 Arten, sowohl Früchten, Samen als auch Blättern, enthält diese Lokalität die reichste Lokalflora Thüringens:

Abies resinosa
Abies spec.
Acanthopanax uralensis
Acer berganum
Acer campestrianum
Acer integerrimum
Acer tricuspidatum ssp. *lusaticum*
Acer spec. (aff. *campestre, hyrcanum*)
Actinidia faveolata
cf. *Actinidia* spec.
Aesculus hippocastanum
Aesculus spec.
Ajuga reptans
Alisma ovatum
Alnus gaudinii
Alnus tambovica
Ampelopsis macrosperma
Ampelopsis malvaeformis
Apium nodiflorum
Aralia szaferi
Asarina ruboides
Betonica monieri
Betula cholmechensis
Betula longisquamosa
Boehmeria lithuanica
Caldesia cylindrica
Carex binervis

Carex carpophora
Carex flagellata
Carex helmensis
Carex laevigata
Carex paucifloroides
Carex pendula
Carex pilulifera
Carex rostrata
Carex szaferi
Carpinus betulus
Carpolithus bergaensis
Carpolithus mercurialoides
Carpolithus minimus
Carya globosa
Cathaya abchasica
Cathaya loehrii
Celtis spec.
Cercidiphyllum crenatum
Cercidiphyllum helveticum
Chamaecyparis obtusa
Chenopodium album
Chenopodium polyspermum
Cirsium arvense
Cirsium palustre
Cladium mapanoides
Corylopsis urselensis
Corylus avellana
Cotoneaster gailensis
Crataegus oxyacantha
Cyclocarya nucifera
Decodon globosus
Dendrobenthamia tegeliensis
Dichostylis pliocenica
Engelhardia macroptera
Epipremnum reniculum
Euphorbia platyphyllos
Fagus attenuata
Fagus decurrens
Glyptostrobus brevisiliquata
Glyptostrobus europaea
Gratiola officinalis
Gypsophila semisphaerica
Hedera helix
Humulus scabrellus
Hypericum calycinoides
Kalmia minutula
Lemna trisulca
Liquidambar europaeus
Liriodendron geminata
Ludwigia palustris
Luronium natans
Lychnis flos-cuculi
Lycopus europaeus
Lysimachia punctata
Mahonia staphyleaeformis
Melissa officinalis
Mentha longifolia
Mentha pulegium
Microdiptera sibirica
Minuartia pliocenica
Morus ucrainica
Myosoton aquaticum
Najas lanceolata
Najas marina
Nuphar luteum
Oenanthe aquatica
Osmunda heerii
Ostrya szaferi
Oxalis corniculata
Parrotia pristina
Pentapanax tertiarius
Peucedanum moebii
Physalis alkekengii
Physocarpus europaeus
Picea rotunde-squamosa
Pilea bashkirica
Platanus platanifolia
Poliothyris hercynica
Polygonum persicaria
Populus cf. *tremula*
Potamogeton cholmechensis
Potamogeton elegans
Potamogeton medicagoides
Potamogeton natans
Potamogeton perforatus
Potamogeton polymorphus
Potentilla erecta
Potentilla pliocenica
Potentilla supina
Proserpinaca europaea
Proserpinaca reticulata
Prunella vulgaris
Prunus fruticosa
Pterocarya paradisiaca
Pterocarya pterocarpa
Quercus pseudocastanea
Quercus pubescens
Quercus spec. (Typ I—Typ III)
Ranunculus edenensis
Ranunculus reidii
Ranunculus repens
Ranunculus sceleratus
Ranunculus tanaiticus
Ranunculus trachycarpoides
Rosa bergaensis
Rubus fruticosus
Rubus idaeus
Rubus polevskoyanus
Rumex acetosella
Salix varians
Salvia cf. *officinalis*
Sambucus bashkirica
Sambucus nigra
Sambucus pulchella
Sapium mädleri
Sassafras ferretianum
Satureja acinos
Schoenoplectus mucronatus
Scirpus isolepioides
Scirpus radicans
Scirpus sylvaticus
Scopolia carniolica
Selaginella pliocenica
Sequoia abietina
Solanum dulcamara
Sparganium emersum
Sparganium neglectum
Stachys sylvatica
Styrax maximus
Swida gorbunovii
Swida kineliana
Swida sanguinea
Taxodium dubium
Taxodium rossicum
Tectochara meriani
Teucrium chamaedrys
Teucrium tatjanae
Thalictrum simplex
Thesium nikitinii
Tilia tuberculata
Trichosanthes fragilis
Tsuga sect. *Tsuga*
Typha pliocenica
Ulmus cf. *carpinoides*
Ulmus pyramidalis
Urtica dioica
Valeriana pliocenica
Viburnum hercynicum
Viola bergaensis
Viola neogenica

Viola palustris
Vitis sylvestris
Weigela szaferi
Weigela thuringiaca
Zelkova ungeri
Zelkova zelkovaefolia

Über die Hälfte der Arten sind Exoten, die reiche Sommerlaubwald- sowie Sumpf- und Wasserpflanzen-Gesellschaften repräsentieren. Die Wälder lassen sich als Buchen-Eichen-Hainbuchen-Mischwälder ansprechen, die ab Obermiozän auftraten, und im Pliozän/Altpleistozän zum wichtigsten Waldtyp in Mitteleuropa werden. Es sind oligodominante Wälder, in denen *Fagus, Quercus, Carpinus, Acer, Betula, Tilia*, unter den Koniferen *Abies, Picea, Tsuga* besonders hervortreten. In Berga rücken davon *Fagus attenuata, F. decurrens, Liriodendron geminata, Zelkova ungeri, Acer campestrianum, Cercidiphyllum crenatum, C. helveticum* und *Ostrya szaferi* in den Vordergrund. Auch verschiedene *Quercus*-Arten sind reichlich vertreten. Bei den Koniferen dominieren *Picea rotunde-squamosa, Cathaya loehrii, Tsuga* sect. *Tsuga, Taxodium dubium* und *Sequoia abietina*. Nach der Häufigkeit treten Auenwaldelemente zurück: *Taxodium dubium, T. rossicum, Pterocarya paradisiaca, Pt. pterocara, Liquidambar europaeus, Alnus gaudinii, A. tambovica*. Das gleiche gilt für Wasser- und Sumpfpflanzen-Gesellschaften. Hier sind Laichkraut-Nixkraut-Unterwassergesellschaften mit *Potamogeton polymorphus, Najas marina* und *Najas lanceolata* vordergründig. Es folgen Röhrichtpflanzen wie *Lycopus europaeus, Scirpus isolepioides, Oenanthe aquatica, Alisma ovatum*. Sehr untergeordnet sind Riede, die mit *Carex carpophora, C. rostrata, Scirpus sylvaticus, Cladium mapanioides* und anderen in der Häufigkeit anschließen.

Tabelle 1. Häufigkeit der Arten nach Blättern in Berga

	Gesamt-anzahl	sandig-tonig	kohlig-tonig
Acer spec. (aff. *Acer campestre* LINNÉ, *Acer hyrcanum* FISCHER et MEYER)	2	+	—
Acer integerrimum (VIVIANI) MASSALONGO	48	+	—
Acer tricuspidatum BRONN ssp. *lusaticum* WALTHER	51	+	—
cf. *Actinidia* LINDLEY	1	+	—
Aesculus cf. *hippocastanum* LINNÉ *fossilis*	3	+	—
Aesculus spec.	1	+	—
Alnus gaudinii (HEER) KNOBLOCH et KVAČEK	56	2	+
Celtis spec.	1	+	—
Cercidiphyllum crenatum (UNGER) BROWN	39	+	—
Fagus attenuata GOEPPERT sensu HUMMEL	160	+	—
Glyptostrobus europaeus (BRONGNIART) UNGER	1	—	+
Hedera helix LINNÉ	9	+	—
Liquidambar europaeus A. BRAUN	4	—	+
Osmunda heerii GAUDIN	1	—	+
Parrotia pristina (ETTINGSHAUSEN) STUR	3	+	—
Platanus cf. *platanifolia* (ETTINGSHAUSEN) KNOBLOCH	3	+	—
Populus cf. *tremula* LINNÉ	3	—	+
Pterocarya paradisiaca (UNGER) ILJINSKAJA	6	+	—
Quercus pseudocastanea GOEPPERT	20	+	+
Quercus spec. Typ I (cf. *Quercus pseudorobur* KOVATS)	39	+	—
Quercus spec. Typ II	14	+	—
Quercus spec. Typ III (aff. *Quercus haas* KOTSCHY)	5	+	—
Quercus spec.	1	—	+
Salix varians GOEPPERT	7	+	—
Sassafras ferretianum MASSALONGO	1	+	—
Taxodium dubium (STERNBERG) HEER	34	+	+
Ulmus cf. *carpinoides* GOEPPERT	11	+	—
Ulmus pyramidalis GOEPPERT	10	+	—
Zelkova zelkovaefolia (UNGER) BŮŽEK et KOTLABA	24	+	1

Eine Reihe von Arten, die bisher nur aus dem Miozän und tieferen Pliozän bekannt waren oder aus der osteuropäischen Florenregion beschrieben wurden, sind in Berga erstmalig für das Pliozän Thüringens nachgewiesen worden. Stratigraphisch wichtig betrachten wir solche Gattungen wie *Sequoia, Glyptostrobus, Taxodium, Cathaya, Ampelopsis, Trichosanthes, Engelhardia, Cercidiphyllum, Acanthopanax, Pentapanax, Cyclocarya, Sapium, Microdiptera, Corylopsis, Weigela, Kalmia, Poliothyrsis, Proserpinaca, Sassafras, Styrax*, die unseres Wissens nach bisher nirgendwo in Mitteleuropa die Plio/Pleistozän-Grenze überschritten haben. Diese Gattungen und die Aufschotterung im Liegenden der Fundschicht der Flora sind unsere stärksten Argumente für die Einstufung des Vorkommens in das „Oberpliozän" (etwa dem „Reuverien" oder dem Wetterau-Pliozän entsprechend).

3.2. Gerstungen bei Eisenach (Bezirk Erfurt)

„Braunkohlen und Braunkohlentone im Bühlegraben" gelangten durch HOFMANN (1941) zur Kenntnis, die daraus *Taxodioxylon sequoianum* und nicht näher bestimmte „Blattabdrücke" beschrieb. Bei der Nachsuche im Jahre 1967 (KRUTZSCH und MAI) wurde in der alten, aufgelassenen Ziegeleigrube aus einem Graben auf der Grubensohle ein kohliger Ton geborgen, aus dem eine beachtliche Flora geschlämmt wurde:

Abies spec.
Acer praecreticum
Actinidia faveolata
Aesculus hippocastanum
Alnus tambovica
Aralia szaferi
Betula longisquamosa
Carex acuta
Carex binervis
Carex elongatoides
Carex pseudocyperus
Carex rostrata
Carex szaferi
Caricoidea globosa
Ceratophyllum protanaiticum
Cladium palaeogiganteum
Corylopsis urselensis
Cunninghamia minisperma
Cunninghamia miocenica
Decodon globosus
Dulichium arundinaceum
Frangula alnus

Glyptostrobus brevisiliquata
Hypericum miocenicum
Hypericum tertiaerum
Ilex protogaea
Ilex thuringiaca
Liriodendron geminata
Lycopus europaeus
Microdiptera sibirica
Najas lanceolata
Najas marina
Naumburgia subthyrsiflora
Nyssa disseminata
Oenanthe lachenalii
Picea abies
Picea omoricoides
Pinus cf. *palaeostrobus*
Pinus peuce
Pinus pseudostrobus
Pinus cf. *saturni*
Populus spec.
Potamogeton bashkiricus
Potentilla erecta
Prunus spec.
Pseudolarix schmidtgenii
Ranunculus marginalis
Rhododendron germánicum
Rubus microspermus
Salvinia miocenica
Sapium spec. nov.
Scheuchzeria palaeopalustris
Sequoia abietina
Stachys palustris
Stachyurus merkaensis
Stewartia beckerana
Tsuga moenana
Tsuga sect. *Tsuga*
Typha latifolia
Viburnum hercynicum

Im Vordergrund der Flora steht ein Bruchwald aus vorherrschend Koniferen und *Alnus*. Dominant sind *Glyptostrobus brevisiliquata*, *Pinus* cf. *saturni*, *Picea*-Arten und *Alnus tambovica*. Es folgen Riedgesellschaften mit *Carex rostrata*, *Cladium palaeogiganteum*, *Dulichium arundinaceum*. Sehr untergeordnet sind Submersen- und Schwimmpflanzen-Gesellschaften.

Die „biostratigraphische" Nähe der Flora zu den Floren von Berga und Kranichfeld ist unbestreitbar wegen zahlreicher gemeinsamer Arten, so daß wir diese Flora ebenfalls in das „Oberpliozän" einstufen. Im Unterschied zu den genannten Floren treten aber mehr alte, „miozäne" Elemente auf: *Cunninghamia miocenica*, *Hypericum miocenicum*, *Microdiptera sibirica*, *Ranunculus marginalis*, *Salvinia miocenica*, *Stachyurus merkaensis*. Ihre Häufung läßt biostratigraphisch an einen Vergleich mit dazischen Floren bzw. dem „Brunssumian" von Fortuna-Garsdorf/Niederrhein denken, da aus diesen Zeitabschnitten des Unterpliozän viele „Miozän-Relikte" bekannt wurden (Mai und Petrescu 1983; Negru 1979; van der Burgh 1978). Vielleicht besitzt Gerstungen die einzige Flora Thüringens, die auch in das „Unterpliozän" (Brunssumien) zu stellen wäre. Die Mikroflora von Gerstungen weist mit Vertretern der Taxodiaceae (6,8%), mit *Tsuga*, *Ilex*, *Carya*, *Pterocarya*, *Sciadopitys* und *Nyssa* einen quantitativ und qualitativ stärker hervortretenden Anteil exotischer Elemente auf, der eine Zuordnung zur Reuver-Stufe nahelegt (Majewski in Steinmüller 1974, S. 733).

3.3. Kaltensundheim bei Meiningen (Bezirk Suhl)

Beim Bau einer Wasserleitung wurde in der Nähe der Lotte-Mühle eine kleine Doline im Unteren Muschelkalk über Röt angeschnitten, aus der 1959 das fast vollständige Skelett von *Zygolophodon borsonii* ausgegraben wurde (Schaarschmidt 1959 in „Wochenpost" 6/59). Mit diesem Fund, jetzt im Naturkunde-Museum in Meiningen deponiert, rückte das Vorkommen in den Blickpunkt paläontologischen Interesses. Als die dunklen Tone (Faulschlämme) der Doline beim Neubau eines Rinderstalls 1974 wiederum aufgeschlossen wurden, gelangen G. Böhme, H. D. Kahlke und E. Pietrzeniuk pflanzliche Funde in Schlämmrückständen paläozoologischer Proben. Diese Pflanzenfossilien werden im MfN, Berlin unter den Registriernummern 9719-9747 und 9917-9954 aufbewahrt. Es handelt sich um folgende Arten von Früchten und Samen:

Acanthopanax uralensis
Acer striatum
Acorellus distachyaeformis
Actinidia faveolata
cf. *Argusia complicata*
Baldellia ranunculoides
Betula cholmechensis
Boehmeria lithuanica
Carex acutiformis
Carex caespitosa
Carex elongatoides
Carex flavaeformis
Carex nigra
Carex riparia
Carpinus betulus
Carpolithus lloydiaeformis
Cirsium palustre
Comarum palustre
Corylus avellana
Cyperus fuscus
Elatine pseudoalsinastrum
Eleocharis microstylosa
Euphorbia stricta
Hippuris vulgaris
Hypericum cf. *perforatum*
Ilex aquifolium
Lemna trisulca
Lycopus antiquus
Lycopus europaeus
Myriophyllum praespicatum
Myriophyllum spicatum
Phellodendron elegans
Physalis alkekengii
Picea abies
Picea rotunde-squamosa
Polygonum pliocenicum
Potamogeton filiformoides
Potamogeton neptunii
Potamogeton polymorphus
Potamogeton tanaiticus
Potentilla erecta
Potentilla pliocenica
Prunella vulgaris
Prunus spinosa
Ranunculus hederaceus
Ranunculus sceleratoides
Ranunculus tanaiticus
Rubus idaeus
Rubus spec.
Rumex acetosella
Rumex hydrolapathum
Salix spec.
Schoenoplectus lacustris
Scirpus sylvaticus
Silene cf. *conica*
Sparganium neglectum
Stellaria holostea
Taxodium rossicum
Thalictrum simplex

Thesium nikitinii
Typha hercynica
Urtica dioica
Viola bergaensis
Viola palustris

Von den Thanatozönosen her überwiegen Wasser- und Sumpfpflanzen-Gesellschaften mit heutigen Arten oder zum Teil längerlebigen tertiären Arten. Es sind sowohl die Ried- als auch die Unterwassergesellschaften gut repräsentiert, wie das bei Faulschlammablagerungen, die subaquatische Rutschungen zeigen, zu erwarten ist. Beispiele von Eutrophie-Anzeigern aus dem Fossilmaterial sind unter anderem *Carex riparia*, *Cyperus fuscus*, *Elatine pseudoalsinastrum*, *Lemna trisulca*, *Myriophyllum spicatum*, *Ranunculus sceleratoides*, *Schoenoplectus lacustris* und *Sparganium neglectum*. Als solches, und nicht als Kriterium für brackische Beeinflussung, wird auch das seltene Vorkommen von *Acorellus distachyaeformis* gesehen. Die Waldgesellschaften, durch Reste von *Taxodium*, *Betula cholmechensis*, *Carpinus betulus*, *Picea rotunde-squamosa*, *Picea abies*, *Prunus spinosa*, *Corylus avellana*, *Acanthopanax uralensis*, *Actinidia faveolata*, *Ilex aquifolium* repräsentiert, haben einen echt pliozänen Anstrich, sind aber nicht so reich an Arten wie bei den anderen Lokalitäten. Es handelt sich bei dem Vorkommen um eine der infrapliozänen Oszillationsphasen, in denen der Reichtum von Exoten zugunsten heutiger Arten stark zurücktritt. Der Fund von *Zygolophodon borsonii* legt biostratigraphisch eine Parallelisierung mit Wölfersheim-Römerstraße (TOBIEN 1952) nahe, die eine „Monsunwaldfauna" des Ruscinium enthält. Die Braunverlehmung in den oberen Teilen der Dolinenfüllung, die quer durch die Schichten der Faulschlämme parallel zur Erdoberfläche streicht (BÖHME persönliche Mitteilung) entspricht einer intrapliozänen Warmverwitterung („tropische Braunlehme" nach KUBIENA). Positive Paläomagnetik deutet auf die Gauß-Normal-Epoche (= 2,5—3,4 my) hin. Diese Datierung läßt sich mit Hilfe der Flora dahingehend präzisieren, als diese Flora eben nicht genau mit den exotenreicheren Waldfloren der Wetterau (vgl. MAI 1973, S. 112ff.) oder des „Reuverien" im Niederrheingebiet (C. und E. M. REID 1915) übereinstimmt. Wir haben in Kaltensundheim aller Wahrscheinlichkeit nach makrofloristisch die erste echte intraoberpliozäne Verarmungs- und Abkühlungsphase untersucht, denn mit 65 Arten ist diese Lokalflora durchaus nicht arten- wohl aber exotenarm. Auch sie gehört in das „Oberpliozän".

3.4. Kranichfeld bei Weimar (Bezirk Erfurt)

Am nordöstlichen Abhang des Landbergs bei Kranichfeld war 1834 bis 1846 ein kleiner Braunkohlentiefbau in Betrieb. Die Ablagerung stellt ein örtlich sehr eng begrenztes Becken (Doline) auf dem Mittleren Buntsandstein des Tannrodaer Gewölbes dar. Durch den Abbau und einige Bohrungen aus dem Jahre 1843 wurde eine Sedimentationsfolge aus Quarzsand, Braunkohle, Schluff und Ton festgestellt (SCHMID 1885). Das Flöz soll in einer Tiefe von 8—11 m angetroffen worden sein. Die Dolinenfüllung ist nach AHRENS u. a. (1968, S. 73) von Zersatzgrobschotter überlagert. Heute findet man an der Abbaustelle nur noch eine von hohen Fichten überwachsene Halde.

Über Pflanzenfunde von Kranichfeld berichten im vorigen Jahrhundert HERBST (1844), UNGER (1845, 1847), GÖPPERT (1850) und SCHENK (1890). Immer handelt es sich um die offensichtlich häufigen Zapfenreste der *Pinus spinosa* HERBST, die in vielen Sammlungen, zum Beispiel im MfN, Berlin; Geiseltal-Mus., Halle; Bot. Inst., Jena; Geol. Inst., Leipzig; MMG, Dresden angetroffen wurden. Es kann als besonders glücklicher Zufall bezeichnet werden, daß in der paläobotanischen Sammlung des Museums für Naturkunde in Berlin eine Handvoll toniger Brocken mit Pflanzenhäcksel aus Kranichfeld aufzufinden waren, die mit einem Etikett versehen waren, das in den unverkennbaren Schriftzügen von ALEXANDER BRAUN die Mitteilung enthielt: „Braunkohle Kranichfeld, von den alten Halden der seit 20 Jahren nicht mehr betriebenen Grube. 1872 A. BRAUN." Aus diesen Brocken wurde die 47 Arten umfassende Flora geschlämmt, über die MAI (1965) berichtete. Ein weiterer Versuch, aus Haldenmaterial fossile Reste zu gewinnen, hatte nur geringen Erfolg (Sammelnummern 6737—6743). Die revidierte Kranichfelder Flora umfaßt die Arten:

Actinidia faveolata
Alnus tambovica
Alnus spec.
Ampelopsis malvaeformis
Azolla tegeliensis
Betonica monieri
Betula digitata
Boehmeria colchica
Boehmeria lithuanica
Carex caespitosa
Carex elongataeformis
Carex flagellata
Carex gothanii
Carex paucifloroides
Carex pilulifera
Carex riparia
Carex strigosoides
Cephalotaxus multiserialis
Chamaedaphne calyculata
Cryptomeria rhenana
Cyperus fuscus
Dichostylis pliocenica
Elatine pseudoalsinastrum
Fagus spec.
Gentiana praeaptera
Hypericum hirsutum
Hypericum perforatum
Hypericum tetrapterum
Ilex thuringiaca
Lemna trisulca
Lycopus antiquus
Menyanthes carpatica
Monochoria striatella
Nyssa ornithobroma
Oenanthe lachenalii
Pentapanax tertiarius
Picea abies
Picea omoricoides
Pilea cantalensis
Pinus palaeostrobus
Pinus pseudostrobus
Pinus saturnii
Pinus spinosa
Potentilla pliocenica
Potentilla reptans
Ranunculus sceleratoides
Ranunculus sceleratus
Rubus fruticosus
Rubus polevskoyanus
Salix spec.
Salvinia rhenana
Saururus bilobatus

Sequoia abietina
Sparganium nanum
Stephanandra minima
Taxodium dubium
Trapa spec.
Typha ovalis
Viola palustris

Kiefernzapfen von *Pinus spinosa* waren sehr häufig, so daß diese Art offensichtlich zu den Braunkohlenbildnern gehörte. Nicht seltene Arten sind ferner *Picea omoricoides*, *Picea abies*, *Sequoia abietina*, *Alnus tambovica*, *Carex flagellata*, *Lycopus antiquus*, *Hypericum tetrapterum* und *Typha ovalis*. Das zeigt deutlich einen tertiären Koniferen-Bruchwald (Braunkohlenfazies) sowie Ried- und Röhrichtgesellschaften an. Mit *Azolla*, *Salvinia*, *Lemna*, *Trapa* und *Monochoria* ließ sich auch eindeutig eine eutroph geprägte Schwimmpflanzendecke feststellen. Nach der pflanzengeographischen Verwandtschaft sind 47% (Mai 1965) der Arten exotisch. Einige Arten gehören zu denen, die nur oder noch nicht einmal bis in die Reuver-Stufe des Pliozän nachzuweisen waren: *Alnus tambovica*, *Betula digitata*, *Cephalotaxus multiserialis*, *Cryptomeria rhenana*, *Nyssa ornithobroma*, *Pentapanax tertiarius*, *Pinus saturni*, *Pinus spinosa*, *Sequoia abietina* u. a. Als Oberpliozän gilt das Vorkommen seit Kirchheimer (1937b, S. 119) und Mai (1965, S. 37). Wir stellen es in das etwas weniger genau festgelegte „Oberpliozän".

3.5. Nordhausen, Döhringsche Ziegelei (Bezirk Erfurt)

Von Mai wurde aus dunklen humosen Lagen im Ton eine Frucht- und Samenflora bestimmt und in Ahrens u. a. (1968, S. 72—73) und Steinmüller (1974, S. 733—734) erstmalig mitgeteilt. Die Aufsammlungen stammen von Jung, Steinmüller und Mai aus den Jahren 1961 und 1967 und sind im Museum für Mineralogie und Geologie Dresden unter Nr. 4840—4885 und 6828—6840 deponiert.

Die in Nordhausen bis ca. 60 m mächtige Serie aus Kiesen, Sanden, Schluffen und Tonen ist in ihrer Entstehung an Subrosionen im Gebiet der Goldenen Aue geknüpft. Den Abschluß des Profils bilden mit deutlicher Erosionsdiskordanz Zersatzgrobschotter. Die florenführende Schicht entstand durch Stillwasserverlandung. Sie führt vorwiegend Arten von Wasser- und Sumpfpflanzen:

Alisma plantago-aquatica
Alnus glutinosa
Alnus tanaitica
Azolla filiculoides
Betula cholmechensis
Carex nigra
Carex paucifloroides
Carex pseudocyperus
Carex riparia
Carpinus betulus
Carpolithus ornatus
Ceratophyllum demersum
Ceratophyllum submersum
Chenopodium album
Cicuta virosa
Comarum palustre
Decodon bashkiricus
Eleocharis palustris
Eupatorium cannabinum
Frangula alnus
Glyceria maxima
Hydrocotyle vulgaris
Hydrocharis morsus-ranae
Ilex aquifolium
Juncellus serotinus
Lemna trisulca
Lycopus europaeus
Mentha rotundifolia
Myriophyllum spicatum
Najas marina
Naumburgia subthyrsiflora
Nuphar luteum
Oenanthe aquatica
Osmunda regalis
Pinus spec. (Borke)
Polygonum persicaria
Potamogeton acutifolius
Potamogeton pectinatus
Potamogeton pusillus
Potentilla supina
Proserpinaca reticulata
Ranunculus acer
Ranunculus fluitans
Ranunculus sceleratus
Rubus idaeus
Rumex acetosella
Sagittaria sagittifolia
Sambucus racemosa
Salvinia cerebrata
Scirpus radicans
Solanum dulcamara
Sparganium pulchellum
Spirematospermum wetzleri
Stratiotes intermedius
Swida sanguinea
Teucrium tatjanae
Thalictrum minus
Typha hercynica
Typha latifolia
Typha pliocenica
Urtica dioica
Urtica urens
Zanichellia pedicellata

Die Wasser- und Sumpfpflanzen sind in der Mehrzahl Anzeiger von Eutrophie im Wasser oder im Sediment. Sie gehören ziemlich gleichmäßig den Submersen-, Schwimmblatt-, Röhricht- und Großseggen-Gemeinschaften an. Als Anzeiger für höhere Salzgehalte im Subrosionsgebiet kann *Zanichellia pedicellata* gewertet werden. Sie ist von solchen fakultativ halophytischen Arten wie *Juncellus serotinus*, *Najas marina*, *Potamogeton pectinatus*, *Ranunculus sceleratus* begleitet. Dominante Arten der Thanatozönose sind *Azolla filiculoides*, *Ceratophyllum demersum*, *Nuphar luteum*, *Najas marina*, *Cicuta virosa*. Nur 10 Arten sind Gehölze. Sie stammen aus dem Bereich eines Bruchwalds. In ihm sind außer *Alnus tanaitica* keine exotischen Arten nachzuweisen. Bemerkenswert ist das Fehlen von *Glyptostrobus* oder *Taxodium*. Stratigraphisch wichtig sind solche Exoten wie *Salvinia cerebrata*, *Carpolithus (Epipremnum) ornatus*, *Decodon bashkiricus* und *Spirematospermum wetzleri*, die bisher niemals in ältestpleistozänen Ablagerungen, sondern höchstens bis in das Pliozän hinein bekannt geworden sind. Wichtige exotische Arten der Plio/Pleistozän-Grenzschichten sind auch *Carex paucifloroides*, *Naumburgia subthyrsiflora*, *Proserpinaca reticulata*, *Sparganium pulchellum*, *Stratiotes intermedius*, *Teucrium tatjanae*, *Typha hercynica* und *Typha pliocenica*.

In den Pollenspektren von Nordhausen (Erd, Majewski unveröff.) herrschen *Pinus*, *Alnus*, *Tsuga*, *Picea*, Gramineen und Polypodiaceen vor. Weiterhin sind *Carpinus*, *Ulmus*, *Betula*, Cyperaceen und *Osmunda* regelmäßig vertreten. Alle anderen Formen wie *Abies*, *Quercus*, *Tilia* und zahlreiche

Kräuter sowie Wasserpflanzen überschreiten höchst selten Werte von 1%. Außer den hohen *Tsuga*-Anteilen sind als Exoten nur noch *Sciadopitys* und *Eucommia* sehr selten beobachtet worden.

Wenn auf Grund des Vorkommens von einigen exotischen Arten in Nordhausen der Schluß gezogen werden muß, die in Rede stehende Ablagerung noch in das Pliozän zu stellen, dann ist dabei eine gewisse Widersprüchlichkeit der Aussagen von Mega- und Mikroflora zu berücksichtigen. ERD (in AHRENS u. a. 1968, S. 73, 75) hält auf Grund seiner Pollenanalysen Nordhausen und Rippersroda für stratigraphische Äquivalente des Tegelen A. Eine Einstufung in das „höchste Oberpliozän" ist wahrscheinlicher.

3.6. Oberzella bei Bad Salzungen (Bezirk Suhl)

Aus einem Schurf am Tonberg wurden 1963 von ELLENBERG Tone und Kohlen entnommen, die wegen starker Verwitterung nur zwei sehr durable Makroreste lieferten:

Alisma ex gr. *plantago-aquatica*
Salvinia miocenica

Das Vorkommen kann als pollenanalytisch recht gut charakterisiertes und mit „Reuverien" vergleichbares „Oberpliozän" gelten (KRUTZSCH und MAJEWSKI 1965). Während ältere jungtertiäre Elemente fehlen oder sehr selten sind, kommen im Gegensatz zum Tegelen *Nyssa* (bis 9%), Taxodiaceen (*Sequoia*-Typ und *Taxodium*-Typ, bis 28%), *Sciadopitys* (bis 23%) und *Tsuga* (bis 34%) vor. Außerdem sind *Symplocos*, *Platycarya*-Typ, *Liquidambar*- und *Castanea*-Typ in einzelnen Proben bis zu 1% vertreten. Ein *Alnus*-Gipfel ist an der Basis der Hauptkohlebank ausgebildet.

3.7. Rippersroda bei Arnstadt (Bezirk Erfurt)

Unter den Profilen im höheren Oberpliozän ist das von Rippersroda das bisher am vollständigsten bearbeitete. In diesem Schichtenkomplex wurden schon vor der Jahrhundertwende zur Zeit eines „Walkerde"-Abbaus zahlreiche Faunen- und Florenreste gefunden (GIEBEL 1860; FRITSCH 1885; ZIMMERMANN 1898; WÜST 1900). Die in der Literatur bereits bekannte Schichtenfolge wurde durch MAI u. a. (1963) erneut untersucht. Unter dem mächtigen altpleistozänen Grobschotterfeld der Gera liegt ein feinkörniger fluviatiler Sedimentverband gleicher petrographischer Zusammensetzung, aber ungleich intensiver Verwitterung (Zersatzkies, „Walkerde"). Bei Rippersroda lagert diese ältestpleistozäne Abfolge auf braunkohleartigen Bildungen einer in den Mittleren Muschelkalk eingesenkten Doline, in der über 10 m mächtige rotbraune und schwarzgraue Tone mit einem tonigen Braunkohlenflöz erbohrt wurden. Aus ihnen stammen die reichen Mega- und Mikrofloren mit über 90 Arten, deren Originale in der Zentralsammlung des Zentralen Geologischen Instituts, Berlin, aufbewahrt sind (Originalnummern X 850—X 908):

Actinidia faveolata
Alisma plantago-aquatica
Alnus glutinosa
Ampelopsis malvaeformis
Baldellia ranunculoides
Boehmeria lithuanica
Caldesia cylindrica
Carex caespitosa
Carex flagellata
Carex flavaeformis
Carex praehirta
Carex pseudocyperus
Carex riparia
Carex ungeri
Ceratophyllum protanaiticum
Chara zoberbierii
Corylus avellana
Decodon globosus
Dichostylis protohamulosus
Dicranum cf. *mühlenbeckii*
Eleocharis microstylosa
Eleocharis ovata
Epipremnum reniculum
Fagus spec.
Hartziella rosenkjaerii
Heterocladium cf. *heteropterum*
Hippuris vulgaris
Hypericum androsaemum
Hypericum tetrapterum
Lemna gibba
Lemna trisulca
Ludwigia palustris
Luronium natans
Lycopus europaeus
Magnolia cor
Meliosma wetteraviensis
Mentha aquatica
Myriophyllum praespicatum
Najas flexilis
Najas lanceolata
Najas marina
Oenanthe aquatica
Origanum vulgare
Picea abies
Picea omoricoides
Pinus cf. *palaeostrobus*
Pinus Subgen. *Diploxylon*
Phellodendron elegans
Phragmites communis
Polygonum persicaria
Polygonum wolfii
Potamogeton borysthenicus
Potamogeton elegans
Potamogeton filiformoides
Potamogeton neptunii
Potamogeton polymorphus
Potamogeton pusillus
Proserpinaca europaea
Proserpinaca reticulata
Prunus spec.
Ranunculus flammula
Ranunculus hederaceus
Ranunculus sceleratus
Rubus idaeus
Sagittaria sagittifolia
Salix cf. *integra*
Salix spec.
Salvinia rhenana
Salvinia tuberulata
Sambucus nigra
Sambucus pulchella
Sambucus racemosa
Schoenoplectus lacustris
Schoenoplectus mucronatus
Scirpus isolepioides
Scirpus pliocenicus
Scirpus radicans
Solanum dulcamara
Sparganium emersum
Sparganium neglectum
Stachys palustris
Staphylea cf. *pinnata*
Stratiotes intermedius

Thalictrum simplex
Trapa heerii
Typha latifolia
Typha pliocenica
Urtica dioica
Viola palustris
Vitis spec.

Die Flora setzt sich aus Auenwald-, vorwiegend aber Wasser- und Sumpfpflanzen-Gemeinschaften zusammen. Karpologische Diagramme (MAI u. a. 1963, Abb. 7) zeigen wechselnde Häufigkeit der Arten im Profil. Es läßt sich eine Abfolge von Sommerlaubwald mit Koniferen, teilweise Auenwald und Erlenbruch, dann durchmischt mit Großseggengürteln und Röhrichten (viel *Scirpus isolepidoides*), schließlich offenes Wasser mit Schwimmpflanzen- (häufig *Salvinia rhenana*) und Laichkrautgesellschaften erkennen. Gelegentlich treten noch ephemere Zwergbinsen-Gemeinschaften (z. B. viel *Eleocharis microstylosa*, *Ludwigia palustris*) oder Flachmoorgemeinschaften auf. Der Anteil exotischer Arten ist mit 35% bereits erheblich geringer als in den älteren Floren von Berga, Kranichfeld und Gerstungen. Nach MAI nimmt diese Flora eine vermittelnde Stellung zwischen der Reuver-Flora und dem megafloristisch untersuchten Teil des Tegelen (Tegelen C) ein.

Die Pollenanalysen (MAJEWSKI, ergänzt durch ERD) führen zu der gleichen Aussage. Unter den Exoten erreichen *Tsuga* bis 6%, *Sciadopitys* bis 3% und *Carya* 2%, maximal 6%. Es ließen sich noch zwei Typen Taxodiaceen, der *Keteleeria*-Typ, *Castanea*-Typ, *Pterocarya*-Typ, *Zelkova*, *Eucommia*, *Symplocos*, *Liquidambar* und (?)*Engelhardia* palynologisch nachweisen.

Über der florenführenden Serie folgt der sogenannte Walkerde-Zersatzkies-Komplex. Durch die Säugetierfunde von Rippersroda (= „Rippersroda II") sind diese Zersatzkiese in die MEIN-Zone 17u einzuordnen. Das Auftreten von *Trogontherium minus*, *Anancus arvernensis*, *Dicerorhinus* sp. zusammen mit *Eucladoceros ernestii*, *Leptobos* sp. und *Cervus (Russa)* sp. ordnet die Fundschichten nach den Londoner Beschlüssen von 1948 dem Quartär zu. Diese Schichten haben bisher keine Floren geliefert.

4. Florenfolgen und Klimawechsel im Pliozän

Pflanzen sind die besten Gradmesser von Klimaänderungen in jener kritischen Zeit, in der das Tertiär in das Quartär übergeht. Sie geben eine genaue Anschauung vom Charakter und der Amplitude der klimatischen Oszillationen. Zu berücksichtigen sind besonders die thermophilen und hygrophilen Arten der Floren im Gegensatz zu den subarktisch-borealen und kontinentalen Einwanderungen, sofern diese auftreten.

Physiognomisch waren die Waldgemeinschaften aller Thüringer Pliozän-Fundstellen bereits durchweg sommergrün. Ihr auffälliger Reichtum an Exoten zwingt uns jedoch, jetztweltliche Vergleiche fernab von den europäischen Sommerlaubwäldern in den warmtemperaten Gebieten von Ostasien und Nordamerika zu suchen. Eindeutige Kriterien für einen Vergleich mit den Mixed Mesophytic Forests beiderseits des Changjiang/China sind Arten wie *Cyclocarya paliurus*, *Cunninghamia lanceolata*, *Eucommia ulmoides*, *Glyptostrobus pensilis*, *Magnolia liliflora*, *Meliosma veitchorum*, *Nyssa sinensis*, *Pentapanax yunnanensis*, *Cathaya nanchuanensis*, *Actinidia melandra*, *Cephalotaxus harringtoniana* und *Engelhardia roxburghiana*, die wir für den Vergleich mit den fossilen Arten herangezogen haben. Eine Einbeziehung der Äquivalente dieses Waldtyps in Hondo/Japan, dort zumeist als *Quercus-Castanea-Fagus crenata*-Zone bezeichnet, machen Arten wie *Ampelopsis leeoides*, *Cryptomeria japonica*, *Cercidiphyllum japonicum*, *Magnolia stellata*, *Sciadopitys verticillata*, *Stewartia pseudocamellia*, *Styrax japonica*, *Styrax obassia*, *Symplocos paniculata*, *Trichosanthes japonica* und *Chamaecyparis obtusa* deutlich, die diese Waldstufe im wesentlichen nicht überschreiten.

Im atlantischen Nordamerika entsprechen den Mixed Mesophytic Forests die „Eichen-Tulpenbaum-Mischwälder", die „Eichen-Hickory-Wälder" und die „Buchen-Magnolien-Mischwälder", die Arten wie *Liriodendron tulipifera*, *Nyssa sylvatica*, *Stewartia monadelpha*, *Styrax americana*, *Symplocos tinctoria* und in edaphisch bedingten Gesellschaften innerhalb ihrer Ausdehnung auch *Carya aquatica*, *Ilex coriacea*, *Ilex dahoon*, *Pinus taeda* und *Taxodium distichum* beherbergen.

Die genannten heutigen Waldformationen sind eng an ein warmgemäßigtes Regenklima (Cfa) mit heißen, nassen Sommern und feuchten Wintern mit kurzer Frostperiode angepaßt. Innerhalb dieses Klimatyps, in den die meisten Thüringer Pliozän-Fundstellen fallen, ist die kritische Grenze des wärmsten Sommermonats >22 °C, das Jahresmittel stets >10 °C.

Differenzierend wirkt sich das Vorkommen einiger Gehölzarten oder -gattungen aus, die von verschiedenen Autoren als Klimaindikatoren herausgestellt wurden:

Von den für das Pliozän nachgewiesenen Gattungen läßt sich bei einer Gruppe in Mitteleuropa keine Art im Freiland überwintern (Gruppe II nach HEER 1865, S. 475): *Cathaya*, *Engelhardia*, *Glyptostrobus*, *Pentapanax*, *Sequoia*, *Trichosanthes* sowie die krautigen Wasser- und Sumpfpflanzen *Decodon*, *Monochoria* und *Proserpinaca*. HEER (1865) gibt als Begrenzungsfaktor die 8°-Jahresisotherme an.

Bei einer zweiten Gruppe läßt sich nur eine einzige Art der Gattung in Mitteleuropa im Freiland anpflanzen, zeigt aber fast immer schwachen Wuchs oder kann nur an günstigen Stellen oder mit Winterschutz überleben (KIRCHHEIMER 1957, S. 607): *Cunninghamia*, *Cryptomeria*, *Cyclocarya*, *Meliosma*, *Nyssa*, *Poliothyrsis*, *Sciadopitys*, *Stewartia*. Bei den Wasserpflanzen sind das *Saururus* und *Azolla*. Bei einigen dieser Sippen ist die 0 °C-Januarisotherme der begrenzende Faktor.

Nur wenige Gehölzgattungen sind hinsichtlich ihrer klimatischen Indikation bisher mehr oder weniger gut untersucht worden. Für unsere pliozänen Floren sind das:

Glyptostrobus erträgt nach HANTKE (1954) in China keine Jahresmittel unter 13 °C und keine Monatsmittel unter +1 °C.

Sequoia hat als Schwellenwert nach KNAPP (1965): Jahresmittel 12,5 °C, kein Monat unter 0 °C (kältester Monat +8 °C), wärmster Monat 17 °C, Niederschläge über 1000 mm. Sie verhält sich in Kultur etwas abweichend, so daß SCHWARZBACH (1968, S. 46) als Untergrenzen anführt: Jahresmittel 11 °C, kältester Monat +6 °C, wärmster Monat 15 °C, Jahresniederschläge >800 mm.

Für *Taxodium* liegt im natürlichen Areal das tiefste Jahresmittel bei 13,3 °C (GREGOR und HANTKE 1980), die tiefste Monatsmitteltemperatur bei +1 °C. HEER (1868, S. 68) analysierte die Grenze des Kulturareals in Europa mit Jahresmitteln von 8→9 °C, kältester Monat nicht unter −5 °C im Mittel, wärmster Sommermonat im Mittel 18 °C.

Sciadopitys ist Relikt in den japanischen Bergwäldern vom mittleren Hondo bis Kiushiu. Das Klima an der Nordgrenze des natürlichen Areals (Station Inawashiro) ist gekennzeichnet durch eine Jahresmitteltemperatur von 9,3 °C, das kälteste Monatsmittel —6,8 °C, ein absolutes Minimum von —15 °C, vier Frostmonaten und Niederschlägen von 1470 mm.

Liriodendron tulipifera wurde von JUNG und KNOBLOCH (1971, S. 12) mit Jahresmitteln von 13 °C, tiefstem Monatsmittel von +2,7 °C, höchstem Monatsmittel von 24,5 °C und Höhe der Jahresniederschläge >950 mm im natürlichen Areal ermittelt. Nach HEER (1868, S. 62) liegen die begrenzenden Werte im Kulturareal in Europa bei Jahresmitteln von 8,3 °C, tiefsten Monatsmitteln von —4 °C und höchsten Monatsmitteln von 15 °C.

Liquidambar styraciflua hat seine Nordgrenze im Landesinneren der USA bei 12 °C Jahresmittel, an der atlantischen Küste bei 11 °C, bleibt aber stets Anzeiger für Maritimität (HANTKE 1954).

Warme Sommer mit Temperaturen über 20 °C muß man nach ZAGWIJN (1975, S. 142) beim Vorkommen von *Ilex* und *Vitis* zugrundelegen. Ähnliches gilt für *Aesculus* (MEUSEL und SCHUBERT 1971, S. 597). Voraussetzung für deren Gedeihen ist darüber hinaus eine ausreichende Boden- und Luftfeuchtigkeit.

Als ozeanisch-subozeanische Gehölzsippen kann man nach JÄGER (1968) die Gattungen *Cunninghamia, Sequoia, Stewartia, Taxodium* sowie *Fagus, Ilex* und *Magnolia* auffassen. Sie sprechen stets für humide Klimabedingungen.

Die Bedeutung der Wasserpflanzen als Klimaindikatoren hat besonders SZAFER (1954) betont. Durch MAI (1985, S. 477) sind die thermischen Indikatoren unter den bisher fossil bekannten Wasserpflanzen zusammengestellt worden: Weitgehende Frostfreiheit der Gewässer benötigen *Azolla* und *Monochoria* für ihr Gedeihen. Sommerwärme von 20—25 °C ist für die Entwicklung von *Hydrocharis* notwendig. Wärmekeimer sind *Stratiotes, Trapa* (12—16 °C) und *Hydrocharis* (>10 °C). Durch die 18 °C-Juliisotherme sind nach Norden *Salvinia, Ceratophyllum* und *Proserpinaca* begrenzt. Für *Oenanthe* sind die 0 °C, für *Baldellia* die —2 °C-Januarisotherme begrenzende nördliche Linien. Hohe Sommertemperaturen über 25 °C sind für die Reife der Früchte bei *Ceratophyllum* und *Trapa* unerläßlich.

Für die Thüringer Fundstellen kommen zur Auswertung:

1. Berga: *Aesculus, Ampelopsis leeoides*-Gruppe, *Cathaya, Cyclocarya, Engelhardia, Fagus, Glyptostrobus, Liriodendron, Luronium, Oenanthe, Pentapanax, Poliothyrsis, Proserpinaca, Pterocarya, Sequoia, Taxodium, Trichosanthes, Vitis* = Mixed Mesophytic Forests.
2. Gerstungen: *Aesculus, Ceratophyllum, Cunninghamia, Glyptostrobus, Ilex, Liriodendron, Nyssa, Oenanthe, Salvinia, Sequoia, Stewartia* = Mixed Mesophytic Forests.
3. Kaltensundheim: *Baldellia, Ilex, Taxodium* = Deciduous Broadleaved Forests.
4. Kranichfeld: *Ampelopsis leeoides*-Gruppe, *Azolla, Cephalotaxus, Cryptomeria, Fagus, Ilex, Monochoria, Nyssa, Oenanthe, Pentapanax, Salvina, Saururus, Sequoia, Taxodium, Trapa* = Mixed Mesophytic Forests.
5. Nordhausen: *Azolla, Ceratophyllum, Eucommia, Hydrocharis, Ilex, Oenanthe, Proserpinaca, Salvinia, Sciadopitys, Tsuga* = Deciduous Broad-leaved Forests.
6. Oberzella: *Liquidambar, Nyssa, Salvinia, Sequoia, Symplocos, Taxodium* = Mixed Mesophytic Forests.
7. Rippersroda: *Ampelopsis leeoides*-Gruppe, *Baldellia, Ceratophyllum, Decodon, Fagus, Liquidambar, Luronium, Magnolia, Meliosma, Oenanthe, Proserpinaca, Salvinia, Sciadopitys, Symplocos, Taxodium, Trapa, Vitis* = Mixed Mesophytic Forests.

Ein durchgreifender Wechsel in der Waldvegetation und der damit ursächlich verbundene Wechsel des Klimas liefert in einem geographisch einheitlichen Gebiet stets gute biostratigraphische Zeitmarken. Es lassen sich weiträumig verfolgbare, einheitliche Florenkomplexe ausgliedern. Für das Pliozän sind solche Florenkomplexe bisher nicht erkannt worden, obgleich über Hauptvegetationsformen und Klimawechsel im Pliozän West- und Mitteleuropas aus der Literatur schon vieles zu entnehmen ist. Das hängt in erster Linie mit den bisher bestehenden Auffassungen des stratigraphischen Umfangs und der Parallelisierung des Pliozäns zusammen. Durch intensive Korrelierungsarbeiten besonders im mediterranen und paratethyschen Raum sind diese Schwierigkeiten heute wesentlich geringer geworden (vgl. RÖGL und STEININGER 1983).

Das Pliozän beginnt nach dem Ende der Salinitätskrise im Mediterran vor etwa 5,4 Millionen Jahren, das heißt alle früher in das „Unterpliozän" gestellten Floren des Pannon F bis G, des Pont oder auch des niederrheinischen Susterien (Unterkante 7,1 my) gehören heute als Äquivalente des Messinien in das höchste Miozän. Das gilt auch für alle Floren der „*Hipparion*-Epoche", denn *Hipparion* wandert nahe der Basis des Obermiozän vor etwa 12 my ein. Eine Transgression der Meere führte im Unterpliozän ganz allgemein zu einer stärkeren Humidität des Klimas in weiten Teilen des in Rede stehenden europäischen Raums. Unter Berücksichtigung der marinen Faunen herrschten im Mediterran im Unterpliozän noch subtropische Verhältnisse, die sich auch auf dem Lande bis in den mitteleuropäischen Ablagerungsraum in warmtemperaten Klimaverhältnissen bemerkbar machten. Die Säugetierfaunen des „Ruscinium" sind „Monsunwaldfaunen" (MEIN-Zone 14). Das Oberpliozän brachte einen deutlichen Temperaturabfall, der zum graduellen Aussterben tropischer Mollusken im Mediterran führte. Boreale, nordamerikanisch-sibirische Säugetierfaunen wanderten im „Villányium" (MEIN-

Fundstelle	Jahresmittel Temperatur °C	Tiefstes Monatsmittel °C	Wärmstes Monatsmittel °C	Jahresmittel Niederschläge mm/a	Klimatyp
Nordhausen	9 → 10	0 → —7	>20	1400	Cfb
Rippersroda	13 → 14	0 → (+3)	22 → 25	1300	Cfa
Oberzella	12,5 → 14	0 → +1	>22	>1000	Cfa
Kaltensundheim	9 → 13	0 → —2	>15	humid	Cfb
Berga	13 → 14	0 → +1	24 → 25	1300—1500	Cfa
Kranichfeld	13 → 14	0 → +1	20 → 25	>1000	Cfa
Gerstungen	13	0 → +1	20 → 25	>1000	Cfa

Zone 17) in Mittel-, West- und Südeuropa ein. Der Anfang des Pleistozäns fällt mit dem Einwandern nordatlantischer Ostrakoden (*Cytheropteron testudo*), Foraminiferen (*Hyalinea balthica* SCHROETER) und Mollusken (*Arctica islandica* L.) in den Mittelmeerraum zusammen. Er wurde mit 1,65—1,7 my absolut altersdatiert. Das Tegelen, die „Ellerhoop-Warmzeit" und der „Mizerna-Komplex" werden heute meist älter als 1,65 my betrachtet und damit in das Oberpliozän versetzt (KAHLKE 1977).

Aus einem langen, pliozänen Zeitabschnitt von 3,7 Millionen Jahren sind aus West-, Mittel- und Südeuropa zahlreiche bedeutende fossile Floren bekannt, die einer Gesamtauswertung harren. Einzelne Autoren berichten über bedeutsame Änderungen des Florenbestands in lokalen Profilen oder über merkbare Klimaänderungen. Diese Ergebnisse sind vorrangig in einer vergleichenden Auswertung zu behandeln:

Bereits SAPORTA (1881, S. 327) fallen deutliche Unterschiede in der Zusammensetzung der Floren im französischen Zentralmassiv auf, die er in Abhängigkeit von deren Höhenlage und Exposition erklärt. Erst GIBERT u. a. (1977) erkannten auch den stratigraphischen Hintergrund dieses Florenwechsels der ins Messin (Obermiozän) und Pliozän gehörenden Floren. Geographisch erklärten auch STEFANOFF und JORDANOFF (1935), MÄDLER (1939) sowie SZAFER (1947) Unterschiede von Pliozänfloren in Europa. Bei den ersten Autoren findet sich eine Einteilung der Pliozänfloren in solche Westeuropas einerseits und Südost- und Osteuropa andererseits. MÄDLER machte eine „Pyrenäen-Alpen-Karpaten-Linie" für die Unterschiede der Floren verantwortlich. Bei SZAFER finden sich drei Zonen, eine „Äußere", „Innere" und „Südliche" Zone, die bereits damals stark hypothetischen Charakter hatten. Gewiß steckt in allen diesen Erklärungen ein wenig Wahrheit. Durch die heutige Stratigraphie sind diese Erklärungen indes überholt.

LESCHIK (1951) fordert als erster für die Waldabfolge im Pliozän von Buchenau/Hessen Klimaschwankungen. Für die Wetterau-Braunkohle (LESCHIK 1956) stellte er solche ebenfalls fest. Bereits 1953 hatten VAN DER VLERK und FLORSCHÜTZ das kühle „Prätiglian" pollenanalytisch nachgewiesen. Eindeutig von „intrapliozäner klimatischer Oszillation" spricht SZAFER (1954a) anläßlich der Untersuchung des „Mizerna-Komplexes". ALTEHENGER (1959) schreibt über floristisch belegte Klimaschwankungen im mitteleuropäischen Pliozän der Reuver-Stufe. ZAGWIJN (1969) veröffentlicht die Gliederung der Florenabfolge in den Niederlanden. 1962 findet sich beim gleichen Autor der Begriff eines „Tiglianinterglacials". 1975 gibt er für das „Tiglian C 3 bis C 6" eine sehr detaillierte Darstellung der Klimafluktuation an Hand von Pollenanalysen. Deutliche Hinweise auf intrapliozäne Klimaänderungen finden sich auch bei MAI u. a. (1963) bei der Auswertung der Rippersrodaer Funde. KNOBLOCH (1965) spricht von einer „kalten Klimaoszillation" in der Vildstejn-Serie. Für die *Fagus*-reichen Floren aus der Hauptkies-Serie (Kieseloolithschotter) des Rheinlands errechnet SCHWARZBACH (1968) Klimawerte, die ein feucht-temperiertes Klima (Cfb-Klima) belegen. Ähnliche Werte fordert MAI (1973, S. 115) für einige pliozäne und präpliozäne Floren. VAN DER HAMMEN u. a. (1971) geben eine Kurve der Vegetationsabfolge vom „Susterian" bis „Prätiglian" in den Niederlanden, die deutliche Klimadepressionen zwischen „Brunssumian" und „Reuverian" und im „Prätiglian" erkennen läßt. MENKE (1975) gliedert analog die Vegetationsabfolge in Schleswig-Holstein und vergleicht sie mit jener der Niederlanden. Er findet mit „Ekholt-Kaltzeit" und „Krückau-Kaltzeit" zwei kryomere Zeiten vor dem eigentlichen Tegelen.

Über Floren- und Klimawechsel im Pliozän West- und Mitteleuropas kann nach dem heutigen Stand der Kenntnisse kein Zweifel mehr bestehen. Problematisch bleibt nur, wieviele klimatische Änderungen stattgefunden haben, wie sie zeitlich zu fixieren sind und welche Auswirkungen sie auf die Vegetation in der gesamten „Westeuropäischen Florenregion" hatten (vgl. hierzu KRUTZSCH in diesem Band, S. 7—51).

Die „Westeuropäische Florenregion", bei DOROFEEV (1966d) als „Provinz" angeregt und von MAI (1985) erstmalig näher erläutert, muß Gegenstand aller weiteren Erläuterungen biostratigraphischer Zusammenhänge bleiben, da für gesamteuropäische oder gar globale Betrachtungen das fossile Urkundenmaterial bei weitem nicht ausreicht. Die genannte Florenregion zeichnet sich im Pliozän durch Laubwaldfloren aus, in denen *Fagus* meist dominiert, *Quercus*, *Carpinus* und *Castanea* sehr stark in den Vordergrund treten, gelegentlich auch über *Fagus* dominieren können. Hinzu tritt eine wechselnde Fülle von wärmeliebenden Gehölzen ostasiatischer oder nordamerikanischer Verwandtschaft (sogenannte Exoten). Derartige Laubwaldfloren sind typisch für datierte pliozäne Ablagerungen von Frankreich bis in die ukrainischen Transkarpaten, von Schleswig-Holstein und die Litauische SSR bis Oberitalien und die intrakarpatischen Becken (Abb. 101). Eine noch weitere regionale Verbreitung kommt ihnen im Obermiozän zu, so daß die pliozäne Arealgestaltung bereits eine Einengung des Areals infolge weitergehender Differenzierung der Vegetation (und des Klimas) in Europa ist (vgl. DOROFEEV 1966d).

Die Korrelationstabelle 2 der wichtigsten jüngsttertiären Floren (einschließlich solcher, die früher allgemein als „pliozän" galten, jetzt aber aus stratigraphischen Gründen in das Obermiozän gestellt werden müssen) zeigt die Florenabfolge in den einzelnen Teilgebieten innerhalb der „Westeuropäischen Florenregion". Dick umrandet sind Fundorte, die durch regionalgeologische Beziehungen, Säugetierfaunen, paläomagnetische oder absolute Altersdatierungen stratigraphisch an dieser Stelle eingeordnet werden müssen. Sie geben das Gerüst für die Vegetationsabfolge und die damit verbundene Klimaanalyse ab. Alle anderen Florenfundpunkte werden als wahrscheinlich an dieser Stelle stehend korreliert. Für die Benennung der Florenkomplexe werden nur sicher eingestufte Florenfundpunkte benutzt. Vom Messin bis zum Tegelen lassen sich folgende Etappen der Florenentwicklung charakterisieren.

Florenkomplex Senigallia — Rózsaszentmárton (Messinien)

Den Florenkomplex setzen zusammen die Floren des Messiniano in Oberitalien (Senigallia, Stradella, Montescano, Guarene), des „Pontien" im französischen Zentralmassiv, die zwischen 6,5 und 7,4 my absolut datiert sind (Las Clausades, St.-Vincent, Pas-de-la-Mougudo, Niac) und das Pannon F (Moravská, Nová Ves, Dubňany, Poštorná) und G/H (Rózsaszentmárton und Chiuzbaia) im Gebiet der Paratethys, die durch eine Fauna des „Sümegium" (MEIN-Zone 12) datiert sind. In der Vegetation herrschen artenreiche Mixed Mesophytic Forests, in denen bisweilen die Buche (Stradella, St.-

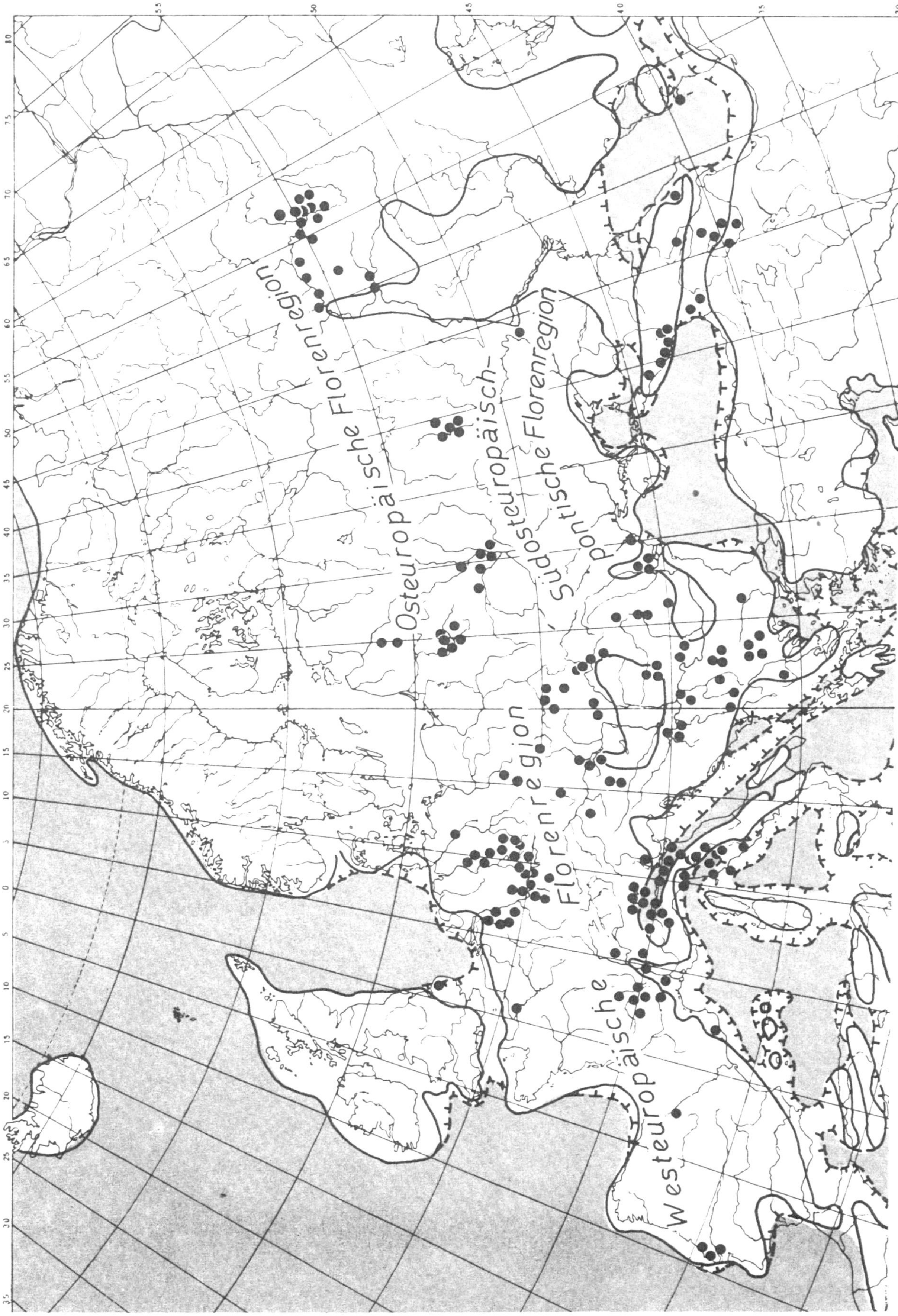

Abb. 101. Florenfundpunkte und bisher bekannte Florenregionen vom Pontien bis Tegelen (Pliozän) in Europa (etwa 6,0—1,7 my). — Dargestellt sind die Florenfundpunkte des Susterien, Brunssumien, Reuverien, Tiglien der borealen Provinz, des Kinel und Belitz der Russischen Tafel, des Messin, Asti, Piacenzien des Mediterran, des Pont, Daz, Roman oder Pont, Kimerien und Akčagyl der Paratethys ——— Maximaltransgression der Meere; ÷ ÷ ÷ Linie der geringsten Meeresausdehnung (meist im Messinien); Punktraster: Gebiete ständiger Wasserbedeckung.

Vincent, vgl. SAPORTA 1881, Chiuzbaia, vgl. GIVULESCU und GHIURCA 1969) oder sommergrüne Eichen (Senigallia, Rózsaszentmárton; vgl. SAPORTA 1881, NAGY 1959) in den Vordergrund treten. Der Anteil der exotischen Gehölze liegt zwischen 69% (GIVULESCU und GHIURCA 1969) oder 65% bis 56% der Gesamtflora (GIBERT u. a. 1977). Laurophylle Arten sind stets vorhanden. Sie können bis zu 16% (Senigallia) an der Gesamtflora ausmachen. Vorrangig treten kanarische Lorbeerwald-Elemente auf (z. B. *Ocotea heerii*, *Laurus canariensis*, *Persea indica*). Aus Senigallia sind noch Palmenreste der Gattung *Phoenicites* bekannt. Stratigraphisch wichtig dürften Arten wie *Quercus drymeia* (Italien, Frankreich, Ungarn, Rumänien), *Lindera latifolia*, *Paulownia europaea*, *Myrsine martyi* (Frankreich) sein. Kleinblättrige Arten treten unter 10% zurück (Montescano, Senigallia, vgl. BERGER 1957). Echte mediterrane Arten sind merkwürdigerweise trotz der „Salinitätskrise" in dieser Zeit nicht genannt. Das Klima wird bereits von SAPORTA (1881) als „mild und sommerwarm (Platane), mit Niederschlägen zu jeder Jahreszeit (Buche)" (= Senigallia) bezeichnet. DEPAPE (1928) analysiert für St.-Vincent ein Jahresmittel der Temperatur von 14 → 16 °C, KNOBLOCH (1965) für die mährischen Floren ein solches von 12→16 °C. Eine detaillierte Analyse liegt für Rózsaszentmárton vor: Jahresmittel 14,8 °C, Januar 6,6 °C, Juli 22,4 °C, 270 frostfreie Tage im Durchschnitt, humid, Niederschläge 1146 mm/a (ANDREÁNSZKY 1955). Das ist der Klimatyp Cfa nach KÖPPEN = warmgemäßigtes Regenklima (vgl. GIVULESCU und GHIURCA 1969).

Florenkomplex Cheylade

In diesen Florenkomplex fallen Floren aus dem französischen Zentralmassiv, die mit 5,6—6,8 my altersdatiert sind und zur („Groupe D" nach GIBERT u. a. 1977) gehören (Capels und Cheylade). Ferner sind es eine Reihe von Floren aus den tieferen Kieseloolithschichten (Hauptkies-Serie, Waubach-Serie) des Niederrheingebiets, deren Basis mit 7,1 my altersdatiert ist (VAN DER HAMMEN u. a. 1971) (Suster, Fortuna-Garsdorf F. III, Frimmersdorf-S), und des „Horizonts der bunten Tone" der Poznan-Serie in Śląsk (Sośnica, Pogalewo Wielkie). Nach ihrer stratigraphischen Position sind sie aller Wahrscheinlichkeit nach noch in das Miozän zu setzen, da der Beginn des Pliozän mit 5,4 my angesetzt wird. Die Floren spiegeln echte Deciduous Broad-leaved Forests wider, in denen vorrangig *Fagus*, *Carpinus*, *Quercus*, *Castanea* und *Parrotia* auftreten. Der Anteil exotischer Arten ist auf 40→32% (Frankreich) beziehungsweise 34,5% (Sośnica, vgl. BERGER 1950) zurückgegangen. Laurophylle Arten fehlen fast gänzlich (in Sośnica noch *Leitneria venosa*, *Persea speciosa*; in Capels *Ilex aquifolium*). In Frankreich erreichen *Diospyros* und *Berchemia* die Grenze zum Pliozän (GIBERT u. a. 1977). Wichtig ist das Auftreten verschiedener Gehölze heutiger europäischer Sommerwaldlaubwälder, unter anderem roburoide *Quercus*-Arten, *Castanea sativa*, *Carpinus betulus*, *Carpinus orientalis*, *Acer campestre*, *Acer platanoides*, *Acer pseudoplatanus*, *Alnus incana*, *Populus tremula*, *Juglans regia*, *Vitis sylvestris*. Das hat seinen Grund in einer starken Veränderung des Klimas. Schon KRÄUSEL (1919) sprach von einem „feuchtgemäßigten" Klima (Sośnica), GRANGEON (1958) von „humid, kühl" (Cheylade). SCHWARZBACH (1968) kam zu einer berechtigten Einstufung der Flora der Fundstelle Fortuna III (Hauptkiesserie des Niederrheingebiets) in ein Cfb-Klima im Sinne KÖPPENS, das heißt zu einem feuchten temperierten Klima. Diese Einstufung übernahmen auch VAN DER HAMMEN u. a. (1971) für das niederländische Susterien. KRETZOI setzt an diese Stelle die boreale „Hatvanium-Fauna" mit sibirisch-nordamerikanischen Einwanderern (persönliche Mitteilung).

Florenkomplex Brunssum (Brunssumien)

In diesen Florenkomplex gehören mehrere pliozäne Floren, die durch Säugetierfaunen des Ruscinium (MEIN-Zone 14 und teilweise Zone 15) in ihren Eckdaten bekannt sind (Borsec, Baraolt, Valdarno, Wölfersheim in der Wetterau). Entsprechend dem „Monsunwaldcharakter" der Faunen treten in der Vegetation wieder reiche Mixed Mesophytic Forests auf, die nicht wenige miozäne Arten enthalten. Entsprechend geologischen Daten, die sich aus den lokalen Profilen ergeben, stellen wir in diesen eindeutig unterpliozänen Abschnitt auch die sehr artenreichen Floren aus der Rotton-Serie der Kieseloolithschichten (Brunssum, Fortuna-Garsdorf), den „Klärbeckenschichten" von Frankfurt (Main), der Gozdnica-Serie in Dolny Śląsk (Ruszów, Gozdnica), der grauen Tone von Krościenko am Dunajec.

Die Mixed Mesophytic Forests zeichnen sich durch Artenreichtum und etliche wärmeliebende Relikte aus, unter anderem laurophylle Elemente wie *Daphnogene* (Borsec, Baraolt, Sansino, Castelnuova, Gaville), *Ocotea* (Valdarno-Fundorte), *Laurophyllum* (Valdarno-Fundorte), *Castanopsis* (Gozdnica, Sansino, Gaville), *Myrica* (Borsec, Baraolt, Fortuna-G., Frankfurt, Gozdnica, Castelnuova), *Leitneria* (Frankfurt, Wetterau), Cyrillaceae (Ruszów, Gozdnica), *Rhododendron* (Borsec), *Leucothoe* (Fortuna-Garsdorf, Krościenko, Wetterau), *Eurya* (Fortuna-Garsdorf, Gozdnica), *Ilex* (Fortuna-Garsdorf, Krościenko, Ruszów, Gozdnica, Sansino), *Toddalia* (Fortuna-Garsdorf), *Sabia* (Frankfurt, Krościenko), *Symplocos* (Ruszów, Gozdnica, Brunssum, Fortuna-Garsdorf, Wetterau), *Sphenotheca* (Fortuna-Garsdorf, Krościenko), *Brassaiopsis* (Baraolt), *Pentapanax* (Wetterau), *Parabaena* (Fortuna-Garsdorf), *Laurocerasus* (Baraolt), *Smilax* (Borsec, Sansino). Mit *Rehderodendron dacicum* (Baraolt), *Sapindus falcifolius* (Baraolt, Gaville, Castelnuova), *Sassafras ferretianum* (Baraolt, Sansino), *Meliosma wetteraviensis* (Krościenko, Frankfurt, Wetterau), *Cyclocarya nucifera* (Brunssum, Fortuna-Garsdorf, Frankfurt, Wetterau), *Stewartia beckerana* (Frankfurt, Fortuna-Garsdorf), *Sinomenium dielsii* (Krościenko) sind eindeutig auf die MMF beschränkte Gattungen nachgewiesen. Die Anzahl heutiger europäischer Laubwaldgehölze tritt dagegen wieder sehr stark zurück und macht sich in den sehr südlichen Floren (Valdarno) nicht mehr bemerkbar. Der Exotenanteil der Floren beträgt zwischen 48% (Borsec, SZAFER 1947, BERGER 1950), 58% (Krościenko, SZAFER 1947), 59% (Frankfurt, MÄDLER 1939; Wetterau, MAI u. a. 1963) und 60% (Brunssum, ZAGWIJN 1959). Er liegt damit nicht mehr ganz so hoch wie im Florenkomplex Senigallia-Rózsaszentmárton, ohne daß die im Messinien im einzelnen aufgeführten Gattungen und Arten restlos ausgestorben wären: *Quercus drymeia* (Gaville, Sansino), *Diospyros* (Gaville, Sansino, Brunssum), *Berchemia* (Castelnuova, Brunssum).

Klimatische Analysen liegen für Frankfurt (MÄDLER 1939), Krościenko (SZAFER 1947), die Wetterau (MAI 1973) und

Tabelle 2. Korrelationstabelle wichtiger fossiler Floren in der Westeuropäischen Florenregion vom obersten Miozän bis in das Altpleistozän (7,5—0,7 my)

Stratigraphie							Standardprofile									
		Epoche	Stufe	Faunen-zone	Wald	Klima	Ober-italien	Zentral-Massiv	Nieder-lande	Nieder-rhein	Rhein / Main	Thüringen	ČSSR	Śląsk	Vor-karpaten	Karpaten-Becken
MATUYAMA		Pleistozän		MNQ 19	DBF	Cfb	Leffe				Schwanheim					
MATUYAMA GAUSS	1,65 2 3 3,3	Oberpliozän	Piacenzien	MEIN 17 MEIN 16	DBF ?BCF MMF MMF DBF	Cfb Cfa Cfa (Cfb)	Villafranca d'Asti 2,8	Perrier 2,3 Chadefaux Ceyssac 3,4	Tegelen C Belfeld Reuver 2,5	Weilerswist	Hainstadt Seligenstadt	Nordhausen Rippersroda Oberzella Berga Kranichfeld Kaltensund-heim	Spišské Podhradie Vildstejn	Kłodzko	Mizerna III Mizerna II Ilnitza Mizerna I Domański Wierch	Temişani
GILBERT	4 5 5,4	Unterpliozän	Zanclean	MEIN 15 MEIN 14	MMF MMF	Cfa Csa	Valdarno		Brunssum	Fortuna Garsdorf	Wetterau Frankfurt	Gerstungen		Gozdnica Ruszów	Krościenko	Baraolt Borsec
	6	Oberes Miozän	Messinien	MEIN 13	DBF MMF	Csb (Cfa)	Stradella Senigallia	Cheylade 5,6 Capels Las Clausades La Mougudo	Suster (Waubach)	Frimmers-dorf Fortuna – Garsdorf III				Sośnica		
	7		Tortonien	MEIN 12	MMF	Cfa		Niac 7,1 St. Vincent 7,4					Moravská Nová Ves			Chiuzbaia Rózsaszent-márton

Ruszów (HUMMEL 1983) vor. Es ergeben sich folgende Werte: Jahresmittel der Temperatur 13° → 15 °C (bis ←8 °C bei HUMMEL), tiefstes Monatsmittel —1,2° (HUMMEL) → +6° (SZAFER), besser 0° → +1 °C, wärmstes Monatsmittel 24°→ 28 °C (HUMMEL), Jahresmittel der Niederschläge 700 mm (HUMMEL) → 1500 mm (SZAFER), Fröste nur gelegentlich und mit absoluten Minima von —12°→—17 °C (MAI). Das ist wiederum ein warmgemäßigtes Regenklima (Cfa). VAN DER BURGH (1978) spricht es deutlich als „climatic optimum of the Pliocene" an. Das Gleiche lassen die Kurven der Vegetationsabfolgen in den Niederlanden von VAN DER HAMMEN u. a. (1971) erkennen, allerdings zeitlich mit drei Minima im Bereich der DBF, die bisher durch Makrofloren nicht zu belegen sind, es sei denn, man betrachtet das gelegentlich stärkere Hervortreten von *Fagus* (Frankfurt, Gozdnica), *Carpinus* (Krościenko) oder *Quercus* sect. *Cerris* (Ruszów) als klimatisch gesteuerte Tendenz, die zum DBF führt.

Florenkomplex Ceyssac

Die kleine Flora von Ceyssac bei Puy-en-Velay, französisches Zentralmassiv, spielt bei der Herausarbeitung eines sehr exotenarmen Florenkomplexes an der Basis des Oberpliozäns eine entscheidende Rolle. Mit einer Fauna des Übergangs der Zone von Wölfersheim-Czarnota (MEIN-Zone 15) zur Zone von Vialette (MEIN-Zone 16) und einer gleichzeitigen absoluten Datierung von 3,4—3,8 my ist sie stratigraphisch exakt fixiert. Französische Autoren wie DEPAPE (1928), BOUT und MARTY (1936) erkannten bereits die außerordentliche Bedeutung dieser Flora, in der nebeneinander „boreale Elemente" wie *Picea abies*, *Vaccinium uliginosum*, *Abies ramesi*, Weiden und Erlen mit relativ thermophilen mediterranen Arten (*Zizyphus vulgaris*, *Acer creticum*, *A. monspessulanum*) auftreten. Pollenanalysen ergaben schließlich den Charakter einer „Minimum-Flora" mit nur sehr geringfügigen Exotenanteilen (KRUTZSCH persönliche Mitteilung; vgl. auch SUC und ZAGWIJN 1983, S. 159). Vergleichbar mit einer solchen Flora ist auch die etwa in gleicher stratigraphischer Position (*Zygolophodon borsonii!*) anzusetzende Flora von Kaltensundheim, in der an exotischen Gehölzen nur *Taxodium*, *Acanthopanax*, *Actinidia* und *Phellodendron* nachzuweisen waren. Ferner hat eine große Rolle in der Literatur seit RUDOLPH (1935) die Flora aus der Nero-Schicht von Vildštejn in Westböhmen gespielt. Sie enthält nach PACLTOVÁ (1962) wenig „Reuver-Elemente" bei einer starken Zunahme kühl-gemäßigter Elemente. Wichtige Anzeiger für tertiäres Alter sind nach KVAČEK und HOLÝ (1977) *Glyptostrobus*, *Acer* sect. *Rubra* und *Pinus* (fünfnadeliger Typ). Pollen von *Nyssa*, *Liquidambar*, *Carya*, *Tsuga*, *Corylopsis* und *Rhus* sowie Taxodiaceae unterstreichen die Zuordnung. Sie kann nach KNOBLOCH (1965) nur in einer kalten Klimaoszillation im Verlauf des Pliozän Platz finden. Der Exotenanteil ist auf 30—20% zurückgegangen. Für derartige Floren ist ein Cfb-Klima (= kühl-temperiert) anzusetzen. Jahresmittel der Temperatur liegen bei 6°→10 °C (10 °C; vgl. DEPAPE 1928), tiefste Monatsmittel —10°→+2,5 °C, wärmstes Monatsmittel über 15 °C, Jahressumme der Niederschläge 500—2500 mm/a (vgl. MAI 1981).

Florenkomplex Reuver (Reuverien)

VAN DER HAMMEN u. a. (1971) lassen das Reuverien in den Niederlanden nach einer kräftigen klimatischen Depression beginnen, die in der Waldvegetation Pineten hervorgerufen hat. Wir setzen diese Depression mit der von Ceyssac gleich, obwohl es dafür auch andere Möglichkeiten gibt (vgl. KRUTZSCH in diesem Band). Zum Reuver-Florenkomplex im Typusgebiet gehören die Floren aus den höheren Kieseloolithschichten (Reuver, Icksberg, Swalmen, Weilerswist-Swisterberg). SZAFER (1954a) rechnet dazu die Flora aus der unteren Mizerna-Serie (Mizerna I) in Südpolen. Wahrscheinlich gilt gleiches Alter für die Travertine vom Dreveník (Spišské Podhradie), vom Domański Wierch und die durch *Anancus arvernensis*, *Tapirus* und Cerviden einigermaßen datierten Mergel von Willershausen am Harz. Wir zählen aus mehreren Gründen (vgl. Abschnitt 3, S. 211) in den Florenkomplex die Thüringer Vorkommen von Berga, Kranichfeld, Oberzella und möglicherweise auch Gerstungen.

Die Waldvegetation ist noch vom Charakter verarmter Mixed Mesophytic Forests, aber wohl nach den Dominanzverhältnissen einiger Arten besser als Eichen-Hainbuchen-Kastanien-Mischwälder (Reuver, Swalmen, Oberzella, Mizerna I) oder/und Buchen-Eichen-Hainbuchen-Mischwälder (Berga, Icksberg, Swisterberg, Willershausen, Spišské Podhradie) anzusprechen. Der Exotenanteil ist auf 51% (Reuver), 47% (Kranichfeld, MAI 1965) bis 64% (Weilerswist, vgl. MAI u. a. 1963) zurückgegangen. Bei der bis heute geringen Fundortanzahl ist nicht völlig sicher, ob Gattungen wie *Styrax* (Berga, Domański Wierch, Mizerna, Reuver, Spišské Podhradie, Swalmen), *Stewartia* (Gerstungen, Mizerna, Reuver, Swalmen), *Engelhardia* (Berga, Domański Wierch, Willershausen), *Pseudolarix* (Gerstungen, Mizerna, Reuver), *Cathaya* (Berga, Mizerna), *Platycarya* (Domański Wierch, Oberzella), *Sassafras* (Berga, Willershausen), *Cinnamomum* (Reuver, Swalmen), *Diospyros* (Reuver, Spišské Podhradie), *Pteleaecarpum* (Reuver, Willershausen), *Torreya* (Spišské Podhradie, Willershausen), *Fatsia*, *Hemiptelea*, *Sinomenium* (alle Mizerna I), *Tetrastigma* (Domański Wierch), *Halesia*, *Lindera* (Weilerswist), *Ailanthus*, *Comptonia* (Willershausen) ihr letztes erdgeschichtliches Auftreten in Zentraleuropa haben. Oligodominanz von Arten der Gattung *Quercus*, *Carpinus*, *Castanea*, *Fagus*, *Acer*, *Betula*, *Cercidiphyllum*, *Fraxinus*, *Juglans*, *Liquidamar*, *Liriodendron*, *Magnolia*, *Ostrya*, *Parrotia*, *Prunus*, *Pterocarya*, *Tilia*, *Ulmus*, *Zelkova*, mitunter auch der Koniferen *Abies*, *Cathaya*, *Keteleeria*, *Picea* und *Tsuga* ist auffällig. Gelegentlich treten weit im Norden sogar mediterrane und submediterrane Arten auf: *Cupressus* cf. *sempervirens*, *Phillyrea* spec., *Celtis australis*, *Fraxinus ornus* (Spišské Podhradie), *Carpinus orientalis* (Mizerna, Willershausen), *Acer monspessulanum*, *A. orientale* (Willershausen), *Acer praecreticum* (Gerstungen), *Quercus* aff. *libani* (Domański Wierch).

Klima-Analysen (SZAFER 1954a; ZASTAWNIAK 1972; MAI 1981) ergeben für diesen Florenkomplex: Jahresmittel der Temperatur 10°→14 °C, tiefstes Monatsmittel —8 → +4 °C, wärmstes Monatsmittel 22°→24 °C, Jahressumme der Niederschläge 500→2500 mm/a, mit ausgeprägter, aber nicht sehr langer kalter Jahreszeit. Auch das ist noch ein Cfa-Klima nach KÖPPEN.

Florenkomplex Perrier — Rippersroda (Mizerna-Stufe)

In diesen oberpliozänen Florenkomplex gehören Floren aus dem Villafranchien (Villafranca d'Asti, Perrier, Chadefaux, Rippersroda) sowie die datierten Floren des tieferen

Romanien im parathetyschen Bereich (Ilnitza-Schichten der Transkarpaten: Beresinka, Ilnitza, Ushgorod, Welikij Rakowetz und von Temişani in Oltenien). Aus floristischen Gründen werden Mizerna II (Südpolen) und Kłodzko-Ustronie (Sudety) in den Komplex gestellt. Für Floren, die eine Mittelstellung zwischen der Flora des Reuver-Pliozäns und des Tegelen-,,Interglazials" einnehmen, wurde von MAI u. a. (1963) die Ausgliederung einer stratigraphischen Einheit, der „Stufe von Mizerna" vorgeschlagen. Diesem Verfahren schließt sich MENKE (1975) an, der in diese Einheit auch das ,,Prätegelen", die „Meinweg-Warmzeit", „Ekholt-Kaltzeit" und ,,Nordende-Warmzeit" der Lieth-Serie von Schleswig-Holstein stellt. Wir haben es bei diesem Florenkomplex mit den jüngsten Resten der tertiären Mixed Mesophytic Forests in Mitteleuropa zu tun, die einen zwar verarmten, aber dennoch als typisch für diesen Vegetationstyp anzusprechenden Gattungsbestand besaßen. Letztmalig treten unter anderem auf: *Taxodium*, *Sequoia*, *Glyptostrobus*, *Cedrus*, *Ginkgo*, *Cephalanthus*, *Cercidiphyllum*, *Cedrela*, *Clethra*, *Cyrilla*, *Acer* sect. *Palmata*, *Acer* sect. *Rubra*, *Betula* Sect. *Costatae*, *Banisteriaecarpum*, *Büttneriophyllum* (,,*Alangium*"), *Firmiana*, *Meliosma*, *Liquidambar*, *Symplocos*, *Rhus*, *Platanus*. In Perrier und dem Paratethysgebiet gesellen sich dazu eindeutig mediterrane Elemente, wie *Quercus ilex*, *Punica*, *Smilax*, *Phillyrea*, *Buxus*, *Laurus*. Letztmalig tritt mit der *Glyptostrobus-Büttneriophyllum*-Gemeinschaft (Temişani, Ilnitza) eine typische tertiäre Sumpfwaldgesellschaft hervor. Exoten sind nur noch mit 35% (Mizerna II), 33% (Rippersroda, MAI u. a. 1963) oder 30% (Kłodzko-Ustronie, JAHN u. a. 1984) vorhanden. Die Zunahme heutiger europäischer Arten ist beachtlich.

Für das Klima geben nur BOUT und MARTY (1936) (Perrier), SZAFER (1954a) (Mizerna II) sowie MAI u. a. (1963) (Rippersroda) Werte: Jahresmittel 13° → 14 °C, tiefstes Monatsmittel 0° → +4 °C, wärmstes Monatsmittel 22° → 24 °C, Jahressumme der Niederschläge 500—1300 mm/a. Das bedeutet wiederum Rückkehr zu einem warmgemäßigten Regenklima (Cfa).

Florenkomplex Tegelen (Tiglian)

In den oberen Teilen der Kieseloolithschichten im Niederrheingebiet setzen VAN DER HAMMEN u. a. (1971) eine kräftige Klimaabkühlung an, die bis zur Tundravegetation führen soll. Sie wird als „Prätiglian" bezeichnet, später durch MENKE (1975) auch „Prätegelen-Kryomer" = „Brüggen-Kaltzeit". Nach diesem Autor sind in den Kryomeren subarktische bis arktische Zustände erreicht. Noch ZAGWIJN (1959) hatte betont, daß im Pliozän „in den Niederlanden keine Kaltzeiten mit subarktischer Vegetation" zu finden seien. Da wir aus diesem Zeitabschnitt keine sicheren makrofloristischen Belege besitzen, ist hier nicht der Platz, über die Vegetation und den Florenkomplex dieser Abkühlungsphase zu diskutieren. Die von FRENZEL (1968, S. 134) in diesen Abschnitt vorgenommene Einordnung der artenarmen Floren der Braunkohlentone von Hainstadt und Seligenstadt am Main ist höchst unsicher. Diese Floren zeigen nicht *Pinus montana*, wie FRENZEL schreibt, sondern *Pinus brevis* und *Pinus spinosa*, zwei wichtige pliozäne Arten, dazu Taxodiaceen-Hölzer. Sie sind unserer Meinung nach stratigraphisch tiefer einzustufen.

Nach ZAGWIJN (1959) ist das Tegelen, von ihm als „erstes Interglazial" bezeichnet, zusammengesetzt aus den Belfeld-Schichten (Flora der Grube „Janssen-Dings", Belfeld) und den eigentlichen Tegelen-Schichten. Die reiche Frucht- und Samenflora, bekannt seit DUBOIS (1905) und C. und E. M. REID (1907a, 1910b) stammt aus den höchsten Ton-Schichten (= „Tegelen C"). Die Fauna ist sicher vom Typ der MEIN-Zone 17o. Bei den älteren Autoren hat die Flora als Oberpliozän gegolten. Da ihr absolutes Alter bei ca. 1,7 my liegt, muß sie trotz gegenteiliger Meinung nicht weniger Autoren im Pliozän verbleiben. In diesen stratigraphischen Abschnitt möchte SZAFER (1954) die Flora Mizerna III im Vorkarpatengebiet stellen. Wir sind der Meinung, daß unsere fossile Flora von Nordhausen hierzu ebenfalls deutliche Beziehungen zeigt.

Die Vegetation ist vom Typ der „Broad-leaved and Coniferous Forests" (DBF) (ZAGWIJN 1963). Der Exotenanteil ist auf 14—19% (SZAFER 1954a) zurückgegangen. Als tertiäre Relikte sind aufzufassen: *Sciadopitys* (Tegelen, Nordhausen), *Tsuga* (Tegelen, Nordhausen), *Pterocarya* (Tegelen, Mizerna III), *Carya* (Tegelen), *Liriodendron* (Tegelen, Belfeld, Mizerna III), *Eucommia* (Tegelen, Nordhausen), *Actinidia* (Tegelen, Mizerna III), *Magnolia*, *Menispermum*, *Parthenocissus*, *Phellodendron* (alle Tegelen), *Ampelopsis*, *Chamaecyparis*, *Corylopsis* (alle Mizerna III). Es treten wenige subarktische bis boreale Elemente auf: *Alnus viridis*, *Pinus sylvestris* (Tegelen), *Larix decidua* (Mizerna III), *Eriophorum latifolium* (Belfeld, Mizerna III) und *Selaginella selaginoides* (Tegelen, Mizerna III).

Detaillierte Klimaanalysen für diesen Zeitabschnitt finden sich bei SZAFER (1954a), MAI (1976) und besonders ZAGWIJN (1975). Alle Autoren sind sich einig, daß mit Jahresmitteltemperaturen von 8° → 11 °C, tiefsten Monatsmitteln von −10° → +3 °C, wärmsten Monatsmitteln von über 15 °C und Niederschlagsmengen von über 500 mm/a das Cfb-Klima nach KÖPPEN anzusetzen ist. ZAGWIJN (1975) differenziert diese Analysen dahingehend, daß in den Phasen kühler Oszillationen mit mittleren Sommertemperaturen unter 14° → 15 °C, in Phasen mit wärmeren Oszillationen mit mittleren Wintertemperaturen über +3 °C → +5 °C zu rechnen ist.

Fünf auszuscheidende, unterscheidbare Florenkomplexe im Pliozän der „Westeuropäischen Florenregion" zeigen den Floren- und Klimawechsel in 3,6 Millionen Jahren vor Beginn der pleistozänen Vereisungen. Vier Florenkomplexe sind in Thüringen mit mindestens einer artenreichen Makroflora zu belegen.

Zusammenfassung

Vom Rande des Thüringer Beckens und aus der Vorderen Rhön (Bezirke Suhl, Erfurt und Halle/DDR) werden von sieben Fundorten fossile Pflanzenreste mitgeteilt. Diese gehören zu Florengemeinschaften, die für das Pliozän in Mitteleuropa charakteristisch sind. Sie gestatten eine biostratigraphische Einstufung in das „Oberpliozän" (Florenkomplex „Ceyssac": Kaltensundheim; Florenkomplex „Reuver": Gerstungen, Kranichfeld, Berga, Oberzella) und in das „höchste Oberpliozän" (Florenkomplex „Perrier — Rippersroda"; Florenkomplex „Tegelen": Nordhausen). In zwei Fällen (Kaltensundheim, Rippersroda II) ist eine Datierung durch Säugetierreste möglich, so daß diese beiden Lokalitäten wichtige Standardprofile für das Thüringer Pliozän darstellen. An der Zusammensetzung der Thanatozönosen sind Wasser- und Sumpfpflanzengesellschaften, Bruchwälder, Auenwälder und mesophytische Wälder vom Typ der „Mixed Mesophytic Forests" beteiligt. Die klimatische Analyse durch verschiedene Pflanzengesellschaften und einige exotische Gehölze ergibt ein sehr genaues Bild. Das

Klima wechselt vom warmgemäßigten Regenklima (Cfa) bis zum kühltemperierten Klima (Cfb). Insgesamt werden 335 Pflanzenarten beschrieben; davon sind 46 Arten neu. Die Florenfolgen und der Klimawechsel in der „Westeuropäischen Florenregion" werden mittels sieben „Florenkomplexen" dargestellt, die auf etwa 50 gut datierten Floren von den Niederlanden und dem französischen Zentralmassiv bis in die Karpatenbecken fußen. Sie reichen vom obersten Miozän bis in das oberste Pliozän.

Summary

Plant megafossils are dealt with originating from seven localities within the periphery of the Thuringian basin and the forelands of the Rhön mountains (Districts of Suhl, Erfurt, and Halle, G.D.R.).

These plant associations from floristic assemblages characterizing the Pliocene of the „West European Floristic Region" and help to establish a biostratigraphical differentiation of the „Upper Pliocene" (floral assemblages „Ceyssac": Kaltensundheim; floral assemblages „Reuver": Gerstungen, Kranichfeld, Berga, Oberzella) and the „Uppermost Pliocene" (floral assemblage „Perrier-Rippersroda"; floral assemblage „Tegelen": Nordhausen). An additional possibility of dating and correlation by means of mammal fossils is given in the localities Kaltensundheim and Rippersroda II. The named fossil localities, therefore, represent the standard sequences of the Thuringian Pliocene.

The thanatocoenoses include taxa of water and swamp associations, swamp and riparian forests, and mixed mesophytic forests (MMF).

The palaeoclimatic interpretations of the different communities enriched by some exotic taxa suggest climatic fluctuations from warm/temperate rain climate (Cfa) to cool/temperate humid climate (Cfb).

In total, 335 plant species including 46 new taxa are described by carpological and leaf-morphological aspects.

In the „West European Floral Region" extending from The Netherlands and the French Massif Central as far as to the Carpathian basins, climatic and floristic changes took place. Seven „floristic assemblages" which were possible to be postulated on the fossil material of some 50 well dated floras, form a sequence reaching from the Uppermost Miocene as far as to the Uppermost Pliocene.

Резюме

Описываются скопления ископаемых макроостатков растений из семи местонахождений по окраинам Тюрингского Бассейна и у подножья гор Рён (ГДР, округа Зуль, Эрфурт и Халле).

Эти флоры дают представление о растительных сообществах, характерных для плиоцена Центральной Европы. В биостратиграфическом отношении они позволяют провести корреляцию с другими флористическими комплексами, относимыми к верхнему плиоцену (Кальтензундхайм — с флористическим комплексом Сейссак; Герстунген, Кранихфельд, Берга и Оберцелла — с флористическим комплексом Рейвер) и к концу верхнего плиоцена (Рипперсрода — с комплексом Перръе и Нордхаузен — с комплексом Тегелен). В двух случаях (Кальтензундхайм и Рипперсрода II) датирование возможно по ископаемым остаткам млекопитающих, поэтому эти два местонахождения представляют собой типовые разрезы плиоцена Тюрингии.

Ископаемые флоры представляют водные и болотные сообщества, сообщества залесенных болот и речных долин, а также смешанных мезофитных лесов. Климатический анализ, основанный на различных растительных сообществах и некоторых экзотических видах древесных растений, дает очень точную картину. Климат изменялся в диапазоне между умеренным с большим количеством осадков и более прохладным.

Всего описано 335 видов растений, в том числе 46 новых таксонов. Последовательность флор и климатических колебаний в „Западно-Европейской флористической области" представлена семью флористическими комплексами, основанными на 50 хорошо датированных флорах, происходящих из района между Нидерландами и Центральным Французским массивом и Карпатским бассейном. Стратиграфически они охватывают интервал от самых верхов миоцена до самых верхов плиоцена.

Literatur

Ablaev, A. G., 1975: On Neogene carboniferous deposits in Primorye, USSR. — In: Pacific Geol. — **10** (1975). — S. 95—100

Ablaev, A. G.; Gorovoi, P. G., 1974: Fossil oaks of Primorye, USSR, and the origin of oak forests. — In: Lethaia. — Oslo **7** (1974). — S. 163—169

Adamović, L., 1909: Die Vegetationsverhältnisse der Balkanländer. — In: Die Vegetation der Erde, Bd. 11 hrsg. von Engler & Drude. — Leipzig: Verl. W. Engelmann

Ahrens, H.; Bülow, W. v.; Cepek, A. G.; Erd, K.; Jähnichen, H.; Krutzsch, W.; Lotsch, D.; Mai, D. H.; Steinmüller, A., 1968: Zur Plio-/Pleistozängrenze in der Deutschen Demokratischen Republik. — In: Internat. Geol. Congr., Rep. 23rd Sess., Proc. Sect. 10. — Prague. — S. 65—77

Altehenger, A., 1959: Floristisch belegte Klimaschwankungen im mitteleuropäischen Pliozän der Reuver-Stufe. — In: Palaeontographica, B. — Stuttgart **106** (1959) 1—3. — S. 11—70

Andersen, S. T., 1961: Vegetation and its Environment in Denmark in the Early Weichselian Glacial (Last Glacial). — In: Danm. geol. Unders., R. II. — København **75** (1961). — S. 5—175

Andersson, N. J., 1865—1866: Monographica Salicum. — In: Kongl. Svenska Vet. Akad., Handl. — Stockholm **6** (1865—1866) 1. — 180 S.

Andrae, C. J., 1852: Bericht über die fossile Flora der tertiären Schichten zwischen Szakadar und Thalheim in Siebenbürgen. — In: Jahrb. geol. Reichsanst. — Wien **3** (1852). — S. 134—135

—, 1855: Beiträge zur fossilen Flora Siebenbürgens und des Banat. — In: Abh. geol. Reichsanst. — Wien 2 (1855). — S. 1—48

—, 1861: Ein neuer Beitrag zur Kenntnis der Tertiärflora Siebenbürgens. — In: Beiträge zur näheren Kenntnis der sächsisch-thüringischen Braunkohlenflora/hrsg. von O. Heer. — In: Abh. naturwiss. Ver. Provinz Sachsen u. Thüringen. — Berlin 2 (1861). — S. 429—436

Andreánszky, G., 1955: Die Klimate der ungarischen Tertiärfloren. — In: Jahrb. ungar. geol. Anst. — Budapest **44** (1953) 1. — S. 209—231

—, 1959: Die Flora der sarmatischen Stufe in Ungarn. — Budapest: Verl. Akadémiai Kiadó. — 360 S.

Avakov, G. S., 1962: Novyj iskopaemyi Rogolstnik iz oligocena Zajzanskoj vpadiny. — In: Dokl. Akad. Nauk SSSR. — Moskva—Leningrad **145** (1962) 1. — S. 185—186

Axelrod, D. I., 1937: A Pliocene Flora from the Mount Eden Beds, Southern California. — In: Carnegie Inst. Washington, Publ. — Washington 476 (1937) 3. — S. 125—183

Baas, J., 1932: Eine frühdiluviale Flora im Mainzer Becken. — In: Z. Bot. — Jena **25** (1932) 6/7. — S. 289—371

Bader, F. J. W., 1960: Die Verbreitung borealer und subantarktischer Holzgewächse in den Gebirgen des Tropengürtels. — In: Nova Acta Leop., N. F. — Leipzig **23** (1960) 148. — 544 S.

Bajkovskaja, T. N., 1974: Verchnemiocenovaja flora Južnogo Primorja. — Leningrad: Akad. Nauk SSSR. — 146 S.

Baily, W. H., 1869: Notice of Plant-remains from Beds interstratified with the Basalt in the County of Antrim. — In: Quart. J. geol. Soc. London. — London **25** (1869). — S. 357—362

—, 1880/1881: Tertiary Flora of N. E. Ireland. — In: Brit. Assoc. Comm., Rep. — London **2** (1880); London **3** (1881)

Bakhuizen van den Brink, R. C., 1958: Are *Epipremnum* Schott, *Raphidophora* Hassk. and *Monstera* Adans. congeneric? — In: Blumea, Suppl. — Leiden IV (1958). — S. 91—92

Bandulska, H., 1924: On the cuticles of some recent and fossil

Fagaceae. — In: J. Linn. Soc., Bot. — London **46** (1924). — S. 427—441

BARANOWSKA-ZARZYCKA, Z., 1975: Musci. — In: Flora kopalna Turowa koło Bogatyni, 2 (4). — In: Prace Muz. Ziemi. — Warszawa **24** (1975). — S. 5—9

BECK, R., 1886: Beiträge zur Kenntnis der Flora des sächsischen Oligozäns. — In: Z. dt. geol. Gesellsch. — Berlin **38** (1886). — S. 342—352

BEIJERINCK, W., 1947: Zadenatlas der nederlandsche Flora. — Wageningen. — 316 S.

BEISSNER, L., 1891: Handbuch der Nadelholzkunde. — Berlin: Verl. Paul Parey. — 576 S.

BERGER, W., 1950a: Ein paläobotanischer Beitrag zur Deutung des Pannons im Wiener Becken. — In: Sitz.-Ber. österr. Akad. Wiss. Math.-naturwiss. Kl., Abt. I. — Wien **159** (1950). — S. 65—74

—, 1950b: Die Pflanzen aus den unterpliozänen Congerienschichten von Brunn-Vösendorf bei Wien. — In: Sitz.-Ber. österr. Akad. Wiss. Math.-naturwiss. Kl., Abt. I. — Wien **159** (1950). — S. 88—99

—, 1950c: Ein Massenvorkommen von *Celtis hyperionis* UNG. aus dem Miozän von Neudorf an der March. — In: Österr. bot. Z. — Wien **97** (1950). — S. 101—104

—, 1951: Die Pflanzenreste aus den unterpliozänen Congerienschichten des Laaerbergs bei Wien. — In: Sitz.-Ber. österr. Akad. Wiss. Math.-naturwiss. Kl., Abt. I. — Wien **160** (1951). — S. 335—377

—, 1952a: Die altpliozäne Flora der Congerienschichten von Brunn-Vösendorf bei Wien. — In: Palaeontographica, B. — Stuttgart **92** (1952). — S. 79—121

—, 1952b: Die jungtertiären Floren des Wiener Beckens und ihre Bedeutung für die Paläoklimatologie und die Stratigraphie. — In: Berg- u. hüttenmänn. Monatsh. — Wien **97** (1952). — S. 125—127

—, 1952c: Neue Ergebnisse der Tertiärbotanik im Wiener Becken. — In: N. Jahrb. Geol. u. Paläont., Monatsh. — Stuttgart (1952). — S. 471—479

—, 1953: Studium zur Systematik und Geschichte der Gattung *Carpinus* mit Beschreibung einiger neuer Arten aus dem Altpliozän des Wiener Beckens. — In: Bot. Notiser. — Lund **106** (1953) 1. — S. 1—47

—, 1954: Flora und Klima im Jungtertiär des Wiener Beckens. — In: Z. dt. geol. Gesellsch. — Hannover **105** (1954) 2. — S. 228—233

—, 1955: Die altpliozäne Flora des Laaerberges bei Wien. — In: Palaeontographica, B. — Stuttgart **97** (1953). — S. 81—813

—, 1957: Untersuchungen an der obermiozänen (sarmatischen) Flora von Gabbro (Monti Livornesi) in Toscana. — In: Palaeontogr. Italica. — Pisa **51** (1957) (n. s. 21). — S. 1—96

BERGER, W.; ZABUSCH, F., 1953: Die obermiozäne (sarmatische) Flora der Türkenschanze in Wien. — In: N. Jahrb. Geol. u. Paläont., Abh. — Stuttgart 98 (1953). — S. 226—276

BERRY, E. W., 1929: A Revision of the Flora of Lata'h Formation. — In: U.S. Geol. Surv., Prof. Pap. — Washington 154-H (1929). — S. 225—264

BERTELSEN, F., 1972: *Azolla* species from the Pleistocene of the central North Sea area. — In: Grana.—Stockholm **12** (1972). — S. 131—145

—, 1974: Later Tertiary *Azolla* species from Romo, S. W. Denmark. — In: Danm. geol. Unders., Årbog. — København (1973). — S. 15—25

BERTSCH, K., 1941: Früchte und Samen. Ein Bestimmungsbuch zur Pflanzenkunde der vorgeschichtlichen Zeit. — In: Handb. prakt. Vorgeschichtsforsch. — Stuttgart 1 (1941)

BIAŁOBRZESKA, W.; TRUCHANOWICZÓWNA, J., 1960: The variability of shape of fruits and scales of the European birches (*Betula*) and their determination in fossil materials. — In: Monogr. Bot. — Warszawa **9** (1960) 2. — S. 1—95

BIRKENMAJER, K.; ŚRODOŃ, A.; 1960: Interstadiał oryniacki w Karpatach (Aurignacian interstadial in the Carpathians). — In: Inst. Geol., Biul. — Warszawa 150 (1960). — S. 9—70

BORÓWKO-DŁUŻAKOWA, Z., 1967: Badania paleobotaniczne osadów mlodoplejstoceńskich (Brørup) w Koninie-Marantowie [Palaeobotanical studies of late pleistocene (Brørup) deposits in the Konin-Marantow area]. — In: Prace Inst. Geol. — Warszawa **48** (1967). — S. 81—137

—, 1975: Interglacjalna makroflora z osadów Szwajcarii kolo Suwałk. — In: Prace Muz. Ziemi. — Warszawa **24** (1975). — S. 145—158

BOUBIER, W., 1896: Recherches sur l'Anat. syst. de Bétulacées — Corylacées. — In: Malpighia. — S. 349—436

BOULAY, M., 1886—1887: Notice sur la flore des tufs quaternaires de la vallée de la Vis (Hérault). — In: Ann. Soc. sci. — Bruxelles **11** (1886—1887). — S. 186—199

—, 1887: Notice sur la flore tertiaire des environs de Privas (Ardèche). — In: Bull. Soc. geol. France. — Paris **34** (1887). — S. 227—239; 255—279

BRABENEC, B., 1904: O novém naležisti třetihorních rostlin ve spodnim pásmu vrstev žateckých. — In: Rozpr. české akad. věd. — Praha **13** (1904) 18. — S. 1—25

BRAUN, A., 1836: In: BUCKLAND, W.: Geology and Mineralogy considered with reference to natural Theology, 1. — London. — S. 510—514

—, 1854: Einige Beiträge zur Flora der Tertiärzeit. — In: N. Jahrb. Mineral. etc. — Stuttgart (1854). — S. 138—147

BRELIE, G. VON DER; KILPPER, K.; TEICHMÜLLER, R., 1959: Das Pleistozän-Profil von Frimmersdorf an der Erft. — In: Fortschr. Geol. Rheinld. u. Westf. — Krefeld **4** (1959). — S. 179—196

BRONGNIART, A., 1822: Description des végétaux fossiles du terrain de sédiment supérieur. — In: Description géologique dès environs de Paris/ed. A. BRONGNIART; CH. CUVIER. — Paris. — S. 353—402

—, 1828a: Prodrome d'une historie des végétaux fossiles. — Paris, 1828

—, 1828b: Notice dur les plantes d'Armissan près Narbonne. — In: Ann. Sci. nat. — Paris **15** (1828). — S. 43—51

—, 1833: Notice sur une Conifère fossile du terrain d'eau douce de l'ile d'Iliodroma. — In: Ann. Sci. nat. — Paris **30** (1833). — S. 168—176

BROWICZ, K.; MENITSKY, G. L., 1971: Fagaceae. — In: Flora Iranica/hrsg. von K. H. RECHINGER. — Graz: Akad. Druck- und Verlagsgesellsch. Geest & Portig. — S. 1—20

BROWN, R. W., 1935: Miocene leaves, fruits and seeds from Idaho, Oregon, and Washington. — In: J. Paleont. — Washington **9** (1935) 7. — S. 572—587

—, 1939: Fossil leaves, fruits, and seeds of *Cercidiphyllum*. — In: J. Paleont. — Washington **13** (1939) 5. — S. 485—499

BUDANCEV, L. JU.; SVESHNIKOVA, I. N., 1964: Tretičnaja flora Kaliningradskogo poluostrova. Č. IV. — In: Paleobotanika. — Moskva—Leningrad **5** (1964). — S. 82—112

BŮŽEK, C., 1971: Tertiary flora from the Northern Part of the Petipsy Area (North-Bohemian Basin). — In: Rozpr. Ústř. úst. geol. — Praha **36** (1971). — S. 1—118

BŮŽEK, C.; HOLÝ, F., 1964: Small-sized plant remains from the coal Formation of the Chomutov-Most-Teplice Basin. (Drobné rostlinné zbytky ze slojového souvrsti chomotovho-mostecko-teplické páne). — In: Sb. geol. věd, paleont. — Praha **4** (1964). — S. 105—138

BŮŽEK, C.; HOLÝ, F.; ..., 1982: Palaobotanical data on the biostratigraphy and correlation of the deposits of the Cheb Basin. — In: Acta Montan. Ústř. úst. geol. — Praha **60** (1982). — S. 49—82.

BŮŽEK, C.; HOLÝ, F.; KVAČEK, Z., 1967: Eine bemerkenswerte Art der Familie Platanaceae LINDL. (1936) im nordböhmischen Tertiär. — In: Monatsber. dt. Akad. Wiss. Berlin. — Berlin **9** (1967) 3. — S. 203—215

BŮŽEK, C.; HOLÝ, F.; KVAČEK, Z., 1976: Tertiary flora from the Volcanogenic Series at Markvartice and Veselíčko near Česka Kamenice (České středohoří Mts.). — In: Sb. geol. věd, paleont. — Praha **18** (1976). — S. 69—132

BŮŽEK, C.; KOTLABA, F., 1963: In: KOTLABA, F.: Tertiary plants from three new localities in southern Slovakia. — In: Acta Mus. Nat., B. — Praha (1963) 2. — S. 53—72

CALLIER, A., 1918: *Alnus*-Formen der europäischen Herbarien und Gärten. — In: Mitt. dt. dendrol. Gesellsch. — Stuttgart **27** (1918). — S. 39—185

CAMUS, A., 1934—1939: Le chênes. Monographie du genre *Quercus*. I—III. — In: Encyclop. économique de Sylviculture. — Paris: G. P. Lechevalier

ČELEBAEVA, A. I., 1980: Novye vidy *Fagus* (Fagaceae) iz Kajnozoja

Kamčatki i značenie tretičnogo žilkovanija v diagnostike bukov. — In: Bot. Ž. — Moskva—Leningrad **65** (1980) 1. — S. 3—12

CHAMPION, H. G.; SETH, S. K., 1968: A Revised Survey of the Forest types of India. — Delhi. — XXVII, 402 S.

CHANDLER, M. E. J., 1921: The Arctic Flora of the Cam Valley at Barnwell, Cambridge. — In: Quart. J. geol. Soc. London. — London **77** (1921) 4. — S. 4—22

—, 1923: The Geological History of the Genus *Stratiotes*: an Account of the Evolutionary Changes which have occurred within the Genus during Tertiary and Quaternary Time. — In: Quart. J. geol. Soc. London. — London **79** (1923). — S. 117—137

—, 1925—1926: The Upper Eocene flora of Hordle, Hants. I—II. — In: Monogr. palaeont. Soc. London. — London **77** (1925); **78** (1926). — S. 1—32

—, 1957: The oligocene flora of the Bovey Tracey lake basin, Devonshire. — In: Bull. Brit. Mus. Nat. Hist., Geol. — London **3** (1957) 3. — S. 73—123

—, 1960a: Plant Remains of the Hengistbury and Barton Beds. — In: Bull. Brit. Mus. Nat. Hist., Geol. — London **4** (1960) 6. — S. 193—238

—, 1960b: The Lower Tertiary Floras of southern England. I. Palaeocene Floras, London Clay Flora (Supplement). — London: Brit. Mus. Nat. Hist.

—, 1961: Flora of the Lower Headon Beds of Hampshire and the Isle of Wight. — In: Bull. Brit. Mus. Nat. Hist., Geol. — London **5** (1961) 5. — S. 93—157

—, 1962: The Lower Tertiary Floras of Southern England II. Flora of the Pipe-Clay Series of Dorset (Lower Bagshot). — London: Brit. Mus. Nat. Hist.

—, 1963a: The Lower Tertiary Floras of Southern England III. Flora of Bournemouth Beds; The Boscombe, and the Highcliff Sands. — London: Brit. Mus. Nat. Hist.

—, 1963b: Revision of the oligocene floras of the Isle of Wight. — In: Bull. Brit. Mus. Nat. Hist., Geol. — London **6** (1963) 3. — S. 321—384

CHANEY, R. W., 1933: A Pliocene flora from Shansi Province. — In: Bull. geol. Soc. China. — Peking **12** (1933). — S. 129—142

CHEN YUNG, 1953: Illustrated Manual of Chinese Trees and Shrubs. 2. Aufl. u. Erw. — 1191 S.

CHOCHIEVA, K. I., 1965a: The genus *Aesculus* in the fossil flora of Georgia. — In: Bot. Ž. — Moskva—Leningrad **50** (1965). — S. 1721—1722

—, 1965b: Flora i rastitel'nost' Čaudinskogo gorizonta Gurii. — Tbilissi: izd. Mecniereba. — 149 S.

—, 1967: O nachodke iskopaemych plodov vodjanogo orecha (*Trapa* L.) v Gruzii. — In: Soobšč. Akad. Nauk Gruz. SSR. — Tbilissi **48** (1967) 1. — S. 175—180

—, 1969: Rod *Stuartia* v paleoflorach Gruzii. — In: Soobšč. Akad. Nauk Gruz. SSR. — Tbilissi **55** (1969) 2. — S. 493—496

CHRISTENSEN, E. F., 1976: The Søby Flora: Fossil Plants from the Middle Miocene delta deposits of the Søby-Fasterhold area, Central Jutland, Denmark, T. 2 — In: Danm. geol. Unders., II. R. — København **108** (1976). — S. 1—45

CHU, K. L.; COOPER, W. S., 1950: An ecological reconnaissance in the native home of *Metasequoia glyptostroboides*. — In: Ecology. — Durham (North Carolina) **31** (1950). — S. 260—278

CLAPHAM, A. R.; TUTIN, T. G.; WARBURG, E. F., 1962: Flora of the British Isles. 2. Aufl. — Cambridge: Univ. Press. — 1269 S.

COLLINSON, M. E., 1980: A new multiple-floated *Azolla* from the Eocene of Britain with a brief review of the genus. — In: Palaeontology. — London **23** (1980) 1. — S. 213—229

COLLINSON, M. E.; CRANE, P. R., 1978: *Rhododendron* seeds from the Palaeocene of southern England. — In: Bot. J. Linnean Soc. — London **76** (1978). — S. 195—205

CORRELL, D. S.; JOHNSTON, M. C.: 1970: Manual of the Vascular Plants of Texas. — Renner. — 1879 S.

CZECZOTT, H., 1938/1939: A contribution to the knowledge of the flora and vegetation of Turkey. — In: Feddes Repert., Beih. — Dahlem 107 (1938/1939). — S. 1—28

—, 1951: Środkowo-mioceńska flora Zalesiec koło Wiśniowca. (The Middle-Miocene flora of Zaleśce near Wiśniowiec, Volhynia). — In: Acta geol. Pol. — Warszawa **2** (1951). — S. 349—445

—, 1959: Flora kopalna Turowa koło Bogatyni. I (The fossil flora of Turow. I). — In: Prace Muz. Ziemi. — Warszawa **3** (1959). — S. 3—64

—, 1961: The fossil flora of Turow near Bogatynia. II, 2: Filicinae: Polypodiaceae, Salviniaceae. — In: Prace Muz. Ziemi. — Warszawa **4** (1961). — S. 13—18; S. 89—92

CZECZOTT, H.; SKIRGIEŁŁO, A.; ZALEWSKA, Z., 1961: Flora kopalna Turowa koło Bogatyni. II. — In: Prace Muz. Ziemi. — Warszawa **4** (1961). — S. 1—117

CZECZOTT, H.; SKIRGIEŁŁO, A., 1967: Flora kopalna Turowa koło Bogatyni. III. — In: Prace Muz. Ziemi. — Warszawa **10** (1967). — S. 97—166

CZIFFERY-SZILÁGYI, G., 1961: Beiträge zur Kenntnis der Tertiärflora Ungarns. — In: Ann. hist.-naturwiss. Mus. nat. hung. — Budapest **53** (1961). — S. 35—48

DAVIS, J. H., 1964: The forests of Burma, 2nd ed. — In: Sarracenia. — Bronx (New York) **8** (1964). — S. 1—41

DEPAPE, G., 1922: Recherches sur la Flore Pliocène de la Vàllée du Rhône. Flores de Saint-Marcel (Ardèche) et des environs de Théziers (Gard). — In: Ann. Sci. nat., Bot., 10. sér. — Paris **4** (1922). — S. 73—265

—, 1928: Le monde des plantes à l'apparition de l'homme en Europe occidentale. — In: Ann. Soc. Sci., sér. B. — Bruxelles **48** (1928). — S. 45—102

—, 1951: Quelques arbres exotiques cultivés a Lille répartition-actuelle et histoire paléontologique. II. — Les *Liquidambar*. — In: Bull. Soc. Bot. Nord France. — Lille **4** (1951) 4. — S. 87 bis 95

—, 1954: Quelques arbres exotiques cultivés a Lille répartition actuelle et histoire paléontologique. III. — Les *Liriodendron* (Tulipiers). — In: Bull. Soc. Bot. Nord France. — Lille **7** (1954) 3. — S. 71—82

DIETRICH, O. W., 1953: Neue Funde des etruskischen Nashorns in Deutschland und die Frage der Villafranchium-Faunen. — In: Geologie. — Berlin **2** (1953) 6. — S. 417—430

DIJKSTRA, S. J., 1961: Some Paleocene megaspores and other small fossils. — In: Meded. geol. Sticht., N.S. — Haarlem **13** (1961). — S. 5—11

DOROFEEV, P. I., 1951: — Mėotični roslini z okolic' Odessi. — In: Bot. Ž. ukrain. Akad. Nauk. — Kiev **8** (1951) 3. — Ukrain.

—, 1952: Pliocenovye rastenija Urala. — In: Bot. Ž. — Moskva—Leningrad **37** (1952) 6. — S. 850—856

—, 1955a: Mėotičeskaja flora iz okrestnostej g. Odessy. — In: Tr. bot. Inst. Akad. Nauk SSSR, ser. 1 — Moskva—Leningrad **11** (1955). — S. 109—143

—, 1955b: Sarmatskie rastenija s rek Tiligula i ju. Buga. — In: Tr. bot. Inst. Akad. Nauk SSSR, ser. 1. — Moskva—Leningrad **11** (1955). — S. 144—160

—, 1955c: O nachodke pontičeskoj flory na Ukraine. — In: Dokl. Akad. Nauk SSSR. — Moskva—Leningrad **102** (1955) 5. — S. 1017—1018

—, 1955d: O nachodke tretičnoj flory na Altae. — In: Dokl. Akad. Nauk SSSR. — Moskva—Leningrad **102** (1955) 5. — S. 1027 bis 1029

—, 1956a: O pliocenovoj flore nižnej Kamy. — Moskva—Leningrad. — S. 171—181. — (Sb. Akad. V. N. SUKAČEVU k 75-letiju so dnja rožd.)

—, 1956b: Plejstocenovye flory Nižnei Volgy i Achtuby. — In: Bot. Ž. — Moskva—Leningrad **41** (6). — S. 810—829.

—, 1957a: O pliocenovoj flore Nagavskich glin na Donu. — In: Dokl. Akad. Nauk SSSR. — Moskva—Leningrad **117** (1957) 1. — S. 124—126

—, 1957b: Materialy k poznaniju zapadnosibirskoj tretičnoj flory (iskopaemaja flora s. Ekaterinenskogo bliz g. Tary). — Moskva —Leningrad: Akad. Nauk SSSR. — S. 277—312. — (Sb. pamjati A. N. KRYSHTOFOVICHA Bot. Inst. Akad. Nauk SSSR.)

—, 1957c: Novye dannye o pliocenovoj flore Kamy. — In: Dokl. Akad. Nauk SSSR. — Moskva—Leningrad **117** (1957) 3. — S. 487—490

—, 1957d: O semenach roda *Ampelopsis* MICHX. iz tretičnych otloženij territorii SSSR. — In: Bot. Ž. — Moskva—Leningrad **42** (1957) 4. — S. 643—648

—, 1958a: Novye dannye ob oligocenovoj flore d. Belojarka na r. Tavde v Zapadnoj Sibiri. — In: Dokl. Akad. Nauk SSSR. — Moskva—Leningrad **123** (1958) 3. — S. 543—545

—, 1958b: O novom vide roda *Proserpinaca* L. dlja tretičnoj flory SSSR. — In: Bot. Ž. — Moskva—Leningrad **43** (1958) 9. — S. 1337—1340

—, 1959a: O tretičnoj flore d. Ležanki na Irtyše. — In: Paleont. Ž. — Moskva (1959) 2. — S. 123—135

—, 1959b: Materialy k poznaniju miocenovoi flory Rostovskoi oblasti. — In: Probl. Bot. — Moskva—Leningrad **4** (1959). — S. 143—189

—, 1959c: Ob oligocenovoi flore s Kozjulino v ust'e r. Tomi. — In: Dokl. Akad. Nauk SSSR. — Moskva—Leningrad **127** (1959) 5. — S. 1103—1105

—, 1960a: O pliocenovoj flore Baškirskogo Predural'ja. — Ufa: Gorno-geol. Inst. Baškir. Fil. Akad. Nauk SSSR. — S. 15—24. — (Voprosi Geol. vostočn. okrainy Russk. Platformy i Južnogo Urala; 5)

—, 1960b: O tretičnoj flore Belorussii. — In: Bot. Ž. — Moskva—Leningrad **45** (1960) 10. — S. 1418—1432

—, 1960c: Novye dannye o tretičnach florach Kireevskogo Jara na Obi. — In: Dokl. Akad. Nauk SSSR. — Moskva—Leningrad **133** (1960) 1. — S. 211—213

—, 1960d: Novye dannye o Lichvinskoi (Mindel'-Risskoi) flore. — In: Bjull. Kom. izuč. četvert. per. — Moskva **24** (1960). — S. 47—55

—, 1962a: Megaspory, semena i plody iz tretičnych otloženij. — In: Biostratigrafija mezozoiskich i tretičnych otloženii Zapadnoi Sibiri. — Moskva—Leningrad. — S. 369—415. — (Tr. SNIIGGIMS; 22)

—, 1962b: O pliocenovoi flore Baškirii. — In: Bot. Ž. — Moskva—Leningrad **47** (1962) 6. — S. 787—801

—, 1962c: O nachodke miocenovoj flory v nizov'jach r. Obi. — In: Dokl. Akad. Nauk SSSR. — Moskva—Leningrad **144** (1962) 3. — S. 649—651

—, 1962d: O florach Beščeul'skoj svity Irtyša. — In: Dokl. Akad. Nauk SSSR. — Moskva—Leningrad **145** (1962) 2. — S. 381 bis 383

—, 1963a: Tretičnye flory Zapadnoj Sibiri. — Moskva—Leningrad: Izd. Akad. Nauk SSSR. — 345 S.

—, 1963b: Tretičnye rastenija Kazachstana. — In: Bot. Ž. — Moskva—Leningrad **48** (1963) 2. — S. 171—181

—, 1963c: O tretičnoj flore g. Svetlogroska, Kaliningradskoj obl. — In: Dokl. Akad. Nauk SSSR. — Moskva—Leningrad **152** (1963) 4. — S. 983—984

—, 1963d: Novye dannye o plejstocenovych florach Belorussii i Smolenskoj oblasti. — Mater. istorii flory i rastiteln. SSSR. — Moskva—Leningrad **4** (1963). — S. 5—180

—, 1964a: Sarmatskaja flora g. Apšeronska. — In: Dokl. Akad. Nauk SSSR. — Moskva—Leningrad **156** (1964) 1. — S. 82—84

—, 1964b: O plejstocenovoj flore s. Vyšgorod na Dnepre. — In: Bot. Ž. — Moskva—Leningrad **49** (1964) 8. — S. 1093—1099

—, 1965: Novye dannye o pliocenovoj flore Baškirii. — In: Stratigrafija četvertičnych (antropogenovych) otloženii Urala. — Moskva: Izd. Nedra. — S. 191—208

—, 1966a: Pliocenovaja flora Matanova sada na Donu. — Moskva —Leningrad: Izd. Nauka. — 87 S.

—, 1966b: O miocenovoj flore iz okrestnostej s. Jurovskogo na Irtyše. — In: Bot. Ž. — Moskva—Leningrad **51** (1966). — S. 1480—1489

—, 1966c: Ob oligocenovoj flore s. Smolinskogo na r. Butke v Zaural'e. — In: Dokl. Akad. Nauk SSSR. — Moskva—Leningrad **168** (1966) 3. — S. 683—686

—, 1966d: O flore ėpochi Gippariona. — In: Paleont. Ž. — Moskva (1966) 1. — S. 124—134

—, 1967a: O pliocenovoj flore Belorussii. — In: Nišnii Plejstocen lednikov, raionov Russk. ravniny. — Moskva: Izd. Nauka. — S. 92—110

—, 1967b: O flore gorizonta pestrych glin u der. Detkoviči na juge Belorussii. — In: Dokl. Akad. Nauk Beloruss. SSR. — Minsk **11** (1967) 12. — S. 1109—1112

—, 1967c: O nekotorych tretičnach predstaviteljach roda *Betula* L. — In: Dokl. Akad. Nauk SSSR. — Moskva—Leningrad **173** (1967) 3. — S. 681—684

—, 1968a: Pro megaspori *Salvinia*, *Azolla* a *Pilularia* iz neogenovich vidkladiv Ukrajni. — In: Ukrainsk. bot. Ž. — Kiev **25** (1968) 6. — S. 63—71

—, 1968b: Ob oligocenovoj flore Zaural'e. — In: Paleont. Ž. — Moskva (1968) 2. — S. 111—119

—, 1968c: O dvuch neogenovych florach s jugo-vostoka Belorussii. — Dokl. Akad. Nauk Beloruss. SSR. — Minsk **12** (1968) 1. — S. 66—69

—, 1969a: Dekil'ka odnodol'nich iz neogenovoj flori Ukrajni. — In: Ukrainsk. bot. Ž. — Kiev **26** (1969) 1. — S. 3—9

—, 1969b: Miocenovaja flora Mamontovoj gory Aldane. — Leningrad: Izd. Nauka

—, 1970a: Tretičnye flory Urala. — Leningrad: Izd. Nauka

—, 1970b: K sistematike nekotorych iskopaemych Juglandaceae. — In: Bot. Ž. — Leningrad **55** (1970) 11. — S. 1596—1604

—, 1971: O pliocenovoi flore der. Cholmeč na Dnepre. — In: Dokl. Akad. Nauk SSSR. — Moskva—Leningrad **200** (1971) 4. — S. 917—920.

—, 1972a: Tretičnye flory bassejna r. Omoloja. — In: Istorija flory i rastitel'nosti Evrazii. — Leningrad: Izd. Nauka. — S. 41—112

—, 1972b: K sistematike predkovych form *Euryale*. — In: Bot. Ž. — Leningrad **57** (1972) 9. — S. 1047—1054

—, 1973: K sistematike iskopaemych *Myriophyllum*. — In: Dokl. Akad. Nauk Beloruss. SSR. — Minsk **17** (1973) 9. — S. 849—852

—, 1974a: K istorii roda *Glyptostrobus* ENDL. — In: Bot. Ž. — Leningrad **59** (1974) 1. — S. 3—13

—, 1974b: Magnoliaceae, Cabombaceae, Nymphaeaceae, Ceratophyllaceae, Ranunculaceae. — In: Iskopaemye cvetkovye rastenija SSSR/hrsg. von A. L. TAKHTAJAN. — Leningrad: Izd. Nauka. — S. 15—20; 52—88; 104—107

—, 1975: K sistematike nekotorych Taxodiaceae. — In: Paleont. Ž. — Moskva (1975) 1. — S. 105—116.

—, 1976a: K sistematike tretičnych *Taxodium*. — In: Bot. Ž. — Leningrad **61** (1976) 11. — S. 1362—1373

—, 1976b: K sistematike pliocenovych *Alisma* Belorussii. — In: Novye vidy iskopaemych životnych i rastenij Belorussii. — Minsk: Izd. Nauka i Technika. — S. 191—192

—, 1976c: K sistematike neogenovych *Proserpinaca* Belorussii. — In: Dokl. Akad. Nauk Beloruss. SSR. — Minsk **20** (1976) 11. — S. 1036—1038

—, 1977a: Simbuginskaja flora. — In: Fauna i flora Simbugino. — Moskva: Izd. Nauka. — 235 S.

—, 1977b: K sistematike neogenovych *Potamogeton* Belorussii. — In: Dokl. Akad. Nauk Beloruss. SSR. — Minsk **21** (1977) 8. — S. 736—738

—, 1977c: K sistematike iskopaemych *Decodon* J. F. GMEL. (Lythraceae). — In: Bot. Ž. — Leningrad **62** (1977) 5. — S. 664—672

—, 1978a: Neskol'ko interesnych rdestov iz Neogena Belorussii. — In: Dokl. Akad. Nauk Beloruss. SSR. — Minsk **22** (1978) 1. — S. 68—71

—, 1978b: K sistematike neogenovych *Caulinia* WILLD. In: Bot. Ž. — Leningrad **63** (1978) 8. — S. 1089—1101

—, 1979a: K sistematike tretičnych *Sparganium*. — In: Sovietskaja paleokarpologija (Itogi i perspektivy). — Moskva: Izd. Nauka. — S. 53—75

—, 1979b: K sistematike tretičnych *Azolla* LAM. iz sekcii *Azolla* LAM. — In: Bot. Ž. — Leningrad **64** (1979) 9. — S. 1259—1272

—, 1980: K sistematike tretičnych *Azolla* LAM. sekcii *Rhizosperma* MEYEN. — In: Bot. Ž. — Leningrad **65** (1980) 3. — S. 297—310

—, 1982a: K sistematike tretičnych *Typha*. — In: Paleokarpologičeskie issledovanija Kajnozoja. — Minsk: Izd. Nauka i technika. — S. 5—26

—, 1982b: Ulmaceae, Moraceae, Cannabaceae, Urticaceae, Fagaceae, Betulaceae — semena i plody. — In: Iskopaemye cvetkovye rastenija SSSR, 2/hrsg. von A. L. TAKHTAJAN. — Leningrad: Izd. Nauka. — S. 7—176

—, 1983: Dva novych vida *Liriodendron* iz tretičnych otloženij SSSR. — In: Bot. Ž. — Leningrad **68** (1983) 10. — S. 1401—1407

DOROFEEV, P. I.; WELICZKIEWICZ, JU, F., 1971: O pozdnepliocenovoi flore der. Dvorec na Dnepre. — In: Dokl. Nauk SSSR. — Moskva—Leningrad **200** (1971) 15. — S. 1173—1176

DUBOIS, E., 1905: Ober een equivalent van het Cromer Forest Bed en Nederland. — In: Versl. kon. Akad. Wet., natuurkd. Afd. — Amsterdam **13** (1905). — S. 243—251; S. 453—454.

Dyakowska, J., 1947: Interglacjał w Kątach koł Stromowiec Wyżnych (Pieniny). — In: Starunia. — Kraków **23** (1947)

—, 1952: Roślinność plejstoceńska w Nowinach Żukowskich. — In: Inst. Geol., Biul. — Warszawa 67 (1952). — S. 115—181

Eberle, G., 1965: Pflanzen am Mittelmeer. Mediterrane Pflanzengemeinschaften Italiens mit Ausblick auf das ganze Mittelmeergebiet. — Frankfurt (Main): Verl. W. Kramer

Ellenberg, H., 1978: Vegetation Mitteleuropas mit den Alpen in ökologischer Sicht. 2. Aufl. — Stuttgart: Verl. E. Ulmer

Emboden, W. A., 1962: Pollen morphology of the genus *Salvia*, Section *Audibertia*. — In: Pollen et Spores. — Paris **6** (1962). — S. 527—536

Endlicher, S., 1847: Synopsis Coniferarum. — St. Gallen (Sangalli)

Endress, P., 1968: Untersuchungen über den phylogenetischen Anschluß der Betulaceen an die Hamamelidaceen. — In: Verh. schweiz. naturforsch. Gesellsch. — Zürich (1968). — S. 113—114

Engelhardt, H., 1870: Flora der Braunkohlenformation im Königreich Sachsen. — In: Preisschr. fürstl. Jablonowsk, Gesellsch. — Leipzig 16 (1870). — S. 1—70

Engelhardt, H.; Kinkelin, F., 1908: Oberpliozäne Flora des Untermaintales. — In: Abh. senckenb. naturforsch. Gesellsch. — Frankfurt (Main) **29** (1908) 3. — S. 151—281

Engler, A., 1879, 1882: Versuch einer Entwicklungsgeschichte der Pflanzenwelt seit der Tertiärperiode. I. u. II. — Leipzig: Verl. W. Engelmann. — 202 S.; 333 S.

Ettingshausen, C. v., 1851: Die tertiäre Flora der Umgebungen von Wien. (Die Tertiär-Floren der Oesterreichischen Monarchie. Nr. 1. Fossile Flora von Wien). — In: Abh. geol. Reichsanst., 3. Abh. — Wien **2** (1851). — S. 1—36

—, 1853: Die teriäre Flora von Häring in Tirol. — In: Abh. geol. Reichsanst. — Wien **2** (1853) 2. — S. 1—118

—, 1866—1869: Die fossile Flora des Tertiär-Beckens von Bilin. I—III. — In: Denkschr. Akad. Wiss. Math.-naturwiss. Cl. — Wien **26** (1866). — S. 1—98; **28** (1868). — S. 191—242; **29** (1869). — S. 1—110

—, 1872: Die fossile Flora von Sagor in Krain. I. Teil. — In: Denkschr. Akad. Wiss. Math.-naturwiss. Cl. — Wien **32** (1871). — S. 159—202

—, 1888: Die fossile Flora von Leoben in Steiermark. I. u. II. — In: Denkschr. Akad. Wiss. Math.-naturwiss. Cl. — Wien **54** (1888). — S. 216—318; S. 319—384

—, 1890/1891: Die fossile Flora von Schoenegg bei Wies in Steiermark. I. — In: Denkschr. Akad. Wiss. Math.-naturwiss. Cl. — Wien **57** (1890/1891). — S. 61—112

—, 1893: Über neue Pflanzenfossilien aus den Tertiärschichten Steiermarks. — In: Denkschr. Akad. Wiss. Math.-naturwiss. Cl. — Wien **60** (1893). — S. 313—344

—, 1894: Die Formenelemente der europäischen tertiären Buche. (*Fagus feroniae* Ung.). — In: Denkschr. Akad. Wiss. Math.-naturwiss. Cl. — Wien **61** (1894). — S. 1—16

Ettingshausen, C. v.; Krašan, Z., 1888—1889: Beiträge zur Erforschung der atavistischen Formen an lebenden Pflanzen. — In: Denkschr. Akad. Wiss. Math.-naturwiss. Cl. — Wien **54** (1888—1889). — S. 245—254

Eyde, R. H., 1972: Note on the Geologic Histories of Flowering Plants. — In: Brittonia. — New York **24** (1972) 1. — S. 111—116

Fataliev, R. A., 1961: Sarmatskie paporotniki iz meždureč'ja Kury i Iori. — In: Bot. Ž. — Moskva—Leningrad **46** (1961). — S. 1315—1320

—, 1962: Predstaviteli rodov *Glyptostrobus*, *Quercus* i *Myrica* o verchnesarmatskoj flore gory Katar v Zakavkaze. — In: Bot. Ž. — Moskva—Leningrad **47** (1962). — S. 1817—1822

—, 1969: Novyj vid roda *Rhus* iz verchnogo sarmata Zakavkaz'ja. — In: Dokl. Akad. Nauk SSSR. — Moskva—Leningrad **148** (1969). — S. 197—198

Ferguson, D. K., 1971: The Miocene flora of Kreuzau, Western Germany. 1. The leaf-remains. — In: Verh. kon. nederl. Akad. Wet., Afd. Natuurkd. — Amsterdam **60** (1971). — 290 S.

Firbas, F.; Grahmann, R., 1928: Über jungdiluviale und alluviale Torflager in der Grube Marga bei Senftenberg (Niederlausitz). — In: Sächs. Akad. Wiss., Abh. math.-phys. Kl. — Leipzig **40** (1928) 4. — S. 1—63

Fliegel, G.; Stoller, I., 1910: Jungtertiäre und altdiluviale pflanzenführende Ablagerungen im Niederrheingebiet. — In: Jahrb. preuß. geol. Landesanst. — Berlin **31** (1910). — S. 227 bis 257

Florin, R., 1963: The Distribution of Conifer and Taxad Genera in Time and Space. — In: Acta Horti Bergiani. — Uppsala **20** (1963) 4. — S. 121—321

Florschütz, F., 1925: On *Pseudolarix kaempferi* Gord. from the clay of Reuver. — In: Rec. trav. bot. Néerl. — Nimègue **22** (1925). — S. 269—273

—, 1938: Die beiden *Azolla*-Arten des niederländischen Pleistozäns. — In: Rec. trav. bot. Néerl. — Nimègue **35** (1938). — S. 932—945

—, 1941: *Azolla filiculoides* Lam. uit de Palidunaklei van Berlijn. — In: Proc. nederl. Akad. Wet. — Amsterdam **44** (1941) 3. — S. 339—341

—, 1945: *Azolla* vit het Nederlandsche Paleoceen en Pleistoceen. — In: Verh. geol. mijnb. Genoot. Nederl. — **14** (1945). — S. 191 bis 198

Florschütz, F.; Jonker, F. P., 1942: Über die Flora des Riss-Mindel-Interglazials in den Niederlanden. — In: Rec. trav. bot. Néerl. — Utrecht **39** (1942). — S. 176—188

Florschütz, F.; Menéndez Amor, J., 1960: Une *Azolla* fossile dans les Pyrénèes-Orientales. — In: Pollen et Spores. — Paris **2** (1960) 2. — S. 285—292

Fowler, K., 1975: Megaspores and Massulae of *Azolla prisca* from the Oligocene of the Isle of Wight. — In: Palaeontology. — London **18** (1975) 3. — S. 484—507

Frenzel, B., 1968: Grundzüge der pleistozänen Vegetationsentwicklung Nord-Eurasiens. — Wiesbaden: Verl. F. Steiner. — XII, 326 S. — (Erdwiss. Forsch.; I)

Friedrich, P., 1883: Beiträge zur Kenntnis der Tertiärflora der Provinz Sachsen. — In: Abh. geol. Spezialkt. Preußen u. benachb. thür. Staaten. — Berlin 4 (1883) 3. — 305 S.

Friedrich, W., 1966: Zur Geologie von Brjánslaekur (Nordwest-Island) unter besonderer Berücksichtigung der fossilen Flora. — In: Sonderveröff. Geol. Inst. Univ. Köln. — Köln 10 (1966). — 108 S.

Friedrich, W. L.; Simonarson, L. A., 1976: *Acer askelssoni* sp. nov., große neogene Teilfrüchte aus Island. — In: Palaeontographica, B. — Stuttgart **155** (1976). — S. 140—148

Fritel, P. H., 1908: Note sur une espèce fossile nouvelle du genre *Salvinia*. — In: J. Bot., sér. 2. — Paris **21** (1908) 8. — S. 190—198

Fritsch, K. v., 1885: Das Pliozän im Thalgebiete der zahmen Gera in Thüringen. — In: Jahrb. preuß. geol. Landesanst. — Berlin (1884). — S. 389—437

Fuchs, H., 1964: Sur un nouveau type de conifére du Miocéne de Cluj. — In: Studia Univ. Babeş-Bolyai. — Cluj **9** (1964). — S. 39—43. — (Geol. geogr.; 1)

Fuhrmann, R.; Heinrich, W.-D. . . ., 1977: Untersuchungen am präelsterkaltzeitlichen Löß von Mahlis (Bezirk Leipzig). — In: Z. geol. Wiss. — Berlin **5** (1977) 6. — S. 717—743

Gardner, J. S., 1883—1886: A monograph of the British Eocene flora. II. Gymnosperms. — London: Palaeont. Soc. — 159 S.

Gaudin, Ch., Th.; Mandralisca, P., 1860: Contributions à la flore fossile italienne. V. Tufs volcaniques de Lipari. — In: N. Denkschr. allg. schweiz. Gesellsch. ges. Naturwiss. — Zürich **17** (1860) (Bogen 1, 1/2). — S. 1—12

Gaudin, Ch., Th.; Strozzi, C., 1858: Mémoire sur quelques gisements de feuilles fossiles de la Toscane. — In: N. Denkschr. allg. schweiz. Gesellsch. ges. Naturwiss. — Zürich **16** (1858). — S. 5—47

Gaudin, Ch., Th.; Strozzi, C., 1859a: Contributions à la flore fossile italienne. II. Val d'Arno. — In: N. Denkschr. allg. schweiz. Gesellsch. ges. Naturwiss. — Zürich **17** (1859). — S. 1—59

Gaudin, Ch., Th.; Strozzi, C., 1859b: Contributions à la flore fossile italienne. III. Massa maritima. — In: N. Denkschr. allg. schweiz. Gesellsch. ges. Naturwiss. — Zürich **17** (1859). — S. 1—20

Gaudin, Ch., Th.; Strozzi, C., 1860: Contributions à la flore fossile italienne. IV. Travertins Toscans. — In: N. Denkschr.

allg. schweiz. Gesellsch. ges. Naturwiss. — Zürich 18 (1860). — S. 1—30

GAUSSEN, H., 1960: Les Gymnospermes actuelles et fossiles: Genre *Pinus*. — In: Trav. Lab. Forêst. Toulouse. — Toulouse 6 (1960) 11. — S. 1—272

GEISSERT, F., 1961: Die Pflanzen- und Tierfossilien der Hagenauer Umgebung. — In: Ét. Haguenov., N.S. — Haguenau/Elsaß 3 (1961). — S. 25—70

—, 1962—1964: Blattfossilien und Mollusken aus dem Pliozän der Kiesgruben von Sessenheim und Soufflenheim. — In: Ét. Haguenov., N.S. — Haguenau/Elsaß 4 (1962—1964). — S. 357—362

—, 1967: Mollusques et nouvelle flore plio-pleistocéne à Sessenheim (Bas-Rhin) et leurs correlations villafranchiennes. — In: Bull. Serv. Carte géol. Alsace-Lorraine. — Strasbourg 20 (1967). — S. 83—100

—, 1972: Neue Untersuchungen im Pliozän der Hagenauer Umgebung (nördliches Elsass). — In: Mainzer naturwiss. Arch. — Mainz 11 (1972). — S. 191—221

—, 1979: Caractéristiques paléobotaniques du Pliocéne et du Quarternaire en Basse — Alsace. — In: Bull. assoc. franç. l'étude Quaternaire. — Paris 4 (1979). — S. 159—169

GEISSERT, F.; GREGOR, H.-J., 1981a: Eine neue elsässische Pliozän-Flora, die „Saugbagger-Flora" der Kiesgrube von Sessenheim (Bas-Rhin). — In: Cour. Forsch.-Inst. Senckenberg. — Frankfurt (Main) 50 (1981). — S. 59—71

GEISSERT, F.; GREGOR, H.-J., 1981b: Einige interessante und neue sommergrüne Pflanzenelemente (Fruktifikationen) aus dem Elsäßer Pliozän (Genera *Sabia* COLEBR., *Wikstroemia* ENDL., *Alangium* LAM., *Nyssa* L., *Halesia* ELLIS., *Rehderodendron* HU). — In: Mitt. bad. Landesver. Naturkd. u. Naturschutz, N.F., — Freiburg (Breisgau) 12 (1981) 4. — S. 233—239

GELLHORN, O. v., 1893: Die Braunkohlenhölzer der Mark Brandenburg. — In: Jahrb. preuß. geol. Landesanst. — Berlin 14 (1893). — S. 1—8

GEYLER, TH.; KINKELIN, F.: 1887: Oberpliozänflora aus den Baugruben des Klärbeckens bei Niederrad und der Schleuse bei Höchst a. M. — In: Abh. senckenb. naturforsch. Gesellsch. — Frankfurt (Main) 15 (1887). — S. 1—47

GIBERT, J.-P.; PRIVÉ-GILL, C.; BROUSSE, R., 1977: Données geochronologiques K — Ar sur quelques gisements à plantes du Massiv volcanique Néogène du Cantal (Massif Central, France). — In: Rev. Palaeobot. et Palynol. — Amsterdam 24 (1977). — S. 101—118

GIEBEL, C., 1860: Zur Flora der sächsisch-thüringischen Braunkohlenformation. — In: Z. ges. Naturwiss. — Berlin 16 (1860). — S. 57—58

GIVULESCU, R., 1957: Flora pliocena de la Cornițel (Reg. Oradea). — In: Biblioteca (Monogr.) Geol. et Palaeont. — București 3 (1957). — 150 S.

—, 1961a: Neue *Pinus*-Zapfen aus dem Boroder Becken (Rumänien) mit einer Übersicht der fossilen Kiefernzapfen Rumäniens. — In: Geologie. — Berlin 10 (1967) 7. — S. 850—855

—, 1961b: Beiträge zur Kenntnis der pannonischen Flora Rumäniens. — In: N. Jahrb. Geol. u. Paläont., Monatsh. — Stuttgart (1961) 2. — S. 98—101

—, 1963: Bractee fosile de *Carpinus* dela Chiuzbaia (Reg. Maramureș). — In: Studii Cerc., Geogr., Geofiz. et Geol., Ser. Geol. — București 8 (1963) 3. — S. 393—401

—, 1964a: Noi semnalări de conuri fosile de *Pinus* și *Picea* din Transilvania. — In: Studii Cerc., Geogr., Geofiz. et Geol., Ser. Geol. — București 9 (1964) 1. — S. 107—211

—, 1964b: Ergänzungen zur Kenntnis der *Carpinus*-Brakteen aus dem Pliozän von Chiuzbaia (Bez. Maramureș, Rumänien). — In: N. Jahrb. Geol. u. Paläont., Monatsh. — Stuttgart (1964) 8. — S. 457—461

—, 1964c: *Cercidiphyllum crenatum* (UNG.) BROWN im Pliozän Rumäniens. — In: N. Jahrb. Geol. u. Paläont., Monatsh. — Stuttgart (1964) 9. — S. 569—571

—, 1964d: Plante fosile din pliocenul de la Sărmasăg (Reg. Crisana). — In: Studii Cerc., Geol., Geofiz. et Geogr., Ser. Geol. — București 9 (1964). — S. 365—370

—, 1966: Stand unserer Kenntnisse über die sarmato-pleistozäne Flora des Pannonischen Beckens. — In: Feddes Repert. — Berlin 78 (1967). — S. 155—164

—, 1968a: Die Gattung *Cunnighamia* R. BR. im unteren Pannon Rumäniens. — In: N. Jahrb. Geol. u. Paläont., Abh. — Stuttgart 130 (1968) 2. — S. 129—132

—, 1968b: O nouă contribuție la cunoașterea florei din Pliocenul superior de la Chiuzbaia (Maramureș). — In: Dări de seamă ale ședințelor Inst. Geol. — București 55 (1968). — S. 11—121

—, 1970: Sur certaines plantes fossiles des collections de l'Institut Géologique de Bucarest (Rum.). — In: Dări de seamă ale ședințelor, Paleont. — București 57 (1969—1970) 3. — S. 115 bis 124

—, 1971: Die Gattung *Pyrola* L. im obersten Pliozän Rumäniens. — In: N. Jahrb. Geol. u. Paläont., Monatsh. — Stuttgart (1971) 6. — S. 321—323

—, 1979: Paläobotanische Untersuchungen im Pflanzenfundort Chiuzbaia (Kreis Maramureș-Rumänien). — In: Mém. Inst. Geol. et Geophys. — București 26 (1979). — S. 65—146

—, 1980a: Ein Nachtrag zur Kenntnis der fossilen Flora aus dem Pflanzenfundort Chiuzbaia (Fundort „F"). — In: Dări de seamă ale ședințelor, Paleont. — București 67 (1980) 3. — S. 131—139

—, 1980b: Einige Betrachtungen über die Flora des Fundortes E_1 im Pflanzenfundort Chiuzbaia (Rumänien). — In: Studii si Comun., Șibiu St. nat. — 24 (1980). — S. 41—53

GIVULESCU, R.; GHIURCĂ, V., 1969: Flora pliocena de la Chiuzbaia (Maramureș) cu un studiu geologic introductiv. — In: Mém. Inst. Geol. — București 10 (1969). — S. 1—81

GIVULESCU, R.; GHIURCĂ, V.; DIACONEASA, B., 1964: Vorläufige Mitteilung über die pannonische Flora von Chiuzbaia (Bez. Maramureș, Rumänien). — In: N. Jahrb. Geol. u. Paläont., Monatsh. — Stuttgart (1964) 1. — S. 25—30

GIVULESCU, R.; OLOS, E., 1979: Paläobotanische Studien im Tertiär Siebenbürgens. — In: Mém. Inst. Geol. — București 19 (1979). — S. 1—61

GLEASON, H. A., 1963: The new BRITTON & BROWN. Illustrated flora of the Northeastern United States and adjacent Canada, 3. ed.; 1.—3. — New York, London: Hafner Publ. Comp., Inc.

GLOCKER, E. F., 1857: Geognostische Beschreibung der preußischen Oberlausitz mit teilweiser Berücksichtigung des sächsischen Anteils. — In: Abh. naturforsch. Gesellsch. Görlitz. — Görlitz 8 (1857). — S. 209—326

GLÜCK, H., 1936: Pteridophyten und Phanerogamen unter gleichzeitiger Berücksichtigung der wichtigsten Wasser- und Sumpfgewächse des ganzen Kontinents von Europa. — In: Die Süßwasser-Flora Mitteleuropas. Heft 15/hrsg. von A. PASCHER. — Jena: G. Fischer-Verl.

GODWIN, H., 1956: The History of the British Flora. A factual Basis for Phytogeography. — Cambridge: Univ. Press. — 385 S.

GÖPPERT (GOEPPERT), H. R., 1842: Über die fossile Flora der Gypsformation zu Dirschel in Oberschlesien. — In: Nova Acta Leop. — Leipzig 19 (1842) II. — S. 369—378

—, 1850: Monographie der fossilen Coniferen. — Leiden

—, 1852: Beiträge zur Kenntnis der Tertiärflora Schlesiens. — In: Palaeontographica. — Cassel 2 (1852). — S. 256—285

—, 1855: Die tertiäre Flora von Schossnitz in Schlesien. — Görlitz.

GOEPPERT, H. R.; BEHRENDT, G. C., 1845: Der Bernstein und die in ihm befindlichen Pflanzenreste der Vorwelt. — Berlin

GOEPPERT, H. R.; MENGE, A., 1883: Die Flora des Bernsteins. I. Von den Bernstein-Coniferen, insbesondere auch in ihren Beziehungen zu den Coniferen der Gegenwart. — Danzig

GORETZKIJ, G. I., 1979: Iz ličnogo opyta sotrudničestva s paleokarpologami. — In: Sovetskaja paleokarpologija. — Moskva: Izd. Nauka. — S. 30—52

GORLOVA, R. N.; METEL'CEVA, E. F.; NEDOSEEVA, A. K.; SUKAČEV, V. N., 1962: O mežlednikovych otloženijach s iskopaemoi floroi bliz g. Tutaeva na r. Volge. — In: Bjull. Mosk. ob-va ispyt. prir., N. S., otd. biol. — Moskva 67 (1962). — S. 59—82

GRANGEON, P., 1958: Contribution a l'étude de la paléontologie végétale du Massif de Coiron (Ardèche). — In: Mém. Soc. Hist. nat. Auvergne. — Clermont-Ferrand 6 (1958). — 299 S.

GRANGEON, P.; RUDEL, A., 1958: Contribution a l'étude de la flore stampienne de Limagne. — In: Rev. Soc. nat. Auvergne. — Clermont-Ferrand 24 (1958). — S. 51—100

GREGOR, H.-J., 1976: Versuch einer Rekonstruktion der Pflanzenvereine der Schwandorfer Braunkohle. — In: Cour. Forsch.-Inst. Senckenberg. — Frankfurt (Main) **17** (1976). — S. 81—85

—, 1977a: Subtropische Elemente im europäischen Tertiär. II. (Fruktifikationen). — In: Paläont. Z. — Stuttgart **51** (1977) 3/4. — S. 199—226

—, 1977b: Biostratonomie und Biostratigraphie der Schwandorfer Braunkohlen. — In: Cour. Forsch.-Inst. Senckenberg. — Frankfurt (Main) **24** (1977). — S. 60—67

—, 1978: Die miozänen Frucht- und Samenfloren der Oberpfälzer Braunkohle. I. — In: Palaeontographica, B. — Stuttgart **167** (1978). — S. 8—103

—, 1979a: Fruktifikationen der Gattung *Cephalotaxus* SIEBOLD & ZUCCARINI aus dem Tertiär Europas und Japans. — In: Feddes Repert. — Berlin **90** (1979) 1/2. — S. 1—10

—, 1979b: Tertiäre und pleistozäne Pflanzengesellschaften. — In: Werden und Vergehen von Pflanzengesellschaften. (Internat. Symposium, Rinteln, 20. bis 23. März 1978.) — Vaduz. — S. 33—42

—, 1980: *Trapa zapfei* BERGER aus dem Untermiozän von Langau bei Geras (NÖ.) — eine Hydrocharitaceae. — In: Ann. naturhist. Mus. Wien. — Wien **83** (1980). — S. 105—118

—, 1982a: Die jungtertiären Floren Süddeutschlands. — Stuttgart: Verl. F. Enke

—, 1982b: *Pinus aurimontana* n. sp. — eine neue Kiefernart aus dem Jungtertiär des Goldbergs (Ries). — In: Stuttgarter Beitr. Naturkd., Ser. B. — Stuttgart **83** (1982). — S. 1—19

—, 1984a: *Chenopodium wetzleri* nov. spec. — Erstnachweis der Gattung *Chenopodium* LINNÉ in der Oberen Süßwasser-Molasse Bayerns. — In: Molasseforschung. — Günzburg **84** (1984). — S. 22—24. — (AUGUST WETZLER Gedenkbd.)

—, 1984b: Subtropische Elemente im europäischen Tertiär. IV. (Onagraceae, Rutaceae, Vitaceae, Theaceae, Elaeagnaceae). — In: Documenta naturae. — München **16** (1984). — S. 1—37

GREGOR, H.-J.; HANTKE, R., 1980: Revision der fossilen Leguminosengattung *Podogonium* HEER (= *Gleditsia* LINNÉ) im europäischen Jungtertiär. — In: Feddes Repert. — Berlin **91** (1980) 3. — S. 151—182

GRIPP, K.; BEYLE, M., 1937: Das Interglazial von Billstedt (Öjendorf). — In: Mitt. geol. Staatsinst. Hamburg. — Hamburg 16 (1937). — S. 19—36

GRUBOV, V. I., 1949: Monographische Übersicht der Gattung *Rhamnus* L. — In: Flora et systematica plantae vasculares. Moskva—Leningrad **8** (1949). — S. 241—423. — Russisch

HANDEL-MAZZETTI, H., 1921: Übersicht über die wichtigsten Vegetationsstufen und -formationen von Yünnan und SW-Setschuan. — In: Englers bot. Jahrb. System. etc. — Leipzig **56** (1921). — S. 578—597

—, 1929—1936: Symbolae Sinicae. — In: Bot. Ergebnisse der Expedition Akad. Wiss. Wien in Südwest-China. Bd. 7. — Wien. — S. 1—720

—, 1931: Die pflanzengeographische Gliederung und Stellung Chinas. — In: Engler's bot. Jahrb. System. etc. — Leipzig **64** (1931). — S. 109—323

—, 1932: Hochland und Hochgebirge von Yünnan und Südwest-Setschuan. 2. Die temperierte Stufe. — In: KARSTEN-SCHENK: Vegetationsbilder. — Jena **22** (1932) 8. — S. 43—48

HANELT, P., 1963: Vegetationskundliche Beobachtungen in Nordost-Kuangsi (Südchina). — In: Kulturpflanze. — Berlin **11** (1963). — S. 211—239

HANTKE, R., 1954: Die fossile Flora der obermiozänen Oehninger Fundstelle Schrotzburg (Schienerberg, Süd-Baden), — In: Denkschr. schweiz. naturforsch. Gesellsch. — Zürich **80** (1954) 2. — S. 1—118

—, 1965: Die fossilen Eichen und Ahorne aus der Molasse der Schweiz und von Oehningen (Süd-Baden). — In: Neujahrsbl. naturforsch. Gesellsch. — Zürich **167** (1965). — S. 1—140

—, 1966: Die fossilen *Liquidambar*-Reste (Amberbaum) aus der Molasse der Schweiz und von Oehningen (Südbaden). — In: Ber. schweiz. paläont. Gesellsch. (Ecl. geol. Helv.). — Basel **59** (1966) 2. — S. 981—988

HARA, H., 1959: An outline of the phytogeography of Japan. — In: Distribution Maps of Flowering Plants in Japan, Fac. 2./ed. by H. HARA; H. KANAI. — Tokyo. — S. 1—96

HARMS, H., 1917: Zur Kenntnis der Gattung *Cercidiphyllum*. — In.: Mitt. dendrol. Gesellsch. — Thyrow **26** (1977). — S. 71 bis 87

—, 1930: Hamamelidaceae. — In: Natürliche Pflanzenfamilien, 2. Aufl./hrsg. von A. ENGLER; K. PRANTL. — Leipzig: Verl. W. Engelmann. — S. 303—345

HARTIG, TH., 1848: Beiträge zur Geschichte der Pflanzen und zur Kenntnis der norddeutschen Braunkohlenflora. — In: Bot. Ztg. — Berlin **6** (1848)

HARTZ, N., 1904: *Dulichium spathaceum*, en nordamerikansk Cyperacé i danske interglaciale Moser. — In: Medd. Dansk geol. Foren. — København **10** (1904). — S. 13—22

—, 1909: Bidrag til Danmarks tertiaere og diluviale Flora. — In: Danm. geol. Unders., II. R. — København **20** (1909). — S. 1—292

HAYATA, B., 1911: Icones Plantarum Formosanarum. I. — Taihoku. — 269 S.

HECK, H., 1930: Zur Fossilführung der Berliner Paludinenschichten, ihrer Beschaffenheit und Verbreitung: — In: Z. dt. geol. Gesellsch. — Berlin **82** (1930). — S. 385—404

HEER, O., 1855—1859: Flora tertiaria Helvetiae (Die tertiäre Flora der Schweiz). — Winterthur: Verl. Wurster & Co. — Bd. 1. — 1855. — 116 S.; Bd. 2. — 1856. — 110 S.; Bd. 3. — 1859. — 378 S.

—, 1862: On the fossil flora of Bovey Tracey. — In: Philos. Trans. roy. Soc. London. — London **152** (1862) II. — S. 1039—1089

—, 1865: Die Urwelt der Schweiz. — Zürich. — 622 S.

—, 1868: Die in Nordgrönland, auf der Melville-Insel, im Banksland, an Mackensie, im Island und in Spitzbergen endeckten fossilen Pflanzen. — Zürich: Verl. Friedr. Schulthess. — S. 1 bis 192. — (Flora foss. arctica; 1)

—, 1869: Miozäne baltische Flora. — In: Beitr. Naturkd. Preußens. — Königsberg **2** (1869). — S. 1—104

—, 1870: Die miozäne Flora und Fauna Spitzbergens. — In: Kgl. svenska vet. Akad., Handl. — Stockholm **8** (1870) 7. — S. 3—98. — (Flora foss. arctica; 2 [3])

HERBST, G., 1844: Die Kiefernreste in der Braunkohle von Kranichfeld bei Weimar. — In: N. Jahrb. Mineral. etc. — Stuttgart (1844). — S. 171—179; S. 567—568

HICKEL, R., 1932: Note sur un gisement de végétaux pliocènes dans le Bas-Rhin. — In: Bull. Soc. dendrol. France. — **83** (1932). — S. 43—44

HICKS, H., 1892: On the discovery of Mammoth and other remains in Endsleigh Street and on sections exposed in Endsleigh Gardens, Gordon Street, Gordon Square, and Tavistock Square, London. — In: Quart. J. geol. Soc. London — London **48** (1892). — S. 453—468

HIRSCH, L., 1937: Tertiärgeologische Untersuchungen in der Rhön. — Würzburg

HOFMANN, E., 1941: Ein fossiles Holz aus dem Pliozän von Gerstungen im Werratale. — In: Beitr. Geol. Thür. — Jena **6** (1942) 4. — S. 134—137

HOLLICK, A., 1936: The Tertiary of Alaska. — In: U. S. geol. Surv., Prof. Pap. — Washington 182 (1936). — S. 1—185

HOLÝ, F., 1975: On some new species from the Mastixiaceae-flora Taphocenose from the Miocene near Hrádek nad Nisou (Zittau Basin, North Bohemia). — Sb. národ. Muz., R. B. — Praha **31** (1977) (3—5). — S. 109—122

HOOKER, J. D., 1893. The flora of British India. Bd. 6 (19). — London. — S. 449—672

HOPKINS, D. M.; MATTHIEWS, J. V.; WOLFE, J. A.; SOLBERMAN, M. L., 1971: Pliocene Flora and Insect Fauna from the Bering Strait Region. — In: Palaeogeogr., Palaeoclimat. & Palaeoecol. — Amsterdam **9** (1971). — S. 211—231

HORVAT, I.; GLAVAČ, V.; ELLENBERG, H., 1974: Vegetation Südosteuropas. — Jena: VEB G. Fischer Verl., — 768 S.

HU, H. H.; CHANEY, R. W., 1940: A miocene flora from Shantung Province, China. — In: Palaeontol. Sinica, N. S., A. — Pejing **1** (1940). — S. 1—147

HUARD, J., 1966: Mise au Point d'une Methode perme Haut l'étude de feuilles fossile du Néogène. — In: Bull. Mus. Nat. d' Hist. Natur., 2° Sér. — Paris **37** (1966) 6. — S. 1051—1057

—, 1967: Restes épineux de palmier lépidocaryoide du Néogène des Landes. — In: Natur. Monspeliensis, Sér. Bot. — Montpellier **18** (1967). — S. 319—345

HUCKE, K., 1941: Weitere Vorkommen der Paludinenbank im

Osten von Berlin. — In: Z. Geschiebeforsch. — Leipzig **17** (1941). — S. 49—61

HUMMEL, A., 1970: Genus *Cercidiphyllum* at Turow. — In: Kwart. geol. — Warszawa **14** (1970). — S. 809

—, 1971: The genus *Cercidiphyllum* in the Tertiary flora of Poland and of neighbouring regions. — In: Rocz. Dendrol. — Warszawa **25** (1971). — S. 63—75

—, 1975: Ulmaceae, Cercidiphyllaceae. — In: Dicotyledoneae. — In: Prace Muz. Ziemi, Prace Paleobot. — Warszawa **24** (1975). — S. 11—23

—, 1983: The Pliocene leaf flora from Ruszów near Żary in Lower Silesia, SW Poland. — In: Prace Muz. Ziemi. — Warszawa **36** (1983). — S. 9—104

HUZIOKA, K., 1954: Notes on some Tertiary plants from Tyôsen (Korea). IV. — In: Trans. & Proc. palaeont. Soc. Japan, N. S. — **15** (1954). — S. 195—200

ILJINSKAJA, I. A., 1953: Monografija roda *Pterocarya* KUNTH. — In: Tr. bot. Inst. Akad. Nauk SSSR. — Moskva—Leningrad 10 (1953). — S. 7—123

—, 1962: Tortonskaja flora Svošovice i pliocenovye flory Zakarpazskoj oblasti Ukr. SSR. — In: Paleont. Ž. — Moskva—Leningrad (1962) 3. — S. 102—110

—, 1963: Iskopaemaja flora gory Kiin-Keriš Zaisanskogo bassejna. II. — In: Paleobotanika. — Moskva—Leningrad **4** (1963). — S. 141—187

—, 1964: Tortonskaja flora Svošovice. — In: Paleobotanika. — Moskva—Leningrad **5** (1964). — S. 115—143

—, 1968: Neogenovye flory Zakarpatskoj oblasti Ukr. SSR. — Leningrad: Izd. Nauka. — 121 S.

JÄGER, E. J., 1968: Die pflanzengeographische Ozeanitätsgliederung der Holarktis und die Ozeanitätsbindung der Pflanzenareale. — In: Feddes Repert. — Berlin **79** (1968) 3—5. — S. 157—335

—, 1980: E. Geobotany — In Memoriam of OTTO STOCKER (1888—1979) and REINHOLD TÜXEN (1889—1980). — In: Progr. Bot. (Fortschr. Bot.). — Berlin (West) u. a. **42** (1980). — S. 331—345

JÄHNICHEN, H.; MAI, D. H.; WALTHER, H., 1977: Blätter und Früchte von *Engelhardia* LESCH ex BL. aus dem europäischen Tertiär. — In: Feddes Repert. — Berlin **88** (1977) 5—6. — S. 323—363

JÄHNICHEN, H.; MAI, D. H.; WALTHER, H., 1979: Blätter und Früchte von *Cercidiphyllum* SIEB. & ZUCC. im mitteleuropäischen Tertiär. — In: Evolution — Naturgeschichte höherer Pflanzen/hrsg. von R. DABER. — Berlin, 1979. — S. 357—399. — (Schriftenr. geol. Wiss.; 16)

JAHN, A.; ŁAŃCUCKA-ŚRODOŃIOWA, M.; SADOWSKA, A., 1984: Stanowisko utworów plioceńskich w Kotlinie Kłodzkiej (The sity of Pliocene deposits in the Kłodzko Basin, Central Sudetes). — In: Geol. Sudetica. — Wrocław **18** (1984). — S. 7—43

JAKUBOVSKAJA, T. V., 1976: Paleografija lichvinskogo mežlednikov'ja Grodnenskogo Poneman'ja. — Minsk: Izd. Nauka i technika. — 300 S.

—, 1977: Paleokarpologičeskie materialy k obosnovaniju neogenovogo vozrasta Belickoj Serii. — In: O granice meždu Neogenom i Antropogenom. — Minsk: Izd. Nauka i technika. — S. 220 bis 241

—, 1982: Pliocenovye flory Belorusskogo Podneprov'ja. — In: Paleokarpolgičeskie issledovanija Kajnozoja. — Minsk: Izd. Nauka i technika. — S. 34—61

JARDIN (HARDIN), I. W., 1976: Terminology and Classification of *Quercus* Trichomes. — In: J. Elisha Mitchell sci. Soc. — **92** (1976). — S. 321—333

JENTYS-SZAFEROWA, I., 1958: The genus *Carpinus* in Europe in the Paleobotanical Literature. — In: Monogr. Bot. — Warszawa **7** (1958). — S. 3—59

—, 1960: Morphological Investigations of fossil *Carpinus*-nutlets from Poland. — In: Acta Paleobot. — Kraków **1** (1960) 1. — S. 1—43

—, 1961: Anatomical investigations on fossil fruits of the genus *Carpinus* in Poland. — In: Acta Paleobot. — Kraków **2** (1961) 1. — S. 1—33

—, 1965: The role of glacial epoch in history of the species *Carpinus betulus* in Europe. — In: Rep. VIth Internat. Congr. Quart. (INQUA) Warsaw. — Paleobot. 2. — Łódź. — S. 433 bis 437

JENTYS-SZAFEROWA, I.; TRUCHANOWICZÓWNA, J., 1953: Naśiona *Menyanthes* L. w Polsce od pliocenu po okres wspólczesny. — In: Prace Inst. Geol. — Warszawa **10** (1953). — S. 37—59

JESSEN, K., 1955: Key to subfossil *Potamogeton*. — Bot. Tidsskr. — **52** (1955) 1. — S. 1—7

JESSEN, K.; ANDERSEN, SV. TH.; FARRINGTON, A., 1959: The Interglacial deposit near Gort, Co. Galway, Ireland. — In: Proc. roy. Irish Acad., Sect. B. — Dublin **60** (1959) 1. — S. 3—77

JESSEN, K.; MILTHERS, V., 1928: Stratigraphical and Paleontological Studies of Interglacial Freshwater Deposits in Jutland and Northwest Germany. — In: Dansk. geol. Unders., II. R. — København **48** (1928). — S. 1—300

JOHNSON, T., 1935: *Quercus* in the Tertiary Beds of Ireland and Scotland. — In: Mem. et Proc. lit. et philos. Soc. — Manchester **79** (1935). — S. 83—98

—, 1936: *Cunninghamia squamata* — A Conifer new to the British Isles. — In: Mem. et Proc. lit. et philos. Soc. — Manchester **80** (1936). — S. 25—27

—, 1937: Notes on the Tertiary flora of Scotland. — In: Trans. et Proc. bot. Soc. — Edinburgh **32** (1937) 2. — S. 291—340

JONG, P. C. DE, 1976: Flowering and sex expression in *Acer* L. A biosystematic study. — In: Belmontia, N. S. — Wageningen **6** (1976). — S. 1—202

JUNG, W., 1963: Blatt- und Fruchtreste aus der oberen Süßwassermolasse von Massenhausen, Kreis Freising (Oberbayern). — In: Palaeontographica, B. — Stuttgart **112** (1963). — S. 119 bis 166

JUNG, W.; BEUG, H.-J.; DEHM, R., 1972: Das Riß/Würm-Interglazial von Zeifen, Landkreis Laufen a. d. Salzach. — In: Bayer. Akad. Wiss., Abh. math.-naturwiss. Kl., N. F. — München 151 (1972). — S. 5—131

JUNG, W.; KNOBLOCH, E., 1971: Die Braunkohle von Wackersdorf. Ein Dokument aus der Geschichte der Pflanzenwelt. — In: Bayer. Braunkohlenbergbau. — Schwandorf **80** (1971) — S. 3—12

KABANOV, N. E., 1971: Tropičeskaja lesnaja rastitel'nost' provincii Ju'nan' (KNR). — Moskva: Izd. Nauka. — 183 S.

KAC, N. JA.; KAC, S. V., 1956: Novye dannye o mežlednikovych otloženijach u Novych Nemykar Smolenskoj oblasti. — In: Izvest. Akad. Nauk SSSR, Ser. Geogr. — Moskva (1956) 2. — S. 72—78

KAC, N. JA; KAC, S. V., 1959: Novye dannye o mežlednikovych otloženijach pod Grodno. — In: Dokl. Akad. Nauk Beloruss. SSR. — Minsk **3** (1959) 3. — S. 56—60

KAC, N. JA.; KAC, S. V., 1960: Iskopaemaja flora i rastitel'nost' mežlednikovych otloženii u Židovščizny pod Grodno. — In: Bjull. kom. izuč. četvert. per. — Moskva **25** (1960). — S. 35—49

KAC, N. JA.; KAC, S. V.; KIPIANI, M. G., 1965: Atlas i opredelitel' plodov i semjan vstrečajuščichsja v četvertičnych otloženijach SSSR. — Moskva: Izd. Nauka. — 367 S.

KAC, N. JA.; KAC, S. V.; SALOV, I. N., 1957: Riss-wjurmskie (Mikulinskie) mežlednikovye otloženija u d. Rjasna Ponizovskogo Smolenskoj obl. — In: Bjull. Mosk. obšč. ispyt. prir., N. S., Geol. — Moskva **32** (1957) 2. — S. 15—23

KAHLKE, H.-D., 1968: Vertebratenstratigraphie zur Plio/Pleistozän-Grenze. — In: Internat. Geol. Congr., Rep. 23rd Sess., Proc. Sect. 10. — Prague. — S. 27—39

—, 1977: The N/Q-Boundary. Territories: Federal Republic of Germany, German Democratic Republic, People's Republic of Poland (terrestrial sequences), — In: Neogene/Quaternary Boundary, Proc. 2nd Symp., Bologna 1975. — In: G. Geol. (2). — Bologna **41** (1977). — S. 165—177

KAUNHOWEN, F.; STOLLER, J., 1926: Neuere Aufschlüsse im Berliner Diluvium. — In: Jahrb. preuß. geol. Landesanst. — Berlin **46** (1925). — S. 616—626

KEILHACK, K., 1896: Über die Zugehörigkeit der Gattung *Folliculites* zu der lebenden Hydrocharidee *Stratiotes*. — In: Z. dt. geol. Gesellsch. — Berlin **48** (1896). — S. 987—989

—, 1906: Blatt Belzig. — Erl. geol. Spezialkt. Preußen u. benachb. thür. Staaten. — Berlin: Preuß. geol. Landesanst. — S. 1—56

KEMPF, E. K., 1966: Das Holstein-Interglazial von Tönisberg im Rahmen des niederrheinischen Pleistozäns. — In: Eiszeitalter u. Gegenwart. — Öhringen **17** (1966). — S. 5—60

—, 1968: Wasserfarne im rheinischen Braunkohlentertiär und ihr stratigraphischer Wert. — In: Z. dt. geol. Gesellsch. — Hannover **118** (1968). — S. 161

—, 1969: Elektronenmikroskopie der Sporodermis von känozoischen Megasporen der Wasserfarn-Gattung *Azolla*. — In: Paläont. Z. — Stuttgart **43** (1969) 1. — S. 95—108

—, 1971: Elektronenmikroskopie der Sporodermis von Mega- und Mikrosporen der Pteridophytengattung *Salvinia* aus dem Tertiär und Quartär Deutschlands. — In: Palaeontographica, B. — Stuttgart **136** (1976). — S. 47—70

KILPPER, K., 1968a: Koniferenzapfen aus den tertiären Deckschichten des niederrheinischen Hauptflözes. 2. Genus *Pinus* L. — In: Palaeontographica, B. — Stuttgart **123** (1968). — S. 213—220

—, 1968b: Koniferen aus den tertiären Deckschichten des niederrheinischen Hauptflözes. 3. Taxodiaceae und Cupressaceae. — In: Palaeontographica, B. — Stuttgart **124** (1968). — S. 102 bis 111

—, 1968c: Tertiäre Laubblätter aus der Tongrube Adendorf (Miozän, Rheinland). — Z. dt. geol. Gesellsch. — Hannover **118** (1968). — S. 174—181

—, 1969: Verzeichnis der im mittleren und unteren Rheinland gefundenen Großreste von Tertiärpflanzen (von 1821—1968). — Essen: Ruhrland- und Heimatmus. — 148 S.

KING, R. M.; ROBINSON, H., 1970: The new synantherology. — In: Taxon. — Utrecht **19** (1970). — S. 6—11

KINKELIN, F., 1884: Über Fossilien aus Braunkohlen der Umgebung von Frankfurt am Main. — In: Ber. senckenberg. naturforsch. Gesellsch. — Frankfurt (Main) (1884). — S. 165

—, 1900: Oberpliozänflora von Niederursel und im Untermaintal. — In: Ber. senckenberg. naturforsch. Gesellsch. — Frankfurt (Main) (1900). — S. 121—138

KIRCHHEIMER, F., 1930: Die fossilen Vertreter der Gattung *Salvinia* MICHX. II. Über Sporangienreste einer miozänen Salvinie. — In: Planta. — Berlin **11** (1930). — S. 169—206

—, 1934: Das Hauptbraunkohlenlager der Wetterau. — In: Ber. Wett. Gesellsch. ges. Naturkd. — Hanau **33** (1934). — S. 1—51

—, 1935a: Bau und botanische Zugehörigkeit von Pflanzenresten aus deutschen Braunkohlen. — In: Engler's bot. Jahrb. System. etc. — Leipzig **67** (1935). — S. 37—122

—, 1935b: *Tsuga moenana* n. sp. aus dem Tertiär von Groß-Steinheim a. M. — In: Bot. Zbl., Beih., B. — Dresden **53** (1935). — S. 432—439

—, 1936a: Über die Pflanzenreste in den Begleitschichten der Braunkohle von Düren. — In: Paläont. Z. — Stuttgart **18** (1936). — S. 213—227

—, 1936b: Beiträge zur Kenntnis der Tertiärflora. — In: Palaeontographica, B. — Stuttgart **82** (1936). — S. 71—141

—, 1936c: Weitere Mitteilungen über die Früchte und Samen aus deutschen Braunkohlen. IV. — In: Braunkohle. — Halle (Saale) **35** (1936). — S. 369—372; S. 392—394

—, 1936d: Über die botanische Zugehörigkeit weiterer Früchte und Samen aus dem deutschen Tertiär. — In: Planta. — Berlin **25** (1936). — S. 481—490

—, 1937a: Paläobotanische Beiträge zur Kenntnis des Alters deutscher Braunkohlenschichten. II. — In: Braunkohle. — Halle (Saale) **36** (1937). — S. 893—931

—, 1937b: Grundzüge einer Pflanzenkunde der deutschen Braunkohlen. — Halle (Saale): Verl. W. Knapp. — 153 S.

—, 1938: Beiträge zur näheren Kenntnis von Vitaceen-Samenformen tertiären Alters. — In: Planta. — Berlin **28** (1938). — S. 582—598

—, 1940: Weitere Mitteilungen über fossile Rebengewächse. — In: Wein u. Rebe. — **22** (1940). — S. 280—291

—, 1941a: Die Mastixioideenflora der alttertiären Braunkohlenschichten von Wiesa bei Kamenz (Sachsen). — In: Jahresh. naturwiss. Gesellsch. Isis Kamenz. — Kamenz **10** (1940). — S. 1—32

—, 1941b: Aus der geologischen Geschichte wichtiger Kulturpflanzen. — In: Umschau. — Frankfurt (Main) **45** (1941). — S. 648—650

—, 1942a: Zur Kenntnis der Alttertiärpflanzen von Wiesa (Sachsen). — In: Planta. — Berlin **32** (1942). — S. 418—446

—, 1942b: Über *Sambucus*-Reste aus der Braunkohle der Lausitz. — In: Braunkohle. — Halle (Saale) **41** (1942). — S. 76—79

—, 1943: Bemerkenswerte Frucht- und Samenreste, besonders aus den Braunkohlenschichten der Lausitz. — In: Bot. Arch. — Leipzig **44** (1943). — S. 362—430

—, 1949: Zur Kenntnis der Pliocaenflora von Soufflenheim im Elsaß. — In: Ber. oberhess. Gesellsch. Natur- u. Heilkd., N. F., Naturwiss. Abt. — Gießen **24** (1949). — S. 206—230

—, 1957: Die Laubgehölze der Braunkohlenzeit mit einem kritischen Katalog ihrer Früchte und Samen. — Halle (Saale): Verl. VEB W. Knapp. — 783 S.

KLIMASZEWSKI, M.; SZAFER, W.; SZAFRAN, B.; URBANSKI, J., 1950: Flora dryasowa w Krościenku nad Dunajcem. — In: Inst. Geol., Biul. — Warszawa 24 (1950). — S. 1—86

KNAPP, R., 1965: Die Vegetation von Nord- und Mittelamerika und der Hawaii-Inseln. — In: Vegetationsmonographien der einzelnen Großräume, Bd. 1/hrsg. von H. WALTER. — Jena: VEB G. Fischer-Verl. — 373 S.

KNOBLOCH, E., 1961: Die oberoligozäne Flora des Pirskenberges bei Šluknov in Nord-Böhmen. — In: Sb. Ústř. úst. geol., odd. paleont. — Praha **26** (1959). — S. 241—315

—, 1964: Haben *Cinnamomum scheuchzeri* HEER und *Cinnamomum polymorphum* (AL. BRAUN) HEER nomenklatorisch richtige Namen?. — In: N. Jahrb. Geol. u. Paläont., Monatsh. — Stuttgart (1961) 10. — S. 597—603

—, 1965: Hlavní rysy středoevropských pliocenních kveten. — In: Čas. mineral. a geol. — Praha **10** (1965) 4. — S. 455—467

—, 1968: Neue Pflanzenreste aus dem Neogen des slowakischen Teils des Orava-Beckens. — In. Caš. mineral. a geol. — Praha **13** (1968) 4. — S. 469—476

—, 1969: Tertiäre Floren von Mähren. — Brno. — 201 S.

—, 1970: The Tertiary Floras of Moravia (Czechoslovakia). — In: Paläont. Abh., B. — Berlin **3** (1970) 3/4. — S. 381—390

—, 1971: Fossile Früchte und Samen aus der Flyschzone der mährischen Karpaten. — In: Sb. geol. věd, palaeont. — Praha **13** (1971). — S. 7—46

—, 1975: Paläobotanische Daten zur Entwicklung des Klimas im Neogen der Zentralen Paratethys und der angrenzenden Gebiete. — In: VIth Congr. region. Comit. mediterranean Neogene Stratigr. — Bratislava. — S. 387—390

—, 1976: Samen und Früchte aus dem Pannon von Kunovice (Mähren. — In: Věst. Ústř. úst. geol. — Praha **51** (1976). — S. 221—230

—, 1977: Fossile *Potamogeton*-Funde aus dem tschechoslowakischen Jungtertiär und Altquartär. — In: Čas. mineral. a geol. — Praha **22** (1977) 1. — S. 29—42

—, 1978: Die untermiozäne Flora von Šafov in Südmähren. — In: Věst. Ústř. úst. geol. — Praha **53** (1978). — S. 153—162

KNOBLOCH, E.; KVAČEK, Z., 1976: Miozäne Blätterfloren vom Westrand der Böhmischen Masse. — In: Rozpr. Ústř. úst. geol. — Praha **42** (1976). — S. 1—131

KNOBLOCH, E.; MAI, D. H., 1975: *Sparganium neglectum* BEEBY *foss.* im europäischen Jungtertiär und Quartär. — In: Čas. mineral. a geol. — Praha **20** (1975). — S. 141—147

KNOBLOCH, E.; MAI, D. H., 1986: Monographie der Früchte und Samen aus der Kreide von Mitteleuropa. — In: Rozpr. Ústř. úst. geol. — Praha **47** (1986). — S. 1—220

KOCH, E. B., 1959: Fossil *Pinus*-cone in late tertiary erratic from Western Jutland (Denmark). — In: Medd. Dansk geol. Foren. — København **14** (1959). — S. 69—75

—, 1963: Fossil plants from the Lower Paleocene of the Agatdalen (Angmârtussut) Area, Central Nûgssuaq peninsula, Northwest Greenland. — In: Grønland. geol. Unders. — København **172** (1963) 5. — S. 1—120

KOCH, E. B.; FRIEDRICH, W. L., 1970: Geologisch-paläobotanische Untersuchung der miozänen Braunkohlen bei Fasterholt in Jütland, Dänemark. — In: Bull. geol. Soc. Denmark. — København **20** (1970) 2. — S. 169—191

KOLAKOVSKIJ, A. A., 1952: Pliocenovaja flora Suchumi. — In: Tr. Suchumsk. bot. sada. — Suchumi **7** (1952). — S. 83—130

—, 1958: Pervoe dopolnenie k Duabskoj pliocenovoj flore. — In: Tr. Suchumsk. bot. sada. — Suchumi **11** (1958). — S. 311—397

—, 1959: Vtoroe dopolnenie k Kodorskoj pliocenovoj flore. — In: Tr. Suchumsk. bot. sada. — Suchumi **12** (1959). — S. 211—272

—, 1960: Tret'e dopolnenie k Kodorskoj pliocenovoj flore. — In: Tr. Suchumsk. bot. sada. — Suchumi **13** (1960). — S. 33—54

—, 1962: Pontičeskaja flora Pizundy. — In: Tr. Suchumsk. bot. sada. — Suchumi **14** (1962). — S. 37—57

—, 1964: Pliocenovaja flora Kodora. — Suchumi: Izd. Akad. Nauk Gruz. SSR. — 209 S.

—, 1965: Tretičnye sosny zapadnoi Gruzii. — In: Bot. Ž. — Moskva—Leningrad **50** (1965). — S. 990—995

—, 1970: Novye vidy *Pinus* i *Cathaya europaea* SVESHN. iz tretičnych flor Gruzii. — In: Bot. Ž. — Moskva—Leningrad **55** (1970) 6. — S. 847—851

—, 1972: K istorii tretičnych grabov. — In: Soobšč. Akad. Nauk Gruz. SSR. — Tiblissi **67** (1972) 1. — S. 497—500

KOLAKOVSKIJ, A. A.; ŠAKRYL, A. K., 1958: Novoe Lavrovoe v pliocenovoj flore Duaba. — In: Soobšč. Akad. Nauk Gruz. SSR. — Tbilissi **21** (1958) 1. — S. 63—68

KOLESNIKOVA, T. D., 1957: Četvertičnye flory Baškirii. — In: Bot. Ž. — Moskva—Leningrad **42** (1957) 6. — S. 878—888

—, 1961: O dvuch novych iskopaemych rastenijach dlja tretičnoj flory Južnogo Urala. — In: Bot. Ž. — Moskva—Leningrad **46** (1961) 12. — S. 1817—1819

KORČAGINA, I. A., 1958: Rannečetvertičnye semennye flory nizovij Irtyša. — In: Bot. Ž. — Moskva—Leningrad **43** (1958) 8. — S. 1121—1134

KORNILOVA, V. S., 1960: Nižnemiocenovaja flora Kušuka (Turčanskoj progib). — Alma-Ata: Izd. Akad. Nauk Kaz. SSR

—, 1970: Zum Florenwechsel im Gebiet Kasachstans während des Paläogens und Neogens. — In: Paläont. Abh., B. — Berlin **3** (1970) 3/4. — S. 391—397

KOTLABA, F., 1963: Tertiary plants from three new localities in Southern Slovakia. — In: Sb. narod. Muz. Prace (Acta Mus. Nat. Pragae), B. — Praha **19** (1963) 2. — S. 53—72

KOVAR, J. B., 1982: Eine Blätter-Flora des Egerien (Ober-Oligozän) aus den marinen Sedimenten der Zentralen Paratethys im Linzer Raum (Österreich). — In: Beitr. Paläont. Österreichs. — Wien **9** (1982). — S. 1—209

KOVÁTS, G. v., 1851: *Zelkova ungeri* Kov. sp. nov. — In: Sitzungen k. k. geol. Reichsanst., 6. Sitz. am 13. Mai. — In: Jahrb. geol. Reichsanst. — Wien **2** (1851). — S. 178

—, 1856: Fossile Flora von Erdöbénye. — In: Arb. geol. Gesellsch. Ungarn. — Pesth **1** (1856). — S. 1—37

—, 1858: Fossile Flora von Tallya. — In: Arb. geol. Gesellsch. Ungarn. — Pesth **1** (1858). — S. 39—52

KOWAL, T., 1958: Untersuchungen über Morphologie der Früchte der europäischen Gattungen der Unterfamilien Scirpoideae PAX, Rhynchosporoideae ASCHERS. et GRAEBNER und teilweise Caricoideae PAX. — In: Monogr. Bot. — Warszawa **6** (1958). — S. 97—149. — Polnisch

KOWNAS, S., 1955: Trzeciorzędowa flora z Dobrzynia nad Wisła. — In: Acta geol. Pol. — Warszawa **5** (1955) 4. — S. 439—516

KOYAMA, T., 1971: Systematic interrelationships among Sclerieae, Lagenocarpeae, and Mapanieae (Cyperaceae). — In: Mitt. bot. Staatssamml. München. — München **10** (1971). — S. 604—617

KOZŁOWSKA, A., 1923: Flora międzylodowcowa z pod Rakowa. — In: Acta Soc. Bot. Pol. — Warszawa **1** (1923). — S. 213—232

KRASAN, F., 1888: Über continuierliche und sprungweise Variation. — In: Engler's bot. Jahrb. System. etc. — Leipzig **9** (1888). — S. 380—428

KRÄUSEL, R., 1919: Die Pflanzen des schlesischen Tertiärs. — In: Jahrb. preuß. geol. Landesanst. — Berlin **38** (1917) 1/2. — S. 1—338

—, 1920: Nachträge zur Tertiärflora Schlesiens. I. — In: Jahrb. preuß. geol. Landesanst. — Berlin **39** (1918). — S. 329—417

—, 1921: Nachträge zur Tertiärflora Schlesiens. III. Über einige Originale GOEPPERTS und neuere Funde. — In: Jahrb. preuß. geol. Landesanst. — Berlin **40** (1919) 3. — S. 363—433

—, 1937: Pflanzenreste aus den diluvialen Ablagerungen im Ruhr-Emscher-Lippe-Gebiete. — In: Decheniana, A. — Bonn **95** (1937). — S. 207—240

—, 1938: Die tertiäre Flora der Hydrobienkalke von Mainz-Kastel. — In: Paläont. Z. — Berlin **20** (1938). — S. 9—103

—, 1940: Paläobotanische Notizen. XXIII. *Pinus petzoldti* n. sp. aus der Braunkohle von Senftenberg in der Lausitz. — In: Senckenbergiana. — Frankfurt (Main) **22** (1940). — S. 2—5

—, 1950: Die paläobotanischen Untersuchungsmethoden, 2. Aufl. — Jena: G. Fischer Verl.

KRÄUSEL, R.; WEYLAND, H., 1950: Kritische Untersuchungen zur Kutikularanalyse tertiärer Blätter. I. — In: Palaeontographica, B. — Stuttgart **91** (1950). — S. 7—92

KRÄUSEL, R.; WEYLAND, H., 1954: Kritische Untersuchungen zur Kutikularanalyse tertiärer Blätter. II. — In: Palaeontographica, B. — Stuttgart **96** (1954). — S. 106—163

KRÜSSMANN, G., 1960: Die Nadelgehölze, 2. neubearb. Aufl. — Berlin (West)—Hamburg: Verl. P. Parey. — VIII, 332 S.

—, 1976—1977: Handbuch der Laubgehölze, Bd. 1 u. 2. — Berlin (West)—Hamburg: Verl. P. Parey

KRUTOUS, E. A., 1976: Novyi vid roda *Najas* v flore aleksandrijskogo (lichvinskogo) mežlednikov'ja razreza Staryj Stajki. — In: Novye vidy iskopaemych životnych i rastenij Belorussii. — Minsk: Izd. Nauka i technika. — S. 193—194

KRUTZSCH, W., 1960: Stratigraphische und klimatologische Bemerkungen zu den Lausitzer und mitteldeutschen Tertiärfloren. — In: Paläont. Z. — Stuttgart **34** (1960). — S. 15—16

—, 1963: Atlas der mittel- und jungtertiären dispersen Sporen- und Pollen- sowie der Mikroplanktonformen des nördlichen Mitteleuropas. III. Sphagnaceoide und selaginellaceoide Sporenformen. — Berlin: Dt. Verl. Wiss., — 128 S.

—, 1966: Zur Kenntnis der praequartären periporaten Pollenformen. — Berlin, 1966. — S. 16—71. — (Geologie **15**; Beih. 55)

KRUTZSCH, W.; MAJEWSKI, J., 1965: Die mikrobotanische Datierung des Tertiärvorkommens von Oberzella (Bl. Vacha/Südthür.). — In: Mitt. zentr. geol. Inst. — Berlin 1 (1965). — S. 65 bis 70

KRYSHTOFOVICH, A. N.; BAIKOVSKAJA, T. N., 1965: Sarmatskaja flora Krynki. — Moskva—Leningrad: Izd. bot. Inst. im. V. L. Komarova. — 134 S.

KRYSHTOFOVICH, A. N.; PALIBIN, I. V.; ŠAPARENKO, K. K.; JARMOLENKO, A. V.; BAJKOVSKAJA, T. N.; GRUBOV, V. I.; ILJINSKAJA, I. A., 1956: Oligocenovaja flora gory Ašutas v Kazachstane. — In: Paleobotanika. — Moskva—Leningrad **1** (1956). — S. 8—171

KUBÁT, K.; BUBIK, I., 1955: Sarmatische Flora aus Felsötárkány (Kom. Heves). — In: Jahrb. ungar. geol. Anst. — Budapest **44** (1955) 1. — S. 173—179

KULCZYŃSKI, S., 1932: Die altdiluvialen Dryasfloren der Gegend von Przemyśl. — In: Acta Soc. Bot. Pol. — Warszawa **9** (1932) 1—2. — S. 237—299

KUTUZKINA, E. F., 1964: Sarmatskaja flora Armavira. — In: Paleobotanika. — Moskva—Leningrad **5** (1964). — S. 147—239

KVAČEK, Z., 1965: Fosilní Hamamelidaceae a Altingiaceae v evropeském terciérů. — Manuskript. — Praha: Geol. úst. českoslov. Akad. věd

—, 1976: Towards nomenclatural stability of European Tertiary conifers. — In: N. Jahrb. Geol. u. Paläont., Monatsh. — Stuttgart (1976) 5. — S. 284—300

KVAČEK, Z.; HOLÝ, F., 1977: Současný stav a perspektivy paleobotanického výzkumu chebske a sokolovské pánve. — In: Sb. 8. celostátní paleont. konf. — (Sokolov). — S. 8—12

LAKOWITZ, C., 1895: Die Oligozänflora der Umgebung von Mülhausen im Elsaß. — In: Abh. geol. Specialkt. Elsaß-Lothringen. — Strassburg **5** (1895) 3. — S. 181—359

ŁAŃCUCKA-ŚRODONIOWA, M., 1957: Mioceńska flora z Rypina na Pojezierzu Dobrzynskim. — In: Prace Inst. Geol. — Warszawa **15** (1957). — S. 5—76

—, 1958: *Salvinia* i *Azolla* w miocenie Polski. — In: Acta Biol. Cracov., Ser. Bot. — Kraków **1** (1958). — S. 15—23

—, 1963: Stan badan paleobotanicznych nad miocenem Polski poludniowej (Palaeobotanical investigations on the Miocene of Southern Poland). — In: Rocz. Polsk. Tow. Geol. — Kraków **33** (1963) 2. — S. 129—158

—, 1966: Tortonian flora from the „Gdow-Bay" in the South of Poland. — In: Acta Palaeobot. — Kraków **7** (1966) 1. — S. 3—135

—, 1967: Two new genera *Hemiptelea* PLANCH. and *Weigelia* THUNB. in the Younger Tertiary of Poland. — In: Acta Palaeobot. — Kraków **8** (1967) 3. — S. 3—19

—, 1977: New herbs described from the Tertiary of Poland. — In: Acta Palaeobot. — Kraków **18** (1977) 1. — S. 37—44

—, 1979: Macroscopic plant remains from the freshwater Miocene of the Nowy Sącz basin (West Carpathians, Poland). — In: Acta Palaeobot. — Kraków **20** (1979) 1. — S. 1—116

LAURENT, L., 1908: Flore plaisancienne des argiles cinéritiques de Niac (Cantal). — In: Ann. Mus. Hist. natur., Geol. — Marseille **12** (1908). — S. 1—80

—, 1912: Flore fossile des schistes de Menat (Puy-de-Dôme). — In: Ann. Mus. Hist. natur. Marseille. — Marseille **14** (1912). — S. 1—246

LAURENT, L.; MARTY, P., 1923: Flore foliaire pliocène des argiles de Reuver et des gisements synchroniques voisins (Limbourg Hollandais). — In: Meded. Rijks geol. Dienst., Ser. B. — Leiden **1** (1923). — IV, 80 S.

LEROY, L. F., 1955: Étude sur les Juglandaceae. A la recherche d'une conception morphologique de la fleur femelle et du fruit. — In: Mém. Mus. Nat. 'd Hist. Natur., Ser. B, N. S. — Paris **6** (1955) 1. — S. 1—246

LESCHIK, G., 1952: Mikrobotanisch-stratigraphische Untersuchungen der jungpliozänen Braunkohle von Buchenau (Kr. Hünfeld). — In: Palaeontographica, B. — Stuttgart **92** (1951). — S. 1—51

—, 1956: Die Entstehung der Braunkohle der Wetterau und ihre Mikro- und Makroflora. — In: Palaeontographica, B. — Stuttgart **100** (1956). — S. 26—64

LI, H.-L., 1952: A taxonomic revue of the genus *Actinidia*. — In: J. Arnold Arboretum. — Philadelphia (Pa.) **33** (1952). — S. 1—61

—, 1963: Woody Flora of Taiwan: Morris Arboretum Monograph (Unnumbered). — Philadelphia (Pa.): Morris Arboretum; Narberth (Pa.): Livingstone Publ. Comp. — 990 S.

LILPOP, J., 1930: The flora of the Interglacial Profile in Olszewice. — In: Rocz. Polsk. Tow. Geol. — Kraków **6** (1929)

LITKE, R., 1965: Blattreste aus dem Miozän der Oberlausitz. — In: Mitt. zentr. geol. Inst. — Berlin 1 (1965). — S. 71—80

—, 1967: Kutikularanalytischer Nachweis für einen Wechsel von warmgemäßigtem zu warmem Klima im Jungtertiär. — In: Abh. zentr. geol. Inst. — Berlin 10 (1967). — S. 123—127

LÜDI, W., 1953: Die Pflanzenwelt des Eiszeitalter im nördlichen Vorland der Schweizer Alpen. — In: Eidgen. Techn. Hochsch., Ber. geobot. Inst. Rübel. — Bern **27** (1953). — S. 1—214.

LUDWIG, R., 1857: Fossile Pflanzen aus der jüngsten Wetterauer Braunkohle. — In: Palaeontographica. — Cassel **5** (1857). — S. 81—109

—, 1858: Fossile Pflanzen aus der mittleren Etage der Wetterau-Rheinischen Tertiärformation. — In: Palaeontographica. — Cassel **6** (1858). — S. 132—151

—, 1860: Fossile Pflanzen aus der ältesten Abteilung der Rheinisch-Wetterauer Tertiärformation. — In: Palaeontographica. — Cassel **8** (1860). — S. 38—154

—, 1861: Fossile Pflanzen aus dem tertiären Spateisenstein von Montabaur. — In: Palaeontographica. — Cassel **8** (1861). — S. 160—180

MĄDALSKI, J., 1949: Cechy morfologiczne pestek europejskich gatunków *Potamogeton* (TOURN.) L. i klucz do oznaczania ich szczatków dyluwialnych. — In: Prace Wrocł. Tow. Nauk, Ser. B. — Wrocław **24** (1949). — S. 5—23

MADISON, M.; TIFFNEY, B. H., 1976: The seeds of the Monstereae: Their morphology and fossil record. — In: J. Arnold Arboret. — Philadelphia (Pa.) **57** (1976) 2. — S. 185—201.

MÄDLER, K., 1939: Die pliozäne Flora von Frankfurt am Main. — In: Abh. senckenb. naturforsch. Gesellsch. — Frankfurt (Main) 446 (1939). — S. 1—202

MAI, D. H., 1960: Über neue Früchte und Samen aus dem deutschen Tertiär. — In: Paläont. Z. — Stuttgart **34** (1960). — S. 73—90

—, 1963: Beiträge zur Kenntnis der Tertiärflora von Seifhennersdorf (Sachsen). — In: Jahrb. staatl. Mus. Mineral. u. Geol. Dresden. — Dresden (1963). — S. 39—114

—, 1964: Die Mastixioideen-Floren im Tertiär der Oberlausitz. — In: Paläont. Abh., B. — Berlin **2** (1964) 1. — 192 S.

—, 1965: Eine pliozäne Flora von Kranichfeld in Thüringen. — In: Mitt. zentr. geol. Inst. — Berlin 1 (1965). — S. 37—64

—, 1967: Die Florenzonen, der Florenwechsel und die Vorstellungen über den Klimaablauf im Jungtertiär der Deutschen Demokratischen Republik. — In: Abh. zentr. geol. Inst. — Berlin 10 (1967). — S. 55—81

—, 1970: Subtropische Elemente im europäischen Tertiär. I. — In: Paläont. Abh., B. — Berlin **3** (1970). — S. 441—503

—, 1973: Die Revision der Originale von R. LUDWIG 1857, ein Beitrag zur Flora des Unteren Villafranchien. — In: Acta Palaeobot. — Kraków **14** (1973). — S. 89—117

—, 1974: Die Fruchtabdrücke aus dem Travertin von Ehringsdorf bei Weimar. — In: Abh. zentr. geol. Inst. — Berlin 21 (1974). — S. 323—326

—, 1975: Beiträge zur Bestimmung und Nomenklatur fossiler Magnolien. — In: Feddes Repert. — Berlin **86** (1975) 9—10. — S. 559—578

—, 1976: *Dendrobenthamia tegeliensis* nov. sp. — ein neues ostasiatisches Florenelement im Altquartär Europas. — In: Abh. staatl. Mus. Mineral. u. Geol. Dresden. — Dresden 25 (1976). — S. 113—123

—, 1980: Zur Bedeutung von Relikten in der Florengeschichte. — In: 100 Jahre Arboretum (1879—1979). — Berlin: Akad.-Verl. — S. 281—307

—, 1981a: Der Formenkreis der Vietnam-Nuß [*Carya poilanei* (CHEV.) LEROY] in Europa. — In: Feddes Repert. — Berlin **92** (1981) 5—6. — S. 339—385

—, 1981b: Entwicklung und klimatische Differenzierung der Laubwaldflora Mitteleuropas im Tertiär. — In: Flora. — Jena **171** (1981). — S. 525—582

—, 1983a: Studien an Endokarpien europäischer und westasiatischer Arten der Gattung *Acer* L. (Aceraceae). — In: Gleditschia. — Berlin **10** (1983). — S. 37—57

—, 1983b: Die fossile Pflanzenwelt des interglazialen Travertins von Bilzingsleben (Kreis Artern, Thüringen). — In: Bilzingsleben. II. — Berlin: Dt. Verl. Wiss. — S. 45—129. — (Veröff. Landesmus. Vorgesch. Halle; 36)

—, 1984a: Die Endokarpien der Gattung *Acer* L. (Aceraceae). — Eine biosyste matische Studie. — In: Gleditschia. — Berlin **11** (1984). — S. 17—46

—, 1984b: Karpologische Untersuchungen der Steinkerne fossiler und rezenter Amygdalaceae (Rosales). — In: Feddes Repert. — Berlin **95** (1984) 5—6. — S. 301—330

—, 1985: Entwicklung der Wasser- und Sumpfpflanzengesellschaften Europas von der Kreide bis ins Quartär. — In: Flora. — Jena **176** (1985). — S. 449—511

—, 1986: Neue Arten nach Früchten und Samen aus dem Tertiär Nordwestsachsens und der Lausitz. — In: Feddes Repert. — Berlin **97** (1986). — S. 105—126

MAI, D. H., GREGOR, H.-J., 1982: Neue und interessante Arten aus dem Miozän von Salzhausen im Vogelsberg. — In: Feddes Repert. — Berlin **93** (1982) 5—6. — S. 405—435

MAI, D. H.; MAJEWSKI, J.; UNGER, K. P., 1963: Pliozän und Altpleistozän von Rippersroda in Thüringen. — In: Geologie. — Berlin **12** (1963) 6. — S. 765—815

MAI, D. H.; PETRESCU, I., 1983: Eine neue *Rehderodenron*-Art (Styracaceae) aus dem oberen Pliozän des Baraolt-Beckens (SR Rumänien). — In: Z. geol. Wiss. — Berlin **11** (1983) 7. — S. 915—925

MAI, D. H.; WALTHER, H., 1969: Über eine neue Tertiärflora im Braunkohlentagebau Haselbach bei Altenburg. — In: Abh. staatl. Mus. Mineral. u. Geol. Dresden. — Dresden 13 (1969). — S. 71—76

MAI, D. H.; WALTHER, H., 1978: Die Floren der Haselbacher Serie im Weißelster-Becken (Bezirk Leipzig, DDR). — In: Abh. staatl. Mus Mineral. u. Geol. Dresden. — Dresden 28 (1978). — S. 1—101

MAI, D. H.; WALTHER, H., 1983: Die fossilen Floren des Weißelster-Beckens und seiner Randgebiete. — In: Hall. Jahrb. Geowiss. — Gotha **8** (1983). — S. 59—74

MAI, D. H.; WALTHER, H., 1985: Die obereozänen Floren im Weißelster-Becken (Bezirk Leipzig, DDR) und seiner Randgebiete. — In: Abh. staatl. Mus. Mineral. u. Geol. Dresden. — Leipzig 33 (1985). — S. 1—260

MAKAROVA, Z. I., 1957: K istorii roda *Liquidambar* L. — In: Bot. Ž. — Moskva—Leningrad **42** (1957). — S. 1182—1195

MALEEV, B. P., 1941: Tretičnye relikty vo flore Zapadnogo Kavkaza i osnovye ėtapy ego četvertičnogo istorii flory i rastitel'nosti. — In: Mat. istorii flory i rastitelnosti SSSR. — Moskva—Leningrad **1** (1941)

MANIA, D.; MAI, D. H., 1969: Warmzeitliche Mollusken und Pflanzenreste aus dem Mittelpleistozän des Geiseltals (südlich von Halle). — In: Geologie. — Berlin **18** (1969) 6. — S. 674—690

MARTIN, A. R. H., 1976a: Some structures in *Azolla* megaspores and an anomalous form. — In: Rev. Paleobot. et Palynol. — Amsterdam **21** (1976). — S. 141—169

—, 1976b: Upper Palaeocene Salviniaceae from the Woolwich/Reading beds near Cobham, Kent. — In: Palaeontology. — London **19** (1976) 1. — S. 173—184

MASSALONGO, A., 1858: Synopsis florae fossilis senogalliensis. — Verona: A. Merlo. — 136 S.

MASSALONGO, A.; SCARABELLI, G., 1859: Studii sulla flora fossile e geologia stratigrafica del Senigaliese. — Imola: I. Galeati. — 506 S.

MAXIM, I. A.; PETRESCU, I., 1968: Planta e Plante din pliocenach de la Derna — Stud. Univ. Babeş-Bolyai, ser. geol.-geogr. — Cluj **1** (1968). — S. 7—15

MENITSKY, Y. L., 1969: The Ancestors and the Evolution of Caucasian and Southwestasian Oaks belonging to the Subsection *Quercus*. — In: Bot. Ž. — Moskva—Leningrad **54** (1969) 11. — S. 1675—1688

MENKE, D., 1975: Vegetationsgeschichte und Florenstratigraphie Nordwestdeutschlands im Pliozän und Frühquartär. Mit einem Beitrag zur Biostratigraphie des Weichsel-Frühglazials. — In: Geol. Jahrb. — Hannover **A26** (1975). — S. 3—151

MENZEL, P., 1896/1897: Die Flora des tertiären Polierschiefers von Sulloditz im böhmischen Mittelgebirge. — In: Sitz.-Ber. naturwiss. Gesellsch. Isis Bautzen. — Bautzen (1898). — S. 20—73

—, 1900: Die Gymnospermen der nordböhmischen Braunkohlenformation. — In: Abh. naturwiss. Gesellsch. Isis Dresden. — Dresden (1900). — S. 50—69; S. 85—110

—, 1906: Über die Flora der Senftenberger Braunkohlen-Ablagerungen. — In: Abh. preuß. geol. Landesanst., N. F. — Berlin **46** (1906). — 176 S.

—, 1913: Beitrag zur Flora der niederrheinischen Braunkohlenformation. — In: Jahrb. preuß. geol. Landesanst. — Berlin **34** (1913). — S. 1—98

—, 1933: Neues zur Tertiärflora der Niederlausitz. — In: Arb. Inst. Paläobot. usw. — Berlin 3 (1933). — S. 1—44. — (Aus dem Nachlaß hrsg. von W. GOTHAN und I. SAPPER)

METCALFE, C. R.; CHALK, L., 1950: Anatomy of the Dicotyledons, 2 Bde. — Oxford: Clarendon Press. — 724 S.; 775 S.

MEUSEL, H., 1958: Bilder aus der Waldvegetation Süd- und Mittelchinas. — Urania. — Leipzig, Jena **21** (1958) 2. — S. 60—65

—, 1965: Die Reliktvegetation der Kanarischen Inseln in ihren Beziehungen zur süd- und mitteleuropäischen Flora. — In: Gesammelte Vorträge über moderne Probleme der Abstammungslehre. I/hrsg. von M. GERSCH. — Jena: VEB G. Fischer Verl. — S. 117—136

MEUSEL, H.; JÄGER, E. J.; WEINERT, E., 1965: Vergleichende Chorologie der zentraleuropäischen Flora. — Jena: VEB G. Fischer-Verl. — 583 S.

MEUSEL, H.; SCHUBERT, R., 1971: Beiträge zur Pflanzengeographie des Westhimalaja. 1. — 3. Teil. — In: Flora, B. — Jena **106** (1971). — S. 137—194; S. 373—432; S. 573—606

MIELECKE, W., 1958: Über den „Septarienton" von Nennhausen bei Rathenow. — In: Z. angew. Geol. — Berlin **4** (1958). — S. 366—373

MIKI, S., 1952: *Trapa* of Japan with special reference to its remains. — In: J. Inst. Polytechn. Osaka City Univ., Ser. D. — **3** (1952). — S. 1—30

MIRANDA, F.; SHARP, A. I., 1950: Characteristics of the vegetation in certain temperate regions of eastern Mexico. — In: Ecology. — **31** (1950). — S. 313—333

MITCHELL, A., 1975: Die Wald- und Parkbäume Europas/Übersetzung von H. KRÜSSMANN. — Hamburg—Berlin [West]: Verl. P. Parey. — 419 S.

MITCHELL, G. F., 1953: Further identification of macroscopic plant fossils from irish quaternary deposits especially from a late-glacial deposit at Mapastown. Co. Louth. — In: Proc. roy. Irish Acad., B. — Dublin **55** (1953). — S. 225—281

MÜLLER, C. H., 1942: The problem of genera and subgenera in the oaks. — In: Chronica Bot. — Leiden **7** (1942). — S. 12—14

MÜLLER-STOLL, H., 1941: Die Urgeschichte der Weinrebe im Lichte neuester Forschung. — Weinland. — Wien **13** (1941). — S. 107

MÜLLER-STOLL, W. R., 1936: Zur Kenntnis der Tertiärflora der Rhön. — In: Beitr. naturkundl. Forsch. Südwestdtschl. — Karlsruhe **1** (1936) 1. — S. 89—128

—, 1938: Die jüngsttertiäre Flora des Eisensteins von Dernbach (Westerwald). — In: Bot. Zbl., Beih., B. — Dresden **48** (1938). — S. 376—434

NAGEL, K., 1914: Studien über die Familie der Juglandaceen. — In: Engler's bot. Jahrb. System. etc. — Leipzig **50** (1914) 5. — S. 459—530

—, 1916: Betulaceae. — In: Foss. Catal. — Berlin II (1916) 8

NAGY, E., 1959: Pollenanalytische Untersuchungen einer ungarischen pliozänen Braunkohle. — In: Acad. Sci. Hung., Acta Bot. — Budapest **5** (1959) 3/4. — S. 413—423

NATHORST, A. G., 1894: Die Entdeckung einer fossilen Glacialflora in Sachsen am äußersten Rande des nordischen Diluviums. — In: Oefversight svensk. Vet. Akad., Förhandl. — Stockholm **10** (1894).

NEGRU, A. G., 1968: Iskopaemye plody Ruppiaceae i Potamogetonaceae iz buglovskich otloženii Moldavii. — In: Bot. Ž. — Moskva—Leningrad **53** (1968) 9. — S. 1300—1305

—, 1969: Miocenovaja flora s Bursuk v Moldavii. — In: Bot. Ž. — Moskva—Leningrad **54** (1969) 11. — S. 1727—1738

—, 1972: Rannesarmatskaja flora severovostoka Moldavii. — Kišinev: Izd. Schtiinca. — 169 S.

—, 1973: Novye vidy rastenij *Caldesia*, *Nymphaea* i *Aldrovanda* pontičeskich otloženij juga Ukrainy. — In: Izvest. Akad. Nauk Mold. SSR, ser, biol. i chim. nauk. — Kišinev (1973) 5. — S. 3—9

—, 1976: Ob ostatkach *Glyptostrobus* ENDL. iz pontičeskich otloženij juga Ukrainy. — In: Izvest. Akad. Nauk Mold. SSR, ser. biol. i chim. nauk. — Kišinev (1976) 3. — S. 9—12

—, 1978: Novye pliocenovye vidy Sal'vinii iz Severo-Zapadnogo Pričernomor'ja. — In: Paleont. Ž. — Moskva (1978) 2. — S. 143—147

—, 1979: Rannepontičeskaja flora južnoj časti Dnestrovsko-Prutskogo Meždureč'ja. — Kišinev: Izd. Schtiinca. — 110 S.

—, 1982: O novom mestnachoždenii srednesarmatskoj flory na juge Ukraina. — In: Paleokarpologičeskie Issledovanija Kajnozoja. — Minsk: Izd. Nauka i technika. — S. 27—33

NEHRING, A., 1895: Über Wirbeltierreste von Klinge. — In: N. Jahrb. Mineral. etc. — Stuttgart (1895) 1. — S. 183—208

NELSON, H. W.; HAMMEN, T. VAN DER, 1950: Een kwartair-geologisch onerzoek van het S.-W.-deel van Noord-Brabant. — In: Geol. en Mijnbouw. — Den Haag **12** (1950). — S. 25—252

NIKITIN, P. A., 1929: The systematic position of the fossil genus *Diclidocarya* E. M. REID. — In: J. Bot. — London **67** (1929). — S. 33—38

—, 1933: Četvertičnye flory nizovogo Povolž'ja. — In: Tr. kom. izuč. četvert. per. — Leningrad **3** (1933) 1. — S. 65—120

—, 1935a: Sopostavlenie pyl'cego i karpologičeskogo analiza mežlednokovogo otloženija u der. Potylichi. — In: Tr. Voronežsk. univ., bot. otd. — **7** (1935)

—, 1935b: Semennaja miocenovaja flora u g. Tomska. — In: Dokl. Akad. Nauk SSSR. — Moskva—Leningrad **3** (1935) 3. — S. 133—136

—, 1938: Četvertičnye semennye flory s nizov'ev r. Irtyša. — In: Tr. biol. inst. Tomsk. gos. Univ. — **5** (1938) **1**. — S. 143—180

—, 1940: Četvertičnye semennye flory beregov r. Obi. — In: Materialy geol. Zap. Sibiri. — Tomsk **12** (1940). — S. 54

—, 1948: Pliocenovye flory s reki Obi v raione Tomska. — In: Dokl. Akad. Nauk SSSR. — Moskva—Leningrad **61** (1948) 6. — S. 1103—1106

—, 1957: Pliocenovye i četvertičnye flory Voronežskoj oblasti. — Moskva—Leningrad: Izd. Akad. Nauk SSSR. — 206 S.

—, 1965: Akvitanskaja semennaja flora Lagernovo Sada. — Tomsk: Izd. Tomsk. Univ. — 119 S.

NIKITIN, P. A.; DOROFEEV, P. I., 1953: Četvertičnaja flora raiona g. Novochoperska. — In: Bjull. kom. izuč. četvert. per. — Moskva **17** (1953). — S. 22—33

NIKITIN, V. P., 1961: Pervoe nachoždenie verchnepliocenovoj semennoj flory v Zapadnoj Sibiri. — In: Rešenija i trudy meževedomstvennogo soveščanija po dorabotke i utočneniju stratigrafičeskich schem Zapadno-Sibirskoj nizmennosti. — Leningrad: Izd. Gostoptechizdat

—, 1962: Nekotorye novye vidy roda *Potamogeton* L. — In: Materialy geol. Zap. Sibiri. — Tomsk **63** (1962). — S. 208—216

—, 1976: Miocen Mamontovoj Gory. XI. Sistematičeskaja čast'. — In: Akad. Nauk SSSR, Sibir. otd., Tr. Inst. Geol. i Geofiz. — Moskva 233 (1976). — S. 171—194

NILSSON, Ö.; HJELMQUIST, H., 1967: Studies on the Nutlet Structure of South Scandinavian Species of *Carex*. — In: Bot. Notiser. — Lund **120** (1967) 4. — S. 460—485

Nötzold, T., 1957: Miozäne Pflanzenreste aus der Schrotzburg am Bodensee. — In: Ber. naturforsch. Gesellsch. Freiburg im Breisgau. — Freiburg **47** (1957) 1. — S. 71—102

—, 1959: Einige Früchte und Samen aus den Paludinenschichten von Wietstock (Bez. Potsdam). — In: Geologie. — Berlin **8** (1959) 5. — S. 542—549

—, 1961: Pleistozäne Pflanzenreste von Ockrilla bei Meißen. — In: Jahrb. staatl. Mus. Mineral. u. Geol. Dresden. — Dresden (1961). — S. 65—96

—, 1962: Diagnostische Tabellen zur Bestimmung von *Carex*-Früchten. — In: Monatsber. dt. Akad. Wiss. — Berlin **4** (1962) 1. — S. 39—54

—, 1963: Fossile Pflanzenreste aus plio-pleistozänen Grenzschichten des Elsaß. — In: Monatsber. dt. Akad. Wiss. — Berlin **5** (1963). — S. 535—548

—, 1965: Faziell-ökologische Aussagen auf Grund von Pflanzenfossilien aus dem Riß-Würm Interglazial von Klein-Klütz-Höved in der Lübecker Bucht. — In: Beitr. Meereskd. — Berlin **12—14** (1965). — S. 119—128

Oberdorfer, E., 1965: Pflanzensoziologische Studien auf Teneriffa und Gomera (Kanarische Inseln). — In: Beitr. naturkdl. Forsch. SW-Dtschl. — Karlsruhe **24** (1965) 1. — S. 47—104

Ohwi, J., 1965: Flora of Japan. — Washington, D. C.: Smithsonian Inst. — 1067 S.

Opravil, E.; Knobloch, E., 1967: *Trapa moravica* spec. nova — eine neue Wassernuß aus dem Pannon des Wiener Beckens. — In: Preslia. — Praha **39** (1967). — S. 117—121

Oszast, J.; Stuchlik, L., 1977: The Neogene vegetation of the Podhale (West Carpathians, Poland). — In: Acta Palaeobot. — Kraków **18** (1977) 1. — S. 45—86

Oszczypko, N.; Stuchlik, L., 1972: Miocen słodkowodny kotliny Sądeckiej. Wyniki badań geologicznych i palinologicznych (The fresh water Miocene of the Nowy Sącz Basin. Results of geological und palynological investigations). — In: Acta Palaeobot. — Kraków **13** (1972) 2. — S. 137—156

Pacltová, B., 1962: Einige Bemerkungen zu der stratigraphischen Einstufung der Vonšov-(Fonsau-) und Nová-Ves-(Neudorf-) Schichten im Becken von Cheb (Eger). — In: Čas. Mineral. a Geol. — Praha **7** (1962) 3. — S. 283—287

Palamarev, E., 1964: Die geochronologische Entwicklung der neogenen Floren der Balkanhalbinsel. — In: Ber. geol. Gesellsch. DDR. — Berlin **9** (1964) 3. — S. 369—380

—, 1965: Paleokarpologično izsledvane na edin sondaž v Samokovsko (Paläokarpologische Untersuchung einer Bohrung in der Umgebung von Samokov). — In: Izvest. bot. Inst. bulg. Akad. Nauk. — Sofia **14** (1965). — S. 135—148

—, 1968: Karpologische Reste aus dem Miozän Nordbulgariens. — In: Palaeontographica, B. — Stuttgart **123** (1968). — S. 200—212

—, 1970: Fosilni flori ot tri v'gliščni basejna v jugozapadna B'lgarija (Fossile Floren aus drei Braunkohlenbecken in Südwestbulgarien). — In: Izvest. bot. Inst. bulg. Akad. Nauk. — Sofia **20** (1970). — S. 35—79

—, 1971: Diasporen aus der miozänen Kohle des Čukurovo-Beckens (West-Bulgarien). — In: Palaeontographica, B. — Stuttgart **132** (1971). — S. 153—164

—, 1973: Fosilnata flora na v'glenosnija Eocen v Burgasko (Die fossile Eozänflora aus dem Becken von Burgas). — In: Izvest. bot. Inst. bulg. Akad. Nauk. — Sofia **24** (1973). — S. 75—124

—, 1979: Die Gattung *Stratiotes* in der Tertiärflora Bulgariens und ihre Entwicklungsgeschichte in Eurasien. — In: Fitologija. — Sofia **12** (1979). — S. 3—36

—, 1982: Neogenskata karpoflora na Melniskija basejn (Die neogene Carpoflora aus dem Melnik-Becken. — In: Paleont., Stratigr. i Litol. — Sofia **16** (1982). — S. 3—44

Palamarev, E.; Petkova, A.; Usunova, Kr., 1978: Prinos k'm istorijata na rodovete *Taiwania* Hay. i *Cunninghamia* R. Br. v Cholarktika [Beitrag zur Entwicklungsgeschichte der Gattungen *Taiwania* Hay. und *Cunninghamia* R. Br. in der Holarktis]. — In: Fitologija. — Sofia **9** (1978). — S. 3—16

Palamarev, E.; Usunova, Kr., 1981: Vrchu strukturata na listnija epidermis i proizchoda na *Quercus thracia* Steff. et Ned. i *Q. macranthera* ssp. *balcanica* J. Don et B. B. v b'lgarskata flora. — In: III. Nacion. konfer. botanika. — Sofia

Palibin, I. V., 1932: Novye chvojnye rastenija iz neogenovych otloženij Urala i Kavkaza. — In: Izsvest. glavn. bot. sada Akad. Nauk SSSR. — Moskva **30** (1932) 1—2

Pantić, N.; Janković, M., 1953: Fosilne vrste roda *Trapa* L. u sewero-istocznoj Bosni. — In: Geol. An. balk. Poluostr. — Beograd **21** (1953). — S. 113—142

Pax, F., 1885: Monographie der Gattung *Acer*. I. — In: Engler's bot. Jahrb. System. — Leipzig **6** (1885). — S. 287—374

—, 1886: Monographie der Gattung *Acer*. II. — In: Engler's bot. Jahrb. System. — Leipzig **7** (1886). — S. 177—263

—, 1895: Hippocastanaceae. — In: Natürl. Pflanzen-Familien, III (5)/hrsg. von A. Engler; K. Prantl. — Leipzig: Verl. W. Engelmann. — S. 273—276

—, 1902: Aceraceae. — In: Das Pflanzenreich, H. 8 (IV. 163)/hrsg. von A. Engler. — Leipzig: Verl. W. Engelmann. — S. 1—89

Phillips, R., 1980: Das Kosmosbuch der Bäume. — Stuttgart: Kosmos-Verl.

Pilar, G., 1883: Flora fossilis Susedana. — In: Djela jugosl. Akad. znam. i umj. — Zagreb (Agram) **4** (1883). — S. 1—163

Pop, E., 1936: Flora pliocenică dela Borsec (Die pliozäne Flora von Borsec). — Cluj: Fac. Ştiinţe Univ. Reg. Ferd. — 189 S.

Presl, J. S., 1838: In: Sternberg, K.: Versuch einer geognostisch-botanischen Darstellung der Flora der Vorwelt. II. Teil — Prag

Priemer, F., 1893: Die anatomischen Verhältnisse der Laubblätter der Ulmaceen (einschl. Celtideen) und die Beziehungen zu ihrer Systematik. — In: Engler's bot. Jahrb. System. — Leipzig **17** (1893). — S. 419—475

Procházka, M.; Bůžek, C., 1975: Maple leaves from the Tertiary of North Bohemia. — In: Rozpr. Ústř. úst. geol. — Praha **41** (1975). — S. 1—86

Rabien, I., 1953: Die Vegetationsentwicklung des Interglazials von Wallensen in der Hilsmulde. — In: Eiszeitalter u. Gegenwart. — Öhringen **3** (1953). — S. 96—128

Raniecka-Bobrowska, J., 1954: Trzeciorzędowa flora liściowa z Konina. — In: Inst. Geol., Biul. — Warszawa 71 (1954). — S. 5—40

—, 1956: Rodzaj *Decodon* J. F. Gmel. z polskiego neogenu. — In: Prace Inst. Geol. — Warszawa **15** (1956). — S. 76—86

—, 1957: Kilka szczatkow roślinnych z tortonu Górnego Śląska. — In: Kwart. geol. — Warszawa **1** (1957) 2. — S. 275—297

—, 1959: Trzeciorzędowa flora nasienna z Konina. — In: Inst. Geol., Biul. — Warszawa 130 (1959). — S. 159—252

—, 1962: Trzeciorzędowa flora z Osieczowa nad Kwisą (Dolny Śląsk). — In: Prace Inst. Geol. — Warszawa **30** (1962). — S. 81—223

Rásky, K., 1959: The fossil Flora of Ipolytarnóc (Preliminary Report). — In: J. Paleont. — Chicago **33** (1959). — S. 453—461

Raunkiaer, C., 1934: The life-forms of plants and statistical plant geography. — Oxford

Raven, P. H., 1963: The Old World species of *Ludwigia* (including *Jussiaea*), with a synopsis of the genus (Onagraceae). — In: Reinwardtia. — **6** (1963). — S. 327—427

Rehder, A., 1940: Manual of cultivated trees and shrubs. 2nd Ed. — New York. — 996 S.

Reichenbach, E., 1919: Coniferen und Fagaceen. — In: Die Pflanzen des schlesischen Tertiärs. — In: Jahrb. preuß. geol. Landesanst. T. II. — Berlin **38** (1917) 1/2. — S. 97—144

Reid, C., 1882: Geology of Cromer. — In: Mem. geol. Surv. England & Wales. Sheet Mem. — London 68 (1882) (E).

—, 1892: The pleistocene deposits of the Sussex Coast, and their equivalents in other districts. — In: Quart. J. geol. Soc. London. — London **48** (1892). — S. 344—364

—, 1896: The Relation of the Palaeolithic Man to the Glacial Epoch (Hoxne). — In: Rep. brit. Assoc. Geol. — 400 (1896)

—, 1899: The Origin of the British Flora. — London: Dulau & Co.

Reid, C.; Reid, E. M., 1907a: The flora of Tegelen-sur-Meuse near Venloo, in the province of Limburg. — In: Versl. kon. Akad. Wet., Sect. 2. — Amsterdam **13** (1907) 6. — S. 1—26

Reid, C.; Reid, E. M., 1907b: On the Pre-Glacial Flora of Britain. — In: J. Linnean Soc. — London **38** (1907). — S. 206—233

Reid, C.; Reid, E. M., 1908: On *Dulichum vespiforme* sp. nov. from the brick-earth of Tegelen. — In: Versl. kon. Akad. Wet., natuurkd. Afd. — Amsterdam **16** (1908) 2. — S. 898

Reid, C.; Reid, E. M., 1910a: The lignite of Bovey Tracey. — In:

Philos. Trans. roy. Soc., Ser. B. — London **201** (1910). — S. 161—178

REID, C.; REID, E. M., 1910b: A further investigation of the Pliocene flora of Tegelen. — In: Versl. kon. Akad. Wet., natuurkd. Afd. — Amsterdam **19** (1910). — S. 192—199

REID, C.; REID, E. M., 1915: The pliocene Floras of the Dutch-Prussian Border. — In: Meded. Rijkskopsp. Delfstoffen. — Den Haag **6** (1915). — S. 1—178

REID, E. M., 1920a: Recherches sur quelques graines pliocènes du Pont-de-Gail (Cantal). — In: Bull. Soc. géol. France, Sér. IV. — Paris **20** (1920). — S. 48—87

—, 1920b: On two Preglacial Floras from Castle Eden (County Durham). — In: Quart. J. geol. Soc. London. — London **76** (1920) 2. — S. 104—144

—, 1920c: A comparative review of Pliocene Floras, based on the study of fossil seeds. — In: Quart. J. geol. Soc. London. — London **76** (1920) 2. — S. 145—161

—, 1923: Nouvelles recherches sur les graines du Pliocène inférieur du Pont-du-Gail (Cantal). — In: Bull. Soc. géol. France, Sér. IV. — Paris **23** (1923). — S. 308—355

—, 1927a: A new species of *Diclidocarya* REID from the Senftenberg Brown-coal. — In: J. Bot. — London **65** (1927). — S. 1—4

—, 1927b: Tertiary fruits and seeds from St. Tudy (Finistère). — In: Bull. Géol. et Mineral. Bretagne. — Rennes **8** (1927). — S. 36—65.

—, 1949: The Late-Glacial flora of the Lea Valley. — In: New Phytol. — Cambridge **48** (1949) 2. — S. 245

REID, E. M.; CHANDLER, M. E. J., 1923: The Fossil Flora of Clacton-on-Sea. — In: Quart. J. geol. Soc. London. — London **79** (1923). — S. 619—623

REID, E. M.; CHANDLER, M. E. J., 1926: The Bembridge flora. — London: Brit. Mus. (Natur. Hist.). — 206 S. — (Cat. Cainozoic Plants. I.)

REID, E. M.; CHANDLER, M. E. J., 1933: The London Clay Flora. — London: Brit. Mus. (Natur. Hist.). — 561 S.

RÉROLLE, L., 1884/1885: Études sur les végétaux fossiles de Cerdagne. — In: Rev. nat., 3. sér. — Montpellier **4** (1884/1885). — S. 167—191; S. 252—298; S. 368—386

RISCHKENE, M. A., 1971: Paleokarpologičeskie issledovanija. — In: Stroenie, litologija i stratigrafija otloženij nižnego plejstocena Litvy. — Viln'jus: Izd. Mintis. — S. 105—115

—, 1974: Novyi vid roda *Najas* v mežlednikovych otloženijach obnaženija Bujvidžjai. — In: Voprosy izučenija četvertičnych otloženij Litvy. — Viln'jus: Izd. Minti. — S. 119—122.

—, 1979: Antropogenovaja flora Litvy. — In: Sovjetskaja paleokarpologija. — Moskva: Izd. Nauka. — S. 122—131

RÖGL, F.; STEININGER, F. F., 1983: Vom Zerfall der Tethys zu Mediterran und Paratethys. Die neogene Paläogeographie und Palinspastik des zirkum-mediterranen Raumes. — In: Ann. naturhist. Mus. — Wien **85** (1983) (A). — S. 135—163

ROHRBACH, P., 1869: Über die europäischen Arten der Gattung *Typha*. — In: Verh. bot. Ver. Prov. Brandenburg. — Berlin **11** (1869). — S. 67—104

ROSELT, G.; SCHNEIDER, W., 1969: Cuticulae dispersae, ihre Merkmale, Nomenklatur und Klassifikation. — In: Paläont. Abh., B. — Berlin **3** (1969) 1. — 119 S.

ROSSMAESSLER, E. A., 1840: Die Versteinerungen des Braunkohlensandsteins aus der Gegend von Altsattel in Böhmen. — Dresden, Leipzig. — 42 S.

RUDOLPH, K., 1935: Mikrofloristische Untersuchung tertiärer Ablagerungen im nördlichen Böhmen. — In: Bot. Zbl., Beih., B. — Dresden **54** (1935). — S. 244—328

RÜFFLE, L., 1963: Die obermiozäne (sarmatische) Flora vom Randecker Maar. — In: Paläont. Abh. — Berlin **1** (1963) 3. — S. 139—295

—, 1964: Ökologische Bewertung von Kutikularmerkmalen tertiärzeitlicher Blätter. — In: Wiss. Z. Humboldt. Univ. Math.-naturwiss. R. — Berlin **13** (1964). — S. 25—46

—, 1979: Zur Verbreitung und Paläontologie der Laubwaldzone der Nordhemisphäre. — In: Gleditschia. — Berlin **7** (1979). — S. 179—186

SAPORTA, G. DE, 1862: Études sur la végétation du Sud-Est de la France à l'époque Tertiaire. Lignites inférieurs. — In: Ann. Sci. Natur., Bot., sér. 4. — Paris **17** (1862). — S. 191—311

—, 1863: Études sur la végétation du Sud-Est de la France à l'époque Tertiaire. Gargas, Sault, Gignac près Apt (Vaucluse), Castellane. — In: Ann. Sci. Natur., Bot., sér. 4. — Paris **19** (1863). — S. 5—124

—, 1865: Études sur la végétation du Sud-Est de la France à l'époque Tertiaire. Flore d'Armissan et de Peyriac. — In: Ann. Sci. Natur., Bot., sér. 5. — Paris **4** (1865). — S. 5—264

—, 1867: Études sur la végétation du Sud-Est de la France à l'époque Tertiaire. III. — In: Ann. Sci. Natur., Bot., sér. 5. — Paris **8** (1867). — S. 5—136

—, 1868a: Études sur la végétation du Sud-Est de la France à l'époque Tertiaire. Argiles du basin de Marseille. — In: Ann. Sci. Natur., Bot., sér. 5. — Paris **9** (1868). — S. 5—62

—, 1868: Prodrome d'une flore fossile des travertins anciens de Sézanne. — In: Mém. Soc. géol. France. — Paris **8** (1868) 3. — S. 289—436.

—, 1872: Études sur la végétation du Sud-Est de la France à l'époque Tertiaire. Supplement, Aix, Révision. — In: Ann. Sci. Natur., Bot., sér. 5. — Paris **15** (1872). — S. 277—351

—, 1873: Études sur la végétation du Sud-Est de la France à l'époque Tertiaire. Supplement, Aix, Révision. — In: Ann. Sci. Natur., Bot., sér. 5. — Paris **17** (1873). — S. 5—44

—, 1881: Die Pflanzenwelt vor dem Erscheinen des Menschen. — Dt. Übers. von C. VOGT. — Braunschweig: Verl. Vieweg u. Sohn. — XVI, 397 S.

—, 1882: Sur quelques types de végétaux récemment observés à l'état fossile. — In: C. R. Acad. Sci. — Paris **94** (1882). — S. 922—924; S. 1020—1022

—, 1888: Études sur la végétation du Sud-Est de la France à l'époque Tertiaire. Dernières adjonctions, Aix. — In: Ann. Sci. Natur., Bot., sér. 7. — Paris **7** (1888). — S. 1—104

—, 1889: Études sur la végétation du Sud-Est de la France à l'époque Tertiaire. Dernières adjonctions. Aix. — In: Ann. Sci. Natur., Bot., sér. 7. — Paris **10** (1889). — S. 1—192

SAPORTA, G. DE; MARION, A. F.; 1873: Éssai sur l'état de la végétation à l'époque des Marnes Heersiennes de Gelinden. — In: Mém. Acad. roy. Belgique, cour. et sav. etrang. — Bruxelles **37** (1873) 6. — S. 1—97

SCHAARSCHMIDT, F., 1959: Großsäuger in Meiningen. — In: Wochenpost. — Berlin 1959 (6). — S. 6.

SCHELLER, H., 1978: Bestimmungsschlüssel für die in Deutschland kultivierten Eichen-Arten. — In: Mitt. dt. dendrol. Gesellsch. — Stuttgart **70** (1978). — S. 65—102

SCHENK, A., 1890: Palaeophytologie. — In: Handbuch der Paläontologie. II. Abt./hrsg. von K. A. v. ZITTEL. — München—Leipzig: Verl. Oldenbourg. — 958 S.

SCHIMPER, W. PH., 1872: Traité de paléontologie végétale. Bd. 2. — Paris, 1870—1872. — 966 S.

SCHIMPER, A. F. W.; FABER, F. C., 1935: Pflanzengeographie auf physiologischer Grundlage. 3. Aufl. — Jena: Verl. G. Fischer. — 1612 S.

SCHLECHTENDAHL D. v., 1896: Beiträge zur Kenntnis der Braunkohlenflora von Zschipkau bei Senftenberg. — In: Z. Naturwiss. — Leipzig **69** (1896). — S. 193—216

—, 1897: Beiträge zur näheren Kenntnis der Braunkohlenflora Deutschlands. — In: Abh. naturforsch. Gesellsch. — Halle (Saale) **21** (1897). — S. 85—110

SCHLOEMER-JÄGER, A., 1958: Alttertiäre Pflanzen von Flözen der Brögger-Halbinsel Spitzbergens. — In: Palaeontographica, B. — Stuttgart **104** (1958). — S. 39—103

—, 1961: Koniferen-Zapfen aus der niederrheinischen Braunkohle. — In: Senckenberg. lethaea — Frankfurt (Main) **41** (1961). — S. 209—253. — (KRÄUSEL-Festschr.)

SCHLOTHEIM, E. F. v., 1822—1823: Nachträge zur Petrefaktenkunde, 1.—2. Abth. — Gotha: Beckersche Buchhdl.

SCHMID, E. E., 1885: Blatt Kranichfeld. — In: Erl. geol. Spezialkt. Preußen u. benachb. thür. Staaten. — Berlin: Preuß. geol. Landesanst. — S. 1—11

SCHMIERER, TH., 1922: Beitrag zur Kenntnis des faunistischen und floristischen Inhalts der Berliner Paludinenbank. — In: Z. dt. geol. Gesellsch. — Berlin **74** (1922). — S. 207—236

SCHNEIDER, C. K., 1906; 1912: Illustriertes Handbuch der Laubholzkunde. Bde. 1 u. 2. — Jena: G. Fischer Verl.

SCHNEIDER, W., 1974: Über tertiäre Koniferenreste, insbesondere aus der oberoligozänen Braunkohle von Bitterfeld. — In:

Abh. staatl. Mus. Mineral. u. Geol. Dresden. — Dresden 21 (1974). — S. 121—141

—, 1981: Nachweis der Pinaceen-Gattung *Cathaya* CHUN & KUANG im 2. Lausitzer Flöz (Miozän). — In: Z. geol. Wiss. — Berlin **9** (1981) 8. — S. 889—897

SCHRÖDER, H.; STOLLER, J., 1908: Wirbeltierskelette aus den Torfen von Klinge bei Kottbus. — In: Jahrb. preuß. geol. Landesanst. — Berlin **26** (1905). — S. 418—435

SCHWARZ, O., 1936: Über die Typologie des Eichenblattes und ihre Anwendung in der Paläobotanik. — In: Feddes Repert., Beih. — Dahlem bei Berlin **86** (1936). — S. 60—70

—, 1936—1939: Monographie der Eichen Europas und des Mittelmeergebietes. 1.: Textbd., Lfg. 2 u. 3. — S. 1—200; 2.: Atlas der Blattformen. Lfg. 1—4. — In: Feddes Repert., Sonderbeih. — Dahlem bei Berlin

—, 1964: *Quercus* L. — In: Flora Europaea. I./ed. by T. G. TUTIN et al. — Cambridge: Univ. Press.

SCHWARZBACH, M., 1968: Das Klima des rheinischen Tertiärs. — In: Z. dt. geol. Gesellsch. — Hannover **118** (1968). — S. 33 bis 68

SCHWEINFURTH, U., 1957: Die horizontale und vertikale Verbreitung der Vegetation im Himalaya. — In: Bonner geogr. Abh. — Bonn **20** (1957). — 372 S.

SENJANINOVA-KORČAGINA, M. V., 1961: Iskopaemyi vodjanoi orech (*Trapa* L.) kak indikator paleogeografičeskich uslovii na Karel'skom pereščeike. — Leningrad: Leningradsk. Univ., Geogr. Fak. — 186 S.

SISMONDA, E., 1859: Podrome d'une flore tertiaire du Piemont. — In: Mem. R. Acc. Sci. Torino, sér. 2. — Torino **18** (1859)

SITÁR, V.; TAKÁČ, M., 1982: Flora des Eggenburgian in dem Becken von Handlová. — In: Geol. Sb. — Bratislava **33** (1982) 1. — S. 89—122

SOBOLEWSKA, M., 1954: Dzika winorośl (*Vitis silvestris* GMEL.) w plejstocenie polskim [*Vitis silvestris* GMEL. in the Polish Pleistocene]. — In: Inst., Geol., Biul. — Warszawa 69 (1954). — S. 159—166

SOJÁK, J., 1958: Schlüssel zur Bestimmung der Früchte der tschechoslowakischen Cyperaceae (excl. *Carex*). — In: Preslia. — Praha **30** (1958). — S. 43—58

SOLEREDER, H., 1899: Systematische Anatomie der Dicotyledonen. — Stuttgart: F. Enke Verl. — 984 S.

SORDELLI, F., 1896: Flora Fossilis Insubrica. — In: Studii sulli vegetazione di Lombardii. — Milano: Cogliati

SPARKS, B.; WEST, R. G., 1968: Interglacial deposits at Wortwell, Norfolk. — In: Geol. Mag. — London **105** (1968) 5. — S. 471—481

SPITZELBERGER, G., 1982: Auffallende Heterophyllie (Verschiedenblättrigkeit) bei Espe (*Populus tremula*). — In: Naturwiss. Z. Niederbayern, 29. Ber. naturwiss. Ver. Landshut. — S. 80 bis 96

ŚRODOŃ, A., 1952: Ostatni glacjał w Karpatach. — In: Inst. Geol., Biul. — Warszawa 67 (1952). — S. 27—75

—, 1954: Flory plejstoceńskie z Tarzymiechów nad Wieprzem. — In: Inst. Geol., Biul. — Warszawa 69 (1954). — S. 5—78

—, 1968: O roślinności interstadiału Paudorf w Karpatach Zachodnich. — In: Acta Palaeobot. — Kraków **9** (1968) 1. — S. 3—27

—, 1973: *Silene wahlenbergella* HOWDHURT and *Silene furcata* RAFIN. in the Pleistocene of Poland. — In: Acta Palaeobot. — Kraków **14** (1973). — S. 207—211

—, 1974: Glacial flora at the Saalian Age from Góra Kalwaria near Warsaw. — In: Acta Palaeobot. — Kraków **15** (1974) 1. — S. 17—41

STACHURSKA, A., 1961: Preglacial profile from Ochota in Warsaw in the light of palynological analysis. — Warsaw: Polsk. Akad. nauk, komit. geol., VI. Congr. INQUA. — S. 43—45

STACHURSKA, A.; DYJOR, ST.; KORDYSZ, M.; SADOWSKA, A., 1971: Charakterystyka paleobotaniczna mlodotrzeciorzędowych osadów w Gozdnicy na Dolnym Śląsku [Paleobotanic characteristics of Late Tertiary sediments at Gozdnica (Lower Silesia]. — In: Roczn. Polsk. Tow. Geol. — Kraków **41** (1971) 2. — S. 359—386

STANDFEST, F., 1889: Ein Beitrag zur Phylogenie der Gattung *Liquidambar*. — In: Denkschr. Akad. Wiss. Math.-naturwiss. Cl. — Wien **55** (1889). — S. 361—364

—, 1891: Les ormes à l'état fossile. — In: Bull. Soc. belg. géol. — Bruxelles **5** (1891). — S. 109—122

STARK, P.; FIRBAS, F.; OVERBECK, F., 1932: Die Vegetationsentwicklung des Interglazials von Rinnersdorf in der östlichen Mark Brandenburg. — In: Abh. naturwiss. Ver. Bremen. — Bremen **28** (1932). — S. 105—130

STEFANOFF, B.; GANČEFF, A. T., 1951: *Stewartia* i *Gordonia* (Theaceae) w pliocenskata flora na B'lgaria. — In: Izvest. bot. Inst. bulg. Akad. Nauk. — Sofia **2** (1951). — S. 163—176

STEFANOFF, B.; JORDANOFF, D., 1935: Studies upon the pliocene Flora of the Plain of Sofia (Bulgaria). — In: Abh. bulg. Akad. Wiss. (Sb.). — Sofia **21** (1935). — S. 1—150

STEINMÜLLER, A., 1974: Tertiär. — In: Geologie von Thüringen/hrsg. von W. HOPPE; G. SEIDEL. — Gotha/Leipzig: H. Haack. — S. 717—742

STEPHYRTZA, A. G., 1971: Novye vidy rodov *Morus*, *Berberis* i *Mahonia* iz miocena Moldavii. — In: Paleont. Ž. — Moskva (1971) 2. — S. 90—98

STERNBERG, K. M. v., 1820—1833: Versuch einer geognostisch-botanischen Darstellung der Flora der Vorwelt. — (1820) 1. H.; (1822) 2. H.; (1823) 3. H.; (1825) 4. H.; (1833) 5. u. 6. H. — H. 1 — H. 4 übers. a. d. Franz. — Regensburg; Prag

STOCKMANS, F., 1936: Végétaux éocènes des environs de Bruxelles. — In: Mém. Mus. roy. Hist. Natur. Belgique. — Bruxelles **76** (1936). — S. 1—56

STOJANOFF, N.; STEFANOFF, B., 1929: Beitrag zur Kenntnis der Pliozänflora der Ebene von Sofia (Fossile Pflanzenreste aus den Ablagerungen bei Kurilo). — In: Spis. bulg. geol. druchestvo. — Sofia **1** (1929) 3. — S. 3—110

STOLLER, J., 1908: Beiträge zur Kenntnis der diluvialen Flora (bes. Phanerogamen) Norddeutschlands. I. Motzen, Werlte, Ohlsdorf-Hamburg. — In: Jahrb. preuß. geol. Landesanst. — Berlin **29** (1908). — S. 102—121

—, 1926: Beiträge zur diluvialen Flora (bes. Phanerogamen) von Norddeutschland III. Phöben, Quakenbrück. — In: Jahrb. preuß. geol. Landesanst. — Berlin **47** (1926) 1. — S. 330—340

STRAUS, A., 1930: Dikotyle Pflanzenreste aus dem Oberpliozän von Willershausen (Kreis Osterode, Harz). — In: Jahrb. preuß. geol. Landesanst. — Berlin **51** (1930) 1. — S. 302—336

—, 1952: Beiträge zur Pliozänflora von Willershausen. III. Die niederen Pflanzengruppen bis zu den Gymnospermen. — In: Palaeontographica, B. — Stuttgart **93** (1952). — S. 1—44

—, 1954: Beobachtungen an der Pliozänflora von Willershausen. — Geologie. — Berlin **3** (1954) 5. — S. 526—535

—, 1969: Beiträge zur Kenntnis der Pliozänflora von Willershausen. (VII). Die Angiospermen-Früchte und -samen. — In: Argumenta Palaeobot. — Münster **3** (1969). — S. 163—197

STROZZI, C., 1858: Mémoire sur quelques gisements de feuilles fossiles de la Toscane. — In: N. Denkschr. allg. schweiz. Gesellsch. Naturwiss. — Zürich **14** (1858). — S. 1—47

STUR, D., 1867: Beiträge zur Kenntnis der Flora der Süßwasserquarze, der Congerien- und Cerithienschichten im Wiener und ungarischen Becken. — In: Jahrb. geol. Reichsanst. — Wien (1867). — S. 6—10

SUC, J.-P.; ZAGWIJN, W. H., 1983: Plio-Pleistocene correlations between the northwestern Mediterranean region and northwestern Europe according to recent biostratigraphic and palaeoclimatic data. — In: Boreas. — Oslo **12** (1983). — S. 153—166

SUKAČEV, V. N., 1936: Osnovye čerty razvitija rastitel'nosti SSSR vo vremja plejstocena. — In: Materialy po četvertičnomu periodu SSSR. — Moskva—Leningrad: Izd. ONTI

—, 1958: O vidach roda *Najas* iz otloženii Lichvinskogo meželednikov'ja. — In: Bot. Ž. — Moskva—Leningrad **43** (1958) 2. — S. 239—242

SUZUKI, T., 1953: The forests climaxes of East Asia. — In: Jap. J. Bot. — Tokyo **14** (1953). — S. 1—12

SVESHNIKOVA, I. N., 1953: Nachodka roda *Cryptomeria* DON. v Meotičeskich otloženijach Gruzii. — In: Dokl. Akad. Nauk SSSR. — Moskva—Leningrad **92** (1953) 2. — S. 417—419

—, 1963: Opredelitel' sovremennych i iskopaemych predstavitelej Sciadopityaceae i Taxodiaceae po epiderme list'ev (Atlas and key for the identification of the living and fossil Sciadopityaceae and Taxodiaceae based on the structure of the leaf epiderm). — In: Paleobotanika. — Moskva—Leningrad **4** (1963). — S. 205 bis 229

—, 1964: Predstavitel' roda *Cathaya* (Pinaceae) iz Pliocena Abchazii. — In: Palaeont. Ž. — Moskva (1964) 2. — S. 125—131

SVESHNIKOVA, I. N.; BUDANCEV, L. JU., 1959: Tretičnaja flora k Kaliningradskogo poluostrova. I. — In: Bot. Ž. — Moskva—Leningrad **44** (1959) 2. — S. 211—214

SVESHNIKOVA, I. N.; BUDANCEV, L. JU., 1960: Tretičnaja flora Kaliningradskogo polustrova. III. — In: Bot. Ž. — Moskva—Leningrad **45** (1960) 6. — S. 871—875

SZAFER, W., 1938: Eine pliozäne Flora Krościenko am Dunajec. — In: Bull. Acad. Pol. Sci. Lettr., Sér. B. — Cracovie **1** (1938). — S. 81—90

—, 1947: Flora plioceńska z Krościenka n Dunajem (The pliocene Flora of Krościenko in Poland). — In: Rozpr. polsk. Akad. Umiej., Wydz. matem.-przyr., B. — Kraków **72** (1—2). — S. 1—375

—, 1949: Studies on the genus *Tsuga* CARR. in the Tertiary of Europe. — In: Bull. Acad. Pol. Sci. Lettr., Cl. Sci. Math.-Natur., Sér. B. — Kraków (1949). — S. 23—51

—, 1954a: Plioceńska flora okolic Czorsztyna i jej stosunek do Plejstocenu. — In: Prace Inst. Geol. — Warszawa **11** (1954). — S. 1—238

—, 1954b: O niektórych żyjących i kopalnych formach orzecha wodnego (*Trapa* L.). — In: Acta Soc. bot. Pol. — Kraków **23** (1954) 1. — S. 117—141

—, 1958: The genus *Cunninghamia* R. BR. in the European Miocene. — In: Acta Biol. Cracov., ser. Bot. — Kraków **1** (1958). — S. 7—13

—, 1961: Mioceńska flora ze Starych Gliwic na Śląsku. — In: Prace Inst. Geol. — Warszawa **33** (1961). — S. 1—205

—, 1963: What is *Carpolithus rosenkjaeri* HARTZ? — In: Acta Palaeobot. — Kraków **4** (1963) 1. — S. 3—35

TAKHTAJAN, A. L. (Hrsg.), 1974: Magnoliophyta Fossilia URSS, Vol. 1. — Moskva—Leningrad: Izd. Nauka. — 188 S.

TAKHTAJAN, A. L. (Hrsg.), 1982: Magnoliophyta Fossilia URSS, Vol. 2. — Leningrad: Izd. Nauka. — 216 S.

TAKHTAJAN, A. L.; VACHRAMEEV, V. A.; RADČENKO, G. P., 1963: Osnovy Paleontologii. Golosemennye i pokrytosemennye. — Moskva: Gos. Nauč.-techn. Izd. liter. po Geol. i ochrane nedr. — 743 S.

TANAI, T., 1960: On the fossil beech leaves from the Ningyo-togo area, in Chūgoku district, Japan. — In: Trans. & Proc. palaeont. Soc. Japan, N. S. — **37** (1960). — S. 193—200

—, 1966: Neogene floral change in Japan. — In: J. Fac. Sci., Hokkaido Univ., ser. 4. — Sapporo **11** (1966) 2. — S. 119—398

—, 1970: The Oligocene floras from the Kushiro coal field, Hokkaido, Japan. — In: J. Fac. Sci., Hokkaido Univ., ser. 4. — Sapporo **14** (1970) 4. — S. 383—514

—, 1974: Evolutionary trend of the Genus *Fagus* around the Northern Pacific Basin. — In: Birbal Sahni Inst. Palaeobot., Spec. Publ. — Lucknow 1 (1974). — S. 62—83

—, 1976: The revision of the Mogi Flora, described by NATHORST (1883) and FLORIN (1920). — In: J. Fac. Sci., Hokkaido Univ., ser. 4. — Sapporo **17** (1976) 2. — S. 277—346

—, 1983: Revisions of Tertiary *Acer* from East Asia. — In: J. Fac. Sci., Hokkaido Univ., ser. 4. — Sapporo **20** (1983) 4. — S. 291—390

TEIXEIRA, A., 1944a: *Sequoia* fóssil do Cenozóico português. — In: Publ. Mus. Lab. Mineral. e Geol. Fac. Ciê., 2a sér. — Pôrto **33** (1944). — S. 17—20

—, 1944b: A estação arqueológica da Mealhada e sua cronologia. — In: Soc. Port. Antrop. e Etnol. — Pôrto **10** (1944) 2. — S. 5—20

—, 1945: Pinheiro fóssil do Pliocénico de Rio-Major. — In: Bol. Soc. Broteriana, ser. 2. — Coimbra **19** (1945). — S. 201—205

—, 1947: Note sur une pomme de pin du Miocène de Lisbonne. — In: Com. Serv. Geol. Port. — Lisboa **28** (1947). — S. 129—132

—, 1973: Quelques cônes de pin fossiles du Miocène portugais. — In: Bol. Soc. Geol. Port. — Lisboa **18** (1973). — S. 151—154

THOMSON, P. M.; MOHLENBROOCK, R. H., 1979: Foliar Trichomes of *Quercus* Subgenus *Quercus* in the Eastern United States. — In: J. Arnold Arboret. — Philadelphia (Pa.) **60** (1979) 3. — S. 350 bis 366

TOBIEN, H., 1952: Die oberpliozäne Säugetierfauna von Wölfersheim (Wetterau). — In: Z. dt. geol. Gesellsch. — Hannover **104** (1952). — S. 191

TOBLER, F., 1912: Die Gattung *Hedera*. Studium über Gestalt und Leben des Efeu, seine Arten und Geschichte. — Jena: G. Fischer-Verl.

TOŁPA, S., 1952: Flora interglacjalna w Kaliszu. — In: Inst. Geol., Biul. — Warszawa 68 (1952). — S. 73—120

—, 1961: Flora interglacjalna z Sławna koło Radomia (Interglacial flora from Sławno near Radom — Central Poland). — In: Inst. Geol., Biul. — Warszawa 169 (1961). — S. 15—56

TONGIORGI, E., 1936: Ricerche sulla vegetatione dell'Etruria marittima. V. Documenti per la storia della vegetazione della Toscana e del Lazio. — In: G. bot. Italiano, n. s. — Firence **43** (1936) 4. — S. 785—830

TRALAU, H., 1959: Extinct aquatic plants of Europe — On the fossil and recent distribution of *Azolla filiculoides*, *Dulichium arundinaceum*, *Brasenia schreberi*, and *Euryale ferox*. — In: Bot. Notiser. — Lund **112** (1959). — S. 385—406

—, 1962a: Die spättertiären *Fagus*-Arten Europas. — In: Bot. Notiser. — Lund **115** (1962) 2. — S. 147—176

—, 1962b: *Najas tenuissima* (A. BR.) MAGNUS during the late Cainozoic period in Europe. — In: Bot. Notiser. — Lund **115** (1962) 4. — S. 421—428

—, 1963a: Asiatic dicotyledonous affinities in the Cainozoic flora of Europe. — In: Kungl. Sven. Vet. Akad. Handl., ser. 4. — Stockholm u. a. **9** (1963) 3. — S. 1—87

—, 1963b: Über *Rhododendron ponticum* und die fossilen Vorkommen des nahe verwandten *Rhododendron sordellii*. — In: Phyton. — Horn/N.-Ö. **10** (1963) 1/2. — S. 103—109

TRUCHANOWICZÓWNA, J., 1964: Kopalna naśiona rodzaju *Menyanthes* in Eurasia (Fossil seeds of the genus *Menyanthes* in Eurasia). — In: Acta Palaeobot. — Kraków **5** (1964) 1. — S. 25—53

TUZSON, J., 1914: Beiträge zur fossilen Flora Ungarns. — In: Mitt. u. Jahrb. ung. geol. Anst. — Budapest **21** (1914) 8. — S. 233 bis 261

UEMURA, K., 1980: *Fagus* Remains from the Pleistocene Beds in the Atsumi Peninsula, Central Japan. — In: Mem. nat. Sci. Mus. — Tokyo **13** (1980). — S. 35—43

—, 1983: Late Neogene *Liquidambar* (Hamamelidaceae) from the Southern Part of Northeast Honshu, Japan. — In: Mem. nat. Sci. Mus. — Tokyo **16** (1983). — S. 25—36

UNGER, F., 1841—1847: Chloris protogaea. Beiträge zur Flora der Vorwelt. — Leipzig: Verl. W. Engelmann. (1841) H. 1; (1842) H. 2—3; (1843) H. 4—5; (1845) H. 6—7; (1847) H. 8—10. — 150 S.

—, 1850a: Die Pflanzenreste im Salzstock von Wieliczka. — In Denkschr. Akad. Wiss. Math.-naturwiss. Kl. — Wien **1** (1850). — S. 311—322

—, 1850b: Die Gattung *Glyptostrobus* in der Tertiär-Formation. — In: Sitz.-Ber. Akad. Wiss. Math.-naturwiss. Kl. — Wien **5** (1850). — S. 434—435

—, 1850c: Blätterabdrücke aus dem Schwefelflöze von Swoszowice in Galizien. — In: Denkschr. Akad. Wiss. Math.-naturwiss. Kl. — Wien **1** (1850). — S. 121—128

—, 1850d: Genera et species plantarum fossilium, — Vindobonae

—, 1852: Iconographia plantarum fossilium. — In: Denkschr. Akad. Wiss. Math.-naturwiss. Kl. — Wien **4** (1852) 1. — S. 71—118

—, 1861: Sylloge plantarum fossilium. I. — In: Denkschr. Akad. Wiss. Math.-naturwiss. Kl. — Wien **19** (1861). — S. 1—48

—, 1866: Sylloge plantarum fossilium. III. — In: Denkschr. Akad. Wiss. Math.-naturwiss. Kl. — Wien **25** (1866). — S. 1—76

—, 1867: Die Flora von Kumi auf der Insel Euboea. — In: Denkschr. Akad. Wiss. Math.-naturwiss. Kl. — Wien **26** (1867). — S. 27—87

—, 1869: Geologie der europäischen Waldbäume. I. Laubhölzer. — In: Mitt. naturwiss. Ver. Steiermark. — Graz **2** (1869). — S. 1—71

UNGER, H. J., 1982: Bemerkungen zur Gliederung der Oberen Süßwassermolasse im Raum Mainburg. — In: Documenta natura. — München **4** (1982). — S. 1—18

—, 1983: Die Makro-Flora der Mergelgrube Aubenham nebst Bemerkungen zur Lithologie, Ökologie und Stratigraphie. — In: Geol. Jahrb. — Hannover **A67** (1983). — S. 37—129

USUNOVA, KR., 1977: Stomatografsko izsledvane na rod *Fagus* L.

i *Castanea* MILL. — In: Jubilejna sesija „30 godini botaničeski institut". — Sofia

—, 1983: Anatomo-ekologični osobenosti na listnija epidermis na njakoi vidove ot r. *Quercus*, razprastreneni na Balkanskija polustrov. — In: Jubilejna sesija-simpozium v čest na akad. D. JORDANOV i 90g. — Sofia: B'lgarsko bot. družestvo

USUNOVA, KR.; PALAMAREV, E., 1982: Izledvane na listnija epidermis na balkanskite predstaviteli n semejstvo Fagaceae DUMORT. I. *Castanea* MILL. i *Fagus* L. — In: Fitologija. — Sofia **21** (1982). — S. 13—26

USUNOVA, KR.; PALAMAREV, E., 1985: Izsledvane na listnija epidermis na balkanskite predstaviteli na sem. Fagaceae DUMORT. II. *Quercus* L. Podrodove *Scerophyllodris* SCHWARZ i *Cerris* (SPACH) OERST. In: Fitologiga. — Sofia **29** (1985). — S. 3—20

VAN BEUSEKOM, C. F., 1971: Revision of *Meliosma* (Sabiaceae), Section *Lorenzanea* excepted, living and fossil, Geography and Phylogeny. — In: Blumea. — Leiden **19** (1971) 3. — S. 355 bis 529

VAN DEN BURGH, J., 1978: The Pliocene Flora of Fortuna-Garsdorf. I. Fruits and seeds of Angiosperms. — In: Rev. Palaeobot. & Palynol. — Amsterdam **26** (1978). — S. 173—211

VAN DER HAMMEN, T., 1951: A contribution to the Palaeobotany of the Tiglian. — In: Geol. en Mijnbouw, N. S. — Den Haag **13** (1951) 7. — S. 242—250

VAN DER HAMMEN, T.; WIJMSTRA, T. A.; ZAGWIJN, W. H., 1971: The floral record of the late Cainozoic in Europe. — In: The late Cainozoic Glacial ages/ed. by K. K. TUREKIAN. — New Haven; London: Yale Univ. Press. — S. 391—424

VAN DER VLERK, I. M.; FLORSCHÜTZ, F., 1953: The palaeontological Base of the Subdivision of the Pleistocene in the Netherlands. — In: Verh. kon. nederl. Akad. Wet., Afd. Natur. — Amsterdam **20** (1953) 2. — S. 1—58

VAN STEENIS, C. G. G. J., 1934: On the origin of the Malaysian mountain flora. Part 1. — In: Bull. Jard. bot. Buitenz., ser. 3. — Buitenzorg/Java **13** (1934). — S. 135—262

VASILIEV, A. V., 1961: Botaničeskie putešestvija. Issledovanie servernoj granicy subtropikov Kitaja. Vertikal'noe rasprostranenie derev'ev i kustarnikov na chrebte Dabažan'. — In: Bot. Ž. — Moskva—Leningrad **46** (1961) 9. — S. 1373—1381

VASILIEV, V. N., 1949: Hydrocaryaceae. — In: Flora SSSR, XV. — Leningrad: Izd. Akad. Nauk SSSR. — S. 637—662

—, 1952: Novye iskopaemye vidy *Trapa* L. — In: Bot. Ž. — Moskva—Leningrad **37** (1952) 2. — S. 226—230

VASSKOVSKIJ, A. P., 1954: Ostatki chvojnych četvertičnogo vozrasta na Severo-Vostoke SSSR. — In: Mater. geol. i poleznym iskop. Sev.-Vost. SSSR. — Magadan **8** (1954). — S. 82—95

VELITZELOS, E.; GREGOR, H.-J.; JÄHNICHEN, H., 1983: Fossile Vertreter der Roßkastanie (*Aesculus* LINNÉ) in der untermiozänen Flora von Kumi (Euböa, Griechenland). — In: Documenta natura. — München **14** (1983). — S. 1—23

VENT, W., 1955: Über die Flora des Riß-Würm-Interglazials in Mitteldeutschland unter besonderer Berücksichtigung der Ilmtaltravertine von Weimar-Ehringsdorf. — In: Wiss. Z. Fr.-Schiller-Univ. Math.-naturwiss. R. — Jena **4** (1955) 4/5. — S. 467—485

—, 1962: Monographie der Gattung *Oreoherzogia* W. VENT gen. nov. — In: Feddes Repert. — Berlin **65** (1962) 1—2. — S. 3—132

—, 1974: Die Flora der Ilmtravertine von Weimar-Ehringsdorf. — In: Abh. zentr. geol. Inst. — Berlin 21 (1974). — S. 259—321

VIDAL, I., 1958: Conditions écologiques, groupements végétaux et flore de Laos. — In: Bull. Soc. bot. Franç. Mém. — Paris (1958). — S. 3—41

VIVIANI, V., 1833: Lettre à M. Pareto sur les restes de Plantes fossiles trouvés dans les gypses tertiaires de la Stradella près Pavie. — In: Mém. Soc. géol. France, 1er part, VII. — Paris **1** (1831). — S. 129—134

VODIČKOVA-KNEBLOVÁ, V., 1961: Entwicklung der Vegetation im Elster-Saale-Interglazial im Suchá-Stonava-Gebiet (Ostrava-Gebiet). — In: Anthropozoikum. — Praha **9** (1961). — S. 129—174

VOZNJAČUK, L. N., 1961: Otloženija poslednego mežlednikov'ja na territorii Belorussii. — In: Materialy po antropogenu Belorussii. — Minsk: Akad. Nauk Beloruss. SSR. — S. 159—217

WALTER, H., 1964—1968: Die Vegetation der Erde in öko-physiologischer Betrachtung. — Jena: VEB G. Fischer-Verl.
Bd. 1. Die tropischen und subtropischen Zonen, 2. veränd. u. erw. Aufl. — 1964. — 538 S.
Bd. 2. Die gemäßigten und arktischen Zonen. — 1968. — 1001 S.

—, 1974: Die Vegetation Osteuropas, Nord- und Zentralasiens. — Stuttgart: G. Fischer-Verl. — 452 S. — (Vegetationsmonographien der einzelnen Großräume; 7)

WALTER, H.; LIETH, H., 1967: Klimadiagramm — Weltatlas. — Jena: VEB G. Fischer-Verl.

WALTHER, H., 1964: Paläobotanische Untersuchungen im Tertiär von Seifhennersdorf. — In: Jahrb. staatl. Mus. Mineral. u. Geol. Dresden. — Dresden (1964). — 131 S.

—, 1970: Die Gattung *Hedera* L. im Tertiär von Salzhausen. — In: Abh. staatl. Mus. Mineral. u. Geol. Dresden. — Dresden 16 (1970) — S. 211—234

—, 1972: Studien über tertiäre Acer Mitteleuropas. — In: Abh. staatl. Mus. Mineral. u. Geol. Dresden. — Dresden 19 (1972). — S. 1—309

—, 1979: Über den Informationsgehalt tertiärer Blattfossilien. — In: Fundgrube. — Berlin **15** (1979) 3—4. — S. 83—99

WALTHER, H.; STUCHLIK, L., 1982: Ergebnisse einer botanischen Sammelexpedition in Indien 1976. — In: Abh. staatl. Mus. Mineral. u. Geol. Dresden. — Leipzig 31 (1982). — S. 75—132

WANG, C.-W., 1961: The forests of China with a survey of grassland and desert vegetation. — Cambridge (Mass.). — 313 S. — (Maria Moors Cabot Foundation Publ.; 5)

WATELET, A., 1866: Description des Plantes Fossiles du Bassin de Paris. — Paris: Ballière. — 264 S.

WATTS, W. A., 1959: Interglacial deposits at Kilbeg and Newtown, Co. Waterford. — In: Proc. roy. Irish Acad., Sect. B. — Dublin **60** (1959) 2. — S. 79—134

—, 1964: Interglacial deposits at Baggotstown, near Bruff, Co. Limerick. — In: Proc. roy. Irish Acad., Sect. B. — Dublin **63** (1964) 9. — S. 167—189

WEBER, C. A., 1893: Über die diluviale Vegetation von Klinge und über ihre Herkunft. — In: Engler's bot. Jahrb. System. — Leipzig **17** (1893), Beibl. 40. — S. 1—20

—, 1898: Über eine omorikaartige Fichte aus einer dem älteren Quartär Sachsens angehörendem Moorbildung. — In: Engler's bot. Jahrb. System. etc. — Leipzig **23** (1898). — S. 510—540

—, 1914: Die Mammutflora von Borna. — In: Abh. naturwiss. Ver. — Bremen **23** (1914). — S. 1—69

—, 1917: Die Pflanzenwelt des Rabutzer Beckentons und ihre Entwicklung unter Bezugnahme auf Klima und geologische Vorgänge. — In: Engler's bot. Jahrb. System. etc. — Leipzig **54** (1917) 5. — S. 3—50

WEBER, H., 1955: Einführung in die Geologie Thüringens. — Berlin: Dt. Verl. Wiss.

WEBER, H. A., 1919: Über spät- und postglaciale lakustrine und fluviatile Ablagerungen in der Wyhramündung bei Löbstädt und Borna und die Chronologie der Postglacialzeit Mitteleuropas. — In: Abh. naturwiss. Ver. — Bremen **24** (1919). — S. 189—268

WEBER, O., 1852: Die Tertiärflora der niederrheinischen Braunkohlenformation. — In: Palaeontographica. — Cassel **2** (1852). — S. 117—236

WELICZKIEWICZ, F. JU., 1973a: Antropogenovye semennye flory Belorussii i smežnych oblastej. — Minsk: Nauka i technika. — 234 S.

—, 1973b: Novye dannye o flore d. Doroševiči na r. Pripjati. — In: Materialy po paleogeografija i geochimii antropogena Belorussii. — Minsk: Nauka i technika. — S. 38—47

—, 1974: Flora razreza Snajgupele bliz g. Druškininkai. — In: Dokl. Akad. Nauk Beloruss. SSR. — Minsk **18** (1974) 6. — S. 549—552

—, 1975: Novye dannye o flore d. Dvoretz na Dnepre. — In: Stratigrafija i Paleogeografija Antropogena. — Minsk: Nauka i technika. — S. 110—133

—, 1977: O verchnepliocenovych i nižneantropogenovych florach zapada Vostočno-Evropejskoj ravniny. — In: O granice meždu neogenom i antropogenom. — Minsk: Nauka i technika. — S. 251—269

—, 1979: Istorija plejstocenovoi flory srednej polosy Vostočno-

Evropejskoj ravniny. — In: Sovetskaja paleokarpologija (itogi i perspektivy). — Moskva: Nauka. — S. 76—121

WESSEL, P.; WEBER, O., 1856: Neuer Beitrag zur Kenntnis der Tertiärflora der Niederrheinischen Braunkohlenformation. — In: Palaeontographica. — Cassel **4** (1856). — S. 111—168

WEST, R. G.; WILSON, G. D., 1968: Plant remains from the Corton Beds of Lowestoft, Suffolk. — In: Geol. Mag. — London **105** (1968) 2. — S. 116—123

WEYLAND, H., 1934: Beiträge zur Kenntnis der rheinischen Tertiärflora. I. Floren aus den Kieseloolith- und Braunkohlenschichten der niederrheinischen Bucht. — In: Abh. preuß. geol. Landesanst., N. F. — Berlin 161 (1934). — S. 1—122

—, 1940: Beiträge zur Kenntnis der rheinischen Tertiärflora. IV. Die Flora der „liegenden tonigen und quarzigen Schichten" des Siebengebirges. — In: Palaeontographica, B. — Stuttgart **84** (1940). — S. 103—116

—, 1941: Beiträge zur Kenntnis der rheinischen Tertiärflora. V. Dritte Ergänzungen und Berichtigungen zur Flora der Blätterkohle und des Polierschiefers von Rott im Siebengebirge. — In: Palaeontographica, B. — Stuttgart **86** (1941). — S. 79—112

—, 1943: Beiträge zur Kenntnis der rheinischen Tertiärflora. VI. Vierte Ergänzungen und Berichtigungen zur Flora der Blätterkohle und die Polierschiefers von Rott im Siebengebirge. — In: Palaeontographica, B. — Stuttgart **87** (1943). — S. 96—136

—, 1948: Beiträge zur Kenntnis der rheinischen Tertiärflora. VII. Fünfte Ergänzungen und Berichtigungen zur Flora der Blätterkohle und des Polierschiefers von Rott im Siebengebirge. — In: Palaeontographica, B. — Stuttgart **88** (1948). — S. 113—188

—, 1957: Kritische Untersuchungen zur Kutikularanalyse tertiärer Blätter. III. Monokotylen der rheinischen Braunkohle. — In: Palaeontographica, B. — Stuttgart **103** (1957). — S. 34—74

WEYLAND, H.; KILPPER, K., 1963: Kritische Untersuchungen zur Kutikularanalyse tertiärer Blätter. VI. Dikotyledonen aus der rheinischen Braunkohle. — In: Palaeontographica, B. — Stuttgart **113** (1963). — S. 93—116

WEYLAND, H.; KILPPER, K.; BEHRENDT, W., 1966: Die Stacheln tragende Palme der niederrheinischen Braunkohle. — In: Palaeontographica, B. — Stuttgart **118** (1966). — S. 74—92

WEYLAND, H.; KILPPER, K.; BEHRENDT, W., 1977: Kritische Untersuchungen zur Kutikularanalyse tertiärer Blätter. VII. Nachträge zu früheren Arbeiten über Epidermen aus der niederrheinischen Braunkohle und neue Arten. — In: Palaeontographica, B. — Stuttgart **120** (1977). — S. 151—168

WILLIS, I. C., 1973: A Dictionary of the Flowering Plants & Ferns, 8. Ed. — Cambridge: Univ. Press

WILSON, B. D., 1973: Notable Plant Records from the Cromer Forest Bed Series. — In: New Phytologist. — **72** (1973). — S. 1207 bis 1234

WINKLER, H., 1904: Betulaceae. — In: Das Pflanzenreich. Regni vegetabilis conspectus/hrsg. von A. ENGLER. — H. 19 (IV, 61). — Leipzig: Verl. W. Engelmann. — S. 1—149

WOJCIECHOWSKA, B., 1961a: Morfologiczne i anatomiczne cechy owoców środkowoeuropejskich gatunków rodzaju *Prunella* L. z rodziny Labiatae. — In: Monogr. Bot. — Warszawa **12** (1961). — S. 49—75

—, 1961b: Morfologiczne i anatomiczne cechy owoców środkowoeuropejskich gatunków niektorych rodzajów podrodziny Stachyoideae z rodziny Labiatae. — In: Monogr. Bot. — Warszawa **12** (1961). — S. 89—109

WOLFE, J. A., 1978: A paleobotanical interpretation of Tertiary climates in the Northern Hemisphere. — In: Amer. Sci. — New Haven **66** (1978) 6. — S. 694—703

WOLFE, J. A.; TANAI, T., 1980: The Miocene Seldovia Point flora from the Kenai Group, Alaska. — In: U. S. Geol. Surv., Prof. Pap. — Washington 1105 (1980). — S. 1—49

WÜST, E., 1900: Das Pliozän und das älteste Pleistozän Thüringens nördlich vom Thüringer Walde und westlich von der Saale. — In: Abh. naturforsch. Gesellsch. — Halle **23** (1900). — S. 17 bis 368

ZABŁOCKI, J., 1930: Tertiäre Pflanzen des Salzlagers von Wieliczka. I.—II. — In: Acta Soc. bot. Pol. — Warszawa **5** (1930) 2. — S. 174—208; **7** (1930) 2. — S. 139—150

—, 1935: Dotychczasowe wyniki badań nad trzeciorzędowa flora Chłapowa na Pomorzu. — In: Streszczenie referatów wygt. zjeźd. polsk. Tow. Bot. w. Krakowie. — Kraków. — S. 14—16

—, 1960: *Pinus króli*, nowy gatunek sosny trzeciorzędowej z pokładów soli Kamiennej w Wieliczce (*Pinus króli*, a new species of fossil pine from tertiary salt deposits in Wieliczka). — In: Studia Soc. Sci. Torunensis, sect. D (Bot.). Toruń **4** (1960) 4. — S. 43—48

ZAGWIJN, W. H., 1959: Zur stratigraphischen und pollenanalytischen Gliederung der pliozänen Ablagerungen im Roertal-Graben und Venloer Graben der Niederlande. — In: Fortschr. Geol. Rheinld. u. Westfl. — Krefeld **4** (1959). — S. 5—26

—, 1963: Pollen-analytic investigations in the Tiglian of the Netherlands. — In: Meded. geol. Sticht., N. S. — Utrecht **16** (1963). — S. 49—71

—, 1975: Variations in climate as shown by pollen analysis, especially in the Lower Pleistocene of Europe. — In: Ice Ages. Ancient and Modern/ed. by WRIGHT; MOSELEY. — Liverpool: Seel House Press. — S. 137—152

—, 1978: A macroflora of Holsteinian age from the northern part of the Netherlands. — In: Rev. Palaeobot. & Palynol. — Amsterdam **26** (1978) 1—4. — S. 243—248

ZALEWSKA, S., 1959: Coniferae: Taxodiaceae. — In: Flora kopalna Turowa koło Bogatyni. — In: Prace Mus. Ziemi. — Warszawa **3** (1959). — S. 65—128

ZASTAWNIAK, E., 1972: Plioceńska flora liściowa z Domańskiego Wierchu koło Czarnego Dunajca (Karpaty Zachodnie) [Pliocene leaf flora from Domański Wierch near Czarny Dunajec (western Carpathians, Poland)]. — In: Acta Palaeobot. — Kraków **13** (1972) 1. — S. 1—73

ŽILIN (ZHILIN), S. G., 1974: Tretičnye flory Ustjurta. — Leningrad: Nauka. — 122 S.

—, 1982: *Carpinus exiana* ZHIL. sp. nov. — In: Iskopaemye cvetkovye rastenija SSSR, Bd. 2/hrsg. von A. L. TAKHTAJAN (Red.). — Leningrad: Nauka. — S. 164—165

ZIMMERMANN, E., 1898: Blatt Plaue. — In: Erl. geol. Spezialkt. Preußen u. benachb. thür. Staaten. — Berlin: Preuß. geol. Landesanst.

ZINNDORF, J., 1901: Ein Beitrag zur geologischen und paläontologischen Kenntnis der Cyrenenmergelschichten im nordöstlichen Teil des Mainzer Beckens. — In: Jahresber. Ver. Naturkd. — Offenbach **42** (1901)

Nachtrag:

BŮŽEK, Č.; KVAČEK, Z.; HOLÝ, F., 1985: Late Pliocene palaeoenvironment and correlation of the Vildštejn floristic complex within Central Europe. — In: Rozpr. českoslov. Akad. věd, ř. matem. přírod. — Praha **95** (1985) 7. — S. 1—72

DOROFEEV, P. I., 1986: Iskopaemye *Potamogeton* (posobije dlja opredelenija iskopaemych plodov). — Leningrad: Nauka. — 134 S.

FRIIS, E. M., 1985: Angiosperm Fruits and Seeds from the Middle Miocene of Jutland (Denmark). — In: Kong. Dansk. Videnskab. Selskab, Biol. Skrifter. — København **24** (1985) 3. — S. 1—165

JAKUBOVSKAJA, T. V., 1984: Očerk neogena i rannego antropogena Poneman'ja (po paleokarpologičeskim issledovanijam). — Minsk: Nauka i technika. — 160 S.

KNOBLOCH, E., 1986a: Megasporen der Gattung *Selaginella* BEAUV. aus dem Neogen von Mähren und der Slowakei. — In: Čas. mineral. a geol. — Praha **31** (1986) 2. — S. 113—124

—, 1986b: *Carpinus parvifolia* (ETTINGSHAUSEN 1852) comb. nova. — In: Documenta naturae. — München **32** (1986). — S. 27—28

KOVAR, J.; GREGOR, H.-J., 1984: Eine neue ober-pliozäne *Trapa*-Art aus den Willershausener Seeablagerungen (Niedersachsen, BRD). — In: Ann. naturhist. Mus. Wien, A. — Wien **86** (1984). — S. 63—70

NEGRU, A. G., 1986: Meotičeskaja flora severo-zapadnogo Pričernomor'ja. — Kišinev: Izd. Schtiinca. — 195 S.

WELICZKIEWICZ, F. JU., 1982: Plejstocenovye flory lednikovych oblastej Vostočno-Evropejskoj ravniny. — Minsk: Nauka i technika. — 239 S.

Diese Schriften erhielten wir nach Abschluß des Manuskripts. Sie konnten nur teilweise in den Text eingearbeitet werden.

Anschriften der Autoren

Dr. sc. nat. DIETER HANS MAI, Museum für Naturkunde der Humboldt-Universität zu Berlin, Bereich Botanik und Arboretum, Späthstraße 80/81, Berlin, 1195, DDR

MuR Dr. sc. nat. HARALD WALTHER, Staatliches Museum für Mineralogie und Geologie zu Dresden, Augustusstraße 2, Dresden, 8010, DDR

Tafelerläuterungen

TAFEL I

Fig. 1—3. *Salvinia miocenica* DOROFEEV
Megasporen aus Gerstungen (6693); 45fach

Fig. 4. *Salvinia rhenana* KEMPF
Megaspore aus Rippersroda (651 b; „*Salvinia intermedia* NIKITIN" bei MAI u. a. 1963, t. I, f. 9); 40fach

Fig. 5—7. *Salvinia tuberculata* NIKITIN
Megasporen aus Rippersroda (651; MAI u. a. 1963, t. I, f. 6—8); 40fach

Fig. 8—10. *Salvinia cerebrata* NIKITIN
Megasporen aus Nordhausen (4940); Fig. 8, 9 = 40fach, Fig. 10 = 60fach

Fig. 11—13. *Azolla filiculoides* LAM. *fossilis*
Megasporangien aus Nordhausen, teilweise mit anhaftenden Massulae (4872); 40fach

Fig. 14, 15. *Azolla tegeliensis* FLORSCHÜTZ
Megasporangien aus Kranichfeld (6738); 50fach

Fig. 16—18. *Selaginella pliocenica* DOROFEEV
Megasporen verschiedener Größe aus Berga (5526); 40fach

Fig. 19, 20. *Abies resinosa* MAI
Samen in jeweils zwei Ansichten aus Berga (5622); 6,5fach

Fig. 21—28. *Abies* spec. indet.
Fig. 21—25. Nadelspitzen von abaxial und adaxial aus Berga (5497); 10fach
Fig. 26—28. Nadelbasen von abaxial und adaxial aus Berga (5497); 10fach

Fig. 29. *Cathaya loehrii* (GEYL. et KINK.) FLORIN
Bruchstück eines Zapfens. Mittlere Schuppe mit deutlich sichtbarer Deckschuppe — Berga (5496); 2fach

Fig. 30—33. *Cathaya abchasica* SVESHNIKOVA
Verschiedene Nadelbruchstücke von abaxial oder adaxial aus Berga (5499); 10fach

TAFEL II

Fig. 1—5. *Picea abies* (L.) KARST. *fossilis*
Fig. 1. Zweigstück mit rundlicher Blattknospe und Blattkissen — Gerstungen (6679); 6,5fach
Fig. 2—4. Verschiedene Nadelblätter aus Gerstungen (6679); 10fach
Fig. 5. Basale Nadelstücke von beiden Seiten aus Kranichfeld (MAI 1965, t. IV, f. 1); 10fach

Fig. 6—11. *Picea omoricoides* C. A. WEBER
Fig. 6, 7. Zapfen verschiedener Größe aus Gerstungen (6694); 2fach
Fig. 8—10. Verschieden große Nadelblätter aus Gerstungen (6680); 10fach
Fig. 11. Nadelblatt von abaxial und adaxial aus Kranichfeld (MAI 1965, t. III, f. 2); 10fach

Fig. 12—20. *Picea rotunde-squamosa* (LUDWIG) MAI
Fig. 12. Zweigstück mit Blattkissen aus Berga (5498); 10fach
Fig. 13, 14. Spitzen von Nadelblättern aus Berga (5498); 10fach
Fig. 15, 16. Nadelbasen aus Berga (5498); 10fach
Fig. 17, 18. Fast vollständig erhaltene Nadelblätter aus Berga (5498); 10fach
Fig. 19, 20. Bruchstücke von Nadelblättern von Spitze und Basis aus Kaltensundheim (Ka 9734); 10fach

Fig. 21—24. *Pseudolarix schmidtgenii* KRÄUSEL
Fig. 21, 22. Gut erhaltene Zapfenschuppen aus Gerstungen (6688); 2fach
Fig. 23, 24. Verlängerte Kurztriebe aus Gerstungen (6688); 6,5fach

Fig. 25, 26. *Pinus* cf. *palaeostrobus* ETTINGSHAUSEN
Nadelbasen mit fünf glattrandigen Nadelblättern aus Gerstungen (6681); 10fach

Fig. 27—30. *Pinus* cf. *saturni* UNGER
Fig. 27—29. Nadelbasen mit drei Nadelblättern aus Gerstungen (6678); 10fach
Fig. 30. Nadelbasis aus Kranichfeld (MAI 1965, t. III, f. 12); 10fach

Fig. 31—33. *Tsuga moenana* KIRCHHEIMER
Fig. 31. Zapfen aus Gerstungen (6724); 2fach
Fig. 32, 33. Kleine Samen ohne Flügel, aus Zapfen isoliert — Gerstungen (6724); 10fach

Fig. 34, 35. *Tsuga* spec. (Sect. *Tsuga*)
Bruchstücke von Basen der Nadelblätter aus Berga (5499 b); 10fach

TAFEL III

Fig. 1, 2. *Pinus peuce* GRISEB. *fossilis*
Terminale Zapfenteile von beiden Seiten aus Gerstungen (6700); 2fach

Fig. 3—6. *Pinus spinosa* HERBST
Fig. 3. Kleineres Zapfenstück mit deutlich gekrümmten Umbonen aus Kranichfeld (Lectotypus; MAI 1965, t. III; f. 3); 2fach
Fig. 4—6. Größere Zapfen aus Kranichfeld (MAI 1965, t. III, f. 4—6); 2fach

Fig. 7, 8. *Pinus pseudostrobus* BRONGNIART
Fig. 7. Männliches Blütenkätzchen mit wenigen basalen Schuppen und entblößten Antheren aus Gerstungen (6678 b); 10fach
Fig. 8. Männliches Kätzchen, Basalteil, zu *Pinus spinosa* HERBST gehörig — Kranichfeld (MAI 1965, t. III, f. 9); 10fach

TAFEL IV

Fig. 1. *Cathaya abchasica* SVESHNIKOVA
Stomatastreifen auf der Blattunterseite — Berga (5499); 250fach
Fig. 2. *Picea omoricoides* C. A. WEBER
Stomatastreifen der Blattunterseite — Rippersroda (813b); 250fach
Fig. 3. *Pinus* cf. *palaeostrobus* ETTINGSHAUSEN
Stomatastreifen der Blattunterseite — Rippersroda (1148); 250fach
Fig. 4—6. *Pinus* cf. *saturni* UNGER
Fig. 4. Nadelblattoberseite mit dichten Stomatastreifen — Kranichfeld (MAI 1965, t. III, f. 14); 25fach
Fig. 5. Stomatastreifen der Blattoberseite — Kranichfeld (MfN, Berlin); 250fach
Fig. 6. Detail der Spaltöffnungs-Apparate — Kranichfeld (MAI 1965, t. III, f. 16); 350fach

TAFEL V

Fig. 1. *Tsuga* Sect. *Tsuga*
Epidermis des Nadelblattes mit gut erhaltenen Stomata-Apparaten — Gerstungen (6698); 250fach
Fig. 2. *Pinus* spec. (Subgenus *Diploxylon* KOEHNE)
Schlecht erhaltene Epidermis mit tief eingesenkten Stomata — Rippersroda (1149); 250fach
Fig. 3. *Sequoia abietina* (BRONGN.) KNOBLOCH
Zellen und Stomata aus der mittleren Streckungswachstumszone — Gerstungen (6734); 250fach
Fig. 4—7. *Cryptomeria rhenana* KILPPER
Fig. 4, 5. Kleinere Nadeln, abaxial und adaxial — Kranichfeld (MfN, Berlin); 15fach
Fig. 6, 7. Breite Nadeln von einem Langtrieb oder von der Basis der Zapfen — Kranichfeld (MfN, Berlin); 10fach
Fig. 8, 9. *Cunnighamia* cf. *miocenica* ETTINGSHAUSEN
Spitzen von Nadelblättern von abaxial und adaxial — Gerstungen (9711); 10fach
Fig. 10—12. *Cunnighamia minisperma* spec. nov.
Fig. 10. Samen von beiden Seiten, links mit deutlicher Hilarnarbe; Holotypus — Gerstungen (MMG, Dresden 9717a); 10fach
Fig. 11, 12. Weitere Samen von zwei Seiten aus Gerstungen (9717); 10fach
Fig. 13—19. *Sequoia abietina* (BRONGN.) KNOBLOCH
Fig. 13. Bruchstück eines Samenzapfens — Kranichfeld (MAI 1965, t. IV, f. 9); 6,5fach
Fig. 14. Zapfenschuppen von außen und innen — Kranichfeld (MAI 1965, t. IV, f. 10); 6,5fach
Fig. 15, 16. Geflügelte Samen aus Kranichfeld (MAI 1965, t. IV, f. 7, 8); 15fach
Fig. 17. Nadelblatt an der Achse ansitzend — Kranichfeld (MAI 1965, t. IV, f. 13); 15fach
Fig. 18, 19. Nadelblätter von abaxial und adaxial — Kranichfeld (MAI 1965, t. IV, f. 11, 12); 15fach

TAFEL VI

Fig. 1—3. *Sequoia abietina* (BRONGN.) KNOBLOCH
Fig. 1. Samen von beiden Seiten aus Gerstungen (6734); 15fach
Fig. 2, 3. Samen von beiden Seiten aus Berga (5493); 15fach
Fig. 4—9. *Glyptostrobus brevisiliquata* (LUDWIG) MAI
Fig. 4—8. Samen von verschiedener Form mit geringen Resten eines Flügels aus Gerstungen (6675); 10fach
Fig. 9. Samen mit Flügelrest aus Dorheim; Lectotypus (MfN, Berlin 964; Orig. zu „*Genista brevisiliquata*" LUDWIG 1857, t. XX, f. 18b; MAI 1973, t. I, f. 1); 10fach
Fig. 10, 11. *Glyptostrobus* cf. *europaeus* (BRONGN.) UNGER
Teile von Sprossen mit Endknospe oder Basis — Kranichfeld („*Juniperus* sp." MAI 1965, t. IV, f. 19—20); 15fach
Fig. 12—16. *Taxodium rossicum* DOROFEEV
Fig. 12, 13. Zapfenschuppen mit glatten Rändern und Mittelkante aus Berga (5492); 6,5fach
Fig. 14, 15. Verschieden große Samen aus Berga (5492); 6,5fach
Fig. 16. Samen von zwei Seiten aus Kaltensundheim (Ka 9733); 10fach
Fig. 17—20. *Taxodium dubium* (STERNBERG) HEER
Fig. 17. Samen aus Kranichfeld („*Taxodium dubium*" bei MAI 1965, t. IV, f. 2); 10fach
Fig. 18. Basalteil eines Kurztriebs aus Kranichfeld (MAI 1965, t. IV, f. 6); 15fach
Fig. 19. Bruchstück eines Langtriebs — Kranichfeld (MAI 1965, t. IV, f. 4); 15fach
Fig. 20. Spitze eines Nadelblatts — Kranichfeld (MAI 1965, t. IV, f. 3); 15fach
Fig. 21, 22. *Chamaecyparis obtusa* SIEB. et ZUCC. *fossilis*
Fig. 21. Basales Zweigstück aus Berga (5504); 10fach
Fig. 22. Terminales Zweigstück von beiden Seiten — Berga (5504); 10fach
Fig. 23. *Cephalotaxus multiserialis* (WEYLAND) MAI
Spitze eines Nadelblatts von abaxial und adaxial — Kranichfeld („*Taxus sp.*" MAI 1965, t. III, f. 1); 20fach

TAFEL VII

Fig. 1. *Osmunda heerii* GAUDIN, Berga, Bg 300
Fig. 2—7. *Taxodium dubium* (STBG.) HEER, Berga
Fig. 2. Kurztrieb, tonig-kohlige Fazies, Bg 253:1
Fig. 3. Kurztrieb, tonig-kohlige Fazies, Bg 246:1
Fig. 4, 5. Kurztrieb mit nur teilweise erhaltener Beblätterung, Bg 221, Fig. 5; 2fach
Fig. 6, 7. Kurztriebe, tonig-sandige Fazies, Bg 113, Bg 415:2
Fig. 8—11. *Glyptostrobus europaeus* (BRONGN.) UNGER
Fig. 8, 9. Steriler, verzweigter Trieb, tonig-kohlige Fazies, Bg 513, Fig. 9; 2fach

Fig. 10, 11. Epidermisstrukturen der Blattoberseite, in Apikalregion, Präp. MMG Dresden, Bg 169/84, (Bg 513:1); 400fach
Fig. 12. *Pterocarya paradisiaca* (UNGER) ILJINSKAJA, Fiederblatt, Bg 89

TAFEL VIII

Fig. 1, 2. *Alisma ovatum* DOROFEEV
Fig. 1. Frucht von beiden Seiten aus Berga (5542); 20fach
Fig. 2. Samen aus Berga (5542); 20fach
Fig. 3. *Baldellia ranunculoides* (L.) PARL. *fossilis* Frucht von beiden Seiten und von dorsal — Kaltensundheim (Ka 9746); 20fach
Fig. 4, 5. *Caldesia cylindrica* (E. M. REID) DOROFEEV
Früchte aus Rippersroda (667, „*Caldesia parnassifolia*“ bei MAI u. a. 1963, t. II, f. 11)
Fig. 6—8. *Luronium natans* (L.) RAFINISQUE *fossilis*
Fig. 6. Leitbündelnetz des Epikarps aus Rippersroda (666); 20fach
Fig. 7. Frucht von dorsal und ventral aus Rippersroda (666); 20fach
Fig. 8. Frucht, dehisziert, dorsal und seitlich — Berga (5630); 20fach
Fig. 9, 10. *Sagittaria sagittifolia* L. *fossilis*
Samen von beiden Seiten aus Nordhausen (4868); 20fach
Fig. 11—13. *Hydrocharis morsus-ranae* L. *fossilis*
Samen mit verschiedenartig abgeriebener Testaoberfläche aus Nordhausen (6830); 20fach
Fig. 14. *Stratiotes* spec.
Stachel vom Blattrand — Nordhausen (2835); 30fach
Fig. 15. *Scheuchzeria palaeopalustris* nov. spec.
Samen von beiden Seiten aus Gerstungen — Holotypus (6731, MMG, Dresden); 20fach
Fig. 16. *Najas flexilis* (WILLD.) ROSTK. et SCHMIDT
Blättchen mit Randbezahnung aus Rippersroda (816, MAI u. a. 1963, t. III, f. 10); 50fach
Fig. 17. *Najas* cf. *foveolata* A. BRAUN *fossilis*
Samenbruchstück aus Rippersroda (662); 20fach
Fig. 18—22. *Najas lanceolata* C. et E. M. REID
Fig. 18—20. Samen verschiedener Form aus Berga (5527); 20fach
Fig. 21. Samen aus Rippersroda (688, „*Berberis vulgaris*“ bei MAI u. a. 1963, t. II, f. 14); 20fach
Fig. 22. Weiterer Samen aus Rippersroda (663); 20fach
Fig. 23—25. *Najas marina* L. *fossilis*
Samen verschiedener Größe aus Berga (5528); 20fach
Fig. 26. *Monochoria striatella* MAI
Samen aus Kranichfeld (6739); 40fach
Fig. 27. *Spirematospermum wetzleri* (HEER) CHANDLER
Bruchstück eines Samens von innen und außen — Nordhausen (4937); 20fach

TAFEL IX

Fig. 1, 2. *Potamogeton acutifolius* LINK *fossilis*
Steinkerne aus Nordhausen (2833); 20fach
Fig. 3. *Potamogeton borysthenicus* DOROFEEV
Steinkern aus Rippersroda (655, „*P. trichoides*“ bei MAI u. a. 1963, t. II, f. 3); 20fach
Fig. 4. *Potamogeton bashkiricus* DOROFEEV
Steinkern von beiden Seiten aus Gerstungen (6733); 20fach
Fig. 5—7. *Potamogeton cholmechensis* DOROFEEV
Steinkerne von beiden Seiten aus Berga (5535); 20fach
Fig. 8—10. *Potamogeton elegans* NEGRU
Steinkerne verschiedener Form und Größe aus Berga (5532); 20fach
Fig. 11—14. *Potamogeton filiformoides* nov. spec.
Fig. 11. Steinkern aus Rippersroda — Holotypus (803, Orig. zu „*P. pectinatus*“ bei MAI u. a. 1963, t. II, f. 6); 20fach
Fig. 12. Weiterer Steinkern aus Rippersroda (803); 20fach
Fig. 13. Steinkern aus Kaltensundheim (Ka 9927); 20fach
Fig. 14. Weiteres Exemplar aus Kaltensundheim (Ka 9747); 20fach
Fig. 15. *Potamogeton natans* L. *fossilis*
Steinkern von beiden Seiten aus Berga (5533); 20fach
Fig. 16—20. *Potamogeton polymorphus* DOROFEEV
Fig. 16, 17. Steinkerne von zwei Seiten aus Berga (5532, 5531); 20fach
Fig. 18—20. Steinkerne verschiedener Form aus Rippersroda (657, „*P. acutifolius*“ bei MAI u. a. 1963, t. II, f. 7, 8); 20fach

TAFEL X

Fig. 1—5. *Potamogeton neptunii* nov. spec.
Fig. 1. Steinkern aus Rippersroda — Holotypus (660, Orig. zu „*P.* cf. *pulcher*“ bei MAI u. a. 1963, t. II, f. 5); 20fach
Fig. 2. Weiterer Steinkern vom gleichen Fundort (660, „*P.* cf. *pulcher*“ bei MAI 1963, t. II, f. 4); 20fach
Fig. 3. Steinkern aus Kaltensundheim (Ka 9723); 20fach
Fig. 4. Weiterer Steinkern aus Kaltensundheim (Ka 9726); 20fach
Fig. 5. Steinkern von beiden Seiten, etwas abradiert — Kaltensundheim (Ka 9924); 20fach
Fig. 6, 7. *Potamogeton pectinatus* L. *fossilis*
Steinkern aus Nordhausen (4855); 20fach

Fig. 8. *Potamogeton perfoliatus* L. *fossilis*
Steinkern von beiden Seiten aus Kaltensundheim (Ka 9925); 20fach

Fig. 9, 10. *Potamogeton perforatus* WELICZKIEWICZ
Steinkerne von beiden Seiten aus Berga (5534); 20fach

Fig. 11—13. *Potamogeton pusillus* L. *fossilis*
Steinkerne verschiedener Form aus Nordhausen (4875); 20fach

Fig. 14, 15. *Potamogeton tanaiticus* DOROFEEV
Steinkerne von beiden Seiten aus Kaltensundheim (Ka 9734, Ka 9920); 20fach

Fig. 16, 17. *Zannichellia pedicellata* (WAHLENB. et ROSEN) FRIES *fossilis*
Steinkerne aus Nordhausen (4936); 20fach

TAFEL XI

Fig. 1. *Carex acutiformis* EHRH. *fossilis*
Frucht aus Kaltensundheim von beiden Seiten (Ka 9926); 20fach

Fig. 2—6. *Carex binervis* SMITH *fossilis*
Fig. 2—4. Früchte von beiden Seiten aus Gerstungen (6708); 20fach
Fig. 5, 6. Früchte von beiden Seiten aus Berga (5601 c); 20fach

Fig. 7—9. *Carex carpophora* nov. spec.
Fig. 7. Frucht von zwei Seiten — Holotypus; Berga (5598); 20fach
Fig. 8, 9. Weitere Früchte von beiden Seiten aus Berga (5598); 20fach

Fig. 10, 11. *Carex flagellata* C. et E. M. REID
Fig. 10. Frucht von zwei Seiten aus Berga (5597); 20fach
Fig. 11. Frucht aus Kranichfeld (MAI 1965, t. IV, f. 30); 20fach

Fig. 12, 13. *Carex flavaeformis* ŁAŃCUCKA-ŚRODOŃIOWA
Früchte von beiden Seiten aus Kaltensundheim (Ka 9733, 9734); 20fach

Fig. 14. *Carex gothanii* nov. spec.
Frucht von zwei Seiten — Holotypus; Kranichfeld (Original zu „*Carex* cf. *flava*“ bei MAI 1965, t. V, f. 5); 20fach

Fig. 15, 16. *Carex laevigata* SMITH *fossilis*
Früchte aus Berga (5600 b); 20fach

Fig. 17—19. *Carex pilulifera* L. *fossilis*
Früchte aus Berga (5600 c); 20fach

Fig. 20—25. *Carex pseudocyperus* L. *fossilis*
Fig. 20—22. Utriculi, terminal abgebrochen, aus Nordhausen (4928); 20fach
Fig. 23—25. Früchte aus Nordhausen (4928); 20fach

Fig. 26. *Carex riparia* CURTIS *fossilis*
Frucht aus Kranichfeld (MAI 1965, t. IV, f. 29); 20fach

Fig. 27—30. *Carex rostrata* STOKES *fossilis*
Fig. 27—29. Früchte von beiden Seiten aus Gerstungen (6684); 20fach
Fig. 30. Utriculus von beiden Seiten aus Gerstungen (6684); 20fach

TAFEL XII

Fig. 1—6. *Carex caespitosa* L. *fossilis*
Fig. 1—3. Früchte, teilweise von Resten der Utriculi umhüllt — Kaltensundheim (Ka 9747); 20fach
Fig. 4, 5. Früchte von beiden Seiten aus Kranichfeld („*Carex canescens*“ bei MAI 1965, t. IV, f. 24, 25); 20fach
Fig. 6. Frucht von beiden Seiten aus Rippersroda (805, „*C. vulpina*“ bei MAI u. a. 1963, t. II, f. 17); 20fach

Fig. 7—10. *Carex elongatoides* ŁAŃCUCKA-ŚRODOŃIOWA
Fig. 7—9. Früchte aus Kranichfeld, teilweise mit Resten des Utriculus („*C.* cf. *elongata*“ bei MAI 1965, t. V, f. 2—4); 20fach
Fig. 10. Utriculus von beiden Seiten aus Kranichfeld („*C. canescens*“ bei MAI 1965, t. IV, f. 23); 20fach

Fig. 11, 12. *Carex helmensis* nov. spec.
Fig. 11. Frucht von beiden Seiten — Holotypus; Berga (5602); 20fach
Fig. 12. Weitere Frucht vom gleichen Fundort (5602); 20fach

Fig. 13, 14. *Carex nigra* (L.) REICHARD *fossilis*
Früchte von beiden Seiten aus Kaltensundheim (Ka 9732); 20fach

Fig. 15—17. *Carex paucifloroides* WELICZKIEWICZ
Fig. 15, 16. Früchte von beiden Seiten aus Nordhausen (2831 c); 20fach
Fig. 17. Frucht aus Berga (5606); 20fach

Fig. 18, 19. *Carex ungeri* nov. spec.
Fig. 18. Frucht von beiden Seiten — Holotypus; Rippersroda (1135, „*C. elongata*“ bei MAI u. a. 1963, t. II, f. 18); 20fach
Fig. 19. Utriculus und Frucht von beiden Seiten aus Rippersroda (1135); 20fach

Fig. 20. *Carex praehirta* nov. spec.
Frucht aus Rippersroda — Holotypus (1145, „*C. riparia*“ bei MAI u. a. 1963, t. II, f. 23); 20fach

Fig. 21—24. *Carex szaferi* DOROFEEV
Fig. 21, 22. Früchte von zwei Seiten aus Gerstungen (6710); 20fach
Fig. 23, 24. Früchte von zwei Seiten aus Berga (5590); 20fach

Fig. 25—27. *Carex strigosoides* ŁAŃCUCKA-ŚRODOŃIOWA
Fig. 25, 26. Früchte von beiden Seiten aus Kranichfeld; 20fach
Fig. 27. Utriculus mit Frucht von beiden Seiten aus Kranichfeld (alles Originale zu „*C. acutiformis*“ bei MAI 1965, t. IV, f. 26—28); 20fach

TAFEL XIII

Fig. 1. *Acorellus distachyoformis* ŁAŃCUCKA-ŚRODOŃIOWA
Frucht von beiden Seiten aus Kaltensundheim (Ka 9747); 30fach

Fig. 2—4. *Caricoidea globosa* (C. et E. M. REID) MAI
Fig. 2. Frucht von außen und innen mit rundlichem Endokarp und basaler Hilargrube — Rüterberg (Pliozän) (5645); 20fach
Fig. 3, 4. Weitere Exemplare aus Rüterberg (5645); 20fach

Fig. 5—8. *Cladium palaeogiganteum* nov. spec.
Fig. 5. Nüßchen von beiden Seiten aus Gerstungen — Holotypus (6687); 20fach
Fig. 6. Weiteres Nüßchen (Endokarp) aus Gerstungen (6687); 20fach
Fig. 7, 8. Früchte mit mehr oder weniger gut erhaltenem Exokarp aus Gerstungen (6687); 20fach

Fig. 9—11. *Cladium mapanioides* nov. spec.
Fig. 9. Nüßchen von beiden Seiten aus Berga — Holotypus (5608); 20fach
Fig. 10, 11. Weitere Nüßchen, geöffnet, von beiden Seiten aus Berga (5608); 20fach

Fig. 12, 13. *Cyperus fuscus* L. *fossilis*
Früchte aus Kaltensundheim (Ka 9720); 40fach

Fig. 14, 15. *Dichostylis pliocenica* nov. spec.
Fig. 14. Frucht von beiden Seiten aus Kranichfeld — Holotypus (Orig. zu „*Eriophorum latifolium*" bei MAI 1965, t. V, f. 1); 20fach
Fig. 15. Frucht von beiden Seiten aus Berga (5607); 20fach

Fig. 16, 17. *Dichostylis protohamulosa* nov. spec.
Fig. 16. Frucht von beiden Seiten aus Rippersroda — Holotypus (1136, Orig. zu „*Eriophorum angustifolium*" bei MAI u. a. 1963, t. II, f. 16); 20fach
Fig. 17. Weitere Frucht aus Rippersroda (1136); 20fach

Fig. 18—21. *Eleocharis microstylosa* MAI
Früchte aus Rippersroda (673, Orig. zu MAI u. a. 1963, t. II, f. 24—26); 20fach

Fig. 22—25. *Eleocharis ovata* (ROTH) R. et SCH. *fossilis*
Früchte verschiedener Form aus Rippersroda (674); 20fach

Fig. 26, 27. *Juncellus serotinus* (ROTTB.) C. B. CLARKE *fossilis*
Früchte verschiedener Form aus Nordhausen (4930); 30fach

Fig. 28—32. *Dulichium arundinaceum* (L.) BRITT. *fossilis*
Früchte verschiedener Form und Größe aus Gerstungen (6689); 20fach

Fig. 33. *Schoenoplectus isolepioides* nov. spec.
Frucht aus Rippersroda — Holotypus (671, Orig. zu „*Isolepis fluitans*" bei MAI u. a. 1963, t. II, f. 28); 20fach

Fig. 34—37. *Schoenoplectus mucronatus* (L.) PALLA *fossilis*
Fig. 34. Frucht von beiden Seiten aus Berga (5605); 20fach
Fig. 35—37. Früchte aus Rippersroda (669); 20fach

Fig. 38. *Schoenoplectus lacustris* (L.) PALLA *fossilis*
Frucht von beiden Seiten aus Kaltensundheim (Ka 9732); 20fach

Fig. 39—42. *Scirpus sylvaticus* L. *fossilis*
Früchte von beiden Seiten aus Berga (5603); 40fach (Fig. 39 = 20fach)

Fig. 43—47. *Scirpus radicans* SCHKUHR *fossilis*
Fig. 43, 44. Frucht von beiden Seiten aus Berga (5603b); 40fach (Fig. 43 = 20fach)
Fig. 45. Frucht aus Rippersroda (677); 40fach
Fig. 46, 47. Früchte aus Nordhausen von beiden Seiten (4883); 40fach

TAFEL XIV

Fig. 1, 2. *Glyceria maxima* (HARTM.) HOLMBOE. *fossilis*
Karyopsen mit durchscheinender Testa, linealem Hilum und Resten des Perikarps aus Nordhausen (4927); 40fach

Fig. 3. *Epipremnum reniculum* (LUDWIG) KIRCHH.
Samen aus Rippersroda (1137, Orig. zu MAI u. a. 1963, t. IV, f. 18); 20fach

Fig. 4. *Epipremnum ornatum* REID et CHANDLER
Samen von beiden Seiten aus Nordhausen (4935); 20fach

Fig. 5. *Sparganium pulchellum* DOROFEEV
Steinkern von apikal und basal, verdrückt — Nordhausen (4933); 20fach

Fig. 6. *Sparganium emersum* REHM. *fossilis*
Steinkern aus Rippersroda (654, Orig. zu „*Sp. simplex* HUDS." bei MAI u. a. 1963, t. II, f. 2); 20fach

Fig. 7, 8. *Sparganium nanum* DOROFEEV
Steinkerne verschiedener Größe aus Kranichfeld (Orig. zu „*Sp. minimum* FRIES var. *minutissimum* NIKIT." bei MAI 1965, t. IV, f. 21, 22); 20fach

Fig. 9, 10. *Sparganium neglectum* BEEBY *fossilis*
Fig. 9. Steinkern von zwei Seiten aus Berga (5529); 20fach
Fig. 10. Steinkern von beiden Seiten aus Kaltensundheim (Ka 9732); 20fach

Fig. 11—18. *Lemna trisulca* L. *fossilis*
Fig. 11. Samen von beiden Seiten aus Kranichfeld (Orig. zu MAI 1965, t. V, f. 6); 30fach
Fig. 12. Samen von zwei Seiten aus Nordhausen (4841); 30fach
Fig. 13—15. Weitere Samen von der Seite aus Nordhausen (4841); 30fach
Fig. 16. Samen von basal (Chalaza) und terminal (Operculum) aus Nordhausen (4811); 30fach
Fig. 17, 18. Tegmen aus Samen — Nordhausen (4841); 30fach

Fig. 19, 20. *Lemna gibba* L. *fossilis*
Samen aus Rippersroda (680, Orig. zu MAI u. a. 1963, t. III, f. 1, 2); 30fach

Fig. 21, 22. *Typha hercynica* spec. nov.
Fig. 21. Samen von der Raphe-Seite; Holotypus — Nordhausen (4864); 40fach

Fig. 21a. Oberfläche der Testa von Fig. 21; 600fach (REM-Aufnahme IS MU 3)
Fig. 22. Weiterer Samen aus Nordhausen (4864); 40fach

Fig. 23—26. *Typha ovalis* DOROFEEV
Samen verschiedener Form und Größe aus Kranichfeld (6737); 40fach
Fig. 23a. Oberfläche der Testa von Fig. 23; 600fach (REM-Aufnahme IS MU 3)

Fig. 27—29. *Typha pliocenica* DOROFEEV
Fig. 27. Samen aus Rippersroda (798); 40fach
Fig. 27a. Oberfläche der Testa von Fig. 27; 600fach (REM-Aufnahme IS MU 3)
Fig. 28, 29. Samen aus Berga (5563); 40fach

Fig. 30, 31. *Typha hercynica* nov. spec.
Samen aus Kaltensundheim (Ka 9732); 40fach

Fig. 32. *Typha latifolia* L. *fossilis*
Samen aus Nordhausen (4864b); 40fach
Fig. 32a. Oberfläche der Testa von Fig. 32; 600fach (REM-Aufnahme IS MU 3)

TAFEL XV

Fig. 1—7. *Liriodendron geminata* KIRCHHEIMER
Fig. 1. Teil des geflügelten Karpells — Berga (5484); 12fach
Fig. 2. Paarling der Samen aus einem Karpell — Berga (5484); 12fach
Fig. 3, 4. Samen von ventral und dorsal — Berga (5484); 12fach
Fig. 5. Unterer Teil eines Karpells — Gerstungen (6683); 12fach
Fig. 6, 7. Samen aus Gerstungen (6683); 12fach

Fig. 8a, b. *Saururus bilobatus* (NIKITIN) MAI
Samen, dehisziert und etwas abgerieben, von beiden Seiten — Kranichfeld (Orig. zu „*Carpolithus bilobatus* NIKIT." bei MAI 1965, t. V, f. 44); 20fach

Fig. 9—11. *Nuphur lutea* (L.) SIBTH. et SM. *fossilis*
Fig. 9. Samen mit Keimdeckelchen aus Berga (5514); 15fach
Fig. 10a, b. Samen mit Keimdeckelchen von beiden Seiten aus Nordhausen (4938); 15fach
Fig. 11. Dehiszierter Samen aus Nordhausen (4938); 15fach

Fig. 12, 13. *Ceratophyllum demersum* L. var. *typicum*
Nüßchen mit erhaltenen Fortsätzen — Nordhausen (4851); 12fach

Fig. 14—16. *Ceratophyllum submersum* L. *fossilis*
Fig. 14, 15. Nüßchen verschiedener Form aus Nordhausen (4851b); 12fach
Fig. 16. Nüßchen, klappig dehisziert, von außen und innen — Nordhausen (4851b); 12fach

Fig. 17. *Ceratophyllum protanaiticum* (NIKIT.) DOROFEEV
Nüßchen von zwei Seiten aus Gerstungen (6728); 12fach

TAFEL XVI

Fig. 1—3. *Ranunculus aquatilis* L. *fossilis*
Fig. 1. Nüßchen von außen und innen — Kaltensundheim (Ka 9918); 25fach
Fig. 2, 3. Weitere Nüßchen von außen — Kaltensundheim (Ka 9918); 25fach

Fig. 4, 5. *Ranunculus hederaceus* L. *fossilis*
Nüßchen aus Rippersroda (687); 25fach

Fig. 6. *Ranunculus sceleratoides* NIKITIN
Nüßchen aus Kranichfeld (Orig. zu MAI 1965, t. V, f. 21); 25fach

Fig. 7, 8. *Ranunculus edenensis* REID
Nüßchen von zwei Seiten aus Berga (5591); 25fach

Fig. 9. *Ranunculus sceleratus* L. *fossilis*
Nüßchen aus Kranichfeld (Orig. MAI 1965, t. V, f. 20); 25fach

Fig. 10, 11. *Ranunculus marginalis* spec. nov.
Fig. 10. Nüßchen von außen und innen nach Dehiszenz; Holotypus — Gerstungen (6717); 25fach
Fig. 11. Weiteres angebrochenes Nüßchen von außen und innen aus Gerstungen (6717); 25fach

Fig. 12, 13. *Ranunculus flammula* L. *fossilis*
Nüßchen aus Rippersroda (797, „*R. lingua* L." bei MAI u. a. 1963, t. III, f. 12; 795, „*Pilea* cf. *pumila* A. GRAY" ibid., t. III, f. 7); 25fach

Fig. 14—16. *Ranunculus reidii* SZAFER
Nüßchen verschiedener Form aus Berga (5592); 25fach

Fig. 17—19. *Ranunculus tanaiticus* DOROFEEV
Fig. 17, 19. Nüßchen aus Berga (5594b); 25fach
Fig. 18. Nüßchen mit Griffelrest von zwei Seiten aus Kaltensundheim (Ka 9747); 25fach

Fig. 20. *Ranunculus repens* L. *fossilis*
Nüßchen aus Berga (5594); 20fach

Fig. 21, 22. *Ranunculus trachycarpoides* DOROFEEV
Nüßchen von verschiedener Form aus Berga (5593); 25fach

Fig. 23, 24. *Thalictrum simplex* L. *fossilis*
Nüßchen verschiedener Größe aus Berga (5596); 25fach

Fig. 25, 26. *Thalictrum minus* L. *fossilis*
Nüßchen aus Nordhausen (4932); 25fach

TAFEL XVII

Fig. 1—7. *Corylopsis urselensis* MÄDLER
Fig. 1, 2. Samen mit Resten des klappigen Endokarps — Berga (5623); 10fach
Fig. 3. Weiterer, schlanker Samen aus Berga (5623); 10fach
Fig. 4. Samen, dehisziert, von außen und innen — Berga (5623); 10fach
Fig. 5—7. Samen verschiedener Größe und Form von zwei Seiten — Gerstungen (6686); 10fach
Fig. 8—12. *Cercidiphyllum helveticum* (HEER) JÄHN., MAI et WALTHER
Fig. 8—10. Bruchstücke von Balgfrüchten, apikale Region — Berga (5503); 10fach
Fig. 11, 12. Bruchstücke von basalen Teilen der Balgfrüchte — Berga (5503; Orig. zu JÄHNICHEN u. a. 1979, t. VII, f. 12—15); 10fach
Fig. 13. *Mahonia staphyleaeforme* nov. spec.
Samen nach Dehiszenz von innen und außen — Holotypus aus Berga (5549); 12fach
Fig. 14—18. *Zelkova ungeri* KOVÁTS
Endokarpien verschiedener Größe von beiden Seiten — Berga (5488); 12fach
Fig. 19—22. *Morus ucrainica* DOROFEEV
Nüßchen verschiedener Form und Größe aus Berga (5551); 20fach

TAFEL XVIII

Fig. 1—4. *Cercidiphyllum crenatum* (UNG.) BROWN
Fig. 1. Blatt mit beschädigter Spreite, Bg 87
Fig. 2, 3. Typische Blattformen, Bg 431a, Bg 101a
Fig. 4. Blattspreitenrest, Bg 499a
Fig. 5, 6. *Salix varians* GOEPPERT, Bg 148^{I}, Bg 144:1
Fig. 7, 8. *Populus* cf. *tremula* L.
Fig. 7. Blattrest, Bg 195; 2fach
Fig. 8. Blattrest, Bg 239; 2fach
Fig. 9. *Ulmus* cf. *carpinoides* GOEPPERT, Bg 177
Fig. 10, 11. *Ulmus pyramidalis* GOEPPERT, Blattreste, Bg 405a, Bg 116a
Fig. 12. *Hedera helix* L., gelapptes Blatt, Bg 217

TAFEL XIX

Fig. 1. *Humulus scabrellus* DOROFEEV
Nüßchen von zwei Seiten aus Berga (5550); 15fach
Fig. 2—4. *Boehmeria colchica* DOROFEEV
Nüßchen ohne deutlichen Randsaum aus Kranichfeld („*Urtica* cf. *dioica* L." bei MAI 1965, t. V, f. 15—16); 25fach
Fig. 5—10. *Boehmeria lithuanica* DOROFEEV
Fig. 5—7. Nüßchen verschiedener Form aus Berga (5579); 25fach
Fig. 8, 9. Nüßchen aus Kranichfeld (Orig. „*Boehmeria sibirica* DOROF." bei MAI 1965, t. V, f. 18, 19); 25fach
Fig. 10. Weiteres Nüßchen aus Kranichfeld; 25fach
Fig. 11—14. *Pilea bashkirica* DOROFEEV
Nüßchen verschiedener Form und Größe aus Berga (5580); 25fach
Fig. 15. *Pilea cantalensis* (E. M. REID) DOROFEEV
Nüßchen mit gut erhaltenem, runzligem Belag — Kranichfeld (Orig. zu MAI 1965, t. V, f. 17); 25fach
Fig. 16. *Urtica dioica* L. *fossilis*
Nüßchen von zwei Stellen aus Berga (5609); 25fach
Fig. 17—19. *Urtica urens* L. *fossilis*
Nüßchen verschiedener Größe aus Nordhausen (4856b); 25fach
Fig. 20. *Carya globosa* (LUDWIG) MÄDLER
Nuß von beiden Seiten aus Berga (5486); 4fach
Fig. 21—23. *Cyclocarya nucifera* (LUDWIG) MAI
Fig. 21. Klappe einer Nuß von außen und innen — Berga (5491); 6,5fach
Fig. 22. Nuß von oben — Berga (5491); 6,5fach
Fig. 23. Nuß von oben und unten aus Berga (5491); 6,5fach
Fig. 24. *Engelhardia macroptera* (BRONGN.) UNGER
Verdrückte und angebrochene Nuß von oben und unten — Berga (5634, Orig. zu JÄHNICHEN u. a. 1977, t. LVI, f. 17); 6,5fach
Fig. 25—27. *Pterocarya pterocarpa* (MICHX.) KUNTH *fossilis*
Fig. 25, 26. Nüsse verschiedener Form und Größe aus Berga (5490); 6,5fach
Fig. 27. Klappe einer Nuß von innen — Berga (5490); 6,5fach

TAFEL XX

Fig. 1—6. *Fagus decurrens* C. et E. M. REID
Fig. 1—3. Kupulen verschiedener Form aus Berga (5483); 6,5fach
Fig. 4. Juvenile Kupula von beiden Seiten aus Berga (5483); 6,5fach
Fig. 5, 6. Früchte aus den Kupulen isoliert — Berga (5483); 6,5fach
Fig. 7. *Fagus* spec.
Blattknospe aus Kranichfeld (Orig. zu MAI 1965, t. V, f. 14); 10fach
Fig. 8a, b. *Quercus pubescens* WILLD. *fossilis*
Kupula mit junger Frucht von beiden Seiten — Berga (5502); 6,5fach

TAFEL XXI

Fagus attenuata Goeppert sensu Hummel

Fig. 1. Blattrest mit dreieckiger Spitze, Bg 298
Fig. 2. Oblong-ovates Blatt, Rand wellig deformiert, Bg 1166a
Fig. 3. Blattrest mit schwach gewelltem Rand, Bg 509c
Fig. 4, 5. Basalteile von entfernt feingezähnten Blättern, Bg 509b, Bg 499
Fig. 6. Basalteil mit Blattstiel, Bg 69
Fig. 7. Apikalteil eines deutlich feingezähnten Blattes, Bg 85a
Fig. 8, 9. Ovate Blätter mit deutlicher Zähnung, Bg 141:2, Bg 90:1b
Fig. 10. Ovater Blattrest mit gewelltem Rand und feiner Zähnelung, Bg 131c
Fig. 11. Großes, ovates Blatt, Bg 423
Fig. 12. Gebogenes Blatt, Bg 505b
Fig. 13. vergl. Fig. 12, Randausbildung; 2fach

TAFEL XXII

Quercus pseudocastanea Goeppert

Fig. 1. Apikaler Blattrest, Bg 433:1
Fig. 2, 3. Medianteile schmaler Blätter, Bg 310:1:2
Fig. 4, 5. Gestielte Basis, Fig. 5, Bg 243;
Fig. 6, 7. Blattrest, Fig. 7, 2fach, Bg 244;
Fig. 8. Blatt mit veralteten Loben, Bg 433:2
Fig. 9. Sekundär- und Tertiärnervatur, Bg 289
Fig. 10. Blattrest, Bg 208
Fig. 11. Längliches Blatt, Bg 482
Fig. 12. Randnervatur, Bg 208; 4fach

TAFEL XXIII

Fig. 1—3. *Quercus* spec. Typ I (cf. *Q. pseudorobur* Kovats sensu Takhitajan u. a. 1982)
Fig. 1. Obovates Blatt (aff. *Q. canariensis* Willd.), Bg 499b
Fig. 2. Basaler Blattrest mit dreieckig gelapptem Rand, Bg 283; 2fach
Fig. 3. Basaler Blattrest, Bg 191
Fig. 4—6. *Quercus* spec. Typ II
Fig. 4. Großer Blattrest, Bg 478
Fig. 5. Blattrest mit unregelmäßiger Lappenbildung, Bg 492
Fig. 6. Basaler Blattrest mit keilförmiger Basis, Bg 5
Fig. 7. *Quercus* spec., Bg 263

TAFEL XXIV

Alnus gaudinii (Heer) Knobloch et Kvaček
Variationsbreite der Blätter aus Berga (tonig-kohlige Fazies)

Fig. 1, 2, 8. Große, oblong-ovate Blattreste, Bg 299a, Bg 309, Bg 197
Fig. 3—5 Gestielte Blätter mit asymmetrischer Basis:
Fig. 3, 4. Druck und Gegendruck Bg 318, Bg 277
Fig. 5. s. Fig. 4; Nervatur; 2fach
Fig. 6, 7. Kleines, apikal gefaltetes Blatt, Druck und Gegendruck, Bg 249
Fig. 9. Langgestielter Blattrest, Bg 270
Fig. 10. Apikalteil eines lang zugespitzten Blattes, Bg 201
Fig. 11. Blattrest mit dreieckiger Spitze, Bg 245
Fig. 12. Kleiner, ovater Blattrest, Bg 271
Fig. 13. Basalteil, keilförmig, Bg 255
Fig. 14. Blattrest mit kräftiger, stark inkohlter Lamina, Bg 512
Fig. 15. Randnervatur, Bg 233; 2fach

TAFEL XXV

Fig. 1—3. *Alnus glutinosa* Gaertn. *fossilis*
Nüßchen verschiedener Form und Größe aus Nordhausen (4843b); 20fach
Fig. 4. *Alnus tambovica* Dorofeev
Nüßchen aus Kranichfeld (Orig. zu „*Alnus* sp." bei Mai 1965, t. V, f. 10); 20fach
Fig. 5, 6. *Alnus* spec.
Spindeln von Fruchtzäpfchen aus Nordhausen (4843); 12fach
Fig. 7—11. *Alnus tanaitica* Dorofeev
Nüßchen verschiedener Form, Größe und Erhaltung — Nordhausen (4843); 20fach
Fig. 12—14. *Betula cholmechensis* Dorofeev
Nüßchen ohne Flügel aus Berga (5617); 20fach
Fig. 15. *Betula* spec. (alboide Gruppe)
Nüßchen ohne Flügel von beiden Seiten aus Kaltensundheim (Ka 9732); 20fach

Fig. 16, 17. *Betula digitata* C. et E. M. REID
Nüßchen verschiedener Form aus Kranichfeld (Orig. „*Betula* cf. *longisquamosa* MÄDL." bei MAI 1965, t. V, f. 7—8); 20fach
Fig. 18. *Betula longisquamosa* MÄDLER
Bruchstück eines Nüßchens aus Berga (5618); 20fach
Fig. 19—21. *Carpinus betulus* L. *fossilis*
Fig. 19, 20. Nüsse aus Berga (5620); 12fach
Fig. 21. Nuß dehisziert, Innenseite, aus Kaltensundheim (Ka 9747); 12fach
Fig. 22. *Corylus avellana* L. *fossilis*
Nuß von zwei Seiten — Berga (5487); 3fach
Fig. 23, 24. *Ostrya szaferi* nov. spec.
Fig. 23. Nuß von beiden Seiten mit Resten der Nerven des Involucrums; Holotypus — Berga (5621); 12fach
Fig. 24. Weitere Nuß von beiden Seiten aus Berga (5621); 12fach

TAFEL XXVI

Fig. 1. *Gypsophila semisphaerica* nov. spec.
Samen, etwas verdrückt, von beiden Seiten; Holotypus — Berga (5626); 25fach
Fig. 2—4. *Lychnis flos-cuculi* L. *fossilis*
Verschiedene Samen jeweils von beiden Seiten aus Berga (5624); 25fach
Fig. 5, 6. *Myosoton aquaticum* (L.) MOENCH *fossilis*
Samen von beiden Seiten aus Berga (5625); 25fach
Fig. 7, 8. *Minuartia pliocenica* nov. spec.
Fig. 7. Samen von beiden Seiten, etwas angebrochen; Holotypus — Berga (5627); 25fach
Fig. 8. Weiterer Samen von zwei Seiten aus Berga (5627); 25fach
Fig. 9. *Silene* cf. *conica* L. *fossilis*
Samenbruchstück von beiden Seiten aus Kaltensundheim (9930); 25fach
Fig. 10. *Stellaria holostea* L. *fossilis*
Samen aus Kaltensundheim (Ka 9747); 25fach
Fig. 11, 12. *Chenopodium album* L. *fossilis*
Samen aus Berga (5629); 25fach
Fig. 13, 14. *Chenopodium polyspermum* L. *fossilis*
Samen von beiden Seiten aus Berga (5628); 25fach
Fig. 15. *Polygonum persicaria* L. *fossilis*
Nüßchen von zwei Seiten aus Berga (5567); 25fach
Fig. 16. *Polygonum pliocenicum* DOROFEEV
Nüßchen von beiden Seiten mit Perigonresten aus Kaltensundheim (Ka 9733); 25fach
Fig. 17—22. *Rumex acetosella* L. *fossilis*
Fig. 17—20. Nüßchen verschiedener Form aus Nordhausen (4885); 25fach
Fig. 21, 22. Nüßchen mit Fetzen des Perigons — Nordhausen (4885); 25fach
Fig. 23. *Rumex hydrolapathum* HUDS. *fossilis*
Nüßchen von beiden Seiten aus Kaltensundheim (Ka 9746); 25fach
Fig. 24. *Elatine pseudoalsinastrum* DOROF. et WELICZK.
Samen aus Kranichfeld (Orig. zu „*Elatine* cf. *alsinastrum* L." bei MAI 1965, t. V, f. 31); 40fach
Fig. 25. *Hypericum androsaemum* L. *fossilis*
Samen von zwei Seiten aus Rippersroda (784, „*H. elodes* L." bei MAI u. a. 1963, t. III, f. 23); 40fach
Fig. 26, 27. *Hypericum calycinoides* nov. spec.
Fig. 26. Samen von beiden Seiten; Holotypus — Berga (5547); 40fach
Fig. 27. Weiterer Samen von beiden Seiten aus Berga (5547); 40fach
Fig. 28. *Hypericum perforatum* L. *fossilis*
Samen von zwei Seiten aus Kranichfeld (Orig. zu MAI 1965, t. V, f. 29); 40fach
Fig. 29. *Hypericum hirsutum* L. *fossilis*
Samen aus Kranichfeld (Orig. zu MAI 1965, t. V, f. 30); 40fach
Fig. 30. *Hypericum tetrapterum* FRIES *fossilis*
Samen aus Rippersroda (783, Orig. zu MAI u. a. 1963, t. III, f. 22); 40fach

TAFEL XXVII

Fig. 1, 2. *Salix* spec.
Fig. 1. Knospenschuppe von beiden Seiten aus Rippersroda (799, Orig. zu MAI u. a. 1963, t. III, f. 5); 10fach
Fig. 2. Kutikula der Knospenschuppe — Rippersroda (799a); 100fach
Fig. 3, 4. *Trichosanthes fragilis* E. M. REID
Bruchstücke von Samen, basale Teile mit Hilum, jeweils von beiden Seiten aus Berga (5513); 6,5fach
Fig. 5, 6. *Poliothyrsis hercynica* MAI
Fig. 5a, 5b. Samen von der Seite und Detail des Hilums — Holotypus aus Berga (5570); 25fach
Fig. 6. Weiterer Samen aus Berga (5570, Orig. zu MAI 1980, Abb. 112, Fig. 14, 15); 25fach
Fig. 7—11. *Viola bergaensis* nov. spec.
Fig. 7. Samen von verschiedenen Seiten, links unten Hilum deutlich sichtbar, Dehiszenzspalt an der Raphe — Holotypus aus Berga (5570b); 30fach
Fig. 8—10. Weitere Samen von verschiedenen Seiten aus Berga (5570b); 30fach
Fig. 11. Samen dehisziert, Ansicht des Faches links — Berga (5570b); 30fach
Fig. 12—15. *Viola neogenica* nov. spec.
Fig. 12. Samen mit Raphenaht, die sich unterhalb der Spitze verliert, Ansicht von zwei Seiten — Holotypus aus Berga (5570a); 30fach

Fig. 13, 14. Weitere Samen in verschiedenen Ansichten aus Berga (5570a); 30fach
Fig. 15. Samen dehisziert, Ansicht des Faches links — Berga (5570a); 30fach

Fig. 16. *Viola palustris* L. *fossilis*
Samen, stark verdrückt, aus Kranichfeld (Orig. zu MAI 1965, t. V, f. 32); 30fach

Fig. 17. *Naumburgia subthyrsiflora* (NIKIT.) NIKIT.
Samen von dorsal und ventral aus Nordhausen (4931); 20fach

Fig. 18. *Lysimachia punctata* L. *fossilis*
Samen von dorsal und ventral aus Berga (5544b); 20fach

TAFEL XXVIII

Fig. 1, 2. *Stachyurus merkaensis* MAI
Samen verschiedener Form und Größe aus Gerstungen (9712); 25fach

Fig. 3—5. *Stewartia beckerana* (LUDWIG) KIRCHHEIMER
Fig. 3. Verdrückter Samen von beiden Seiten aus Gerstungen (6713); 12fach
Fig. 4, 5. Bruchstücke von Samen aus Kapseln isoliert — Dernbach bei Montabaur/Pliozän (MfN, Berlin 3227); 12fach

Fig. 6—15. *Actinidia faveolata* C. et E. M. REID
Fig. 6, 7. Samen aus Kaltensundheim (Ka 9747, 9732); 20fach
Fig. 8—14. Samen sehr verschiedener Form und Größe aus Berga (5616); 20fach
Fig. 15. Samen von zwei Seiten aus Kranichfeld (6740); 20fach

Fig. 16. *Chamaedaphne calyculata* MOENCH *fossilis*
Samen aus Kranichfeld (Orig. „*Vaccinium* sp." bei MAI 1965, t. V, f. 37); 30fach

Fig. 17. *Kalmia minutula* nov. spec.
Samen von beiden Seiten; Holotypus — Berga (5613); 30fach

Fig. 18—21. *Rhododendron germanicum* nov. spec.
Fig. 18. Kapsel und Kelchdiskus von zwei Seiten; Holotypus — Gerstungen (6705); 12fach
Fig. 19, 20. Weitere Kapseln von zwei Seiten, aus dem Kelch herausgebrochen — Gerstungen (6705); 12fach
Fig. 21. Samen von beiden Seiten; Paratypus — Gerstungen (6726); 30fach

Fig. 22. *Zenobia europaea* nov. spec.
Fig. 22a. Seitenansicht, Fig. 22b. Ansicht von apikal und basal einer Kapselfrucht mit Kelchresten; Holotypus — Belfeld/Reuverton (Pliozän) (7793b); 12fach

TAFEL XXIX

Fig. 1. *Styrax maxima* (WEBER) KIRCHHEIMER
Samen von verschiedenen Seiten aus Berga (5512); 6,5fach

Fig. 2, 3. *Tilia tuberculata* SZAFER
Früchte von jeweils zwei Seiten aus Berga (5507); 6,5fach

Fig. 4—6. *Euphorbia platyphyllos* L. *fossilis*
Fig. 4. Samen, dehisziert, Außen- und Innenansicht mit Mikropyle und Chalaza — Berga (5586); 20fach
Fig. 5, 6. Samen von beiden Seiten aus Berga (5586); 20fach

Fig. 7. *Euphorbia stricta* L. *fossilis*
Dehiszenzhälfte eines Samens, verdrückt — Kaltensundheim (Ka 9747); 20fach

Fig. 8, 9. *Sapium mädleri* GREGOR nov. spec.
Fig. 8. Samen von beiden Seiten aus Berga (5540); 6,5fach
Fig. 9. Samenbruchstück von zwei Seiten aus Berga (5540); 6,5fach

Fig. 10. *Comarum palustre* L. *fossilis*
Nüßchen aus Kaltensundheim (Ka 9732); 30fach

Fig. 11—13. *Physocarpus europaeus* nov. spec.
Fig. 11. Samen aus Berga — Holotypus (5582a); 30fach
Fig. 12, 13. Weitere Samen aus Berga (5582); 30fach

Fig. 14, 15. *Potentilla erecta* (L.) RÄUSCHEL *fossilis*
Fig. 14. Nüßchen von zwei Seiten aus Berga (5584); 30fach
Fig. 15. Nüßchen von zwei Seiten aus Kaltensundheim (Ka 9922); 30fach

Fig. 16, 17. *Potentilla pliocenica* E. M. REID
Nüßchen aus Kranichfeld (Orig. zu MAI 1965, t. V, f. 26, 27); 30fach
Fig. 18—20. *Potentilla supina* L. *fossilis*
Nüßchen jeweils von zwei Seiten aus Berga (5583a); 30fach

TAFEL XXX

Fig. 1, 2. *Stephanandra minima* (DOROF.) DOROFEEV
Samen in verschiedenen Ansichten aus Kranichfeld (Orig. zu MAI 1965, t. V, f. 22—23); 30fach

Fig. 3—5. *Rubus idaeus* L. *fossilis*
Nüßchen verschiedener Form aus Rippersroda (689, Orig. zu MAI u. a. 1963, t. III, f. 15—16); 20fach

Fig. 6, 7. *Rubus microspermus* C. et E. M. REID
Nüßchen von beiden Seiten aus Gerstungen (6702); 20fach

Fig. 8, 9. *Rubus fruticosus* L. s. l. *fossilis*
Nüßchen von beiden Seiten aus Berga (5585); 20fach

Fig. 10—14. *Rubus polevskoyanus* DOROFEEV
Fig. 10—12. Nüßchen aus Berga (5585b); 20fach
Fig. 13, 14. Nüßchen aus Kranichfeld (Orig. zu „*Rubus* cf. *idaeus* L." bei MAI 1965, t. V, f. 24); 20fach

Fig. 15—18. *Rosa bergaensis* nov. spec.
Fig. 15. Nüßchen von zwei Seiten — Holotypus aus Berga (5614); 25fach
Fig. 16—18. Weitere verschieden geformte Nüßchen aus Berga (5614); 25fach

Fig. 19, 20. *Rosa* spec.
Stacheln verschiedener Größe aus Kaltensundheim (Ka 9747); 10fach

Fig. 21, 22. *Cotoneaster gailensis* (E. M. REID) nov. comb.
Steinkerne von dorsal und ventral aus Berga (5590); 12fach

Fig. 23. *Crataegus oxyacantha* L. *fossilis*
Steinkern von zwei Seiten aus Berga (5590); 6,5fach

Fig. 24, 25. *Prunus fruticosa* PALL. *fossilis*
Fig. 24. Steinkern von der Seite aus Berga (5588); 6,5fach
Fig. 25. Steinkerne von dorsal und ventral aus Berga (5588, Orig. zu MAI 1984b, t. IL, f. 1); 6,5fach

Fig. 26. *Prunus spinosa* L. *fossilis*
Steinkern von beiden Seiten (Fig. 26a) und von ventral (Fig. 26b) aus Kaltensundheim (Ka 9747); 6,5fach

TAFEL XXXI

Fig. 1—6. *Decodon globosus* (E. M. REID) NIKITIN
Fig. 1. Samen mit Ansicht des Keimdeckels aus Gerstungen (6695); 20fach
Fig. 2, 3. Samen in Dorsalansicht aus Gerstungen (6695); 20fach
Fig. 4—6. Samen in verschiedenen Ansichten aus Rippersroda (786; Orig. zu MAI u. a. 1963, t. III, f. 25—27); 20fach

Fig. 7. *Decodon bashkiricus* DOROFEEV
Samen mit Ansicht auf den Deckel — Nordhausen (4949); 20fach

Fig. 8—11. *Microdiptera sibirica* (NIKITIN) nov. comb.
Verschiedene Samen, dorsal und ventral mit Deckelchen (Fig. 9, 10) aus Berga (5508); 20fach

Fig. 12—14. *Trapa heerii* FRITSCH
Früchte verschiedener Form aus Rippersroda (Slg. Geiseltal-Mus., Halle; Orig. zu MAI u. a. 1963, t. IV, f. 1—3); 4fach

Fig. 15—18. *Myriophyllum praespicatum* NIKITIN
Früchtchen verschiedener Form aus Kaltensundheim (9917); 30fach

Fig. 19—22. *Myriophyllum spicatum* L. *fossilis*
Fig. 19, 20. Früchtchen in verschiedener Ansicht aus Kaltensundheim (Ka 9917); 30fach
Fig. 21, 22. Früchtchen aus Nordhausen (6829); 30fach

Fig. 23—26. *Hippuris vulgaris* L. *fossilis*
Fig. 23—25. Samen verschiedener Form und Größe aus Rippersroda (800); 30fach
Fig. 26. Samen aus Kaltensundheim (Ka 9747); 30fach

Fig. 27, 28. *Ludwigia palustris* (L.) ELLIOT *fossilis*
Zwei Samen aus Rippersroda (1141, Orig. zu MAI u. a. 1963, t. IV, f. 14, 15); 50fach

Fig. 29. *Proserpinaca europaea* DOROFEEV
Frucht von beiden Seiten aus Berga (5615); 20fach

Fig. 30. *Proserpinaca reticulata* C. et E. M. REID
Frucht von beiden Seiten aus Nordhausen (4934); 20fach

Fig. 31—33. *Hartziella rosenkjaerii* (HARTZ) SZAFER
Fig. 31, 32. Steinfrucht aus Rippersroda (1138); 13fach
Fig. 33. Steinkernbruchstück mit zwei Luftkammern aus Rippersroda (1138a, Orig. zu MAI u. a. 1963, t. IV, f. 19, 20); 13fach

TAFEL XXXII

Fig. 1. *Phellodendron elegans* (REID) C. et E. M. REID
Samenbruchstück aus Rippersroda (690, Orig. zu MAI u. a. 1963, t. III, f. 17); 35fach

Fig. 2, 3. *Acer berganum* nov. spec.
Fig. 2. Endokarp von zwei Seiten — Holotypus aus Berga (5489b); 6,5fach
Fig. 3. Weiteres Endokarp aus Berga von beiden Seiten (5489b); 6,5fach

Fig. 4—6. *Acer campestrianum* DOROFEEV
Fig. 4, 5. Endokarpien von beiden Seiten aus Berga (5489a); 6,5fach
Fig. 6. Endokarp mit anhaftenden Resten des Exokarps aus Berga (5489a); 6,5fach

Fig. 7. *Acer striatum* C. et E. M. REID
Endokarp von beiden Seiten aus Kaltensundheim (Ka 9735); 6,5fach

Fig. 8, 9. *Acer praecreticum* nov. spec.
Fig. 8. Endokarp, etwas verdrückt, von beiden Seiten — Holotypus aus Gerstungen (6718); 6,5fach
Fig. 9. Endokarp mit Resten des Exokarps und des Flügels von beiden Seiten — Gerstungen (6718); 6,5fach

Fig. 10—14. *Aesculus hippocastanum* L. *fossilis*
Fig. 10, 11. Reste der Fruchtschalen von beiden Seiten — Gerstungen (6703); 2fach
Fig. 12. Kleiner, unreifer Samen, zusammengedrückt — Gerstungen (6703); 2fach
Fig. 13. Rest einer Fruchtschale von beiden Seiten, links deutlich mit den Basen großer abgebrochener Stacheln — Berga (5485); 2fach
Fig. 14. Samen, verdrückt, rechts mit Rest des Hilums — Weckesheim/Wetterau (Pliozän) (MfN, Berlin, Nr. 1169; Orig. zu „*Aesculus europaeum*" LUDWIG 1857, t. XX, f. 26); 2fach

Fig. 15, 16. *Meliosma wetteraviensis* (LUDW.) MAI
Fig. 15. Dehiszierter Steinkern in verschiedenen Ansichten (Fig. 15a, b); Holotypus aus Dorheim/Wetterau (Pliozän) (MfN, Berlin, Nr. 958; Orig. zu „*Hamamelis wetteraviensis* LUDWIG 1857, t. XX, f. 27a, b); 6,5fach
Fig. 16. Bruchstück eines Steinkerns aus Rippersroda (691a, Orig. zu MAI u. a. 1963, t. III, f. 19); 10fach

Fig. 17, 18. *Oxalis corniculata* L. *fossilis*
Samen jeweils von beiden Seiten aus Berga (5572); 25fach

TAFEL XXXIII

Fig. 1—5. *Quercus pseudocastanea* GOEPPERT, Berga
Fig. 1. Untere Epidermis; Präparat MMG, Dresden, Bg 73/84, Phako. (Bg 257); 400fach
Fig. 2. Untere Epidermis mit Büschelhaaren; Präparat MMG, Dresden, Bg 71/84, Phako. (Bg 257); 1000fach
Fig. 3. Untere Epidermis, Stomataverteilung; Präparat MMG, Dresden, Bg 138/84, Phako. (Bg 243); 400fach
Fig. 4. Basalteile der mehrzelligen Drüsenhaare; Präparat MMG, Dresden, Bg 78/84 Phako. (Bg 257); 1000fach
Fig. 5. Untere Epidermis, Stomataverteilung und unterschiedliche Büschelhaare beziehungsweise -basen; Präparat MMG, Dresden, Bg 71/84, Phako. 400fach

Fig. 6—12. *Alnus gaudinii* (HEER) KNOBLOCH et KVAČEK, Berga
Fig. 6. Untere Epidermis, anomozytische Stomata zum Teil mit Kutikularstreifung; Präparat MMG, Dresden, Bg 86/84, Phako. (Bg 207); 400fach
Fig. 7. Untere Epidermis mit vierteiliger Drüsenbasis; Präparat MMG, Dresden, Bg 23/84, Phako. (Bg 194); 400fach
Fig. 8. Untere Epidermis, unterschiedliche Stomatagröße; Präparat 118/84, Phako. (Bg 194); 400fach
Fig. 9. Reste der oberen Epidermis; Präparat MMG, Dresden, Bg 118/84, Phako. (Bg 194); 400fach
Fig. 10. Untere Epidermis, vierteilige Drüsenbasis; Präparat MMG, Dresden, Bg 64/84, Phako. (Bg 186); 400fach
Fig. 11. Stomata, Schließleisten; Präparat MMG, Dresden, Bg 86/84, Phako. (Bg 207); 1000fach
Fig. 12. Untere Epidermis, vierteilige Drüsenbasis mit radialer Kutikularstreifung; Präparat MMG, Dresden, Bg 64/84, Phako. (Bg 186); 1000fach

TAFEL XXXIV

Fig. 1—4. *Acer tricuspidatum* BRONN ssp. *lusaticum* WALTHER
Fig. 1. Großer Blattrest mit breit-kesselförmiger Spreite, Bg 519
Fig. 2. 3—5-lappiger Blattrest, Bg 395
Fig. 3, 4. Blattreste mit gestutzten Seitenlappen, Bg 281a, Bg 131d

Fig. 5. *Acer integerrimum* (VIV.) MASSALONGO, fünflappiger Blattrest, Bg 486a

Fig. 6. *Acer* spec. (aff. *A. campestre* L., *A. hyrcanum* FISCH. et MEY.), Bg 429

Fig. 7. *Aesculus* cf. *hippocastanum* L., Fiederblatt, Bg 211a

Fig. 8—11. *Zelkova zelkovaefolia* (UNG.) BŮŽEK et KOTLABA
Fig. 8—10. Ovate Blätter mit grober Zähnung, Bg 90:2a, Bg 119:1, Bg 119:2
Fig. 11. Oval-lanzettliches Blatt, Bg 181a

Fig. 12. *Sassafras ferretianum* MASSALONGO, Blattrest, Bg 498a

TAFEL XXXV

Fig. 1, 2. *Dendrobenthamia tegeliensis* MAI
Steinkerne aus Berga von außen und innen; Fig. 2. Querbruch durch das zweifächrige Endokarp (5518); 12fach

Fig. 3. *Swida gorbunovii* (DOROFEEV) NEGRU
Steinkern von beiden Seiten aus Berga (5516); 12fach

Fig. 4. *Swida kineliana* (DOROFEEV) DOROFEEV
Steinkern aus Berga von zwei Seiten (5517); 12fach

Fig. 5. *Nyssa disseminata* (LUDW.) KIRCHH.
Steinkern von beiden Seiten aus Gerstungen (6711); 6,5fach

Fig. 6. *Nyssa ornithobroma* UNGER
Steinkern aus Kranichfeld von beiden Seiten (Orig. zu MAI 1965, t. V, f. 33); 6,5fach

Fig. 7—9. *Ilex aquifolium* L. *fossilis*
Fig. 7, 8. Steinkerne von zwei Seiten aus Nordhausen (4847b); 12fach
Fig. 9. Steinkern von beiden Seiten aus Kaltensundheim (Ka 9747); 12fach

Fig. 10—12. *Ilex protogaea* MAI
Steinkerne von jeweils beiden Seiten aus Gerstungen (6718, Orig. zu MAI 1970, t. LXII, f. 13—15); 12fach

Fig. 13, 14. *Ilex thuringiaca* MAI
Fig. 13. Steinkern von verschiedenen Seiten aus Gerstungen — Holotypus (6723, Orig. zu MAI 1970, t. LXII, f. 6); 12fach
Fig. 14. Steinkern von zwei Seiten aus Kranichfeld (Orig. zu „*Acanthopanax* spec." bei MAI 1965, t. V, f. 34); 10fach

Fig. 15. *Frangula alnus* MILL. *fossilis*
Schließfrucht von der Seite — Nordhausen (4939); 12fach

TAFEL XXXVI

Fig. 1—3. *Eleutherococcus uralensis* DOROFEEV
Fig. 1—3. Steinkerne verschiedener Form und Größe jeweils von beiden Seiten — Berga (5574); 12fach

Fig. 4—7. *Aralia szaferi* nov. spec.
Fig. 4. Steinkern von beiden Seiten — Holotypus aus Berga (5575); 12fach
Fig. 5. Weiterer Steinkern von beiden Seiten aus Berga (5575); 12fach
Fig. 6, 7. Kleinere Steinkerne aus Berga (5575); 12fach

Fig. 8. *Pentapanax tertiarius* MAI
Steinkern, zerbrochen, von beiden Seiten aus Berga (5573); 12fach

Fig. 9, 10. *Apium nodiflorum* (L.) LAG. *fossilis*
Merikarpien aus Berga (5536); 25fach

Fig. 11, 12. *Cicuta virosa* L. *fossilis*
Merikarpien aus Nordhausen (6828); 25fach

Fig. 13—15. *Hydrocotyle vulgaris* L. *fossilis*
Merikarpien aus Nordhausen (4878); 20fach
Fig. 16, 17. *Oenanthe aquatica* (L.) POIR. *fossilis*
Merikarpien jeweils von beiden Seiten aus Berga (5522); 15fach
Fig. 18—20. *Oenanthe lachenalii* GMELIN *fossilis*
Fig. 18. Merikarpium von beiden Seiten aus Kranichfeld (Orig. zu MAI 1965, t. V, f. 35—36); 25fach
Fig. 19, 20. Merikarpien von beiden Seiten aus Gerstungen (6699); 25fach
Fig. 21. *Peucedanum moebii* (KINK.) MÄDLER
Merikarpium von beiden Seiten aus Berga (5520); 15fach

TAFEL XXXVII

Fig. 1, 2. *Ampelopsis macrosperma* DOROFEEV
Samen jeweils von ventral und dorsal aus Berga (5524); 10fach
Fig. 3—6. *Ampelopsis malvaeformis* (SCHLOTHEIM) MAI
Fig. 3. Samen von ventral und dorsal aus Kranichfeld (Orig. zu „*Ampelopsis ludwigii*" bei MAI 1965, t. V, f. 28); 10fach
Fig. 4. Samen von ventral und von innen nach Dehiszenz — Berga (5523); 10fach
Fig. 5. Weiterer Samen von dorsal und ventral aus Berga (5523); 10fach
Fig. 6. Samenbruchstück von innen und ventral mit Chalaza-Knoten — Rippersroda (691 b, Orig. zu „*Ampelopsis ludwigii*" bei MAI u. a. 1963, t. III, f. 20); 10fach
Fig. 7. *Vitis* cf. *sylvestris* GMELIN *fossilis*
Samen von dorsal und ventral aus Berga (5525); 10fach
Fig. 8—10. *Viburnum hercynicum* nov. spec.
Fig. 8. Samen von dorsal und ventral aus Gerstungen — Holotypus (6696); 12fach
Fig. 9. Weiterer Samen von beiden Seiten aus Gerstungen (6696); 12fach
Fig. 10. Samen von dorsal und ventral aus Berga (5569); 12fach
Fig. 11. *Sambucus racemosa* L. *fossilis*
Samen aus Rippersroda (793; Orig. zu „*Sambucus ebulus*" bei MAI u. a. 1963, t. IV, f. 16); 15fach
Fig. 12—14. *Sambucus pulchella* C. et E. M. REID
Samen verschiedener Form und Größe aus Berga (5571); 15fach
Fig. 15—17. *Sambucus bashkirica* DOROFEEV
Samen verschiedener Form aus Berga (5571 c); 15fach
Fig. 18—21. *Sambucus nigra* L. *fossilis*
Fig. 18, 19. Samen aus Rippersroda (792; Orig. zu „*Sambucus pulchella* REID" bei MAI u. a. 1963, t. IV, f. 17); 15fach
Fig. 20. Samen aus Berga (5571 b); 15fach
Fig. 21. Samen in einer Tetrade als Rest einer Beerenfrucht — Berga (5571 b); 15fach

TAFEL XXXVIII

Fig. 1. *Weigela* szaferi ŁAŃCUCKA-ŚRODOŃIOWA
Samen von zwei Seiten aus Berga (5576); 20fach
Fig. 2—4. *Weigela thuringiaca* nov. spec.
Fig. 2, 3. Samenbruchstücke aus Berga (5577); 20fach
Fig. 4. Samen, vollständig erhalten; Holotypus — Berga (5577); 20fach
Fig. 5—11. *Thesium nikitinii* nov. spec.
Fig. 5. Nüßchen mit Leitbündelfasern, die den Samen fest umhüllen — Holotypus aus Berga (5521); 12fach
Fig. 6, 7. Nüßchen jeweils von beiden Seiten aus Berga (5521); 12fach
Fig. 8—11. Weitere Nüßchen verschiedener Form aus Berga (5521); 12fach
Fig. 12. *Gentiana praeaptera* nov. spec.
Samen von beiden Seiten aus Kranichfeld — Holotypus (Orig. zu „*Gentiana cruciata* L." bei MAI 1965, t. V, f. 39); 30fach
Fig. 13. *Menyanthes carpatica* JENT.-SZAF. et TRUCHAN.
Samen aus Kranichfeld (Orig. zu MAI 1965, t. V, f. 38); 30fach
Fig. 14. *Valeriana pliocenica* DOROFEEV
Nüßchen, zerbrochen, von zwei Seiten aus Berga (5538); 20fach
Fig. 15. *Scopolia carniolica* JACQ. *fossilis*
Samen aus Berga (5545); 30fach
Fig. 16, 17. *Physalis alkekengi* L. *fossilis*
Fig. 16. Samen von beiden Seiten aus Berga (5546); 30fach
Fig. 17. Samenbruchstück aus Kaltensundheim (Ka 9732); 30fach
Fig. 18, 19. *Solanum dulcamara* L. *fossilis*
Fig. 18. Samen aus Berga (5544); 30fach
Fig. 19. Samen aus Rippersroda (791; Orig. zu MAI 1963, t. IV, f. 8); 30fach
Fig. 20, 21. *Asarina ruboidea* nov. spec.
Fig. 20. Samen von zwei Seiten aus Berga — Holotypus (5612); 30fach
Fig. 21. Weiterer Samen mit basalem Hilum aus Berga (5612); 30fach
Fig. 22, 23. *Gratiola officinalis* L. *fossilis*
Samen aus Berga (5611); 40fach
Fig. 24. cf. *Argusia sibirica* (L.) DANDY *fossilis*
Teilfrucht von beiden Seiten aus Kaltensundheim (Ka 9747); 12fach
Fig. 25. *Carpolithus* spec. indet. (cf. *Limosella*)
Samenbruchstück von der Seite aus Kaltensundheim (Ka 9720); 40fach

TAFEL XXXIX

Fig. 1, 2. *Ajuga „antiqua"* C. et E. M. Reid
Nüßchen jeweils von ventral und dorsal aus Berga (5560); 25fach
Fig. 3. *Ajuga reptans* L. *fossilis*
Nüßchen von ventral und dorsal aus Berga (5559); 25fach
Fig. 4—6. *Lycopus antiquus* E. M. Reid
Nüßchen ohne Randsaum von beiden Seiten aus Kranichfeld (Orig. zu „*Melissa elegans* Reid" bei Mai 1965, t. V, f. 41, 42); 25fach
Fig. 7—9. *Lycopus europaeus* L. *fossilis*
Nüßchen mit Randsaum von beiden Seiten aus Berga (5555); 25fach
Fig. 10. *Origanum vulgare* L. *fossilis*
Nüßchen aus Rippersroda (1151; Orig. zu „*Salvia verticillata* L." bei Mai u. a. 1963, t. IV, f. 11); 25fach
Fig. 11. *Betonica monien* Gouan *fossilis*
Nüßchen von dorsal und ventral aus Kranichfeld (Orig. zu „*Lamium sp.*" bei Mai 1965, t. V, f. 40); 30fach
Fig. 12—14. *Melissa officinalis* L. *fossilis*
Nüßchen verschiedener Größe von beiden Seiten aus Berga (5554); 25fach
Fig. 15, 16. *Satureja acinos* (L.) Scheele *fossilis*
Fig. 15. Nüßchen von ventral und seitlich aus Rippersroda (1145; Orig. zu „*Stachys palustris* L." bei Mai u. a. 1963, t. IV, f. 9); 25fach
Fig. 16. Nüßchen von zwei Seiten aus Berga (5553); 25fach
Fig. 17—19. *Prunella vulgaris* L. *fossilis*
Fig. 17. Nüßchen von beiden Seiten aus Berga (5559); 25fach
Fig. 18, 19. Nüßchen schlechter Erhaltung aus Kaltensundheim (Ka 9728); 25fach
Fig. 20. *Salvia* cf. *officinalis* L. *fossilis*
Nüßchen von zwei Seiten aus Berga (5558); 25fach
Fig. 21, 22. *Teucrium chamaedrys* L. *fossilis*
Nüßchen von ventral und dorsal aus Berga (5562); 25fach
Fig. 23, 24. *Teucrium tatjanae* Nikitin
Nüßchen in verschiedenen Ansichten aus Berga (5561); 25fach
Fig. 25—27. *Stachys sylvatica* L. *fossilis*
Nüßchen verschiedener Form und Größe aus Berga (5552), Fig. 27 von dorsal und ventral; 25fach

TAFEL XL

Fig. 1, 2. *Mentha longifolia* (L.) Huds. *fossilis*
Nüßchen jeweils von beiden Seiten aus Berga (5556); 40fach
Fig. 3, 4. *Mentha aquatica* L. *fossilis*
Nüßchen aus Rippersroda (790); 40fach
Fig. 5, 6. *Mentha rotundifolia* (L.) Huds. *fossilis*
Nüßchen, dehiszierend, aus Nordhausen (4863); 40fach
Fig. 7, 8. *Mentha pulegium* L. *fossilis*
Nüßchen von dorsal und ventral aus Berga (5557); 40fach
Fig. 9. *Cirsium arvense* (L.) Scop. *fossilis*
Achäne von zwei Seiten aus Berga (5564b); 20fach
Fig. 10. *Cirsium palustre* (L.) Scop. *fossilis*
Achäne, dehiszierend, von zwei Seiten aus Kaltensundheim (Ka 9735); 20fach
Fig. 11—13. *Lactuca protomuralis* nov. spec.
Fig. 11. Achäne von zwei Seiten — Holotypus aus Berga (5565); 20fach
Fig. 12, 13. Weitere Achänen aus Berga (5565); 20fach
Fig. 14—17. *Carpolithus minimus* (Szafer) comb. nov.
Fig. 14, 15. Nüßchen, dehisziert, von außen und innen — Berga (5578); 20fach
Fig. 16, 17. Weitere Nüßchen verschiedener Form aus Berga (5578); 20fach
Fig. 18—21. *Carpolithus bergaensis* nov. spec.
Fig. 18. Spaltfrucht von zwei Seiten, links mit gut sichtbarem Ventralspalt; Holotypus — Berga (5511); 12fach
Fig. 19, 21. Weitere Spaltfrüchte verschiedener Form und Größe aus Berga (5511); 12fach
Fig. 22. *Carpolithus lloydiaeformis* nov. spec.
Flügelsamen von beiden Seiten; Holotypus — Kaltensundheim (Ka 9730); 25fach
Fig. 23. *Carpolithus mercurialoides* nov. spec.
Samen, dehisziert und angebrochen, von außen und innen; Holotypus — Berga (5587); 20fach

TAFEL XLI

Fig. 1. Tongrube Berga, Wand mit fossilführenden Schluffen (tonig-sandige Fazies)
Fig. 2. Blattfläche durch tektonische Vorgänge beeinflußt, *Aesculus* cf. *hippocastanum* L., Bg 211a; 2fach

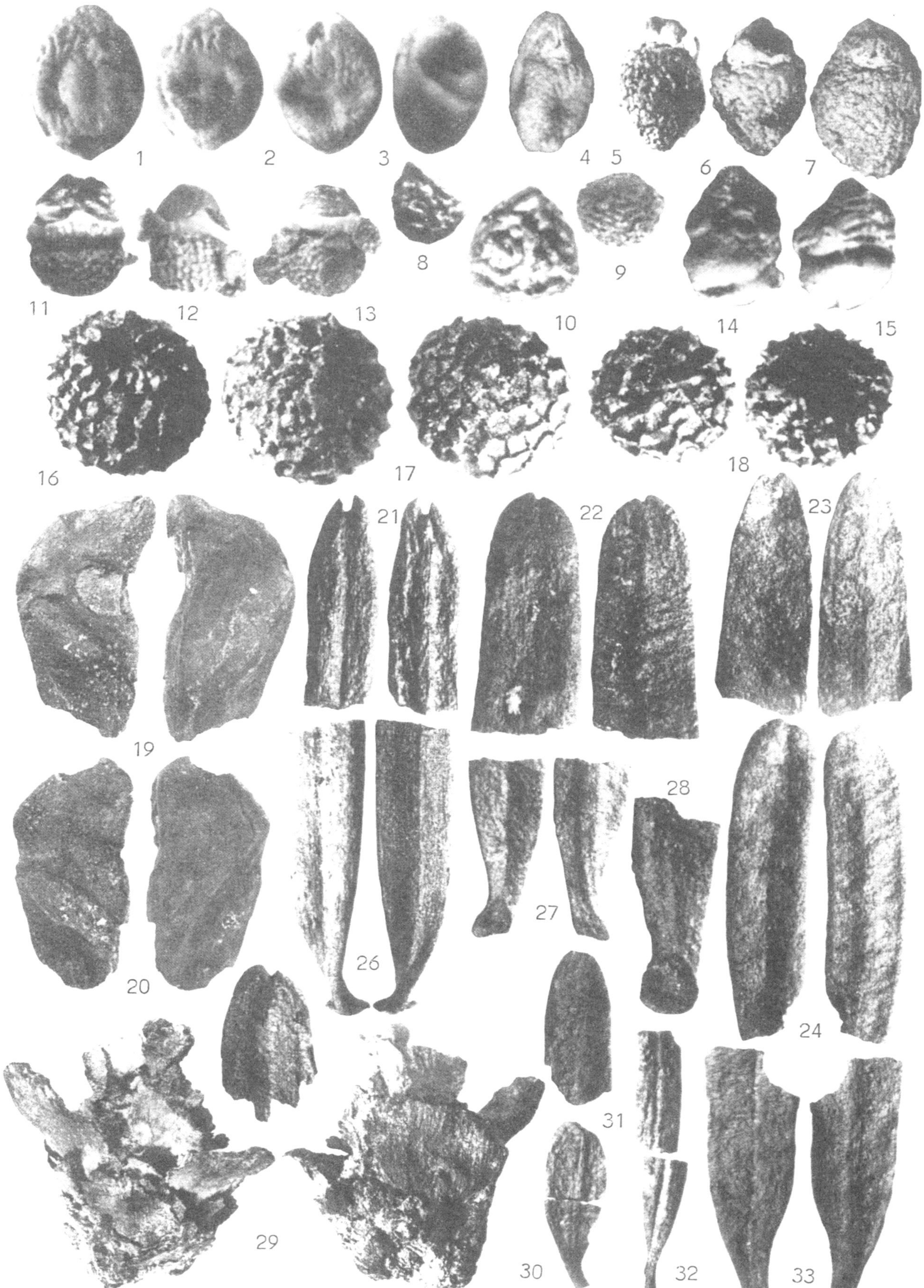
1
2
3
4
5
6
7
8
9
10
11
12
13
14
15
16
17
18
19
20
21
22
23
24
26
27
28
29
30
31
32
33

TAFEL I

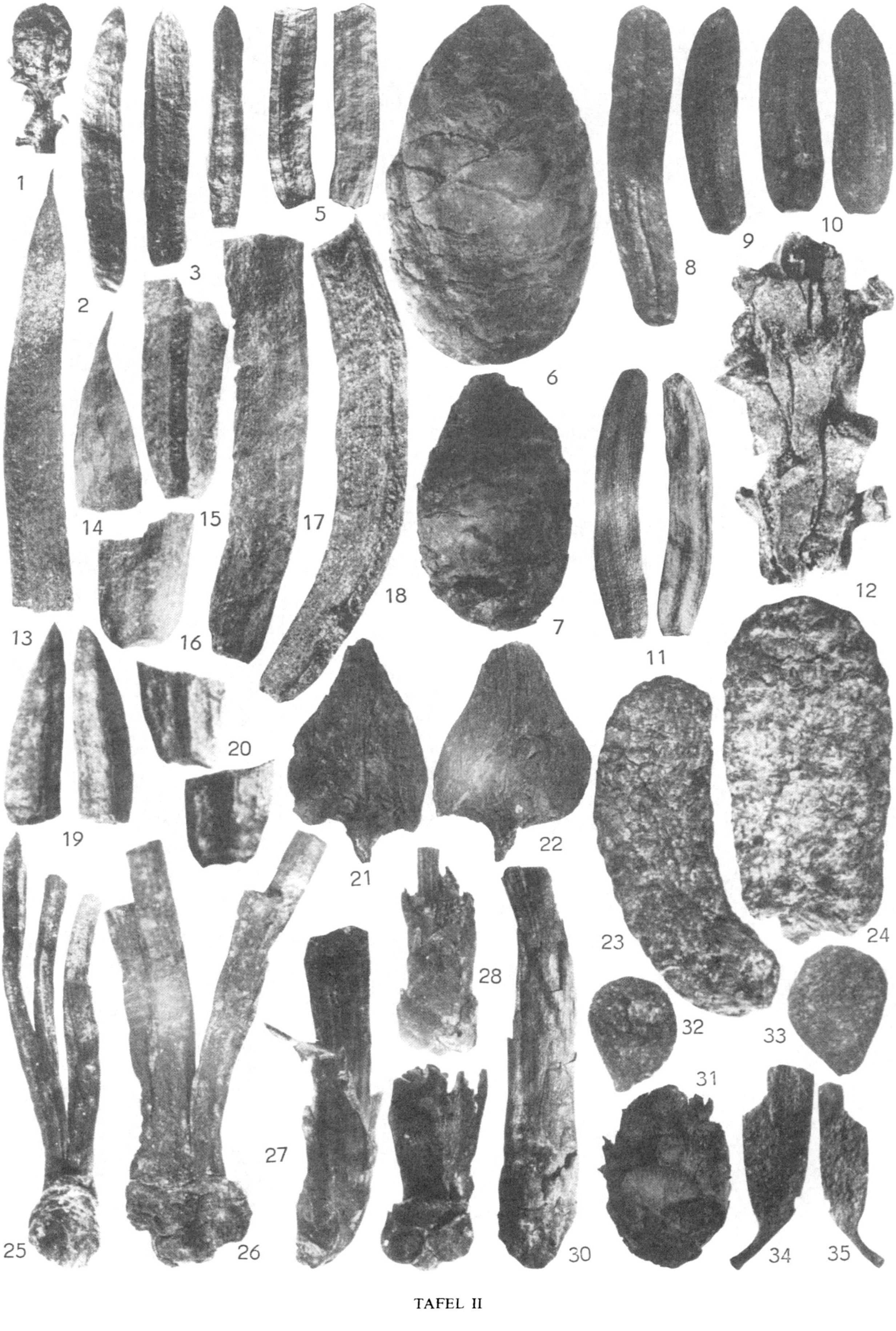
1
2
3
5
8
9
10
6
12
14
15
17
13
16
18
7
11
19
20
21
22
23
24
28
32
33
31
27
25
26
30
34
35

TAFEL II

TAFEL III

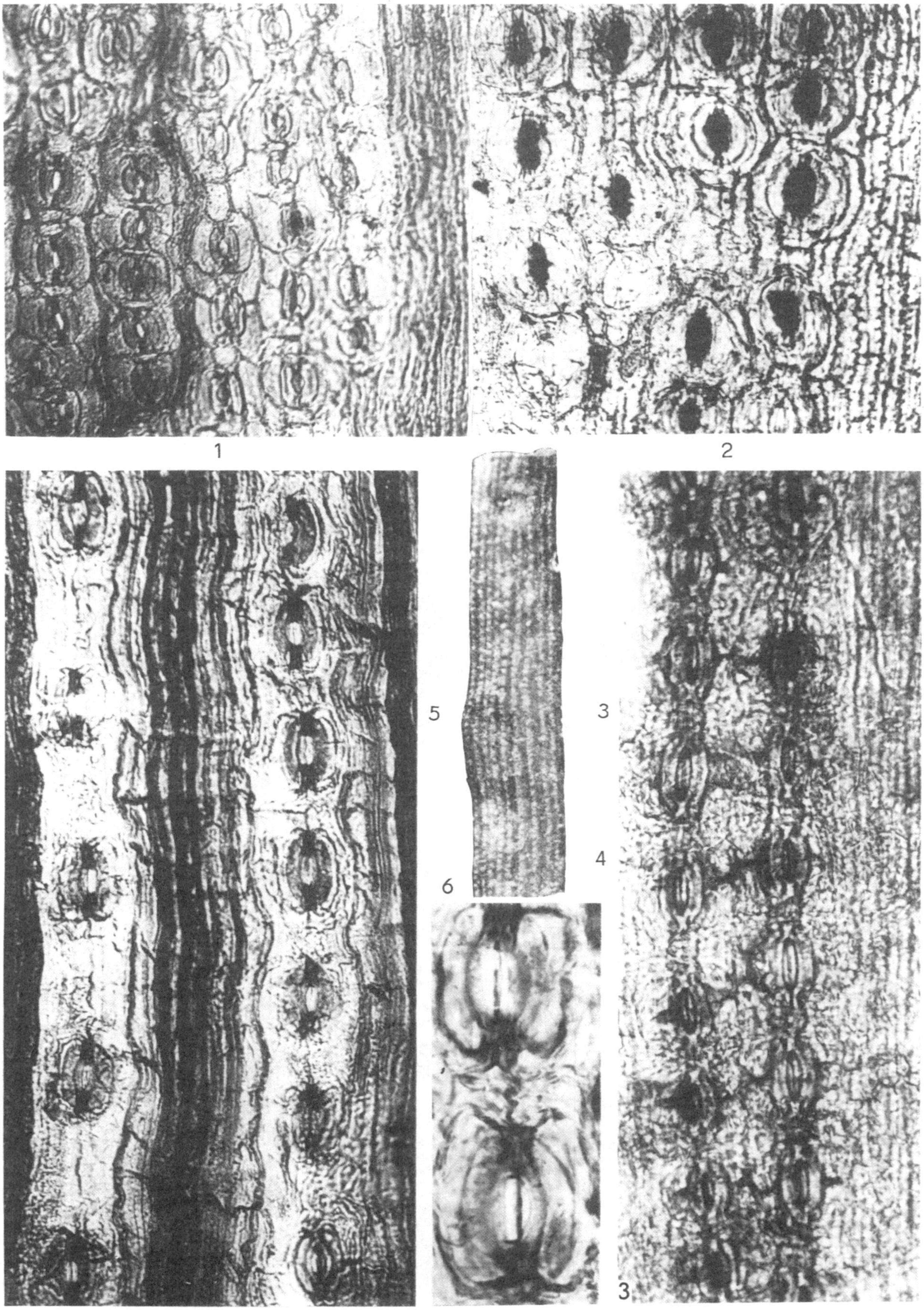

TAFEL IV

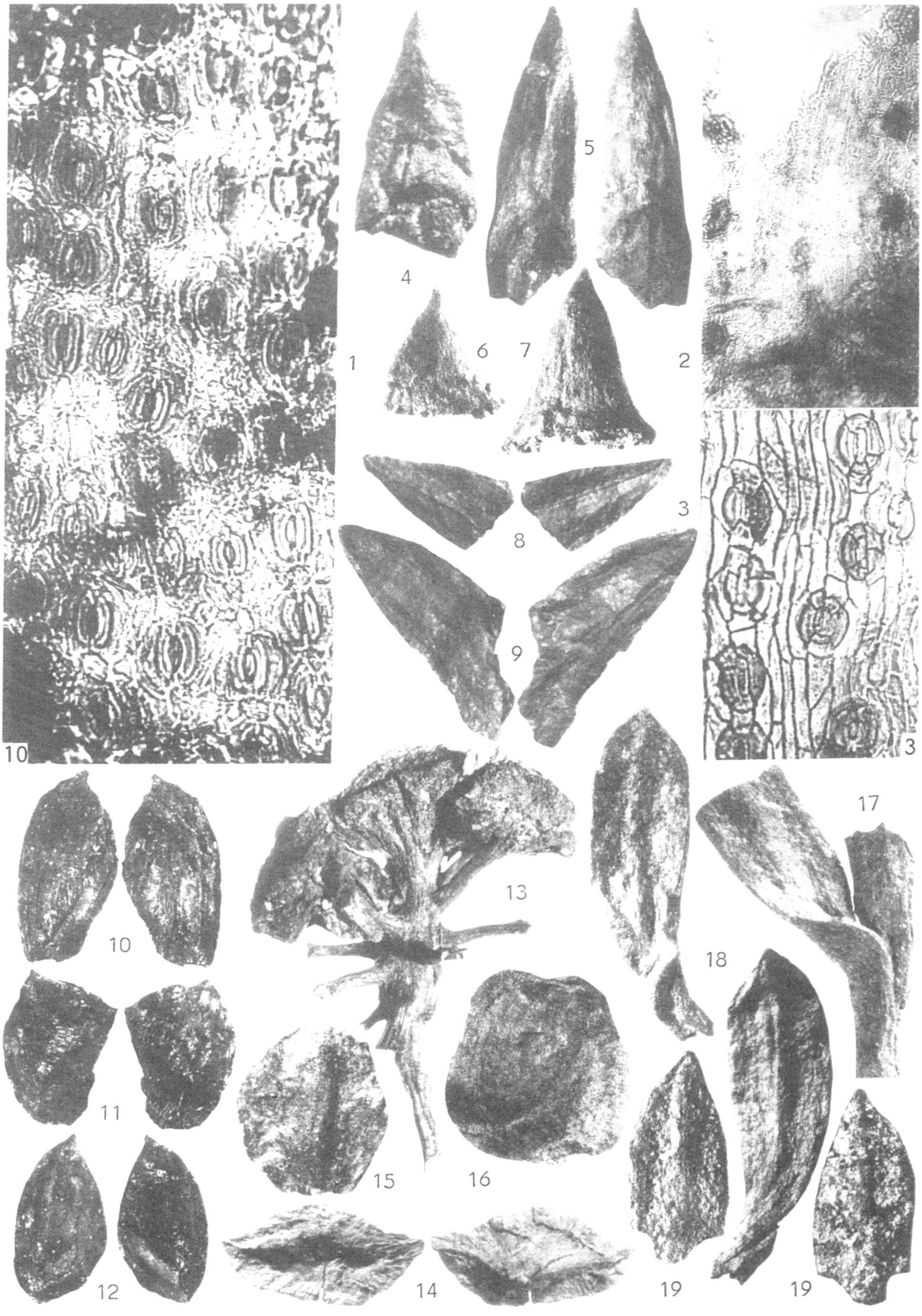

TAFEL V

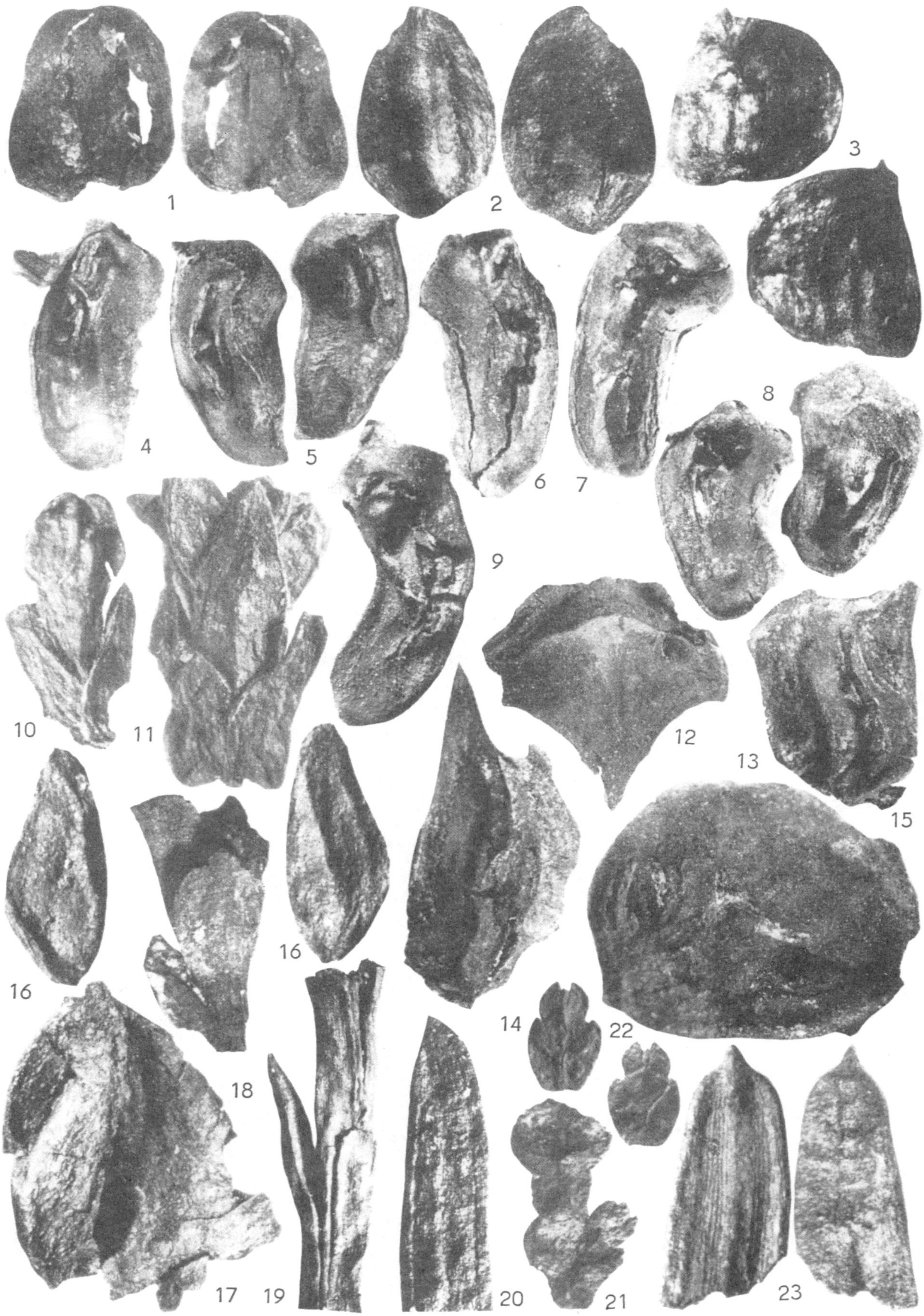

TAFEL VI

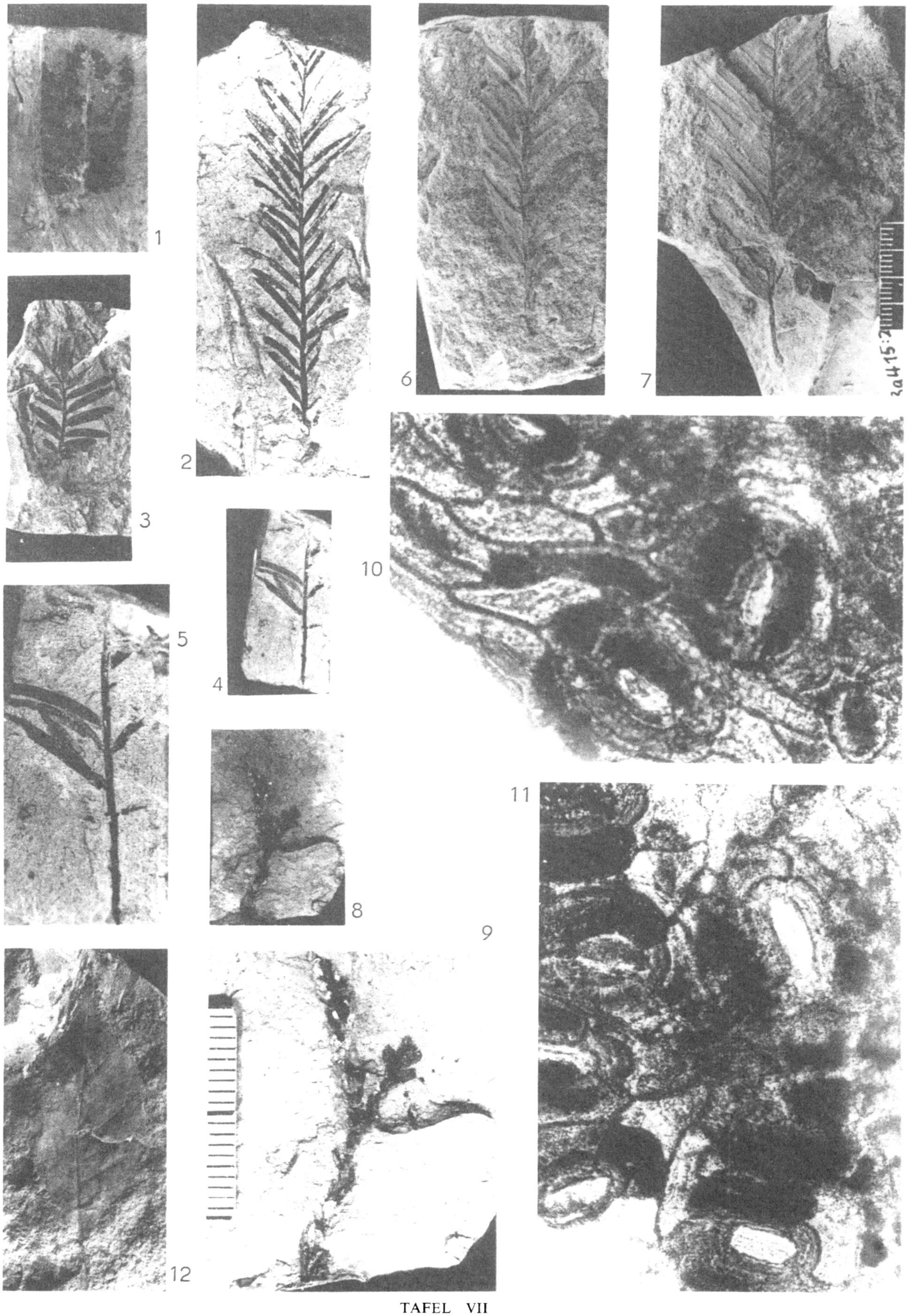

TAFEL VII

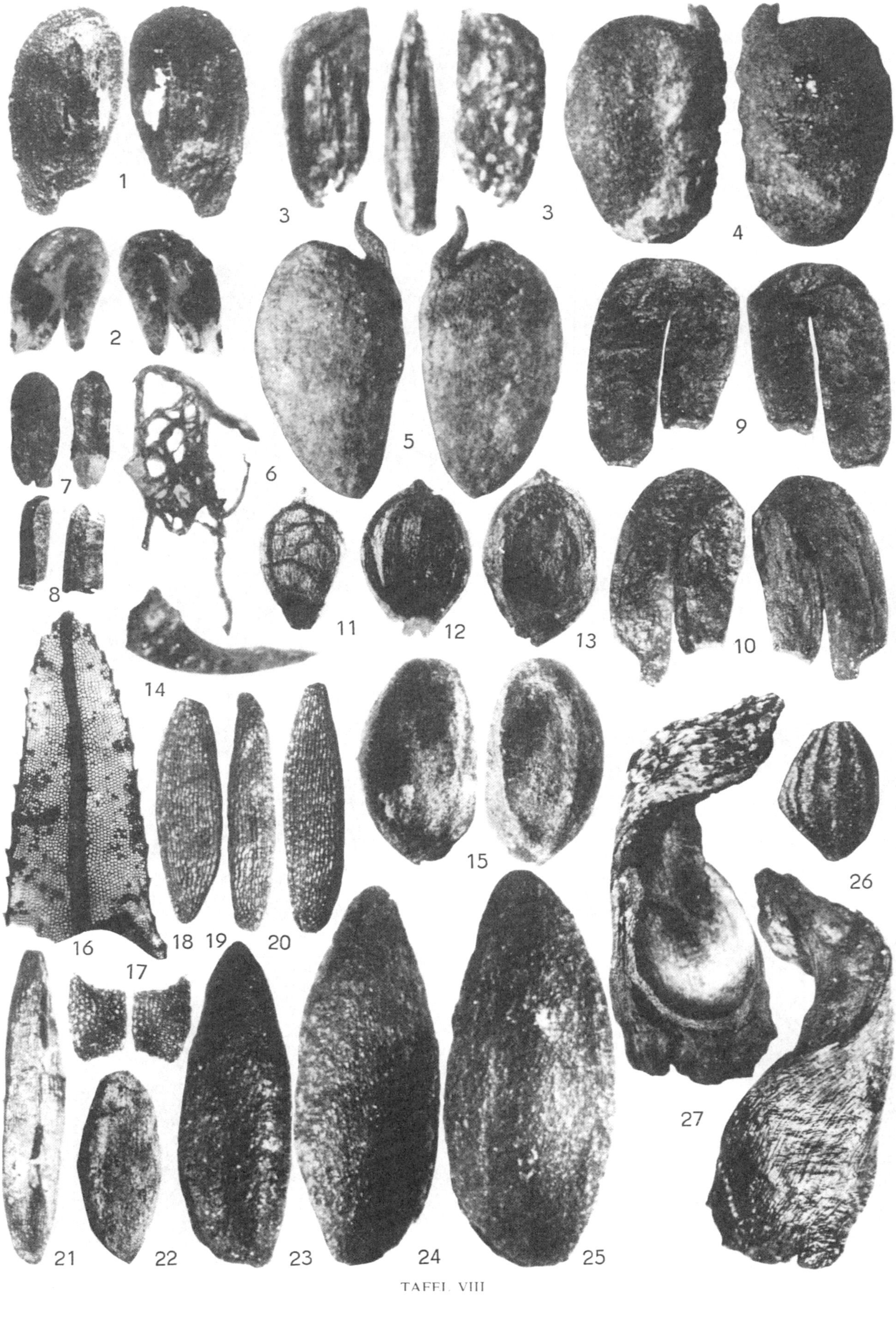

TAFEL VIII

TAFEL IX

TAFEL X

1
2
3
4
5
6
7
8
9
10
11
12
13
14
15
16
17
18
19
20
21
22
23
24
25
26
27
28
29
30

TAFEL XI

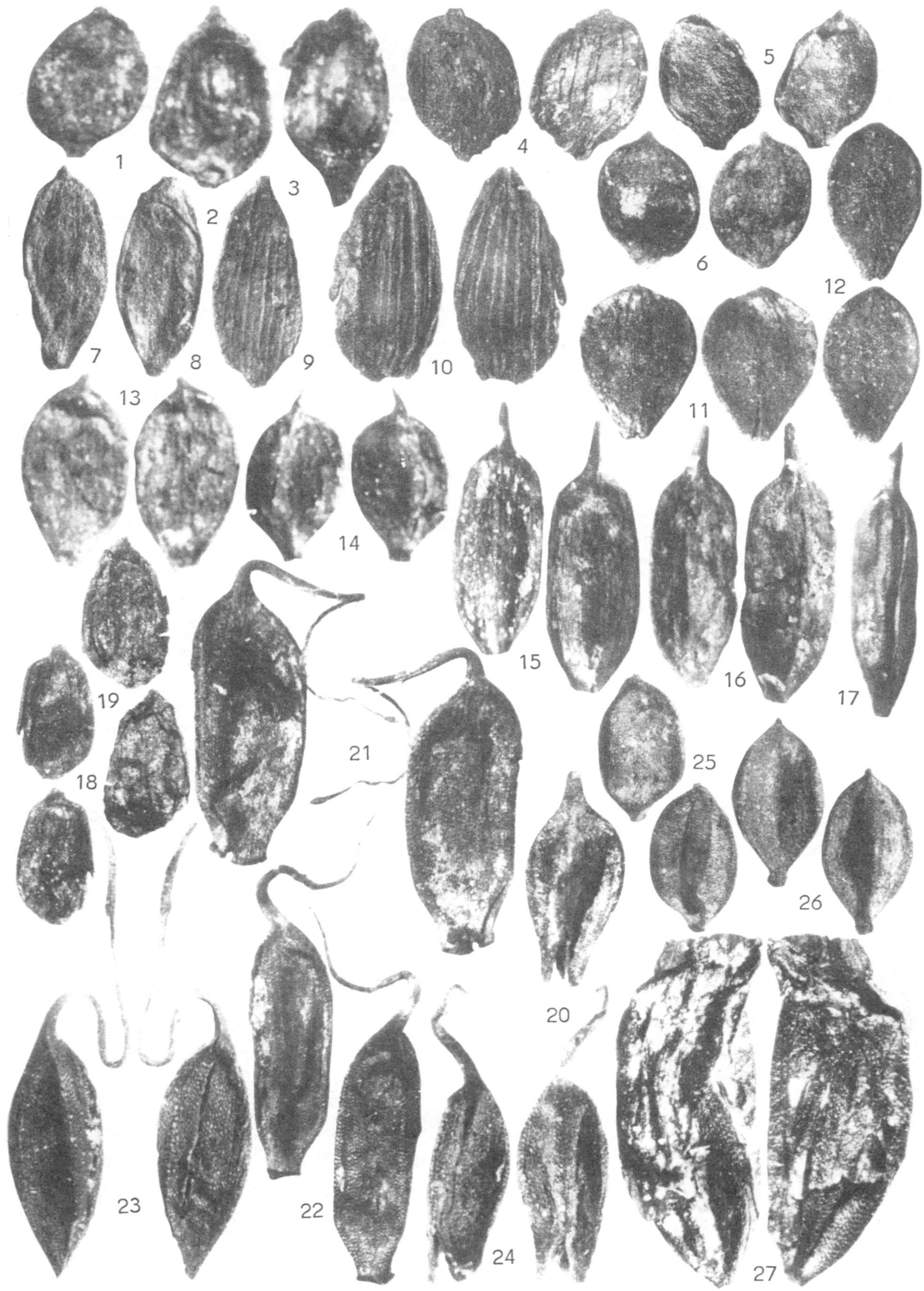

TAFEL XII

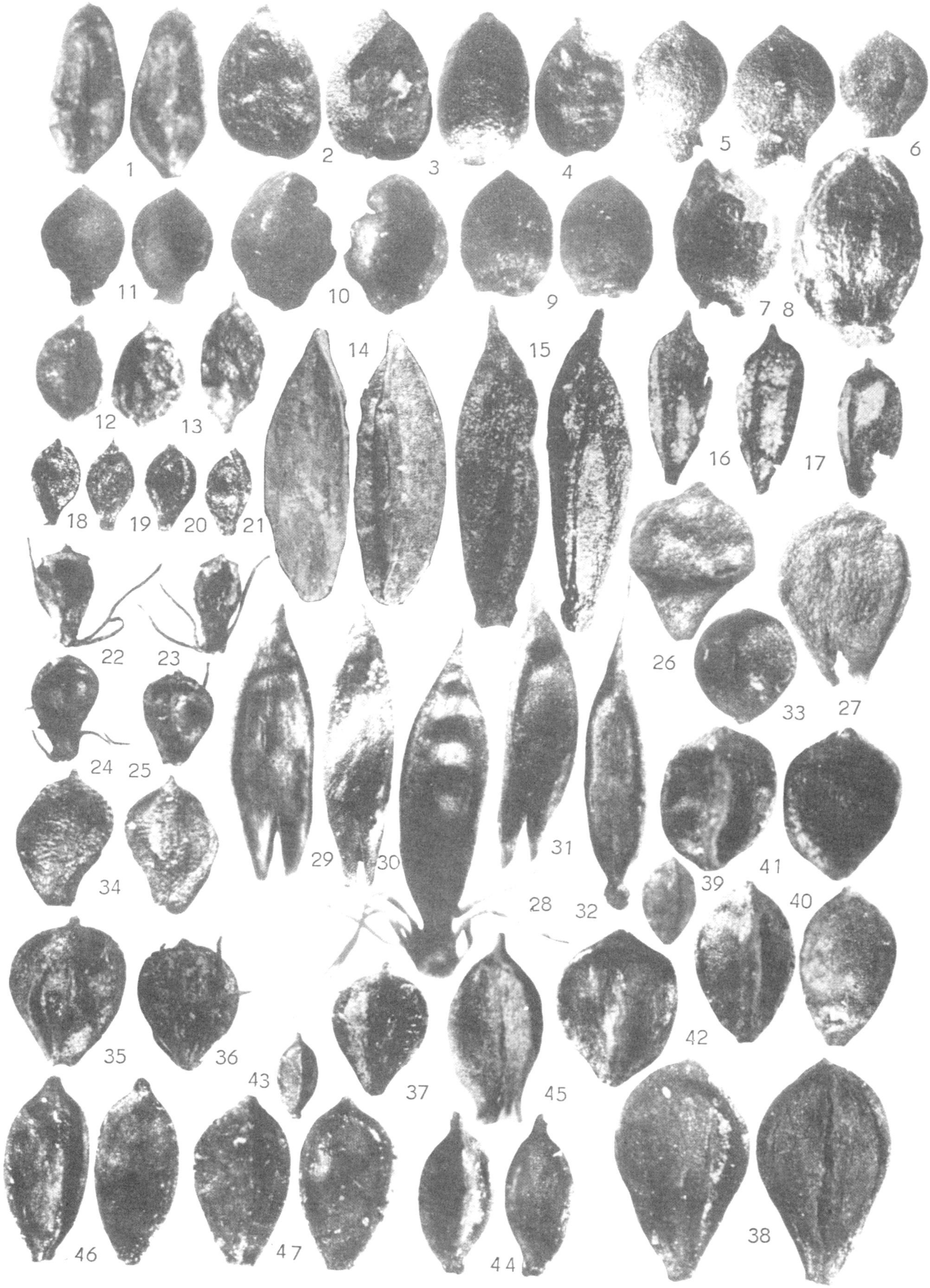

TAFEL XIII

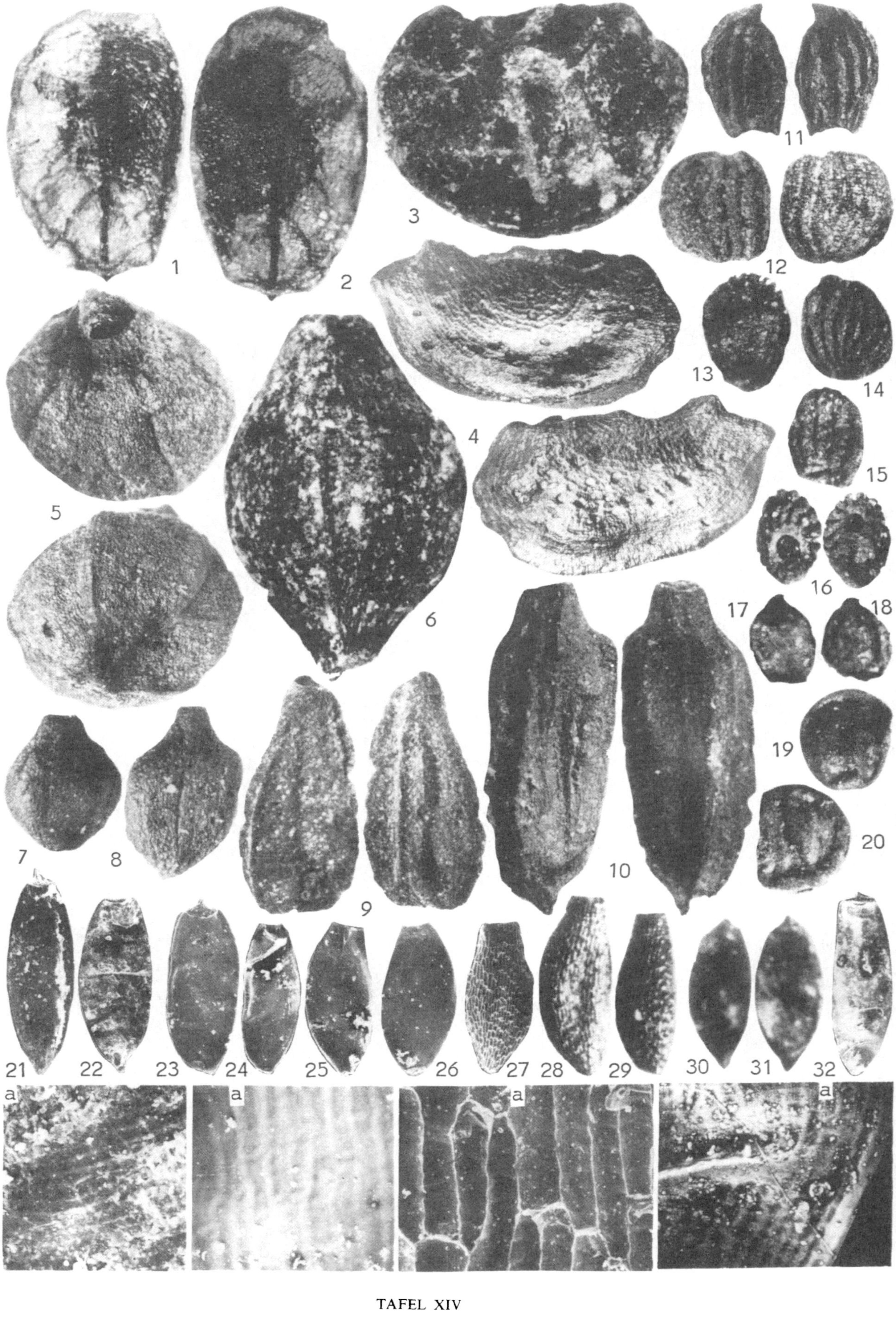
1
2
3
4
5
6
7
8
9
10
11
12
13
14
15
16
17
18
19
20
21
22
23
24
25
26
27
28
29
30
31
32
a
a
a
a

TAFEL XIV

TAFEL XV

TAFEL XVI

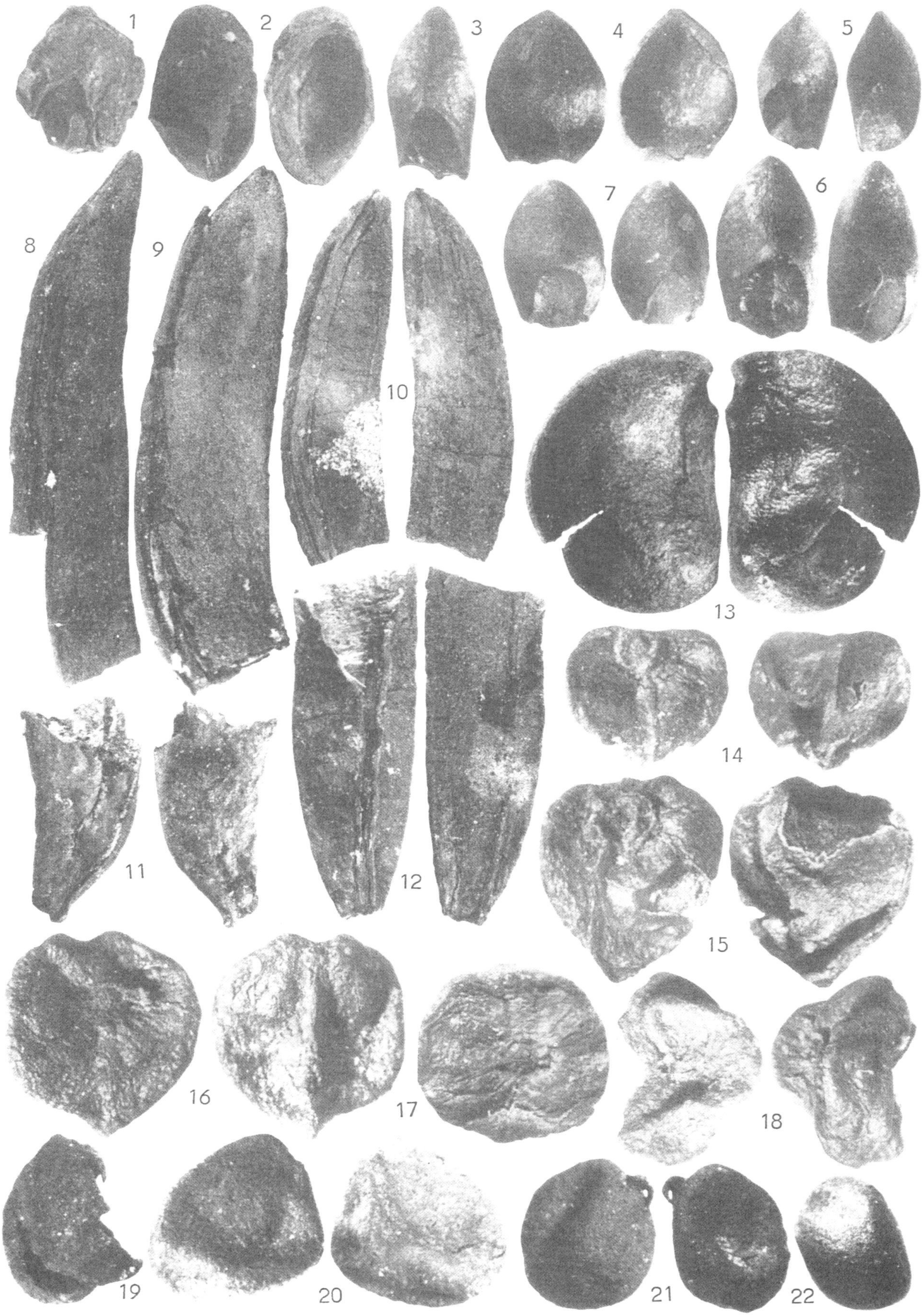

TAFEL XVII

TAFEL XVIII

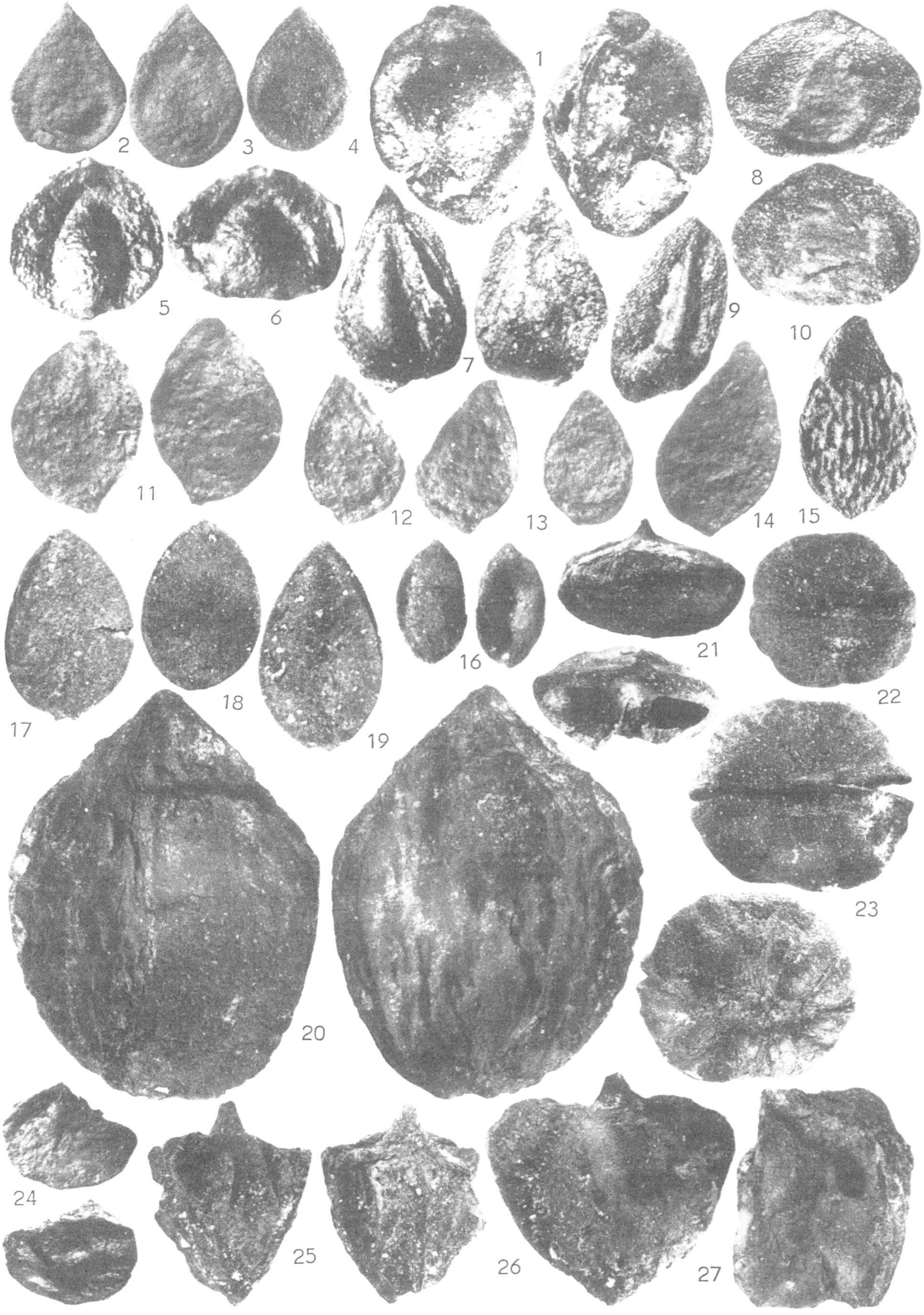

TAFEL XIX

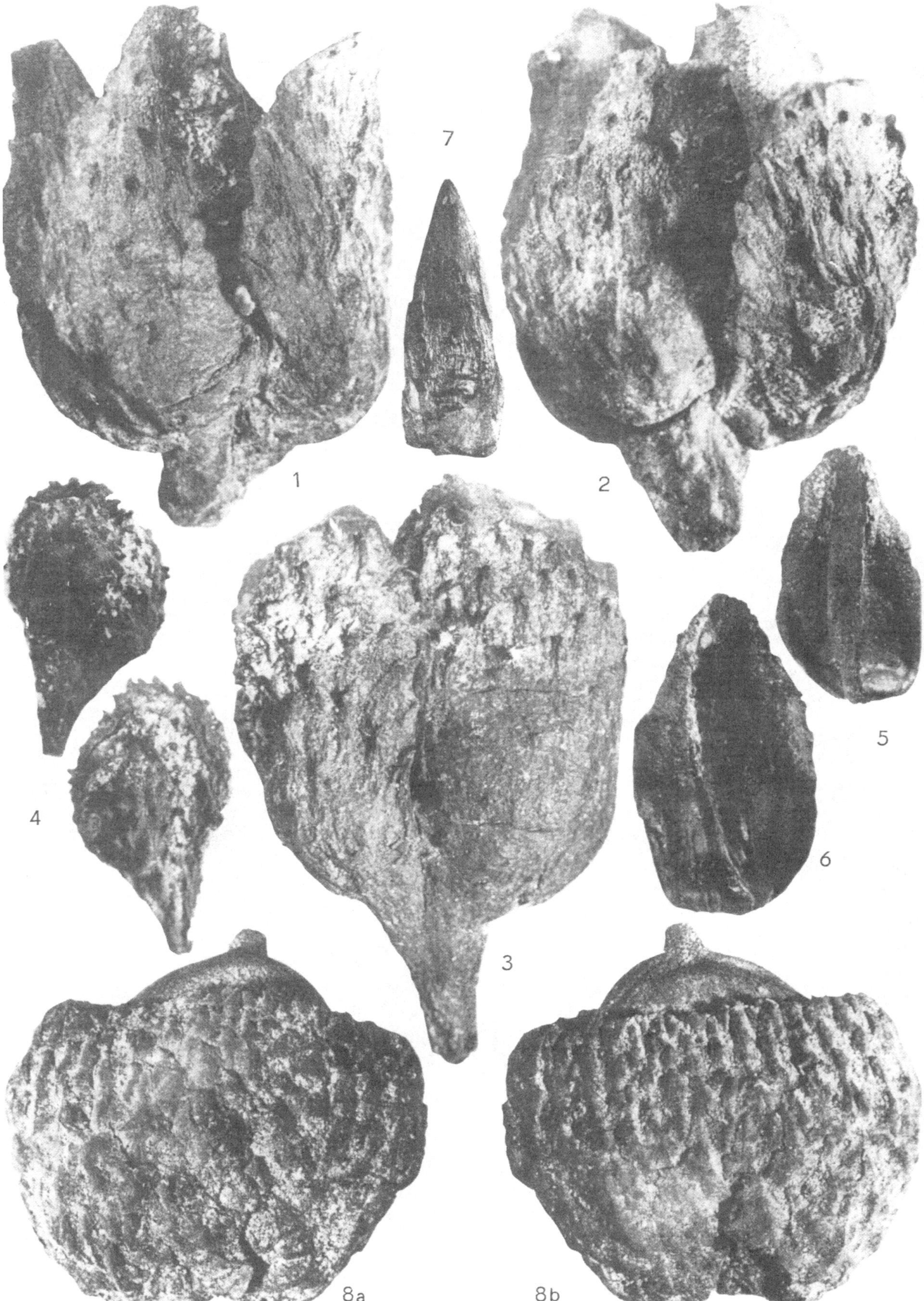

TAFEL XX

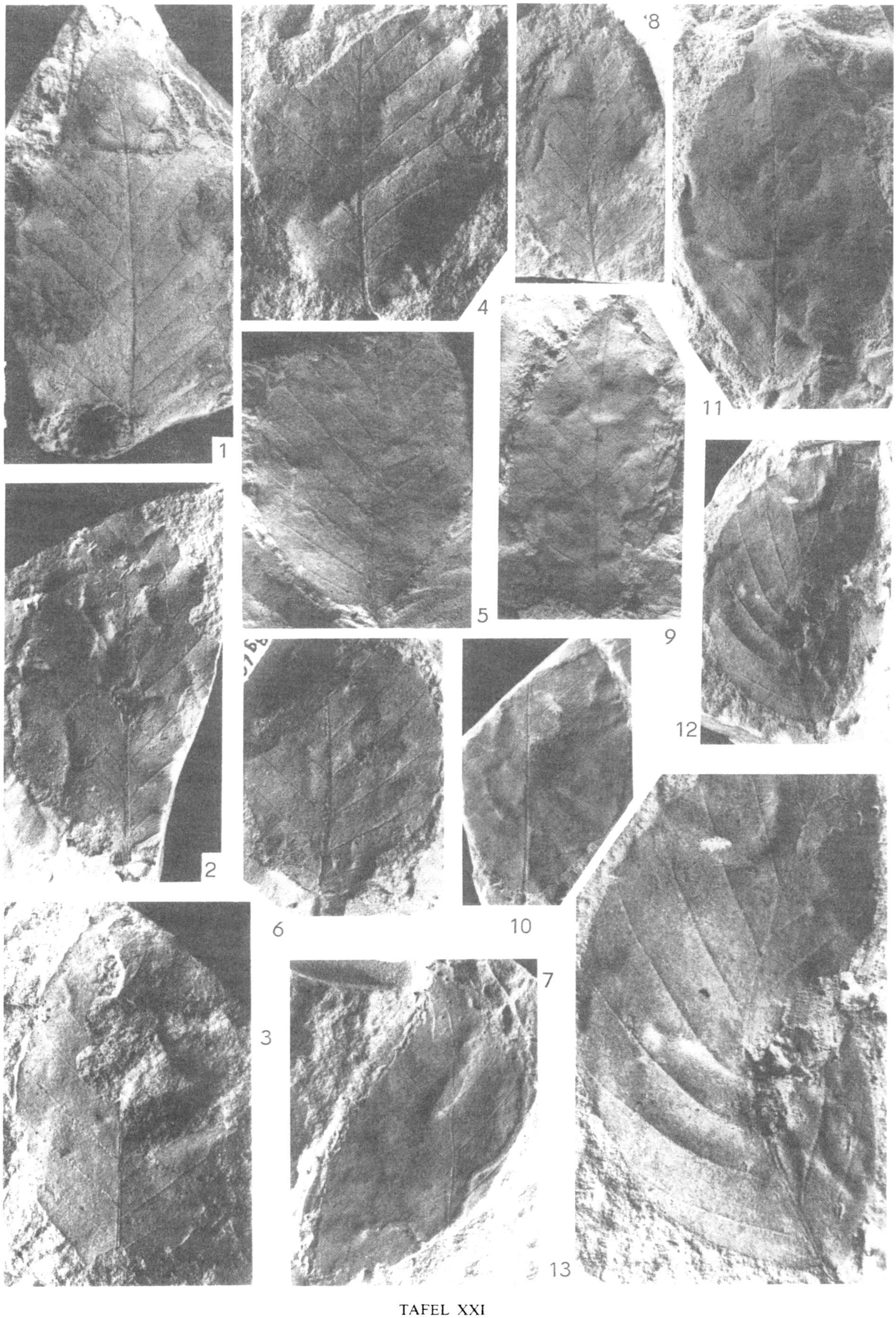

TAFEL XXI

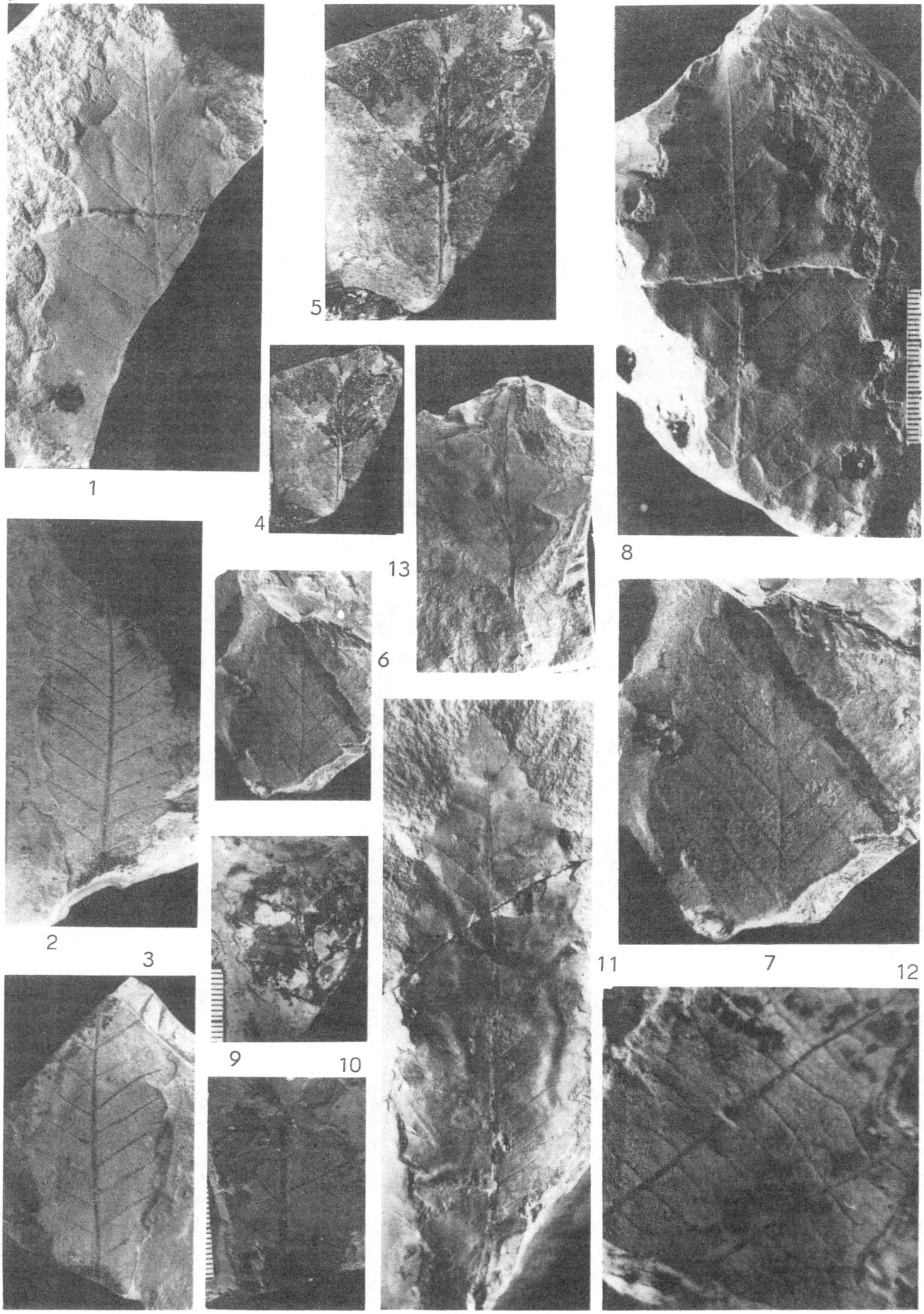

TAFEL XXII

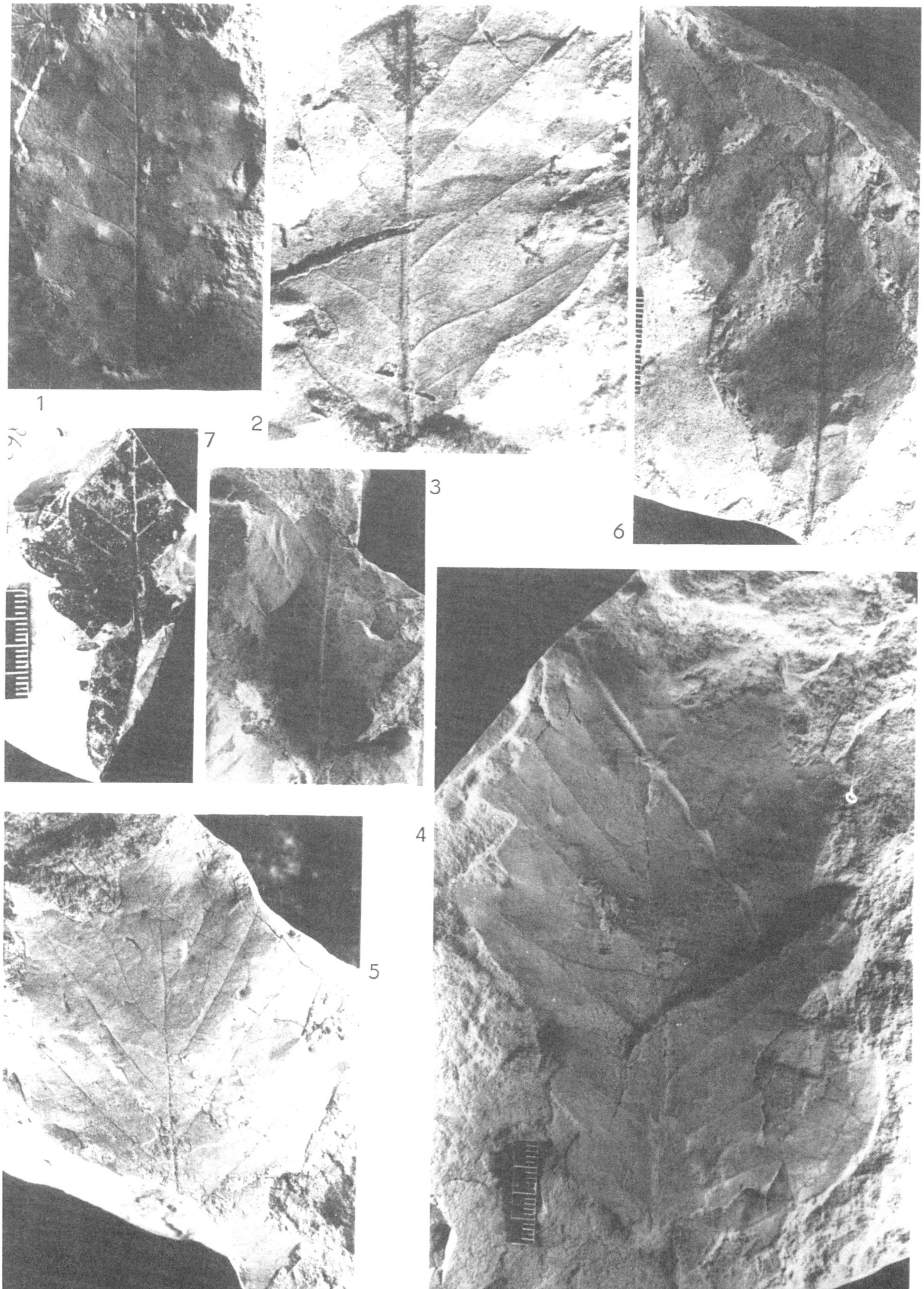

TAFEL XXIII

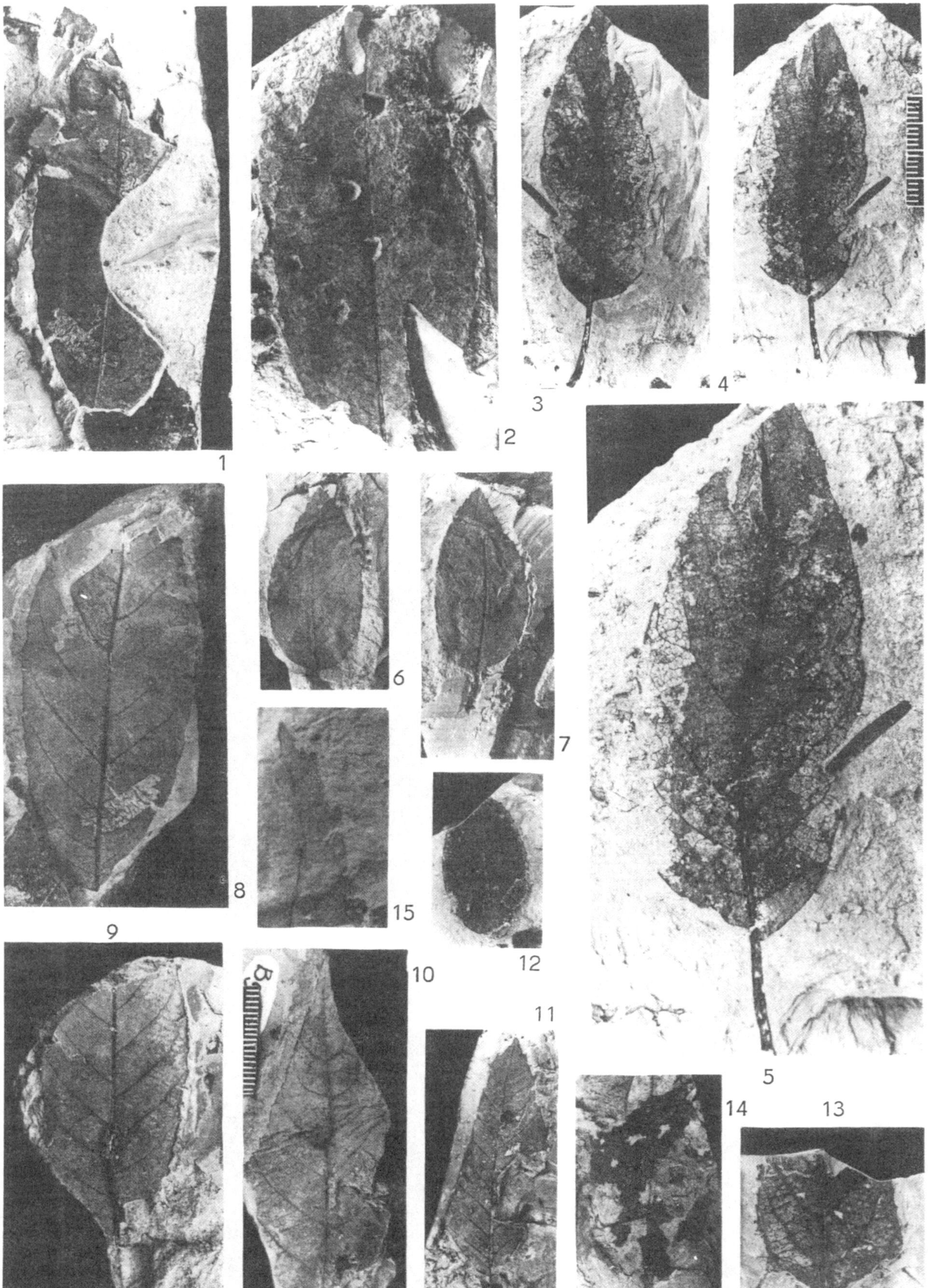

TAFEL XXIV

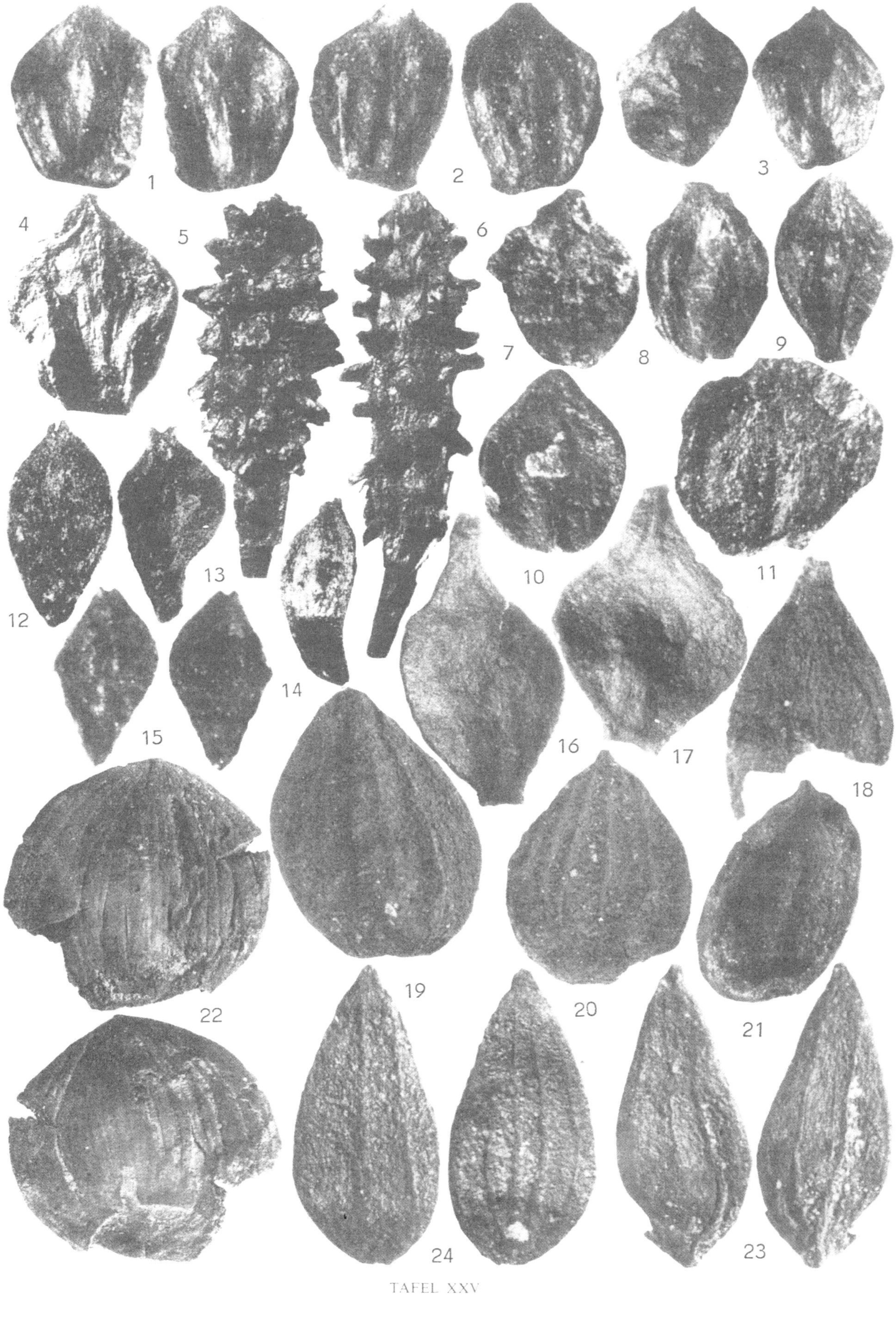

TAFEL XXV

1
2
3
4
5
6
7
8
9
10
11
12
13
14
15
16
17
18
19
20
21
22
23
24
25
26
27
28
29
30

TAFEL XXVI

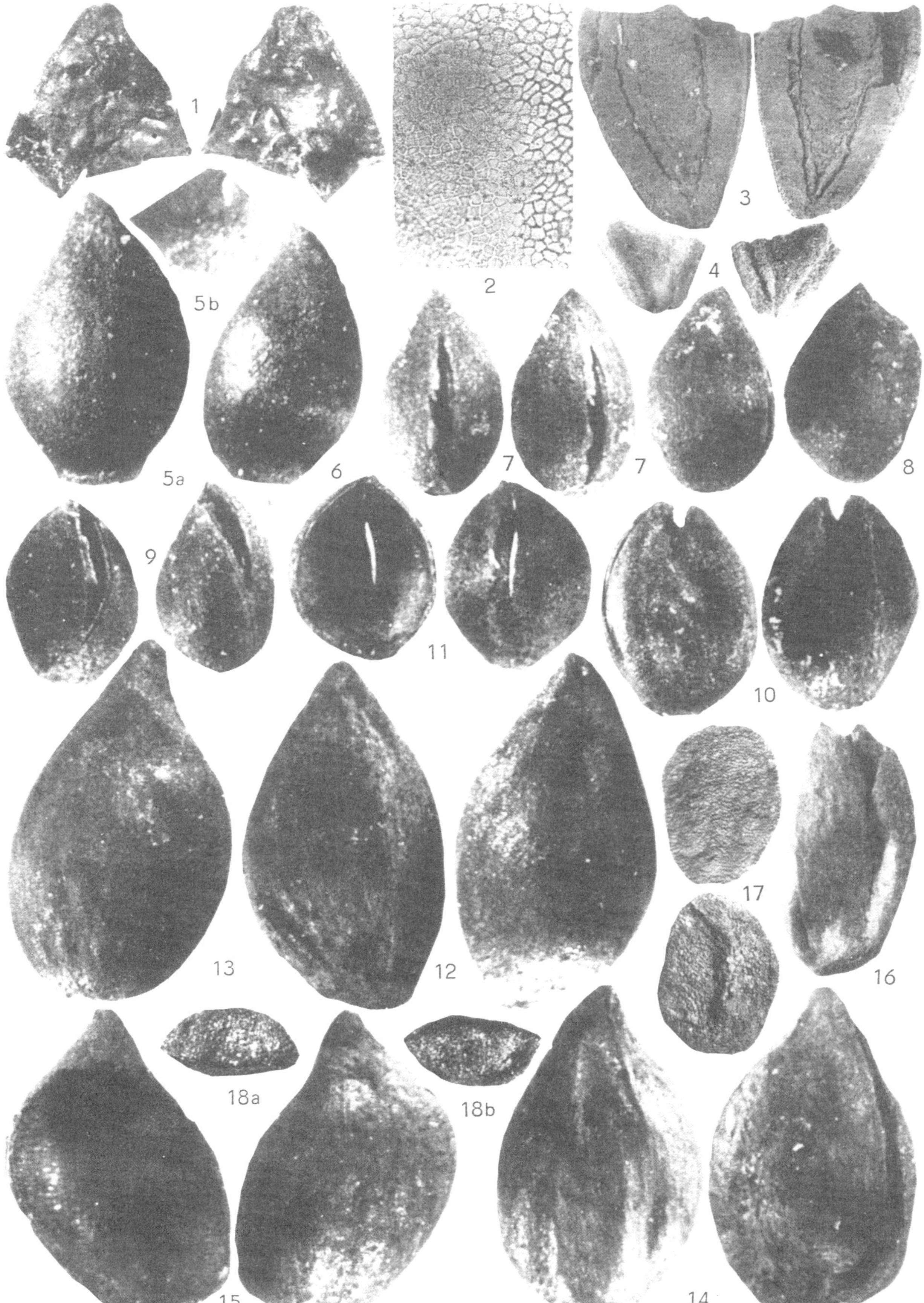

TAFEL XXVII

TAFEL XXVIII

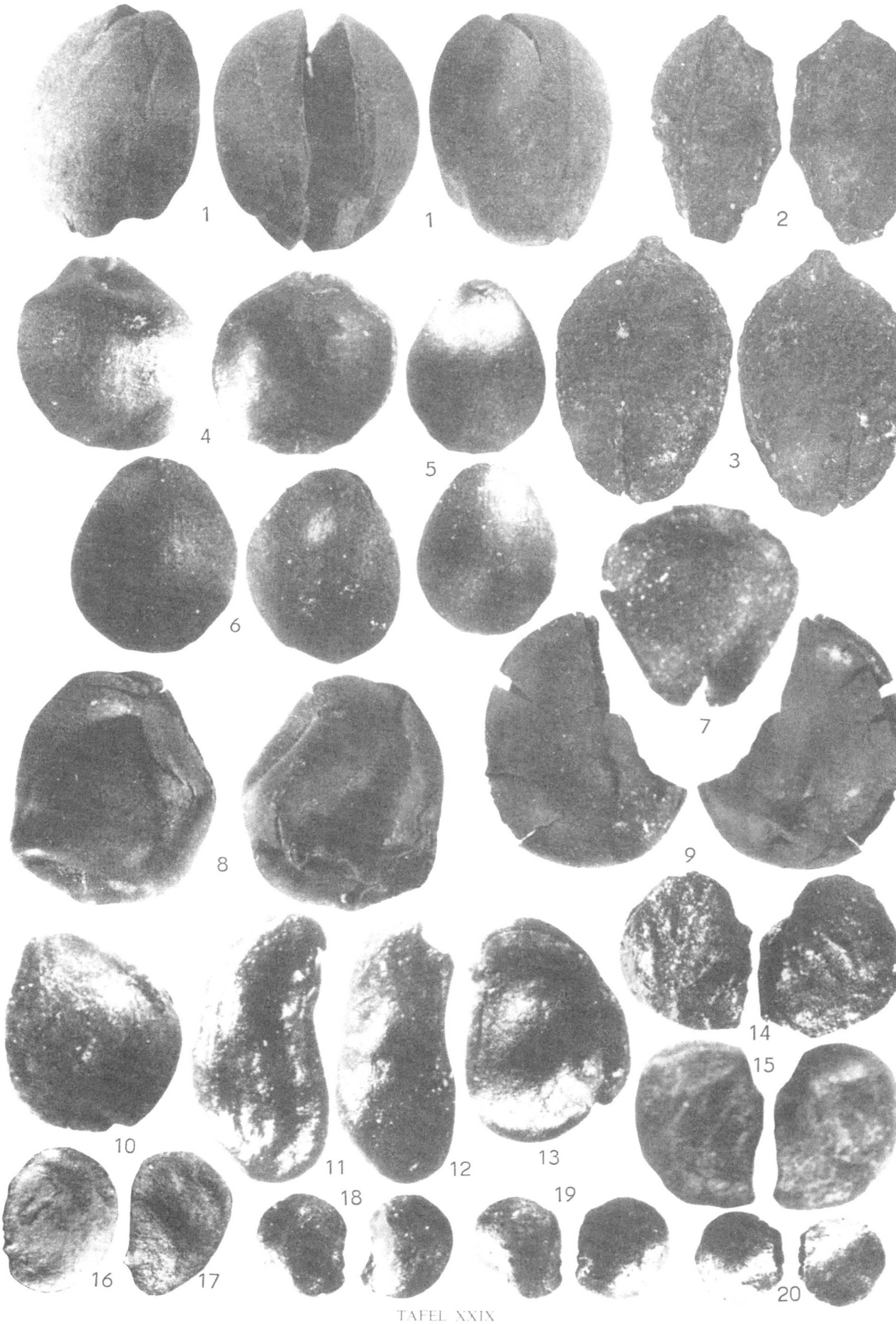

TAFEL XXIX

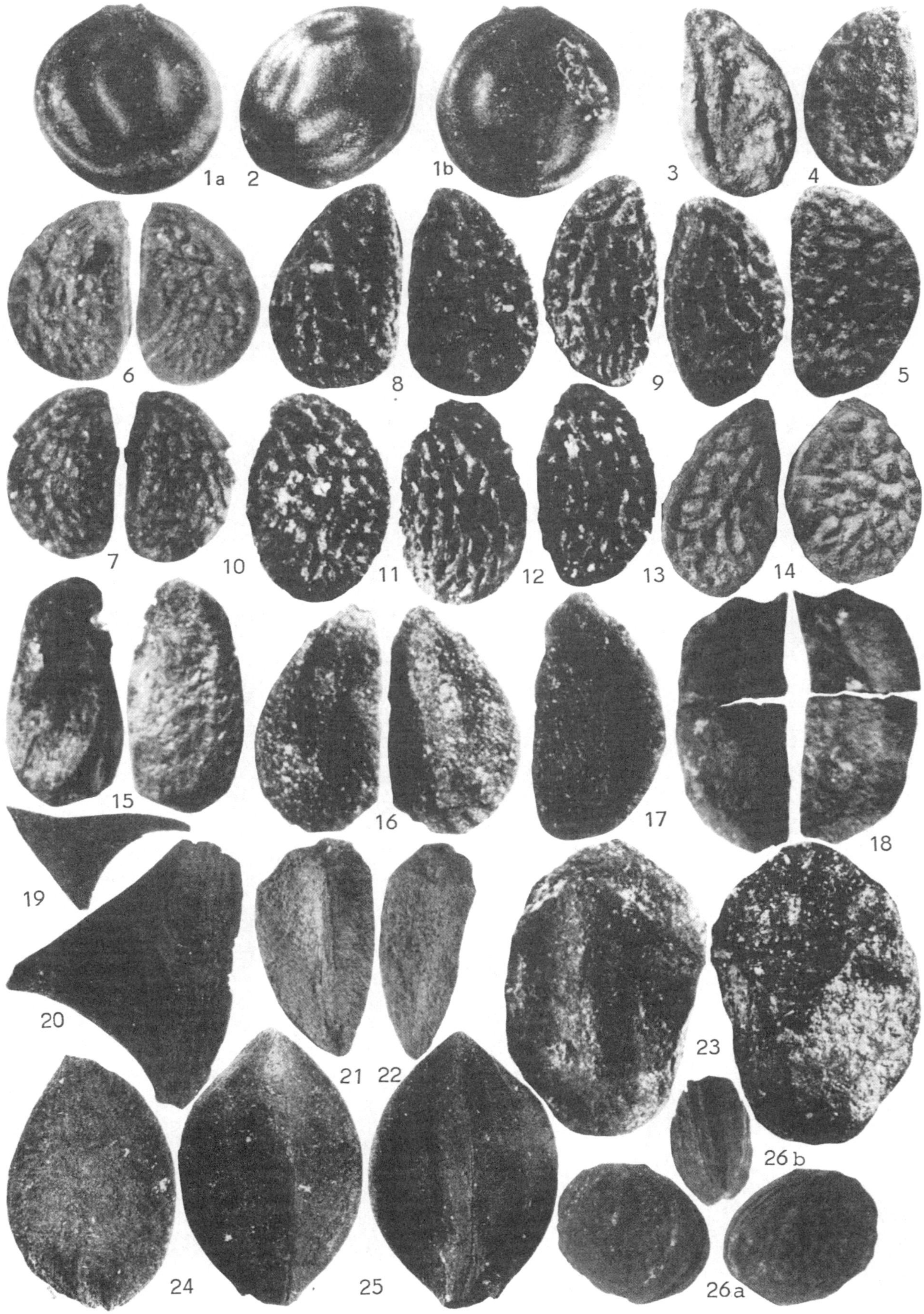
1a
2
1b
3
4
6
8
9
5
7
10
11
12
13
14
15
16
17
18
19
20
21
22
23
24
25
26a
26b

TAFEL XXX

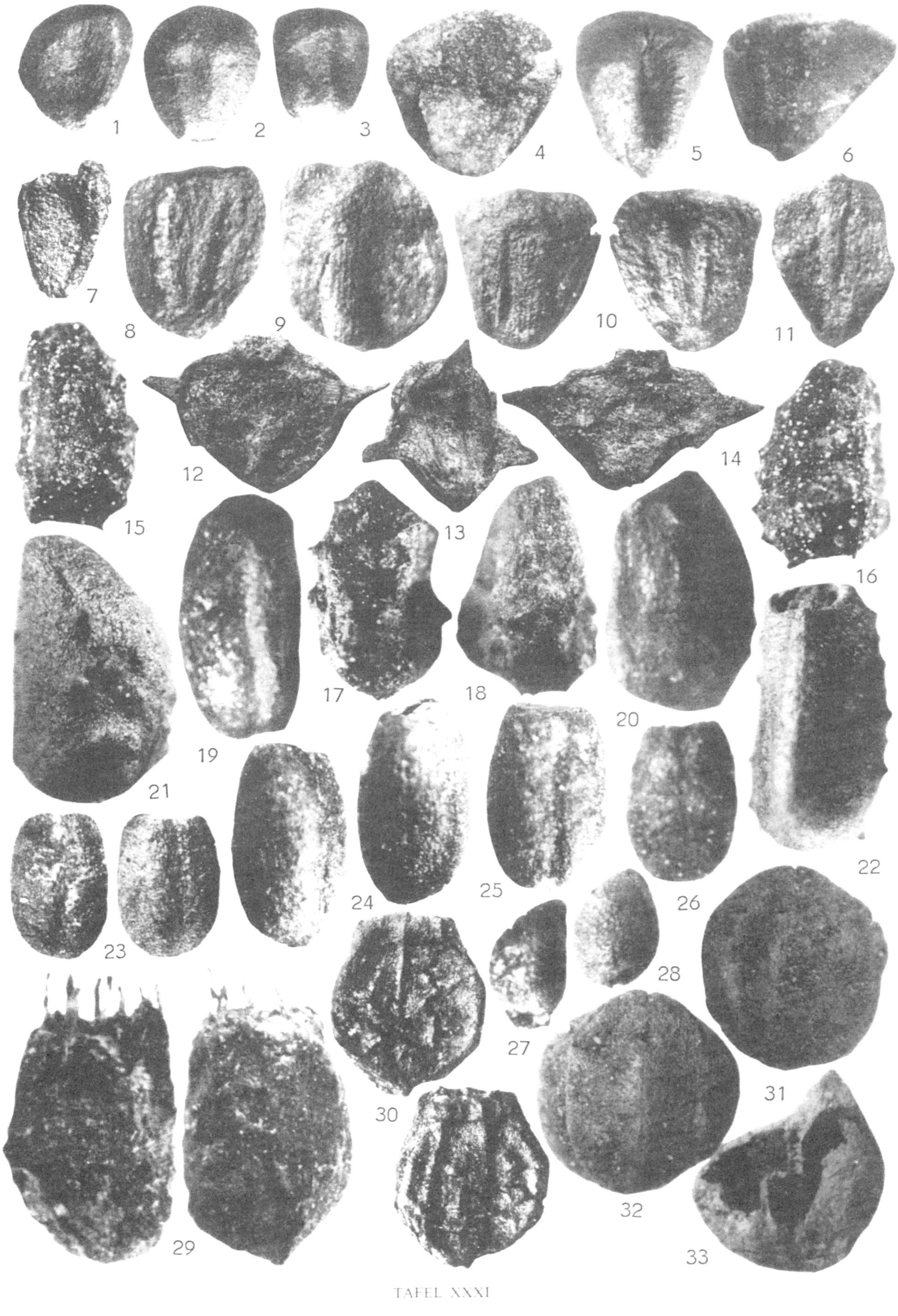
1
2
3
4
5
6
7
8
9
10
11
12
13
14
15
16
17
18
19
20
21
22
23
24
25
26
27
28
29
30
31
32
33

TAFEL XXXI

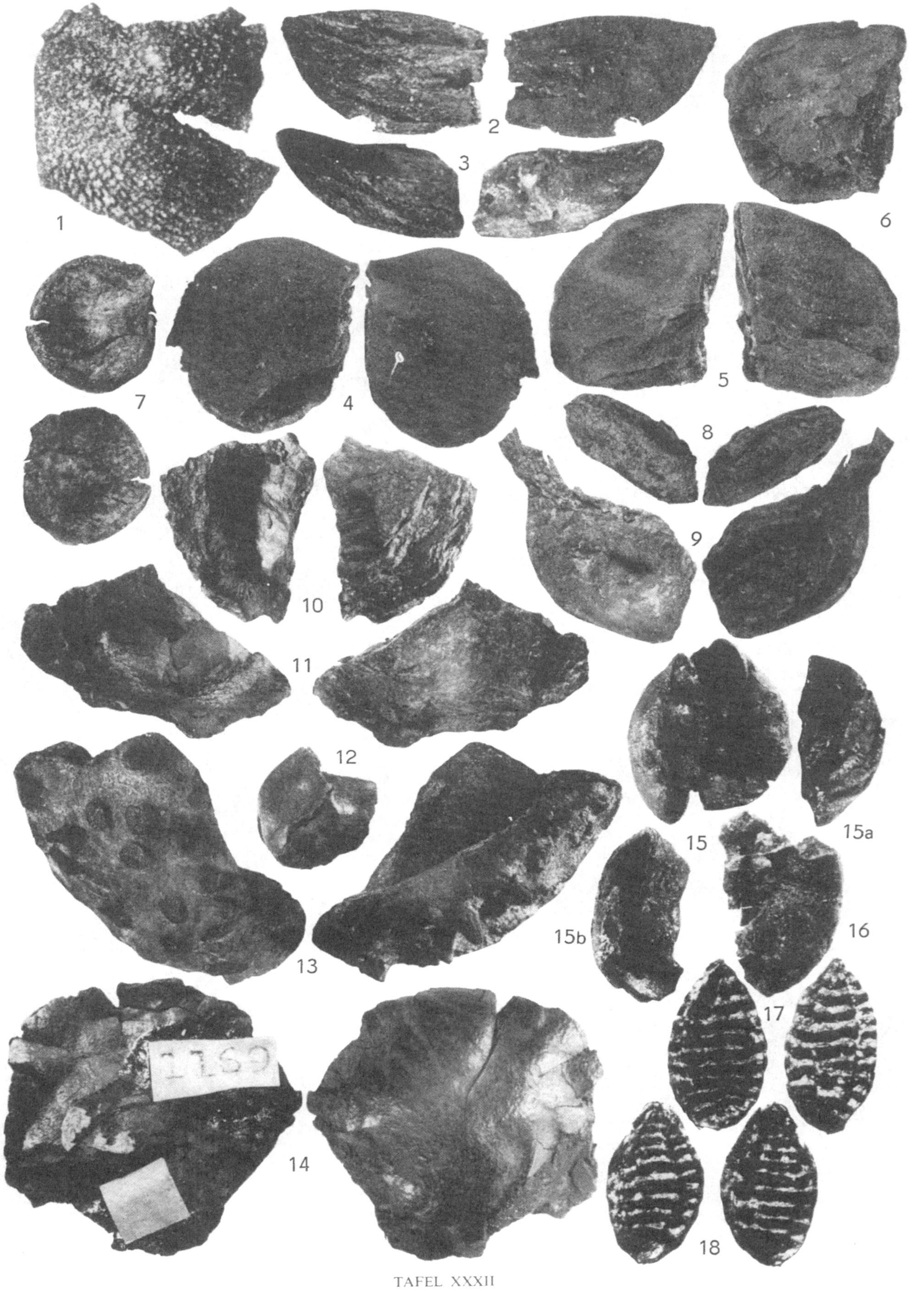

TAFEL XXXII

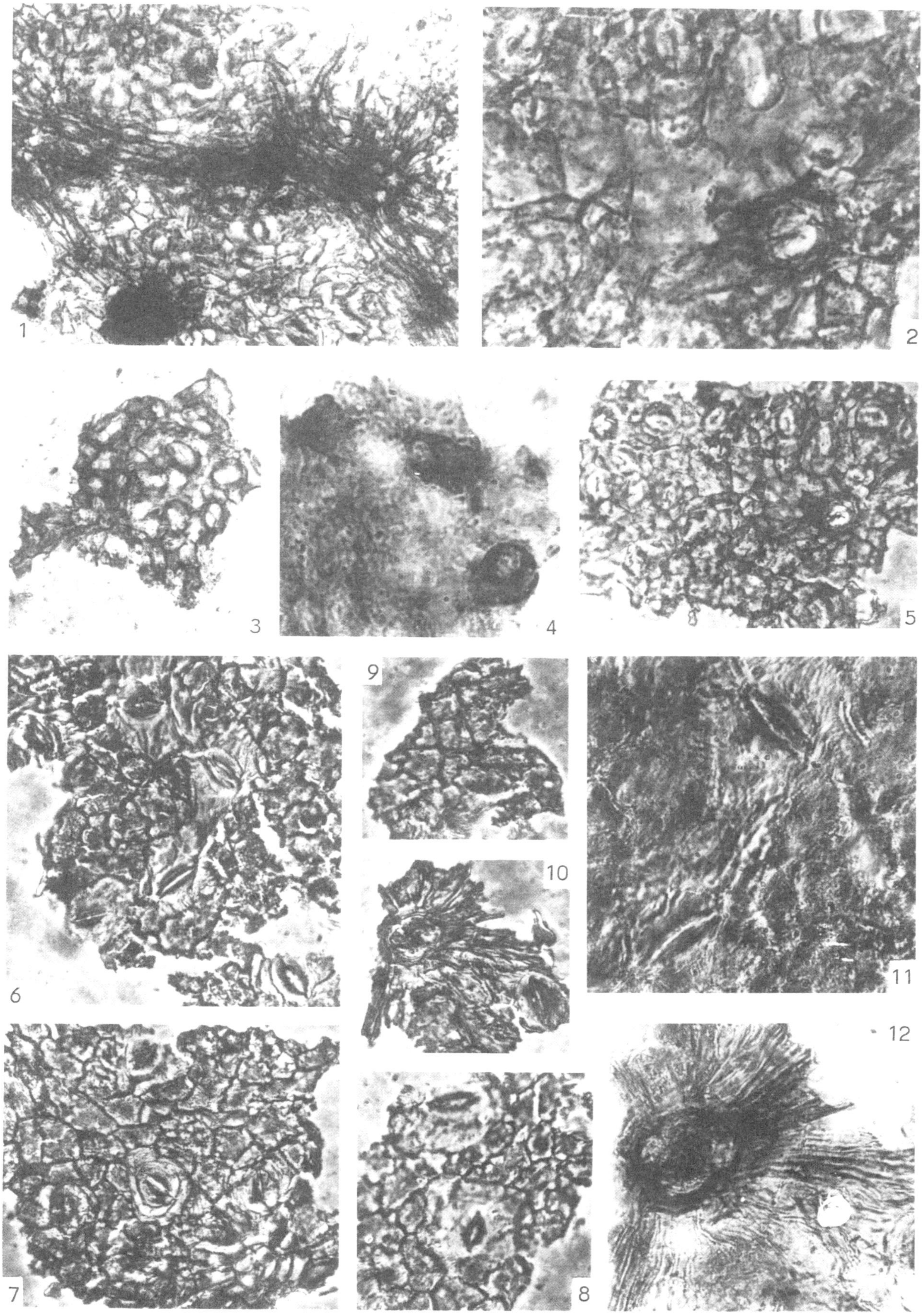

TAFEL XXXIII

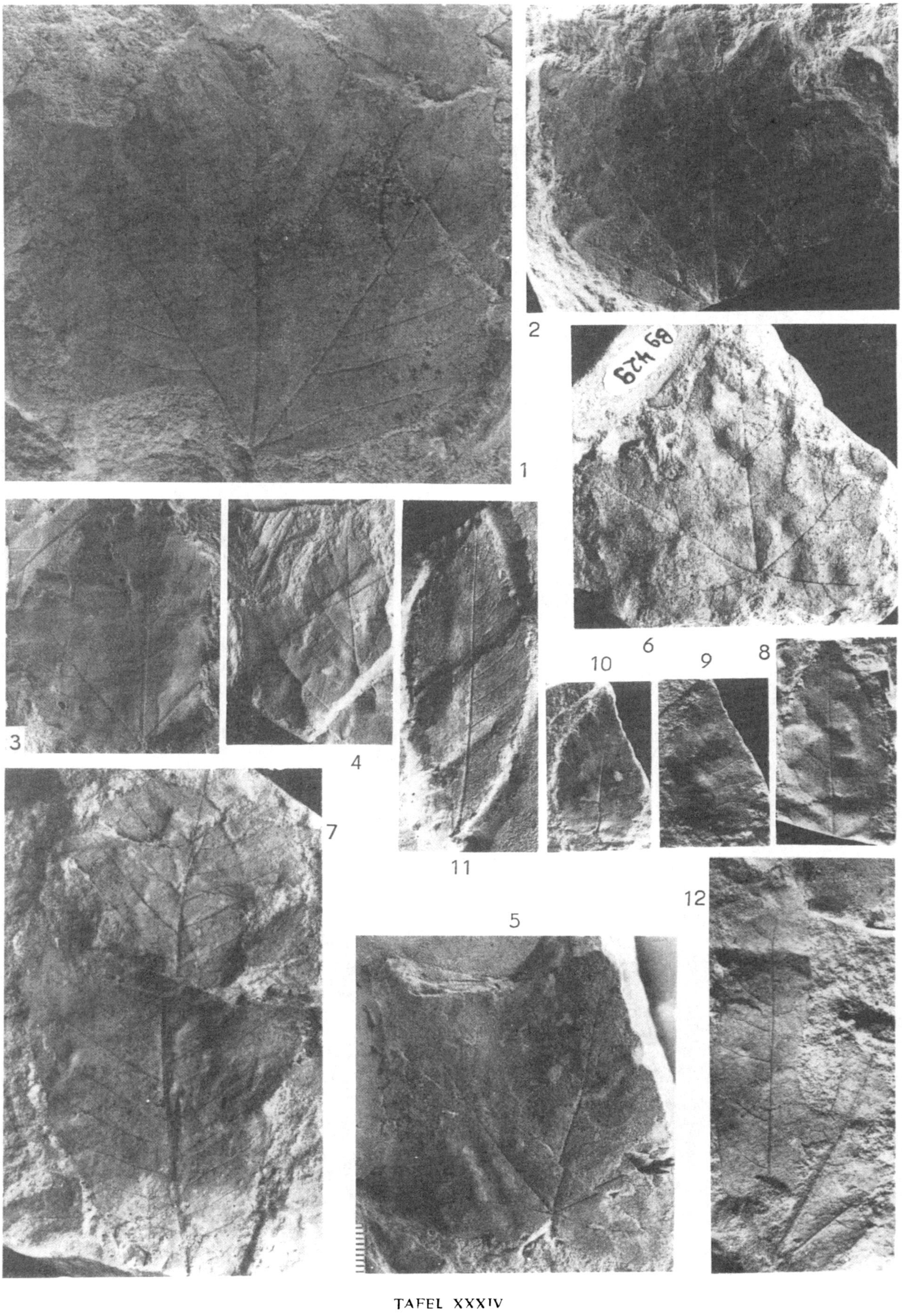

TAFEL XXXIV

TAFEL XXXV

TAFEL XXXVI

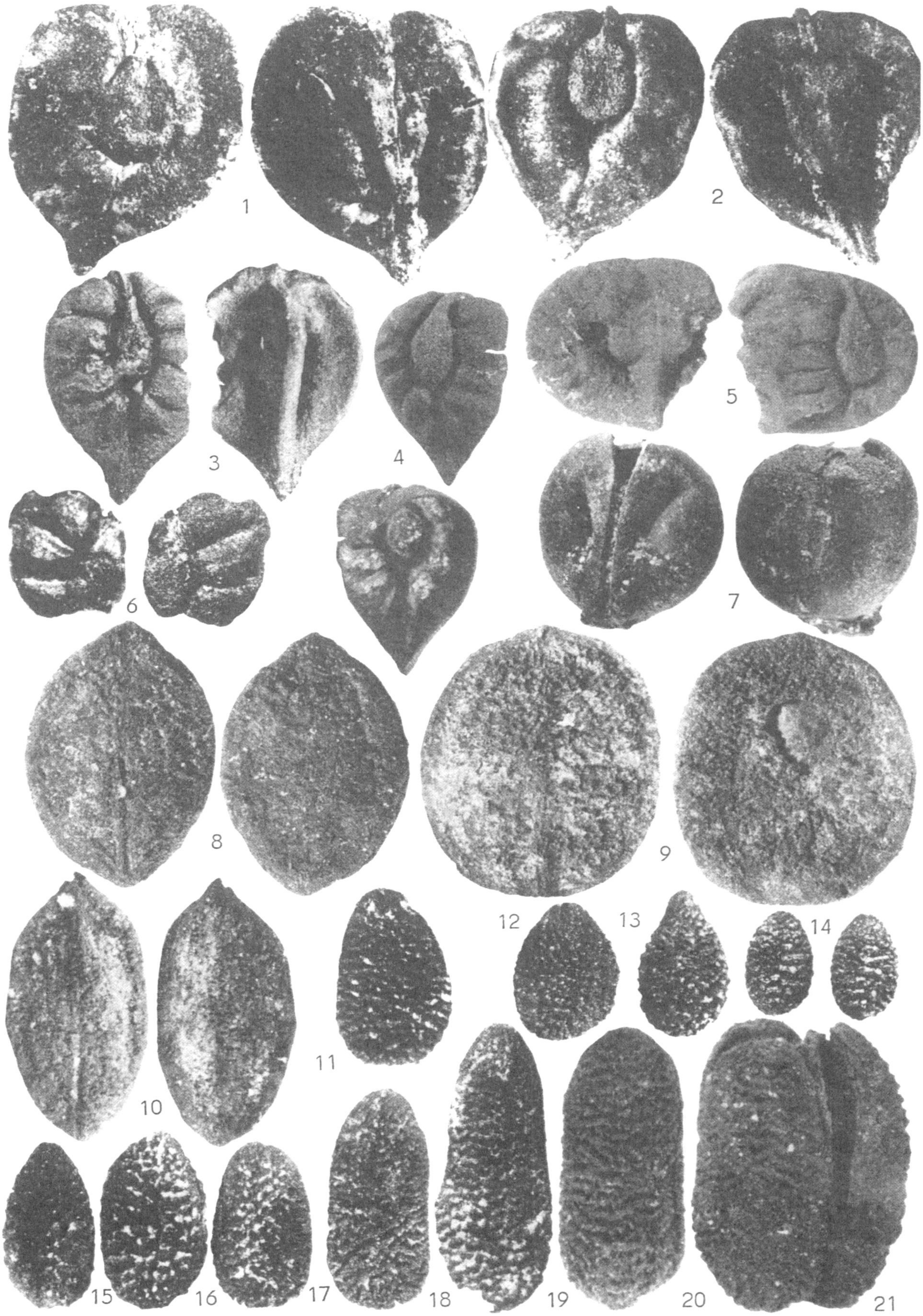

TAFEL XXXVII

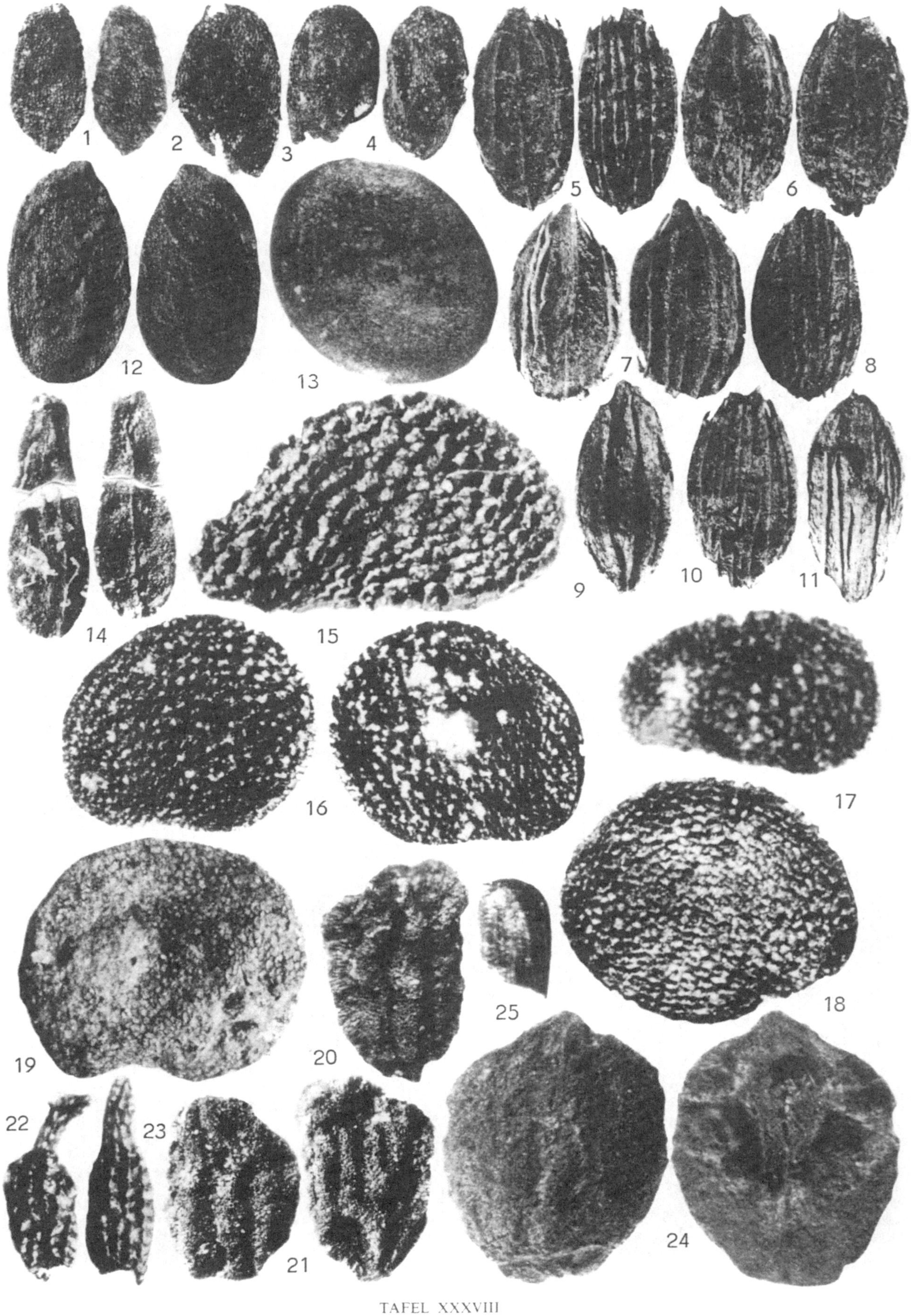

TAFEL XXXVIII

TAFEL XXXIX

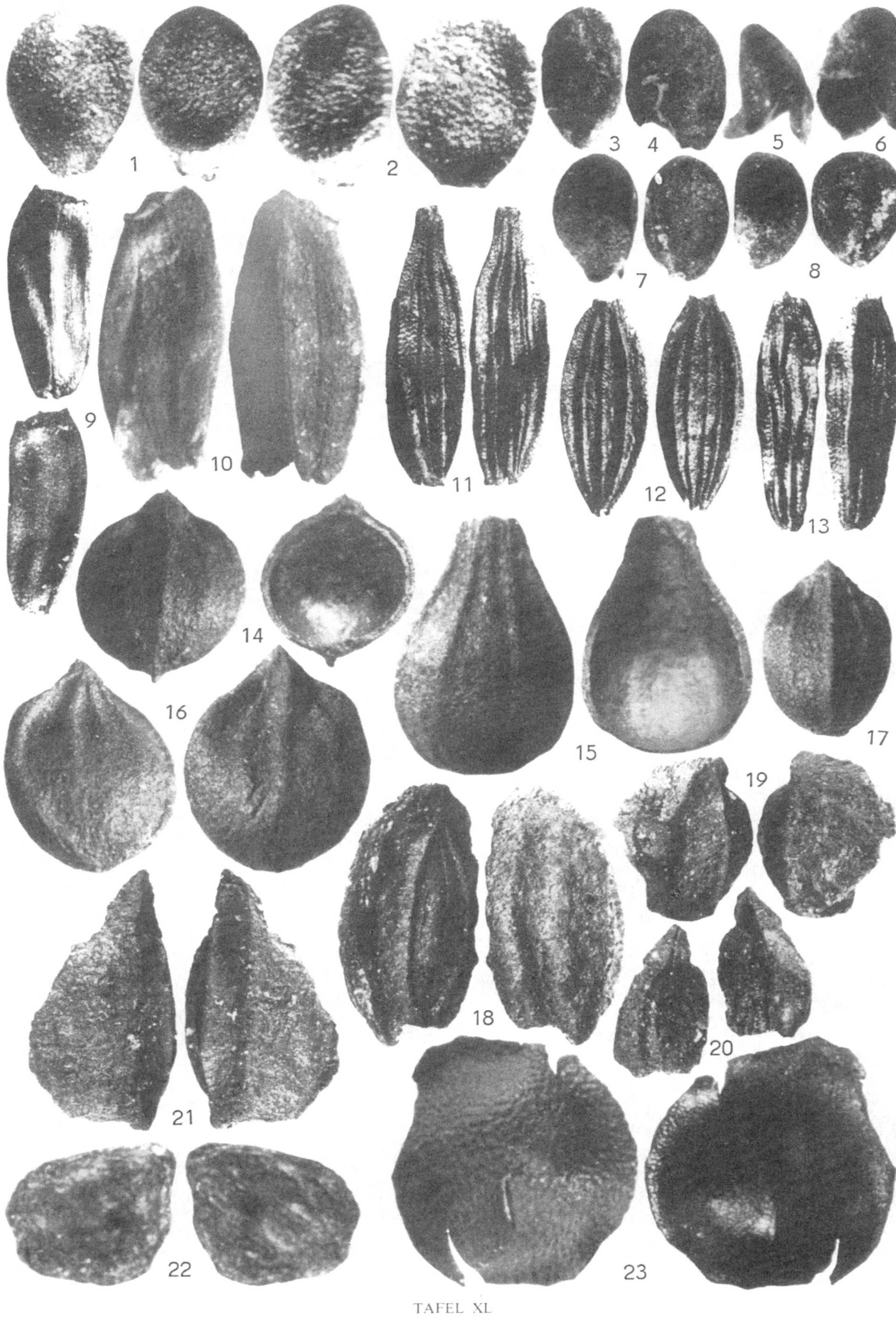

TAFEL XL

1 2

TAFEL XLI

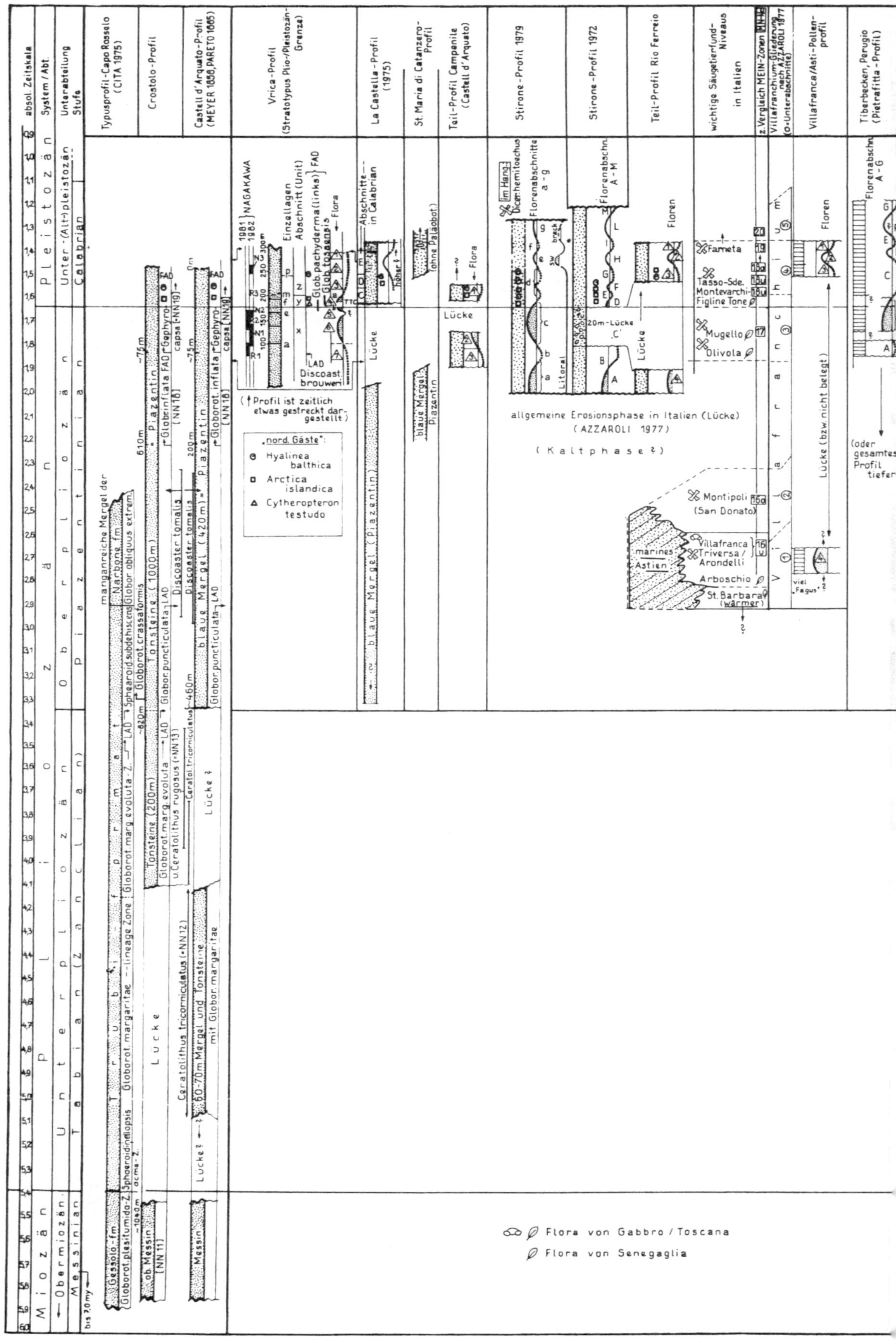
absol. Zeitskala
System / Abt.
Unterabteilung Stufe
Typusprofil-Capo Rossello (CITA 1975)
Crostolo-Profil
Castell d'Arquato-Profil (MEYER 1858, PARETO 1865)
Vrica-Profil (Stratotypus Plio-/Pleistozän-Grenze)
La Castella-Profil (1975)
St. Maria di Catanzaro-Profil
Teil-Profil Campanile (Castell d'Arquato)
Stirone-Profil 1979
Stirone-Profil 1972
Teil-Profil Rio Ferreio
wichtige Säugetierfund-Niveaus in Italien
z. Vergleich MEIN-Zonen
Villafranchium-Gliederung nach AZZAROLI 1977 (O-Unterabschnitte)
Villafranca/Asti-Pollenprofil
Tiberbecken, Perugio (Pietrafitta-Profil)
Pleistozän
Pliozän
Miozän
Unter-(Alt-)pleistozän
Calabrian
Oberpliozän
Piazentin
Unterpliozän
Tabianian (Zanclian)
Obermiozän
Messinian
„nord. Gäste":
Hyalinea balthica
Arctica islandica
Cytheropteron testudo
allgemeine Erosionsphase in Italien (Lücke)
(AZZAROLI 1977)
(Kaltphase?)
Flora von Gabbro / Toscana
Flora von Senegaglia

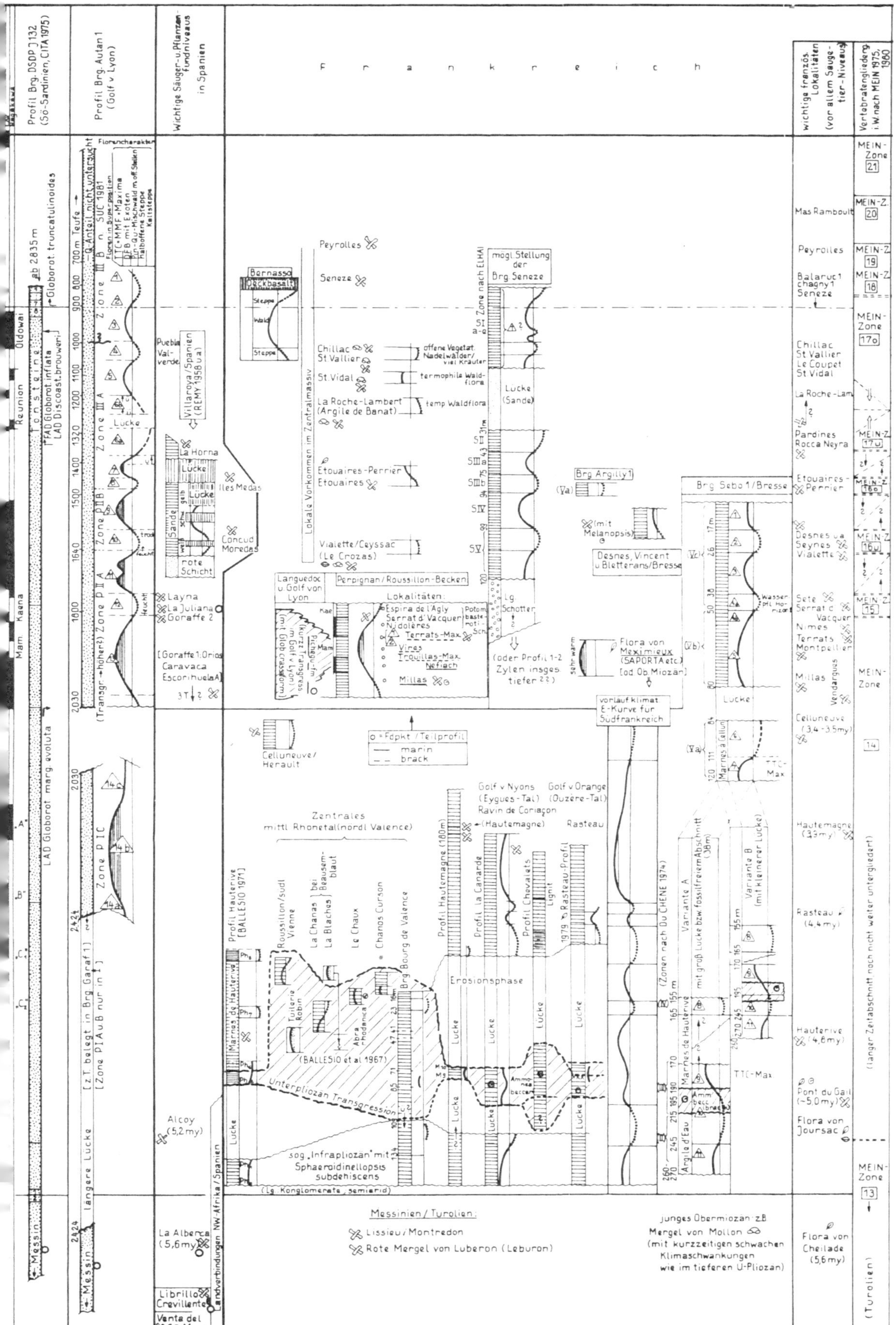

Profil Brg. DSDP 132 (Sü-Sardinien, CITA 1975)
Profil Brg. Autan 1 (Golf v. Lyon)
Wichtige Säuger- u. Pflanzen-fundniveaus in Spanien
F r a n k r e i c h
wichtige französ. Lokalitäten (vor allem Säugetier-Niveaus)
Vertebratengliederg. i.W. nach MEIN 1975, 1980
Globorot. truncatulinoides
Globorot. inflata
Discoast. brouweri
LAD Globorot. marg. evoluta
Zone P I C
Zone P II A
Zone P II B
Zone III A
Zone III B
Lucke
längere Lucke
Messin
Villaroya/Spanien (REMY 1958 u.a.)
La Horna
Iles Medas
Concud Moredes
Layna
La Juliana
Goraffe 2
Caravaca
Escorihuela
Alcoy (5,2 my)
La Alberca (5,6 my)
Librillo
Crevillente
Venta del Moro
Landverbindungen NW-Afrika/Spanien
Peyrolles
Seneze
Chillac
St. Vallier
St. Vidal
La Roche-Lambert (Argile de Banat)
Etouaires-Perrier
Etouaires
Vialette/Ceyssac (Le Crozas)
Lokale Vorkommen im Zentralmassiv
offene Vegetat. Nadelwälder/ viel Kräuter
termophile Waldflora
temp. Waldflora
Languedoc u. Golf von Lyon
Perpignan/Roussillon-Becken
Lokalitäten:
Espira de l'Agly
Serrat d'Vacquer
Nidolères
Terrats-Max.
Vires
Trouillas-Max.
Nefiach
Millas
Lg. Schotter
(oder Profil 1-2 Zylen insges. tiefer ??)
Brg. Argilly 1
Flora von Meximieux (SAPORTA etc.) (od. Ob. Miozän)
Desnes, Vincent u. Bletterans/Bresse
Brg. Sebo 1/Bresse
vorlauf. klimat. E-Kurve für Südfrankreich
Celluneuve/Herault
o = Fdpkt./Teilprofil
marin
brack
Zentrales mittl. Rhonetal (nördl. Valence)
Golf v. Nyons (Eygues-Tal) Ravin de Coriaçon
Golf v. Orange (Ouzère-Tal)
Rasteau
Profil Hauterive (BALLESIO 1971)
Roussillon/südl. Vienne
La Chanas
La Blaches
Le Chaux
Chanos Curson
Brg. Bourg de Valence
Profil Hautemagne (180 m)
Profil la Canarde
Profil Chevalets
1979 Rasteau-Profil
(BALLESIO et al. 1967)
Unterpliozän Transgression
Erosionsphase
sog. „Infrapliozän" mit Sphaeroidinellopsis subdehiscens
(Lg. Konglomerate, semiarid)
(Zonen nach Du CHENE 1974)
Variante A
Variante B
TTC-Max.
Marnes de Hauterive
Argile d'Eau
Messinien/Turolien:
Lissieu/Montredon
Rote Mergel von Luberon (Leburon)
junges Obermiozän z.B. Mergel von Mollon (mit kurzzeitigen schwachen Klimaschwankungen wie im tieferen U-Pliozän)
Mas Rambault
Balaruc 1
chagny 1
Pardines
Rocca Neyra
Etouaires-Perrier
Desnes u.a.
Seynes
Vialette
Sete
Serrat d. Vacquer
Nimes
Terrats
Montpellier
Millas
Vendargues
Celluneuve (3,4-3,5 my)
Hautemagne (3,3 my)
Rasteau (4,4 my)
Hauterive (4,6 my)
Pont du Gail (~5,0 my)
Flora von Joursac
Flora von Cheilade (5,6 my)
MEIN-Zone 21
MEIN-Z. 20
MEIN-Z. 19
MEIN-Z. 18
MEIN-Zone 17o
MEIN-Z. 17u
MEIN-Z. 16o
MEIN-Z. 16u
MEIN-Z. 15
MEIN-Zone 14
MEIN-Zone 13
(langer Zeitabschnitt noch nicht weiter untergliedert)
(Turolien)

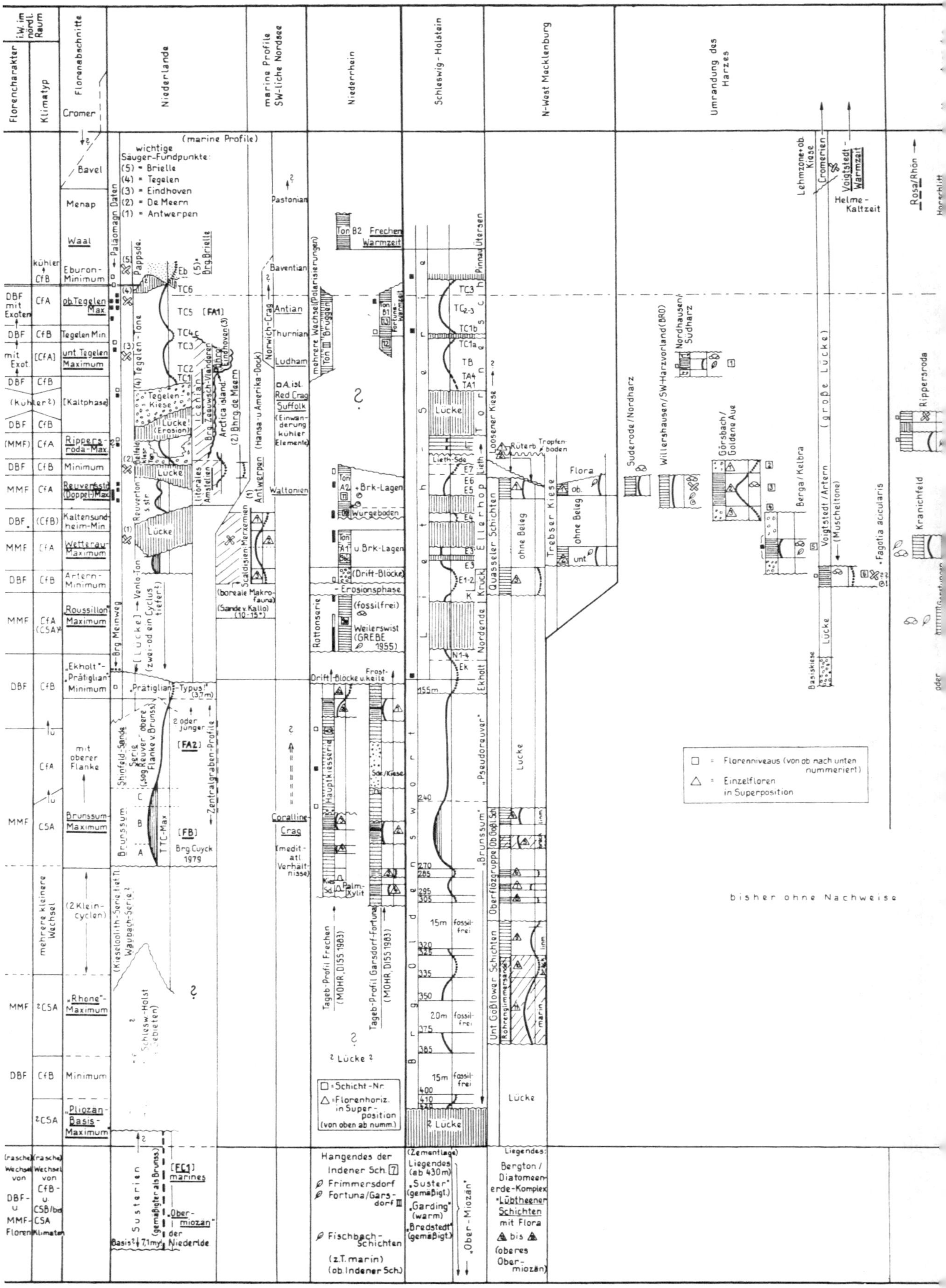
Florencharakter i.W. im nördl. Raum
Klimatyp
Florenabschnitte
Niederlande
marine Profile SW-liche Nordsee
Niederrhein
Schleswig-Holstein
N-West Mecklenburg
Umrandung des Harzes
Cromer
Bavel
Menap
Waal
Eburon-Minimum
ob. Tegelen Max
Tegelen Min.
unt. Tegelen Maximum
[Kaltphase]
Rippersroda-Max
Minimum
Reuver-(Doppel-)Max
Kaltensundheim-Min.
Wetterau-Maximum
Artern-Minimum
Roussillon Maximum
„Ekholt"-„Prätiglian"-Minimum
mit oberer Flanke
Brunssum Maximum
(2 Klein-cyclen)
„Rhone"-Maximum
Minimum
„Pliozän-Basis-Maximum"
mehrere kleinere Wechsel
(marine Profile)
wichtige Säuger-Fundpunkte:
(5) = Brielle
(4) = Tegelen
(3) = Eindhoven
(2) = De Meern
(1) = Antwerpen
Pastonian
Baventian
Antian
Thurnian
Ludham
Waltonien
Coralline Crag
Ton B2 Frechen Warmzeit
Lücke
bisher ohne Nachweise
□ = Florenniveaus (von ob. nach unten nummeriert)
△ = Einzelfloren in Superposition
□ = Schicht-Nr.
△ = Florenhoriz. in Superposition (von oben ab numm.)
Hangendes der Indener Sch. 7
Frimmersdorf
Fortuna/Garsdorf III
Fischbach-Schichten
(z.T. marin) (ob. Indener Sch.)
Liegendes (ab 430 m)
„Suster" (gemäßigt)
„Garding" (warm)
„Bredstedt" (gemäßigt)
„Ober-Miozän"
Liegendes: Bergton / Diatomeenerde-Komplex
„Lübtheener Schichten" mit Flora
(oberes Ober-miozän)
Susterien
[FC1] marines „Ober-miozän" der Niederlde
(rasche Wechsel von DBF- u MMF-Floren
(rasche Wechsel von CfB- u CSB/bzw CSA Klimaten

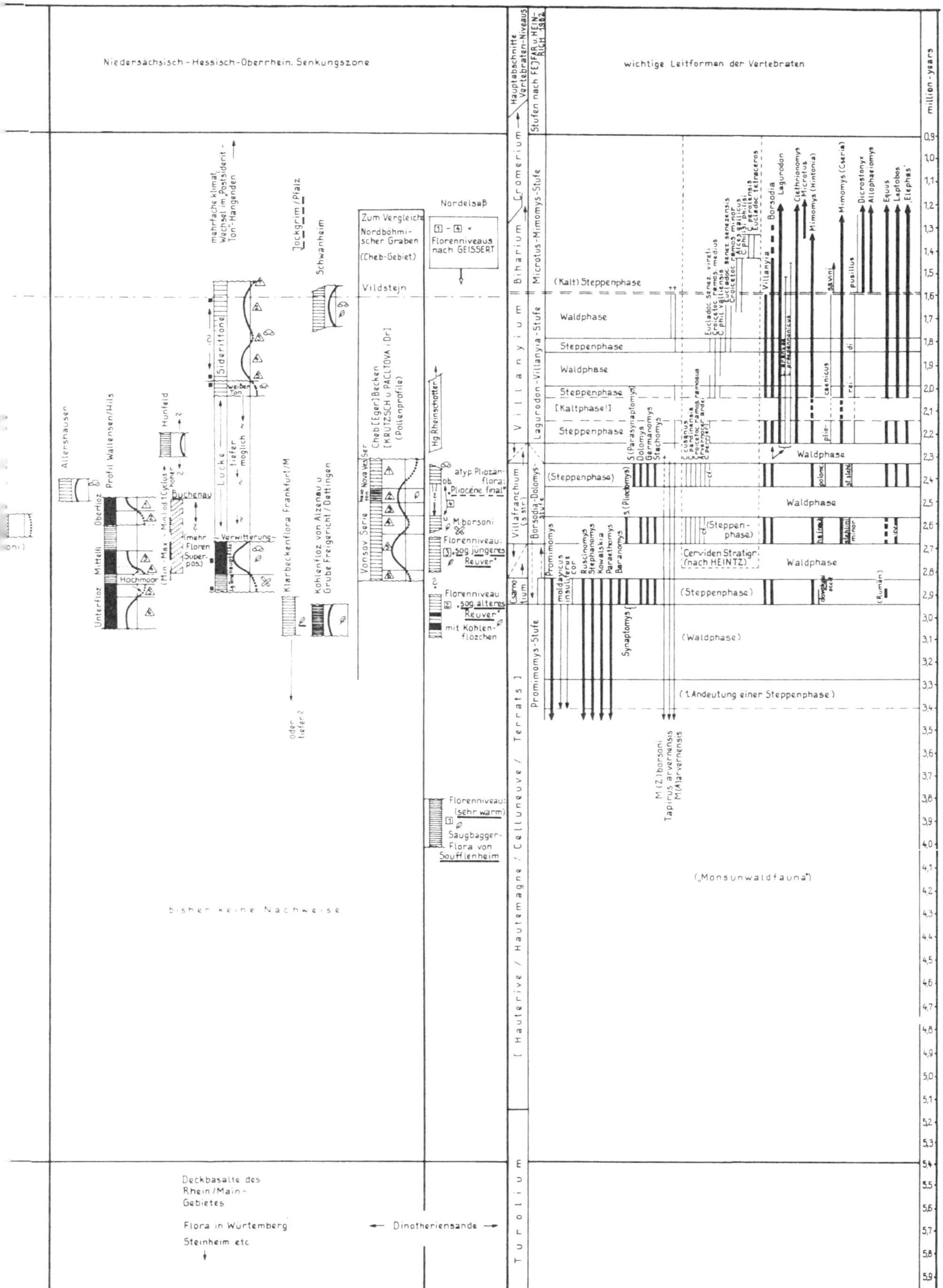

Niedersächsisch-Hessisch-Oberrhein. Senkungszone
Hauptabschnitte Vertebraten-Niveaus
Stufen nach FEJFAR u. HEINRICH 1982
wichtige Leitformen der Vertebraten
million-years
Nordelsaß
Zum Vergleich: Nordböhmischer Graben (Cheb-Gebiet)
Florenniveaus nach GEISSERT
Vildstejn
Schwanheim
Jockgrim / Pfalz
mehrfache klimat. Wechsel im Postsiderit-Ton-Hangenden
Sideritton
Lücke
tiefer möglich
Verwitterung
Hünfeld
Buchenau
Allershausen
Profil Wallensen/Hils
Oberflöz
Mittelfl.
Unterflöz
Hochmoor
Klärbeckenflora Frankfurt/M
Kohlenflöz von Alzenau u. Grube Freigericht / Dettingen
oder tiefer?
Cheb (Eger) Becken [KRUTZSCH u. PACLTOVA i. Dr.] (Pollenprofile)
Vonsov Serie
Hg Rheinschotter
atyp. Pliozän-flora: Pliocène final
M. borsoni
Florenniveau: sog. jüngeres Reuver
Florenniveau: sog. älteres Reuver
mit Kohlenflözchen
Florenniveau: (sehr warm)
Saugbagger-Flora von Soufflenheim
bisher keine Nachweise
Deckbasalte des Rhein/Main-Gebietes
Flora in Württemberg
Steinheim etc.
Dinotheriensande
Cromerium
Biharium
Villanyium
Villafranchium (s. str.)
Csarnotium
[Hauterive / Hautemagne / Celluneuve / Terrats]
Turolium
Microtus-Mimomys-Stufe
Lagurodon-Villanyia-Stufe
Borsodia-Dolomys-Stufe
Promimomys-Stufe
(Kalt) Steppenphase
Waldphase
Steppenphase
[Kaltphase!]
(Steppenphase)
(Steppen-phase)
Cerviden Stratigr. (nach HEINTZ)
(Waldphase)
(1. Andeutung einer Steppenphase)
(„Monsunwaldfauna")
Promimomys
Ruscinomys
Stephanomys
Kowalskia
Paraethomys
Baranomys
Synaptomys
S. (Pliocomys)
S. (Parasynaptomys)
Dolomys
Germanomys
Stachomys
M. (Z.) borsoni
Tapirus arvernensis
M. (A.) arvernensis
Villanyia
Borsodia
Lagurodon
Clethrionomys
Microtus
Mimomys (Hintonia)
Mimomys (Cseria)
Dicrostonyx
Allophaiomys
Equus
Leptobos
Elephas
(Rumän)